AF341315

TRAITÉ

DES

CHEMINS DE FER

TOME DEUXIÈME

POITIERS, IMPRIMERIE BLAIS, ROY ET Cⁱᵉ

TRAITÉ

DES

CHEMINS DE FER

ÉCONOMIE POLITIQUE — COMMERCE — FINANCES
ADMINISTRATION — DROIT
ÉTUDES COMPARÉES SUR LES CHEMINS DE FER ÉTRANGERS

PAR

ALFRED PICARD

Président de la Section des Travaux publics, de l'Agriculture, du Commerce et de l'Industrie
au Conseil d'État

TOME DEUXIÈME

CLASSEMENT — DÉCLARATION D'UTILITÉ PUBLIQUE — CONCESSION
CONCOURS FINANCIER DE L'ÉTAT ET DES LOCALITÉS — COMPTES — IMPÔTS
CONSTRUCTION — RÉGIME DES PROPRIÉTÉS RIVERAINES
POLICE DE LA CONSERVATION — CONTRAVENTIONS DE VOIRIE COMMISES
PAR LES CONCESSIONNAIRES

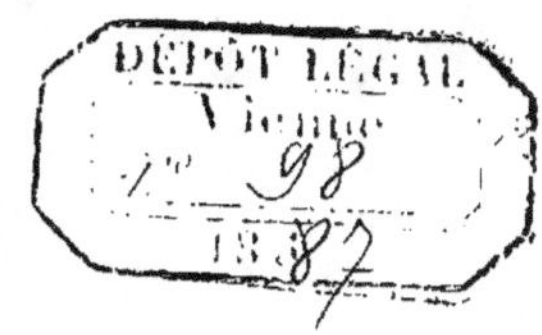

PARIS

J. ROTHSCHILD, ÉDITEUR

13, RUE DES SAINTS-PÈRES, 13

—

1887

Droits reservés

TABLE DES MATIÈRES

PREMIÈRE PARTIE

CLASSEMENT — DÉCLARATION D'UTILITÉ PUBLIQUE — CONCESSION
CONCOURS FINANCIER
DE L'ÉTAT ET DES LOCALITÉS — COMPTES — IMPÔTS

CHAPITRE PREMIER. — DU CLASSEMENT DES CHEMINS DE FER.

Chapitre XV. — Des comptes des Compagnies.

§ 1. — Règles générales pour la production et la vérification des comptes des Compagnies.

§ 2. — Comptes d'établissement.

§ 3. — Comptes d'exploitation.
A. — Dépenses d'exploitation.

CHAPITRE XVII. — DES DIVERS CAS DANS LESQUELS LES CONCES-
SIONS PRENNENT FIN. — DU SÉQUESTRE. — DE LA FAILLITE DU
CONCESSIONNAIRE.

§ 1. — DE L'EXPIRATION NORMALE DES CONCESSIONS.

DEUXIÈME PARTIE

CONSTRUCTION ET ENTRETIEN.

CHAPITRE PREMIER — RÈGLES GÉNÉRALES RELATIVES A LA PRÉSENTATION ET A L'APPROBATION DES PROJETS, AU MODE D'EXÉCUTION DES TRAVAUX, A LEUR CONTRÔLE ET A LEUR RÉCEPTION, POUR LES CHEMINS DE FER CONCÉDÉS.

CHAPITRE II. — DE LA VOIE.

§ 1. — LARGEUR DE LA VOIE.

CHAPITRE IV. — DES GARES, STATIONS ET HALTES ET DE LEURS AVENUES D'ACCÈS.

CHAPITRE V. — DU RÉTABLISSEMENT DES COMMUNICATIONS INTERCEPTÉES PAR LE CHEMIN DE FER.

CHAPITRE VI. — DE LA TRAVERSÉE DES COURS D'EAU.

CHAPITRE VII. — DES CLÔTURES ET DES BARRIÈRES
DES PASSAGES A NIVEAU.

CHAPITRE VIII. — DES PRISES D'EAU POUR L'ALIMENTATION
DES GARES.

CHAPITRE IX. — DE L'ASSAINISSEMENT DES CHAMBRES D'EMPRUNT.

CHAPITRE X. — DE L'EXPROPRIATION DES TERRAINS.

Chapitre XI. — Des occupations temporaires et des dommages causés par l'exécution des travaux

§ 1. — Dispositions du cahier des charges. — Occupations temporaires.

§ 2. — Dommages causés par l'exécution des travaux.

CHAPITRE XII. — DU BORNAGE. — DE LA DÉFINITION DES DÉPENDAN-
CES DU CHEMIN DE FER. — DE L'ALIÉNATION DES TERRAINS INU-
TILES.

§ I. — BORNAGE. — DÉFINITION DES DÉPENDANCES DU CHEMIN DE FER

§ 2. — ALIÉNATION DES TERRAINS INUTILES.

TROISIÈME PARTIE

RÉGIME DES PROPRIÉTÉS RIVERAINES
CONTRAVENTIONS DE VOIRIE COMMISES PAR LES CONCESSIONNAIRES

CHAPITRE PREMIER. — DU RÉGIME DES PROPRIÉTÉS RIVERAINES ET DES PERMISSIONS DE VOIRIE.

§ 1. — DES SERVITUDES IMPOSÉES AUX PROPRIÉTÉS RIVERAINES.

PREMIÈRE PARTIE

CLASSEMENT — DÉCLARATION D'UTILITÉ PUBLIQUE

CONCESSION — CONCOURS FINANCIER DE L'ÉTAT ET DES LOCALITÉS

COMPTES — IMPÔTS

TRAITÉ
DES CHEMINS DE FER

ÉCONOMIE POLITIQUE — COMMERCE — FINANCES

ADMINISTRATION — DROIT

ÉTUDES COMPARÉES SUR LES CHEMINS DE FER ÉTRANGERS

CHAPITRE PREMIER

DU CLASSEMENT DES CHEMINS DE FER

1. Observations préliminaires. — Dans le premier volume de cet ouvrage, nous avons étudié les questions générales d'ordre économique, politique et administratif, qu'il importe de résoudre avant d'entreprendre l'exécution des chemins de fer. Nous avons montré comment on peut apprécier l'utilité des voies ferrées ; nous avons dit quels sont les principes en matière de concurrence ; nous avons cherché à établir la mesure dans laquelle il peut être sage de juxtaposer des chemins de fer et des voies navigables ; enfin nous avons fait un long exposé de doctrine sur la construction et sur l'exploitation par l'État ou par l'industrie privée. Nous allons maintenant passer à la période d'exécution, en commençant par le régime qui a prévalu en France, celui de la concession. Sans nous livrer à une étude approfondie et détaillée des chemins de fer d'intérêt local et des chemins de fer industriels, nous signalerons néanmoins, parmi les dispositions des lois ou règlements concernant ces deux catégories de voies ferrées, celles qu'il pourrait être utile de rapprocher des textes correspondants pour les chemins de fer d'intérêt général.

2. Classements arrêtés en France par les Pouvoirs publics. — Le premier acte préparatoire est celui du classement. Cet acte n'est nullement obligatoire : il n'a d'autre caractère que celui d'une mesure d'ordre, et les Pouvoirs publics n'y ont eu recours qu'à titre tout à fait exceptionnel. Le plus souvent, il s'est confondu implicitement avec la déclaration d'utilité publique ou avec la concession éventuelle.

Dès 1838, le Gouvernement, convaincu du rôle important des chemins de fer au point de vue de la circulation et de l'activité nationale, crut devoir arrêter un programme pour la constitution du réseau. Il y comprit les lignes suivantes :

1° Paris à Rouen et au Havre, avec embranchements sur Dieppe, Elbeuf et Louviers ;
2° Paris à la frontière belge par Lille, d'une part, et par Valenciennes, d'autre part, avec embranchement sur Abbeville, Boulogne, Calais et Dunkerque ;
3° Paris à la frontière d'Allemagne par Nancy et Strasbourg, avec embranchement sur Metz ;
4° Paris vers Lyon et Marseille, avec embranchement sur Grenoble ;
5° Paris à Nantes et à la frontière maritime de l'Ouest, par Orléans et Tours ;
6° Paris à la frontière d'Espagne par Orléans, Tours, Bordeaux et Bayonne ;
7° Paris à Toulouse par Orléans et Bourges ;
8° Bordeaux à Marseille par Toulouse, avec embranchements sur Tarbes et sur Perpignan ;
9° Marseille à la frontière de l'Est par Lyon, Besançon et Bâle.

Sans demander au Parlement l'approbation explicite de ce programme, le Ministre des travaux publics l'exposa néanmoins dans un projet de loi du 15 février 1838, par lequel il sollicitait des dotations montant ensemble à 157 millions pour les quatre lignes de Paris à la frontière belge, Paris à Rouen, Paris à Orléans et Avignon à Marseille.

Après une discussion solennelle, les propositions du Gouvernement furent repoussées à une forte majorité. La responsabilité de cet avortement a été, non sans raison, imputée à la Commission de la Chambre des députés et surtout à son savant rapporteur Arago, qui a fait preuve d'une obstination des plus regrettables.

A la suite de cet échec, le Ministre des travaux publics se borna à présenter des projets de loi isolés, ne portant pour la plupart que sur des lignes secondaires. L'œuvre de la constitution du réseau national était ainsi paralysée ; la France, que son génie avait presque toujours placée à l'avant-garde de la civilisation, se laissait devancer par les autres nations ; ses plus grands et ses plus chers intérêts étaient compromis.

Le Gouvernement résolut donc de saisir à nouveau les Chambres d'un programme complet, déterminant les chemins de fer qui avaient véritablement le caractère de lignes d'intérêt général et qui devaient constituer des instruments nécessaires de l'autorité centrale. Après de remarquables études, dont l'honneur revient surtout à M. Dufaure, rapporteur à la Chambre des députés, et antérieurement Ministre des travaux publics, ainsi qu'à M. Legrand, directeur général des Ponts et Chaussées et des Mines, puis sous-secrétaire d'État ; après des discussions brillantes et approfondies devant le Parlement, les propositions du Gouvernement aboutirent à la célèbre loi du 11 juin 1842, première charte de nos voies ferrées.

Cette loi ordonnait l'établissement des lignes suivantes :

Paris à la frontière de Belgique, par Lille et Valenciennes ;
Paris sur l'Angleterre, par un ou plusieurs points du littoral de la
    Manche ;
Paris sur la frontière d'Allemagne, par Nancy et Strasbourg ;
Paris sur la Méditerranée, par Lyon, Marseille et Cette ;
Paris sur la frontière d'Espagne, par Tours, Poitiers, Angoulême, Bor-
    deaux et Bayonne ;
Paris sur l'Océan, par Tours et Nantes ;
Paris sur le centre de la France, par Bourges ;
La Méditerranée sur le Rhin, par Lyon, Dijon et Mulhouse ;
L'Océan sur la Méditerranée, par Bordeaux, Toulouse et Marseille.

La loi de 1842 était plus qu'une loi de classement proprement dite. Elle contenait des dispositions détaillées sur les voies et moyens d'exécution. De plus, elle affectait des dotations et même des crédits immédiats à un certain nombre de lignes ou sections de lignes comprises dans l'énumération précédente.

Trente années s'écoulèrent avant qu'il intervînt, non point un nouveau classement général, mais un acte présentant quelque analogie. Nous voulons parler de la loi du 31 décembre 1875, qui avait pour objet, non seulement de déclarer l'utilité publique de vingt lignes nouvelles, mais encore d'ordonner l'achèvement des études et l'accomplissement de toutes les formalités préalables à la déclaration d'utilité publique de vingt-deux autres lignes, réparties sur les divers points du territoire. L'intention du législateur, en prenant cette mesure, était de prévenir les départements qui poursuivaient de leur côté la concession de ces chemins, au titre d'intérêt local.

Pour trouver un type complet de loi de classement, il faut arriver aux grandes lois du 17 juillet 1879, pour la France continentale, et du 18 juillet 1879, pour l'Algérie (1). Le 2 janvier 1878, M. de Freycinet adressait au Président de la République un rapport dans lequel il signalait la nécessité de donner une vive impulsion aux travaux publics et, en particulier, aux travaux de chemins de fer. Il jugeait indispensable, avant tout, de distinguer nettement le « réseau d'intérêt général » du « réseau « d'intérêt local », pour bien délimiter le domaine de l'État et celui des départements et pour mettre fin aux hésitations comme aux compétitions intempestives. Cette distinction ne pouvait être faite par une définition théorique, par un criterium, que les économistes et les ingénieurs avaient vainement cherché jusqu'alors; elle exigeait, dans chaque cas particulier, l'examen des caractères particuliers du chemin et des services qu'il pouvait être appelé à rendre au point de vue économique, administratif ou militaire; elle devait être poursuivie à la fois pour toutes les parties du territoire. Conformément aux propositions de M. de Freycinet, un décret du 2 janvier 1878 institua six Commissions techniques et administratives, chargées :

« 1° De dresser, pour chacune de leurs régions respectives, la liste « des voies ferrées restant à établir pour compléter le réseau d'intérêt « général, en dehors de celles qui avaient été déjà concédées, déclarées « d'utilité publique ou prévues par la loi;

« 2° De rechercher les lignes faisant partie du réseau d'intérêt local « régulièrement concédé en vertu de la loi du 12 juillet 1865 et qu'il con- « viendrait d'incorporer au réseau d'intérêt général;

« 3° De classer en une liste unique, par ordre de priorité d'exécution, « toutes les lignes du réseau complémentaire, tant celles que l'État s'é- « tait chargé de construire, en vertu des lois des 16 et 31 décembre

____

(1) M. le général d'Audigné, l'un des rapporteurs de la Commission d'enquête instituée par le Sénat en 1876 pour l'étude de diverses questions relatives aux chemins de fer d'intérêt général, avait déposé le 2 avril 1878 un rapport tendant au classement immédiat de 6 700 kilomètres environ et à l'étude de 1 000 autres kilomètres, destinés à être classés à brève échéance. Mais ce rapport n'avait pas reçu de consécration et avait été simplement renvoyé au Ministre des travaux publics.

« 1875, que celles qui seraient proposées par ces Commissions. »
Un décret semblable intervint, le 12 février 1878, pour l'Algérie.

Peu de jours après la signature du décret du 2 janvier 1878, le Ministre des travaux publics adressa aux préfets une circulaire, par laquelle il les invitait à faire connaître à l'Administration supérieure les vœux émis récemment par les Conseils généraux, au sujet des chemins de fer d'intérêt général ou d'intérêt local; à se mettre en rapport avec les présidents des Commissions régionales; à leur communiquer toutes les observations utiles au classement et à provoquer, s'il y avait lieu, les avis des Chambres de commerce et des Chambres consultatives.

Les Commissions régionales s'acquittèrent de leur tâche avec beaucoup d'habileté et d'activité. Les résultats de leurs travaux furent soumis à l'examen du Conseil général des Ponts et Chaussées, et, dès le 4 juin 1878, M. de Freycinet put, après s'être concerté avec le Ministre de la guerre, déposer sur le bureau de la Chambre des députés un projet de loi portant classement, pour la France continentale, de 154 lignes nouvelles et de 53 lignes antérieurement concédées à titre d'intérêt local. Le développement total de ces lignes était de 8 700 kilomètres, à savoir :

Lignes d'intérêt local déjà concédées..... 2 500 kilomètres
Lignes entièrement nouvelles........... 6 200   —

             Total......... 8 700 kilomètres.

Elles satisfaisaient toutes à l'une des conditions essentielles suivantes : 1° être utiles à la défense du pays; 2° établir une communication plus directe entre deux parties de réseau d'une certaine étendue; 3° rattacher un centre de quelque importance au système général des voies ferrées; 4° faciliter les relations dans un intérêt politique ou administratif. Le Ministre avait renoncé à établir l'ordre de priorité qu'il avait eu d'abord en vue : le peu d'avancement des études préparatoires pour beaucoup de chemins, les modifications que les incidents de l'instruction ou des considérations imprévues auraient nécessairement apportées en fait aux prévisions primitives, l'utilité de stimuler le concours des départements et des villes, tout justifiait la détermination de M. de Freycinet.

Pendant les vacances parlementaires qui suivirent le dépôt du projet de loi, les Conseils généraux furent consultés et le programme du 4 juin 1878 dut subir certaines retouches.

Le projet de loi ainsi remanié fut soumis aux délibérations des Chambres. Devant la Chambre des députés, les propositions du Gouvernement furent amendées : 1° par l'addition d'un certain nombre de chemins; 2° par la suppression du tableau des lignes d'intérêt local à incorporer au réseau d'intérêt général. Les extensions du cadre du Gouvernement avaient pour objet principal, soit de satisfaire à de légitimes réclamations au profit de populations jusqu'alors déshéritées, soit de faciliter l'exploitation et la mise en valeur du réseau des chemins de fer de l'État, soit d'aider aux communications internationales. Quant à la suppression du tableau relatif aux lignes d'intérêt local, elle était motivée par l'opportunité de ne point peser sur les négociations avec les départements et les concessionnaires.

Dans sa forme définitive, la loi du 17 juillet 1879 classait 181 lignes, ayant ensemble une longueur de 8 850 kilomètres.

Elle était ainsi conçue :

« Article premier. — Sont classées dans le réseau des chemins de fer « d'intérêt général les lignes dont la désignation suit :

. . . .

« Art. 2. — Il sera procédé à l'achèvement des études et à l'instruc- « tion prescrite par les lois et règlements pour la déclaration d'utilité pu- « blique des chemins de fer ci-dessus.

« Art. 3. — L'exécution des lignes désignées à l'article premier aura lieu « successivement, en tenant compte de l'importance des intérêts militaires « et des intérêts commerciaux engagés, ainsi que du concours financier « qui sera offert par les départements, les communes et les particuliers.

« Art. 4. — Il sera pourvu aux dépenses nécessitées par l'exécution de « la présente loi, au moyen des ressources extraordinaires inscrites au « budget de chaque exercice. »

La loi du 18 juillet 1879, spéciale à l'Algérie, était libellée dans des termes analogues. Elle classait dans le réseau d'intérêt général 22 lignes de 1 800 kilomètres environ de longueur, savoir :

20 lignes nouvelles.	1 713 km.
2 lignes d'intérêt local à incorporer.	94 km.
Total.	1 807 km.

On a beaucoup critiqué l'étendue excessive du plan de travaux publics et en particulier de chemins de fer, arrêté en 1879. Nous avons discuté la portée de ces critiques en traitant « de l'utilité des chemins de fer , ainsi « que de la construction et de l'exploitation par l'État ou par l'industrie privée. » (Tome I, pages 141 et 142.) Le lecteur voudra bien se reporter à cette partie de notre publication.

3. Exemples de classements à l'étranger. — L'un des exemples les plus connus de classement à l'étranger est celui de la loi italienne du

29 juillet 1879, promulguée quelques jours à peine après les lois françaises de la même année.

Cette loi a réparti les nouvelles voies ferrées à établir pour compléter le réseau en quatre catégories, savoir :

1re catégorie. — Lignes dont la construction est entièrement à la charge de l'État.................................... 1 153 km.

2e catégorie. — Lignes à construire par l'État, avec le concours obligatoire des provinces intéressées, pour le dixième des frais de premier établissement..... 1 267 —

3e catégorie. — Lignes à construire également par l'État, avec le concours des provinces intéressées, pour les deux dixièmes des frais............... 2 070 —

4e catégorie. — Lignes pour lesquelles le concours des provinces et des communes intéressées varie selon le prix de revient kilométrique................ 1 530 —

Total..................... 6 020 km.

Les lignes des trois premières catégories ont été énumérées dans trois tableaux ; leur nombre était de 8 pour la première catégorie , de 19 pour la seconde et de 36 pour la troisième.

Le législateur a non seulement classé les chemins de fer complémentaires, mais encore autorisé leur construction, conformément à des règles et dans des conditions minutieusement spécifiées.

Il résulte de l'exposé des motifs présenté au Sénat italien, le 2 juillet 1879, que les dépenses à la charge du Trésor étaient évaluées à 1 260 millions, à répartir sur vingt exercices (1).

Nous citerons encore la loi russse du 3 mars 1873, dont l'objet principal était de donner plus d'efficacité au contrôle exercé par l'État sur la construction et l'exploitation des chemins de fer et d'étendre ce contrôle à la constitution des Compagnies concessionnaires, mais qui a en même temps ordonné la préparation d'un programme général. L'article premier de cette loi contient, en effet, la disposition que voici : « Quand les plans « de tout le réseau des chemins de fer de l'État et des lignes nouvelles qui « doivent le compléter auront reçu la sanction impériale, le Ministre des « voies et communications ordonnera qu'il soit procédé, aux frais de l'État, « aux études nécessaires, à moins que celles-ci n'aient été faites anté-

(1) La loi de 1879 a été légèrement modifiée par celles du 5 juillet 1882 et du 27 avril 1885. Cette dernière a augmenté de 1 000 kilomètres le développement des chemins de fer de 4e catégorie.

« rieurement, à la suite d'un accord préalable entre le Ministre des voies
« et communications et le Ministre des finances. » Aux termes des articles suivants, l'Empereur détermine ensuite, au commencement de chaque
année, celles des lignes comprises dans le programme qui peuvent être
entreprises.

4. Observations sur les classements. — Il est indispensable qu'en
prenant les mesures propres au développement progressif du réseau, les
Pouvoirs publics aient des vues d'ensemble bien arrêtées et un programme
général ; qu'ils procèdent, au moins périodiquement, à un inventaire de
l'outillage national et des organes à y ajouter ; qu'ils mesurent l'étendue
de l'effort à demander au pays pendant un certain nombre d'années. C'est
le seul moyen pour eux de procéder avec ordre et méthode, de ne point
marcher à l'aventure, d'aménager sagement les travaux, de les proportionner aux besoins et aux ressources financières de la nation, de tirer des
travaux le maximum d'effet utile, de sauvegarder les intérêts nationaux et
de respecter les principes de justice distributive.

Il peut donc sembler étonnant, au premier abord, qu'il n'y ait eu en
France que deux classements proprement dits, consacrés par le Parlement :
celui de 1842 et celui de 1879. Mais le fait s'explique par les considérations suivantes :

1° Les concessions ou les déclarations d'utilité publique ont été généralement faites par groupes, soit simultanément pour l'ensemble du territoire, soit au moins pour toute la région desservie par l'une des grandes
Compagnies. C'est ainsi qu'il a été procédé en 1859, 1863, 1868 et 1875.
Les Chambres ont été ainsi appelées à statuer sur de véritables programmes.

2° L'essentiel est que le Gouvernement ait des plans d'avenir bien
arrêtés ; qu'il les expose, le cas échéant, au Parlement ; qu'il ait la certitude
d'être en communauté de vues avec les mandataires élus. La consécration
officielle de ces plans par un vote législatif ne s'impose pas nécessairement.

3° Il ne faut pas oublier que, de 1852 à 1870, les Chambres n'ont été
effectivement associées que dans une mesure restreinte à la direction
générale des affaires, en matière de travaux publics. Aux termes mêmes
du sénatus-consulte du 25 décembre 1852, elles n'avaient à intervenir que
pour voter les crédits et ratifier les engagements financiers pris par le
Gouvernement, au cas où les finances de l'État devaient être engagées.

En outre, il y a lieu d'observer que, si les programmes sont indispensables, leur approbation par une loi peut avoir parfois des inconvé-

nients, en liant outre mesure les Pouvoirs publics, en rendant fort difficile le déclassement de lignes dont les circonstances viendraient à réduire l'utilité ou à commander l'ajournement, en faisant concevoir aux populations des espérances qui ne se réalisent jamais assez tôt, à leur gré.

Ces inconvénients ont leur contre-partie dans les avantages d'une association plus étroite entre le Gouvernement et les Chambres, dans la diminution de la responsabilité du Ministre, dans les facilités données à l'Administration pour repousser les demandes et les sollicitations injustifiées.

L'opportunité des classements par voie législative dépend des circonstances, des institutions, des relations constitutionnelles ou des relations de fait entre les divers Pouvoirs.

5. Du déclassement des chemins de fer. — Après avoir été classée dans le réseau d'intérêt général, une ligne peut-elle être reconnue inutile à ce réseau, avant même qu'elle ait été déclarée d'utilité publique? Est-il nécessaire, dans ce cas, de la déclasser expressément par une loi nouvelle? Il convient d'observer que le classement est une simple constatation préalable du caractère d'utilité générale du chemin, réservant entièrement l'acte ultérieur des Pouvoirs publics qui sera nécessaire pour entreprendre l'exécution et le délai dans lequel cet acte pourra intervenir ; on ne peut y voir qu'un engagement éventuel vis-à-vis du pays, et il semble au premier abord superflu de recourir à la forme solennelle d'une loi pour annuler ce qui ne constituait qu'un programme d'une réalisation aléatoire. Cependant, en examinant la question de plus près, on est amené à reconnaître qu'à défaut d'annulation du classement par son auteur, les départements ne peuvent poursuivre l'exécution de la ligne à titre d'intérêt local et que des communications utiles peuvent rester en souffrance, par suite de cette inertie de l'État et de cette inaction imposée à l'autorité départementale. Il paraît donc en définitive utile que le déclassement soit opéré explicitement par une loi spéciale. Néanmoins, il pourrait l'être implicitement par la déclaration d'utilité publique du chemin à titre d'intérêt local, au cas où, malgré le classement, le Ministre des travaux publics aurait cru devoir préparer une nouvelle solution dans ce sens, d'accord avec l'autorité départementale.

Si le chemin est déjà déclaré d'utilité publique, alors même qu'il ne serait pas encore en exploitation ou que les travaux n'en seraient pas encore entrepris, une loi est évidemment nécessaire, à moins qu'il ne s'agisse d'un chemin de moins de 20 kilomètres de longueur, n'ayant pas été compris dans un classement législatif. En tout état de cause, le déclassement doit être précédé des mêmes formalités que la déclaration d'utilité publique.

A fortiori en est-il de même pour une ligne déjà ouverte à la circulation.

Nous ne connaissons qu'un exemple de chemin d'intérêt général qui ait été déclassé : c'est celui de Saint-Paul-lès-Dax à Léon (à rails de bois). Cette voie ferrée avait été concédée par ordonnance du 20 décembre 1840. Le concessionnaire ayant été déclaré déchu et les adjudications tentées à la suite de cette déchéance étant restées infructueuses, un décret du 24 mai 1880 a prononcé le déclassement et ordonné que les terrains et bâtiments d'exploitation seraient remis à l'Administration des domaines.

La question s'est posée récemment pour le chemin à voie étroite de Lagny aux carrières de Neufmoutiers. Ce chemin a été déclaré d'utilité publique et concédé par décret du 27 décembre 1871; son ouverture à la circulation a eu lieu vers la fin de 1872. La Compagnie étant tombée en liquidation, puis ayant été déclarée déchue, l'État a définitivement pris possession du chemin après deux tentatives infructueuses d'adjudication. Le 11 juin 1883, le Ministre des travaux publics a soumis à la Chambre des députés un projet de concession nouvelle à la Compagnie des chemins de fer départementaux. Mais, dans son rapport du 25 janvier 1884, M. Rousseau a proposé « d'inviter le Ministre à cesser cette exploitation aux « frais de l'État, si, dans un délai de six mois, le Conseil général de Seine- « et-Marne ne prononçait pas le classement de la ligne dans son réseau « d'intérêt local ». Il a affirmé, à cette occasion, le droit de l'État, des départements et des villes, « de ne pas maintenir indéfiniment et coûte que « coûte les concessions d'intérêt public, alors même qu'elles ont été mal « conçues et qu'elles succombent sous le poids de leur vice originel ».

Le lecteur pourra consulter, au point de vue contentieux, un arrêt du Conseil d'État en date du 30 novembre 1877 sur un recours en excès de pouvoirs introduit par les sieurs Richard et autres contre une délibération du Conseil général de l'Oise, déclassant un chemin de fer d'intérêt local antérieurement déclaré d'utilité publique et concédé à la Compagnie du Nord. La requête a été rejetée comme non recevable : en effet, les requérants ne justifiaient pas d'un intérêt direct et personnel et ne pouvaient se prévaloir d'un intérêt qui n'était autre que celui de la généralité des habitants des communes appelées à être desservies par le chemin de fer.

6. De l'incorporation des chemins de fer d'intérêt local dans le réseau d'intérêt général. — L'article 11 de la loi du 11 juin 1880 porte qu' « à toute époque une voie ferrée peut être distraite du domaine public

« départemental ou communal et classée par une loi dans le domaine de
« l'État ». Ce principe n'a d'ailleurs jamais été sérieusement contesté; s'il
a été inscrit dans la loi du 11 juin 1880, c'est moins parce que le législateur jugeait utile de l'affirmer et de le rappeler que parce qu'il était nécessaire de régler les conséquences de son application au regard des départements et des concessionnaires.

　　a. DÉPARTEMENTS. — L'incorporation des chemins de fer d'intérêt local
dans le réseau d'intérêt général ne peut être, à aucun titre, assimilée à
une expropriation. En effet, les voies ferrées ne constituent pas une propriété privée pour les départements qui les ont concédées ; la seule différence qui les distingue, au point de vue domanial, des chemins de fer
d'intérêt général, c'est qu'au lieu d'appartenir à la partie du domaine
public dont l'État s'est réservé la gestion et la surintendance, elles appartiennent à la partie du domaine dont la garde et la gestion ont été déléguées
à l'autorité départementale.

　　S'ensuit-il que les départements ne puissent prétendre à aucune
indemnité, à aucun dédommagement? Les considérations les plus élémen-
taires de simple équité ne permettent pas d'hésitation à cet égard. Dans
la plupart des cas, les départements subventionnent les chemins de fer
d'intérêt local, pour en assurer la construction et l'exploitation ; en échange
des sacrifices parfois très lourds qu'ils s'imposent dans ce but, ils se réservent une certaine part dans les bénéfices au delà d'un chiffre déterminé ;
toujours la voie ferrée doit leur faire retour, à titre gratuit, à l'expiration
de la concession. Dépouillés de leur part éventuelle dans les produits de
l'exploitation et surtout de leurs droits sur le chemin de fer au terme de
la concession, ils peuvent légitimement revendiquer une compensation.

　　Le Conseil d'État l'avait reconnu, et, depuis 1878, à moins d'accord
préalable entre l'État et le Conseil général, les lois d'incorporation ont,
de même que la loi organique du 11 juin 1880, réservé les droits du
département. Nous nous bornerons à citer les textes suivants :

　　1° Loi du 18 mai 1878, constitutive du réseau d'État, article premier :
« Il sera statué, par décret rendu en Conseil d'État, sur l'indemnité ou sur
« les dédommagements qui pourront être dus aux départements. »

　　2° Loi organique du 11 juin 1880 sur les chemins de fer d'intérêt local,
article 11 : « En cas de désaccord entre l'État et le département ou la
« commune, les indemnités ou dédommagements qui peuvent être dus
« par l'État sont déterminés par un décret délibéré en Conseil d'État. »

　　3° Loi du 20 novembre 1883, portant approbation des conventions

avec les Compagnies du Nord et de Paris-Lyon-Méditerranée, article 2 :
« Il sera, s'il y a lieu, statué par décret rendu en Conseil d'État sur
« l'indemnité ou sur les dédommagements qui pourraient être dus aux
« départements de. . . . . »

Sauf des variantes de rédaction sans importance, le libellé adopté par le législateur a toujours été le même depuis 1878. Il appelle deux observations :

1° La compensation peut consister, soit en une indemnité, soit en dédommagements d'une autre nature, tels que la construction de lignes nouvelles, la dispense ou la diminution des subventions que l'État est dans l'usage de demander aux départements pour l'exécution des chemins de fer d'intérêt général sur leur territoire.

2° Elle est déterminée par un décret rendu en Conseil d'État, c'est-à-dire par un acte administratif. En effet, ainsi que nous l'avons dit précédemment, l'incorporation ne peut être considérée comme une expropriation donnant ouverture, au profit du département, à l'allocation d'un prix de cession à fixer par le jury. Elle ne constitue même pas un dommage susceptible de donner lieu à une action contentieuse et d'être appréciée par la juridiction administrative. La meilleure forme de dédommagement, pour le département comme pour l'État, pouvant ne pas être celle de l'allocation d'une indemnité pécuniaire, il est absolument impossible d'en déférer le règlement à aucun tribunal, de quelque ordre qu'il soit. L'Administration, seule compétente pour contracter des engagements en vue de l'exécution de travaux ou de la fixation des subsides accordés par les départements aux chemins de fer d'intérêt général, est, par cela même, seule compétente aussi pour fixer le montant et la nature des indemnités ou dédommagements. L'arbitrage du Conseil d'État et la nécessité d'un décret donnent à l'autorité départementale toutes les garanties désirables.

Le Conseil d'État, ne statuant point au contentieux (1) et n'intervenant qu'administrativement dans l'instruction des demandes, n'a aucun droit d'initiative. Pour se prononcer, il doit être saisi par le Gouvernement. Les départements seraient irrecevables à introduire directement devant lui leurs réclamations ; cela ne les empêche pas, d'ailleurs, de remettre au Conseil, une fois que le dossier lui a été transmis par le Ministre des travaux publics, tous les documents et renseignements propres à éclairer sa religion.

Tel est le droit. Quelles sont les applications qui en ont été faites ?

____

(1) Voir les arrêts du Conseil d'État du 15 juillet 1881 syndic de la faillite de la Compagnie d'Orléans à Rouen contre les départements de l'Eure et d'Eure-et-Loir).

Un certain nombre de Conseils généraux ont réclamé des indemnités, parfois très considérables. Quelques-uns ont étayé leurs prétentions sur des calculs optimistes, concernant le rendement futur de leurs chemins de fer et la valeur de ces chemins à l'expiration de la concession.

Des considérations d'espèce ont conduit le Conseil d'État et le Gouvernement à rejeter leur demande. (Décrets des 5 avril 1883, département de la Meuse, chemin de Nançois à Gondrecourt ; 25 février 1885, Pas-de-Calais, chemins de Don à Hénin-Liétard, Doullens à Arras, Frévent à Bouquemaison, Bully-Grenay à Brias ; 15 avril 1886, Jura, chemin de Châlon-sur-Saône à Lons-le-Saulnier ; 15 avril 1886, Saône-et-Loire, chemins de Mâcon à Paray-le-Monial, Châlon-sur-Saône à Lons-le-Saulnier, Bourg à Saint-Germain-du-Plain ; 15 avril 1886, Seine-Inférieure, chemin d'Abancourt au Tréport ; 15 avril 1886, Seine-et-Oise, chemin d'Ermont à Méry-sur-Oise ; 22 juin 1886, Ain, chemin de Bourg à Saint-Germain-du-Plain et d'Ambérieux à Montalieu.)

Les raisons principales qui ont déterminé le Conseil sont les suivantes :

1° La plupart des départements se sont fait illusion sur l'avenir de leurs lignes. Se basant sur la progression des recettes de l'ancien réseau des grandes Compagnies, ils ont compté sur une progression analogue du produit des chemins de fer d'intérêt local.

Cette espérance ne peut se réaliser.

Si le produit des grandes artères s'est accru rapidement, c'est parce qu'elles reçoivent sans cesse de nouveaux affluents, parce qu'elles desservent de grands centres de population, parce qu'elles traversent des régions industrielles. Les lignes secondaires sont dans une tout autre situation. Leur trafic a une bien moindre élasticité. Beaucoup d'entre elles ne sont alimentées que par des villes de minime importance, se terminent en impasse, se développent dans des contrées purement agricoles, sans richesses minérales et sans industrie. Leurs recettes augmentent durant les premières années ; cette augmentation se prolonge pendant le délai nécessaire à la transformation des habitudes locales et à la disparution des anciens moyens de transport ; mais bientôt les lignes sont arrivées à leur rendement normal et l'essor s'arrête.

Les statistiques officielles fournissent à cet égard les enseignements les plus instructifs.

En 1882, c'est-à-dire au cours de l'année qui a précédé les conventions de 1883, la recette nette du nouveau réseau des grandes Compagnies n'a pas atteint 78 millions ; la dépense totale de premier établissement s'élevant à 4 230 millions, le rendement n'a pas dépassé 1,8 % et cependant la crise qui s'est manifestée depuis n'était pas encore ouverte.

Quant aux chemins de fer d'intérêt local, leur produit net a été de 3 470 000 francs pour un capital de 359 millions, c'est-à-dire de moins de 1 %. Lorsqu'au lieu de s'en tenir aux chiffres totaux, on entre dans le détail des résultats d'exploitation, on constate, pour beaucoup de chemins, non seulement qu'ils n'ont pas donné de produit net, mais encore que les recettes ont été inférieures aux dépenses.

L'avenir est d'autant plus redoutable que la plupart des chemins d'intérêt local sont de création récente : les dépenses de réfection de la voie ne pèsent pas encore sur leur exploitation ; ils vivent sur leur fonds de premier établissement.

2° L'incorporation des chemins de fer d'intérêt local dans le réseau d'intérêt général procure en général de grands avantages aux populations.

Elle assure définitivement l'exploitation ; elle entraîne des améliorations dans le service ; elle substitue aux tarifs ordinairement très élevés, perçus par le concessionnaire, des tarifs sensiblement plus faibles ; elle supprime les frais de transmission au point d'embranchement avec le grand réseau ; elle fait bénéficier les usagers des taxes différentielles à base décroissante, des tarifs spéciaux à barème.

Le Conseil d'État et l'Administration doivent nécessairement mettre ces avantages en balance avec les dommages que fait valoir l'autorité départementale à l'appui de ses demandes en indemnité. Telle a été l'intention du législateur ; il suffit, pour s'en convaincre, de se reporter notamment aux débats qui ont précédé le vote de la grande loi de rachat de 1878.

En effet, les chemins de fer n'ont jamais été pour les départements, non plus que pour l'État, œuvre de spéculation financière. Le but poursuivi par l'autorité qui les concède est avant tout de développer la circulation, d'accroître le mouvement commercial, d'améliorer les conditions de culture, de faciliter l'écoulement des produits de la terre, de mettre en valeur les richesses enfouies dans le sol ; ce sont ces progrès qui peuvent lui fournir la véritable rémunération de ses sacrifices, et non le recouvrement plus ou moins problématique de revenus après l'expiration de la concession ou d'une part des bénéfices avant cette époque ; leur réalisation est incontestablement mieux assurée, pour les chemins de fer d'intérêt local, par le classement dans le réseau d'intérêt général que par le maintien dans le domaine départemental ou communal.

3° Pour beaucoup de chemins, l'éventualité d'un partage des bénéfices est purement chimérique ; celle d'un produit net au terme de la concession est souvent fort douteuse ; alors même que les espérances conçues à cet égard ne seraient pas déçues, la caisse du département ou de la commune n'en profiterait probablement pas : car le public, sachant les dépenses de premier établissement amorties, ne manquerait pas de réclamer des abaissements de taxes. Ces réductions sur les prix de transport seront faites tout aussi bien, et même plus largement, par l'État.

4° Lorsque les départements ou les communes font valoir les subventions en capital qu'ils ont attribuées aux concessionnaires de leurs chemins de fer d'intérêt local, il ne faut pas perdre de vue que, si ces chemins eussent été établis dès l'origine à titre de lignes d'intérêt général, l'État eût certainement demandé des subsides locaux, subsides d'autant plus élevés qu'il s'agissait de lignes fort onéreuses pour le Trésor.

5° Quand les départements ou les communes, au lieu de fournir des capitaux, des travaux ou des terrains, ont traité sur la base d'une garantie d'intérêt, l'incorporation, loin de leur causer un dommage même apparent, les débarrasse au contraire d'une charge susceptible de peser sur leur budget, plus lourdement et plus longtemps qu'ils ne le supposent en général.

Les considérations que nous venons d'esquisser rapidement ne s'appliquent sans doute pas à tous les chemins d'intérêt local, sans exception. Cependant on peut dire que, pour la plupart d'entre eux, l'incorporation est un véritable bienfait. Depuis longtemps déjà, il ne reste plus guère de lignes productives par elles-mêmes à construire. Celles que l'on établit maintenant ne valent qu'au point de vue de leurs avantages indirects pour le pays et du trafic qu'elles apportent aux lignes préexistantes : or, nous le répétons, le classement dans le réseau d'intérêt général accroît sans conteste ces avantages.

Cela est si vrai que, le plus souvent, les Conseils généraux ont pris les devants et sollicité eux-mêmes l'incorporation des chemins de fer départementaux dans le réseau d'intérêt général. Les demandes instantes dont le Ministre des travaux publics avait été saisi dans ce but ne permettaient pas de prévoir les réclamations produites plus tard par certaines assemblées départementales, précisément alors que leurs vœux avaient reçu satisfaction.

b. Concessionnaires. — L'article 11 de la loi du 11 juin 1880 contient à l'égard du concessionnaire les dispositions suivantes : «...... l'État est « substitué aux droits et obligations du département ou de la commune, à « l'égard des entrepreneurs ou concessionnaires, tels que ces droits et « obligations résultent des conventions légalement autorisées. — En cas « d'éviction du concessionnaire, si ses droits ne sont pas réglés par un « accord préalable ou par un arbitrage établi, soit par le cahier des char-

« ges, soit par une convention postérieure, l'indemnité qui peut lui être
« due est liquidée par une Commission spéciale qui fonctionne dans les
« conditions réglées par la loi du 29 juin 1845. Cette Commission sera in-
« stituée par un décret et composée de neuf membres, dont trois désignés
« par le Ministre des travaux publics, trois par le concessionnaire et trois
« par l'unanimité des six membres déjà désignés ; faute par ceux-ci de
« s'entendre dans le mois de la notification à eux faite de leur nomination,
« le choix de ceux des trois membres qui n'auront pas été désignés à l'una-
« nimité sera fait par le premier président et les présidents réunis de la
« Cour d'appel de Paris. »

Le cahier des charges type, approuvé par décret du 6 août 1881, complète ainsi ces dispositions : « Le concessionnaire ne pourra élever aucune
« réclamation dans le cas où, le chemin concédé ayant été déclaré d'intérêt
« général, l'État sera substitué au département (ou à la commune) dans
« tous les droits que ce dernier tient de la loi du 11 juin 1880 et du pré-
« sent cahier des charges. Si l'État rachète la concession passé le terme
« de quinze années (compté à partir de la mise en exploitation effective
« de la ligne entière, ou au plus tard à partir de la fin du délai d'achève-
« ment des travaux), le rachat sera opéré suivant les dispositions qui pré-
« cèdent (c'est-à-dire celles qui règlent dans le même cas les conditions de
« rachat par le département). Dans le cas où, au contraire, l'État déciderait
« de racheter la concession avant l'expiration de ce terme, l'indemnité qui
« pourra être due au concessionnaire sera liquidée par une Commission
« spéciale, conformément au § 3 de l'article 11 de la loi du 11 juin 1880. »

Nous n'avons pas à insister ici sur ces règles qui touchent plus particulièrement à la question du rachat et que nous réserverons, par suite,
pour un chapitre ultérieur.

Au cas où l'incorporation porterait sur une ligne concédée avant la
loi du 11 juin 1880 ou soumise à un cahier des charges différent du type
de 1880, il faudrait avoir bien soin d'appliquer les clauses spéciales de
rachat que pourrait contenir l'acte de concession. Néanmoins, si le rachat
était opéré dans un cas sortant des prévisions du contrat, l'article 11 de la
loi organique de 1880 pourrait recevoir son application.

Quand un chemin de fer a été concédé provisoirement par un département et qu'il est classé dans le réseau d'intérêt général avant sa déclaration d'utilité publique au titre d'intérêt local, il n'y a pas incorporation
proprement dite. Ni le département, ni le concessionnaire, n'ont de droits
acquis. Il ne peut donc y voir lieu à allocation d'indemnité. (Conseil d'État,
24 novembre 1882, Henry Michel et Cie contre Compagnie de Paris-
Lyon-Méditerranée.)

7. De la distinction entre les chemins de fer d'intérêt général, les chemins de fer d'intérêt local et les tramways. — Lors de la préparation de la loi du 11 juin 1880, le Gouvernement et la commission du Sénat se sont demandé s'il ne conviendrait pas d'insérer à l'article premier de cette loi une définition du chemin de fer d'intérêt local ; mais ils ont reconnu l'impossibilité de cette définition. En effet, la distinction entre le chemin de fer d'intérêt général et le chemin de fer d'intérêt local est essentiellement une question d'espèce ; la classification de ces deux catégories de voies ferrées ne peut résulter que de la décision de l'autorité chargée de la déclaration d'utilité publique. Un chemin d'intérêt local peut devenir ultérieurement d'intérêt général ; bien que le cas ne se soit pas réalisé, on peut concevoir qu'inversement un chemin d'intérêt général soit transformé en chemin d'intérêt local. Il en est d'ailleurs de même pour les voies de terre : la distinction entre les chemins vicinaux ordinaires, les chemins d'intérêt commun, les chemins de grande communication, les routes départementales et les routes nationales, ne s'établit, au point de vue juridique, que par leur classement.

Ce que nous venons de dire de la distinction entre les chemins de fer d'intérêt général et les chemins de fer d'intérêt local s'applique à la distinction entre les chemins de fer d'intérêt local et les tramways. Il ne sera pas inutile cependant de reproduire un avis de principe émis à cet égard, le 6 août 1884, par la section des travaux publics du Conseil d'État :
« Si, en droit, le classement d'une voie ferrée comme chemin de fer
« d'intérêt local ou comme tramway résulte exclusivement de l'acte qui
« en autorise l'exécution et en déclare l'utilité publique, il entraîne des
« différences dans le régime légal, dans la procédure d'expropriation, dans
« les conditions et les limites du concours financier de l'État, et même
« dans le caractère matériel de la voie ferrée.

« A ce dernier point de vue, notamment, le signe caractéristique des
« tramways est que leur plate-forme, sur toute leur étendue, aussi bien
« dans les sections à travers champs que sur les voies publiques
« empruntées par le tracé, demeure accessible à la circulation ordinaire
« des voitures et des piétons, ou tout au moins à celle des piétons.

« Au contraire, les chemins de fer d'intérêt local sont soustraits à
« cette servitude, au moins en dehors des sections empruntées aux voies
« publiques.

« Dès lors, le classement doit être, dans chaque espèce, dicté par des
« considérations de fait.

« La nature du service de la voie ferrée, son système d'exploitation,
« et la proportion entre la longueur des sections à établir sur des voies

« publiques préexistantes et celle des sections à établir en dehors de ces
« voies publiques, constituent à cet égard les principaux éléments d'appré-
« ciation.

« Par exemple, une ligne destinée à être exploitée de manière à
« prendre ou à laisser des voyageurs ou des marchandises sur tous les
« points du parcours doit nécessairement être accessible aux piétons, et,
« le cas échéant, aux voitures dans toute son étendue et doit, en consé-
« quence, être considérée comme un tramway, quelle que soit l'impor-
« tance relative des sections à travers champs.

« Il en est de même d'une ligne, comme celle de. . . . . . à . . .
« . . . ., dont les sections en déviation ne représentent qu'une
« fraction minime de la longueur totale : en effet, la plate-forme d'une
« telle ligne doit, sur la plus grande partie de son développement,
« demeurer affectée à la circulation ordinaire, au moins pour les piétons ;
« il est, par suite, rationnel de la soumettre également à cette servitude en
« dehors des voies publiques préexistantes, afin d'éviter une dualité de
« régime qui ne se justifierait pas suffisamment ; en outre, le concession-
« naire ne saurait prétendre tout à la fois au bénéfice de l'usage gratuit
« des voies publiques, sur la presque totalité du tracé, et à celui du concours
« plus considérable attribué aux chemins de fer d'intérêt local par la loi
« du 11 juin 1880.

« Pour des raisons inverses, une ligne comme celle de. . . . . . à
« . . . . , qui, sur les trois cinquièmes de sa longueur, doit être
« construite en dehors des voies publiques préexistantes et qui ne doit,
« ni prendre, ni laisser de voyageurs et de marchandises ailleurs qu'aux
« gares ou stations, doit être considérée comme chemin de fer d'intérêt
« local. »

CHAPITRE II

DES ÉTUDES ET DE LA DÉCLARATION

D'UTILITÉ PUBLIQUE.

1. Nécessité d'une autorisation préalable du Ministre des travaux publics pour engager les études. — Les études qui précèdent le classement, quand un acte de cette nature intervient, sont toujours ou presque toujours très sommaires. Elles ne sont soumises à aucune réglementation.

Au contraire les études à faire et les formalités à accomplir pour arriver à la déclaration d'utilité publique sont déterminées par des textes précis.

L'initiative est prise, suivant les cas, soit par l'Administration, soit par les Compagnies ou les personnes qui ont l'intention de solliciter la concession. Conformément aux prescriptions d'une circulaire du 6 mars 1861, il ne peut être procédé à aucune étude sur le terrain qu'en vertu d'instructions ou avec l'adhésion préalable du Ministre des travaux publics. Ces prescriptions se justifient par le devoir qui s'impose à l'Administration supérieure de ne point se prêter à l'élaboration de projets inutiles ou incompatibles avec l'harmonie générale du réseau. Elles trouvent leur sanction dans le refus de l'autorisation indispensable pour régulariser l'introduction des opérateurs dans les propriétés privées, aux termes de la jurisprudence du Conseil d'État et de la Cour de cassation.

2. Règles relatives à l'instruction pour le cas où l'avant-projet est dressé par les Ingénieurs de l'État. — Lorsque l'avant-projet est dressé par les Ingénieurs de l'État, voici quelles sont les règles suivies pour l'instruction.

La composition du dossier et la forme dans laquelle il doit être présenté ont été fixées, d'abord par une circulaire ministérielle du 14 janvier

1850, puis par une autre circulaire du 28 juin 1879, à laquelle a été annexé un formulaire complet.

Si les travaux s'étendent dans la zone frontière ou dans le rayon des enceintes fortifiées, il y a lieu à conférences mixtes en conformité des décrets réglementaires du 16 août 1853 et du 8 septembre 1878.

Si les dispositions de l'avant-projet intéressent d'autres services dépendant de l'Administration des Ponts et Chaussées, des conférences doivent être également ouvertes, conformément à la circulaire ministérielle du 12 juin 1850.

Enfin, le cas échéant, le service vicinal doit être consulté par l'intermédiaire du préfet (même circulaire).

Les services civils ne doivent être appelés à conférer que pour les questions générales susceptibles d'influer sur l'économie d'ensemble de l'avant-projet.

Les procès-verbaux des conférences sont joints au dossier (circulaire ministérielle du 28 juin 1879), sauf l'exception prévue par la circulaire du 28 avril 1880 sur les simplifications à apporter aux projets.

S'il s'agit d'une ligne non comprise dans la zone frontière, le dossier doit contenir une carte au $\frac{1}{80\,000}$ pour le Ministre de la guerre, que le Ministre des travaux publics est tenu de consulter, en exécution du décret du 2 avril 1874.

Les ingénieurs doivent, en vertu d'une circulaire du 12 août 1880, comprendre dans leur estimation la part des frais généraux afférente aux frais de tournées, indemnités de campagne, salaires de surveillants, porte-mires, chaîneurs, etc.

La transmission du dossier et l'instruction par l'Administration supérieure des travaux publics ont lieu suivant les prescriptions des circulaires du 28 décembre 1878 et du 9 janvier 1882.

Quant à l'instruction par l'autorité militaire, elle se fait, suivant les cas, en conformité du décret réglementaire du 16 août 1853 ou de celui du 2 avril 1874.

Le Ministre des travaux publics décide ensuite si l'avant-projet doit être soumis aux enquêtes.

Il est procédé à ces enquêtes suivant les règles édictées par les ordonnances du 18 février 1834 et du 15 février 1835.

La composition des dossiers est déterminée par la circulaire ministérielle du 28 juin 1879.

Les chemins de fer étudiés par l'Administration étant susceptibles d'être concédés, le Ministre des travaux publics a sagement recommandé aux ingénieurs, par une circulaire du 14 mai 1880, de garder une extrême réserve dans l'indication des profits probables de l'entreprise et de se borner à communiquer au public des faits matériels, précis et incontestables, afin de ne pas livrer à la publicité des appréciations aléatoires que les concessionnaires pourraient plus tard invoquer, en cas d'insuccès, et qui seraient ainsi susceptibles d'engager la responsabilité morale de l'État.

Enfin, les ingénieurs et le préfet donnent leur avis sur les résultats de l'enquête (circulaires des 28 décembre 1878 et 9 janvier 1882), et le Ministre statue, après avis du Conseil général des Ponts et Chaussées.

Ainsi est close la série des formalités de l'instruction préalable à la déclaration d'utilité publique.

Dans ce rapide exposé, nous nous sommes en quelque sorte borné à une émunération des textes, à une table des matières. En effet, parmi les règles que nous avons rappelées, il en est qui n'ont rien de spécial aux chemins de fer. Elles sont, du reste, toutes reproduites dans des recueils dont disposent les ingénieurs.

A peine avons-nous besoin d'ajouter que, s'il importe d'accomplir avec soin toutes les formalités prescrites par les règlements, l'inobservation de la plupart d'entre elles ne constituerait point un vice substantiel, au point de vue contentieux, et ne pourrait servir de base à un recours pour excès de pouvoirs contre le décret déclaratif d'utilité publique. Nous ne parlons pas du cas où la déclaration d'utilité publique est prononcée par le législateur : la loi est souveraine et les intéressés ne peuvent en appeler que par voie de pétition.

3. **Règles de l'instruction pour le cas où l'avant-projet d'un chemin de fer d'intérêt général est dressé par une Compagnie ou par un particulier.**— La plupart des indications que nous venons de donner, pour le cas où l'avant-projet est dressé par les Ingénieurs de l'État, s'appliquent au cas où il est préparé par une Compagnie ou par un particulier. Toutefois, il est alors constitué un service de contrôle chargé de surveiller les études, d'en rendre compte, d'en examiner les résultats. C'est à ce service qu'incombe le soin d'ouvrir les conférences avec les représentants de l'autorité militaire et des autres services civils intéressés, lorsque le dossier de l'avant-projet lui a été renvoyé par le Ministre, à qui il doit être adressé par l'auteur des études ; la Compagnie ou la personne qui ont rédigé l'avant-projet sont seulement entendus en leurs observations. C'est aussi aux Ingénieurs du contrôle qu'il appartient de proposer les mesures de détail nécessaires pour l'accomplissement des formalités d'enquête et de renvoyer le dossier avec un avis, appuyé des observations de l'auteur de l'avant-projet.

Ici encore, nous nous garderons d'insister sur des détails de procédure administrative qui n'ont rien d'essentiel.

4. Règles de l'instruction pour les chemins de fer d'intérêt local. — Les textes généraux à consulter sont la loi du 11 juin 1880 et le règlement d'administration publique du 11 mai 1881.

Aux termes de l'article 2 de la loi du 11 juin 1880, s'il s'agit de chemins à établir par un département, sur le territoire d'une ou de plusieurs communes, le Conseil général arrête, après instruction préalable par le préfet, la direction de ces chemins, le mode et les conditions de leur construction, en se conformant aux clauses et conditions du cahier des charges type approuvé par le Conseil d'État, sauf les modifications qui seraient apportées par la convention et la loi d'approbation. Lorsque la ligne doit s'étendre sur plusieurs départements, il est fait application des articles 89 et 90 de la loi du 10 août 1871.

S'il s'agit de chemins à établir par une commune sur son territoire, les attributions conférées au Conseil général pour les chemins départementaux sont exercées par le Conseil municipal dans les mêmes conditions et sans qu'il soit besoin de l'approbation du préfet.

Les projets ainsi arrêtés sont soumis à l'examen du Conseil général des Ponts et Chaussées et du Conseil d'État ; au cas où le projet a été arrêté par le Conseil municipal, il est accompagné de l'avis du Conseil général.

Le règlement d'administration publique du 11 mai 1881 détermine les formes à suivre pour les enquêtes, lorsque le chemin de fer doit emprunter des voies publiques sur une partie de sa longueur. Quand le chemin de fer doit se développer entièrement à travers champs, il est procédé conformément aux ordonnances du 18 février 1834 et du 15 février 1835.

5. Règles de l'instruction pour les voies ferrées des quais. — Les voies ferrées qui relient les quais maritimes ou fluviaux aux gares, étant établies sur des voies dépendant du domaine public, rentrent dans la catégorie de celles que vise le chapitre II de la loi du 11 juin 1880 et sont, par suite, assimilées aux tramways.

L'instruction préparatoire et les enquêtes doivent être faites conformément aux règles déterminées par le règlement d'administration publique du 18 mai 1881.

Bien que découlant des termes de la loi du 11 juin 1880 et des débats auxquels cette loi a donné lieu devant le Parlement, l'assimilation des voies ferrées des quais aux tramways soulève les plus graves objections :

1° Pour les Compagnies ayant recours à la garantie d'intérêt, l'imputation des dépenses aux comptes généraux du réseau entraîne, de la part de l'État, une véritable subvention analogue à celle qui a été prévue par la loi de 1880, alors que, aux termes de cette loi, les tramways desservis par des locomotives et destinés tout à la fois au transport des voyageurs et au transport des marchandises peuvent seuls être subventionnés sur les fonds du trésor.

2° Cette subvention leur est accordée, à un autre point de vue, contrairement à la loi, puisqu'elle devrait être subordonnée au paiement d'une somme au moins équivalente par le département ou par la commune, avec ou sans le concours des intéressés.

3° L'imputation des dépenses de construction au compte de premier établissement peut, en faisant porter ces dépenses sur un seul exercice, donner au concours de l'État le caractère d'une véritable subvention en capital, alors que la loi prévoit exclusivement l'allocation d'annuités de garantie aux tramways.

4° La distinction établie entre la concession principale et celle des raccordements des ports ne se concilie pas bien avec la solidarité admise entre leurs comptes d'établissement et d'exploitation.

En fait, les voies ferrées des ports constituent en quelque sorte le prolongement des gares ou tout au moins des voies de camionnage perfectionnées. En leur rendant leur état civil naturel, on ne ferait que rétablir la réalité des faits ; on y trouverait, en outre, cet avantage que les taxes seraient fixées par le Ministre en vertu de l'article 47 du cahier des charges, au lieu d'être simplement homologuées sur la proposition de la Compagnie.

Une disposition législative régulariserait utilement cette situation.

6. **Déclaration d'utilité publique.** — *a.* Chemins de fer d'intérêt général et chemins d'intérêt local. — Aux termes de la loi de finances du 21 avril 1832, les travaux aux frais de l'État ne pouvaient avoir lieu qu'en vertu « d'une loi spéciale ou d'un crédit ouvert à un chapitre spécial « du budget (1) ».

La loi organique du 7 juillet 1833 sur l'expropriation portait, en son article 3, « que les chemins de fer entrepris par l'État ou par des Compa- « gnies particulières avec ou sans péage, avec ou sans subside du Trésor, « avec ou sans aliénation du domaine public, ne pourraient être exécutés « qu'en vertu d'une loi, qui ne serait rendue qu'après une enquête admi- « nistrative », mais « qu'une ordonnance royale suffirait pour les chemins

----

1. Avant 1832, tous les travaux, concédés ou non, étaient autorisés par des ordonnances royales.

« de fer d'embranchement de moins de 20 kilomètres de longueur ».

Cette règle fut maintenue par la loi du 3 mai 1841.

Le sénatus-consulte du 25 décembre 1852 la modifia, en disposant que tous les travaux d'utilité publique seraient ordonnés ou autorisés par décret de l'Empereur, rendu dans les formes prescrites pour les règlements d'administration publique, mais que, si ces travaux avaient pour condition des engagements ou des subsides du Trésor, le crédit devrait être accordé ou l'engagement ratifié par une loi avant la mise à exécution.

La loi du 12 juillet 1865 sur les chemins de fer d'intérêt local confia au Gouvernement le soin de déclarer dans tous les cas l'utilité publique et d'autoriser l'exécution par décret délibéré en Conseil d'État.

Un peu avant la chute de l'Empire, le 27 juillet 1870, le législateur est revenu aux dispositions de la loi de 1841. La loi qui est intervenue à cette date et qui est encore en vigueur est ainsi conçue : « Les chemins de « fer.... entrepris par l'État ou par des Compagnies particulières, avec ou « sans péage, avec ou sans subside du Trésor, avec ou sans aliénation du « domaine public, ne pourront être autorisés que par une loi rendue « après une enquête administrative. — Un décret impérial, rendu en la « forme des règlements d'administration publique (1), et également précédé « d'une enquête, pourra autoriser l'exécution des chemins de fer d'embran- « chement de moins de vingt kilomètres de longueur...... et de tous « autres travaux de moindre importance. En aucun cas, les travaux dont « la dépense doit être supportée en tout ou partie par le Trésor ne pour- « ront être mis à exécution qu'en vertu de la loi qui crée les voies et « moyens, ou d'un crédit préalablement inscrit à un des chapitres du « budget. — Il n'est rien innové, quant à présent, en ce qui touche l'au- « torisation et la déclaration d'utilité publique des travaux publics à la « charge des départements et des communes. »

Cette loi laissait subsister le régime des décrets pour les chemins de fer d'intérêt local ; celle du 11 juin 1880 a réservé au législateur la décla- ration d'utilité publique et l'autorisation de tous les chemins de cette catégorie, quelle qu'en soit la longueur.

En résumé, d'après la législation actuelle, les chemins de fer d'intérêt général sont déclarés d'utilité publique et concédés par une loi, s'ils ne satisfont pas à la double condition de constituer des embranchements et d'avoir moins de 20 kilomètres de développement. Dans ce dernier cas

(1) On remarquera que l'intervention du Conseil d'État pour la déclaration d'utilité publique des chemins de moins de 20 kilomètres de longueur n'était point obligatoire sous le régime de la loi du 3 mai 1841, mais l'est aujourd'hui en vertu de la loi du 27 juillet 1870.

seulement, un décret peut suffire ; mais les finances de l'État ne peuvent être engagées qu'en vertu d'une loi ou de l'inscription préalable d'un crédit au bubget.

Quant aux chemins de fer d'intérêt local, ils nécessitent toujours l'intervention du législateur, même lorsqu'ils ont moins de 20 kilomètres.

Il y a là une certaine anomalie. Le soin jaloux avec lequel le Parlement a voulu retenir pour lui l'autorisation de tous les chemins de fer d'intérêt local s'explique par les abus auxquels avait donné lieu la loi du 12 juillet 1865, par les manœuvres de quelques spéculateurs qui avaient obtenu des départements la concession de lignes destinées à être plus tard soudées et à constituer des voies et même des réseaux de concurrence contre les chemins de fer d'intérêt général, par la faiblesse avec laquelle le Gouvernement avait ratifié quelques-unes de ces concessions, et par les conflits qu'il avait provoqués en refusant les autres. Ce n'est pas sans de sérieuses raisons que le législateur a tenu à décider lui-même, dans chaque espèce, si une ligne peut-être classée comme chemin d'intérêt local, ou s'il y a lieu au contraire de la comprendre dans le réseau d'intérêt général.

Quoi qu'il en soit, nous le répétons, l'anomalie subsiste dans une certaine mesure. Le 14 juin 1875, M. de Janzé et six de ses collègues ont soumis à l'Assemblée nationale une proposition tendant à rapporter l'exception édictée par la loi du 27 juillet 1870, au profit des chemins de fer d'embranchement de moins de 20 kilomètres de longueur. M. Krantz, rapporteur, a conclu le 29 juillet 1875 à unifier le régime des chemins de fer d'intérêt général et des chemins de fer d'intérêt local et à appliquer aux uns comme aux autres les règles de la loi de 1841. Cette conclusion a été adoptée en première et en deuxième délibération ; mais la fin de la législature a empêché de la voter en troisième délibération.

Le 20 juin 1876, M. Wilson a repris devant la Chambre des députés la disposition qui avait ainsi obtenu la consécration d'une double délibération de l'Assemblée nationale ; puis il a modifié sa proposition, pour attribuer dans tous les cas au législateur la déclaration d'utilité publique et l'autorisation des travaux, sans en excepter les lignes de moins de 20 kilomètres. La Chambre a émis un vote favorable à cette proposition, en sa dernière forme ; le Sénat l'a également adoptée en première délibération. Mais l'affaire n'a pas reçu d'autre suite.

Vers la même époque, M. Adam avait soumis au Sénat une proposition tendant à la revision de la loi de 1865 sur les chemins de fer d'intérêt local. A cette occasion, M. Vétillart avait conclu dans le même sens que M. Krantz, mais avait en même temps exprimé l'avis qu'il convenait de se borner à en tenir compte dans l'examen du projet de loi plus général, voté par la Chambre des députés sur l'initiative de M. Wilson ; M. Adam s'étant désisté, le Sénat n'avait pas eu à se prononcer.

Les trois propositions que nous venons de rappeler n'ayant pas été sanctionnées, le défaut d'harmonie que l'on a reproché à la législation sur les chemins de fer d'intérêt général et à la législation sur les chemins de fer d'intérêt local n'a point disparu. Ce défaut est d'ailleurs plus théorique qu'effectif : car il y a bien peu de lignes d'intérêt général dont le développement n'atteigne pas 20 kilomètres, et d'ailleurs l'intervention du législateur est commandée au point de vue financier.

Rappelons en passant que la plupart des législations étrangères donnent au Pouvoir exécutif la mission de prononcer la déclaration d'utilité publique des entreprises, même les plus importantes (voir la loi prussienne du 11 juin 1874, art. 2, et la loi autrichienne du 18 février 1878 sur l'expropriation pour l'établissement des chemins de fer, art. premier). L'Angleterre fait cependant exception. Il en est de même de l'Espagne (Loi du 30 novembre 1877) ; une loi est toujours nécessaire dans ces deux pays.

b. Chemins de fer industriels. — Les chemins dits *industriels* sont spécialement créés pour desservir des usines ou des mines. Leur existence légale a été reconnue par la loi du 12 juillet 1865 (art. 8) et par la loi du 11 juin 1880 (art. 22).

Ils se divisent en deux catégories, savoir :

— les chemins desservant des mines ;

— les chemins desservant des exploitations autres que les exploitations minières.

La déclaration d'utilité publique des chemins miniers est prononcée par décret rendu en Conseil d'État, conformément à l'article 44 de la loi des 21 avril 1810 — 27 juin 1880. Un décret rendu en Conseil d'État peut déclarer « d'utilité publique les..... chemins de fer, modifiant le relief du « sol, à exécuter dans l'intérieur du périmètre (de la concession), ainsi que « les chemins de fer à exécuter en dehors du périmètre. Les voies de « communication créées en dehors du périmètre peuvent être affectées à « l'usage du public, dans les conditions établies par le cahier des charges. » Dans ce cas, » les dispositions de la loi du 3 mai 1841, relatives à la « dépossession des terrains et au règlement des indemnités, sont ap- « pliquées ». Quant aux chemins de fer à établir dans le périmètre de la concession, sans changement dans le relief du sol, les terrains nécessaires à leur assiette peuvent être occupés en vertu d'un arrêté préfectoral, après que les propriétaires ont été mis à même de présenter leurs observations.

Les chemins de fer desservant les autres industries sont assimilés aux chemins de fer d'intérêt général. Leur déclaration d'utilité publique est soumise aux mêmes règles. Elle est toujours subordonnée à l'établissement immédiat ou éventuel d'un service public. C'est la seule justification du droit d'expropriation conféré à l'industriel pour la construction de la ligne.

c. Voies ferrées des quais. — Les voies ferrées des quais étant assimilées aux tramways, leur déclaration d'utilité publique est dans le domaine du décret délibéré en Conseil d'État, conformément à l'article 29 de la loi du 11 juin 1880.

7. Délai de validité de la déclaration d'utilité publique. — Généralement les décrets déclaratifs d'utilité publique contiennent une disposition aux termes de laquelle « ils sont considérés comme nuls et non « avenus, si les expropriations nécessaires (1) pour l'exécution du chemin « de fer ne sont pas accomplies dans un délai de..... à partir de la date « du décret ». Il est impossible, en effet, de laisser les propriétaires sous le coup d'une expropriation pour des travaux qui seraient indéfiniment ajournés (2). On trouve la même disposition dans beaucoup de lois, spécialement dans celles qui concernent les chemins de fer d'intérêt local et les chemins industriels.

Le délai peut d'ailleurs être prorogé par l'autorité qui a prononcé la déclaration d'utilité publique, ou qui a qualité pour la prononcer d'après la législation en vigueur. Faut-il renouveler alors l'enquête préalable ? Évidemment non, à moins qu'il ne se soit produit, dans la situation des lieux ou dans les faits qui avaient motivé la décision primitive, des modifications de nature à changer profondément l'importance et la nature de l'atteinte portée à la propriété privée ou à faire douter de l'utilité de la mesure. Les exemples de prorogation sont très nombreux et nous ne connaissons pas de cas où l'enquête ait été renouvelée.

Alors même que l'acte déclaratif d'utilité publique ne fixe pas de délai pour les expropriations, il doit être considéré comme périmé et comme inapplicable lorsqu'il remonte à une époque trop éloignée ou lorsqu'il s'agit de travaux qui n'étaient pas certainement compris dans les prévisions de l'avant-projet. (Arrêt de la Cour de cassation du 8 janvier 1873, de Champlagarde, et du 25 juillet 1877, Roudières.)

---

(1) Il résulte d'avis du Conseil d'État que la dernière formalité à remplir dans le délai est celle du jugement d'expropriation.

(2) Cette impossibilité est d'autant plus manifeste que l'article 52 de la loi de 1841 expose les propriétaires à se voir contester l'allocation d'indemnités pour leurs travaux d'amélioration et stérilise ainsi dans une certaine mesure la propriété privée.

8. Recours contre la déclaration d'utilité publique. — Ainsi que nous l'avons déjà dit, quand la déclaration d'utilité publique fait l'objet d'une loi, elle n'est susceptible d'aucun recours contentieux.

Lorsqu'au contraire elle intervient sous forme de décret en Conseil d'État, elle peut être attaquée pour excès de pouvoirs devant le Conseil d'État statuant au Contentieux, par application de l'article 9 de la loi du 24 mai 1872 ainsi conçu : « Le Conseil d'État statue souverainement sur « les recours en matière contentieuse administrative et sur les demandes « d'annulation pour excès de pouvoirs formées contre les actes des diverses « autorités administratives. »

La juridiction administrative suprême n'a pas à apprécier l'utilité des travaux. (Conseil d'État, 26 février 1870, Gérard.) Elle ne peut qu'examiner si les formalités substantielles prescrites par la loi ont été observées ou si le Gouvernement n'est pas sorti des limites de sa compétence. Un décret déclaratif d'utilité publique, qui aurait été rendu sans l'accomplissement de l'enquête préalable, pourrait être annulé; il en serait de même d'un décret intervenu dans des circonstances où la loi du 27 juillet 1870 exige un acte législatif. Alors même que l'enquête aurait eu lieu, si l'une des formes essentielles prescrites par les ordonnances de 1834 ou de 1835 n'avait pas été respectée, la déclaration d'utilité publique serait susceptible d'annulation : car il y aurait violation d'un droit, d'une garantie accordée aux citoyens (1). (Arrêts du Conseil du 20 mai 1843, ville de Saint-Germain; du 26 avril 1847, Boncenne; du 1er juin 1849, Ponts-Asnières de la Châtaigneraye; du 9 juin 1849, de Carbon et consorts; du 27 mars 1856, de Pommereu; du 28 janvier 1858, Hubert; du 19 avril 1859, Marsais; du 26 février 1870, Gérard; du 26 décembre 1873, Garret; du 22 novembre 1878, de l'Hôpital, Fleury et autres.)

Le recours n'est plus recevable, quand le jugement d'expropriation est intervenu et n'a pas été cassé. (Conseil d'État, 26 décembre 1873, Garret contre commune de Marchenoir; 22 mai 1885, Fénaux contre Compagnie de l'Est.)

Avant de rendre le jugement d'expropriation, le tribunal doit vérifier si la déclaration d'utilité publique a été faite par l'autorité compétente, si elle s'applique bien aux travaux pour lesquels l'expropriation est requise, si elle n'est pas périmée. Mais la loi du 3 mai 1841, article 14, ne lui donne compétence que pour constater l'accomplissement des formalités prescrites par l'article 2 du titre Ier et par le titre II; il n'a donc pas à voir si l'enquête a eu lieu, ni, à fortiori, si elle a été régulière.

(1) Tel serait par exemple le cas où l'ingénieur de la Compagnie aurait été nommé à tort membre de la Commission d'enquête.

CHAPITRE III

DE L'ÉTENDUE DES RÉSEAUX

1. Observation préliminaire. — Nous avons maintenant à indiquer les bases et les formes principales des concessions. Mais, auparavant, nous devons traiter une question fort importante, celle de l'étendue des réseaux. Les principes admis au sujet du groupement des lignes peuvent, en effet, exercer une grande influence sur le choix entre les divers modes de concession.

2. Impossibilité d'une règle théorique sur la limite d'étendue des réseaux. — Il n'est pas possible de formuler une règle abstraite, théorique, absolue, sur la limite d'étendue des réseaux susceptibles d'être gérés par une même administration.

La longueur de ces réseaux n'est en effet que l'un des éléments du problème. Parmi les autres éléments, il convient de citer en particulier l'importance et la nature du trafic, le groupement et la distribution des lignes sur le territoire qu'elles desservent, la topographie de la région, les principes qui président à l'organisation des services.

a. IMPORTANCE ET NATURE DU TRAFIC. — Si on parcourt les tableaux récapitulatifs des recettes et des dépenses d'exploitation en 1883 pour les grandes Compagnies, on y voit le produit brut kilométrique varier de 2 000 francs environ à 180 000 francs (sans parler du chemin de fer de Ceinture, ni de certaines sections de la banlieue de Paris). Est-il possible d'assimiler des lignes aussi dissemblables, de les considérer comme pesant également sur l'Administration dont elles relèvent? Sur tel chemin, le nombre des trains n'est que de trois par jour dans chaque sens, tandis que sur tel autre les convois se succèdent parfois à 5 minutes d'intervalle. Ici, le nombre de tonnes de marchandises transportées annuellement par kilomètre ne dépasse pas 4 000 : là, au contraire, il s'élève à plus de deux millions. Des voies placées dans des conditions si différentes ne sauraient évidemment exiger les mêmes soins, les mêmes préoccupations, le même travail, de la part de ceux qui ont à les gérer.

Un réseau d'une longueur moindre, mais doté d'une circulation plus intense, peut, toutes choses égales d'ailleurs, comporter une administration plus complexe et plus laborieuse qu'un réseau d'un développement plus considérable, sur lequel la circulation serait moins active.

Voici, à cet égard, quelques données intéressantes extraites des statistiques officielles, pour les principales Compagnies anglaises et françaises :

DÉSIGNATION des RÉSEAUX	LONGUEUR EXPLOITÉE au 31 décembre (1)	NOMBRE DES VOYAGEURS à toute distance	NOMBRE DES TONNES de marchandises à toute distance	RECETTES BRUTES TOTALES
	km.	voyageurs	tonnes	fr.
1 — COMPAGNIES ANGLAISES (1885)				
London and North-Western..	2.911	54.849.030 (2)	33.617.658	259.273.277
Great-Western.............	3.836	50. 02.722	23.491.823	194.958.998
Midland...................	2.251	32.216.548	24.921.803	187.408.332
North-Eastern..	2.507	33.273.312	36.438.569	151.692.116
Lancashire and Yorkshire...	796	40.214.948	25.993.800	94.596.891
Great-Eastern.............	1.681	66.978.367	7.098.295	91.992.775
Great-Northern............	1.265	25.400.234	9.842.323	90.950.230
London and South-Western.	1.217	34.591.779	3.799.949	77.942.410
Caledonian................	1.318	17.002.713	14.675.174	74 514.054
North-British.............	1.633	21.994.353	13.558.810	65.426.329
London-Brighton and South-Coast....................	684	34.767.250	2.437.008	54.748.913
South-Eastern..	594	25.978.581	1.979.668	53.489.098
2 — RÉSEAUX FRANÇAIS (1883)				
Nord.......................	2.670	29.430.657	21.988.414	175.298.977 (3)
Est........................	3.609	32.527.238	12.704.476	137.409.866
Ouest.	3.782	49.217.684	7.124 554	138.516.611
Orléans.......	4.527	19.763.004	8.750.587	185.381.623
Paris-Lyon-Méditerrannée...	6.938	38.647.756	22.209.426	346.228.338
Midi..	2.468	12.373.036	6.486.426	100.239.680
État.	2.848	10.234.779	3.099.526	26.685.459

(1) Les documents statistiques anglais ne donnent pas la longueur moyenne exploitée pendant l'année.

(2) Non compris les abonnements.

(3) Non compris l'impôt sur les transports.

Il suffit de jeter les yeux sur les chiffres précédents, pour constater la différence profonde qui existe entre les deux pays et même entre les divers réseaux de l'Angleterre ou de la France, au point de vue de l'intensité du mouvement à longueur égale.

Le London and North-Western, par exemple, dont la longueur est très notablement inférieure à celle de l'Est Français, a une recette presque double.

Cette recette est de 64 millions supérieure à celle du Great-Western, qui pourtant compte 895 kilomètres de plus.

Le Midland, dont le développement n'est que de 2 251 kilomètres, donne presque le même produit brut que le Great-Western, qui a 3 836 kilomètres.

La recette du Nord Français est à celle du réseau d'État dans le rapport de 6 1/2 à 1, bien que la longueur de ce dernier excède de 78 kilomètres celle du réseau du Nord.

Nous ne multiplierons pas davantage ces rapprochements que le lecteur saura faire de lui-même ; nous ne chercherons pas non plus d'autres termes de comparaison dans le nombre des machines et des véhicules ou dans le parcours kilométrique des trains, comme on l'a fait quelquefois : ce serait insister inutilement sur une vérité qui éclate à tous les yeux.

Si la longueur ne peut servir de criterium pour mesurer la tâche imposée à l'administration d'un réseau, le trafic et la recette ne sauraient non plus fournir des éléments déterminants d'appréciation.

De deux réseaux d'inégal développement, ayant le même trafic ou la même recette brute, le plus court sera généralement le plus facile à administrer ; il aura moins de personnel ; le matériel pourra y être mieux utilisé ; les chefs de service auront à embrasser un horizon moins vaste ; ils connaîtront mieux les besoins et les ressources de la région ; leur attention sera moins divisée, moins disséminée.

Le trafic doit d'ailleurs être envisagé, non seulement dans son intensité, mais aussi dans sa nature, dans ses fluctuations, dans sa distribution entre les divers chemins. La « grande vitesse » et la « petite vitesse » sont choses absolument dissemblables. A recette égale, les marchandises pondéreuses nécessitent plus de matériel, plus de personnel, plus d'opérations de gare que les marchandises de valeur ; à poids égal, le trafic de détail exige plus de soins et de dépenses que le trafic par grandes masses. Une ligne balnéaire qui n'est largement utilisée que pendant quelques mois de l'année est d'une exploitation plus laborieuse qu'une ligne dont la fréquentation est à peu près uniforme. Un réseau dont toutes les lignes auraient à peu près la même circulation ne se comporterait pas comme un réseau composé d'une ou de deux grandes artères et de chemins secondaires peu productifs.

La longueur des parcours effectués par les voyageurs ou par les marchandises influe également sur les charges du service, d'autant plus lourd que ces parcours sont moindres : en effet, au départ ou à l'arrivée, l'Administration a à pourvoir à des opérations matérielles ou à des écritures indépendantes du trajet.

Ainsi le développement d'un réseau, l'intensité et la nature de son trafic, enfin le chiffre de sa recette brute totale, ne sauraient se séparer et s'isoler; ils forment un faisceau dont les branches doivent rester indissolublement liées les unes aux autres.

b. GROUPEMENT DES LIGNES. — Le groupement des lignes sur le territoire qu'elles desservent exerce sur la gestion des réseaux une action qui, sans avoir la même importance, n'est cependant point négligeable.

Un réseau resserré, concentré, est plus facile à gouverner qu'un réseau à mailles larges et éparses. L'un des exemples les plus frappants que l'on puisse citer à cet égard est celui du réseau d'État formé en 1878 avec les épaves des Compagnies du Sud-Ouest : la déconfiture de ces Sociétés avait conduit à réunir dans les mêmes mains un véritable chaos de chemins coupés, divisés, éparpillés, souvent privés de communications entre eux, n'aboutissant point à des centres suffisants de population; on conçoit quelles difficultés devait présenter l'administration d'un ensemble si factice et si peu homogène. Tous les efforts des Pouvoirs publics ont dû tendre à « rassembler l'attelage », en construisant des tronçons nouveaux ou en négociant des remaniements avec les Compagnies voisines, et, sans être parfaite, la situation est aujourd'hui bien meilleure.

Le réseau de Paris à Lyon et à la Méditerranée, malgré sa très grande longueur, serait incontestablement moins lourd à administrer, s'il couvrait une moindre superficie de territoire; si, avant de s'épancher à la hauteur de Dijon, il n'avait pas à franchir le goulet qui sépare cette ville de Paris, entre les réseaux de l'Est et d'Orléans; si son terminus, à la frontière italienne (près de Vintimille), ne se trouvait pas à plus de 1 100 kilomètres du siège de la direction.

c. TOPOGRAPHIE DE LA RÉGION DESSERVIE. — On comprend, sans que nous ayons besoin d'y insister, le rôle de la topographie du sol dans la région desservie par un réseau.

Les procédés et le fardeau de l'exploitation sont tout autres sur les lignes de montagne que sur les lignes de plaine, aux abords des Alpes

que dans les vallées de la Seine ou du Rhin. Ici une machine pourra re-
morquer facilement un convoi de quarante wagons et traîner 300 ou
400 tonnes de poids utile; là, au contraire, la charge ne dépassera pas
50 tonnes. L'utilisation du personnel et du matériel sera complètement
différente; le service sera réglé suivant des principes n'offrant entre eux
que peu de similitude.

d. ORGANISATION ADMINISTRATIVE. — La Commission instituée en 1876
par le Sénat, à l'effet « d'étudier et de proposer les voies et moyens néces-
« saires pour l'achèvement du réseau des chemins de fer d'intérêt général »,
a naturellement porté ses investigations et ses recherches sur la question
que nous traitons en ce moment.

Les directeurs des grandes Compagnies, appelés à déposer devant cette
Commission, ont tous insisté avec raison sur l'élasticité des administrations de chemins de fer, à la condition qu'elles soient pourvues d'une
sage organisation et que les services y soient convenablement décen-
tralisés.

Sans entrer dans le détail des divers rouages dont se composent ces
administrations, nous devons en faire connaitre les principaux organes.

Pour toutes les Compagnies françaises autres que le Nord, les services
ont à leur tête un directeur placé sous la haute autorité du Conseil d'administration; pour le réseau du Nord, la direction est attribuée à un comité
de sept membres du Conseil.

Au second degré, les services extérieurs se subdivisent en trois branches, à savoir :

Exploitation proprement dite (mouvement et exploitation commer-
    ciale);

Matériel et traction;

Entretien et surveillance de la voie.

Dans cette nomenclature, nous laissons de côté : 1° certains services
généraux, comme ceux de la comptabilité générale, des titres, de la caisse,
du contentieux, qui relèvent du Conseil ou de la Direction; 2° les travaux
neufs qui sont, tantôt réunis à l'entretien de la voie, tantôt au contraire
constitués en service distinct.

Chacune des branches que nous venons d'énumérer comprend :

— un service central, chargé de donner l'impulsion générale et l'unité de
direction;

— des services locaux, chargés d'appliquer les mesures d'ensemble
arrêtées par le service central et d'assurer l'expédition et le règlement des
affaires journalières.

Quand un réseau prend de l'extension, il suffit d'augmenter le nombre des services locaux. Toutefois, pour ne pas surcharger le service central, pour ne pas encombrer ses bureaux, pour ne pas s'exposer à des lenteurs incompatibles avec l'essence même des transports par rails, pour ne pas faire peser sur le public les inconvénients d'une centralisation excessive, il faut aussi donner aux agents locaux des pouvoirs d'autant plus étendus que le champ d'action des Compagnies est plus développé. Cette nécessité s'impose surtout pour l'exploitation commerciale, qui donne lieu, pour ainsi dire à toute heure, à des incidents, à des difficultés, à des litiges, à des plaintes, à des réclamations ; toutes les fois que les intérêts en jeu sont peu importants, les inspecteurs principaux doivent avoir le droit de décider et de transiger, sous réserve, bien entendu, d'un appel des intéressés à la Direction, s'ils le jugent utile et s'ils ne veulent pas accepter la décision ou les offres des agents locaux. Abandonner à l'iniative et à la responsabilité des agents tout ce qui ne touche pas à l'unité générale de l'administration, tout ce qui peut leur être remis sans enfreindre les lois et règlements sur l'exploitation ou les actes de concession et sans engager outre mesure les finances de la Compagnie, ne retenir que ce qui exige l'intervention du Ministère, ce qui doit être réservé au service central pour éviter le désordre et l'anarchie, ce qui peut y être fait plus utilement et plus facilement, ce qui est trop important pour être soustrait à l'action directe du Conseil d'administration, du directeur ou de ses collaborateurs immédiats, telle est la règle primordiale d'une bonne organisation. Cette règle est assez souple, assez élastique, pour se prêter à des applications plus ou moins larges suivant le développement des réseaux.

Dans le cours de l'enquête sénatoriale, les directeurs des grandes Comgnies ont affirmé que le principe de la décentralisation, maintenu dans des limites prudentes, était mis en pratique depuis de longues années. En a-t-on fait un usage suffisant ? Nous n'avons pas à l'examiner pour l'heure ; il nous suffit d'avoir montré quelle influence il exerce sur la capacité des administrations de chemins de fer et quelle extension il permet de leur attribuer.

3. Avantages des grands réseaux. — *a.* Avantages au point de vue des sujétions imposées au transport des voyageurs ou des marchandises. — Lorsque des voyageurs ont à passer d'un réseau sur un autre, ils sont le plus souvent assujettis à changer de voiture ; c'est tout à la fois un désagrément et une perte de temps plus ou moins prolongée suivant l'organisation des correspondances. A ce double inconvénient s'ajoute, dans beaucoup de cas, l'obligation de prendre un nouveau billet et de faire réenregistrer les bagages. On comprend, en effet, que les Compagnies hésitent à délivrer ou à admettre des billets directs pour les relations entre leurs gares et celles d'une Compagnie voisine, et à ouvrir ainsi des comptes communs qui compliquent leur comptabilité et qui parfois peuvent les exposer à des difficultés et à des pertes. Elles n'ont d'ailleurs à cet égard d'autre obligation que celle qui leur est imposée par l'article 61, § 5, de leur cahier des charges ainsi conçu : « Dans le cas où une Com- « pagnie d'embranchement ou de prolongement joignant les lignes qui « font l'objet de la présente concession n'userait pas de la faculté de « circuler sur ces lignes, comme aussi dans le cas où la Compagnie con- « cessionnaire de ces dernières lignes ne voudrait pas circuler sur les « embranchements et prolongements, les Compagnies seraient tenues de « s'arranger entre elles, de manière que le service de transport ne soit « jamais interrompu aux points de jonction des diverses lignes. »

A plusieurs reprises, l'Administration supérieure a fait ses efforts pour amener les Compagnies, sinon à généraliser, du moins à multiplier les billets directs. M. Varroy, ministre des travaux publics, avait notamment inséré dans le cahier des charges supplémentaire, annexé à son projet de con- vention de 1882 avec la Compagnie d'Orléans, l'article suivant : » La « Compagnie devra étendre les billets directs de voyageurs........... aux « principales gares des autres réseaux qui seraient soumis à la même « obligation ou qui l'accepteraient, lorsque le Ministre des travaux publics « jugera que l'importance des relations justifie cette mesure. » Mais on sait que le projet de loi portant approbation du contrat préparé par M. Varroy n'a pas reçu de suite, et l'introduction même de la clause que nous venons de rappeler, dans le projet de convention de 1882, est le té- moignage le plus manifeste des sujétions imposées aux voyageurs par les changements de réseaux.

Il est incontestable qu'à ce point de vue le public a tout intérêt à voir s'étendre et se développer le domaine des Compagnies.

Des considérations du même ordre s'appliquent au transport des marchandises. La responsabilité des Compagnies, pour les parcours sur leurs rails, les force à reconnaître contradictoirement l'état de la chose transportée, lors de la transmission d'un réseau à l'autre; il en résulte des manutentions, des frais, des allongements de délai, une fâcheuse immo- bilisation du matériel roulant. C'est d'ailleurs là le minimum des sujé- tions pesant sur le trafic des marchandises : ces sujétions s'aggravent singulièrement quand les Compagnies se refusent à échanger leurs wagons, soit pour des raisons de sécurité de l'exploitation, soit à cause des incon- vénients et des dangers que peuvent présenter pour elles les comptes communs, soit enfin parce que la situation de leur matériel ne leur permet pas de le laisser sortir de leurs mains et s'éparpiller en dehors des limites de leur concession.

Mentionnons encore les opérations de composition et de décomposition des trains, presque toujours plus longues, plus complexes et plus onéreuses, au passage d'un réseau à l'autre qu'au passage d'une ligne ou d'une section à une autre ligne ou à une autre section concédée à la même Compagnie.

b. Avantages au point de vue de la vitesse des transports. — En indiquant les sujétions imposées aux transports par les changements de réseau, nous avons signalé les pertes de temps qui en résultaient inévitablement pour les voyageurs et les marchandises.

Mais ce n'est point seulement par les transmissions que le morcellement des réseaux réduit la vitesse des transports.

On comprend facilement, sans être très versé dans les détails de l'exploitation des chemins de fer, qu'une Compagnie maîtresse d'un groupe considérable de lignes, étendant son action sur de longues distances, puisse avoir des trains plus rapides, établir plus d'harmonie et d'unité dans le service, mieux assurer les relations et les correspondances entre les divers points de son réseau.

Sans doute le Ministre des travaux publics, investi par l'ordonnance du 15 novembre 1846 du droit absolu de fixer le nombre et l'horaire des trains, peut dans une certaine mesure corriger les inconvénients de la division des réseaux. Mais il n'y a là qu'un palliatif, d'une efficacité très limitée, et nullement un remède absolu contre le vice organique des petites Compagnies.

Que l'on suppose, par exemple, la ligne de Calais vers la frontière italienne répartie entre sept ou huit concessionnaires, au lieu de deux, immédiatement les trains à grande vitesse organisés par les Compagnies du Nord et de Paris à Lyon et à la Méditerranée deviendront à peu près impossibles, et la France perdra le transit de voyageurs auquel elle livre actuellement passage.

Que l'on suppose encore la ligne de Paris à Marseille sectionnée et divisée en plusieurs concessions, les délais de transport pour les voyageurs comme pour les marchandises, entre la capitale et le littoral méditerranéen, seront inévitablement accrus dans une proportion notable.

Il ne saurait y avoir aucun doute à cet égard : c'est l'évidence même.

c. Avantages au point de vue des charges financières de l'exploitation. — Le crédit des grandes Compagnies est incontestablement assis sur des bases plus larges et plus solides que celui des petites Compagnies. Les Sociétés de chemins de fer ne sauraient en effet échapper à la loi commune des sociétés industrielles.

Sans doute, dans certaines circonstances spéciales, les Compagnies concessionnaires de lignes d'une utilité locale nettement caractérisée arrivent assez facilement à recueillir leurs capitaux et surtout à placer leurs actions dans la contrée qu'elles sont appelées à desservir. Cela tient à ce que les souscripteurs sont des usiniers, des manufacturiers, de grands cultivateurs, parfois aussi, mais plus rarement, des philantrophes, prêts à faire certains sacrifices dont la construction du chemin de fer leur fournira la compensation sous une autre forme. Mais ce sont des cas particuliers, n'infirmant en rien la loi générale que nous venons de rappeler.

Au surplus, l'expérience s'est maintes fois prononcée à cet égard. On a vu naître et se constituer en France des Compagnies secondaires, à côté des Compagnies principales, et, tout en tenant un juste compte de la moindre valeur de leurs réseaux, tout en constatant que les Pouvoirs publics ne leur ont généralement pas fourni le même appui et le même concours, on ne saurait méconnaître la part imputable au peu d'étendue de leurs concessions dans les difficultés financières avec lesquelles elles ont été aux prises. Aujourd'hui encore, si on consulte la cote de la Bourse, on y trouve des différences sensibles entre le cours des obligations des grandes Compagnies et celui des obligations des Compagnies algériennes (Bône-Guelma, Est-Algérien, Ouest-Algérien), qui cependant sont dotées d'une garantie d'intérêt de l'État et pour lesquelles cette garantie est supérieure à celle dont jouissaient les grandes Compagnies sous le régime des conventions de 1859. Ces différences ne sauraient s'expliquer par le seul fait que les Compagnies algériennes opèrent dans un pays où le taux d'intérêt des capitaux est plus élevé que sur le continent : car la plupart des souscripteurs sont des habitants de la métropole ; nous avons d'ailleurs montré dans un chapitre précédent combien les obligations garanties se rapprochent de la rente, et il est certain que des emprunts d'État, affectés en tout ou en partie à des opérations sur le territoire de notre colonie africaine, se feraient dans des conditions identiques à celles des emprunts exclusivement destinés à des opérations sur le sol continental. La dépression pesant sur les cours des obligations algériennes doit être attribuée à d'autres causes, parmi lesquelles il faut ranger la faible étendue des réseaux.

Ainsi, à égalité de dépenses de premier établissement, les charges financières correspondantes sont plus élevées pour les petites que pour les grandes Compagnies.

Mais le morcellement des réseaux a en outre le défaut d'augmenter les frais de premier établissement. Ainsi que nous l'avons déjà fait observer, les Compagnies sont obligées d'établir, pour leurs relations, des gares communes toujours fort coûteuses, où elles garent leur matériel, où elles procèdent aux transbordements, aux reconnaissances contradictoires, aux échanges de wagons, à la composition et à la décomposition des trains. Leurs véhicules y sont immobilisés pendant un temps plus ou moins long et doivent être par suite, pour le même trafic, d'autant plus nombreux que le nombre des gares communes est plus considérable.

D'un autre côté, les fluctuations du trafic ne sont jamais identiques sur les diverses lignes ; tantôt l'intensité des transports augmente dans les régions agricoles ou vinicoles, alors qu'elle reste stationnaire ou qu'elle diminue dans les régions industrielles ; tantôt c'est l'éventualité inverse qui se réalise ; tantôt encore des fêtes, des cérémonies ou simplement la saison, attirent sur certains chemins un grand concours de voyageurs. Une administration fractionnée ne peut faire face aux besoins créés par ces circonstances temporaires et locales qu'à la condition d'avoir en réserve un plus grand nombre de machines, de voitures et de wagons ; au contraire, une direction unique pour toutes les voies ferrées d'une région étendue permet de déverser plus facilement sur les itinéraires exceptionnellement chargés l'excédent de matériel disponible sur les autres lignes, d'arriver ainsi à une meilleure utilisation, à un roulement plus économique des machines et des véhicules, et d'en réduire par suite le nombre.

Dans le même ordre d'idées, il importe de rappeler que les grandes Compagnies peuvent plus aisément introduire dans leur matériel la variété de types nécessaire pour l'approprier aux transports si profondément différents, dont elles sont chargées. Sans doute, la spécialisation ne doit pas être poussée à l'excès ; mais, contenue dans des limites rationnelles, elle offre des avantages indéniables, et on ne saurait contester qu'elle soit d'autant plus facile que le champ d'action des Compagnies est plus étendu.

Il faut en outre des dépôts pour les machines, des remises, des garages pour les véhicules, des ateliers pour les réparations et l'entretien ; en diminuant les réseaux, on augmente presque inévitablement les dépenses de construction afférentes à ces installations.

Après avoir démontré que le morcellement accroît les frais de premier établissement, passons aux frais d'exploitation.

Tout d'abord, les frais généraux sont loin d'être proportionnels à la longueur des réseaux. Une administration centrale bien constituée peut élargir son domaine et gérer de nouvelles lignes, sans augmenter son état-major au prorata du développement de ces lignes ; ses cadres offrent assez d'élasticité pour qu'il lui suffise, le plus souvent, d'y introduire quelques agents en sous-ordre. Moyennant ce léger appoint, elle arrive sans peine à faire face au travail supplémentaire que peuvent lui imposer les extensions de son réseau.

Ce qui est vrai du personnel de l'administration centrale l'est aussi, jusqu'à un certain point, pour le personnel extérieur. Les circonscriptions des chefs de service locaux, préposés à l'exploitation proprement dite, au matériel et à la traction, à l'entretien et à la surveillance de la voie, ne sont pas limitées par des règles tellement étroites qu'elles ne puissent se prêter à certains accroissements.

Pour des raisons analogues à celles que nous avons exposées relativement au matériel roulant, les grandes Compagnies sont en situation de pourvoir, avec un nombre moindre d'employés, aux nécessités créées sur telle ou telle de leurs lignes par des circonstances extraordinaires et temporaires.

Ajoutons encore, avant d'en finir avec le personnel, qu'il est plus facile à recruter pour un grande Administration, où l'avancement est plus régulier et l'avenir mieux assuré, et où les emplois attribués aux agents peuvent être mieux appropriés à leurs aptitudes et à leurs capacités.

Le système des grandes Compagnies se prête, nous l'avons déjà dit, à une utilisation plus satisfaisante des machines et des véhicules, à une organisation plus convenable et plus économique des trains de voyageurs et de marchandises.

Les manutentions et les dépenses des gares communes sont moindres.

L'outillage des ateliers est plus perfectionné et plus complet ; les opérations y sont plus nombreuses ; on peut y appliquer davantage le principe de la division du travail, y faire des réparations qui seraient irréalisables dans des ateliers plus modestes, y tirer un meilleur parti des ouvriers et des outils.

Les dépenses afférentes aux dépôts sont aussi moins élevées.

C'est aujourd'hui un fait hors de conteste que les frais de transport ne croissent point en proportion de la longueur des parcours ; qu'ils peuvent être considérés comme composés de deux éléments, dont l'un constant et l'autre variable avec la distance ; et que, par suite, le prix de revient de l'unité kilométrique de trafic diminue quand augmente le parcours sur les rails de la Compagnie.

Les approvisionnements de toute nature sont plus importants et plus réguliers et peuvent faire l'objet de marchés plus avantageux.

Les travaux d'entretien et de réfection de la voie peuvent être mieux aménagés.

Les dépenses imprévues, comme celles des accidents contre lesquels on cherche avec raison à se prémunir, mais que l'on n'arrivera jamais à éviter complètement, exercent un contre-coup moins violent sur le budget des grandes Compagnies et en troublent moins l'équilibre ; elles sont en quelque sorte noyées dans l'ensemble des dépenses et n'affectent pas sensiblement le dividende des actionnaires.

Nous devons enfin rappeler que les petits réseaux, ayant un capital moindre, sont plus exposés aux coups de main des spéculateurs ; que leurs titres se prêtent plus à l'agiotage et aux manœuvres de bourse ; qu'ils courent davantage le risque d'être engloutis par les catastrophes financières. Les faits survenus, il y a quelques années, attestent toute la différence qui existe à cet égard entre les petites et les grandes Compagnies.

En résumé, crédit plus solide, frais de premier établissement moins élevés, exploitation plus économique, tels sont, au point de vue financier, les avantages auxquels peuvent prétendre les grandes Compagnies, si elles savent imprimer une direction sage et prudente à leur gestion.

d. AVANTAGES AU POINT DE VUE DES TARIFS. — En réduisant les charges financières de l'exploitation, l'augmentation d'étendue des réseaux diminue nécessairement les tarifs, surtout pour les marchandises.

Nous avons dit que le prix de revient des transports ne croît pas proportionnellement au parcours. Aussi la tendance est-elle de plus en plus d'appliquer des tarifs différentiels à base décroissante et de mettre ainsi la perception mieux en rapport avec les débours de la Compagnie et avec le service rendu aux usagers de la voie ferrée.

Les changements de réseau font perdre en tout ou en partie, suivant la nature du trafic et les combinaisons du service, les avantages de cet abaissement de la base kilométrique ; chaque point de passage d'une Administration à une autre se comporte en effet plus ou moins comme un terminus grevant les transports de frais qui n'auraient point pesé sur eux, s'ils avaient continué à se faire sur les rails de la même Compagnie.

Considérons par exemple un transport de marchandises taxé actuellement à raison de 8 centimes par tonne sur les 200 premiers kilomètres, de 6 centimes sur les 100 kilomètres suivants, de 5 centimes entre 300 et 400 kilomètres et de 4 centimes au delà de 400 kilomètres, et supposons qu'il parcoure les rails d'une même Compagnie sur une longueur de 600 kilomètres ; la taxe totale sera de $(200 \times 0\,\mathrm{fr.}\,08) + (100 \times 0\,\mathrm{fr.}\,06) + (100 \times 0\,\mathrm{fr.}\,05) + (200 \times 0\,\mathrm{fr.}\,04)$, ou de 35 fr. Admettons, au contraire, qu'au milieu du trajet soit interposée une limite de réseaux et qu'il n'existe pas de tarifs communs, la seconde Compagnie en recevant les marchandises reprendra le tarif à son origine, de telle sorte que la taxe sera de $2\,[(200 \times 0\,\mathrm{fr.}\,08) + (100 \times 0\,\mathrm{fr.}\,06)] = 44$ fr. A la vérité, c'est là un maximum qu'atténuent dans beaucoup de cas les tarifs communs ; mais il n'en reste toujours pas moins une certaine majoration.

A l'augmentation de la taxe, il faut ajouter les frais de transmission qui correspondent aux opérations des gares d'échange, telles que reconnaissance contradictoire, rupture de charge, transbordement, composition et décomposition de trains. Ces frais, fixés à 40 centimes par tonne par l'arrêté du Ministre des travaux publics en date du 30 novembre 1876, sont perçus toutes les fois qu'il n'y a pas communauté de tarifs et, s'ils ne le sont point explicitement quand cette communauté existe, ils n'en réagissent pas moins implicitement sur la base kilométrique.

La division des réseaux n'affecte pas seulement le montant des taxes ; elle en accroît aussi la diversité et la complication. Durant ces dernières années, des plaintes extrêmement vives ont été formulées contre la multiplicité des tarifs des grandes Compagnies françaises, contre les difficultés que rencontraient le public et les agents eux-mêmes pour ne point s'égarer dans le dédale du recueil Chaix. Il y avait dans ces plaintes une part de vérité et une part d'erreur. Mais, sans se prononcer en ce moment sur la mesure dans laquelle elles étaient justifiées, on doit reconnaître qu'elles eussent été plus violentes encore et plus légitimes si le nombre des Compagnies avait été plus considérable : car la multiplicité et l'incohérence des tarifs auraient été plus accusées et plus choquantes, et le public, que troublait la complication des taxes en vigueur sur nos grands réseaux, se serait trouvé en présence d'un labyrinthe bien autrement inextricable.

c. Avantages au point de vue militaire. — Le Ministère de la guerre a manifesté, en mainte occasion, ses préférences pour les grands réseaux au point de vue des transports militaires, en cas de mobilisation et de concentration. Il en a notamment témoigné dans les termes les plus précis, à l'occasion des études entreprises par la Commission extraparlementaire qu'avait constituée M. Hérisson, alors Ministre des travaux publics, vers la fin de 1882.

Les guerres modernes mettent en effet en mouvement des armées si nombreuses, une telle quantité de matériel et d'approvisionnements; elles exigent dans le transport un tel ordre, une telle méthode, une telle précision; l'influence des chemins de fer sur le sort des batailles et sur les destinées de la patrie est si considérable; les opérations de la concentration sont si compliquées, qu'il faut absolument simplifier le mécanisme au lieu d'en multiplier les organes.

Malgré le soin minutieux avec lequel tout a été prévu et réglementé par avance, malgré l'autorité qui serait dévolue à l'Administration militaire sur toutes les voies ferrées du territoire dès l'origine des hostilités, les Administrations de chemins de fer n'en demeurent pas moins les instruments actifs dont dépend le succès, et, plus leur nombre sera grand, plus les chances d'erreurs, de pertes de temps, d'embarras et de perturbations, seront à redouter. A ce point de vue, ce serait une faute insigne de multiplier les réseaux.

Nous avons encore à dire quelques mots des avantages des grandes Compagnies, au point de vue de la structure du réseau et de l'établissement des lignes nouvelles; mais c'est une question que nous nous réservons de traiter, en exposant les principes qui ont présidé à l'organisation du réseau français.

4. **Inconvénients des grands réseaux.** — a. Inconvénients au point de vue de la puissance des compagnies. — Est-ce à dire que l'extension des concessions, à côté de tant d'avantages, soit dépourvue de tout inconvénient ? Certes non.

L'un des défauts le plus souvent reprochés à cette extension est d'augmenter outre mesure la puissance des Compagnies, de les rendre moins dociles, d'en faire de véritables États dans l'État, d'exposer les Pouvoirs publics à être tenus en échec, alors que des sociétés moins fortes, ayant un champ d'action moins vaste, seraient plus souples et moins rebelles.

Le reproche n'est pas sans fondement. Mais il appartient au Parlement et au Gouvernement de faire respecter leurs droits, de prendre leurs garanties en octroyant les concessions, de ne rien tolérer qui soit de nature à compromettre l'intérêt public, de ne jamais faiblir, de concilier l'exercice légitime de leur autorité avec le respect des contrats, de couper court aux résistances injustifiées, de manœuvrer de telle sorte que les tendances égoïstes des Compagnies cèdent le pas devant leurs sentiments patriotiques.

Ajoutons que, si la grande puissance de nos Compagnies a pu éveiller des susceptibilités et des craintes, elle a contribué en revanche à donner pour le développement du réseau des facilités que n'aurait pas offertes au même degré le système des petites Compagnies.

A peine avons-nous besoin de rappeler que, dans cette étude, nous laissons de côté l'exploitation par l'État, au sujet de laquelle nous nous sommes longuement expliqué dans un chapitre précédent, et que nous nous bornons à envisager le régime des concessions.

b. Inconvénients au point de vue des tendances de l'administration et des dépenses d'exploitation des lignes secondaires. — On impute aussi aux grandes Compagnies d'imprimer à leur gestion une allure trop administrative, de trop s'écarter des principes industriels et commerciaux, de ne pas entrer suffisamment en communication avec les usagers, de ne pas montrer assez de souplesse, d'appliquer des procédés trop uniformes à toutes les lignes de leur réseau, d'être en butte à des exigences plus grandes de la part du public, et par suite de ne point exploiter assez économiquement les chemins secondaires.

Les grandes Compagnies françaises ont incontestablement une organisation et un fonctionnement analogues à ceux des Administrations publiques. C'est tout à la fois une qualité et un défaut : une qualité, au point de vue de la régularité de leurs services et de l'ordre de leurs finances, si étroitement liées avec celles de l'État ; un défaut, au point de vue de l'expédition rapide des affaires, de l'initiative du personnel, de la variété à apporter dans les procédés de construction et d'exploitation suivant le caractère et l'importance des lignes, de la souplesse dans les rapports avec les usagers.

Les directeurs et les chefs de service de l'Administration centrale, placés loin des confins de leur réseau, obligés de disperser leurs soins et leur attention sur un grand nombre de lignes, astreints à un service de bureau qui ne leur permet pas des tournées très fréquentes, ne peuvent évidemment connaître aussi bien les détails, se mettre aussi souvent en contact avec le public, que s'ils étaient à la tête d'une administration plus restreinte. En résulte-t-il des conséquences réellement fâcheuses ? C'est ce que nous examinerons dans un instant. Pour le moment, nous ne faisons que constater le degré d'exactitude des imputations dirigées contre le système des grandes Compagnies.

Il est certain aussi que ces sociétés sont soumises à plus d'exigences de la part des populations. Nous n'aurions que l'embarras du choix pour le prouver par des exemples. Il nous suffira de rappeler que, lorsque les grandes Compagnies ont pris possession de lignes antérieurement concédées à des sociétés secondaires, elles se sont toujours vues assaillies de demandes tendant à l'augmentation du nombre des trains, à l'amélioration des transports, au développement des gares, à l'accroissement du personnel. Le Ministre lui-même a été plus d'une fois entraîné à appuyer et à faire aboutir ces revendications, auxquelles il n'eût point accordé son concours vis-à-vis de Compagnies moins puissantes.

Ces exigences se manifestent d'ailleurs, non seulement dans la période d'exploitation, mais même dès la période de construction, et forcent les grandes Compagnies à traiter leurs travaux avec plus d'ampleur que ne le feraient des Compagnies locales.

Les grandes Compagnies sont en outre portées parfois à trop généraliser les types et les procédés en usage sur leurs lignes principales ; c'est surtout dans l'exploitation que ce respect de l'uniformité peut donner lieu à des dépenses supplémentaires. Dans le cours du chapitre consacré au choix entre l'exploitation par l'État ou par les Compagnies, nous avons cité de nombreux chiffres montrant que, pour des lignes dotées du même trafic, le coefficient d'exploitation des grandes Compagnies était supérieur à celui de l'Administration des chemins de fer de l'État constituée en 1878, malgré les difficultés avec lesquelles cette Administration a eu à lutter et malgré les abaissements de tarifs qu'elle a réalisés. Le lecteur voudra bien se reporter à ces chiffres : nous nous contentons d'y ajouter les deux tableaux suivants, dans lesquels nous rapprochons, pour l'exercice 1882, les résultats de l'exploitation du réseau des Dombes (1) de celui : 1° de l'ensemble du nouveau réseau des six grandes Compagnies ; 2° de lignes appartenant à ce nouveau réseau et ayant un trafic comparable à celui des chemins de fer des Dombes.

1° Comparaison du réseau des Dombes avec l'ensemble du nouveau réseau des grandes Compagnies.

DÉSIGNATION DES RÉSEAUX	LONGUEURS	RECETTE BRUTE kilométrique	DÉPENSE kilométrique	RECETTE NETTE kilométrique	COEFFICIENT D'EXPLOITATION
	km.	fr.	fr.	fr.	
Réseau des Dombes............	197	14.473	7.834	6.639	54,4 °/₀
Nouveau réseau de la Cⁱᵉ du Nord..	722	27.367	17.044	10.323	62,3
— de l'Est...	2.066	35.281	21.580	13.701	64,2
— de l'Ouest.	2.189	20.567	16.008	4.559	77,8
— d'Orléans..	2.342	22.560	12.304	10.256	54,5
— de P.-L.-M.	1.576	15.545	12.626	2.919	81,2
— du Midi...	1.518	19.354	13.601	5.753	70,3

(1) Nous avons choisi ce réseau comme l'un des plus correctement gérés, parmi ceux qui ont été concédés à des Compagnies secondaires.

Comme le montre ce tableau, le réseau des Dombes, quoique ayant un trafic de beaucoup inférieur à celui du nouveau réseau des grandes Compagnies, a été exploité bien plus économiquement, et, sans attribuer aux moyennes plus d'importance qu'elles n'en comportent, sans perdre de vue les différences qui peuvent exister entre les lignes au point de vue des conditions techniques d'établissement, ainsi que des conditions d'exploitation et d'entretien, on ne peut cependant fermer les yeux à la vérité et méconnaître la portée des résultats que nous venons de rappeler.

2° Comparaison du réseau des Dombes avec les lignes du nouveau réseau des grandes Compagnies, ayant une recette comprise entre 10 000 et 20 000 francs.

DÉSIGNATION DES RÉSEAUX	LONGUEURS	RECETTE BRUTE kilométrique	DÉPENSE kilométrique	RECETTE NETTE kilométrique	DÉFICIT kilométrique	COEFFICIENT d'exploitation
	km.	fr.	fr.	fr.	fr.	
Réseau des Dombes.............	197	14.472	7.834	6.638		54,1 %
A. — LIGNES DONT LA RECETTE EST COMPRISE ENTRE 10.000 ET 15.000 FRANCS						
Nouveau réseau de la C%ie du Nord...	216	10.167	10.421	»	254	102,5
— de l'Est...	100	14.149	10.981	3.168	»	77,6
— de l'Ouest.	563	12.461	10.451	2.010	»	83,9
— d'Orléans .	1.034	12.800	9.124	3.676	»	71,3
— de P.-L.-M.	443	12.205	11.869	336	»	97,0
— du Midi...	520	12.026	10.611	1.415	»	88,2
B. — LIGNES DONT LA RECETTE EST COMPRISE ENTRE 15.000 ET 20.000 FRANCS						
Nouveau réseau de la Cie du Nord...	»	»	»	»	»	»
— de l'Est...	94	17.560	13.657	3.903	»	77,7
— de l'Ouest.	537	18.287	16.762	1.525	»	91,7
— d'Orléans .	186	15.834	11.210	4.624	»	70,8
— de P.-L.-M.	375	17.130	13.805	3.325	»	81,0
— du Midi...	99	16.416	10.787	5.629	»	65,7

Ce second tableau est encore plus significatif que le précédent.

Au surplus, nous avons entendu plus d'une fois de hauts fonctionnaires des grandes Compagnies reconnaître l'exagération des dépenses d'exploitation de certains chemins secondaires et la nécessité d'apporter plus de parcimonie dans cette exploitation.

Quelle est la portée de ces inconvénients ? Quel est le remède à y apporter ? Les tendances trop administratives reprochées aux grandes Compagnies ne nous touchent pas autant que certains orateurs ou publicistes, qui y ont vu un défaut d'une extrême gravité. Quoi qu'on fasse, des Compagnies unies à l'État par les liens financiers les plus étroits, surveillées, contrôlées et tenues en tutelle, auront toujours une administration en beaucoup de points analogue à celle de l'État ; on ne pourra jamais exiger, ni même désirer qu'elles fonctionnent comme l'industrie libre.

Tout ce que l'on peut souhaiter, c'est qu'elles poussent la décentralisation jusqu'où elles peuvent la mener sans nuire à l'unité et à l'harmonie générale du service, sans compromettre leurs intérêts financiers et, par contre-coup, ceux du Trésor. En laissant ainsi à leurs agents locaux le soin de décider sous leur responsabilité dans les affaires de minime importance qui n'engagent point les principes et qu'ils sont seuls à même d'apprécier, les Compagnies peuvent augmenter l'influence et l'initiative de ces agents, les stimuler plus efficacement, les intéresser davantage au succès de leur gestion, dégager l'Administration centrale d'une foule de détails, réserver à leurs directeurs et à leurs chefs de service plus de liberté d'esprit et de loisir pour l'impulsion générale et la direction d'ensemble de l'exploitation.

C'est d'ailleurs un principe que nous voudrions voir appliquer plus largement pour les administrations de l'État elles-mêmes et que nous n'avons jamais manqué de préconiser, quand l'occasion s'en est présentée.

Nous sommes plus vivement impressionné par l'exagération des frais d'exploitation de beaucoup de lignes secondaires. Dès 1882, en effet, l'écart entre les recettes nettes du nouveau réseau des grandes Compagnies et les charges des capitaux atteignait 110 millions par an, en ne comptant que les dépenses incombant à ces sociétés, et près de 150 millions, en y ajoutant les subventions de l'État. L'ouverture progressive des lignes du troisième réseau, qui seront encore moins productives, peut, si l'on n'y prend garde, aggraver singulièrement cette situation déjà très tendue.

Il est indispensable que les populations sachent se contenter d'une construction et d'une exploitation modestes, appropriées au rôle des chemins nouveaux. Il est nécessaire que l'Administration, forte de l'appui du Parlement, sache résister aux exigences injustifiées : cette nécessité est d'autant plus impérieuse que les conventions de 1883 ont laissé la plus forte part et tout l'aléa des frais de premier établissement au compte de l'État, qu'elles ont étendu la garantie du Trésor pour les revenus de l'exploitation, et qu'il s'agit de défendre le budget et la bourse des contribuables. Il faut que les Pouvoirs publics n'hésitent pas à apporter tous les tempéraments possibles dans l'application de la loi de 1845 et de l'ordonnance de 1846, et qu'au besoin ils ne reculent pas devant des mesures législatives ou réglementaires, comme celles qui ont fait l'objet de la loi du

27 décembre 1880, pour la dispense éventuelle des clôtures et barrières, et du règlement d'administration publique du 20 mai 1880, concernant les trains légers. Les chemins du troisième réseau ont, pour la plupart, une importance trop faible pour se prêter à l'application rigoureuse des mêmes règles que ceux du premier et du deuxième réseaux.

Les Compagnies doivent, de leur côté, poursuivre la réalisation de toutes les économies compatibles avec la sécurité de l'exploitation et les exigences du service.

Nous devons mentionner, à ce sujet, une combinaison défendue à plusieurs reprises par un ingénieur civil qui a acquis beaucoup d'autorité et d'expérience en matière de chemins de fer, M. Level, directeur de diverses Compagnies secondaires. Cet ingénieur, après avoir constaté la difficulté d'englober dans le réseau des grandes Compagnies des voies si différentes à tous égards de leurs types, proposait la constitution de groupes régionaux administrés par des sociétés locales qui auraient gravité dans l'orbite des grandes Compagnies, dont elles eussent été en quelque sorte les satellites, et qui auraient vécu avec leur concours et celui de l'État; il considérait ce système, inspiré des précédents de la région du Nord, comme susceptible de permettre une construction et une exploitation plus modestes, de moins exciter les appétits des populations, de mieux approprier l'instrument à sa destination. Il n'y a plus guère d'intérêt à examiner et à discuter la proposition de M. Level, qui est tombée devant le vote des conventions de 1883. Cependant les grandes Compagnies pourraient utilement affermer l'exploitation de quelques-unes des lignes de leur troisième réseau, comme vient de le faire la Compagnie de l'Ouest pour divers chemins de la Bretagne, ou tout au moins la confier à des régisseurs intéressés.

5. Observations sur les principes qui ont présidé à l'organisation des réseaux français. — Au début de ce chapitre, nous disions qu'il n'était pas possible de formuler une règle abstraite et absolue sur la limite d'étendue des concessions. Il n'est pas moins impossible de tracer arbitrairement sur la carte d'un pays des divisions de réseaux, comme on y découperait des circonscriptions administratives, judiciaires ou électorales.

En France notamment, la répartition des voies ferrées s'est pour ainsi dire imposée par la force des choses, et l'on peut affirmer que la conception qui a présidé à cette répartition a été des plus rationnelles et des plus judicieuses.

Le mouvement de la circulation est malheureusement beaucoup

moindre dans notre pays que chez nos voisins d'outre-Manche; il n'a d'intensité que suivant un petit nombre de directions privilégiées. Seules, les lignes tracées dans ces directions assurent une large rémunération à leurs concessionnaires ; la plupart des autres lignes n'ont qu'une productivité insuffisante pour faire face aux charges des dépenses de premier établissement, mais elles jouent par rapport aux premières le rôle de tributaires, d'affluents et d'auxiliaires. Le principe a été de grouper en conséquence autour des artères maîtresses les chemins secondaires de la région et d'attribuer chacun des groupes ainsi formés à une Compagnie distincte.

En jetant les yeux sur la carte figurative des recettes brutes kilométriques, on voit que les artères nourricières sont :

— dans le Nord, les deux lignes de Paris à la frontière belge, l'une par Amiens, Arras et Lille, l'autre par Saint-Quentin et Aulnoye;

— dans l'Est, la ligne de Paris à Strasbourg ;

— dans l'Ouest, la ligne de Paris à Rouen et au Havre et celle de Paris à Rennes ;

— dans le Sud-Ouest, la ligne de Paris à Bordeaux, avec branche d'Orléans à Limoges ;

— vers le Sud-Est, la ligne de Paris à la Méditerranée;

— dans le Midi, la ligne de Bordeaux à Cette.

Ainsi est née tout naturellement la division en six grands réseaux, auxquels est venu s'adjoindre récemment un septième réseau exploité par l'État, dans des circonstances que nous avons déjà rappelées et sur lesquelles nous n'avons pas à revenir.

Les grandes lignes que nous venons de citer ne sont pas, à la vérité, les seules qui donnent un revenu plus que suffisant pour le service des capitaux affectés à leur établissement. Il en est quelques autres qui laissent un excédent, mais beaucoup trop faible pour leur permettre de servir de noyau à un réseau. Leur nombre est d'ailleurs relativement très restreint.

Nous avons déjà indiqué en effet que, d'après les statistiques officielles de 1882 (état G-15 du Ministère des travaux publics), sur 20 634 kilomètres en exploitation, 6 529 seulement avaient donné des excédents, à savoir :

COMPAGNIES	LONGUEUR TOTALE	LONGUEUR DONNANT DES EXCÉDENTS
Nord..............................	2.013 km.	1.283 km.
Est...............................	2.655	586
Ouest.............................	2.898	831
Orléans...........................	4.362	1.420
Paris-Lyon-Méditerranée............	6.344	1.611
Midi..............................	2.362	798
Totaux................	20.634 km.	6.529 km.

Or, les artères maîtresses que nous avons énumérées ont à elles seules un développement de 4 276 kilomètres.

En rattachant à ces artères toutes les lignes de la région, les Pouvoirs publics ont pu obtenir des Compagnies, pour l'extension progressive du réseau, des sacrifices considérables et réduire par suite dans une large proportion les dépenses que tout autre système les eût obligées à imputer sur les fonds du Trésor.

C'est ainsi que, pour les 10 166 kilomètres du nouveau réseau des six grandes Compagnies, exploités dans le cours de l'année 1882 et mentionnés à l'état G-15, ces sociétés avaient concouru aux frais de premier établissement pour une somme de 3 448 millions et l'État pour une somme de 673 millions seulement, bien que le revenu net ne dépassât pas :

1, 9 % du chiffre total des dépenses,

et 2, 3 % du chiffre des dépenses supportées par les Compagnies, comme le montre le tableau suivant :

| COMPAGNIES | FRAIS DE PREMIER ÉTABLISSEMENT | | | PRODUIT NET | RAPPORT DU PRODUIT | |
	SUBVENTIONS	DÉPENSES des COMPAGNIES	TOTAUX		à la dépense totale de premier établissement	à la part de dépense supportée par les Compagnies
	fr.	fr.	fr.	fr.		
Nord.........	15.116.000	212.824.000	227.940.000	7.238.000	0,032	0,034
Est..........	60.690.000	814.941.000	875.631.000	27.147.126	0,031	0,033
Ouest........	189.881.000	613.918.809	803.799.809	9.896.379	0,012	0,016
Orléans......	124.930.000	814.935.000	939.865.000	22.121.778	0,024	0,027
P.-L.-M.....	119.453.000	570.656.000	690.109.000	4.601.400	0,007	0,008
Midi........	163.339.000	420.549.533	583.888.533	8 275.917	0,020	0,014
Totaux et Moyennes.	673.409.000	3.447.824.342	4.121 233.342	79.280.600	0,019	0,023

L'ancien réseau et surtout les artères principales ont dû déverser sur le nouveau réseau l'appoint nécessaire pour le service de l'intérêt et de l'amortissement des obligations. Nous aurons l'occasion d'entrer plus tard dans certains détails, au sujet de ce déversement, lorsque nous traiterons des clauses financières des conventions conclues entre l'État et les Compagnies ; nous nous bornons, pour l'heure, à relater les chiffres suivants :

SOMMES DÉVERSÉES en	NORD fr.	EST fr.	OUEST fr.	ORLÉANS fr.
1882..........	3.827.327	10.523.779	15.528.757	25.478.074
De 1864 à 1882.......	58.806.694	110.042.324	81.776.387	193.723.291

SOMMES DÉVERSÉES en	P.-L.-M. fr.	MIDI fr.	TOTAL fr.
1882..............	24.276.301	16.283.656	95.917.914
De 1864 à 1882.........	329.815.468	127.117.742	901.281.906

Ainsi les grandes lignes ont déjà fourni un milliard au nouveau réseau ; leur concours atteint aujourd'hui 100 millions, en nombre rond, par année.

La combinaison dont nous venons de rappeler les résultats a donc été très avantageuse pour le pays. Les Compagnies ont eu, de leur côté, intérêt à y souscrire, afin de se rendre maitresses de toute leur région et de se mettre à l'abri de la concurrence : l'attribution du monopole de fait dont elles étaient ainsi investies et le trafic que les chemins nouveaux devaient apporter à leur ancien réseau légitimaient absolument leurs sacrifices.

Supposons, pour un instant, qu'un autre système ait prévalu, que les lignes secondaires n'aient pas été groupées avec les artères nourricières. Quelles qu'eussent été les clauses des contrats de concession des lignes principales, quelles qu'eussent été les règles stipulées pour le partage des bénéfices, jamais les Compagnies en possession des grands courants de circulation n'auraient fourni à l'État, sous une forme ou sous une autre, un concours puissant pour l'établissement des chemins nouveaux ; le Trésor aurait dû y subvenir dans une proportion bien plus considérable ; on aurait vu, à côté de quelques Compagnies florissantes, un plus grand nombre d'autres sociétés végétant et puisant à pleines mains dans les caisses publiques ; on aurait assisté aussi à des tentatives de concurrence suivant les grandes artères et à un gaspillage de la fortune publique ; des ruines se seraient inévitablement produites, comme celles qui ont déterminé la création du réseau d'État; le développement de nos voies ferrées en eût nécessairement souffert.

Nous le répétons, en laissant de côté les défauts accessoires pour n'envisager que l'ensemble, le réseau français a été admirablement constitué; le principe qui a présidé à son organisation et à sa répartition entre les grandes Compagnies a été éminemment rationnel et profitable au pays : cette association de tous les chemins de fer d'une même région, le groupement des lignes secondaires autour des artères nourricières, l'affectation progressive des plus-values des voies anciennes à la construction des voies nouvelles, ont été des actes de haute sagesse et de profonde clairvoyance. A ce point de vue, le système français n'a guère recueilli que des éloges à l'étranger ; en France même, parmi les hommes politiques qui ont le plus attaqué la gestion des Compagnies, plus d'un a rendu néanmoins hommage à la perspicacité avec laquelle nos pères ont procédé à la répartition des réseaux.

Cette répartition serait à refaire aujourd'hui, qu'elle ne comporterait pas de profonds remaniements, du moins dans ses traits généraux.

Du reste, la question a été examinée à la fin de 1882 par l'une des sous-commissions entre lesquelles s'était divisée la Commission extra-parlementaire instituée par M. Hérisson. La seule modification à laquelle cette sous-commission ait conclu consistait dans la création d'un huitième grand réseau méridien entre Paris et notre frontière Sud, afin de ne pas accroître démesurément le champ d'action de la Compagnie de Paris à Lyon et à la Méditeranée : ce réseau supplémentaire eût été constitué au moyen de lignes nouvelles et de lignes empruntées aux deux Compagnies de Lyon et d'Orléans. Il est incontestable que le réseau concédé à la Compagnie de Lyon a pris une extension, à certains égards, regrettable. Cependant l'idée mise en avant par la sous-commission était, à notre avis, malheureuse ; elle tendait à déroger aux sages principes qui avaient jusqu'alors prévalu devant le Parlement, comme dans les conseils du Gouvernement. Le huitième réseau, formé de chemins peu productifs, se développant dans une région ingrate, eût manqué des éléments de vitalité indispensables pour lui permettre de prospérer. L'État eût été contraint à des sacrifices considérables pour le faire vivre. Il y aurait eu des tentatives fâcheuses de lutte entre le nouveau-né et ses frères plus âgés et plus forts que lui, une entente finale onéreuse pour le Trésor et pour le public, et peut-être une nouvelle aventure du Grand Central.

Le seul défaut du système adopté en France a été d'attribuer peu à peu à la Compagnie de Paris-Lyon-Méditerranée une étendue et une importance dépassant toutes les prévisions. Nous l'avons vu en effet, tome I, page 55, cette Compagnie a la concession ferme ou éventuelle de 9 600 kilomètres environ ; elle exploite dès aujourd'hui 7 850 kilomètres et fait des opérations qui se traduisent par une recette brute annuelle de 350 millions, alors que la Compagnie anglaise dont le réseau est le plus vaste, le Great-Western, n'a pas plus de 3 840 kilomètres et que celle dont le trafic est le plus intense n'a pas une recette brute supérieure à 260 millions. Il y a là un fardeau véritablement écrasant pour la direction, fardeau d'autant plus lourd que le réseau se développe dans une immense étendue de territoire et que ses limites sont à plus de 1 100 kilomètres de Paris. Eût-il été préférable de le scinder, par exemple, à la hauteur de Lyon ? C'est une question qui peut se discuter, mais qu'il serait inutile d'examiner au lendemain des conventions de 1883. Au surplus, la division du grand courant de circulation de Paris à la Méditerranée et inversement n'eût pas été sans inconvénient : elle a été tentée autrefois et n'a pu subsister. Les concessions primitives des sections de Paris à Lyon, de Lyon à Avignon et d'Avignon à Marseille, n'ont pas tardé à disparaître pour faire place à une concession unique.

6. **Indication de la longueur des réseaux étrangers.** — Nous avons donné, page 32, des renseignements sur la longueur et l'importance des réseaux concédés aux Compagnies anglaises : voici quelques indications sur les réseaux les plus considérables de quelques autres pays (1).

(1) Nous n'avons mentionné dans ce tableau que les réseaux de plus de 1000 kilomètres.

DÉSIGNATION DES RÉSEAUX	LONGUEURS	NOMBRE DE VOYAGEURS à toute distance	NOMBRE DE TONNES de marchandises à toute distance	RECETTE BRUTE totale	OBSERVATIONS
	km.			fr.	
1° Allemagne (années 1884-1885).					
Chemins d'Empire de l'Alsace-Lorraine.	1.488	12.000.226	9.459.752	57.504.307	Les autres directions d'État et toutes les Compagnies ont une longueur de moins de 1000 kilomètres.
Direction de Berlin....................	2.530	29.817.990	10.251.287	89.093.000	
— de Bromberg............	3.161	9.761.007	5.011.368	59.019.364	
— de Hanovre.............	1.966	15.024.687	14.693.220	104.314.767	
— de Francfort............	1.115	12.102.178	6.814.993	43.466.860	
— de Magdebourg......	1.490	15.907.989	9.711.445	70.773.506	
— de Cologne (rive droite du Rhin)...............	1.905	12.331.919	27.826.921	97.015.849	
— de Cologne (rive gauche du Rhin)..............	1.638	19.408.039	17.493.253	82.434.453	
— d'Elberfeld................	1.214	15.930.398	21.482.333	77.092.539	
— d'Erfurt................	1.519	11.515.754	7.559.088	60.558.191	
— de Breslau...............	2.267	9.797.554	15.908.977	90.655.207	
Chemins de l'État de Bavière..........	4.331	18.379.969	7.937.934	106.527.551	
— — de Saxe............	2.077	21.315.592	11.301.559	83.143.315	
— — de Wurtemberg.....	1.536	11.422.935	3.432.971	35.370.615	
— — de Bade........	1.317	11.526.778	5.386.835	43.460.782	
2° Autriche-Hongrie (année 1884).					
Société des chemins de fer de l'État....	2.364	6.307.577	8.970.836	93.388.845	Les autres réseaux ont moins de 1000 kilomètres.
— — du Sud.....	2.199	9.727.372	6.532.117	98.208.445	
Chemins de l'État Hongrois...........	3.749	4.910.865	7.334.389	67.899.407	
3° États-Unis d'Amérique (année 1885).					
Chicago, Milwaukee and Saint-Paul....	7.918	4.819.187	6.586.595	122.566.305	
Missouri Pacific.....................	7.335	»	»	134.632.145	
Union Pacific......................	7.273	»	»	129.625.858	
Chicago and North-Western.	6.183	8.403.884	8.366.889	117.516.278	
Chicago, Burlington and Quincy.......	5.866	5.134.312	8.566.717	132.782.126	
Pennsylvania.....................	5.251	»	»	150.335.493	
Wabash, Saint-Louis and Pacific.......	4.471	3.180.644	5.647.690	69.826.525	
Northern Pacific....................	4.293	609.688	1.276.990	56.170.748	
Atchison, Topeka and Santa-Fé........	3.836	1.849.577	2.643.689	77.856.975	
Pennsylvania RR....................	3.686	12.341.459	24.431.780	86.103.170	
Louisville and Nachville...	3.469	4.328.383	8.499.369	69.681.730	
Illinois Central....................	3.324	5.312.759	3.644.666	63.406.320	
Baltimore and Ohio..................	2.727	»	»	48.666.258	
Central Pacific.....................	2.655	»	»	71.922.403	
New-York, Lake Erié and Western.....	2.578	7.209.054	15.199.330	102.778.077	
Texas and Pacific...................	2.393	670.660	967.249	29.132.005	
Saint-Paul, Minneapolis and Manitoba..	2.367	1.193.994	1.701.054	38.880.820	

DÉSIGNATION DES RÉSEAUX	LONGUEURS	NOMBRE DE VOYAGEURS à toute distance	NOMBRE DE TONNES de marchandises à toute distance	RECETTE BRUTE totale	OBSERVATIONS
	km.			fr.	
Michigan Central....................	2.344	2.340.243	5.320.056	53.536.975	
Chicago, Rock Island and Pacific......	2.275	3.421.607	3.935.583	60.021.741	
Missouri, Kansas and Texas..........	2.230	929.557	2.122.154	34.268.280	
Lake Shore and Michigan Southern.....	2.156	3.479.274	8.151.462	70.667.531	
Chicago, St-Paul, Minneapolis and Omaha.	2.156	1.015.133	2.123.074	29.074.051	
Denver and Rio Grande..............	2.119	250.741	1.227.223	30.595.269	
East Tennessee, Virginia and Georgia..	1.776	899.341	1.588.396	20.107.834	
New-York Central and Hudson River...	1.598	12.747.801	10.974.788	112.083.465	
Burlington, Cedar Rapids and Northern.	1.595	627.214	1.881.722	15.886.550	
Galveston, Harrisburg and San-Antonio.	1.508	»	»	16.269.890	
Chicago and Alton....................	1.366	»	»	»	
Atlantic and Pacific......	1.316	»	»	9.133.607	
Saint-Louis and San-Francisco........	1.344	585.094	971.523	21.917.030	
International and Great-Northern......	1.247	374.389	578.245	13.197.445	
Saint-Louis, Arkansas and Texas.......	1.483	»	324.199	6.500.413	
Buffalo, New-York and Philadelphia....	1.084	1.168.672	2.156.663	11.839.689	

4° ITALIE (1) (ANNÉE 1884).

DÉSIGNATION DES RÉSEAUX	LONGUEURS	NOMBRE DE VOYAGEURS à toute distance	NOMBRE DE TONNES de marchandises à toute distance	RECETTE BRUTE totale	OBSERVATIONS
Réseau d'État de la Haute-Italie........	3.951	18.718.334	7.747.271	126.367.378	
— — des chemins Romains....	1.716	5.284.342	4.833.232	35.071.626	
Réseau des chemins méridionaux et réseau des chemins calabro-siciliens...	3.498	6.377.378	2.497.613	41.412.459	

5° BELGIQUE (ANNÉE 1885).

DÉSIGNATION DES RÉSEAUX	LONGUEURS	NOMBRE DE VOYAGEURS à toute distance	NOMBRE DE TONNES de marchandises à toute distance	RECETTE BRUTE totale	OBSERVATIONS
Réseau d'État....................	3.166	51.233.224	23.359.968	119.772.557	

6° RUSSIE (ANNÉE 1882).

DÉSIGNATION DES RÉSEAUX	LONGUEURS	NOMBRE DE VOYAGEURS à toute distance	NOMBRE DE TONNES de marchandises à toute distance	RECETTE BRUTE totale	OBSERVATIONS
Réseau d'État,....................	1.184	1.160.496	1.217.442	22.397.432	
Grande société des chemins Russes.....	2.433	5.125.650	5.903.774	106.029.177	
Liban-Romny....................	1.293	1.066.024	1.572.672	33.739.019	
Moscou-Brest....................	1.103	1.519.949	1.586.219	35.468.287	
Sud-Ouest.......	2.485	3.008.701	4.028.486	90.702.878	

7° ESPAGNE (1883).

DÉSIGNATION DES RÉSEAUX	LONGUEURS	NOMBRE DE VOYAGEURS à toute distance	NOMBRE DE TONNES de marchandises à toute distance	RECETTE BRUTE totale	OBSERVATIONS
Madrid à Saragosse et Alicante....... .	2.413	2.488.226	2.003.803	52.091.318	
Nord de l'Espagne....................	1.760	3.036.691	2.083.004	58.878.310	

8° PAYS-BAS (1884)

DÉSIGNATION DES RÉSEAUX	LONGUEURS	NOMBRE DE VOYAGEURS à toute distance	NOMBRE DE TONNES de marchandises à toute distance	RECETTE BRUTE totale	OBSERVATIONS
Société d'exploitation des chemins de fer de l'État....................	1.307	5.201.480	3.718.507	24.349.021	

(1) D'après la répartition nouvelle des chemins de fer italiens, consacrée par les convention

Le tableau précédent et celui de la page 32 montrent :

1° Que, dans aucun pays, les réseaux gérés par une même Compagnie ou par une même Administration n'atteignent l'importance du réseau de Paris-Lyon-Méditerranée ;

2° Que, dans leur ensemble, les grands réseaux de l'Angleterre ont une importance comparable à celle des réseaux français, sinon au point de vue de leur étendue, du moins au point de vue de leurs opérations ;

3° Que, dans les autres pays de l'Europe, quelques réseaux seulement sont dans une situation analogue ;

4° Qu'aux États-Unis, un certain nombre de Compagnies ont un champ d'action très vaste et une recette brute comparable à celles des grandes Compagnies françaises.

7. Résumé et conclusions. — En résumé, comme nous l'avions dit au début, l'étendue des réseaux ne peut être limitée par une règle abstraite et théorique ; elle dépend des circonstances, de l'intensité du trafic, de sa répartition dans les diverses parties du territoire, de la distribution des lignes, de la topographie du sol, des principes admis pour le régime des chemins de fer, de l'organisation des services.

Les grands réseaux ont des avantages incontestables. Ils permettent de réduire les sujétions imposées aux voyageurs et aux marchandises, d'augmenter la vitesse des transports, de diminuer les frais généraux et même les dépenses de premier établissement et d'exploitation, de tirer un meilleur parti du matériel, de faciliter le recrutement du personnel, d'asseoir le crédit des Compagnies sur des bases plus larges, d'abaisser les taxes de transport et d'en atténuer la multiplicité et la complication, d'offrir plus de garanties pour les intérêts supérieurs de la défense nationale. A la vérité, ils peuvent prêter à certaines critiques, au point de vue de la puissance attribuée aux concessionnaires et de la tendance à traiter trop largement l'exploitation des lignes pauvres. Mais ces défauts sont loin de compenser les avantages que nous venons d'énumérer ; ils comportent d'ailleurs des palliatifs que nous avons eu soin d'indiquer ; les Pouvoirs

de 1885, la longueur des trois réseaux de la Méditerranée, de l'Adriatique et de la Sicile doit être la suivante :

	LIGNES EN EXPLOITATION AU 1er JANVIER 1884	LIGNES EN CONSTRUCTION OU AUTORISÉES	TOTAUX
Réseau de la Méditerranée...	4.106 kilomètres	1.968 kilomètres	6.074 kilomètres
— de l'Adriatique......	3.982 —	1.881 —	5.863 —
— Sicilien.............	599 —	533 —	1.132 —

publics peuvent les atténuer par une vigilance incessante, par un contrôle fort et résolu.

La France n'a nullement à regretter, à cet égard, la voie dans laquelle elle est entrée. La conception qui a prévalu est éminemment rationnelle ; elle a permis d'apporter dans l'établissement des voies ferrées un ordre et une méthode qu'on ne trouve dans aucun autre pays, d'éviter le gaspillage des capitaux et d'assurer sans trop de sacrifices le développement normal et progressif du réseau.

Le fractionnement est généralement plus grand chez les autres peuples ; cependant on trouve, soit en Europe, soit en Amérique, certaines Administrations d'État ou certaines Compagnies qui ont un domaine ou un champ d'action comparable à celui des grandes Compagnies françaises. Seul, le réseau de Paris-Lyon-Méditerranée dépasse et surtout dépassera dans quelques années ceux du monde entier : sa gestion exigera alors plus que jamais une grande sagesse d'organisation de la part des administrateurs entre les mains desquels il sera placé.

Nous croyons devoir rappeler à cette occasion que, dans le cours de l'enquête sénatoriale de 1876, deux déposants fort autorisés l'un et l'autre, M. Didion, délégué général de la Compagnie d'Orléans, représentant par suite la grande industrie des chemins de fer, et M. Mangini, président du Conseil d'Administration et directeur de la Compagnie des Dombes et du Sud-Est, représentant l'industrie des Compagnies secondaires, sont allés jusqu'à envisager la possibilité d'une Administration unique pour l'ensemble du réseau français.

Cette solution extrême serait inadmissible avec le régime des concessions. Le rachat des chemins de fer et leur exploitation par l'État pourraient seuls y conduire ; encore faudrait-il diviser le réseau en un certain nombre de directions, comme l'a fait le Gouvernement prussien.

Il convient de considérer l'opinion de MM. Didion et Mangini comme une manifestation en faveur des réseaux étendus, plutôt que de la prendre dans sa forme littérale. C'est en ce sens que nous la retenons à l'appui de nos conclusions.

CHAPITRE IV

DE LA DURÉE DES CONCESSIONS

1. Principes admis successivement en France pour la durée des concessions. — Les premières concessions, d'ailleurs fort peu nombreuses, accordées pendant la période d'enfance des chemins de fer, de 1823 à 1832, ont été faites à *perpétuité*, sans aucune réserve de reprise éventuelle par l'État.

La Compagnie du chemin de fer de Saint-Étienne à Lyon ayant organisé en 1832 un transport de voyageurs et essayé la traction par locomotives, l'attention publique commença à se porter sur l'importance du rôle des voies ferrées et sur leur avenir. Le Parlement intervint en conséquence à partir de 1833, pour statuer sur le principe de l'exécution des chemins de fer. La première loi qui sortit de ses délibérations, celle du 26 avril 1833 concernant l'embranchement de Montrond à Montbrison, limita à 99 années la durée de la concession. Cette modification aux errements antérieurs n'avait provoqué aucun débat. La discussion ne s'ouvrit qu'un peu plus tard à propos du chemin d'Alais à Beaucaire. (Loi du 29 juin 1833.) Il s'agissait de ratifier l'adjudication de ce chemin, faite sur un cahier des charges qui prévoyait la perpétuité. La Commission de la Chambre des députés se divisa en deux camps : d'un côté, les partisans de la limitation de durée faisaient valoir qu'en admettant le terme de 99 ans, comme pour la ligne de Montrond à Montbrison, la charge annuelle de l'amortissement était insignifiante et que, dès lors, l'État pouvait se réserver d'entrer plus tard en possession des travaux et de réduire les tarifs sans créer aucun obstacle appréciable à la concession ; de l'autre côté, les défenseurs du système de la perpétuité invoquaient l'exemple de l'Angleterre et alléguaient qu'une Compagnie, propriétaire incommutable du chemin de fer, s'attacherait davantage à son œuvre et apporterait plus de soins à l'exécution et à l'entretien des ouvrages. Sans se prononcer entre ces deux systèmes dans des termes généraux, la Commission conclut, au cas particulier, en faveur de la perpétuité, et cette conclusion reçut la consécration du vote des deux Chambres. Mais ce fut la dernière concession perpétuelle.

Les efforts tentés à diverses reprises pour faire revivre, à cet égard, les stipulations des premiers contrats restèrent toujours infructueux. Il serait sans intérêt de rappeler ici les propositions et les débats auxquels la question donna lieu au sein du Parlement. Nous nous bornons à relater un avis très ferme de la Commission extraparlementaire constituée à la fin de 1839 par M. Dufaure, ministre des travaux publics, pour l'étude du régime des chemins de fer. Cette Commission, « considérant que toute « concession d'une voie publique était une délégation faite par l'État au « profit des particuliers et que les chemins de fer étaient des voies pu- « bliques formant des dépendances nécessaires du domaine public inalié- « nable », condamna catégoriquement la perpétuité.

De 1833 à 1842, la durée de la plupart des concessions fut fixée à 99 ans à compter de l'homologation du contrat ; cette durée fut cependant réduite à 70 ans, pour les chemins de Strasbourg à Bâle et de Paris à Orléans. (Lois du 6 mars et du 7 juillet 1838.)

Le 11 juin 1842, fut édictée la grande loi organique qui a constitué la première charte de notre réseau. Cette loi inaugurait un système nouveau comportant : d'une part, la construction de l'infrastructure par l'État avec le concours des localités pour l'acquisition des terrains ; d'autre part, l'établissement de la superstructure ainsi que l'exploitation par l'industrie privée. Elle prévoyait cependant des dérogations à ce principe et des concessions subordonnées à l'exécution complète des travaux par les concessionnaires. L'un des principaux motifs donnés à l'appui de la combinaison mixte qui formait la base de la loi de 1842 était l'abréviation que l'État pourrait apporter à la durée des baux, en assumant une partie de la charge des frais de premier établissement.

En fait, les circonstances conduisirent les Pouvoirs publics à recourir aux procédés les plus divers pour les lignes classées en 1842 et pour celles qui furent ultérieurement reconnues nécessaires. Tantôt l'État construisit la plate-forme, en laissant au fermier le soin de poser la voie de fer ; tantôt il exécuta la totalité des travaux et fournit même tout ou partie du matériel roulant ; tantôt enfin, il ne prit aucune part à l'exécution ni de l'infrastructure, ni de la superstructure. Parfois il se fit rembourser la totalité ou une fraction de ses avances ; parfois, au contraire, il s'abstint d'exiger ce remboursement. Dans certains cas, il abandonna le concessionnaire à ses propres forces; dans d'autres cas, il lui prêta son concours financier. Il conclut certains contrats de gré à gré ; il en réalisa aussi par des adjudications portant précisément sur le terme des baux ou des concessions. La diversité de ces combinaisons devait inévitablement déterminer une extrême variété dans la durée de l'aliénation des voies ferrées. C'est ce que fait ressortir le tableau suivant, où sont relatées les principales lignes affermées ou concédées de 1842 à 1846.

DÉSIGNATION DES LIGNES	DATE des LOIS	DURÉE DES CONCESSIONS ou DES BAUX	OBSERVATIONS
Avignon à Marseille	24 juillet 1843	33 ans	Livraison des terrains et subvention représentant les dépenses d el'infrastructure.
Montpellier à Nimes	7 juillet 1844	12 ans	Livraison du chemin, y compris la superstructure, par l'État.
Amiens à Boulogne	26 juillet 1844	98 ans, 11 mois	Exécution complète par la Compagnie. Pas de subvention. (Adjudication.) (1)
Orléans à Bordeaux	d°	27 ans, 278 jours.	Exécution de l'infrastructure par l'État. (Adjudication.)
Montereau à Troyes	d°	75 ans	Exécution complète par la Compagnie. Pas de subvention. (Adjudication.)
Orléans à Vierzon avec prolongements	d°	39 ans, 11 mois	Livraison de l'infrastructure par l'État. (Adjudication.)
Paris à la frontière belge et embranchements de Lille sur Calais et Dunkerque	15 juillet 1845	38 ans	Remboursement des dépenses faites par l'État. (Adjudication.)
Fampoux à Hazebrouck	d°	37 ans, 316 j.	Exécution complète par la Compagnie. (Adjudication.)
Paris à Lyon	16 juillet 1845	41 ans, 90 jours	Remboursement des dépenses faites par l'État. (Adjudication.)
Lyon à Avignon et embranchement de Grenoble.	d°	44 ans, 298 j.	Exécution complète par la Compagnie. (Adjudication.)
Tours à Nantes	19 juillet 1845	34 ans, 15 jours	Livraison de l'infrastructure par l'État. (Adjudication.)
Paris à Strasbourg et embranchements sur Reims et la frontière de Prusse	d°	43 ans, 286 j.	Livraison de l'infrastructure par l'État. (Adjudication.)
Embranchements de Dieppe et de Fécamp	d°	91 ans environ	Exécution complète par la Compagnie.
Bordeaux à Cette	5 mars 1846	66 ans, 6 mois	Subvention représentant la valeur des terrains.
Embranchement de Castres	d°	d°	Exécution complète par la Compagnie.

(1) Nous n'avons signalé dans ce tableau que les adjudications portant sur la durée de la concession.

On le voit, le délai pour lequel l'État se dessaisissait des chemins de fer variait dans des limites très étendues ; il atteignait au maximum 99 ans et descendait jusqu'à un minimum de 12 ans.

Les difficultés avec lesquelles plusieurs Compagnies eurent à lutter pour réaliser les ressources nécessaires à l'exécution de leurs engagements obligèrent bientôt les Pouvoirs publics à consentir des prorogations, au profit de ces sociétés.

La première mesure de ce genre fut prise pour la Compagnie de Paris à Lyon, qui, tout en assumant à son compte la totalité des frais de premier établissement, s'était contentée d'une concession de 41 ans. Frappée par la crise agricole et financière, obligée de faire face à un supplément considérable de dépenses par suite de l'insuffisance des évaluations primitives, la Compagnie demanda et obtint une prorogation de durée, réglée au prorata de l'excédent des dépenses effectives sur un chiffre convenu. (Loi du 9 août 1847.)

En 1849, au cours de la discussion d'un projet de loi pour l'allocation d'une garantie d'intérêt à la Compagnie de Marseille à Avignon, M. Bincau, ministre des travaux publics, annonça son intention de provoquer l'augmentation de durée des concessions trop courtes, d'une part afin de relever le crédit des Compagnies, d'autre part afin d'obtenir pour le public ou pour le Trésor des avantages, comme l'exécution d'embranchements ou de prolongements, la revision des cahiers des charges, la réduction de la part contributive de l'État dans les dépenses de construction.

Ce fut ainsi que la durée de la concession du chemin de Tours à Nantes fut portée de 34 à 50 ans et celle d'Orléans à Bordeaux de 28 ans environ à 50 ans également. (Loi du 6 août 1850.)

En même temps, les concessions nouvelles étaient faites pour 99 ans : telles furent celles de Versailles à Rennes (Loi du 13 mai 1851) et de Lyon à Avignon (Loi du 1er décembre 1851), malgré le concours important de l'État aux travaux et l'attribution d'une garantie d'intérêt aux deux Compagnies.

Le Gouvernement impérial entra à pleines voiles dans la voie que lui avait ouverte la République de 1848. Il ne se borna pas à porter à 99 ans la durée des concessions ; il recula en outre l'origine de beaucoup d'entre elles, à l'occasion des fusions ou des extensions de réseau. En voici quelques exemples :

DATE DES LOIS et DÉCRETS	OBJET DES CONVENTIONS DURÉE ANTÉRIEUREMENT ASSIGNÉE AUX CONCESSIONS	DURÉE NOUVELLE des CONCESSIONS
19 Février 1852..	COMPAGNIE DU NORD. — Fusion des concessions de Paris à la frontière belge, par Lille et Valenciennes, avec embranchement sur Calais et sur Dunkerque (38 ans à partir du 10 septembre 1848); de Creil à Saint-Quentin (25 ans à partir du 29 décembre 1848) ; d'Amiens à Boulogne (99 ans à partir du 24 octobre 1844). Concession de lignes nouvelles.	99 ans à compter du 10 septembre 1848.
25 Mars 1852....	COMPAGNIE DE L'EST. — Concessions. Revision du cahier des charges. Subsides de la Compagnie pour la ligne de Blesme à Gray. Prorogation de la concession du chemin de Paris à Strasbourg, avec embranchements (44 ans environ à partir du 27 novembre 1855).	99 ans à partir du 27 novembre 1855.
27 Mars 1852....	COMPAGNIE D'ORLÉANS. — Fusion des Compagnies de Paris à Orléans (99 ans à partir du 7 juillet 1838) ; du Centre (40 ans à partir du 21 septembre 1852; d'Orléans à Bordeaux et de Tours à Nantes (50 ans). Concessions nouvelles. Revision du cahier des charges.	99 ans à partir du 1er janvier 1852.
8 Juillet 1852....	COMPAGNIE DE LYON. — Fusion des concessions de Lyon à Avignon (99 ans à partir du 3 janvier 1856); d'Avignon à Marseille (33 ans à partir du 1er janvier 1850); du Gard (partie à perpétuité, partie pour 99 ans à partir du 12 mai 1836); de Montpellier à Cette (99 ans à partir du 9 juillet 1836); de Montpellier à Nimes (12 ans à partir du 1er novembre 1844). Concessions nouvelles. Revision du cahier des charges.	99 ans à partir du 3 janvier 1856.

En 1857, la cession du Grand Central aux Compagnies de Lyon et d'Orléans et la fusion des Compagnies de Paris à Lyon et à la Méditerranée devaient avoir pour conséquence un remaniement des termes de concession qui ne concordaient pas entre eux.

Le terme fixé pour le réseau d'Orléans fut le 31 décembre 1956: c'était une prolongation de six ans pour les lignes antérieurement concédées à la Compagnie d'Orléans et une réduction de 8 ans et 4 mois pour les lignes du Grand Central. Quant au terme de la concession de Paris-Lyon-Méditerranée, il fut arrêté au 31 décembre 1958 : c'était une prolongation de quatre années pour les chemins de Paris à Lyon et de Lyon à la Méditerranée, et de sept mois pour le chemin de Genève, et une réduction d'un an et trois mois pour le chemin du Bourbonnais, et de six ans et quatre mois pour le Grand Central.

Également en 1857, le terme de la concession de la Compagnie du Nord fut reporté au 31 décembre 1950, à propos de l'adjonction de différentes lignes à son réseau (1). Un décret de la même année, rendu à l'occasion des chemins de fer pyrénéens, fixa au 31 décembre 1960 le terme de la concession du Midi (2). Quant au terme de la concession de l'Ouest, il fut fixé au 31 décembre 1956 par le cahier des charges annexé à la convention de 1859 (3).

En définitive, les concessions des six grandes Compagnies françaises devaient ainsi expirer aux dates suivantes :

Nord..............	31 décembre 1950
Est...............	26 novembre 1954
Ouest............	31 décembre 1956
Orléans...........	31 décembre 1956
P. L. M...........	31 décembre 1958
Midi..............	31 décembre 1960

Depuis, ces dates n'ont pas subi de modifications. Nous nous bornons à relater pour ordre la concession du chemin de fer du Rhône au Mont-Cenis, qui a été cédée en 1867 à la Compagnie de Paris-Lyon-Méditerranée, mais qui est restée distincte de la concession principale de cette Compagnie, et qui doit expirer au 31 décembre 1955, c'est-à-dire trois ans plus tôt que cette dernière.

Toutes les concessions accordées depuis aux grandes Compagnies prendront fin aux dates que nous venons d'indiquer : cela résulte, soit implicitement d'une clause les soumettant aux cahiers des charges de 1857 et de 1859, soit même d'une disposition explicite, comme dans les contrats de 1875 et 1883.

La période de 99 ans, qui avait définitivement prévalu vers la fin de 1850 pour les grandes lignes, a de même servi de base pour la plupart des concessions faites à des Compagnies secondaires. Cependant il est

---

(1) Prolongation de trois ans environ.
(2) Prolongation d'un peu plus de trois ans.
(3) Modification peu importante aux termes antérieurs.

quelques lignes pour lesquelles, tout en s'écartant peu de ce délai, on a stipulé un terme coïncidant avec celui des concessions accordées à la grande Compagnie de la région : nous citerons notamment les chemins de Picardie et Flandres (concession expirant avec celle du Nord), de Marmande à Angoulême (concession expirant avec celle de l'Orléans), d'Alais au Rhône (concession expirant avec celle de Paris-Lyon-Méditerranée), de Dunkerque à la frontière belge (concession expirant avec celle du Nord), de Somain à Anzin et à la frontière (concession expirant avec celle du Nord).

Ce n'est pas seulement sur la durée assignée aux concessions, c'est aussi sur l'origine à partir de laquelle était comptée cette durée, qu'il s'est produit des variations dans les errements des Pouvoirs publics. Au début, le délai commençait à courir de la date de l'acte législatif ou administratif homologuant la concession ou approuvant les résultats de l'adjudication. A partir de 1844, on a substitué à cette date celle qui était déterminée par le cahier des charges pour l'achèvement des travaux. Il n'a été fait d'exception à cette règle que lorsqu'au lieu de fixer le délai on fixait le terme de la concession.

Pour les chemins de fer d'intérêt local, des solutions différentes ont été adoptées suivant les cas. Le cahier des charges type approuvé par décret en Conseil d'État du 6 août 1881, conformément à la loi du 11 juin 1880 (art. 2), fixe comme origine de la concession la date de la loi qui autorise l'exécution. Il réserve, pour chaque espèce, la détermination de la durée. Si l'on recourt aux documents parlementaires relatifs à la loi de 1880, on trouve dans le rapport de M. René Brice, député, en date du 17 juillet 1879, l'indication des avantages qu'il pourrait y avoir à faire concorder le terme des concessions d'intérêt local avec celui des concessions d'intérêt général de la région, de manière à faciliter les dispositions d'ensemble qui devront être prises à cette époque par la continuation de l'exploitation. M. Labiche, rapporteur au Sénat, a exprimé un avis analogue à celui de M. René Brice, dans son rapport du 18 mars 1880. C'est même l'une des raisons qui ont été invoquées devant les deux Chambres pour supprimer du projet de loi du Gouvernement, concernant les tramways, la limitation à cinquante années qui y avait été introduite.

2. Observations sur la durée des concessions. — On a très vivement critiqué la durée emphytéotique attribuée aux concessions depuis 1850; on a surtout blâmé les prorogations, souvent considérables, accordées aux anciennes Compagnies; on y a vu une aliénation coupable et injustifiée du plus puissant instrument de la richesse publique. Que valent ces reproches ? Jusqu'à quel point sont-ils fondés ? Quels doivent être les principes en la matière ? C'est ce que nous allons examiner brièvement.

Nous pouvons tout d'abord écarter, pour ainsi dire de plano, la perpétuité des concessions qui n'est compatible, ni avec notre législation, ni avec la participation de l'État aux charges de la construction et de l'exploitation des chemins de fer. Aux termes de la loi organique du 15 juillet 1845, les voies ferrées construites ou concédées par l'État font partie de la grande voirie; elles appartiennent au domaine public national. Les chemins de fer d'intérêt local sont également soumis au régime de la grande voirie (art. 4 de la loi du 12 juillet 1865 et art. 20 de loi du 11 juin 1880) et appartiennent au domaine public départemental ou communal (art. 11 de la loi du 11 juin 1880). Les concessionnaires sont investis, pour l'exécution des travaux, de tous les droits que les lois et règlements confèrent à l'Administration, soit pour l'acquisition des terrains par voie d'expropriation, soit pour l'extraction, le transport et le dépôt des terres ou matériaux (art. 22 du cahier des charges des chemins de fer d'intérêt général ou d'intérêt local). Le plus souvent ils reçoivent des subsides, soit sous forme de subventions, soit sous forme de garantie d'intérêt ou de revenu. A la fin de 1882, l'État avait dépensé 3 milliards 140 millions pour les lignes d'intérêt général. Au 31 décembre 1882, c'est-à-dire à la veille des conventions de 1883, qui ont prévu le remboursement anticipé de la dette des grandes Compagnies au titre de la garantie d'intérêt, le Trésor était, de ce chef, créancier d'une somme supérieure à 670 millions pour les chemins de fer de la métropole. Il est évident que la perpétuité des concessions constituerait une véritable aliénation du domaine public, en contradiction avec le principe de l'inaliénabilité inscrit dans notre droit public et, d'un autre côté, qu'elle serait absolument inconciliable avec les sacrifices considérables imposés au Trésor pour l'exécution du réseau. Ces raisons suffisent pour condamner la perpétuité des concessions, sans parler des autres motifs que nous indiquerons, dans un instant, à propos de la durée des concessions temporaires.

Les concessions perpétuelles étant ainsi éliminées, quelle doit être la limite de durée à assigner aux contrats ?

Comme nous avons déjà eu l'occasion de le faire remarquer, il ne peut y avoir de règle abstraite à cet égard. Il faut que le concessionnaire ait un horizon assez vaste, dispose d'un délai assez prolongé pour amortir ses capitaux, et même pour avoir la perspective de bénéfices de nature à stimuler son activité, à éveiller son initiative, à féconder ses opérations et à donner à son crédit des bases solides. La durée des concessions doit donc varier avec la valeur des lignes, avec leur prix de revient, avec leur revenu, avec la part du concédant dans les frais de premier établissement, avec le montant des garanties d'intérêt et même avec les circonstances, avec la situation du marché. Tel réseau pourra être concédé pour un délai relativement court, s'il se développe dans un pays peu accidenté, si le concessionnaire ne supporte qu'une faible part des dépenses de construction, si le trafic doit être considérable, si la Compagnie peut offrir aux souscripteurs de ses titres la garantie de l'État ou des localités, si elle peut réaliser ses emprunts à un taux modique. Tel autre réseau, au contraire, ne sera susceptible d'être concédé qu'à long terme, s'il traverse un pays difficile, s'il impose de lourdes charges au concessionnaire, si la circulation doit y être peu active, si les émissions se font dans des conditions défavorables, si la Compagnie ne peut pas appuyer son crédit sur celui de l'État, des départements ou des communes. Il y a là des appréciations et des supputations extrêmement délicates, et l'on comprend aisément les erreurs commises au début par les Pouvoirs publics, comme par les Compagnies, alors que l'expérience n'était encore venue fournir ses enseignements, ni sur le coût d'établissement des chemins de fer, ni sur leur rôle dans le mouvement général de la circulation, ni sur l'importance des frais d'exploitation. On doit bien plutôt s'étonner de la prévoyance et de la sagacité de nos devanciers, en présence des erreurs que nous ne parvenons pas encore à éviter aujourd'hui, malgré les leçons du passé. On s'explique aussi la grande variété des délais assignés aux contrats que nous avons relatés pour la période de 1842 à 1846 : le terme de douze années, par exemple, adopté en 1844 pour le chemin de Montpellier à Nîmes, dont les travaux étaient intégralement exécutés aux frais du Trésor, n'avait rien d'incompatible avec les termes beaucoup plus éloignés, admis pour d'autres lignes dont la construction incombait entièrement au concessionnaire.

Les contrats à trop courte échéance ne sont possibles qu'avec un concours très large de l'autorité concédante. Ils ont en outre un vice capital : c'est de ne pas intéresser suffisamment le concessionnaire à l'amélioration et au bon entretien de l'outil déposé entre ses mains, de le pousser à tout sacrifier à la réalisation de bénéfices immédiats, de lui interdire les vues d'avenir. Il en est, dans ce cas, de la Compagnie comme d'un locataire de ferme, dont le seul but serait de tirer de la terre tout ce qu'elle peut produire, sauf à la rendre épuisée et stérile à son propriétaire. Sans doute, les stipulations des contrats de concession, de même que celle des baux d'affermage, peuvent obvier dans une certaine mesure à ces abus ; mais elles ne sauraient les empêcher absolument. On connait les difficultés de toute nature que présente l'application des mesures coercitives et des pénalités ; on sait aussi toutes les considérations qui font reculer, en pratique, devant l'exécution d'office, la résiliation ou la déchéance, en dépit des clauses les plus précises ; on n'ignore pas combien la surveillance la plus vigilante et la fermeté la plus soutenue finissent, sinon par se briser, du moins par s'émousser contre les résistances persévérantes et opiniâtres.

Quant aux contrats à longue échéance, ils dispensent l'autorité concédante de donner son concours financier à la Compagnie ou lui permettent tout au moins de réduire ce concours. Ils rendent, en effet, presque insensibles les charges de l'amortissement des capitaux ; ils assurent au concessionnaire la jouissance des plus-values que le développement normal de la circulation amène nécessairement dans le trafic et dans les recettes ; ils donnent une solidité beaucoup plus forte à son crédit. Ils ont en outre l'avantage d'intéresser la Compagnie au bon entretien et au perfectionnement incessant du chemin de fer ; ils la déterminent à exécuter des travaux d'amélioration et à prendre des mesures qui lui imposent des charges dans le présent, mais dont elle sera rémunérée plus tard par l'augmentation de son produit net. En revanche, ces contrats ont l'inconvénient de dépouiller pour longtemps l'autorité concédante et de reculer le terme auquel elle pourra rentrer en possession de la voie ferrée et recueillir des bénéfices ou faire profiter le public de tarifs réduits. La réparation des erreurs commises dans leur rédaction ou même les modifications nécessitées par les transformations de l'industrie, par les découvertes nouvelles, par les progrès de la science, par les changements dans la situation économique, par mille autres circonstances encore, deviennent bien plus laborieuses et plus difficiles, puisqu'elles exigent le consentement des deux parties contractantes.

A la vérité, des précautions sont prises pour parer à cet inconvénient. Le chemin de fer peut être repris au concessionnaire, dans des conditions et moyennant une indemnité réglées par le cahier des charges, si l'intérêt public le commande.

L'interdiction de percevoir aucune taxe sans l'homologation du Ministre, pour les chemins d'intérêt général et pour les chemins d'intérêt local s'étendant sur le territoire de plusieurs départements, et du préfet, pour les lignes d'intérêt local ne sortant pas du département, donne à l'Administration une réelle autorité sur la tarification. On conçoit même et on pourrait citer des contrats prévoyant l'abaissement d'office des taxes, soit moyennant certaines garanties accordées au concessionnaire, soit même sans garanties, mais dans des limites déterminées, lorsque les bénéfices atteignent un chiffre convenu.

Le droit de contrôle de l'Administration, son action de tous les jours et de tous les instants, lui donnent une influence incontestée sur la Compagnie, en la mettant à même d'obtenir beaucoup, si elle sait apporter tout à la fois de la fermeté et des ménagements dans l'exercice de son pouvoir.

Les Compagnies, cherchant inévitablement à étendre peu à peu leur domaine, sont obligées de conclure des conventions nouvelles et fournissent ainsi aux Pouvoirs publics l'occasion de remanier les contrats primitifs et d'exiger au profit du pays les satisfactions auxquelles il peut légitimement prétendre.

Ajoutons encore la pression de l'opinion, avec laquelle les concessionnaires ont à compter et qu'ils ne pourraient braver impunément.

Tous ces arguments, développés à diverses reprises par les défenseurs des contrats à long terme, ont une valeur indéniable. Par la force des choses, les grandes Compagnies ont été conduites à abaisser continuellement leurs taxes et à améliorer progressivement leur service et leur matériel; leurs contrats de concession ont été remaniés cinq fois en vingt-cinq ans, depuis 1859, et les Pouvoirs publics ont été mis ainsi à même d'y apporter les modifications réclamées à juste titre par le pays; les plus-values des recettes ont été consacrées, pour une large part, à réaliser des perfectionnements et des progrès profitables tout à la fois à l'intérêt public et à l'intérêt d'avenir des Compagnies.

Cependant, quelle que soit la portée de ces faits d'expérience, il est manifestement évident qu'une exagération de la durée des concessions serait préjudiciable au Trésor et au public : au Trésor, en le privant des bénéfices que lui procureront plus tard les chemins de fer, quand ils auront fait retour à l'État; au public, en le privant des réductions de taxes que permettra alors la suppression au moins partielle du péage. Il est certain que, si la faculté du rachat est théoriquement une précaution souveraine contre les écarts et les résistances d'un concessionnaire, l'usage en est pratiquement des plus difficiles et que la prudence commande dès lors de ne pas se livrer pour un délai excessif.

En cela, comme en toutes choses, il y a une juste mesure à garder, et ce serait une égale faute de rester en deçà ou de la dépasser.

Nous avons indiqué la multiplicité des éléments qui doivent influer sur la détermination des Pouvoirs publics, dans chaque cas particulier. Il est un de ces éléments qui a une importance capitale et auquel nous devons nous arrêter quelques instants : nous voulons parler de l'amortissement des dépenses de premier établissement.

Voici, à cet égard, un tableau donnant la charge annuelle par 100 000 fr. de capital, pour des taux d'intérêt variant de 3,5 à 5,5 %, et pour des périodes variant de 30 à 100 ans :

DURÉE de L'AMORTISSEMENT	TAUX DE 3,5 %		TAUX DE 4 %		TAUX DE 4,5 %		TAUX DE 5 %		TAUX DE 5,5 %	
	Charge par 100.000 francs	Proportion à la charge des intérêts	Charge par 100.000 francs	Proportion à la charge des intérêts	Charge par 100.000 francs	Proportion à la charge des intérêts	Charge par 100.000 francs	Proportion à la charge des intérêts	Charge par 100.000 francs	Proportion à la charge des intérêts
	fr.		fr.		fr.		fr.		fr.	
30 ans....	2.937	84 %	1.783	45 %	1.639	36 %	1.505	30 %	1.381	25 %
35 —	1.500	43	1.358	34	1.227	27	1.107	22	997	18
40 —	1.183	34	1.052	26	934	21	828	17	732	13
45 —	945	27	826	21	720	16	626	13	543	10
50 —	763	22	655	16	560	12	478	10	406	7,4
60 —	509	15	420	10	345	7,7	283	5,7	231	4,2
70 —	346	10	275	6,9	217	4,8	170	3,4	133	2,4
80 —	238	6,8	181	4,5	137	3	103	2,1	77	1,4
90 —	166	4,7	121	3	87	1,9	63	1,3	45	0,8
100 —	116	3,3	81	2	56	1,2	38	0,8	26	0,5

Ce tableau montre combien la charge annuelle de l'amortissement décroît rapidement et combien elle devient minime pour les longues périodes.

Il ne sera pas sans intérêt d'en compléter les indications par celle de la quote-part à prélever sur la recette brute, pour le taux de 5 % par exemple, en supposant que le produit kilométrique varie de 20 000 francs à 50 000 francs et que la dépense de premier établissement soit de 200 000, 300 000 ou 400 000 francs.

DURÉE de L'AMORTISSEMENT	PRODUIT BRUT DE 20.000 FR.			PRODUIT BRUT DE 30.000 FR.			PRODUIT BRUT DE 40.000 FR.			PRODUIT BRUT DE 50.000 FR.		
	Capital de 200.000 fr.	Capital de 300.000 fr.	Capital de 400.000 fr.	Capital de 200.000 fr.	Capital de 300.000 fr.	Capital de 300.000 fr.	Capital de 200.000 fr.	Capital de 300.000 fr.	Capital de 400.000 fr.	Capital de 200.000 fr.	Capital de 300.000 fr.	Capital de 400.000 fr.
30 ans ...	15,0 %	22,0 %	30,0 %	10,0 %	15,0 %	20,0 %	7,5 %	11.0 %	15,0 %	6,0 %	9.0 %	12,0 %
35 —	11,0	17,0	22,0	7,4	11,0	15,0	5,5	8.3	11,0	4,4	6,6	8,9
40 —	8,3	12,0	17,0	5,5	8,3	11,0	4,4	6,2	8,3	3,3	5,0	6,6
45 —	6,3	9,4	13,0	4,2	6,3	8,3	3,1	4,7	6,3	2,5	3,8	5,0
50 —	4,3	7,2	8,6	2,9	4,4	5,7	2,1	3,6	4,3	1,7	2,9	3,4
60 —	2,8	4,2	5,7	1,9	2,8	3,8	1,4	2,1	2,8	1,1	1,7	2,3
70 —	1,7	2,5	3,4	1,1	1,7	2,3	0,8	1,3	1,7	0,7	1,0	1,4
80 —	1,0	1,5	2,1	0,7	1,0	1,4	0,5	0,8	1,0	0,4	0,6	0,8
90 —	0,6	1,0	1,3	0,4	0,7	0,8	0,3	0,5	0,6	0,25	0,4	0,5
100 —	0,4	0,6	0,8	0,3	0,4	0,5	0,2	0,3	0,4	0,15	0,23	0,3

Ainsi, pour un réseau comme celui des grandes Compagnies qui rapporterait environ 50 000 fr. par kilomètre et dont le prix de revient serait de 300 000 fr., non compris le matériel roulant destiné à être remboursé en fin de concession, le prélèvement à opérer sur le produit brut pour le service de l'amortissement serait de 2.9 °/₀ à 50 ans, de 1 °/₀ seulement à 70 ans et de 1/4 °/₀ à 100 ans.

Dans ces conditions, sans adhérer aux critiques beaucoup trop vives formulées contre le terme de 99 ans, contre les prorogations successives consenties au profit des anciennes Compagnies, nous sommes porté à penser qu'il eût été possible d'adopter une durée un peu plus courte, sans accroître sensiblement les charges immédiates du Trésor et tout en laissant encore aux concessionnaires un avenir assez étendu.

Il convient toutefois de remarquer que le défaut s'est corrigé pour les concessions consenties ultérieurement au profit des grandes Compagnies, sans modification de l'échéance fixée en 1857 et 1859. C'est ainsi qu'en supposant une durée moyenne de 5 ans pour l'exécution des lignes comprises à titre ferme ou éventuel dans les conventions de 1883, la période d'amortissement des dépenses afférentes à ces lignes se réduira à :

<pre>
62 ans environ pour le Nord,
66   —   l'Est,
68   —   l'Ouest,
68   —   l'Orléans,
70   —   Paris-Lyon-Méditerranée,
72   —   le Midi.
</pre>

Il y a lieu encore de remarquer qu'un chemin de fer n'est jamais terminé ; que son compte d'établissement ne peut jamais être clos ; que, chaque année, des améliorations, des agrandissements et des transformations, s'imposent au concessionnaire ; que, jusqu'au dernier jour, il faudra engager des dépenses nouvelles de construction, pour lesquelles la période d'amortissement sera de plus en plus courte ; et que, dès lors, le délai moyen dont les Compagnies auront disposé en définitive pour le remboursement de leurs capitaux sera loin d'être égal à la durée des concessions. Ainsi, pendant la seule période de 1868 à 1882, les grandes Compagnies ont été autorisées, en conformité des conventions, à exécuter des dépenses complémentaires de premier établissement pour une somme de plus de 650 millions, représentant environ 14 °/₀ de leur capital. Durant ces dernières années, les directeurs de Compagnies admettaient empiriquement que les dépenses de cette nature pouvaient atteindre 3 millions par million d'augmentation sur la recette brute annuelle. Il en résultera, nous l'avons déjà dit, des difficultés sérieuses lorsqu'on approchera du terme des contrats : mais c'est là une éventualité trop éloignée pour qu'il faille s'en préoccuper aujourd'hui.

Ainsi, en résumé, le système de la perpétuité a été sagement abandonné en France, dès que l'on y a compris l'importance des chemins de fer. C'est avec raison aussi que les contrats trop courts ont été écartés. La durée à laquelle les Pouvoirs publics se sont généralement arrêtés n'est-elle pas un peu excessive? Nous serions porté à le penser. Cependant les considérations que nous venons de présenter atténuent singulièrement le défaut imputé aux conventions conclues de 1850 à 1859.

3. **Systèmes en vigueur à l'étranger.** — *a.* Angleterre et Amérique du Nord. — Au premier rang des pays où les concessions sont perpétuelles, il faut placer la *Grande-Bretagne*. Les Compagnies y sont investies d'un véritable droit de propriété, bien qu'elles puissent poursuivre l'expropriation des terrains nécessaires à l'assiette des chemins de fer. Cette aliénation indéfinie des voies ferrées, à l'appui de laquelle on a fait valoir l'abandon des Compagnies à leurs propres ressources, a plus d'une fois provoqué les regrets des hommes d'État anglais.

Les bills de concession antérieurs à 1844 n'ont même pas prévu l'éventualité du rachat. L'opération ne pourrait donc être réalisée qu'à l'amiable, pour les lignes qui ont fait l'objet de ces bills et parmi lesquelles figurent les plus importantes du réseau britannique, par exemple l'artère principale de la Compagnie de Glasgow and South-Western, les chemins de Londres à Colchester, de Londres à Bristol, de Londres à Liverpool, de Londres à Brighton : la longueur totale de ces lignes est de 3 735 kilomètres.

Ce n'est que le 9 août 1844 qu'est intervenu un acte du Parlement autorisant la reprise des chemins de fer concédés en 1844 ou postérieurement. Le droit de rachat s'ouvre à l'expiration d'une période de 21 ans, commençant le premier janvier 1845, pour les lignes concédées en 1844, et le premier janvier de l'année suivant celle de la concession, pour les lignes concédées postérieurement à 1844. L'indemnité doit être de 25 fois le produit net moyen des trois dernières années. Toutefois, si ce produit net n'atteint pas 10 % du capital dépensé, la Compagnie peut réclamer la fixation par des arbitres d'une indemnité supplémentaire destinée à la dédommager de la privation des chances d'accroissement de ses bénéfices. De plus, en cas d'exercice du droit de rachat, les concessionnaires peuvent réclamer l'extension de la mesure à tout leur réseau.

L'acte du 9 août 1844 autorise en outre les lords de la Trésorerie à reviser les tarifs pour les mêmes lignes et après les mêmes délais, si le revenu net annuel atteint ou dépasse 10 °/₀. La revision doit être faite de manière à ramener le produit à 10 °/₀, en supposant que le trafic reste le même ; le Gouvernement est tenu de s'engager à parfaire ce revenu minimum, au cas où la Compagnie éprouverait des mécomptes ; le nouveau tarif ne peut d'ailleurs être modifié, ni la garantie retirée, sans le consentement du concessionnaire, pendant une nouvelle période de 21 ans.

D'autre part, les *Standing Orders* de la Chambre des communes prescrivent, depuis 1847, d'insérer dans tout bill de chemin de fer une clause soumettant la Compagnie à subir, le cas échéant, la revision, par ordre du Parlement, du maximum de ses tarifs.

Mais aucune des dispositions que nous venons de rappeler n'a reçu jusqu'ici d'application, et il est difficile de les considérer en fait comme constituant des correctifs sérieux de la perpétuité des concessions. Cette perpétuité est d'autant plus anormale que les Compagnies sont à peine contrôlées et qu'elles jouissent de la plus grande liberté pour leur tarification (1).

Aux *États-Unis d'Amérique*, comme en Angleterre, les concessions sont généralement perpétuelles. Il y a cependant des exceptions à cette règle : aux termes de lois générales de 1861 et 1870 des États d'Illinois et de Californie, les Compagnies de chemins de fer établis postérieurement à ces actes législatifs sont astreintes à obtenir le renouvellement de leurs concessions, après une période de cinquante années ; mais rien n'est stipulé au sujet des conditions de ce renouvellement. La tendance actuelle paraît être aux concessions à durée limitée.

La perpétuité s'explique moins encore à certains égards, pour les États-Unis que pour l'Angleterre, attendu que les États-Unis ont à maintes reprises prêté leur concours financier aux Compagnies, soit en participant à leur formation comme actionnaires, soit en prenant ou garantissant un certain nombre de leurs obligations, soit en leur attribuant des terres d'une étendue souvent considérable.

Dans un certain nombre d'États, elle a pour correctif le droit de rachat. Ainsi l'État de Pennsylvanie, en concédant le central Pennsylvanien qu'il avait entrepris, s'est réservé la faculté de reprendre ce chemin après

---

(1) Une motion tendant au rachat et à l'exploitation des chemins de fer irlandais par l'État a été présentée le 28 avril 1874 par M. Blennerhasset, député irlandais. Certains membres de la Chambre paraissaient disposés à étendre aux trois royaumes cette proposition. Mais elle a été repoussée par 241 voix contre 56.

une période de 20 ans, en remboursant à la Compagnie le montant de ses dépenses de premier établissement, avec les intérêts composés au taux de 8 %, sous déduction des produits perçus durant le même délai, le rachat pouvant être ajourné pour une nouvelle période de vingt années. L'État de Michigan a de même introduit dans l'acte de cession du Michigan Southern une disposition qui lui permet de racheter la ligne, moyennant une indemnité déterminée d'après le cours des actions de la Compagnie augmenté de 10 %. La loi générale de 1874 de l'État de Massachussetts lui confère le pouvoir de racheter les voies ferrées, soit en remboursant le capital augmenté des intérêts à 10 % à partir du premier versement des actions, soit en payant une indemnité à fixer par trois experts à la nomination de la Cour suprême, sauf appel devant un jury désigné par cette Cour.

Le contrôle est peu développé.

Les Compagnies ont une extrême liberté pour leurs taxes : il est même des États où il n'a pas été fixé de maxima dans les actes de concession ; cependant cette lacune a été comblée, après coup, pour un certain nombre de réseaux. Dans quelques États seulement, un droit de revision a été conféré au Pouvoir législatif ; la loi organique de 1874 pour l'État de Massachussetts autorise cette revision à toute époque ; dans l'État de New-York, le législateur ne peut abaisser les taxes que si le revenu net dépasse 10 %, et les Compagnies éludent la mesure en augmentant plus ou moins fictivement leur capital.

Au *Canada*, bien que le régime des chemins de fer soit imité de celui de la Grande-Bretagne, il existe une loi organique de 1859 qui les place sous la surevillance d'une commission présidée par le Ministre des finances et investie d'une autorité assez étendue, pour l'approbation des projets, les ordres de réparation, les mesures relatives à la sécurité de la circulation. Les Compagnies ont l'initiative de la fixation des taxes, mais doivent les faire approuver par le Gouverneur en son Conseil ; le législateur peut en outre abaisser les tarifs, dans le cas où le produit net dépasserait 15 % du capital engagé.

b. Pays de l'europe continentale. — Sur le territoire de l'Europe continentale, le système de l'Angleterre et des États-Unis de l'Amérique du Nord a été généralement répudié. Presque toujours l'État s'est réservé la détermination des lignes qu'il pouvait être utile de construire, au lieu de laisser ce soin à l'initiative privée ; il est resté ainsi maître de la constitution du réseau et a pris une part plus ou moins grande aux dépenses, soit par l'exécution totale ou partielle des travaux, soit par des subventions, soit par l'achat d'un certain nombre d'actions, soit par l'allocation de garanties d'intérêt; il a en outre limité la durée des concessions.

Cependant, dans une fraction de l'*Allemagne* et particulièrement en *Prusse*, les lignes ont été généralement attribuées en toute propriété aux Compagnies. L'État prussien s'est borné à limiter le revenu à 10 °/₀ et à retenir, aux termes de la loi organique du 3 novembre 1838, le droit de racheter après 30 années d'exploitation, moyennant une indemnité représentant 25 fois le produit net moyen des cinq dernières années; encore le point de départ du délai de trente années était-il mal défini, par suite des extensions progressives apportées aux concessions. Aussi le rachat n'a-t-il point été opéré (nous l'avons vu tome I, page 675), par application de la loi de 1838 (1).

Quant aux autres pays du continent, il serait évidemment oiseux d'en faire l'objet d'une étude de détail. La question que nous examinons en ce moment n'est pas assez vitale pour motiver les développements que comporterait l'exposé des résultats de cette étude. Bornons-nous à quelques indications sommaires.

En *Autriche*, la durée des concessions, qui était de 50 ans avant 1854, a été portée ensuite à 90 et même 99 ans. C'est ainsi que, pour la Société autrichienne des chemins de fer de l'État (Staatsbahn), le contrat originaire de 1855 a été conclu pour 90 ans, à compter du 1ᵉʳ janvier 1858, et qu'en 1866 ce délai a été élevé à 99 ans. La Compagnie a obtenu une garantie d'intérêt de 5,2 °/₀ et le Gouvernement a stipulé pour lui la faculté de rachat, dans des conditions analogues à celles qui ont été adoptées en France, moyennant paiement d'une annuité calculée sur la moyenne du produit net des sept dernières années et remboursement du matériel d'exploitation. Pour les chemins de fer du « Sud de l'Autriche », le terme des concessions a été fixé au 31 décembre 1968; la convention renfermait des clauses semblables à celles que nous venons de mentionner pour la Staatsbahn.

En *Belgique*, les concessions ont été généralement faites pour 90 ans, à compter de la mise en exploitation; un certain nombre de contrats contiennent des stipulations relatives au rachat.

---

(1) L'article 38 de la loi du 3 novembre 1838 établissait, sur le revenu net des lignes concédées, un impôt progressif dont le produit devait être employé à racheter les actions et à rendre ainsi l'État peu à peu propriétaire du réseau. La quotité de cet impôt avait été fixée par la loi du 3 mai 1853 à 2 ½ °/₀ du revenu net, si ce dernier était de 4 °/₀, et à 8 °/₀ quand il atteignait lui-même 8 °/₀. Mais les Chambres ont supprimé, en 1859, l'affectation spéciale des produits de cette contribution.

En ce qui concerne l'Italie, voici les termes admis dans quelques concessions :

— concession de 1856 pour les chemins de l'Italie centrale, avec garantie d'intérêt et réserve de la faculté de rachat, moyennant paiement d'une annuité calculée sur le revenu moyen des derniers exercices : terme du 10 décembre 1948 ;

— concessions de 1856, 1858 et 1850, pour le réseau lombard-vénitien, avec garantie d'intérêt et réserve du droit de rachat : durée de 90 ans, à partir du 1er janvier 1865 ;

—conventions de 1869-1870 pour les chemins de la Haute-Italie (ouverture du droit de rachat reportée à l'expiration de la 25e année, à partir du 4 juin 1869) : durée de 99 ans, à compter du 1er janvier 1870 ;

— concessions de 1861 et 1862 pour les chemins de l'Italie méridionale, avec garantie d'intérêt ou subventions annuelles : 99, puis 90 années, à partir du 1er janvier 1868 ;

— conventions de 1885 portant réorganisation du réseau italien et affermage de l'exploitation : 60 années prenant fin le 31 décembre 1944.

En *Espagne*, toutes les concessions ont été temporaires jusqu'en 1868. La loi organique du 3 juin 1855 disposait d'ailleurs, en son article 14, que « les concessions de lignes du service général seraient accordées « pour un terme de 99 ans au plus ». Une loi du 14 novembre 1868 a inauguré un système nouveau : d'après cette loi, les chemins de fer pour lesquels il n'était point demandé de subvention à l'État pouvaient être exploités librement, sans aucune intervention du Gouvernement. Les droits de leurs propriétaires étaient perpétuels, même quand il y avait eu expropriation. La grande loi organique de 1877 a supprimé cette combinaison, tout en respectant les droits acquis depuis 1868 : elle porte, en effet, dans ses articles 22 et 23, qu'aucune concession ne peut dépasser 99 ans, et qu'à l'expiration de ce délai l'État entre en jouissance des chemins de fer et de tous les droits qui s'y rattachent.

En *Portugal*, c'est également le délai de 99 ans qui a prévalu.

En *Russie*, la concession de la « Grande Société des chemins de fer « russes » a été accordée pour 85 ans à partir de la mise en exploitation, qui devait être assurée dans un délai de dix années.

En *Suisse*, la loi organique du 23 décembre 1872, qui place le droit de concession dans la compétence fédérale, porte à son article 5 : « les concessions sont accordées pour un laps de temps déterminé. »

En *Hollande*, la première concession (1836) a été accordée pour une durée indéfinie, avec réserve du droit de rachat après 33 ans, et moyennant le remboursement des dépenses de construction. Il en a été de même d'une seconde concession (1840). Dans une troisième concession de 1860, restée sans effet, la durée a été limitée à 99 années, délai à l'expiration duquel l'État était tenu de racheter la ligne. En 1845, est intervenu un autre contrat de concession, conclu pour une période de 50 années ; à l'échéance de ce terme, l'État devait rembourser les dépenses de premier établissement ; s'il n'usait pas de son droit, la concession était prorogée par périodes successives de 25 années. En réalité, malgré leur limitation apparente, ces derniers contrats constituent plutôt des concessions indéfinies, eu égard à la clause de remboursement des travaux.

Quant aux baux d'affermage, celui de la Société « d'exploitation des « chemins de fer de l'État » a une durée de 50 années et doit prendre fin en 1917 ; celui de la Compagnie « des chemins de fer hollandais » est indéfini, mais le droit de reprise est constamment ouvert.

CHAPITRE V

DU MODE DE CONCESSION

1. Modes de concession successivement adoptés en France. — Les chemins de fer peuvent être concédés, soit par voie d'adjudication, soit par voie de soumission directe. On a beaucoup et longuement discuté sur la valeur relative de ces deux systèmes, qui ont été tour à tour appliqués en France. Avant d'indiquer les raisons invoquées en faveur de l'un ou de l'autre, nous devons rappeler sommairement quels ont été les errements pendant les diverses phases du développement progressif de notre réseau.

La première ligne qui ait été concédée, celle d'Andrézieux à Saint-Étienne, l'a été directement en 1823 ; les deux suivantes, celles de Saint-Étienne à Lyon et d'Andrézieux à Roanne (1826 et 1828), ont fait l'objet d'adjudications.

De 1831 à 1837, les deux modes de procéder ont été employés concurremment : c'est ainsi que les chemins de Montbrison à Montrond (1833), d'Alais à Beaucaire (1833), de Paris à Versailles, rive droite et rive gauche, (1836) et de Bordeaux à la Teste (1837), ont été adjugés, alors qu'au contraire les chemins de Toulouse à Montauban (1831), de Paris à Saint-Germain (1835), de Montpellier à Cette (1836) et de Mulhouse à Thann (1837), étaient concédés directement.

De 1838 à 1843, il n'a été fait que des concessions directes : Bâle à Strasbourg (1838) ; Paris à Rouen, au Havre et à Dieppe (1838) ; Paris à Orléans (1838) ; Paris à Rouen (1840) ; Rouen au Havre (1842) ; Avignon à Marseille (1843).

En 1844 et 1845, c'est l'adjudication qui a prévalu (Montpellier-Nimes, Amiens-Boulogne, Orléans-Bordeaux, Montereau-Troyes, Orléans-Châteauroux, en 1844 ; Paris à la frontière de Belgique, avec embranchements sur

Calais et sur Dunkerque, Creil-Saint-Quentin, Fampoux-Hazebrouck, Paris-Lyon, en 1845). Il n'y a eu d'exception que pour la ligne de Paris à Sceaux et les embranchements de Dieppe et de Fécamp (1845).

De 1846 à 1851, les concessions, d'ailleurs peu nombreuses, ont été directes.

En 1851, il en a été de même de la concession de Versailles à Rennes; au contraire, le chemin de Lyon à Avignon a été adjugé.

De 1852 à 1861, le Gouvernement a renoncé au système de l'adjudication. Puis il y est revenu pour beaucoup de lignes, de 1862 à 1870, conformément à un avis du Conseil d'État en date du 26 août 1861. Telle a été l'origine des Compagnies de la Vendée (1862); des Charentes, de Perpignan à Prades, du Médoc (1863); de Lérouville à Sedan (1869); d'Orléans à Châlons et de Clermont à Tulle (1870), pour ne parler que des sociétés secondaires les plus connues. Quant aux Compagnies de Lille à Valenciennes et du Nord-Est (1864 et 1869), elles ont, dès l'origine, obtenu des concessions directes.

Depuis 1871, nous n'avons à mentionner qu'une adjudication, celle de la ligne de Besançon à Morteau.

2. **Arguments invoqués à l'appui de l'un et l'autre des deux systèmes de l'adjudication et de la concession directe.** — A l'appui du système de l'adjudication, on a fait valoir : 1° qu'il est seul susceptible de mettre l'Administration à l'abri de toute suspicion ; 2° qu'il doit assurer à l'État et au public des conditions meilleures; 3° qu'il s'impose, notamment, au cas où les études ont été faites par l'État et où l'on est en présence d'offres de plusieurs Compagnies sérieuses.

Dans un sens opposé, les partisans de la concession directe ont objecté : 1° que les adjudications donnent lieu à des entraînements ou à des collusions et assurent trop souvent le succès des entrepreneurs téméraires ou indélicats; 2° que, seuls, les contrats de gré à gré peuvent donner d'utiles garanties au point de vue de la capacité et de la moralité des soumissionnaires et provoquer les dévouements généreux, en attribuant aux concessionnaires l'initiative, la responsabilité morale et l'honneur de leurs entreprises; 3° que les adjudications nécessitent une immobilisation fâcheuse de capitaux considérables, par suite de l'obligation imposée aux sociétés concurrentes de réunir des fonds avant d'y prendre part; 4° enfin, que les concessions directes s'imposent, en tout état de cause, quand une seule Compagnie se présente avec un projet sérieusement étudié.

A un point de vue purement spéculatif, l'adjudication peut paraître de prime abord préférable à la concession directe. Il semble en effet qu'elle soit plus conforme aux traditions et aux règles administratives; qu'en provoquant le concours et l'émulation de toutes les capacités, elle doive donner plus de garanties et de satisfactions à l'intérêt public; qu'avec une détermination rigoureuse des conditions d'admission, il soit facile d'en écarter les agioteurs; qu'elle prémunisse mieux l'Administration contre le soupçon et la calomnie.

Malheureusement, les faits ne donnent pas raison à ces appréciations optimistes. Même pour les adjudications des entreprises ordinaires de travaux publics, on constate fréquemment des collusions manifestes ou déguisées sous les dehors d'une concurrence purement fictive; souvent aussi, on a à regretter des rabais exagérés de la part d'entrepreneurs qui se sont trompés dans leurs prévisions, ou qui ont escompté la bienveillance de l'Administration, et dont la témérité a inévitablement pour effet de compromettre tout à la fois l'exécution des travaux et les intérêts du Trésor. Pour les entreprises spéciales, telles que celles des chemins de fer, qui exigent des capitaux considérables, qui ne sont accessibles qu'à un petit nombre de concurrents, qui sont parfois très aléatoires et qui offrent un champ étendu à la spéculation, le péril est plus redoutable. Les résultats de l'expérience ont été des plus mauvais, dans la plupart des cas. Il serait facile de citer des concessionnaires qui, en soumissionnant, ont eu évidemment pour but à peu près exclusif la réalisation de primes sur leurs émissions et de bénéfices sur les marchés de construction, et pour lesquels l'œuvre n'était qu'une occasion de battre monnaie. Il serait facile aussi d'en citer d'autres qui, faute d'études suffisantes et de prévoyance, ont imprudemment consenti des rabais exagérés et en ont été réduits à implorer plus tard le secours de l'État, à solliciter des subsides, à demander la revision de leurs contrats ou même le rachat de leurs lignes. On n'en est plus à compter les faits de cette nature. Vainement fait-on valoir qu'il est possible d'éliminer du concours les entrepreneurs dont la capacité et la moralité ne sont pas complètement assurées : même restreintes et entourées des précautions les plus sages et les plus prudentes, les adjudications ne sont jamais complètement à l'abri des écueils que nous venons de signaler. Vainement encore allègue-t-on que les contrats de concession renferment tous des clauses, dont la stricte application obligerait les concessionnaires à remplir leurs engagements. Les enseignements du passé sont là pour prouver que les Pouvoirs publics ont toujours compté avec les intérêts des obligataires, qu'ils n'ont jamais usé avec une rigueur inflexible des pénalités prévues au cahier des charges, qu'ils ont le plus souvent reculé devant les retards, les embarras et les procès, auxquels les mesures extrêmes devaient exposer l'Administration, qu'ils ont presque toujours préféré consentir à des tempéraments et à des modifications dans les contrats primitifs, qu'ils ne se sont presque jamais refusés à tendre une main secourable aux Compagnies en détresse et à oublier ou à pardonner les fautes et les erreurs. Au surplus l'ultima ratio de la déchéance a inévitablement pour conséquence de discréditer l'œuvre pour laquelle elle est prononcée et de forcer l'État à des sacrifices pour son achèvement.

Sans doute, les concessions directes ne sont pas complètement indemnes de ces inconvénients ; sans doute, elles ont leurs défauts et leurs dangers. Mais, somme toute, on ne saurait méconnaître qu'elles soient préférables aux adjudications.

La question n'a plus du reste qu'un intérêt théorique, puisque nos grandes Compagnies sont maîtresses de la presque totalité du réseau français et que les embranchements ou les lignes secondaires à construire plus tard seront inévitablement rattachés à leur concession, si le régime général des chemins de fer n'est pas modifié.

3. Bases du rabais ou de la surenchère en cas d'adjudication. — Lorsqu'il est procédé à une adjudication au rabais, le concours peut porter sur divers éléments. Nous citerons notamment le maximum des tarifs, la durée de la concession, le montant de la subvention, le taux de la garantie d'intérêt, le chiffre du capital garanti.

Quand, au contraire, l'adjudication comporte une surenchère, ce qui est le cas des affermages, le concours peut porter sur le chiffre de la redevance à payer au Trésor ou sur les bases de la fixation annuelle de ce chiffre.

En France, on a toujours écarté le rabais sur les tarifs, comme susceptible de compromettre le sort des Compagnies et, par suite, celui des chemins de fer ; il convient, d'ailleurs, d'observer que les concessionnaires sont presque toujours conduits à appliquer en fait des taxes inférieures aux maxima prévus par le cahier des charges et que, dès lors, les offres de rabais, lors de l'adjudication, seraient plus fictives que réelles.

Il n'existe pas non plus d'exemples de rabais sur la garantie d'intérêt. Du reste, toutes les concessions dotées d'une garantie ont été faites de gré à gré, sauf une exception en 1851. Ajoutons que l'ouverture d'un concours sur le taux de la garantie pourrait, en provoquant des réductions excessives, ébranler le crédit de la Compagnie, lui créer des embarras pour ses emprunts et nuire au succès définitif de l'entreprise.

De 1836 à 1845, les adjudications ont toujours été ouvertes sur la durée de la concession. Parmi les exemples de rabais les plus considérables provoqués par les adjudications de cette nature, on peut citer ceux des chemins d'Orléans à Bordeaux (1844) et de Fampoux à Hazebrouck (1845), pour lesquels le délai a été respectivement réduit de 47 ans à moins de 28 ans et de 75 ans à moins de 38. Il y a lieu de remarquer que, durant la période de 1836 à 1845, les concessions qui ont fait l'objet d'adjudications n'ont point donné lieu à l'allocation de subsides pécuniaires et que l'intervention de l'État s'est manifestée, le cas échéant, sous forme d'exécution partielle des travaux.

En 1851, le seul chemin adjugé, celui de Lyon à Avignon, l'a été sur le montant de la subvention. C'est également ce système qui a prévalu depuis 1862, sauf pour les lignes de Dunkerque à la frontière belge et de Bordeaux au Verdon, qui n'étaient point subventionnées et dont l'adjudication a eu lieu moyennant un rabais sur la durée de la concession. La préférence donnée au rabais sur la subvention s'expliquait, d'un côté, par le peu d'importance attribuée à la durée des concessions et, de l'autre, par le désir de réduire les sacrifices immédiats du Trésor.

Quant aux adjudications avec surenchère, on ne peut en citer qu'une pour la France : celle de l'affermage du chemin de Montpellier à Nîmes (1844). Le concours a porté sur la redevance annuelle à payer par le fermier ; cette redevance, qui était fixée à 150 000 francs pour chacune des quatre premières années du bail, à 250 000 francs pour chacune de quatre années suivantes et à 350 000 francs pour chacune des quatre dernières années, a été ainsi accrue de 131 000 fr.

4. Garanties exigées des concurrents à l'adjudication ou à la concession. — Dès 1837, l'attention des Pouvoirs publics fut appelée sur les garanties à exiger des concurrents, pour éviter que les chemins de fer fussent concédés à des sociétés incapables de tenir leurs engagements ou ne poursuivant qu'un but exclusif de spéculation financière.

Le 24 mai 1837, M. Cordier, rapporteur à la Chambre des députés d'un projet de loi sur la ligne de Paris à Orléans, signalait cette question à toute la sollicitude de l'Administration.

En 1838, la Commission de la Chambre à laquelle avait été renvoyé un projet de classement conseillait, par l'organe d'Arago, un certain nombre de précautions, telles que : 1° le versement d'un cautionnement ; 2° la justification d'engagements dûment souscrits pour la moitié au moins de l'estimation de la dépense et le versement du dixième de cette somme avant l'adjudication ou avant la présentation de la loi approbative de la concession, s'il s'agissait d'un contrat de gré à gré ; 3° l'obligation pour les gérants, administrateurs et directeurs, de posséder une partie du capi-

tal social, assez forte pour répondre de leur bonne gestion, et d'en effectuer
le dépôt à la Caisse des dépôts et consignations jusqu'à l'entier achèvement
des travaux ; 4° l'interdiction des actions industrielles susceptibles de négociation et de transfert, de telle sorte que la part de bénéfices destinée
à récompenser les ingénieurs et les gérants et à stimuler leur activité leur
fût purement personnelle ; 5° l'obligation d'attendre la promulgation de la
loi pour entreprendre l'émission et la négociation des titres, même provisoires.

En 1845, l'agiotage s'était livré à de tels écarts que le Gouvernement
dut provoquer des dispositions législatives pour y couper court, à l'occasion d'un projet de loi sur le chemin de Paris à la Belgique avec embranchements sur Calais et sur Dunkerque. Nous ne rappellerons ni le texte
des propositions primitives du Ministre des travaux publics à cet égard, ni
les modifications qui y furent apportées par la Commission de la Chambre
des députés. Le lecteur en trouvera un exposé complet dans le tome I de
notre Étude historique sur les chemins de fer (page 499 et suivantes). Les
mesures qui furent définitivement sanctionnées par la loi du 15 juillet 1845
étaient les suivantes :

« Art. 7. — Nul ne sera admis à concourir à l'adjudication d'un chemin
« de fer, si préalablement il n'a été agréé par le Ministre des travaux
« publics (1) et s'il n'a déposé :

« A la Caisse des dépôts et consignations, la somme indiquée au
« cahier des charges ;

« Au secrétariat général du Ministère du commerce, en double exem-
« plaire, le projet des statuts de la Compagnie ;

« Au secrétariat général du Ministère des travaux publics, le registre à
« souche d'où auront été détachés les titres délivrés aux souscripteurs ou,
« pour les Compagnies dont les souscriptions auraient été ouvertes anté-
« rieurement à la présente loi, l'état appuyé des pièces justificatives con-
« statant les engagements réciproques des fondateurs et des souscripteurs,
« les versements reçus et la répartition définitive du montant du capital
« social (2).

« A dater de la remise des registres ou états ci-dessus entre les mains
« du Ministre des travaux publics, toute stipulation par laquelle les fon-
« dateurs se seraient réservé la faculté de réduire le nombre des actions
« souscrites sera nulle et sans effet.

« Art. 8. — Les récépissés de souscription ne sont point négociables.

(1) Le Ministre décide après avis d'une Commission (voir *infrà : formes de procéder*).
(2) Voir également ci-dessous le paragraphe relatif aux formes de procéder.

« Les souscripteurs seront responsables, jusqu'à concurrence des cinq
« dixièmes, du versement du montant des actions qu'ils auront souscrites.

« Chaque souscripteur aura le droit d'exiger de la Compagnie adjudi-
« cataire la remise de toutes les actions pour lesquelles il aura été porté
« sur l'état définitif de répartition déposé au secrétariat général du
« Ministère des travaux publics.

« Ces conditions seront mentionnées sur les registres ouverts et sur
« les récépissés remis postérieurement à la promulgation de la pré-
« sente loi.

« Art. 9. — Les adjudications ne seront valables et définitives qu'après
« avoir été homologuées par une ordonnance royale.

« Art. 10. — La Compagnie adjudicataire ne pourra émettre d'actions
« ou promesses d'actions négociables avant de s'être constituée en société
« anonyme dûment autorisée, conformément à l'article 37 du Code de
« commerce.

« Art. 11. — Les fondateurs de la Compagnie n'auront droit qu'au
« remboursement de leurs avances, dont le compte appuyé des pièces
« justificatives aura été accepté par l'assemblée générale des action-
« naires.

« L'indemnité qui pourra être attribuée aux administrateurs, à raison
« de leurs fonctions, sera réglée par l'assemblée générale des action-
« naires.

« Art. 12. — Nul ne pourra voter par procuration dans le Conseil
« d'administration de la Compagnie.

. . . .

« Art. 13. — Toute publication quelconque de la valeur des actions,
« avant l'homologation de l'adjudication, sera punie d'une amende de
« 500 fr. à 3 000 fr.

« Sera puni de la même peine tout agent de change qui, avant la
« constitution de la société anonyme, se serait prêté à la négociation des
« récépissés ou promesses d'actions. »

Des dispositions complémentaires, sur lesquelles nous reviendrons en
traitant spécialement de la constitution et de la réalisation du capital des
Compagnies, ont été introduites dans le décret du 21 avril 1853, sur le
Grand-Central, et dans la loi du 10 juin 1853, sur le chemin de Lyon à
Genève.

Parmi les dispositions organiques de la loi de 1845, il en est une qui
avait une réelle importance avant la loi du 24 juillet 1867, nous voulons
parler de l'article 10. En examinant les statuts, le Conseil d'État et le

Gouvernement pouvaient veiller à ce que l'économie de l'acte de société donnât pleine satisfaction à l'intérêt public, à ce que la Compagnie ne se livrât pas à des opérations étrangères, à ce qu'elle fût intéressée à mener son œuvre à bien et à y consacrer tous ses efforts. Il y avait là une garantie des plus sérieuses, que la loi de 1867 a fait disparaître en émancipant les sociétés anonymes, en les dispensant de l'autorisation du Gouvernement et en disposant que les sociétés antérieurement autorisées pourraient se transformer en sociétés libres.

Pour y obvier, le Conseil d'État a émis, à diverses reprises, l'avis qu'il convenait d'insérer dans les lois ou décrets de concession des clauses suppléant à celles dont il était devenu impossible d'assurer l'introduction ou le maintien dans les statuts. Conformément à cet avis, plusieurs actes de concession intervenus depuis 1867 ont interdit au concessionnaire de faire, sans l'autorisation du Gouvernement, aucune opération étrangère à la construction et à l'exploitation des chemins de fer. Nous citerons notamment les textes suivants :

a. — Décret du 7 mai 1872, sur la substitution de la Compagnie des Dombes et des chemins de fer du Sud-Est à celle de la Dombes, pour la concession du chemin de fer de Sathonay à Bourg et le desséchement de 6 000 hectares d'étangs dans le département de l'Ain, et aux sieurs Mangini pour la concession du chemin de Lyon à Montbrison. — Art. 1ᵉʳ, § 2, ainsi conçu : « ...... la société anonyme des Dombes et des chemins « de fer du Sud-Est limitera ses opérations à la construction et à l'exploi- « tation des chemins de fer dont elle a obtenu ou dont elle obtiendrait la « concession en France et à l'entreprise du desséchement des étangs de la « Dombes..... »

b. — Décret du 27 mars 1874, pour l'établissement d'un chemin de fer d'Anduze à Lézan. — Art. 2, § 2 : « La société devra se renfermer « strictement, à moins d'autorisation spéciale, dans l'objet de la présente « concession ou des autres concessions de chemins de fer qui pourront « lui être faites ultérieurement. »

c. — Décret du 29 avril 1874, pour l'exécution d'un chemin de fer d'Arzew à Saïda, en Algérie. — Art. 2 : « La Société concessionnaire devra « se renfermer, à moins d'une autorisation spéciale, dans l'objet des statuts « en date du 13 février 1873. »

d. — Décret du 12 août 1874, autorisant la substitution de la Compa- gnie de Lille à Valenciennes à la société Lebon et Otlet, pour le chemin de fer de Lérouville à la ligne des Ardennes. — Art. 2 : « La Compagnie du « chemin de fer de Lille à Valenciennes devra se renfermer strictement, « à moins d'autorisation spéciale, dans l'objet des concessions des chemins

« de fer constituant son réseau, tel qu'il résulte des décrets des.......
« et du présent décret, et ce sous réserve des extensions que pourrait
« recevoir le dit réseau par suite de concessions ultérieures de chemins
« de fer. »

e. — Convention annexée à la loi du 17 juin 1874, portant concession
du chemin de fer de Bourges à Gien. — Art. 4 (libellé identique à celui du
décret concernant le chemin d'Anduze à Lézan).

f. — Décret du 16 novembre 1874, pour la concession définitive du
chemin de Besançon à Morteau. — Art. 2, § 2 (même libellé).

g. — Loi du 17 août 1885, concédant à la Société marseillaise de crédit industriel et commercial et de dépôts différentes lignes dans la région
du Var. — Art. 5 : « Le capital de la société concessionnaire (à former) ne
« pourra être engagé directement ou indirectement dans une opération
« autre que la construction ou l'exploitation des lignes indiquées à
« l'article 3, sans autorisation préalable par décret délibéré en Conseil
« d'État. »

h. — Loi du 11 septembre 1885, portant concession des chemins de
Sancoins à Lapeyrouse et de la Guerche à Châteaumeillant, au profit de la
société des chemins de fer économiques. — Art. 4 : « Le capital de la
« société..... ne pourra être engagé directement ou indirectement dans
« une opération autre que la construction ou l'exploitation des lignes qui
« lui sont concédées, sans autorisation préalable, par décret délibéré en
« Conseil d'État. »

i. — Loi du 27 juillet 1886, concédant à la Compagnie des chemins
de fer départementaux les lignes de la Voulte-sur-Rhône au Cheylard, de
Tournon à la Mastre et d'Yssingeaux à la Voûte-sur-Loire. — Art. 4 (libellé
analogue au précédent).

Dans le même ordre d'idées, lorsque la concession est faite à une société
autre qu'une Compagnie de chemins de fer, l'autorité concédante impose
en général à cette société l'engagement de constituer, dans un délai déterminé, une Compagnie anonyme distincte qui se substitue à elle dans tous
ses droits et obligations. Cette stipulation a pour objet de séparer la gestion
des chemins de fer des autres opérations faites par le concessionnaire primitif (voir par exemple la loi du 17 août 1885 sur les chemins de fer du
Var).

Une disposition semblable est ordinairement insérée dans les contrats
de concession à des particuliers. La longue durée des concessions ne permet pas en effet de les laisser entre les mains de détenteurs appelés à
disparaître avant leur terme. A la vérité, les sociétés anonymes ne sont

responsables que jusqu'à concurrence de leur capital social, tandis que les particuliers le sont sur toute leur fortune personnelle ; mais, en revanche, la responsabilité peut être plus effective, quand elle est répartie entre un grand nombre d'actionnaires.

On a également réglementé la constitution du capital et les conditions de sa réalisation. C'est là un point trop important pour être traité incidemment : nous nous réservons de lui consacrer un chapitre spécial, auquel le lecteur voudra bien se reporter.

La loi du 11 juin 1880 sur les chemins de fer d'intérêt local a, dans son article 10, interdit, « la cession totale ou partielle de la concession, la « fusion des concessions ou des administrations, les changements de con- « cessionnaire, autrement qu'en vertu d'un décret délibéré en Conseil d'État « et rendu sur l'avis conforme du Conseil général ou du Conseil municipal, « suivant les cas. » Dès avant 1880, d'ailleurs, l'autorité administrative et l'autorité judiciaire s'étaient accordées à reconnaître que la transmission ou la fusion des concessions devait être subordonnée à l'autorisation du Gouvernement. C'est ainsi que le Tribunal de la Seine (29 avril 1855), la Cour d'appel de Paris (12 février 1856) et la Cour de cassation (14 février 1859), ont rejeté une demande en dommages-intérêts fondée sur le refus du Ministre des travaux publics de donner son approbation à une cession ; l'arrêt de la Cour suprême comprend le considérant que voici :

« Attendu que la concession d'un chemin de fer par l'État à des par- « ticuliers leur est accordée en vue des garanties qu'ils présentent pour « l'exécution et l'exploitation de cette entreprise d'utilité générale ;

« Qu'il serait contraire à l'ordre et à l'intérêt publics qu'elle pût, sans « le consentement du Gouvernement, être transmise par ceux qui l'ont ob- « tenue à des tiers qui pourraient ne pas offrir les mêmes garanties, « etc..... »

De son côté, le Conseil d'État avait consacré la même doctrine par un avis du 12 février 1876.

C'est un point sur lequel nous reviendrons avec plus de détails.

5. Observations sur la concession des chemins de fer d'intérêt général aux communes. — Le Conseil d'État, consulté sur la question « de savoir si le chemin de fer métropolitain de Paris devait être classé « dans le réseau d'intérêt général et s'il y avait lieu d'en faire la concession « à la Ville de Paris (comme l'avait proposé le Conseil général des Ponts et « Chaussées) », a dû examiner à cette occasion s'il était possible de concéder aux communes des lignes. d'intérêt général. Sans se prononcer en termes absolument catégoriques sur le principe lui-même, il a émis l'avis suivant (février 1884) :

« Le Conseil d'État.....

« Considérant... (Les premiers considérants établissent le caractère d'intérêt général du Métropolitain);

« Considérant, en ce qui concerne la proposition de concéder le « Métropolitain à la Ville de Paris, qu'il importe de ne pas faire sortir les « communes de leur rôle naturel et du cercle de la gestion des intérêts « locaux ;

« Qu'on ne saurait tirer argument du § 2 de l'article 27 de la loi du « 11 juin 1880, dont les dispositions spéciales aux tramways ne sont point « applicables en l'espèce ;

« Que, d'ailleurs, il n'existe pas d'exemple de concession de chemins « de fer d'intérêt général, faite à une commune avec ou sans faculté de « rétrocession, et que, dans le cas particulier, une dérogation à la règle « invariablement suivie jusqu'à ce jour ne saurait se concilier avec l'im-« portance, tant au point de vue civil qu'au point de vue militaire, des « intérêts si nombreux et si complexes engagés dans l'établissement du « Métropolitain,

« Est d'avis :

« Que le Métropolitain est un chemin de fer d'intérêt général et qu'il n'y « a pas lieu de le concéder à la Ville de Paris. »

Il n'existe pas de lois organiques qui définissent et délimitent les attributions des communes, au point de les empêcher de se rendre concessionnaires d'un chemin de fer d'intérêt général. L'histoire abonde en exemples de concessions de travaux publics à des villes ou à des départements. On peut citer :

1° Les canaux d'irrigation de la Siagne et du Loup (ville de Cannes, décret du 25 août 1866), de la Vézubie (ville de Nice, loi du 26 décembre 1878), d'Escouloubre (commune d'Escouloubre, décret du 28 décembre 1871), de Marseille (villes de Marseille et d'Aix, loi du 4 juillet 1838), d'Aubagne (villes de Marseille et trois communes, décret du 25 mai 1864), de Martigues (ville de Martigues et trois communes, décret du 23 août 1868), de Saint-Martory (département de la Haute-Garonne, décrets du 4 mai 1864 et du 16 mai 1866), du Forez (département de la Loire, décret du 20 mars 1863 et loi du 7 août 1882), du Lagoin et du Pont-Long (Syndicat de 9 communes, décret du 10 septembre 1859);

2° Les canaux de navigation de l'Ourcq et de Saint-Denis, que la Ville de Paris a été autorisée à racheter et à exploiter par un décret du 22 avril 1876.

Plusieurs de ces canaux touchent à des intérêts collectifs très étendus.

Des exemples analogues pourraient être cités pour les ponts suspendus et pour les desséchements.

Les articles 27 et 28 de la loi du 11 juin 1880 ont prévu que « la conces-« sion des tramways pourrait être faite aux villes ou aux départements, « avec faculté de rétrocession ».

Des décrets du 5 août 1866, du 9 novembre 1867 et du 25 avril 1869 ont autorisé la ville de Munster, celle de Colmar et le département des Ardennes, à établir eux-mêmes des chemins d'intérêt local ; plus récemment, le 26 septembre 1882, une loi a autorisé le département d'Indre-et-Loire à établir et à exploiter une ligne d'intérêt local de Ligré-Rivière à Richelieu ; une autre loi du 30 juillet 1885 a autorisé la ville de Langres à établir et à exploiter un chemin à crémaillère reliant cette ville à la gare de Langres-Marne, sur la ligne de Paris à Belfort.

On ne saurait nier l'importance de ces précédents, surtout si l'on considère que la distinction entre les chemins de fer d'intérêt général et les chemins de fer d'intérêt local est purement conventionnelle et que, dans un cas comme dans l'autre, il s'agit d'accomplir une œuvre comportant avec elle des risques et des opérations aléatoires.

Mais, s'il n'existe pas de principes supérieurs s'opposant à la concession des chemins de fer d'intérêt général aux villes, on doit reconnaître que l'organisation des municipalités se prête mal à la construction et à l'exploitation des chemins de fer et qu'il convient, comme l'a dit sagement le Conseil d'État, de ne pas faire sortir les communes du cercle naturel de leurs attributions, c'est-à-dire de la gestion des intérêts locaux. Des dérogations à cette règle ne sauraient se justifier qu'à titre exceptionnel et par des raisons d'ordre supérieur.

6. Autorité compétente pour accorder la concession. — L'autorité compétente pour ordonner ou approuver les concessions de chemins de fer d'intérêt général est en principe celle qui a qualité pour prononcer la déclaration d'utilité publique. Nous ne pouvons donc que renvoyer le lecteur à l'exposé de la page 25. Mais il importe de ne pas perdre de vue qu'aux termes de la loi du 27 juillet 1870, le vote préalable d'une loi créant les voies et moyens ou l'inscription d'un crédit à l'un des chapitres du budget est toujours nécessaire pour les travaux dont la dépense doit être supportée en tout ou en partie par le Trésor. L'intervention du législateur est donc indispensable, dans tous les cas, lorsque la concession doit engager les finances de l'État. Toutes les conventions portent d'ailleurs que la concession est faite « par le Ministre des travaux publics, au nom de l'État ».

Pour les chemins de fer d'intérêt local, d'après la loi du 11 juin 1880, les dispositions des traités sont arrêtées, suivant les cas, par le Conseil général ou par le Conseil municipal. La convention est ensuite conclue par le préfet, qui fait la concession au nom du département. Le législateur déclare d'utilité publique et autorise le département ou la commune à pourvoir à l'exécution du chemin, conformément « aux clauses et conditions de la « convention et du cahier des charges y annexé ».

Pour les voies ferrées des quais, la concession est faite par le Ministre des travaux publics, au nom de l'État, sous réserve de la ratification par décret délibéré en Conseil d'État.

7. Formes de procéder. — *a.* Adjudications. — Sous la monarchie de Juillet, sauf une exception qui remonte à l'année 1833, le Gouvernement a toujours soumis aux Chambres le cahier des charges qui devait servir de base à l'adjudication, avant de procéder à cette opération dont les résultats étaient ensuite approuvés par une ordonnance royale.

La procédure a été la même en 1851.

Sous l'Empire, elle a varié comme l'indique le tableau suivant :

DÉSIGNATION DES LIGNES	ANNÉES	OBSERVATIONS
Bergerac à Libourne (63 km.)........	1862	Loi du 2 juillet 1861 autorisant le Ministre des travaux publics à entreprendre l'infrastructure. — Adjudication ordonnée et homologuée par simples décrets en 1862, bien qu'une subvention fût allouée à la Compagnie.
Dunkerque à la frontière Belge (17 km.)....................	1862	Pas de subvention. — Adjudication prescrite et homologuée par décrets.
Lignes des Charentes (320 km.).....	1862	Loi du 2 juillet 1861 autorisant le Ministre à entreprendre l'infrastructure. — Adjudication ordonnée par un décret et homologuée par un décret et par une loi.
Lignes de la Vendée (120 km.).....	1863	Loi du 2 juillet 1861 autorisant le Ministre à entreprendre l'infrastructure. — Adjudication ordonnée par un décret et homologuée par un décret et par une loi.
Perpignan à Prades (40 km.)........	1863	Loi du 6 mai 1863 autorisant l'allocation d'une subvention. — Adjudication ordonnée et homologuée par décrets.
Bordeaux au Verdon (100 km.).....	1863	Pas de subvention. — Adjudication ordonnée et homologuée par décrets.
Arras à Étaples (141 km.).........	1864	Pas de subvention sur les fonds du Trésor. — Décrets.
Lérouville à Sedan (131 km.).......	1869	Loi du 18 juillet 1868 autorisant le Ministre des travaux publics à entreprendre l'infrastructure et à concéder la ligne avec subvention. — Adjudication ordonnée et homologuée par décrets.
Orléans à Châlons (293 km.).......	1870	Loi du 18 juillet 1868 autorisant le Ministre à entreprendre l'infrastructure. — Adjudication ordonnée par un décret et homologuée par un décret et par une loi.
Clermont à Tulle (225 km.)........	1870-1872	Loi du 18 juillet 1868 autorisant le Ministre à entreprendre l'infrastructure. — Adjudication ordonnée par décret en 1870 et homologuée par une loi de 1870.

Depuis 1870, une seule ligne, celle de Besançon à Morteau, a été adjugée ; l'adjudication a été prescrite par la loi du 23 mars 1874, à laquelle était annexé le cahier des charges. Les résultats de l'opération ont été approuvés par décret.

Ce dernier mode de faire est correct et conforme aux principes.

Quant aux détails des formes de procéder, nous n'avons évidemment pas à l'examiner ici. Le lecteur en trouvera des exemples dans les actes suivants :

1° Arrêté général du Ministre des travaux publics, en date du 19 avril 1862, réglant les conditions d'adjudication des lignes comprises dans la loi du 2 juillet 1861 (*Moniteur universel* du 6 mai 1862 ou Palaa, *Dictionnaire des chemins de fer*, page 54) ;

2° Arrêté ministériel du 21 juillet 1874, pour l'adjudication du chemin de Besançon à Morteau (*Journal officiel* du 22 juillet 1874) ;

3° Arrêté ministériel du 21 avril 1879, pour l'adjudication, à la suite de déchéance, du chemin de Lagny aux carrières de Neufmoutiers et de Mortcerf (J. O., 12 août 1879).

Nous nous bornons à signaler les dispositions suivantes, qui sont essentielles :

Les personnes qui veulent concourir sont tenues de le déclarer par écrit dans le délai qui leur est imparti et de déposer au secrétariat du Ministère des travaux publics, conformément à l'article 7 de la loi du 15 juillet 1845, les états de souscriptions et autres pièces propres à justifier des ressources nécessaires pour remplir les engagements à contracter vis-à-vis de l'État.

Le montant des sommes souscrites avant l'adjudication doit atteindre une proportion déterminée du capital total à réaliser par la Compagnie.

Les titres des concurrents sont soumis à l'examen d'une Commission instituée par le Ministre, qui statue ensuite sur l'admission.

Les personnes admises doivent verser au Trésor un dépôt de garantie ou cautionnement fixé par le cahier des charges.

Les soumissions sont ensuite reçues et ouvertes en séance publique devant la Commission. L'adjudication n'est valable qu'après avoir été homologuée par décret.

Pour l'avenir, on aurait à se conformer au décret réglementaire du 18 novembre 1882 sur les adjudications, en tant que ce décret est susceptible de s'appliquer aux entreprises de chemins de fer.

b. Concessions. — Les concessions directes de chemins de fer d'intérêt général font l'objet de conventions provisoires entre le Ministre des travaux publics et la Compagnie et sont ensuite ratifiées par l'autorité compétente aux termes de la loi du 27 juillet 1870. (Voir p. 91.)

La procédure suivie pour la préparation des contrats a varié suivant les époques. Sous l'Empire, elle était réglementée par une instruction générale insérée au *Moniteur* du 13 novembre 1854 et prévoyant notamment l'intervention du comité consultatif des chemins de fer et du Conseil d'État. L'avis du Conseil d'État a été également demandé à diverses reprises depuis 1870 ; toutefois cette haute Assemblée n'a pas été consultée sur les conventions de 1883.

Les seules questions sur lesquelles nous ayons à insister sont les suivantes :

1° *Le Gouvernement doit-il soumettre les traités au Parlement ou au contraire ne traiter qu'après coup sur les bases et dans les limites arrêtées par les Chambres ?* — De ces deux modes de procéder, le second a été très vigoureusment défendu dans diverses circonstances, sous la Monarchie de Juillet. En 1843, M. le comte Daru, rapporteur à la Chambre des pairs d'un projet de loi sur le chemin de fer d'Avignon à Marseille (rapport du 19 juillet 1843), exprimait le vœu que le Gouvernement ne signât les contrats de concession que lorsque toutes les conditions en auraient été déterminées par les Chambres, de manière à dégager les questions de personnes susceptibles de provoquer des débats regrettables et irritants. Suivant lui, en livrant à la discussion, non seulement les clauses des conventions, mais encore la personnalité des demandeurs en concession, on obligeait ces derniers à ne jamais confesser leur dernier mot dans leurs pourparlers avec l'Administration et à se réserver la possibilité de donner quelques satisfactions aux exigences du Parlement. Il y avait une véritable confusion de pouvoirs, un affaiblissement de l'autorité morale du Gouvernement. M. le comte Daru invoquait du reste, à l'appui de son opinion, la décision même de la Chambre des députés qui avait ajouté au texte du projet de loi un article déléguant au Ministre des travaux publics l'autorisation de traiter de gré à gré avec des Compagnies autres que la Société Talabot, soumissionnaire, si cette Société n'acceptait pas les modifications apportées au contrat par le Parlement.

En 1844, dans l'exposé des motifs d'un projet de loi sur les chemins de Paris à la frontière de Belgique, avec embranchement sur Boulogne, d'Orléans à Vierzon et de Montpellier à Nîmes, le Ministre des travaux publics soutenait la même thèse, afin de laisser aux Chambres une liberté plus grande dans la discussion des projets de loi et de mieux sauvegarder la dignité et l'autorité du Gouvernement.

Enfin, en 1844 également, M. Dufaure, rapporteur à la Chambre des députés d'un projet de loi sur le chemin d'Orléans à Bordeaux, appuyait la doctrine du Gouvernement. Il faisait valoir que jusqu'alors l'Administration avait borné son rôle à des ébauches de traités et que les véritables conventions avaient été élaborées devant le Parlement, ce qui était absolument contraire à la saine division des pouvoirs.

Mais, pour le chemin d'Orléans à Bordeaux, comme pour ceux de Paris à la Belgique, d'Orléans à Vierzon et de Montpellier à Nîmes, il s'agissait de procéder à une adjudication et non de faire une concession directe.

En fait, c'est le premier mode de procéder qui a toujours prévalu. Il convient d'ailleurs qu'il en soit ainsi : en effet, l'intervention sans réserve du Parlement a le grand avantage de prévenir l'Administration contre les calomnies et les suspicions auxquelles pourrait donner naissance le choix de telle ou telle Compagnie ; le groupement des lignes entre les mains d'un même concessionnaire ou leur répartition entre des concessionnaires différents ont en outre trop d'importance au point de vue du régime général des chemins de fer, pour échapper à l'examen des Chambres.

2° Les conventions avec des Compagnies préexistantes doivent-elles être ratifiées par les Assemblées générales d'actionnaires, avant de l'être par les Pouvoirs publics ? — Dans la plupart des cas, les conventions conclues avec des Compagnies préexistantes ont été approuvées par les Pouvoirs publics, avant de l'être par les Assemblées générales d'actionnaires dont la ratification est indispensable aux termes des statuts.

Cette procédure, contraire à celle d'autres pays tels que l'Italie, a été vivement critiquée, particulièrement à l'occasion des conventions de 1883. Il est certain qu'au premier abord elle semble assez anormale ; ceux qui la combattent peuvent alléguer, avec quelque apparence de raison, qu'il importe à la dignité du Parlement de dire le dernier mot et de ne pas s'exposer à voir ses décisions tomber devant un vote d'actionnaires.

Cependant, en pratique, le mode de faire qui a été généralement suivi jusqu'ici s'impose presque inévitablement et n'est pas sans avantages pour l'État lui-même.

En effet, les conventions exigent toujours des négociations fort longues et fort laborieuses entre le Ministre des travaux publics et les représentants des Compagnies. Lorsque ces négociations ont abouti, le Gouvernement a hâte d'en soumettre les résultats à l'appréciation des Chambres, sans attendre les délais nécessaires pour la réunion des assemblées d'actionnaires.

En second lieu, le Parlement peut être conduit à réclamer des amendements, des modifications aux contrats provisoires signés par le Ministre, et à rendre ainsi indispensable, en tout état de cause, une nouvelle réunion des actionnaires : sa liberté est certainement plus grande, s'il n'a pas devant lui la perspective du renouvellement de formalités déjà accomplies.

Enfin, il convient d'observer que les Assemblées générales d'actionnaires, placées en face d'une décision des Chambres, ne peuvent guère qu'enregistrer cette décision, sous peine de tout remettre en question et parfois de compromettre le sort de leurs Compagnies : c'est un peu pour elles « la carte forcée ».

Ce que l'on peut soutenir, c'est qu'au lieu de promulguer la loi avant la ratification du contrat par l'Assemblée générale, il serait plus correct d'attendre cette ratification. Mais c'est là une observation secondaire et de peu d'importance.

8. Des concessions éventuelles. — Les conventions conclues avec les Compagnies ont fréquemment porté, depuis 1852, non seulement sur des concessions fermes et définitives, mais encore sur des concessions *éventuelles*, subordonnées à certaines conditions et le plus souvent à l'achèvement des études et à l'accomplissement des formalités nécessaires à la déclaration d'utilité publique.

En accordant les concessions éventuelles, l'État a parfois imposé aux Compagnies un engagement à durée illimitée. Dans des cas beaucoup plus nombreux, l'engagement réciproque des deux parties a été limité à un délai déterminé.

Voici d'ailleurs quelques types de formules usitées à cet égard :

a. — *Engagement à durée indéfinie de la part de la Compagnie.* — Nord (convention approuvée par décret du 19 février 1852) : « La Compa-
« gnie du Nord s'engage à construire, à ses frais, risques et périls,.... si
« le Gouvernement l'exige, après l'accomplissement des enquêtes et
« formalités préalables, un chemin de fer de.... à .... »

Orléans (convention approuvée par décret du 17 août 1853) : « La
« Compagnie s'engage à exécuter à ses frais, risques et périls,... tous les
« travaux d'établissement d'un chemin de fer de.... à .... et à les
« terminer dans un délai de.... années, au plus tard, à dater du décret
« qui rendra la concession définitive après l'acccomplissement des enquêtes
« et formalités préalables. »

Midi (loi du 23 mars 1874 et convention approuvée par la loi du 14 décembre 1875) : « Il est concédé, à titre éventuel, à la Compagnie du
« Midi, un chemin de fer de..... Cette concession sera rendue définitive
« par une loi qui déclarera l'utilité publique, après accomplissement des
« formalités d'enquête prescrites par la loi du 3 mai 1841. »

Est (convention approuvée par la loi du 31 décembre 1875 : « Le
« Ministre des travaux publics, au nom de l'État, concède à titre éven-
« tuel à la Compagnie de l'Est les chemins de fer de.... »

Nord, Est, Ouest, Orléans, Paris-Lyon-Méditerranée et Midi (conventions approuvées par les lois du 20 novembre 1883) : « Le Ministre des

« travaux publics, au nom de l'État, concède à la Compagnie de..... les
« lignes suivantes à titre éventuel..... » Pour l'Orléans, cette formule a
été complétée par le paragraphe ci-après : « La concession de ces lignes
« deviendra définitive par le fait de la déclaration d'utilité publique. »
Pour l'Est et l'Ouest, elle l'a été ainsi : « La concession de ces lignes
« deviendra définitive au fur et à mesure de leur déclaration d'utilité
« publique. »

Dans les cas que nous venons de citer, bien que l'engagement eût en
apparence une durée illimitée pour la Compagnie, le Gouvernement était
en réalité désireux de donner le plus tôt possible un caractère définitif à
la concession ; il était sinon explicitement, du moins implicitement, obligé
de ne point retarder l'accomplissement des formalités préalables.

b. Engagement à durée illimitée. — Midi (convention approuvée par
décret du 24 août 1852) ; Orléans (convention approuvée par décret du 21
avril 1853) ; Lyon (convention approuvée par décret du 21 avril 1853) ;
Est (convention approuvée par décret du 20 juillet 1853 : « La concession
« dont il s'agit est dès à présent obligatoire pour la Compagnie conces-
« sionnaire. En ce qui concerne l'État, elle devra être régularisée dans
« un délai de.... au plus tard, en faveur de ladite Compagnie. — Dans le
« cas où, dans ce délai, un décret spécial ou une loi confirmant les enga-
« gements de l'État ne seraient pas intervenus, le présent article et le
« précédent seraient considérés comme non avenus, le surplus de la
« concession ressortissant son plein et entier effet. »

Orléans (convention approuvée par décret du 7 avril 1855) : première
partie de la formule précédente.

Orléans et Paris-Lyon-Méditerranée (conventions approuvées par décrets
du 19 juin 1857) ; Nord (convention approuvée par décret du 26 juin 1857) ;
Est et Midi (conventions approuvées par décrets du 11 juin 1859) ; Est, Ouest,
Paris-Lyon-Méditerranée et Midi (conventions approuvées par décrets du 11
juin 1863) ; Orléans (convention approuvée par décret du 6 juillet 1863) ; Ouest
(convention approuvée par décret du 18 juillet 1865) ; Est (convention approuvée par décret du 11 juillet 1868) ; Orléans (convention approuvée par décret
du 26 juillet 1868) ; Midi (convention approuvée par décret du 10 août 1868) ;
Paris-Lyon-Méditerranée (convention approuvée par décret du 28 avril 1869) :
« Le Ministre... des travaux publics, au nom de l'État, s'engage à concéder
« . . . . . à la Compagnie de. . . . . . . , dans le cas où l'utilité
« publique en serait reconnue, après l'accomplissement des formalités
« prescrites par l'article 3 de la loi du 3 mai 1841, les chemins de fer de
« . . . . . . La Compagnie s'engage à exécuter lesdites lignes à ses

« frais, risques et périls, dans un délai de......... à dater du décret
« de concession définitive à intervenir. Les engagements ci-dessus énoncés
« seront considérés comme nuls et non avenus, en ce qui concerne celles
« des lignes mentionnées au présent article pour lesquelles l'exécution des-
« dits engagements n'aurait pas été réclamée, soit par le Gouvernement,
« soit par la Compagnie, dans un délai de...... à partir de la ratifica-
« tion des présentes, et en ce qui concerne les lignes pour lesquelles
« l'accomplissement de ces engagements aurait été réclamé, mais dont
« l'utilité publique n'aurait pas été déclarée dans un délai de......, à
« partir de ladite époque. »

Sous le régime du sénatus-consulte du 25 décembre 1852, les concessions éventuelles étaient englobées dans des conventions que les Chambres
étaient appelées à ratifier au point de vue financier. Le Parlement n'avait
plus dès lors à intervenir pour la confirmation définitive de la concession.
Il n'en serait plus de même aujourd'hui que pour les lignes de moins de
20 kilomètres de longueur. La question, qui du reste n'était pas douteuse,
a été résolue dans ce sens, en 1871, par la Commission provisoire chargée
de remplacer le Conseil d'État, par le Gouvernement et par l'Assemblée
nationale, à propos d'une espèce particulière (Nord-Est) où il s'agissait de
rendre définitive une concession éventuelle de 1869.

Jusqu'en 1883, les concessions éventuelles n'avaient compris que des
lignes déterminées dans des termes précis. Les conventions de 1883 ont
inauguré une nouvelle catégorie de concessions plus éventuelles encore,
pour des lignes *non dénommées* et exclusivement définies par leur développement total. Ces contrats comprennent tous en effet une clause par
laquelle les Compagnies se sont engagées à accepter les concessions qui
leur seraient faites, jusqu'à concurrence d'un certain nombre de kilomètres
environ, de lignes à désigner ultérieurement. Les longueurs de ces lignes
non dénommées étaient les suivantes :

pour le Nord..... (à fixer d'après un reliquat de fonds de concours).
— l'Est........ 250 km.
— l'Ouest...... 200
— l'Orléans 400
— le P. L. M... 600
— le Midi...... 160

Ces lignes devaient être déterminées par l'Administration, la Compagnie
entendue. Les Compagnies de l'Est et de l'Ouest ont stipulé que les nouveaux
chemins seraient situés dans les limites des départements qu'elles desservent.

La liste des lignes dont les Compagnies s'étaient ainsi engagées à accepter la concession a été arrêtée en totalité ou en partie, pour les réseaux de l'Est, de l'Ouest, de Paris-Lyon-Méditerranée et du Midi, par les lois des 30 avril 1886, 10 décembre 1885 et 15 mars 1886, 20 août 1885 et 2 août 1886, 17 juillet 1886.

9. Indemnités allouées aux concurrents évincés. — Il est arrivé que le Gouvernement subordonnât la concession à l'obligation de payer une indemnité à des concurrents évincés qui avaient fait des études utiles.

On peut en citer plusieurs exemples.

a. *Chemin de grande ceinture.* — Le Conseil général de Seine-et-Oise avait concédé un chemin de circonvallation autour de Paris, par Versailles, Pontoise, Écouen, Gonesse, Villiers-sur-Marne, Villeneuve-Saint-Georges et Juvisy, d'abord au sieur Passedoit et à la Compagnie de l'Anglo-Austrian-Bank, puis à un groupe constitué par la Banque française-italienne, la Banque franco-autrichienne-hongroise et la Banque des travaux publics belges. Envisagée dans ses traits généraux, cette ligne n'était autre chose que le chemin de grande ceinture, considéré avec raison par le Gouvernement comme devant être retenu dans le réseau d'intérêt général. Un conflit très vif s'éleva entre le Ministre des travaux publics et le département; lorsque l'Assemblée nationale fut saisie du projet de concession du chemin de grande ceinture aux Compagnies du Nord, de l'Est, de Paris à Orléans et de Paris-Lyon-Méditerranérée, unies en syndicat, elle introduisit dans la loi (4 août 1875) un article 3 ainsi conçu :
« Il sera statué par un décret délibéré en Conseil d'État, sur la demande de
« la Compagnie du chemin de fer, dit *de circonvallation*, tendant à obtenir
« une indemnité à raison des dépenses utiles faites par elle pour l'étude
« dudit chemin de fer. » Cette indemnité a été fixée à 60 000 francs par décret du 20 février 1877.

b. *Chemin d'Amiens à Dijon.* — Il s'était formé une Compagnie pour l'étude et la construction d'un chemin de fer d'Amiens à Dijon. Les négociations entre le Ministre et cette Compagnie avaient abouti à une convention et à un projet de loi présenté en 1874 à l'Assemblée nationale. Le projet de loi avait fait l'objet d'un rapport de M. Cézanne, mais n'avait pas été discuté. Des sections de cette ligne ayant été concédées en 1875 à la Compagnie du Nord (loi du 30 décembre 1875) et à la Compagnie de l'Est (loi du 31 décembre 1875), le législateur décida « qu'il serait statué,
« par un décret délibéré en Conseil d'État, sur l'indemnité équitable à
« allouer à la Compagnie concessionnaire du chemin d'Amiens à Dijon,
« à raison des dépenses faites par elle pour l'étude dudit chemin de fer. »

Un décret du 5 juillet 1877 a fixé cette indemnité à 370 150 francs.

c. *Chemin de Mostaganem à Tiaret.* — Des études avaient été faites par plusieurs sociétés pour le chemin de Mostaganem à Tiaret. Le législateur a introduit dans la loi portant déclaration d'utilité publique de ce chemin au profit de la Compagnie franco-algérienne un article ainsi conçu : « Des indemnités pourront être accordées, s'il y a lieu, par décrets « délibérés en Conseil d'État, pour les études qui pourront avoir été « utilement faites par des Compagnies ou des particuliers pour l'établisse- « ment du chemin de fer de Mostaganem à Tiaret. Le montant de ces « indemnités viendra en augmentation du capital garanti à la Compagnie « franco-algérienne par les conventions approuvées par la présente loi. » Par application de cette disposition, un décret du 20 mars 1886 a fixé à 120 000 fr. l'indemnité à allouer à la Compagnie de l'Ouest-Algérien, pour les études qu'elle avait faites directement ou acquises antérieurement à la concession ; un autre décret du 27 mars a alloué 36 000 fr. aux sieurs Desoliers et Amy.

Lors même qu'il n'y a pas de disposition expresse dans la loi, si la Compagnie concessionnaire achète les études d'un concurrent évincé et en tire parti, la dépense peut être inscrite au compte de premier établissement, dans les limites et les conditions prévues par les conventions et les règlements pour l'admission des dépenses utiles de construction.

Mais, à défaut de stipulation dans l'acte de concession ou de contrat régulier, le concessionnaire ne peut être condamné à indemniser ses concurrents. (Conseil d'État, 24 novembre 1882, Henry Michel et Cie contre Compagnie de Paris-Lyon-Méditerranée.)

Signalons en passant que la loi organique espagnole du 3 juin 1855 contenait la disposition suivante : «.... On adjugera la concession au plus « offrant, avec l'obligation pour celui-ci de remettre à qui de droit le « montant des études qui auraient servi pour la concession. Cette somme « devra être fixée avant les enchères, aux termes des règlements. »

10. **Recours contre les actes de concession.** — Les actes de concession émanant du Pouvoir exécutif peuvent donner lieu à des recours, soit pour excès de pouvoirs, soit pour violation d'engagements antérieurs, résultant par exemple de concessions éventuelles. En ce qui concerne spécialement les adjudications, le lecteur pourra consulter l'exposé très complet de M. Aucoc sur la jurisprudence du Conseil d'État, en matière de marchés de travaux publics (conférences sur le droit administratif, tome II, p. 290).

Nous devons toutefois faire observer que l'homologation de l'adjudication ne saurait être réclamée par la voie contentieuse, au cas où elle serait refusée. Tant qu'elle n'est pas intervenue, les soumissionnaires seuls sont liés et non l'État.

11. Observations sur le mode de concession à l'étranger. — En *Angleterre*, l'État ne prend aucune initiative pour la construction des lignes nouvelles. Cette initiative est complètement abandonnée aux Compagnies. Les promoteurs font les études préliminaires. Puis la Société se constitue sous diverses formes prévues par les « Companies acts » de 1862 et 1867 ; elle fait enregistrer son acte statutaire et acquiert dès lors la personnalité civile. Ces préliminaires accomplis, elle procède à des publications légales, conformément aux « Standing orders for private bills » et se présente devant la Chambre des communes (1). La demande est instruite avec tout un appareil fort compliqué, qui rappelle celui des instances judiciaires ; l' « examiner » entend les intéressés ou leurs représentants, et reçoit leurs dires et leurs observations. Le bill est ensuite examiné par la Chambre et soumis à l'épreuve de trois lectures. Dans l'intervalle des trois lectures, il doit y avoir une délibération de l'assemblée générale des actionnaires et une étude approfondie du « Comité des chemins de fer et des canaux », d'une Commission spéciale et de la Cour des « referees » (2). Une fois voté par la Chambre des communes, le bill est transmis à la Chambre des lords où il est soumis à une seconde instruction. Nous ne voulons pas insister sur les détails de cette procédure ; le point essentiel à en dégager est que le système de la concession directe est seul usité en Angleterre.

Aux *États-Unis d'Amérique*, les concessions ne sont pas précédées d'une enquête proprement dite, mais d'une simple déclaration par laquelle les demandeurs font connaître leur intention d'affecter à l'usage public un chemin de fer à établir entre deux points déterminés ; ce sont plutôt des autorisations, des permissions avec investiture légale, que des concessions, dans le sens usuel du mot. Cependant les Compagnies ne peuvent exister qu'en vertu d'un acte du pouvoir législatif de l'État où la ligne doit être établie ; cet acte fixe en général avec assez de précision les conditions que la Société doit remplir pour jouir de la personnalité civile ; il reproduit, à cet égard, les dispositions admises dans les divers États pour la formation

---

(1) Les bills de chemins de fer sont parfois examinés en premier lieu par la Chambre des lords.

(2) La Cour des « referees » est composée du Président du Comité des voies et moyens et d'arbitres rétribués, nommés par le « speaker » ou président de la Chambre.

des Sociétés financières ; ordinairement, il laisse toute liberté tant pour le tracé et la construction que pour l'exploitation. La Compagnie n'est soumise qu'aux décisions du jury d'expropriation et à un maximum de tarifs. On le voit, l'ingérence des Pouvoirs publics est encore moindre qu'en Angleterre. Telle est du moins la règle générale. Toutefois, durant ces dernières années, le législateur de l'État de New-York, désirant favoriser l'établissement de lignes secondaires, a institué une procédure nouvelle par une loi du 18 juin 1875; lorsque cinquante contribuables d'un comté présentent à un magistrat de la Cour suprême d'un État une pétition tendant à l'établissement d'un chemin de fer, les *supervisors* de ce comté (sorte de Conseil général), doivent désigner des commissaires chargés d'étudier la ligne, d'en évaluer les dépenses, de dresser un projet d'organisation de Compagnie et d'en poursuivre la constitution. Il ne paraît pas que cette loi ait eu des résultats utiles. Ajoutons que certains États ont, dans quelques circonstances spéciales, pris l'initiative de l'exécution de chemins indispensables à leur prospérité.

Les chemins de fer ne relèvent que du Gouvernement particulier de l'État où ils sont situés, alors même qu'ils s'étendent sur le territoire de plusieurs États. Toutefois, le Gouvernement fédéral est intervenu directement pour diverses lignes destinées à relier le littoral du Pacifique à la vallée du Mississipi : cette intervention était motivée par des considérations militaires, lors de la guerre civile. Il convient, du reste, d'observer que les chemins dont il s'agit traversaient, sur la plus grande partie de leur longueur, des territoires non encore admis au rang d'État, et qu'aux termes mêmes des actes du Gouvernement fédéral, ils devaient être assujettis aux lois des États traversés, soit déjà existants, soit à constituer plus tard.

En *Allemagne*, les concessions ont été accordées de gré à gré. Les conditions dans lesquelles elles ont été consenties ont même donné lieu à des scandales et à des abus qui ont été dénoncés avec éclat en 1873, devant le Landtag prussien. En présence de l'émotion causée par ces révélations, le roi de Prusse a nommé, le 14 février 1873, une Commission parlementaire d'enquête, qui a déposé au mois de novembre de la même année un rapport précisant l'état de la législation et les réformes à y apporter. Voici les principales observations consignées dans ce rapport.

L'enquête, au lieu de précéder la concession, n'était ouverte qu'après coup. C'était un décret royal qui donnait l'investiture au concessionnaire ; les Chambres n'avaient à intervenir que si les finances publiques devaient être engagées. Bien que la loi du 3 novembre 1838 et le Code de commerce déterminassent les conditions de formation des sociétés, ces dispositions étaient le plus souvent éludées. En général, les souscripteurs sérieux ne formaient qu'une infime minorité; les autres signatures étaient données par complaisance ou vendues moyennant un prix qui atteignait jusqu'à 3 °/₀ du capital souscrit. Nous entrerons dans plus de détails à ce sujet, en traitant de la formation des Compagnies et de la constitution de leur capital. La Commission d'enquête a proposé une série de mesures, parmi lesquelles nous devons citer l'institution d'une autorité spéciale chargée de reviser le dossier des demandeurs en concession, avant la décision du Ministre. Le 29 mars 1876, la Chambre des députés a approuvé les conclusions de la Commission et en a recommandé l'adoption au Gouvernement, par un ordre du jour motivé.

Dans la plupart des autres pays de l'Europe continentale, c'est également le système de la concession directe qui a été adopté, souvent comme en Allemagne avec des garanties insuffisantes. Tous les peuples qui, au début, avaient laissé l'initiative aux Compagnies, ont été conduits à restreindre cette initiative et même à l'attribuer à leur Gouvernement.

Parmi les nations qui ont eu recours à l'adjudication, on peut citer l'*Espagne*. La loi organique du 3 juin 1855 contenait la disposition suivante (art. 55) : « Une fois que la loi de concession aura fixé le maxi-« mum du subside ou de l'intérêt à allouer à la Compagnie qui construit « la ligne, on mettra aux enchères publiques, pendant une période de « trois mois, la concession déjà accordée, en prenant pour point de dé-« part ce maximum, et on l'adjugera au plus offrant, avec l'obligation « pour celui-ci de remettre à qui de droit le montant des études de pro-« jets qui auraient servi pour la concession. » La loi classait comme lignes de premier ordre les voies allant de Madrid aux frontières ou au littoral et ordonnait l'achèvement des études des ces lignes par le Gouvernement. Elle déterminait les formes dans lesquelles les propositions du Gouvernement pour l'exécution des chemins de fer ou pour leur concession devraient être soumises aux Cortès, appelés à statuer dans tous les cas. Elle fixait des règles au sujet du capital des Compagnies. Elle prévoyait aussi l'exécution par l'État; mais, en fait, les chemins de fer espagnols sont toujours restés dans le domaine de l'industrie privée.

Nous avons déjà dit qu'aux termes d'une loi du 14 novembre 1868, les chemins de fer pour lesquels il n'était demandé ni subvention, ni déclaration d'utilité publique, pouvaient être construits et exploités sans l'intervention des Pouvoirs publics.

Cette disposition n'a pas été reproduite dans la grande loi organique du 30 novembre 1877, dont nous devons dire quelques mots.

Après avoir arrêté un plan général des chemins de fer d'intérêt général, le législateur de 1877 a autorisé en principe leur exécution, soit par l'État, soit par l'industrie privée. Dans tous les cas, il faut une loi spéciale. Les formalités préalables aux concessions directes ou aux adjudications sont explicitement indiquées.

Il ne sera pas sans intérêt de signaler le régime inauguré en *Russie* par la loi du 30 mars 1873. D'après cette loi, il devait être dressé un programme général de chemins fer pour être soumis à la sanction impériale; puis des études devaient être faites aux frais de l'État, pour les lignes nouvelles englobées dans ce programme. L'Empereur devait décider ensuite, sur la proposition du Conseil des ministres, l'ordre et le mode d'exécution. Quand il y a lieu à concession, elle est faite, soit de gré à gré, à la société déjà concessionnaire des lignes voisines, soit dans les conditions suivantes. Le Ministre des voies et communications publie un projet des statuts, ainsi que les projets des travaux. Puis il nomme, de concert avec le Ministre des finances et le Contrôleur général de l'Empire, une Commission organisatrice de trois membres. Cette Commission fait appel au public pour provoquer les souscriptions et répartir les titres en favorisant les souscripteurs les plus faibles. Elle réunit enfin l'Assemblée générale des actionnaires pour la nomination du Conseil d'administration. Là s'arrête son rôle. Mais le Gouvernement conserve une action directe sur la gestion de la Compagnie, comme nous l'expliquerons plus tard.

CHAPITRE VI

DE LA FORME DES ACTES ET DES CONTRATS DE CONCESSION

DES DISTINCTIONS A FAIRE ENTRE LES CLAUSES DU CAHIER DES CHARGES AU POINT DE VUE DE LA COMPÉTENCE ET DE LA SANCTION

1. Forme en cas de concession directe. — Dans l'examen de la forme des actes et des contrats de concession, nous commencerons par la concession directe dont l'application est de beaucoup la plus fréquente en France.

Les actes sont au nombre de trois, à savoir :

1° l'acte de concession proprement dit, qui émane du législateur ou du Gouvernement suivant les cas ;

2° la convention ;

3° le cahier des charges.

Ces trois instruments ont chacun leur domaine propre, leurs limites, que l'on a trop souvent méconnus et qu'il importe de rappeler.

La loi ou le décret de concession doit approuver la convention provisoire passée entre le Ministre, le préfet ou le maire, d'une part, et la Compagnie d'autre part, et contenir toutes les dispositions d'ordre public que le législateur ou le Gouvernement ont seuls capacité pour édicter. Parmi ces dispositions, nous citerons notamment les règles relatives à la constitution du capital et à l'émission des obligations, les prescriptions concernant la publicité à donner aux résultats de l'exploitation, la fixation du droit d'enregistrement (à défaut de loi de principe à cet égard). Ce sont là des obligations que le concessionnaire doit subir et qui ne peuvent être subordonnées à son consentement contractuel.

La convention définit l'objet de la concession, déclare que le concessionnaire sera soumis au cahier des charges y annexé, renferme les stipulations financières relatives au concours de l'autorité concédante sous forme de travaux, de subsides en argent ou de garantie d'intérêt, ainsi que les dispositions relatives au partage des bénéfices. Elle est signée par les deux parties contractantes : l'État est représenté par le Ministre des travaux publics, le département par le préfet, et la commune par le maire.

Le cahier des charges détermine les conditions de construction, d'entretien et d'exploitation, qui ne sont pas déjà édictées par les actes organiques ; la durée de la concession ; les clauses de rachat et de déchéance ; les maxima et les conditions d'application des taxes pour les voyageurs et les marchandises ; les immunités accordées à certains services publics ; les droits de l'État pour l'exécution des nouvelles voies de communication ; les rapports entre la Compagnie et les concessionnaires d'embranchements, etc. Il est arrêté par le Ministre et accepté par la Compagnie, soit explicitement, soit implicitement, par le fait de la signature de la convention.

Il est bien entendu que nous donnons une nomenclature purement énonciative et nullement limitative.

La division en trois instruments distincts n'a pas été faite dès l'origine. Les première concessions directes comportaient exclusivement une ordonnance royale visant la demande ou la soumission des concessionnaires, autorisant l'établissement du chemin de fer et déterminant d'une manière très rudimentaire le tarif et les principales conditions de construction. En 1831, on voit apparaître un cahier des charges pour le chemin de Toulouse à Montauban. Enfin des conventions sont conclues à partir de 1844.

Une certaine confusion s'est parfois établie entre les trois instruments. Tantôt, par exemple, on a introduit dans la loi des clauses financières dont la place rationnelle était dans la convention ; tantôt encore, on a inséré dans la convention des stipulations qui correspondaient à des charges de l'entreprise au regard du public et auraient dû par suite être reportées au cahier des charges. Un spécimen assez frappant des incorrections commises à cet égard est celui de la loi du 23 mars 1874, dans le texte même de laquelle l'on trouve des engagements réciproques des parties, conçus sous la forme contractuelle, et des modifications au cahier des charges antérieur des Compagnies.

Sans doute, ces incorrections n'ont pas une très grande importance ; mais il n'en est pas moins désirable de les éviter.

Nous devons ajouter que, malgré les améliorations qui y ont été apportées jusqu'en 1857, le cahier des charges de nos grandes Compagnies laisse encore à désirer. Il reproduit, avec un libellé différent, des dispositions déjà édictées par la loi du 11 juin 1842 ou par le règlement d'administration publique du 15 novembre 1846 ; il renferme un assez grand nombre de clauses qui constituent de véritables règles de police, tout à fait assimilables à celles de ce règlement; ces règles s'imposent, sans qu'on ait à solliciter du concessionnaire son acceptation; il eût été bien préférable d'en faire l'objet d'un acte réglementaire, afin de leur assurer une sanction plus efficace et aussi afin de pouvoir les modifier plus librement, le cas échéant.

Certains pays étrangers sont actuellement dans une situation meilleure que nous, à cet égard.

La législation de 1880 sur les chemins de fer d'intérêt local n'a pas échappé complètement aux défectuosités que nous venons de signaler. Elle a cependant réalisé des progrès incontestables.

2. Forme en cas d'adjudication. — En cas d'adjudication de chemin de fer d'intérêt général, l'opération est prescrite par une loi qui en fixe les bases essentielles au point de vue financier et approuve le cahier des charges.

Un arrêté ministériel, publié sous forme d'avis, désigne les chemins de fer dont la concession doit être adjugée et fait connaître les conditions de l'adjudication.

Le contrat est conclu sous la forme :

1° d'une soumission par laquelle la Compagnie ou la personne qui désire se rendre adjudicataire déclare avoir pris une parfaite connaissance de la loi et de l'arrêté ministériel et formule ses offres ;

2° d'un décret qui est rendu par délégation de la loi et qui homologue les résultats de l'adjudication.

On pourra consulter à ce sujet les textes relatifs aux adjudications faites en vertu des lois du 2 juillet 1861 et du 22 mars 1874.

3. Caractère du cahier des charges. — Le cahier des charges a-t-il le caractère d'un acte législatif ou celui d'un acte contractuel ?

Dans le principe, la Cour régulatrice n'avait pas hésité à se prononcer catégoriquement pour la seconde solution. Saisie d'infractions au cahier des charges du chemin de fer de Rouen, elle avait décidé le 10 mai 1844 : « Qu'un cahier des charges n'étant autre chose qu'*un contrat*, la violation « des obligations conventionnelles qu'il imposait n'était pas de nature à être « réprimée par des condamnations pénales ;.......... que la loi du 15 juil- « let 1840, en ordonnant l'exécution du cahier des charges consenti par les « concessionnaires, n'avait pu changer le caractère ni les effets de cet acte. »

Mais le 3 janvier 1851 (*chemin de fer d'Amiens à Boulogne*), le Tribunal des conflits introduisit dans deux jugements le considérant suivant :

« Considérant que l'interprétation et l'application de cette dispo-
« sition *législative* (1), invoquée comme constituant des droits particu-
« liers et des obligations déterminées, appartiennent au Pouvoir judi-
« ciaire, seul compétent pour statuer sur les demandes en dommages-
« intérêts réclamés à raison de l'atteinte prétendue portée pour le passé
« ou qui serait portée à l'avenir à ces droits particuliers par l'inexécution
« d'obligations légales.... »

La Cour de cassation rendait à son tour, le 5 février 1861 (Contet-Muiron), un arrêt basé sur le considérant que voici : « Le cahier des
« charges annexé à la loi de concession d'un chemin de fer *participe au*
« *caractère de la loi même*, à laquelle il accède et se rattache. Il en est
« partie intégrante, et, conséquemment, les contestations d'intérêt privé
« qui s'élèvent sur l'exécution de ce cahier des charges sont exclusive-
« ment de la compétence des tribunaux ; il ne peut être considéré comme
« un simple acte d'administration, dont la connaissance appartiendrait à
« l'autorité administrative. » Dans deux autres arrêts du 31 décembre 1866 (Pauilhac), la Cour suprême affirmait de nouveau que « l'ordon-
« nance du 15 novembre 1846 et le cahier des charges imposé aux Compa-
« gnies de chemins de fer *sont des actes législatifs* dont l'application, à
« l'égard des tiers, appartient aux tribunaux judiciaires. »

On le voit, elle attribuait le caractère législatif, non seulement à
l'ordonnance royale du 15 novembre 1846, mais encore au cahier des
charges. Comprenant d'ailleurs l'anomalie qu'il y aurait à ne pas soumettre
au même régime les concessions émanant du Pouvoir législatif et les
concessions émanant du Pouvoir exécutif, elle admettait pour ces dernières
le même principe (31 janvier 1859, Savalète; 30 mars 1863, chemin de
fer de Paris à Lyon).

Il y avait dans cette doctrine une erreur manifeste. Le Tribunal des
conflits en 1851 et la Cour de cassation, après lui, n'avaient pas su faire
la distinction, aujourd'hui incontestée, entre les lois proprement dites qui
règlent les rapports des citoyens entre eux ou avec la Société et les actes
de haute administration que le législateur s'est également réservés, mais
qui n'ont cependant pas le même caractère. Par définition, la loi ordonne
et défend (*lex est quod vetat et imperat*); elle s'impose à tous les citoyens,
et ceux-ci ne sauraient s'y soustraire. Un cahier des charges, au contraire,
ne devient obligatoire pour le concessionnaire que si ce dernier l'accepte ;
c'est à ce point de vue que nous avons déjà exprimé le regret d'y voir des
dispositions d'ordre public, des règles de police, dont la place eût été ailleurs.

____

(1) Il s'agissait de clauses du cahier des charges.

Le cahier des charges est, par sa nature même, l'un des instruments du contrat administratif de concession. La Cour de cassation elle-même n'a pas hésité à le reconnaître et à revenir sur son appréciation de 1861. Nous citerons en particulier :

— un arrêt du 24 août 1870, où on lit : « Attendu que le cahier des « charges constitue entre l'État et la Compagnie un marché de travaux « publics.......... »

— un arrêt du 2 mai 1873 : « Attendu que le cahier des charges « imposé à une Compagnie de chemin de fer n'est autre chose qu'un « contrat intervenu entre l'État et cette Compagnie........ »

S'ensuit-il que les contestations auxquelles l'interprétation et l'application du cahier des charges peuvent donner naissance appartiennent toutes au contentieux administratif ? Nullement. La loi du 28 pluviôse an VIII ne donne compétence au Conseil de préfecture que pour « les « difficultés qui pourraient s'élever entre les entrepreneurs des travaux « publics et l'*Administration* concernant le sens ou l'exécution des clauses « de leurs marchés » : telle est la règle rappelée par l'article 70 du cahier des charges. Mais l'État stipule tout à la fois pour lui et pour les tiers. Ceux-ci trouvent dans les engagements du concessionnaire la base d'une action en dommages-intérêts, qui rentre dans les attributions de l'autorité judiciaire : ils peuvent revendiquer le bénéfice de l'article 1121 du Code civil, pour faire juger par les tribunaux ordinaires les effets de droit civil qu'engendre le contrat administratif et pour en assurer l'exécution.

Il s'établit ainsi tout naturellement un départ entre la compétence des tribunaux administratifs et celle des tribunaux de droit commun. Lorsque le débat s'élève entre l'Administration et le concessionnaire, ce sont les tribunaux administratifs qui ont à prononcer. Lorsqu'au contraire il n'y a en présence que les intérêts des tiers et ceux de la Compagnie, ce sont les tribunaux ordinaires, à moins, bien entendu, que le concessionnaire n'agisse comme délégué de l'Administration, comme substitué à ses droits pour des faits dont la connaissance est attribuée par la loi au Conseil de préfecture, par exemple pour des dommages résultant de l'exécution de travaux dûment autorisés.

Depuis longtemps, le partage de la compétence a été réglé dans le sens que nous venons d'indiquer.

Si le procès entre un particulier et la Compagnie met en doute le sens de l'une des dipositions du cahier des charges, l'interprétation de cette disposition peut être renvoyée à l'autorité administrative. (Ordonnance sur conflit du 10 mars 1848, Brunel ; décret sur conflit du 27 mai 1865, Compagnie de Paris-Lyon-Méditerranée ; arrêt du Conseil d'État du 9 février 1883, Mines de Mont-Saint-Martin.) (1)

Pour que les tribunaux ordinaires retiennent la connaissance du litige, il faut aussi que le but poursuivi par le demandeur ne soit pas d'attaquer une décision administrative, par exemple un arrêté d'homologation d'un tarif. (Décret sur conflit du 21 avril 1853, Dupont.)

Nous nous bornons à ces indications, au sujet desquelles nous aurons à revenir par la suite, notamment à propos des tarifs.

Ajoutons, comme l'a déjà fait M. Aucoc dans ses Conférences sur le droit administratif (tome III, p. 483), que, si la Cour de cassation s'est efforcée de donner au cahier des charges le caractère de la loi elle-même, elle paraît avoir eu surtout en vue d'éviter l'assimilation des débats soulevés par l'application du cahier des charges à de simples difficultés sur la portée de conventions au sujet desquelles les cours d'appel, juges du fait, auraient pu décider souverainement : or le recours en cassation est ouvert pour la violation des actes de l'autorité publique et en particulier des arrêtés portant homologation des taxes. Nous aurons à citer, sur ce point, de nombreux arrêts, quand nous traiterons de la tarification.

4. Distinction entre les clauses du cahier des charges au point de vue de leur sanction pénale. — Il est certaines clauses du cahier des charges qui reproduisent des dispositions de l'ordonnance du 15 novembre 1846. Elles trouvent leur sanction dans l'article 21 de la loi de 1845 : « Toute contravention aux ordonnances royales portant règlement « d'administration publique sur la police, la sûreté et l'exploitation des « chemins de fer et aux arrêtés pris par les préfets, sous l'approbation du « Ministre des travaux publics, pour l'exécution desdites ordonnances, « sera punie d'une amende de 16 à 3 000 francs. »

« En cas de récidive dans l'année, l'amende sera portée au double et « le tribunal pourra, selon les circonstances, prononcer en outre un « emprisonnement de trois jours à un mois. »

Il en est d'autres qui ont trait à la voirie et dont la violation place le concessionnaire sous le coup des articles 12 à 15 de la loi du 15 juillet 1845. Ces articles prévoient des amendes variant de 300 à 3 000 fr. pour les contraventions « aux clauses du cahier des charges ou aux déci- « sions rendues en exécution de ces clauses, en ce qui concerne le service

---

(1) L'interprétation ne peut être demandée qu'en vertu d'une décision judiciaire qui en reconnaisse la nécessité.

« de la navigation, la viabilité des routes royales, départementales et
« vicinales, ou le libre écoulement des eaux. »

Mais la plupart des stipulations du cahier des charges n'ont d'autre
sanction que la déchéance dont l'application est des plus rigoureuses et
soulève en fait de graves difficultés.

Un auteur, qui jouit en la matière d'une légitime autorité, M. Lamé-
Fleury, a soutenu (dans son Code annoté des chemins de fer) que, pour
certaines dispositions au moins, le cahier des charges avait toujours le
caractère d'un règlement de police, légalement édicté dans l'intérêt
général, et que dès lors les articles 471 (15°) et 474 du Code pénal (1) y
seraient applicables. Il a invoqué la jurisprudence relative aux permissions d'usines hydrauliques.

Ce système nous paraît ne pas avoir une base juridique très solide. On
le comprendra sans peine, en se reportant à l'appréciation que nous avons
formulée et cherché à justifier sur le caractère du cahier des charges.

L'argument tiré de la jurisprudence concernant les usines hydrauliques
n'est nullement topique : car il s'agit là, non pas d'un contrat, mais de
l'exercice d'un droit de police et, pour les cours d'eau du domaine public,
d'une attribution précaire de jouissance.

Au surplus, les décisions judiciaires abondent pour repousser l'assimilation. En voici quelques extraits :

— Arrêt de la Cour de cassation du 10 mai 1844 (chemin de fer de
Rouen) : « Attendu que le fait......., en admettant même qu'on dût le
« considérer comme une infraction, soit au cahier des charges annexé à la
« loi de concession du 15 juillet 1840, soit......, ne peut donner lieu à
« l'application de l'article 471, n° 15, du Code pénal.

« Attendu en effet que, d'une part, un cahier des charges n'étant
« autre chose qu'un contrat, la violation des obligations conventionnelles
« qu'il impose n'est pas de nature à être réprimée par des condamnations
« pénales; qu'il n'en pourrait être ainsi que si la loi l'ordonnait expressé-
« ment; que la loi du 15 juillet 1840, loin de contenir aucune disposition
« dans ce but, s'est bornée à ordonner l'exécution du cahier des charges
« consenti par les concessionnaires, ce qui n'a pu changer le caractère ni
« les effets de cet acte...... »

— Arrêt de la Cour d'Orléans du 7 juillet 1847 : « Si l'autorité
« administrative a le droit d'imposer aux concessionnaires de chemins de
« fer telles conditions qu'elle juge utiles aux voyageurs et si, en cas d'in-

____

(1) Amende de 1 à 5 francs et, en cas de récidive, emprisonnement de trois jours au
plus.

« fraction, elle a le pouvoir, soit de retirer la concession, soit de prendre
« telle mesure administrative qu'elle croit convenable, les tribunaux de
« répression sont sans pouvoir pour prononcer des peines contre les
« infractions à ces prescriptions, lorsque ces infractions ne sont pas
« prévues par la loi pénale (1). »

— Arrêt de la Cour de cassation du 2 mai 1873 (Biselzki) : « Attendu
« que le cahier des charges imposé à une Compagnie de chemins de fer,
« loin d'être un règlement d'administration publique, n'est autre chose
« qu'un contrat intervenu entre l'État et cette Compagnie, et que la viola-
« tion des obligations conventionnelles qu'il impose n'est pas, dès lors, de
« nature à être réprimée par des condamnations pénales, à moins que,
« par une disposition expresse, ce qui n'existe pas dans l'espèce, la loi
« n'en ait autrement disposé....... »

L'intention de l'auteur du cahier des charges a été si peu de l'assimiler
à un règlement de police, qu'il y a précisément prévu des règlements de
ce genre.

Le seul moyen de donner une sanction efficace à certaines clauses serait
d'en faire l'objet d'un règlement.

5. Interprétation des contrats de concession. — Nous avons rappelé qu'aux termes de la loi du 28 pluviôse an VIII, les tribunaux administratifs sont seuls compétents pour statuer sur les difficultés entre
l'Administration et les Compagnies, relativement au sens et à la portée des
contrats de concession, c'est-à-dire des conventions et des cahiers des
charges. Nous avons dit également que l'interprétation de ces actes peut
leur être renvoyée, le cas échéant, par l'autorité judiciaire (1).

Il faut toutefois, pour que cette interprétation puisse leur être demandée, qu'il y ait un litige né et qu'il ne s'agisse pas d'un débat en quelque
sorte doctrinal. (Décret au contentieux du 17 janvier 1867, chemin de fer
de Paris à Lyon.)

Les contestations entre le Ministre et les concessionnaires étant de la
compétence du Conseil de préfecture, une Compagnie ne pourrait déférer
directement au Conseil d'État, par application des lois des 7-14 octobre 1790 et 24 mai 1872, une décision ministérielle qu'elle jugerait
contraire à son cahier des charges et en poursuivre l'annulation pour
excès de pouvoirs. (Arrêts du Conseil d'État du 7 juillet 1876, Compagnie de
Paris-Lyon-Méditerranée ; du 8 février 1878, même Compagnie ; du 21

---

(1) Voir aussi un jugement du Tribunal de Mulhouse du 20 août 1864, cité par
M. Lamé-Fleury.

novembre 1879, même Compagnie). C'est d'ailleurs un principe général que le Conseil d'État a dû faire parfois fléchir, mais qu'il a néanmoins cherché à respecter autant que possible, afin de ne pas porter atteinte à l'ordre des juridictions. Le lecteur, qu'intéressera cette question spéciale, devra consulter les monuments de la jurisprudence du Conseil et se reporter au tome 1 de l'ouvrage de M. Aucoc (page 470 et suivantes).

CHAPITRE VII

DU DROIT CONFÉRÉ AUX CONCESSIONNAIRES

ET DE LA DOMANIALITÉ PUBLIQUE DES CHEMINS DE FER

1. Sens à attribuer au mot « concession ». — Le mot « concession » a divers sens dans le langage administratif.

Sans sortir du domaine des travaux publics, on appelle ainsi :

— l'institution de la propriété d'une mine, en vertu de la loi du 21 avril 1810 ;

— l'aliénation de biens dépendant du domaine de l'État, tels que les lais et relais de la mer, accrues, atterrissements et alluvions de fleuves, etc., conformément à l'article 41 de la loi du 16 septembre 1807 ;

— l'attribution précaire et révocable, sous certaines conditions, de la jouissance des eaux du domaine public ;

— enfin le contrat par lequel un entrepreneur s'engage à exécuter un travail destiné au public et obtient l'autorisation de s'en rémunérer en l'exploitant à son profit et en percevant des taxes.

C'est à cette dernière catégorie de concessions qu'il faut rattacher celles des chemins de fer. Les concessionnaires de nos voies ferrées sont tout à la fois des entrepreneurs de travaux publics et des entrepreneurs de transport : c'est seulement en réunissant cette double qualité qu'ils peuvent se rémunérer de leurs dépenses et de leur industrie.

La question spéciale que nous nous proposons d'examiner en ce moment est celle de savoir si les concessionnaires sont investis de droits immobiliers et en particulier d'un droit de propriété sur le chemin de fer.

2. Indications contenues dans les premiers actes de concession relativement au droit de propriété des concessionnaires. — Si l'on recourt aux premiers actes de concession, on y trouve des indications prouvant qu'à l'origine les concessionnaires étaient considérés comme propriétaires des voies ferrées établies à leurs frais.

Ainsi, l'ordonnance du 7 avril 1830 autorisant le chemin d'Épinac au canal de Bourgogne contenait un article débutant par ces mots : « Les « *propriétaires* du chemin de fer d'Épinac.......... » A la vérité, ce chemin était concédé à perpétuité. Mais, dès 1833, les concessions devenaient temporaires, et cependant l'Administration inséra dans tous les cahiers des charges une clause ainsi conçue : « A l'époque fixée pour « l'expiration de la concession et par le fait seul de cette expiration, le « Gouvernement sera subrogé à tous les droits de la Compagnie dans la « *propriété* des terrains et des ouvrages désignés au plan cadastral.... » Ce n'est qu'en 1851, pour la concession de la ligne de Versailles à Rennes (loi du 13 mai 1851), que cette formule fut modifiée (1).

Elle reparut dès la concession suivante, celle du chemin de Lyon à Avignon (loi du 1er décembre 1851), et se reproduisit jusqu'en 1857, date à laquelle elle fut remplacée par la suivante : « A l'époque fixée pour « l'expiration de la concession et par le seul fait de cette expiration, le « Gouvernement sera subrogé à tous les droits de la Compagnie sur le « chemin de fer et ses dépendances, et il entrera immédiatement en « jouissance de tous ses produits........ » Ainsi, en faisant abstraction de la concession de 1851 pour le chemin de Versailles à Rennes, les Pouvoirs publics paraissent avoir reconnu jusqu'en 1857 aux Compagnies de chemins de fer un droit de propriété sur les lignes construites de leurs deniers.

3. Hypothèques autorisées sur les chemins de fer. — Diverses lois ont d'ailleurs autorisé ou prescrit l'inscription d'hypothèques sur le chemin de fer, pendant la même période.

Citons les actes suivants :

1° Convention approuvée par une loi du 17 juillet 1837, pour un prêt de la Compagnie des chemins de fer d'Alais à Beaucaire et d'Alais aux mines de la Grand'Combe : « L'hypothèque conférée à l'État s'appliquera « non seulement aux travaux exécutés par la société, mais aussi aux « travaux acquis par elle pour l'exécution desdits travaux et à tout le « mobilier d'exploitation. »

2° Loi du 1er août 1839, autorisant un prêt à la Compagnie de Paris à Versailles (rive gauche) : « La Compagnie affectera au paiement des « intérêts et au remboursement de la somme empruntée le chemin de fer

____

(1) La modification apportée au cahier des charges de la ligne de Versailles à Rennes résulte de ce que la section de Versailles à Chartres a été entièrement construite aux frais de l'État, y compris la superstructure, et qu'elle était même en exploitation lors de la concession.

« et toutes ses dépendances, ainsi que le matériel d'exploitation. Les
« actes à passer entre le Gouvernement et la Compagnie..........
« conféreront hypothèque de plein droit sur le chemin de fer, sur toutes
« ses dépendances et sur le matériel d'exploitation ; les inscriptions
« hypothécaires seront prises au nom de l'agent judiciaire du Trésor. »

3° Loi du 15 juillet 1840, autorisant des prêts aux Compagnies de
Strasbourg à Bâle et d'Andrézieux à Roanne : « La Compagnie affectera,
« par privilège, au paiement des intérêts et au remboursement de la
« somme prêtée : 1° le chemin de:......... et toutes ses dépendances,
« ainsi que le matériel d'exploitation ; 2° les produits et revenus de toute
« espèce qui pourront résulter de l'exploitation du chemin de fer. »
(Addition, pour la seconde Compagnie, d'une réserve pour « l'affectation
« du chemin de fer et de ses produits, en premier ordre et jusqu'à concur-
« rence d'une valeur de deux millions, au remboursement et au paiement
« des intérêts du surplus de la dette actuelle de la Compagnie. »)

4° Loi du 15 juillet 1840, autorisant un prêt à la Compagnie de Paris à
Rouen : Même formule avec addition de la seconde partie de l'article ci-
dessus reproduit pour le chemin de Paris à Versailles, rive gauche.

5° Loi du 11 juin 1842, autorisant un prêt à la Compagnie de Rouen au
Havre : « L'agent judiciaire du Trésor requerra hypothèque, au nom de
« l'État, en vertu de la présente loi, sur le chemin de fer et toutes ses
« dépendances. »

6° Loi du 9 août 1847, autorisant un prêt à la Compagnie de
Montereau à Troyes : Formule semblable à celle de la loi du 1er août
1839.

Aux termes du Code civil, les biens immeubles qui sont dans le commerce et leurs accessoires réputés immeubles ou l'usufruit de ces mêmes
biens et accessoires étant seuls susceptibles d'hypothèques, il est difficile
de ne pas voir dans ces nombreux actes du législateur, jusqu'en 1847,
l'expression d'une doctrine bien arrêtée sur le droit de propriété des concessionnaires.

Un fait intéressant à signaler, c'est que la loi précitée du 9 août 1847
est postérieure à celle du 15 juillet 1845, dont l'article 1er classait « les
« chemins de fer construits ou concédés par l'État dans la grande voirie »,
et à l'ordonnance du 15 novembre 1846, qui était accompagnée d'un rapport proclamant la « domanialité publique des chemins de fer ».

4. **Loi du 15 juillet 1845.** — Nous venons de rappeler que « les che-
« mins de fer construits ou concédés par l'État font partie de la grande
« voirie », aux termes de l'article 1er de la loi du 15 juillet 1845. Il en est

de même des chemins de fer d'intérêt local, d'après les lois du 12 juillet 1865 et du 11 juin 1880.

Certains auteurs ont soutenu, en invoquant le titre même de la loi de 1845 (loi sur la police des chemins de fer), que le législateur avait simplement entendu soumettre les chemins de fer aux règles de police et leur accorder la protection que comporte le régime de la grande voirie, sans trancher la question de classement de ces voies de communication.

Mais cette opinion n'a pas prévalu et ne pouvait prévaloir. La loi de 1845 a été soumise aux délibérations les plus prolongées dans les deux Chambres; les jurisconsultes les plus éminents de ces assemblées ont pris part à sa discussion; il n'y a pas été introduit un mot qui n'ait été longuement pesé et médité, et les termes de la déclaration de principe inscrite au frontispice de ce monument de la législation ont été certainement l'objet de toutes les réflexions qu'ils méritaient.

Or la voirie comprend les voies de communication affectées à la circulation publique. Ces voies, par leur destination même, rentrent dans la catégorie des choses qui ne sont pas susceptibles d'une propriété privée et qui, dès lors, d'après l'article 538 du Code civil, « sont considérées comme « des dépendances du domaine public ». L'article 538 du Code y a rangé explicitement les chemins, routes et rues à la charge de l'État, les fleuves et rivières navigables ou flottables, les rivages...., les ports, les havres et rades. Comment ne pas y classer également les chemins de fer, qui jouent un rôle prépondérant dans les échanges et le mouvement de la circulation? Du reste, M. de Chasseloup-Laubat, rapporteur de la loi de 1845 devant la Chambre des députés, et MM. de Barthélemy, Daru et Persil ont affirmé, à diverses reprises, dans le cours de la discussion, l'assimilation qu'ils établissaient entre le classement dans la grande voirie et une déclaration de domanialité publique.

Alors même qu'il n'y aurait pas de texte tel que celui de la loi de 1845, alors même que l'on ne voudrait pas accepter la corrélation admise par la plupart des auteurs entre ce texte et la domanialité publique des chemins de fer, cette domanialité ne s'en imposerait pas moins par la nature même des voies ferrées qui sont affectées à l'usage du public, qui sont nécessairement indisponibles, imprescriptibles et inaliénables, et qui réunissent tous les caractères distinctifs du domaine public.

Il convient de ne pas s'arrêter outre mesure à l'antinomie que l'on peut relever entre cette interprétation de la loi du 15 juillet 1845 et la mention de « propriété », insérée dans plusieurs cahiers des charges postérieurs. On sait, en effet, combien l'habitude est vivace dans les Administrations, combien grande est la tendance à perpétuer les formules antérieurement adoptées, combien les Pouvoirs publics sont excusables de laisser passer une rédaction, même vicieuse, sur laquelle leur attention n'est pas particulièrement appelée.

L'anomalie constatée dans la loi du 9 août 1847 relative au chemin de Montereau à Troyes a plus de gravité. Toutefois elle constitue un fait isolé ; elle s'explique par la confusion qui régnait encore dans beaucoup d'esprits et ne nous paraît pas de nature à infirmer notre thèse.

5. Doctrine des auteurs et du Conseil d'État. — Au surplus, les auteurs les plus éminents, M. Aucoc et M. Ducrocq notamment, sont d'accord pour reconnaître que les chemins de fer affectés à la circulation publique appartiennent nécessairement au domaine public national, départemental ou communal, suivant qu'ils ont été construits ou concédés par l'État, par un département ou par une commune, et pour sanctionner ainsi le principe proclamé par M. Dumon, ministre des travaux publics, dans son remarquable rapport à l'appui de l'ordonnance du 15 novembre 1846.

Le Conseil d'État, dans plusieurs avis administratifs de date relativement récente, a très fermement maintenu ce principe, notamment le 9 août 1871, à l'occasion des formes à suivre pour la vente d'une concession de chemin de fer dépendant d'une faillite, et le 5 novembre 1874, à propos d'un projet de loi pour l'établissement d'un chemin de fer d'intérêt local.

Dans l'affaire qui a donné lieu à l'avis du 5 novembre 1874, la convention entre le département et les concessionnaires renfermait un article ainsi conçu : « En dehors des obligations émises par autorisation « de l'Administration supérieure qui en fixe le nombre, les concession- « naires s'engagent à n'affecter à aucune hypothèque, de quelque nature « qu'elle soit, la propriété du chemin, de telle sorte que la différence « intégrale demeure la garantie exclusive du département et, à cet effet, « le département conservera son droit d'hypothèque pour l'exercer immé- « diatement après les porteurs d'obligations. »

Le Conseil a demandé et obtenu la suppression de cette clause, comme absolument contraire aux règles qui régissent le domaine public, dont les chemins de fer d'intérêt local font partie aussi bien que les chemins de fer d'intérêt général, et comme susceptible de donner aux obligataires des espérances irréalisables.

Avant de répondre aux objections formulées contre cette doctrine, nous devons encore montrer qu'elle est conforme à la jurisprudence du Conseil d'État statuant au contentieux et de la Cour de cassation.

6. **Jurisprudence.**— *a.* CONSEIL D'ÉTAT. — La loi du 20 février 1849 ayant frappé d'un impôt les biens de mainmorte, diverses Compagnies de chemins de fer furent imposées à la taxe ainsi créée. Elles introduisirent une instance devant le Conseil de préfecture et obtinrent décharge dans un certain nombre de départements. Le Conseil d'État fut saisi de requêtes des Compagnies contre les arrêtés qui avaient maintenu la taxe et de requêtes du Ministre des finances contre les autres arrêtés. Le Ministre des finances soutenait que, pendant la durée des concessions, les concessionnaires avaient un droit véritable de propriété; il invoquait les cahiers des charges et les dispositions des lois qui avaient autorisé des prêts. De leur côté, les Compagnies rappelaient l'assimilation faite par l'article 1er de la loi de 1845 entre les chemins de fer et les routes ou autres parties du domaine public énumérées dans l'article 538 du Code civil; elles soutenaient n'avoir qu'un droit d'usage pendant un laps de temps déterminé; toutefois elles admettaient à tort que ce droit pouvait, comme la propriété elle-même, donner lieu à une constitution d'hypothèque.

Le Conseil d'État rendit le 8 février 1851 deux arrêts (Paris à Orléans et Centre), par lesquels il donnait gain de cause aux Compagnies sur le principe de la domanialité publique et qui étaient fondés notamment sur le considérant suivant : « Considérant que.... il résulte des lois spéciales « et générales ci-dessus visées, quelles que soient les dispositions parti- « culières de certaines clauses des actes constitutifs de la concession, « que le chemin de fer n'appartient pas à la Compagnie à laquelle l'exploi- « tation temporaire en a été concédée (ou adjugée), mais qu'il fait partie « du domaine public. »

Des décisions analogues intervinrent le 26 juillet 1851 (chemin de Strasbourg), le 14 septembre 1852 (Nord) et le 2 juin 1853 (chemin de Saint-Etienne) (1).

M. Aucoc rappelle aussi dans ses Conférences sur le droit administratif une décision du 16 avril 1852 (Daviaud), dans un litige qui portait sur un canal concédé et qui soulevait la même question, au point de vue de la domanialité des voies placées entre les mains d'un concessionnaire. La ville de Luçon, contre laquelle plaidait le sieur Daviaud, soutenait que ce dernier, concessionnaire du canal de Luçon, ne pouvait avoir la propriété d'une chose nécessairement inaliénable, et qu'en conséquence il n'y avait pas lieu à lui accorder une indemnié d'*expropriation* pour une portion de

---

(1) Voir aussi les arrêts du 6 janvier 1853 (Nord), déclarant passibles de la taxe les immeubles possédés par les Compagnies à titre privé, et les arrêts du 22 août 1853 (Orléans) et du 11 janvier 1866 (Lyon), déclarant affranchis de la taxe les locaux affectés aux buffets ainsi qu'aux bureaux dans les gares.

digue occupée par la ville en vertu d'une décision régulière. Le Conseil, sans se prononcer explicitement sur ce moyen, a décidé que « la jouis- « sance gratuite et révocable accordée par l'État à la ville de Luçon d'une « portion de digue dépendant du canal de Luçon, dont la concession « avait été adjugée pour quarante-quatre ans au sieur Daviaud, ne cons- « tituait pas une expropriation au préjudice de ce concessionnaire, mais « un simple trouble dans sa jouissance pouvant donner droit à une « indemnité en sa faveur ». On le voit, cette décision est moins topique que les précédentes, mais paraît néanmoins les confirmer.

Voici encore un décret sur conflit du 1er mars 1860 (canal Saint-Martin), qui présente quelque analogie avec la décision du 16 avril 1852. Le préfet de la Seine ayant ordonné la mise en chômage d'une section du canal, la Compagnie concessionnaire avait attaqué son arrêté et réclamé l'application de la loi du 3 mai 1841. A la suite d'une déclaration d'incompétence du tribunal de première instance de la Seine, la Cour de Paris avait retenu l'affaire en se fondant sur ce que l'acte d'adjudication aurait constitué un droit de propriété au profit des concessionnaires. Le décret sur conflit a attribué la connaissance du litige à la juridiction administrative, pour les motifs suivants. La convention de concession avait en un double objet : 1° l'exécution d'un travail public; 2° la concession de la jouissance d'une voie publique de navigation. L'autorité administrative était seule compétente pour déterminer le sens et la portée des clauses de cet acte. D'ailleurs, les travaux de la ville de Paris devaient avoir pour résultat, non pas de priver les concessionnaires d'une manière définitive et absolue du droit qui avait fait l'objet de leur concession, mais seulement de modifier l'exercice de ce droit et de changer les conditions de leur jouissance.

Si nous avons relaté ce décret, c'est parce qu'il a été invoqué à l'appui de la thèse de la domanialité publique. Cependant, comme il n'a pas résolu la question en termes précis, nous insistons plus spécialement sur les arrêts tout à fait topiques de 1851.

Nous en ajoutons un autre qui n'est généralement pas cité par les auteurs et sur lequel nous aurons à revenir plus tard. Il remonte au 22 mars 1851 et a eu pour effet de dégrever la Compagnie du canal du Midi de la taxe des biens de mainmorte. On y lit ce qui suit : « Considérant « que le canal du Midi, quels que soient les termes dans lesquels la con- « cession en a été faite à ladite Compagnie ou à ses auteurs, est affecté à « un service public et perpétuel de navigation, à raison et par suite duquel « il a le caractère d'un bien dépendant du domaine public..... » Plusieurs arrêts semblables ont été rendus à la même date pour le même canal et pour ceux de Briare, d'Orléans, du Loing, de Beaucaire, de la Radelle et du Rhône au Rhin.

Relatons enfin des arrêts du 15 juillet 1881 (chemin de fer d'Orléans à Rouen), qui contiennent le considérant suivant : « Considérant que « l'effet des lois susvisées a été de faire passer du domaine départemental « dans le domaine national l'ensemble des chemins de fer d'intérêt local..... « successivement concédés à la Compagnie d'Orléans à Rouen, etc. — »

b. — TRIBUNAUX ORDINAIRES ET COUR DE CASSATION. — Dès avant 1845, comme le constate le rapport à l'appui de l'ordonnance du 15 novembre 1846, il était intervenu des décisions judiciaires reconnaissant la domanialité publique des chemins de fer. Le tribunal de Rouen (30 août 1843) et la Cour de Nîmes (12 mai 1843) l'avaient affirmée.

Le 27 juillet 1850, le tribunal de la Seine rendit un jugement motivé, dont les principaux considérants étaient les suivants : « Le concession-« naire d'un chemin de fer n'est pas le véritable propriétaire du terrain « sur lequel le chemin est établi. Par leur nature de voies publiques, les « chemins de fer ne sont pas susceptibles d'une propriété privée. Il est « impossible, en effet, d'admettre qu'une telle voie, créée pour l'utilité de « tous, puisse être soumise aux modifications, partielles ou totales, que « subit la propriété privée, modifications qui peuvent résulter de ventes, « donations, expropriations, etc..... La seule chose qui soit réellement « accordée au concessionnaire est clairement définie par l'article 42 du « cahier des charges. C'est uniquement un droit de perception et non un « droit à la propriété du chemin. On ne peut, pour détruire cette vérité, « s'armer du mot *propriété* qui se rencontre dans quelques dispositions « du cahier des charges. Ce mot ne peut rien changer au droit établi par « l'article susmentionné et il n'a été employé, inexactement, que pour « désigner le genre spécial de possession qui appartient au concession-« naire. »

Le 30 août 1856, le tribunal de Douai jugeait à son tour « que la con-« cession..... était un contrat *sui generis*, obligeant la Compagnie à opérer « l'établissement..... ainsi que la mise en exploitation de la voie ferrée, « moyennant l'exercice temporaire à son profit de ladite exploitation ;.... « que, d'après les dispositions formelles de l'article 1 de la loi de 1845, les « chemins de fer..... étaient du domaine public ;.... que les énonciations « du cahier des charges étaient sans force contre les principes de la ma-« tière et les termes exprès de l'article 1 de la loi de 1845. »

La Cour de cassation, appelée à se prononcer sur la question à propos de la perception du droit d'enregistrement, décida le 15 mai 1861 (Mancel) que les chemins construits par les Compagnies concessionnaires, comme les chemins construits par l'État, constituaient des dépendances du domaine public, puisqu'aux termes de la loi de 1845, ils faisaient partie de la grande voirie..... ; que le droit des Compagnies, limité aux produits des chemins de fer et distinct de la propriété de ces chemins, ne participait en rien de la nature immobilière de cette propriété ; que la jouissance des Compagnies, quelles qu'en fussent l'importance et la durée, n'avait jamais les caractères d'un usufruit, d'une emphytéose ou d'un droit analogue, comportant un démembrement de la propriété publique, contraire aux principes qui en assurent la conservation et l'intégrité ; qu'ainsi, à quelque point de vue qu'on se plaçât, les droits des Compagnies sur les chemins de fer étaient purement mobiliers.

La Cour suprême a statué suivant le même principe le 20 février 1865 (Rolland), en refusant de donner effet à une hypothèque consentie par le concessionnaire d'un pont à péage. L'un des considérants de l'arrêt est ainsi libellé : « Attendu que le sieur ..... a été, moyennant une subvention « qui lui a été accordée par l'État et un droit de péage qui lui a été con- « cédé....., déclaré adjudicataire des travaux à faire pour la continuation « et l'achèvement du pont suspendu de Roquemaure..... ; que ce péage est « une redevance qui peut être exigée de ceux qui usent du passage ; qu'il « n'a les caractères, ni d'un droit d'usufruit ou d'emphytéose, ni d'aucun « autre droit réel emportant démembrement de la propriété ; que c'est un « droit purement mobilier, à raison duquel le sieur ..... n'a pu donner à ses « créanciers hypothèque sur le pont de Roquemaure, qui, non seulement « ne lui appartenait pas, mais qui n'était pas même susceptible d'appro- « priation privée..... »

Le 5 novembre 1867 (Clertan), tout en reconnaissant qualité aux Compagnies pour exercer les actions possessoires, la Cour régulatrice a de nouveau établi « que ces sociétés n'étaient pas propriétaires des voies qui « leur étaient concédées. ».

Elle a encore proclamé la domanialité publique des chemins de fer dans trois arrêts du 5 décembre 1882 (Faillite des tramways de Paris-Sèvres-Versailles c. Tarbé des Sablons et autres), du 11 février 1884 (Constantin c. Banque franco-hollandaise) et du 20 juillet 1886 (Cⁱᵉ d'Estrée-Blanche c. Administration de l'enregistrement). Dans ce dernier arrêt notamment, elle a déclaré une fois de plus « que les concessionnaires ne « peuvent avoir sur les chemins de fer qu'un droit d'exploitation et de « jouissance purement mobilier ; que ce droit, limité aux produits desdits « chemins et distinct de la propriété, ne participe en rien de la nature « immobilière de cette propriété » ; en conséquence elle a jugé que la vente d'une concession n'était pas soumise à la formalité de la transcription.

Nous ne multiplierons pas davantage ces citations. Elles suffisent amplement à prouver que la jurisprudence concorde avec la doctrine pour reconnaître la domanialité publique des voies de communication affectées à l'usage du public (qu'elles soient construites ou concédées) et particulièrement des chemins de fer. Le droit des concessionnaires est un droit purement mobilier, qui n'est assimilable ni à l'usufruit, ni à l'emphytéose, et qui n'est pas susceptible d'hypothèque.

La plupart des textes que nous avons relatés, sinon tous, sont relatifs à des concessions temporaires. En serait-il de même pour des concessions perpétuelles? La question n'a pas grand intérêt pratique, puisque toutes nos voies ferrées sont concédées pour un temps déterminé. Nous avons rappelé un arrêt du Conseil d'État du 22 mars 1851, qui classait le canal du Midi dans le domaine public, malgré la perpétuité de sa concession; mais M. Aucoc énumère un grand nombre d'arrêts du Conseil et d'arrêts de la Cour de cassation, qui sont d'une date postérieure et qui ont reconnu le droit de propriété des concessionnaires pour des canaux concédés à perpétuité (canal du Midi, canal du Lez, canal de Givors, etc.). Il convient toutefois d'observer que ces concessions sont toutes antérieures à 1789. En ce qui nous concerne, nous ne ferions aucune distinction entre les chemins de fer concédés à perpétuité et les chemins de fer concédés pour un temps limité : dans un cas comme dans l'autre, le concessionnaire n'aurait qu'un droit mobilier ; la durée de sa jouissance ne pourrait influer sur le caractère de la chose, en changer la destination, lui donner une disponibilité dont elle n'est pas susceptible.

7. Examen des objections faites à la domanialité publique des chemins de fer. — Un certain nombre d'arguments ont été développés à l'encontre de la domanialité publique des chemins de fer. Parmi ces arguments, il en est qui ne résistent pas à un examen même superficiel. Nous ne retiendrons que les plus importants : ils peuvent se résumer ainsi :

1° Après avoir nié le droit de propriété pour les concessionnaires, le Conseil d'État et la Cour de cassation ont été amenés à se contredire dans d'autres arrêts relatifs aux canaux. C'est ainsi qu'une décision du Conseil d'État du 21 juillet 1870, intervenue à l'occasion d'un litige entre l'État et la ville de Châlons-sur-Marne au sujet de la domanialité du canal Louis XII, a rejeté la prétention de l'État, en considérant « qu'aucune disposition « législative n'avait compris les canaux navigables au nombre des biens qui « font nécessairement partie du domaine, à titre de propriété nationale,

« et ne fait obstacle à ce que les canaux établis par des particuliers ou des
« communes demeurent leur propriété, alors même qu'ils auraient été
« dès leur origine ou seraient devenus postérieurement navigables ».

Nous avons déjà fait remarquer que les arrêts du Conseil d'État et de
la Cour de cassation reconnaissant un droit de propriété aux concess-
sionnaires portaient tous sur des canaux établis ou autorisés avant 1789,
sans réserve de retour à l'État. En ce qui concerne spécialement la décision
du 21 juillet 1870, la question qui se débattait en fait était celle de savoir
si le canal Louis XII faisait partie du domaine public national ou du domaine public communal de la ville de Châlons-sur-Marne : or, rien ne
s'oppose à ce que, dans certaines circonstances, un canal, même navigable, appartienne au domaine public communal tout comme un chemin
de fer d'intérêt local. Au fond, le Conseil d'État a parfaitement jugé, en décidant que les droits prétendus par la ville devaient être avant tout examinés par l'autorité compétente. Rien ne s'oppose même à ce qu'un particulier établisse, dans des cas déterminés et pour son usage personnel, un
canal navigable, sans avoir à recourir aux pouvoirs sociaux, et par conséquent à ce qu'il puisse en conserver la propriété et la libre disposition :
tel serait, par exemple, le cas d'un embranchement reliant une mine ou
une usine à une voie navigable voisine. Ainsi, même en la forme et sauf
quelques expressions impropres, l'arrêt du 21 juillet 1870 n'a pas la portée
qu'on lui a attribuée, surtout si l'on remarque qu'il s'agissait d'un canal
établi vers l'an 1500 aux frais de la ville et sur des terrains lui appartenant.

2° La Cour de cassation a été conduite elle-même à reconnaître aux
Compagnies la capacité pour exercer les actions possessoires (5 novembre
1867, Compagnie de Lyon).

Cela est vrai. Mais il faut recourir aux considérants de l'arrêt. Il s'agissait d'une complainte intentée par la Compagnie de Paris-Lyon-Méditerranée. Le défendeur avait soutenu que la Compagnie n'avait pas l'*animus
domini*, élément indispensable de la possession civile. Le tribunal de
Lons-le-Saulnier avait écarté la fin de non-recevoir, en assimilant la Compagnie à un mandataire de l'État. La Cour de cassation repoussa le théorie
du mandat, mais admit que « si les Compagnies n'étaient pas propriétai-
« res des voies qui leur avaient été concédées, elles avaient cependant
« reçu de l'État le droit de les exploiter à leur profit et qu'elles étaient
« chargées de veiller, sous leur propre responsabilité, à la conservation de
« tout ce qui formait l'objet de leur concession ; que ce droit et cette
« obligation impliquaient le pouvoir d'exercer les actions possessoires,
« qui étaient essentiellement des actes conservatoires et d'administration ;

« que l'exercice de ces actions pouvait seul garantir l'État, comme pro-
« priétaire ; que les lois de concession et les actes qui les complètent
« n'avaient pu vouloir imposer à l'État la charge d'exercer lui-même les
« actions possessoires ; que l'État serait, en effet, dans l'impossibilité
« d'apprécier la nécessité ou l'opportunité de ces actions... ; que d'ailleurs
« si la possession de la Compagnie était précaire par rapport à l'État, elle
« était manifestement pure de ce vice à l'égard de X... qui n'était qu'un
« tiers relativement à la Compagnie ».

3° La loi de 1845 vise exclusivement les chemins de fer construits ou
concédés par l'État ; aucun texte législatif n'interdit d'établir un chemin
de fer qui soit une propriété de droit commun. Nous nous expliquerons
dans un instant à ce sujet.

4° Un projet de loi élaboré par le Conseil d'État en 1850 et adopté par
la Commission de l'Assemblée législative comprenait parmi les biens susceptibles d'hypothèque les concessions de chemins de fer...............
faites depuis vingt ans au plus.

Le fait est exact, mais le projet de loi n'a pas abouti.

5° La loi du 11 juillet 1866 relative à l'amortissement, abrogée par la
loi de finances du 16 septembre 1871, affectait à la caisse d'amortissement
« la nue propriété des chemins de fer dont la jouissance avait été concédée
« et devait faire retour à l'État ».

Cela est vrai et l'on doit reconnaître qu'il y avait une certaine impropriété d'expressions dans le texte. Mais il résulte des autres articles
de la loi, des travaux préparatoires et de la discussion au Corps législatif, que le but réel du législateur était : 1° d'offrir aux créanciers de l'État
le gage des revenus du réseau à l'expiration des concessions ; de faire en
quelque sorte une réserve d'avenir à cet égard ; 2° d'attribuer à la caisse
d'amortissement le produit de l'impôt sur les transports, la part du Trésor
dans les bénéfices de l'exploitation, la rentrée des avances faites au titre de la
garantie d'intérêt, tout en la chargeant en même temps du service de cette
garantie. La loi n'avait nullement entendu donner les moyens de réaliser
le gage, ni permettre aucune aliénation contraire au principe fondamental
de la domanialité publique.

6° Diverses lois spéciales et la loi organique du 11 juin 1880 sur les
chemins de fer d'intérêt local prévoient l'allocation d'indemnités aux
départements, au cas d'incorporation des lignes départementales dans le

réseau d'intérêt général. Cette disposition implique un droit de propriété pour les départements.

L'argument ne nous paraît pas solide. Le dédommagement éventuel, prévu au profit des départements, porte non pas sur la perte d'une propriété incompatible avec la domanialité publique, mais sur celle des bénéfices qui auraient pu être acquis à la caisse départementale, soit par un partage du produit net, soit par les revenus du chemin après l'expiration de la concession. Du reste, l'indemnité n'est fixée ni par l'autorité judiciaire, ni par la juridiction administrative, mais par le Gouvernement en Conseil d'État ; c'est une liquidation administrative et non contentieuse.

7° Le domaine public ne consiste qu'en un droit d'usage : une chose peut donc être affectée à l'usage du public, tout en restant propriété privée, et dépendre d'un patrimoine quelconque en même temps que du domaine public.

Il est incontestable que les choses classées dans le domaine public national ne sont la propriété de personne, pas plus de l'État que des particuliers. L'État n'en a que la garde et la surintendance. A l'inverse du domaine privé, elles sont frappées d'une indisponibilité absolue. Mais nous ne concevons pas comment la voie de communication peut se séparer de son affectation ; nous ne voyons pas comment l'argument peut se concilier avec les termes de l'article 538 du Code civil.

8. **Observations sur les chemins de fer industriels et privés.** — Les chemins de fer industriels, dont nous aurons à parler plus tard, font incontestablement partie du domaine public, dès qu'ils sont affectés à la circulation générale, alors même qu'ils n'auraient pas nécessité l'application de la loi du 3 mai 1841 et qu'ils n'auraient pas fait l'objet d'une déclaration d'utilité publique. Car ils prennent alors le caractère de choses destinées à l'usage de tous ; ils sont soumis à la loi de 1845 ; l'autorité compétente doit intervenir pour les autoriser et les concéder.

Il en est de même quand ces voies ferrées, sans être immédiatement affectées à la circulation générale, ont été déclarées d'utilité publique ; cette déclaration a toujours été subordonnée à l'établissement, au moins éventuel, d'un service public, qui seul peut la motiver et la justifier. (Cour de cassation, 20 juillet 1886, Compagnie d'Estrée-Blanche c. Administration de l'enregistrement.)

Doit-on faire à cet égard quelques réserves pour les chemins de fer miniers, depuis la loi du 27 juillet 1880, revisant celle du 21 avril 1810 sur les mines ? On sait en effet que l'article 44 de cette loi est ainsi conçu :

« Un décret rendu en Conseil d'État peut déclarer d'utilité publique les....
« chemins de fer, modifiant le relief du sol, à exécuter dans l'intérieur du
« périmètre, ainsi que.... les chemins de fer.... à exécuter en dehors du
« périmètre. Les voies de communication créées en dehors du périmètre
« pourront être affectées à l'usage du public, dans les conditions établies
« par le cahier des charges......

« Dans le cas prévu par le présent article, les dispositions de la loi
« du 3 mai 1841, relatives à la dépossession des terrains et au règlement
« des indemnités, seront appliquées. »

Si le Gouvernement subordonne la déclaration d'utilité publique à l'établissement immédiat ou éventuel d'un service public, il ne peut y avoir
aucun doute ; le propriétaire de la mine devient un véritable concessionnaire dans les conditions que nous avons indiquées d'une manière générale pour les chemins de fer industriels.

Au contraire, si les travaux font l'objet d'une déclaration d'utilité publique pure et simple, sans conditions d'affectation au public, cette déclaration, étant exclusivement motivée par l'intérêt général de la bonne
utilisation des richesses minérales, n'entraîne ni concession, ni incorporation au domaine public.

Quant aux chemins qui seraient créés sans déclaration d'utilité publique,
qui ne seraient pas livrés à la circulation générale et qui, au contraire,
seraient affectés au service exclusif de leur auteur, ils constitueraient manifestement une propriété privée.

9. **Législation étrangère.** — La législation étrangère repose en général sur des principes fort différents de la nôtre ; nous n'avons donc pas
l'intention de nous y arrêter longuement.

En *Belgique*, comme en France, il a été jugé que les chemins de fer
construits ou concédés par l'État font partie du domaine public, même
quand, aux termes du cahier des charges, l'État doit être subrogé aux
droits de la Société sur la propriété du terrain, lors de l'expiration de la
concession. (Bruxelles, 2 mars 1850 ; Gand, 8 août 1836.)

En *Angleterre*, où les concessions sont perpétuelles, malgré l'exercice
du droit d'expropriation, les concessionnaires sont investis d'un droit de
propriété et peuvent hypothéquer le chemin de fer. (Voir notamment les
art. 38 et suivants de l'acte 8 et 9 Victoria, chapitre XVI, 8 mai 1845,
Companies clauses consolidation.) Cependant une loi du 20 avril 1867
a interdit de saisir le matériel.

Aux *États-Unis d'Amérique*, la situation est analogue. Les obligations,
nominatives ou au porteur, sont habituellement émises avec des garanties

hypothécaires. L'hypothèque peut porter, soit sur la voie et le matériel fixe, soit sur le matériel roulant, soit sur les concessions de terres et sur les immeubles d'une Compagnie, soit sur son revenu. Toutefois l'autorité judiciaire, reculant devant les conséquences extrêmes du droit ainsi conféré aux créanciers des Compagnies et redoutant notamment les interruptions que la saisie d'une partie du matériel ou des installations pouvait provoquer dans l'exploitation, a généralement admis que la saisie devait être limitée aux revenus, jusqu'au jour où une décision nouvelle des tribunaux ordonnerait une saisie plus complète. Le fait de la vente du matériel roulant d'une Compagnie par autorité de justice, comme celle de 1874 pour les Compagnies de Cairo et Vincennes, doit être considéré comme exceptionnel.

En *Allemagne*, les voies ferrées constituent une propriété privée soumise aux règles du droit commun. Le Parlement a été saisi en 1879 d'un projet de loi sur les hypothèques ; il n'a pas encore été statué, à notre connaissance, sur ce projet de loi.

Des hypothèques peuvent également être prises sur les chemins de fer en *Autriche*, d'après la loi du 19 mai 1874 ; en *Hongrie*, d'après la loi du 7 avril 1868 modifiée en 1881 ; en *Suisse*, d'après la loi du 24 juin 1874.

Cette dernière loi exige l'autorisation du Conseil fédéral, qui a ainsi à apprécier l'utilité des emprunts et qui peut exercer une grande influence sur le régime financier et le crédit des sociétés de chemins de fer. Les contestations soulevées à propos des prêts sur hypothèques sont de la compétence du tribunal fédéral ; c'est aussi un fonctionnaire fédéral qui est chargé de tenir le registre hypothécaire. Les créanciers hypothécaires n'ont pas le droit d'entraver l'exploitation, ni de s'opposer aux modifications qui pourraient y être apportées. Mais ils peuvent faire obstacle à la vente du chemin de fer, à l'aliénation d'une partie considérable du matériel d'exploitation, à la fusion avec d'autres Compagnies.

Quant à la loi autrichienne du 19 mai 1874, elle a été moins prévoyante que la loi suisse pour sauvegarder l'intérêt public. Elle comporte à ce point de vue des lacunes d'autant plus regrettables que jusqu'alors les chemins de fer étaient considérés par le législateur autrichien comme hors du commerce et comme insusceptibles d'hypothèques.

En *Italie*, l'article 29 de la loi du 29 juillet 1879 institue sur les chemins de fer à construire par l'État, soit entièrement à ses frais, soit avec le concours des intéressés, une hypothèque légale sans aucune formalité d'inscription, pour la garantie des titres émis par la caisse instituée conformément à l'article 28, en vue de procurer les ressources nécessaires à l'État, aux provinces et aux communes.

<table>
<tr><td>II</td><td>9</td></tr>
</table>

En *Espagne*, les lois du 3 juin 1855 et du 17 juillet 1856 ont autorisé en principe les Compagnies à donner en nantissement à leurs prêteurs les travaux et les recettes du chemin de fer. Les lois hypothécaires du 8 février 1861 et du 3 décembre 1869 ont mentionné les voies ferrées, concédées pour dix ans au moins, parmi les biens qui peuvent être hypothéqués ; toutefois elles ont décidé que l'hypothèque grèverait exclusivement le droit appartenant au concessionnaire. Depuis, la loi du 30 novembre 1877 a explicitement rangé les chemins de fer dans les dépendances du domaine public.

Notons encore une loi *suédoise* du 15 octobre 1880 sur l'enregistrement, l'hypothèque et la saisie des chemins de fer (1).

Le lecteur que la question intéressera voudra bien se reporter aux recueils de législation étrangère et y puiser les renseignements qu'il nous serait impossible de donner ici sans entrer dans des développements exagérés.

10. Observations sur le matériel roulant. — Si les concessionnaires n'ont pas de droit de propriété sur le chemin de fer, il en est tout autrement pour le matériel roulant et les objets mobiliers qui leur appartiennent et dont les conditions de reprise par l'État, en cas de rachat ou à l'expiration de la concession, sont réglées par les cahiers des charges.

Le matériel roulant et les objets mobiliers seraient, le cas échéant, susceptibles d'être saisis.

Nous devons noter, à cette occasion, un arrêt de la Cour de cassation du 5 mai 1885 (Carretier c. Direction des chemins de fer d'Alsace-Lorraine et Compagnie de l'Est), déclarant insaisissable entre les mains de la Compagnie de l'Est en France le matériel des chemins d'Alsace-Lorraine, parce que ces chemins constituent une Administration publique ressortissant de la chancellerie de l'Empire allemand et sont exploités pour le compte de l'État : il est en effet de principe absolu, en droit, qu'il n'appartient pas à un créancier de l'État, même pour assurer l'exécution d'une condamnation judiciaire, de faire saisir entre les mains d'un tiers les deniers et autres objets qui sont la propriété de l'État. Cette règle doit recevoir son application, alors même que le débiteur est un État étranger.

En *Allemagne*, une loi du 3 mai 1886 a déclaré insaisissable « le « matériel roulant des chemins de fer exploités pour le service public,

______

(1) Une loi antérieure de 1875 avait disposé : « Qu'aucune inscription ne pourrait être « prise sur un chemin de fer dont le sol aurait été acquis pour une plus ou moins grande « partie, en vertu des lois en vigueur sur l'expropriation pour cause d'utilité publique. »

« servant au transport des voyageurs et des marchandises », et étendu cette immunité au matériel des chemins de fer étrangers, à charge par ceux-ci de garantir la réciprocité au profit du matériel allemand.

En *Angleterre*, le matériel fixe et roulant est exempt de la saisie à partir du jour de la mise en exploitation.

En *Autriche*, un décret du 19 septembre 1886 a soustrait à la saisie le matériel roulant des chemins de fer étrangers, sous réserve de la réciprocité au profit du matériel autrichien.

Il n'existe pas de texte précis en *Italie*. Cependant l'auteur de l'exposé des motifs de la loi allemande du 3 mai 1886 a exprimé l'opinion que l'interdiction de la saisie par des créanciers privés résultait implicitement des conventions de 1884, qui ont affecté le matériel roulant à la garantie de l'État pour l'exécution des obligations contractées par les Compagnies.

CHAPITRE VIII

DE LA CONSTITUTION DES COMPAGNIES

ET DES LIMITES ASSIGNÉES A LEURS OPÉRATIONS

1. Forme des Sociétés concessionnaires de chemins de fer. — Les concessions de chemins de fer ont été accordées, tantôt à de simples individualités, tantôt à des sociétés en nom collectif, tantôt à des sociétés anonymes. Mais, presque dès l'origine, il a été interdit aux concessionnaires « d'émettre des actions ou promesses d'actions négociables, avant de « s'être constitués en Compagnie anonyme dûment autorisée conformé- « ment à l'article 37 du Code de commerce ». Cette interdiction, contenue pour la première fois dans la loi du 6 mars 1838 relative au chemin de fer de Strasbourg à Bâle, a été reproduite dans les actes ultérieurs de concession, jusqu'au jour où elle a pris place dans la loi du 15 juillet 1845 (article 10).

A diverses reprises, on a critiqué l'obligation que la loi imposait ainsi en fait aux Compagnies de se constituer toujours sous la forme de sociétés anonymes. C'est ainsi qu'en 1838 et 1839 MM. Odilon-Barrot et Dupin exprimaient à la Chambre des députés leurs préférences pour les sociétés en nom collectif, dont la responsabilité pécuniaire n'est pas limitée comme celle des sociétés anonymes.

Malgré ces critiques, le législateur a persisté, d'une part, afin de ne placer les chemins de fer qu'entre les mains de sociétés dont la vie pût atteindre le terme de la concession, et d'autre part, afin de contraindre les Compagnies à soumettre leurs statuts à l'approbation du Gouvernement, en exécution de l'article 37 du Code de commerce : « La société anonyme « ne peut exister qu'avec l'autorisation du Roi et avec son approbation « pour l'acte qui la constitue : cette approbation doit être donnée dans la « forme prescrite pour les règlements d'administration publique.. »

En examinant les statuts, le Conseil d'État pouvait éliminer ou ameuder toutes les clauses qui n'auraient pas été absolument conformes à l'intérêt public, et principalement celles qui auraient prêté à l'agiotage ou qui eussent été contraires aux règles d'une bonne gestion financière.

La portée juridique de l'article 10 de la loi du 15 juillet 1845 a été exagérée par certains auteurs. On a soutenu que, même en droit, elle proscrivait pour les Compagnies de chemins de fer toute forme autre que celle de la société anonyme. Il y a là une interprétation erronée du texte. Les Compagnies peuvent revêtir toute autre forme; mais il leur est défendu, sous des peines rigoureuses, d'émettre des actions ou promesses d'actions négociables, tant qu'elles ne sont pas constituées en sociétés anonymes.

Ce qui est inexact en droit est, au contraire, exact en fait. Les capitaux engagés dans les voies ferrées étaient, des les premières années, trop considérables pour qu'il fût possible de réunir un assez grand nombre d'associés conservant entre leurs mains des titres non négociables. Aussi la garantie indirecte que s'était donnée le législateur était-elle des plus efficaces jusqu'à la loi du 24 juillet 1867, qui a émancipé les sociétés anonymes.

Depuis que cette loi est intervenue, les Compagnies, bien que continuant, aux termes de l'article 10 de la loi du 15 juillet 1845, à ne pouvoir émettre d'actions ou de promesses d'actions négociables sans s'être constituées en sociétés anonymes, sont affranchies de l'examen et de l'approbation de leurs statuts par le Gouvernement : elles peuvent, quel que soit le nombre des associés, se former par simple acte sous seing privé.

L'État a ainsi perdu les garanties qui lui étaient assurées jusqu'alors. Nous indiquerons plus loin les mesures qu'il a prises pour chercher à remédier à cet inconvénient.

Mais nous devons dire auparavant deux mots d'une question qui a été longuement débattue sous la monarchie de Juillet. Les statuts devaient-ils être approuvés avant la concession ou postérieurement?

En 1838, Arago, rapporteur d'un projet de loi concernant les chemins de fer de Paris à Lille et Valenciennes, de Paris à Rouen, de Paris à Orléans et de Marseille à Avignon, avait, au nom de la Commission de la Chambre des députés, insisté pour que les projets de lois de concession fussent appuyés des statuts de la Compagnie et de l'avis du Conseil d'État sur ces statuts. Cette recommandation était renouvelée, peu de temps après, par MM. Billault et Chabaud-Latour, rapporteurs de deux projets de loi concernant les chemins de Bordeaux à Langon et de Montpellier à Nîmes. La Commission extraparlementaire instituée à la fin de 1839, pour l'étude du régime des chemins de fer, se prononçait à son tour dans le même sens, afin que les concessions fussent accordées en toute connaissance de cause à des Compagnies sérieuses et non à des capitalistes n'offrant d'autres garanties que leur cautionnement ; d'après l'avis de cette Commission, si le Gouvernement était en présence de plusieurs demandes de concession, il devait faire un choix, soumettre au Conseil d'État les statuts de la Compagnie formée par le soumissionnaire ainsi agréé, puis communiquer ces statuts au Parlement à l'appui du projet de loi.

Le Gouvernement se montrait peu disposé à accéder à ce vœu, dont la réalisation devait inévitablement retarder la présentation des projets de loi ; il lui paraissait anormal de faire délibérer le Conseil d'État sur les statuts de Compagnies n'ayant encore aucune base légale, n'étant pas encore pourvues d'un titre émané, soit du Pouvoir législatif, soit du Pouvoir exécutif, suivant les cas. D'ailleurs, en cas d'adjudication, il était évidemment impossible de former les Compagnies par avance.

En fait, l'approbation des statuts a été presque toujours postérieure à l'acte de concession. Cette pratique a été consacrée par l'article 7 de la loi du 15 juillet 1845, qui n'exigeait des concurrents que le dépôt de leur projet de statuts.

Nous n'insistons pas davantage sur ce point d'histoire, qui n'a plus qu'un intérêt rétrospectif.

2. Transformation des Compagnies anonymes autorisées avant 1867. — Les Compagnies anonymes constituées avec l'approbation du Gouvernement avant la loi du 24 juillet 1867 doivent, aux termes de l'article 46 de cette loi, continuer à être soumises pendant toute leur durée aux dispositions qui les régissent. Elles pourraient cependant se transformer en sociétés anonymes libres ; mais il leur faudrait obtenir l'autorisation du Gouvernement, qui pourrait refuser cette autorisation ou la subordonner à des conditions rigoureuses.

Il convient d'ailleurs d'observer que, si la question est intéressante, c'est surtout pour les grandes Compagnies, et que ces sociétés n'ont jamais manifesté et ne manifesteront sans doute jamais l'intention de solliciter leur transformation.

En admettant même que, par impossible, leur demande fût accueillie, elles ne seraient nullement affranchies de la surveillance qui pèse sur elles ; elles s'exposeraient en outre à porter atteinte à leur crédit et, à certains égards, elles seraient soumises dans leur fonctionnement à des règles plus étroites, comme il est facile de s'en convaincre en rapprochant le texte de leurs statuts actuels de celui de la loi de 1867.

3. Obligations imposées aux fondateurs des Sociétés. — *a.* Cautionnement. — Dès l'origine des chemins de fer, il a été admis qu'avant l'adjudication ou avant la signature de l'acte de concession directe les soumissionnaires devaient verser au Trésor un cautionnement, comme gage de l'exécution de leurs engagements. Le principe a été nettement affirmé en 1835, dans l'exposé des motifs d'un projet de loi concernant le chemin de Paris à Rouen; en 1837, dans le rapport d'une Commission extraparlementaire; en 1838, dans le rapport déjà cité d'Arago à la Chambre des députés; en 1839, dans les propositions d'une seconde Commission extraparlementaire. Depuis, il a été invariablement appliqué, sauf pour les Compagnies déjà concessionnaires d'autres lignes. Il a été notamment admis dans le cahier des charges type, élaboré au Conseil d'État et approuvé par décret du 6 août 1881, pour les chemins de fer d'intérêt local.

La Commission extraparlementaire de 1837 avait toutefois signalé la convenance de n'exiger le versement que de la moitié du cautionnement définitif, avant la concession, l'autre moitié devant être fournie dans un certain délai. Mais la pratique n'a pas consacré cette proposition.

La quotité du cautionnement n'a pas été fixée d'après des règles immuables. La Commission extraparlementaire de 1837 avait conclu à adopter la proportion du 1/10 du capital nécessaire à la réalisation de l'entreprise, quand ce capital serait de 20 millions au plus, et à faire décroître ensuite cette proportion de 10 en 10 millions, de manière à ne jamais exiger plus de 3 millions. L'arrêté ministériel du 19 avril 1862, relatif aux adjudications prescrites par les décrets du 14 juin 1861, portait que « le dépôt de garantie serait au moins du trentième de la dépense » : c'est la règle normale admise pour les entreprises des Ponts et Chaussées. Mais, nous le répétons, les bases de calcul du cautionnement ont varié et il ne pouvait en être autrement.

D'après les derniers cahiers des charges, le décret du 31 janvier 1872 et le décret du 18 novembre 1882 revisant partiellement celui du 31 mai 1862 sur la comptabilité publique, le cautionnement peut consister, au choix des soumissionnaires et adjudicataires, en numéraire; en rentes sur l'État et valeurs du Trésor au porteur; en rentes sur l'État, nominatives ou mixtes. Les valeurs du Trésor transmissibles par voie d'endossement, endossées en blanc, sont considérées comme valeurs au porteur. La valeur en capital des rentes à affecter aux cautionnements est calculée au cours moyen du jour de la veille du dépôt, avec revision au cours moyen du jour de l'approbation de l'adjudication, si le premier versement n'a qu'un caractère provisoire. Les bons du Trésor, à l'échéance d'un an ou de moins d'un an, sont acceptés pour le montant de leur valeur en capital et en intérêts. Les autres valeurs déposées pour cautionnement sont calculées d'après le dernier cours publié au *Journal officiel*.

De même que les bases de calcul du cautionnement, les règles relatives à sa restitution ont varié. Les Commissions extraparlementaires de 1837 et de 1839 avaient émis l'avis qu'il y avait lieu de le rendre par parties proportionnelles, au fur et à mesure de l'achèvement des travaux. Néanmoins, les cahiers des charges n'avaient pas été toujours conformes à cette double proposition : c'est ainsi, par exemple, que le cautionnement de la Compagnie de Paris à Orléans (loi du 15 juillet 1840) devait être restitué à cette société en une fois, après la mise en exploitation de 30 kilomètres. Pour mettre fin à des divergences injustifiées, une loi du 6 juin 1847, spéciale à la matière, décida que « les cautionnements déposés « par les Compagnies de chemins de fer pourraient leur être rendus par « dixième et à mesure qu'elles auraient exécuté des travaux ou justifié, « par des actes authentiques, avoir acquis et payé des terrains pour des « sommes doubles au moins de celles dont elles réclameraient la restitu- « tion, le dernier dixième ne devant leur être remis qu'après la mise en « exploitation de la ligne entière ». La règle posée par cette loi n'a pas tardé elle-même à être modifiée, quant à la quotité des remboursements successifs, et, depuis de longues années, ces remboursements se font par cinquième. (Voir notamment le cahier des charges type des chemins de fer d'intérêt local.)

b. Obligations pour les fondateurs de conserver un nombre déterminé d'actions. — Cette mesure n'a été édictée qu'à titre exceptionnel par voie législative. Cependant, on trouve dans la loi du 7 juillet 1838, concernant le chemin de fer de Paris à Orléans, une disposition qui y a été introduite par la Commission de la Chambre des députés et qui était ainsi conçue : « Les statuts de la société imposeront aux sieurs Casimir Leconte « et Compagnie l'obligation de conserver entre leurs mains, pendant toute « la durée des travaux, une quantité d'actions représentant au moins un « million en valeur nominale, lesquelles seront inaliénables pendant ce « temps. » En parcourant les statuts des premières Compagnies, on y retrouve des clauses analogues, sans qu'elles aient été imposées par l'acte de concession.

c. Interdiction pour les fondateurs de recevoir de la compagnie autre chose que le remboursement de leurs avances. — Dès 1838, le législateur insérait dans la loi du 7 juillet, portant concession du chemin

de Paris à Orléans, la disposition suivante : « La présente concession ne
« pourra être l'objet d'aucun prix, au profit des concessionnaires, lors-
« qu'elle sera transmise à la Société. » Cette disposition était inspirée par
des considérations de haute moralité, sur lesquelles nous n'avons pas à
insister ; elle était du reste parfaitement en harmonie avec le caractère et
la nature des concessions, qui ne doivent point être livrées à la spéculation et à l'agiotage.

La loi du 15 juillet 1845 la reproduisit et l'étendit à tous les chemins
de fer, dans la forme que voici : « Les fondateurs de la Compagnie n'au-
« ront droit qu'au remboursement de leurs avances, dont le compte
« appuyé des pièces justificatives aura été accepté par l'Assemblée
« générale des actionnaires. » (Article 11.)

Cette sage interdiction a-t-elle été abrogée par la loi du 24 juillet 1867,
dont l'article 4 (applicable aux sociétés anonymes) prévoit que des associés
pourront faire des apports ne consistant pas en numéraire ou stipuler
à leur profit des avantages particuliers, sauf approbation par l'Assemblée
générale des actionnaires ? Non : la loi de 1867 a abrogé explicitement les
articles 31, 37 et 40 du Code de commerce et rien de plus ; elle a laissé
absolument debout la loi du 15 juillet 1845, sauf en ce qui touche l'approbation des statuts, par application de l'article 37 du Code de commerce.

Comme l'indique M. Aucoc, on peut soutenir que « les cessions
« faites à titre onéreux, contrairement aux prescriptions de l'article 11 de
« cette loi, sont contraires à l'ordre public et radicalement nulles » : telle
est notre ferme conviction (1). La question a, du reste, été soumise à l'autorité judiciaire à propos de la Compagnie de Clermont à Tulle. Elle a été
résolue en ce sens par le tribunal civil de la Seine (jugement du 18 juin
1879) et par la Cour d'appel de Paris (arrêt du 29 juillet 1881). Ces deux
décisions sont absolument inattaquables (2).

______

(1) M. Aucoc cite avec raison le cas d'une société dont le fondateur s'attribuait la
totalité de la subvention départementale, et celui d'une autre Compagnie, à laquelle deux
des fondateurs imposaient des marchés à forfait de construction et d'exploitation.

(2) Le jugement du tribunal de la Seine était fondé sur les considérants suivants :
« .... Considérant que la sanction des prohibitions contenues implicitement dans l'ar-
« ticle 11 est manifestement la nullité radicale des conventions, qui renfermeraient une trans-
« mission de concession à titre onéreux ; qu'il n'y a lieu de considérer cette nullité comme
« étant purement relative et de la rattacher à l'autorisation gouvernementale qui est néces-
« saire pour la cession de toute concession ; que....... l'article 11 se relie à un ensemble de
« dispositions qui ont pour but notamment d'écarter de la constitution des Compagnies de
« chemins de fer toute combinaison et tout trafic de nature à livrer leurs titres à la spécu-
« lation, sur la foi de la concession gouvernementale, ou à altérer le caractère même de cette
« concession, qui ne saurait sous aucun rapport apparaître comme une chose vénale...... »

Dans l'arrêt de la Cour, on lit : « Considérant que la cause de l'obligation contractée
« envers....... étant contraire à l'ordre public, le vice de nullité dont elle est entachée
« n'a pu être purgé ni par le paiement volontaire, ni....... »

Le principe doit-il être considéré comme applicable à un chemin de fer qui aurait été construit et mis en exploitation par ses fondateurs et pour lequel la Compagnie ne serait constituée qu'après coup ?...... Cette deuxième question est beaucoup plus délicate que la première. On peut objecter à l'extension de la règle que le législateur de 1845 a visé exclusivant les Compagnies formées en vue de l'exécution du chemin de fer, aussitôt après l'adjudication ou la concession ; qu'une voie ferrée en exploitation doit être vendue, non pour ce qu'elle a coûté, mais pour ce qu'elle vaut, quand l'expérience est venue en révéler la valeur effective ; que, si les fondateurs ont fait une mauvaise affaire, ils ne sauraient prétendre au remboursement intégral de leurs débours ; qu'inversement, si l'affaire est bonne, si les fondateurs l'ont améliorée par leur industrie et par leur habileté, si elle donne un revenu considérable, il serait inique de n'admettre en compte que les dépenses réelles de premier établissement. D'autre part, on peut invoquer, en sens contraire, la lettre de la loi de 1845 qui a décidé en termes généraux, sans aucune réserve sur l'époque à laquelle serait constituée la Compagnie ; on peut faire valoir que les concessions ne sont pas choses susceptibles d'être mises dans le commerce et d'être par suite estimées d'après leur valeur commerciale. (C'est un point sur lequel nous reviendrons plus tard.) En fait, il y a moins de difficultés qu'en droit. Car, au cas où l'affaire serait mauvaise, les fondateurs ne pourraient pas arriver à constituer une société qui les rendît indemnes, et au cas où l'affaire serait bonne, ils pourraient la conserver. Cependant, on conçoit des éventualités où, même avec une exploitation fructueuse, les concessionnaires désirent se dégager pour des raisons de convenance personnelle. Le Conseil d'État a été récemment appelé à discuter un projet de décret, qui avait précisément pour objet de ratifier, conformément à l'article 10 de la loi du 11 juin 1880, la cession de chemins de fer d'intérêt local dans les circonstances que nous examinons. Il a exprimé l'avis que, si l'article 11 de la loi du 15 juillet 1845 n'était pas directement applicable à l'espèce, le principe sur lequel cet article est fondé n'avait pas été ébranlé par l'article 10 de la loi du 11 juin 1880 et qu'il devait servir de règle, pour l'appréciation des conditions dans lesquelles le concessionnaire d'un chemin de fer d'intérêt local peut valablement céder ses droits.

A peine avons-nous besoin de faire remarquer qu'indépendamment des raisons juridiques les raisons économiques les plus graves obligent le Gouvernement à se montrer rigoureux : toute dépense frustratoire se traduit en effet par une aggravation des charges qui pèsent sur l'avenir du chemin de fer et par suite sur les tarifs ; elle peut aussi, le cas échéant, infliger des pertes au Trésor, par le jeu de la garantie d'intérêt ou du partage des bénéfices, si le concessionnaire est associé à l'État par des conventions financières.

d. PRESCRIPTIONS RELATIVES A LA CONSTITUTION ET A LA RÉALISATION DU CAPITAL. — Nous les réservons, eu égard à leur importance, pour les examiner avec tous les développements qu'elles comportent.

4. Précautions prises depuis 1867 pour suppléer aux garanties de l'approbation des statuts.— Ainsi que nous l'avons dit, le Gouvernement pouvait autrefois, en approuvant les statuts des Compagnies, s'assurer que les lois et notamment celle du 15 juillet 1845 étaient respectées ; il pouvait s'assurer aussi que l'acte constitutif ne contenait pas de clauses de nature à nuire à l'intérêt public. Depuis la loi du 24 juillet 1867, l'État a dû rechercher certaines garanties pour remplacer celles que lui avait enlevées l'émancipation des sociétés anonymes. Le danger qui a paru le plus redoutable est celui auquel des opérations étrangères entreprises par le concessionnaire seraient susceptibles d'exposer le sort du chemin de fer (1).

Avant 1867, les Compagnies ont rarement franchi les limites que leur assignaient leur acte statutaire et la nature même de leur concession. Le seul fait de cette nature qui ait appelé l'attention des Pouvoirs publics est celui de l'achat des forges, mines et ateliers d'Aubin par la Compagnie du Grand Central. Lors du démembrement du réseau de cette Société, en 1857, la Compagnie d'Orléans, conduite à reprendre les usines avec les lignes avoisinantes, a dû s'engager à ne point leur accorder un traitement privilégié au point de vue des tarifs ; elle a dû aussi souscrire à une stipulation ainsi conçue : « Les forges, mines et ateliers d'Aubin *affectés tempo-* « *rairement à l'usage exclusif du chemin de fer* pour la fabrication des pro- « duits nécessaires à la construction des lignes ne sont pas considérés « comme une dépendance du chemin de fer d'Orléans. » La Commission de la Chambre des députés a eu en outre le soin d'exprimer le vœu que la Compagnie rentrât le plus tôt possible dans une situation normale, en

(1) Les règlements d'administration publique de 1863 et de 1868 excluent en termes explicites du compte d'exploitation « les frais concernant des établissements qui ne servent pas directement à l'exploitation du chemin de fer ». On en a souvent argué pour prétendre que le Gouvernement avait ainsi admis le droit des Compagnies de se livrer à des opérations étrangères. C'est là une grave erreur. La disposition ci-dessus rappelée ne vise que le domaine privé des Compagnies, par exemple les excédants de terrains et les autres immeubles qu'elles ont été conduites à acquérir lors des expropriations et qui sont situées en dehors des limites du domaine public.

rendant à l'industrie privée une exploitation étrangère à celle du chemin de fer.

Depuis 1867, les Compagnies nouvelles sont, plus d'une fois, entrées dans une voie funeste à cet égard.

Nous avons eu entre les mains, pour des lignes d'intérêt local, des actes de société qui autorisaient la Compagnie « à faire toutes les opéra- « tions se rattachant à l'industrie des chemins de fer et des tramways « (acquisition, vente, exécution et exploitation) ; à fonder des entreprises « similaires aux siennes, à les commanditer, à s'y intéresser ; à adjoindre « à l'entreprise l'exploitation de voitures sur routes et de bateaux ; à « acquérir et à exploiter des brevets se rapportant à l'industrie des « chemins de fer et des tramways ; à se fusionner avec d'autres sociétés « analogues, etc...... » ; encore avait-on soin d'ajouter que les énoncia- tions des statuts n'étaient pas limitatives. Le champ était illimité et le chemin de fer risquait d'être littéralement englouti sous le flot d'entreprises plus ou moins aléatoires, que la formule de l'acte statutaire permettait d'y rattacher.

Malgré la liberté dont jouissent actuellement les Compagnies nouvelles pour arrêter leurs statuts ou pour modifier ultérieurement ceux qu'elles ont communiqués à l'Administration lors de leur demande en concession, on peut soutenir que le privilège dont elles sont investies et le service d'intérêt général pour lequel elles sont substituées temporairement à l'État, aux départements ou aux communes, leur interdisent de se livrer à des actes de commerce et d'industrie étrangers à la construction et à l'exploi- tation des chemins de fer, si elles n'y sont dûment autorisées. Cependant, comme il n'y a pas de prescriptions législatives ou réglementaires à cet égard, le Conseil d'État a signalé, en mainte occasion, au Gouvernement l'opportunité d'insérer dans les actes spéciaux de concession un article suppléant à cette lacune de la législation. C'est en conformité de cet avis que plusieurs Compagnies ont vu subordonner leur concession aux dispo- sitions restrictives précédemment rappelées, page 87. (Décret du 7 mai 1872, Compagnie des Dombes et des chemins de fer du Sud-Est ; décret du 27 mars 1874, chemin d'Anduze à Lézan ; décret du 29 avril 1874, chemin d'Arzew à Saïda ; convention annexée à la loi du 17 juin 1874, chemin de Bourges à Gien ; décret du 16 novembre 1874, chemin de Besançon à Morteau ; loi du 17 août 1885, chemins divers dans la région du Var ; loi du 11 septembre 1885, chemins de Sancoins à Lapeyrouse et de La Guerche à Châteaumeillant ; loi du 27 juillet 1886, chemin de la Voulte-sur-Rhône au Cheylard et autres.)

Cette sage précaution est d'autant plus utile que l'autorité judiciaire n'a pas été appelée à se prononcer sur l'étendue des droits des sociétés libres, concessionnaires de chemins de fer, à défaut de dispositions expresses dans les lois ou décrets de concession (1).

Le Conseil d'État, le Gouvernement et le Législateur ont donc prudemment agi, l'un en conseillant, les autres en adoptant dans divers cas des mesures de préservation contre le péril qu'ils entrevoyaient. Ce péril menace non seulement l'intérêt public, mais aussi l'intérêt particulier des commerçants : on conçoit en effet de quelles facilités dispose une Compagnie pour la concurrence, au moyen de l'instrument de transport qu'elle a entre les mains et dont la surveillance la plus consciencieuse ne peut que difficilement l'empêcher d'abuser.

Une loi de principe à ce sujet serait fort utile, eu égard au nombre toujours croissant de Sociétés qui se forment pour entreprendre et exploiter des chemins de fer d'intérêt local et des tramways.

La législation de plusieurs États de l'Amérique, notamment de la Pennsylvanie, de l'Illinois, de l'Ohio, de la Californie, a interdit expressément aux Compagnies les opérations de banque.

Parmi les moyens de défense de l'État et des départements, il faut citer aussi l'impossibilité légale où sont les Compagnies d'émettre des obligations, si elles n'y sont pas autorisées par le Ministre des travaux publics. Le Ministre doit et peut, avant d'accorder cette autorisation, apprécier les garanties offertes par le fonctionnement de la société et ne pas se prêter à

---

(1) Les deux seules espèces dans lesquelles la Cour de cassation ait eu à statuer avaient trait à la gestion de sociétés autorisées. Dans la première, il s'agissait d'une action en dommages-intérêts intentée contre la Compagnie de l'Est par des négociants qui se plaignaient de ce que cette Compagnie fît le commerce de la houille : la Cour a donné gain de cause aux plaignants, en se fondant sur l'obligation pour la Compagnie, de se renfermer dans les limites de ses statuts (8 juillet 1865). Dans la seconde, il s'agissait d'une action intentée contre la Compagnie de P.-L.-M. par des hôteliers de Marseille à la suite de la création d'un hôtel dans la gare de cette ville : tout en déclarant que « les Compagnies de « chemins de fer ne peuvent se livrer aux opérations commerciales et à l'exercice des in- « dustries qui leur sont interdites par la nature de leur concession », la Cour a repoussé la demande ; elle a jugé que la construction et l'exploitation du terminus-hôtel de Marseille constituaient un développement naturel et une amélioration du service des transports (19 décembre 1882). Il est difficile de tirer de ces arrêts un argument de jurisprudence applicable aux sociétés libres, du moins en tant que ces sociétés n'abuseraient pas de leur monopole au profit de leurs industries annexes.

Nous signalons encore, en passant, un jugement du tribunal de commerce de la Seine, en date du 30 décembre 1863, et un arrêt de la Cour de Paris, du 14 novembre suivant, qui ont reconnu le caractère licite de l'économat institué par la Compagnie d'Orléans dans l'intérêt de ses employés et ouvriers. En effet, bien qu'ouvrant à ses agents des magasins d'approvisionnements et des réfectoires, la Compagnie ne fait point acte de commerce ; elle ne réalise ni bénéfice, ni perte : elle n'exerce point une concurrence abusive au regard des marchands et débitants. Les prix auxquels elle livre les objets de consommation sont établis de manière à la rembourser strictement de ses frais. L'économat a un budget spécial et distinct. La Compagnie ne fait en quelque sorte qu'agir comme mandataire de son personnel et en vertu d'un pacte de famille. A la suite d'une nouvelle plainte formulée récemment par la Chambre syndicale des débitants de vins de la Seine, le Comité consultatif des chemins de fer a émis un avis conforme aux décisions judiciaires de 1863.

des appels de fonds dont le produit courrait le risque d'être détourné de sa destination.

5. Clauses des statuts des grandes Compagnies. — Nous n'avons pas l'intention de passer en revue les statuts des six grandes Compagnies françaises. Cependant il nous paraît utile d'y relever quelques dispositions qu'il importe de connaître, pour bien se rendre compte des conditions dans lesquelles ces sociétés sont administrées.

Les principales de ces dispositions sont résumées dans le tableau ci-après :

	NORD	EST	OUEST	ORLÉANS	P.-L.-M.	MIDI
Nombre des actions composant le capital social...............	525.000	584.000	300.000	600.000	800.000	250.000
Nombre des administrateurs (1)..	26 pouvant être portés à 28	25	18	20 à 26	25	17 (2)
Nombre d'actions que doivent posséder les administrateurs et qui sont inaliénables pendant la durée de leurs fonctions....	100	100	100	100	100	100
Proportion du renouvellement annuel des administrateurs...	1/5	1,5	1/5	1/5	1/5	1/5
Nombre des membres du Comité de direction.................	5 (3)	7 (3)	»	»	»	3 à 5 (4)
Nombre d'actions nécessaire pour faire partie de l'assemblée générale des actionnaires	40	40	20	40	40	20
Nombre de membres nécessaire pour la validité des votes.....	30 (5)	60 (6)	30 (7)	60 (6)	40 (6) (8)	40 (8)

(1) En fait le nombre des administrateurs était, au commencement de 1886, de 24 pour le Nord, de 20 pour l'Est, de 17 pour l'Ouest, de 19 pour l'Orléans, de 24 pour P.-L.-M. et de 15 pour le Midi.

(2) Dont 2 désignés par l'Assemblée générale des actionnaires du Canal du Midi.

(3) Le nombre effectif des membres du Comité de direction, au commencement de 1886, était de 7 pour le Nord et de 6 pour l'Est.

(4) Faculté de constituer un ou deux comités, de 3 à 5 membres, siégeant l'un à Paris et l'autre à Bordeaux. Il n'a pas été fait usage de cette faculté.

(5) Si, après une première convocation, les actionnaires présents ne satisfont pas aux conditions voulues, il est fait une deuxième convocation et les délibérations sont alors valables, quel que soit le nombre des membres présents et des actions représentées.

(6) En cas d'insuccès d'une première convocation, la seconde assemblée délibère valablement, quelque soit le nombre des actionnaires présents et des actions représentées.

(7) Après une première convocation infructueuse, les délibérations de la seconde assemblée sont valables, quel que soit le nombre des actionnaires présents et des actions représentées.

(8) Si la première convocation est infructueuse, la seconde assemblée délibère valablement, pourvu que le nombre des actionnaires présents soit de 50 et que le 1/10 des actions émises soit représenté.

		NORD	EST	OUEST	ORLÉANS	P.-L.-M.	MIDI
Proportion du capital social qui doit être représentée dans les Assemblées générales	Pour les modifications de statuts, les extensions du réseau, les traités avec d'autres Compagnies	1/5 (9)	1/5 (6)	1/5 (10)	1/5 (11)	1/5 (8)	**(12)** 1/5 à 1/10 suivant les cas
	Pour les emprunts.	1/10	1/10 (6)	1/10 (13)	1/5 (11)	1/5 (8)	
	Pour le surplus...	1/20 (3)	1/20 (6)	1/20 (7)	1/20 (6)	1/20 (6)	1/20 (6)
Majorité nécessaire pour la validité des délibérations des assemblées générales	Pour les modifications de statuts, les extensions du réseau, les traités avec d'autres Compagnies	2/3	2/3	2/3	2/3	2/3	2/3
	Pour les emprunts.	2/3	2/3	2/3	2/3	2/3	2/3
	Pour le surplus...	Majorité simple	Maj. simp.	Maj. simp.	Maj. simp.	Maj. simp.	Maj. simp.
Nombre d'actions donnant droit à une voix		40	40	20	40	40	20
Maximum des voix qu'un actionnaire peut réunir, soit par lui-même, soit comme fondé de pouvoirs................		10	10	10	10	10	20
Prélèvement minimum annuel pour le fonds de réserve (14)...		5 % jusqu'à 2 millions 1 % au delà	5 %	2 %	3 %	3 %	5 % jusqu'à 2 millions 1 % au delà
Maximum du fonds de réserve statutaire (15)...............		3 millions	5 mill.	4 mill.	5 mill.	10 mill.	4 mill.

(9) Dans le cas où sur une première convocation les actionnaires présents ne réunissent pas le 1/5 du fonds social, il est procédé à une deuxième convocation et les décisions sont alors valables, pourvu que l'Assemblée générale réunisse au moins le 1/10 du fonds social et vote à la majorité des 2/3 des membres présents, au nombre de 30 au moins.

(10) Si la première convocation est infructueuse, la seconde assemblée peut délibérer, pourvu qu'il y ait 80 actionnaires représentant au moins le 1/10 du fonds social.

(11) Si la première convocation est infructueuse, la seconde assemblée délibère valablement, pourvu que le nombre des actionnaires présents soit de 60 et que le 1/10 au moins du fonds social soit représenté.

(12) Si la première convocation est infructueuse, la seconde assemblée délibère valablement, pourvu qu'elle réunisse 40 actionnaires représentant, suivant les cas, le 1/10 ou le 1/20 du fonds social.

(13) Le Conseil d'Administration a reçu des statuts pleins pouvoirs pour négocier, dans les limites des articles 7 et 12 du cahier des charges en vigueur en 1855, les emprunts que la Société était autorisée à contracter sous la garantie de l'État.

(14) La quotité de la retenue est fixe pour trois Compagnies; le chiffre indiqué n'est qu'un minimum pour les autres.

(15) La limite déterminée pour le fonds de réserve est facultative et peut être dépassée sur les réseaux autres que celui du Nord. En fait, à la fin de 1885, la réserve statutaire atteignait 3 millions pour le Nord, 5 millions pour l'État, 6 millions pour l'Ouest, 6 millions pour l'Orléans, 10 millions pour le P.-L.-M. et 4 millions pour le Midi. La réserve statutaire est indépendante, de la réserve extraordinaire, que les actionnaires sont libres de constituer par des prélèvements sur leurs bénéfices et qui s'élevait à la fin de 1885 à 6 300 000 fr. en nombre rond pour le Nord, 15 800 000 fr. pour l'Est, 16 700 000 fr. pour l'Ouest, 32 900 000 fr. pour l'Orléans, 15 000 000 fr. pour le P.-L.-M. et 2 100 000 fr. pour le Midi, sans parler de la réserve pour fonds d'assurances contre les incendies.

Aux termes de l'article 2 du décret du 16 juin 1855 portant approbation des statuts de la Compagnie de l'Ouest, la nomination du président du Conseil d'administration est soumise à l'approbation du Ministre des travaux publics. Ce président est d'ailleurs nommé chaque année par le Conseil. (Article 20 des statuts.)

D'après l'article 2 du décret du 6 novembre 1852, qui a autorisé la Compagnie des chemins de fer du Midi et du canal latéral à la Garonne, et qui est toujours en vigueur malgré les modifications apportées depuis aux statuts, « le choix du directeur et des membres des comités de direction auxquels le Conseil d'administration peut déléguer ses pouvoirs, aux termes de l'article 27 des statuts, doit être soumis à l'approbation du Ministre de l'intérieur, de l'agriculture et du Commerce. »

Toutes les Compagnies doivent naturellement finir avec la concession qui est leur seule raison d'être.

Le Conseil d'administration a les pouvoirs les plus étendus pour l'administration de la Société. Nous devons signaler en particulier qu'il a pleine liberté pour déterminer, dans les conditions du cahier des charges, toutes les modifications à apporter aux tarifs.

Il nomme chaque année son président et, s'il y a lieu, son ou ses vice-présidents.

Il peut déléguer tout ou partie de ses pouvoirs à telle personne qu'il juge à propos, mais seulement pour un mandat spécial et pour un objet déterminé ; il peut aussi déléguer à un ou plusieurs membres la totalité ou une partie de ses pouvoirs généraux.

L'Assemblée générale des actionnaires se réunit une fois par an en session ordinaire ; elle est en outre convoquée extraordinairement par le Conseil, quand cette mesure est nécessaire. Elle entend, discute et approuve les comptes ; fixe les dividendes ; nomme les administrateurs ; statue sur les propositions d'emprunts, d'extension du réseau, de modifications aux statuts.

Les statuts contiennent presque tous des clauses conformes aux dispositions suivantes édictées par la loi du 15 juillet 1845 :

Article 11, 2ᵉ § de la loi du 15 juillet 1845. — « L'indemnité qui pourra « être attribuée aux administrateurs, à raison de leurs fonctions, sera « réglée par l'assemblée générale des actionnaires. »

Article 12 de la même loi. — « Nul ne pourra voter par procuration « dans le Conseil d'administration de la Compagnie. — Dans le cas où « deux membres dissidents sur une question demanderaient qu'elle fût « ajournée jusqu'à ce que l'opinion d'un ou plusieurs administrateurs fût « connue, il pourra être envoyé à tous les absents une copie ou extrait « du procès-verbal avec invitation de venir voter dans une prochaine

« réunion à jour fixe ou d'adresser par écrit leur opinion au président.
« Celui-ci en donnera lecture au Conseil, après quoi la décision sera prise
« à la majorité des membres présents. »

De ces deux dispositions, la première est le corollaire de celle que
nous avons déjà relatée pour les fondateurs. La seconde a pour objet
d'empêcher que les grands intérêts des Compagnies et surtout ceux du
public soient à la discrétion d'un nombre trop restreint d'administrateurs.

Les fonctions du directeur ne sont définies qu'à titre exceptionnel.

Il est toujours rappelé que, « conformément à l'article 32 du Code de
« commerce, les membres du Conseil d'administration ne contractent à
« raison de leur gestion aucune obligation personnelle ou solidaire rela-
« tivement aux engagements de la Société et qu'ils ne répondent que de
« l'exécution de leur mandat ».

Signalons encore une clause spéciale à la Compagnie d'Orléans et attribuant aux employés (pour être répartis entre eux, en proportion de leur
traitement et en raison de leurs services) 15 °/₀ de l'excédent des produits nets, après l'acquittement de toutes les charges, les prélèvements
divers prévus aux statuts et l'attribution de 20 millions à titre d'intérêt et
de dividende aux actionnaires. Si l'attribution aux actionnaires atteint 29
millions, la quote-part réservée aux employés sur l'excédent est ramenée
à 10 °/₀. Pour 32 millions, elle est réduite à 5 °/₀. La somme ainsi distribuée
a été d'un peu plus de 2 millions, en 1885.

Quelques-unes des dispositions que nous venons de rappeler pourront
être utilement rapprochées des dispositions correspondantes de la loi du
24 juillet 1867 sur les sociétés. Le lecteur pourra se livrer à ce rapprochement ; nous nous contentons de signaler les articles suivants de la loi
de 1867 :

ART. 28, portant que, dans toutes les assemblées générales, les délibérations sont prises à la majorité des voix.

ART. 29, aux termes duquel la représentation effective dans les
assemblées générales d'actionnaires doit être au moins du quart du capital social. (Cependant, si ce chiffre n'est pas atteint dans une première
assemblée, l'assemblée suivante délibère valablement, quelle que soit la
proportion du capital représenté par les actionnaires présents.)

ART. 30 et 31, exigeant exceptionnellement la représentation de la
moitié du capital social dans les assemblées appelées à vérifier les apports,
à nommer les premiers administrateurs, à se prononcer soit sur des modifications de statuts, soit sur des propositions de continuation ou de dissolution de la Société. (Après une première convocation infructueuse, la

représentation peut être réduite au 1/5 du capital social pour la vérification des apports et la nomination des premiers administrateurs.)

ART. 36, prescrivant un prélèvement annuel de 1/20 au moins sur les bénéfices nets pour la formation d'un fonds de réserve, jusqu'à concurrence de 1/10 du capital social.

ART. 44, disposant que les administrateurs sont responsables conformément aux règles du droit commun, individuellement ou solidairement, suivant les cas, envers la société ou envers les tiers, soit des infractions aux dispositions de la loi (du 24 juillet 1867), soit des fautes qu'ils auraient commises dans leur gestion, notamment en distribuant ou en laissant distribuer sans opposition des dividendes fictifs. (L'article 32 du Code de commerce n'en subsiste pas moins et n'est pas atteint par cette disposition.)

6. **Observations sur la représentation de l'État dans les Conseils d'administration.** Quand nous serons arrivé aux diverses formes du concours de l'État, nous verrons que, surtout au début des chemins de fer, la participation comme actionnaire a eu de nombreux adeptes. L'un des principaux avantages attribués à cette combinaison était d'assurer au Gouvernement, outre son autorité de police, une action plus directe et plus immédiate sur la gestion des Compagnies, en lui donnant le moyen de se faire représenter dans les Conseils d'administration. On trouve cette idée très nettement et très longuement défendue dans l'exposé des motifs d'un projet de loi qui fut présenté en 1835 à la Chambre des députés pour le chemin de fer de Paris à Rouen et au Havre, dans les procès-verbaux de la commission extraparlementaire de 1839, dans l'exposé des motifs de deux projets de loi de 1840 pour les chemins de Paris à Orléans et de Paris à Rouen. Mais les propositions du Gouvernement en faveur de ce système ont toujours échoué devant la crainte d'entraver l'indépendance des Compagnies, de compromettre l'État, d'engager sa responsabilité vis-à-vis des autres actionnaires.

En 1882, lorsque M. Varroy, alors ministre des travaux publics, est entré en négociation avec les grandes Compagnies pour l'achèvement et l'exploitation du troisième réseau, sa première pensée a été aussi d'introduire dans les Conseils d'administration des délégués de l'État, pour y représenter les obligataires et y défendre les intérêts des capitaux considérables engagés par le Trésor dans notre réseau de voies ferrées. Cette mesure lui paraissait justifiée par l'association financière très intime établie entre l'État et les Compagnies, par la proportion relativement minime du capital-actions, par la diffusion des obligations entre les mains d'un nombre très considérable de citoyens, par le rôle considérable de ces titres dans la fortune publique. Tout au moins voulait-il se réserver le droit de donner l'investiture au président du Conseil d'administration.

Les pourparlers engagés sur cette base n'aboutirent pas.

Dans le cours de la discussion des conventions de 1883, divers amendements ont été formulés, dans le but d'assurer à l'État une représentation dans les Conseils. (Voir tome VI de notre Étude historique.) Mais ces amendements ont été repoussés pour les motifs qui avaient déjà prévalu à l'origine des chemins de fer.

Des propositions tendant à imposer aux Compagnies des gouverneurs ou des directeurs nommés par le Gouvernement ont subi le même sort.

Néanmoins, si les Pouvoirs publics ont toujours reculé devant une participation trop directe à la gestion des lignes concédées, le Gouvernement n'en a pas moins, à différentes époques, attribué à certains de ses fonctionnaires le droit d'assister aux Assemblées générales et même de se faire entendre par les Conseils d'administration.

Dès 1843, le règlement d'administration publique intervenu le 20 octobre, en exécution de la loi du 15 juillet 1840, pour régler les justifications financières de la Compagnie de Paris à Orléans, portait institution d'un *commissaire* et lui donnait le droit : 1° de provoquer la réunion du Conseil d'administration et de lui présenter des observations sur les actes de gestion qui lui paraîtraient inutiles et frustratoires ; 2° d'assister à toutes les séances de l'Assemblée générale et de requérir l'insertion de ses observations au procès-verbal.

La même disposition se retrouve dans les règlements du 20 octobre 1843 (Compagnie de Strasbourg à Bâle), du 9 mai 1853 (Dijon à Besançon), du 18 août 1853 (Paris à Lyon), du 8 mars 1855 (Grenoble à Saint-Rambert), du 10 mars 1855 (Lyon à la Méditerranée).

Cinq autres règlements, du 2 septembre 1850 (Avignon à Marseille), du 28 juillet 1852 (Lyon à Avignon et Blesme à Gray), du 31 août 1852 (Dijon à Besançon) et du 25 septembre 1853 (Paris à Cherbourg), n'avaient conféré au commissaire que le droit d'assister à l'Assemblée générale des actionnaires et de requérir l'inscription de ses observations au procès-verbal.

Lorsque le Gouvernement a préparé, en 1862, les nouveaux règlements qui sont encore en vigueur, il avait inséré dans sa rédaction des articles conformes à ceux que nous avons mentionnés pour les règlements du 20 octobre 1843, du 9 mai et du 18 août 1853, du 8 et du 10 mars 1855 ; il s'était borné à supprimer la mention du droit pour le commissaire de présenter des observations à l'Assemblée générale. Il avait en outre désigné pour commissaires les inspecteurs généraux des chemins de fer, conformément au décret du 17 juin 1854 portant création de ces fonctionnaires. Le Conseil d'État avait admis cette rédaction. Mais, après coup, le Ministre des travaux publics a cru devoir restreindre les pouvoirs des inpecteurs généraux et ne leur laisser que le droit d'assister à l'Assemblée générale. (Décrets des 2 mai 1863, Est ; 6 mai 1863, Ouest, Orléans et Midi ; 6 juin 1863, Paris-Lyon-Méditerranée ; 6 août 1863, Victor-Emmanuel.) La disposition adoptée par le Conseil n'a été maintenue que dans le règlement du Nord, qui a été édicté le 12 août 1868 seulement.

Le 7 juin 1884, le Ministre a provoqué un décret instituant à nouveau des commissaires généraux et leur conférant tous les droits qu'avaient reçus les anciens commissaires en 1843, c'est-à-dire celui de provoquer des réunions du Conseil d'administration, d'y assister et de s'y faire entendre, et celui de prendre la parole devant les Assemblées générales pour y présenter des observations. Ce n'est pas le moment d'apprécier ce décret ; nous le ferons en traitant de l'organisation du contrôle. Pour l'heure, nous nous contentons de relater les faits.

Notons, pour ne rien omettre, que la première rédaction de l'ordonnance du 15 novembre 1846 comprenait, parmi les mesures générales nécessaires à la police, à la sûreté et à la bonne exploitation des chemins de fer, l'attribution aux commissaires du Roi des pouvoirs qui leur avaient été réservés pour deux Compagnies par les réglements du 20 octobre 1843. Sur la réclamation des concessionnaires, cette partie du projet a été supprimée et remplacée par une disposition qui remettait à des règlements spéciaux le soin de déterminer les droits des commissaires, pour les Compagnies dotées du concours financier de l'État ou devant partager leurs bénéfices avec le Trésor. (Article 54.)

L'État a, en outre, inséré dans plusieurs contrats qui ne sont plus en vigueur aujourd'hui la clause suivante :

« A toute époque après l'expiration des deux premières années, à dater « du délai fixé pour l'achèvement des travaux, si, pendant cinq années « consécutives, l'État était forcé de faire un complément pour payer les « intérêts qu'il a garantis, le Ministre aurait le droit de prendre en main « l'administration et la direction du chemin de fer pour le compte de la « Compagnie. — Dès que le chemin administré par l'État arrivera à don« ner plus de 4 0/0 (ou 3 0/0 suivant les cas) pendant trois années con« sécutives, la Compagnie rentrera en possession de ses droits. » (Cahiers des charges annexés aux décrets du 26 mars 1852, Blesme à Gray, et du 30 avril 1853, Lyon à la frontière de Genève, avec embranchements sur Bourg et sur Mâcon. Conventions annexées aux décrets du 7 avril 1855,

Grand Central, et du 18 mars 1857, Lyon et Valence à Grenoble.)

Dans un certain nombre de pays étrangers, l'État s'est ménagé une intervention ou une action directe dans la gestion des Compagnies.

En *Allemagne*, l'État a souvent donné son concours aux concessionnaires sous forme de souscription à des actions (sans parler des titres qu'il a fait racheter), ce qui lui a permis d'agir, non seulement comme puissance publique, mais aussi comme actionnaire. La loi organique du 3 novembre 1838 conférait d'ailleurs au Gouvernement prussien des droits de surveillance, exercés par un commissaire spécial qui avait la faculté de convoquer le Conseil d'administration et le Conseil de direction et d'assister à leurs séances.

Nous avons en outre fait connaître que, pour les lignes bénéficiant d'une garantie d'intérêt, l'État s'était réservé de reprendre au moins temporairement l'exploitation, lorsque le jeu de cette garantie dépassait certaines limites. Enfin, nous avons vu des actes de concession qui attribuaient au Ministre des finances le droit de choisir le président et le vice-président parmi les membres élus par l'Assemblée générale des actionnaires.

En *Autriche*, la situation est analogue. On y trouve des exemples de participation de l'État comme actionnaire et une loi du 14 décembre 1877 dite « des garanties », qui autorise l'Administration à prendre en main la gestion des Compagnies qui font des appels excessifs à la garantie d'intérêt.

En *Suisse*, la souscription aux actions a été également usitée pour subventionner les Compagnies (1).

En *Russie*, le Conseil d'administration des Compagnies constituées en exécution de la loi du 30 mars 1873, que nous avons déjà citée, comprend, outre les directeurs élus, un directeur délégué par le Ministre des voies et communications. Indépendamment de la responsabilité générale incombant à tous les membres du Conseil, ce directeur est responsable envers le Gouvernement de tous les actes touchant à l'exécution des statuts ; il

______

(1) Il ne sera pas sans intérêt de rappeler ici quelques-unes des règles principales de l'organisation de la Compagnie du Gothard. Pendant la période de construction, le Conseil d'administration comprenait 24 membres, nommés moitié par le Conseil fédéral suisse et la « Réunion du Gothard », moitié par les fondateurs de la Société. Sur les 24 administrateurs, 3 formaient la direction et 2 leur étaient adjoints comme suppléants. Le président était choisi par le Conseil parmi les membres nommés par le Conseil fédéral suisse et la « Réunion du Gothard ».

Pour la période d'exploitation, le nombre des administrateurs est de 25, dont 15 au moins doivent être des Suisses domiciliés en Suisse. Le président est nommé par l'Assemblée générale et le vice-président par le Conseil.

est autorisé à faire opposition, au sein du Conseil, aux décisions et mesures prises par cette assemblée et à en référer au Ministre; si l'opposition est maintenue, l'Assemblée générale des actionnaires est appelée à statuer.

Aux *États-Unis*, il est arrivé que des États ou des villes d'une certaine importance aient subventionné des lignes de chemins de fer, en souscrivant un certain nombre d'actions. Cette souscription leur confère le droit de nommer un directeur additionnel, sans pouvoir toutefois concourir avec les autres actionnaires à la nomination des autres membres du Comité de direction. Le Comité de l'Union Pacific R. R., qui a été subventionné par le Gouvernement fédéral, comprend, en vertu d'un acte du Congrès du 1er juillet 1862, outre les treize directeurs nommés par les actionnaires, deux directeurs nommés par le Président des États-Unis.

7. — **Observations sur la nationalité des administrateurs.** — La question de la nationalité des administrateurs n'a jamais préoccupé beaucoup l'opinion publique en France. Nous n'avons à mentionner à cet égard qu'une proposition présentée le 8 mars 1875 par M. de Plœuc à l'Assemblée nationale et tendant à décider que dorénavant nul ne pourrait remplir les fonctions de président, ni de membre d'un Conseil d'administration, s'il n'était français, à moins de l'agrément des Ministres des travaux publics et de la guerre. Cette proposition, dictée par un sentiment des plus louables, n'a pas reçu de suite.

Quelques pays voisins, dont les chemins de fer étaient faits en partie au moyen de capitaux étrangers, ont dû prendre plus de garanties à cet égard. Voici, à titre d'exemple, des renseignements puisés dans des actes organiques que nous avons eus en mains.

Il a été stipulé que les administrateurs du chemin du Weser au Rhin devraient être domiciliés à moins de 75 kilomètres de la ligne.

Sur douze administrateurs de l'Ouest-Bohême, dix au moins doivent être sujets autrichiens. Pour la Société autrichienne des chemins de fer de l'État, la moitié du Conseil d'administration (soit 10 membres au minimum sur 20) doit être recrutée parmi les nationaux ; le président et l'un des vice-présidents sont nécessairement autrichiens. Des dispositions analogues sont applicables à d'autres chemins de l'Autriche-Hongrie.

En Belgique, les administrateurs doivent être en majorité belges ou naturalisés belges et avoir leur résidence habituelle dans le pays.

Aux termes des conventions annexées à la loi italienne du 27 avril 1885, les membres du Conseil d'administration et le directeur général doivent être de nationalité italienne.

Pour le Central-Néerlandais, sur quatorze membres du Conseil d'Administration, sept au moins doivent appartenir aux Pays-Bas; la loi organique néerlandaise du 9 avril 1875 dispose, en son article 9, qu'un des directeurs au moins doit être originaire des Pays-Bas et y résider.

En Suisse, le cahier des charges type porte que la majorité des membres de la Direction et du Conseil d'administration ou Comité central devra être composée de citoyens suisses ou ayant leur domicile sur le territoire de la Confédération.

8. Caractère des Compagnies de chemins fer. — Les Compagnies de chemins de fer sont des sociétés commerciales. La jurisprudence de la Cour de cassation est très ferme à cet égard. Nous ne citerons qu'un certain nombre de ses arrêts :

1° Arrêt du 28 juin 1843 : « En jugeant que l'entreprise d'un chemin « de fer, ayant pour objet le transport par terre des voyageurs et des marchandises, constituait une entreprise commerciale et...... en infirmant « par suite le jugement du tribunal de commerce de Nimes, qui s'était « déclaré incompétent,..... l'arrêt attaqué (de la Cour de Nimes) a fait « une juste application des articles 631 et 632 du Code de commerce. »

2° Arrêt du 14 juillet 1862 : — « Une société anonyme formée pour la « création et l'exploitation d'un chemin de fer est, par sa nature et par son « objet, une société essentiellement commerciale, le transport des voyageurs et des marchandises étant le but de l'entreprise pour laquelle elle « est constituée. »

3° Arrêt du 27 novembre 1871 : « Aux termes de l'article 632 du Code « de commerce, toutes les entreprises de travaux et de transport sont considérées comme des actes de commerce; par suite, les Compagnies de « chemins de fer qui se livrent habituellement à des opérations de cette « nature doivent être réputées commerçantes, et les engagements qu'elles « contractent pour l'exploitation de leur industrie ont un caractère essentiellement commercial. »

Les Compagnies ne peuvent, à aucun titre, être considérées comme des établissements publics. (Cour de cassation, 26 mai 1857, chemin de fer d'Orléans.)

De ce qu'elles sont des sociétés commerciales, il résulte qu'elles peuvent être déclarées en état de faillite. La disposition contenue dans l'article 437, § 1, du Code de commerce est absolue et ne comporterait aucune exception. La constitution des Compagnies et leurs statuts ne résistent d'ailleurs nullement à l'état de faillite et à la gestion d'un syndic, qui en est la conséquence. Telle a été l'appréciation de la Cour de cassation

(14 juillet 1862, Graissessac à Bézins). La Cour suprême a eu soin de constater dans son arrêt que le contrôle du Gouvernement, exercé dans l'intérêt général pour assurer le service public, ne faisait pas plus obstacle à la gestion d'un syndic qu'à celle des administrateurs de la société, tant qu'elle était *in bonis*. Les déclarations de faillite des Compagnies de chemins de fer ont été heureusement peu nombreuses en France ; elles l'ont été davantage dans d'autres pays, notamment aux États-Unis, comme nous avons eu déjà l'occasion de le dire (tome I, page 190).

Le caractère commercial des Compagnies a aussi des conséquences au point de vue de la procédure et de la compétence. Mais nous n'avons pas à nous y arrêter ici : la question sera mieux à sa place dans la partie de cet ouvrage que nous consacrerons à l'exploitation et particulièrement aux tarifs.

CHAPITRE IX

DE LA TRANSMISSION DES CONCESSIONS

ET DES TRAITÉS D'EXPLOITATION

1. Nécessité d'une autorisation pour la transmission des concessions. — Lorsque le Pouvoir législatif ou le Gouvernement accordent une concession, soit de gré à gré, soit par voie d'adjudication, ils ne le font qu'après s'être rendu compte des ressources, des qualités et des capacités du concessionnaire et après avoir apprécié les garanties qu'il offrirait à l'intérêt public. Ils ont eu ou ont pu avoir égard à des considérations tirées de l'opportunité d'attribuer aux lignes du réseau tel groupement plutôt que tel autre, de ne point accroître le domaine des concessions antérieures, d'assurer à la concession nouvelle une vie indépendante et distincte. Les éléments de leur détermination sont souvent fort complexes.

Il serait inadmissible, contraire à l'ordre public, contraire à l'essence même des concessions, que le concessionnaire pût se substituer un tiers sans une autorisation préalable, soustraire ainsi à l'agrément des Pouvoirs publics la Compagnie qui serait chargée en définitive de la gestion du chemin de fer, briser les garanties assurées à l'intérêt général, déjouer les combinaisons administratives, altérer l'économie du réseau.

La juridiction administrative et l'autorité judiciaire se sont accordées pour proclamer hautement la nécessité d'une autorisation, toutes les fois qu'elles ont été appelées à se prononcer sur la question.

Voici quelques-unes de leurs décisions.

1° Arrêt de la Cour de cassation du 14 février 1859. — Le chemin de Rennes à Moidrey avait été concédé à la Société bretonne, qui s'était substitué le sieur Mancel par traité du 18 janvier 1855. Le Ministre du commerce et des travaux publics avait refusé d'approuver cette cession. Saisie de la validité du contrat, la Cour suprême rendit, le 14 février 1859, un arrêt

ainsi libellé : « Attendu que la concession d'un chemin de fer par l'État à
« des particuliers leur est accordée en vue des garanties qu'ils présentent
« pour l'exécution et l'exploitation de cette entreprise d'utilité générale ;
« qu'il serait contraire à l'ordre et à l'intérêt publics qu'elle pût, sans le
« consentement du Gouvernement, être transmise par ceux qui l'ont obte-
« nue à des tiers qui pourraient ne pas offrir les mêmes garanties;

« Attendu que l'arrêt attaqué constate : 1° que c'est bien la con-
« cession même de la voie ferrée de Rennes à Moidrey qui a fait l'objet
« du traité du 18 janvier 1855 et que l'intention des parties a été que
« Mancel fût substitué activement et passivement à la Société bretonne
« dans tous les droits, avantages et obligations résultant pour elle de la
« concession dont il s'agit ; 2° que le Ministre du commerce et des travaux
« publics a refusé son approbation à cette cession ; qu'en déclarant, dans
« ces circonstances, nul et de nul effet le traité du 18 janvier 1855, l'arrêt
« attaqué n'a ni commis un excès de pouvoirs ni contrevenu à l'article 1134
« du Code Napoléon (1), etc...... »

2° Arrêt de la Cour de cassation du 15 mai 1861. — Cet arrêt relatif
au même traité pose le même principe que le précédent.

3° Arrêt du Conseil d'État du 31 mai 1878. — Une instance avait été
engagée devant le Conseil de préfecture de la Meuse entre le département
et le sieur Delloye-Tiberghien, concessionnaire du chemin de fer d'intérêt
local de Lérouville à Eurville ; la résiliation de la concession avait été prononcée avec saisie du cautionnement. Le sieur de Méritens avait voulu
intervenir au procès, en vertu d'un traité qu'il avait conclu avec les mandataires du sieur Delloye-Tiberghien et par lequel celui-ci avait renoncé
en sa faveur à la concession du chemin de fer. Mais le Conseil de préfecture avait déclaré son intervention non recevable. Le Conseil d'État décida,
le 31 mai 1878, qu'aucune clause de la convention entre le département et
le sieur Delloye-Tiberghien n'ayant autorisé ce dernier à se substituer un
cessionnaire et le traité de cession n'ayant été soumis ni à l'approbation du
département, ni à celle de l'Administration supérieure, le Conseil de préfecture avait sainement jugé en déniant au sieur de Méritens le droit d'intervention.

4° Arrêt de la Cour de cassation du 5 décembre 1882 (faillite des
tramways de Paris Sèvres-Versailles c. Tarbé des Sablons et autres),
contenant les motifs suivants : — « Attendu que les voies ferrées, établies ou
« exploitées en vertu de concessions de l'État, font essentiellement partie

---

(1) Art. 1134 du Code civil : « Les conventions légalement formées tiennent lieu de loi
« à ceux qui les ont faites. Elles ne peuvent être révoquées que de leur consentement mu-
« tuel, ou pour les causes que la loi autorise. »

« du domaine public; que le choix des concessionnaires, déterminé par
« des considérations relatives à leur personne, exclut nécessairement la
« faculté pour eux de se substituer, par leur seule volonté, des tiers qui
« peuvent ne pas offrir les mêmes garanties; que le caractère temporaire
« des concessions, le droit de propriété réservé à l'État après leur expira-
« tion, enfin l'intérêt public, engagé d'une manière permanente dans l'ex-
« ploitation d'entreprises de cette nature, ne permettent pas d'admettre
« que ceux à qui elles ont été concédées puissent les transmettre à d'autres
« sans le consentement préalable de l'autorité supérieure; qu'un traité de
« cession, fait sans cette autorisation préalable, est entaché d'une nullité
« radicale, même entre les parties contractantes..... »

5° Arrêt analogue de la Cour de cassation du 11 février 1884 (Constantin
c. la Banque franco-hollandaise).

Nous ne voulons pas multiplier ces citations : elles suffisent à montrer
avec quelle fermeté l'autorité judiciaire et l'autorité administrative ont
toujours affirmé un principe inhérent à la nature du contrat de concession.

Ce principe est tellement évident qu'il n'a jamais été inscrit dans aucun
texte organique, pour les chemins de fer d'intérêt général.

En ce qui concerne les chemins de fer d'intérêt local, le Conseil d'État,
consulté sur un projet de décret relatif à la ligne d'Anvin à Calais, avait
émis, le 17 février 1876, l'avis qu'il y avait lieu d'en retrancher une disposition qui subordonnait à l'approbation du Gouvernement et du Conseil
général les traités de cession ou de fusion et les autres traités analogues.
L'insertion de cette disposition lui paraissait de nature à mettre en doute un
« droit qui ressortait, pour le Gouvernement et pour le Conseil général, de
« l'essence même du contrat de concession et qui avait été reconnu par
« plusieurs décisions judiciaires (1) ».

La loi organique du 11 juin 1880 sur les chemins de fer d'intérêt local
contient néanmoins, à l'article 10, les prescriptions suivantes : « Toute ces-
« sion totale ou partielle de la concession, la fusion des concessions et
« des administrations, tout changement de concessionnaire.... ne pour-
« ront avoir lieu qu'en vertu d'un décret délibéré en Conseil d'État, rendu

---

(1) Cependant des clauses semblables à celle que critiquait à juste titre le Conseil
d'État s'étaient glissées antérieurement dans certains actes de concession de chemins de
fer d'intérêt local : voir notamment l'article 9 de la convention annexée au décret du 8 mai
1873, chemin de Saint-Vaast-le-Haut à la ligne de Valenciennes à Douzies, et l'article 66
du cahier des charges annexé au décret du 15 juin 1875, chemin de Moutiers à Albertville.
(Un arrêt du Conseil d'État du 15 juillet 1883 a fait application de cette clause du contrat.)

« sur l'avis conforme du Conseil général, s'il s'agit de lignes concédées par
« les départements, ou du Conseil municipal, s'il s'agit de lignes concédées
« par les communes. » Ces prescriptions ne vont nullement à l'encontre
de l'avis du Conseil d'État en date du 17 février 1876, que nous avons
précédemment relaté; elles n'infirment en rien la règle qui a toujours été
considérée comme applicable aux chemins de fer d'intérêt général, bien
qu'elle ne fût écrite dans aucun texte. Leur but a été de déterminer l'autorité compétente pour ratifier la transmission des concessions, ainsi que
la forme et les conditions dans lesquelles cette ratification pourrait être
accordée. C'était là, en effet, une question délicate qu'il était indispensable
de résoudre dans la loi organique.

L'autorisation est nécessaire, non seulement pour les cessions amiables, mais aussi pour les cessions à la suite de faillite. La Cour de cassation en avait déjà jugé ainsi dans un arrêt du 14 juillet 1862 (chemin de
Graissessac à Béziers). La Commission provisoire chargée de remplacer le
Conseil d'État l'a reconnu à son tour dans un avis du 9 août 1871, sur
lequel nous devons entrer dans quelques développements.

La Compagnie du chemin de fer d'intérêt général de la Croix-Rousse à
Sathonay n'ayant pu satisfaire à ses obligations, le chemin avait été placé
sous séquestre par décret du 26 octobre 1864. Peu de temps après,
un jugement du tribunal de commerce de la Seine, en date du
18 janvier 1865, avait déclaré la Compagnie en état de faillite, et le
syndic, après y avoir été dûment autorisé par une ordonnance du juge-
commissaire, avait conclu le 30 juin 1870 un traité de cession au profit de
MM. Erlanger et Cⁱᵉ, moyennant le prix de 3 millions de francs. Le Ministre
des travaux publics, sollicité d'adhérer à cette cession, consulta le Conseil
d'État : 1° sur la forme dans laquelle la substitution de concessionnaire
devait être ratifiée ; 2° sur les considérations auxquelles le traité devait
satisfaire pour être considéré comme valable.

Sur le premier point, la Commission provisoire émit l'avis qu'il fallait
un décret du Président de la République « rendu dans la forme des
« règlements d'Administration publique et déterminant, s'il y avait lieu,
« les conditions et garanties spéciales imposées au concessionnaire ou se
« référant aux engagements que le Ministre lui aurait fait souscrire, à cet
« effet, par acte séparé ».

Sur le second point, elle exprima l'opinion :

1° Que la concession ne pouvait être assimilée aux objets susceptibles
d'être vendus, aux termes des articles 486 et 534 du Code de commerce,
avec une simple autorisation donnée au syndic par le juge-commissaire ;

2° Qu'il n'était pas davantage possible de l'assimiler aux biens immobiliers visés par les articles 487, 534 et 572 du Code de commerce ;

3° Que la seule disposition du Code susceptible de donner les garanties voulues aux intéressés était celle de l'article 570 ;

4° Qu'en conséquence le concessionnaire ne pouvait être légalement investi, au regard de la faillite et des tiers, des droits de l'union des créanciers, qu'en vertu d'une délibération de ces créanciers et d'un jugement d'homologation rendu, le failli dûment appelé, par le tribunal de commerce et passé en force de chose jugée, conformément aux articles 570 et 583 du Code ;

Que, du moins, la cession ne pouvait être utilement soumise à l'examen et à l'approbation du Gouvernement, avant qu'une décision judiciaire eût statué en dernier ressort sur le titre et la qualité du concessionnaire et la validité de la cession, au regard de la faillite et des tiers.

Au surplus, pendant le délai qui s'était écoulé, par suite des événements de guerre, entre la demande d'avis du Ministre et les délibérations de la commission provisoire, les créanciers de la faillite avaient approuvé la vente ; la Compagnie y avait donné son adhésion et le tribunal de commerce l'avait homologuée. Les formalités indiquées par la Commission provisoire avaient été accomplies et le décret put être rendu en 1872.

2. Autorité compétente pour approuver les traités de cession. — A quelle autorité appartient-il de statuer sur la transmission des concessions ? Nous avons vu que le législateur de 1880 a donné pouvoir au Gouvernement pour les chemins de fer d'intérêt local, mais en lui imposant la forme d'un décret délibéré en Conseil d'État et en exigeant l'avis conforme du Conseil général ou du Conseil municipal, suivant les cas.

Malgré cette disposition, le législateur devrait nécessairement intervenir, si la cession était faite à une Compagnie unie à l'État par des liens financiers et devait réagir sur les comptes entre le Trésor et cette Compagnie. C'est ainsi, par exemple, que, même avant les conventions de 1883, le Gouvernement n'a consenti à ratifier par décret en Conseil d'État du 8 février 1882 la cession de la ligne d'intérêt local de Remiremont à Cornimont à la Compagnie de l'Est, qu'à charge par cette Société de retrancher du contrat une clause tendant à assimiler la cession aux traités de correspondance visés par l'article 17 de la convention du 31 décembre 1875. Aujourd'hui la nécessité de l'intervention du législateur ne saurait plus être contestée : les lois du 20 novembre 1883 portent en effet que « tout « nouveau traité engageant le concours financier des grandes Compagnies « dans la constrction et l'exploitation des lignes ferrées ne pourra être « exécuté qu'après avoir été approuvé par une loi ».

Pour les chemins de fer d'intérêt général, au contraire, il n'y a pas de texte de loi général sur la matière. Il faut donc se reporter aux principes, à la doctrine et aux précédents. Nous distinguerons entre les chemins d'embranchement de moins de 20 kilom. de longueur et les autres lignes.

a. *Chemins d'embranchement de moins de 20 kilomètres de longueur.* — Si la cession est faite à une Compagnie liée financièrement à l'État, une loi est indispensable pour les motifs que nous avons indiqués, en ce qui concerne les chemins de fer d'intérêt local.

Dans les autres cas, il suffit d'un décret rendu en la forme des règlements d'administration publique. En effet, la loi du 27 juillet 1870 attribue au Gouvernement la déclaration d'utilité publique et par suite la concession des lignes qui satisfont à la double condition de constituer des embranchements et d'avoir moins de 20 kilomètres de longueur ; elle n'exige l'intervention du Parlement que si les finances de l'État doivent être engagées. Or nous supposons une transmission pure et simple, et l'on ne saurait évidemment subordonner cette transmission à des formalités plus rigoureuses que la concession elle-même. C'est ainsi qu'il a été procédé pour la ligne de la Croix-Rousse à Sathonay, dont la longueur était de 7 kilomètres seulement et qui avait été, du reste, concédée sans subvention, ni garantie d'intérêt.

b. *Lignes autres que les embranchements de moins de 20 kilomètres de longueur.* — Les lignes d'embranchement de moins de 20 kilomètres ne constituant que l'exception, la règle que nous venons d'établir pour cette catégorie de lignes ne simplifie pas beaucoup la question et la laisse pour ainsi dire tout entière.

Ici encore la nécessité d'une loi ne saurait être contestée, lorsque la cession est faite au profit d'une Compagnie liée financièrement à l'État ou lorsqu'elle est susceptible d'altérer les rapports financiers entre le Trésor et la Compagnie cédante.

Quelle est la règle dans les autres cas ?

On ne saurait chercher aucun enseignement dans les décisions contentieuses que nous avons rapportées : ces décisions remontent en effet à une époque où les Pouvoirs publics étaient autrement répartis ou s'appliquent à des chemins de fer d'intérêt local.

Quant à la doctrine, elle est loin d'être uniforme. Certains auteurs soutiennent que la transmission d'une concession équivaut à une concession nouvelle et que, dès lors, elle doit être autorisée par le pouvoir compétent pour faire la concession elle-même, c'est-à-dire par le Pouvoir législatif. Suivant eux, en effet, si le législateur s'est réservé de concéder les voies ferrées d'intérêt général l'une des raisons qui l'y ont déterminé a été le désir d'apprécier lui-même les garanties offertes par les concessionnaires, et cette appréciation présente les mêmes difficultés, exige les mêmes soins, pour la transmission de concession que pour la concession primitive.

D'autres auteurs soutiennent, au contraire, qu'il suffit d'une approbation du Gouvernement. Les raisons invoquées à l'appui de cette opinion sont les suivantes :

1° Le législateur n'a retenu qu'accessoirement la désignation du concessionnaire. Son but a été surtout d'arrêter les conditions de la concession. Une fois ces conditions fixées, le choix du concessionnaire est affaire d'exécution et, si lors de la concession primitive ce choix est fait par le législateur pour éviter un double acte de l'autorité publique, les mêmes raisons n'existent pas en cas de transmission.

2° Lorque la concession fait l'objet d'une adjudication, les titres des concurrents sont examinés par le Ministre des travaux publics, qui prononce leur admission au concours, et les résultats de l'adjudication sont approuvés par décret, ce qui prouve bien que le législateur ne considère pas la désignation du concessionnaire comme l'un de ses attributs essentiels.

3° Les adjudications forcées, auxquelles il est procédé à la suite d'une déchéance conformément à l'article 39 du cahier des charges, ne sont pas subordonnées à l'homologation du Parlement. Elles sont approuvées par décret délibéré en Conseil d'État (voir l'art. 11 de l'arrêté ministériel du 8 août 1879 pour la ligne de Lagny à Mortcerf).

Ces arguments ne sont pas péremptoires. Le premier ne repose sur aucun texte. Au second, on peut objecter que, si le Gouvernement a mandat et qualité pour approuver les adjudications ordonnées par le Pouvoir législatif, c'est en vertu d'une délégation formelle et explicite qui lui est donnée dans chaque cas particulier (voir l'art. 10 de la loi du 23 mars 1874, ligne de Besançon à Morteau). Le troisième comporte la même réponse.

Nous reconnaissons volontiers que, dans beaucoup de circonstances, le choix du concessionnaire ne peut avoir d'influence sur le régime général du réseau et ne mérite pas d'être rangé parmi les actes de haute administration réservés au législateur. Mais il peut aussi en être autrement; la cession peut porter sur un groupe important de voies ferrées, être consentie au profit d'une Compagnie dont il importe de ne pas élargir le champ d'action, être en opposition avec la politique admise en matière de chemins de fer. Telle serait par exemple la réunion de deux Compagnies, dont il est utile de maintenir la séparation. Comment établir dès lors la ligne de démarcation entre les cas où l'intervention du Gouvernement sera suffisante et ceux où l'intervention du législateur sera nécessaire ?

Du reste, à défaut de texte, la solution véritablement juridique est celle qui consiste à assimiler la transmission de concession à la concession primitive et à reconnaître la nécessité de son approbation par la même autorité, sauf délégation spéciale.

Voici quels ont été les précédents, depuis 1870 :

— Substitution de la Compagnie du chemin de fer du Rhône à l'ancienne Compagnie du chemin de la Croix-Rousse. — Autorisée par décret en Conseil d'État du 12 juillet 1872. — Le chemin n'avait que 7 km. de longueur.

— Substitution de la Compagnie du Nord à la Compagnie du chemin de Saint-Ouen. — Autorisée par décret en Conseil d'État du 21 novembre 1873. — Le chemin n'avait que 2 km. de longueur; les comptes en restaient distincts de ceux du réseau.

— Substitution de la Compagnie de Lille à Valenciennes à la Société Lebon et Otlet, pour le chemin de fer de Lérouville à Sedan. — Autorisée par décret en Conseil d'État du 12 août 1874.

— Substitution de la « Compagnie de chemin de fer et de navigation d'Alais au Rhône et à la Méditerrannée » à M. Stephen Marc, pour la ligne d'Alais au Rhône. — Autorisée par une loi du 9 mars 1880. — Cette ligne avait été concédée par une loi du 4 décembre 1875; sa longueur était de 64 km., y compris un embranchement annexé à la concession par un décret du 15 janvier 1877; il s'agissait non seulement d'autoriser la cession, mais encore de proroger le délai d'exécution et de ratifier l'adjonction d'un service de navigation fluviale et maritime au service de la voie ferrée.

— Substitution de la « Compagnie nouvelle du chemin de fer d'Arles à Saint-Louis-du-Rhône » à la « Société anonyme de Saint-Louis-du-Rhône », pour le chemin d'Arles à la Tour Saint-Louis. — Autorisée par une loi du 16 août 1883. — Ce chemin, de 39 km. de longueur, avait été concédé par une loi du 26 juillet 1873. La loi nouvelle a eu pour objet d'homologuer la substitution et de proroger le délai d'exécution.

— Substitution de la Compagnie du Nord aux Compagnies précédemment concessionnaires, en ce qui concerne les lignes de Lille - Valenciennes et extensions, Lille-Béthune, Picardie et Flandres, Abancourt au Tréport, Frévent-Gamaches. — Autorisée par la loi du 20 novembre 1883.

— Cette substitution se liait à la convention d'ensemble conclue à cette époque avec la Compagnie du Nord ; elle devait modifier les rapports financiers entre l'État et cette Société ; enfin elle entraînait l'incorporation de diverses lignes d'intérêt local dans le réseau d'intérêt général.

— Substitution de la Compagnie de Paris-Lyon-Méditerrannée à celle des Dombes et des chemins de fer du Sud-Est. — Autorisée par une loi du 20 novembre 1883. (Situation identique à celle que nous venons de relater pour les lignes secondaires de la région du Nord.)

On le voit, dans presque tous les précédents depuis 1870, le législateur est intervenu, sauf pour les lignes dont la longueur était inférieure à 20 km. Mais il convient d'observer qu'il a eu tout à la fois à ratifier la transmission et à modifier les conditions premières de la concession ou à donner son approbation à un changement dans les relations financières entre l'État et le cessionnaire, ce qui, en tous cas, rendait son intervention obligatoire.

La question que nous traitons en ce moment a été portée incidemment à la tribune de la Chambre des députés, le 12 mars 1877, à propos des traités d'exploitation conclus entre la Compagnie du Nord et les Compagnies secondaires de la région (17 décembre 1875 pour le Nord-Est, 31 décembre 1875 pour la Compagnie de Lille-Valenciennes). Un décret du 20 mars 1876 avait autorisé la Compagnie du Nord à *exploiter* un grand nombre de lignes concédées à ces sociétés ou gérées par elles, mais en subordonnant cette autorisation aux deux conditions suivantes :

1° Jusqu'à ce qu'il eût été statué par une loi sur les questions financières soulevées par les traités, la Compagnie du Nord ne devait pas réclamer l'application de la garantie d'intérêt stipulée au profit du Nord-Est ;

2° Elle était tenue de faire un compte séparé et distinct des résultats de l'exploitation des lignes qui passaient ainsi entre ses mains.

Appelé par M. Wilson à s'expliquer à cet égard, M. Christophle, alors ministre des travaux publics, exprima l'avis qu'une Compagnie liée financièrement à l'État ne pouvait adjoindre des lignes nouvelles à son réseau, par voie de transmission de concession ou par voie de traité d'exploitation, sans y être dûment autorisée, et que cette autorisation devait émaner du Pouvoir législatif en cas de cession proprement dite, mais qu'un décret et même une simple décision ministérielle devait suffire pour les traités d'exploitation, quand la Compagnie cédante continuait à vivre et conservait sa responsabilité vis-à-vis de l'État. Nous nous bornons à mentionner cette réponse, en nous réservant de revenir dans un instant sur les traités d'exploitation.

3. Pénalités encourues par le concessionnaire, en cas de cession non autorisée. — L'article 10 de la loi du 11 juin 1880 sur les chemins de fer d'intérêt local porte « qu'en cas de cession, l'inobservation des « conditions prescrites entraîne la nullité et peut donner lieu à la *dé-* « *chéance* ».

Quoiqu'il n'y ait pas de disposition législative pour les chemins de fer d'intérêt général, la sanction serait-elle la même ?

Tout d'abord, au point de vue de la nullité du contrat, il ne peut y avoir aucun doute. Nous l'avons démontré, en établissant la nécessité d'une autorisation.

Quant à la déchéance, elle serait évidemment encourue par le concessionnaire, s'il transmettait sa concession sans autorisation ou s'il passait outre au refus d'approbation ; car il manquerait alors à la première de ses obligations, qui est d'assurer lui-même la construction et l'exploitation du chemin de fer, et tomberait sous le coup de l'article 39 du cahier des charges : « faute par la Compagnie d'avoir rempli les diverses obligations « qui lui sont imposées par le présent cahier des charges, elle encourra « la déchéance. »

4. **Des traités d'exploitation.** — Les cahiers des charges récents ont prévu, pour la construction, le cas où la Compagnie voudrait se décharger de sa tâche sur un tiers. Ils comprennent, en effet, un article 27 ainsi conçu : « …Tout marché général pour l'ensemble du chemin de fer, soit à forfait, « soit sur série de prix, est, dans tous les cas, formellement interdit. » Mais ils ne renferment aucune disposition analogue pour l'exploitation. S'ensuit-il qu'il soit loisible à une Compagnie de conclure à son gré des traités d'exploitation, quelles qu'en soient la nature et l'importance ?

Voici quelle est l'opinion de M. Aucoc, devant l'autorité duquel nous sommes toujours prêt à nous incliner : « En principe, à défaut d'un texte « exprès, un traité fait par un concessionnaire avec un tiers pour « l'exploitation d'un chemin de fer n'a pas besoin, pour être valable, de « l'approbation du Gouvernement, pas plus que les sous-traités faits pour « l'exécution des travaux. Le concessionnaire reste toujours responsable « envers le Gouvernement, qui n'a pas à se préoccuper des instruments « qu'il emploie pour réaliser ses engagements. » L'auteur ajoute que, durant ces dernières années, un certain nombre de décrets ont approuvé des traités d'exploitation, mais que, dans presque tous les cas, l'une des parties contractantes était une Compagnie liée avec l'État par des conventions relatives à la garantie d'intérêt et au partage des bénéfices.

Nous avons d'autre part reproduit, page 161, la doctrine exposée par M. Christophle à la Chambre des députés, en 1877.

S'il s'agit de traités ne portant que sur une partie des services, par exemple de traités de traction de la nature de ceux qui ont été passés autrefois par les Compagnies de l'Ouest, de l'Est et d'Orléans, avec MM. Buddicom, Sauvage et Polonceau, les concessionnaires ne sont certainement pas contraints à se pourvoir d'une autorisation ; rien, ni dans les actes qui ont institué leurs concessions, ni dans les principes qui régissent la matière, ne saurait les y obliger. Ils sont soumis au contrôle

de l'État, au point de vue du bon fonctionnement des services ainsi remis
à des entrepreneurs généraux. De plus, s'ils ont des liens financiers avec
l'État, ils ont à subir l'intervention préventive de l'Administration sous
forme d'avertissements, pour le cas où les traités seraient onéreux et
affecteraient leur gestion financière, ainsi que l'intervention à posteriori
de la Commission de vérification des comptes et du Ministre, appelés à
apprécier l'utilité des dépenses, sous la réserve des recours de droit et
dans les conditions prévues par les conventions et les règlements sur les
justifications financières des Compagnies. Mais le rôle de l'Administration
ne va pas plus loin. Il n'y aurait d'exception à cette règle que si l'entrepreneur était une Compagnie ayant elle-même des liens financiers avec
l'État ou empêchée, soit par son titre de concession, soit par ses statuts
approuvés, de se livrer à des opérations étrangères sans une autorisation
du pouvoir compétent.

Mais ce n'est pas pour les traités restreints de cette catégorie que la
question a jamais été débattue : c'est pour des contrats livrant l'exploitation complète d'une ligne ou d'un réseau à une autre Compagnie. Ces
contrats constituent en apparence des cessions déguisées : au fond, elles en
diffèrent assez profondément, en ce sens que le concessionnaire ne
se dépouille pas de sa qualité, reste responsable vis-à-vis de l'État,
demeure tenu de toutes les obligations qu'il a contractées. Malgré cette
différence, on peut se demander si deux Compagnies, même jouissant
d'une complète indépendance financière au regard de l'État, même
investies par leurs statuts de la capacité nécessaire, peuvent librement se
substituer ainsi l'une à l'autre ; s'il est indifférent à l'État qui a choisi un
concessionnaire de voir un tiers se mettre en face du public au lieu et
place de ce concessionnaire ; s'il n'y a pas là une atteinte portée au contrat
de concesion ; s'il ne peut pas en résulter des fusions contraires aux vues
des Pouvoirs publics sur le régime général des chemins de fer et dommageables aux usagers de ces voies de communication. Pour notre part, tout
en reconnaissant la valeur juridique de l'opinion exprimée par M. Aucoc,
nous avons quelque peine à nous y rallier sans réserve.

Au surplus, il serait sans intérêt d'argumenter longuement à ce sujet.
Car, en fait, presque toutes nos voies ferrées sont entre les mains de Compagnies unies à l'État par des liens financiers et, dans la plupart des cas,
sinon dans tous, l'une au moins des parties contractantes sera ainsi dans
une situation de dépendance et de tutelle.

Dans le cas où seule la Compagnie concessionnaire aurait avec l'État
une solidarité d'intérêts, l'Administration pourrait à la rigueur se contenter
de l'intervention préventive et de l'action à posteriori dont elle dispose,

comme nous l'avons précédemment expliqué, à propos des traités de traction.

Cependant, elle serait fondée, suivant nous, à s'opposer à la mise en vigueur des traités sans une autorisation que le Ministre pourrait, soit donner lui-même, soit provoquer de la part du Gouvernement ou même du législateur, suivant les circonstances.

Il en serait de même au cas où la Compagnie fermière, quoique liée financièrement à l'État, se chargerait de l'exploitation aux risques et périls des actionnaires.

Dans le cas où la Compagnie fermière serait dotée d'une garantie d'intérêt ou astreinte à un partage des bénéfices, et entendrait confondre les comptes spéciaux aux lignes affermées par elle avec ses comptes généraux, elle devrait incontestablement se pourvoir d'une autorisation, avant de se charger d'une entreprise pouvant affecter le concours de l'État ou sa participation aux recettes. Cette autorisation devrait émaner du Pouvoir législatif pour les grandes Compagnies, en conformité des lois du 20 novembre 1883 qui contiennent toutes la disposition suivante : « Tout « nouveau traité engageant le concours financier de la Compagnie de.... « dans l'exploitation des lignes ferrées ne pourra être exécuté qu'après « avoir été approuvé par une loi. »

Jusqu'ici nous avons supposé que la société fermière était une société libre ou que ses statuts approuvés lui permettaient de se charger de l'exploitation de lignes dont elle ne serait pas concessionnaire. S'il en était autrement, il faudrait, en tout état de cause, soit une modification statutaire approuvée par décret rendu en la forme des règlements d'administration publique, conformément à l'article 37 du Code de commerce, soit une émancipation de la société en vertu d'une autorisation donnée en la même forme.

Après avoir ainsi posé les principes, voyons quels ont été les précédents depuis 1870. L'énumération n'en sera pas très longue.

1° Traité passé entre la Compagnie des chemins de fer de la Vendée et la Compagnie du chemin de fer d'intérêt local de Poitiers à Saumur, pour l'exploitation de cette dernière ligne. — Approuvé par décret en Conseil d'État du 24 mai 1873, sur l'avis conforme des Conseils généraux de la Vienne et de Maine-et-Loire, bien que la Compagnie de la Vendée n'eût été dotée que d'une subvention ferme et qu'elle ne fût pas astreinte au partage des bénéfices.

2° Traité passé entre la Compagnie de l'Est et la Compagnie du chemin de fer d'intérêt local d'Épernay à Romilly, pour l'exploitation de cette dernière ligne. — Approuvé par décret en Conseil d'État du 7 juillet 1873, sur l'avis conforme du Conseil général de la Marne, bien que les comptes de cette exploitation fussent séparés de ceux du réseau concédé à la Compagnie de l'Est (1).

3° Traités passés entre la Compagnie de l'Est et : 1° la Société des chemins de fer de la Lorraine, pour l'exploitation du chemin d'intérêt local de Nancy à la frontière vers Châteausalins et Vic ; 2° la Société du chemin de fer d'intérêt local de Nancy à Vézelise, pour l'exploitation de cette ligne. — Approuvés par décret du 18 octobre 1873, bien que le compte de cette exploitation dût rester distinct (1).

4° Traités passés entre la Compagnie du Nord et les Compagnies de Lille à Valenciennes et du Nord-Est, pour l'exploitation de diverses lignes d'intérêt général ou d'intérêt local. — Approuvés par décret du 20 mai 1876, bien que le compte d'exploitation de ces lignes dût rester distinct (2).

5° Traité conclu entre la Compagnie de l'Est et la Compagnie du chemin de fer de la Suippe, pour l'exploitation de la ligne de Bazancourt à Bétheniville. — Approuvé par décret du 22 janvier 1879, sous réserve que les résultats de cette exploitation ne seraient pas confondus avec ceux de l'ensemble du réseau.

6° Convention entre l'État de Genève et la Compagnie de Paris-Lyon-Méditerranée, pour la construction et l'exploitation du chemin de Genève-Vollandes à la frontière française, près d'Annemasse. — Approuvé par une loi du 20 août 1885, en exécution de la loi du 20 novembre 1883, article 3.

7° Traité passé entre la Compagnie de Paris-Lyon-Méditerranée et la Compagnie concessionnaire des chemins de fer du Vieux-Port et de la banlieue sud de Marseille, pour l'exploitation de la ligne du Vieux-Port. — Approuvé par une loi du 30 janvier 1886, conformément à la loi du 20 novembre 1883, article 3.

8° Traité entre la Compagnie de Paris-Lyon-Méditerranée et la Compagnie des chemins de fer Jura-Berne-Lucerne, pour l'exploitation de la section suisse du chemin de Besançon au Locle. — Approuvé de même par une loi du 10 juillet 1886.

Dans les cinq premiers précédents que nous venons de citer, les traités d'exploitation ne devaient point peser sur les finances de l'État :

(1) La convention conclue le 31 décembre 1875 avec la Compagnie de l'Est et approuvée par une loi du même jour a rattaché les comptes des lignes d'Épernay à Romilly, de Nancy vers Châteausalins et de Nancy à Vézelise, à ceux de l'ancien réseau de la Compagnie.

(2) La convention entre l'État et la Compagnie du Nord, approuvée par la loi du 20 novembre 1883, a incorporé à l'ancien réseau les lignes de la Compagnie de Lille à Valenciennes et y a rattaché les résultats d'exploitation des lignes du Nord-Est.

d'une part, en effet, le régime des lignes affermées était, soit maintenu, soit modifié temporairement dans un sens conforme aux intérêts du Trésor; d'autre part, la Compagnie fermière n'avait aucune solidarité financière avec l'État, ou, dans le cas contraire, il était convenu que l'exploitation se ferait aux risques et périls de ses actionnaires. Cependant une autorisation a été jugée nécessaire et a été délivrée par décret rendu en la forme des règlements d'administration publique. Les faits confirment donc les doutes que nous avions exprimés sur la doctrine admise par presque tous les auteurs et montrent que, ni le Gouvernement, ni les Compagnies, n'ont entendu limiter la nécessité d'une autorisation au cas où la mise en vigueur des traités serait susceptible d'influer sur les avances du Trésor au titre de la garantie d'intérêt ou sur sa participation aux bénéfices.

5. Législation étrangère. — Voici quelques renseignements sur la législation étrangère :

En *Angleterre*, une loi du 4 août 1845, intitulée « Acte pour restreindre « les pouvoirs de vendre ou de louer des chemins de fer », a décidé « qu'il « ne serait permis à aucune Compagnie de chemin de fer d'accepter une. « vente, location ou autre transfert de railway, sans y avoir été spéciale- « ment autorisée par une disposition spéciale d'un acte du Parlement... ». Peu de mois auparavant, un acte du 8 mai 1845 « pour consolider « certaines dispositions habituellement insérées dans les actes autorisant « la construction des chemins de fer » avait spécifié les engagements que le fermier devait prendre et rappelé qu'il était tenu à toutes les obligations imposées au concessionnaire. Le 21 juillet 1863, une autre loi a déterminé les cas dans lesquels une fusion serait considérée comme accomplie, mais sans faire aucune allusion à la nécessité d'une autorisation. Nous devons encore mentionner une loi du 2 août 1858 « .... pour restreindre l'exer- « cice de certains pouvoirs par les Compagnies de chemins de fer qui « possèdent des canaux » : aux termes de l'article 3 de cette loi, aucune Compagnie ayant à la fois des voies ferrées et des voies navigables ou un service de navigation ne peut accepter la location de tout ou partie de l'entreprise d'une autre Compagnie de chemin de fer ou de canal, sans y avoir été autorisée par le Parlement. On sait qu'en fait le nombre des locations est très considérable et que la plupart des traités ont été conclus sans l'autorisation du Parlement, ni même du Board of trade, et n'ont pas reçu de publicité.

Aux *États-Unis*, il a été pris quelques mesures, mais dont le seul but était de favoriser la concurrence. La plupart des États ont tout d'abord interdit par les actes de concession les fusions entre les Compagnies exploitant des lignes parallèles ; dans les États de New-York et de l'Illinois, les réunions de concessions ne sont admises par les lois générales que pour les Compagnies dont les lignes sont en prolongement l'une de l'autre. Mais cet obstacle légal est facilement tourné : l'artifice consiste à acheter les actions de la Compagnie cédante ou à affermer ses lignes pour 999 ans ; le législateur de New-York a même autorisé explicitement, dans ce dernier cas, la Compagnie exploitante à acquérir les actions de la Compagnie propriétaire et à leur substituer ses propres titres à des conditions débattues entre les deux Sociétés. Aussi les lois les plus récentes se sont-elles bornées à subordonner la fusion au consentement des trois quarts des actionnaires, à la prise en charge par la nouvelle Compagnie de tout le passif des deux Sociétés et à la publication préalable du projet de fusion, dont copie doit être notifiée pour enregistrement au secrétaire d'État. Dans l'État de Massachussets, la loi générale soumet seulement à l'approbation de la législature la fusion d'une Compagnie de cet État avec celle d'un autre État et à l'approbation de la Commission de contrôle les traités d'exploitation conclus de même entre Compagnies d'États différents.

En *Espagne*, la loi du 30 novembre 1877 permet aux concessionnaires de transmettre leurs droits et leurs obligations, en prévenant le Ministre du Fomento ; elle se contente de déclarer que le nouveau concessionnaire devra se conformer aux règles qui avaient été imposées au cédant, lors de la concession primitive.

En *Suisse*, au contraire, d'après la loi du 23 décembre 1872, article 10, aucune concession, aucun droit, aucune obligation dérivant d'une concession, ne peut être transmis sans une autorisation formelle de la Confédération.

Dans le *Luxembourg*, il est intervenu à la date du 3 septembre 1879 une loi qui interdit les cessions, sans approbation du Gouvernement, et qui assimile aux cessions, c'est-à-dire à l'aliénation des concessions, tous « les actes transférant par bail, achat d'actions, fusion ou autrement, l'exploi- « tation totale ou partielle de la ligne. » Cette loi porte en outre qu'en cas d'infraction le Gouvernement pourra faire administrer la ligne par le département des chemins de fer, pour le compte du concessionnaire.

 Nous avons fait connaître et nous répétons qu'en *Belgique*, lors des négociations engagées entre la Compagnie de l'Est d'un côté, la Société d'exploitation des chemins de fer de l'État néerlandais et la grande Compagnie du Luxembourg de l'autre, pour l'affermage de chemins concédés à ces deux Sociétés, une loi de « salut public », provoquée par des craintes chimériques. avait interdit aux Sociétés de chemins de fer toute fusion, tout traité, sans l'assentiment du Gouvernement.

Dans les *Pays-Bas*, certaines conventions contiennent des stipulations très précises sur le même objet. C'est ainsi que le contrat des 24-25 mai 1876, entre l'État et la Société d'exploitation des chemins de fer de l'État, interdit à cette Société d'entreprendre ou d'exploiter, sans une autorisation du Roi, des lignes autres que celles qui y sont indiquées, de céder à des tiers les lignes qu'elle a à exploiter et de se charger d'autres entreprises ou même de s'y intéresser (sauf des exceptions énumérées dans la convention et comportant l'approbation du Ministre de l'intérieur).

CHAPITRE X

DE LA CONSTITUTION DU CAPITAL DES COMPAGNIES

1. Observation préliminaire. — Dans le premier volume de cet ouvrage, nous avons dû faire une étude développée de la vie financière des Compagnies, pour comparer leur crédit à celui de l'État. Mais nous avons laissé de côté toutes les questions administratives que soulève la constitution du capital de ces Sociétés : ce sont ces questions que nous allons maintenant aborder.

Avant tout, il importe de rappeler que le capital des Compagnies de chemins de fer est représenté par deux catégories de titres, à savoir :

1° Des actions, qui donnent un revenu fixe et un revenu variable avec les bénéfices de l'exploitation ;

2° Des obligations dont le revenu est fixe.

2. Actions. — *a.* CONDITIONS D'ÉMISSION ET DE NÉGOCIATION. — RESPONSABILITÉ DES PREMIERS SOUSCRIPTEURS.

Pendant un certain nombre d'années, les actions ont joué un rôle prépondérant dans la constitution du capital des Compagnies, comme nous le verrons en traitant de la proportion du capital-obligations au capital-actions ; plus tard, au contraire, ce sont les emprunts qui ont fourni la plus large part des sommes affectées à la construction des voies ferrées.

Aussi est-ce surtout à l'origine des chemins de fer qu'il faut remonter pour trouver les règles relatives à l'émission, à la négociation et à la réalisation des actions.

Dès le 6 mars 1838, le législateur, désireux d'enrayer l'agiotage, introduisait dans la loi de concession du chemin de Strasbourg à Bâle la disposition suivante : « Les concessionnaires ne pourront émettre des actions « ou promesses d'actions négociables pour subvenir aux frais de con-

« struction du chemin de fer de Strasbourg à Bâle, avant de s'être consti-
« tués en Compagnie anonyme dûment autorisée conformément à l'article
« 37 du Code de commerce. » Le but de cette disposition était, nous l'a-
vons expliqué, de soumettre les statuts des Compagnies à l'approbation
du Gouvernement, afin d'en éliminer les clauses de nature à compromettre l'intérêt public et particulièrement à ouvrir la porte aux dilapida-
tions.

Peu de jours après, à l'occasion d'un projet de classement, Arago dé-
posait sur le bureau de la Chambre des députés un rapport dans lequel il
conseillait :

1° D'obliger les gérants, administrateurs et directeurs, à posséder une
portion du capital social assez forte pour répondre de leur bonne gestion et à la déposer à la Caisse des dépôts et consignations, avec interdiction de l'aliéner jusqu'à l'achèvement des travaux ;

2° D'interdire les actions industrielles (1) susceptibles de négociation
et de transfert, afin que la part des bénéfices destinée à récompenser les
gérants et les ingénieurs et à exciter leur zèle restât purement personnelle ;

3° D'empêcher l'émission et la négociation des titres, même provisoires, avant la promulgation de la loi de concession ;

4° D'exiger : *a*. Avant la signature du cahier des charges, la justifica-
cation d'engagements dûment souscrits, représentant un capital social au
moins égal à la moitié de l'estimation de la dépense; *b*. Avant la présentation de la loi, le versement du dixième de ce capital.

Conformément à l'une des propositions d'Arago, le Parlement inséra
dans la loi du 7 juillet 1838, portant concession du chemin de fer de Paris
à Orléans, un article aux termes duquel les fondateurs devaient conserver
pendant leurs travaux le nombre d'actions voulu pour représenter un million de valeur nominale et qui interdisait, en outre, de convertir en actions la part de bénéfices attribuée aux directeurs, ingénieurs et autres
agents de la Compagnie.

En 1839, à propos d'une loi modifiant la concession du chemin de fer
de Paris à Orléans, M. Billault, député, exprima le regret que le Gouvernement n'eût pas cru devoir exiger le versement intégral avant la remise des
titres, pour les actions au porteur, et maintenir entre les mains du Conseil

---

(1) Le cas des actions industrielles était assez fréquent. On en trouve un exemple frappant dans les statuts approuvés par ordonnance du 7 mars 1827, pour le chemin de Saint-
Étienne à Lyon. Aux 2 000 actions de 5 000 fr. constituant le capital social s'ajoutaient
400 actions d'industrie, nominatives ou au porteur comme les premières, dont 60 attribuées
aux fondateurs et 340 à MM. Séguin frères et Biot, directeurs.

d'administration, pour les actions nominatives, les moyens de suivre de cessionnaire en cessionnaire la responsabilité du paiement intégral.

Presqu'en même temps, dans un rapport sur le chemin de Bordeaux à Langon, il demandait qu'en règle générale le montant du fonds social dont la Compagnie aurait à justifier avant le commencement des travaux fût égal à celui du devis définitif.

De son côté, M. de Chabaud-Latour, rapporteur à la Chambre pour le projet de loi concernant le chemin de Montpellier à Nîmes, émettait l'avis qu'il eût été préférable d'arrêter les statuts de la Société, avant la présentation du projet de loi, et d'y insérer des dispositions fixant la part d'actions réservée à chaque sociétaire, déterminant la part minimum que chaque administrateur conserverait dans l'entreprise jusqu'à l'entier achèvement des travaux, exigeant le versement immédiat d'une large part des engagements souscrits, spécifiant les limites dans lesquelles seraient renfermées les émissions, proscrivant les dividendes anticipés et les actions industrielles, et interdisant la transformation des actions nominatives en actions au porteur avant le versement intégral de leur valeur.

On le voit, les abus de la spéculation préoccupaient vivement les Pouvoirs publics. Aussi la Commission extraparlementaire de 1839, dont nous avons eu à relater les travaux, fut-elle appelée à en délibérer. Ses conclusions furent les suivantes : 1° Fixer à 50 0/0 le minimum de responsabilité personnelle des souscripteurs primitifs et, dans chaque cas particulier, déterminer la proportion à adopter, d'après les circonstances et surtout d'après l'importance des travaux ;

En limiter de même la durée ou la maintenir jusqu'à l'achèvement du chemin de fer, suivant les cas et les circonstances ;

2° Contraindre les administrateurs à posséder pendant toute la durée des travaux un nombre déterminé d'actions nominatives ;

3° Autoriser la transformation des actions nominatives en actions au porteur, après le versement de la première moitié, afin de donner aux titres la mobilité nécessaire pour attirer les capitaux ;

4° Assurer le recouvrement de la valeur des actions, pour la première moitié, en poursuivant les souscripteurs retardataires sur leurs biens personnels et, pour l'autre moitié, en vendant les titres après une mise en demeure et l'accomplissement de certaines formalités de publicité ;

5° En cas d'inexécution des engagements d'une Compagnie, réserver au Gouvernement le pouvoir d'exercer un recours contre tous les actionnaires jusqu'à concurrence des 50 0/0 dont ils avaient la responsabilité personnelle, et d'attribuer le montant des recouvrements à la nouvelle Société ou au nouvel entrepreneur chargé de terminer le travail.

Les conclusions de la Commission ne reçurent pas de suite. On hésitait à prendre des mesures restrictives pouvant compromettre l'avenir des chemins de fer, en enrayant l'essor de l'esprit d'association. M. de Chasseloup-Laubat échoua même, en 1840, dans sa tentative de faire modifier certaines clauses des statuts de la Compagnie de Paris à Rouen, qui attribuaient des bénéfices aux fondateurs et limitaient aux trois dixièmes la garantie des souscripteurs primitifs.

Ce ne fut qu'en 1844 que, dans une loi du 7 juillet relative au chemin de Montpellier à Nîmes, l'article de style portant interdiction d'émettre des actions ou promesses d'actions négociables, avant la constitution d'une Société anonyme, fut complété par une disposition ainsi conçue : « Les « actions nominatives ne pourront être transformées en actions au porteur « qu'après qu'elles auront été complètement libérées. » Cette disposition ne fut d'ailleurs pas reproduite dans diverses lois contemporaines de celle du 7 juillet 1844 sur le chemin de Montpellier à Nîmes.

Cependant les écarts de la spéculation étaient tels qu'il importait d'y mettre un frein. Le Gouvernement profita de la présentation d'un projet de loi considérable tendant à la concession de la ligne de Paris à la frontière de Belgique, avec embranchements sur Calais et sur Dunkerque, et des lignes de Creil à Saint-Quentin et de Fampoux à Hazebrouck, pour proposer d'y prendre certaines garanties. Après une discussion longue et laborieuse tant au sein de la Commission que devant la Chambre des Députés, les dispositions qui avaient été insérées au projet de loi furent remaniées, déclarées applicables à tous les chemins de fer et libellées comme il suit dans le texte définitif de la loi du 15 juillet 1845 :

« Art. 7.— Nul ne sera admis à concourir à l'adjudication d'un chemin « de fer si, préalablement, il n'a pas été agréé par le Ministre des travaux « publics et s'il n'a déposé . . . .

. . . .

« au secrétariat général du Ministère des travaux publics, le registre à « souche d'où auront été détachés les titres délivrés aux souscripteurs, « ou, pour les Compagnies dont les souscriptions auraient été ouvertes « antérieurement à la présente loi, l'état appuyé des pièces justificatives « constatant les engagements réciproques des fondateurs et des souscrip- « teurs, les versements reçus et la répartition définitive du montant du « capital social.

« A dater de la remise des registres ou états ci-dessus entre les mains « du Ministre, toute stipulation par laquelle les fondateurs se seraient « réservé la faculté de réduire le nombre des actions souscrites sera nulle « et sans effet.

« ART. 8. — Les récépissés de souscription ne sont point négociables.

« Les souscripteurs seront responsables, jusqu'à concurrence des cinq « dixièmes, du versement du montant des actions qu'ils auront souscrites.

« Chaque souscripteur aura le droit d'exiger de la Compagnie adjudi-« cataire la remise de toutes les actions pour lesquelles il aura été porté « sur l'état définitif de répartition déposé au secrétariat général du Minis-« tère des travaux publics.

« Ces conditions seront mentionnées sur les registres ouverts et sur les « récépissés remis postérieurement à la promulgation de la présente loi.

« ART. 9.......

« ART. 10. — La Compagnie adjudicataire ne pourra émettre d'actions « ou promesses d'actions négociables avant de s'être constituée en Société « anonyme dûment autorisée, conformément à l'article 37 du Code de « commerce.

« ART. 11. — Les fondateurs de la Compagnie n'auront droit qu'au « remboursement de leurs avances, dont le compte appuyé des pièces jus-« tificatives aura été accepté par l'assemblée générale des actionnaires.

« L'indemnité qui pourra être attribuée aux administrateurs, à raison « de leurs fonctions, sera réglée par l'Assemblée générale des actionnaires.

« ART. 12.......

« ART. 13. — Toute publication quelconque de la valeur des actions, « avant l'homologation de l'adjudication, sera punie d'une amende « de 500 à 3 000 francs.

« Sera puni de la même peine tout agent de change qui, avant la « constitution de la Société anonyme, se serait prêté à la négociation de « récépissés ou promesses d'actions. »

La plupart des dispositions de la loi du 15 juillet 1845, que nous venons de rappeler, sont encore en vigueur. Toutefois la partie de l'article 10 qui pré-voyait l'approbation préalable des statuts, en conformité de l'article 37 du Code de commerce, est devenue sans objet : cette approbation n'est plus exigible depuis la loi du 14 juillet 1867, ce qui a fait perdre à l'article 10 toute son efficacité.

Le sens et la portée des deux premiers paragraphes de l'article 8 ont donné lieu à des divergences d'interprétation qui ont été résolues comme il suit :

1° Les aliénations des récépissés de souscriptions suivant les modes civils sont valables. Au contraire, toutes celles qui se présentent avec une forme commerciale, alors même qu'il n'y aurait pas endossement, sont illégales (arrêt de la Cour de cassation du 12 août 1851);

2° L'inexécution par une Compagnie de l'obligation qui lui a été imposée, de terminer les travaux dans un délai déterminé, n'autorise pas les actionnaires à refuser le versement des fractions exigibles de leurs actions et n'enlève pas dès lors à la Société le droit de faire procéder à la vente forcée sur duplicata des actions impayées, tant que l'État n'a pas prononcé la déchéance de cette Société, surtout si, avant la vente, une loi nouvelle a prorogé le délai d'exécution du chemin de fer (arrêt de la Cour de cassation du 10 mai 1859, Ouest c. Maréchal).

Le Gouvernement impérial crut devoir compléter en 1853 les prescriptions de la loi du 15 juillet 1845, en insérant dans plusieurs décrets du 21 et du 30 avril, du 7 et du 17 mai, l'article suivant : « Les actions de « la Compagnie ne pourront être négociées qu'après le versement des « deux premiers cinquièmes du montant de chaque action. Il est interdit « à tout agent de change de se prêter à cette négociation avant l'accom- « plissement de la condition susdite (1). »

Pour donner une sanction à cette prohibition, le législateur introduisit dans la loi du 10 juin 1853, approuvant les clauses financières du contrat de concession de la ligne de Lyon à Genève, un titre spécial applicable à tous les chemins de fer et ainsi conçu :

« Art. 2. Tout agent de change qui se prête à une négociation « d'actions interdite par le décret de concession d'un chemin de fer est « passible des peines prononcées par l'article 13 de la loi du 15 « juillet 1845.

« Art. 3. — Toute publication quelconque de la valeur d'actions dont « la négociation est interdite par le décret de concession d'un chemin de « fer rend le contrevenant passible des mêmes peines. »

L'interdiction de négocier les actions ou promesses d'actions, avant le versement des deux premiers cinquièmes, a d'ailleurs été reproduite dans beaucoup de décrets ultérieurs, et notamment dans ceux du 6 juillet 1862, du 28 février 1863, du 11 juillet et du 25 juillet 1864, qui ont créé les réseaux des Charentes, de la Vendée, de Lille à Valenciennes et des Dombes (2).

---

(1) Cette rédaction est celle du décret du 21 avril 1853. Le libellé des autres décrets en diffère peu ; toutefois celui du 30 avril faisait porter sur les promesses d'actions comme sur les actions la défense d'intervention des agents de change.

(2) Les dispositions de la loi du 24 juillet 1867 sur les sociétés, qu'il peut être utile de rapprocher de celles des lois du 15 juillet 1845 et du 10 juin 1853, sont les suivantes :

Art. 1. — N'autorisant la constitution définitive des Sociétés qu'après la souscription complète du capital social et le versement du premier quart ;

Art. 2. — Permettant la négociation des actions ou coupons d'actions après ce versement ;

Art. 3. — Portant que les statuts pourront prévoir la transformation des actions nominatives en actions au porteur, en vertu d'une délibération de l'assemblée générale des ac-

Jusqu'ici nous n'avons envisagé que les titres français. Nous devons signaler, sans nous y arrêter, les mesures prises relativement aux titres de chemins de fer étrangers, dont la concurrence sur le marché de la Bourse a été redoutable à une certaine époque. Le 22 mai 1858, le Ministre des finances et le Ministre de l'agriculture, du commerce et des travaux publics, ont d'un commun accord provoqué un décret qui soumettait « la « négociation, à la Bourse de Paris et dans les bourses départementales, « des titres émis par les Compagnies des chemins de fer construits en « dehors du territoire français, aux lois et règlements applicables à la « négociation des valeurs françaises de même nature et, en outre, aux « conditions suivantes. » Ces Compagnies devaient justifier qu'elles étaient constituées conformément aux lois du pays où elles s'étaient formées et remettre, dans ce but, au Ministre des finances et à la Chambre syndicale des agents de change des copies authentiques de leurs actes de concession, statuts et cahiers des charges ; elles étaient tenues de justifier que leurs actions et leurs obligations étaient cotées officiellement dans le pays auquel appartenait le chemin de fer. Les actions ne pouvaient être de moins de 500 fr. ; toutes celles qui avaient été émises devaient être libérées jusqu'à concurrence des sept dixièmes ; elles ne devaient être portées sur la partie officielle du cours authentique des bourses françaises qu'après avoir donné lieu en France à des opérations publiques assez nombreuses pour permettre d'en apprécier le cours. La négociation et la cote des obligations étaient subordonnées au versement intégral du capital-actions et à une autorisation du Ministre des finances et du Ministre de l'agriculture, du commerce et des travaux publics. Il était interdit à tout agent de change de prêter son ministère à la négociation des valeurs des Compagnies étrangères, à la publication de leur cours, à l'annonce des souscriptions, avant qu'elles n'eussent été admises à être négociées par la Chambre syndicale des agents de change.

Un décret du 16 août 1859 modifia celui du 22 mai 1858, en réduisant des 7/10 aux 2/5 la quote-part pour laquelle les actions devaient être libérées avant leur négociation en France.

b. Valeur nominale et prix d'émission, nombre, capital réalisé. — A l'origine, la valeur nominale des actions était de 5 000 fr. Mais,

tionnaires, après libération de moitié ; mais maintenant, en tout cas, pendant deux ans la responsabilité des possesseurs primitifs et de ceux qui auraient acquis les titres.

Art. 13, 14 et 15. — Prévoyant des peines sévères pour réprimer les émissions d'actions d'une société constituée contrairement aux prescriptions de la loi, les manœuvres tendant à créer des majorités factices dans les assemblées générales, la négociation illicite d'actions ou coupons d'actions, la simulation de souscriptions ou de versements.

à partir de 1835, il a été considérablement réduit, de manière à faciliter la diffusion des titres dans le public.

Nous ne saurions exposer ici avec détails les conditions dans lesquelles se sont faites les émissions successives des diverses Compagnies. Cette étude ne présenterait d'ailleurs pas un grand intérêt : le lecteur qui désirerait s'y livrer voudra bien se reporter aux statistiques financières publiées en 1868 et en 1880 par le Ministère des travaux publics.

Nous nous bornerons à donner quelques indications précises sur les origines du capital social des grandes Compagnies, sur le nombre des actions, sur leur valeur nominale et sur le produit de leur émission.

DÉSIGNATION des COMPAGNIES	NOMBRE D'ACTIONS	ÉPOQUE DES DERNIÈRES émissions	VALEUR NOMINALE (a)	CAPITAL MOYEN de réalisation	INTÉRÊT FIXE	CAPITAL	
						NOMINAL	RÉALISÉ
			fr.	fr.	fr.	fr.	fr.
Nord.	525.000 (1)	1857	400	441,67	16.00	210.000.000	231.875.000 (1)
Est.	584.000 (2)	1853	500	500,00	20,00	292.000.000	292.000.000
Ouest.	300.000 (3)	1855	500	503,16	17,50	150.000.000	150.947.918 (3)
Orléans.	600.000 (4)	1862	500	512,97	15,00	300.000.000	307.784.570 (5)
P.-L.-M.	800.000 (6)	1863	500	426,21	20,00	288.750.000 (7)	340.968.056 (8)
Midi.	250.000 (9)	1862	500	583,28	25,00	125.000.000	146.319.020 (10)

(a) D'après la loi du 14 juillet 1867, le taux nominal des actions doit être de 500 fr. au moins pour toutes les sociétés dont le capital excède 200 000 fr.

(1) Émission de 400 000 actions à 400 fr. (primitivement à 500 fr.).. 160 000 000 fr.
    125 000 — 400 fr., avec prime de 175 fr...... 71 875 000

               Total.............. 231 875 000 fr.

(2) 500 000 actions négociées,
   84 000 — données en échange de celles du chemin des Ardennes.

Total. 584 000

(3) 114 000 actions données en échange de 72 000 actions de 500 fr. de la Compagnie de Paris à Rouen, entièrement libérées.
    27 000 —   — de 54 000 demi-actions de 250 fr. de Saint-Germain, entièrement libérées.
    34 286 —   — de 40 000 actions de 500 fr. de la Compagnie du Havre, entièrement libérées.
    70 000 —   — de 70 000 actions de 500 fr. de la Compagnie de l'Ouest, entièrement libérées.
    51 428 —   — de 60 000 actions de 500 fr. de la Compagnie de Cherbourg, entièrement libérées.
   3 286 actions vendues avec un bénéfice de 947 918 fr.

Total. 300 000

(4) 300 000 actions anciennes.

c. VALEUR ACTUELLE DES ACTIONS. — Dans le premier volume de cet ouvrage, quand nous avons établi une parallèle entre le crédit de l'État et celui des Compagnies, nous avons dû relater les cours maxima et minima des obligations des six grandes Compagnies depuis 1857 et les rapprocher de ceux des divers types de rente.

128 000 actions nouvelles données en échange de 80 000 actions anciennes d'Orléans de 500 fr., entièrement libérées.

52 800 — — de 66 000 actions anciennes du Centre de 500 fr., entièrement libérées.

69 334 — — de 130 000 actions anciennes de Bordeaux de 500 fr., libérées de 275 fr.

32 000 — — de 80 000 actions anciennes de Tours à Nantes, de 500 fr., libérées de 425 fr.

17 866 actions nouvelles négociées.

Total. 300 000

(5) Produit de la 1re émission................................   157 784 570 fr.

savoir :

1° Au moment de la fusion : Orléans...... ...   40 000 000 fr.
Centre........   33 000 000
Bordeaux.. ...   35 750 000
Tours à Nantes.   34 000 000

Total.....   142 750 000 fr.   142 750 000 fr.

2° 17 731 actions vendues à 700 fr......   12 411 700
135 — à divers taux.   133 320

Total....   12 545 020 fr.   12 545 020

3° Reconstitution au prix de 350 fr. de 743 actions amorties au moment de la fusion.........   2 489 550

Total.........   157 784 570 fr.

Produit de la 2e émission...................................   150 000 000

Total...........   307 784 570 fr.

Le chiffre figurant au bilan actuel est de 300 000 000 fr. La prime de 7 784 570 fr. a donné lieu à une réduction égale du compte de premier établissement.

(6) 397 500 actions données en échange de 265 000 actions de 500 fr. de la Compagnie de Paris à Lyon, entièrement libérées.

180 000 — — de 90 000 actions de 500 fr. de Lyon-Méditerranée, entièrement libérées.

115 500 actions nouvelles émises à 735 fr.

107 000 actions nouvelles négociées en 1833 à des taux divers.

Total. 800 000

(7) Capital social de la Compagnie de Paris à Lyon...............   132 500 000 fr.
— de la Compagnie de Lyon-Méditerranée.........   45 000 000
Émission de 222 500 actions...........................   111 250 000

Total..................   288 750 000 fr.

(8) 397 500 actions représentant les 265 000 actions de 500 fr. de la Compagnie de Paris à Lyon........................   132 500 000 fr. »

Prime de 214 fr. 80 sur 25 000 actions remises à la Compagnie de Dijon à Belfort..   5 370 000   »

180 000 actions représentant les 90 000 actions de l'ancienne Compagnie de Lyon-Méditerranée...................................   40 418 839   82

A reporter.........   178 288 839   82

Nous n'avions pas les mêmes motifs pour indiquer la progression du cours des actions, qui n'ont fourni qu'une fraction relativement faible du capital de premier établissement.

Il ne sera pas inutile de donner ici quelques renseignements à cet égard, pour les années écoulées depuis la guerre : tel est l'objet suivant.

Report............	178 288 839	82
115 500 actions émises à 735 fr.............................	84 892 500	»
Prime provenant de la vente d'actions ou de fractions d'actions....	334 553	76
100 000 actions émises en 1863 à 700 fr.......................	70 000 000	»
7 000 actions vendues en 1863 et 1864 au cours moyen de 1 000 fr. 71...................................	7 004 978	35
Prime sur la vente d'actions non souscrites....................	447 183	75
Total...............	340 968 035 fr. 68	
(9) 134 000 actions anciennes,		
116 000 actions nouvelles.		
Total. 250 000		
(10) Valeur nominale de 250 000 actions à 500 fr..............	125 000 000 fr.	»
Prime sur ces actions.................................	21 319 019	72
Total.............,	146 319 019 fr. 72	

ANNÉES D'ÉMISSION	NORD Prix initial : 441 fr. 67 COURS		EST Prix initial : 500 fr. COURS		OUEST Prix initial : 503 fr. 16 COURS		ORLÉANS Prix initial : 512 fr. 97 COURS		P.-L.-M. Prix initial : 426 fr. 21 COURS		MIDI Prix initial : 585 fr. 28 COURS	
	Maximum	Minimum	Maximum	Minimum	Maximum	Minimum	Maximum	Minimum	Maximum	Minimum	Maximum	Minimum
	fr.	fr.	fr.	fr.	fr.	fr.	fr.	fr.	fr.	fr.	fr.	fr.
1871	1.025,00	895,00	568,75	370,00	560,00	465,00	900,00	715,00	950,00	735,00	660,00	510,00
1872	1.007,50	925,00	540,00	480,00	545,00	485,00	895,00	797,50	900,00	805,00	631,25	565,00
1873	1.043,75	972,50	527,50	480,00	537,50	495,00	865,00	785,00	918,75	818.75	620,00	575,00
1874	1.100,00	997,50	535,00	492,50	585,00	512,50	991,25	800,00	930,00	842.50	660,00	583.75
1875	1.220,00	1.070,00	595,00	512,50	712.50	560,00	1.000,00	873,00	982.50	880,00	730,00	630,00
1876	1.300,00	1.170,00	650,00	550,00	700,00	620,00	1.080,00	967,50	1.040,00	935,00	795,00	697,50
1877	1.312,00	1.190,00	650,00	587,50	720,00	635,00	1.130,00	990,00	1.075,00	973,00	810.00	720,00
1878	1.415,00	1.280.00	700,00	625,00	780,00	687,50	1.197,50	1.080,00	1.400,00	1.035,00	865,00	780,00
1879	1.580,00	1.360,00	745,00	613,75	792,50	745,00	1.230,00	1.120,00	1.495,00	1.075,00	895,00	825,00
1880	1.760,00	1.475,00	790,00	705,00	860.00	760,00	1.300,00	1.125,00	1.540,00	1.132,50	1.150,00	850,00
1881	2.220,00	1.700,00	885,00	752,50	897,50	810,00	1.450,00	1.290,00	1.885,00	1.520,00	1.380,00	1.100,00
1882	2.440,00	1.860,00	785,00	700,00	840.00	762,50	1.360,00	1.235,00	1 875,00	1.550,00	1.370,00	1.160,00
1883	1.957,50	1.650,00	750,00	685.00	810,00	730,00	1.335,00	1.160,00	1.650,00	1.145.00	1.210,00	998,75
1884	1.765,00	1.605,00	790.00	725,00	850,00	785,00	1.350,00	1.250,00	1.287,50	1.175.00	1.210,00	1.105,00
1885	1.690,00	1.480,00	808,75	770,00	880,00	830,00	1.390,00	1.285,00	1.290,00	1.215,00	1.195,00	1.145,00

Les cours donnés par ce tableau comprennent une partie de la valeur des coupons semestriels ; il y aurait à faire de ce chef une certaine réduction sur la plupart des chiffres ; mais cette réduction serait trop peu importante pour qu'il soit utile d'en tenir compte dans un aperçu d'ensemble.

Si l'on rapproche le prix moyen de vente des actions des cours moyens en 1871 et en 1885, on trouve les résultats que voici :

	NORD	EST	OUEST	ORLÉANS	P.-L.-M.	MIDI
Rapport du cours moyen de 1871 au prix d'émission.........	2,19	0,96	1,01	1,59	2,00	1,04
Rapport du cours moyen de 1885 au prix d'émission.........	3,63	1,58	1.57	2,61	2,93	1,99
Rapport du cours moyen de 1885 au cours moyen de 1871....	1,65	1.65	1,55	1,64	1,47	1,91

Le cours moyen de la rente 3 % ayant augmenté dans la proportion de 1 à 1,47 depuis 1871, on voit que celui des actions s'est accru plus rapidement, si ce n'est pour le réseau de Paris-Lyon-Méditerranée dont les recettes ont été si profondément atteintes depuis quelques années.

Pour les autres Compagnies, le fait s'explique par l'augmentation des dividendes, par les avantages que plusieurs d'entre elles (notamment la Compagnie du Midi) ont retiré des conventions de 1883, enfin par le développement du trafic qui, avant la crise actuelle, avait permis aux Compagnies de l'Est, d'Orléans et du Midi, de ne plus faire appel à la garantie de l'État et de rembourser partiellement leur dette.

La valeur de l'ensemble des actions des six grandes Compagnies (abstraction faite des actions amorties) était de 3 milliards 650 millions environ, au cours moyen de 1885 ; leur émission ayant produit 1 milliard 470 millions, leur valeur initiale s'est accrue dans le rapport de 1 à 2, 5.

d. DIVIDENDES. — Nous avons donné tome 1ᵉʳ, page 528, un relevé des dividendes attribués aux actions des grandes Compagnies depuis 1855. Nous n'y reviendrons pas ; le lecteur voudra bien se reporter à ce tableau, ainsi qu'aux indications détaillées qui le suivent, concernant les impôts prélevés au profit du Trésor. Pour le moment, les seuls faits à rappeler sont récapitulés ci-après :

	NORD	EST	OUEST	ORLÉANS	P.-L.-M.	MIDI	ENSEMBLE
	fr.	fr.	fr.	fr.	fr.	fr.	fr.
Dividende brut en 1859	65,50	38,70	37,50	97,00	63,50	27,00	56,18
— 1881	77,00	33,00	35,00	56,00	73,00	40,00	56,81
— 1882	77,00	33,00	35,00	56,00	65,00	40,00	54,20
— 1883	73,00	35,50	37,00	57,50	55,00	40,00	51,87
— 1884	64,00	35,50	37,00	57,50	55,00	50,00	51,14
— 1885	62,00	35,50	37,00	57,50	55,00	50,00	50,89
Dividende brut moyen des cinq dernières années	70,69	34,50	36,20	56,90	61,00	44,00	52,96
Dividende brut réservé ou garanti par les conventions de 1883	54,10	35,50	38,50	56,00	55,00	50,00	49,29
Dividende net des actions au porteur pour l'année 1885 (impôts déduits)	56,94	32,85	34,18	53,10	50,85	46,17	46,61
Dividende net moyen pour les cinq dernières années	64,83	31,93	33,47	52,57	56,24	40,30	48,97
Pourcentage du capital initial { Dividende brut de 1885	14,0	7,1	7,4	11,2	12,9	8,5	10,6
Dividende net de 1885	12,9	6,6	7,0	10,4	11,9	7,9	9,7
Dividende brut des cinq dernières années	16,0	6,9	7,2	11,1	14,3	7,5	11,0
Dividende net des cinq dernières années	14,7	6,4	6,7	10,2	13,2	6,9	10,5
Dividende brut réservé ou garanti par les conventions de 1883	12,2	7,1	7,7	10,9	12,9	8,5	10,3
Dividende net réservé ou garanti par les conventions de 1883	»	»	(pour mémoire) (1)		»	»	»

(1) Les impôts dépendant du cours moyen, le dividende net ne peut se calculer par avance.

Comme nous l'avons fait observer, tome I, page 532, les actionnaires sont assurés, d'après les dernières conventions, de recevoir au minimum un dividende correspondant à 10 % environ de la valeur initiale des titres. Mais il convient de remarquer que, dès avant 1859, ils avaient un revenu plus élevé : en effet, le dividende brut moyen de 1859 a atteint 56 fr. 18, tandis que celui de 1883 n'a pas dépassé 53 francs et que le dividende réservé ou garanti par les conventions de 1883 est de 49 fr. 29 seulement. Les contrats successifs passés avec les grandes Compagnies depuis 25 ans, en vue du développement de leur réseau, ont donc jusqu'ici pesé sur le revenu des actions, au lieu de l'accroître. Cette diminution a sa contre-partie dans les perspectives d'avenir et dans les garanties qui ont été données aux Compagnies contre la concurrence : il n'en importait pas moins de la constater, pour faire tomber certains préjugés qui ont cours dans le public.

e. Division en actions nominatives et en actions au porteur. — Aux termes des articles 35 et 36 du Code de commerce, les actions peuvent être établies sous la forme de titres au porteur et, dans ce cas, la cession s'en opère par voie de tradition du titre ; la propriété peut aussi en être constatée par une inscription nominative sur les registres de la Société et la cession s'en opère alors par une déclaration de transfert inscrite sur les registres et signée de celui qui fait le transport ou d'un fondé de pouvoir. Il peut ainsi y avoir des titres au porteur et des titres nominatifs. La loi du 23 juin 1857, article 8, dispose d'ailleurs que « dans les Sociétés qui admettent le titre au porteur, tout propriétaire d'actions et d'obligations a toujours la faculté de convertir ses titres au porteur en titres nominatifs et réciproquement ». Cette disposition s'applique en fait aux grandes Compagnies, dont les statuts prévoient tous la délivrance de titres au porteur, soit comme règle générale, soit concurremment avec des titres nominatifs et au gré des acheteurs.

Quant aux Compagnies constituées sous le régime de la loi du 24 juillet 1867, nous avons déjà indiqué que leurs statuts pouvaient prévoir la transformation des actions nominatives en actions au porteur, après libération de moitié. Une fois créés, les titres au porteur bénéficient de la disposition précitée de la loi du 23 juin 1857.

f. Amortissement. — D'après les statuts des grandes Compagnies, l'amortissement des actions a lieu progressivement, au moyen de prélèvements annuels sur les produits nets, de manière à être terminé au terme de la concession, pour la Compagnie du Nord, et cinq ans auparavant, pour les autres Compagnies. L'opération ne doit toutefois commencer qu'en 1807 pour le réseau de Paris-Lyon-Méditerrranée.

En fait, le terme assigné à l'amortissement est le suivant :

Compagnie du Nord, 1ᵉʳ juillet 1850 (concession expirant le 31 décembre 1950).

Compagnie de l'Est, 1ᵉʳ janvier 1950 (concession expirant le 26 novembre 1954).

Compagnie de l'Ouest, 1ᵉʳ janvier 1952 (concession expirant le 31 décembre 1956).

Compagnie d'Orléans, 1ᵉʳ janvier 1951 (concession expirant le 31 décembre 1956).

Compagnie de Paris-Lyon-Méditerranée, 1ᵉʳ janvier 1954 (concession expirant le 31 décembre 1958).

Compagnie du Midi, 1ᵉʳ juillet 1955 (concession expirant le 31 décembre 1960).

Le nombre des actions amorties à la fin de 1885 était de :

7 625 pour le réseau du Nord,	sur un chiffre total de	525 000
32 907 — de l'Est,	—	584 000
16 777 — de l'Ouest,	—	300 000
48 730 — d'Orléans,	—	600 000
» — de P.-L.-M.,	—	800 000
4 332 — du Midi,	—	250 000

Les actions amorties sont remplacées par des actions de jouissance qui ne reçoivent plus d'intérêt, mais qui participent à la répartition des dividendes et qui confèrent les mêmes droits que les actions non amorties pour l'administration de la Compagnie.

3. **Obligations.** — *a.* ORIGINE ET CONDITIONS D'ÉMISSION. — Les statuts des premières Compagnies contenaient des dispositions en vue des emprunts à contracter par le Conseil d'administration, avec l'autorisation de l'Assemblée générale des actionnaires. Toutefois la première émission d'obligations a eu lieu en 1838 et, nous le verrons plus loin, jusqu'en 1855, c'est le capital-actions qui a prédominé. On comprend dès lors que, dans l'origine, le législateur et le Gouvernement n'aient pas eu à s'en préoccuper; ils avaient d'autant moins à le faire que les capitaux engagés dans les chemins de fer étaient peu considérables et que l'État s'abstenait de prêter son concours financier aux Compagnies.

La première loi où il ait été fait allusion aux emprunts par obligations est celle du 15 juillet 1840, relative à la ligne de Paris à Orléans. Aux termes des articles 1 et 7 de cette loi, l'État garantissait à la Compagnie un minimum d'intérêt de 4 °/₀ sur les dépenses de premier établissement, sans qu'en aucun cas la garantie pût porter sur une somme supérieure au montant du fonds social, déterminé par les statuts, soit 40 millions. L'article 2 était complété par la disposition suivante : « Si, dans l'insuffisance « du fonds social pour achever les travaux et mettre l'entreprise en exploi-« tation, la Compagnie contractait un emprunt, les intérêts de cet emprunt « et son amortissement annuel, *dont le taux devra être agréé par le Gou-« vernement*, seront prélevés sur le produit brut du chemin. »

Le règlement d'administration publique intervenu le 20 octobre 1843, en conformité de la loi du 15 juillet 1840, pour régler les justifications financières à fournir par la Compagnie, rappelait cette disposition.

La seconde loi que nous ayons à citer est celle du 19 novembre 1849, garantissant à la Compagnie du chemin de fer de Marseille à Avignon « l'intérêt à 5 °/₀ et l'amortissement calculé également à 5 °/₀, d'après la « durée de la concession, sur le capital que cette Compagnie emprunterait « pour l'acquittement de ses dettes et l'achèvement de ses travaux, sans « toutefois que ce capital pût en aucun cas excéder 30 millions de francs ». Cette loi contenait un article 2 ainsi libellé : « La quotité, le mode de né-« gociation et les conditions de l'emprunt à faire par la Compagnie devront « être préalablement approuvés par le Gouvernement. La Compagnie « sera tenue de fournir un état détaillé des sommes dues par elle, et le « remboursement s'en opérera sous la surveillance du Ministre des travaux « publics. » Pour la première fois, la nécessité d'une autorisation du Ministre des travaux publics avant les émissions était imposée au concessionnaire, qui ne restait plus maître de ses emprunts. Un décret du 13 mai 1850 vint compléter la loi, en approuvant une convention du 30 avril, qui déterminait les conditions de l'emprunt et celles du fonctionnement de la garantie. Le règlement d'administration publique du 2 septembre 1850, sur les justifications financières à produire par la Compagnie, astreignit en outre cette Société à fournir tous les semestres « un état constatant que « les fonds provenant de la négociation des obligations émises avaient reçu « l'emploi pour lequel l'émission avait été autorisée ».

En 1852, le Gouvernement fit un pas de plus dans la voie de la réglementation des emprunts. Une loi du 10 décembre 1851 avait autorisé l'adjudication du chemin de fer de Lyon à Avignon : la dépense à la charge du concessionnaire devait atteindre au moins 60 millions ; il avait la faculté d'émettre des obligations jusqu'à concurrence de 30 millions, c'est-à-dire de la moitié au plus du capital à engager par lui dans l'entreprise. Un règlement d'administration publique devait déterminer les formes sui-

vant lesquelles la Compagnie serait tenue de justifier « vis-à-vis de l'État
« de l'exécution des conditions approuvées par le Gouvernement pour la
« réalisation de son emprunt et pour l'emploi des fonds qui en provien-
« draient..... » Ce règlement intervint le 28 juillet 1852 ; son article 5
était ainsi libellé : « Les obligations de l'emprunt seront souscrites par la
« Compagnie et contre-signées par le commissaire du Gouvernement (1).
« La forme des obligations, la quotité, le mode de négociation et les con-
« ditions de chaque émission partielle devront être préalablement approu-
« vés par le Ministre des travaux publics. »

On retrouve la même disposition dans les règlements suivants :
1º Règlement du 28 juillet 1852, pour la ligne de Blesme et Saint-Dizier à
Gray, concédée en conformité d'un décret du 26 mars 1852 ;
2º Règlement du 31 août 1852, pour la ligne de Dijon à Besançon, concédée
en vertu du décret du 12 février 1852 ;
3º Règlement du 10 mars 1855, pour la Compagnie de Lyon à la Méditerranée, formée par la fusion des Compagnies de Lyon à Avignon et d'Avignon à Marseille et d'autres Compagnies de la région.

Du reste, les cahiers des charges annexés aux décrets que nous venons
de rappeler, comme la plupart des actes de concession de l'époque, limitaient les emprunts autorisés et portaient eux-mêmes que la forme des
obligations, la quotité, le mode de négociation, l'époque et les conditions
des émissions devraient être préalablement approuvés par le Ministre des
travaux publics. Plusieurs des actes de concession contenaient, de plus,
des clauses telles que celles-ci :

Cahier des charges de la concession du chemin de Dijon à Besançon
(décret du 12 février 1852). Art. 2 : « Les obligations de l'emprunt ne
« pourront être émises qu'au fur et à mesure de l'avancement des travaux
« et à la charge par la Compagnie de justifier de l'emploi, en achat de terrains
« ou en travaux, d'une somme quadruple de celle dont l'émission aura
« été autorisée ».

Cahier des charges de la concession du chemin de Blesme et Saint-Dizier
à Gray (décret du 26 mars 1852). Art. 3 : « Les sommes provenant de
« l'émission des obligations ne pourront être appliquées aux besoins de
« l'entreprise qu'au fur et à mesure de l'avancement des travaux et à
« charge par la Compagnie de justifier de l'emploi, en achat de terrains ou
« en travaux et approvisionnements sur place, d'une somme égale à
« deux fois et demie celles dont l'application aura été autorisée. »

---

(1) Ce contreseing avait l'inconvénient de trop solidariser l'État avec les Compagnies,
et de faire peser sur lui une responsabilité morale qu'il ne devait point assumer.

Décret du 21 avril 1853, instituant la concession du Grand Central. Art. 4 : « La Compagnie ne pourra, par émission d'actions ou d'obligations, « former le capital nécessaire à l'exécution des lignes qui font l'objet des « articles 4 et 5 précités que lorsque la concession de ces lignes sera « devenue définitive, et dans les proportions qui seront fixées par l'Admi- « nistration. »

Cahier des charges annexé à ce décret. Art. 63 : « ..... Le montant des « obligations ne pourra excéder la moitié du capital nécessaire à l'exécu- « tion des chemins de fer ci-dessus concédés..... »

Cahier des charges de la concession du chemin de Lyon à Genève (décret du 30 avril 1853). Art. 5 : « Le montant des obligations ne pourra « excéder la moitié des actions..... (1). »

Convention annexée à la loi du 2 mai 1855 sur le Grand Central. Art. 10 : « ..... La Compagnie aura la faculté de verser en compte cou- « rant au Trésor les sommes provenant des appels de fonds sur les actions « et obligations..... Les fonds versés au Trésor seront toujours à la dis- « position de la Compagnie pour l'exécution des travaux ; mais ils ne « pourront être retirés qu'avec l'autorisation du Ministre des travaux « publics. »

Depuis 1859, les Pouvoirs publics ont cessé d'insérer des clauses de cette nature dans les actes de concession des grandes Compagnies. La seule règle à laquelle soient soumises ces Sociétés est celle qui a été inscrite dans les règlements d'administration publique de 1863 et 1868 sur les justifications financières (2 mai 1863. Est ; 6 mai 1863, Ouest, Orléans et Midi ; 6 juin 1863, Paris-Lyon-Méditerranée ; 12 août 1868, Nord). Cette règle est la suivante (art. 27) : « La forme des obligations à émettre par « la Compagnie, la quotité, le mode de négociation et les conditions de « chaque émission partielle doivent être préalablement approuvés par le « Ministre des travaux publics. » Elle a été cependant complétée : 1° pour le réseau du Nord, par une disposition que le Conseil d'État avait proposé d'introduire également dans les règlements relatifs aux autres réseaux, mais qui en a été retranchée par le Gouvernement : « L'inspecteur géné- « ral tient registre : 1° des obligations émises ; 2° de celles qui n'ont pas « été présentées au payement du semestre ; 3° de celles qui sont appelées « chaque année au remboursement par le tirage au sort et de leur amortis- « sement. Il constate l'apposition d'un timbre d'annulation sur les obliga- « tions amorties. Il surveille l'application des sommes produites par

---

(1) La convention annexée au décret du 7 mars 1857 a modifié cette disposition, en autorisant la Compagnie à émettre des obligations jusqu'à concurrence de la moitié du capital.

« l'émission des obligations..... » ; 2° pour toutes les Compagnies, par l'art. 2 du décret du 7 juin 1884 portant institution des commissaires généraux, article aux termes duquel ces fonctionnaires sont chargés de « sur- « veiller les opérations d'émission et d'amortissement des obligations. »

Pour les Compagnies secondaires, le Gouvernement s'est contenté, jusqu'en 1870, d'insérer dans divers décrets une disposition soumettant les émissions à une autorisation préalable du Ministre des travaux publics, qui devait déterminer la forme des titres, le mode et le taux de leur négociation, et fixer les époques et la quotité des versements successifs jusqu'à complète libération.

Mais, à partir de 1870, les abus auxquels avait donné lieu la liberté excessive laissée aux Compagnies secondaires appelèrent l'attention du Gouvernement et surtout du Conseil d'État.

Pendant la dernière session du Corps législatif, M. le comte Le Hon, rapporteur d'une proposition tendant à reviser la loi de 1865 sur les chemins de fer d'intérêt local, présenta au nom de la Commission un contre-projet dont les deux derniers articles subordonnaient les émissions d'obligations à l'autorisation préfectorale, ainsi qu'au versement et à l'emploi utile des deux cinquièmes du capital-actions, et leur assignaient deux limites dont l'une était de deux fois et demie ce capital et l'autre de la somme obtenue en y ajoutant les subventions. La chute de l'Empire empêcha de donner suite à ce contre-projet.

En 1872, le décret du 5 août autorisant l'établissement du chemin de fer d'intérêt local de Nantes à Paimbœuf, à Pornic et à Machecoul, ajouta à la clause d'autorisation préalable les deux dispositions suivantes : « En « aucun cas, il ne pourra être émis d'obligations pour une somme supé- « rieure aux trois cinquièmes du capital total à réaliser par la Com- « pagnie, tant en actions qu'en obligations, déduction faite de la subven- « tion. — Aucune émission d'obligations ne pourra, d'ailleurs, être « autorisée avant que les trois cinquièmes du capital social aient été « versés et employés en achats de terrains, travaux, approvisionnements « sur place ou en dépôt de cautionnement ».

Bientôt après, le Conseil d'État réduisait à la moitié du capital de premier établissement le maximum des émissions d'obligations, pour les chemins de fer d'intérêt local, et portait aux quatre cinquièmes la fraction du capital social à verser et à employer avant la réalisation d'aucun emprunt (décret du 6 novembre 1872, chemin de Nançois-le-Petit à Gondrecourt). Il demandait en outre que le Ministre des travaux publics prît l'avis du Ministre des finances sur les demandes d'émission.

Il s'efforçait de faire prévaloir les mêmes principes pour les chemins

de fer d'intérêt général, et si, dans quelques cas, comme celui du chemin
d'Arles à la Tour Saint-Louis, il admettait certaines dérogations, il avait
soin de les justifier par des considérations spéciales à l'affaire. Sa doctrine
à cet égard est très nettement affirmée dans un avis de 1874 relatif au
projet de concession du chemin d'Amiens à Dijon, où on lit ce qui suit :
« Considérant que le premier réseau des grandes lignes a été exécuté tout
« entier au moyen des actions intégralement versées des Compagnies et
« que les obligations n'ont fait leur apparition sur le marché qu'au
« moment où il s'agissait de compléter les lignes et les travaux accessoires
« ou de créer des lignes secondaires ; que les obligations se trouvaient
« alors garanties non seulement par la totalité des actions souscrites,
« mais encore par la valeur industrielle des lignes, les subventions de
« l'État et souvent par une garantie d'intérêt ;

« Considérant que c'est grâce à la prudence apportée dans l'émission
« des obligations par les grandes Compagnies de chemins de fer et aux
« garanties qu'offraient ces titres qu'ils ont pu obtenir la confiance du
« public et permettre un développement considérable de nos travaux de
« chemins de fer qui représentent aujourd'hui un capital de plus de 8
« milliards ; mais qu'il importe au plus haut point de ne pas laisser
« s'introduire sur le marché, avec l'autorisation du Gouvernement et du
« législateur, des titres qui, en portant le même nom, pourraient inspirer
« au public une confiance pareille sans offrir les garanties d'un capital en
« actions correspondant à l'importance des emprunts contractés, surtout
« alors que les lignes pour lesquelles ces emprunts seraient souscrits ne
« donneraient encore aucun produit ;

« Que l'expérience faite dans plusieurs pays voisins, dont on ne peut
« contester les lumières en matière d'industrie, de commerce et de crédit,
« les a conduits à prendre des précautions de cette nature pour éviter les
« abus qui s'étaient produits... ;

« Que ces considérations ont également inspiré le Conseil d'État,
« lorsqu'il a été appelé à examiner les conditions dans lesquelles se for-
« maient les sociétés qui devenaient concessionnaires des chemins de fer
« d'intérêt local, en vertu des délibérations des Conseils généraux et de
« l'autorisation du Gouvernement par application de la loi du 12 juillet
« 1865, et qu'il a été ainsi conduit à ne pas s'écarter de la règle que tout
« emprunt doit être garanti par un capital d'égale valeur ;

« Que, sans doute, l'intérêt public exige que, pour cicatriser les
« plaies de la guerre, le travail féconde de toutes parts de nouvelles
« sources de richesses ; mais que ce serait aller à l'encontre de ce but
« patriotique que d'enfouir des capitaux dans des œuvres improductives,

« et que la mesure la plus exacte de la valeur d'une entreprise est assu-
« rément l'intérêt que prennent les concessionnaires sous forme du capital-
« actions ; qu'il ne suffit pas, pour garantir les intérêts engagés dans cette
« grave question de crédit, de stipuler que l'emploi partiel du capital-obli-
« gations sera subordonné à l'emploi préalable d'une part proportionnelle
« du capital-actions... ; qu'on pourrait s'exposer à créer une situation
« bien difficile où se trouveraient en présence un capital-obligations
« réalisé et un capital-actions impossible à émettre dans des circonstances
« qu'il est impossible de prévoir..... »

Les dispositions recommandées par le Conseil d'État furent introduites
dans la loi du 23 mars 1874, pour l'adjudication du chemin de Besançon
à Morteau. Les Pouvoirs publics prirent à cette occasion une garantie de
plus, en décidant que le compte rendu détaillé des résultats de l'exploitation comprenant les recettes brutes et les dépenses serait remis tous
les trois mois au Ministre des travaux publics et inséré au *Journal
officiel*.

Cette dernière disposition ne tarda pas à trouver place dans les
décrets relatifs aux chemins de fer d'intérêt local (décret du 1er août
1874, chemin de Sathonay à Trévoux). M. Caillaux, ministre des travaux
publics, présenta même, le 18 décembre 1875, un projet de loi de principe
qui la rendait applicable à tous les chemins de fer et qui la complétait
par d'autres dispositions, mais qui ne reçut pas de suite.

Les mesures restrictives prises en dernier lieu au sujet des émissions
d'obligations n'étaient pas absolument dépourvues d'inconvénients. Il pouvait arriver que la justification de l'emploi utile des quatre cinquièmes du
capital-actions ne fût pas susceptible d'être produite en temps opportun
et que l'entreprise eût absorbé le dernier cinquième avant l'achèvement de
l'instruction de sa demande en autorisation d'émission. D'un autre côté,
la Compagnie, n'ayant pas la faculté de profiter des circonstances favorables pour l'écoulement de ses titres, pouvait être placée dans l'alternative d'interrompre ses travaux ou de subir des conditions ruineuses dans
ses appels au public. Pour parer à ce danger, le Gouvernement inséra dans
le décret du 1er mars 1876 (Anvin à Calais) et dans d'autres décrets ultérieurs un paragraphe aux termes duquel le concessionnaire pouvait être
autorisé à émettre des obligations, après le versement intégral et l'emploi
de la moitié du capital-actions, à charge par lui de déposer à la Banque
de France, à la Caisse des dépôts et consignations ou au Crédit foncier,
les fonds provenant de ces émissions anticipées et de ne les retirer que sur
l'autorisation du Ministre des travaux publics.

Ainsi ont été complétées les dispositions qui ont été depuis consacrées par la loi organique du 11 juin 1880 sur les chemins de fer d'intérêt local et les tramways. Cette loi porte en effet ce qui suit :

« ART. 18. — Aucune émission d'obligations, pour les entreprises pré-
« vues par la présente loi, ne pourra avoir lieu qu'en vertu d'une autorisa-
« tion donnée par le Ministre des travaux publics. »

« Il ne pourra être émis d'obligations pour une somme supérieure au
« montant du capital-actions, qui sera fixé à la moitié au moins de la
« dépense jugée nécessaire pour le complet établissement et la mise en
« exploitation de la voie ferrée. Le capital-actions devra être effectivement
« versé, sans qu'il puisse être tenu compte des actions libérées ou à libérer
« autrement qu'en argent.

« Aucune émission d'obligations ne doit être autorisée avant que les
« quatre cinquièmes du capital-actions aient été versés et employés en
« achats de terrains, approvisionnements sur place ou en dépôt de cau-
« tionnement.

« Toutefois les concessionnaires pourront être autorisés à émettre des
« obligations, lorsque la totalité du capital-actions aura été versée, et s'il
« est dûment justifié que plus de la moitié de ce capital-actions a été em-
« ployée dans les termes du paragraphe précédent ; mais les fonds prove-
« nant de ces émissions anticipées devront être déposés à la Caisse des
« dépôts et consignations et ne pourront être mis à la disposition des
« concessionnaires que sur l'autorisation formelle du Ministre des travaux
« publics.

. . . .

« ART. 19. — Le compte rendu détaillé des résultats de l'exploitation,
« comprenant les dépenses d'établissement et d'exploitation et les recettes
« brutes, sera remis tous les trois mois, pour être publié, au préfet, au
« président de la Commission départementale et au Ministre des travaux
« publics. »

« Le modèle des documents à fournir sera arrêté par le Ministre des
« travaux publics. »

Le texte que nous venons de reproduire n'a d'ailleurs été adopté qu'après une étude minutieuse de la part des deux Chambres. Quelques députés avaient exprimé la crainte qu'il fût souvent impossible de trouver un capital-actions égal à la moitié du capital total ; mais le Parlement a jugé que, si les lignes inspiraient assez peu de confiance aux capitaux pour rendre leurs concessionnaires impuissants à satisfaire à cette condition, le mieux était d'y renoncer et de s'abstenir de les construire. M. René Brice, rapporteur à la Chambre des députés, a même insisté pour que le Ministre tînt fermement la main à la stricte exécution de l'article 18 et s'attachât à déjouer les fraudes à l'aide desquelles les spéculateurs pourraient tenter de tourner la loi.

Cependant l'article 18 de la loi du 11 juin 1880 comprend un dernier paragraphe ainsi conçu :

« Les dispositions des paragraphes 2, 3, et 4 du présent article ne
« seront pas applicables dans le cas où la concession serait faite à une
« Compagnie déjà concessionnaire d'autres chemins de fer en exploitation,
« si le Ministre des travaux publics reconnaît que les revenus nets de ces
« chemins sont suffisants pour assurer l'acquittement des charges résul-
« tant des obligations à émettre. » Il résulte très nettement des documents parlementaires que ce paragraphe additionnel vise surtout, sinon exclusivement, le cas où les grandes Compagnies se rendraient concessionnaires de chemin de fer d'intérêt local ; il a eu pour but de ne pas obliger ces sociétés à accroître leur capital social et à apporter à leur constitution des changements devant lesquels elles auraient certainement reculé. Le législateur a du reste ménagé aux obligataires toutes les garanties désirables, puisqu'il exige :

1° Que la Compagnie concessionnaire ait déjà d'autres lignes en exploitation ;

2° Que le revenu de ces lignes soit suffisant, non seulement pour faire face à leurs charges propres, mais encore pour assurer l'acquittement des charges afférentes aux nouvelles émissions.

Depuis 1880, les Pouvoirs publics ont admis, au profit de deux Compagnies, une combinaison qui se rattache au dernier paragraphe de l'article 18 de la loi du 11 juin 1880, mais qui néanmoins ne lui est pas conforme. Ces Compagnies construisent les lignes dont elles sont concessionnaires à l'aide d'un capital-actions relativement restreint et, s'il y a lieu, de moyens de trésorerie ; lorsque les travaux sont terminés, elles émettent des obligations pour rendre disponible le capital-actions qu'elles affectent ensuite à l'établissement d'autres lignes et qui leur sert ainsi de fonds de roulement. Leurs émissions ne peuvent avoir lieu qu'avec l'autorisation du Ministre des travaux publics, après avis du Ministre des finances, et ne doivent pas dépasser le chiffre forfaitaire déterminé dans l'acte de concession pour les dépenses de construction ; les charges des titres ne doivent pas, d'autre part, dépasser l'annuité garantie ; enfin le Ministre des travaux publics est tenu de procéder aux constatations prescrites par le § 5 de l'article 18 de la loi, avant d'autoriser les emprunts. Cette combinaison diffère de celle qui fait l'objet du paragraphe final de l'article 18, en ce que les deux Compagnies n'ont pas été astreintes à avoir déjà des lignes en exploitation et en ce que les constatations relatives au revenu net portent, non point sur les concessions antérieures, mais sur celles qui nécessitent les émissions.

Bien que les traités passés par ces sociétés avec les départements leur assurent le maximum de la subvention prévue par la loi, les garanties des obligataires sont incontestablement réduites ; ils sont plus exposés, notamment pour le cas où des mécomptes viendraient à se produire sur les évaluations forfaitaires des dépenses d'exploitation.

Le champ d'action des deux Compagnies ayant pris beaucoup d'extension, le Conseil d'État a signalé à diverses reprises l'opportunité de prendre des garanties supplémentaires, en exigeant l'immobilisation dans les travaux d'une part du capital-actions, suffisante pour couvrir les risques éventuels pouvant résulter de ces mécomptes. A la suite de négociations avec l'une de ces Compagnies, le Gouvernement a proposé au Parlement une autre solution consistant à interdire d'engager directement ou indirectement le capital-actions dans des opérations étrangères à l'objet des concessions, sans une autorisation préalable par décret délibéré en Conseil d'État : cette interdiction lui paraissait suffisante pour empêcher que le gage des obligataires fût compromis. Mais depuis, il a fini par se rendre aux observations du Conseil et par admettre la nécessité de l'immobilisation d'une partie du capital-actions. (Voir la loi du 17 août 1885, chemins d'intérêt local divers dans Indre-et-Loire ; la loi du 20 août 1885, chemin d'intérêt local de Bourges à Dun-sur-Auron ; la loi du 11 septembre 1885, chemins d'intérêt général de Sancoins à Lapeyrouse et de Châteaumeillant à la Guerche ; la loi du 27 juillet 1886, chemins d'intérêt général de la Voulte au Cheylard et autres.) Ces lois limitent toutes le capital à réaliser au moyen d'émissions d'obligations aux 4/5 des dépenses d'établissement ; l'émission n'est autorisée que sous la condition que l'annuité d'intérêt et d'amortissement des titres à émettre ne dépasse pas les 4/5 du montant de l'annuité garantie sur les dites dépenses.

Nous devons encore mentionner la loi du 17 août 1885, concédant à la Société marseillaise de crédit industriel et commercial : 1° à titre définitif, le chemin de Draguignan à Meyrargues ; 2° à titre éventuel, les chemins de Grasse à Nice ou à Cagnes, de Digne à Draguignan et de Saint-André à Nice. Cette loi contient les dispositions suivantes : « Aucune émis-« sion d'obligations ne pourra avoir lieu qu'en vertu d'une autorisation « donnée par le Ministre des travaux publics, après avis du Ministre des « finances. — En aucun cas il ne pourra être émis d'obligations pour une « somme supérieure au double du capital-actions et ce capital-actions « devra être effectivement versé, sans qu'il puisse être tenu compte des « actions libérées ou à libérer autrement qu'en argent. Aucune émis-« sion d'obligations, etc. » (Suivent deux dispositions semblables à celles des deux derniers § de l'article 18 de la loi du 11 juin 1880.)

Telles sont les étapes par lesquelles sont passés les Pouvoirs publics dans la gradation successive des mesures protectrices prises en faveur des obligataires, pour les chemins de fer de la métropole : ces mesures se justifient amplement par le rôle important que jouent aujourd'hui les obligations dans la fortune mobilière de la France, par la diffusion de ces titres qui forment avec la rente le pivot de l'épargne du Pays, enfin par la part prépondérante que les obligataires ont prise à la constitution des capitaux de premier établissement, sans pouvoir exercer aucune action sur la gestion des Compagnies. L'État est le tuteur naturel des intérêts des nombreux souscripteurs qui concourent à l'œuvre de la création et du développement de notre réseau, et il faillirait à ses devoirs en n'exerçant pas cette tutelle avec une vigilance incessante.

Pour les chemins de fer algériens, le Gouvernement et le législateur ont pris, surtout à l'origine, des mesures, sinon identiques à celles que nous venons d'indiquer pour les chemins de fer d'intérêt local, du moins inspirées par les mêmes principes. Toutefois, au fur et à mesure que les réseaux concédés dans notre colonie africaine se sont étendus, le régime des Compagnies concessionnaires s'est peu à peu rapproché de celui des grandes Compagnies de la métropole. Voici, à cet égard, quelques renseignements sommaires :

1° *Compagnie de Bône-Guelma.* — Le décret du 7 mai 1874, portant concession du chemin d'intérêt local de Bône à Guelma, disposait qu'aucune émission d'obligations ne pourrait être autorisée avant le versement et l'emploi des 4/5 du capital-actions et limitait les emprunts successifs au montant des versements effectués sur ce capital. La loi du 26 mars 1877, relative à la concession des chemins d'intérêt général de Duvivier à Souk-Arrhas et de Guelma au Kroubs, ramena la proportion des 4/5 aux 2/3 ; elle autorisa les émissions à partir de cette limite, à charge par la Compagnie d'en employer le produit en bons du Trésor et de déposer ces bons à la Caisse des dépôts et consignations, pour ne les retirer qu'après justification : 1° de l'emploi d'une somme au moins égale à celle dont la libre disposition serait demandée par elle ; 2° de l'emploi du capital-actions dans la même proportion que le capital-obligations. Enfin la loi du 20 avril 1882 (chemin de Souk-Arrhas à Sidi-El-Hemessi) et celle du 28 juillet 1885 (chemin de Souk-Arrhas à Tébessa) n'ont maintenu que la nécessité d'une autorisation préalable pour les émissions.

Quant à la proportion du capital-obligations au capital-actions, elle a été élevée progressivement de 1 à 3 environ.

2° *Compagnie de l'Est-Algérien.* — La loi du 15 décembre 1875 concernant le chemin de Constantine à Sétif n'autorisait les émissions qu'après versement et emploi de la moitié du capital-actions. Les décrets du 20 décembre 1877 et du 30 décembre 1878, relatifs aux chemins de fer d'intérêt local de la Maison-Carrée à l'Alma et à Ménerville, exigeaient même en principe le versement et l'emploi des 4/5 de ce capital, tout en prévoyant des émissions anticipées après le versement intégral du capital et l'emploi de la 1/2, à charge par la Compagnie de déposer le produit de ces emprunts à la Banque de France, à la Banque d'Algérie ou à la Caisse des dépôts et consignations, pour ne les retirer qu'avec l'autorisation du Gouverneur général de l'Algérie. La loi du 2 août 1880, portant concession des chemins d'intérêt général de Sétif à Ménerville et d'El-Guerrah à Batna, subordonnait les émissions au versement et à l'emploi de la totalité du capital-actions. Les lois du 23 août 1883, du 21 mai 1884 et du 21 juillet 1884 (Ménerville à Tizi-Ouzou, Bougie à Beni-Mansour et Batna à Biskra) ne prévoient plus qu'une autorisation du Ministre des travaux publics, après avis du Ministre des finances.

Primitivement le capital-obligations ne pouvait pas dépasser le capital-actions. Aujourd'hui, si les évaluations des dépenses de premier établissement sont atteintes, il peut s'élever à plus de six fois le capital-actions.

3° *Compagnie de l'Ouest-Algérien.* — Le décret du 3 novembre 1874, concernant le chemin d'intérêt local de Sainte-Barbe-du-Tlélat à Sidi-Bel-Abbès, contenait des dispositions analogues à celles que nous avons relatées ci-dessus pour le chemin d'intérêt local de Bône à Guelma. Les lois du 22 août 1881 et du 5 août 1882 (concession des chemins d'intérêt général de Sidi-Bel-Abbès à Ras-el-Ma et de la Sénia à Aïn-Témouchent et incorporation du chemin d'intérêt local de Sainte-Barbe-du-Tlélat à Sidi-Bel-Abbès) ont donné à la Compagnie la faculté d'élever son capital-obligations au double du capital-actions et n'ont subordonné les émissions qu'à l'autorisation préalable du Ministre des travaux publics, qui peut exiger le dépôt des fonds à la Caisse des dépôts et consignations ou dans tout autre établissement agréé par lui, pour n'être retirés qu'avec son assentiment et au fur et à mesure de l'avancement des travaux.

Enfin les lois du 16 juillet 1885 et du 31 juillet 1886, portant concession des chemins d'intérêt général de Tabia à Tlemcen et de Blidah à Berrouaghia, avec embranchement sur Médéah, ont autorisé la réalisation des ressources nécessaires par l'émission d'obligations émises avec l'assentiment du Ministre des travaux publics, au fur et à mesure de l'approbation des projets, sous la réserve que le capital-actions serait porté à

17 millions ; le capital-obligations dépassera notablement le triple du capital-actions.

4° *Compagnie franco-algérienne.* — La Compagnie franco-algérienne possédant des exploitations autres que celles de ses chemins de fer, les lois du 3 juillet 1884, du 15 avril 1885, du 28 juillet 1885 et du 31 juillet 1886, portant concession des lignes d'Aïn-Thizy à Mascara, de Mostaganem à Tiaret, de Modzbah à Mécheria et de Mécheria à Aïn-Sefra, ont autorisé cette Compagnie à réaliser le capital nécessaire au moyen d'émissions d'obligations dûment autorisées par le Ministre des travaux publics, après avis du Ministre des finances.

Ajoutons que le règlement sur les justifications financières à produire par la Compagnie de Bône-Guelma, contient, pour les émissions d'obligations, des dispositions semblables à celles des règlements relatifs aux chemins des grandes Compagnies de la métropole.

Comme on le voit d'après les indications que nous venons de donner, les émissions d'obligations sont en principe subordonnées à l'autorisation du Ministre des travaux publics, après avis du Ministre des finances.

L'Administration ne statue qu'après avoir soumis les demandes au Comité consultatif des chemins de fer. Elle s'assure de la réalité des besoins. Elle veille à ce que le service de l'intérêt et de l'amortissement soit assuré par les produits de l'exploitation et la garantie de l'État ou des localités. Elle contrôle la forme des obligations, pour constater que ces titres ne contiennent aucune indication susceptible d'induire le public en erreur. Le cas échéant, elle subordonne l'émission au versement des fonds dans une caisse déterminée dont ils ne sont retirés que progressivement, au fur et à mesure des besoins et en vertu d'autorisations spéciales du Ministre des travaux publics.

Dans les décisions qu'il prend pour autoriser les émissions, le Ministre des travaux publics, agissant de concert avec le Ministre des finances, détermine habituellement le minimum du prix brut de vente et le maximum des frais d'émission. En outre, il fixe, s'il y a lieu, la Caisse où devront être déposés les fonds provenant de l'émission, ainsi que les conditions de retrait de ces fonds.

b. PROPORTION DU CAPITAL-OBLIGATIONS AU CAPITAL-ACTIONS. — En traitant des conditions d'émission des obligations, nous avons dû donner quelques indications sur le rapport entre le capital produit par ces titres et le capital-actions.

Ainsi que nous l'avons fait remarquer, le capital-obligations n'a commencé à prédominer qu'en 1855 ; depuis, il n'a cessé de croître rapidement. Le tableau ci-après relate, pour les grandes Compagnies, d'après les comptes rendus aux actionnaires sur les opérations de l'année 1885, le nombre total d'obligations émises par ces sociétés et le capital réalisé au 31 décembre 1885 ; il reproduit, en outre, les renseignements que nous avons déjà fournis précédemment sur le capital-actions :

| DÉSIGNATION des COMPAGNIES | NATURE ET TYPE DES OBLIGATIONS ÉMISES | NOMBRE des OBLIGATIONS émises | CAPITAL RÉALISÉ | | CAPITAL ACTIONS | RAPPORT entre le capital-obligations et le capital-actions |
			PAR CATÉGORIE DE TITRES	PAR COMPAGNIE		
			fr.	fr.	fr.	
Nord........	Obligations de la Compagnie d'Amiens à Boulogne.	2.363	1.181.558,00	1.038.815.464,02	231.875.000	4,5
	Obligations Nord 3 %	3.149.894	1.037.633.606,02			
Est.........	Obligations des anciennes Compagnies..........	489.868	147.508.135,35	1.518.290.094,91	292.000.000	5,2
	Obligations de Mulhouse à Thann..............	165	165.000,00			
	Obligations Est 5 %	368.828	175.671.989,45			
	Obligations Est 3 %	4.043.860	1.194.943.970,11			
Ouest........	Obligations des anciennes Compagnies..........	48.638	39.763.900,00	1.296.716.823,42	150.947.918	8,6
	Obligations Ouest 3 %	4.159.184	1.256.952.923,42			
Orléans......	Anciennes obligations de 1.000 fr. 5 %	22.221	19.998.750,00	1.355.503.721,10	307.784.570	4,4
	Obligations d'Orsay..........................	7.200	3.993.000,00			
	Obligations du Grand Central.................	272.264	76.127.120,56			
	Obligations Orléans 3 %	4.128.412	1.255.384.850,54			

DÉSIGNATION des COMPAGNIES	NATURE ET TYPE DES OBLIGATIONS ÉMISES	NOMBRE des OBLIGATIONS émises	CAPITAL RÉALISÉ		CAPITAL ACTIONS	RAPPORT entre le capital-obligations et le capital-actions
			PAR CATÉGORIE DE TITRES	PAR COMPAGNIE		
			fr.	fr.	fr.	
	Obligations 5 % de la Compagnie de Paris à Lyon.	80.000	83.968.170,85			
	Obligations 3 % — — —	250.000	71.359.074,43			
	Obligations 5 % de la Cⁱᵉ de Lyon-Méditerranée....	120.000	62.835.963,97			
	Obligations 3 % — —	264.999	86.263.274,19			
	Obligations 4 % de Rhône et Loire.............	102.614	51.307.060,00			
	Obligations 3 % — —	63.643	49.092.900,00			
P.-L.-M.....	Obligations 3 % du Bourbonnais................	211.000	60.031.737,74	3.514.632.586,77	349.968.056	10,3
	Obligations du Grand Central................	157.943	45.580.000,00			
	Obligations 3 % de la Compagnie de Lyon à Genève.	142.264	39.533.413,24			
	Obligations 3 % du Dauphiné................	173.000	47.294.209,34			
	Obligations 3 % du Victor-Emmanuel...........	98.412	31.610.171,17			
	Obligations 3 % de la Cⁱᵉ de Bessègues à Alais......	22.610	6.783.000,00			
	Obligations 3 % des Dombes et du Sud-Est......	80.000	28.182.000,00			
	Obligations 3 % Fusion................	9.493.577	2.880.791.672,84			
Midi.........	Obligations du chemin de La Teste.............	840	1.050.060,00	954.708.126,42	146.319.020	6,5
	Obligations Midi 3 %....................	3.101.841	953.658.126,42			
	MOYENNE.............					6,6

Le capital-obligations des grandes Compagnies est donc de plus de 6 fois 1/2 leur capital-actions ; cette proportion augmentera rapidement, par le fait des émissions nécessaires pour la construction des lignes comprises dans les concessions de 1883 et pour l'exécution des travaux complémentaires sur les lignes antérieurement concédées. On est loin de la règle d'égalité, qui a pris place dans la loi du 11 juin 1880 sur les chemins de fer d'intérêt local et les tramways, et même de la proportion de 1, 8 que critiquait déjà M. de Jouvenel, dans son rapport à la Chambre des députés sur les conventions de 1859.

Nous avons vu qu'il en est de même pour les principales Compagnies algériennes, ainsi que pour certaines Compagnies concessionnaires de chemins de fer d'intérêt local.

C'est qu'en effet il ne peut y avoir de principe absolu en pareille matière ; toute règle mathématique et inflexible porte en elle un germe de mort et est inévitablement condamnée à une prompte caducité, si on ne sait pas y apporter certains tempéraments.

Le seul objectif que les Pouvoirs publics aient à poursuivre, dans chaque cas particulier, est de sauvegarder les intérêts des obligataires et de leur assurer un gage suffisant pour empêcher leurs capitaux d'être sérieusement compromis. Dans beaucoup de cas, des considérations d'espèce peuvent seules dicter leur détermination. Parmi les faits susceptibles d'influer sur leur décision, nous citerons notamment les suivants :

1° *Produit des lignes concédées.* — Il est certain que, toutes choses égales d'ailleurs, la proportion du capital-obligations au capital-actions peut être plus élevée pour des lignes productives que pour des lignes donnant un revenu modique et à fortiori que pour des lignes dont les recettes ne doivent pas couvrir les dépenses d'exploitation. Car le véritable gage des obligataires, c'est le produit net du chemin de fer, augmenté, le cas échéant, des annuités servies par l'État, par les départements ou par les communes à titre de subvention ou de garantie d'intérêt.

2° *Garantie de l'État, des départements ou des communes.* — La situation respective des lignes bénéficiant d'une garantie d'intérêt et de celles qui, au contraire, ne sont pas dotées de subsides de cette nature est évidemment analogue à celle que nous venons de signaler.

Pour les grandes Compagnies en particulier, les conventions de 1859 et les conventions ultérieures conclues jusqu'à 1875 inclusivement garantissaient aux capitaux du nouveau réseau un revenu rémunérateur et comprenaient dans le revenu réservé à l'ancien réseau, avant déversement sur le nouveau, les charges d'intérêt et d'amortissement des obligations dont le produit avait été affecté à cet ancien réseau. (Voir tome IV de notre « Étude historique sur les chemins de fer », pages 956 et suivantes.)

A la fin de 1882, c'est-à-dire avant les conventions de 1883, la répartition du capital-obligations entre l'ancien et le nouveau réseau était la suivante, d'après les bilans des Compagnies :

DÉSIGNATION des COMPAGNIES	CAPITAL-OBLIGATIONS			
	ANCIEN RÉSEAU	NOUVEAU RÉSEAU	DIVERS	ENSEMBLE
	fr.	fr.	fr.	fr.
Nord..........	557.946.614	255.155.751	99.151.217	912.253.582
Est.	82.492.833	1.002.173.240	43.494.838	1.127.860.911
Ouest..........	275.000.000	847.130.529	33.219.679	1.155.350.208
Orléans........	216.800.916	867.4 6.034	41.231.647	1.125 438.597
P.-L.-M........	2.165.355.018	664.192.330	63.917.202	2.893.464.550
Midi.	212.772.411	572.496.675	24.799.043	810.068.129
Total.....	3.510.067.792	4.208.554.559	305.813.626	8.024.435.977

Plus de la moitié du capital-obligations était donc garanti (1). A la vérité la garantie nominale n'était que de 4, 655 %, dont 4 % d'intérêt et le surplus pour l'amortissement ; mais le revenu réservé comprenait, comme nous le verrons en traitant des conventions financières, un appoint plus que suffisant pour faire face aux charges réelles des emprunts.

D'autre part, les sommes acquises aux actionnaires, déversées sur le nouveau réseau ou remboursées au Trésor en 1882, ont été les suivantes, d'après les mêmes bilans :

(1) Le Midi avait été en outre doté d'une garantie d'intérêt pour son ancien réseau (art. 66 et 67 du cahier des charges annexé à la loi du 8 juillet 1852; art. 7 du cahier des charges annexé à la convention du 24 août 1852; art. 8 de la convention des 28 décembre 1858-11 juin 1859). Mais cette garantie, limitée à un capital de 118 millions, c'est-à-dire à une faible fraction de la dépense d'établissement de l'ancien réseau, était purement nominale, eu égard aux recettes de ce réseau.

DÉSIGNATION des COMPAGNIES	SOMMES DÉVERSÉES DE L'ANCIEN RÉSEAU sur le nouveau ou remboursées au Trésor	SOMMES ATTRIBUÉES au CAPITAL-ACTIONS	TOTAL
	fr.	fr.	fr.
Nord............	3 827.326,75	33.077.522,53	35.904.849,28
Est............	11.630.596,52	19.950.698,81	31.581.295,33
Ouest.........	15.528.756,99	11.319.388,92	26.848.145,91
Orléans...... ..	23.354.730,09	35.272.126,94	69.626.857,03
P.-L.-M........	24.276.301,01	52.098.208,93	76.374.509,94
Midi...........	16.298.244,73	10.504.880,10	26.803.124,83
TOTAL GÉNÉRAL..................			259.138.782,32

Il eût fallu une diminution de près de moitié sur le produit net, pour porter atteinte à la part nécessaire au service des obligations.

D'ailleurs, les conventions de 1883 ont encore amélioré la situation des porteurs d'obligations. Elles ont en effet étendu à la totalité des dépenses de chacune des Compagnies de l'Est, de l'Ouest, d'Orléans et du Midi, la garantie dont bénéficiait seul auparavant le nouveau réseau (1). Quant aux Compagnies du Nord et de Paris-Lyon-Méditerranée, bien qu'elles continuent à ne jouir de la garantie que pour leur nouveau réseau, leur régime est également modifié en ce sens que la garantie, au lieu d'être restreinte au taux conventionnel de 4 65 %, est réglé sur les charges effectives des emprunts.

Dans de telles conditions, il n'y a pour ainsi dire pas de limite aux émissions d'obligations. Toutefois nous devons faire remarquer qu'un capital-actions trop restreint a, pour les Compagnies elles-mêmes, le défaut d'être trop sensible; les plus-values et les moins-values des recettes de l'exploitation se répartissant sur un petit nombre de titres, le dividende des actionnaires subit inévitablement des variations d'une certaine amplitude (sauf, bien entendu, le cas où la garantie de l'État est mise en jeu, puisqu'alors le dividende garanti ou réservé est invariable).

Les réseaux de Bône-Guelma, de l'Est-Algérien et de l'Ouest-Algérien et le réseau colonial de la Compagnie de Paris-Lyon-Méditerranée sont également dans une situation excellente, puisqu'ils sont dotés de la garantie pour la totalité de leurs dépenses.

Il en est de même de la plupart des concessions de chemins de fer d'intérêt local faites depuis 1880 : les conventions conclues entre les départements et les concessionnaires et les lois déclaratives d'utilité pu-

(1) Voir la note de la page 200.

blique leur attribuent en effet le maximum de la subvention annuelle susceptible de leur être accordée par l'État aux termes de la loi du 11 juin 1880.

3° *Bases de la garantie.* — Parmi les causes susceptibles d'influer sur la limite à assigner au rapport entre le capital-obligations et le capital-actions, nous devons encore noter les bases admises pour le jeu de la garantie, à savoir le mode d'évaluation du capital garanti et des dépenses d'exploitation, le taux d'intérêt et d'amortissement, la durée de la garantie.

L'admission en compte des dépenses réelles de construction, jusqu'à concurrence d'un maximum suffisamment large, présente moins d'aléa que la fixation d'un chiffre forfaitaire sur lequel la Compagnie peut éprouver des mécomptes, en cours d'exécution. A plus forte raison en est-il ainsi, lorsque le capital peut s'accroître ultérieurement des dépenses complémentaires de premier établissement.

De même, l'admission en compte des dépenses réelles d'exploitation peut être moins aléatoire que leur estimation d'après des bases conventionnelles et forfaitaires.

Plus le taux de la garantie est élevé, plus il y a de sécurité pour les prêteurs, qui ont moins à redouter de voir leur gage diminué ultérieurement par des emprunts onéreux.

Une garantie limitée à une faible durée peut exposer les obligataires à certains risques, au cas où, durant le délai assigné à son fonctionnement, le trafic n'aurait pas pris assez de développement pour assurer un produit net au moins égal aux charges des emprunts. On sait que, pour les grandes Compagnies de la métropole, la garantie de l'État doit cesser : à la fin de 1934 en ce qui concerne le réseau de l'Est, à la fin de 1935 en ce qui concerne le réseau de l'Ouest, et à la fin de 1914 en ce qui concerne les autres réseaux (1) : nous nous bornons à citer le fait, à titre d'exemple, et nous nous empressons d'ajouter que l'avenir financier de ces sociétés peut inspirer toute confiance aux souscripteurs de leurs emprunts.

La garantie accordée aux Compagnies de Bône-Guelma, de l'Est-Algérien et de l'Ouest-Algérien, doit, au contraire, durer autant que leurs concessions. Il en est de même pour la plupart des chemins de fer d'intérêt local concédés depuis 1880.

4° *Taux des emprunts.* — Le gage qu'il importe de ménager aux emprunts dépend moins du montant de ces emprunts que des charges d'in-

____

(1) La durée de la garantie spéciale à la ligne du Rhône au Mont-Cenis n'est pas limitée.

térêt et d'amortissement dont ils grèvent l'exploitation ultérieure. Une émission, faite dans des conditions avantageuses, pourra évidemment atteindre sans inconvénient un chiffre plus élevé qu'une émission faite à un taux onéreux.

5° *Étendue du champ d'opérations des Compagnies.* — Une Compagnie à laquelle ses statuts approuvés ou une disposition législative interdisent de se livrer à des opérations étrangères peut avoir un capital-obligations plus élevé qu'une Compagnie libre de toute entrave à cet égard. En effet, ces opérations étant susceptibles de lui infliger des pertes, elle doit nécessairement offrir un gage plus solide à ses prêteurs.

6° *Régime en vigueur pour les chemins de fer.* — L'autorité plus ou moins grande de l'État sur l'exploitation et en particulier sur les tarifs, les principes admis en matière de concurrence, en un mot tous les éléments du régime légal et du régime de fait en vigueur pour les chemins de fer, doivent aussi peser sur les déterminations des Pouvoirs publics et des Compagnies elles-mêmes, pour la fixation de la limite des émissions d'obligations.

Ces considérations et beaucoup d'autres que nous pourrions y ajouter, mais que nous passons sous silence pour ne pas développer outre mesure nos explications, prouvent surabondamment l'impossibilité d'une règle inflexible et d'un cadre invariable embrassant tous les cas, toutes les espèces.

Nous ne critiquons pas, pour cela, l'œuvre du législateur de 1880. Les abus trop nombreux qui avaient été commis, soit en France, soit à l'étranger, devaient l'amener à rechercher et à introduire dans la loi organique du 11 juin des dispositions protectrices pour les intérêts des obligataires. Il a sagement agi, en donnant sa consécration aux mesures que le Conseil d'État et le Gouvernement avaient été amenés progressivement à insérer dans les décrets rendus sous l'empire de la loi de 1865. Des circonstances spéciales doivent seules justifier des dérogations à la règle ; mais ces circonstances peuvent exister ; le législateur l'a compris, puisqu'il a lui-même prévu dans la loi organique une exception au profit des Compagnies déjà concessionnaires de lignes productives, et approuvé depuis une combinaison différente pour la Société des chemins de fer économiques et la Compagnie des chemins de fer départementaux. L'important est moins de s'enfermer dans une formule que de ne jamais laisser porter atteinte au gage des obligataires, et de toujours prévoir les mécomptes auxquels peut être exposée la Compagnie. Toute imprudence à cet égard serait d'autant moins excusable que les enseignements du passé sont là pour nous éclairer et que les échecs financiers des Compagnies de chemins de fer aboutissent fatalement à des sacrifices pour l'État, surtout quand ils frappent non seulement les actionnaires, mais aussi les obligataires. Du reste, avec le système de garantie ou plutôt de subvention annuelle qu'a inauguré la loi du 11 juin 1880 et qui profite à la totalité des dépenses de construction et leur assure dans la plupart des cas un revenu de 5 %, les résistances des Compagnies à maintenir dans des limites prudentes la proportion du capital-obligations au capital-actions témoigneraient de tendances à la spéculation qu'il conviendrait de ne point encourager.

c. VALEUR NOMINALE ET PRIX D'ÉMISSION. — Dans l'origine, le taux de création des obligations a été généralement de 1000 francs ; elles étaient remboursables, soit au pair, soit à 1250 francs, et rapportaient 50 francs d'intérêt. Mais, aussitôt que les emprunts ont pris une certaine extension, les Compagnies ont reconnu la nécessité d'adopter un type plus accessible aux petits capitalistes.

Les obligations émises depuis de longues années sont des titres remboursables à 500 francs par voie de tirages annuels et rapportant 15 francs d'intérêt.

Nous avons donné dans le tome Ier, page 515, un tableau complet : 1° du prix net de vente des obligations émises par les grandes Compagnies de 1856 à 1885 ; 2° des charges correspondantes en intérêt et amortissement. Le lecteur voudra bien se reporter à ce tableau ; nous nous bornons à rappeler les principaux faits qu'il met en lumière :

D'une part, le produit net par obligation, qui, en 1856, ne dépassait pas en moyenne 282 francs, s'est élevé progressivement jusqu'à 331 francs en 1870 ; les événements de guerre l'ont déprimé jusqu'en 1873, époque à laquelle il est descendu à 270 francs ; il n'a pas tardé à se relever ; en 1880 et 1881, il était de 384 francs ; depuis, l'affaissement général des cours l'a réduit et ramené à 355 francs en 1883 ; puis, il est remonté à 376 francs en 1885.

D'autre part, il résulte des chiffres de la page 197 de ce volume que les 27 778 768 obligations émises par les grandes Compagnies, depuis leur constitution définitive, ont fourni une somme totale de 8 579 363 149 fr. 35, soit en moyenne 309 francs par titre.

Dans les développements que nous avons consacrés, tome Ier, page 508 et suivantes, à l'étude comparative du crédit de l'État et du crédit des Compagnies, nous avons recherché l'influence qu'avaient pu exercer sur le cours des obligations les impôts successifs prélevés sur le revenu de ces titres, à savoir : impôt sur le revenu et sur la prime de remboursement et droit de transmission. Nous avons aussi calculé le taux effectif du placement fait par les souscripteurs. Ici encore, nous nous contentons de reproduire en deux mots les conclusions auxquelles nous sommes arrivé.

Jusqu'en 1870 le crédit des grandes Compagnies a été notablement inférieur à celui de l'État ; l'écart était de 0 fr. 50 d'intérêt pour 100 francs de capital en 1859 et de plus de 0 fr. 60 en 1868. Les désastres de 1870-1871 ont affecté plus profondément le cours de la rente que celui des obligations de chemins de fer. Ces dernières ont pris le dessus ; en 1872 elles avaient 0 fr. 50 environ d'avance. Mais la reconstitution de nos finances n'a pas tardé à rétablir l'équilibre et même à restituer l'avantage au crédit de l'État ; en 1878, l'émission de la rente 3 % amortissable a pu se faire à 0 fr. 40 % de moins que celle des obligations ; en 1881, la différence a encore été de près de 0 fr. 10.

Tels sont les seuls renseignements qu'il soit utile de relater ici sur la valeur nominale et le prix d'émission des obligations. Nous ne pouvons, pour le surplus, que renvoyer le lecteur à l'étude financière du tome Ier, page 508 et suivantes.

d. GAGE DES OBLIGATAIRES. — Le gage des obligataires réside dans la valeur du chemin de fer et de son matériel ; dans la partie du capital-actions qui serait resté disponible (1) ; dans les produits de l'exploitation augmentés, s'il y a lieu, des sommes versées à titre de garantie par l'État, les départements ou les communes ; et dans les autres biens ou les autres sources de revenu. C'est l'application de la règle posée dans l'article 2 093 du Code civil : « les biens du débiteur sont le gage commun de ses créanciers.... »

Aucune loi générale n'attribue de privilège aux obligataires relativement aux autres créanciers.

En consultant les précédents antérieurs à 1885, on ne trouve qu'un exemple d'une disposition introduite à cet égard dans un acte de concession : le cahier des charges annexé à la convention du 19 juin 1852 avec la Compagnie de Lyon à la Méditerranée portait, en son article 21, que « les produits nets de tout le réseau des chemins de fer compris dans la « concession seraient appliqués par privilège au service de l'intérêt et de « l'amortissement des obligations émises par la Compagnie ».

Il y a quelques années, le Conseil d'État avait été saisi, en vue de la déclaration d'utilité publique d'un chemin de fer d'intérêt local, d'un projet

______

(1) D'après l'article 33 du Code de commerce, les associés ne sont passibles que de la perte de leur intérêt dans la Société.

de loi dont un article « affectait les garanties ou subventions annuelles de
« l'État ou du département comme gage spécial à l'intérêt et à l'amortis-
« sement des obligations. » Mais le Conseil avait éliminé cet article, en
faisant observer qu'il ne convenait pas d'établir par une loi déclarative
d'utilité publique un droit de préférence qui aurait au moins l'apparence
d'une dérogation aux règles générales de notre droit civil.

En 1885, des considérations d'espèce ont conduit à insérer dans la loi
du 15 avril, portant concession du chemin de fer de Mostaganem à Tiaret,
un article ainsi conçu : « La garantie accordée par l'État, en exécution de
« l'article 3 de la convention susvisée et les produits nets de l'exploitation
« du chemin de fer concédé seront affectés, comme gage spécial et par
« privilège, au paiement des intérêts et à l'amortissement des obligations
« émises en vertu de l'article 5 de la convention et de l'article 3 de la
« présente loi. Si l'État exerce la faculté de rachat ou si la ligne est mise
« en adjudication, par application des articles 39 et 40 du cahier des
« charges, le prix du rachat ou de l'adjudication sera affecté comme gage
« spécial et par privilège, suivant les cas, au service de l'intérêt et de
« l'amortissement ou au remboursement des obligations garanties. » La
Société à laquelle la concession était attribuée faisait, en effet, d'autres
opérations industrielles ou agricoles; le cours général de ses obligations
était trop déprimé pour qu'il lui fût possible de réaliser à un taux convenable le capital d'établissement du chemin de fer, sans une disposition de
la nature de celle que nous venons de relater.

La même disposition a été reproduite depuis, dans les lois du 28 juillet
1885 et du 31 juillet 1886 concédant à la même compagnie les lignes de
Modzbah à Mécheria et de Mécheria à Aïn-Sefra.

Sauf ces cas tout à fait exceptionnels, les lois spéciales ne confèrent
aucun privilège aux obligataires.

Ainsi le gage des capitalistes qui ont souscrit aux premiers emprunts
d'une Compagnie peut être ultérieurement amoindri ou compromis par
l'adjonction de lignes improductives, par des pertes sur la construction
de ces lignes et surtout par des opérations malheureuses engagées en
dehors de l'entreprise du chemin de fer, si ces opérations ne sont pas
interdites.

Telle est l'une des raisons principales pour lesquelles il importe, non
seulement de maintenir strictement les Compagnies dans le champ d'action
qui leur a été assigné par leur acte de concession, mais encore d'exiger
d'elles un capital-actions suffisant, réellement versé et employé en travaux
ou toujours liquide et disponible. Nous ne revenons pas sur les considérations que nous avons déjà développées à ce sujet.

c. Division des obligations en titres nominatifs et en titres au porteur. — De même que les actions, les obligations peuvent être soit nominatives, soit au porteur. La loi du 23 juin 1857, article 8, que nous avons mentionnée page 182, leur est applicable et permet la transformation d'un type à l'autre, suivant les convenances des obligataires.

f. Amortissement. — Le chemin de fer devant être remis gratuitement à l'État à l'expiration de la concession, les Compagnies sont obligées d'amortir leurs emprunts avant ce terme.

La dernière échéance de remboursement est la suivante pour les grandes Compagnies :

Nord, 1950 (concession expirant le 31 décembre 1950).

Est, janvier 1955 (concession expirant le 26 novembre 1954).

Ouest, octobre 1956 (concession expirant le 31 décembre 1956).

Orléans, janvier 1951 (concession expirant le 31 décembre 1956).

Paris-Lyon-Méditerranée, octobre 1958 (concession expirant le 31 décembre 1958).

Midi, juillet 1957 (concession expirant le 31 décembre 1960).

Le capital-obligations augmentant incessamment par le fait des émissions nouvelles, il serait évidemment sans intérêt d'indiquer le nombre des titres amortis jusqu'à ce jour. Nous nous abstenons donc de donner à cet égard les indications que nous avons fournies pour le capital-actions.

4. Titres divers d'emprunt. — Les obligations ne sont pas les seuls titres d'emprunt qu'aient émis les Compagnies françaises.

Sans remonter au delà des dernières années, nous devons mentionner des titres d'un autre genre mis en circulation par certaines Compagnies secondaires; nous voulons parler de bons correspondant aux termes de subvention de l'État.

Des bons de cette nature dits « bons de subventions ou bons de délégation » ont été émis, en 1873, par la Compagnie des Charentes. C'était, pour cette Société, le moyen d'escompter la valeur des subsides qui devaient lui être versés par le Trésor en seize termes semestriels. Ces bons étaient remboursables à 250 francs en 12 ans, à partir de 1876, et portaient 15 francs d'intérêt; leur création avait été autorisée par une décision ministérielle du 17 janvier 1873. En dépit de certaines apparences sur lesquelles le public a pu se méprendre, les souscripteurs de ces bons n'ont point reçu de droit exclusif aux subventions de l'État. Il n'a été procédé, ni aux formalités prévues par l'article 1690 du Code civil, ni à la remise du titre de créance prévue par l'article 1689; au surplus, cette remise était impossible : les détenteurs des bons ne constituaient pas en effet une personnalité morale ayant capacité à cet effet.

La subvention attribuée à la ligne de Lérouville à Sedan et payable en 170 termes semestriels a été de même escomptée, mais sous une forme un peu différente. Il s'est formé en 1875 une « Société civile pour le recouvrement de cette subvention ». Un arrêté ministériel du 27 mars 1876 a autorisé le transport de la créance de la Compagnie et, le 11 mai, une souscription publique a été ouverte pour le placement de 15 264 titres de 500 fr., rapportant 25 fr. d'intérêt annuel, émis à 490 fr. et remboursables au pair en 85 ans, par tirages au sort semestriels. Il y avait là une atteinte portée, non pas aux droits, mais aux intérêts des obligataires, qui voyaient sortir de la communauté du gage et affecter à une catégorie spéciale de prêteurs les subsides accordés par l'État pour la construction de la ligne.

5. Observations sur les manœuvres employées pour éluder en tout ou en partie le versement du capital-actions. — L'objectif des spéculateurs a été trop souvent, à l'étranger et même en France, soit de réduire outre mesure l'importance du capital-actions, soit même d'éviter le versement effectif de tout ou partie de ce capital. Les combinaisons les plus ingénieuses ont été imaginées dans ce but ; parfois ces combinaisons, tout en côtoyant les limites de la légalité, ne les ont pas franchies; mais parfois aussi elles ont indubitablement constitué une violation flagrante des prescriptions de la loi. Nous ne croyons pas devoir les passer toutes en revue. Le lecteur que la question intéresserait pourrait utilement se reporter à une brochure publiée en 1878 par M. Paul Delombre, avocat à la Cour d'appel de Paris, et intitulée : « Petites et Grandes Compagnies de chemins de fer. — Étude d'histoire financière. » Nous nous bornons à quelques exemples :

1° Toutes les actions sont souscrites. Mais la Compagnie se borne à l'appel du premier quart, nécessaire pour sa constitution définitive conformément à la loi du 24 juillet 1867.

La loi du 11 juin 1880 a déjoué cette combinaison, en interdisant d'émettre des obligations avant le versement et l'emploi des 4/5 du capital-actions ou le versement total et l'emploi de la moitié de ce capital. Toutefois nous avons vu que des exceptions ont été faites à cette règle.

2° Les fondateurs se font attribuer, à titre d'apport, une fraction notable des actions, qu'ils reçoivent sans bourse délier.

Il y a là une violation de l'article 14 de la loi du 15 juillet 1845, qui n'autorise au profit des fondateurs que le remboursement de leurs avances dûment justifiées, et de l'article 18 de la loi du 11 juin 1880 sur les chemins de fer d'intérêt local, qui exclut de la valeur du capital social les actions libérées autrement qu'en argent.

3° L'évaluation de la ligne est majorée ; il en résulte en apparence une majoration correspondante du capital-actions ; mais les actionnaires ne versent que la fraction voulue pour obtenir l'autorisation d'émettre des obligations et réalisent ainsi des emprunts plus considérables.

L'article 18 de la loi du 11 juin 1880, en fixant le capital-actions à la moitié au moins de la dépense jugée nécessaire pour l'établissement de la voie ferrée, met l'Administration à même d'exercer un contrôle à cet égard ; à fortiori ce contrôle est-il effectif, quand la garantie de l'État ou des départements est mise en jeu.

4° Une partie des titres est souscrite par l'un des fondateurs ou même par un autre capitaliste qui les remet plus tard à la Compagnie pour se libérer de sa dette et les fait ainsi rentrer dans le portefeuille de la Société.

Un procédé se rattachant à celui que nous venons d'indiquer consiste à racheter à la Bourse un certain nombre de titres, à l'aide du produit des emprunts (1).

Au lieu d'opérer directement le rachat ou la rentrée en portefeuille par une autre voie d'une partie de ses actions, la Compagnie peut faire un échange avec une autre Société et réaliser ainsi un placement fictif : c'est un coup double au profit des deux Sociétés.

Ici encore, la loi du 11 juin 1880 strictement appliquée rend la fraude difficile, puisque les émissions d'obligations sont subordonnées à l'autorisation du Ministre des travaux publics, qui peut et doit procéder à toutes les constatations nécessaires et prendre les garanties indispensables. Cependant il convient de remarquer qu'une fois l'emprunt autorisé et réalisé, la Compagnie dispose de fonds qu'elle peut détourner de leur destination, sauf à laisser ensuite péricliter les travaux, à moins que le produit de l'émission ne doive être déposé dans une caisse agréée par l'Administration et ne puisse en être retiré qu'en vertu d'une décision ministérielle.

5° Les actions sont détenues par un petit groupe de spéculateurs qui constituent à eux seuls l'Assemblée générale des actionnaires ou en forment la majorité. Ils s'autorisent ainsi eux-mêmes à prendre intérêt dans l'entreprise des travaux et à traiter avec une Société ayant des liens avec eux.

---

(1) Il peut être intéressant de constater que le législateur a ratifié explicitement une opération de cette nature faite par la Compagnie de Montereau à Troyes vers 1847 ; un grand nombre d'actions de cette société ayant été jetées sur le marche par leurs propriétaires, elles les a rachetées au-dessous du pair pour éviter l'avilissement de ses titres, et la loi du 9 août 1847 les a affectées comme gage à un prêt de 3 millions de l'État.

Puis ils concluent un marché comportant des prix majorés, sur lesquels ils reprennent le montant de leurs versements.

Nous n'avons pas besoin de dire que c'est de leur part une faute de gestion (pour ne pas dire plus), qui engage au plus haut point leur responsabilité conformément aux règles du droit commun.

Nous devons aussi faire remarquer que les entreprises générales sont, depuis quelques années, formellement interdites par l'article 27, § 3 du cahier des charges.

6° La Compagnie contracte pour l'exécution des travaux avec un entrepreneur général, qui est payé en actions d'une valeur nominale supérieure à leur valeur réelle et par suite au prix auquel il les accepte : elle exagère ainsi le montant apparent du capital social.

Cette fraude peut être déjouée par l'application de la loi du 11 juin 1880.

Il nous serait facile de multiplier les exemples et de citer d'autres cas fort curieux et parfois même invraisemblables, comme celui d'une Compagnie remettant des actions à ses administrateurs à titre de jetons de présence. Nous ne voulons cependant pas prolonger davantage l'énumération des expédients auxquels certains agioteurs ont eu recours soit en France, soit à l'étranger. Les lois du 15 juillet 1845, du 24 juillet 1867 et du 11 juin 1880, les dispositions du Code et celles qui ont été introduites dans un grand nombre de lois spéciales, permettent, nous le répétons, de couper court à la plupart de ces abus.

Mais il n'en est pas moins manifeste que les Pouvoirs publics doivent tenir fermement la main à la stricte exécution des mesures tutélaires prises en faveur des obligataires, et qu'ils doivent apporter une extrême prudence dans l'étude et l'adoption des combinaisons différentes de celles qu'une longue expérience a définitivement consacrées. C'est là une des préoccupations constantes du Conseil d'État, lorsqu'il est appelé à examiner des demandes en concession.

6. **Législation étrangère.** — *a.* ANGLETERRE. — Le capital des Compagnies du Royaume-Uni comprend diverses catégories de titres, à savoir (1) :

— Actions ordinaires (*ordinary shares*). — Elles sont analogues aux actions des Compagnies françaises, sauf suppression de l'amortissement, par suite de la perpétuité des concessions. Les possesseurs de ces titres ont droit à une part proportionnelle des bénéfices nets, après déduction des

____

(1) Le lecteur pourra consulter l'acte du 28 juillet 1863.

intérêts dus pour le service de tous les emprunts contractés par la Compagnie sous une forme quelconque.

— Actions garanties (*guaranted stock*). — Ce sont des titres sur lesquels la Compagnie s'engage à payer un dividende fixe, garanti par les bénéfices nets ; en cas d'insuffisance des produits d'un exercice, la créance est reportée sur les excédents des exercices suivants. Les actions garanties priment les actions ordinaires, mais sont primées par les emprunts proprement dits. Le Parlement n'autorise plus l'émission des actions garanties.

— Actions privilégiées (*preference stock*). — Ces titres diffèrent des précédents en ce que leur dividende est exclusivement garanti par les profits de l'année, sans recours ultérieur ; ils priment les autres actions.

— Obligations consolidées (*debenture stock*), tout à fait analogues aux obligations françaises, sauf suppression de l'amortissement, et obligations simples (*loans*), émises en représentation d'emprunts à court terme et destinées généralement à être remplacées, à l'époque du remboursement, par des obligations consolidées. Les obligations de ces deux catégories donnent les mêmes droits, ont privilège sur les autres titres et sont garanties en principal et intérêts par tout ce que possède la Compagnie. Elles ont privilège entre elles d'après la date des lois qui en ont autorisé l'émission.

Les actions garanties ou privilégiées ont elles-mêmes privilège les unes par rapport aux autres, d'après la date de leur émission, à moins que cet ordre n'ait été modifié par une loi spéciale.

On le voit, la constitution du capital d'une Compagnie anglaise ne diffère guère de celle des Compagnies françaises que par l'existence des actions garanties ou privilégiées, qui ont un caractère mixte et participent tout à la fois du caractère des actions et de celui des obligations. Le Parlement a été amené à autoriser la création de ces titres spéciaux, pour permettre d'éluder la règle générale d'après laquelle le montant des emprunts ne peut dépasser le tiers du capital, règle trop étroite pour les grandes Compagnies : il a considéré que cet expédient sauvegardait les droits des obligataires dont le gage restait intact et ceux des actionnaires ordinaires dont les chances d'augmentation de dividende n'étaient pas amoindries, puisque les actions garanties ou privilégiées ne devaient recevoir qu'un intérêt fixe, peu supérieur à celui des actions.

D'après la statistique officielle du Board of trade, à la fin de 1885, sur un capital total de 20 milliards 576 millions, les actions ordinaires représentaient 7 623 millions, les actions garanties 2 422 millions, les actions privilégiées 5 349 millions et les obligations simples et consolidées 5 182 millions.

Nous avons dit qu'il existe en Angleterre des règles limitant les émissions d'obligations à une quote-part relativement faible du capital social. Ces règles ont d'abord fait l'objet de prescriptions spéciales dans les bills de concession. C'est ainsi, par exemple, que la Compagnie du Great Western Railway n'était autorisée dans le principe à émettre des obligations que jusqu'à concurrence du tiers de la valeur du capital social et seulement dans le cas où, contrairement aux prévisions du devis, ce capital, entièrement souscrit, n'aurait pas suffi à l'exécution des travaux. Toutefois la moitié du capital souscrit était seule immédiatement exigible et, après ce versement de moitié, l'autre moitié pouvait être couverte par une première série d'obligations en *anticipation sur le capital*, dont le remboursement ne devait pas nécessairement précéder l'émission de la série en *sus du capital*. La Compagnie pouvait ainsi avoir 5 millions d'obligations pour 3 millions de capital effectivement versé.

Aujourd'hui le règlement (standing orders) de la Chambre des communes, en date du 7 août 1874, contient un article 153 ainsi conçu : « Aucun bill de chemin de fer n'autorisera une Compagnie à réaliser, au « moyen d'emprunts ou d'hypothèques, une somme plus considérable que « le tiers de son capital, et la Compagnie ne pourra réaliser aucun fonds au « moyen d'emprunts ou d'hypothèques, avant que 50 % de la totalité du « capital ait été versé, à moins que la commission chargée d'examiner le « bill n'adresse à la Chambre un rapport indiquant que ces restrictions, ou « l'une d'elles, ne doivent pas être maintenues et en donnant les raisons « sur lesquelles repose son opinion. » Le règlement de la Chambre des lords contient une disposition semblable, mais sans prévoir d'exceptions.

En Angleterre, comme dans les autres pays, les Compagnies ont souvent cherché à échapper aux prescriptions de leur acte de concession relatives à la composition du capital. Elles ont tout d'abord émis, dans ce but, des titres spéciaux appelés *Loan notes*. L'acte du 9 août 1844, art. 19, a ordonné « qu'à partir de cette date, toute Compagnie de chemin de fer « émettant une *Loan note* ou autre titre représentatif de sommes emprun- « tées dans des conditions autres que celles qui auraient été déterminées « par des actes du Parlement serait, pour chaque contravention, con- « damnée à une amende égale à la valeur des titres illégaux. » Toutefois, il a décidé que les Compagnies pourraient renouveler, pour une période n'excédant pas 5 ans, les titres antérieurement émis.

Les Compagnies durent alors rechercher un autre moyen de tourner la loi. Ce moyen leur fut indiqué par un avocat distingué, M. Lloyd ; il consistait à payer des terrains ou des travaux au moyen de « Lloyd's bonds », qui n'étaient autres que des obligations portant intérêts et remboursables dans un délai déterminé. La légalité de ces émissions fut reconnue et les porteurs de Lloyd's bonds reçurent même un droit de préférence sur les porteurs de titres réguliers.

Fortes des décisions de l'autorité judicaire, les Compagnies ne se bornèrent plus à remettre les Lloyd's bonds aux propriétaires de terrains ou aux entrepreneurs ; elles les livrèrent au public par l'intermédiaire de leurs directeurs, agissant en qualité de mandataires des entrepreneurs. Le Parlement, voulant mettre un terme à ces abus, nomma en 1864 un comité d'enquête, dont les travaux sont relatés avec le plus grand soin dans le rapport de M. Ch. de Franqueville sur le régime des travaux publics en Angleterre. Ainsi que l'indique ce rapport, l'enquête mit en lumière les manœuvres suivantes : « Une Compagnie n'ayant pas un capital suffisant « pour payer les travaux de construction convient avec un entrepreneur « général que ces travaux seront payés en actions. Aussitôt que le capital « nominal, représenté par les titres ainsi réunis, atteint la moitié du chif- « fre du capital de la Société, on émet des obligations, ce qui est parfai- « tement légal. L'entrepreneur ayant besoin d'argent vend ses titres à une « Compagnie financière, moyennant la moitié ou même le tiers de leur va- « leur nominale. On solde le surplus des travaux, soit au moyen de nou- « velles actions données dans les mêmes conditions, soit par l'émission de « Lloyd's bonds. Outre ce moyen, qui consiste à augmenter le capital de « la dette, les Compagnies en ont trouvé un autre qui consiste à réduire « le capital-actions. C'est ce qui arrive lorsqu'on émet des actions au-des- « sous du pair ou à un taux nominal supérieur à la valeur réelle et que « l'on emprunte, comme la loi le permet, jusqu'à concurrence du tiers de « la valeur fictive des actions. »

A la suite de cette enquête, le Comité proposa une série de mesures tendant : 1° à l'enregistrement public et obligatoire des obligations ; 2° à l'attribution aux obligataires d'un droit de préférence sur les porteurs de Lloyd's bons ou reconnaissances de créances émises sans l'autorisation du Parlement ; 3° à l'interdiction pour les créanciers de saisir le matériel des chemins de fer. Deux lois vinrent sanctionner les recommandations de la Commission : l'acte du 10 août 1866 (Railways Companies securites act`, qui prescrivit la tenue d'un compte des emprunts autorisés et réalisés, et l'acte du 20 août 1867, qui prohiba la saisie du matériel des chemins de fer.

Malgré tout, il a été à peu près impossible d'assurer la stricte exécution de la loi qui limite le chiffre des emprunts des Compagnies.

4. ÉTATS-UNIS D'AMÉRIQUE. — Aux États-Unis d'Amérique, certaines

lignes, situées principalement dans la Nouvelle-Angleterre dont la fortune s'est développée avec régularité et rapidité, ont pu réunir sous forme d'actions, sinon la totalité, du moins la plus large part des ressources nécessaires à leur établissement. Mais ce n'est là qu'une exception. Dans la plupart des cas, il a été fait des emprunts considérables par l'émission d'obligations.

Entre les actions ordinaires et les obligations se placent fréquemment des actions de priorité (*preferred shares*).

Enfin certaines Compagnies américaines ont une dette flottante (*floating debt*) considérable.

Nous avons peu de chose à dire du capital-actions. L'acte d'incorporation fixe le nombre et la quotité des actions. Dès qu'une fraction également indiquée par cet acte (10 à 30 0/0) est souscrite et qu'il a été versé un acompte de 25 francs par action de 500 francs, la Compagnie forme une association légale jouissant de la personnalité civile. Les premières concessions reconnaissaient au Comité de direction le pouvoir d'augmenter le capital social par l'émission de nouvelles actions ; la plupart des législatures ont restreint ce pouvoir, en exigeant l'approbation préalable d'un nombre d'actionnaires représentant au moins les deux tiers du capital-actions. La loi du Massachussets a même pris des mesures plus étroites, pour empêcher les manœuvres désignées sous le nom expressif *d'arrosages*, par lesquelles certains spéculateurs, devenus maitres de la Compagnie, frustraient les actionnaires plus anciens.

Notons encore que l'État de Californie a déclaré les actionnaires responsables des dettes de la Compagnie, non seulement jusqu'à concurrence de leur part dans le fonds social, mais encore sur la totalité de leur fortune personnelle, proportionnellement au nombre d'actions dont ils sont possesseurs (statut du 1er janvier 1879). Les autres États n'ont pas suivi cet exemple. La loi du 2 avril 1850 de l'État de New-York a même pris soin de limiter expressément la responsabilité des actionnaires au montant du capital non encore versé par eux.

Les obligations sont, ou nominatives (*registered bonds*), ou au porteur (*coupon bonds*). Elles sont généralement remboursables en trente années, bien que, dans la plupart des États, aucune prescription réglementaire ne rende ce délai obligatoire. Habituellement elles sont émises avec des garanties hypothécaires portant, soit sur la voie ou le matériel fixe, soit sur les concessions de terre et sur les immeubles, soit sur le revenu. Lorsqu'elles ont ainsi contracté une série d'emprunts hypothécaires successifs, placés sous le contrôle de commissaires spéciaux, les Compagnies les convertissent souvent en engageant la totalité de leurs propriétés, soit pour réduire le taux des intérêts en profitant des circonstances favorables, soit pour reculer l'amortissement. Parfois aussi, elles cherchent à stimuler les souscriptions en laissant entrevoir la perspective d'une conversion ultérieure en actions. En traitant, page 128, des hypothèques assises sur les chemins de fer, nous avons indiqué les tempéraments apportés par l'autorité judiciaire à l'exercice du droit des créanciers; nous n'y revenons pas. Le taux d'intérêt des obligations varie entre 5 et 10 0/0.

Les actions de priorité sont souvent créées à titre de transaction entre les actionnaires et les porteurs d'obligations, lorsque le service de ces derniers titres est en souffrance; les obligations sont alors échangées contre des actions de priorité, qui donnent droit à un dividende de 6, 7 et même 10 % par préférence aux actions garanties.

L'importance de la dette flottante s'explique, au moins en partie, par les opérations financières ou industrielles que les Compagnies engagent, en dehors du domaine proprement dit de leur exploitation, avant d'avoir les ressources nécessaires, et qui exigent un fonds de roulement considérable; elle résulte aussi de la grande latitude laissée aux directeurs des Compagnies dans toutes les branches de leur service. Souvent elle est l'indice d'embarras financiers, qui finissent par aboutir à des désastres.

Les États-Unis ont reconnu la nécessité d'assigner des limites aux emprunts des Compagnies. C'est ainsi que la loi du Massachussets et celle de l'Ohio ont interdit aux Sociétés concessionnaires d'emprunter une somme supérieure au montant du capital-actions et d'attribuer plus de 7 % d'intérêt aux obligataires; la première exige en outre le remboursement dans un délai de vingt ans. La loi de l'Illinois ne détermine pas de maximum, mais exige pour les emprunts les mêmes formalités que pour les augmentations de capital. La loi de Californie limite les émissions au montant du capital-actions et le taux de l'intérêt à 10 % (taux commercial dans cet État). Certains actes spéciaux sont encore plus rigoureux : l'acte du Pennsylvania R. R., par exemple, défend à la Compagnie d'emprunter au delà de la moitié du capital versé sur les actions. Toutefois, la plupart des législatures se sont réservé d'autoriser et ont autorisé en fait des exceptions aux règles générales; suivant MM. Lavoinne et Pontzen, les Compagnies sont arrivées à jouir d'une liberté presque complète en matière d'opérations financières.

A la fin de 1885, le capital des Compagnies de l'Amérique du Nord se répartissait ainsi :

Actions	19 088 000 000	fr.
Obligations	18 829 000 000	
Dette flottante	1 296 000 000	
Total	39 213 000 000	fr.

c. BELGIQUE. — Aux termes de la loi belge du 18 mai 1873 sur les Sociétés, article 68, les émissions d'obligations ne peuvent avoir lieu qu'après la constitution de la Compagnie et ne doivent pas dépasser le montant du capital social effectivement versé.

Avant cette loi, des abus scandaleux avaient été commis en Belgique et dénoncés, notamment dans un rapport de M. Pirmez, au nom de la Commission centrale chargée d'examiner le projet de loi sur les Sociétés, et dans un discours de M. Bara à la Chambre des représentants. Pour beaucoup de Sociétés, les obligataires étaient les véritables et presque les seuls intéressés; les actions n'étaient que du papier placé entre les mains des administrateurs. Les statuts autorisaient généralement l'émission d'un capital-obligations égal au capital-actions et la cession de tous les titres à un entrepreneur, qui se chargeait à ce prix de la construction de la ligne : en apparence, cette combinaison sauvegardait suffisamment les intérêts des obligataires, qui devaient trouver un gage dans les travaux payés par les actions. Mais en fait, l'évaluation du chemin était exagérée; les travaux étaient intégralement soldés au moyen des obligations; rien n'était versé sur les actions; les obligataires étaient ainsi exposés à toutes les pertes, sans avoir aucune chance de participation aux bénéfices éventuels de l'exploitation.

C'est toujours, on le voit, le même but poursuivi dans tous les pays par les agioteurs.

d. ESPAGNE. — La loi espagnole du 3 juin 1855 portait que le capital social serait au moins égal au montant des travaux et du matériel d'exploitation. Une fois les 2/3 du capital souscrits, la Compagnie pouvait être autorisée à se constituer provisoirement; mais il lui fallait attendre sa constitution définitive pour pouvoir émettre des titres négociables. Les premiers souscripteurs et leurs cessionnaires étaient responsables solidairement du premier versement, jusqu'à concurrence de la moitié de la valeur nominale des actions, qui ne pouvaient d'ailleurs être converties en titres au porteur qu'après libération intégrale. Toutefois si, après avoir réalisé les deux tiers souscrits du capital social et les avoir employés dans les travaux, la Compagnie ne parvenait pas à réaliser le dernier tiers correspondant aux actions non souscrites, elle pouvait obtenir du Gouvernement l'autorisation de contracter un emprunt gagé par les recettes du chemin de fer ou d'émettre des obligations hypothécaires remboursables pendant la durée de la concession. Enfin une augmentation du capital social pouvait être autorisée par un acte législatif (1).

1, L'article 19 de la loi de 1855 porte que les capitaux étrangers employés à construire

Une loi ultérieure du 10 juillet 1856 a fixé la limite des émissions d'obligations à 50 % du capital réalisé en actions. Le Real-Orden du 11 juin 1860 a élevé cette limite à la totalité du capital-actions, augmenté des subventions de l'État, des provinces et des départements, subventions dans lesquelles sont comprises, d'après une décision administrative, les remises de droits de douane sur le matériel. Enfin la loi du 29 janvier 1862 a admis une proportion variant en raison inverse du taux de l'emprunt : égalité pour un taux de 6 %, limite croissant jusqu'au double quand le taux s'abaisse jusqu'à 3 %. Cette loi tient compte de l'un des éléments que nous avons indiqué page 202, comme devant rationnellement servir de base aux déterminations des Pouvoirs publics.

e. RUSSIE. — Nous avons déjà fait connaître, page 105, le système inauguré en Russie par la loi du 30 mars 1873 : le lecteur nous dispensera donc d'y revenir.

f. PRUSSE. — Depuis la loi du 3 novembre 1838 qui est encore en vigueur en Prusse, la proportion du capital-obligations au capital-actions est abandonnée à l'appréciation discrétionnaire du Gouvernement. Le capital social doit, en principe, suffire à l'exécution de l'entreprise et il ne doit être fait appel au crédit, par voie d'emprunt, que pour les travaux complémentaires ; les émissions sont d'ailleurs subordonnées à l'autorisation du Ministre du commerce, qui doit en fixer les conditions. Mais la règle n'a pas toujours été observée ; des émissions d'obligations ont eu lieu pour faire face aux dépenses de premier établissement ; la proportion généralement admise a été de deux obligations pour trois actions, toutefois cette proportion a été fréquemment dépassée ; il a en outre été créé des actions de priorité.

Nous avons eu déjà l'occasion de signaler les manœuvres auxquelles les Compagnies prussiennes avaient eu recours pour éluder les prescriptions légales. A la suite de révélations faites avec éclat en 1873 par le chef du parti national libéral, M. Lasker, le Roi a institué une Commission parlementaire d'enquête qui a déposé son rapport en novembre 1873. D'après ce rapport, le capital des Compagnies fondées depuis 1860 n'aurait pour ainsi dire jamais été souscrit intégralement par des souscripteurs sérieux et de bonne foi. Le plus grand nombre des signatures auraient été données par complaisance ou vendues moyennant une prime s'élevant

des chemins de fer « resteront sous la sauvegarde de l'État et seront exempts de représailles, « de confiscation ou de saisie pour cause de guerre ».

jusqu'à 3 % du capital souscrit et une contre-lettre reportant la responsabilité sur l'entrepreneur général. Le comité fondateur et l'entrepreneur auraient par ce moyen disposé de la majorité dans l'assemblée des actionnaires, composé à leur gré le Conseil d'administration, conclu des traités fictifs ou secrets, et masqué ainsi leurs spéculations sous une apparence de légalité. La Commission concluait à interdire la négociation des actions avant le versement complet du capital nécessaire à la construction de la ligne, à prohiber le paiement de l'entrepreneur en actions, à assurer une indépendance absolue entre l'administration et l'entreprise, entre la constitution du capital social et l'exécution des travaux, à édicter des peines rigoureuses pour réprimer les infractions à ces mesures. La Chambre des députés a approuvé ces conclusions en 1876 et les a recommandées au Gouvernement par un ordre du jour motivé ; mais nous ne connaissons ni dispositions législatives, ni dispositions réglementaires, qui les aient consacrées. D'ailleurs on sait que la Prusse a repris, depuis, une grande partie des chemins antérieurement concédés.

Le lecteur pourra utilement consulter une loi toute récente du 28 juin 1884 sur les sociétés, dont le texte a été reproduit dans les numéros de septembre et d'octobre 1884 du « Bulletin de statistique et de législation comparée », publié par le Ministère des finances. Nous ne pouvons donner ici une analyse, même sommaire, de cette loi qui ne compte pas moins de 249 articles ; nous croyons toutefois devoir signaler une disposition interdisant aux sociétés d'acquérir et de prendre en gage leurs actions, si ce n'est pour exécuter un ordre d'achat.

CHAPITRE XI

DU CONCOURS FINANCIER DE L'ÉTAT

POUR LES CHEMINS DE FER CONCÉDÉS

§ 1. — PARTICIPATION COMME ACTIONNAIRE. — PRÊTS

1. Énumération des diverses formes de concours de l'État. — Le concours financier de l'État à l'exécution des chemins de fer concédés et à leur exploitation ultérieure peut revêtir des formes diverses, à savoir :

Participation de l'État comme actionnaire;

Prêts du Trésor aux Compagnies;

Exécution partielle des travaux par l'État et à son compte;

Subventions;

Garantie d'intérêt.

Nous allons passer successivement en revue ces divers modes de subsides, en indiquant leurs avantages et leurs inconvénients.

2. Participation de l'État comme actionnaire. — L'intervention de l'État comme actionnaire a été pratiquée dans beaucoup de pays étrangers; mais elle n'a jamais pu acquérir droit de cité en France, malgré les tendances favorables du Gouvernement, à l'origine des chemins de fer.

Elle a été proposée sans succès par le Ministre des travaux publics :

1° En 1835, dans un projet de loi relatif au chemin de Paris à Rouen et au Havre;

2° En 1840, dans un projet de loi relatif au chemin de Paris à Orléans et au chemin de Strasbourg à Bâle;

3° La même année, dans un autre projet de loi concernant le chemin de Paris à Rouen.

Les avantages qui lui étaient attribués étaient les suivants :

L'État, disposant dans le Conseil d'administration et dans l'Assemblée générale des actionnaires d'un nombre de voix proportionné à sa souscription, devait exercer ainsi, outre son autorité de police, une action directe sur la gestion du concessionnaire, imprimer à cette gestion une direction plus conforme à l'intérêt général, et donner par suite au public les garanties d'une surveillance et d'un contrôle effectifs et salutaires.

Les autres actionnaires étant appelés eux-mêmes à bénéficier de ces garanties, le crédit des Compagnies devait être assis sur des bases plus solides ; l'association de l'État était incontestablement un élément de force et de succès pour la constitution du fonds social, qui d'ailleurs devait se trouver réduit de toute la part incombant au Trésor.

L'État pouvant verser immédiatement la totalité de sa souscription, la Compagnie disposait, dès la mise en train des travaux, d'une somme suffisante pour leur donner une vive impulsion et en préparer le prompt achèvement.

Une fois les travaux terminés et l'exploitation bien engagée, l'État pouvait, soit aliéner ses actions et rentrer dans ses capitaux pour les reporter sur d'autres entreprises d'utilité générale, soit en faire l'abandon moyennant une diminution de tarifs à déterminer dans chaque cas particulier.

En cas de rachat, l'indemnité à payer à la Compagnie devait être réduite de toute la part prise par le Trésor dans la dépense de premier établissement.

L'État participerait aux bénéfices, si l'opération était fructueuse ; dans le cas où elle péricliterait, il trouverait du moins une compensation de ses sacrifices dans la propriété partielle de la ligne.

Tels étaient, brièvement résumés, les arguments qu'invoquaient les défenseurs du système de l'intervention de l'État comme actionnaire.

En revanche, les adversaires de ce système lui opposaient de nombreuses objections, les unes sérieuses, les autres fort discutables. Ils lui reprochaient notamment :

— d'obliger l'État à s'immiscer outre mesure dans la gestion des Compagnies, de le faire ainsi sortir de son rôle naturel, d'établir une regrettable confusion entre l'administration et le contrôle, d'aliéner la liberté des concessionnaires, de leur imposer une tutelle funeste à leur initiative ;

— d'exposer les représentants du Gouvernement à des échecs devant le Conseil d'administration ou l'Assemblée générale des actionnaires et de compromettre par suite son autorité, qu'il importait de conserver intacte, en la maintenant dans des régions plus élevées et en la confinant dans des attributions de haute surveillance ;

— d'imposer aux autres actionnaires un associé, dont la double qualité de puissance publique et d'intéressé dans la gestion de la Compagnie serait de nature à leur inspirer les craintes les plus sérieuses pour leur indépendance et à les éloigner bien plus qu'à les attirer ;

— de faire peser sur l'État une responsabilité à laquelle il fallait le soustraire ;

— de l'obliger moralement à faire face aux suppléments de dépense, si sa première souscription, ajoutée à celle des autres actionnaires, ne suffisait pas pour mener les travaux à bonne fin ;

— d'exposer en conséquence le Trésor aux risques les plus redoutables, si l'affaire était mauvaise, et de ne lui donner qu'une rémunération minime, si l'affaire était bonne ;

— de créer une situation privilégiée au profit des Compagnies auxquelles l'État prêterait son concours financier et de frapper les autres de discrédit et de déconsidération.

A la question de principe s'en liait d'ailleurs une autre : celle du traitement à accorder aux actions souscrites par l'État relativement aux actions souscrites par les particuliers, pour le service de l'intérêt et de l'amortissement et pour la répartition éventuelle des bénéfices.

Le Gouvernement avait pensé que, si les capitalistes devaient inévitablement rechercher un profit immédiat ou prochain, l'État, ayant surtout pour objectif l'ouverture des nouvelles voies de communication et le développement de la prospérité publique, pouvait accorder un droit de préférence à ses associés. Dans son projet de loi de 1835 relatif au chemin de fer de Paris à Rouen, il avait proposé d'attribuer avant tout 4 à 5 °/₀ aux autres actionnaires et de ne rien prélever au profit du Trésor avant cette première allocation. Les dispositions du projet de loi de 1840, pour les chemins de Paris à Orléans et de Strasbourg à Bâle réservaient également un intérêt de 4 °/₀ aux autres actionnaires ; l'État recevait ensuite le même intérêt pour sa mise de fonds ; enfin, si le produit net laissait un excédent, la répartition en était faite au prorata des souscriptions. Le projet de loi de la même année, concernant le chemin de Paris à Rouen, comportait des dispositions analogues.

Une seconde question subsidiaire était celle des conditions à adopter pour la libération de l'État. Les projets de loi de 1840 subordonnaient les versements du Trésor à la justification du versement et de l'emploi d'une quote-part déterminée des autres souscriptions.

Les objections formulées contre l'ingestion directe de l'État dans l'administration intérieure de la Compagnie firent échouer les propositions du Ministre des travaux publics devant la Chambre des députés et déterminèrent l'abandon définitif du système dès 1840. Nous n'y insisterons donc pas davantage : ce serait donner à un chapitre d'histoire ancienne des développements inutiles.

3. **Prêts de l'État.** — Le système des prêts a été fort en faveur pendant un certain nombre d'années. Nous citerons les lois suivantes :

Loi du 17 juillet 1837. — Prêt de 6 millions à la Compagnie des chemins d'Alais à Beaucaire et d'Alais à la Grand'Combe.

Loi du 1er août 1839. — Prêt de 5 millions à la Compagnie du chemin de Paris à Versailles (rive gauche).

Lois du 15 juillet 1840. — Prêt de 4 millions à la Compagnie du chemin d'Andrézieux à Roanne. Prêt de 12 600 000 fr. à la Compagnie du chemin de Strasbourg à Bâle. Prêt de 14 millions à la Compagnie du chemin de Paris à Rouen.

Loi du 11 juin 1842. — Prêt de 4 millions à la même Compagnie, pour le prolongement vers le Havre. Prêt de 10 milions à la Compagnie du chemin de Rouen au Havre.

Loi du 9 août 1847. — Prêt de 3 millions à la Compagnie du chemin de Montereau à Troyes.

Voici quelles étaient les conditions de ces prêts :

Les versements de l'État étaient ordinairement échelonnés et subordonnés à l'avancement des travaux.

Le taux d'intérêt attribué aux avances du Trésor était de 3 % à 5 % (3 % pour les chemins du Gard et le chemin de Paris à Rouen et de Rouen au Havre ; 4 % pour les chemins de Paris à Versailles, d'Andrézieux à Roanne et de Strasbourg à Bâle ; 5 % pour le chemin de Montereau à Troyes). Le plus souvent, les intérêts couraient du jour des versements ; mais parfois leur point de départ était reculé. Dans un cas, il a été stipulé que leur service serait primé par celui des actions.

Le remboursement s'effectuait, tantôt sous forme d'un prélèvement annuel ajouté aux intérêts (1 % du prêt pour le chemin de Strasbourg à Bâle et 2 % pour le chemin d'Andrézieux à Roanne), tantôt sous forme d'annuités ou de termes semestriels répartis sur 12 années pour les chemins du Gard, 20 années pour le chemin de Paris à Versailles (rive gauche), 30 années pour le chemin de Paris à Rouen , 40 années pour le chemin de Rouen au Havre, 3 années pour le chemin de Montereau à Troyes. L'amortissement commençait, soit lors de la mise en exploitation ou à la date fixée pour l'achèvement des travaux, soit après un délai déterminé à partir de cette date.

La Compagnie était tenue d'affecter au remboursement le chemin de fer, ses dépendances, son matériel, ses produits. Cependant, dans certains cas, un privilège était institué au profit des autres créanciers, jusqu'à concurrence d'une somme indiquée dans le texte de la loi.

Pour le premier prêt, celui de 1837, l'État a exigé, outre l'affectation du chemin de fer à la garantie de sa créance, celle des concessions de houille de la Société des mines de la Grand'Combe, la responsabilité solidaire des six gérants et de plusieurs associés, et la caution de maisons de commerce de Marseille.

Les Compagnies qui ont eu recours aux prêts du Trésor étaient en souffrance, sauf celles de Paris à Rouen et de Rouen au Havre auxquelles des subsides de cette nature ont été accordés en même temps que leur concession.

L'État a eu une certaine peine à rentrer dans ses avances et ce sont les grandes Compagnies qui, après leur constitution, les lui ont remboursées pour la plus large part. Le recouvrement en capital était complet à la fin de 1863.

Le principal avantage attribué par les Pouvoirs publics au système des prêts était la diminution du fonds social de la Compagnie, qui devait par suite se constituer plus facilement. Ils préféraient ce système à celui de la participation comme actionnaire, parce qu'il n'imposait à l'État, ni la même immixtion dans l'administration intérieure du chemin de fer, ni la même responsabilité.

Dans un sens opposé, on objectait que l'État sortait de son rôle en se faisant en quelque sorte le banquier de la Compagnie, qu'il avait le devoir de ne point engager les finances publiques dans des opérations aléatoires, qu'en cas d'insuccès de l'entreprise il ne pourrait point user de son privilège et dépouiller les autres créanciers, qu'il s'exposait par suite aux plus grands risques sans jamais trouver une compensation suffisante dans l'intérêt modique stipulé à son profit.

Cette dernière critique aurait pu s'appliquer à d'autres formes du concours financier de l'État ; jusqu'en 1847, elle n'a point prévalu. Mais, à partir de cette époque, les Pouvoirs publics ont renoncé au système des prêts. De même que pour la participation de l'État en qualité d'actionnaire, nous ne croyons pas devoir insister plus longuement sur une combinaison abandonnée depuis près de 40 années.

§ 2. — SUBVENTIONS EN TRAVAUX

I. **Exécution de l'infrastructure par l'État et à son compte (système de la loi du 11 juin 1842** .— *a.* ORIGINE ET MÉRITES DE CE SYSTÈME.— L'analogie des travaux remboursables avec les prêts du Trésor devrait nous conduire à exposer ici ce qui y est relatif. Cependant, comme les premières applications de cette forme de subside n'ont pas été préméditées et n'ont été décidées qu'à posteriori, après l'exécution partielle de diverses lignes et par suite d'un revirement dans les tendances des Pouvoirs publics en matière de concessions, il sera plus simple d'étudier avant tout le système dit de « la loi de 1842 ».

Dès 1839, à l'occasion des débats auxquels donna lieu la loi du 9 août 1839 sur la modification des cahiers des charges des concessions antérieures, un député, M. Gauguier, conseilla de venir en aide aux Compagnies en construisant la plate-forme des voies ferrées et demanda au Gouvernement d'étudier et de présenter un programme conçu sur cette base.

La Commission extraparlementaire de 1839 indiqua également cette combinaison comme susceptible d'être utilement appliquée dans un certain nombre de cas.

Le 15 juillet 1840, le législateur autorisa le Gouvernement à pourvoir à la construction du chemin de Montpellier à Nîmes et des chemins de Lille et de Valenciennes à la frontière de Belgique ; mais cette autorisation. nécessitée par l'impossibilité d'une concession à brève échéance, ne prévoyait pas les mesures définitives à prendre et ne dérivait pas d'un système arrêté dans l'esprit de l'Administration et des Chambres.

La loi mémorable du 11 juin 1842 est le premier acte qui ait inauguré l'intervention de l'État dans l'œuvre des chemins de fer par l'exécution partielle des travaux.

La France s'était laissé devancer par plusieurs nations voisines, et l'opinion publique manifestait hautement ses inquiétudes et ses impatiences pour ce retard, qui menaçait de compromettre les intérêts vitaux du pays. Comprenant la nécessité de sortir enfin de l'ère des discussions stériles et de prendre des résolutions énergiques, le Ministre des travaux publics déposa sur le bureau de la Chambre des députés un projet de loi, qui comportait la construction de cinq lignes maîtresses : celles de Paris à la frontière de Belgique, au littoral de la Manche, à Marseille et à Cette, à Nantes et à Bordeaux (non compris la ligne de Paris au Havre déjà concédée jusqu'à Rouen et dont le prolongement semblait devoir être construit par la même Compagnie).

D'après ce projet de loi, l'État devait établir à ses frais l'infrastructure et laisser à l'exploitant la charge de la superstructure et du matériel roulant.

A la suite d'une étude et de débats approfondis devant les deux Chambres, les propositions du Gouvernement furent adoptées sauf quelques modifications et consacrées par la loi du 11 juin 1842, dont il importe de reproduire le texte par extrait :

« Art. 2. — L'exécution des grandes lignes de chemins de fer défi-
« nies par l'article précédent aura lieu par le concours de l'État, des
« départements traversés et des communes intéressées, de l'industrie
« privée, dans les proportions et suivant les formes établies par les arti-
« cles ci-après. Néanmoins, ces lignes pourront être concédées en totalité
« ou en partie à l'industrie privée, en vertu de lois spéciales et aux con-
« ditions qui seront alors déterminées.

« Art. 3. — Les indemnités dues pour les terrains et bâtiments dont
« l'occupation sera nécessaire à l'établissement des chemins de fer et de
« leurs dépendances seront avancées par l'État et remboursées à l'État,
« jusqu'à concurrence des deux tiers, par les départements et les com-
« munes.

« Il n'y aura pas lieu à indemnité pour l'occupation des terrains ou
« bâtiments apppartenant à l'État.

« Le Gouvernement pourra accepter les subventions qui lui seraient
« offertes par les localités ou les particuliers, soit en terrains, soit en
« argent.

« Art. 4. — Dans chaque département, le Conseil général délibèrera :
« 1° sur la part qui sera mise à la charge du département dans les deux
« tiers des indemnités et sur les ressources extraordinaires au moyen des-
« quelles elle sera remboursée, en cas d'insuffisance des centimes facul-
« tatifs ; 2° sur la désignation des communes intéressées et sur la part à
« supporter par chacune d'elles, en raison de son intérêt et de ses res-
« sources financières. — Cette délibération sera soumise à l'approbation
« de la loi.

« Art. 5. — Le tiers restant des indemnités de terrains et bâtiments,
« les terrassements, les ouvrages d'art et stations, seront payés sur les
« fonds de l'État.

« Art. 6. — La voie de fer y compris la fourniture du sable, le
« matériel et les frais d'exploitation, les frais d'entretien et de réparation

« du chemin, de ses dépendances et de son matériel, resteront à la charge
« des Compagnies auxquelles l'exploitation du chemin sera donnée à bail.

« Ce bail règlera la durée et les conditions de l'exploitation, ainsi que
« le tarif des droits à percevoir sur le parcours ; il sera passé provisoire-
« ment par le Ministre des travaux publics, et définitivement approuvé
« par une loi.

« Art. 7. — A l'expiration du bail, la valeur de la voie de fer et du
« matériel sera remboursée, à dire d'experts, à la Compagnie, par celle qui
« lui succèdera ou par l'État. »

Ainsi, en laissant de côté le concours des localités sur lequel nous reviendrons plus tard, le système de la loi de 1842 pouvait se définir ainsi :
— livraison de la plate-forme par l'État ;
— établissement de la superstructure et fourniture du matériel roulant
par la Compagnie exploitante.

Les raisons qui firent prévaloir cette combinaison sont développées
avec beaucoup de précision dans les procès-verbaux de la Commission
extraparlementaire de 1839, dans l'exposé des motifs présenté à la Chambre
des députés et dans le remarquable rapport de M. Dufaure. Voici comment elles peuvent se résumer :

1° La partie réellement aléatoire des travaux de chemins de fer consiste dans l'expropriation des terrains et l'exécution des terrassements et
des ouvrages d'art. C'est là qu'un concessionnaire peut éprouver les plus
graves mécomptes, soit par suite des écarts du jury, soit encore par suite
de difficultés inattendues dans les déblais et les remblais et dans la fondation des ouvrages d'art.

Au contraire, le ballastage, la fourniture et la pose de la voie, de même
que l'acquisition du matériel roulant, ne laissent que peu de place à l'imprévu ; il est facile d'en estimer par avance le prix de revient, sans courir
le risque de s'écarter beaucoup de la réalité.

L'industrie privée, dégagée de l'aléa de l'infrastructure, devait, d'après
les auteurs de la loi du 11 juin 1842, être mise à même de mieux apprécier les charges des entreprises de chemins de fer, rechercher davantage
ces entreprises, faire des conditions plus favorables à l'intérêt public et
recueillir plus facilement les capitaux nécessaires.

2° L'avenir des chemins de fer était encore enveloppé de trop d'incerti-
tudes et d'imprévisions, l'initiative et l'esprit d'association n'étaient pas
encore assez développés, pour que des concessionnaires consentissent à
assumer tout le poids de la construction des lignes, même les plus importantes.

D'autre part, la situation financière de l'État ne lui permettait pas de prendre à son compte la totalité des dépenses.

Le système de la loi de 1842 avait l'avantage de tenir un juste milieu entre les deux systèmes absolus et inapplicables de l'exécution intégrale par l'État ou par l'industrie privée, de répartir équitablement les dépenses, d'associer dans de sages limites l'action gouvernementale et l'action industrielle. L'État serait d'ailleurs dédommagé de ses sacrifices par les avantages de toute nature que l'ouverture du chemin de fer à la circulation procurerait au public, par l'accroissement de la richesse publique, par l'augmentation du rendement des impôts directs et indirects.

3° Les taxes à percevoir sur les voyageurs et les marchandises se composent de deux éléments bien distincts, à savoir : le péage, correspondant à l'intérêt et à l'amortissement des frais de premier établissement, et la taxe de transport proprement dite, correspondant aux frais d'exploitation.

La réduction du premier de ces éléments devait permettre une diminution des taxes.

4° Les dépenses de construction des chemins de fer sont extrêmement variables avec la topographie et la nature du sol dans la région où ils sont établis. Telle ligne située en pays plat peut coûter trois ou quatre fois moins qu'une autre ligne située en montagne. La différence porte à peu près exclusivement sur l'infrastructure ; le tracé et le profil de la voie ne peuvent exercer qu'une influence insignifiante sur le coût de la superstructure.

L'élément le plus variable des taxes de transport est donc l'élément afférent à l'établissement de la plate-forme. En l'éliminant des charges imposées au concessionnaire, les Pouvoirs publics pensaient faciliter l'uniformisation des tarifs sur les diverses parties du territoire.

5° Les Compagnies, ayant à immobiliser des sommes moins considérables, devaient contracter pour un délai beaucoup moins long. La brièveté des baux devait par suite permettre à l'État de reprendre possession des chemins de fer à de courts intervalles et d'introduire dans les tarifs les modifications nécessitées par l'expérience, par les progrès des temps et par les besoins du commerce.

Les adversaires du système lui ont adressé les reproches suivants :

1° Lorsque l'exécution de l'infrastructure et celle de la superstructure sont réunies dans les mêmes mains, le concessionnaire peut utiliser pour les terrassements les rails et les machines qui serviront plus tard à l'exploitation.

Cette utilisation, qui se prête à une construction économique, devient impossible avec la combinaison consacrée par la loi du 11 juin 1842.

2° Une Compagnie chargée de la totalité des travaux peut aménager ses chantiers de manière à livrer progressivement la ligne par sections, faire profiter le public de ces ouvertures successives et en bénéficier elle-même pour les transports de service destinés aux sections en construction.

La séparation en deux entreprises distinctes rend cet aménagement beaucoup plus difficile.

3° Le concessionnaire est bien plus à même que l'État d'adapter le tracé aux nécessités ultérieures de l'exploitation, d'harmoniser la structure de l'outil avec la nature et l'importance des services qu'il sera appelé à rendre.

4° L'État a un personnel moins expérimenté, construit plus chèrement et plus lentement, doit obéir à un formalisme rigoureux auquel les Compagnies peuvent se soustraire.

5° Lorsqu'il remet l'infrastructure au concessionnaire, il est astreint à des vérifications contradictoires et à un véritable contrôle, susceptible de porter atteinte à son autorité et à son prestige. Les rôles naturels sont renversés. Au lieu de rester dans ses attributions de puissance publique, au lieu d'exercer les fonctions de haute surveillance dont il ne devrait jamais se départir, l'État devient en quelque sorte l'entrepreneur de la Compagnie; au lieu de prescrire et de régler les conditions d'exécution, il en est réduit à solliciter l'acceptation et la réception de ses travaux.

6° Il peut être recherché pendant de longues années, pour les accidents dus à des vices cachés que le concessionnaire n'aurait pas pu découvrir lors de la remise, par exemple pour des tassements imprévus dans des remblais de mauvaise qualité, pour des éboulements dans des talus mal protégés ou mal revêtus, pour des affaissements dans des ouvrages d'art mal fondés ou mal construits.

En tout cas, il est exposé à voir la Compagnie formuler, à l'époque de la réception, des réserves qui le tiennent sous le coup de revendications et de répétitions onéreuses pour l'avenir.

Tels ont été les principaux griefs allégués, soit dans le cours de la discussion de la loi de 1842, soit plus tard, pour combattre un système dont les faits ont cependant démontré la sagesse et la fécondité, et qui a si puissamment contribué à l'œuvre de la création du réseau national.

De ces griefs, le premier est depuis longtemps jugé et condamné. En pratique, les Compagnies se gardent bien d'employer à la construction de la plate-forme les rails et les machines qui doivent servir ultérieurement à l'exploitation. Elles y affectent un matériel spécial ou tout au moins un matériel de rebut.

Le second grief n'a guère plus de portée que le premier. La répartition des travaux entre l'État et le concessionnaire n'empêche nullement d'organiser les chantiers de manière à ouvrir progressivement les sections susceptibles d'être utilement mises en exploitation avant l'achèvement complet de la ligne.

Nous nous sommes déjà expliqué sur le troisième grief (voir tome Ier, page 489). La construction des chemins de fer n'offre pas les difficultés et n'exige pas l'initiation que l'on supposait au début. Au surplus, les conditions essentielles du tracé sont déterminées par les actes de concession, et les projets de détails sont communiqués pour observations aux Compagnies, comme nous le verrons par la suite.

Nous ne reviendrons pas sur les attaques dirigées contre l'Administration au sujet de l'inexpérience de son personnel, de sa lenteur, de son défaut de méthode, de son exagération des dépenses. C'est là un côté de la question auquel nous avons consacré de longs développements (tome Ier, page 472 et suivantes), en traitant de l'exécution par l'État ou par les Compagnies. Le lecteur voudra bien se reporter à cette partie de notre publication.

Quant aux deux derniers griefs, ils n'ont pas non plus grande valeur, du moins en ce qui touche la prétendue interversion des rôles naturels de l'État et de la Compagnie et à l'affaiblissement de l'autorité de l'Administration. Toutes les fois que l'État conclut un marché, de quelque nature que ce soit, il doit se résigner à subir le sort de tout contractant, se soumettre à toutes les vérifications nécessaires pour constater que les clauses du contrat ont été bien et dûment observées de part et d'autre. Avec le soin consciencieux et la parfaite loyauté que l'Administration apporte à l'exécution de ses engagements, elle n'a rien à redouter de cette surveillance réciproque qui ne peut au contraire que tourner à son honneur, sans jamais porter atteinte à son influence et à son prestige.

Le sentiment des Compagnies sur le mérite de la loi de 1842, à l'époque où elle est intervenue, est unanime. Cette unanimité ne s'est pas maintenue pour la continuation du système. Cependant la Compagnie du Midi n'a pas varié. Nous avons fait connaître (tome Ier, page 487) l'avis très catégorique exprimé par M. Surell, directeur de la Compagnie, dans une note insérée aux Annales des Ponts et Chaussées, 1808, 2e semestre ; on en retrouve la confirmation dans les procès-verbaux de l'enquête sénatoriale de 1876-1878. La Compagnie du Midi a toujours eu une conviction si ferme à cet égard, qu'elle a invariablement demandé l'exécution par l'État de l'infrastructure des lignes dont elle était concessionnaire, alors même qu'elle devait supporter la dépense des travaux.

Le lecteur trouvera, tome Ier, page 487, l'analyse des raisons qui ont déterminé cette Société à se décharger sur l'Administration du soin d'établir la plate-forme ; elles se résument ainsi :

Frais généraux moindres pour l'Administration que pour la Compagnie, qui est obligée de créer de toutes pièces un personnel spécial et de le rémunérer plus largement ;

Simplicité et rapidité plus grandes dans la présentation et l'examen des projets ;

Facilités pour les modifications à apporter en cours d'exécution aux projets approuvés ;

Exigences moindres de la part des populations ;

Dépense moindre pour les acquisitions de terrains ;

Avantages de la juridiction administrative pour juger les contestations avec les entrepreneurs ;

Situation plus favorable au point de vue du compte de premier établissement, qui n'est pas chargé des intérêts pendant la construction.

Quelques réserves que l'on ait à formuler sur plusieurs de ces arguments et notamment sur le dernier, qui pourrait se retourner contre la doctrine de la Compagnie du Midi si la situation financière commandait de décharger le présent sauf à charger l'avenir, il n'en est pas moins intéressant d'enregistrer cet hommage rendu à l'intervention de l'État et à l'œuvre du législateur de 1842.

Avant de passer aux applications du système que nous venons de définir, il importe de faire observer que l'une des dispositions de la loi du 11 juin 1842 n'a jamais été mise en vigueur : c'est celle de l'article 7 qui prévoyait le remboursement de la voie de fer à l'expiration du bail.

b. APPLICATIONS DU SYSTÈME DE LA LOI DU 11 JUIN 1842. — Les applications du système de la loi du 11 juin 1842 ont été extrêmement nombreuses. Nous citerons notamment les suivantes :

—Loi du 26 juillet 1844. —Établissement du chemin d'Orléans à Vierzon, avec prolongement sur Bourges et la rive droite de l'Allier, et sur Châteauroux.

— Loi du 26 juillet 1844. —Établissement du chemin d'Orléans à Bordeaux.

— Loi du 19 juillet 1845. — Établissement des chemins de Tours à Nantes et de Tours à Bordeaux.

— Loi du 21 juin 1846. — Établissement du chemin de Versailles à Rennes, avec embranchements du Mans sur Caen et de Chartres sur Alençon.

— Loi du 4 décembre 1848. — Établissement de l'embranchement de Nevers.

— Loi du 13 mai 1851. — Établissement du chemin de Chartres à Rennes.

— Décrets du 11 juin 1859 (conventions avec la Compagnie de l'Ouest et la Compagnie du Midi). — Établissement des lignes de Rennes à Brest, de Toulouse à Bayonne, avec embranchement sur Bagnères-de-Bigorre, et de Perpignan à Port-Vendres.

— Décret du 11 juin 1863 (convention avec la Compagnie du Midi). — Établissement des chemins de Toulouse à Auch, de Montréjeau à Bagnères-de-Luchon et de Lourdes à Pierrefitte.

— Décret du 18 juillet 1865 (convention avec la Compagnie de l'Ouest). — Établissement du chemin de ceinture de Paris (rive gauche).

— Décret du 26 juillet 1868 (convention avec la Compagnie d'Orléans). — Établissement du chemin de Bergerac à Libourne.

— Décret du 10 août 1868 (convention avec la Compagnie du Midi) et loi du 23 mars 1874. — Établissement des lignes de Foix à Tarascon, de Mende à Séverac et Marvejols, de Port-Sainte-Marie à Condom, de Pau à Oloron, de Mazamet à Bédarieux, de Marvejols à Neussargues, de Port-Vendres à la frontière d'Espagne, de Carcassonne à Quillan et de Millau à Rodez.

— Décret du 28 avril 1869 (convention avec la Compagnie de Paris-Lyon-Méditerranée). — Établissement des lignes de Vichy à Thiers, de Thiers à Ambert, d'Annemasse à Annecy et d'Annemasse à la frontière suisse.

— Décret du 22 mai 1869 (convention avec la Compagnie du Nord). — Établissement des chemins d'Arras à Étaples, de Béthune à Abbeville et de Luzarches à la ligne de Saint-Denis à Pontoise.

— Loi du 3 juillet 1875 (convention avec la Compagnie de P.-L.-M.). — Établissement de la ligne de Crest à Aspres-les-Veynes.

— Loi du 14 décembre 1875 (convention avec la Compagnie du Midi). — Établissement des chemins de Marmande à Casteljaloux, de Condom à Riscle, de Montauban à Saint-Sulpice, de Saint-Sulpice à Castres, de Puyoo à Saint-Palais, de Tarascon-sur-Ariège à Ax.

— Loi du 20 novembre 1883 (convention avec la Compagnie du Midi). — Établissement des lignes de Mende au chemin d'Alais à Brioude, de Tournemire au Vigan, de Carmaux à Rodez, d'Elne à Arles-sur-Tech, de Prades à Olette, de Mont-de-Marsan à Saint-Sever, d'Albi à Sainte-Affrique, de Lavelanet à Bram, de Dax à Saint-Sever, de Bayonne à Saint-Jean-Pied-de-Port, avec embranchement sur Saint-Étienne-de-Baïgorry, de Saint-Martin-Autevielle à Mauléon, de Castelsarrasin à Beaumont-de-Lomagne, de Nérac à Mont-de-Marsan, de Pamiers à Limoux, de Quillan à Rivesaltes, de Bazas à Eauze, de Lannemezan à Arreau, de Saint-Girons à

Foix, d'Eauze à Auch, de Beaumont de Lomagne à Gimont, de Carmaux à Vindrac. Établissement de la ligne de ceinture de Toulouse et de la ligne de jonction, à Bordeaux, des chemins de fer du Midi et du Médoc.

L'État s'est en outre réservé, dans certaines conventions, la faculté de substituer au paiement des subventions que stipulaient ces contrats l'exécution de l'infrastructure des lignes correspondantes. On peut citer comme exemples la convention du 26 juillet 1868 avec la Compagnie d'Orléans, approuvée par décret du même jour, et la convention du 18 juillet 1868 avec la Compagnie de Paris-Lyon-Méditerranée, approuvée par décret du 28 avril 1869.

c. Définition des travaux d'infrastructure, pour l'application du système de la loi du 11 juin 1842. — L'article 5 de la loi du 11 juin 1842 énumérait, comme appartenant à l'exécution de l'infrastructure, les acquisitions de terrains, les terrassements, les ouvrages d'art et les stations.

Jusqu'en 1848, le cahier des charges y rangeait « les terrains, les ter-« rassements, les ouvrages d'art, les stations, ateliers et maisons de garde ».

Le cahier des charges annexé au décret du 13 mai 1851 pour la ligne de Chartres à Rennes n'y comprenait plus que « les terrassements, les « ouvrages d'art et les maisons de garde ».

D'après les contrats ultérieurs et notamment d'après le cahier des charges supplémentaire annexé aux conventions de 1859, 1863 ou 1868, l'État doit « livrer les terrains, terrassements et ouvrages d'art du che-« min de fer et de ses stations, ainsi que les maisons de garde des passages « à niveau ».

La Compagnie conserve tous les autres travaux, y compris la construction des bâtiments des stations. Voici d'ailleurs comment sont définies les charges du concessionnaire : « La Compagnie exécutera à ses frais les « travaux de toute nature relatifs à l'établissement des gares, stations et « ateliers, sauf, toutefois, les terrassements et les ouvrages d'art qui lui « seront livrés par l'État.

« Elle fournira et posera à ses frais le ballast, la voie de fer et tous ses « accessoires. Elle fournira les machines locomotives, les voitures de « voyageurs, les wagons de marchandises, les pompes et réservoirs d'eau « pour l'alimentation des machines, l'outillage des ateliers de réparation « et, en général, tout le matériel de transport, de chargement et de « déchargement nécessaire à l'exploitation.

« Elle établira à ses frais les clôtures nécessaires pour séparer le che-« min de fer des propriétés riveraines et pour assurer la sûreté de la « circulation.

« Ne sont pas comprises dans les clôtures mises à la charge de la Com-
« pagnie les barrières des passages à niveau, lesquelles seront exécutées
« par l'État et à ses frais.

« A l'égard du ballast, il pourra, du consentement mutuel de l'État et
« de la Compagnie, être fourni et posé par l'Administration, et, dans ce
« cas, la Compagnie tiendra compte à l'État de la différence entre la
« dépense réelle faite par lui et celle que lui aurait imposée le simple éta-
« blissement des terrassements sans le ballast (1). »

Une circulaire du Ministre des travaux publics a réparti ainsi qu'il
suit les travaux entre l'infrastructure et la superstructure :

1° Infrastructure : acquisitions de terrains; terrassements; ouvrages d'art;
maisons de gardes et de cantonniers; passages à niveau, pavages,
barrières;

2° Superstructure : ballast, supports. traverses, rails; pose de la voie; clôtures de toute espèce, sous réserve d'exceptions dans des cas
spéciaux qui seront justifiés; constructions de toute nature se
rattachant à l'exploitation, bâtiments de gares, ateliers, etc. ;
télégraphe, signaux, poteaux kilométriques.

La convention avec la Compagnie du Midi, approuvée par la loi du 20
novembre 1883, porte que « l'État exécutera les travaux d'infrastructure,
« c'est-à-dire les acquisitions de terrains, les terrassements et les ouvrages
« d'art des chemins et de leurs stations, ainsi que les maisons de garde et
« les barrières des passages à niveau. » Elle a donc maintenu les dispositions du cahier des charges supplémentaire de 1859-1863-1868.

d. Obligations de l'état pour l'étude des projets. — Jusqu'en 1848,
les cahiers des charges contenaient les clauses suivantes : « Les projets des
« bâtiments des stations et ateliers ne seront arrêtés par le Ministre qu'a-
« près que la Compagnie aura été entendue » ; et « les plans et profils de
« toute sorte, tant de la ligne que des gares, stations et ateliers, seront
« communiqués à la Compagnie sur sa demande, et elle sera admise à
« présenter ses observations. »

Le cahier des charges supplémentaire actuellement en vigueur dispose
simplement que « les projets relatifs à l'emplacement et à l'étendue des
« stations seront communiqués à la Compagnie avant d'être définitivement
« arrêtés par le Ministre ». Cependant la convention avec la Compagnie
du Midi, approuvée par la loi du 20 novembre 1883, porte : « Les projets

____

(1) Cette disposition a pour objet de faciliter l'utilisation du ballast que les fouilles
des terrassements mettraient à découvert.

« de tracé et les projets de détail des ouvrages d'art seront communiqués
« à la Compagnie avant d'être définitivement arrêtés par le Ministre. Il en
« sera de même des projets relatifs à l'emplacement et à l'étendue des
« stations (art. 7). »

Depuis les conventions de 1883, l'Administration supérieure a admis
la communication aux Compagnies des pièces suivantes :

1° Avant-projets : *a*. Pièces du dossier réglementaire, à l'exception du
rapport ;

b. Note justifiant, le cas échéant, les dérogations au cahier des
charges, en ce qui concerne les rayons des courbes et les
déclivités du profil en long ;

c. Note rendant compte, le cas échéant, des variantes étudiées et
justifiant l'adoption du tracé proposé définitivement.

2° Projets de tracé et de terrassements : *a*. Pièces du dossier réglementaire,
y compris les plans des dispositions générales des stations, mais
non compris l'avant-métré, les bases d'estimation et le rapport ;

b. Note justifiant, le cas échéant, les dérogations au cahier des
charges ou aux dispositions de l'avant-projet, en ce qui concerne les rayons et les déclivités.

3° Projets de détail des passages à niveau : plan d'ensemble de chaque
passage, indiquant le système adopté, la situation de la maison avec ses dépendances (s'il y a lieu), la position et la longueur des barrières, la largeur normale libre du passage.

4° Projets définitifs des ouvrages d'art : *a*. Dessins suffisamment détaillés,
avec des légendes indiquant la nature des matériaux à em-
ployer dans les différentes parties des ouvrages ;

b. Extrait du devis, limité à la description sommaire des ouvrages
et à l'indication de la provenance des matériaux ;

c. Procès-verbaux des conférences tenues avec les représentants
des divers services intéressés, et notamment du génie militaire ;

d. Notice justifiant le mode de fondation, les dispositions, la stabilité et la résistance des ouvrages, dans tous les cas où l'inspection des dessins ne suffirait pas pour motiver les conditions
d'exécution des ouvrages ;

5° Projets des maisons de garde : dessins types des maisons, toutes les fois
que les types n'ont pas encore été approuvés par l'Administration supérieure, la Compagnie entendue.

On remarquera qu'il ne s'agit que de communications à la Compagnie et d'observations de sa part. Elle n'a pour ainsi dire qu'un droit de remontrance et nullement un droit de veto. Du reste il ne pouvait en être autrement. Lorsque la Compagnie rédige elle-même les projets, le Ministre des travaux publics a seul qualité pour en autoriser l'exécution ; il peut subordonner son approbation aux changements qu'il juge nécessaires ; il agit non point comme partie contractante, mais comme représentant de la puissance publique. Le fait qu'il pourvoit lui-même à l'exécution des travaux ne saurait porter atteinte à ses droits.

L'une des grandes Compagnies a soulevé une question délicate dont nous devons dire quelques mots.

Le cahier des charges des concessions fixe certaines dimensions, et en particulier le minimum du rayon des courbes et le maximum de l'inclinaison des pentes et rampes. Il ajoute, article 8 : « La Compagnie aura la faculté « de proposer aux dispositions de cet article et à celles de l'article précé- « dent les modifications qui lui paraîtraient utiles ; mais ces modifications « ne pourront être exécutées que moyennant l'approbation préalable de « l'Administration supérieure. » Cette sage réserve vise le cas où, pour se tenir strictement dans les limites prévues, la Compagnie serait conduite à des dépenses excessives et où des dérogations à la règle s'imposent par la force même des choses. Ainsi, lorsque les travaux sont exécutés par la Compagnie, le rayon des courbes peut être, dans certaines circonstances, abaissé au-dessous du minimum normal et l'inclinaison des pentes ou rampes élevée au-dessus du maximum ; mais il faut, pour cela, une proposition émanant de l'initiative de la Compagnie et une décision favorable du Ministre des travaux publics.

Qu'advient-il quand l'infrastructure est construite par l'État ? Le Ministre est-il lié par les limites spécifiées au cahier des charges ? Ne peut-il s'en écarter que sur la proposition de la Compagnie ? Doit-il au moins s'assurer de l'assentiment préalable de cette dernière ?

Sur le premier point, la réponse n'est pas douteuse. Les lignes sont toutes soumises, sans distinction, au cahier des charges général, sauf les additions ou modifications résultant des conventions ou du cahier des charges supplémentaire de 1859-1863-1868 pour celles de ces lignes dont la plate-forme est établie par l'Administration. Il est indubitable que les limites fixées par le cahier des charges général font loi pour l'État, comme pour la Compagnie, et qu'une modification dans le mode d'exécution des travaux ne peut annihiler à cet égard des règles édictées dans l'intérêt public.

Mais on ne saurait évidemment prétendre que les dérogations à apporter exceptionnellement à la clause du maximum de courbure et du maximum d'inclinaison soient subordonnées à l'initiative du concessionnaire. L'Administration qui étudie les projets est seule à même d'apprécier l'opportunité de ces dérogations. Au surplus, la Compagnie n'a pas élevé la prétention que nous indiquons : elle s'est bornée à soutenir qu'il fallait le consentement mutuel des deux parties contractantes. C'est donc cette thèse qu'il importe d'examiner spécialement.

Les chemins de fer concédés, dont l'État fait l'infrastructure, sont régis :

1° Par le cahier des charges général dont nous avons reproduit ci-dessus l'article 8 ;

2° Par le cahier des charges supplémentaire, qui n'oblige le Ministre qu'à communiquer à la Compagnie, avant de les arrêter définitivement, les projets relatifs à l'emplacement et à l'étendue des stations (1).

En pratique, les autres projets sont communiqués à la Compagnie. Mais le Ministre des travaux publics a eu soin de rappeler, dans une circulaire de 1878, que cette communication supplémentaire était purement gracieuse.

Argumentant sur les textes que nous venons de rappeler, la Compagnie a présenté à l'appui de sa thèse des considérations qui peuvent se résumer ainsi :

1° Si, en principe, le Ministre a une complète liberté dans l'appréciation des projets présentés par la Compagnie, lorsqu'elle exécute elle-même les travaux, et peut apporter à ces projets telles modifications qu'il juge utiles, il n'en est pas de même dans certains cas spéciaux que le cahier des charges a réglés à raison de leur importance, soit au point de vue des intérêts de la Compagnie, soit au point de vue des intérêts de la sécurité de l'exploitation. Tel est le cas des courbes et des pentes. Aux termes mêmes du cahier des charges, quand la Compagnie est chargée de la construction, le Ministre ne peut lui imposer d'office des réductions de pente, ni des accroissements d'inclinaison, si elle ne les propose pas ou tout au moins si elle s'y refuse.

2° Quand l'État se substitue à la Compagnie pour l'établissement de la plate-forme, rien n'est changé à l'intérêt public ni à l'intérêt du concessionnaire ; rien n'est changé non plus au cahier des charges général, sauf sur les points pour lesquels le cahier des charges supplémentaire a stipulé expressément des dérogations. La substitution de constructeur ne doit

____

(1) La difficulté portait sur une ligne concédée avant la convention de 1883, qui, sur ce point, a modifié le cahier des charges supplémentaire, en stipulant la communication des projets de tracé et des projets de détail des ouvrages d'art.

conduire qu'à entendre et à appliquer le contrat *mutatis mutando*.

3° En fait, il est inadmissible que la Compagnie soit livrée au pouvoir discrétionnaire du Ministre, qui, dans un intérêt d'économie pour le Trésor, pourrait se laisser entraîner à prendre des décisions funestes à l'exploitation.

Par un arrêté du 31 janvier 1883, le Conseil de préfecture a donné gain de cause à la Compagnie, en s'appuyant notamment sur la nécessité du consentement mutuel des parties pour la modification d'une clause quelconque d'un contrat synallagmatique (1).

Le Conseil de préfecture ne nous paraît pas avoir fait une saine application des principes ; il nous semble ne pas avoir suffisamment distingué les attributions de puissance publique, dont le Ministre est investi, de son rôle de partie contractante.

Au cas de construction complète par la Compagnie, quand le Ministre autorise sur la proposition de la Compagnie des exceptions à la règle pour les conditions du tracé, il agit comme représentant de la puissance publique et non comme contractant. Sans doute le Ministre commettrait un excès de pouvoirs, s'il statuait sans se renfermer dans les limites que le cahier des charges lui a imposées ; mais sa décision n'en conserve pas moins le caractère d'un acte de souveraineté. Ce caractère ne saurait être altéré par la substitution de l'État à la Compagnie pour l'exécution de l'infrastructure. Or il est certain que ce serait la conséquence fatale à laquelle on arriverait, en exigeant l'assentiment de la Compagnie. En interprétant le cahier des charges général *mutatis mutando*, comme le demandait la Compagnie, on doit reconnaître que l'Administration se substitue au concessionnaire dans l'initiative des dérogations à la règle, mais on doit reconnaître aussi que le Ministre conserve son droit de décision.

Au surplus, il ne peut exister aucun doute sur l'intention de l'auteur du cahier des charges supplémentaire. S'il avait entendu se placer sur le terrain où se cantonnait la Compagnie, il n'aurait pas prescrit la communication des projets relatifs à l'emplacement et à l'étendue des stations ; cette communication se fût imposée *ipso facto* à l'Administration. Le doute est d'autant moins permis à cet égard que le cahier des charges supplémentaire n'a pas été introduit simultanément dans toutes les conventions entre l'État et les Compagnies, que neuf années se sont écoulées entre l'époque à laquelle il a été appliqué pour la première fois et celle à laquelle son application est devenue générale, et qu'ainsi l'État et les Compagnies ont disposé

(1) Le Ministre des travaux publics avait formé devant le Conseil d'État un recours contre l'arrêté du Conseil de préfecture ; mais il s'est désisté de ce recours, à la suite d'un arrangement avec la Compagnie.

de tout le temps nécessaire pour en apprécier les termes et la portée.

L'État n'a qu'un devoir : c'est de ne pas faire un usage abusif de la faculté qui lui est attribuée, c'est *d'agir en bon père de famille*. Il irait à l'encontre de l'esprit du contrat, en s'écartant outre mesure des limites déterminées par le cahier des charges général. Sa règle de conduite doit être de faire ce que la Compagnie proposerait et exécuterait avec son autorisation, si elle était chargée des travaux. Mais un recours fondé sur le défaut d'adhésion préalable de la Compagnie à une décision du Ministre ne nous paraît pas susceptible d'être accueilli.

Ajoutons que la Compagnie n'a pas à redouter les écarts de l'Administration, qui a conscience de la grandeur de son rôle et qui n'a nul intérêt à établir dans des conditions défectueuses des lignes destinées à être immédiatement incorporées au domaine public et à faire plus tard retour à l'État.

Si nous avons consacré quelques développements à l'étude de cette question, c'est, non point à raison du débat spécial et circonscrit à l'occasion duquel elle a été soulevée, mais à cause de l'intérêt que sa solution peut présenter pour l'avenir. Car elle n'a point été résolue par la convention de 1883 avec la Compagnie du Midi, qui s'est bornée à stipuler la communication de tous les projets, sans spécifier ce qu'il adviendrait en cas de dissentiment entre la Compagnie et l'Administration.

c. Remise des travaux a la compagnie et étendue de la garantie de l'état. — Conformément au cahier des charges supplémentaire, dont les dispositions diffèrent peu d'ailleurs de celles qui ont été adoptées dès 1844, la Compagnie est tenue de prendre livraison des terrassements et des ouvrages d'art, à mesure qu'ils sont achevés entre deux stations principales, par sections contiguës, et sur la notification qui lui est faite de leur achèvement. Il est dressé procès-verbal de cette livraison et la Compagnie doit commencer immédiatement les travaux à sa charge.

Un an après le procès-verbal, il est procédé à une reconnaissance définitive des travaux, et cette reconnaissance est constatée par un nouveau procès-verbal contradictoire, qui a pour effet d'affranchir l'État de toute garantie pour les terrassements. Cette garantie ne s'applique du reste, à aucune époque, aux tassements qui pourraient survenir dans la plate-forme.

Pour les ouvrages d'art et les maisons de garde, la garantie ne cesse qu'un an après le procès-verbal de reconnaissance définitive.

En aucun cas, la responsabilité ne s'étend « au delà de la garantie « matérielle des travaux ».

A dater de l'entrée en possession, c'est-à-dire de la date du premier procès-verbal, la Compagnie reste seule chargée de l'entretien. Un état des lieux est dressé aussitôt après la prise de possession définitive.

Telles sont les règles contenues dans le cahier des charges supplémentaire et maintenues par la convention de 1883 avec la Compagnie du Midi. Leur portée et leur application ont donné lieu à quelques difficultés que nous devons signaler sans nous y arrêter longuement.

1. *Réserves de la Compagnie lors de la remise.* — La Compagnie est tenue, nous l'avons dit, de prendre livraison de l'infrastructure au fur et à mesure de son achèvement. Mais elle peut, lorsque l'État lui en fait la remise, formuler ses réserves sur les ouvrages qui ne lui paraîtraient pas établis conformément au cahier des charges ou aux règles de l'art ; elle peut réclamer des modifications, des améliorations, des travaux de consolidation ou de réfection ; rien ne l'empêcherait de se refuser même à accepter la remise, si, par impossible, elle considérait la plate-forme comme n'étant pas terminée et si elle ne croyait pas pouvoir entreprendre la superstructure. Ses réserves doivent être consignées au procès-verbal. Au cas où le Ministre en reconnaît le bien fondé, il doit y donner satisfaction ; la prise en charge de l'entretien par la Compagnie et le terme de la garantie de l'État peuvent être retardés d'autant. Au cas où il y a désaccord, le débat peut être porté devant le Conseil de préfecture.

La Compagnie du Midi a largement usé du droit que nous venons de rappeler ; sur quelques points de son réseau, la réception de certains ouvrages a subi des retards très prolongés.

Les décisions du Ministre sur les réclamations des Compagnies relatives aux conditions dans lesquelles les travaux ont été exécutés ne sont pas susceptibles de recours direct devant le Conseil d'État ; c'est le Conseil de préfecture qui doit en être saisi, par voie d'interprétation du contrat de concession (Conseil d'État, 5 juin 1848, Compagnie de Montpellier à Nimes).

2. *Étendue de la garantie matérielle imposée à l'État.* — Deux précédents sont à citer sur ce point. Dans le premier, il s'agissait d'un viaduc établi sur l'Allier, à Saint-Germain-des-Fossés (ligne de Saint-Germain à Clermont). Cet ouvrage avait été emporté par une crue, le 21 mai 1856, avant l'expiration du délai de garantie. L'État et la Compagnie étaient en désaccord sur les causes de l'accident, que l'un attribuait à un événement de force majeure et l'autre à une insuffisance de débouché, c'est-à-dire à un vice de construction. L'instruction ayant démontré que la crue de l'Allier n'avait pas dépassé les grandes crues survenues antérieurement, le Conseil

d'État a confirmé l'arrêté du Conseil de préfecture qui avait déclaré l'État responsable. (Décret au contentieux du 8 mai 1861, chemin de fer de Paris à Lyon.)

Mais, une fois le délai de garantie expiré, la responsabilité vis-à-vis des tiers incombe à la Compagnie. C'est ce qu'a décidé le Conseil d'État, à propos d'une demande en indemnité introduite contre la Compagnie de Paris-Lyon-Méditerranée à raison de l'insuffisance de certains écoulements d'eau sur la ligne du Bec-d'Allier à Clermont. (Décret au contentieux du 28 novembre 1861, chemin de fer de Paris à la Méditerranée) (1).

En présence de la clause dérogatoire du cahier des charges supplémentaire, la responsabilité décennale de droit commun ne saurait en aucun cas être invoquée par la Compagnie.

3° *Étendue des obligations imposées à la Compagnie pour l'entretien.* — Pour que la Compagnie soit tenue à l'entretien d'un ouvrage, il est nécessaire que cet ouvrage lui ait été remis ; l'État ne peut d'ailleurs lui livrer que le chemin de fer et ses dépendances, à l'exclusion des autres travaux.

Nous mentionnerons à cet égard plusieurs décisions du Conseil d'État, statuant au contentieux.

Décret au contentieux du 27 décembre 1860 (Pont de Sanne), déchargeant la Compagnie de Paris-Lyon-Méditerrannée de l'entretien d'un pont et d'un chemin latéral, attendu que « si l'article 17 du cahier des charges « obligeait la Compagnie à maintenir en bon état d'entretien le chemin de « fer et toutes ses dépendances, c'est-à-dire les terrassements, les ouvra- « ges d'art, les bâtiments des stations et autres, les voies de fer et tous « leurs accessoires, il résultait de l'instruction que le chemin latéral et le « pont de Sanne... n'étaient pas des dépendances du chemin de fer et « n'avaient pas figuré au nombre des travaux successivement livrés à la « Compagnie ».

Décret du 13 août 1861 (chemin de fer d'Orléans), déchargeant la Compagnie de l'entretien du contrefossé d'un chemin latéral qui était situé en dehors des clôtures du chemin de fer, qui n'avait pas été mentionné au procès-verbal de remise et qui, par suite, ne pouvait être considéré comme constituant une dépendance de la voie ferrée.

Arrêt analogue du 4 juillet 1872 (Compagnie de Paris-Lyon-Méditerranée), pour un passage-aqueduc sous la ligne de Paris à Lyon, qui avait été d'ailleurs remis à la commune.

A la suite de la décision du 27 décembre 1860, le Ministre des travaux

____

(1) Un arrêt analogue était déjà intervenu le 30 juillet 1857 (Brierre).

publics a adressé, le 21 mars 1861, aux ingénieurs en chef des services de travaux une circulaire par laquelle, sans leur interdire absolument de consentir lors du règlement des indemnités à l'établissement d'ouvrages dans l'intérêt des propriétés particulières, il recommandait de limiter les engagements de cette nature à des cas exceptionnels et de toujours stipuler la prise en charge de l'entretien par les communes ou les particuliers intéressés.

f. Doublement ultérieur des voies. — Travaux complémentaires. — Lorsqu'une ligne ne doit pas desservir, au moins immédiatement, une circulation importante, on ne l'établit qu'à voie unique, sauf à construire plus tard la seconde voie si le développement du trafic vient à justifier cette mesure. D'autre part, des travaux complémentaires, tels que des agrandissements de gares, s'imposent inévitablement après un délai plus ou moins long, pendant la période d'exploitation. Quelles sont à cet égard les obligations de l'État? Doit-il continuer son œuvre et livrer également l'infrastructure pour ces travaux? Dans ses leçons de droit administratif, M. Aucoc se prononce sans réserve pour l'affirmative (1).

Nous ne saurions nous associer à cette doctrine, pour les travaux complémentaires autres que les doublements de voies. L'engagement contracté par l'État, de construire et de mettre à la disposition de la Compagnie les terrains, terrassements, ouvrages d'art et maisons de garde, ne s'applique qu'au chemin de fer tel qu'il doit se comporter, lors de la mise en exploitation : les termes dans lesquels est libellé le cahier des charges supplémentaire ne peuvent laisser aucun doute à cet égard. Les travaux qu'exige ultérieurement le développement du trafic incombent entièrement à la Compagnie (2).

Il peut en être autrement pour le doublement des voies, du moins en ce qui concerne les concessions antérieures à 1883. En effet, ces concessions ont été faites sous l'empire de cahiers des charges et de conventions,

---

(1) « Quant aux travaux complémentaires des chemins (écrit M. Aucoc), par exemple à « l'établissement de doubles voies, à l'agrandissement des gares, à la construction de « gares nouvelles, ils doivent être exécutés dans les mêmes conditions que les travaux « primitifs. L'État doit livrer l'infrastructure et la Compagnie doit faire la superstruc- « ture... » (Tome III, 2ᵉ édition, page 638.)

(2) On s'est parfois fondé, pour soutenir la thèse contraire, sur les termes de l'article 3 de la convention du 14 décembre 1875 entre l'État et la Compagnie du Midi. Cette convention prévoit, en effet, une avance de 15 millions à faire par la Compagnie au Trésor « pour l'exécution des travaux complémentaires à exécuter par l'État, aux termes des conventions antérieures ». Mais l'exposé des motifs du projet de loi semble bien établir qu'il est entré dans l'intention commune des parties contractantes d'appliquer exclusivement l'avance de 15 millions à l'infrastructure de la deuxième voie sur diverses sections du nouveau réseau.

qui posaient comme règle l'exécution des chemins de fer à deux voies et qui ne prévoyaient pour la deuxième voie qu'une faculté d'ajournement laissée à la discrétion de la Compagnie ou subordonnée à l'autorisation du Ministre, suivant les cas.

Voici les textes :

1° Cahiers des charges de 1844, 1845, 1846 et 1848 : « La voie sera « double sur tout le parcours du chemin de fer. La Compagnie pourra « être autorisée à n'établir qu'une seule voie... ; mais elle sera tenue de « poser la double voie dès que la nécessité en aura été reconnue par « l'Administration. »

2° Cahier des charges de 1851 : « La voie sera double sur toute la « section de ... La Compagnie aura la faculté de n'établir qu'une seule « voie entre ... et ... ; mais elle sera tenue de poser la double voie sur « chacune des sections au delà de ...., aussitôt que la recette brute « de cette section atteindra 18 000 fr. par kilomètre. »

3° Cahier des charges de 1857-1859, encore en vigueur, sauf les déro- gations stipulées dans les conventions ultérieures : « Les terrains seront « acquis et les ouvrages d'art seront exécutés immédiatement pour deux « voies ; les terrassements pourront être exécutés et les rails pourront être « posés pour une voie seulement, sauf l'établissement d'un certain nombre « de gares d'évitement. — La Compagnie sera tenue d'ailleurs d'établir « la deuxième voie, soit sur la totalité du chemin, soit sur les parties qui « lui seront désignées, lorsque l'insuffisance d'une seule voie, par suite du « développement de la circulation, aura été constatée par l'Administra- « tion. » (Art. 6.)

Article 6 de la convention de 1863 avec la Compagnie de l'Est : « Le « droit attribué à l'Administration..., de prescrire l'établissement de la « deuxième voie, ne pourra être appliqué à chacun desdits chemins que « lorsque son produit net atteindra 35 000 fr. par kilomètre. »

Article 5 des conventions de 1863 avec les Compagnies de l'Ouest, d'Orléans et du Midi : « Lesdits chemins seront régis par le cahier des « charges annexé à la convention des 29 juillet 1858 et 11 juin 1859, sous « la réserve des modifications ci-après. — Les terrains seront acquis pour « deux voies ; les terrassements et les ouvrages d'art pourront n'être exé- « cutés que pour une voie.... »

Article 6 de la convention de 1868 avec la Compagnie d'Orléans, ren- voyant à l'article 5, § 2, de la convention de 1863 : « Pour les chemins « qui sont compris dans le nouveau réseau, les terrassements et les « ouvrages d'art pourront n'être exécutés que pour une voie.... Les « terrains devront être acquis pour deux voies. »

Article 5 de la convention de 1868 avec la Compagnie de Paris-Lyon-Méditerranée : « Les ouvrages d'art pourront être exécutés pour une voie « seulement. Sur les lignes de ..., les terrains pourront n'être acquis que « pour une voie. »

Article 8 de la Convention de 1868 avec la Compagnie du Midi, renvoyant à l'article 5, § 2, ci-dessus reproduit, de la convention de 1863 avec la même Compagnie.

Article 4 de la convention de 1875 avec la Compagnie de Paris-Lyon-Méditerranée : « La Compagnie pourra être autorisée à n'exécuter les « ouvrages d'art que pour une voie sur les chemins où cette disposition « sera jugée compatible avec les besoins de la circulation, et sous les « conditions auxquelles l'Administration croira devoir subordonner cette « autorisation. »

On le voit, dans plusieurs de ces textes, il n'était question que d'une faculté d'ajournement de la seconde voie, dont l'exercice dépendait non seulement de la volonté de l'État, mais encore de celle de la Compagnie. L'État ayant pris, sans réserve, l'engagement de livrer l'infrastructure du chemin qui, en principe, devait être à deux voies, paraissait tenu de compléter, soit immédiatement, soit plus tard, les travaux de la plate-forme dont il avait pris la charge.

Mais les conventions de 1875, 1878, 1883, et des conventions spéciales de 1883-1885 ont stipulé des conditions financières nouvelles pour le doublement des voies sur les réseaux autres que celui du Midi (Nord : convention du 30 décembre 1875, article 7; Est : convention du 31 décembre 1875, article 11, et convention du 11 juin 1883, approuvée par la loi du 20 novembre 1883, article 8; Ouest : conventions des 17 juillet-20 novembre 1883, article 8, 10 décembre 1883-14 avril 1885; Orléans : conventions des 11 juin 1883-10 décembre 1883-14 avril 1885; Paris-Lyon-Méditerranée : convention des 8 janvier-6 avril 1878). D'après ces stipulations, les Compagnies que nous venons d'énumérer sont tenues d'établir la seconde voie sur les lignes à voie unique, quel que soit le produit de ces lignes, si le Ministre les y invite. Mais elles doivent alors recevoir une annuité représentant les charges afférentes à ce doublement, jusqu'au jour où le produit brut kilométrique atteint 35 000 fr.; à partir de cette limite, les dépenses sont reportées au compte de premier établissement.

La question ne subsiste donc que pour le Midi. La convention conclue avec cette Compagnie le 9 juin 1883 et approuvée par la loi du 20 novembre 1883 contient la disposition suivante : « La dépense d'infrastruc-« ture des doubles voies, sur les points où leur établissement sera néces-

« saire, restera entièrement à la charge de l'État. La dépense de super-
« structure sera à la charge de la Compagnie. » Cette clause s'applique
d'ailleurs exclusivement aux lignes concédées en 1883. Étant donné la
place qu'elle occupe dans la convention, on peut se demander si l'auteur
de la convention a entendu viser exclusivement les travaux de seconde
voie qui doivent être exécutés immédiatement, ou s'il a eu aussi en vue les
doublements à exécuter dans l'avenir.

g. AVANCES FAITES A L'ÉTAT PAR LES COMPAGNIES POUR L'EXÉCUTION DES
TRAVAUX. — Le plus souvent, l'État, tout en exécutant lui-même les travaux d'infrastructure, s'est fait avancer par la Compagnie les sommes nécessaires pour faire face aux dépenses. Il y a trouvé l'avantage de ne pas
charger autant ses appels au crédit public; en revanche, il a grevé un peu
plus l'avenir qu'il ne l'aurait fait, s'il n'avait point employé l'intermédiaire des Compagnies pour ses emprunts. (Voir tome Ier, page 508 et
suivantes.)

Des avances de cette nature ont été stipulées dans le cahier des charges
approuvé par la loi du 13 mai 1851 et relatif à la concession du chemin
de Versailles à Rennes ; dans les conventions des 31 mai-18 juillet 1865
avec la Compagnie de l'Ouest, du 26 juillet 1868 avec la Compagnie d'Orléans, du 10 août 1868 avec la Compagnie du Midi, des 18 juillet 1868-
28 avril 1869 avec la Compagnie de Paris-Lyon-Méditerranée, du 22 mai
1869 avec la Compagnie du Nord; dans la loi du 23 mars 1874, pour les
réseaux de Paris-Lyon-Méditerranée et du Midi; dans les conventions du
14 décembre 1875 et des 9 juin-20 novembre 1883 avec la Compagnie
du Midi.

La première avance, celle de 1851, était remboursable sans intérêts
dans un très court délai.

Dès 1865, l'État recourut à un autre mode de libération : la somme
avancée par la Compagnie, augmentée du montant des intérêts à 4 1/2 %,
fut ajoutée au montant des subventions accordées par la même convention pour d'autres lignes et soumise, comme ces subventions, aux règles
de paiement énoncées en l'article 2 de la convention du 1er mai 1863 avec
la Compagnie de l'Ouest. L'État devait, en principe, effectuer le remboursement en seize termes semestriels égaux, à partir du 1er juin qui suivrait
le dernier versement de la Compagnie; toutefois il avait, avant le paiement
du premier terme, la faculté de convertir sa dette en annuités, comprenant
l'intérêt et l'amortissement au taux de 4 1/2 % et payables par termes
semestriels, dont le dernier échéant le 1er juin 1957; enfin, il pouvait, à
l'expiration de la quatrième année du remboursement ou à une époque

antérieure, revenir au paiement en capital; dans ce cas, pour établir le chiffre du capital restant à solder, on devait imputer les annuités précédemment payées sur le montant des termes auxquels la Compagnie aurait eu droit, si elle avait été dès l'origine remboursée en seize termes semestriels, et tenir compte pour la différence des intérêts de 4 1/2 %.

Les mêmes dispositions ont été adoptées en 1868, 1869 et 1874. Cependant la convention de 1869 avec la Compagnie du Nord ne prévoyait la libération en capital par termes semestriels à courte échéance qu'à titre subsidiaire.

Pour les avances consenties en 1875 par la Compagnie du Midi, les conditions de libération ont été réglées comme il suit. Les sommes versées par la Compagnie lui sont remboursées à partir du 1er mai qui suit, pour chaque ligne, le premier versement, en annuités payables par termes semestriels, dont le dernier échéant au 1er mai 1957. Ces annuités comprenant l'intérêt et l'amortissement sont calculées provisoirement au taux de 5,75 % (1) et définitivement au taux moyen des émissions d'obligations faites par la Compagnie pendant la période de versement des avances (2). Il est tenu compte respectivement à la Compagnie ou à l'État, avec intérêts simples à 5 %, des différences que fait ressortir le règlement définitif des annuités.

D'après la convention de 1883 avec la Compagnie du Midi, l'État doit rembourser chaque année à cette Compagnie les charges de ses emprunts : ces charges sont calculées au taux moyen de l'ensemble des négociations d'obligations pendant chacune des années de la période de versement des avances.

En fait, l'État a toujours préféré se libérer en annuités à long terme, quand il avait le choix entre ce mode de remboursement et la libération en capital ou plutôt en annuités à court terme.

Un rapport du Ministre des finances au Président de la République sur la situation des engagements du Trésor au 1er janvier 1884 faisait ressortir à cette date les chiffres ci-après :

Montant des avances versées au Trésor.....	183 756 170 fr.
Reste à verser........................	7 375 000
Total..........	191 131 170 fr.

(1) Le taux de 5,75 %, était trop élevé; son application eût conduit l'État à faire des avances excessives et eût imposé à la Compagnie la charge des intérêts à 5 % de ces excédents d'avance. Il a été, en fait, remplacé par un taux plus rapproché du taux réel.

(2) Il a été stipulé que, dans le calcul du taux définitif, il serait tenu compte de tous les droits pesant sur les titres, ainsi que de tous les autres frais accessoires dont la Com-

Les prévisions de projet de budget de 1887, tant pour le département des finances que pour celui des travaux publics, comportent une annuité de 10 725 000 francs.

h. OBSERVATIONS SUR L'EXÉCUTION DE L'INFRASTRUCTURE DE CERTAINES LIGNES PAR L'ÉTAT POUR LE COMPTE DE LA COMPAGNIE DU MIDI. — Nous avons fait connaître précédemment que la Compagnie du Midi, convaincue des avantages de l'exécution par l'État pour les travaux d'infrastructure, avait parfois demandé à l'Administration de faire ces travaux pour son compte, sur certaines lignes qui ne devaient pas donner lieu à l'application de la loi du 11 juin 1842. On peut citer, à cet égard, les chemins de Cette à Montbazin, de Moux à Caunes, de Narbonne à Bize et de Mont-de-Marsan à ou près Roquefort, compris dans les conventions du 14 décembre 1875.

La Compagnie a versé en seize termes semestriels une somme représentant l'évaluation à forfait de la plate-forme de ces lignes.

i. DU CONTENTIEUX RELATIF A L'APPLICATION DE LA LOI DU 11 JUIN 1842. — Les difficultés que peut soulever l'application du système de la loi du 11 juin 1842 sont de la compétence du Conseil de préfecture, en vertu de l'article 4 de la loi du 28 pluviôse an VIII.

Nous avons dû citer, chemin faisant, les principales décisions contentieuses à consulter. Le lecteur voudra bien s'y reporter.

2. Exécution totale ou exécution partielle des travaux dans des conditions différentes de celles de la loi du 11 juin 1842. — *a.* APPLICATIONS DIVERSES. — CONVENTIONS DE 1883. — Bien que la construction de l'infrastructure ait été la forme ordinaire et normale de l'intervention matérielle de l'État dans l'exécution des chemins de fer concédés ou destinés à l'être, cette intervention s'est cependant parfois manifestée sous une forme différente et a été tantôt étendue, tantôt contenue dans des limites plus étroites. Mais il n'y a eu là que des faits exceptionnels résultant de ce que le régime des chemins de fer était tenu en suspens et de ce qu'il fallait néanmoins entreprendre et poursuivre les travaux, ou de ce qu'à l'époque des concessions ces travaux étaient trop avancés pour ne pas être achevés par l'Administration.

C'est ainsi, par exemple, que l'État a été conduit à exécuter complè-

---

pagnie justifierait. La commission de vérification des comptes n'a pas admis que la dénomination de « frais accessoires » pût être interprétée comme comprenant des charges d'intérêt pour émission anticipée des obligations.

tement et même à exploiter le chemin de Montpellier à Nîmes (Loi du 15 juillet 1840) et la section de Versailles à Chartres (Loi du 24 juillet 1844), avant de les affermer ou de les concéder. Nous ne mentionnons que pour mémoire les chemins de Paris à Lille, à Valenciennes et à la frontière, de Paris à Châlon-sur-Saône et de Ceinture (rive droite), qui ont été payés en partie par les Compagnies concessionnaires.

En franchissant toute la période correspondant au Gouvernement impérial pour arriver à la période contemporaine, nous voyons l'État construire un grand nombre de lignes depuis 1875 et en faire l'abandon aux Compagnies par les conventions de 1883 (1).

Les autres lignes concédées par ces conventions peuvent se diviser en plusieurs catégories, à savoir :

1° Lignes à construire ou à achever par les Compagnies, aux frais de l'État, sauf le concours de ces Sociétés jusqu'à concurrence d'une somme fixée généralement à 25 000 francs par kilomètre, l'État se réservant toutefois de faire lui-même les travaux, au cas où il ne pourrait accepter les évaluations des Compagnies ;

2° Lignes dont l'État s'est réservé, sauf arrangement contraire, de terminer l'infrastructure pour les chemins sur lesquels cette partie des travaux était commencée, la répartition des dépenses entre les Compagnies et l'État restant la même et le Ministre se réservant, comme nous venons de le dire, la faculté de faire même la superstructure, au cas où il ne pourrait s'entendre avec les Compagnies sur l'estimation ;

3° Lignes dont l'État s'est réservé, sauf arrangement contraire, de terminer la superstructure précédemment entreprise, les Compagnies concourant aux dépenses dans la proportion que nous venons d'indiquer ;

4° Lignes dont l'État ne doit faire que l'infrastructure, tout en payant la superstructure sous déduction d'une somme de 25 000 francs par kilomètre.

Il serait sans intérêt de donner ici la longue nomenclature des chemins compris dans ces diverses catégories. Le lecteur se reportera au texte des conventions ou au tome VI de notre Étude historique.

b. COMMUNICATION DES PROJETS ET CONDITIONS DE REMISE DES TRAVAUX A LA COMPAGNIE. — En ce qui concerne la communication des projets, nous ne pouvons que renvoyer aux indications de la page 234.

Quant aux conditions de la remise des travaux exécutés par l'État ou des lignes déjà livrées à l'exploitation, elles ont été réglées comme il suit :

---

(1) Dans la suite, ces lignes seront désignées sous le nom de lignes cédées. Leur longueur est de 2 972 kilomètres, dont il y a lieu de déduire 400 kilomètres abandonnés à l'État par la Compagnie d'Orléans.

1° *Lignes en exploitation ou touchant à leur achèvement.* — Nord:
« Les lignes en exploitation seront remises à la Compagnie en leur état
« actuel, et celles qui touchent à leur achèvement, en état de réception
« définitive. » (Art. 2 de la convention.)

Est : « Lors de la remise, il sera procédé à une reconnaissance contra-
« dictoire des lignes et à une évaluation des travaux nécessaires pour les
« mettre en état et pour doubler les voies sur les points où ce doublement
« sera prescrit par le Ministre des travaux publics. En cas de désaccord
« sur la désignation ou l'évaluation de ces travaux, il sera procédé à un
« arbitrage..... Ces travaux seront exécutés par la Compagnie pour le
« compte de l'État. » (Art. 5 de la convention.)

Ouest : Même formule que pour l'Est. (Art. 5 de la convention.)

Orléans : « L'État aura à pourvoir aux travaux de parachèvement qui
« seront reconnus nécessaires et aux dépenses à faire pour la réception
« des lignes dans les gares d'attache. Ces travaux seront exécutés par les
« soins de la Compagnie. » (Art. 4 de la convention.)

Paris-Lyon-Méditérranée : Même formule que pour l'Est et l'Ouest, sauf suppression de la mention du doublement des voies. (Art. 7 de la convention.)

Midi : Même formule que pour l'Est et l'Ouest, sauf suppression de la
mention du doublement des voies. (Art. 6 de la convention.)

2° *Lignes exécutées ou à exécuter en partie par l'État.* — Est : « Un
« accord ultérieur entre le Ministre des travaux publics et la Compagnie
« réglera les conditions dans lesquelles celle-ci prendra livraison, pour
« les achever, des lignes dont l'infrastructure est en ce moment com-
« mencée par l'État. » (Art. 4 de la convention.)

Ouest : Même formule que pour l'Est. (Art. 4 de la convention.)

Paris-Lyon-Méditarranée : Même formule que pour l'Est. (Art. 6 de la
convention.)

Midi : « L'exécution par la Compagnie des travaux de superstruc-
« ture nécessaires pour la mise en exploitation d'une ligne sera précédée
« de la livraison à la Compagnie des travaux d'infrastructure exécutés par
« l'État. Cette livraison donnera lieu à l'accomplissement des formalités
« prévues au premier paragraphe de la clause B (1) du cahier des charges
« supplémentaire annexé à la convention des 28 décembre 1858 et 11
« juin 1859 et à la convention du 10 août 1868 ; postérieurement à ladite
« livraison, il sera procédé à l'accomplissement des formalités prévues
« aux autres paragraphes de la clause B et aux clauses C et D du même
« cahier des charges. » (Art. 7 de la convention.)

(1) Voir *Étude historique*, tome IV.

Les arbitrages auxquels il est fait allusion ci-dessus doivent être confiés à deux arbitres, puis, si cela est nécessaire, à un tiers arbitre chargé de départager les deux premiers et désigné par eux, ou, en cas de désaccord, par le président du tribunal civil de la Seine, à la requête de la partie la plus diligente.

A l'occasion de la remise par l'État de la plate-forme d'un chemin concédé à la Compagnie de l'Ouest, la question s'est posée de savoir si, en soumettant les lignes nouvelles au cahier des charges et aux clauses additionnelles en vigueur pour l'ensemble du réseau, l'article 3 de la convention des 17 juillet-20 novembre 1883 avait eu pour effet de leur rendre littéralement applicables les dispositions relatives aux lignes exécutées antérieurement dans le système de la loi de 1842, et notamment de laisser à la charge de la Compagnie les frais de réparation des tassements, même pendant la période de construction. Il nous paraît certain que ces dispositions doivent être seulement retenues, en ce qu'elles n'ont pas de contraire aux stipulations explicites du contrat de 1883; l'État doit supporter toutes les dépenses de construction, sauf déduction du concours ferme de la Compagnie, mais ses obligations ne vont point au delà du premier établissement proprement dit. Le Conseil général des Pont et Chaussées, consulté à cet égard, a exprimé l'avis que l'État devait la garantie des terrassements jusqu'à la mise en exploitation, des ouvrages d'art jusqu'à l'expiration d'un délai de trente mois après la livraison de la plate-forme (18 mois pour l'exécution de la superstructure, plus douze mois de garantie supplémentaire conformément au titre Ier *bis* du cahier des charges de 1859), et que le Trésor devait par suite supporter les dépenses de réparation des tassements, même pendant l'exécution de la superstructure, mais qu'en revanche la Compagnie ne pouvait prétendre laisser à la charge du Trésor une part quelconque des frais d'entretien au delà des limites ainsi définies. Il a notamment repoussé la prétention de la Compagnie d'appliquer à ses rapports financiers avec l'État la disposition du règlement de 1863, qui prévoit l'imputation temporaire d'une partie des frais d'entretien au compte de premier établissement et qui n'a trait qu'à une ventilation de dépenses entre deux comptes incombant l'un et l'autre à la Compagnie. Nous n'aurions de réserves à formuler sur cet avis du Conseil général des Ponts et Chaussées, qu'en ce qui concerne les ouvrages d'art. Mais la question n'a pas un grand intérêt juridique, puisqu'en définitive, sauf pour le Midi, un accord doit intervenir pour régler les conditions de remise de l'infrastructure aux Compagnies.

c. Doublement ultérieur des voies. — Travaux complémentaires. — Les conventions de 1883, en concédant aux grandes Compagnies de nombreuses lignes, n'ont pas indiqué celles de ces lignes qui devraient être immédiatement établies à simple ou à double voie sur toute leur longueur. Elles ont laissé au Ministre des travaux publics le soin de prendre telle décision que de droit à cet égard. Cela résulte explicitement de plusieurs conventions et implicitement des autres : les conventions avec les Compagnies de l'Est et de l'Ouest portent que « la Compagnie exécutera ou achè-« vera, pour le compte de l'État...., les travaux de toutes les lignes, soit à « simple voie, soit à double voie, suivant les prescriptions du Mi-« nistre des travaux publics » (art. 4), et que, « lors de la remise des « lignes cédées, il sera procédé à leur reconnaissance contradictoire et à « une évaluation des travaux nécessaires... pour doubler les voies sur les « points où ce doublement sera prescrit par le Ministre des travaux pu-« blics ». (Art. 5.)

A qui incombent les dépenses de ces travaux de doublement à exécuter immédiatement?

1° *Lignes concédées.* — L'article 8 de la convention avec la Compagnie de l'Est porte, comme l'un des éléments de l'abandon de la dette de cette Compagnie, la part contributive de l'État dans les travaux de superstructure de la seconde voie à établir sur une partie des lignes concédées, jusqu'à concurrence de 182 kilomètres, et ajoute que le complément des travaux de seconde voie qui seront reconnus immédiatement nécessaires restera à la charge de l'État.

L'article 8 de la convention avec la Compagnie de l'Ouest reproduit la dernière de ces deux dispositions et énumère, parmi les dépenses à la charge de l'État à compenser avec la dette de la Compagnie, le doublement des voies sur les sections des lignes concédées par ladite convention, où ce doublement pourra être prescrit par le Ministre des travaux publics. Les conventions avec les autres Compagnies ne contiennent pas de stipulation analogue. Cependant on doit admettre que, pour le Nord, l'Orléans et le Paris-Lyon-Méditerranée, le principe général de l'exécution aux frais de l'État, sauf déduction du concours ferme des Compagnies, englobe l'établissement de la seconde voie sur les points où le Ministre la juge nécessaire pour la mise en exploitation. Pour le Midi, le paragraphe final de l'article 7 de la convention afférente à ce réseau met explicitement à la charge de l'État l'infrastructure et à la charge de la Compagnie la superstructure des lignes concédées en 1883.

2° *Lignes cédées.* — D'après l'article 2 de la convention avec la Compagnie du Nord, les lignes cédées qui étaient en exploitation devaient être

remises en leur état actuel et celles qui étaient sur le point d'être terminées devaient être remises en état de réception définitive. Aux termes des
conventions avec les Compagnies de l'Est (art. 5) et de l'Ouest (art. 5), il
devait être procédé, lors de la remise, à une reconnaissance contradictoire
et à une évaluation des travaux nécessaires pour doubler les voies sur les
points où ce doublement serait prescrit par le Ministre, et ces travaux devaient être exécutés au compte du Trésor. Les conventions avec les Compagnies d'Orléans, de Paris-Lyon-Méditerranée et du Midi, n'ont pas reproduit cette disposition et se sont bornées à prévoir, dans les mêmes conditions,
l'exécution des travaux de parachèvement ou de mise en état.

Quant aux doublements de voies ultérieurs, ils n'ont fait en 1883 l'objet
de stipulations précises que dans les conventions avec les Compagnies
de l'Est et de l'Ouest. Aux termes de l'article 8 de ces contrats, si l'État
réclame plus tard la mise à double voie de tout ou partie des lignes à
simple voie, il est tenu de payer chaque année à la Compagnie une annuité
suffisante pour couvrir l'intérêt et l'amortissement du capital dépensé, tant
que le produit brut de ces lignes restera inférieur à 35 000 francs par
kilomètre; lorsque le produit atteindra 35 000 francs, l'intérêt et l'amortissement resteront à la charge du compte général d'exploitation ; le règlement des annuités sera confondu avec celui de la garantie d'intérêt et
soumis aux mêmes règles.

Ce régime était déjà en vigueur pour le réseau de l'Est, en vertu de
l'article 11 de la convention du 31 décembre 1875; il a été confirmé pour
le réseau de l'Ouest, sauf quelques modifications sur lesquelles nous
n'avons pas à insister, par une convention spéciale des 10 décembre 1883-
14 avril 1885.

Les Compagnies du Nord et de Paris-Lyon-Méditerranée sont régies par
des dispositions analogues, aux termes de l'article 7 de la convention du
30 décembre 1875 (Nord) et de l'article 3 de la convention des 8 janvier-
6 avril 1878 (Paris-Lyon-Méditerranée) : il a été stipulé en 1883 que les
lignes ajoutées aux concessions des Compagnies constitueraient avec leur
ancien et leur nouveau réseau un ensemble régi par le cahier des charges
en vigueur, et, bien que les clauses de 1875 et 1878 pour les doubles voies
du Nord et de Paris-Lyon-Méditerranée aient pris place dans des conventions, elles doivent être assimilées à des modifications du cahier des
charges antérieur.

Le réseau d'Orléans est soumis aux mêmes règles, en vertu d'une convention des 11 juin 1883-10 décembre 1883-14 avril 1885.

Quant au réseau du Midi, nous avons fait connaître que le paragraphe

final de l'article 7 de la convention de 1883 met à la charge de l'État les dépenses d'infrastructure des doubles voies, sur les sections des lignes concédées par cette convention où leur établissement sera nécessaire ; mais
nous avons indiqué, page 244, les doutes auxquels pouvait donner la portée
de cet article.

Les travaux complémentaires, autres que les doublements de voie,
dont la nécessité s'imposera par suite du développement du trafic, incomberont incontestablement aux Compagnies. Toutes les conventions de 1883
en comprennent les charges dans le compte des dépenses d'exploitation au
point de vue de la garantie d'intérêt ou du partage des bénéfices.

d. AVANCES FAITES A L'ÉTAT PAR LES COMPAGNIES POUR L'EXÉCUTION DES
TRAVAUX. — Aux termes des conventions de 1883, les Compagnies font les
avances nécessaires à l'exécution des travaux qui restent à la charge de
l'État, et en sont remboursées comme l'indiquent les stipulations suivantes :

NORD : « La Compagnie fera à cet effet toutes les avances nécessaires. »
(Art. 6 de la convention.)

« La Compagnie sera remboursée de ses avances, pour la portion de
« ces avances qui dépasserait le fonds de concours de 90 millions, par le
« paiement annuel qui lui sera fait par l'État de l'intérêt et de l'amortisse
« ment des emprunts effectués par elle, pour subvenir aux dépenses faites
« en conformité de l'art. 6.

« Le chiffre de cette annuité sera arrêté, pour chaque exercice, d'après
« le prix moyen des négociations de l'ensemble des obligations émises
« par la Compagnie dans cet exercice. Ce prix moyen sera établi, déduc
« tion faite de l'intérêt couru au jour de la vente des titres et en tenant
« compte de tous droits à la charge de la Compagnie dont ces titres sont
« ou seront frappés, et de tous autres frais accessoires dont la Compagnie
« justifiera (1).

« Les sommes dépensées dans un exercice auront droit, pour cet
« exercice, à l'intérêt, au taux effectif de l'emprunt, du 1er juillet au 31
« décembre, quelle que soit l'époque de l'exercice à laquelle auront été
« effectués les travaux.

« Le montant de l'annuité pour chaque exercice sera réglé au 31 dé
« cembre et la Compagnie aura droit, sans qu'il soit besoin d'en faire
« la demande, aux intérêts, au taux effectif de l'emprunt, du montant de
« l'annuité depuis le 1er janvier jusqu'au jour où elle lui aura été défini
« tivement soldée, si ce paiement n'a été fait dans le courant de janvier.

____

(1) Voir l'observation de la page 222.

« En outre de cette annuité, l'État remboursera chaque année à la
« Compagnie les frais de service des obligations émises par elle pour
« créer les ressources nécessaires à la construction des lignes concédées
« par la présente convention; ces frais seront abonnés à 10 centimes par
« obligation en circulation et par an.

« Pendant la période d'emploi du fonds de concours de 90 millions,
« les frais visés par l'alinéa précédent seront portés au compte de l'État
« pour les obligations afférentes à chaque ligne et jusqu'à la mise en
« exploitation de chaque ligne. » (Art. 8 de la convention.)

Est : « La Compagnie fera, à cet effet, toutes les avances de fonds né-
« cessaires. Dans le cas où le Gouvernement désirerait renoncer au béné-
« fice de cette disposition, il devrait en prévenir la Compagnie six moi sà
« l'avance. » (Art. 4 de la convention.)

Pour le remboursement, rédaction presque identique à celle du Nord,
sauf suppression du dernier paragraphe. (Art. 6 de la convention.)

Ouest : Dispositions conformes à celles de l'Est, si ce n'est que la rédaction de la clause relative aux intérêts des sommes dépensées dans le
cours d'un exercice est libellée ainsi : « Les sommes dépensées dans un
« exercice seront augmentées de six mois d'intérêt au taux effectif de
« l'emprunt, quelle que soit l'époque de l'année à laquelle auront été effec-
« tués les travaux. » (Art. 4 et 6 de la convention.)

Orléans : « La Compagnie fera l'avance de tous les fonds nécessaires,
« tant pour les travaux qu'elle aura à exécuter au compte de l'État, que
« pour l'achèvement des lignes que l'État terminera directement, en vertu
« du paragraphe précédent. Dans le cas où le Gouvernement désirerait
« renoncer au bénéfice de cette disposition, il devrait en prévenir la Com-
« pagnie six mois au moins à l'avance. » (Art. 8 de la convention.)

« La Compagnie sera remboursée par l'État de ses avances au moyen
« d'annuités représentant les charges des sommes dépensées par elle pour
« le compte de l'État ; ces charges (intérêts, amortissement, timbre et
« frais divers) seront déterminées conformément aux dispositions de l'ar-
« ticle 2 de la convention du 5 juillet 1872... » (La suite comme pour
l'Est)... (Art. 11 de la convention.)

P.-L.-M. : « La Compagnie fera à cet effet, si l'État le demande, toutes
« les avances de fonds nécessaires. Dans le cas où le Gouvernement dési-
« rerait renoncer au bénéfice de cette disposition, il devrait en prévenir
« la Compagnie six mois au moins à l'avance. » (Art. 6 de la convention.)

Pour le remboursement, rédaction conforme à celle de l'Est. (Art. 8 de
la convention.)

Midi : « La Compagnie sera remboursée des avances faites par elle à
« l'État, pour l'exécution des travaux confiés à ses soins... en dehors de
« la contribution mise à la charge de la Compagnie par le même article,
« par le paiement annuel qui lui sera fait par l'État, de l'intérêt et de l'a-
« mortissement des emprunts effectués par elle pour subvenir aux dépen-
« ses des dits travaux.

« Le chiffre de cette annuité, etc... » (Comme pour le Nord, sauf suppression des deux derniers paragraphes) (1). (Art. 9 de la convention.)

« La Compagnie paiera à l'État pendant les dix années, à compter de
« 1884 inclus, les sommes suivantes, destinées à subvenir aux dépenses
« que l'État aura à effectuer dans cet intervalle, en vertu de la présente
« convention, savoir......

« Chacune des sommes payées à l'État, en exécution de l'alinéa précé-
« dent, sera remboursée par lui à la Compagnie, au moyen d'annuités
« payables par termes semestriels, le 1er juillet de chaque année, le pre-
« mier terme étant exigible à l'expiration du délai de six mois à partir
« du jour du paiement à l'État de la somme à rembourser et le dernier à
« l'échéance du 1er janvier 1957. Ces annuités seront calculées comme il
« est dit au deuxième alinéa de l'article 9 ci-dessus. »

. . . .

« Les intérêts de chaque terme des annuités à payer par l'État à la
« Compagnie, en remboursement des sommes dont elle lui a fait l'avance,
« sont dus de plein droit à la Compagnie à partir de l'échéance dudit
« terme jusqu'au jour du paiement effectif du montant de ce terme. »
(Art. 11 de la convention.)

Ainsi, en laissant de côté certaines divergences de rédaction, le principe
général admis dans les conventions de 1883 avec les six grandes Compagnies est la substitution du crédit de ces Sociétés à celui de l'État, pour les
emprunts qui doivent faire face aux dépenses mises à la charge du Trésor,
et le remboursement de leurs avances par le paiement d'annuités représentant les charges de ces emprunts.

A côté de cette règle générale, nous aurions à mentionner des dispositions spéciales aux Compagnies de l'Est, d'Orléans et du Midi ; mais nous
le ferons à propos des subventions.

Dans un rapport sur les « Études et travaux de chemins de fer à
« effectuer, en exécution des conventions du 20 novembre 1883 »,
M. Cavaignac, député, a évalué comme il suit les avances à faire par les
Compagnies :

(1) Les frais du service des obligations sont assimilés aux frais accessoires, mais le
taux n'en est pas fixé.

Nord.....................	»	»	»
Est.....................	150.000.000 fr.		
Ouest...................	195.000.000		
Orléans..................	247.000.000		
Paris-Lyon-Méditerranée....	424.000.000		
Midi....................	308.000.000		
Total......	1.324.000.000 fr.		

Il a de plus estimé à 65 millions l'annuité correspondante qui pèserait sur le budget, après l'achèvement des travaux.

M. Prevet, député, a porté l'évaluation de M. Cavaignac de 1.324.000.000 fr. à 1.724.600.000 fr., dans son rapport sur le budget de 1887, savoir :

Nord.....................	»	»	»
Est.....................	225.000.000 fr.		
Ouest...................	265.000.000		
Orléans..................	393.000.000		
Paris-Lyon-Méditerranée...	506.000.000		
Midi....................	335.600.000		
Total......	1.724.600.000 fr.		

§ 3. — SUBVENTIONS EN ARGENT

1. Origines et applications diverses. — Dès les premières années, on a compris qu'un grand nombre de lignes seraient trop peu rémunératrices pour être exécutées sans des subsides de l'État. Toutefois les Pouvoirs publics reculèrent pendant assez longtemps devant l'allocation de subventions en capital. Les reproches adressés à cette forme de concours portaient :

Sur la difficulté de fixer équitablement, dans chaque cas particulier, l'importance de la subvention ;

Sur l'arbitraire, les injustices et les immoralités, auxquels on serait exposé dans cette fixation ;

Sur l'aliment qui serait offert à l'agiotage ;

Sur la perturbation que l'État pourrait jeter dans les conditions de concurrence des divers centres de production ;

Sur l'inconvénient d'imposer des sacrifices au Trésor sans compensation ultérieure.

Sans méconnaître que les subventions permettaient à l'État d'abaisser les tarifs et d'exiger certaines immunités au profit des services publics, sans nier qu'elles fussent susceptibles d'assurer l'achèvement des chemins qui en étaient dotés, à la condition de ne les verser que successivement, au fur et à mesure de l'avancement des travaux, la Commission extra-parlementaire de 1839 les repoussa catégoriquement et sans réserve.

Mais un revirement ne tarda pas à se produire dans l'opinion.

Une loi du 11 juin 1842, portant concession du prolongement du chemin de Paris à Rouen jusqu'au Havre, alloua à la Compagnie une subvention de 8 millions, indépendante d'un prêt de 10 millions. (L'évaluation totale des travaux était de 35 à 40 millions.)

L'année suivante, les concessionnaires du chemin d'Avignon à Marseille furent dotés par la loi du 24 juillet 1843 d'une subvention de 32 millions, représentant la dépense probable des travaux d'infrastructure; l'État devait en outre leur livrer les terrains. En retour, les articles 46 et 47 du cahier des charges attribuaient au Trésor, *à titre de prix de ferme* et après l'expiration des cinq premières années d'exploitation, la moitié des excédents de produit net au delà de 10 % du capital dépensé par la Compagnie, pourvu que les produits cumulés des années antérieures eussent suffi à couvrir l'intérêt à 6 % et l'amortissement à 1 % de ce capital.

La loi du 21 juin 1846, relative à la concession de la ligne de Bordeaux à Cette, attribua à la Compagnie une subvention de 15 millions, représentant la valeur des terrains et des bâtiments à occuper, mais sans la subordonner à la clause de partage que nous venons d'indiquer.

En 1851, une loi du 1er décembre autorisa le Ministre des travaux publics à adjuger le chemin de Lyon à Avignon, moyennant une subvention qui ne pouvait excéder ni la moitié de la dépense totale, ni le chiffre de 60 millions, et sur laquelle devait porter le rabais de l'adjudication.

Depuis, malgré l'application de plus en plus large du système de la garantie d'intérêt, les Compagnies ont obtenu de nombreuses subventions. Les sacrifices ainsi consentis par le Trésor ont été d'autant plus considérables que la productivité des chemins concédés est allée en s'amoindrissant, au fur et à mesure que s'est développé le réseau national. Ils se justifiaient d'ailleurs par cette considération que, si l'on s'était borné à une garantie d'intérêt, les concessionnaires, grevés d'un capital de premier établissement trop élevé et n'ayant pas la perspective de produits suffisants pour rembourser les avances du Trésor et pour augmenter les dividendes, se fussent désintéressés de l'avenir de leur entreprise.

La base de ces subventions a été des plus variables. Elles ont été fixées tantôt à la moitié des dépenses, tantôt à un chiffre égal au coût de l'infrastructure, tantôt à des chiffres plus faibles ou plus forts, suivant l'importance des lignes, le prix de leur établissement et leur recette probable.

Nous ne chercherons pas à passer en revue les nombreux cas où l'État a recouru à cette forme de concours. Mais nous devons signaler une modification profonde qui s'est produite en 1883 dans les principes antérieurement admis.

Jusqu'en 1883, les subventions de l'État étaient arrêtées à des sommes fermes et invariables, déterminées ne varietur par les conventions. Les Compagnies assumaient l'aléa et les risques des travaux.

Les contrats de 1883 ont interverti les rôles. Pour les lignes qui en ont fait l'objet, l'État doit supporter toutes les dépenses, sauf déduction d'une contribution fixe laissée à la charge des Compagnies et s'élevant généralement à 25 000 francs par kilomètre. Voici, en effet, quelles sont les clauses insérées dans ces conventions :

Nord (art. 6). — « La dépense de construction des lignes désignées « à l'article premier (lignes concédées) sera à la charge de l'État. Toutefois « la Compagnie mettra à la disposition de l'État, à titre de fonds de concours, une somme de 90 millions de francs ; elle fournira de plus, à ses

« frais, le matériel roulant, ainsi que le matériel, le mobilier et l'outillage
« des gares. »

Est (art. 4); Ouest (art. 4); Paris-Lyon-Méditerranée (art. 6). — « La dé-
« pense de construction des lignes désignées à l'article premier sera à la
« charge de l'État. Toutefois la Compagnie contribuera aux dépenses de la
« superstructure, à raison de 25 000 francs par kilomètre (1). — Elle four-
« nira de plus, à ses frais, le matériel roulant ainsi que le matériel, le mo-
« bilier et l'outillage des gares. »

Orléans (art. 8). — « La dépense de construction des lignes désignées à
« l'article 3 sera à la charge de l'État. Toutefois la Compagnie y partici-
« pera dans la mesure suivante :

« 1° Elle contribuera, jusqu'à concurrence de 40 millions, aux dépenses
« restant à faire pour la construction de la ligne de Limoges à Montauban.
« Dans le cas où ces dépenses n'atteindraient pas 40 millions, le surplus
« sera versé par elle dans les caisses du Trésor, dans un délai de six mois
« après l'ouverture complète de la ligne ;

« 2° Elle contribuera aux dépenses de superstructure des autres lignes
« à raison de 25 000 fr. par kilomètre ;

« 3° Elle fournira de plus, à ses frais, le matériel roulant, le mobi-
« lier, l'outillage et les approvisionnements de toutes les lignes qui font
« l'objet dudit article 3. »

Midi (art. 7). — « L'ensemble des dépenses d'établissement nécessaires
« pour l'exploitation des lignes dont il s'agit sera à la charge de l'État,
« sauf le matériel roulant qui restera à la charge de la Compagnie, ainsi
« que le petit matériel des gares, leur mobilier, leur outillage et les
« approvisionnements ; la Compagnie contribuera de plus aux dépenses
« de la superstructure pour une somme de 25 000 fr. par kilomètre. »

Il convient toutefois d'ajouter que, pour les travaux exécutés au
compte de l'État par les Compagnies, les remboursements ont été limités
à un maximum déterminé dans les conditions suivantes. Aux termes des
conventions avec le Nord (art. 6), avec l'Est (art. 4), avec l'Ouest (art. 4),
avec l'Orléans (art. 8) et avec le Paris-Lyon-Méditerranée (art. 6), les dépenses à rembourser ne pourront, sauf des exceptions motivées par des
circonstances de force majeure ou par le caractère aléatoire de certaines
estimations, telles que : acquisition de terrains, percement de souterrains,
épuisements exceptionnels, consolidation et assainissement de tranchées
et remblais, etc., excéder les maxima qui seront fixés d'un commun

---

(1) Le concours de la Compagnie de l'Ouest a été réduit à 12 000 fr. par kilomètre, pour
diverses lignes exécutées à voie étroite en vertu de la loi du 10 décembre 1885.

accord entre l'État et la Compagnie, après approbation des projets d'exécution. En cas de désaccord, soit sur la fixation du maximum, soit sur les conséquences des exceptions ci-dessus indiquées, il doit être procédé par voie d'arbitrage, chaque partie désignant un arbitre, et les deux arbitres choisissant, s'il est nécessaire, un tiers arbitre pour les départager ; dans le cas où ils ne pourraient se mettre d'accord sur le choix de ce troisième arbitre, celui-ci serait nommé par le président du tribunal civil de la Seine, sur la requête présentée par la partie la plus diligente. On voit que cette limitation est purement relative ; les exceptions susceptibles de justifier des allocations supplémentaires et les difficultés du règlement des litiges laissent le champ libre aux imprévisions. Comme nous avons eu déjà l'occasion de le dire, le danger est d'autant plus grand que les Compagnies sont intéressées à perfectionner les lignes et à accroître ainsi les dépenses de premier établissement, pour rendre l'exploitation ultérieure plus économique : quel que soit le prix de revient des travaux, leur concours à la construction ne sera pas augmenté ; au contraire, elles bénéficieront des économies d'exploitation, dont elles doivent supporter la charge.

Le Ministre a dû subir cette combinaison, malgré ses défectuosités. Il a cherché à prendre des garanties, en insérant dans les conventions la clause des maxima, que nous venons de reproduire, et en se réservant en outre la faculté de faire exécuter les travaux par les ingénieurs de l'État, dans le cas où il ne pourrait accepter les évaluations de la Compagnie. Il est en outre armé par son pouvoir de décision sur les projets.

Ces observations ne s'appliquent que dans une certaine mesure à la convention avec la Compagnie du Midi. Pour cette Compagnie, l'État fait lui-même l'infrastructure et l'article 7 du contrat limite à 90 000 fr. par kilomètre les remboursements pour la superstructure.

Les tableaux insérés dans le tome VI de notre Étude historique montrent qu'au 31 décembre 1882 les dépenses d'établissement des chemins de fer d'intérêt général se décomposaient comme il suit, pour la France continentale :

Dépenses des Compagnies, en supposant acquittées en capital les subventions qui ont été transformées en annuités....   8 971 000 000 fr.

Subventions en argent ou en travaux sur les fonds du Trésor.............................   3 143 000 000

Subventions des localités..................   86 000 000

Total.............   12 200 000 000 fr.

Pour les grandes Compagnies, la situation était la suivante :

	DÉPENSES PRÉVUES	DÉPENSES FAITES	DÉPENSES A FAIRE
	fr.	fr.	fr.
Dépenses des Compagnies..	9.432.000.000	8.741.000.000	691.000.000
Subventions de l'État......	1.938.000.000	1.787.000.000	151.000.000
Subventions des localités...	38.000.000	35.000.000	3.000.000
Totaux............	11.408.000.000	10.563.000.000	845.000.000

Quant aux conventions de 1883, elles imposent aux grandes Compagnies les charges indiquées ci-dessous :

	NORD	EST	OUEST	ORLÉANS	P.-L.M.	MIDI	TOTAL
	millions	millions	millions	millions	millions	millions	millions
Construction des lignes nouvelles..................	90	26	37	94	49	30	326
Matériel roulant { des lignes concédées......	7	26	37	61	49	30	210
des lignes cédées........	4	18	22	16	2	1	63
Totaux............	101	70	96	171	100	61	599

M. Cavaignac et M. Prevet ayant évalué, l'un à 2 207 millions, et l'autre à 2 600 millions, les dépenses des lignes concédées, le concours des Compagnies pour les travaux serait de 1/7 à 1/8 de cette dépense, non compris le matériel roulant. Elles ont en outre reçu, sans bourse délier, 2 572 kilomètres de chemins de fer terminés, déduction faite de 400 kilomètres abandonnés à l'État par la Compagnie d'Orléans.

2. **Mode de paiement des subventions.** — Tout d'abord les subventions ont été payées en capital, au fur et à mesure de l'avancement des travaux. C'est ainsi que la première loi portant allocation d'un subside de cette nature, celle du 11 juin 1842 relative au chemin de Rouen au Havre, contenait la disposition suivante : « Cette somme (8 millions) sera payée « par quart et proportionnellement à l'avancement des travaux. Le pre- « mier versement n'aura lieu que lorsque la Compagnie aura justifié de « dépenses faites et payées de ses propres deniers pour une somme d'au « moins 8 millions. Le dernier quart ne sera versé qu'après l'achèvement « et la réception définitive du chemin de fer. » Les termes des subventions étaient imputés sur les ressources ordinaires des exercices correspondants.

Mais l'accroissement incessant de ces imputations vint bientôt surcharger outre mesure le budget. La loi de finances du 23 juin 1857 autorisa en conséquence le Gouvernement à convertir la dette de l'État envers les Compagnies en cinquante annuités au plus, comprenant l'intérêt et l'amortissement. En exécution de cette loi, d'un décret du 22 décembre 1858 et de deux arrêtés ministériels du 22 décembre 1858 et du 10 août 1860, il a été émis 400 000 obligations remboursables à 500 francs par voie de tirage au sort en 30 années à partir de 1860 et productives d'un intérêt annuel de 20 francs. Par application de la loi du 12 février 1862, la plus grande partie de ces obligations ont été converties en rente 3 %.

A partir de 1863, on est allé plus loin encore dans cette voie. La convention des 1er mai-11 juin 1863 avec la Compagnie de l'Est contient en effet la disposition que voici : « Les subventions de l'État seront versées « en seize paiements semestriels égaux, échéant le 1er mai et le 1er no- « vembre de chaque année, et dont le premier sera effectué le 1er mai « 1865. — La Compagnie devra justifier, avant chaque paiement, de « l'emploi sur chacune des lignes auxquelles s'appliquent lesdites sub- « ventions, en achat de terrains ou en travaux et approvisionnements sur « place, savoir : pour les huit premiers paiements, d'une somme double « du montant du terme qu'elle aura à recevoir, et pour les huit derniers, « d'une somme au moins égale au montant de ce terme. Le dernier « versement ne sera fait qu'après l'ouverture de chaque ligne. — Le Gou- « vernement aura la faculté, à la date du 1er mai 1865 et avant le paiement « du premier terme, tant en ce qui concerne les subventions énoncées au « présent article qu'en ce qui concerne la portion de la subvention restant « due à la Compagnie des Ardennes, de convertir l'ensemble desdites « subventions en 90 annuités représentant l'intérêt et l'amortissement de « ladite subvention, calculés au taux de 4 1/2 % et payables en deux « termes égaux, le 1er mai et le 1er novembre de chaque année, le premier « de ces termes échéant le 1er mai 1865. — Toutefois si, au 1er mai 1869 « ou à une époque antérieure, le Gouvernement, après avoir opté pour le « paiement par annuités, croit devoir renoncer à ce mode de libération, « la portion de la subvention restant due à la Compagnie sera soldée en « termes égaux, payables le 1er mai et le 1er novembre de chaque année, « et dont le dernier écherra le 1er novembre 1872. — Pour établir le « chiffre du capital restant à solder à titre de subvention, les annuités « précédemment payées seront imputées sur le montant des termes aux- « quels la Compagnie aurait eu droit en vertu du paragraphe 5 du présent « article, en tenant compte des intérêts à 4 1/2 % à partir de l'échéance de « chaque terme. » Des dispositions tout à fait semblables ont été insérées dans les conventions de la même année avec les Compagnies de l'Ouest, d'Orléans, de Paris-Lyon-Méditerranée et du Midi. L'État a usé de la faculté qui lui était ainsi laissée d'échelonner ses paiements sur une période différant peu de celle qui restait à courir sur la durée des concessions (1).

Le même système a prévalu en 1868 et 1869, pour les Compagnies de l'Ouest, d'Orléans, de Paris-Lyon-Méditerranée, du Midi, d'Orléans à Châlons, des Dombes et du Sud-Est (chemin de Lyon à Montbrison) et de Lille à Valenciennes (Lérouville à Sedan).

Après un retour aux obligations trentenaires pour les Compagnies des Charentes et de la Vendée en 1873 et 1874 (2), les Pouvoirs publics ont fait une nouvelle application du système de 1863-1868 à la Compagnie d'Orléans, par la loi du 23 mars 1874, et aux Compagnies du Nord, de l'Est, de l'Ouest et de Paris-Lyon-Méditerranée, par les conventions de 1875. Toutefois, dans ces dernières conventions, le mode de calcul des annuités a été modifié. Lors de l'échéance de chacun des termes, les annuités sont réglées provisoirement au taux de 5 fr. 75 %. Le taux définitif est déterminé, après la période assignée au paiement intégral des subventions en capital, d'après le prix moyen des négociations de l'ensemble des obligations émises par la Compagnie pendant cette période; ce prix moyen est arrêté déduction faite de l'intérêt couru au jour de la vente des titres, et en tenant compte de tous les droits à la charge de la Compagnie et de tous les frais accessoires dont elle justifie (3). Il est tenu compte respectivement à la Compagnie et à l'État, avec intérêts simples à 5 % (4), des insuffisances ou des excédents que présenteraient, sur le règlement définitif des annuités, les paiements calculés au taux provisoire de 5 fr. 75 %.

C'est encore une combinaison semblable qui a été adoptée dans les conventions de 1883. Les Compagnies font les avances et en sont remboursées au moyen d'annuités représentant les charges de leurs emprunts en intérêts, amortissement, timbre et frais divers. Pour chaque exercice, le chiffre de l'annuité est arrêté d'après le prix moyen de négociation de l'ensemble des obligations émises par la Compagnie dans cet exercice; ce

---

(1) Les termes restant dus aux Compagnies d'Orléans et de P.-L.-M. pour le réseau Central et les chemins de Bretagne ont été également convertis en annuités au taux de 5 %, en conformité des conventions de 1863.

(2) Ces obligations n'ont pas été mises en circulation.

(3) Voir l'observation de la page 245.

(4) Le taux de 5,75 % étant supérieur au taux réel, les Compagnies ont reçu des excédents qui ont fait peser sur elles des charges onéreuses d'intérêts. Elles ont demandé à anticiper sur le terme assigné au règlement définitif et sollicité la substitution du taux réel ou d'un taux peu différent au taux conventionnel. L'État a souscrit à cette demande, qui lui permettait de réduire ses débours.

prix est établi, déduction faite de l'intérêt couru au jour de la vente des chiffres et en tenant compte de tous droits à la charge de la Compagnie et de tous frais accessoires justifiés par elle. Les sommes dépensées dans le cours d'un exercice sont augmentées de six mois d'intérêt au taux effectif de l'emprunt, quelle que soit l'époque à laquelle ont été effectuées les dépenses, ou donnent lieu à l'allocation de ces six mois d'intérêt (voir page 252). Le montant de l'annuité, pour chaque exercice, est réglé au 31 décembre et la Compagnie a droit, sans qu'il soit besoin pour elle d'en faire la demande, aux intérêts, au taux effectif de l'emprunt, depuis le 1er janvier jusqu'au jour où l'annuité lui a été soldée (1). L'État rembourse en outre à la Compagnie les frais du service de ses obligations, abonnés à 10 centimes par titre en circulation et par an.

A côté de cette disposition générale, certaines dispositions spéciales ont été insérées dans les conventions avec les Compagnies de l'Est, d'Orléans et du Midi. La dette contractée par la Compagnie de l'Est au titre de la garantie d'intérêt, pour les exercices antérieurs à 1883, a été arrêtée à 150 millions en nombre rond et abandonnée à titre de subvention pour les dépenses de premier établissement incombant à l'État; le remboursement en annuités ne s'applique donc qu'au surplus de la dépense à la charge du Trésor. La dette contractée par la Compagnie d'Orléans a de même été liquidée à 205 millions et appliquée aux travaux; les intérêts ont cessé de courir à partir du 1er janvier 1884. Celle de l'Ouest, qui s'élevait à 190 millions en capital et à 51 millions en intérêts, a été abandonnée pour 160 millions. Enfin le solde de la dette de la Compagnie du Midi, payé en 1884, a reçu la même affectation. Ce sont des points sur lesquels nous reviendrons, en traitant de la garantie d'intérêt.

D'après le projet de budget de 1887, voici quel sera pour cet exercice le montant des annuités de subventions :

(1) Pour les Compagnies de l'Est, de l'Ouest, de P.-L.-M. et du Midi, il n'y a lieu à allocation d'intérêts que si le paiement n'a pas été fait en janvier.

DÉSIGNATION des COMPAGNIES	ANNUITÉS DÉFINITIVEMENT réglées et inscrites au budget des finances	ANNUITÉS non encore définitivement réglées et inscrites au budget des travaux publics	TOTAL	DERNIÈRE ÉCHÉANCE
	fr.	fr.	fr.	
Nord................	»	367.200	367.200	1930
Est.................	1.979.456	1.978.125	3.957.581	1954
Ouest..............	3.473.960	1.517.542	4.991.502	1951-1956
Orléans.....	4.334.071	»	4.334.071	1956
P.-L.-M.............	13.552.188	261.000	13.813.188	1956
Midi.	2.074.063	»	2.074.063	1956-1957
Orléans à Châlons.....	1.117.225	»	1.117.225	1960
Lille à Valenciennes...	387.749	»	387.749	1960
Totaux........	26.918.711	4.123.867 (2)	31.042.578	

Nous avons fait connaître, d'autre part, que M. Cavaignac, député, avait, dans un rapport récent, évalué à 65 millions et demi le chiffre total des annuités devant peser sur le budget ordinaire par suite de l'exécution des conventions de 1883, après l'achèvement des travaux, savoir :

Nord	»
Est.........................	7 500 000 fr.
Ouest.......................	9 500 000
Orléans	12 000 000
Paris-Lyon-Méditerranée........	21 000 000
Midi........................	15 500 000
Total...........	65 500 000 fr.

Le projet de budget de 1887 portait déjà une inscription de 10 millions.

3. Annuités de subventions pour doublement de voies. — Comme nous l'avons indiqué précédemment, les conventions de 1875, 1878 et 1883, avec cinq des grandes Compagnies ont précisé l'étendue des droits de l'État au sujet des limites et des conditions dans lesquelles il peut exiger le doublement de la voie sur les lignes primitivement établies à voie unique. Des conventions spéciales approuvées par une loi du 14 avril 1885 ont réglé la question pour les Compagnies de l'Ouest et d'Orléans.

Aux termes des conventions du 30 décembre 1875 (art. 7) avec le Nord, du 31 décembre 1875 (art. 11) et des 11 juin — 20 novembre 1883 (art. 8) avec l'Est, des 17 juillet — 20 novembre 1883 (art. 8) et des 10 décembre 1883 — 14 avril 1885 avec l'Ouest, des 11 juin 1883 — 10 décembre 1883 — 14 avril 1885 avec l'Orléans, et des 8 janvier — 6 avril 1878 (art. 3) avec le Paris-Lyon-Méditerranée, ces Compagnies sont tenues d'établir la seconde voie sur tout ou partie de leurs lignes à voie unique, dès que le Ministre des travaux publics le prescrit et quel que soit le produit de ces lignes. Mais alors l'État doit payer chaque année à la Compagnie une annuité suffisante pour couvrir l'intérêt et l'amortissement effectifs des dépenses. Quand le produit brut d'une section principale (1) atteint 35 000 francs par kilomètre, l'annuité cesse de courir.

A partir de cette époque, d'après la convention de 1875 avec la Compagnie de l'Est, le capital dépensé devait être ajouté au montant du capital garanti, sans pouvoir excéder 100 000 francs par kilomètre, y compris les agrandissements de gares, augmentation de matériel roulant et autres dépenses ; le chiffre du revenu réservé était d'ailleurs accru de la différence entre les charges effectives et l'intérêt et l'amortissement garantis par l'État. La convention de 1878 avec la Compagnie de Paris-Lyon-Méditerranée porte que la dépense sera inscrite au compte des dépenses complémentaires de l'ancien ou du nouveau réseau. Les conventions de 1883 avec les Compagnies de l'Est et de l'Ouest stipulent que les charges du capital dépensé seront comprises dans le compte général d'exploitation. Quant aux conventions spéciales de 1883-1885 avec les Compagnies de l'Ouest et d'Orléans, elles disposent que les dépenses seront reportées au compte des travaux complémentaires.

On le voit, il y là une subvention temporaire dont le chiffre est indéterminé, puisqu'il est impossible de prévoir la date à laquelle cesseront les annuités.

Aux termes des conventions de 1875 avec l'État et de 1878 avec le Paris-Lyon-Méditerranée, les annuités devaient être calculées provisoirement au taux de 5 75 % et définitivement d'après le prix moyen de négociation des obligations émises par la Compagnie dans les exercices durant lesquels les secondes voies auraient été posées. Ce prix moyen était arrêté déduction faite de l'intérêt couru au jour de la vente des titres, en tenant compte de tous droits à la charge de la Compagnie dont ces titres seraient frappés et de tous autres frais dont la Compagnie justifierait. Il était tenu compte respectivement à la Compagnie et à l'État, avec intérêts simples à 5 %, des insuffisances ou des excédents que présenteraient, sur le règle-

---

(1) L'expression de « section principale » n'existe que dans la convention de 1875 avec la Compagnie de l'Est et dans les conventions spéciales de 1883-1885 avec les Compagnies de l'Ouest et d'Orléans ; elle est remplacée par le mot « section », dans la convention de 1875 avec la Compagnie du Nord, et par le mot « ligne » dans la convention de 1878 avec la Compagnie de P.-L.-M.

ment définitif des annuités, les paiements au taux provisoire de 5 75 °/₀. (Voir notamment la convention de 1878 avec la Compagnie de Paris-Lyon-Méditerranée.) La convention de 1875 avec la Compagnie du Nord portait seulement que « l'État payerait chaque année à la Compagnie une annuité « représentant les intérêts, l'amortissement et les frais accessoires des « emprunts réellement effectués par elle pour subvenir aux dépenses », sans préciser le mode de calcul de cette annuité : en fait, on a adopté les mêmes bases que pour les deux autres Compagnies, par assimilation avec les annuités de subvention.

Pour les motifs que nous avons déjà donnés à propos des subventions proprement dites, le taux réel ou un taux peu différent a été substitué, même pour la Compagnie de Paris-Lyon-Méditerranée, au taux provisoire de 5 75 °/₀ qui obligeait plus tard les Compagnies à reverser des excédents, majorés d'un intérêt onéreux de 5 °/₀, et qui imposait au Trésor des déboursés excessifs.

Sous le régime des conventions de 1883, les annuités doivent représenter les charges réelles.

Quant aux conventions spéciales de 1883-1885 avec les Compagnies de l'Ouest et d'Orléans, elles contiennent les stipulations suivantes : les annuités représentent les charges réelles ; elles sont payées provisoirement, sur le vu des comptes présentés par les Compagnies, sauf vérification ultérieure ; il est tenu compte ensuite à la Compagnie ou à l'État, avec intérêts simples à 5 °/₀, des insuffisances ou des trop-payés que ferait ressortir le règlement définitif.

A l'inverse des annuités de subvention proprement dites attribuées aux Compagnies avant 1883, les annuités de doubles voies réglées en conformité de ces conventions sont payables en un terme annuel et non en deux termes semestriels. Elles ne doivent pas non plus être versées à échéance fixe. Il était d'ailleurs impossible de déterminer des échéances de cette nature, puisque les paiements sont subordonnés à une vérification préalable des comptes de la Compagnie, tandis qu'au contraire les subventions allouées avant 1883 sont arrêtées par avance à des chiffres fermes.

Les annuités réglées en conformité des conventions de 1883 seront comprises dans le règlement général annuel des comptes de la garantie d'intérêt, sauf les dispositions spéciales contenues dans les dernières conventions avec l'Ouest et l'Orléans.

Les doublements de voies ont figuré pour une somme de 5 727 000 francs dans le chapitre 30 du projet de budget ordinaire du ministère des travaux publics pour l'exercice 1887.

4. Observations sur les deux systèmes de subventions admis l'un en 1865, l'autre en 1880, pour les chemins de fer d'intérêt local. — Aux termes de la loi du 12 juillet 1865 sur les chemins de fer d'intérêt local, l'État pouvait allouer, sur les fonds du Trésor, aux concessionnaires de ces chemins des subventions en capital limitées :

A la moitié des dépenses restant à la charge du budget départemental, pour les départements dont le centime additionnel au principal des quatre contributions directes produisait moins de 20 000 francs ;

Au tiers, pour les départements dont le centime produisait de 20 000 à 40 000 francs ;

Au quart, pour ceux dont le centime produisait 40 000 francs.

Les subventions promises par le Trésor en exécution de cette loi se sont élevées, de 1865 à 1880, au chiffre de 57 millions environ. Leur paiement était effectué par termes semestriels ; le département était tenu de justifier, avant le versement de chaque terme, d'une dépense triple en achats de terrains, travaux et approvisionnements sur place ; le dernier terme n'était en tout cas payé qu'après l'achèvement de la ligne.

Les concessionnaires ne recevaient les subventions des départements qu'au fur et à mesure de l'avancement des travaux, suivant les règles déterminées dans chaque espèce par la convention de concession.

Malgré ces précautions, le système des subventions en capital fut loin de répondre au but que s'était proposé le législateur. S'il permettait aux concessionnaires de se soutenir pendant la période de construction, il avait, en revanche, le très grave défaut de ne donner aux capitaux engagés aucune garantie de rémunération, de ne fournir aux départements intéressés aucune garantie pour l'exploitation. Plus d'une fois, les concessionnaires n'y avaient vu qu'un aliment pour leurs spéculations ; plus d'une fois ils s'étaient empressés de réaliser d'énormes bénéfices, au moyen de l'émission des titres et au moyen de marchés de construction consentis avec des majorations scandaleuses, puis d'abandonner les entreprises dont ils avaient pris l'initiative, laissant ainsi les départements en face de difficultés et d'embarras inextricables. Cette situation avait encore été aggravée par la loi du 24 juillet 1867 portant émancipation des sociétés anonymes. Le Conseil d'État et le Gouvernement s'étaient, à la vérité, appliqués depuis 1872 à couper court aux abus, en insérant, comme nous l'avons vu, dans les actes de concession des dispositions destinées à limiter le capital-obligations, à réglementer les émissions, à assurer le bon emploi des fonds souscrits par le public ou prélevés sur les finances de l'État, des départements et des communes. Mais ces sages précautions ne pouvaient constituer que des palliatifs ; elles étaient impuissantes à détruire le vice originel de la loi de 1865, qui était, nous le répétons, de ne point assurer l'exploitation des chemins de fer d'intérêt local.

Aussi le législateur du 11 juin 1880 a-t-il renoncé au système des subventions en capital, pour lui substituer un système de subventions par annuités, ne faisant participer l'État et les départements aux charges de l'entreprise que pendant la période d'exploitation. Ces subventions se rapprochant beaucoup plus de la garantie d'intérêt ou de la garantie de revenu que des subventions proprement dites, nous nous réservons d'y revenir dans le chapitre suivant.

5. Du contentieux relatif aux subventions. — Le contentieux des subventions est soumis aux règles qui régissent celui des dettes de l'État. Le Ministre des travaux publics décide; mais sa décision, assimilée à un jugement, est susceptible de recours devant le Conseil d'État.

Nous aurons à revenir sur cette question, lorsque nous traiterons des comptes des Compagnies.

6. Irrecevobilité des entrepreneurs à exercer un privilège sur les subventions du Trésor. — Le concours de l'État ne peut avoir pour effet de modifier le caractère des travaux concédés et de faire bénéficier les entrepreneurs du privilège institué par le décret du 26 pluviôse an XI. (Conseil d'État, 4 décembre 1882, Sauval, syndic de la faillite d'Orléans à Rouen.)

§ 4. — GARANTIE D'INTÉRÊT
OU DE REVENU (GRANDS RÉSEAUX DE LA MÉTROPOLE).

1. Origines, premières applications et mérite du système de la garantie d'intérêt. — C'est en 1835, pour la première fois, que le Gouvernement a, dans un projet de loi relatif au chemin de Paris au Havre et à Rouen, indiqué la garantie d'intérêt comme l'une des formes de concours susceptible d'être utilement employée pour assurer la création et le développement progressif du réseau. Il n'y avait là toutefois qu'une simple indication qui a trouvé peu d'écho dans les Chambres.

Le système de la garantie éveillait alors les préventions les plus graves. On lui reprochait particulièrement :

— de laisser indéterminés les sacrifices du Trésor et d'exposer le budget à des charges auxquelles il serait incapable de faire face ;

— de désintéresser dans une certaine mesure le concessionnaire d'une bonne exploitation, en lui assurant un revenu minimum, quelque imprudente et quelque défectueuse que fût sa gestion ;

— d'imposer à l'État une ingérence et une immixtion incessantes dans l'administration des Compagnies appelées à bénéficier de la garantie ;

— de trop pousser la spéculation à entreprendre des affaires mal étudiées ou mauvaises en elles-mêmes ;

— de faire sur le marché une situation trop privilégiée aux actions placées ainsi à l'abri de toute chance de perte et ne conservant que les chances éventuelles de bénéfices ;

— de créer des valeurs équivalentes, si ce n'est supérieures, aux titres de rente de l'État et d'exposer par suite ces titres à une concurrence fâcheuse pour le crédit public.

Toutes ces objections n'avaient pas une très grande portée.

Ce qui empêchait les chemins de fer de se développer assez rapidement en France, c'était précisément l'aléa, les risques de l'exploitation, surtout à une époque où l'expérience n'avait point encore fourni ses enseignements. Le seul moyen de stimuler l'initiative privée, d'encourager l'esprit d'association, d'attirer les capitaux, c'était de diminuer cet aléa et ces risques, en les reportant, au moins partiellement, sur le budget de l'État. Les charges qui devaient peser ainsi sur les finances publiques trouvaient leur contre-partie dans les avantages généraux procurés au pays par les chemins de fer, dans l'accroissement de la richesse publique, dans l'augmentation du rendement des impôts.

Pour empêcher les concessionnaires de trop se désintéresser des résultats de l'exploitation, il suffisait de limiter la garantie à un taux modique et d'exciter les Compagnies à accroître les recettes et à exploiter économiquement, pour pouvoir distribuer à leurs actionnaires un dividende plus élevé. Le second moyen, auquel on a eu d'ailleurs recours, était de donner aux versements de l'État le caractère d'avances remboursables et d'intéresser par conséquent les concessionnaires à en diminuer l'importance. L'esprit d'initiative, l'activité et la vigilance des Compagnies, pouvaient être ainsi suffisamment ménagés.

Quant à l'ingérence de l'État dans l'administration des Compagnies, il était facile de la contenir dans de sages limites. Sous cette réserve, on ne pouvait contester qu'elle fût conforme à l'intérêt général et de nature à empêcher les abus et à procurer les avantages les plus précieux, au point de vue de l'honnêteté de la gestion. Il était d'ailleurs naturel que les concessionnaires abdiquassent en partie et aliénassent dans une certaine mesure leur liberté d'action, en échange du concours qui leur était prêté par l'État.

Les craintes relatives à la facilité avec laquelle la spéculation s'engagerait dans des affaires mal étudiées ou mauvaises étaient, sinon chimériques, du moins excessives. Il appartenait aux Pouvoirs publics, seuls dispensateurs des concessions et du concours financier de l'État, de repousser les demandes imprévoyantes ou injustifiées, de s'armer de prudence, de ne dépenser qu'à bon escient les deniers publics.

Sans doute la garantie d'intérêt devait avoir pour effet de favoriser les titres émis en vue de la construction des chemins de fer qui en seraient dotés. Mais n'était-ce pas précisément un élément de succès pour l'œuvre de l'exécution du réseau national ? Le but à poursuivre n'était-il pas d'attirer les capitaux de l'épargne vers les lignes jugées utiles ou même indispensables au point de vue de l'intérêt public ? N'était-il pas avantageux de fixer en quelque sorte la valeur des titres, de les soustraire à l'agiotage et aux écarts de la spéculation ? Ne pouvait-on pas, en réservant à l'État une part des bénéfices, faire tomber l'argument tiré de ce que le système de la garantie laissait aux Compagnies les chances de profit, tout en les dégageant des chances de perte ?

La concurrence entre les titres de chemins de fer et les titres de la rente pouvait être atténuée, pourvu que le taux de l'intérêt garanti fût sagement pondéré. A cette condition, la rente devait conserver sa situation privilégiée et son prestige aux yeux des capitalistes.

En revanche, les défenseurs du système lui attribuaient le mérite :

— d'assurer plus complètement et plus rapidement l'achèvement des travaux, en subordonnant à l'ouverture de l'exploitation la mise en jeu de la participation financière de l'État aux charges de l'entreprise ;

— de proportionner le concours du Trésor aux insuffisances de rendement, c'est-à-dire aux besoins des Compagnies, au lieu de le fixer dès l'origine à un chiffre ferme, susceptible d'être trop considérable ou trop faible, suivant que les prévisions de trafic auraient été entachées d'un excès de prudence ou d'un excès de témérité ;

— d'encourager les petits capitaux à se grouper et à se consacrer à l'œuvre des chemins de fer, en leur garantissant tout à la fois un intérêt modique, mais certain, et le remboursement dans un délai déterminé ;

— de provoquer le classement des titres entre les mains de preneurs sérieux, en leur assignant une valeur peu sujette aux variations et en les soustrayant aux jeux de la Bourse et aux manœuvres de l'agiotage.

On pourra consulter avec fruit les procès-verbaux de la Commission extraparlementaire de 1839 et y voir développées la plupart des raisons que nous venons de rapporter pour ou contre la garantie d'intérêt. Malgré le soin qu'elle apporta à l'étude de la question, cette Commission ne sut pas se dégager des préventions injustes qui avaient cours à cette époque contre la garantie : car, après l'avoir admise en principe, elle conclut à ne pas en doter la Compagnie du chemin de fer de Paris à Orléans, et le Gouvernement se rangea à cette conclusion dans le projet de loi qu'il présenta le 7 avril 1840.

Mais un courant contraire se manifesta à cette occasion dans la Chambre des députés ; contrairement aux propositions du Ministre, cette Assemblée et, après elle, la Chambre des pairs votèrent une garantie au profit du chemin de fer d'Orléans. (Loi du 15 juillet 1840.)

Cette première application mérite de fixer quelques instants l'attention du lecteur.

Le taux de la garantie était de 4 %, dont 3 % d'intérêt et 1 % pour l'amortissement des capitaux.

Sa durée était limitée à 47 ans environ, bien que la concession fût accordée pour 99 ans : la période de 47 ans correspondait à l'amortissement complet au taux de 3 %, au moyen du prélèvement obligatoire de 1 %.

Le capital garanti devait comprendre tous les frais de premier établissement, sans pouvoir excéder le montant du fonds social, soit 40 millions. En cas d'insuffisance de cette somme, la Compagnie avait la faculté de contracter un emprunt et de prélever sur le produit brut les intérêts de cet emprunt et son amortissement annuel, dont le taux devait être agréé par le Gouvernement.

Le maximum de l'annuité était fixé à 1 600 000 francs, ce qui excluait les insuffisances d'exploitation du compte de la garantie, pour le cas où le produit brut ne suffirait pas à couvrir les dépenses et les charges d'emprunt.

Les sommes versées par le Trésor devaient lui être remboursées plus tard au moyen des excédents de produit net, dès que ce produit s'élèverait au dessus de 4 °/₀.

Enfin un règlement d'administration publique devait déterminer les formes suivant lesquelles la Compagnie aurait à justifier vis-à-vis de l'État du montant des capitaux engagés dans l'entreprise, des frais annuels et des recettes.

La loi du 15 juillet 1840 constitua pendant lontemps un fait isolé. Mais, en 1849, les Pouvoirs publics firent une seconde application du système au profit de la Compagnie de Marseille à Avignon. Cette Compagnie était aux prises avec des difficultés financières, que les événements de 1848 et le discrédit des entreprises de chemins de fer avaient contribué à aggraver. Un séquestre avait été organisé, en vertu d'un arrêté du chef du Pouvoir exécutif du 21 novembre 1848 : toutefois ce n'était qu'un expédient, une mesure conservatoire ; il fallait, ou poursuivre la déchéance de la Compagnie, ou lui venir en aide pour lui permettre d'achever les travaux. La légalité de la déchéance pouvait être contestée ; la procédure devait être longue et délicate. Le Ministre des travaux publics sollicita donc et obtint, par une loi du 19 novembre 1849, l'autorisation de garantir pour toute la durée de la concession (1) l'intérêt à 5 °/₀ et l'amortissement du capital que la Compagnie aurait à emprunter pour l'acquittement de ses dettes et la complète exécution de la ligne. Les emprunts étaient limités à 30 millions ; la quotité, le mode de négociation et les conditions d'émission des titres étaient subordonnés à l'approbation du Gouvernement ; l'amortissement devait s'opérer sous la surveillance du Ministre des travaux publics. Les versements de l'État devaient lui être remboursés sur les bénéfices nets de l'entreprise, avant tout prélèvement d'intérêt ou de dividende pour les actionnaires. Un règlement d'administration publique devait déterminer les justifications financières à fournir par la Compagnie ; les charges des emprunts excédant le chiffre de 30 millions étaient exclues des frais d'entretien et d'exploitation. De plus, la loi de 1849 contenait une disposition qui n'avait point été insérée dans celle de 1840 et qui était ainsi conçue : « Si, à l'expiration de la concession, l'État est créancier de la Compagnie, « le montant de sa créance sera compensé, jusqu'à due concurrence, avec

____

(1) D'après la loi du 24 juillet 1843, la durée de la concession était de 33 ans.

« la somme due à la Compagnie pour la reprise du matériel, aux termes
« de l'article 49 du cahier des charges annexé à la loi du 24 juillet
« 1843. »

En 1851, la Compagnie de l'Ouest obtint dans des conditions analogues
une garantie d'intérêt de 4 % (sans amortissement) pour une durée de
50 années et sur un capital maximum de 55 millions, et la Compagnie de
Lyon à Avignon une garantie d'intérêt de 5 %, plus l'amortissement, pour
une durée fixée également à 50 ans et sur un capital maximum de
30 millions.

Ainsi, à la fin de 1851, le montant total des sommes garanties ne
dépassait pas 155 millions. Dès l'origine du second Empire, il s'augmenta
rapidement : pendant la seule année 1852, il s'accrut de 644 475 000 fr.
Au 31 décembre 1858, c'est-à-dire à la veille des conventions de 1859, il
atteignait 1 655 millions.

Il serait sans intérêt de passer en revue les nombreux actes de la
période de 1852 à 1858, qui sont venus ainsi grossir progressivement
les engagements du Trésor. Nous nous bornons à y relever les faits
suivants :

1° Le taux de la garantie a varié, durant cette période, de 3 à 5 %.

2° Tantôt cette garantie a porté exclusivement sur l'intérêt des capitaux, tantôt au contraire elle a porté tout à la fois sur l'intérêt et sur
l'amortissement dans un délai correspondant à la durée de la garantie.

3° Dans la plupart des cas, sa durée a été fixée à 50 années, c'est-à-dire
à la moitié environ de la durée des concessions.

4° La garantie a été, soit limitée à des emprunts que les Compagnies
étaient autorisées à contracter, soit étendue à la totalité des dépenses de
construction, jusqu'à concurrence d'un maximum indiqué par les actes de
concession.

5° Depuis 1852, les contrats de concession ont déterminé le délai dans
lequel seraient clos les comptes de premier établissement. Ce délai, d'abord
fixé à 10, puis à 15 ans, à partir de l'époque fixée pour l'achèvement des
travaux, a été réduit à 5 ans dans la convention du 19 juin 1857 avec la
Compagnie d'Orléans et dans des conventions ultérieures. Mais, en même
temps, a apparu une clause que nous retrouverons plus tard et qui prévoyait l'addition au compte de construction de dépenses dûment autorisées
par décret délibéré en Conseil d'État, après l'expiration de la période
quinquennale.

6° Tous les actes de concession excluaient formellement du compte
des dépenses d'exploitation les charges des emprunts que les Compagnies
seraient amenées à contracter en sus du capital garanti.

8° La forme dans laquelle ils étaient conçus permettait aux Compagnies de faire entrer en ligne de compte, le cas échéant, les insuffisances d'exploitation, si le produit brut était inférieur aux dépenses.

9° Depuis 1853, il était stipulé que les avances porteraient intérêt au profit de l'État, à un taux fixé d'abord à 3 %, puis à 4 % par année.

10° De 1852 à 1855, l'État a fréquemment inséré dans les cahiers des charges un article reproduit de la législation prussienne et ainsi conçu : « A toute époque après l'expiration des deux premières années, à dater « du délai fixé pour l'achèvement des travaux, si pendant cinq années « consécutives l'État était forcé de faire un complément pour payer les « intérêts garantis, le Ministre aura le droit de prendre en main l'admi- « nistration et la direction du chemin de fer pour le compte de la Compa- « gnie. Dès que le chemin administré par l'État arrivera à donner plus de « 4 % (1) pendant trois années consécutives, la Compagnie rentrera en « possession de ses droits. » (Voir les cahiers des charges du 26 mars 1852, Blesme et Saint-Dizier à Gray ; du 8 juillet 1852, Bordeaux à Cette, etc.; du 8 juillet 1852, Paris à Cherbourg et Mézidon au Mans; du 30 avril 1853, Lyon vers Genève, avec embranchement sur Bourg et Mâcon; du 7 mai 1853, Saint-Rambert à Grenoble; du 2 mai 1855, fusion des chemins normands et bretons; du 2 mai 1855, Grand CentraL)

2. Conventions de 1859 avec les grandes Compagnies. — *a.* ORIGINES ET TRAITS GÉNÉRAUX DES CONVENTIONS DE 1859. — Dans les der_ niers mois de l'année 1857 avait éclaté une crise financière très intense. Le marché des chemins de fer, qui, après 1852, avait inspiré tant de confiance et montré tant de fermeté, en ressentit nécessairement le contre-coup : l'atteinte portée au crédit des Compagnies fut d'autant plus grave que la diminution des transports réduisait notablement les recettes de l'exploitation. Les actions subirent une dépréciation considérable. Le cours des obligations fut lui-même profondément affecté : leur émission ne se fit plus qu'à des conditions fort onéreuses. L'opinion publique, toujours prête à céder à la panique, crut voir dans la dépression tempo-raire des produits des voies ferrées le commencement d'une ère de déca-dence et de désastres ; la situation des Compagnies lui parut irrémédiable-ment compromise par les concessions dont ces sociétés avaient assumé la charge depuis quelques années. Il y avait dans ces terreurs injustifiées une source de périls pour l'œuvre des chemins de fer. Aussi le Gouvernement jugea-t-il nécessaire d'annoncer en 1858 par la voie du *Moniteur* qu'il

____

(1) Ou 3 %.

allait prendre les mesures nécessaires pour relever les entreprises dont le sort était si intimement lié à la prospérité du pays.

Deux solutions étaient en présence. L'une eût consisté à ajourner l'exécution des lignes les moins urgentes ; elle était incompatible avec les promesses solennelles faites aux populations. L'autre consistait à venir en aide aux Compagnies par une application plus large du système de la garantie d'intérêt et accessoirement par l'allocation de subventions en argent ou l'exécution partielle des travaux sur les fonds du Trésor : ce fut cette seconde solution qui prévalut ; elle fut d'autant plus facilement admise que jusqu'alors la garantie d'intérêt, tout en donnant aux Compagnies un appui moral des plus efficaces, n'avait, en fait, imposé aucun sacrifice au Trésor.

Le Ministre des travaux publics conclut avec les Compagnies du Nord, de l'Est, des Ardennes, de l'Ouest, d'Orléans, de Paris-Lyon-Méditerranée, du Dauphiné et du Midi, des conventions qui furent sanctionnées par une loi et des décrets du 11 juin 1859.

Nous n'avons à insister que sur les contrats passés avec les six grandes Compagnies. Voici quels en étaient les traits généraux.

La durée de la garantie fut fixée à cinquante années. Le taux de cette garantie, qui avait varié dans des limites étendues, comme nous l'avons fait connaître précédemment, fut arrêté à 4 °/₀ ; on y ajouta l'amortissement en cinquante ans, ce qui le porta à 4,655 °/₀ (1).

Au lieu de l'appliquer à l'ensemble des réseaux, ce qui n'eût pas suffisamment amélioré le crédit des Compagnies, on l'affecta spécialement aux chemins récemment concédés, c'est-à-dire aux chemins les moins productifs. Il y avait d'ailleurs des précédents dans ce sens, notamment pour les lignes du Grand Central rétrocédées à la Compagnie d'Orléans et pour les lignes des Pyrénées concédées à la Compagnie du Midi.

Les concessions de chaque Compagnie furent en conséquence divisées, au point de vue du jeu de la garantie d'intérêt, en deux parties distinctes, désignées sous le nom d'*ancien* et de *nouveau réseau*. Seul, le nouveau réseau jouissait du bénéfice de la garantie.

Toutefois, il était juste que le nouveau réseau profitât de l'accroissement de trafic qu'il apportait à l'ancien ; les conventions stipulèrent en conséquence que toute la portion du produit net de l'ancien réseau, qui dépasserait un certain chiffre par kilomètre, se *déverserait* sur le nouveau réseau et concourrait, avec les avances du Trésor, à parfaire l'intérêt garanti par l'État.

---

(1) Les documents parlementaires ont indiqué le chiffre de 4,65. Mais, en fait, les calculs sont basés sur le chiffre plus exact de 4,655.

Le revenu *réservé* à l'ancien réseau avant déversement fut calculé de manière :

1° A ménager aux actions un dividende basé sur le revenu des dernières années ;

2° A pourvoir au service des obligations afférentes à l'ancien réseau ;

3° A fournir un appoint de 1,10 % jugé nécessaire pour compléter, avec le taux garanti de 4,655 %, l'intérêt et l'amortissement effectif des emprunts contractés pour l'exécution du nouveau réseau (1).

Cette combinaison allégeait les risques du Trésor, neutralisait la tendance que les Compagnies pouvaient avoir à favoriser le trafic de certaines lignes de l'ancien réseau au détriment des lignes du nouveau réseau et restituait en outre à ce dernier une partie des bénéfices indirects résultant de la construction.

Les sommes que l'État pouvait être appelé à verser, à titre de garant, devaient lui être remboursées avec les intérêts à 4 %, dès que les produits du nouveau réseau accrus des sommes déversées par l'ancien réseau auraient dépassé l'intérêt garanti et à quelque époque que cet excédent se produisit.

L'origine de la garantie était fixée au 1er janvier 1864 pour la Compagnie de l'Est (2) et au 1er janvier 1865 pour les autres Compagnies.

Si, à l'expiration de la concession, l'État était créancier de la Compagnie, le montant de sa créance devait » être compensé, jusqu'à due con- « currence, avec la somme due à la Compagnie pour la reprise du maté- « riel, s'il y avait lieu, aux termes de l'article 36 du cahier des charges ».

Tel était, dans son ensemble, le système ingénieux et fécond qu'inaugurèrent les conventions de 1859 et dont le mérite doit être attribué, pour la plus large part, à M. de Franqueville, l'éminent directeur général des Ponts et Chaussées et des Chemins de fer.

Après avoir ainsi indiqué l'économie générale de ce système, nous devons en étudier d'un peu plus près les détails.

b. Répartition des lignes entre l'ancien et le nouveau réseau. —

____

(1) Pour la Compagnie du Nord, l'appoint n'a été que de 0,85 %.

(2) Les travaux de cette Compagnie étaient plus avancés que ceux des autres Compagnies.

Les lignes concédées à titre définitif ou à titre éventuel aux six grandes Compagnies se répartissaient comme l'indique le tableau suivant (1) :

DÉSIGNATION DES COMPAGNIES	LONGUEUR		
	ANCIEN RÉSEAU	NOUVEAU RÉSEAU	TOTAL
	km.	km.	km.
Nord........................	967	618	1.585
Est........................	985	1.365	2.350
Ouest........................	1.192	1.112	2.304
Orléans........................	1.764	2.162	3.926
P.-L.-M........................	1.834	2.496	4.330
Midi........................	798	825	1.623
Totaux........................	7.540 (2)	8.578	16.118 (2)

c. Capital garanti. — Les conventions déterminaient :

— par un chiffre global, le maximum du capital garanti pour les lignes du nouveau réseau concédées à titre définitif ;

— par des chiffres spéciaux à chacune des lignes concédées à titre éventuel, le maximum du capital garanti pour les lignes de cette deuxième catégorie.

Ces maxima étaient les suivants :

DÉSIGNATION des COMPAGNIES	MAXIMUM DU CAPITAL GARANTI		
	CONCESSIONS DÉFINITIVES	CONCESSIONS ÉVENTUELLES	TOTAL
	fr.	fr.	fr.
Nord........................	139.500.000	60.500.000	200.000.000
Est........................	505.000.000	17.000.000	522.000.000
Ouest........................	307.500.000	»	307.500.000
Orléans........................	601.000.000	214.000.000	815.000.000
P.-L.-M........................	814.000.000	311.000.000	1.125.000.000
Midi........................	119.000.000	13.000.000	132.000.000
Totaux........................	2.486.000.000	615.500.000	3.101.500.000

d. Taux, origine et terme de la garantie. — Comme nous l'avons dit, le taux de la garantie était de 4.655 °/₀ ; il comprenait l'intérêt à 4 °/₀ et

---

(1) Les chiffres portés à ce tableau sont ceux qui résultent des documents préparatoires de la loi. Ils ne sont pas tout à fait exacts.

(2) Non compris le chemin de Ceinture, rive droite (17 km.), concédé en commun aux Compagnies du Nord, de l'Est, de l'Ouest, d'Orléans, de P.-L.-M. et du Midi.

l'amortissement pendant une période de 50 années, correspondant à la durée de la garantie. Les charges des obligations étant évaluées à 5,75 %, la différence, soit 1,10 %, devait être couverte par un prélèvement sur le revenu réservé à l'ancien réseau (1).

L'origine de la garantie était fixée au premier janvier 1864 pour l'Est, et au premier janvier 1865 pour les autres Compagnies ; elle devait prendre fin 50 ans après, c'est-à-dire le 31 décembre 1913 et le 31 décembre 1914.

Les lignes du nouveau réseau qui ne seraient pas terminées avant l'origine du fonctionnement de la garantie ne devaient y participer qu'à partir du premier janvier qui suivrait leur mise en exploitation.

e. Imputation temporaire des insuffisances du nouveau réseau au compte de premier établissement. — Jusqu'à l'époque où commencerait l'application de la garantie, les intérêts et l'amortissement des obligations émises pour l'exécution des lignes du nouveau réseau devaient être payés au moyen des produits des sections successivement livrées à la circulation et, en cas d'insuffisance, être portés au compte de premier établissement.

Cette disposition, déjà introduite dans des conventions antérieures, avait pour objet de ne pas faire entrer les chemins du nouveau réseau au compte d'exploitation, avant qu'ils fussent en possession de leur trafic normal. Elle avait, pour les Compagnies, l'avantage de ne pas avilir leurs recettes et, pour l'État, celui de ne pas surcharger la garantie d'intérêt.

f. Revenu réservé a l'ancien réseau. — Le revenu réservé à l'ancien réseau était fixé à un chiffre kilométrique qui variait naturellement d'une Compagnie à une autre. Bien que les conventions n'aient donné aucun des éléments qui ont servi à le calculer, on peut néanmoins reconstituer ces éléments d'après les documents préparatoires de la loi du 11 juin 1859. Nous les résumons dans le tableau suivant :

(1) On remarquera qu'en fait l'amortissement des obligations est réparti sur toute la durée de la concession, au lieu d'être limité à une période de 50 années. Nous reviendrons plus tard sur ce point.

	NORD	EST	OUEST	ORLÉANS	P.-L.-M.	MIDI
Évaluation de l'ancien réseau	403.000.000 fr.	310.000.000 fr.	461.000.000 fr.	445.000.000 fr.	735.000.000 fr.	239.500.000 fr.
Évaluation du nouveau réseau	200.000.000 fr.	522.000.000 fr.	307.500.000 fr.	815.000.000 fr.	1.125.000.000 fr	132.000.000 fr.
Évaluation du fonds social	231.875.000 fr.	250.000.000 fr.	150.945.000 fr.	370.000.000 fr.	400.000.000 fr.	146.000.000 fr.
Nombre des actions	525.000	500.000	300.000	500.000	800.000	250.000 fr.
Longueur de l'ancien réseau (1)	967 km.	985 km.	1.192 km.	1.764 km.	1.834 km.	798 km.
Revenu réservé kilométrique	38.400 fr.	27.800 fr.	27.000 fr.	27.400 fr.	37.490 fr.	19.500 fr.
Revenu réservé total de l'ancien réseau	37.132.800 fr.	27.383.000 fr.	32.484.000 fr.	48.333.600 fr.	68.591.600 fr.	15.561.100 fr.
Charges des obligations afférentes à l'ancien réseau	9.411.875 fr.	3.430.000 fr.	17.828.000 fr.	4.312.500 fr.	19.262.500 fr.	5.376.250 fr.
Complément des charges des obligations afférentes au nouveau réseau	1.700.000 fr.	5.742.000 fr.	3.382.500 fr.	8.965.000 fr.	12.375.000 fr.	1.452.000 fr.
Revenu total ménagé aux actions	26.020.925 fr.	18.191.000 fr.	10.973.500 fr.	35.056.400 fr.	36.954.600 fr.	8.732.850 fr.
Revenu ménagé à chaque action (chiffres résultant des calculs) (2)	50 fr.	36 fr.	36 fr.	70 fr.	46 fr.	35 fr.
Revenu ménagé à chaque action (chiffres donnés par les documents préparatoires) (2)	50 fr.	38 fr.	35 fr.	70 fr.	47 fr.	35 fr.

(1) Les chiffres indiqués dans ce tableau pour la longueur de l'ancien réseau diffèrent un peu des chiffres réels ; ils sont reproduits des documents parlementaires.

(2) Quelques-uns des éléments indiqués ci-dessus n'étant pas relatés textuellement dans les documents préparatoires de la loi et ayant dû être reconstitués par des calculs approximatifs, il convient de s'en tenir aux chiffres de la dernière ligne pour le revenu ménagé aux actions.

Il ne sera pas sans intérêt de rapprocher des dividendes ainsi ménagés aux actions les dividendes effectivement distribués pendant les années précédentes :

ANNÉES	NORD	EST	OUEST	ORLÉANS	P.-L.-M.	MIDI
	fr.	fr.	fr.	fr.	fr.	fr.
1855	61	78,50	50,00	80	82,50 et 86 (1) (2)	»
1856	56	74,00	40,00	84	81 et 117 (1) (2)	20
1857	60	40,65	37,50	90	53,00	20
1858	61	40,46	33.00	87	49,50	20

Certaines prévisions du Gouvernement et du rapporteur au Corps législatif ne se sont pas réalisées. C'est ainsi que le capital social de la Compagnie d'Orléans, au lieu d'être formé de 500 000 actions et de s'élever à 370 millions, a été formé en fait de 600 000 actions et n'atteint que 308 millions en nombre rond ; le dividende par action a été ainsi ramené à 52 francs environ.

g. RÉDUCTION TEMPORAIRE DU REVENU KILOMÉTRIQUE RÉSERVÉ. — Toutes les conventions de 1859 contenaient une disposition aux termes de laquelle, jusqu'à l'achèvement complet des lignes concédées, le revenu kilométrique réservé devait être réduit de 200 francs pour chaque longueur de 100 kilomètres non livrés à l'exploitation, sans toutefois que la réduction totale pût excéder :

    1.000 francs pour la Compagnie du Nord.
     800   —   de l'Est.
    1.000   —   de l'Ouest.
    2.400   —   d'Orléans.
    2.000   —   de Paris-Lyon-Méditerranée.
    1.200   —   du Midi.

La diminution correspondante sur le revenu total réservé à l'ancien réseau, pour 100 kilomètres de chemins du nouveau réseau non ouverts à

(1) Paris à Lyon.
(2) Lyon à la Méditerranée.

la circulation, était de 194.000 francs pour la Compagnie du Nord.

    195.000...................... de l'Est.

    238.800...................... de l'Ouest.

    352.400...................... d'Orléans.

    369.800...................... de P.-L.-M.

    158.200...................... du Midi.

Le but de la disposition que nous venons de rappeler était de presser l'achèvement des lignes du nouveau réseau, dont les Compagnies pouvaient être portées à retarder l'exécution, afin de profiter de la prime de 1,10 % sur les dépenses afférentes aux travaux. Cette prime, étant en effet comprise dans le revenu réservé, eût constitué pour les actionnaires un bénéfice net jusqu'au jour où leurs emprunts auraient été contractés et réalisés.

Il est facile de vérifier que les retenues opérées sur le revenu réservé correspondaient à des dépenses variant de 144 000 francs à 336 000 francs par kilomètre sur le nouveau réseau, et de constater ainsi qu'elles étaient un peu trop faibles, eu égard aux estimations des lignes de ce réseau. Cette insuffisance a du reste été signalée par M. de Jouvenel, rapporteur de la loi du 11 juin 1859 à la Chambre des députés.

h. ORIGINE DE L'ATTRIBUTION DU REVENU RÉSERVÉ AUX LIGNES DE L'ANCIEN RÉSEAU. — Aux termes des conventions, les lignes de l'ancien réseau ne devaient figurer dans le compte des produits nets de ce réseau qu'à partir du premier janvier qui suivrait leur mise en exploitation.

Cette disposition, combinée avec la précédente, avait pour objet de hâter l'ouverture complète de l'ancien réseau à la circulation. En cas de retard, la Compagnie était en effet privée du revenu réservé correspondant aux chemins non terminés et subissait en outre la retenue sur laquelle nous avons fourni des explications dans le paragraphe précédent.

Toutefois il convient d'observer que les retards étaient beaucoup moins à redouter pour l'ancien que pour le nouveau réseau.

i. REMBOURSEMENT DES SOMMES AVANCÉES PAR L'ÉTAT. — Les sommes avancées par l'État au titre de la garantie d'intérêt portaient intérêt simple à 4 % par an; elles devaient lui être remboursées sur les produits nets des lignes garanties, dès que ces produits nets, accrus des excédents déversés par l'ancien réseau, dépasseraient l'intérêt et l'amortissement garantis et dans quelque année que cet excédent se produisît.

Nous devons faire remarquer en passant que, par application de l'article 1254 du Code civil, les recouvrements du Trésor devaient s'imputer avant tout sur les intérêts.

Les conventions stipulaient d'ailleurs que si, à l'expiration de la concession ou en cas de rachat, l'État était encore créancier de la Compagnie, le montant de sa créance serait compensé jusqu'à due concurrence avec la somme due pour la reprise du matériel de l'ancien et du nouveau réseau. On a beaucoup discuté sur la portée de cette clause. Fallait-il l'interpréter en ce sens que, si la dette de la Compagnie était supérieure à la valeur du matériel, l'excédent serait perdu pour le Trésor ? Devait-on au contraire admettre que l'État pourrait en poursuivre le recouvrement intégral ? Les seuls éclaircissements que l'on ait sur les intentions des parties contractantes se trouvent dans les passages suivants du rapport de M. le baron de Jouvenel et d'un discours de M. Baroche, président du Conseil d'État, au Corps législatif. M. de Jouvenel s'exprimait ainsi : « L'article relatif à la « clause du rachat (rédaction primitive du Gouvernement), qui donne à « l'État la faculté de rentrer dans les lignes concédées, après quinze ans « d'exploitation, n'aurait pas permis, d'après le projet de loi, d'opposer à « la Compagnie, dépossédée de la valeur de son ancien réseau, la compen- « sation des sommes affectées par l'État au nouveau réseau, attendu la « désolidarisation absolue que les Compagnies avaient entendu maintenir « entre les deux réseaux. Votre commission n'a pas trouvé qu'un état de « choses pareil fût parfaitement équitable ; elle a jugé que, s'il pouvait « être trop rigoureux d'exiger des Compagnies, sur le montant de tout « leur actif, le montant d'une dette provenant de l'exécution par elles « d'un réseau dont elles auraient bien voulu pouvoir être déchargées, il « était rationnel d'exiger d'elles qu'elles affectassent tout leur matériel au « paiement de la dette contractée par suite des avances du Trésor public. « Le Conseil d'État a bien voulu s'associer à cette doctrine, dont la consé- « quence, il faut le reconnaître, est de donner à l'État, pour le rembour- « sement de ses avances, un gage de plus, dont l'évaluation peut être « fixée à 400 millions environ : car le matériel affecté à l'exploitation de « 8 000 kilomètres environ de l'ancien réseau ne saurait être estimé à « moins de 50 000 francs par kilomètre. »

De son côté, M. Baroche disait : « Dans la prévision de l'expiration des « concessions ou du rachat des lignes de fer, l'État serait indemnisé des « sommes dont il serait créancier par suite de l'application de la garantie « et de préférence à tous, sur la valeur du matériel repris. »

Les Compagnies ont toujours considéré ces déclarations comme interdisant à l'État de poursuivre le recouvrement de la partie de leur dette qui excéderait la valeur du matériel roulant. Elles ont fait valoir en outre que cette solution s'imposait, en tout état de cause, à l'expiration des concessions et que, dès lors, elle devait prévaloir aussi en cas de rachat, puisque les conventions ne distinguaient pas, sur ce point, entre les diverses époques et les divers modes de retour à l'État.

j. CLÔTURE ET VÉRIFICATION DES COMPTES DES COMPAGNIES. — Un règlement d'administration publique devait déterminer les formes suivant lesquelles chaque Compagnie aurait à justifier vis-à-vis de l'État et sous le contrôle de l'Administration supérieure : 1° des frais de construction ; 2° des frais annuels d'entretien et d'exploitation ; 3° des recettes.

Le compte de premier établissement des lignes de l'ancien et du nouveau réseau devait être arrêté provisoirement avant le 1ᵉʳ janvier qui suivrait la mise en exploitation de chacune de ces lignes et arrêté définitivement cinq ans après cette époque.

En cas d'insuffisance du capital garanti, il était interdit de comprendre dans les frais annuels les charges des emprunts supplémentaires.

Nous reviendrons plus loin sur les comptes des Compagnies : nous n'y insistons donc pas davantage pour le moment.

k. MAINTIEN DE LA GARANTIE ANTÉRIEURE POUR UNE PARTIE DE LA DÉPENSE DE L'ANCIEN RÉSEAU DU MIDI. — Les articles 66 et 67 du cahier des charges annexé à la loi du 8 juillet 1852 et l'article 7 du cahier des charges annexé à la convention du 24 août de la même année avaient attribué à la Compagnie du Midi, pour les lignes de Bordeaux à Cette, de Bordeaux à Bayonne et de Narbonne à Perpignan, une garantie d'intérêt de 4 % sur un capital de 118 millions pendant une période de 50 années.

La convention des 28 décembre 1858-11 juin 1859 maintint cette garantie, en la déclarant applicable à l'ensemble des lignes composant l'ancien réseau.

l. OBSERVATIONS SUR LA DIFFÉRENCE ENTRE LE SYSTÈME DES CONVENTIONS DE 1859 ET CELUI D'UNE GARANTIE A UN TAUX PLUS ÉLEVÉ POUR L'ENSEMBLE DES LIGNES CONCÉDÉES AUX COMPAGNIES. — On a souvent allégué que le système des conventions de 1859 avait été un trompe-l'œil, au point de vue du taux de la garantie et du capital appelé à en bénéficier ; qu'en effet le revenu réservé à l'ancien réseau, étant inférieur au revenu effectif de ce réseau, ne risquait jamais d'être atteint ; et que dès lors l'État, au lieu de se borner à garantir 4,65 %, amortissement compris, aux lignes du nouveau réseau, avait en fait garanti 5,75 % au capital d'établissement de ce réseau, ainsi qu'au capital-obligations de l'ancien réseau et un revenu sensiblement plus élevé au capital-actions.

Il y a dans cette critique une grande part de vérité, mais aussi une part d'erreur. Sans doute, même dans les années les plus mauvaises, le revenu réel de l'ancien réseau a été plus que suffisant pour faire face aux charges des obligations de l'ancien réseau et au complément des charges des obligations du nouveau réseau. Mais, en 1870, sur les six grandes Compagnies, cinq ont été conduites à abaisser le dividende de leurs actionnaires au-dessous de celui que les conventions avaient entendu leur ménager.

Néanmoins, on doit reconnaître que c'est là une circonstance tout exceptionnelle. C'est du reste la raison qui a conduit à supprimer la division en deux réseaux dans les conventions de 1883, pour quatre Compagnies sur six.

m. OBSERVATIONS SUR LES EFFETS DU CLASSEMENT D'UNE LIGNE DANS L'ANCIEN OU DANS LE NOUVEAU RÉSEAU, AU POINT DE VUE DES INTÉRÊTS DU TRÉSOR. — Le principe qui a présidé en 1859 à la répartition des lignes entre l'ancien et le nouveau réseau a été de réunir dans le premier les chemins les plus productifs et de grouper au contraire dans le second les chemins qui ne devaient donner qu'un produit relativement faible. Ce principe a été plus tard modifié, comme nous l'expliquerons par la suite. Mais nous devons dire dès maintenant quelques mots des effets que pouvait avoir le classement d'une ligne dans l'un ou l'autre des deux réseaux, au point de vue des intérêts du Trésor.

La question doit être examinée séparément, en ce qui concerne la garantie d'intérêt et en ce qui concerne le partage des bénéfices.

1. *Garantie d'intérêt.* — Soit R_a le produit net de l'ancien réseau, avant l'addition de la ligne nouvelle ;

R_r le revenu réservé à l'ancien réseau, avant cette addition ;

C la dépense de premier établissement de la ligne nouvelle ;

p son produit brut ;

d les frais de son exploitation.

Nous supposerons d'abord le classement dans l'ancien réseau : le revenu réservé R_r sera augmenté de $0,0575\ C$; les effets de cet accroissement varieront suivant les cas.

1er cas. — $R_a < R_r$ et $(p - d - 0,0575\ C) < (R_r - R_a)$. — Le déversoir ne fonctionnait pas avant l'addition de la ligne nouvelle ; il ne fonctionne pas davantage après : rien n'est changé au jeu de la garantie.

2e cas. — $R_a < R_r$ et $(p - d - 0,0575\ C) > (R_r - R_a)$. — Le déversoir, qui ne fonctionnait pas avant l'addition, fonctionne au contraire après : les avances du Trésor sont diminuées de $(p - d - 0\ 0575\ C) - (R_r - R_a)$.

3e cas. — $R_a > R_r$ et $(p - d - 0\ 0575\ C) < 0$. — La somme déversée est diminuée de $(d + 0,0575\,C - p)$, sans que cette diminution puisse dépasser $R_a - R_r$: les avances du Trésor sont augmentées d'autant.

4ᵉ cas. — $R_a > R_r$ et $(p - d - 0\,0575\,C) > 0$. — La somme déversée est augmentée de $(p - d - 0\,0575\,C)$: les avances du Trésor sont réduites d'autant.

Supposons maintenant le classement dans le nouveau réseau : le revenu réservé R_r sera augmenté de $0,011\,C$ et le revenu garanti au nouveau réseau de $0,0465\,C$.

1ᵉʳ cas. — $R_a < R_r$ et $(p - d - 0,0465\,C) < 0$. — Les avances du Trésor sont augmentées de $(d + 0,0465\,C - p)$.

2ᵉ cas. — $R_a < R_r$ et $(p - d - 0,0465\,C) > 0$. — Les avances du Trésor sont diminuées de $(p - d - 0,0465\,C)$.

3ᵉ cas. — $R_a > R_r$, $(R_a - R_r) < 0,011\,C$ et $(p - d - 0,0465\,C) < 0$. — La somme déversée de l'ancien sur le nouveau réseau est diminuée de $(R_a - R_r)$ et les avances du Trésor sont augmentées de $(d + 0,0465\,C - p) + (R_a - R_r)$.

4ᵉ cas. — $R_a > R_r$, $(R_a - R_r) < 0,011\,C$ et $(p - d - 0,0465\,C) > 0$, mais $< (R_a - R_r)$. — Les charges du Trésor sont accrues de $(R_a - R_r) - (p - d - 0,0465\,C)$.

5ᵉ cas. — $R_a > R_r$, $(R_a - R_r) < 0,011\,C$ et $(p - d - 0,0465\,C) > (R_a - R_r)$. — Les avances du Trésor sont diminuées de $(p - d - 0,0465\,C) - (R_a - R_r)$.

6ᵉ cas. — $R_a > R_r$, $(R_a - R_r) > 0,011\,C$ et $(p - d - 0\,0465\,C) < 0,011\,C$. — La somme déversée est réduite de $0,011\,C$ et les avances du Trésor sont accrues de $0,011\,C - (p - d - 0,0465\,C)$ ou de $0,0575\,C + d - p$.

7ᵉ cas. — $R_a > R_r$, $(R_a - R_r) > 0,011\,C$ et $(p - d - 0,0465\,C) > 0,011\,C$. — Les avances du Trésor sont réduites de $(p - d - 0,0465\,C) - 0,011\,C$, ou de $(p - d - 0,0575\,C)$.

On pourrait encore entrer plus avant dans le détail et envisager par exemple le cas où le nouveau réseau ne ferait pas appel à la garantie et aurait un excédent inférieur à l'insuffisance de la nouvelle ligne, et celui où, faisant appel à la garantie, il ne présenterait qu'une insuffisance inférieure à l'excédent de la nouvelle ligne. Mais ce sont là des calculs qui nous conduiraient trop loin et qui sont sans intérêt pratique.

Notre seul but était de montrer que le classement dans l'un ou l'autre des réseaux n'était pas chose absolument indifférente. C'est du reste ce qu'avait indiqué M. Cézanne dans un rapporrt du 23 février 1875 à l'Assemblée nationale sur une convention avec la Compagnie de Paris-Lyon-Méditerranée.

2. *Partage des bénéfices.* — En ce qui concerne le partage des bénéfices, le revenu attribué à l'ancien réseau dans le système des conventions de 1859, 1863, 1868-1869 et 1875, étant notablement supérieur au revenu ménagé au nouveau réseau, le classement des lignes dans le premier de ces deux réseaux était avantageux pour la Compagnie, comme nous l'expliquerons en traitant de la participation du Trésor aux bénéfices.

3. Conventions de 1860 avec la Compagnie de Paris-Lyon-Méditerranée et de 1862 avec la Compagnie du Nord. — Nous mentionnons pour ordre, sans nous y arrêter :
— une convention des 4 juillet-1er août 1860 avec la Compagnie de Paris-Lyon-Méditerrannée ;
— une autre convention des 16 juin-6 juillet 1862 avec la Compagnie du Nord.

Le premier de ces deux contrats portait concession, au profit de la Compagnie de Lyon, de deux chemins qui présentaient ensemble une longueur de 112 kilomètres et qui étaient rattachés au nouveau réseau ; il augmentait le capital garanti de 31 millions et élevait le revenu kilométrique réservé à l'ancien réseau de 37 400 fr. à 37 600 fr.

Le second concédait à la Compagnie du Nord deux lignes ayant ensemble 42 kilomètres et évaluées à 12 millions et les classait dans l'ancien réseau, auquel était rattaché le chemin des houillères du Pas-de-Calais (86 kilomètres), antérieurement classé dans le nouveau réseau. La longueur de l'ancien réseau était ainsi portée de 967 kilomètres à 1 095 kilomètres et celle du nouveau réseau réduite de 86 kilomètres. Le revenu kilométrique réservé était abaissé de 38 400 fr. à 35 500 fr ; le capital garanti était diminué de 22 millions.

4. Conventions de 1863 avec les grandes Compagnies. — Plusieurs Compagnies avaient éprouvé des mécomptes considérables sur les évaluations de dépenses qui avaient servi de base aux conventions de 1859, et voyaient les intérêts de leurs actionnaires absolument compromis : la situation de la Compagnie de l'Est et de la Compagnie de l'Ouest, en particulier, était profondément atteinte. D'autre part, il était indispensable de construire un certain nombre de lignes nouvelles. Le Gouvernement conclut en conséquence avec les Compagnies de l'Est (1er mai 1863), de l'Ouest (1er mai), d'Orléans (11 juin), de Paris-Lyon-Méditerranée (1er mai), et du Midi (1er mai), des conventions qui furent approuvées par des lois et des décrets du 11 juin et du 6 juillet. Ces contrats laissaient absolument intact le système adopté en 1859 ; mais ils rectifiaient les estimations par trop erronées, étendaient le domaine des Compagnies et changeaient dans une certaine mesure la répartition des voies ferrées entre l'ancien et le nouveau réseau. Le revenu réservé kilométrique était modifié de manière à maintenir le dividende ménagé en 1859 au profit des actionnaires, si ce n'est pour l'Est et l'Ouest qui devaient supporter une partie des erreurs d'évaluations de 1859 et dont le dividende réservé était abaissé de 38 francs et de 35 francs à 30 francs.

Nous récapitulons ci-après les principaux éléments des conventions de 1863 (1).

(1) Dans ce tableau, comme dans le précédent, nous reproduisons des chiffres empruntés aux documents parlementaires.

		EST	OUEST	ORLÉANS	P.-L.-M.	MIDI
ANCIEN RÉSEAU	Longueur primitive	967 km.	1.192 km. (4)	1.764 km. (7)	1.834 km.	798 km.
	Longueur nouvelle	978 km.	900 km. (4)	2.017 km. (7)	2.588 km. (9)	798 km.
	Evaluation primitive	310.000.000 fr.	461.000.000 fr. (5)	445.000.000 fr.	735.000.000 fr.	239.500.000 fr.
	Évaluation nouvelle	315.000.000 fr.	425.000.000 fr.	537.000.000 fr.	1.015.000.000 fr.	330.000.000 fr.
	Capital-obligations de l'ancien réseau	20.000.000 fr.	275.000.000 fr.	230.000.000 fr.	615.000.000 fr.	183.800.000 fr.
	Charges de ce capital (5,75 %)	1.150.000 fr.	15.812.500 fr.	13.225.000 fr.	35.362.500 fr.	10.568.500 fr.
NOUVEAU RÉSEAU	Longueur primitive	1.365 km.	1.112 km.	2.162 km.	2.496 km.	825 km.
	Longueur nouvelle	2.122 km.	1.635 km.	2.197 km. (8)	3.282 km.	1.383 km.
	Évaluation primitive	522.000.000 fr.	307.500.000 fr.	815.000.000 fr.	1.156.000.000 fr.	132.000.000 fr.
	Évaluation nouvelle	865.000.000 fr. (1)	570.000.000 fr. (6)	766.000.000 fr.	1.255.000.000 fr.	338.500.000 fr. (11)
	Complément des charges du Capital-obligations du nouveau réseau (1,10 %)	9.515.000 fr.	6.270.000 fr.	8.426.000 fr.	13.805.000 fr.	3.723.500 fr.
Nombre d'actions		584.000	300.000	600.000	800.000	250.000
Dividende menagé par action		30 fr.	30 fr.	51 fr. 80	47 fr.	35 fr.
Dividende menagé total		17.520.000 fr.	9.000.000 fr.	31.080.000 fr.	37.600.000 fr.	8.750.000 fr.
Revenu réservé total de l'ancien réseau (2)		28.185.000 fr.	31.082.500 fr.	52.731.000 fr.	86.767.500 fr.	23.041.000 fr.
Revenu réservé kilométrique (3)		29.000 fr.	34.500 fr.	26.300 fr.	33.520 fr. (10)	28.900 fr. (12)

(1) L'augmentation de 343 millions sur le maximum du capital garanti comprenait 176 millions, à titre de rectification de l'estimation de 1859.

(2-3) Les chiffres indiqués pour le revenu total réservé à l'ancien réseau sont extraits ou déduits des documents parlementaires; mais les chiffres relatés pour le revenu kilométrique réservé sont les seuls qui soient inscrits dans les conventions.

(4) Report de l'ancien au nouveau réseau des lignes de Caen à Cherbourg, avec embranchement sur Saint-Lô, et de Mézidon au Mans, avec embranchement sur Falaise.

(5) Évaluation de 1859 rectifiée.. 560 000 000 fr.

A déduire : Dépenses des lignes reportées au nouveau
réseau.. 80 000 000 fr.

Dépenses d'agrandissement des gares mixtes, etc.,
inscrites au capital garanti (voir note 6)........... 55 000 000

Total.......... 135 000 000 fr.   135 000 000

Reste........ 425 000 000 fr.

(6) Évaluation de 1859................................. 307 500 000 fr.

Dépenses d'établissement des lignes reportées à l'ancien réseau..... 80 000 000

Intérêts et amortissement pendant la période de construction, sauf déduction des produits des sections successivement ouvertes à l'exploitation..... 37 000 000

Excédents de dépenses causés par l'élévation du prix des terrains et les difficultés exceptionnelles de certaines lignes..................... 55 500 000

Dépenses d'agrandissement des gares communes à l'ancien et au nouveau réseau..... 8 000 000 fr.

Dépenses d'agrandissement des gares de Saint-Lazare, de Montparnasse et de Rouen, qui, tout en ne donnant accès qu'à des lignes de l'ancien réseau, avaient néanmoins une utilité commune aux deux réseaux..... 26 000 000

Part des frais de premier établissement des gares de l'ancien réseau affectées à l'usage commun des deux réseaux..... 21 000 000

Total.......... 55 000 000 fr.   55 000 000

Dépenses afférentes aux concessions nouvelles............. 35 000 000

Total............... 570 000 000 fr.

(7) Concessions nouvelles et passage de la ligne de Paris à Tours par Vendôme dans l'ancien réseau.

(8) Y compris la ligne d'Orsay à Limours, concédée en 1862.

(9) Y compris 292 kilomètres reportés à l'ancien réseau.

(10) Le chiffre de 33 520 fr. ne devait être appliqué qu'à partir de l'achèvement des lignes de l'ancien réseau concédées à titre définitif ou à titre éventuel. Il devait être remplacé par le chiffre de 36 700 fr., du 1er janvier 1865 au 1er janvier 1868, et par le chiffre de 34 330 fr., du 1er janvier 1868 au 1er janvier qui suivrait l'achèvement de l'ancien réseau.

(11) Non compris l'indemnité de rachat du chemin de Graissessac à Béziers, montant à 16 millions et ajoutée par décret du 23 décembre 1865 au capital garanti.

(12) Ce chiffre devait être augmenté de 14 fr. pour chaque million de francs afférent au rachat du chemin de Graissessac à Béziers et diminué de 72 fr. pour chaque million non admis au compte de premier établissement sur le maximum de 330 millions, indiqué par la Compagnie comme représentant les frais de construction de l'ancien réseau. Le décret précité du 23 décembre 1865 (voir note 11) a en conséquence élevé le revenu réservé kilométrique de 28 900 fr. à 29 124 fr.

On le voit, les conventions de 1863 laissaient intacte la situation que les Pouvoirs publics avaient entendu faire aux actionnaires en 1859, si ce n'est pour les Compagnies de l'Est et de l'Ouest à la charge desquelles était laissée une partie des mécomptes éprouvés sur les évaluations primitives.

Elles apportaient à l'ancien réseau de certaines Compagnies des remaniements destinés à y réunir des lignes susceptibles de se faire concurrence ou se rattachant trop étroitement les unes aux autres pour être classées dans des réseaux distincts.

Comme celles de 1859, elles déterminaient le maximum du capital garanti pour chacune des lignes concédées à titre éventuel. Elles maintenaient également la diminution temporaire de 200 francs par 100 kilomètres non livrés à l'exploitation à l'origine du fonctionnement de la garantie, mais en modifiant ainsi qu'il suit les maxima assignés à cette diminution :

Compagnie de l'Est,   2 000 francs au lieu de 800 francs.
—   de l'Ouest, 1 200   —   1 000   —
—   du Midi, 1 800   —   1 200   —

La Compagnie de l'Ouest, qui avait déjà reçu en 1859 l'autorisation d'imputer temporairement au compte du capital garanti les charges de deux des lignes de son ancien réseau, en cas d'insuffisance du produit net pour y faire face, obtenait l'imputation à ce compte de dépenses considérables faites sur le même réseau.

Pour la première fois, l'une des conventions, celle qui concernait le Midi, fixait le maximum des dépenses de l'ancien réseau.

Les conventions de l'Ouest et du Midi reportaient au 1er janvier 1870 l'origine du fonctionnement de la garantie, pour les lignes du nouveau réseau mises en exploitation après le 1er janvier 1865, et autorisaient l'imputation des excédents des charges sur le produit net au compte de premier établissement.

Rien n'était changé au délai de clôture des comptes.

5. **Convention de 1865 avec la Compagnie de l'Ouest.** — La situation de la Compagnie de l'Ouest fut légèrement modifiée par la convention des 31 mai — 10 juillet 1865, portant concession du chemin de fer de ceinture de Paris (rive gauche). Ce chemin fut classé dans le nouveau réseau de la Compagnie. Il fut d'ailleurs stipulé : 1° que le capital garanti serait augmenté du montant des dépenses admises au compte de premier établissement ; 2° que, pour chaque million ainsi ajouté au capital garanti, le revenu réservé à l'ancien réseau serait augmenté de 12 francs par kilo-

mètre. Le chiffre de 12 francs correspondait à 10 800 francs pour l'ensemble de l'ancien réseau, c'est-à-dire à 1,10 % environ de la dépense d'un million.

6. **Conventions de 1868-1869 avec les grandes Compagnies.** — En 1868-1869, de nouvelles conventions furent conclues avec les six grandes Compagnies (Nord, 22 mai 1869; Est, 11 juillet 1868; Ouest, 4 juillet 1868; Orléans, 26 juillet 1868; P. L. M., 18 juillet 1868 — 28 avril 1869; Midi, 10 août 1868). De même que celles de 1863, ces conventions remaniaient la répartition des lignes, d'après des principes analogues à ceux que nous avons précédemment indiqués; elles ajoutaient un certain nombre de chemins aux nouveaux réseaux; elles respectaient le dividende ménagé au profit des actionnaires, tout en tenant compte d'excédents sur les prévisions primitives de dépenses.

Elles contenaient en outre une disposition qui n'avait pas pris place dans les contrats antérieurs et sur laquelle nous devons fixer l'attention du lecteur; nous voulons parler de la clause des travaux complémentaires.

Le compte de premier établissement, arrêté provisoirement le 1er janvier qui suivait la mise en exploitation, ne devait être clos que dix ans après :

— le 1er janvier 1868 (Est, Orléans, Paris-Lyon-Méditerranée, Midi), ou le 1er janvier 1869 (Nord), pour les lignes ouvertes avant cette date;

— le 1er janvier qui suivrait la mise en exploitation, pour les lignes ouvertes postérieurement.

Pendant ce délai, les Compagnies étaient autorisées à ajouter au compte de premier établissement de l'ancien ou du nouveau réseau les dépenses faites conformément à des projets préalablement approuvés par décrets délibérés en Conseil d'État, pour l'exécution de travaux complémentaires dans les limites que nous indiquons ci-après.

Les conventions avec l'Est, l'Ouest, l'Orléans et le Paris-Lyon-Méditerranée citaient, à titre d'exemples, l'agrandissement des gares, l'augmentation du matériel roulant, la pose des secondes voies ou de voies de garage.

Le tableau ci-après récapitule les maxima assignés aux dépenses de cette nature, ainsi que les autres éléments des contrats de 1868-1869 (1) :

---

(1) Comme dans les tableaux précédents, quelques-uns des chiffres portés pour la longueur des réseaux ne sont pas tout à fait exacts; mais ils sont extraits des documents parlementaires. Nous avons tenu à les reproduire tels quels, sauf à indiquer en note les chiffres réels.

		NORD	EST	OUEST	ORLÉANS	P.-L.-M.	MIDI
ANCIEN RÉSEAU	Longueur antérieure	1.095 km. (1)	975 km.	900 km.	2.017 km.	2.588 km. (18)	798 km. (26)
	Longueur nouvelle	1.174 km. (2)	994 km. (9)	900 km.	2.017 km.	4.345 km. (19)	798 km. (26)
	Évaluation antérieure	444.875.000 fr.	315.000.000 fr.	425.000.000 fr.	537.000.000 fr.	1.015.000.000 fr.	330.000.000 fr.
	Évaluation nouvelle	540.000.000 fr. (3)	325.000.000 fr.	425.000.000 fr.	514.000.000 fr. (16)	2.024.000.000 fr. (20)	295.000.000 fr.
	Maximum des dépenses complémentaires	60.000.000 fr.	40.000.000 fr.	» (13)	»	96.000.000 fr.	30.000.000 fr.
	Capital-obligations, non compris les dépenses pour travaux complémentaires	308.125.000 fr.	33.000.000 fr.	275.000.000 fr.	214.000.000 fr. (17)	1.679.000.000 fr.	148.700.000 fr.
	Charges de ce capital	16.946.875 fr. (4)	1.897.500 fr.	15.400.000 fr. (14)	12.305.600 fr.	93.992.500 fr. (21)	8.550.060 fr.
NOUVEAU RÉSEAU	Longueur antérieure	505 km. (5)	2.122 km. (10)	1.648 km.	2.197 km.	3.282 km. (22)	1.383 km.
	Longueur nouvelle	653 km.	2.173 km.	1.995 km.	2.342 km.	1.723 km. (23)	1.781 km.
	Évaluation antérieure	178.000.000 fr.	865.000.000 fr.	570.000.000 fr.	766.000.000 fr.	1.255.000.000 fr.	338.500.000 fr.
	Évaluation nouvelle	200.000.000 fr. (6)	865.000.000 fr. (11)	719.000.000 fr. (15)	832.000.000 fr. (17)	630.000.000 fr. (24)	456.000.000 fr. (27)
	Maximum des dépenses complémentaires	»	»	124.000.000 fr.	22.000.000 fr.	7.000.000 fr.	»
	Complément des charges du capital-obligations du nouveau réseau, non compris les dépenses pour travaux complémentaires	1.700.000 fr. (7)	9.515.000 fr.	7.909.000 fr.	9.152.000 fr.	6.930.000 fr.	5.016.000 fr.

	NORD	EST	OUEST	ORLÉANS	P.-L.-M.	MIDI
Nombre d'actions..........................	525.000	584.000	300.000	600.000	800.000	250.000
Dividende ménagé par action.................	50 fr.	30 fr.	30 fr.	51 fr. 80	47 fr.	35 fr.
Dividende ménagé total.....................	26.250.000 fr.	17.520.000 fr.	9.000.000 fr.	31.080.000 fr.	37.600.000 fr.	8.750.000 fr.
Revenu réservé total de l'ancien réseau..........	44.896.875 fr.	28.932.500 fr.	32.309.000 fr.	52.537.000 fr.	138.522.500 fr.	22.316.000 fr.
Revenu réservé kilométrique..................	38.240 fr.	29.400 fr. (12)	35.900 fr.	26.000 fr.	34.900 fr. (25)	28.010 fr. (28)
Diminution du revenu réservé kilométrique par million non dépensé sur le maximum prévu pour l'ancien réseau.........................	45 fr. (8)	»	»	»	»	»
Augmentation du revenu réservé kilométrique par million de dépense pour travaux complémentaires sur l'ancien réseau.......................	45 fr. (8)	58 fr.	»	»	13 fr. 50	72 fr.
Augmentation du revenu réservé kilométrique par million de dépense pour travaux complémentaires sur le nouveau réseau.....................	»	»	12 fr.	6 fr.	»	»
Retenue temporaire par 100 kilomètres non ouverts à l'exploitation (29)......................	200 fr.	200 fr.	200 fr.	200 fr.	80 fr.	200 fr.
Maximum de cette retenue...................	1.000 fr.	»	2.000 fr.	2.400 fr.	1.200 fr.	2.800 fr.

La convention avec la Compagnie du Nord fixait à 540 millions le maximum des frais de premier établissement de l'ancien réseau ; la convention avec la Compagnie de Paris-Lyon-Méditerranée fixait de même à 2 024 000 000 francs le maximum des dépenses de construction de l'ancien réseau.

(1) Chiffre réel : 1 104 kilomètres.

(2) Chiffre réel : 1 179 kilomètres.

(3) Cette somme comprenait 3 millions pour les lignes nouvelles, 28 millions pour les lignes venant du nouveau réseau et 65 millions à titre d'augmentation sur les évaluations antérieures.

(4) Charges calculées sur le taux de 5,50 %, au lieu de 5,75 %.

(5) Chiffre réel : 515 kilomètres.

(6) Maximum garanti en 1862................................ 178 000 000 fr.
Supplément de dépenses reconnu nécessaire.................... 26 000 000
Dépense afférente au chemin d'Arras à Étaples............... 24 000 000

Total................. 228 000 000 fr.
A déduire les dépenses des lignes reportées à l'ancien réseau.... 28 000 000

Reste............... 200 000 000 fr.

(7) Charges calculées à raison de (5,50 — 4,65) = 0,85 %, au lieu de 1,10 %.

(8) Au taux de 5,50 %, le chiffre exact eût été de 47 fr.

(9) Chiffre réel : 992 kilomètres.

(10) Chiffre réel : 2 123 kilomètres.

(11) Au cas où la concession du chemin de Remiremont à la ligne de Colmar à Mulhouse fût devenue définitive, le maximum du capital garanti eût été augmenté de 150 000 fr. pour chaque kilomètre de cette ligne.

(12) Ce chiffre devait être augmenté, le cas échéant, de 11 fr. par million dépensé pour le chemin de Remiremont à la ligne de Colmar à Mulhouse.

(13) La convention de 1868 avec la Compagnie de l'Ouest autorisait l'addition au maximum du capital garanti d'une somme de 124 millions, pour travaux complémentaires sur l'ancien et le nouveau réseau.

(14) Charges effectives.

(15) Maximum garanti en 1863........................... 570 000 000 fr.
Augmentation des évaluations de 1863...................... 48 000 000
Dépenses du chemin de fer de Ceinture (rive gauche)......... 13 000 000
Dépenses afférentes aux lignes nouvelles.................... 88 000 000

Total............... 719 000 000 fr.

(16) Déduction faite de 23 millions, représentant le prix de la cession à la Compagnie de P.-L.-M. de la part de l'Orléans dans la concession du Bourbonnais.

(17) Maximum garanti en 1863........................... 766 000 000 fr.
Somme retranchée en 1863, comme représentant le montant probable du prix de cession par la Compagnie d'Orléans de sa part dans le chemin du Bourbonnais.. 40 000 000
Dépenses des lignes nouvelles............................. 29 500 000

Total............... 835 500 000 fr.
A déduire l'estimation de 1863 pour l'embranchement de Bergerac.. 3 500 000

Reste............... 832 000 000 fr.

La convention avec la Compagnie de l'Est évaluait à 62 200 000 francs la part du capital de premier établissement de l'ancien réseau afférente au matériel roulant.

(18) Chiffre réel : 2 614 kilomètres.

(19) Chiffre réel : 4 357 kilomètres.

(20) Ce chiffre comprenait éventuellement 4 millions, dont 3 pour le cas où la ligne d'Annemasse à Annecy serait substituée à celle d'Annemasse à Collonges et 1 pour le cas où l'embranchement d'Aunemasse à la frontière suisse serait exécuté.

Il se décomposait ainsi : Évaluation de 1863	1 015 000 000 fr.
Estimation primitive des lignes passant du nouveau à l'ancien réseau	677 000 000
Excédent sur les évaluations primitives	309 500 000
Dépenses des lignes nouvelles	18 500 000
Total	2 020 000 000 fr.
A titre éventuel	4 000 000
Total	2 024 000 000 fr.

(21) Charges effectives sur un milliard	54 950 000 fr.
Charges à 5,75 % sur 679 millions	39 042 500
Total	93 992 500 fr.

(22) Chiffre réel : 3 274 kilomètres.

(23) Chiffre réel : 1 770 kilomètres.

(24) Maximum garanti en 1863	1 255 000 000 fr.
A déduire l'évaluation des lignes reportées à l'ancien réseau	677 000 000
Reste	578 000 000 fr.
A ajouter : 1° les insuffisances du Grand Central	43 200 000
2° la part de la Compagnie dans les dépenses des lignes de Vichy à Thiers et de Thiers à Ambert	8 800 000
Total	630 000 000 fr.

(25) Chiffre porté à 31 930 fr., tant que la ligne d'Annemasse à la frontière Suisse ne serait pas exécutée, et à 32 100 fr., tant que celle d'Annemasse à Annecy ne serait pas définitivement substituée à celle d'Annemasse à Collonges.

(26) Chiffre réel : 796 kilomètres.

(27) Maximum garanti en 1863	338 500 000 fr.
Augmentation sur les prévisions de dépenses et insuffisances du réseau Pyrénéen et des routes agricoles	30 500 000
Prix du rachat du chemin de Graissessac à Béziers	16 000 000
Excédents de dépenses et insuffisances du produit des lignes concédées en 1863	19 200 000
Dépenses des lignes nouvelles	51 800 000
Total	456 000 000 fr.

(28) Chiffre réduit à 27 680 fr., tant que la concession des chemins de Mazamet à Bédarieux et de Marvejols à la ligne d'Aurillac à Arvant ne serait pas définitive.

(29) Cette retenue devait être opérée :
— pour le Nord, du 1er janvier 1869 au 1er janvier qui suivrait l'achèvement du nouveau réseau ;
— pour l'Ouest, du 1er janvier 1865 au 1er janvier qui suivrait l'achèvement de l'ancien et du nouveau réseau ;
— pour l'Est, l'Orléans, le Paris-Lyon-Méditerranée et le Midi, du 1er janvier 1868 au 1er janvier qui suivrait l'achèvement du nouveau réseau.

7. Convention de 1873 avec la Compagnie de l'Est. — Le traité de paix conclu avec l'Allemagne, à la suite de la guerre fatale de 1870-1871, avait entraîné la mutilation du réseau de l'Est et lui avait fait perdre 840 kilomètres, dont 464 appartenant à l'ancien réseau et 376 au nouveau réseau.

Une convention du 17 juin 1873 régla les conséquences du traité au point de vue des rapports financiers entre l'État et la Compagnie, et concéda à cette Société onze lignes destinées à rétablir autant que possible l'unité et l'harmonie de son réseau. Voici quelles étaient les dispositions essentielles de ce contrat.

Les chemins qui en faisaient l'objet étaient incorporés au nouveau réseau.

La longueur de l'ancien réseau était ramenée à 533 kilomètres et celle du nouveau à 2 104 kilomètres.

Le Gouvernement remettait un titre de rente inaliénable de 20 500 000 francs à la Compagnie, qui devait restituer ce titre à la fin de la concession. Il lui faisait, en outre, remise, dans le rapport du nombre de kilomètres de l'ancien réseau cédés à l'Allemagne à la longueur totale dudit réseau, des sommes à elle avancées par le Trésor, à titre de garantie d'intérêt, jusqu'à la clôture de l'exercice 1871.

Pour l'avenir, la garantie d'intérêt accordée à la Compagnie de l'Est par les conventions antérieures devait être appliquée comme il suit. Sur la rente de 20 500 000 francs, devait être prélevée et ajoutée aux recettes du nouveau réseau une somme suffisante pour couvrir l'intérêt et l'amortissement du capital de premier établissement des lignes ou sections de lignes de ce réseau cédées à l'Allemagne. Le surplus était compris dans les recettes de l'ancien réseau, dont le revenu réservé continuait à être calculé comme il l'était auparavant, en y comprenant tant les lignes cédées que les lignes situées sur le territoire français.

Le maximum du capital de premier établissement du nouveau réseau était augmenté de 75 290 000 francs. Le revenu kilométrique réservé de 29 100 francs, fixé par la convention de 1868, devait en conséquence être accru de 11 francs pour chaque million dépensé dans la limite de ce maximum.

8. Loi du 23 mars 1874 (Compagnies de Paris-Lyon-Méditerranée et du Midi). — La loi du 23 mars 1874 apporta les modifications suivantes au régime de la garantie d'intérêt pour les Compagnies de Paris-Lyon-Méditerranée et du Midi.

Compagnie de Paris-Lyon-Méditerranée. — Longueur de l'ancien réseau portée de 4 345 kilomètres (1) à 4 368 kilomètres (2).

Capital de premier établissement de l'ancien réseau porté de 2 020 000 000 (3) à 2 026 000 000 de francs.

Revenu réservé kilométrique réduit de 32 100 francs (4) à 31 800 francs.

Compagnie du Midi. — Longueur du nouveau réseau portée de 1 781 kilomètres à 1 831 kilomètres.

Maximum du capital garanti porté de 456 millions à 462 millions.

Revenu réservé kilométrique porté de 27 680 francs à 27 765 francs.

9. Conventions de 1875 avec les grandes Compagnies. — Les cinq grandes Compagnies, autres que celle d'Orléans, conclurent en 1875 avec l'État de nouvelles conventions qui furent ratifiées par le Parlement et qui portent les dates suivantes : 30 décembre 1875 pour le Nord, 31 décembre 1875 pour l'Est et l'Ouest, 3 juillet 1875 pour le Paris-Lyon-Méditerranée et 14 décembre 1875 pour le Midi.

Ces conventions, conformes aux principes généraux admis depuis 1859, développaient le système des contrats de 1868, notamment pour les dépenses complémentaires de premier établissement. Toutefois elles mettaient en vigueur certaines règles nouvelles. C'est ainsi que, pour les Compagnies du Nord, de l'Est, de l'Ouest et du Midi, elles faisaient entrer en ligne de compte dans le calcul du revenu réservé, non plus un taux conventionnel, mais les charges réelles des emprunts. Pour le Nord, l'intérêt et l'amortissement effectifs des obligations devaient être calculés respectivement, en ce qui concernait l'ancien et le nouveau réseau, d'après le prix moyen des négociations depuis l'exercice 1876 jusqu'à la fin de l'exercice durant lequel l'ensemble des nouvelles lignes appartenant à chacun de ces réseaux auraient été mises en exploitation ; pour l'Est, l'Ouest et le Midi, ils étaient fixés provisoirement à 5, 75 % et devaient être ensuite calculés à titre définitif, d'après le prix moyen des négociations depuis l'exercice 1877 (Est), l'exercice 1878 (Ouest), ou l'exercice 1876 (Midi), jusqu'à l'exercice pendant lequel les lignes ayant nécessité les émissions auraient été achevées ou jusqu'à l'exercice durant lequel les dépenses complémentaires prévues par les conventions de 1875 auraient été intégralement faites, ou enfin jusqu'au 1er décembre 1884.

(1) Chiffre réel : 4 357 kilomètres.
(2) Chiffre réel : 4 381 kilomètres.
(3) Voir la note 20 de la page 295.
(4) Voir la note 25 de la page 295.

La Compagnie de l'Est obtenait que l'origine de la période de 50 ans assignée à la garantie pour les nouvelles lignes dont elle recevrait la concession fût reportée au 1er janvier 1885.

Le délai de clôture définitive des comptes pour l'ancien et le nouveau réseau était reporté à l'expiration d'une période de 10 années commençant : au 1er janvier 1878 (Nord, Est, Ouest, Midi), ou au 1er janvier 1876 (P. L.-M.), pour les lignes ouvertes avant cette date, et au 1er janvier suivant la mise en exploitation pour les lignes ouvertes postérieurement.

Voici d'ailleurs le tableau récapitulatif des éléments des conventions conclues en 1875 :

		NORD	EST	OUEST	P.-L.-M.	MIDI
ANCIEN RÉSEAU	Longueur servant de base au calcul de la partie fixe du revenu réservé....................	1.174 km. (1)	996 km. (1) (2)	900 km. (1)	5.123 km. (1)	798 km. (1)
	Longueur réelle....................	1.363 km.	578 km.	900 km.	5.153 km.	880 km.
	Évaluation antérieure....................	540.000.000 fr.	325.000.000 fr.	425.000.000 fr.	2.026.000 fr.	295.000.000 fr.
	Évaluation nouvelle....................	606.000.000 fr.	325.000.000 fr.	425.000.000 fr.	2.274.000 fr. (10)	319.000.000 fr.
	Maximum de l'évaluation des lignes nouvelles............	66.000.000 fr.	»	»	»	24.000.000 fr.
	Maximum des dépenses complémentaires....................	200.000.000 fr. (3)	40.000.000 fr.	»	192.000.000 fr.	57.000.000 fr.
NOUVEAU RÉSEAU	Longueur antérieure....................	653 km.	2.104 km.	2.016 km.	1.770 km.	1.830 km.
	Longueur nouvelle....................	794 km.	2.557 km.	2.335 km.	1.819 km.	2.120 km.
	Évaluation antérieure....................	200.000.000 fr.	940.290.000 fr.	719.000.000 fr.	630.000.000 fr.	462.000.000 fr.
	Évaluation nouvelle....................	223.500.000 fr.	1.009.290.000 f.	794.000.000 fr.	635.000.000 fr. (11)	511.800.000 fr.
	Maximum de l'évaluation des lignes nouvelles............	23.500.000 fr.	69.000.000 fr.	75.000.000 fr.	»	»
	Maximum des dépenses complémentaires....................	»	»	124.000.000 fr.	14.000.000 fr.	83.000.000 fr.
	Revenu kilométrique réservé par les conventions antérieures.......	38.240 fr.	29.100 fr.	35.900 fr.	29.900 fr. (12)	28.010 fr.
	Revenu total — — —	»	»	32.310.000 fr.	»	22.351.980 fr.
	Augmentation du revenu kilométrique réservé par million de dépense des lignes nouvelles de l'ancien réseau....................	»	»	»	»	»

	NORD	EST	OUEST	P.-L.-M.	MID
Augmentation du revenu kilométrique réservé par million de dépenses complémentaires de l'ancien réseau..................	45 fr. (4)	58 fr.	»	11 fr. 25	72 fr.
Augmentation du revenu kilométrique réservé par million de dépenses des lignes nouvelles du nouveau réseau................	»	11 fr. (6)	»	(13)	»
Augmentation du revenu kilométrique réservé par million de dépenses complémentaires du nouveau réseau................	»	»	12 fr. (8)	»	»
Augmentation du revenu total réservé pour les dépenses des lignes nouvelles de l'ancien réseau................	Charges effect ves	»	»	»	Charges effectives
Augmentation du revenu total réservé pour les dépenses complémentaires de l'ancien réseau..................	— (5)	»	»	»	—
Augmentation du revenu total réservé pour les dépenses des lignes nouvelles du nouveau réseau................	Excédent des charges effectives sur 4,655 %	Excédent des charges effectives sur 4,655 %	Excédent des charges effectives sur 4,655 %	»	Excédent des charges effectives sur 4,655 %
Augmentation du revenu total réservé pour les dépenses complémentaires du nouveau réseau................	»	»	— (9)	»	— (14)
Diminution du revenu kilométrique réservé par million non dépensé sur l'évaluation maximum de 1869 pour l'ancien réseau.........	45 fr.	»	»	»	»
Diminution temporaire du revenu kilométrique réservé par 100 km. non ouverts à l'exploitation................	200 fr.	200 fr.	200 fr.	40 fr.	200 fr.
Maximum de cette retenue................	1.000 fr.	»	2.000 fr.	1.200 fr.	2.800 fr.

Les conventions dont nous venons de relater les éléments, au point de vue de la garantie d'intérêt, étaient basées sur le maintien des dividendes antérieurement ménagés au profit des actionnaires.

Celle qui concernait particulièrement la Compagnie du Nord supprimait le réseau spécial de 159 km. concédé à cette Compagnie en 1872 et 1873, sans garantie d'intérêt (Montsoult à Amiens, Cambrai vers Dour, gare de Saint-Ouen au chemin de fer de ceinture).

Celle qui concernait spécialement la Compagnie de l'Est prévoyait l'addition ultérieure au capital garanti, d'une somme de 100 000 fr. par kilomètre de double voie, réclamé en exécution de l'article 11, le jour où le revenu kilométrique atteindrait 35 000 fr. et où par suite le Trésor cesserait de supporter la charge des dépenses.

Les conventions avec la Compagnie de Lyon et avec la Compagnie du Midi déterminaient le maximum des dépenses de l'ancien réseau ; il en était de même de la convention avec la Compagnie du Nord, mais seulement pour les lignes ajoutées à ce réseau.

10. Observations sur les conventions conclues de 1859 à 1875 avec les grandes Compagnies et sur le dividende minimum ménagé au profit des actionnaires. — Les explications dans lequelles nous venons d'entrer sur les conventions conclues avec les grandes Compagnies, jusqu'en 1875, montrent qu'elles ont toutes été inspirées par les principes qui avaient prévalu en 1859 ; dans tous ces contrats, on retrouve la divi-

(1) Chiffres extraits des exposés de motifs et rapports parlementaires.
(2) Y compris les lignes cédées à l'Allemagne.
(3) Dont 60 autorisés en 1869.
(4) Pour les 60 millions autorisés en 1869
(5) Pour les 140 millions autorisés en 1875.
(6) Pour les lignes concédées en 1873, dans la limite du maximum de 75 290 000 fr.
(7) Pour les lignes concédées en 1875, dans la limite d'un capital maximum de 69 millions.
(8) Jusqu'à concurrence de la partie des 124 millions dépensée avant le 1ᵉʳ janvier qui suivrait la mise en exploitation des lignes concédées en 1875.
(9) Pour la partie des 124 millions non dépensée à cette date.
(10) Plus une somme indéterminée pour l'excédent de la dépense du chemin de Lyon à Saint-Étienne sur 26 millions.
(11) Y compris la section de Briançon à la frontière d'Italie, mais non compris une somme indéterminée pour la ligne de Crest à Aspres-les-Veynes.
(12) Le chiffre antérieur était de 31 800 fr. Celui de 29 900 fr. a été fixé par la convention de 1875 : il devait être augmenté de 11 fr. 25 par million : 1° d'excédent de dépenses sur 2 274 000 fr. dans la limite de 40 millions ; 2° d'excédent de dépenses pour le chemin de Lyon à Saint-Étienne sur 26 millions. Il était d'ailleurs déduit du revenu antérieurement réservé, par l'addition des charges à 5,75 % des lignes ajoutées à l'ancien réseau.
(13) La dépense indéterminée de la ligne de Crest à Aspres-les-Veynes devait donner lieu à une augmentation du revenu réservé égale à 1,10 % de cette dépense.
(14) Dans la limite de 55 800 000 francs, différence entre l'évaluation nouvelle de 511 800 000 francs et celle de 456 millions admise en 1868.

sion en deux réseaux, la garantie à 4,655 °/₀ des dépenses du nouveau réseau, jusqu'à concurrence d'un maximum déterminé, et l'attribution à l'ancien réseau d'un revenu réservé comprenant : 1° les charges des obligations émises pour l'ancien réseau à un taux contractuel ou au taux effectif; 2° l'excédent des charges analogues du nouveau réseau sur l'intérêt garanti; 3° la somme nécessaire pour ménager un certain dividende aux actionnaires, toutes les fois que le revenu de l'ancien réseau ne tomberait pas au-dessous du revenu réservé.

Toutefois, ni les conventions de 1859, ni les conventions ultérieures n'ont explicitement fixé ce dividende.

En fait, les Compagnies ont pu distribuer à leurs actionnaires des dividendes supérieurs, alors même qu'elles recouraient à la garantie d'intérêt ou qu'elles n'avaient pas encore complètement remboursé les avances du Trésor. Abstraction faite de l'année 1870, voici quels ont été les dividendes de l'Est, de l'Ouest, d'Orléans et du Midi (1), depuis l'origine du fonctionnement de la garantie d'après les conventions de 1859 jusqu'à l'année 1882 qui a précédé les dernières conventions :

Est	33 fr. au lieu de 30 fr.
Ouest, 37 fr. 50 en 1865, et ensuite...	35 — 30
Orléans	56 — 51 80
Midi	40 — 35

On s'est souvent étonné de cette différence. Elle peut s'expliquer par les causes suivantes :

1. *Bénéfice sur le taux contractuel admis pour les charges des obligations.* — En effet, les Compagnies n'ayant à prélever sur le revenu réservé qu'une somme inférieure aux prévisions, pour faire face aux charges des obligations de l'ancien réseau et au complément des charges afférentes aux obligations du nouveau réseau, pouvaient profiter de la différence et la répartir entre leurs actionnaires.

Or, le tableau inséré à la page 515 du tome Ier établit que cette éventualité s'est réalisée sauf immédiatement après la guerre de 1870-1871.

2. *Bénéfice sur les évaluations de l'ancien réseau.* — Pour la plupart des Compagnies, les évaluations de l'ancien réseau, qui avaient servi de base au calcul du revenu réservé, avaient un caractère forfaitaire. Le cas échéant, les actionnaires pouvaient se répartir une somme égale aux charges des dépenses économisées sur ces évaluations.

3. *Bénéfice sur les évaluations du nouveau réseau.* — Ces évaluations

____

(1) Les Compagnies du Nord et de Paris-Lyon-Méditerranée n'ont pas fait appel à la garantie pendant cette période.

étant généralement entrées, au moins jusqu'en 1875, pour des chiffres forfaitaires dans le calcul du déversoir, on conçoit que les Compagnies auraient pu, en réalisant des économies, profiter du complément des charges correspondantes aux sommes ainsi économisées.

4. *Bénéfice sur la diminution temporaire du revenu réservé jusqu'au jour de l'achèvement des travaux.* — Nous avons constaté précédemment que les réductions de cette nature étaient inférieures aux charges correspondantes, surtout pour l'ancien réseau.

Nous ne parlons ni du domaine privé, ni des réserves extrastatutaires que les Compagnies ont constituées pour parer aux éventualités imprévues et qu'elles font fructifier. Ces réserves ont toujours été en grossissant, sauf dans des circonstances exceptionnelles.

Ajoutons que, parmi les causes ci-dessus énumérées comme susceptibles d'ajouter un appoint au dividende ménagé par les conventions, celle qui a eu une influence prépondérante, sinon unique, c'est la première, c'est-à-dire l'économie sur les charges des emprunts.

Il pourra être intéressant de reproduire ici deux tableaux que nous avions dressés en 1882, pour nous rendre compte du dividende effectif compris dans le revenu réservé, d'après les conventions de 1859 à 1875, en admettant: 1º que tous les travaux fussent achevés ; 2º que le taux des émissions restant à faire fût égal au taux moyen des émissions antérieures.

1.— *Calcul du revenu réservé total.*

73.240.000

		ÉVALUATION MAXIMUM		ÉLÉMENTS du REVENU RÉSERVÉ
		ANCIEN RÉSEAU	NOUVEAU RÉSEAU	
		fr.	fr.	fr.
Nord	38 240 fr. par kilomètre de l'ancien réseau de 1869 (1 174 km.)	»	»	44.893.760
	45 fr. par kilomètre, pour chaque million de travaux complémentaires prévus en 1869.	60 millions	»	3.169.800
	Charges effectives des dépenses d'établissement des lignes ajoutées à l'ancien réseau en 1875.	66 millions	»	3.432.000
	Différence entre les charges effectives et le taux garanti sur le capital d'établissement des lignes du nouveau réseau concédées en 1875.	»	23.500.000	82.250
	Charges effectives des travaux complémentaires autorisés en 1875.	140 millions	»	7.280.000
	Total			58.857.810
Est	29 100 fr. par kilomètre de l'ancien réseau (996 km.)	»	»	28.983.600
	58 fr. par kilomètre, pour chaque million de travaux complémentaires prévus en 1868.	40 millions	»	2.310.720
	11 fr. par kilomètre, pour chaque million dépensé pour la construction des lignes concédées en 1873.	«	75.290.000	824.877
	Différence entre les charges effectives et le taux garanti sur le capital d'établissement des lignes ajoutées au nouveau réseau en 1875.	»	69.000 000	517.500
	Total			32.636.697
Ouest	35 900 fr. par kilomètre de l'ancien réseau (900 km.)	»	»	32.310.000
	12 fr. par kilomètre, pour chaque million de travaux complémentaires prévus en 1868 et dépensés avant le 1er janvier suivant la mise en exploitation complète des lignes concédées en 1875.	»	100 millions	1.080.003
	Différence entre les charges effectives et le taux garanti, pour le surplus des travaux complémentaires.	»	24 millions	204.000
	Même différence, pour le capital d'établissement des lignes concédées en 1875.	»	75 millions	637.500
	Total			34.231.500

		ÉVALUATION MAXIMUM		ÉLÉMENTS du REVENU RÉSERVÉ
		ANCIEN RÉSEAU	NOUVEAU RÉSEAU	
		fr.	fr.	fr.
Orléans....	26 000 fr. par kilomètre de l'ancien réseau (2 020 km.).........................	»	»	52.520.000
	6 fr. par kilomètre, pour chaque million de travaux complémentaires prévus en 1868.	»	22 millions	266.640
	Total........................			52.786.640
P.-L.-M...	29 900 fr. par kilomètre de l'ancien réseau (5 123 km.).........................	»	«	153.477.700
	11 fr. 25 par kilomètre, pour chaque million de travaux complémentaires exécutés sur l'ancien réseau.........................	192 millions	»	11.063.680
	11 fr. 25 par kilomètre, pour chaque million d'excédent de dépenses sur l'ancien réseau, dans la limite de 40 millions.........................	40 millions	«	2.305.350
	Total........................			167.548.730
Midi.....	28.010 fr. par kilomètre de l'ancien réseau (798 km.).........................	»	»	22.351.980
	Charges effectives des dépenses de construction des lignes de l'ancien réseau concédées en 1875.........................	24 millions	»	1.272.000
	72 fr. par kilomètre, pour chaque million de travaux complémentaires prévus en 1868 pour l'ancien réseau.........................	30 millions	»	1.723.680
	Charges effectives des nouveaux travaux complémentaires prévus en 1875 pour l'ancien réseau.........................	27 millions	»	1.431.000
	Différence entre les charges effectives et le taux garanti sur les dépenses de construction des lignes ajoutées en 1874 et 1875 au nouveau réseau.........................	»	55.800.000	362.700
	Même différence sur les travaux complémentaires prévus en 1875 pour le nouveau réseau.	»	83.000.000	539.500
	Total........................			27.680.860

2. — *Calcul du revenu garanti.*

	NORD	EST	OUEST	ORLÉANS	P.-L.-M.	MIDI
	fr.	fr.	fr.	fr.	fr.	fr.
Maximum des dépenses de premier établissement du nouveau réseau...............	223.500.000	1.009.290.000	794.000.000	832.000.000	635.000.000	511.800.000
Maximum des dépenses complémentaires de 1ᵉʳ établissement du nouveau réseau...............	»	»	124.000.000	22.000.000	14.000.000	83.000.000
Total...........	223.500.000	1.009.290.000	918.000.000	854.000.000	649.000.000	594.800.000
Revenu garanti.........	10.392.750	46.931.985	42.687.000	39.711.000	30.178.560	27.685.200

3. — *Calcul du dividende des actionnaires.*

	NORD	EST	OUEST	ORLÉANS	P.-L.-M.	MIDI
Évaluation de l'ancien réseau...................	606.000.000	325.000.000	425.000.000	514.000.000	2.314.000.000	319.000.000
Évaluation des dépenses complémentaires de l'ancien réseau......................	200.000.000	40.000.000	»	»	192.000.000	57.000.000
Total...........	806.000.000	365.000.000	425.000.000	514.000.000	2.506.000.000	376.000.000
A déduire le capital-actions......	231.875.000	292.000.000	150.000.000	300.000.000	345.549.216	142.406.944
Reste pour les obligations de l'ancien réseau......	574.125.000	73.000.000	275.000.000	214.000.000	2.160.450.784	233.593.056
Charges de ces obligations.................	29.017.000. (1)	3.942.000 (2)	15.400.000 (2)	12.302.000 (1)	113.424.000 (3)	12.481.000 (1)
Complément des charges des obligations du nouveau réseau......................	782.250	7.570.000	7.803.000	6.832.000	3.894.000	3.866.000
Total...........	29.799.250	11.512.000	23.203.000	19.134.000	117.318.000	16.347.000
Rappel du revenu réservé total......	58.857.810	32.636.697	34.231.500	52.786.640	166.548.730	27.680.860
Reste pour le revenu des actions...............	29.058.560	21.124.697	11.028.500	33.652.640	49.230.730	11.333.860
Nombre des actions...............	525.000	584.000	300.000	600.000	800.000	250.000
Dividende par action...............	55 fr. 35	36 fr. 20	36 fr. 75	56 fr. 10	61 fr. 55	45 fr. 35

(1) Y compris le fonds fixe d'amortissement des actions.

(2) Non compris le fonds fixe d'amortissement des actions, qui, aux termes de la convention de 1875, était compris dans les frais d'exploitation.

(3) Non compris le fonds fixe d'amortissement des actions. Le service de l'amortissement ne commencera qu'à partir de 1907.

Comme le montre le tableau précédent, le dividende effectif ménagé aux actions devait être en définitive notablement supérieur au dividende théorique admis par les auteurs des conventions.

11. Conventions de 1883 avec les grandes Compagnies. — Telle était la situation lorsque sont intervenues les conventions de 1883. Ces contrats ont assez profondément modifié les rapports financiers entre l'État et les Compagnies, au point de vue de la garantie d'intérêt. Il y a lieu de distinguer, à cet égard, entre les Compagnies de l'Est, de l'Ouest, d'Orléans et du Midi, d'une part, les Compagnies du Nord et de Paris-Lyon-Méditerranée, d'autre part.

Pour les quatre premières Compagnies, la garantie de l'État, au lieu d'être exclusivement affectée aux dépenses du nouveau réseau, comme par le passé, doit désormais porter sur l'ancien comme sur le nouveau réseau et profiter non seulement à l'ensemble des obligations, mais encore aux actions elles-mêmes. C'est là un principe nouveau et un avantage réel obtenu par les Compagnies. Voici d'ailleurs, à titre d'exemple, les stipulations de la convention avec la Compagnie de l'Est.

« Art. 9. — A partir du premier janvier 1883, il sera dressé un compte « unique des recettes et des dépenses de chaque exercice.

« On comprendra, d'une part, dans le compte des recettes :

« 1° Toutes les recettes des lignes en exploitation complète, y compris « la part revenant à la Compagnie de l'Est des produits des chemins de « petite et de grande ceinture et de ceux des lignes exploitées par la « Compagnie de l'Est pour le compte de tiers, avec l'approbation du « Gouvernement ;

« 2° Les annuités reçues par la Compagnie, en représentation des « subventions et des participations de l'État pour la construction des « lignes concédées, tant par les conventions antérieures que par la « présente convention, au fur et à mesure de l'entrée de chacune de ces « lignes dans le compte de l'exploitation complète ;

« 3° L'annuité représentant le prix du rachat des lignes cédées à « l'Allemagne ;

« 4° L'annuité reçue par la Compagnie pour couvrir l'emprunt spécial « émis par elle en remplacement des insuffisances non payées par l'État « pour les exercices 1871 et 1872, conformément à la convention en date « du 6 décembre 1872 ;

« 5° Les annuités reçues par la Compagnie pour la couvrir de l'in-« térêt et de l'amortissement des dépenses des secondes voies établies sur

« l'ordre du Ministre des travaux publics, conformément à l'article 11 de la
« convention du 31 décembre 1875.

« On comprendra, d'autre part, dans le compte des dépenses :

« 1° Toutes les dépenses d'exploitation, y compris notamment les
« allocations de la Compagnie pour les caisses de retraite, de secours et
« de prévoyance, les impôts, les frais de contrôle et les indemnités pour
« accidents, pertes, avaries et incendies ;

« 2° Les redevances, subventions annuelles et charges de toute nature
« incombant à la Compagnie de l'Est pour des lignes concédées à des tiers
« et exploitées, soit par elle, soit par les concessionnaires eux-mêmes, avec
« la participation de la Compagnie de l'Est, en vertu de traités déjà approu-
« vés par le Gouvernement ou qui seront approuvés ultérieurement par
« le Ministre des travaux publics ;

« 3° L'intérêt, l'amortissement et les frais accessoires, au taux effectif
« des emprunts contractés, des sommes employées par la Compagnie et
« dûment justifiées, dans les conditions fixées par le décret du 2 mai 1863
« et les conventions en vigueur :

« a. — Pour le rachat, la construction, la mise en exploitation et les
« approvisionnements effectifs (ces derniers limités au chiffre maximum
« de 35 millions) des lignes en exploitation complète ;

« b. — Pour la réparation des dommages et le rétablissement des ate-
« liers et gares douanières, après la guerre de 1870-1871 ;

« c. — Pour couvrir : 1° les insuffisances de recettes des exercices
« 1871 et 1872 ; 2° le reliquat des insuffisances des exercices antérieurs
« non encore réglées, et, au besoin, celles de l'année 1883 ;

« d. — Pour les travaux complémentaires à exécuter, à toute époque,
« sur l'ensemble du réseau, conformément à des projets approuvés par le
« Ministre des travaux publics.

« Le solde de ces deux comptes constituera le revenu net de chaque
« exercice.

« Art. 10. — Lorsque les recettes d'un exercice seront insuffisantes
« pour couvrir les charges calculées comme il vient d'être dit à l'article 9,
« augmentées du revenu réservé aux actionnaires et fixé à l'avenir au
« chiffre de 20 750 000 francs, l'État versera le montant de l'insuffisance à
« la Compagnie, à titre de garantie d'intérêt.

« Lorsque, dans les années suivantes, le revenu net, calculé comme il
« est dit ci-dessus, dépassera le revenu réservé aux actionnaires, l'excédent
« sera affecté au remboursement des avances faites et de leurs intérêts
« simples à 4 %. »

La convention avec la Compagnie de l'Ouest est libellée dans des termes analogues, sauf, bien entendu, certaines différences dans la nomenclature des dépenses.

L'article 14 de la convention avec la Compagnie d'Orléans porte :
« La Compagnie ne pourra avoir recours à la garantie de l'État que
« dans le cas où le produit net, résultant du compte unique d'exploita-
« tion..., serait insuffisant pour faire face aux affectations suivantes, savoir :

« 1° Les charges effectives (intérêts, amortissement et frais accessoires,
« déduction faite des annuités reçues de l'État à titre de subventions) des
« sommes dépensées par la Compagnie :

« a. — Pour le rachat, la construction et la mise en service des lignes
« constituant son ancien réseau et son nouveau réseau actuels et des che-
« mins de la Sarthe, sous déduction du capital-actions ;

« b. — Pour l'exécution des engagements imposés à la Compagnie en
« vertu des articles 2, 4, 8 et 12 de la présente convention ;

« c. — Pour les travaux complémentaires et de parachèvement exécu-
« tés à toute époque à dater du 1er janvier 1883, sur l'ensemble du réseau
« défini à l'article 13, avec l'approbation du Ministre des travaux publics ;

« d. — Pour les approvisionnements de l'ensemble des lignes exploi-
« tées, sans que l'importance de ces approvisionnements puisse excéder la
« somme de 40 millions ;

« 2° L'intérêt et l'amortissement des sommes affectées par la Compa-
« gnie au remboursement de sa dette aux termes de l'article 10 ;

« 3° L'intérêt et l'amortissement des actions, tels qu'ils sont réglés par
« l'article 52 des statuts ;

« 4° Une somme de 24 600 000 francs.

« .... Lorsque, par suite d'insuffisance du produit net, l'État
« aura fait des avances à la Compagnie, les excédents qui se produiront
« ultérieurement seront affectés exclusivement au remboursement de ces
« avances avec intérêt simple à 4 %. »

La rédaction de l'article 13 de la convention avec la Compagnie du Midi,
sans être tout à fait semblable à celle de l'article 14 de la convention avec
la Compagnie d'Orléans, s'en rapproche cependant dans ses traits généraux.

Pour les Compagnies du Nord et de Paris-Lyon-Méditerranée, qui
n'avaient jamais fait appel à la garantie d'intérêt, les conventions, tout en
stipulant l'unité du compte des recettes et du compte des dépenses, ont
maintenu la spécialisation de cette garantie au nouveau réseau.

L'article 11 de la convention avec la Compagnie du Nord est ainsi
conçu : « Sur le produit net résultant du compte unique d'exploitation
........, la Compagnie prélèvera :

« 1° Les charges effectives (intérêt, amortissement et frais accessoires)
« des emprunts à servir par elle, sous déduction des annuités dues pour
« l'exercice en représentation des subventions et soldées à la Compagnie :

« *a*. — Pour le rachat, la construction et la mise en service des lignes
« exploitées ou à ouvrir, constituant son ancien réseau actuel, accru des
« lignes définies aux articles 1, 2 et 3, et toutes dépenses dûment justifiées,
« dans les conditions prévues par le décret du 12 août 1868 et les conven-
« tions en vigueur ;

« *b*. — Pour le paiement de la contribution prévue à l'article 6 ;

« *c*. — Pour les travaux complémentaires à exécuter à toute époque
« sur l'ensemble du réseau défini à l'article 10, conformément à des projets
« approuvés par le Ministre des travaux publics ;

« *d*. — Les redevances, rentes ou annuités dues par la Compagnie
« pour la cession de la concession ou de l'exploitation des lignes énumé-
« rées à l'article 3, ainsi que pour le rachat des droits à partager sur
« certaines lignes, à partir de l'époque où lesdites redevances, rentes ou
« annuités deviennent exigibles ;

« 2° — L'intérêt à 4 % et l'amortissement des actions conformément
« au tableau d'amortissement adopté par l'assemblée générale du 30 avril
« 1863 ;

« 3° Une somme de 20 millions.

« L'excédent sera appliqué à couvrir, jusqu'à due concurrence, la
« garantie accordée par l'État, pour les charges effectives des sommes
« empruntées par la Compagnie, sous déduction des annuités reçues en
« représentation des subventions, pour la construction et la mise en service
« des lignes, exploitées ou à ouvrir, composant son nouveau réseau actuel,
« sans que le capital garanti puisse excéder 223 300 000 francs. »

Le libellé de l'article 11 de la convention avec la Compagnie de Paris-
Lyon-Méditerranée est tout à fait analogue.

La situation nouvelle faite aux actionnaires des six grandes Compagnies
peut se résumer comme le montre le tableau ci-après :

		NORD	EST	OUEST	ORLÉANS	P.-L.-M.	MIDI
Dividende implicitement ménagé par les conventions antérieures......................................		50 fr.	30 fr.	30 fr.	51 fr. 80	47 fr.	35 fr.
Intérêts et dividendes réservés par les conventions de 1883.	Somme totale......	28.400.000 fr.	»	»	»	44.000.000 fr.	»
	Nombre d'actions..	525.000	»	»	»	800.000	»
	Par action	54 fr. 10	»	»	»	55 fr.	»
Intérêts et dividendes garantis par les conventions de 1883.	Somme totale......	»	20.750.000 fr.	11.550.000 fr.	33.600.000 fr.	»	12.500.000 fr.
	Nombre d'actions..	»	584.000	300.000	600.000	»	250.000
	Par action	»	35 fr. 55	38 fr. 50	56 fr.	»	50 fr.

Ainsi, les dividendes réservés ou garantis par les conventions de 1883 sont notablement supérieurs à ceux qu'avaient voulu ménager les auteurs des conventions antérieures. Mais il convient de les rapprocher plutôt de ceux qui seraient résultés de l'application intégrale de ces dernières conventions et que nous avons relatés page 306. En fait, il y a lieu aussi d'observer que les Compagnies, assumant de lourdes charges susceptibles de retarder l'essor de leurs dividendes, pouvaient légitimement prétendre à certaines compensations.

Nous venons d'indiquer les deux traits caractéristiques des contrats de 1883, au point de vue de la garantie d'intérêt, à savoir : 1° Substitution de la garantie intégrale des dépenses de premier établissement à la garantie limitée au nouveau réseau, pour les Compagnies de l'Est, de l'Ouest, d'Orléans et du Midi ; 2° Attribution aux actionnaires de ces quatre Compagnies d'un dividende garanti supérieur au dividende réservé implicitement par les conventions antérieures et relèvement du dividende réservé pour les deux Compagnies du Nord et de Paris-Lyon-Méditerranée.

Mais il en est quelques autres sur lesquels nous devons insister.

1° Le taux conventionnel qui avait généralement été adopté jusqu'alors pour le calcul du revenu garanti au nouveau réseau et du revenu réservé à l'ancien réseau a été remplacé par les charges effectives des emprunts. Il en résulte que les Compagnies ne pourront plus de ce chef réaliser des bénéfices, ni éprouver des mécomptes.

2° Malgré le maintien de la spécialisation de la garantie au nouveau réseau des Compagnies du Nord et de Paris-Lyon-Médiderranée, tel qu'il était constitué avant 1883, la situation des obligations est, au moins théoriquement, améliorée : en effet le capital de premier établissement de ce réseau jouit de la garantie d'intérêt pour la totalité de ses charges effectives, au lieu d'en bénéficier seulement jusqu'à concurrence du taux limité de 4,655 %.

3° Il n'est plus dressé qu'un compte unique des recettes et des dépenses d'exploitation pour l'ensemble des lignes concédées à chacune des Compagnies. Cette modification aux règles antérieures constitue une réelle simplification et surtout enlève tout intérêt aux détournements de trafic de l'un des réseaux sur l'autre.

Les conventions de 1883 ayant fait disparaître, même pour le Nord et le Paris-Lyon-Méditerranée, le mécanisme un peu fictif du revenu réservé, comprenant entre autres éléments l'appoint à ajouter à la garantie pour parfaire le service des emprunts du nouveau réseau, l'unité de compte a pu être appliquée à ces deux Compagnies comme aux autres,

4° Les dispositions limitant le capital de premier établissement ont disparu, à l'exception de celles qui fixaient le maximum des dépenses garanties du nouveau réseau à :

223 500 000 francs pour le Nord;

et à 626 millions ou 649 millions pour la Compagnie de Paris-Lyon-Méditerranée, suivant que la ligne de Gap à Briançon s'arrêterait en ce dernier point ou serait prolongée jusqu'à la frontière d'Italie.

5° Les Compagnies ne sont plus liées par des maxima, pour les dépenses complémentaires susceptibles d'être ajoutées au compte de premier établissement au point de vue du jeu de la garantie (1).

La seule limitation qui subsiste à cet égard résulte de la disposition suivante inscrite dans les lois approbatives des conventions : « le mon-« tant des travaux complémentaires que le Ministre des travaux publics « pourra autoriser sera fixé, chaque année, par un article de la loi de « finances. »

6° Pour les Compagnies du Nord et d'Orléans, il a été stipulé que jus-qu'au 1er janvier qui suivrait l'achèvement des lignes ajoutées à leur réseau par les conventions de 1883, il serait fait face aux frais d'exploitation, ainsi qu'à l'intérêt et à l'amortissement des dépenses mises à leur charge pour ces lignes, au moyen des produits des sections successivement mises en exploitation. En cas d'insuffisance, le déficit peut être porté au compte de premier établissement.

Pour les Compagnies de Paris-Lyon-Méditerranée et du Midi, les conventions renferment une clause semblable, mais étendent la faculté d'imputation aux lignes concédées en 1875.

Pour les Compagnies de l'Est et de l'Ouest, c'est une solution un peu différente qui a été adoptée. Jusqu'au 1er janvier qui suivra l'achèvement des lignes concédées en 1883, ces lignes et celles qui ont été comprises dans les conventions de 1875 donnent lieu à l'ouverture d'un compte provisoire dit *d'exploitation partielle*. Ce compte comprend, d'une part les charges des capitaux et les frais d'exploitation, et d'autre part les recettes, les annuités correspondant à la part contributive de l'État dans la construction, les excédents de revenu net des lignes en exploitation complète (s'il y a des excédents et si ces excédents ne sont pas absorbés par le remboursement des avances du Trésor). En cas d'insuffisance, le déficit peut

---

(1) Dans les projets de convention avec la Compagnie d'Orléans, soumis à la Chambre des députés en 1880 et 1882, M. Varroy, alors ministre des travaux publics, avait également renoncé à assigner un maximum aux dépenses complémentaires de premier établissement, ou plutôt s'était borné à fixer la limite empirique de 3 millions par million d'augmentation de recette brute.

être porté au compte de premier établissement. Chaque année, la Compagnie doit reporter au compte d'exploitation complète celles des lignes terminées, dont les charges peuvent être, d'une manière continue, couvertes avec l'excédent du revenu net déversé les années précédentes du compte des lignes en exploitation complète au compte des lignes en exploitation partielle.

Le délai d'achèvement des lignes concédées en 1883 devant être assez long et ces lignes devant être pour la plupart peu productives, la disposition introduite dans les conventions du Nord, d'Orléans, de Paris-Lyon-Méditerranée et du Midi, permettra de soulager sensiblement les premiers exercices; en revanche, elle chargera le compte de premier établissement et par suite l'avenir des Compagnies. Quant à la disposition inscrite dans les conventions de l'Est et de l'Ouest, elle semble au premier abord de nature à ne pas grever si lourdement les exercices futurs, puisqu'elle comporte le déversement éventuel des excédents libres fournis par les lignes en exploitation complète sur les lignes nouvelles, avant le terme de l'achèvement complet du réseau. Cependant, il ne faudrait pas se faire trop d'illusions sur sa portée. Quoique libérées de leur dette antérieure, les Compagnies de l'Est et de l'Ouest ont dû, dès 1884, faire appel à la garantie et l'on ne saurait prévoir, au moins pour l'Ouest, que l'exploitation donne à brève échéance des excédents de produits susceptibles d'atténuer les insuffisances des lignes concédées en 1875 ou en 1883.

7° L'origine de l'application des règles posées par les conventions de 1883 a été fixée au 1er janvier 1884, pour les Compagnies du Nord, d'Orléans, de Paris-Lyon-Méditerranée et du Midi, et au 1er janvier 1883, pour les Compagnies de l'Est et l'Ouest.

8° L'article 8, dernier §, de la convention avec l'Ouest a reporté du 31 décembre 1914 au 31 décembre 1935, c'est-à-dire prorogé de 21 ans, le terme du fonctionnement de la garantie. L'article 8, dernier §, de la convention avec l'Est stipule que le fonctionnement de la garantie prendra fin au terme fixé par la convention du 31 décembre 1875, c'est-à-dire au 31 décembre 1934. Il y a là une novation apportée aux contrats antérieurs : car jusqu'alors le terme du 31 décembre 1934 ne profitait qu'aux lignes concédées en 1875.

Mais les autres contrats de 1883 ne mentionnent aucune disposition à cet égard. L'intention des auteurs des conventions a-t-elle été de supprimer la limite de durée admise en 1859 ? Pour les Compagnies du Nord et et de Paris Lyon-Méditerranée, on ne saurait hésiter à répondre négativement : les contrats passés avec ces Compagnies énumèrent en effet explicitement les articles des conventions de 1875 qui doivent cesser de recevoir leur application et ces articles n'ont point trait au terme de la garantie. Pour les Compagnies d'Orléans et du Midi, la rédaction peut laisser place au doute : les conventions conclues avec ces Compagnies contiennent, en effet, un article qui débute ainsi : « Les dispositions des conventions an- « térieures concernant la garantie d'intérêt à la charge de l'État... sont rem- « placées à dater du 1ᵉʳ janvier 1884 par les dispositions suivantes... »; elles semblent donc faire table rase des règles précédemment admises.

9° Nous sommes convaincu que, sauf pour l'Est et l'Ouest, les parties contractantes n'ont pas entendu innover : il nous paraît indubitable que leur intention exclusive a été de remanier les clauses relatives au mode de calcul de la garantie. Cependant il est regrettable qu'une explication ou une déclaration catégorique n'ait pas été fournie à ce sujet. Ajoutons que la question n'a pas d'intérêt d'actualité, puisque nous sommes encore séparés par un délai de trente années environ de l'époque à laquelle elle exigera une solution; il est permis d'ailleurs d'espérer qu'à cette époque les Compagnies pourront ne plus faire appel à la garantie, si elles n'ont pas contracté de nouveaux engagements et assumé de nouvelles charges.

10° Les conventions avec les Compagnies du Nord et de Paris-Lyon-Méditerrannée ont reproduit la clause de compensation éventuelle de la dette au titre de la garantie d'intérêt avec la valeur du matériel roulant à reprendre par l'État, en fin de concession ou en cas de rachat.

Il en est autrement des conventions avec les Compagnies de l'Est, de l'Ouest, d'Orléans et du Midi. Les parties contractantes ont-elles eu l'intention d'innover à cet égard? C'est une question que nous nous réservons de traiter avec celle du rachat, à laquelle elle se lie intimement.

11° La convention avec la Compagnie du Nord a incorporé à son réseau d'intérêt général 787 kilomètres de chemins de fer repris aux Compagnies de Lille à Valenciennes, de Lille à Béthune et Bully-Grenay, de Picardie et Flandres, du Tréport, de Frévent à Gamaches, ou antérieurement concédés à la Compagnie du Nord elle-même à titre d'intérêt local; elle y a rattaché en outre 305 kilomètres de lignes concédées à la Compagnie du Nord-Est.

Dès 1876, la Compagnie du Nord avait été autorisée par un décret du 20 mai à exploiter les lignes concédées aux Compagnies de Lille à Valenciennes, du Nord-Est et de Lille à Béthune, mais sous la réserve expresse qu'il serait tenu un compte à part de cette exploitation. Or, le rapport du Conseil d'administration à l'assemblée générale des actionnaires sur les résultats de l'exercice 1882 constate un déficit de plus de 6 millions pour ces lignes et pour les chemins d'intérêt local : le dividende des actions était ainsi réduit de 11 à 12 francs.

L'incorporation consentie en 1883 a donc constitué un avantage incontestable pour la Compagnie, au point de vue du fonctionnement éventuel de la garantie d'intérêt et surtout au point de vue du partage des bénéfices: elle s'est traduite, en effet, par un relèvement de 11 à 12 francs dans le dividende réservé, ainsi que dans le dividende avant partage, et par la participation de l'État aux pertes de l'exploitation des lignes ci-dessus énumérées, une fois l'ère du partage ouverte.

La Compagnie de Paris-Lyon-Méditerrannée a également obtenu la réunion à son réseau de 525 kilomètres antérieurement concédés à la Compagnie des Dombes et des chemins de fer du Sud-Est et à celle des chemins de fer du Rhône. Mais ces lignes étaient plus productives que celles qui ont été incorporées au réseau du Nord. Le principal avantage de la réunion a été de faire disparaître du champ d'action de la Compagnie une Société qui, sans exercer contre elle une concurrence redoutable, pouvait cependant lui créer des embarras, le cas échéant.

12. Conventions de 1866-1867, de 1868 et de 1875, avec la Compagnie de Paris-Lyon-Méditerranée pour la ligne du Rhône au Mont-Cenis. — Par une convention des 9 juin 1866-17 juin 1867, approuvée le 27 septembre 1867, l'État a racheté à la Compagnie Victor-Emmanuel le chemin du Rhône au Mont-Cenis et l'a rétrocédé à la Compagnie de Paris-Lyon-Méditerranée à laquelle il a garanti :

a. —Un revenu de 2 254 950 fr., représentant l'intérêt et l'amortissement calculés au taux de 5 °/₀, pour une période de 88 ans, de la somme de 44 483 000 francs à laquelle était fixée l'indemnité de rachat ;

b. — L'intérêt et l'amortissement des dépenses de travaux complémentaires, jusqu'à concurrence d'un maximum de 25 millions.

Ce maximum a été porté à 45 millions par la convention du 3 juillet 1875.

Enfin, par l'article 7 de la convention des 18 juillet 1868-28 avril 1869, la Compagnie s'est engagée à avancer au Trésor les sommes dues par le Gouvernement français au Gouvernement italien pour l'exécution du souterrain des Alpes, en vertu des conventions internationales des 7 mai 1862 et 7 février 1868. Ces sommes se sont élevées à 26 200 000 francs environ. L'État les rembourse sous forme d'annuités. Il y a là un compte distinct de celui de la garantie d'intérêt, contrairement à ce qui a été parfois soutenu et à ce que pourrait faire supposer au premier abord la rédaction défectueuse de la convention de 1868.

Bien que concédé à la Compagnie de Paris-Lyon-Méditerranée, le chemin du Rhône au Mont-Cenis (144 kilomètres) est absolument indépendant de la concession principale de cette Compagnie et forme ce que l'on appelle son réseau spécial. Conformément aux dispositions de l'article 3 de la convention de 1867, « il est tenu un compte à part des dépenses et des « produits de l'exploitation de la ligne; ce compte sert de base à l'appli- « cation de la garantie ». On remarquera qu'ici la garantie porte sur l'in- tégralité des charges de la Compagnie et que le capital est formé en totalité d'obligations : ce capital s'élève à 87 millions environ, non com- pris les 26 millions afférents au tunnel du Mont-Cenis. Le taux de la garantie n'a pas été fixé à forfait; il est égal au taux réel des emprunts. Au lieu d'avoir une durée inférieure à celle de la concession, les engagements de l'État ne doivent prendre fin qu'au terme de cette concession. Les avances du Trésor doivent lui être remboursées conformément aux règles géné- rales posées par les conventions de 1859, c'est-à-dire par l'attribution de la partie des produits nets qui dépasserait l'annuité garantie; si, à l'expi- ration de la concession ou en cas de rachat, l'État était encore créancier de la Compagnie, le montant de sa créance serait compensé jusqu'à due concurrence avec la somme due à la Compagnie pour la reprise du maté- riel spécialement affecté à la ligne du Rhône au Mont-Cenis.

La situation particulière faite au chemin du Rhône au Mont-Cenis ne devait, dans l'intention des auteurs du contrat de 1867, présenter qu'un caractère provisoire. L'article 3 débute, en effet, ainsi : « Provisoirement « et jusqu'à ce que le chemin de fer Victor-Emmanuel ait été réuni à l'un « ou à l'autre des réseaux de la Compagnie de Paris-Lyon-Méditerranée... » La fusion qu'annonçait la convention de 1867 n'a été accomplie, ni en 1868, ni en 1875, ni en 1883. Il est permis de regretter cet ajournement qui empêche la ligne du Rhône au Mont-Cenis de bénéficier des plus- values de recettes du réseau proprement dit de la Compagnie ; le compte de garantie est ainsi surchargé au détriment du Trésor; les avances de l'État n'ont qu'un gage très restreint dans la valeur du matériel affecté à la ligne; enfin des détournements de trafic sont à craindre au préjudice du réseau spécial.

13. **Indications sur les sommes déversées annuellement de l'an- cien sur le nouveau réseau des six grandes Compagnies, pendant les années 1864 à 1883.** — Après avoir rappelé les dispositions essentielles des contrats relatifs à la garantie d'intérêt pour les grands réseaux de la métropole, il importe d'en faire connaître les principaux résultats.

Voici un premier tableau donnant depuis 1864, c'est-à-dire depuis l'origine du fonctionnement de la garantie aux termes des conventions de 1859, les sommes déversées de l'ancien réseau sur le nouveau.

ANNÉES	NORD	EST (1)	OUEST	ORLÉANS	P.-L.-M.	MIDI	TOTAUX
	fr.	fr.	fr.	fr.	fr.	fr.	fr.
1864	»	2.019.742	»	»	»	»	2.019.742
1865	1.057.647	3.262.008	1.185.263	5.177.240	7.289.498	1.133.990	19.105.646
1866	790.314	4.086.730	1.489.653	6.283.084	16.369.096	2.948.270	31.967.147
1867	935.371	6.789.984	2.308.529	7.309.465	21.453.598	3.462.715	44.959.662
1868	3.707.580	4.161.253	1.346.887	2.717.730	24.988.840	3.399.686	40.321.996
1869	2.871.664	6.897.691	1.562.449	8.035.811	8.317.818	2.213.714	29.899.147
1870	631.197	(2)	(2)	213.945	8.697.123	453.398	9.995.663
1871	2.648.349	3.253.775	2.121.580	7.928.272	13.291.784	8.602.099	37.845.859
1872	5.091.349	9.973.041	2.271.660	9.478.685	13.926.730	3.906.644	44.718.109
1873	5.281.189	9.936.084	825.684	3.691.174	17.379.884	6.870.392	43.984.404
1874	4.868.821	4.996.560	640.580	3.688.071	16.736.387	7.120.421	38.059.840
1875	2.972.565	6.949.049	3.154.055	11.489.668	17.743.072	6.680.551	49.988.960
1876	3.554.397	4.179.688	5.436.684	12.256.376	22.183.631	6.401.173	54.011.949
1877	4.308.163	3.219.551	2.731.101	9.823.800	22.145.072	5.799.931	48.027.618
1878	3.659.289	6.175.494	8.806.093	17.317.328	21.701.485	7.161.921	64.821.315
1879	2.835.486	3.703.491	8.258.256	14.080.133	24.123.840	9.424.294 (3)	62.425.200
1880	4.575.907	8.250.490	10.695.878	22.115.967	22.494.501	17.125.154 (3)	85.258.597
1881	4.190.079	11.664.514	13.412.273	26.638.428	23.927.114	18.129.733 (3)	97.962.139
1882	3.827.327	10.523.779	15.528.757	25.478.074	24.276.304	16.283.636 (3)	93.917.914
1883	1.712.528	Nouveau régime	Nouveau régime	21.885.854	24.653.616	15.502.815 (3)	63.754.813
TOTAUX..	60.519.222	110.042.324	81.776.387	215.609.145	354.469.084	142.620.557	965.035.719

(1) Dans les recettes afférentes à l'ancien réseau est comprise, à partir de 1871, la part revenant à ce réseau dans l'annuité de 20 500 000 fr. servie à la Compagnie de l'Est pour les lignes cédées à l'Allemagne.

(2) L'insuffisance des recettes de l'ancien réseau a été, en 1870, de 4 899 729 francs pour la Compagnie de l'Est et de 3 642 717 francs pour la Compagnie de l'Ouest.

(3) Déduction faite des subventions payées à la Compagnie de Barcelone à la frontière.

Nota.— (a) Le régime du déversement, tel qu'il avait été organisé en 1859, a cessé d'être appliqué depuis le 1er janvier 1883, pour l'Est et l'Ouest, et depuis le 1er janvier 1884, pour les autres réseaux.

(b) Les chiffres en caractères gras correspondent à des comptes non encore réglés.

Pour les Compagnies de l'Est, de l'Ouest, d'Orléans et du Midi, les chiffres portés au précédent tableau représentent l'excédent du produit net de l'ancien réseau sur le revenu réservé ou déversoir, excédent qui a été ajouté au produit net du nouveau réseau pour venir en atténuation de la garantie de l'État ou pour concourir au remboursement de la dette contractée du chef de cette garantie.

Quant aux Compagnies du Nord et de Paris-Lyon-Méditerranée, qui n'ont pas fait appel à cette garantie avant les conventions de 1883, les prélèvements sur l'ancien réseau représentent exactement les déficits du nouveau réseau.

14. Indications sur les avances du Trésor au titre de la garantie d'intérêt. — *a.* INSUFFISANCES DU NOUVEAU RÉSEAU DE 1864 A 1883. — Nous devons maintenant faire connaître, pour les lignes du nouveau réseau entrées au compte de garantie, quelles ont été les insuffisances du rendement, malgré le déversement des excédents de produit de l'ancien réseau, jusqu'à la mise en vigueur du régime inauguré par les conventions de 1883. A cet effet, nous récapitulons dans le tableau ci-dessous les sommes auxquelles se sont élevées ces insuffisances, pour les années dont les comptes ont été vérifiés, et les sommes réclamées par les Compagnies, pour les années dont les comptes n'ont pas encore été arrêtés (1).

(1) Les chiffres en caractères ordinaires sont ceux qui résultent des réglements définitifs. Les chiffres en caractères gras, étant afférents à des exercices non encore réglés, sont ceux qui ont été demandés par les Compagnies.

ANNÉE d'exploitation	EST (1)	OUEST	ORLÉANS	MIDI	RHÔNE AU MONT-CENIS P.-L.-M.	TOTAL
	fr.	fr.	fr.	fr.	fr.	fr.
1863	»	»	»	»	1.492.958	1.492.958
1864	13.958.183	»	»	»	1.409.699	15.367.882
1865	11.613.475	4.901.563	8.866.949	2.115.643	1.169.673	28.667.303
1866	9.633.578	4.944.361	8.196.256	266.802	1.283.178	24.324.175
1867	8.814.340	4.592.652	7.044.248	»	1.722.059	22.173.299
1868	9.757.641	5.817.043	13.243.937	»	2.499.072	31.317.693
1869	4.624.116	5.454.803	11.282.358	899.334	2.835.306	25.095.917
1870	24.918.439	9.830.933	18.725.806	9.446.011	1.989.067	61.940.256
1871	10.239.425	8.002.445	7.710.144	»	1.860.979	27.812.993
1872	1.784.847	12.588.117	9.973.645	5.602.359	1.094.827	31.043.795
1873	5.470.041	16.342.015	15.554.408	2.317.024	1.450.681	41.133.869
1874	11.161.433	18.577.993	17.430.102	2.193.352	1.889.432	51.252.312
1875	7.192.609	15.619.211	7.438.725	4.336.925	1.516.295	36.103.765
1876	10.031.624	13.403.356	11.048.987	3.341.784	1.841.733	39.667.485
1877	13.514.163	16.786.918	13.888.261	4.335.025	1.402.442	49.926.809
1878	6.451.579	13.245.439	6.877.500	2.816.895	1.287.357	30.678.770
»	»	872.432 (2)	»	»	»	872.432
1879	11.390.943	15.779.755	9.408.683	1.829.901	2.021.674	40.430.953
1880	160.953	13.027.700	»	»	2.489.372	15.678.025
1881	»	10.700.112	»	»	3.044.442	13.744.554
1882	»	7.706.911	»	»	1.262.576	8.969.487
1883	nouveau régime	nouveau régime	»	»	2.152.080	2.152.080
Totaux..	157.717.389	198.253.759	166.680.709	39.471.055	37.711.899	599.846.811 (1)

(In the RHÔNE AU MONT-CENIS column, the years 1863 to 1866 values are bracketed and labelled *Victor-Emmanuel*.)

(1) Aux termes de l'article 9 de la convention du 17 juin 1873, l'État a « fait remise à la Compagnie de l'Est, dans le rapport du nombre de kilo-« mètres de l'ancien réseau cédés à l'Allemagne à la longueur totale dudit réseau, des sommes qui lui avaient été avancées jusqu'à la clôture de l'exer-« cice 1871, à titre de garantie d'intérêt, et a renoncé à exercer contre elle, pour le remboursement de ces sommes et de leurs intérêts, la répétition « prévue par l'article 8 de la convention des 24 juillet 1838 et 11 juin 1859 ». En exécution de cette disposition, un arrêté ministériel, en date du 10 août 1875, a ramené de 90 559 195 fr. 78 à 48 497 667 fr. 41 la dette en capital afférente aux années 1864 à 1871, ce qui correspond à une diminution de 42 061 528 fr. 37.

(2) Supplément de la garantie pour l'ensemble des années 1865 à 1878.

b. INSUFFISANCES DEPUIS LA MISE EN VIGUEUR DU RÉGIME INAUGURÉ PAR LES CONVENTIONS DE 1883. — Quant aux insuffisances depuis la mise en vigueur du nouveau régime inauguré par les conventions de 1883, elles ont été les suivantes :

RÉSEAUX	ANNÉES D'EXPLOITATION				TOTAL
	1883 (*a*)	1884 (*a*)	1885 (*a*)	1886 (*b*)	
	fr.	fr.	fr.	fr.	fr.
Est..........	4.502.487 (*c*)	8.714.033	10.466.153	13.900.000	37.282.673
Ouest..........	6.136.687	10.987.964	14.108.840	13.500.000	44.733.491
Orléans..........	» (*d*)	6.514.423	15.566.198	24.000.000	46.080.624
P.-L.-M. (réseau principal).......	» (*d*)	9.102.656	10.236.910	18.000.000	37.339.566
Midi..........	» (*d*)	7.630.752	13.620.137	16.500.000	37.750.889
Rhône au Mont-Cenis (Cⁱᵉ de P.-L.-M.)	» (*e*)	2.669.427	3.269.992	2.800.000	8.739.419
Total..........	10.639.174	45.619.258	66.968.230	88.700.000	211.926.662

(*a*) Montant des comptes présentés par les Compagnies et non encore réglés par l'Administration.

(*b*) Évaluation approximative.

(*c*) Aux termes de la convention du 11 juin 1883, l'insuffisance de l'année d'exploitation 1883 doit être ajoutée au compte d'établissement.

(*d*) Voir page 334.

(*e*) Voir page 320.

c. AVANCES DU TRÉSOR. — LEUR IMPUTATION BUDGÉTAIRE. — REVERSE- MENTS DES COMPAGNIES. — Les avances du Trésor ont été inférieures aux chiffres consignés dans le tableau précédent; la différence s'explique par plusieurs causes :

1° La liquidation de la garantie nécessite des justifications détaillées de la part des Compagnies et des vérifications laborieuses de la part de l'Administration. Ces opérations exigent des délais souvent fort longs et ne permettent le paiement intégral que longtemps après l'expiration de l'année. Il est vrai qu'à la suite d'un examen sommaire des comptes, le Ministre des travaux publics peut, aux termes de l'article 20 des règle- ments de 1863, ordonnancer des acomptes au profit des Compagnies ; mais le versement du solde est subordonné à l'achèvement des travaux de l'Inspection des finances et de la Commission de vérification, travaux qui, dans la plupart des cas, ne sont terminés que trois, quatre ou même cinq ans plus tard.

2° Des conventions ont été conclues le 15 juillet 1872 avec les Compa- gnies d'Orléans et de Paris-Lyon-Méditerranée, le 28 du même mois avec la Compagnie du Midi et le 6 décembre 1872 avec la Compagnie de l'Est, pour transformer en annuités les sommes dues au titre de la garantie pour les exercices 1871 et 1872, en ce qui concerne l'Est, l'Orléans et le Paris- Lyon-Méditerranée, et pour l'exercice 1872 seulement, en ce qui concerne le réseau du Midi (1).

Les Compagnies se sont engagées par ces conventions « à réaliser au « moyen de l'émission d'obligations les sommes que l'État avait à leur « payer ». De son côté, l'État a contracté l'engagement de payer chaque année aux Compagnies l'intérêt et l'amortissement des obligations, ainsi que les droits de timbre et autres et les frais accessoires afférents à ces titres. Les charges sont calculées d'après le taux moyen des négociations pendant des périodes déterminées, déduction faite de l'intérêt couru au jour de la vente.

Voici quelles sont les annuités incombant de ce chef au Trésor :

(1) La Compagnie de l'Ouest s'est refusée à un arrangement de cette nature et une loi du 10 janvier 1879 a ouvert au Ministre des finances un crédit extraordinaire pour le solde en capital.

COMPAGNIES	ANNÉES de GARANTIE	AVANCES en CAPITAL	ANNUITÉS (1)	OBSERVATIONS
Est.........	Garantie de 1871. — 1872.	fr. c. 10.239.425,01 1.784.846,85 12.024.271,86	fr. c. 724.658,33	Annuités payables par termes semestriels, le 1er janvier et le 1er juillet, et dont le dernier écherra le 1er juillet 1954.
Orléans......	Garantie de 1871. — 1872.	7.710.144,07 9.973.645,36 17.683.789.43	1.075.999,52	Annuités payables par termes semestriels, le 1er janvier et le 1er juillet, et dont le dernier écherra le 1er juillet 1951.
P.-L.-M. (Rhône au Mont-Cenis)	Garantie de 1871. — 1872.	2.533.215,55 (2) 2.499.723,51 (2) 5.032.939,06	302.221,04	Annuités payables en un seul terme jusqu'en 1938.
Midi.........	Garantie de 1872.	5.602.359,28	341.371,40	Annuités payables par termes semestriels le 1er janvier et le 1er juillet, et dont le dernier terme écherra le 1er juillet 1957.
Totaux............		40.343.359,63	2.444.250,29	

(1) Les chiffres de cette colonne ne comprennent que la partie fixe des annuités, abstraction faite de l'élément variable (abonnement au timbre et frais accessoires). Cet élément est d'ailleurs très peu important et diminue chaque année.

(2) L'excédent de ces chiffres sur ceux de la page 320 représente l'annuité afférente au remboursement de l'avance faite à l'État pour le percement du souterrain.

Le mode spécial de libération qui a été adopté pour les garanties de 1871 et de 1872 vis-à-vis des Compagnies de l'Est, d'Orléans, de Paris-Lyon-Méditerranée et du Midi ne saurait trouver sa justification que dans les difficultés exceptionnelles avec lesquelles l'État était aux prises à la suite de la guerre franco-allemande. Autant, en effet, il est rationnel de répartir sur un grand nombre d'exercices des dépenses en capital destinées à n'être productives que plus tard et appelées à profiter, non seulement à la génération présente, mais encore aux générations futures, autant il est contraire aux principes d'en agir de même pour des dépenses ayant un caractère exclusivement annuel, comme des charges d'exploitation. Les avances au titre de la garantie sont, par leur nature même, imputables en capital sur les ressources du budget ordinaire; toute imputation contraire est difficile à concilier avec les principes financiers.

Aussi l'Assemblée nationale a-t-elle rejeté, lors de la discussion du budget de 1875, un amendement qui tendait à la négociation de bons de liquidation trentenaires pour le paiement des avances afférentes aux années 1874 et 1875.

En 1884, la « Commission du budget » de la Chambre des députés, après avoir examiné s'il ne conviendrait pas de revenir une seconde fois à l'expédient admis en 1872, y a renoncé pour les raisons que nous avons indiquées.

Toutefois, en 1885, le Parlement a consenti, sur la demande du Ministre des finances, à créer, pour le service de la garantie d'intérêt, une caisse spéciale alimentée par l'émission d'obligations à court terme.

Les motifs invoqués à l'appui de cette institution sont les suivants :

1° Le paiement des garanties d'intérêt ne constitue qu'un prêt portant intérêt au profit du Trésor, jusqu'au jour du remboursement par les Compagnies débitrices et garanti, non seulement par la solvabilité générale des débiteurs, mais encore par tout le matériel des Compagnies. Il ne présente donc pas les caractères d'une dépense assimilable aux autres dépenses effectuées par l'État.

2° L'ouverture d'un compte spécial est d'autant plus nécessaire que les fluctuations considérables des résultats de l'exploitation des chemins de fer sont de nature à troubler profondément l'équilibre de nos budgets, par la difficulté presque insurmontable de prévoir avec une exactitude suffisante, en dépense et en recette, le montant des avances que l'État peut être appelé à faire et des remboursements qu'il peut recevoir.

3° L'inscription, dans le budget même, des avances pour garantie d'intérêt a d'autant plus d'inconvénients que les avances atteignent leur maximum dans les années où les recouvrements de l'impôt sont les plus sujets à des insuffisances, par suite de crise économique ou de mauvaises récoltes, et qu'au contraire les remboursements ont lieu dans les années de plus-values.

Nous reconnaissons volontiers toute la valeur de ces arguments; nous reconnaissons aussi que le paiement des avances de garantie au moyen des produits de l'émission de titres à court terme ne présente pas les inconvénients de leur transformation en annuités à longue échéance. Mais nous n'en regrettons pas moins que les circonstances aient conduit à adopter une combinaison critiquable.

Les conventions de 1872 avaient-elles eu pour effet de modifier, en ce qui touchait les avances de garantie de 1871 et de 1872, les obligations de la Compagnie pour le remboursement de ces avances et les droits de l'État pour la compensation éventuelle de sa dette avec la valeur du matériel roulant? Incontestablement non. Moyennant l'engagement de l'État de supporter les charges des emprunts réalisés par les Compagnies, tout s'est passé comme si ces Sociétés avaient reçu du Trésor le capital correspondant et ce capital a pu être porté immédiatement à leur débit.

3° Aux termes des conventions de 1883, les Compagnies de l'Est et de l'Ouest doivent imputer au compte de premier établissement le reliquat des insuffisances des exercices antérieurs non encore réglés et, au besoin, celles de l'année 1883. La garantie de l'État portera donc sur les charges de ces insuffisances, au lieu de porter sur les insuffisances elles-mêmes. Cette transformation, sans être identique à celle qui a été adoptée pour les années 1871 et 1872, présente cependant quelque analogie avec elle.

On a pu remarquer, par ce qui précède, que ni la Compagnie du Nord, ni la Compagnie de Paris-Lyon-Méditerranée, pour son réseau principal, n'ont eu recours à la garantie avant les conventions de 1883. La Compagnie du Nord aurait pu y faire appel pour l'exercice 1870; mais, comme il s'agissait d'une somme de deux millions seulement, elle a préféré ne pas user de son droit: elle a donc conclu, le 8 janvier 1871, avec le Ministre des travaux publics une convention qui a été approuvée par décret du 9 février et par laquelle elle a été autorisée à imputer au compte de premier établissement les insuffisances de 1870 et celles qui pourraient se produire de 1871 à 1872 inclusivement; le maximum du capital garanti est d'ailleurs resté fixé à 200 millions et il a été formellement stipulé qu'aucune modification n'était apportée aux règles concernant le partage des bénéfices.

Le tableau suivant donne, jusqu'au 31 décembre 1882, le montant des sommes avancées aux Compagnies et celui des reversements pour trop-payé:

Sommes avancées aux Compagnies (en principal).

EXERCICES BUDGÉTAIRES	EST MONTANT DES AVANCES (a)	EST Années d'exploitation correspondantes	OUEST MONTANT DES AVANCES	OUEST Années d'exploitation correspondantes	ORLÉANS MONTANT DES AVANCES	ORLÉANS Années d'exploitation correspondantes	MIDI MONTANT DES AVANCES	MIDI Années d'exploitation correspondantes	RHÔNE AU MONT-CENIS (P.-L.-M.) DES MONTANT AVANCES (b)	RHÔNE AU MONT-CENIS Années d'exploitation correspondantes	TOTAL
	fr.		fr.		fr.		fr.		fr.		fr.
1865	15.000.000	1864	»	»	»	»	»	»	1.000.000	1863	16.000.000
									422.673	1863	
1866	12.500.000	1865	5.000.000	1865	10.000.000	1865	1.000.000	1865	1.357.756	1864	31.442.008
									1.161.579	1865	
1867	10.000.000	1866	4.000.000	1866	1.000.000	1865	500.000	1866	900.000	1866	25.400.000
					9.000.000	1866					
1868	10.000.000	1867	2.500.000	1867	2.000.030	1867	»	»	200.000	1866	15.500.000
									800.000	1867	
1869	9.000.000	1868	948.908	1866	12.000.000	1868	»	»	900.000	1867	31.891.226
			1.800.000	1867					1.942.318	1868	
			5.300.000	1868							
	757.640	1868							70.285	1863	
1870	4.500.000	1869	5.500.000	1869	12.000.000	1869	1.115.643	1865	51.943	1864	42.364.634
	15.000.000	1870					1.000.000	1869	8.095	1865	
									483.178	1866	
									2.177.830	1869	
A reporter..	76.757.640		25.048.908		46.000.000		3.615.643		11.475.677		162.597.868

(a) Y compris les avances dont il a été fait remise à la Compagnie de l'Est, à la suite de la guerre de 1870-71.

(b) Déduction faite de l'annuité afférente au remboursement de l'avance faite à l'État par la Compagnie de Paris-Lyon-Méditerranée pour le percement du souterrain du Mont-Cenis.

Les paiements indiqués pour les années d'exploitation 1863 à 1866 se rapportent à l'ancienne Compagnie *Victor-Emmanuel*.

EXERCICES BUDGÉTAIRES	EST MONTANT DES AVANCES (a)	EST Années d'exploitation correspondantes	OUEST MONTANT DES AVANCES	OUEST Années d'exploitation correspondantes	ORLÉANS MONTANT DES AVANCES	ORLÉANS Années d'exploitation correspondantes	MIDI MONTANT DES AVANCES	MIDI Années d'exploitation correspondantes	RHÔNE AU MONT-CENIS (P.-L.-M.) MONTANT DES AVANCES (b)	RHÔNE AU MONT-CENIS Années d'exploitation correspondantes	TOTAL
	fr.		fr.		fr.		fr.		fr.		fr.
Report....	76.757.640	.	25.048.908		46.000.000		3.613.643		11.175.677		162.597.868
1871	124.116	1869	292.652	1867	1.811.425	1865	6.000.000	1870	22.059	1867	50.935.553
	6.800.000	1870	517.043	1868	4.510.568	1867			556.754	1868	
			8.000.000	1870	1.243.937	1868			657.456	1869	
					18.000.000	1870			2.399.543	1870	
1872	118.439	1870	»	»	»	»	»	»	»	»	118.439
1873	»	»	»	»	»	»	»	»	»	»	»
1874	4.000.000	1873	14.500.000	1873	13.000.000	1873	1.800.000	1873	1.269.853	1873	34.569.853
1875	9.800.000	1874	1.890.933	1870	635.502	1866	3.416.012	1870	1.147.074	1874	45.834.187
			14.000.000	1874	533.680	1867	2.000.000	1874			
					410.986	1870					
					12.000.000	1874					
1876	1.470.041	1873	16.000.000	1875	2.000.000	1873	3.500.000	1875	180.828	1873	45.694.193
	7.500.000	1875			4.000.000	1874	2.300.000	1876	742.358	1874	
					6.700.000	1875			1.297.966	1875	
1877	9.500.000	1876	15.500.000	1876	457.278	1869	»	»	218.329	1875	38.392.730
					314.820	1870			1.702.303	1876	
					10.700.000	1876					
A reporter.	116.070.236		95.749.536		122.318.196		22.631.655		21.370.200		378.439.823

EXERCICES BUDGÉTAIRES	EST		OUEST		ORLÉANS		MIDI		RHÔNE AU MONT-CENIS (P.-L.-M.)		TOTAL
	MONTANT DES AVANCES (a)	Années d'exploitation correspondantes	MONTANT DES AVANCES	Années d'exploitation correspondantes	MONTANT DES AVANCES	Années d'exploitation correspondantes	MONTANT DES AVANCES	Années d'exploitation correspondantes	MONTANT DES AVANCES (b)	Années d'exploitation correspondantes	
	fr.		fr.		fr.		fr.		fr.		fr.
Report...	116.070.236		95.749.536		122.318.196		22.631.655		21.370.200		378.139.823
1878	13.125.000	1877	1.812.015	1873	554.108	1873	170.227	1873	1.307.901	1877	49.254.251
			16.514.000	1877	12.335.500	1877	3.405.500	1877			
1879	1 361.433	1874	8.002.445	1871	1.430.102	1874	3.000.000	1874	139.429	1876	58.906.075
	531.23	1876	12.528.533	1872	738.725	1875		1875	1.095.792	1878	
	6.000.000	1878	4.577.993	1874	7.000.000	1878		1878			
			12.530.000	1878							
1880	10.700.000	1879	15.000.000	1879	9.250.000	1879	2.250.000	1879	1.196.013	1879	38.396.013
1881	521.626	1877	237.874	1877	348.987	1876	346.798	1873	91.388	1877	21.997.452
	447.055	1878	709.005	1878	1.552.760	1877	193.353	1874	2.095.049	1880	
			10.000.000	1880			836.925	1875	2.650.000	1881	
							1.041.784	1876			
							924.848	1877			
1882	»	»	26.500	1875	158.683	1879	4.677	1877	191.565	1878	9.420.357
			35.044	1877			3.888	1878			
			9.000.000	1881							
1883	»	»	5.800.000	1882	»	»	»	»	3.153	1877	6.803.153
									1.000.000	1882	
1884	»	»	»	»	»	»	»	»	1.680.000	1883	1.680.000
Total...	148.756.973		192.522.943		155.687.061		34.809.655		32.820.490		564.597.124

Sommes reversées par les Compagnies pour excédents de provisions (en principal).

DATE des REVERSEMENTS	EST		OUEST		ORLÉANS		MIDI		RHÔNE AU MONT-CENIS P.-L.-M.		TOTAL
	MONTANT DES REVERSEMENTS	Années d'exploitation correspondantes	MONTANT DES REVERSEMENTS	Années d'exploitation correspondantes	MONTANT DES REVERSEMENTS	Années d'exploitation correspondantes	MONTANT DES REVERSEMENTS	Années d'exploitation correspondantes	MONTANT DES REVERSEMENTS	Années d'exploitation correspondantes	
	fr.		fr.		fr.		fr.		fr.		fr.
1869	1.041.817 886.525 366.422 644.755	1864 1863 1866 1867	82.485	1865	3.944.476	1865	»	»	»	»	6.963.480
1872	»	»	»	»	1.439.246 1.174.919	1866 1869	233.198 100.666	1866 1869	»	»	2.948.029
1873	543.905	1867	»	»	»	»	»	»	410.476	1870	954.381
1879	»	»	15.952 4.547 45.197	1865 1866 1869	»	»	»	»	»	»	65.696
1880	307.390	1875	407.289	1875	»	»	»	»	»	»	714.679
1881	»	»	2.096.644	1876	»	»	»	»	»	»	2.096.644
1883	»	»	»	»	122.500	1878	»	»	»	»	122.500
Total...	3.787.814		2.652.114		6.681.141		333.864		410.476		13.865.409

On voit, à l'inspection du tableau précédent, que le montant des avances effectives du Trésor est, comme nous l'indiquions précédemment, de beaucoup inférieur aux insuffisances réelles du nouveau réseau depuis 1864 pour la Compagnie de l'Est et depuis 1865 pour les autres Compagnies.

Voici maintenant un second tableau des avances faites sous le régime des conventions de 1883 :

RÉSEAUX	EXERCICES BUDGÉTAIRES								TOTAL
	1883		1884		1885		1886		
	MONTANT DES AVANCES	Années d'exploitation correspondantes	MONTANT DES AVANCES	Années d'exploitation correspondantes	MONTANT DES AVANCES	Années d'exploitation correspondantes	MONTANT DES AVANCES	Années d'exploitation correspondantes	
	fr.		fr.		fr.		fr.		fr.
Est..............................	»	»	»	»	6.326.000	1884	7.852.000	1885	14.178.000
Ouest...........................	1.689.544	1883	3.310.456	1883	7.117.000	1884	10.897.000	1885	23.014.000
Orléans.........................	»	»	»	»	4.350.000	1884	12.023.000	1885	16.373.000
P.-L.-M. (réseau principal).....	»	»	»	»	4.917.000	1884	6.697.000	1885	11.614.000
Midi............................	»	»	9.450	1884	4.339.550	1884	10.000.000	1885	14.349.000
Rhône au Mt-Cenis (Cⁱᵉ de P.-L.-M.)	»	»	»	»	2.200.000	1884	2.526.000	1885	4.726.000
TOTAL........	1.689.544		3.319.906		29.249.550		49.995.000		84.254.000

d. Délais de versement des avances. — Reversement des excédents avec intérêts. — L'État n'est lié par aucun délai pour le versement de ses avances entre les mains des Compagnies. Tout en prévoyant le paiement d'acomptes, les règlements de 1863-1868 donnent à cette mesure un caractère purement facultatif et l'abandonnent à la discrétion du Ministre des travaux publics ; quant au solde, il ne peut être acquitté qu'après le travail de vérification des comptes de premier établissement et d'exploitation. Quel que soit d'ailleurs le délai écoulé entre la fin de l'année et le versement de l'État, les Compagnies ne sauraient prétendre à l'allocation d'intérêts.

Au contraire, si le règlement définitif des comptes fait reconnaître que les avances ont été trop considérables, les Compagnies sont tenues de reverser immédiatement l'excédent au Trésor, avec les intérêts à 4 %. Les chiffres portés au tableau de la page 329 ne représentent que les reversements en capital, abstraction faite des intérêts.

e. Observations sur les prévisions formulées a diverses époques au sujet du fonctionnement de la garantie d'intérêt. — Le 27 juin 1865, à l'occasion de la discussion du budget extraordinaire pour l'exercice 1866, M. Garnier-Pagès réclama du Gouvernement des explications et des documents sur la mesure dans laquelle la garantie d'intérêt pourrait affecter les finances de l'État. M. de Franqueville, directeur général des chemins de fer, lui répondit par un discours fort intéressant, dans lequel il indiqua ses prévisions d'avenir. Cet éminent administrateur s'était livré à des calculs minutieux basés sur le développement progressif des lignes en exploitation, sur le produit initial probable des chemins nouveaux et sur les chances d'augmentation annuelle du revenu net ; il admettait :

1° Que les Compagnies du Nord et de Paris-Lyon-Méditerranée ne recourraient pas à la garantie ;

2° Que, pour les autres Compagnies, l'accroissement annuel du produit net serait le suivant :

Est. — Ancien réseau : de 1865 à 1868, 2 1/2 % ; de 1869 à 1871, 2 % ; de 1872 à 1875, 1 1/2 %. Nouveau réseau : de 1865 à 1868, 3 1/2 % ; de 1869 à 1871, 3 % ; de 1872 à 1875, 2 1/2 %.

Ouest. — Ancien réseau : de 1865 à 1875, 2 1/2 %. Nouveau réseau : de 1865 à 1875, 2 1/2 %.

Orléans. — Ancien réseau : de 1865 à 1875, 2 1/2 à 2 %. Nouveau réseau : de 1865 à 1875, 5 %.

Midi. — Ancien réseau : de 1865 à 1875, 5 à 4 %. Nouveau réseau : de 1865 à 1875, 5 à 4 %.

Ensemble des deux réseaux des quatre Compagnies : jusqu'en 1875, 2 °/₀ ; de 1876 à 1885, 1 1/2 °/₀.

3° Que le montant des avances du Trésor serait de 33 à 35 millions pour l'exercice 1866, descendrait ensuite légèrement, se relèverait plus tard pour atteindre 45 millions en 1870, 46 millions en 1871 et 48 millions en 1872, puis descendrait constamment pour s'éteindre en 1885, époque à laquelle s'ouvrirait la période de remboursement ;

4° Que le chiffre total des sommes à débourser par le Trésor s'élèverait, de 1865 à 1885, à 600 millions, et que la valeur de ces sommes ramenée à l'année 1865 serait de 400 millions.

M. de Franqueville avait soin, du reste, de faire les réserves les plus expresses sur ces supputations.

L'année suivante, en 1866, une loi du 11 juillet, que nous avons déjà citée page 126, chargea la caisse d'amortissement du service de la garantie d'intérêt ; au projet de loi présenté par le Gouvernement était annexé le tableau de prévisions que voici :

ANNÉES	SOMMES A PAYER (1)	ANNÉES	SOMMES A PAYER (1)	ANNÉES	SOMMES A PAYER (1)
1867	31 millions	1873	43 millions	1879	21 millions
1868	31 —	1874	42 —	1880	17 —
1869	26 —	1875	37 —	1881	14 —
1870	26 —	1876	32 —	1882	11 —
1871	41 —	1877	28 —	1883	6 —
1872	41 —	1878	25 —	1884	1 —

C'était un total de 473 millions.

Les événements de guerre, les concessions nouvelles, les remaniements des conventions financières, vinrent naturellement troubler dans une certaine mesure les appréciations primitives de l'Administration.

Le 26 juillet 1874, lors de la discussion du budget de 1875 devant l'Assemblée nationale, M. Caillaux, ministre des travaux publics, exprima l'avis que l'évaluation de 1866 devrait être majorée de 66 millions et que l'origine de la période de remboursement serait probablement reportée à l'année 1890.

Les conventions de 1883 ont, à leur tour, apporté des éléments entièrement nouveaux au fonctionnement de la garantie. Dans ses discours devant

____

(1) Y compris la ligne du Rhône au Mont-Cenis.

les Chambres, M. Raynal a donné quelques indications à ce sujet ; mais ces indications englobent tout à la fois les avances au titre de la garantie et les annuités de subventions, sans distinguer entre ces deux catégories de dépenses.

15. Indications sur les sommes remboursées par les grandes Compagnies et sur le compte courant de la garantie au 31 décembre 1882. — Les avances de l'État portent intérêt à son profit au taux de 4 °/₀ (1) et doivent être remboursées sur l'excédent du produit net des lignes auxquelles s'applique la garantie, dès que ce produit dépasse l'intérêt et l'amortissement garantis et dans quelque année que cet excédent se produise.

Les remboursements s'imputent d'abord sur le compte intérêts, conformément aux règles du droit commun, ainsi que nous l'avons expliqué précédemment.

A la fin de 1883, les Compagnies avaient remboursé les sommes suivantes (2) :

ANNÉES d'exploitation	EST	ORLÉANS	MIDI	TOTAL
	fr.	fr.	fr.	fr.
1867	»	»	230.068,72	230.068,72
1868	»	»	41.095,04	41.095,04
1871	»	»	276.784,06	276.784,06
1880	366.424,10	2.817.202,66	6.192.856,45	9.376.483,21
1881	3.931.350,14	9.705.193,74	6.372.502,64	20.009.046,52
1882	1.106.817,44	8.503.106,81	5.260.867,35	14.870.791,60
1883	»	2.393.058,74	»	2.393.058,74
Totaux.	5.404.591,68	23.418.561,95	18.374.174,26	47.197.327,89

(1) Les intérêts sont calculés sur le pied de 365 ou 366 jours par année, conformément à l'article 586 du Code civil.

(2) Les chiffres portés à ce tableau sont ceux des remboursements effectifs. Pour les quatre années 1880 à 1883, le règlement définitif des comptes a montré ou montrera que les excédents accusés par les comptes provisoires comportent des rectifications. C'est ainsi que la Compagnie de l'Est n'aurait pas dû effectuer le remboursement, pour 1880, de la somme de 366 424 fr. 10 et qu'elle a remboursé en trop, pour 1881, 730 626 fr. 70 ; ces excédents seront ajoutés au compte de premier établissement, par application interprétative de l'article 9 de la convention de 1883. Au contraire, la Compagnie d'Orléans aurait dû verser en plus 1 906 303 fr. 37 pour les années 1880, 1881 et 1882 : cette somme a été comprise dans les versements effectués par la Compagnie, pendant l'année 1885, par application des articles 7 et 10 de la convention du 28 juin 1883 ; il a été stipulé d'ailleurs qu'à

Quant au compte courant de la garantie, voici quel en était le bilan au 31 décembre 1882 :

raison de son origine, elle ne donnerait lieu à l'addition des charges d'intérêt et d'amortissement, ni dans le compte de garantie, ni dans le compte de partage. La Compagnie du Midi a versé en trop, pour les années 1880, 1881 et 1882, 1 596 292 fr. 31, dont il lui est tenu compte conformément à l'article 11 de la convention de 1883; l'année 1883 lui a donné un excédent de 3 900 365 fr. 54, qui a été compris dans le remboursement d'ensemble de la dette en 1884.

COMPAGNIES	AVANCES FAITES AUX COMPAGNIES AU 31 DÉCEMBRE 1882			REVERSEMENTS ET REMBOURSEMENTS EFFECTUÉS PAR LES COMPAGNIES AU 31 DÉCEMBRE 1882			DIFFÉRENCE EN FAVEUR DE L'ÉTAT AU 31 DÉCEMBRE 1882		
	CAPITAL	INTÉRÊTS	TOTAL	CAPITAL	INTÉRÊTS	TOTAL	CAPITAL	INTÉRÊTS	TOTAL
	fr.	fr.	fr.	fr.	fr.	fr.	fr.	fr.	fr.
Est..........	115.239.292,10	41.190.224,19	156.429.516,29	307.390,49	4.378.756,89	4.686.147,38	114.931.901,61	36.811.467,30	151.743.368,91
Ouest........	186.661.401,66	51.544.473,12	238.205.874,78	2.652.113,52	658.285,68	3.310.399,20	184.009.288,14	50.886.187,44	234.895.475,58
Orléans......	173.212.168,03	63.817.811,93	237.029.979,96	6.658.640,93	16.587.129,00	23.145.769,93	166.653.527,10	47.230.682,93	213.884.210,03
P.-L.-M. { Rhône au Mont-Cenis	27.737.634,21	8.269.652,12	36.007.286,33	410.476,05	185.737,58	596.213,63	27.327.158,16	8.083.914,54	35.411.072,70
Midi........	40.403.449,02	11.832.645,78	52.236.094,80	3.824.582,53	10.936.838,84	14.761.421,37	36.578.866,49	895.806,94	37.474.673,43
Total......	543.253.945,02	176.654.807,14	719.908.752,16	13.753.203,52	32.746.749,99	46.499.951,51	529.500.741,50	143.908.050,16	673.408.800,65

Les conventions de 1883 ont arrêté comme il suit la dette des Compagnies de l'Est, de l'Ouest et d'Orléans :

1° Dette de la Compagnie de l'Est..   150 636 551^{fr}47

Savoir : dette au 31 décembre 1882 (voir ci-dessus).....................   151 743 368^{fr}91

A déduire : le remboursement effectué le 4 mai 1883 sur les excédents de l'année 1882........................   1 106 817^{fr}44

Différence pareille..... ....   150 626 551^{fr}47

2° Dette de la Compagnie de l'Ouest   240 695 475^{fr}58

Savoir : dette au 31 décembre 1882 (voir ci-dessus).....................   234 895 475^{fr}58

A ajouter, pour avances faites le 19 mars et le 16 juillet 1883...........   5 800 000^{fr}00

Total pareil.................   240 695 475^{fr}58

3° Dette de la Compagnie d'Orléans   205 398 881^{fr}26

Savoir : dette au 31 décembre 1882 (voir ci-dessus).....................   213 884 210^{fr}03

A ajouter, pour avances faites le 22 juin 1883..... ....   158 683^{fr}19

Total....................   214 042 893^{fr}22

A déduire : reversement du 8 février 1883   140 905^{fr}15

A déduire : remboursement du 25 avril 1883   85 031 06^{fr}81

8 644 011^{fr}96   8 644 011^{fr}96

Différence pareille.............   205 398 881^{fr}26

Le 2 mai 1882, MM. Léon Say et Varroy, ministres des finances et des travaux publics, avaient déposé sur le bureau de la Chambre des députés un projet de loi qui tendait au remboursement anticipé des avances faites à la Compagnie d'Orléans.

Aux termes de l'article 1er de la convention annexée à ce projet de loi, la dette de la Compagnie réglée à 207 218 068 fr. 95 devait être remboursée en cinq termes comme l'indique le tableau ci après :

ÉPOQUES de PAIEMENT	SOMMES à REMBOURSER	INTÉRÊTS A 4 % à partir DU 1er JANVIER 1882	TOTAL A PAYER
	fr.	fr.	fr.
1er Juillet 1883..	40.000.000,00	2.400.000,00	42.400.000,00
1er Juillet 1884..	40.000.000,00	4.000.000,00	44.000.000,00
1er Juillet 1885..	40.000.000,00	5.600.000,00	45.600.000,00
1er Juillet 1886..	46.653.527,10	8.397.634,88	55.051.161,98
1er Juillet 1887..	40.564.541,85	»	40.564.541,85
Totaux....	207.218.068,95	20.397.634,88	227.615.703,83

Le montant du dernier paiement représentait les intérêts de la dette au
1er janvier 1882. La convention paraissait donc, au premier abord, comporter une anomalie, en ce sens qu'elle imputait les premiers versements
au compte-capital. Mais en fait elle était, au contraire, conforme à l'article
1254 du Code civil : car il résultait des calculs du département des finances
et du département des travaux publics que l'application pure et simple des
conventions antérieures eût conduit la Compagnie, par le jeu normal des
remboursements successifs, à se libérer seulement vers la fin de 1886 des
intérêts de sa dette au 1er janvier 1882. La Compagnie restait donc dans
la situation où elle se serait trouvée, si le statu quo avait été maintenu.
Toutefois on avait un peu reculé la date de l'échéance et on l'avait reportée au 1er juillet 1887, afin d'avoir égard à l'impôt dont profiterait le Trésor
sur les titres à émettre par la Compagnie pour sa libération anticipée.

L'article 2 autorisait la Compagnie à devancer le versement de ses
acomptes, pourvu que chaque paiement anticipé fût de 10 millions au
moins ; les sommes ainsi payées cessaient de porter intérêt à partir du
jour où elles étaient versées.

La Compagnie, pouvant être amenée à faire de nouveau appel à la garantie, aurait eu à pourvoir, sur son revenu réservé, aux charges de l'emprunt à émettre pour son remboursement anticipé, soit à une dépense
supplémentaire annuelle de 9 400 000 francs. Le revenu réservé était en
conséquence augmenté par l'article 3 de la convention, non point préci-
sement de cette somme, mais d'un chiffre limité à 8 millions. Le partage
des bénéfices devait continuer à s'exercer sur les mêmes sommes et aux
mêmes époques que si le remboursement anticipé n'avait pas eu lieu.

L'article 4 portait que l'exercice du droit de rachat et les conditions de
liquidation de l'indemnité resteraient réglés comme si le régime antérieur
n'eût pas été modifié.

Cette convention avait pour l'État le mérite de lui donner immédiatement des ressources disponibles en vue de l'exécution des grands travaux publics et de réduire d'autant ses emprunts. Pour la Compagnie, elle offrait l'avantage de lui rendre plus tôt la disponibilité de ses excédents de produit net et l'élasticité de ses dividendes, en la soustrayant à l'obligation d'affecter au remboursement de sa dette toute la partie de ses revenus qui dépasserait le revenu réservé et le revenu garanti. Elle ne devait point d'ailleurs modifier en fin de compte la situation des actionnaires(1), si on envisageait leur sort pendant toute la durée de la concession : les dividendes, d'abord plus élevés, eussent été ensuite diminués par les charges des obligations émises pour la libération anticipée de la Compagnie; mais ils auraient été plus uniformément répartis et auraient notamment échappé au ressaut brusque qui devait résulter du jeu des conventions antérieures, au terme du remboursement normal des avances du Trésor.

M. Ribot, rapporteur général du budget, conclut à l'approbation de la convention.

Mais, lors de la discussion devant la Chambre des députés, cette proposition rencontra les plus vives résistances : le principal reproche qui lui fut adressé était d'émousser l'arme du rachat et par suite l'action de l'État sur la Compagnie. Le projet de loi fut retiré par le Cabinet qui succéda à celui dont faisaient partie MM. Léon Say et Varroy.

Ce n'était d'ailleurs pas la première fois que certaines Compagnies songeaient à anticiper le remboursement de leur dette envers l'État, pour disposer plus tôt de leurs excédents de bénéfices. On a dit parfois qu'elles pouvaient imposer au Trésor cette libération anticipée, en vertu de ce principe inscrit dans l'article 1187 du Code « que le terme d'une obli- « gation est toujours présumé stipulé en faveur du débiteur, à moins qu'il « ne résulte de la stipulation ou des circonstances qu'il a été aussi con- « venu en faveur du créancier ». Il y a là une erreur manifeste : si, en règle générale, un débiteur a la faculté de se libérer par anticipation, les Compagnies ne sauraient réclamer, à cet égard, le bénéfice du droit commun ; leur gestion financière est en effet soumise à la tutelle de l'État, sans l'autorisation duquel elles ne peuvent contracter aucun emprunt; de plus, elles s'exposeraient aux plus graves mécomptes, si, après avoir remboursé leur dette sans avoir obtenu l'augmentation de leur revenu réservé, elles voyaient baisser leur produit net au point de ne plus pouvoir faire face aux charges de l'emprunt de libération sans porter atteinte

____

(1) Nous négligeons l'écart entre les charges de l'emprunt à contracter par la Compagnie et les charges d'intérêts stipulés au profit de l'État pour les avances au titre de la garantie d'intérêt.

au dividende minimum qu'elles avaient entendu réserver à leurs actionnaires. Ainsi, à tous égards, il faut le consentement des Pouvoirs publics.

Nous avons fait connaître, page 337, les sommes auxquelles ont été arrêtées par les conventions de 1883 la dette de la Compagnie de l'Est, celle de la Compagnie de l'Ouest et celle de la Compagnie d'Orléans.

Aux termes de l'article 8 de la convention avec la Compagnie de l'Est, l'État a fait abandon de sa créance à cette Compagnie, comme représentant à forfait la part contributive du Trésor :

1° Dans les travaux d'établissement ou d'agrandissement des gares de jonction des lignes concédées (1) ou cédées à la Compagnie par ladite convention avec les lignes antérieurement concédées, c'est-à-dire dans les travaux des gares de bifurcation et des gares de formation de trains ;

2° Dans les travaux de superstructure restant à exécuter pour établir à simple voie les lignes concédées par la convention de 1883 (1) ;

3° Dans les travaux de superstructure de la seconde voie à établir sur une partie de ces lignes, jusqu'à concurrence d'une longueur de 182 kilomètres.

Le traitement fait à la Compagnie de l'Ouest a été un peu différent. L'État ne s'est pas borné à abandonner sa créance ; il l'a réduite de 240 695 475 fr. 58 à 160 millions. D'après une lettre du Ministre des finances au Ministre des travaux publics, cette réduction est le résultat d'un calcul fait en supposant le remboursement normal échelonné sur 47 annuités, en escomptant ces termes à 5 °/₀ et en admettant que le remboursement sous forme de travaux et d'intérêts soit réparti sur dix exercices. D'après l'article 8 de la convention, la Compagnie a pris à son compte, jusqu'à concurrence de ladite somme de 160 millions, les dépenses qui incombaient à l'État pour les objets suivants :

1° Travaux d'établissement ou d'agrandissement des gares de bifurcation et des gares de formation de trains, comme pour la Compagnie de l'Est ;

2° Travaux de consolidation et de parachèvement sur les lignes cédées à la Compagnie par la convention ;

3° Doublement de voies sur les lignes concédées par cette convention ;

4° Rachat, parachèvement, remise en état, raccordements et jonctions avec les gares de la Compagnie, des lignes d'intérêt local que l'État viendrait à incorporer au réseau d'intérêt général ;

(1) Bien que le texte de la convention ne soit pas très précis, il résulte des documents échangés lors des négociations que ces dispositions s'appliquent aux lignes non dénommées dans la convention.

5° Part dans les dépenses de superstructure et, au besoin, d'infrastructure des lignes nouvelles, en dehors de la subvention de 25 000 fr. par kilomètre fournie par la Compagnie.

Pour la Compagnie d'Orléans, il a été stipulé par l'article 7 de la convention que la dette arrêtée à 205 398 881 fr. 26, y compris les intérêts jusqu'au 1er janvier 1883, cesserait de porter intérêt à partir du 1er janvier 1884 et serait remboursée en travaux pour la construction des lignes concédées par l'article 3 et pour l'agrandissement et la modification des gares de jonction de ces lignes avec les chemins antérieurement concédés à la Compagnie. Aux termes de l'article 10, ce n'est qu'après épuisement de la somme précitée que la Compagnie aura à faire à l'État des avances remboursables par annuités.

Enfin l'article 11 de la convention avec la Compagnie du Midi, après avoir spécifié les sommes que la Compagnie devrait mettre à la disposition de l'État pendant les dix années de 1884 à 1893 pour l'exécution des travaux d'infrastructure, contient un paragraphe ainsi conçu : « Seule, la « partie de la somme payée par la Compagnie pendant l'année 1884, « représentant, en capital et intérêts, le solde de la dette contractée par « la Compagnie envers l'État, du chef de la garantie d'intérêts stipulée « par les conventions antérieures, restera acquise à l'État, moyennant « quoi la Compagnie sera dûment libérée de cette dette. »

Ainsi, pour les Compagnies qui avaient recouru à la garantie, les conventions de 1883 ont stipulé le remboursement anticipé des avances du Trésor. Les charges des emprunts contractés pour ce remboursement sont comprises dans le compte général des dépenses annuelles à mettre en balance avec les recettes d'exploitation, pour le fonctionnement de la garantie d'intérêt ou du partage des bénéfices.

Nous n'avons pas à apprécier ici les calculs qui ont servi de base aux stipulations de 1883 et notamment à discuter la réduction consentie sur la dette de la Compagnie de l'Ouest : les Pouvoirs publics s'étant prononcés, nous n'avons qu'à enregistrer leur décision.

16. Compte courant de la garantie à la fin de 1885. — De nouvelles avances ont été faites aux Compagnies sous le régime des conventions de 1883. Le compte courant à la fin de 1885 était le suivant :

COMPAGNIES	AVANCES FAITES AUX COMPAGNIES			REVERSEMENTS DES COMPAGNIES			DIFFÉRENCE DUE PAR LES COMPAGNIES		
	EN CAPITAL	EN INTÉRÊTS ou au compte-intérêts	ENSEMBLE	EN CAPITAL	EN INTÉRÊTS ou au compte-intérêts	ENSEMBLE	EN CAPITAL	EN INTÉRÊTS ou au compte-intérêts	ENSEMBLE
	fr.	fr.	fr.	fr.	fr.	fr.	fr.	fr.	fr.
Est............	6.326.000,00	141.425,10	6.467.425,10	»	»	»	6.326.000,00	141.425,10	6.467.425,10
Ouest............	12.117.000,00	497.142,30	12.614.142,30	»	»	»	12.117.000,00	497.142,30	12.614.142,30
Orléans............	4.350.000,00	94.865,75	4.444.865,75	»	»	»	4.350.000,00	94.865,75	4.444.865,75
P.-L.-M. (réseau principal)............	4.917.000,00	107.231,01	5.024.231,01	»	»	»	4.917.000,00	107.231,01	5.024.231,01
Midi............	4.349.000,00	94.367,34	4.443.367,34	»	»	»	4.349.000,00	94.367,34	4.443.367,34
Rhône au Mont-Cenis (Cⁱᵉ de P.-L.-M.) (a).	32.620.787,68	11.896.053,48	44.516.841,16	410.476,05	234.994,70	645.470,75	32.210.311,63	11.661.058,78	43.871.370,41
Total......	64.679.787,68	12.831.084,98	77.540.872,66	410.476,05	234.994,70	645.470,75	64.269.311,63	12.595.090,28	76.863.401,91

(a) Continuation de l'ancien régime.

17. Indications sur un mode de représentation graphique de la vie financière des Compagnies dotées d'une garantie d'intérêts. — Avant de clore l'étude de la garantie d'intérêt, en ce qui concerne les grands réseaux, nous croyons utile de signaler en passant un procédé graphique d'investigation auquel nous avons eu recours assez souvent et qui permet d'embrasser d'un coup d'œil les diverses périodes de la vie financière des Compagnies. Nous prendrons comme exemple une Compagnie dotée de la garantie pour l'ensemble de ses lignes : le lecteur se rendra facilement compte des légères modifications que comporterait le diagramme pour des Compagnies placées dans une situation différente.

On rapporte à un axe des temps AT et à un axe des produits nets AP :

1° la ligne $a\,b\,c\,d\,e\,f\,m$ des produits nets de l'exploitation, établis d'après l'expérience du passé, d'après les probabilités du rendement des chemins à ouvrir successivement à la circulation et d'après la progression hypothétique des recettes ;

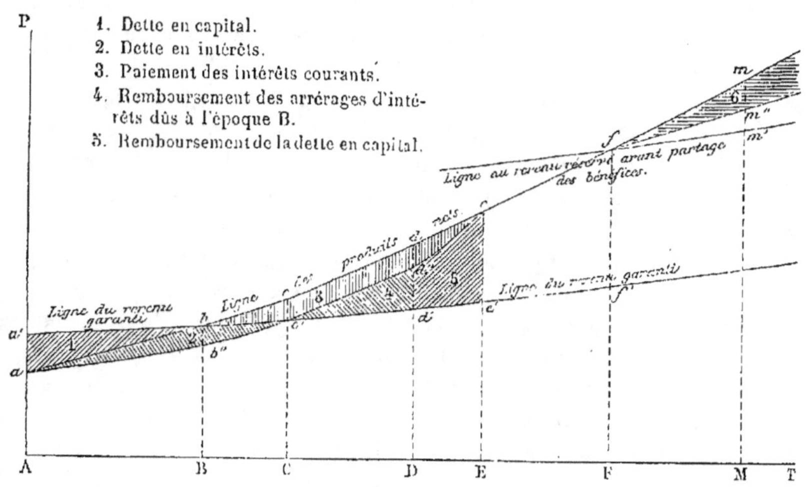

2° la ligne $a'\,b\,c'\,d'\,e'\,f'$ du revenu garanti, établi d'après la progression des charges correspondant aux travaux neufs et aux travaux complémentaires ;

3° la ligne fm' du revenu avant partage des bénéfices, établi d'après les mêmes bases.

Pendant la période AB, l'État est obligé de combler les insuffisances de rendement du réseau par des avances dont le chiffre est représenté, pour une année quelconque, par la partie de l'ordonnée comprise entre la ligne des produits nets et la ligne du revenu garanti. La dette en capital à l'époque *B* est donc représentée par la surface *a a′ b*. Au dessous de la ligne *a b* on construit la courbe *a b″* des intérêts simples, qui viennent chaque année s'ajouter aux avances en capital, et l'on a ainsi la surface *a b b″* de la dette en intérêts à l'époque *B*.

A partir de ce moment, la ligne des produits nets passant au-dessus de celle du revenu garanti, la dette en capital cesse de s'accroître et le remboursement commence. Les intérêts courants restent constants et sont représentés par la ligne *b″ d″* tracée à une hauteur fixe au-dessous de *b d*. Au début, les excédents de produit net sont insuffisants pour faire face à ces intérêts, de telle sorte que, pendant la période B C, la dette en intérêts s'accroît de la surface *b b″ c′*.

Le remboursement des arrérages d'intérêts commence à l'époque C et se termine à l'époque D, pour laquelle la surface *c′ d′ d″* est égale à la surface *a b c′ b″*.

A compter de l'époque D, le remboursement porte sur le capital ; les intérêts courants s'allègent chaque année et la libération de la Compagnie est complète à l'époque E, déterminée de telle sorte que la surface *d′ d″ e e′* soit égale à la surface *a a′ b*.

Enfin à l'époque F, on entre dans l'ère du partage des bénéfices.

De A à E, le revenu de la Compagnie n'est autre que le revenu garanti ; de E à F, il est représenté par la ligne *e f* ; au delà de F, il est représenté par la ligne *f m″* obtenue en portant au-dessous de celle des produits nets des ordonnées égales à la part attribuée à l'État dans les bénéfices.

Pendant la première période, le dividende est celui qui a été garanti aux actionnaires ; pendant la seconde, il s'augmente dans la proportion des ordonnées comprises entre les lignes *e′ f′* et *e f* ; pendant la troisième, il s'augmente dans la proportion des ordonnées comprises entre les lignes *a′ f′* et *f m″*. Pour ces deux dernières périodes, on peut, en construisant une échelle des dividendes et en la plaçant successivement au droit de chacun des points de l'axe des temps, lire graphiquement les dividendes correspondants.

Le diagramme type dont nous venons d'expliquer la construction met bien en évidence le ressaut que nous signalions précédemment et qui se produit dans le dividende à la fin du remboursement des avances du Trésor.

18. Observations sur la simultanéité du remboursement et du partage de bénéfices. — Ce diagramme fait ressortir aussi une difficulté d'interprétation des anciennes conventions, qui a du reste disparu depuis 1883.

D'après les contrats antérieurs, le partage des bénéfices pouvait-il s'opérer simultanément avec le remboursement des avances du Trésor? Ce remboursement ne pouvait-il s'opérer que sur les excédents de produit net, déduction faite de la part attribuée à l'État? Le partage ne devait-il au contraire commencer qu'après la libération complète de la Compagnie? La solution de ces questions n'était point indifférente pour l'État et l'on peut se rendre compte graphiquement de l'importance qu'elle pouvait avoir, en supposant le point d'intersection f placé en deçà du point e au lieu d'être placé au delà.

Les conventions de 1868, avec la Compagnie du Midi, et de 1873, avec la Compagnie de l'Est, stipulaient expressément que le partage ne commencerait pas avant le remboursement intégral de l'État; mais les contrats avec les autres Compagnies étaient absoluments muets.

Il nous paraît inutile d'entrer dans une discussion de textes à ce sujet. En effet les conventions de 1883 avec les Compagnies du Nord et de Paris-Lyon-Méditerranée comprennent explicitement les sommes à rembourser parmi les charges à prélever avant partage (art. 13); les conventions avec les Compagnies d'Orléans et du Midi stipulent que le partage s'ouvrira seulement après le remboursement intégral de la dette (art. 14 pour l'Orléans et art. 13 pour le Midi); et, bien que les conventions avec les Compagnies de l'Est et de l'Ouest (art. 10 et 12) soient moins nettes, tout milite pour les interpréter dans le même sens.

19. Du Contentieux relatif à la garantie d'intérêt. — Ainsi que nous l'avons déjà fait remarquer à propos des subventions en capital, il s'agit ici de dettes de l'État : c'est donc le Ministre des travaux publics qui décide, sauf recours au Conseil d'État. Nous ne reproduirons plus cette observation, sur laquelle nous reviendrons quand nous traiterons des comptes des Compagnies.

NOTA. — Nous nous bornons à mentionner, sans en faire l'objet d'une étude de détail, diverses concessions récentes de chemins d'intérêt général à des Compagnies secondaires, savoir :

DÉSIGNATION des COMPAGNIES	LIGNES CONCÉDÉES A TITRE DÉFINITIF		LIGNES CONCÉDÉES A TITRE ÉVENTUEL	
	DÉSIGNATION	LONGUEUR	DÉSIGNATION	LONGUEUR
		km.		km.
Compagnie du Sud de la France. (Loi du 17 août 1885.)	Draguignan à Meyrargues.. Draguignau à Grasse......	158	Grasse à Nice ou à Cagnes.. Digne à Draguignan...... Saint-André à Nice....... Saint-André à Digne.......	262
Société générale des chemins de fer économiques. (Loi du 11 septembre 1885)	Sancoins à Lapeyrouse..... La Guerche à Chateaumeillant...................	166	»	»
Compagnie des chemins de fer départementaux. (Loi du 27 juillet 1886.)	La Voulte-sur-Rhône au Cheylard........... Tournon à la Mastre.. ... Yssingeaux à la Voûte-sur-Loire	98	Cheylard à Yssingeaux.... La Mastre au Cheylard.....	78

Les clauses financières des conventions peuvent se résumer ainsi :

Garantie, pour toute la durée de la concession, d'un intérêt fixé à 5 °/₀, amortissement compris, en ce qui concerne les deux premières Compagnies, et à 4,85 °/₀ en ce qui concerne la troisième ;

Fixation d'un premier maximum pour les dépenses de premier établissement et d'un second maximum pour les dépenses complémentaires, en ce qui concerne les deux premières Compagnies ; fixation d'un chiffre à forfait pour les dépenses de premier établissement et d'un maximum pour les dépenses complémentaires, en ce qui concerne la troisième Compagnie ;

Évaluation des dépenses d'exploitation à 2 500 fr. plus le tiers de la recette brute, pour la première Compagnie ; 2 300 fr. plus le tiers de la recette brute, pour la seconde ; 3 000 fr. plus le tiers de la recette brute, pour la troisième ; fixation de minima ;

Remboursement avec intérêts à 4 °/₀ des avances du Trésor, par l'attribution des deux tiers des excédents de recette, pour les deux premières Compagnies, et de la totalité de ces exédents, pour la dernière.

§ 5. — GARANTIE D'INTÉRÊT OU DE REVENU (COMPAGNIES ALGÉRIENNES)

1. Bases de la garantie pour la Compagnie de Paris-Lyon-Méditerranée. — La Compagnie de Paris-Lyon-Méditerranée est, aux termes d'une convention des 1er mai-11 juin 1863, concessionnaire de 513 kilomètres de chemins de fer en Algérie, d'Alger à Oran et de Philippeville à Constantine ; elle a été dotée d'une garantie de l'État.

Les bases de cette garantie sont analogues à celles qui ont été admises en 1859 pour les grands réseaux de la métropole. Nous nous bornons à les énumérer :

Taux de la garantie : 5 %, amortissement compris, du capital affecté au rachat et à la construction ;

Durée de la garantie : 75 ans (1), à compter du 1er janvier qui a suivi la mise en exploitation totale ;

Maximum du capital garanti : 80 millions ;

Obligation pour la Compagnie de rembourser les avances du Trésor avec les intérêts à 4 %, au moyen des excédents du produit net sur l'intérêt et l'amortissement garantis ;

Compensation éventuelle de la dette de l'État, jusqu'à due concurrence, avec la valeur du matériel roulant, en cas de rachat ou à l'expiration de la concession ;

Délai de clôture des comptes de premier établissement : cinq années après le 1er janvier suivant la mise en exploitation de chaque ligne.

2. Bases de la garantie pour la Compagnie de Bône-Guelma. — *a.* Conventions successives conclues avec la compagnie de Bône-Guelma. — A la fin de 1885, la Compagnie de Bône-Guelma était concessionnaire : 1° de 308 kilomètres entre Bône et le Kroubs et entre Duvivier et la frontière Tunisienne, non compris 225 kilomètres dans la vallée de la Medjerdah en territoire Tunisien ; 2° de 130 kilomètres entre Souk-Arrhas et Tébessa.

La première ligne qui lui ait été concédée est celle de Bône à Guelma (conventions du 13 septembre 1872 et du 4 mars 1874 et décret du 7 mai 1874) : cette ligne était alors d'intérêt local. Le département garantissait, pour toute la durée de la concession, un minimum d'intérêt annuel de 6 %, y compris l'amortissement : 1° sur les dépenses de premier établis-

(1) La durée de la concession est de 99 années, prenant fin le 31 décembre 1958.

sement, fixées a forfait à 11 millions ; 2° sur des dépenses supplémentaires afférentes à l'amélioration du profil en long et fixées au maximum de 500 000 francs, chiffre porté à 1 million à forfait par une convention du 10 mars 1875, qui n'a point reçu la sanction du décret, mais qui n'en a pas moins été mise en vigueur. C'était un *revenu net* garanti de 720 000 fr. Les avances du département devaient être entièrement soldées par semestre, dans le mois de la présentation des comptes semestriels. Aussitôt que la recette brute kilométrique dépasserait 20 000 francs et en tant que les frais d'exploitation ne s'élèveraient pas à plus de 8 000 francs, de manière à laisser au concessionnaire une recette nette kilométrique de 12 000 francs, la totalité de l'excédent devait être affectée au remboursement de ces avances, sans qu'il pût être exercé aucune répétition sur le surplus de l'actif de la Compagnie.

Une convention du 16 octobre 1876 entre le Préfet et la Compagnie, qui, pas plus que la précédente, n'a été sanctionnée par un décret, a arrêté à 6 °/₀ le taux des intérêts en cas de retard dans le versement des avances du département et a de plus fixé à forfait les frais d'exploitation, suivant un barème établi en fonction de la recette brute. Nous reviendrons plus loin sur ce point fort important de la convention de 1876.

Une loi du 26 mars 1877, portant approbation de deux conventions du 11 janvier et du 8 mars de la même année, a incorporé le chemin de Bône à Guelma dans le réseau d'intérêt général et y a ajouté deux lignes, l'une de Guelma au Kroubs, l'autre de Duvivier à Souk-Arrhas. Le régime du chemin de Bône à Guelma n'a pas été modifié. Pour les autres lignes, la Compagnie a obtenu la garantie d'un revenu net annuel de 6 °/₀ sur un capital fixé à forfait à 44 296 114 francs ; les frais d'exploitation devaient être évalués suivant un barème, aux chiffres duquel s'ajoutait l'amortissement des emprunts contractés dans la limite du capital garanti ; les avances du Trésor devaient être versées semestriellement dans le mois de la présentation des comptes ; elles portaient intérêt à 4 °/₀ et devaient être remboursées sur les excédents de produit net au delà de 8 °/₀ ; la compensation éventuelle avec le matériel roulant était prévue par la convention du 11 janvier 1877. De plus, une garantie de revenu net kilométrique de 10 122 francs était affectée, jusqu'à concurrence de 220 kilomètres, aux chemins de fer de la Medjerdah ; il était stipulé que les avances du Trésor pour ces lignes seraient remboursées dans les conditions qui viennent d'être indiquées et, en cas de rachat, sur l'indemnité payée à la Compagnie.

Par la convention du 8 janvier 1882 et la loi du 20 avril 1882, l'État a garanti un minimum de revenu net annuel de 5 % sur une dépense forfaitaire de 25 millions, pour la ligne de Souk-Arrhas à Sidi-el-Hémessi, à laquelle étaient d'ailleurs rendues applicables les autres dispositions du contrat de 1877.

Enfin, la convention du 23 mai 1885, approuvée par la loi du 28 juillet 1885, a attribué à la Compagnie, pour la ligne de Souk-Arrhas à Tébessa, une garantie d'intérêt de 5 %, amortissement compris : 1° sur un capital fixé à forfait à 15 450 000 fr. ; 2° sur une somme maximum de 2 millions pour travaux complémentaires.

Aux termes de cette convention, toutes les fois que les recettes nettes de l'une des lignes concédées à la Compagnie, tant en Algérie qu'en Tunisie, dépassent le revenu net annuel garanti, l'excédent sert d'abord, avant toute autre attribution, à parfaire le revenu net garanti pour les autres lignes par l'État. Il est affecté ensuite au remboursement, avec intérêts à 4 %, des sommes avancées par le Trésor pour couvrir l'excédent sur les recettes brutes, des dépenses d'exploitation calculées d'après les barêmes. Lorsque ces sommes auront été intégralement remboursées, le surplus du produit des lignes autres que celle de Souk-Arrhas à Tébessa recevra l'affectation prévue à l'article 5 de la convention du 11 janvier 1877 ; celui de la ligne de Souk-Arrhas à Tébessa sera versé pour 2/3 au Trésor, en paiement des annuités de garantie avancées par l'État pour l'ensemble du réseau. Après complet remboursement au Trésor de toutes ses avances augmentées de 4 %, l'excédent des recettes annuelles de la ligne de Souk-Arrhas à Tébessa sera partagé par 1/2 entre l'État et la Compagnie.

Les conventions antérieures à 1885 n'étaient pas précises pour le cas où il y aurait des déficits d'exploitation, c'est-à-dire où les recettes seraient inférieures aux dépenses Le Ministre des travaux publics et la Compagnie s'étaient mis d'accord pour les interpréter en ce sens que les avances au titre de la garantie devraient comprendre ces déficits calculés d'après les chiffres forfaitaires de dépenses ; mais, comme les dépenses effectives pouvaient être inférieures au chiffre minimum fixé par le barême et que les actionnaires ne pouvaient prétendre au bénéfice de cette économie, il avait été entendu que le dividende ne pourrait jamais dépasser 6 %, jusqu'au jour où l'État serait complètement remboursé de ses avances par ces déficits.

Une disposition, basée sur le même principe, a été insérée dans la convention de 1885.

En résumé, la garantie est de :

6 °/₀ sur un capital de.....   56 296 114 fr.   ci......   3 377 767
et de 5 °/₀.................   42 450 000   ci......   2 122 500

                        Total........   98 746 114 fr.

non compris 10 122 fr. par kilomètre pour 220 kilomètres
au plus de chemins tunisiens.......................   2 226 840

                              Total..............   7 727 107 fr.

b. Observations sur le caractère forfaitaire des évaluations
relatives aux dépenses de premier établissement et aux frais d'exploitation. — Il importe de s'arrêter un instant aux estimations forfaitaires des dépenses de premier établissement et des frais d'exploitation.
Ce mode d'évaluation a été adopté, afin d'éviter des difficultés de contrôle
et de vérification dans un pays où la surveillance est moins facile qu'en
France.

Nous avons peu de chose à dire du forfait pour la construction. Il a
ses partisans et ses adversaires. D'un côté, on lui attribue l'avantage de
déterminer par avance la portée des engagements de l'État et d'inciter davantage la Compagnie à employer des procédés économiques pour l'exécution de ses travaux ; de l'autre, on lui impute de pousser, dans certains
cas, le concessionnaire à se montrer trop parcimonieux dans ses travaux,
afin de réaliser des bénéfices de ce chef, sauf à compromettre les intérêts
de l'exploitation. On pourrait discuter longuement la valeur de ces arguments ; mais il nous semble inutile de le faire. Quoique préférant à certains
égards le système du maximum, nous considérons le système du forfait
comme susceptible de donner de bons résultats, pourvu que l'Administration tienne fermement la main à la stricte observation du cahier des
charges, qu'elle ait en face d'elle une Compagnie sérieuse et que les évaluations forfaitaires des dépenses de premier établissement et d'exploitation
aient été sagement établies et s'harmonisent bien entre elles.

Pour les frais d'exploitation, voici quels ont été les barèmes convenus
en 1876, 1877 et 1885.

1° *Barème de 1876 :* Au-dessous de 11 000 francs de
    recette brute kilométrique...................   7 000 fr.
  De 11 000 fr. à 12 000 fr., 64 %, sans excéder........   7 440
  De 12 000 fr. à 13 000 fr., 62 %   — 7 800
  De 13 000 fr. à 14 000 fr., 60 %   — 8 120
  De 14 000 fr. à 15 000 fr., 58 %   — 8 400
  De 15 000 fr. à 16 000 fr., 56 %   — 8 640

De 16 000 fr. à 20 000 fr., 55 %, sans excéder......... 10 400
Au delà de 20 000 fr., 52 %.

2° Barême de 1877 (1) : Au-dessoûs de 11 000 fr. de
recette brute kilométrique...........................·........... 7 700 fr.

De 11 000 fr. à 12 000 fr., 70 %, sans excéder...... .. 8 040
De 12 000 fr. à 13 000 fr., 67 %   — 8 320
De 13 000 fr. à 14 000 fr., 64 %   — 8 540
De 14 000 fr. à 15 000 fr., 61 %   — 8 700
De 15 000 fr. à 16 000 fr., 58 %   — 8 800
De 16 000 fr. à 20 000 fr., 55 %   — 10 400
Au delà de 20 000 fr., 52 %.

3° Barême de 1885 : Au-dessous de 5 000 fr. de recette
brute par kilomètre...................................... 5 000 fr.

De 5 000 à 6 000 fr. de recette, montant de la recette
brute, sans excéder............................ 5 520

De 6 000 fr. à 7 000 fr., 92 %, sans excéder...... 5 930
De 7 000 fr. à 8 000 fr., 85 %   — 6 240
De 8 000 fr. à 9 000 fr., 78 %   — 6 570
De 9 000 fr. à 10 000 fr., 73 %   — 6 900
De 10 000 fr. à 11 000 fr., 69 %   — 7 260
De 11 000 fr. à 12 000 fr.. 66 %   — 7 560
De 12 000 fr. à 13 000 fr., 63 %   — 7 800
De 13 000 fr. à 14 000 fr., 60 %   — 7 980
De 14 000 fr. à 15 000 fr., 57 %   — 8 250
De 15 000 fr. à 16 000 fr., 55 %   — 8 320
De 16 000 fr. à 20 000 fr., 52 %   — 10 000
Au delà de 20 000 fr., 50 %.

A peine avons-nous besoin de faire remarquer que les maxima fixés
pour chaque échelon sont destinés à empêcher qu'à une recette brute
moindre correspondent des frais d'exploitation plus élevés, ce qui arriverait si on appliquait purement et simplement les coefficients proportionnels.

Le système des barêmes prête à beaucoup de critiques, dont nous allons résumer les principales :

1° Il suppose une corrélation, une proportion invariable entre deux
quantités qui ne peuvent être liées entre elles par aucune règle de cette
nature. La recette brute dépend essentiellement du tarif; les frais
d'exploitation, au contraire, n'en sont affectés qu'indirectement, par

____

(1) Non compris l'amortissement des emprunts.

le fait des variations de trafic qui peuvent résulter de l'augmentation ou de la réduction des taxes. Ainsi, à moins de fixer en quelque sorte la tarification, ce qui serait contraire à l'intérêt public, il est impossible d'établir un rapport fixe et constant entre ces deux éléments.

2° L'application des barêmes à gradins conduit à ce résultat, qu'un accroissement du produit brut peut se traduire par un abaissement du revenu net et que la Compagnie peut être par suite tentée de réduire ses transports, au lieu de chercher à les développer.

Ainsi, en laissant de côté pour le moment le cas où la recette brute est inférieure à 11 000 francs par kilomètre, le barême de 1877 de la Compagnie de Bône-Guelma attribue une valeur constante aux frais d'exploitation entre les limites suivantes :

De 11 486 fr. à 12 000 fr. de recette brute, valeur constante des frais d'exploitation : . . . . 8 040 fr.

De 12 417 fr. à 13 000 fr. 8 320

De 13 344 fr. à 14 262 fr. 8 540

De 14 262 fr. à 15 000 fr. 8 700

De 15 172 fr. à 16 000 fr. 8 800

De 18 909 fr. à 20 000 fr. 10 400

La Compagnie recevant, soit sous forme de produit brut, soit sous forme d'avances du Trésor, une somme totale égale au revenu net garanti augmenté des dépenses conventionnelles d'exploitation, c'est-à-dire une somme constante entre les limites ci-dessus indiquées, supporte donc en fait une perte correspondant à l'accroissement des dépenses réelles que lui imposent inévitablement les transports supplémentaires.

Mais c'est surtout lorsque la recette brute kilométrique est inférieure à 11 000 francs, que l'anomalie devient frappante. La Compagnie reçoit alors une somme constante égale au revenu net garanti augmenté de 7 000 francs, quel que soit le chiffre de son produit brut, qu'il atteigne 10 999 francs ou qu'il ne s'élève pas à plus de 1 000 francs. Toute augmentation de trafic a pour conséquence forcée un accroissement des charges du concessionnaire, et l'on conçoit qu'une Compagnie, qui n'aurait pas l'espérance de voir ses recettes se développer dans l'avenir, pourrait avoir intérêt à transporter le moins possible, puisque toute réduction du trafic, et par suite des dépenses réelles d'exploitation, augmenterait le dividende de ses actionnaires.

Au moins faudrait-il, au-dessous d'une certaine limite de recette brute, admettre pour le calcul de la garantie, non plus le minimum contractuel des frais d'exploitation, mais le montant effectif de ces frais. C'est la voie dans laquelle on est entré, comme nous l'expliquerons, pour la Compagnie de l'Est-Algérien.

3° L'inconvénient peut être plus grave encore, si la décroissance du coefficient d'exploitation, au fur et à mesure que la recette brute augmente, n'est pas établie sur des bases rationnelles, si elle est trop rapide. Car alors ce n'est plus seulement dans chaque échelon du barème que l'on trouve une certaine zone pour laquelle la Compagnie est intéressée à ne pas accroître son trafic ; d'une manière générale, la Compagnie peut être incitée à ne pas passer d'un échelon inférieur à l'échelon supérieur, qui la mettrait en déficit sur ses frais d'exploitation et diminuerait ses dividendes.

Tel serait, par exemple, le cas d'une Compagnie qui serait soumise au barème de 1877 de Bône-Guelma et pour laquelle la différence de 760 francs (8 800 fr. — 8 040 fr.) entre les chiffres forfaitaires de dépenses correspondant aux recettes brutes de 15 500 francs et de 11 500 francs ne couvrirait pas le surcroît réel des frais d'exploitation correspondant à l'augmentation de 4 000 francs de recette brute. Au lieu de gagner, cette Compagnie perdrait à porter son produit brut de 11 500 francs à 15 500 francs.

Sans doute, ces inconvénients ne doivent pas être exagérés ; sans doute, ils ont pour contre-partie la simplification du contrôle financier et un certain stimulant pour les Compagnies à réduire leurs dépenses d'exploitation. Cependant il est permis de se demander si, en définitive, les défauts du système ne l'emportent pas sur les avantages et si la diminution de la surveillance financière de l'État n'est pas regrettable au point de vue de l'intérêt public. En tout cas, quelque opinion que l'on ait sur le principe lui-même, on doit reconnaître la nécessité, soit de n'admettre en compte que les dépenses réelles d'exploitation au-dessous d'un minimum déterminé de recette brute, soit, tout au moins, d'abaisser notablement le minimum de la valeur forfaitaire assignée à ces dépenses, si l'on n'est pas en face de lignes très productives.

3. Bases de la garantie pour la Compagnie de l'Est-Algérien. — La Compagnie de l'Est-Algérien est actuellement concessionnaire, à titre définitif ou éventuel, de 998 kilomètres de chemins de fer, dans la région comprise entre Alger et Constantine.

La première concession qu'elle ait obtenue est celle de la ligne d'intérêt général de Constantine à Sétif (convention du 26 juillet 1875 et loi du 15 décembre 1875). Les conditions financières en étaient les suivantes :

Garantie indéfinie d'un minimum de revenu net kilométrique de 7 350 francs, pour un maximum de 155 kilomètres ;

Évaluation des frais d'exploitation d'après le barème suivant :

Au-dessous de 11 000 fr. de recette brute..............   7 000 fr.
De 11 000 fr. à 12 000 fr., 64 %, sans excéder.........   7 440
De 12 000 fr. à 13 000 fr., 62 %   — 7 800
De 13 000 fr. à 14 000 fr., 60 %   — 8 120
De 14 000 fr. à 15 000 fr., 58 %   — 8 400
De 15 000 fr. à 16 000 fr., 56 %   — 8 640
De 16 000 fr. à 20 000 fr., 55 %   — 10 400
Au-dessus de 20 000 fr., 52 % ;

Remboursement sans intérêts des avances du Trésor, au moyen du tiers des excédents de produit brut au-dessus de 18 000 francs ;

Déversement des excédents de produit net au-dessus de 9 000 francs, déduction faite des annuités de remboursement, pour la construction et l'exploitation d'un embranchement d'El-Guerrah à Batna, jusqu'à concurrence d'un revenu kilométrique de 7 350 francs pour cet embranchement.

Deux conventions du 31 août 1877, approuvées par décrets du 20 décembre 1877 et du 3 décembre 1878, ont ajouté à la ligne de Constantine à Sétif deux chemins d'intérêt local de la Maison-Carrée à l'Alma et de l'Alma à Ménerville, dans les conditions ci-après :

Garantie indéfinie d'un minimum d'intérêt de 6 % sur une dépense de premier établissement fixée, à forfait, à 5 880 000 francs ;

Évaluation des frais d'exploitation, d'après le barème précédent, sauf revision et fixation définitive par le Conseil général, le concessionnaire entendu, quatre ans après l'ouverture à la circulation ;

Paiement, par termes semestriels, dans le délai d'un mois après la production des comptes ;

Remboursement sans intérêts, au moyen de la moitié des excédents de produit net au delà de 8 %.

Aux termes d'une loi du 2 août 1880, approuvant une convention du 30 juin de la même année, les lignes de la Maison-Carrée à l'Alma et de l'Alma à Ménerville ont été incorporées au réseau d'intérêt général ; la Compagnie est devenue concessionnaire, à titre définitif, du chemin de Sétif à Ménerville destiné à compléter la grande artère d'Alger à Constantine, ainsi que de l'embranchement d'El-Guerrah à Batna. Sauf certaines dispositions transitoires, sur lesquelles nous n'avons pas à insister, les stipulations financières ont été remaniées et arrêtées commme il suit :

Pour la ligne de Constantine à la Maison-Carrée : garantie d'un minimum de revenu de 11 410 francs (1) par kilomètre, sans que cette garantie puisse s'appliquer à plus de 447 kilomètres (2);

Évaluation des frais d'exploitation d'après le barême que voici :

Au-dessous de 11 000 fr. de recette brute................	7 460 fr.
De 11 000 fr. à 12 000 fr., 68 %, sans excéder..........	7 920
De 12 000 fr. à 13 000 fr., 66 %, —	8 190
De 13 000 fr. à 14 000 fr., 63 %, —	8 400
De 14 000 fr. à 15 000 fr., 60 %, —	8 550
De 15 000 fr. à 16 000 fr., 57 %, —	8 640
De 16 000 fr. à 20 000 fr., 54 %, —	10 400

Au-dessus de 20 000 fr. de recette brute, 52 °/₀;

Déversement des excédents de produit net sur l'embranchement d'El-Guerrah à Batna, jusqu'à concurrence d'un revenu kilométrique net de 7 350 francs ;

Affectation du tiers du surplus au remboursement des avances du Trésor, avec intérêts à 4 °/₀.

Pour la section de la Maison-Carrée à Alger, empruntée à la Compagnie de Paris-Lyon-Méditerranée : garantie d'une annuité établie en prenant pour bases les redevances à payer à cette Compagnie et les frais d'exploitation d'après le barême ci-dessus, sauf réduction de 1/10;

Remboursement des avances comme pour la ligne principale ;

Déversement des excédents sur le produit de l'ensemble du réseau.

Pour l'embranchement d'El-Guerrah à Batna : garantie d'un revenu net de 7 350 francs par kilomètre, pour 80 ou 87 kilomètres au plus, suivant le tracé ;

Calcul des frais d'exploitation d'après le barême de 1875 ;

Le surplus, comme pour la section de la Maison-Carrée à Alger.

Nous devons signaler, en passant, une clause ayant pour objet de remédier à l'anomalie que nous avons signalée, pour le cas où la recette brute kilométrique est inférieure au minimum prévu pour les frais d'exploitation. Elle est ainsi conçue : « L'avance sera d'ailleurs augmentée, s'il y a « lieu, du déficit d'exploitation....; mais les sommes complémentaires « avancées de ce chef par l'État ne pourront servir à augmenter les divi-« dendes distribués aux actionnaires, lesquels devront être basés unique-« ment sur le revenu kilométrique net garanti, jusqu'à ce que la Compa-« gnie ait remboursé à l'État toutes ses avances aux termes de l'article 8. »

____

(1) Chiffre porté à 11 596 fr. par la convention des 9 juin 1883-21 mai 1884.
(2) Chiffre porté à 452 km. 800 par la convention des 9 juin 1883-21 mai 1884.

Tout en atténuant les inconvénients du barême, cette disposition est loin d'être satisfaisante : elle maintient pour l'État l'obligation de verser à la Compagnie des sommes dont elle n'a pas besoin et de constituer entre ses mains des réserves, qui grèvent inutilement le présent au profit de l'avenir et dont la gestion comporte une surveillance délicate et difficile. Mieux eût valu n'admettre franchement en compte que les dépenses réelles d'exploitation.

C'est ce qui a été fait pour les chemins de Ménerville à Tizi-Ouzou (convention du 23 décembre 1882 et loi du 23 août 1884) et de Bougie à Béni-Mançour (convention du 9 juin 1883 et loi du 21 mai 1884). En ce qui concerne ces deux chemins, la garantie est de 5 %, amortissement compris ; elle porte respectivement sur un revenu net kilométrique de 16 585 francs, pour 51 kilomètres au plus, et sur un revenu de 13 793 francs, pour 87 kilomètres au plus. Chacune des conventions stipule que « dans le « cas où la recette brute kilométrique serait inférieure à 7 460 francs, le « revenu net garanti par l'État serait augmenté de l'excédent des dépenses « effectives d'exploitation sur la recette brute, sans toutefois que ces dépenses « puissent entrer en ligne de compte pour un chiffre supérieur à 7 460 fr. » Les comptes de produit net sont confondus avec ceux du surplus du réseau.

Une convention du 9 juin 1884, approuvée par une loi du 21 juillet de la même année, a ajouté aux concessions antérieures de la Compagnie celle du chemin de Batna à Biskra, avec garantie calculée au taux de 5 °/₀, amortissement compris, et portant sur un revenu net de 11 980 francs pour 121 kilomètres au plus. Les frais d'exploitation seront évalués d'après le barême suivant :

Au-dessous de 5 000 fr. de recette brute kilométrique...... 5 000 fr.
De 5000 fr. à 7 460 fr.   —   le montant de la recette brute,
Au-dessus de 7 460 fr.   —   suivant le barême de 1880.

Les comptes de produit net seront confondus avec ceux du surplus du réseau.

Enfin une convention du 20 juin 1885, approuvée par une loi du 7 août de la même année, a concédé à la Compagnie une ligne à voie étroite des Ouled-Ramoun à Aïn-Beïda, avec garantie de 5 °/₀, amortissement compris, sur un capital de 10 235 000 fr. Les frais d'exploitation seront évalués d'après le barême de 1885 de la Compagnie de Bône-Guelma (page 354). Il y aura solidarité entre les comptes de cette ligne et ceux du surplus du réseau.

Ajoutons que le décret du 24 août 1882 sur les justifications financières à fournir par la Compagnie oblige l'État à verser ses annuités de garantie dans les huit jours de la notification de l'arrêté de règlement.

En résumé, les maxima de revenu garantis à la Compagnie de l'Est-Algérien sont les suivants :

11 596 fr. par kilomètre, pour 452 km. 800 au plus : 5 250 550 fr.

7 350 fr. par kilomètre, pour   80 kilomètres au plus :   588 000

16 585 fr. par kilomètre, pour   51 kilomètres au plus :   845 867

    (5 $^0/_0$ sur un capital de 16 917 344 fr.)

13 793 fr. par kilomètre, pour 87 kilomètres au plus : 1 200 000

    (5 $^0/_0$ sur un capital de 24 000 000 fr.)

11 980 fr. par kilomètre, pour 121 kilomètres au plus : 1 449 496

    (5 $^0/_0$ sur un capital de 28 989 928 fr.)

5 °/₀ sur un capital de 10 235 000 fr...............   511 750

Total............. 9 845 663 fr.

non compris les déficits d'exploitation, ni l'annuité afférente à la section de la Maison-Carrée à Alger.

4. Bases de la garantie pour la Compagnie de l'Ouest-Algérien. — La Compagnie de l'Ouest-Algérien est concessionnaire de 370 kilomètres, à titre définitif, dans la région d'Oran.

Elle a tout d'abord obtenu la concession du chemin de fer d'intérêt local de Sainte-Barbe-du-Tlélat à Sidi-bel-Abbès (convention du 7 mai 1874 et décret du 30 novembre 1874). Le département lui garantissait pour toute la durée de la concession 6 °/₀, amortissement compris, sans que l'intérêt ainsi garanti pût excéder 400 000 francs par an ; il devait être remboursé de ses avances, sans intérêts, sur toute la partie du produit net qui dépasserait 6 °/₀ ; il se réservait en outre de compenser sa dette, à l'expiration de la concession, avec le prix du matériel roulant.

Une loi du 22 août 1881, portant approbation d'une convention du 8 mai 1881, a incorporé la ligne de Sainte-Barbe-du-Tlélat à Sidi-bel-Abbès dans le réseau d'intérêt général et concédé en outre à la Compagnie le chemin de Sidi-bel-Abbès à Ras-El-Ma par Magenta, dans les conditions suivantes :

Substitution d'une garantie de revenu net total de 468 500 francs à celle de 400 000 francs, pour la ligne de Sainte-Barbe-du-Tlélat à Sidi-bel-Abbès ;

Garantie d'intérêt de 4,85 °/₀, amortissement compris : *a.* sur une dépense maximum de 1 500 000 francs, pour la transformation de cette ligne ; *b.* sur une dépense maximum de 17 millions, pour la construction du chemin de Sidi-bel-Abbès à Ras-el-Ma ;

Évaluation des frais d'exploitation, d'après le barème admis en 1880 pour la Compagnie de l'Est-Algérien; mais obligation pour la Compagnie d'affecter ses économies sur cette évaluation à la constitution d'un fonds de réserve, puis au remboursement des avances de l'État, avec intérêts à 4 %;

Libération de la Compagnie au moyen des deux tiers de l'excédent du produit net sur le revenu garanti.

Deux conventions du 10 décembre 1881 et du 6 avril 1882, approuvées par une loi du 5 août 1882, ont ajouté au domaine de la Compagnie la ligne de la Sénia à Aïn-Témouchent, en lui garantissant 4,85 %, amortissement compris, sur une dépense maximum de 10 300 000 francs, dont 1 500 000 francs pour travaux complémentaires. Les frais d'exploitation doivent être calculés d'après le barème suivant :

Au-dessous de 9 000 fr. de recette brute...............	7 000 fr.
De 9 000 fr. à 11 000 fr. —	7 460
De 11 000 fr. à 12 000 fr. —	7 920
De 12 000 fr. à 13 000 fr., 66 %, sans excéder..........	8 190
De 13 000 fr. à 14 000 fr., 63 %, —	8 400
De 14 000 fr. à 15 000 fr., 60 %, —	8 550
De 15 000 fr. à 16 000 fr., 57 %, —	8 640
De 16 000 fr. à 20 000 fr., 55 %, —	10 400
Au-dessus de 20 000 fr., 52 %, —	20 000

Ce barème est revisable tous les 10 ans. Les économies sur les chiffres forfaitaires qui y sont portés doivent être affectées à la constitution d'une réserve, puis pour les deux tiers au remboursement des avances du Trésor avec intérêts à 4 %. Les deux tiers du revenu net excédant le revenu garanti doivent de même être versés dans les caisses de l'État pour le rembourser de ses avances.

Une convention du 16 mai 1885, approuvée par une loi du 16 juillet 1885, a ajouté aux concessions antérieures de la Compagnie celle de la ligne de Tabia à Tlemcen, avec garantie de 5 %, amortissement compris : 1° sur les dépenses réelles de premier établissement, jusqu'à concurrence d'un maximum de 16 400 000 francs; 2° sur le montant des dépenses complémentaires à effectuer ultérieurement dans l'étendue de la même ligne; 3° sur un fonds de roulement fixé à 500 000 francs.

Les divers comptes ouverts pour travaux complémentaires ont été réunis et leur maximum total arrêté à 5 100 000 francs, chiffre susceptible d'être augmenté des économies réalisées sur l'évaluation de 16 400 000 fr.

Les frais d'exploitation sont évalués conformément au barême ci-dessus. Si la recette brute kilométrique est inférieure à 7 000 francs, le revenu garanti est augmenté de l'excédent des dépenses effectives d'exploitation sur cette recette. Si les dépenses d'exploitation sont inférieures aux chiffres du barême, la différence est affectée au fonds de réserve permanent.

Tous les fonds spéciaux de même nature ont été confondus sans distinction de lignes ; il a été stipulé que, lorsque leur total dépasserait 2 millions, les deux tiers de l'excédent seraient versés à l'État, soit en atténuation de ses avances, soit à titre de part dans les bénéfices ; l'autre tiers appartient à la Compagnie.

Quand la recette nette de la ligne de Tabia à Tlemcen dépasse le revenu net de garantie, l'excédent est deversé sur les autres lignes et réciproquement. Le surplus est porté pour deux tiers au compte de l'État en déduction de ses avances, augmentées des intérêts à 4 %/0 ; l'autre tiers appartient à la Compagnie.

Après complet remboursement, l'excédent est partagé par moitié entre l'État et la Compagnie.

Toutefois, la Compagnie s'est réservé le droit de prélever sur cet excédent, avant toute attribution à l'État, soit à titre de remboursement, soit à titre de partage, l'intérêt et l'amortissement, au taux effectif, des sommes dépensées en sus du capital garanti pour travaux de premier établissement ou travaux complémentaires.

Enfin, une dernière convention du 15 avril 1886, approuvée par une loi du 31 juillet 1886, a concédé à la Compagnie de l'Ouest-Algérien : 1° à titre définitif, le chemin de Blidah à Berrouaghia, avec embranchement sur Médéah ; 2° à titre éventuel, le chemin de Berrouaghia à Boghari. Le taux de la garantie est fixé à 4,85 %/0, amortissement compris, et porte : 1° sur un capital de premier établissement, arrêté à forfait à 25 millions pour la première ligne et à déterminer également à forfait pour la seconde ligne par décision du Ministre des travaux publics, la Compagnie entendue, conformément à l'avis du Conseil général des Ponts et Chaussées ; 2° sur les dépenses complémentaires d'établissement, arrêtées au chiffre maximum de 2 millions pour la ligne de Blidah à Berrouaghia et son embranchement, un maximum analogue devant être déterminé ultérieurement pour la ligne de Berrouaghia à Boghari.

Les frais d'exploitation sont évalués à 3 500 francs plus le tiers de la recette brute ; cette formule est revisable tous les dix ans ; si elle donne des chiffres supérieurs aux dépenses, l'économie est versée au fonds de réserve permanent, dont le maximum a été élevé à 2 600 000 francs.

Ont été maintenues les clauses de la convention de 1885, relatives au déversement réciproque des lignes les unes sur les autres et au partage des excédents entre l'État et la Compagnie.

D'après la convention des 16 avril-31 juillet 1886, la Compagnie doit produire des comptes trimestriels. Les avances de l'État ou les remboursements de la Compagnie sont versés jusqu'à concurrence des 4/5, dans les trois mois de cette production; le dernier cinquième est payé dans les trois mois de l'apurement des comptes.

Les remboursements à l'État sont soumis aux mêmes règles.

En résumé, le revenu maximum garanti à la Compagnie de l'Ouest-Algérien est d'un peu plus de 4 000 000 francs, non compris la ligne concédée à titre éventuel de Berrouaghia à Boghari.

5. Bases de la garantie pour la Compagnie franco-algérienne. — La Compagnie franco-algérienne, qui s'était déjà rendue en 1874 concessionnaire, sans subvention ni garantie, d'une ligne d'Arzew à Saïda, avec prolongement vers Géryville (238 kilomètres), a obtenu en 1884 (convention du 12 juillet 1883 et loi du 3 juillet 1884) la concession, avec garantie, d'un chemin d'Aïn-Thizy à Mascara (11 kilomètres). Le taux de la garantie est de 5 %, amortissement compris; elle porte sur un capital maximum de 1 600 000 francs, dont 100 000 francs pour travaux complémentaires. Les frais d'exploitation sont calculés d'après le barème suivant :

Au-dessous de 9 000 fr. de recette brute................	6 500 fr.
De 9 000 fr. à 10 000 fr., 73 %, sans excéder..........	6 900
De 10 000 fr. à 11 000 fr., 69 %, —	7 260
De 11 000 fr. à 12 000 fr., 66 %, —	7 560
De 12 000 fr. à 13 000 fr., 63 %, —	7 800
De 13 000 fr. à 14 000 fr., 60 %, —	7 980
De 14 000 fr. à 15 000 fr., 57 %, —	8 250
De 15 000 fr. à 16 000 fr., 55 %, —	8 320
De 16 000 fr. à 20 000 fr., 52 %, —	10 000
Au-dessus de 20 000 fr., 50 %.	

Au cas où la recette brute kilométrique serait inférieure à 6 500 francs, on ne ferait entrer en compte que les dépenses réelles d'exploitation, sans que ces dépenses pussent dépasser 6 500 francs. Le barème est revisable tous les dix ans. Les avances du Trésor portent intérêt à 4 % et sont remboursables sur les excédents de produit net, au-dessus du revenu garanti.

Une convention du 15 mai 1884, approuvée par une loi du 15 avril 1885, a concédé à la Compagnie franco-algérienne, sur les mêmes bases, la ligne de Mostaganem à Tiaret (200 kilomètres), avec garantie de 5 % sur un capital forfaitaire de premier établissement fixé à 20 500 000 francs et sur les dépenses complémentaires évaluées à 1 million.

Par une 3e convention des 23 mai 1885-28 juillet 1885, la Compagnie s'est rendue concessionnaire de la ligne de Modzbah à Mécheria (114 kilomètres), avec garantie de 5 % sur un capital forfaitaire de 1 350 000 francs, non compris des dépenses complémentaires évaluées au maximum à 700 000 francs (1).

Enfin, une dernière convention du 15 avril 1886, approuvée par une loi du 31 juillet, lui a concédé la ligne de Mécheria à Aïn-Sefra avec garantie de 4,85 % : 1° sur un capital forfaitaire de 7 825 000 francs ; 2° sur une somme maximum de 300 000 francs pour dépenses complémentaires.

La dépense kilométrique d'exploitation est évaluée à 3 500 francs, plus le tiers de la recette brute, avec minimum de 5 000 francs.

Les excédents de produit de l'une quelconque des lignes concédées avec garantie à la Compagnie franco-algérienne se déversent sur les autres lignes.

Toutes les fois que l'ensemble des produits nets des diverses lignes dépasse le montant cumulé des revenus garantis, les deux tiers de l'excédent sont affectés au remboursement des avances de l'État, avec intérêts à 4 % ; le dernier tiers appartient à la Compagnie.

Après complet remboursement, les excédents sont partagés par moitié.

Les sommes que l'État a à avancer à la Compagnie ou à recevoir d'elle sont versées trimestriellement, jusqu'à concurrence des 4/5, dans les trois mois de la production des comptes ; le dernier cinquième est soldé après l'apurement de ces comptes.

En résumé, le revenu total garanti à la Compagnie franco-algérienne est compris entre 1 650 000 et 1 700 000 francs.

___

(1) La Compagnie et l'État étant en désaccord sur l'interprétation d'une convention antérieure, relativement à la section de Kralfallah à Modzbah, le contrat de 1885 portait que le litige serait soumis à des arbitres. et qu'au cas où la Compagnie obtiendrait gain de cause, le capital garanti serait augmenté : 1° d'une somme forfaitaire de 130000 fr. ; 2° d'une somme maximum de 520 000 fr. pour travaux de mise en état de la section précitée et pour travaux complémentaires. L'arbitrage a eu lieu et la question a été résolue dans un sens favorable aux prétentions de la Compagnie.

6. **Compte courant au 31 décembre 1885 de la garantie d'intérêt accordée aux Compagnies algériennes.** — Les avances du Trésor aux Compagnies algériennes se sont élevées à 13 344 000 francs, pendant l'exercice 1882, et à 9 544 000 francs, pendant l'exercice 1884; elles atteindront, dans un avenir rapproché, un chiffre beaucoup plus élevé.

Voici quelle était la situation du compte courant au 31 décembre 1885 :

COMPAGNIES	AVANCES FAITES AUX COMPAGNIES AU 31 DÉCEMBRE 1885			REVERSEMENTS EFFECTUÉS PAR LES COMPAGNIES AU 31 DÉCEMBRE 1885			DIFFÉRENCE EN FAVEUR DE L'ÉTAT AU 31 DÉCEMBRE 1885		
	Capital	Intérêts	Ensemble	Capital	Intérêts	Ensemble	Capital	Intérêts	Ensemble
	fr.	fr.	fr.	fr.	fr.	fr.	fr.	fr.	fr.
Paris-Lyon-Méditerranée.....	26.958.734,04	8.153.716,27	35.112.450,31	218.426,72	90.406,28	30.832,00	26.740.307,32	8.053.310,99	34.803.618,31
Bône-Guelma et prolongements — Bône à Guelma.......	4.366.865,32	»	4.366.855,32	2.874,55	»	2.874,55	4.363.990,77	»	4.363.990,77
Prolongements en Algérie............	17.294.821,97	1.772.004,37	19.066.826,24	»	»	»	17.294.821,87	1.772.004,37	19.066.826,24
Ligne de la Medjerdah (Tunisie)..........	16.930.101,73	1.969.945,85	18.900.047,58	4,95	0,77	5,72	16.930.096,78	1.969.945,08	18.900.044,86
Total.......	38.591.788,92	3.741.950,22	42.333.739,14	2.879,50	0,77	2.880,27	38.588.909,42	3.741.949,45	42.330.858,87
Est-Algérien — Constantine à Sétif...	5.792.288,25	»	5.792.288,25	63.236,06	»	63.236,06	5.729.052,19	»	5.729.052,19
Alger à Sétif et El-Guerrah-Batna.....	7.088.064,80	447.469 49	7.535.534,29	»	»	»	7.088.064,80	447.469,49	7.535.534,29
Total.......	12.880.353,05	447.469,49	13.327.822,54	63.236,06	»	63.236,06	12.817.116,99	447.469,49	13.264.586,48
Ouest-Algérien — Sainte-Barbe-du-Tlélat à Sidi-bel-Abbès...	39.102,27	2.363,52	41.465,79	»	»	»	39.102,27	2.363,52	41.465,79
Sidi-bel-Abbès à Ras-el-Ma et la Sénia à Aïn-Témouchent....	387.389,73	23.861,49	911.251,22	»	»	»	887.389,73	23.861,49	911.251,22
Total.......	926.492,'0	26.225,01	952.717,01	»	»	»	926.492,00	26.225,01	952.717,01
Total général......	79.357.368,01	12.369.360.99	91.726.729,00	284.542,28	90.406,05	374.948.33	79.072.825,73	12.278,954,94	91.351.780,67

§ 6. — SUBVENTIONS ANNUELLES POUR LES CHEMINS DE FER D'INTÉRÊT LOCAL

1. Forme de la subvention de l'État. — En traitant des subventions en argent, page 267, nous avons fait connaitre les motifs qui ont déterminé les Pouvoirs publics à renoncer aux subsides en capital pour les chemins de fer d'intérêt local et qui les ont amenés à substituer au système de la loi du 12 juillet 1865 un système nouveau.

C'est ce système inauguré par la loi du 11 juin 1880 que nous devons maintenant exposer avec quelques détails.

Aux termes de l'article 13 de cette loi, « lors de l'établissement d'un « chemin de fer d'intérêt local, l'État peut s'engager, — en cas d'insuffisance « du produit brut pour couvrir les dépenses de l'exploitation et 5 % par « an du capital de premier établissement, tel qu'il a été prévu par l'acte « de concession, augmenté, s'il y a lieu, des insuffisances constatées pen- « dant la période assignée à la construction par ledit acte, — à subvenir « pour partie au paiement de cette insuffisance, à la condition qu'une « partie au moins équivalente sera payée par le département ou par la « commune, avec ou sans le concours des intéressés ». Cette disposition de la loi envisagée isolément institue une véritable garantie d'intérêt, avec durée limitée, dont le taux ne peut dépasser 5 % et à laquelle il est pourvu tout à la fois par l'État et par les localités. Néanmoins, l'expression « garantie d'intérêt » a été remplacée par celle de « subvention », lors du dernier examen du projet de loi par le Sénat; nous verrons plus loin pour quels motifs.

2. Nécessité d'un concours au moins équivalent des localités. — Le concours de l'État est subordonné à celui du département ou de la commune, avec ou sans l'aide des intéressés, et ne peut lui être supérieur. Mais les subsides locaux peuvent être fournis sous une forme différente, par exemple sous la forme de subventions en capital, de livraison de terrains, ou d'annuités échelonnées sur une période plus ou moins longue et réglées sur d'autres bases que celles de l'État : le législateur a eu soin, en effet, de prescrire au minimum, non pas l'égalité, mais l'équivalence du concours des localités au concours de l'État, et les documents parlementaires ne laissent aucun doute sur ses intentions à cet égard.

Lorsque le département ou la commune usent de la faculté d'adopter une forme de concours différente de celle de l'État, leur subvention, évaluée en capital, doit être transformée en annuités au taux de 4 %, conformément à l'article 12 du règlement d'administration publique dn 20 mars 1882, pour le calcul de l'équivalence visée par l'article 13 de la loi. Au cas où cette subvention serait payée en un certain nombre de termes, elle serait ramenée à sa valeur initiale lors du paiement du premier terme, ou plutôt lors de l'époque fixée pour l'ouverture de la ligne à l'exploitation, puisque c'est à partir de cette époque que commence normalement la participation financière de l'État.

Le taux de transformation de 4 % est un taux forfaitaire qui ne doit subir aucune majoration. On a soutenu parfois qu'il y avait lieu d'y ajouter l'amortissement au même taux pendant la durée de la concession. Mais le Conseil d'État en a jugé autrement à diverses reprises ; les raisons qui ont dicté sa décision ont été les suivantes :

1° Les subventions attribuées aux concessionnaires ont le caractère d'avances éventuellement remboursables dans des conditions que nous indiquerons plus loin. On ne saurait concilier avec ce remboursement un amortissement qui suppose une aliénation définitive.

2° La durée pendant laquelle il sera fait appel aux ressources du Trésor est absolument inconnue lors de la déclaration d'utilité publique ; le plus généralement, elle sera inférieure à celle de la concession ; on ne voit donc pas pourquoi cette dernière serait prise comme base d'un amortissement fictif.

3° Les départements ou les communes doivent, au terme de la concession, rentrer en possession des chemins concédés par eux et recouvrer ainsi tout ou partie des subventions en capital qu'ils ont pu fournir pour la construction. A ce point de vue encore, un amortissement se comprendrait difficilement.

4° Le taux de 4 % est un taux moyen, très largement rémunérateur pour les subventions en terrains, c'est-à-dire pour celles que donnent le plus souvent les localités.

5° Dans le cours de la discussion de la loi, le Parlement a manifesté nettement son intention de ne pas encourager le concours des départements ou des communes, sous forme de subventions en capital, et de provoquer au contraire la généralisation de la forme qui a été adoptée pour l'État et qui se concilie parfaitement avec les nécessités des budgets départementaux et communaux. C'est donc satisfaire au vœu du législateur que d'admettre un taux modique pour la transformation en annuités.

Au surplus, l'interprétation du Conseil d'État a été plusieurs fois sanctionnée par le Parlement ; elle a reçu notamment une consécration explicite, lors de sa première application pour le chemin de Denain au Catelet. (Lois du 26 septembre 1882.)

3. **Mode de fixation du capital de premier établissement.** — Le capital de premier établissement qui doit servir de base pour l'application des clauses relatives au concours de l'État est fixé par la loi déclarative d'utilité publique. Il est déterminé à forfait ou limité par un maximum, suivant les cas (1). (Article 1 du règlement d'administration publique du 20 mars 1882.) Il peut être augmenté, s'il y a lieu, conformément à l'article 13 de la loi du 11 juin 1880, des insuffisances de recettes résultant de l'exploitation partielle des sections qui seraient ouvertes pendant la période de construction. L'acte de concession peut aussi prévoir qu'il sera successivement augmenté, jusqu'à concurrence d'une somme déterminée et pendant un certain délai, pour travaux complémentaires, tels qu'agrandissements de gares, accroissement du matériel roulant, pose de secondes voies ou de voies de garage. (Article 2 du règlement d'administration publique du 20 mars 1882.)

4. **Mode d'évaluation des frais d'exploitation.** — Les frais d'exploitation peuvent être comptés pour leur montant effectif ou évalués d'après une formule insérée dans la convention.

Lorsque l'on a recours à ce dernier mode d'évaluation, la base est assez variable. Si l'on compulse les précédents, on trouve un certain nombre de formules différentes dont les principales sont les suivantes, en désignant par D et par R la dépense et la recette brute kilomètrique :

$$D = 1\ 800 \text{ fr.} + \frac{R}{4}$$

$$D = 1\ 800 \text{ fr.} + 0,3\ R$$

$$D = 2\ 000 \text{ fr.} + 0,3\ R$$

$$D = 2\ 000 \text{ fr.} + \frac{R}{3}$$

$$D = 2\ 300 \text{ fr.} + \frac{R}{3}$$

Tantôt un minimum est stipulé, tantôt la convention est muette à cet égard.

5. **Chiffre de la subvention du Trésor.** — Aux termes du second paragraphe de l'article 13 de la loi du 11 juin 1880, la subvention de

____

(1) Une disposition assez fréquente consiste à fixer un prix à forfait par kilomètre et à assigner un maximum à la longueur d'application.

l'État est formée : 1° d'une somme fixe de 500 francs par kilomètre exploité ; 2° du quart de la somme nécessaire pour élever la recette brute annuelle (impôts déduits) au chiffre de 10 000 francs par kilomètre, pour les lignes établies de manière à recevoir les véhicules des grands réseaux, et au chiffre de 8 000 francs, pour les lignes qui ne peuvent recevoir ces véhicules. Ainsi, en désignant par S la subvention, on a, suivant les cas :

$$S = 500 \text{ fr.} + 1/4 \, (10\,000 \text{ fr.} - R) \quad (1)$$
$$\text{ou } S = 500 \text{ fr.} + 1/4 \, (8\,000 \text{ fr.} - R) \quad (1 \textit{ bis})$$

M. René Brice, rapporteur à la Chambre des députés, a justifié la règle précédente par l'exemple d'un chemin de fer à voie large coûtant 70 000 francs par kilomètre, faisant une recette brute de 5 000 francs, exigeant une dépense d'exploitation de pareille somme et subventionné également par l'État et par les localités. Dans ce cas, en effet, le concessionnaire reçoit une subvention de 2 (500 fr. + 1 250 fr.) ou de 3 500 francs, correspondant précisément aux charges à 5 $^0/_0$ du capital.

Il résulte des explications données par M. Labiche, dans son second rapport au Sénat sur la loi de 1880, que la formule cesse d'être applicable dès que la recette brute atteint 10 000 francs ou 8 000 francs. Les tableaux dressés par M. le sénateur Vivenot et annexés au rapport de M. Labiche supposent au contraire que le second [membre de la formule peut prendre des valeurs négatives et qu'elle ne cesse par suite d'être applicable qu'au cas où la recette brute s'élève à 12 000 ou 10 000 francs. C'est l'interprétation de M. Labiche qui nous paraît conforme à la lettre et à l'esprit de la loi.

6. **Maxima de la subvention du Trésor.** — Toutefois les chiffres donnés par ces formules ne sont que des maxima. La loi fixe un certain nombre de limites que ne peut dépasser la subvention du Trésor. Voici quelles sont ces limites, en conservant les notations précédentes et en y ajoutant en outre les suivantes :

S' subvention des localités (après sa transformation, s'il y a lieu, en annuités) ;

C capital de premier établissement par kilomètre ;

I insuffisance kilométrique ;

L la limite de 10 000 francs ou de 8 000 francs qui entre, suivant les cas, dans le calcul de la subvention de l'État.

1° La subvention de l'État doit être au plus égale à celle du département ou de la commune, ainsi que nous l'avons indiqué ci-dessus :

$$S \leqq S' \quad (2)$$

2° Les subventions réunies devant au plus couvrir l'insuffisance du produit brut pour faire face aux frais d'exploitation et aux charges à 5 % du capital engagé, la subvention de l'État ne peut excéder la moitié de cette insuffisance :

$$S \leqq (0{,}05\ C + D - R - S')\ (3)$$

et par suite $S \leqq 1/2\ (0{,}05\ C + D - R)$ (3 *bis*)

3° D'après l'article 12 de la loi de 1880, la subvention de l'État ne peut, en aucun cas, élever la recette brute au-dessus de 10 500 francs ou de 8 500 francs, c'est-à-dire au dessus de L + 500 francs :

$$S \leqq (L + 500 - R - S')\ (4) \quad \text{et par suite}\quad S \leqq 1/2\ (L + 500 - R)\ (4\ \textit{bis})$$

Le projet de loi tel qu'il avait été d'abord libellé par le Sénat, lors de son retour à cette assemblée, limitait à 10 000 francs et à 8 000 francs le chiffre au-dessus duquel la subvention de l'État ne pourrait point élever la recette brute. Le rapporteur, M. Labiche, avait justifié cette limitation en faisant remarquer qu'elle était nécessaire pour empêcher les concessionnaires d'être intéressés au maintien de la recette brute au-dessous de 10 000 ou de 8 000 francs. Il avait montré, par exemple, que, sans une restriction de cette nature, la Compagnie concessionnaire d'un chemin à voie étroite faisant 7 900 francs de recette brute gagnerait à ne pas atteindre 8 000 francs, puisque dans ce dernier cas la subvention cessait, alors que dans le premier l'État et le département ou la commune versaient $2\ (500 + \frac{8000-7900}{4})$, soit 1 050 francs, et faisaient ainsi bénéficier la Compagnie de 950 francs.

Dans le cours de la discussion, M. Labiche a proposé, d'accord avec le Gouvernement, de substituer aux chiffres de 10 000 fr. et de 8 000 fr. ceux de 10 500 fr. et 8 500 fr., et cette proposition a été ratifiée par le Sénat.

L'article 13 de la loi porte également qu'en aucun cas la subvention de l'État ne peut attribuer au capital de premier établissement plus de 5 % par an. Nous avons déjà exprimé ci-dessus cette condition.

4° La charge annuelle ne peut dépasser 400 000 francs pour l'ensemble des chemins de fer d'intérêt local ou des tramways concédés dans un même département. (Art. 14 de la loi du 11 juin 1880.)

Le Conseil général des Ponts et Chaussées et le Conseil d'État ont dû se demander comment, en présence de l'incertitude et de l'aléa des entreprises, il serait possible d'assurer l'exécution de cette clause impérative.

Plusieurs combinaisons ont été examinées à cet effet.

La première eût consisté à décider que, au cas où les subventions calculées conformément à la loi et aux actes de concession dépasseraient

400 000 fr., il serait opéré une réduction proportionnelle sur toutes les entreprises.

La seconde eût été analogue. Toutefois, la réduction n'eût porté que sur les concessions les plus récentes, en remontant aussi loin qu'il l'eût fallu pour ramener à 400 000 fr. le sacrifice du Trésor; elle eût d'ailleurs été répartie proportionnellement, pour les concessions de la dernière année jusqu'à laquelle il eût été nécessaire de remonter.

La troisième eût consisté à calculer, pour chaque entreprise, la subvention correspondant au maximum du déficit susceptible de se produire et à refuser toute subvention nouvelle, dès que le total des maxima ainsi calculés eût atteint 400 000 fr.

Enfin la dernière, celle qui a été définitivement adoptée, repose sur la fixation, dans chaque acte de concession, d'un maximum établi assez largement, mais sans avoir égard aux circonstances exceptionnellement défavorables que les concessionnaires peuvent avoir parfois à traverser.

De ces quatre combinaisons, la première a été repoussée, comme laissant peser une indétermination regrettable sur les ressources dont les Compagnies pourraient disposer pour faire face à leurs déficits, alors surtout que cette indétermination et les chances de réduction devaient croître avec le nombre des concessions et que les premiers concessionnaires devaient voir ainsi leurs garanties s'amoindrir, au fur et à mesure du développement des chemins de fer ou des tramways dans le même département.

La seconde a été également rejetée, parce qu'elle frappait les concessions les plus récentes c'est-à-dire celles qui sont en général les moins productives et auxquelles l'assurance du concours de l'État peut seule donner de la vitalité.

La troisième n'a pu davantage être admise, attendu qu'elle reposait sur des calculs nécessairement pessimistes et qu'elle était, dès lors, de nature à enrayer l'extension des chemins de fer d'intérêt local et des tramways et à aller ainsi à l'encontre des vœux du législateur.

La quatrième a seule paru susceptible d'être adoptée. Ce n'est d'ailleurs pas sans quelques scrupules que le Conseil d'État l'a sanctionnée et introduite dans le règlement d'administration publique du 30 mars 1882 (art. 13): elle ajoute, en effet, un nouveau maximum à ceux qu'avait déjà fixés le Parlement. Néanmoins, elle était indispensable pour assurer l'exécution de la loi organique de 1880; il en a d'ailleurs été fait de nombreuses applications, qui ont été consacrées par le vote des Chambres dans des lois d'espèce.

En désignant par M le maximum fixé par la loi déclarative d'utilité publique et par n le nombre de kilomètres, on a une dernière limite de S.

$$S \underset{<}{=} \frac{M}{n}.$$

Telles sont les diverses limites assignées au concours de l'État.

7. Tableaux numériques indiquant le fonctionnement de la subvention en annuités. — Il ne sera pas sans intérêt de montrer, sous forme de tableaux, quel est le fonctionnement du système de subvention institué par la loi du 11 juin 1880.

Nous le ferons successivement pour des chemins à voie large et des chemins à voie étroite, en supposant qu'il y ait équivalence entre le concours de l'État et celui des localités, et que le taux servant de base au calcul des charges du capital soit le taux maximum de 5 °/₀ (1). Nous admettrons d'ailleurs que la dépense kilométrique d'exploitation soit liée à la recette : 1° par la formule $D = 2\,300$ fr. $+ 0,3\,R$, avec minimum de 4 250 fr., pour les chemins à voie large ; 2° par la formule $D = 1\,800$ fr. $+ 0,3\,R$, avec minimum de 3 750 fr., pour les chemins à voie étroite. Enfin, nous nous placerons dans le cas où le maximum total déterminé par l'acte déclaratif d'utilité publique, en conformité de l'article 13 du règlement d'administration publique du 30 mars 1882, n'entraînerait pas une réduction du plus petit des maxima kilométriques calculés par les autres formules.

---

(1) Bien que ce taux soit un maximum, il a jusqu'ici presque constamment servi de base aux conventions financières.

Chemins à voie large.

RECETTE BRUTE	SUBVENTIONS D'APRÈS LES FORMULES			REVENU BRUT TOTAL	FRAIS d'exploitation	REVENU NET	INTÉRÊTS SERVIS aux capitaux (y compris l'amortissement).
	1	3 bis	4 bis				
fr.	fr.	fr.	fr.	fr.	fr.	fr.	
1° CHEMINS COÛTANT 70.000 FRANCS PAR KILOMÈTRE							
3.000	4.500	4.750	7.500	7.500	4.250	3.250	4,64 %
4.000	4.000	3.750	6.500	7.750	4.250	3.500	5,00
5.000	3.500	2.750	5.500	7.750	4.250	3.500	5,00
6.000	3.000	1.750	4.500	7.750	4.250	3.500	5,00
7.000	2.500	900	3.500	7.900	4.400	3.500	5,00
8.000	2.000	200	2.500	8.200	4.700	3.500	5,00
9.000	1.500	»	1.500	9.000	5.000	4.000	5,71
10.000	1.000	»	500	10.000	5.300	4.700	6,71
11.000	»	»	»	11.000	5.600	5.400	7,71
12.000	»	»	»	12.000	5.900	6.100	8,71
2° CHEMINS COÛTANT 80.000 FRANCS PAR KILOMÈTRE							
3.000	4.500	5.250	7.500	7.500	4.250	3.250	4,06
4.000	4.000	4.250	6.500	8.000	4.250	3.750	4,69
5.000	3.500	3.250	5.500	8.250	4.250	4.000	5,00
6.000	3.000	2.250	4.500	8.250	4.250	4.000	5,00
7.000	2.500	1.400	3.500	8.400	4.400	4.000	5,00
8.000	2.000	700	2.500	8.700	4.700	4.000	5,00
9.000	1.500	»	1.500	9.000	5.000	4.000	5,00
10.000	1.000	»	500	10.000	5.300	4.700	5,87
11.000	»	»	»	11.000	5.600	5.400	6,75
12.000	»	»	»	12.000	5.900	6.100	7,64
3° CHEMINS COÛTANT 90.000 FRANCS PAR KILOMÈTRE							
3.000	4.500	5.750	7.500	7.500	4.250	3.250	3,61
4.000	4.000	4.750	6.500	8.000	4.250	3.750	4,17
5.000	3.500	3.750	5.500	8.500	4.250	4.250	4,72
6.000	3.000	2.750	4.500	8.750	4.250	4.500	5,00
7.000	2.500	1.900	3.500	8.900	4.400	4.500	5,00
8.000	2.000	1.200	2.500	9.200	4.700	4.500	5,00
9.000	1.500	500	1.500	9.500	5.000	4.500	5,00
10.000	1.000	»	500	10.000	5.300	4.700	5,22
11.000	»	»	»	11.000	5.600	5.400	6,00
12.000	»	»	»	12.000	5.900	6.100	6,78

NOTA. — Les chiffres soulignés dans les colonnes afférentes aux subventions sont les plus petits des maxima fixés par la loi ; ce sont par suite ceux qui doivent être adoptés pour le calcul du revenu brut total de la Compagnie et de son revenu net.

Chemins à voie large.

RECETTE BRUTE	SUBVENTIONS D'APRÈS LES FORMULES			REVENU BRUT TOTAL	FRAIS d'exploitation	REVENU NET	INTÉRÊTS SERVIS aux capitaux (y compris l'amortissement).
	1	3 bis	4 bis				
fr.	fr.	fr.	fr.	fr.	fr.	fr.	,

4° CHEMINS COÙTANT 100.000 FRANCS PAR KILOMÈTRE

RECETTE BRUTE	1	3 bis	4 bis	REVENU BRUT TOTAL	FRAIS d'exploitation	REVENU NET	INTÉRÊTS
3.000	4.500	6.250	7.500	7.500	4.250	3.250	3,25 %
4.000	4.000	5.250	6.500	8.000	4.250	3.750	3,75
5.000	3.500	4.250	5.500	8.500	4.250	4.250	4,25
6.000	3.000	3.250	4.500	9.000	4.250	4.750	4,75
7.000	2.500	2.400	3.500	9.400	4.400	5.000	5,00
8.000	2.000	1.700	2.500	9.700	4.700	5.000	5,00
9.000	1.500	1.000	1.500	10.000	5.000	5.000	5,00
10.000	1.000	300	500	10.300	5.300	5.000	5,00
11.000	»	»	»	11.000	5.600	5.400	5,40
12.000	»	»	»	12.000	5.900	6.100	6,10

5° CHEMINS COÙTANT 120.000 FRANCS PAR KILOMÈTRE

RECETTE BRUTE	1	3 bis	4 bis	REVENU BRUT TOTAL	FRAIS d'exploitation	REVENU NET	INTÉRÊTS
3.000	4.500	7.250	7.500	7.500	4.250	3.250	2,71
4.000	4.000	6.250	6.500	8.000	4.250	3.750	3,12
5.000	3.500	5.250	5.500	8.500	4.250	4.250	3,54
6.000	3.000	4.250	4.500	9.000	4.250	4.750	3,89
7.000	2.500	3.400	3.500	9.500	4.400	5.100	4,25
8.000	2.000	2.700	2.500	10.000	4.700	5.300	4,36
9.000	1.500	2.000	1.500	10.500	5.000	5.500	4,58
10.000	1.000	1.300	500	10.500	5.300	5.200	4,33
11.000	»	600	»	11.000	5.600	5.400	4,50
12.000	»	»	»	12.000	5.900	6.100	5,08

6° CHEMINS COÙTANT 140.000 FRANCS PAR KILOMÈTRE

RECETTE BRUTE	1	3 bis	4 bis	REVENU BRUT TOTAL	FRAIS d'exploitation	REVENU NET	INTÉRÊTS
3.000	4.500	8.250	7.500	7.500	4.250	3.250	2,32
4.000	4.000	7.250	6.500	8.000	4.250	3.750	2,68
5.000	3.500	6.250	5.500	8.500	4.250	4.250	3,04
6.000	3.000	5.250	4.500	9.000	4.250	4.750	3,39
7.000	2.500	4.400	3.500	9.500	4.400	5.100	3,64
8.000	2.000	3.700	2.500	10.000	4.700	5.300	3,79
9.000	1.500	3.000	1.500	10.500	5.000	5.500	3,93
10.000	1.000	2.300	500	10.500	5.300	5.200	3,71
11.000	»	1.600	»	11.000	5.600	5.400	3,86
12.000	»	900	»	12.000	5.900	6.100	4,36
13.000	»	200	»	13.000	6.200	6.800	4,86

NOTA. — Les chiffres soulignés dans les colonnes afférentes aux subventions sont les plus petits des maxima fixés par la loi ; ce sont par suite ceux qui doivent être adoptés pour le calcul du revenu brut total de la Compagnie et de son revenu net.

Chemins à voie étroite.

RECETTE BRUTE	SUBVENTIONS D'APRÈS LES FORMULES			REVENU BRUT TOTAL	FRAIS d'exploitation	REVENU NET	INTÉRÊTS SERVIS aux capitaux (y compris l'amortissement).
	1 bis	3 bis	4 bis				
fr.	fr.	fr.	fr.	fr.	fr.	fr.	fr.

1º Chemins coûtant 50.000 francs par kilomètre

RECETTE BRUTE	1 bis	3 bis	4 bis	REVENU BRUT TOTAL	FRAIS d'exploitation	REVENU NET	INTÉRÊTS
3.000	3.500	3.250	5.500	6.250	3.750	2.500	5,00 %
4.000	3.000	2.250	4.500	6.250	3.750	2.500	5,00
5.000	2.500	1.250	3.500	6.250	3.750	2.500	5,00
6.000	2.000	250	2.500	6.250	3.750	2.500	5,00
7.000	1.500	»	1.500	7.000	3.900	3.100	6,20
8.000	1.000	»	500	8.000	4.200	3.800	7,60
9.000	»	»	»	9.000	4.500	4.500	9,00
10.000	»	»	»	10.000	4.800	5.200	10,40
11.000	»	»	»	11.000	5.100	5.900	11,80
12.000	»	»	»	12.600	5.400	6.600	13,20

2º Chemins coûtant 60.000 francs par kilomètre

RECETTE BRUTE	1 bis	3 bis	4 bis	REVENU BRUT TOTAL	FRAIS d'exploitation	REVENU NET	INTÉRÊTS
3.000	3.500	3.750	5.500	6.500	3.750	2.750	4,58
4.000	3.000	2.750	4.500	6.000	3.750	3.000	5,00
5.000	2.500	1.750	3.500	6.300	3.750	3.000	5,00
6.000	2.000	750	2.500	6.600	3.750	3.000	5,00
7.000	1.500	»	1.500	7.000	3.900	3.100	5,17
8.000	1.000	»	500	8.000	4.200	3.800	6,33
9.000	»	»	»	9.000	4.500	4.500	7,50
10.000	»	»	»	10.000	4.800	5.200	8,67
11.000	»	»	»	11.000	5.100	5.900	9,83
12.000	»	»	»	12.000	5.400	6.600	11,00

3º Chemins coûtant 70.000 francs par kilomètre

RECETTE BRUTE	1 bis	3 bis	4 bis	REVENU BRUT TOTAL	FRAIS d'exploitation	REVENU NET	INTÉRÊTS
3.000	3.500	4.250	5.500	6.500	3.750	2.750	3,93
4.000	3.000	3.250	4.500	6.500	3.750	3.250	4,64
5.000	2.500	2.250	3.500	6.800	3.750	3.500	5,00
6.000	2.000	1.250	2.500	7.100	3.750	3.500	5,00
7.000	1.500	400	1.500	7.400	3.900	3.500	5,00
8.000	1.000	»	500	8.000	4.200	3.800	5,43
9.000	»	»	»	9.000	4.500	4.500	6,43
10.000	»	»	»	10.000	4.800	5.200	7,43
11.000	»	»	»	11.000	5.100	5.900	8,43
12.000	»	»	»	12.000	5.400	6.600	9,43

Nota. — Les chiffres soulignés dans les colonnes afférentes aux subventions sont les plus petits des maxima fixés par la loi ; ce sont par suite ceux qui doivent être adoptés pour le calcul du revenu brut total de la Compagnie et de son revenu net.

Chemins à voie étroite.

RECETTE BRUTE	SUBVENTIONS D'APRÈS LES FORMULES			REVENU BRUT TOTAL	FRAIS d'exploitation	REVENU NET	INTÉRÊTS SERVIS aux capitaux (y compris l'amortissement).
	1 bis	3 bis	4 bis				
fr.	fr.	fr.	fr.	fr.	fr.	fr.	fr.
4° CHEMINS COÛTANT 80.000 FRANCS PAR KILOMÈTRE							
3.000	3.500	4.750	5.500	6.500	3.750	2.750	3,44 %
4.000	3.000	3.750	4.500	7.000	3.750	3.250	4,06
5.000	2.500	2.750	3.500	7.500	3.750	3.750	4,69
6.000	2.000	1.750	2.500	7.750	3.750	4.000	5,00
7.000	1.500	900	1.500	7.900	3.900	4.000	5,00
8.000	1.000	200	500	8.200	4.200	4.000	5,00
9.000	»	»	»	9.000	4.500	4.500	5,62
10.000	»	»	»	10.000	4.800	5.200	6,50
11.000	»	»	»	11.000	5.100	5.900	7,38
12.000	»	»	»	12.000	5.400	6.600	8,25
5° CHEMINS COÛTANT 100.000 FRANCS PAR KILOMÈTRE							
3.000	3.500	5.750	5.500	6.500	3.750	2.750	2,75
4.000	3.000	4.750	4.500	7.000	3.750	3.250	3,25
5.000	2.500	3.750	3.500	7.500	3.750	3.750	3,75
6.000	2.000	2.750	2.500	8.000	3.750	4.250	4,25
7.000	1.500	1.900	1.500	8.500	3.900	4.600	4,60
8.000	1.000	1.200	500	8.500	4.200	4.300	4,30
9.000	»	500	»	9.000	4.500	4.500	4,50
10.000	»	»	»	10.000	4.800	5.200	5,20
11.000	»	»	»	11.000	5.100	5.900	5,90
12.000	»	»	»	12.000	5.400	6.600	6,60
6° CHEMINS COÛTANT 120.000 FRANCS PAR KILOMÈTRE							
3.000	3.500	6.750	5.500	6.500	3.750	2.750	2,29
4.000	3.000	5.750	4.500	7.500	3.750	3.250	2,71
5.000	2.500	4.750	3.500	7.500	3.750	3.750	3,12
6.000	2.000	3.750	2.500	8.000	3.750	4.250	3,54
7.000	1.500	2.900	1.500	8.500	3.900	4.600	3,83
8.000	1.000	2.200	500	8.500	4.200	4.300	3,58
9.000	»	1.500	»	9.000	4.500	4.500	3,75
10.000	»	800	»	10.000	4.800	5.200	4,33
11.000	»	100	»	11.000	5.100	5.900	4,92
12.000	»	»	»	12.000	5.400	6.600	5,50

NOTA. — Les chiffres soulignés dans les colonnes afférentes aux subventions sont les plus petits des maxima fixés par la loi ; ce sont par suite ceux qui doivent être adoptés pour le calcul du revenu brut total de la Compagnie et de son revenu net.

Les calculs dont les résultats sont consignés dans les tableaux précédents ne sont donnés qu'à titre d'indication. Il ne faut pas y attacher plus d'importance qu'ils n'en comportent ; il ne faut pas perdre de vue que les formules admises pour le rapport entre les frais d'exploitation et la recette brute sont difficilement applicables dans des limites si étendues. Cependant, quelque correctif qu'il convienne d'y apporter, ces calculs mettent bien en relief les deux faits suivants :

1° L'intérêt des capitaux engagés est loin d'être constant, même pendant la période de participation du Trésor, lorsque les localités admettent les mêmes limitations que l'État pour leur concours.

Ainsi s'explique la détermination qu'ont prise les Chambres de supprimer les mots impropres de « garantie d'intérêt » primitivement insérés dans le texte de la loi.

M. Labiche avait justifié ainsi cette suppression, dans l'un de ses rapports au Sénat : « S'il est exact que la subvention par annuités accordée « par l'État est bien calculée, comme le seraient les intérêts, sur le capital « de premier établissement prévu par l'acte de concession, il est incon- « testable que cette subvention n'est pas employée, nécessairement et uni- « quement, à garantir au capital un intérêt certain et invariable de 5 °/₀.

« Il peut arriver que le capital dépensé soit plus considérable que le « capital prévu dans la concession.

« L'acte de société peut exiger l'emploi d'une partie du produit en « amortissement, avant que ce produit puisse être affecté à la rémunéra- « tion du capital.

« Enfin, même en dehors de ces deux hypothèses, on peut prévoir la « nécessité de faire emploi d'une partie de la subvention pour assurer « l'exploitation. »

M. Labiche aurait pu ajouter (et c'est là la cause principale à signaler) que les variations du rendement des capitaux tiennent surtout au jeu des divers maxima fixés pour le concours du Trésor et à l'obligation de se renfermer dans les limites du plus petit de ces maxima, dont plusieurs sont indépendants du prix de premier établissement.

2° Le rendement des capitaux s'abaisse notablement dès que le coût de construction s'élève. C'est ainsi que, d'après les tableaux précédents, il faut, pour atteindre le taux de 5 °/₀, une recette brute kilométrique de :

4 500 francs, pour un chemin à voie large coûtant 80 000 fr. par km.
5 500 francs................................... 90 000 fr.   —
6 500 francs................................... 100 000 fr.   —
11 850 francs................................. 120 000 fr.   —
13 300 francs................................. 140 000 fr.   —

3 560 francs, pour un chemin à voie étroite coûtant 60 000 fr. par km.
5 500 francs. . . . . 80 000 fr.   —
9 700 francs. . . . . 100 000 fr.   —
11 150 francs. . . . . 120 000 fr.   —

Le système de la loi du 11 juin 1880 ne convient donc qu'aux lignes peu coûteuses, surtout si leur trafic doit être peu considérable, ce qui est le cas général : le chiffre de 100 000 francs est une limite qui ne doit guère être dépassée et au-dessous de laquelle il faut même chercher à se tenir, surtout pour les chemins de fer à voie étroite. Nous avons vu passer plus d'une fois sous les yeux du Conseil d'État des projets dont les auteurs ne s'étaient pas suffisamment rendu compte du fonctionnement de la loi et paraissaient considérer le revenu minimum de 5 % comme devant leur être acquis.

Les considérations dans lesquelles nous venons d'entrer ne s'appliquent toutefois, nous ne saurions trop le répéter, qu'au cas où, soit le département, soit la commune, adopte le même système que l'État pour son concours financier. Comme nous l'avons dit, les localités ne sont nullement astreintes à mouler leur participation sur celle du Trésor. Elles peuvent, par exemple, garantir dans tous les cas un minimum d'intérêt, sauf à augmenter leur part contributive de tout ce que le jeu des divers maxima enlève à la part de l'État.

8. Observations sur l'article 14 de la loi du 11 juin 1880. — L'article 14 de la loi du 11 juin 1880 dispose en son premier paragraphe que « la subvention de l'État ne peut être accordée que dans les limites fixées, « pour chaque année, par la loi de finances. » Quelques membres d'un Conseil général, ayant ouvert une discussion sur le sens et la portée de cette disposition, ont exprimé la crainte que les subventions allouées par l'État aux départements ne fussent, chaque année, remises en question lors de la fixation du budget. Cette appréhension n'était pas justifiée. Le seul objet du § 1er de l'article 14 de la loi du 11 juin 1880 est de prescrire la fixation, dans la loi annuelle de finances, du maximum des engagements que l'État pourra prendre pour l'ensemble des départements. Il y a là une mesure indispensable pour l'équilibre du budget et d'autant plus nécessaire que, pour les tramways, le Gouvernement est autorisé à engager lui-même l'État vis-à-vis des concessionnaires. Mais une fois la subvention promise, elle doit être payée au même titre que les autres dettes publiques. Le Conseil d'État a formulé dans ce sens un avis très ferme, à la date du 25 janvier 1883.

Conformément à l'avis du Conseil, la loi de finances contient mainte-

nant un article ainsi conçu : « Le montant total des subventions annuelles
« que l'État peut s'engager, pendant l'année....., à allouer aux entreprises
« de chemins de fer d'intérêt local ou de tramways, en vertu de la loi du
« 11 juin 1880, ne devra pas excéder la somme de..... pour les chemins
« de fer d'intérêt local et de..... pour les tramways. »

9. **Attribution des subventions aux départements ou aux communes.** — Sous le régime de la loi du 12 juillet 1865, les subventions de l'État étaient toujours accordées aux départements ou aux communes qui concédaient les chemins de fer d'intérêt local.

Le libellé de la loi du 11 juin 1880 a fait naître des doutes sur la convenance de persister dans les errements antérieurs. On s'est demandé si désormais les subsides du Trésor ne devaient pas être alloués directement aux concessionnaires. Mais le Conseil d'État a repoussé cette interprétation à diverses reprises, et notamment en août 1883. En effet, l'État n'est point partie au contrat de concession ; ce contrat est exclusivement formé entre le département ou la commune, d'une part, et le concessionnaire, d'autre part ; seul, le département ou la commune peut être le débiteur direct du concessionnaire, sauf à obtenir du Trésor une participation venant en déduction des charges imposées à son budget. Le concours de l'État doit résulter d'une disposition de la loi qui autorise l'exécution et prononce la déclaration d'utilité publique du chemin de fer.

10. **Durée du concours de l'État.** — Le projet de loi présenté en 1878 par le Gouvernement portait que « la participation de l'État cesserait « de plein droit après la trentième année qui suivrait la mise en exploi- « tation. » Il paraissait en effet que, si les produits de la ligne ne devaient pas être suffisants après l'expiration de ce délai, pour couvrir les frais d'exploitation et rémunérer le capital qui ne serait pas encore amorti, il valait mieux ne pas encourager l'entreprise et consacrer l'épargne du pays à un emploi plus utile. Adopté par le Sénat, le terme de trente ans fut modifié par la Chambre. Puis il finit par disparaître complètement, de telle sorte qu'aujourd'hui les engagements de l'État le lient en général pour toute la durée de la concession.

11. **Remboursement des subventions de l'État.** — Aux termes de l'article 15 de la loi du 11 juin 1880, « dans le cas où le produit brut de la « ligne pour laquelle une subvention a été payée devient suffisant pour « couvrir les dépenses d'exploitation et 6 % par an du capital de premier « établissement, la moitié du surplus de la recette est partagée entre l'État,

« le département, ou, s'il y a lieu, la commune et les autres intéressés,
« dans la proportion des avances faites par chacun d'eux, jusqu'à concur-
« rence du complet remboursement de ces avances, sans intérêts. »

La Commission de la Chambre des députés avait cru devoir porter de
6 % à 7 % le taux au-dessus duquel commencerait le partage, afin de
donner aux actionnaires une compensation à leurs risques. Mais le Sénat
ne maintint pas cette modification et rétablit le texte proposé par le Gouvernement.

12. Paiement de la subvention du Trésor. — L'autorité concédante
peut s'engager vis-à-vis du concessionnaire à acquitter entre ses mains
dans des délais déterminés les subventions qu'elle affecte à la construction
et à l'exploitation. Mais l'État ne saurait prendre d'engagement de ce
genre.

D'après l'article 9 du règlement d'administration publique du 30 mars
1882, le concessionnaire peut, en présentant son compte annuel, demander
une avance sur la somme qui lui sera due. Le montant de cette avance
est déterminé par le Ministre des travaux publics, sur le rapport d'une
commission locale, après communication au Ministre des finances. Dans
le cas où le règlement définitif de l'exercice ferait reconnaître que l'avance
a été trop considérable, le concessionnaire devrait rembourser immédiatement l'excédent au Trésor, au département ou à la commune, avec les
intérêts à 4 % par an. Cet article est rédigé dans l'hypothèse où le concours
des localités serait soumis aux mêmes règles et soumis aux mêmes formes
que celui de l'État : mais, nous le répétons, le régime peut être différent
et, dans ce cas, les prescriptions du règlement ne doivent être retenues que
pour la subvention imputée sur les fonds du Trésor.

**13. Importance des charges actuelles résultant de l'application
de la loi du 11 juin 1880.** — La loi du 11 juin 1880 n'impose pas encore
des charges considérables au Trésor, puisqu'elle n'a que six années de
date et que le concours de l'État est subordonné à l'exploitation. Le
budget de 1887 ne comporte qu'un crédit de 600 000 francs ; mais les
engagements pris s'élèvent déjà à un chiffre de beaucoup supérieur.

CHAPITRE XII

DU CONCOURS FINANCIER DES LOCALITÉS

§ 1. — CONCOURS POUR LES CHEMINS DE FER D'INTÉRÊT GÉNÉRAL.

1. Précédents pour les travaux publics autres que les chemins de fer. — La loi du 16 septembre 1807 avait posé le principe du concours des départements et des communes pour l'exécution des travaux publics.

Aux termes de l'article 28, « lorsque, par l'ouverture d'un canal de « navigation, par le perfectionnement de la navigation d'une rivière, par « l'ouverture d'une grande route, par la construction d'un pont, un ou « plusieurs départements, un ou plusieurs arrondissements, étaient jugés « devoir recueillir une amélioration à la valeur de leur territoire, ils pou- « vaient être appelés à contribuer aux dépenses des travaux par voie de « centimes additionnels aux contributions, et ce dans les proportions qui « seraient déterminées par des lois spéciales. — Ces contributions ne « pouvaient s'élever au delà de la moitié de la dépense, le Gouvernement « fournissant l'excédent. »

L'article 29, prévoyant le cas de travaux d'un intérêt plus local, pre- scrivait une répartition de la dépense entre les départements, les arrondis- sements et les communes les plus intéressées, dans une proportion à fixer par des lois spéciales.

Quelques années après, le décret du 16 décembre 1811 divisa les routes impériales en trois classes et décida « que les frais de construction, de « reconstruction et d'entretien des routes de 3e classe seraient supportés « concurremment par le Trésor et par les départements traversés. »

2. Système de la loi du 11 juin 1842. — Lorsque le Gouverne- ment présenta, au commencement de 1842, son grand projet de loi sur l'exécution des chemins de fer, il crut devoir étendre à ces nouvelles voies de communication le principe inscrit dans la loi de 1807 et le décret de

1811. Il proposa donc de décider que « indépendamment des subventions « volontaires qui pourraient être offertes par les localités et acceptées par « le Gouvernement, le montant des indemnités de terrains et bâtiments « dont l'occupation serait nécessaire à l'établissement des chemins de fer « et de leurs dépendances serait payé jusqu'à concurrence des deux tiers « par les départements et les communes intéressés. » Cette contribution devait être établie par département, puis répartie par le Conseil général entre le budget départemental et le budget des communes, en ayant égard aux circonstances, à la situation de ces communes, aux avantages dont elles seraient appelées à bénéficier. Le Parlement admit l'obligation du concours des localités : ce concours lui parut absolument justifié par l'accroissement inévitable de la valeur des propriétés dans les régions voisines des chemins de fer, par les éléments de richesse qu'y répandraient les dépenses d'exécution des travaux, par les bénéfices considérables que leur apporterait l'exploitation ultérieure. Il considéra d'ailleurs la forme adoptée pour la participation des départements et des communes comme susceptible de maintenir dans de justes limites les allocations des jurys d'expropriation. Toutefois, il apporta deux modifications au projet de loi. D'une part, il décida que les terrains et bâtiments appartenant à l'État ne donneraient pas lieu à indemnité : cette modification était parfaitement légitime pour les terrains qui restaient dans le domaine national et dont l'affectation seule était changée ; elle l'était moins pour les bâtiments qui devaient être démolis et reconstruits ailleurs. D'un autre côté, le législateur subordonna la validité des délibérations des Conseils généraux à la ratification par une ordonnance royale : l'assemblée départementale ne pouvait en effet être juge en dernier ressort dans sa propre cause et recevoir, au regard des communes, un pouvoir souverain peu en harmonie avec la législation ; c'est ainsi qu'en matière de travaux de grande vicinalité, le rôle du Conseil général se bornait, d'après la loi de 1836, à désigner les communes appelées à contribuer à la dépense ; c'est encore ainsi que, pour les travaux municipaux intéressant plusieurs communes, le Conseil général avait exclusivement à formuler un avis consultatif, destiné à éclairer le Gouvernement qui statuait ensuite par ordonnance royale.

Le texte définitivement voté fut le suivant :

Article 3 de la loi du 11 juin 1842. — « Les indemnités dues pour les « terrains et bâtiments dont l'occupation sera nécessaire à l'établissement « des chemins de fer et de leurs dépendances seront avancées par l'État « et remboursées à l'État, jusqu'à concurrence des deux tiers, par les « départements et les communes. — Il n'y aura pas lieu à indemnité pour « l'occupation des terrains ou bâtiments appartenant à l'État. — Le Gou-

« vernement pourra accepter les subventions qui lui seraient offertes par
« les localités ou les particuliers, soit en terrains, soit en argent.

Article 4. — « Dans chaque département traversé, le Conseil général
« délibérera :

« 1° Sur la part qui sera mise à la charge du département dans les
« deux tiers des indemnités et sur les ressources extraordinaires au moyen
« desquelles elle sera remboursée, en cas d'insuffisance des centimes
« facultatifs ;

« 2° Sur la désignation des communes intéressées et sur la part à sup-
« porter par chacune d'elles, en raison de son intérêt et de ses ressources
« financières.

« Cette délibération sera soumise à l'approbation du Roi. »

Ces dispositions soulevèrent, dans leur application, les plus sérieuses
difficultés. Les résistances des départements s'accentuèrent d'autant plus
que les Pouvoirs publics concédèrent sans subvention un grand nombre
de lignes appelées à desservir précisément les contrées les plus riches et
les plus aptes à fournir une contribution et que, dès lors, il devenait presque impossible d'imposer aux départements pauvres la stricte exécution
de la loi de 1842. Aussi les articles 3 et 4 de cette loi furent-ils abrogés
par une loi ultérieure du 19 juillet 1845.

**3. Discussion au Corps législatif en 1860 sur l'opportunité du
retour au principe de la loi du 11 juin 1842.** — Après le vote de la
loi du 19 juillet 1845, le concours financier des localités prit un caractère
purement facultatif.

En 1860, à l'occasion d'une loi portant déclaration d'utilité publique
des chemins de Caen à Flers, de Mayenne à Laval, d'Épinal à Remiremont
et de Lunéville à Saint-Dié, le Gouvernement voulut rétablir l'obligation
pour les départements et les communes de contribuer à la dépense. Mais ses
propositions rencontrèrent les plus vives résistances devant le Corps législatif ; il dut les atténuer, en déclarant que son seul but était d'être en mesure
de provoquer le concours des départements ou des communes auxquelles
leur situation permettrait des sacrifices. Sous le bénéfice de cette déclaration, le Corps législatif consentit à voter une disposition portant que les
subventions de l'État aux Compagnies concessionnaires seraient réduites « du montant des subventions fournies, soit en terrains, soit en
« argent, par les départements, les communes et les particuliers intéres-
« sés. » Dans le cours de la discussion, M. le comte Dubois, conseiller
d'État, commissaire du Gouvernement, avait insisté sur l'intérêt que
présenterait la livraison des terrains par les départements et les communes.

4. Avis émis en 1863 par la Commission d'enquête sur les chemins de fer. — Certains jurys allouaient des indemnités si excessives que la Commission extraparlementaire instituée en 1860, pour procéder à une enquête sur la construction et l'exploitation des chemins de fer, dut examiner avec un soin tout particulier les moyens de couper court à ces écarts.

Cette Commission étudia deux combinaisons : l'une consistait à reprendre, sauf amendement, l'article 3 de la loi du 11 juin 1842 et à obliger les départements et les communes à fournir une part proportionnelle des dépenses d'acquisition ; l'autre consistait à leur faire souscrire la garantie que ces dépenses ne dépasseraient pas un maximum déterminé par avance et à laisser le surplus à leur charge. Dans les deux combinaisons, les jurés devant se trouver en présence des contribuables de leur département ou même de leur commune, il était à espérer que leurs appréciations seraient plus modérées et plus conformes à l'équité.

Sans se prononcer catégoriquement entre ces deux systèmes, la Commission manifesta ses préférences pour le second, qui lui paraissait moins rigoureux pour les localités et en même temps plus conforme aux principes d'une bonne justice distributive, attendu que les régions les plus riches n'avaient rien payé pour obtenir les chemins de fer dont elles étaient déjà dotées.

Son avis ne reçut pas de consécration législative.

4. Discussion à la Chambre des députés et au Sénat en 1876, sur la participation obligatoire des localités aux dépenses d'établissement des chemins de fer. — L'Assemblée nationale avait prononcé, le 16 décembre 1875, la déclaration d'utilité publique d'un certain nombre de chemins de fer dans la région de l'Ouest et autorisé le Ministre des travaux publics à entreprendre les travaux, mais sous la réserve que les dépenses n'excèderaient pas celles qui étaient mises au compte du Trésor par les lois des 11 juin 1842 et 19 juillet 1845, sauf déduction « du mon-« tant des subventions, soit en terrains, soit en argent, qui avaient été ou « qui seraient offertes par les départements, les communes et les proprié-« taires intéressés ».

La Commission instituée en 1876 par la Chambre des députés, pour l'étude du budget de 1877, eut à discuter les voies et moyens d'exécution de ces lignes et conclut à décider que les travaux ne seraient commencés que lorsque le Ministre des travaux publics aurait reçu des départements, des communes et des particuliers, des offres de concours jugées par lui suffisantes. Cette conclusion souleva une opposition violente (1). Ses adversaires firent valoir l'insuccès des dispositions inscrites dans la loi de 1842; l'injustice qu'il y aurait à frapper les départements pauvres jusqu'alors déshérités du bienfait des voies ferrées; le danger de déposer entre les mains du Ministre un pouvoir discrétionnaire pour accepter ou refuser les offres des localités et, par suite, pour commencer ou ajourner l'exécution des nouvelles lignes; l'anomalie d'une distinction entre des chemins qui étaient tributaires les uns des autres et se transmettaient réciproquement la fécondité et la vie; la proportion minime dans laquelle l'État soulagerait son budget, tout en grevant celui des départements et des communes. Cependant les propositions de la Commission furent adoptées à une faible majorité, grâce aux efforts de son rapporteur, M. Sadi Carnot, et de son président, Gambetta. Mais elles furent rejetées par le Sénat.

5. Enquête sénatoriale de 1877. — Par une résolution du 4 août 1876, le Sénat avait décidé la création d'une Commission de dix-huit membres, pour l'étude des voies et moyens les plus propres à assurer l'exécution des chemins de fer destinés à compléter le réseau d'intérêt général.

L'une des questions sur lesquelles cette Commission dirigea ses investigations fut celle des difficultés que pouvaient rencontrer les grandes Compagnies dans l'acquisition des terrains. Les représentants des Compagnies furent à peu près unanimes à reconnaître que le seul moyen de diminuer les dépenses d'expropriation était de mettre ces dépenses à la charge des départements et des communes; la pensée que le prix des terrains serait soldé par la caisse départementale ou par la caisse municipale leur semblait de nature à modérer, dans beaucoup de cas, les exigences des propriétaires et les décisions du jury. C'était, suivant eux, la meilleure forme de subvention locale. Le retour, au moins partiel, au principe de la loi de 1842 leur paraissait d'autant plus rationnel que les chemins du troisième réseau devaient avoir une utilité plus restreinte et des produits plus modiques; ils considéraient la participation des communes aux indemnités de terrains comme particulièrement justifiée pour les stations dont l'utilité locale était nettement caractérisée.

6. Avis émis en 1878 par le Conseil supérieur des voies de communication. — Le Conseil supérieur des voies de communications

____

(1) M. Christophle, alors Ministre des travaux publics, avait adressé le 22 juin 1876 aux Conseils généraux une circulaire par laquelle il provoquait leurs offres de concours, pour hâter l'établissement des lignes auxquelles ils s'intéressaient.

fut appelé à examiner à son tour, en 1878, s'il convenait « de faire acheter
« par les départements les terrains nécessaires à l'établissement des che-
« mins de fer. » Prenant en considération les motifs qui avaient été invoqués en 1876 contre les propositions de la Commission du budget à la
Chambre des députés, il émit l'avis « qu'il ne semblait pas possible d'ad-
« mettre, comme règle générale, l'achat des terrains par les départements,
« surtout en tant que cette charge leur incomberait tout entière »; mais
il ajouta qu'il y aurait souvent avantage à associer les départements et
même les communes, sous une forme ou sous une autre, à l'acquisition
des terrains et au règlement des indemnités, soit à l'amiable, soit par voie
d'expropriation,

7. **Lois de classement de 1879.** — Pour terminer cet historique, il
nous reste à rappeler que le législateur a introduit dans les lois du 16 et
du 18 juillet 1879, portant classement de chemins de fer en France et en
Algérie, une disposition aux termes de laquelle le concours financier offert
par les départements, les communes et les particuliers, devait être l'un des
éléments déterminants de l'ordre de priorité à adopter pour la construction
des nouvelles lignes.

8. **Observations sur la participation des localités aux dépenses
sous forme de subventions en argent ou en terrains.** — Les indications sommaires que nous venons de donner montrent la tendance incessante de l'Administration à faire contribuer les départements et les communes à l'acquisition des terrains nécessaires pour l'établissement des
voies ferrées. C'est qu'en effet l'État et les Compagnies ont eu plus d'une
fois à subir des exigences tout à fait exagérées de la part des propriétaires
et ont vu trop souvent les jurys leur imposer le paiement d'indemnités hors
de proportion avec la valeur des immeubles expropriés. Tous ceux qui se
sont spécialement occupés de la matière connaissent le fait d'un terrain
qui, évalué d'abord à 30 000 francs environ, dut être payé 1 400 000
francs, pour l'exécution d'une des premières lignes dirigées vers le Midi.
A cet exemple topique, on pourrait en ajouter beaucoup d'autres qui ont
été relatés dans l'enquête sénatoriale et qui font ressortir des prix invraisemblables de 70, 80 et même 100 000 francs par hectare, en dehors des
centres de population. L'augmentation continue du prix des terrains est
d'autant plus regrettable qu'elle ne répond nullement à un accroissement
correspondant de leur valeur vénale.

Or, il est incontesté que les exagérations sont d'autant moins à redouter
que l'autorité expropriante représente des intérêts collectifs moins étendus.

Si les jurys sont peu touchés des intérêts de l'État ou des grandes Compagnies, ils le sont davantage des intérêts départementaux et plus encore des intérêts communaux. La Compagnie des Dombes, par exemple, a vu tomber de 10 ou 12 000 francs à 5 ou 6 000 francs, c'est-à-dire s'abaisser de moitié, le prix de l'hectare, lorsque le département de l'Ain a pris les acquisitions à sa charge.

On conçoit donc que le Ministre des travaux publics ait toujours fait ses efforts pour mettre tout ou partie des indemnités de terrains au compte des localités. Il avait obtenu l'inscription d'une disposition efficace à cet égard, dans la loi de 1842. Malheureusement l'obligation ainsi imposée aux départements ou aux communes n'a pas tardé à être frappée de caducité et même à être supprimée ; depuis, elle n'a pu être rétablie. Les Pouvoirs publics ayant réalisé, sans subventions locales, la concession des grandes lignes qui desservaient des régions riches et devaient par suite avoir un trafic largement rémunérateur, les régions moins bien partagées ont pu se prévaloir, avec plus de force que de raison, des principes de justice distributive et demander qu'on n'aggravât pas leur situation, en leur infligeant un traitement moins favorable ; leur prétention devait nécessairement trouver un écho au sein du Parlement et faire échec aux vues de l'Administration.

Cependant, si le Gouvernement n'a pu réussir complètement, il a du moins maintenu la participation des localités, comme l'un des éléments qui détermineraient l'exécution de telle ou telle ligne avant telle ou telle autre, et obtenu ainsi ce qu'il ne pouvait exiger en vertu d'une loi. Il est arrivé notamment à faire payer par les départements tout ou partie des indemnités de terrains afférentes aux chemins classés en 1879 : à peine avons-nous besoin de dire que, pour atteindre ce but, il a dû se résoudre à des négociations laborieuses et opposer une grande force de résistance aux sollicitations dont il était assailli.

9. **Des diverses formes d'intervention des localités dans les acquisitions de terrains.** — Les départements ou les communes peuvent intervenir sous diverses formes dans les acquisitions de terrains et y contribuer dans des proportions différentes.

Au premier point de vue, tantôt ils poursuivent eux-mêmes les expropriations d'après les plans arrêtés par l'administration des Ponts et Chaussées, tantôt au contraire ils laissent ce soin à l'État et se bornent à acquitter leur part contributive. De ces deux modes de procéder, le second a l'avantage de faciliter certaines transactions qui sont souvent de nature à réduire notablement les indemnités, moyennant l'exécution de travaux peu coûteux ; mais le premier met davantage les intérêts locaux en présence des propriétaires et des jurés.

Au second point de vue, les départements ou les communes peuvent, soit supporter la totalité des indemnités, soit en payer seulement une quote-part déterminée, soit enfin s'en charger à forfait, pour une somme convenue, en prenant ainsi à leur compte l'aléa et les mécomptes éventuels des opérations. Cette dernière combinaison est mise depuis longtemps en pratique et a donné les meilleurs résultats pour l'ouverture ou la rectification des traverses de routes nationales dans les villes. Nous pouvons aussi en citer une application très heureuse, dont nous avons été témoin, pour le chemin de ceinture de Nancy (ligne de Champigneules à Jarville), concédé à la Compagnie de l'Est par la loi du 17 juin 1873 : la ville de Nancy devait livrer les terrains à la Compagnie moyennant 200 000 francs à forfait et le département appuyait la ville, en assumant la moitié de l'aléa ; bien que la voie ferrée côtoyât une ville industrielle et se développât dans sa banlieue sur 7 kilomètres de longueur, le succès a été tel que le prix de revient a été en définitive inférieur aux évaluations des ingénieurs.

Ce qui importe, c'est moins d'obtenir des localités un concours plus ou moins élevé que de les intéresser sérieusement aux économies sur les expropriations et d'atténuer ainsi tout à la fois les exigences des propriétaires et les allocations du jury.

10. Importance des subventions données par les localités jusqu'en 1882. — Quels que soient les efforts de l'Administration, le concours financier des départements ou des communes pour les chemins de fer d'intérêt général reste toujours enfermé dans d'étroites limites. Au 31 décembre 1882, les dépenses de premier établissement se répartissaient ainsi :

	MONTANT	PROPORTION
	fr.	
Dépenses à la charge des Compagnies............	8.971.066.000	73 %
Dépenses incombant à l'État....................	3.142.618.000	26 %
Subventions locales..........................	86.287.000	1 %
TOTAL............	12.199.971.000	100 %

La participation des localités n'atteignait donc pas 1 °/₀ du chiffre total.

Si, au lieu d'envisager l'ensemble des faits accomplis depuis l'origine des chemins de fer, on considère spécialement ceux qui concernent les lignes entreprises par l'État pour le troisième réseau, on voit les subventions départementales varier de 0 à 40 000 francs par kilomètre.

11. Attribution des subventions à l'État ou aux Compagnies. — Dans la plupart des cas, les subventions des localités sont acquises au Trésor et viennent en déduction de celles que l'État assure aux Compagnies. On trouve à cet égard des stipulations formelles dans un certain nombre d'actes de concession. C'est le moyen le plus sûr d'obtenir une participation sérieuse des départements et des communes. Il est d'ailleurs presque indispensable que le concours des localités soit garanti avant la déclaration d'utilité publique ou la concession, et qu'il en soit en quelque sorte une condition *sine qua non* : car, une fois ces actes intervenus, l'État est désarmé et sans action pour obtenir des sacrifices de la part des populations qui ont la certitude d'avoir leurs lignes, quoi qu'il arrive (1).

Il est cependant des circonstances où les Compagnies peuvent recevoir directement des subsides des localités, par exemple pour le choix de telle ou telle variante du tracé, de tel ou tel emplacement de gare. Plusieurs des conventions conclues en 1875 contiennent la clause suivante : « La « Compagnie est autorisée à recevoir des départements, des communes « et des particuliers, en sus des subventions de l'État, les subventions en « nature ou en argent, qui lui seraient consenties pour l'exécution des « lignes concédées par la présente convention. »

On a même vu des départements, comme celui du Nord, offrir directement des subventions aux Compagnies pour les engager à solliciter la concession de nouveaux chemins, que ces départements auraient été obligés d'établir à titre de lignes d'intérêt local.

12. De la garantie d'intérêt offerte dans certains cas par les départements. — Au début, les localités ont parfois offert de garantir un intérêt déterminé aux actionnaires : tel était le cas du département de l'Aube, pour les actionnaires de la ligne de Montereau à Troyes qui appartenaient à son territoire. Ce mode de concours n'a pas tardé à disparaître.

Toutefois, il en a été fait application en 1869, lors de la constitution du Nord-Est (convention, décret et loi du 22 mai 1869). L'État ne s'est engagé à garantir que jusqu'à concurrence de moitié l'intérêt de 5 %, amortissement compris, du capital de premier établissement, l'autre moitié étant garantie par les départements du Nord, du Pas-de-Calais et de

____

(1) Quand les subventions des localités doivent venir en déduction des subventions de l'État, le concessionnaire n'est pas recevable à en poursuivre le versement entre ses mains. (Conseil d'État, 5 mars 1886, faillite Pasquin contre commune de Beaumont-en-Argonne.)

l'Aisne, sans qu'il y eût aucune solidarité entre les engagements contractés par ces départements et les engagements contractés par l'État. Mais, en fait, la Compagnie du Nord ayant repris, conformément à un décret du 20 mai 1876, l'exploitation des lignes concédées à la Compagnie du Nord-Est, a renoncé au bénéfice de la convention de 1869, et le rattachement définitif de ces lignes à son ancien réseau par la convention de 1883 a implicitement abrogé les clauses financières antérieurement stipulées au profit du Nord-Est.

§ 2.—CONCOURS POUR LES CHEMINS DE FER D'INTÉRÊT LOCAL

1. Système de la loi de 1865. — Nous avons déjà fait connaître que l'initiative des chemins de fer d'intérêt local appartenait aux départements de l'Alsace. Ces départements se préoccupaient, depuis plusieurs années, de relier au réseau d'intérêt général les industrieuses vallées des Vosges, où étaient groupées, depuis Niederbronn jusqu'à Sainte-Marie-aux-Mines, Wesserling et Thann, des établissements d'une grande importance, tels que forges et hauts-fourneaux, manufactures d'armes, filatures, tissages, fabriques de quincaillerie, scieries, etc. Le Conseil général du Bas-Rhin et les communes intéressées demandèrent d'appliquer à la création des embranchements nouveaux les ressources que la loi du 21 mai 1836 avait affectées à l'établissement des chemins vicinaux, et une loi du 16 juin 1859 intervint pour autoriser une imposition extraordinaire, dont le produit était destiné « aux travaux de construction des chemins classés comme « lignes vicinales de grande communication, pour être ultérieurement, « s'il y avait lieu, convertis en embranchements de chemins de fer ». C'était l'infrastructure qui était ainsi établie par les départements et les communes, le département concourant pour 40 % et les communes pour 60 %. Plus tard, le Conseil général consentit à fournir le ballast et les traverses et à poser le télégraphe électrique, de manière à ne laisser à la charge du concessionnaire que la voie ferrée, les ateliers et le matériel roulant. Une loi du 1er août 1860 accorda, sur les fonds du Trésor, une subvention de 600 000 francs pour les chemins de Strasbourg à Barr, à Mutzig et à Wasselonne (30 km.), qui étaient concédés dans ces conditions par le département, et une subvention de 240 000 francs pour le chemin de Haguenau à Niederbronn, avec embranchement sur Reichshoffen (21 km.), qui était dans la même situation. La dépense des lignes établies dans ce système se répartissait comme il suit :

Fonds départementaux............	18,7 %
Contingents communaux.........	19,1
Subvention de l'État............	16,»
Dépenses de la Compagnie.......	46,2
Total..........	100 %

La Commission d'enquête instituée en 1861 sous la présidence de M. Michel Chevalier, pour l'étude de diverses questions relatives à la construction et à l'exploitation des chemins de fer, invoqua le précédent que nous venons de rappeler et conclut à la constitution d'une nouvelle catégorie de lignes économiques, auxquelles serait étendu le bénéfice de la loi du 21 mars 1836.

Telle fut l'origine de la loi du 12 juillet 1865 sur les chemins de fer d'intérêt local. Aux termes de cette loi, les lignes d'intérêt local pouvaient être établies : « 1° par les départements ou les communes, avec ou sans le con- « cours des propriétaires intéressés ; 2° par des concessionnaires, avec le « concours des départements ou des communes. » (Art. 1er.) Les ressources créées en vertu de la loi du 21 mai 1836 pouvaient être affectées en partie par les communes et les départements à la dépense des chemins de fer d'intérêt local ; l'article 13 de cette loi était rendu applicable aux centimes extraordinaires que les communes et les départements s'imposeraient pour l'exécution de ces chemins. (Art. 3.)

Les formes sous lesquelles s'est manifestée le plus souvent la participation financière des localités sont les suivantes :

1° Subvention en argent ;

2° Subvention en argent et livraison des terrains ;

3° Livraison des terrains sans subvention ;

4° Subvention en argent ; livraison des terrains ; exécution des déviations ou modifications de routes et chemins rencontrés par le tracé, des chemins latéraux et des voies d'accès aux stations.

On trouve en outre, mais à titre exceptionnel, des formes différentes, savoir :

— Subvention et garantie d'intérêt (chemin d'intérêt local d'Achiet à Bapaume, décret du 30 mai 1868) ;

— Subvention et livraison de la plate-forme (chemin de Steinbourg à Bouxwiller, décret du 15 mai 1869) ;

— Subvention, livraison des terrrains et prestations (chemin de Villebois à Montalieu, décret du 1er décembre 1869).

Nous aurions voulu donner le montant des sacrifices consentis par les départements et les communes pour les chemins de fer d'intérêt local, sous le régime de la loi de 1865. Mais il nous est impossible de le faire, attendu qu'une part importante de ces sacrifices a consisté, comme nous venons de le dire, dans la livraison des terrains, et que les frais d'acquisition ne sont point évalués dans les décrets déclaratifs d'utilité publique.

Ajoutons que les subventions en argent étaient généralement payées en un certain nombre de termes, au fur et à mesure de l'exécution des travaux et après justification par la Compagnie de l'emploi d'une somme proportionnelle, le dernier terme n'étant acquitté qu'après l'achèvement des travaux.

2. Système de la loi du 11 juin 1880.— Nous avons exposé, page 364, le système de concours de l'État, par des subventions annuelles, qu'a inauguré la loi du 11 juin 1880. Nous avons fait remarquer que les départements ou les communes n'étaient nullement obligés de se conformer aux mêmes règles et qu'ils pouvaient notamment accorder une garantie d'intérêt pleine et entière sans limitation par des maxima, livrer au concessionnaire les terrains nécessaires à l'assiette de la voie ferrée, lui donner des subventions en capital payables en un ou plusieurs termes, adopter une combinaison d'annuités différente de celle de l'État.

Bien que la loi de 1880 n'ait encore reçu qu'un petit nombre d'applications, les départements et les communes ont largement usé de la liberté qui leur était laissée. En parcourant les dernières conventions, on rencontre les formes de concours que voici :

Garantie d'intérêt de 5 $^0/_0$, avec ou sans limitation par un maximum, avec ou sans limitation de durée ;

Garantie d'une quote-part déterminée de l'écart entre le revenu garanti à 5 $^0/_0$ et le produit net ;

Garantie d'intérêt de 5 $^0/_0$, combinée avec la livraison des terrains, moyennant une somme fixe à payer par la Compagnie ;

Garantie combinée avec l'allocation d'une subvention en capital payable, soit au fur et à mesure de l'avancement des travaux, soit en un nombre déterminé d'annuités ;

Subvention en capital sans garantie ;

Livraison des terrains et de certains matériaux.

Dans une convention de 1884, le département de la Somme, tout en limitant le montant de son annuité de garantie, s'est engagé à servir l'intérêt à 4 $^0/_0$ de l'excédent des insuffisances et à affecter ensuite au remboursement en capital de cet excédent la différence entre l'annuité calculée d'après le taux de garantie de 5 $^0/_0$ et le maximum fixé par le contrat, lorsque ce maximum ne serait pas atteint.

Ainsi que nous l'avons indiqué, l'État n'est lié par aucun délai pour le versement de sa part contributive. Rien n'empêche au contraire les départements ou les communes de s'obliger envers les concessionnaires à leur délivrer des acomptes et même à leur payer les annuités de garantie dans un délai convenu, à partir de la présentation des comptes ou de la décision à rendre par le Ministre des travaux publics en conformité des articles 7 et 9 du règlement d'administration publique du 30 mars 1882, en stipulant des intérêts de retard. On en trouve plusieurs exemples. Mais il importe que les engagements de cette nature n'aggravent pas les charges de l'État et ne portent pas atteinte à ses rapports financiers avec les départements et les communes, tels qu'ils ont été déterminés par la loi de 1880 et le réglement d'administration publique de 1882. Ces principes ont été affirmés par le Conseil d'État à l'occasion de projets dont il était saisi.

D'après l'article 15 de la loi du 11 juin 1880, quand le produit brut devient suffisant pour couvrir les frais d'exploitation et 6 °/₀ par an du capital de premier établissement, tel qu'il est prévu par l'article 13, la moitié du surplus de la recette est partagée entre l'État, le département ou, s'il y a lieu, la commune et les autres intéressés, dans la proportion des avances faites par chacun d'eux, jusqu'à concurrence du complet remboursement de ces avances, sans intérêts. Cette disposition doit être interprétée comme constituant un minimum des obligations imposées au concessionnaire pour le remboursement des avances qui lui ont été faites, mais comme ne s'opposant point à ce que les conventions stipulent des conditions plus avantageuses, par exemple l'abaissement du revenu net à partir duquel commencent le remboursement, l'augmentation de la part des excédents affectés à la libération de la Compagnie, l'addition d'intérêts au capital des avances. Des stipulations de ce genre ont déjà été admises par le Conseil d'État et consacrées par le Parlement. Cependant, il ne faudrait pas aller trop loin dans cette voie, sous peine de méconnaître les intentions du législateur de 1880, qui a voulu encourager l'œuvre des chemins de fer d'intérêt local, en ne faisant pas un sort trop rigoureux aux concessionnaires: il y a là une mesure et des ménagements à garder.

§ 3. — DU CONTENTIEUX RELATIF AU CONCOURS DES LOCALITÉS

1. Concours des départements, des communes ou des particuliers pour les chemins de fer d'intérêt général. — Souvent, les départements, les communes ou les particuliers subordonnent leur participation financière à l'accomplissement de conditions, telles que la mise en train des travaux avant une date déterminée, l'établissement d'une gare ou d'une halte en un point donné, l'adoption d'une variante du tracé, l'achèvement des travaux et la mise en exploitation dans un certain délai, etc.

L'État ou la Compagnie qui ont accepté l'offre de concours sont tenus de satisfaire à ces conditions. Leur inexécution pourrait-elle, le cas échéant, entraîner l'allocation de dommages-intérêts ? Non, à moins de stipulation expresse. La seule sanction des engagements de l'État ou de la Compagnie est la perte de la subvention locale. Encore y a-t-il lieu de distinguer, à cet égard, entre les clauses essentielles de l'offre de concours et celles qui au contraire n'ont qu'un caractère secondaire et accessoire, entre les conditions impératives et celles qui ne constituent en quelque sorte que des vœux et des désidérata. Ce sont là des principes généraux, qui ne sont point spéciaux aux offres de concours pour les chemins de fer et sur lesquels nous n'avons pas à insister.

Les offres de concours des départements, des communes ou des particuliers, une fois qu'elles sont explicitement ou implicitement acceptées, constituent de véritables contrats de travaux publics ; les contestations auxquelles elles peuvent donner naissance sont de la compétence du Conseil de préfecture, conformément à l'article 4 de la loi du 28 pluviôse an VIII, quelle que soit la forme du concours et alors même qu'il porterait exclusivement sur la livraison de parcelles de terrains : depuis longtemps, la jurisprudence est fixée à cet égard. Peu importe, d'ailleurs, que le contrat ait été formé avec l'État ou avec la Compagnie concessionnaire, ou encore avec un département ou une commune pour venir en déduction de la subvention promise sur la caisse départementale ou communale : ce qui en fait le caractère, c'est l'objet en vue duquel il a été conclu et non la qualité des parties contractantes.

Voici, par ordre de date, quelques arrêts intéressants à consulter :

Décision sur conflit du Conseil d'État du 26 mai 1859, attribuant compétence au Conseil de préfecture pour connaître d'un litige entre la Compagnie de l'Ouest et la ville d'Évreux, au sujet de la substitution d'un viaduc à un pont.

Arrêt de la Cour de Cassation du 9 décembre 1861, reconnaissant que les contestations sur une convention entre la Compagnie d'Orléans et la ville de Montauban, approuvée par une décision du Ministre des travaux publics et relative à la construction de deux gares, devaient être jugées par les tribunaux administratifs.

Décret au contentieux du 30 avril 1863, condamnant la ville de Troyes à payer à la Compagnie de l'Est une somme de 100 000 francs qu'elle avait promise à titre de subvention et qu'elle se refusait à verser, sous le prétexte que la délibération du Conseil municipal n'avait pas été approuvée dans les formes voulues.

Arrêt du Conseil du 20 février 1874, confirmant un arrêté du Conseil de préfecture qui avait déchargé la ville d'Elbeuf d'une subvention de 200,000 francs promise à l'État par son Conseil municipal pour la construction du chemin de Serquigny à Rouen, attendu que l'emplacement de la gare d'Elbeuf ne satisfaisait pas aux conditions indiquées par cette délibération.

Arrêt du Conseil du 24 avril 1874, rejetant une requête de la ville de Fécamp contre un arrêté du Conseil de préfecture, par lequel elle avait été condamnée à payer à la Compagnie de l'Ouest le montant de son offre de 200 000 francs pour le prolongement du chemin de fer jusqu'au port. (La ville prétextait à tort que la Compagnie ne s'était pas conformée à certaines conditions pour l'installation de la gare.)

Arrêt du Conseil du 17 mai 1878, confirmant la condamnation des héritiers Desprez et autres à verser le montant de la souscription consentie par eux au profit d'une commune pour l'établissement d'une halte ou d'un garage sur la ligne de Lille à Valenciennes, attendu que la création d'un simple garage satisfaisait bien aux conditions de cette souscription.

Arrêt du Conseil du 24 juin 1881, confirmant la condamnation de la commune de Mussy-sur-Seine à acquitter une subvention au paiement de laquelle elle prétendait échapper, en alléguant le défaut d'approbation de la délibération du Conseil municipal, alors que des délibérations ultérieures réglant le mode et les conditions de paiement avaient été approuvées par l'autorité compétente.

Arrêt du Conseil du 23 novembre 1883, confirmant la condamnation du sieur de Maumigny à payer au département de la Haute-Vienne une somme de 6 000 francs, qu'il s'était engagé à lui verser pour le chemin de Limoges au Dorat sous la condition du classement d'un chemin vicinal et qu'il se refusait à acquitter, en faisant valoir que le Conseil général, tout en classant ce chemin, avait refusé de mettre les dépenses de sa construction à la charge des communes.

Arrêt du Conseil du 9 mai 1884 (Ministre des travaux publics contre Merson), relatif à un litige sur l'interprétation et l'application d'une offre de concours.

Arrêt du Conseil du 16 mai 1884 (Héritiers Rogerie contre département de la Haute-Vienne), maintenant la dette, malgré le retard d'un an sur la date indiquée dans l'offre de concours pour l'ouverture du chemin de fer à l'exploitation, attendu que la fixation de cette date n'avait pas été la condition déterminante de la subvention.

Arrêt du Conseil du 11 juillet 1884 (Compagnie du Nord-Est contre commune d'Arques), interprétant une offre de concours pour livraison des terrains nécessaires à l'assiette d'une gare.

Arrêt du Conseil du 27 novembre 1885 (commune de Saint-Laurent-sur-Gorre contre département de la Haute-Vienne), maintenant l'exigibilité d'une subvention qui avait été subordonnée à l'établissement d'une gare à 5 kilomètres au plus, bien que la distance effective par les voies de communication fût supérieure à ce chiffre (la distance à vol d'oiseau n'était que de 4 kilomètres 5.)

Arrêt du Conseil du 26 février 1886 (département de la Vendée contre État), donnant gain de cause au département dans un litige sur l'application d'une offre alternative, qui comportait des subventions différentes suivant le tracé adopté.

Le lecteur pourra aussi se reporter aux décisions que nous énumérerons plus loin, au sujet des chemins de fer d'intérêt local.

Il n'existe pas de forme réglementaire pour les offres de concours. Si ces offres émanent d'un département, elles résultent d'une délibération du Conseil général; si elles émanent d'une commune, elles résultent d'une délibération du Conseil municipal ; enfin, si elles émanent des particuliers, elles résultent de lettres, de soumissions ou de lettres de souscription.

L'acceptation des offres peut être explicite, se déduire d'une mention spéciale insérée dans l'acte déclaratif d'utilité publique, ou découler implicitement de l'exécution des travaux qui ont fait l'objet de ces offres.

S'il n'y avait pas de litige sur le contrat lui-même et s'il s'agissait simplement d'un retard dans le paiement des subventions, le recouvrement serait poursuivi par les voies de droit. Au regard du département, il serait procédé par voie d'inscription d'office au budget départemental, conformément à l'article 61 de la loi du 10 août 1871 (dettes exigibles). La loi du 5 avril 1884 sur l'organisation municipale range de même les dettes exigibles parmi les dépenses obligatoires des communes (art. 136) et permet d'inscrire d'office les crédits nécessaires à leur budget, soit par décret du

Président de la République, soit par arrêté du préfet en Conseil de préfecture (art. 149).

Les décisions du Ministre des travaux publics sur l'interprétation des offres de concours ne peuvent être considérées que comme affirmant la prétention de l'État et ne sont, par suite, point susceptibles d'un recours direct pour excès de pouvoirs devant le Conseil d'État. (Conseil d'État, 7 août 1883, département de la Haute-Vienne contre Ministre des travaux publics.)

2. Concours des départements, des communes et des particuliers pour les chemins de fer d'intérêt local. — Les litiges auxquels peuvent donner lieu les offres de concours des départements et des communes pour des chemins de fer qu'ils n'ont point concédés eux-mêmes sont, comme les contrats de concession, de la compétence du Conseil de préfecture; il en est de même des offres des particuliers.

Les principes que nous avons exposés succinctement à propos des chemins de fer d'intérêt général s'appliquent aux chemins de fer d'intérêt local.

Nous croyons devoir relater les décisions suivantes :

Jugement du 13 mars 1875 du tribunal des conflits, confirmant un arrêté de conflit du préfet de la Seine-Inférieure, dans une instance pendante entre les sieurs Estancelin et consorts et le département, pour le chemin de la Bresle, et proclamant que la juridiction administrative était seule compétente pour statuer sur la contestation.

Arrêt du Conseil d'État du 23 avril 1875, rejetant la requête des sieurs Vivet et autres contre un arrêté du Conseil de préfecture de l'Isère qui avait repoussé leur opposition contre un commandement à eux signifié pour le paiement de rôles rendus exécutoires par le préfet et représentant le montant d'une souscription consentie vis-à-vis du département pour le chemin d'intérêt local de Villebois à Montalieu, attendu que les faits invoqués par les requérants ne constituaient pas des dérogations au contrat.

Arrêt du Conseil du 10 décembre 1875, confirmant pour partie un arrêté du Conseil de préfecture dans une instance entre la Compagnie du chemin de fer du Tréport à Abancourt et le département de la Seine-Inférieure, relativement au retard dans la livraison des terrains par le département, et renvoyant pour le surplus les parties devant le Conseil de préfecture.

Arrêt du Conseil du 28 décembre 1877, rejetant une requête de la ville de Saumur contre un arrêté du Conseil de préfecture de Maine-et-Loire, qui l'avait condamnée à verser la somme de 100 000 francs par elle offerte

pour le chemin de Poitiers à Saumur et qu'elle attaquait, en faisant valoir
que la gare avait été construite en bois et présentait ainsi un caractère
provisoire.

Arrêt du Conseil du 25 janvier 1878, rejetant une requête des sieurs
Coicaud et autres contre des arrêtés du Conseil de p.éfecture, qui les
avaient condamnés à payer à la Compagnie des chemins de fer nantais
des subventions par eux promises pour le chemin de Nantes à Machecoul.

Arrêt du Conseil du 17 mai 1878, abaissant de 6 000 francs à
2 500 francs, conformément à la demande du Conseil municipal, la subvention promise par la commune de Mauvages au concessionnaire du
chemin de Nançois-le-Petit à Gondrecourt, attendu que cette commune
n'avait pas été autorisée à effectuer dans les conditions prévues une coupe
dont le produit devait être affecté au paiement de cette subvention.

Arrêt du Conseil du 22 novembre 1878, rejetant une requête de la
commune de Montreuil-Bellay, qui voulait se soustraire au versement d'une
somme de 15 000 francs, pour le chemin de Poitiers à Saumur, en faisant
valoir le mauvais emplacement de la gare, et décidant en outre : 1° que
la concession de la ligne avait donné au contrat un caractère définitif et obligatoire ; 2° que la commune n'était pas fondée à contester la
légalité d'une délibération prise par le Conseil municipal, sans l'adjonction des plus imposés, l'intervention de ces derniers n'étant nécessaire
que pour le vote des emprunts ou des impositions extraordinaires.

Arrêt du Conseil du 13 février 1880, rejetant une requête de la commune de Warméviville, qui invoquait à tort une irrégularité de la délibération de son Conseil municipal et l'inaccomplissement de l'une des
conditions de sa souscription à la dépense du chemin de Bazancourt à
Bétheniville, pour se refuser au versement du montant de cette souscription.

Arrêt du Conseil du 12 novembre 1880, déchargeant les sieurs Harmel
frères d'une subvention de 8 000 francs promise par eux pour la construction du chemin de Bazancourt à Bétheniville, attendu que l'emplacement de la gare ne satisfaisait pas aux conditions de leur offre de concours.

Arrêts du Conseil du 1er juillet 1881 et du 21 décembre 1883, rejetant
une demande en résiliation de la Compagnie des chemins de fer d'intérêt
local de l'Hérault, mais allouant des dommages-intérêts à cette Société, à
raison des retards apportés par le département à la livraison des terrains
et au paiement des termes de subventions.

Arrêt du Conseil du 5 janvier 1883, déchargeant les sieurs Estancelin
et consorts de diverses subventions promises au département de la Seine-
Inférieure, pour le chemin du Tréport à Abancourt, attendu que leur offre

avait été subordonnée au commencement des travaux dans un délai déterminé et que ce délai n'avait pas été observé.

Arrêt du Conseil du 12 mars 1886 (Compagnie des Dombes et Sud-Est contre département de l'Ain), statuant sur une contestation entre le département et la Compagnie au sujet des terrains à livrer à cette dernière.

Arrêt du Conseil du 16 avril 1886 (Compagnie de l'Est contre département des Vosges et communes de Mirecourt et autres), repoussant la prétention de la Compagnie de faire déclarer débiteur d'une somme de 200 000 francs le département qui s'était engagé à fournir une somme *approximative* de 200 000 francs à payer par les communes intéressées, mais reconnaissant au département le rôle d'intermédiaire entre la Compagnie et les communes, et le déclarant obligé de poursuivre le recouvrement des subventions consenties par ces dernières.

Les conventions financières entre des maisons de banque et des communes ou des départements pour assurer le paiement des subventions constitueraient des contrats de droit commun dont l'autorité judiciaire seule pourrait connaître. (Conseil d'État, 5 janvier 1883, Hainque contre ville d'Arles.)

Les délibérations des Conseils généraux, sur l'interprétation des offres de concours, ne peuvent être considérées que comme des actes énonçant la prétention du département et ne sont point, en conséquence, susceptibles d'un recours pour excès de pouvoirs devant le Conseil d'État. (Conseil d'État, 9 février 1883, Compagnie des chemins de fer de la Meuse contre département de la Meuse.)

CHAPITRE XIII

DU PARTAGE DES BÉNÉFICES

1. Origines des clauses relatives au partage des bénéfices. —
C'est en 1843 que l'État s'est réservé pour la première fois une part des
bénéfices nets de l'exploitation, au-dessus d'un minimum déterminé. Le
cahier des charges annexé à la loi du 24 juillet 1843 sur le chemin de
Marseille à Avignon contenait, en son article 47, la disposition suivante,
qui y avait été introduite par la Commission de la Chambre des députés :
« Pendant les cinq premières années d'exploitation, la Compagnie est
« dispensée de toute redevance envers l'État pour la location du sol du
« chemin de fer et des travaux exécutés avec les trente-deux millions
« fournis par le Trésor public; mais, à l'expiration de ces cinq années, si
« le produit net de l'exploitation excède 10 °/₀ du capital dépensé par la
« Compagnie en sus de ces 32 millions, la moitié du surplus sera attribué
« à l'État à titre de prix de ferme. » On le voit, il s'agissait beaucoup
plutôt d'un prix de fermage variable avec le produit net que de l'attribution proprement dite d'une part des bénéfices.

Une clause tout à fait analogue fut insérée dans les cahiers des charges
du chemin du Centre et du chemin d'Orléans à Bordeaux (lois du 26 juillet
1844); toutefois le taux à partir duquel devait s'exercer le partage fut
abaissé à 8 °/₀.

Le droit de partage, soit au-dessus de 8 °/₀, soit au-dessus de 6 °/₀, fut
encore réservé après 1843, pour un certain nombre de lignes concédées dans
le système de la loi de 1842.

A partir de 1852, cette disposition fut appliquée à presque toutes les
concessions, en même temps que la garantie d'intérêt, dont elle constituait
en quelque sorte la contre-partie. Le revenu au-dessus duquel s'ouvrait le
partage était fixé uniformément à 8 °/₀. Tantôt les droits de l'État devaient

s'exercer sur le produit de l'ensemble des lignes concédées à une même Compagnie, tantôt ils devaient porter sur certains groupes séparés les uns des autres. Dans certains cas, le partage pouvait avoir lieu dès la mise en exploitation ; dans d'autres, il était ajourné à une époque déterminée par l'acte de concession.

En 1857, apparut une stipulation nouvelle. Les conventions conclues avec les Compagnies d'Orléans, de Paris-Lyon-Méditerranée et du Midi, fixaient pour la clôture du compte de premier établissement un délai de cinq ans à partir de la date fixée pour l'achèvement des lignes. Mais, prévoyant la nécessité d'exécuter après ce délai des travaux complémentaires, l'État et les Compagnies introduisirent la clause suivante dans leurs contrats : « Après l'expiration de ce délai de cinq ans, la Compagnie pourra « être autorisée, s'il y a lieu, par décret délibéré en Conseil d'État, à « ajouter aux comptes les dépenses qui seraient faites pour l'exécution des « travaux qui seraient reconnus être de premier établissement. Dans tous « les cas et lors même que ces dépenses s'appliqueraient à des lignes sou- « mises à la clause de partage au delà de 8 %, la Compagnie n'aurait droit « qu'au prélèvement sur les produits nets des intérêts et de l'amortisse- « ment desdites dépenses. »

2. Conventions de 1859 avec les grandes Compagnies. — Telle était la situation lorsqu'intervinrent les conventions de 1859 avec les grandes Compagnies. Le droit de partage de l'État fut réglé comme il suit par lesdites conventions, pour les Compagnies du Nord, de l'Ouest et d'Orléans :

« 1° Lorsque l'ensemble des produits nets, tant de l'ancien que du « nouveau réseau, excédera la somme nécessaire pour représenter à la « fois un revenu net moyen de (1).... fr. par kilomètre sur l'ancien réseau « et un intérêt de 6 % du capital effectivement dépensé pour la construc- « tion des lignes comprises dans le nouveau réseau, l'excédent sera par- « tagé par moitié entre l'État et la Compagnie.

« Ce partage s'exercera à partir du 1er janvier 1872.

. . . .

« 2° Le compte de premier établissement des lignes énoncées en l'article « ....ci-dessus sera arrêté provisoirement, tant pour l'application de la « garantie que pour l'exercice du droit de partage des bénéfices, avant « le premier janvier qui suivra leur mise en exploitation et arrêté défi- « nitivement cinq ans après ladite époque.

(1) Nord, 53 000 fr.; Ouest, 30 000 fr.; Orléans, 32 000 fr.

« En aucun cas, le capital garanti ne pourra excéder les sommes déter-
« minées à l'article précité.

« Toutefois, après l'expiration de ce délai de cinq ans, la Compagnie
« pourra être autorisée, s'il y a lieu, par décrets délibérés en Conseil
« d'État, à ajouter auxdits comptes, pour l'exercice du droit de partage
« des bénéfices, les dépenses faites pour l'exécution de travaux qui seraient
« reconnus être de premier établissement.

« Dans tous les cas, la Compagnie n'aura droit qu'au prélèvement
« sur les produits nets de l'intérêt et de l'amortissement desdites dé-
« penses. »

La disposition relative aux travaux complémentaires à exécuter après
la clôture des comptes fut également inscrite dans les conventions avec les
Compagnies de l'Est, de Paris-Lyon-Méditerranée et du Midi. Mais la participation de l'État fut réglée dans des conditions un peu différentes. En ce
qui concernait l'Est, il fut stipulé que le revenu réservé avant partage
représenterait 6 °/₀ du capital effectivement dépensé pour la construction
des lignes rétrocédées par la Compagnie des Ardennes et 8 °/₀ du capital
effectivement dépensé pour le surplus des lignes concédées à la Compagnie. En ce qui concernait le Paris-Lyon-Méditerranée, le revenu avant
partage était de 8 °/₀, pour l'ancien réseau, et correspondait aux charges
réelles, pour le nouveau. En ce qui concernait le Midi, il était de 8 °/₀ ;
mais les droits de l'État devaient s'exercer séparément sur chaque réseau.
L'origine du partage était d'ailleurs fixée pour ces trois Compagnies,
comme pour les autres, au 1ᵉʳ janvier 1872.

Nous résumons dans le tableau suivant les clauses que nous venons
de rappeler et nous y indiquons, en outre, le dividende que les parties contractantes avaient entendu ménager aux actionnaires avant l'ouverture
du partage avec l'État. Pour les bases des calculs, le lecteur voudra bien
se reporter aux tableaux des pages 277 et suivantes, concernant la garantie d'intérêt.

	NORD	EST	OUEST	ORLÉANS	P.-L.-M.	MIDI
Origine du droit de partage....................	1er Janvier 1872	1er Janvier 1872	1er Janvier 1872	1er Janvier 1872	1er Janvier 1872	1er Janvier 1872
Revenu kilométrique réservé à l'ancien réseau.....	53.000 fr.	»	30.000 fr.	32.000 fr.	»	»
Revenu proportionnel réservé à l'ancien réseau....	»	8 %	»	»	8 %	8 %
Revenu proportionnel réservé au nouveau réseau...	6 %	8 et 6 %	6 %	6 %	charges réelles	8 %
Revenu total réservé aux deux réseaux...........	63.251.000 fr.	63.810.000 fr.	54.210.000 fr.	105.348.000 fr.	123.487.500 fr.	26.750.000 fr. (3)
Charges des obligations (1).....................	21.340.000 fr.	33.465.000 fr.	35.509.000 fr.	51.175.000 fr.	83.950.000 fr.	12.966.000 fr.
Revenu des actions............................	41.911.000 fr.	30.345.000 fr.	18.701.000 fr.	54.173.000 fr.	39.537.500 fr.	13.784.000 fr. (3)
Nombre des actions............................	525.000	500.000	300.000	500.000	800.000	250.000
Dividende par action..........................	80 fr.	61 fr.	62 fr.	108 fr. (2)	49 fr. 50	55 fr. (3)

(1) A 5,75 %.

(2) Chiffre ramené à 84 fr. 50 par ce fait, que le nombre des actions a été porté à 600 000 et qu'elles ont produit 308 millions seulement, au lieu de 370 millions.

(3) Calcul fait en supposant que le nouveau réseau couvre ses frais, lors de l'ouverture du partage pour l'ancien réseau.

3. Conventions de 1862-1863, 1868-1869, 1873 et 1875 avec les grandes Compagnies. — Les conventions conclues de 1859 exclusivement à 1875 inclusivement avec les grandes Compagnies ont maintenu dans leurs traits généraux les contrats financiers de 1859 ; toutefois elles ont apporté une série de modifications successives aux règles concernant le partage des bénéfices. Il serait absolument sans intérêt de reproduire ici le calcul des dividendes avant partage, que réservait chacune de ces conventions ; le lecteur trouvera d'ailleurs dans les tableaux des pages 288 et suivantes et dans les tableaux ci-après tous les éléments de ces calculs. Nous nous bornons donc à relater :

1° Les bases admises en 1862-1863, 1868-1869, 1873 et 1875 ;

2° La situation telle qu'elle était avant les conventions de 1883.

Tableau des bases admises en 1862-1863.

	NORD	EST	OUEST	ORLÉANS	P.-L.-M.	MIDI (5)
Revenu kilométrique réservé à l'ancien réseau	48.700 fr.	»	34.500 fr.	30.700 fr.	»	»
Revenu proportionnel réservé à l'ancien réseau — Ancien réseau de 1859	»	8 %	»	»	8 %	8 %
— Lignes ajoutées en 1863					6 %	
Revenu proportionnel réservé au nouveau réseau — Nouveau réseau de 1859	6 %	6 %	6 %	6 %	charges réelles	8 %
— Lignes ajoutées en 1863					6	6 %

Tableau des bases admises en 1868-1869.

	NORD	EST	OUEST	ORLÉANS	P.-L.-M.	MIDI (5)
Revenu kilométrique réservé à l'ancien réseau	50.275 fr. (1)(2)	»	35.900 fr.	30.000 fr.	»	»
Supplément par million, pour travaux complémentaires exécutés pendant la période décennale fixée pour la clôture des comptes	»	»	12 fr. (3)	»	»	»
Revenu proportionnel réservé à l'ancien réseau — Ancien réseau de 1859	»	8 %	»	»	8 %	8 %
— Surplus du réseau	»		»	»	6 %	
Supplément pour travaux complémentaires, comme ci-dessus	6 %	8 %	»	»	8 % et 6 % (4)	8 %
Revenu proportionnel réservé au nouveau réseau — Nouveau réseau de 1859	6 %	6 %	6 %	6 %	6 %	8 %
— Surplus du réseau						6 %
Supplément pour travaux complémentaires, comme ci-dessus	»	»	6 % (3)	6 %	6 %	»

Tableau des bases admises en 1873 pour la Compagnie de l'Est (5).

Revenu proportionnel réservé à l'ancien réseau, y compris la rente de 20.500.00) fr. assurée à la Compagnie par la loi du 17 juin 1873.   8 %

Revenu proportionnel réservé au nouveau réseau..   6 %

(1) La Compagnie du Nord avait demandé à rompre ses liens de solidarité avec l'État, aussi bien au point de vue de la garantie qu'au point de vue du partage des bénéfices, et une convention avait été conclue dans ce sens en 1864 ; mais le projet de loi portant ratification de ce contrat fut retiré en 1866.

(2) Sauf réduction de 52 fr. par million économisé sur l'évaluation maximum de 540 millions.

(3) Travaux complémentaires limités à 124 millions.

(4) Suivant que les travaux seraient faits sur des lignes appartenant à l'ancien réseau de 1859 ou sur d'autres lignes.

(5) La convention de 1868 avec le Midi et celle de 1873 avec la Compagnie de l'Est portaient que le partage ne commencerait qu'après le remboursement complet des sommes avancées par l'État au titre de la garantie d'intérêt.

	BASES FIXÉES PAR LES CONVENTIONS	ÉVALUATION du CAPITAL	REVENU RÉSERVÉ AVANT PARTAGE		PRÉLÈVEMENT POUR LES OBLIGATIONS		REVENU TOTAL des actions	NOMBRE des ACTIONS	DIVIDENDE par ACTION	OBSERVATIONS
			Éléments	Totaux	de l'ancien réseau	du nouveau réseau				
		fr.	fr.	fr.	fr.	fr.	fr.	fr.	fr.	
NORD	*Convention de 1869*									Ce tableau a été dressé en 1883. Pour toutes les Compagnies, on a supposé entièrement dépensées les sommes maxima prévues pour le 1er établissement et pour les travaux complémentaires à exécuter avant la clôture du compte de premier établissement. On a admis aussi que les émissions à faire par les Compagnies maintiendraient sensiblement le taux moyen des émissions antérieures.
	50.275 fr. par kilomètre, pour 1.174 kilomètres de l'ancien réseau..............	»	59.022.850							
	6 % du capital du nouveau réseau, fixé au maximum à	200.000.000	12.000.000							*Capital de l'ancien réseau.*
	6 % des dépenses complémentaires de l'ancien réseau, jusqu'à concurrence de...........	60.000.000	3.600.000							Premier établissement........ 606.000.000 fr. Travaux complémentaires....... 200.000.000 Total........ 806.000.000
	Convention de 1875			86.574.000	20.017.000 (1)	11.175.000	46.782.000	525.000	89,10 (2)	
	13.000 fr. par kilomètre, pour 214 kilomètres.......	»	2.782.000							Capital-actions .... 231.875.000 Capital-obligations........... 574.125.000
	6.5 % du capital affecté aux lignes des docks de Saint-Ouen au chemin de fer de ceinture et à la plaine de Saint-Denis, et d'Amiens à la vallée de l'Ourcq. ...	18.000.000	1.170.000							*Capital du nouveau réseau.* Ci.................... 223.500.000
	6 % des dépenses complémentaires, jusqu'à concurrence de............	140.000.000	8.400.000							(1) Y compris le fonds d'amortissement des actions. (2) Y compris l'intérêt statutaire de 16 fr.
EST	*Conventions de 1869-1873*									*Capital de l'ancien réseau.* Premier établissement, y compris les lignes cédées à l'Allemagne. 325.000.000 fr. Travaux complémentaires....... 40.000.000 Total....... 365.000.000
	8 % du capital de l'ancien réseau, évalué au maximum à..........	325.000.000	26.000.000							
	8 % des dépenses complémentaires de l'ancien réseau, jusqu'à concurrence de...........	40.000.000	3.200.000							Capital-actions .... 292.000.000 Capital-obligations........... 73.000.000
	6 % du capital du nouveau réseau, évalué au maximum à..........	940.290.000	56.417.000	90.102.400	3.942.000 (4)	54.502.000	31.658.400	584.000	54,20 (5)	*Capital du nouveau réseau.* Y compris les parties cédées à l'Allemagne............. 1.009.290.000
	Convention de 1875									(3) Non compris les dépenses éventuelles de doubles voies.
	6.5 % du capital des lignes concédées en 1875 et rattachées au nouveau réseau, ledit capital fixé au maximum à	69.000.000 (3)	4.485.000							(4) Non compris le fonds fixe d'amortissement des actions, porté au compte d'exploitation. (5) Y compris l'intérêt statutaire de 20 fr.

Tableau des bases du partage et calcul du dividende réservé, après les conventions de 1875 (Suite)

	BASES FIXÉES PAR LES CONVENTIONS	ÉVALUATION du CAPITAL	REVENU RÉSERVÉ AVANT PARTAGE		PRÉLÈVEMENT POUR LES OBLIGATIONS		REVENU TOTAL des actions	NOMBRE des ACTIONS	DIVIDENDE des ACTIONS	OBSERVATIONS
			Éléments	Totaux	de l'ancien réseau	du nouveau réseau				
		fr.	fr.	fr.	fr.	fr.	fr.	fr.	fr.	
OUEST	*Convention de 1875*									Capital de l'ancien réseau.
	Prélèvement égal au revenu réservé avant déversement	»	34.231.500							Ci....................... fr. 425.000.000
										Capital-actions............... 150.000.000
	6 % du capital du nouveau réseau, évalué au maximum à..........	664.000.000	39.840.000							Capital-obligations........... 275.000.000
										Capital du nouveau réseau.
	6 % des dépenses complémentaires du nouveau réseau de 1868, jusqu'à concurrence de..............	65.000.000	3.900.000	84.406.500	15.400.000 (1)	50.490.000	18.546.500	300.000	61,70 (2)	Premier établissement, y compris 55 millions à dépenser sur l'ancien réseau........ 794.000.000
										Travaux complémentaires, y compris 59 millions à dépenser sur l'ancien réseau........ 124.000.000
	6,5 % du capital des lignes concédées en 1875, évalué au maximum à..............	75.000.000	4.875.000							Total....... 918.000.000
	6,5 % des dépenses complémentaires de ces lignes, jusqu'à concurrence de..............	24.000.000	1.560.000							(1) Non compris le fonds fixe d'amortissement des actions, porté au compte d'exploitation. (2) Y compris l'intérêt statutaire de 17 fr. 50.
ORLÉANS	*Convention de 1868*									Capital de l'ancien réseau.
	30.000 fr. par kilomètre, pour 2.020 kilomètres de l'ancien réseau...............	»	60.000.000							Ci....................... fr. 514.000.000
										Capital-actions............... 300.000.000
	6 % du capital du nouveau réseau, fixé au maximum à..............	832.000.000	49.920.000	111.840.000	12.302.000 (3)	46.543.000	52.995.000	600.000	88,30 (4)	Capital-obligations........... 214.000.000
										Capital du nouveau réseau.
										Premier établissement......... 832.000.000
										Travaux complémentaires...... 22.000.000
										Total....... 854.000.000
	6 % des dépenses complémentaires du nouveau réseau, jusqu'à concurrence de..............	22.000.000	1.320.000							(3) Y compris le fonds fixe d'amortissement des actions. (4) Y compris l'intérêt statutaire de 15 fr.

	BASES FIXÉES PAR LES CONVENTIONS	ÉVALUATION du CAPITAL	REVENU RÉSERVÉ AVANT PARTAGE		PRÉLÈVEMENT POUR LES OBLIGATIONS		REVENU TOTAL des actions	NOMBRE des ACTIONS	DIVIDENDE par ACTION	OBSERVATIONS
			Éléments	Totaux	de l'ancien réseau	du nouveau réseau				
		fr.	fr.	fr.	fr.	fr.	fr.	fr.	fr.	
P.-L.-M. (NON COMPRIS LE RHÔNE AU MONT-CENIS)	*Convention de 1875*									*Capital de l'ancien réseau.* fr. Premier établissement....... 2.314.000.000 Travaux complémentaires..... 192.000.000 TOTAL....... 2.506.000.000 fr. Capital-actions.......... 345.549.216 (1) Capital-obligations....... 2.160.450.784 *Capital du nouveau réseau.* fr. Premier établissement 635.000.000 Travaux complémentaires 14.000.000 TOTAL....... 649.000.000 (1) Non compris le fonds fixe d'amortissement des actions. L'amortissement ne commence qu'en 1817. (2) Y compris l'intérêt statutaire de 20 fr. (3) Ce chiffre est celui qui était admis, avant la modification récemment apportée par la Compagnie à son évaluation.
	8 % de l'ancien réseau de 1859, évalué au maximum à	855.380.000	68.430.000	210.132.000	113.424.000 (1)	34.072.000	62.636.000	800.000	78,30 (2)	
	6 % du capital des autres lignes concédées définitivement avant 1875, évalué au maximum à	1.777.620.000	106.357.000							
	6,5 % du capital des lignes concédées en 1875, évalué au maximum à	281.000.000	18.265.000							
	8 % et 6 % du capital de l'ancien réseau, au-delà de 2.274.000 fr., sans que cet excédent puisse dépasser.	40.000.000	2.800.000							
	8 % et 6 % des dépenses complémentaires de l'ancien réseau, jusqu'à concurrence de	192.000.000	13.440.000							
	6 % des dépenses complémentaires du nouveau réseau, jusqu'à concurrence de	14.000.000	840.000							
MIDI	*Conventions de 1868 et de 1875* (Deux partages distincts) 1. ANCIEN RÉSEAU (formation de 1868)									*Capital de l'ancien réseau.* (NON COMPRIS LES LIGNES DE 1875) fr. Premier établissement.......... 295.000.000 Travaux complémentaires........ 57.000.000 TOTAL....... 352.000.000 Capital-actions........ 142.406.944 Capital-obligations.... 209.593.056 (3) Y compris le fonds fixe d'amortissement des actions. (4) Y compris l'intérêt statutaire de 25 fr. *Capital du nouveau réseau.* (Y COMPRIS LES LIGNES DE L'ANCIEN RÉSEAU CONCÉDÉES EN 1875) fr. Premier établissement......... 540.800.000 (Dont 24 mill. applicables à l'ancien réseau) Travaux complémentaires....... 83.000.000 TOTAL....... 623.800.000
	8 % du capital évalué à forfait à	295.000.000	23.600.000	28.160.000	11.209.000 (3)	»	16.951.000	250.000	67,80 (4)	
	8 % des dépenses complémentaires, jusqu'à concurrence de	57.000.000	4.560.000							
	2. NOUVEAU RÉSEAU (formation de 1868) ET LIGNES CONCÉDÉES EN 1875 — 8 % du capital du nouveau réseau de 1859, évalué au maximum à	264.000.000	21.120.000	43.907.000	1.272.000	31.789.000	10.846.000	250.000	43,40	
	6 % du capital des lignes du nouveau réseau concédées de 1859 à 1875, évalué au maximum à	203.000.000	12.180.000							
	6,5 % du capital des lignes concédées en 1875, évalué au maximum à	73.800.000	4.797.000							
	8 % et 6 % du montant des dépenses complémentaires, jusqu'à concurrence de	83.000.000	5.810.000							

Les chiffres de dividende avant partage consignés dans le tableau qui précède ne doivent être considérés que comme des indications. Ainsi que nous avons eu soin de le faire remarquer dans la colonne « Observations », ils ont été calculés dans la double hypothèse où les dépenses atteindraient, sans les dépasser, les évaluations de l'ancien et du nouveau réseau et où le taux moyen des émissions antérieures d'obligations serait maintenu pour les emprunts ultérieurs.

Dans l'un de ses discours à la Chambre des députés sur les conventions de 1883, M. Raynal, ministre des travaux publics, a cité les chiffres suivants :

Nord	92 f.	88
Est	54	20
Ouest	61	70
Orléans	90	»
Paris-Lyon-Méditerranée	85	»
Midi	68	»

D'autre part, les documents parlementaires sur les conventions de 1883 comprenaient des tableaux qui se référaient, pour la plupart, à la situation en 1882 et qui donnaient les chiffres que voici :

Nord	pour l'exercice 1882	92 f.	88
Est	au 31 décembre 1882	51	15
Ouest	pour l'exercice 1882	52	10
Paris-Lyon-Méditerranée	pour l'exercice 1882	82	»
Midi (ancien réseau), toutes les dépenses prévues étant faites		65	»

Nous nous bornons à relater ces chiffres, sans en faire l'objet d'un examen et d'une discussion de détail.

Avant de passer aux règles posées par les conventions de 1883, il ne nous reste à signaler que quelques points qui méritent de fixer l'attention :

1° Les conventions conclues de 1859 à 1875 inclusivement ont maintenu la date du 1er janvier 1872 pour l'ouverture du droit de l'État au partage des bénéfices, si ce n'est en ce qui concerne la Compagnie de Paris-Lyon-Méditerranée, pour laquelle cette date a été reportée au 1er janvier 1874 par la convention du 3 juillet 1873.

2° La convention de 1868 avec la Compagnie du Midi stipulait, nous l'avons déjà dit, que « le partage des bénéfices ne s'exercerait, soit sur « l'ancien, soit sur le nouveau réseau, qu'après le remboursement com-« plet dans les conditions stipulées par l'article 11 de la convention des

« 28 décembre 1858 et 11 juin 1859, des sommes avancées par l'État à
« titre de garantie d'intérêt ».

Une disposition semblable a été insérée dans la convention du 17 juin
1873 avec la Compagnie de l'Est.

Mais les conventions avec les autres Compagnies ne renfermaient point
de stipulation du même genre. Fallait-il néanmoins les interpréter dans
le même sens ? La question n'a plus d'intérêt : elle a été résolue, comme
nous l'avons signalé page 344, par les conventions de 1883 ; désormais les
charges du remboursement seront nécessairement comprises parmi les
charges de l'exploitation et déduites du produit brut pour le calcul du
produit net.

3° Aux termes des conventions de 1859 à 1875, les Compagnies pouvaient être autorisées, s'il y avait lieu, après l'expiration du délai de clôture des comptes de premier établissement, à prélever avant tout partage
des bénéfices, sur l'ensemble des produits nets de leur réseau, l'intérêt et
l'amortissement des dépenses afférentes à des travaux qui seraient reconnus être de premier établissement. Les projets de ces travaux devaient-
ils, comme ceux des travaux complémentaires limités à exécuter avant la
clôture définitive des comptes, être approuvés par décret délibéré en
Conseil d'État ? Suffisait-il au contraire d'un décret intervenu à posteriori ?
Les Compagnies paraissaient disposées à soutenir cette dernière solution.
La lettre des contrats, qui visaient *des dépenses faites*, et la différence entre
la rédaction de l'article en litige et celle de l'article concernant les travaux
complémentaires limités leur fournissaient des arguments sérieux. Mais,
d'un autre côté, l'appréciation de l'utilité des dépenses, plus ou moins longtemps après l'exécution des ouvrages, eût présenté les plus sérieuses difficultés.

Les conventions de 1883 ont rendu inutile tout débat à cet égard, en
admettant au compte de premier établissement pour le partage des bénéfices, comme pour la garantie d'intérêt, les dépenses « des travaux com-
« plémentaires à exécuter, à toute époque, conformément à des projets
« approuvés par le Ministre des travaux publics ».

4° Certaines compagnies avaient obtenu l'approbation de projets
de travaux complémentaires dont les estimations atteignaient le maximum
prévu par les conventions. Néanmoins, comme elles affirmaient avoir
réalisé des économies considérables sur ces estimations et que leur affirmation n'était pas contredite par l'Administration, le Conseil d'État avait
consenti à donner un avis favorable à l'approbation de nouveaux projets,
mais sous la réserve expresse qu'elles ne pourraient s'en prévaloir pour
réclamer le prélèvement des charges correspondantes avant partage des

bénéfices, conformément à la clause que nous venons de rappeler.

L'une d'elles a soutenu que cette réserve était mal fondée; mais le Conseil d'État a repoussé sa prétention par un avis délibéré en assemblée générale : il a fait observer que la limitation des dépenses susceptibles d'être ajoutées au compte de premier établissement avant la clôture définitive de ce compte s'appliquait au partage des bénéfices aussi bien qu'à la garantie d'intérêt et que, dès lors, le bénéfice de l'imputation des charges réelles afférentes aux travaux complémentaires, en conformité de la clause précitée des conventions, était exclusivement réservée aux dépenses faites après la clôture des comptes.

Nous n'insistons pas plus sur cette difficulté que sur la précédente : car elle a également disparu sous le régime des contrats de 1883.

4. Conventions de 1883 avec les grandes Compagnies. — Toutes les conventions que nous venons de parcourir rapidement étaient basées sur l'attribution, soit d'un revenu kilométrique déterminé à l'ancien réseau et d'un revenu proportionnel aux dépenses du nouveau réseau, soit d'un revenu proportionnel à l'un et l'autre des deux réseaux. Le dividende ménagé aux actionnaires était aléatoire et dépendait des charges réelles des capitaux employés à la construction, ainsi que du montant effectif des dépenses.

Les conventions de 1883 attribuent un dividende déterminé aux actions.

Voici quelles en sont les dispositions :

Nord. — « Sur le produit net résultant du compte unique d'exploita-
« tion dont il est parlé à l'article 10..., la Compagnie prélèvera :

« 1° Les charges effectives (intérêt, amortissement et frais accessoires)
« des emprunts à servir par elle, sous déduction des annuités dues pour
« l'exercice en représentation des subventions et soldées à la Compa-
« gnie;

« a. — Pour le rachat et la construction et pour la constitution des
« approvisionnements effectifs, dans la limite d'un maximum de 30 mil-
« lions, des lignes exploitées ou à ouvrir, constituant son ancien et son
« nouveau réseau actuels, accrues des lignes définies aux articles 1, 2 et 3,
« et toutes les dépenses dûment justifiées dans les conditions prévues par
« le décret du 12 août 1868 et les conventions en vigueur;

« b. — Pour le paiement de la contribution prévue à l'article 6;

« c. — Pour les travaux complémentaires à exécuter à toute époque
« sur l'ensemble du réseau défini à l'article 10, conformément à des projets
« approuvés par le Ministre des travaux publics;

« *d*. — Les redevances, rentes ou annuités, dues par la Compagnie
« pour la cession de la concession ou de l'exploitation des lignes énumé-
« rées à l'article 3, ainsi que pour le rachat des droits à partage sur cer-
« taines lignes à partir de l'époque où lesdites redevances, rentes ou an-
« nuités deviennent exigibles;

« 2° Les remboursements que la Compagnie pourrait encore avoir à
« faire à l'État dans cet exercice à raison des prescriptions de l'arti-
« cle 12;

« 3° L'intérêt à 4 % et l'amortissement des actions conformément au
« tableau d'amortissement adopté par l'assemblée générale du 30 avril
« 1863;

« 4° Une somme de 38 062 500 fr.

« Le surplus sera partagé à raison de deux tiers pour l'État et un tiers
« pour la Compagnie. »

Est. — « Lorsque le revenu net de l'ensemble des lignes en exploita-
« tion complète, calculé conformément aux prescriptions de l'article 9
« (voir ces prescriptions, page 307), dépassera 29 500 000 fr., l'excédent
« sera partagé à raison de deux tiers pour l'État et un tiers pour la Com-
« pagnie. »

Ouest. — Libellé conforme à celui de l'Est, sauf substitution du chiffre
de 15 000 000 fr. à celui de 29 500 000 fr.

Orléans. — « Le remboursement des avances de l'État étant effectué,
« si le produit net dépasse de 9 600 000 fr. la somme nécessaire pour
« faire face aux affectations ci-dessus indiquées (voir l'énumération de ces
« affectations, page 308), le surplus sera partagé dans la proportion de
« deux tiers pour l'État et un tiers pour la Compagnie. »

Paris-Lyon-Méditerranée. — Libellé tout à fait analogue à celui de la
convention avec la Compagnie du Nord (le maximum des dépenses prévues pour les approvisionnement est fixé à 40 millions; la mention du
décret du 12 août 1868 est remplacée par celle du décret du 6 juin 1863;
le paragraphe *d*, qui était spécial à la situation du Nord, est supprimé; la
somme attribuée aux actions est de 60 millions, y compris l'intérêt et
l'amortissement).

Midi. — « Les remboursements des avances de l'État effectués, la
« part d'excédent au delà de 2 500 000 fr. sera partagée entre l'État et la
« Compagnie dans le rapport de deux tiers pour l'État et un tiers pour la
« Compagnie » (voir pour les bases de calcul du produit net, page 309).

Ainsi, le dividende ménagé désormais aux actions avant tout partage
de bénéfices est le suivant :

DÉSIGNATION des COMPAGNIES	REVENU TOTAL ménagé AUX ACTIONS	NOMBRE des ACTIONS	DIVIDENDE par ACTION	OBSERVATIONS
Nord	38.062.500 fr. (plus l'intérêt et l'amortissement des actions.)	525.000	(a) 88 fr. 50	(a) Net d'amortissement.
Est	29.500.000 fr.	584.000	(b) 50 fr. 50	(b) L'article 17 de la convention de 1875 comprend le fonds fixe d'amortissement parmi les dépenses d'exploitation. Cette disposition n'a été ni reproduite, ni explicitement abrogée par la convention de 1883.
Ouest	15.000.000 fr.	300.000	(c) 50 fr.	(c) Le fonds fixe d'amortissement des actions est compris dans les dépenses d'exploitation.
Orléans	34.200.000 fr. (plus l'intérêt et l'amortissement des actions.)	600.000	(d) 72 fr.	(d) Net d'amortissement.
P.-L.-M	60.000.000 fr.	800.000	(e) 75 fr.	(e) L'amortissement ne commence qu'en 1907.
Midi	15.000.000 fr.	250.000	(f) 60 fr.	(f) Sauf déduction de l'amortissement.

Les chiffres portés au tableau précédent sont sensiblement inférieurs à ceux que les Compagnies pouvaient attendre de l'application des contrats antérieurs. Nous devons toutefois faire une exception pour la Compagnie du Nord, dont le dividende a été à peine réduit ; on peut considérer ce dividende comme ayant été relevé de 10 fr. en nombre rond, par l'incorporation à son réseau des lignes secondaires qu'elle exploitait à titre de fermière pour d'autres Compagnies de la région du Nord, ou dont elle était concessionnaire à titre d'intérêt local, et sur lesquelles elle subissait une perte considérable, comme nous l'avons expliqué page 315 : cette perte incombait entièrement aux actionnaires, tandis que dorénavant elle sera supportée en partie par l'État, une fois le partage ouvert.

La part du Trésor a été élevée de moitié aux deux tiers, c'est-à-dire augmentée d'un sixième.

Les dépenses pour travaux complémentaires restent illimitées comme par le passé ; les Compagnies ne sont même plus gênées par la limitation temporaire durant la période décennale qui précédait la clôture des comptes.

Il ne peut plus y avoir de doute sur l'interdiction pour l'État de prétendre au partage des bénéfices avant le remboursement complet de ses avances au titre de la garantie d'intérêt : les conventions avec les Compagnies du Nord et de Paris-Lyon-Méditerranée comprennent explicitement les sommes à rembourser parmi les charges à prélever avant partage ; les conventions avec les Compagnies d'Orléans et du Midi stipulent que le partage s'ouvrira seulement après le remboursement intégral de la dette ; et les conventions avec les Compagnies de l'Est et de l'Ouest ne peuvent guère être interprétées dans un sens différent.

5. Conventions avec la Compagnie de Paris-Lyon-Méditerranée pour la ligne du Rhône au Mont-Cenis et avec diverses Compagnies pour les chemins de fer algériens.

Nous ne nous attarderons pas à l'étude de détail des clauses relatives au partage des bénéfices pour la ligne du Rhône au Mont-Cenis et pour les chemins de fer algériens : l'application de ces clauses est malheureusement trop problématique pour qu'il y ait intérêt à s'y arrêter. Nous nous bornerons donc à de simples indications très sommaires.

a. *Compagnie de Paris-Lyon-Méditerranée (ligne du Rhône au Mont-Cenis).* — Partage par moitié au-dessus de 8 % du capital effectivement dépensé, quel que soit d'ailleurs le résultat du compte d'exploitation des lignes formant l'ancien et le nouveau réseaux de la Compagnie de Paris-Lyon-Méditerranée (convention des 19 juin 1866 et 17 juin 1867).

b. Compagnie de Paris-Lyon-Méditerranée (réseau algérien). — Au-dessus de 8 °/₀ du capital dépensé, droit pour le Gouvernement de reviser les taxes, sans pouvoir les abaisser au-dessous de celles des tarifs stipulés pour les chemins concédés en France à la Compagnie de Paris-Lyon-Méditerranée; puis partage par moitié (convention des 1ᵉʳ mai-11 juin 1863).

c. Compagnie de Bône-Guelma et prolongements. — Après le remboursement des avances de l'État au titre de la garantie d'intérêt, partage par moitié des excédents sur le revenu garanti pour la ligne de Souk-Arrhas à Tébessa (convention des 23 mai-28 juillet 1885) et des excédents au-dessus de 8 °/₀ du produit net des lignes antérieurement concédées (convention des 11 janvier-26 mars 1877).

d. Compagnie de l'Est-Algérien. — Partage par moitié de l'excédent : 1° sur le revenu garanti pour la ligne des Ouled-Ramoun à Aïn-Beïda, après complet remboursement des avances de l'État (convention des 20 juin-7 août 1885); 2° sur un revenu net de 8 °/₀ pour les autres lignes, ce revenu étant évalué après déduction, s'il y a lieu, d'un tiers de l'excédent sur le revenu garanti pour le remboursement des avances de l'État (conventions des 30 juin-2 août 1880, des 23 décembre 1882-23 août 1883, des 9 juin 1883-21 mai 1884, des 9 juin 1883-21 juillet 1884).

e. Compagnie de l'Ouest-Algérien. — Partage par moitié de l'excédent sur le revenu net garanti, après complet remboursement des avances de l'État (conventions des 8 mai-22 août 1881, des 10 décembre 1881-5 août 1882, des 16 mai-16 juillet 1885 et des 16 avril-31 juillet 1886).

f. Compagnie franco-algérienne. — Même règle que pour l'Ouest algérien (conventions des 12 juillet 1883-3 juillet 1884, des 23 mai-28 juillet 1885 et des 15 avril-31 juillet 1886).

6. Partage des bénéfices pour les chemins de fer d'intérêt local. — Comme nous l'avons déjà fait connaître, dans le cas où le produit brut d'une ligne d'intérêt local, pour laquelle une subvention a été payée, devient suffisant pour couvrir les dépenses d'exploitation et 6 °/₀ par an du capital de premier établissement, tel qu'il est prévu par l'article 13, la moitié du surplus de la recette est partagée entre l'État, le département, ou, s'il y a lieu, la commune et les autres intéressés, dans la proportion des avances faites par chacun d'eux, jusqu'à concurrence du complet remboursement de ces avances, sans intérêts (art. 15 de la loi du 11 juin 1880). Telle est la seule prescription de la loi; elle prévoit, non pas un partage des bénéfices, mais un prélèvement pour le remboursement des subventions. Toutefois les dispositions édictées en 1880 doivent être considérées comme un minimum des obligations des concessionnaires. Rien n'empêche les départements de stipuler l'attribution d'une part des bénéfices, au-dessus d'un chiffre déterminé, à leur profit ou au profit de l'État et des autres intéressés : il serait facile de citer d'assez nombreux exemples de clauses de cette nature, sous le régime de la loi de 1880, aussi bien que sous le régime de la loi de 1865.

7. **Observations sur le partage des bénéfices.** — Avant les conventions de 1883 et avant la crise industrielle qui pèse sur la France depuis plusieurs années, on pouvait entrevoir l'ouverture du partage des bénéfices pour certaines de nos grandes Compagnies. L'État a même réclamé de ce chef à l'une d'entre elles une somme importante : un recours contre l'ordre de versement délivré par le Ministre des travaux publics est pendant devant le Conseil d'État.

Les contrats de 1883, en imposant des charges aux grandes Compagnies, ont naturellement reculé l'époque à laquelle commencera le partage. Il serait téméraire de chercher à déterminer cette époque avec quelque exactitude. Il serait imprudent aussi de croire qu'avant de longues années l'exercice des droits réservés à l'État puisse créer des ressources sérieuses pour notre budget : car la tendance sera toujours d'arrêter l'essor des dividendes, en affectant une large part des plus-values de recettes, soit à la création de nouvelles lignes, soit à l'amélioration des transports et à l'abaissement des taxes.

/ CHAPITRE XIV

DU CONCOURS FINANCIER DE L'ÉTAT ET DES LOCALITÉS
DANS QUELQUES PAYS ÉTRANGERS

1. Observations préliminaires. — L'importance du concours financier de l'État pour la construction et l'exploitation des chemins de fer concédés dépend d'un certain nombre d'éléments, dont les principaux sont les dépenses de premier établissement, l'activité de la circulation, les ressources industrielles et commerciales, le degré d'initiative de l'esprit d'association, la situation du marché des capitaux, l'autorité plus ou moins grande que le Gouvernement veut se ménager sur l'administration des voies ferrées, enfin la durée des concessions.

Une Compagnie qui aura à lutter avec des difficultés de terrain et qui devra par suite affecter des sommes considérables à la construction de ses chemins de fer aura besoin, toutes choses égales d'ailleurs, de subsides plus élevés pour assurer à ses capitaux une rémunération suffisante.

Il en sera de même d'une Compagnie qui ne pourra compter que sur un faible trafic, qui ne sera pas alimentée par des courants commerciaux d'une certaine intensité, qui ne desservira pas une région dont les ressources naturelles puissent, au moins, faire espérer dans un avenir rapproché le développement du mouvement industriel.

Dans un pays où l'initiative individuelle n'aura pas encore pris son essor, où l'esprit d'association ne sera pas encore habitué aux grandes entreprises, où les capitaux seront rares, l'État devra intervenir plus largement, stimuler et encourager les Compagnies, donner la confiance nécessaire à leur crédit.

Un concessionnaire tenu en tutelle, exposé à subir les exigences des Pouvoirs publics, courant le risque de se voir imposer des dépenses et des sacrifices, devra compter avec l'aléa que cette situation fera peser sur lui et ne pourra, dans la plupart des cas, se contenter des mêmes subsides qu'un concessionnaire plus libre d'allures.

Les concessions à courte échéance, comportant des prélèvements annuels plus considérales sur les recettes pour le service de l'amortissement et ne permettant pas au trafic de prendre un grand développement, se feront dans des conditions plus onéreuses que des concessions à longue échéance, qui réduiront à un chiffre minime les charges de l'amortissement et qui ouvriront à la Compagnie un avenir pour ainsi dire indéfini.

Ce sont là des vérités évidentes sur lesquelles nous nous reprocherions d'insister.

La participation des localités est essentiellement liée à l'organisation politique, financière et administrative du pays, au degré d'utilité locale des voies ferrées, à leur régime légal. Dans un pays fortement centralisé, où l'État voudra conserver les chemins de fer sous son autorité directe, où les ressources des provinces, des départements et des communes présenteront peu d'élasticité, le concours financier des localités sera inévitablement restreint. La situation pourra s'intervertir si le pays est décentralisé, si l'État se dessaisit d'une large part de son autorité, si les localités ont des ressources suffisantes, si elles doivent bénéficier amplement de l'ouverture des voies nouvelles, si les chemins de fer sont classés dans leur domaine propre et doivent leur faire retour à l'expiration de la concession.

Quant à la forme du concours de l'État et des localités, elle variera aussi avec le régime légal des concessions, avec l'état des finances publiques, avec le crédit des Compagnies, avec les tendances des capitaux. La participation comme actionnaire, par exemple, sera préférée dans les pays où l'autorité voudra exercer une ingérence directe dans la gestion des chemins de fer ; les subventions en capital prévaudront, lorsque le crédit de l'État sera notablement supérieur à celui des Compagnies ; la garantie d'intérêt pourra présenter des avantages, lorsqu'il sera difficile d'apprécier par avance les recettes de l'exploitation et par suite la part de dépense susceptible de rester à la charge du concessionnaire ; les prêts conviendront au cas où il suffirait d'une première mise de fonds et d'une manifestation évidente de l'intérêt public pour engager l'opération et la faire réussir et où le remboursement serait assuré par les bénéfices ultérieurs.

Ces considérations, sur lesquelles nous ne voulons pas nous étendre davantage, démontrent surabondamment que l'importance et la forme du concours de l'État et des localités doivent, dans chaque pays, s'adapter

au génie national, aux mœurs, aux circonstances, à la situation, à l'organisation politique et administrative. Les exemples puisés à l'étranger ne
sauraient donc fournir que des enseignements d'un intérêt relatif; il faudrait bien se garder de conclure, par voie de généralisation, au mérite
absolu de telle ou telle combinaison, qui aurait été employée avec succès
par une autre nation. D'un autre côté, la France a expérimenté presque
tous les systèmes depuis cinquante ans : cette expérience prolongée et
l'état actuel de ses engagements envers les Compagnies ne lui permettent
plus guère de se lancer dans des voies nouvelles. Aussi n'avons-nous pas
l'intention d'entrer dans de grands détails sur la politique des pays étrangers.

2. **Allemagne.** — On sait qu'après quelques variations, l'Allemagne
s'est décidée pour l'absorption des chemins de fer par l'État; nous avons
exposé assez longuement dans le tome I, page 667 et suivantes, les diverses
phases par lesquelles est passée l'histoire des voies ferrées chez nos voisins d'outre-Rhin. Le lecteur voudra bien se reporter à cet exposé. Nous
n'avons à relater ici que les combinaisons adoptées par la Prusse et les
autres États, lorsqu'ils ont fait des concessions et prêté leur concours
financier aux concessionnaires.

a. PRUSSE. — Jusqu'en 1842, la Prusse s'est abstenue de subventionner les Compagnies, ou du moins ne leur a accordé que des subsides
minimes; on peut citer, pour cette période originaire, un prêt de 1 875 000
francs et une souscription à 3 750 000 francs d'actions et à 1 875 000
francs d'obligations.

En 1842, le Gouvernement sortit de l'attitude de réserve qu'il avait
gardée jusque-là. De 1842 à 1847, il accorda des garanties d'intérêt fixées
au taux de 3 1/2 °/₀ et portant sur un capital-actions de 118 millions et
souscrivit en outre pour 23 millions d'actions. En échange de ces avantages, il se ménageait le tiers du revenu net au-dessus de 5 °/₀. Il se réservait en outre le droit de reprendre l'exploitation, si la garantie fonctionnait trois années de suite ou dépassait une seule année 1 1/2 °/₀ ; une fois l'exploitation reprise par l'État, il ne devait pas la conserver au delà de l'époque
à laquelle, pendant trois années consécutives, le revenu aurait été supérieur
à 3 1/2 °/₀ du capital garanti. Ces dispositions ont reçu leur application et
le Gouvernement semble même en avoir profité, dans certains cas, pour retenir l'exploitation de lignes dont il désirait reprendre possession (chemin
de Stargard à Posen) ou pour obtenir le remboursement de ses actions au
pair (Compagnie de Basse-Silésie et Marche).

De 1850 à 1857, le système des concessions fit place à celui de l'exécution et de l'exploitation par l'État. A partir de 1857, les Chambres opposèrent une certaine résistance à ce mouvement, qu'elles avaient elles-mêmes encouragé auparavant, et n'autorisèrent plus le Gouvernement à construire de nouvelles lignes aux frais du Trésor, si ce n'est lorsque ces lignes étaient enclavées dans le réseau d'État et en formaient une dépendance naturelle, ou lorsqu'il était impossible de les concéder, même avec garantie d'intérêt. Après un conflit assez grave, on s'arrêta vers 1866 à un système mixte. Un certain nombre de concessions, avec garantie d'intérêt, furent consenties au profit de Compagnies anciennes ou nouvelles : pour trois lignes concédées à des Compagnies déjà existantes, il fut stipulé que l'ancien réseau paierait une partie de l'insuffisance de ces lignes (1/2 $^0/_0$ du capital), l'État n'intervenant que pour le surplus ; cette combinaison, qui faisait contribuer les chemins anciens au développement du réseau, présentait quelque analogie avec celle des conventions françaises de 1859.

Depuis, le système de l'exploitation par l'État a repris le dessus.

En définitive, la Prusse a recouru aux quatre formes du prêt, de la participation comme actionnaire, de la garantie d'intérêt et de l'achat d'obligations.

b. Autres pays d'Allemagne. — Dans les autres pays de l'Allemagne, on rencontre également des exemples de prêts, de participation comme actionnaire et de garantie d'intérêt.

3. **Angleterre**. — Les Compagnies de la Grande-Bretagne n'ont reçu aucune assistance de l'État, ni des localités. Il en a été autrement des Compagnies irlandaises. La loi autorisait le Gouvernement à faire des avances pour la construction des chemins de fer irlandais ; des prêts nombreux ont été consentis en exécution de cette loi ou d'actes spéciaux du Parlement ; les sommes mises ainsi à la disposition des concessionnaires portaient intérêt, à un taux variant de 3 1/2 à 5 $^0/_0$, et devaient généralement être remboursés dans un délai assez court.

La plupart des Compagnies de l'Irlande ont en outre obtenu le concours des Baronies, sous une forme qui a presque toujours été celle de la garantie d'intérêt. Comme l'expose M. de Franqueville, dans son ouvrage sur le régime des travaux publics en Angleterre, la garantie porte ordinairement sur un revenu de 5 $^0/_0$ pour les actionnaires et sa durée varie de 23 à 35 ans. Chacune des Baronies contribue au prorata de la longueur du chemin de fer sur son territoire et du prix de construction. Lorsque les recettes dépassent le revenu garanti, l'excédent est entièrement affecté au remboursement des avances.

Le traitement spécial dont bénéficient les voies ferrées de l'Irlande s'explique par la modicité de leur trafic et des produits de leur exploitation.

Nous rappelons, pour mémoire, un acte du 9 août 1844 aux termes duquel, si le revenu net annuel à répartir entre les propriétaires du capital consolidé et versé est supérieur à 10 °/₀ pour la moyenne des trois dernières années, il est loisible aux lords de la Trésorerie de reviser le tarif, de manière à ramener le bénéfice à ce chiffre, mais avec la garantie que, le cas échéant, il sera pourvu à l'insuffisance par une allocation sur les fonds du Trésor et que cette participation éventuelle de l'État sera obligatoire pour une période de 21 années, sauf le consentement de la Compagnie à une abréviation de délai. Cette disposition de la loi du 9 août 1844 ne paraît pas avoir reçu d'application.

4. Autriche-Hongrie. — L'Autriche-Hongrie a concouru à l'œuvre des chemins de fer concédés, par la souscription à une partie du capital primitif, par des prêts, par des subventions, et beaucoup plus souvent par des garanties d'intérêt ou de revenu brut; elle a aussi affranchi certaines lignes des impôts. C'est ainsi, par exemple, qu'elle a attribué une garantie d'intérêt de 5, 2 °/₀ à la *Société autrichienne des chemins de fer de l'État* (Staatsbahn) et à la *Société des chemins de fer du Sud de l'Autriche* (Südbahn). La première de ces Compagnies a en outre reçu la propriété des houillères de Brandeils-Kladno en Bohême et des vastes domaines du Banat en Hongrie, dont la superficie est de 130 000 hectares et qui comprennent des mines de fer et de houille, des aciéries, des forges, des ateliers de construction, d'immenses forêts et diverses exploitations minières ou autres qu'il serait superflu d'énumérer. La garantie d'intérêt accordée à la Compagnie des chemins de fer du Sud a été plus tard remplacée par la garantie d'un revenu brut moyen, à la suite des modifications apportées au réseau par le traité de Vienne.

Depuis un certain nombre d'années, le fonctionnement de la garantie a imposé de très lourdes charges au budget. D'après des renseignements reproduits dans le bulletin de statistique du Ministère des travaux publics (1883, 1ᵉʳ semestre), les chemins autrichiens et austro-hongrois auraient exigé 18 550 000 florins en 1877, 22 450 000 florins en 1878, 23 950 000 florins en 1879, 24 650 000 florins en 1880 et 21 250 000 florins en 1881. La permanence du déficit et le peu d'intérêt qu'avaient certaines Compagnies à améliorer leurs recettes ont déterminé, le 14 décembre 1877, le vote d'une loi qui a été le point de départ de l'abandon du régime créé par la loi de 1854 et l'origine d'un mouvement législatif vers l'exploitation par l'État.

Aux termes de cette loi, que nous avons déjà mentionnée en traitant de la politique suivie par l'Autriche en matière de chemins de fer, le Gouvernement est autorisé à faire des avances en papier-monnaie pour couvrir le déficit de l'exploitation. Il a le droit de gérer ou de faire gérer par des tiers les lignes qui auraient nécessité ces avances. Toutefois ce droit cesse, lorsque, durant trois années consécutives, la Compagnie n'a point recouru aux subsides du Trésor. L'excédent du produit net sur le revenu garanti est intégralement affecté au remboursement des avances de l'État, à l'exclusion des clauses anciennes qui ne prévoyaient cette affectation que pour la moitié de l'excédent. Le Gouvernement a été également ment autorisé à reprendre l'exploitation des chemins pour lesquels l'État avait dû verser pendant les cinq dernières années plus de la moitié du produit net garanti annuellement et à la garder tant que, pendant trois années consécutives, les concessionnaires n'auraient pas réclamé moins de la moitié de ce revenu.

Nous avons cité, tome I, quelques applications de cette loi ; nous nous abstenons d'y revenir.

La statistique des chemins de fer autrichiens et hongrois, pour l'année 1884, fournit les renseignements suivants :

Garantie d'intérêt	Longueur des chemins dotés de la garantie : 8 806 kilomètres.
	Revenu net garanti : pour 6 616 kilomètres, 10 715 francs par kilomètre.
	Revenu brut garanti : pour 2 190 kilomètres (Compagnie du Sud), 32 955 francs par kilomètre.
	Montant des avances du Trésor jusqu'à la fin de 1883 : 544 480 555 francs.
	Montant des avances du Trésor en 1884 : 43 984 377 francs.
Subventions	Longueur des lignes dotées de subventions : 410 kilomètres.
	Montant total des subventions remboursables : 4 500 000 francs.
	Montant des subventions non remboursables : 32 500 000 francs.

Affranchissement d'impôts. — Longueur des lignes jouissant de cette immunité : 4 779 kilomètres.

5. **Belgique.** — Tout en s'engageant dans la voie de la construction et de l'exploitation par l'État, le législateur belge de 1834 n'avait point entendu exclure absolument le système des concessions ; son intention

était seulement de faire le gros œuvre du réseau et d'éviter la formation de Compagnies trop puissantes. Néanmoins, jusqu'en 1845, le Gouvernement se borna à concéder quelques embranchements industriels.

Mais, à partir de 1845, les insuffisances de rendement du réseau d'État provoquèrent une réaction dans l'opinion publique, en faveur de l'intervention de l'industrie privée. Il y eut une assez longue période pendant laquelle la Belgique, cédant à des doctrines erronées et ne s'inquiétant pas de l'avenir des lignes qui lui étaient demandées, octroya un nombre excessif de concessions, sans garder la mesure et sans montrer l'esprit d'ordre, la méthode et les vues d'ensemble qu'aurait peut-être exigés l'intérêt du pays. Des mécomptes ne tardèrent pas à se produire ; la crise financière de 1846 et de 1847 et la crise politique de 1848 aggravèrent encore la situation. Il fallut exonérer les Compagies de certains engagements pris à la légère et donner à quelques-unes d'entre elles la garantie d'un minimum de revenu net. Nous citerons notamment une loi du 20 décembre 1851, qui garantit ainsi un capital de 25 millions et qui fut suivie d'autres lois analogues. Cette forme de concours, la seule que l'on rencontre en Belgique, a été inspirée, non point par des considérations économiques, mais par des nécessités temporaires.

Nous y insisterons d'autant moins qu'aujourd'hui l'État gère plus des 7/10 du réseau Belge.

Dans la plupart des cas, le taux de la garantie a été fixé à 4 °/₀ sur un capital déterminé et sa durée à 50 années ; il a d'ailleurs été stipulé que les excédents de revenu au-dessus de 8 °/₀ seraient affectés au remboursement de la dette des Compagnies.

6. **Espagne.** — Le réseau espagnol ne date guère que de 1855, bien que la première concession remonte à 1830. Le Gouvernement est venu en aide aux Compagnies, soit par l'attribution de garanties d'intérêt, soit par l'allocation de subventions se décomposant en subventions ordinaires, subventions additionnelles, avances remboursables et secours directs. Dès 1859, le montant total des subsides en capital s'élevait à 1 206 000 000 réaux, soit 12 millions de francs. A la fin de 1878, il atteignait 673 millions, dont 110 millions d'avances remboursables ; sur le chiffre de 673 millions, il restait à verser encore 270 millions. La statistique de 1883 indique un chiffre de 704 millions. On peut citer comme exemples de Compagnies ainsi subventionnées celles du Nord de l'Espagne, de Madrid-Saragosse et Alicante, de Barcelone-Saragosse, etc. Aux subsides de l'État sont venus s'ajouter des subsides alloués par les provinces : c'est ainsi que la ligne de Cordoue à Séville a été, lors de sa concession, dotée d'une sub-

vention locale sous forme d'annuités à servir pendant une période de 20 ans.

Les Pouvoirs publics n'ont fait d'ailleurs qu'appliquer les dispositions de la loi organique du 3 juin 1855 ainsi conçues :

Art. 8. — « On pourra se servir des fonds publics pour aider à la « construction des lignes du service général, toutes les fois qu'ils « serviront : 1° à exécuter des travaux déterminés ; 2° ou à livrer aux Com- « pagnies, aux époques fixées, une partie du capital employé jusqu'à con- « currence de la somme déterminée par la loi ; 3° ou bien à assurer aux « Compagnies un minimum d'intérêt ou même un intérêt fixe, suivant ce « qui sera déterminé dans chaque loi de concession. »

Art. 9. — « Les villes et les provinces intéressées concourront avec « l'État à la subvention ou à l'allocation des intérêts dans la proportion « et dans la forme que déterminera la loi de concession. »

Les Compagnies ont en outre bénéficié d'autres avantages, aux termes de la loi de 1855. L'article 20 leur attribuait, en effet : 1° les terrains du domaine public qui devaient être occupés par le chemin de fer et ses dépendances ; 2° des privilèges locaux, tels que droits forestiers pour les agents et ouvriers et droit de pâturage pour le bétail employé aux transports nécessités par les travaux ; 3° le remboursement des droits de douane sur le matériel importé de l'étranger, pendant la construction et pendant les dix premières années d'exploitation.

Ajoutons que l'article 35 permettait au Gouvernement de réduire les taxes, mais en garantisssant un produit net déduit de celui de l'année précédente par l'addition de l'augmentation progressive constatée pendant la dernière période quinquennale.

7. États-Unis d'Amérique. — Lors de l'établissement des premières lignes de chemins de fer aux États-Unis, la population était trop disséminée et la richesse publique était encore trop peu développée pour offrir un élément suffisant à ces nouvelles voies de communication, malgré toute l'activité de la nation américaine. Aussi la plupart des États durent-ils se résoudre à prêter leur concours financier aux entreprises de voies ferrées et même à se charger directement d'une partie de ces entreprises.

Dans leur ouvrage, si plein de faits, MM. Lavoinne et Pontzen citent un certain nombre de chemins de fer exécutés par les États eux-mêmes : en Pennsylvanie, les lignes primitives de Philadelphie à Columbia et d'Alleghany-Portage ; dans l'État de Massachussets, une section de la ligne de Troy et Greenfield ; dans celui de Virginie, une fraction de la ligne de Chesapeake et d'Ohio. La ville de Cincinnatti a assumé, à elle seule, la charge de la ligne de Cincinnati-Southern, dont la longueur n'est pas de moins de 541 kilomètres.

Mais il n'y a eu là que des exceptions. Le plus souvent les États ont préféré venir en aide aux Compagnies, soit en participant à leur formation comme actionnaires, soit en prenant ou garantissant une partie de leurs obligations, soit en leur faisant des avances, soit encore et surtout en leur attribuant des concessions de terres.

a. — SUBVENTIONS SOUS FORME D'ACHAT D'ACTIONS OU D'OBLIGATIONS ET SOUS FORME DE GARANTIE. — Un exemple de Compagnie subventionnée sous forme d'achat d'actions est celui de la Compagnie du Baltimore et Ohio R. R., pour laquelle l'État de Maryland a souscrit 20 millions et la ville de Baltimore 37 millions 1/2. Cette ville a également acquis pour 7 millions 1/2 d'actions de la Compagnie du Western Maryland, pour la construction du chemin de Baltimore à Williamsport.

Mais la forme la plus usitée d'assistance des États, des comtés et des villes, a été celle de l'achat ou de la garantie d'une partie du capital-obligations. Ce système a été particulièrement pratiqué par l'État d'Alabama, qui a avancé près de 80 millions pour les lignes construites sur son territoire.

Le tempérament et les principes économiques du peuple américain l'ont empêché d'exercer sur la gestion financière des Compagnies la surveillance que nécessitait le bon emploi des deniers publics. Ce défaut de contrôle et parfois la connivence de certains membres des parlements avec les spéculateurs qui détenaient les chemins de fer ont engendré les plus graves abus. La Caroline du Nord a subi de grosses pertes sur ses avances, qui avaient été gaspillées dès avant le commencement des travaux ; la Louisiane, après avoir garanti des Compagnies tombées depuis en faillite, a fait faillite elle-même à la suite de la guerre de sécession ; des États nouveaux, le Minnesota et l'Arkansas, ont dû répudier leurs engagements antérieurs. Aussi l'opinion publique est-elle aujourd'hui fort peu favorable aux subventions ; la constitution de certains États, tels que la Géorgie et la Californie, interdit même aux législatures d'en accorder.

b. — AVANCES EN ARGENT. — Le Gouvernement fédéral a consenti en 1862, au profit des Compagnies de l'Union Pacific et du Central Pacific, des avances en argent s'élevant respectivement à 136 millions et à 139 millions et fournies sous la forme de bons de mille dollars, qui portaient intérêt à 6 $^{0}/_{0}$ et devaient être remboursés en 30 ans, par un prélèvement de 5 $^{0}/_{0}$ sur la recette nette. Ce prélèvement, d'abord suspendu, a été ensuite augmenté, malgré l'opposition des Compagnies.

c. — CONCESSIONS DE TERRES. — Un procédé beaucoup plus efficace a été celui des concessions de terres. Ces concessions ont été prises, pour la plupart, dans les vastes territoires vendus en 1803 aux États-Unis par le Gouvernement français, lors de la cession de la Louisiane, et s'étendant à l'Ouest du Mississipi jusqu'à l'Océan Pacifique. Les Compagnies envoyées en possession de ces terrains incultes avaient le plus grand intérêt à les mettre en valeur et à y attirer les colons, en offrant toutes les facilités possibles de transport; leurs efforts ont imprimé à la colonisation un essor inouï, dont elles n'ont pas tardé à recueillir les fruits.

Tout d'abord les concessions ont été faites par l'intermédiaire des États, auxquels les terres étaient attribuées et qui les abandonnaient ensuite partiellement aux Compagnies. Tel a été, par exemple, le cas d'une concession accordée par le Congrès à l'État d'Illinois, en 1850, pour la construction d'une ligne de Cairo au canal du lac Michigan à la rivière d'Illinois, avec embranchements sur Chicago et sur Galena. La zone concédée était de 6 milles (9 kil. 660), de part et d'autre de l'axe du chemin de fer; l'État devait prendre les mesures nécessaires pour que le chemin de fer fût livré à l'exploitation dans un délai déterminé; le Gouvernement de l'Union se réservait des immunités pour le tranport de ses troupes et de son matériel de guerre. Cette concession de terres est passée entre les mains de la Compagnie de l'Illinois central R. R., qui s'est engagée, en échange, à payer à l'État d'Illinois une redevance de 7 $^0/_0$ sur le produit brut de l'exploitation. Elle a porté sur plus d'un million d'hectares, dont 800 000 ont servi à garantir l'intérêt à 7 $^0/_0$ d'un capital-obligations de 70 millions. En 1875, l'emprunt avait pu être remboursé par la vente des terres, sur laquelle il était en outre resté un boni considérable. De 1856 à 1870, le Congrès a pris des mesures analogues pour plusieurs autres États; à la fin de 1875, les concessions de cette nature portaient déjà sur 22 millions d'hectares. Durant la période décennale de 1860 à 1870, le développement des voies ferrées, dû à l'application du système que nous venons d'indiquer, a coïncidé avec un accroissement de 45 $^0/_0$ de la population antérieure dans le groupe des États de l'Ouest.

Pendant la guerre civile, en 1862, le Gouvernement fédéral, voulant relier le Mississipi au Pacifique et créer à cet effet une voie ferrée au travers de territoires qui ne se prêtaient pas à une organisation politique immédiate, a dû inaugurer le système des concessions directes de terres aux Compagnies. C'est ainsi qu'indépendamment des avances en argent dont elles étaient dotées, les Compagnies de l'Union et du Central Pacific ont reçu des zones de terres s'étendant sur une largeur de 10 milles de chaque côté de l'axe de la voie ferrée et présentant, pour la première, une superficie de 4 800 000 hectares, et pour la seconde, une superficie de 3 200 000 hectares ; l'acte de 1862 contenait des clauses dont le but était de hâter l'aliénation des terrains par les Compagnies.

Les Sociétés de chemins de fer ont tiré un parti merveilleux des terres qui leur étaient attribuées. Elles ont, surtout au début, beaucoup moins cherché à réaliser de gros bénéfices sur leurs ventes qu'à encourager la colonisation en échelonnant le paiement sur plusieurs années, en acceptant pour ce paiement les bons territoriaux émis par elles, en faisant recruter les immigrants par des agents envoyés à cet effet sur divers points de l'Europe, en les conduisant du port de débarquement aux territoires à coloniser, en pourvoyant à leurs premiers besoins.

8. **Italie**. — Avant 1860, la division de la péninsule Italienne avait empêché le développement des voies ferrées : en 1859, le Royaume des Deux-Siciles n'avait encore, malgré son étendue, que 128 kilomètres en exploitation ; la longueur totale des chemins de fer livrés à l'exploitation ne dépassait pas 1472 kilomètres pour l'ensemble des États. Aussitôt après l'annexion, le Gouvernement comprit que les chemins de fer constitueraient l'un des plus puissants instruments d'unification ; il ne recula pas devant de grands sacrifices pour assurer la création de ces grandes voies de communication.

Son concours se manifesta sous diverses formes : exécution de travaux, subventions, garantie d'intérêt. Nous allons en énumérer les principaux exemples.

a. *Chemins de fer de la Haute-Italie*. — 1856. — Concession des chemins de fer de l'Italie centrale, avec garantie d'un produit net de 6 500 000 francs.

1860. — Concession des chemins Lombards, avec garantie de l'intérêt et de l'amortissement à raison de 5, 20 $^0/_0$ des dépenses à faire pour la construction, la mise en exploitation et les acquisitions complémentaires de matériel roulant pendant trois années après l'ouverture des lignes.

1865. — Concession du réseau Piémontais, avec garantie d'un produit brut annuel de 28 millions de francs.

1866. — Annexion des chemins Vénitiens au réseau de la Haute-Italie, avec garantie d'un produit brut de 91 000 florins par mille (7 586 m.), ce chiffre s'augmentant progressivement jusqu'à concurrence d'un maximum de 100 000 florins (32 548 francs par kilomètre).

Aux termes d'une convention approuvée par une loi du 28 août 1870, lorsque le produit brut des trois réseaux Piémontais, Lombard et de l'Italie centrale dépassait 44 000 francs par kilomètre, les trois quarts de l'excédent devaient être remis à l'État pour le rembourser des avances qu'il aurait faites au titre de la garantie d'intérêt.

b. *Chemins de fer Romains.* — 1865. — Allocation à la Société des chemins de fer Romains d'une subvention de 13 250 francs par kilomètre et par an : si le produit brut dépassait 12 500 francs par kilomètre, la moitié de l'excédent devait venir en déduction de la subvention de l'État ; s'il atteignait 30 000 francs, y compris cette subvention, le Trésor cessait ses versements à la Compagnie.

1866. — Avance de 31 millions en bons du Trésor et construction par l'État de la ligne Ligurienne, sauf remboursement ultérieur.

c. *Chemins de fer de l'Italie méridionale.* — 1862. — Concession des chemins de l'Italie méridionale, avec garantie d'un produit brut de 25 000 francs et de 20 000 francs par kilomètre.

1863. — Allocation, pour tout le réseau (sauf une ligne Lombarde), d'une subvention de 22 000 francs par kilomètre et par an du 1er janvier 1865 au 31 décembre 1868 et de 20 000 francs à partir du 1er janvier 1869 ; quand le produit brut excédait 7 000 fr. par kilomètre sans dépasser cependant 15 000 francs, la moitié de l'excédent devait venir en déduction de la subvention ; quand il excédait 15 000 francs, la totalité du surplus devait se cumuler avec la demi-différence ci-dessus indiquée. Une subvention spéciale de 500 francs par kilomètre était en outre accordée à la Compagnie, en raison des modifications de tracé apportées aux projets primitifs.

d. *Chemins de fer Calabro-Siciliens.* — 1865. — Attribution d'une subvention kilométrique de 14 000 francs, diminuant progressivement quand la recette brute dépassait 12 000 francs par kilomètre.

Nous avons rappelé, tome Ier, page 701 et suivantes, les circonstances dans lesquelles le Gouvernement Italien a été conduit à racheter les chemins de fer dont il avait fait antérieurement la concession ; nous avons relaté aussi les clauses principales des contrats d'affermage des réseaux que la loi du 27 avril 1885 a constitués par la nouvelle distribution de ces lignes : ce n'est point ici le cas d'y revenir.

Nous nous bornons également à renvoyer le lecteur aux renseignements fournis tome II. page 8, sur la loi de classement du 29 juillet 1879, et nous n'en retenons que les faits suivants. La loi de 1879, en classant

6.020 kilomètres de chemins de fer nouveaux, les a divisés en quatre classes, dont les trois dernières comportent obligatoirement le concours des localités, à savoir :

CATÉGORIE	LONGUEUR	QUOTITÉ OU CONCOURS des PROVINCES INTÉRESSÉES	OBSERVATIONS
1re	km. 1.153	»	Lignes d'un grand intérêt stratégique ou commercial. Dépenses incombant entièrement à l'État.
2e	1.267	10 % de la dépense en 20 annuités.	Les provinces peuvent reporter une partie de leur quote-part sur les communes intéressées.
3e	2.070	20 % — —	
4e	1.530	40 % sur les premiers 80.000 fr par km. 30 % sur les 70.000 fr. suivants. 10 % pour le surplus.	Lignes secondaires devant être construites économiquement et pouvant, dans certains cas, être établies à voie étroite.

Le concours des provinces était déclaré obligatoire pour les lignes de la seconde catégorie. Pour la troisième catégorie, leur consentement légalement exprimé, au moins pour les deux tiers de leur contribution, devait précéder le vote de la loi. Pour la quatrième catégorie, les provinces et les communes, soit isolément, soit constituées en syndicat, devaient s'engager, au préalable, à supporter la quote-part qui leur incombait dans la proportion portée au tableau précédent.

Le produit net obtenu, en déduisant du produit brut les dépenses d'exploitation et en prélevant, en outre, une réserve pour le renouvellement du matériel roulant, devait être réparti entre l'État, les provinces et les communes, au prorata des dépenses mises à la charge de leur budget. Trente ans après la mise en exploitation, le Gouvernement pouvait se libérer de cette répartition, en remboursant aux intéressés un capital égal à leur part contributive dans la construction.

Les intéressés pouvaient obtenir la priorité, en majorant leur contribution d'au moins 10 % ou en avançant sans intérêts à l'État la quote-part à la charge du Trésor. Dans ce dernier cas, le remboursement avait lieu en 10 annuités à compter de la livraison des lignes et, durant cette période, le produit net était abandonné aux intéressés, sauf réduction proportionnelle aux remboursements effectués.

Une caisse des chemins de fer était créée pour procurer à l'État, aux provinces et aux communes, les ressources nécessaires, au moyen de l'émission de titres portant intérêt à 5 % et amortissables en 75 ans. Ces titres étaient garantis par une hypothèque légale sur les chemins de fer, sans qu'il fût besoin d'aucune formalité d'inscription.

Aux termes de l'article 18 de la loi du 27 avril 1885, portant approbation des conventions entre l'État et les Compagnies de l'Adriatique, de la Méditerranée et de la Sicile, la quote-part du concours mis à la charge des provinces et des autres intéressés et les sommes par eux payées et offertes en augmentation de leur concours obligatoire pour les lignes de la 2ᵉ, de la 3ᵉ et de la 4ᵉ catégorie, peuvent être réduites du 1/4 de leur montant, en échange d'une renonciation à toute part dans les recettes nettes de l'exploitation.

Les subventions dues en exécution de l'article 31 de la loi du 29 juillet 1879, pour les lignes de première catégorie, sont réduites du quart.

Le concours des provinces à la construction des lignes de 3ᵉ catégorie est obligatoire, dans son intégralité.

La longueur de 1 530 kilomètres assignée aux lignes de 4ᵉ catégorie est portée à 1 630 kilomètres.

9. **Russie.** — Le Gouvernement Russe a largement concouru à l'exécution des chemins de fer, soit en construisant directement certaines lignes, soit en participant aux dépenses de premier établissement, soit en garantissant les capitaux engagés par les concessionnaires, soit en accordant aux Compagnies des subventions sous forme de prêts, d'achat d'actions et d'obligations, de livraison de matériel commandé par l'État dans des usines privées et cédé ensuite aux Compagnies au prix de revient ou à un prix inférieur.

L'origine du réseau date, à proprement parler, de la constitution de la grande Société des chemins de fer Russes, qui obtint vers la fin de 1856 la concession d'un ensemble de lignes mesurant ensemble 4 000 verstes (4 267 kilomètres), moyennant : 1° une garantie d'intérêt de 5 %; 2° pour certains chemins, une subvention annuelle de 1 250 roubles (1) par verste livrée à l'exploitation, pendant une période de 30 années; 3° pour d'autres chemins, une subvention en capital. La garantie fut augmentée ultérieurement de 1/24 pour l'amortissement. Les avances de l'État étaient remboursables sans intérêt sur les excédents de produit net, au-dessus de 6 %.

10. **Suède.** — En Suède, la partie du réseau qui n'est pas restée entre les mains de l'État a été généralement dotée de subventions ou de prêts. Ce

____

(1) Le rouble vaut 4 francs.

système de concours a été inauguré par une loi de principe du 18 novembre 1854.

11. Suisse. — Le Conseil fédéral, chargé en 1849 d'élaborer un programme pour l'exécution des chemins de fer, avait proposé de recourir à la garantie d'intérêt. Mais cette conclusion ne fut pas adoptée. Les cantons, auxquels la loi du 28 juillet 1852 abandonna le soin d'accorder les concessions, ont participé aux entreprises par la souscription d'une partie des actions.

La Compagnie du Gothard a reçu des subsides importants sous la forme de subventions, à savoir :

Subvention de la Suisse (Confédération et cantons).   28 millions.
Subvention de l'Allemagne.....................   30   —
Subvention de l'Italie   55   —

Total........ 113   —

Cette somme représentait environ la moitié de la dépense prévue, laquelle s'élevait à 227 millions. Le capital-actions est de 34 millions, et le capital-obligations de 80 millions.

CHAPITRE XV

DES COMPTES DES COMPAGNIES

§ 1. — RÈGLES GÉNÉRALES POUR LA PRODUCTION ET LA VÉRIFICATION DES COMPTES DES COMPAGNIES

1. Nécessité de la vérification des comptes des Compagnies. — L'État doit nécessairement vérifier les comptes des Compagnies auxquelles il est lié par des conventions financières. Les indications détaillées que nous avons données au sujet de ces conventions montrent en effet la relation intime existant entre les dépenses de premier établissement et les résultats de l'exploitation, d'une part, les charges de la garantie d'intérêt, le remboursement des avances du Trésor et le partage des bénéfices, d'autre part.

2. Anciens règlements concernant la vérification des comptes. — Cette nécessité a été comprise dès l'origine par le législateur. La loi du 15 juillet 1840 a posé le principe de la vérification des comptes pour diverses lignes, et notamment pour celle de Paris à Orléans, dans les termes suivants : « Un règlement d'administration publique déterminera « les formes suivant lesquelles la Compagnie sera tenue de justifier vis-à- « vis de l'État : 1° du montant des capitaux employés dans l'entreprise ; « 2° de ses frais annuels d'entretien et de ses recettes. »

Le règlement ainsi prévu pour la Compagnie d'Orléans est intervenu le 20 octobre 1843. Des règlements analogues ont été édictés :

le 20 octobre 1843, pour la Compagnie de Strasbourg à Bâle ;

le 2 septembre 1850, pour la Compagnie d'Avignon à Marseille ;

le 28 juillet 1852, pour les Compagnies de Lyon à Avignon et de Blesme à Gray ;

le 31 août 1852, pour la Compagnie de Dijon à Besançon ;

le 9 mai 1853, pour la Compagnie de Dijon à Besançon ;

le 18 août 1853, pour la Compagnie de Paris à Lyon ;

le 25 septembre 1853, pour la Compagnie de Paris à Cherbourg ;

le 8 mars 1855, pour la Compagnie de Grenoble à Saint-Rambert ;

le 10 mars 1855, pour la Compagnie de Lyon à la Méditerranée.

L'étude de ces règlements, depuis longtemps abrogés, ne présenterait qu'un intérêt purement historique ; il est donc inutile de nous y attarder. L'énumération que nous en avons donnée permettra, le cas échéant, au lecteur d'en consulter le texte au *Bulletin des lois*.

3. **Règlements de 1863-1868 pour les grandes Compagnies.** — Lorsque les contrats entre l'État et les grandes Compagnies ont été remaniés en 1859, le Ministre a introduit dans les conventions nouvelles la clause suivante : « Un règlement d'administration publique déterminera, « en ce qui concerne la garantie d'intérêt accordée par l'article.... de la « présente convention, les formes suivant lesquelles la Compagnie sera « tenue de justifier vis-à-vis de l'État et sous le contrôle de l'Administra- « tion supérieure :

« 1° Des frais de construction ;

« 2° Des frais annuels d'entretien et d'exploitation ;

« 3° Des recettes.

« Ne seront pas comptés dans les frais annuels l'intérêt et l'amortisse- « ment des emprunts que la Compagnie pourrait contracter pour l'achè- « vement des travaux, en cas d'insuffisance du capital garanti par l'État. « Sera compris dans ces frais annuels le prélèvement à opérer pour la « réserve, conformément aux articles... des statuts de la Compagnie (1).

« Le même règlement d'administration publique déterminera les dis- « positions destinées à régler l'exercice du droit de partage des béné- « fices. »

Les règlements relatifs aux Compagnies de l'Est, de l'Ouest, d'Orléans, de Paris-Lyon-Méditerranée et du Midi, sont intervenus le 2 mai 1863 pour l'Est, le 6 mai 1863 pour l'Ouest, l'Orléans et le Midi, et le 6 juin 1863 pour le Paris-Lyon-Méditerranée. Celui qui concerne le Nord n'a été édicté que le 12 août 1868 : le délai de cinq années qui s'est écoulé entre sa promulgation et celle des autres règlements s'explique par les efforts de la Compagnie pour rompre ses liens financiers avec l'État (voir tome II, page 404).

Ces règlements sont à peu près identiques. Ils se divisent en cinq titres.

(1) La convention de 1859 avec la Compagnie d'Orléans ajoutait à ce prélèvement la somme attribuée annuellement aux employés de la Compagnie, conformément à l'article 52 des statuts.

Le titre I fixe les éléments du compte de premier établissement et les époques auxquels ce compte doit être produit. Il institue, pour le vérifier, une Commission composée d'un conseiller d'État, président, et de six membres, dont trois au choix du Ministre des finances. La Compagnie est tenue de représenter les registres, pièces comptables, correspondances et autres documents que cette Commission juge nécessaires. La Commission peut se transporter au besoin, par elle-même ou par ses délégués, soit au siège de la Compagnie, soit dans les gares, ateliers et bureaux de toutes les lignes. Elle adresse son rapport, avec les comptes et les pièces justificatives, au Ministre des travaux publics, qui, après communication au Ministre des finances, arrête, sauf recours au Conseil d'État, le montant des sommes dépensées qu'il reconnaît devoir faire partie du capital auquel est applicable la garantie d'intérêt.

Le titre II oblige la Compagnie à remettre au Ministre, dans les trois premiers mois de chaque année, le budget de ses dépenses et de ses recettes pour l'exercice commençant au 1er janvier suivant et à lui communiquer, dans le cours de l'exercice, les modifications qu'il y aurait lieu d'apporter à ce budget. Il énumère les éléments du compte des dépenses et des recettes et fixe les délais dans lesquels ce compte annuel doit être fourni. Il laisse au Ministre le soin de déterminer, la Compagnie entendue, les justifications à produire à l'appui des comptes dont les développements par articles sont présentés conformément aux modèles arrêtés par lui.

Le titre III est relatif à l'application de la garantie d'intérêt et du partage des bénéfices. Le Ministre arrête, après avis de la Commission de vérification, le montant des avances à faire par le Trésor ou celui des sommes à verser dans les caisses de l'État, soit à titre de remboursement, soit à titre de part dans les bénéfices.

L'examen détaillé et complet des comptes étant une opération de longue haleine, le Ministre des travaux publics peut, à la suite d'une vérification sommaire et après communication au Ministre des finances, délivrer des acomptes à la Compagnie, à charge par celle-ci de rembourser les excédents avec intérêts à 4 %, si le règlement définitif démontrait qu'elle a reçu une avance trop considérable.

Le titre IV a trait au contrôle et à la surveillance. Un inspecteur général des chemins de fer (1) est chargé, sous l'autorité du Ministre, de surveiller, dans l'intérêt de l'État, tous les actes de la gestion financière de la Compagnie. Il se fait communiquer les registres des délibérations, les livres-journaux, les écritures, la correspondance et tous les documents qu'il juge

____

(1) Aujourd'hui l'inspecteur général du contrôle.

nécessaires pour constater la situation active et passive de la Compagnie. Il a le droit d'assister à toutes les séances de l'Assemblée générale des actionnaires. Il reçoit de la Compagnie, pour les transmettre avec son avis au Ministre des travaux publics, tous les comptes et documents que cette Société est tenue de fournir aux termes du règlement. La comptabilité de la Compagnie est, en outre, soumise à la vérification périodique de l'inspection générale des finances, qui a, pour l'accomplissement de sa mission, le droit de se faire communiquer les mêmes documents que l'inspecteur général des chemins de fer.

Le titre V soumet à l'approbation préalable du Ministre des travaux publics la forme, la quotité, le mode de négociation et les conditions d'émission des obligations. Il rappelle que la Compagnie peut se pourvoir devant le Conseil d'État, statuant au contentieux, contre les règlements de compte arrêtés par le Ministre.

Le décret de 1868, concernant le réseau du Nord, confère en outre à l'inspecteur général des chemins de fer et aux inspecteurs des finances le droit de se faire ouvrir, tant au siège de la Compagnie que dans les établissements, gares et stations du réseau, les bureaux de comptabilité, ateliers, magasins, dépôts de matières et de valeurs de toute nature, y compris les deniers en caisse et les effets en portefeuille. Lorsque l'inspecteur général croit reconnaître que des travaux, des marchés et tous autres faits de gestion pouvant affecter, soit la recette, soit la dépense, sont inutiles ou frustratoires, il en réfère au Ministre, qui l'autorise, s'il y a lieu, à requérir la réunion immédiate du conseil d'administration pour délibérer sur les observations qu'il a à lui soumettre ; dans ce cas, il assiste aux séances du conseil d'administration et ses observations sont inscrites au procès-verbal. L'inspecteur général doit tenir registre : 1° des obligations émises ; 2° de celles qui n'ont pas été présentées au paiement du semestre ; 3° de celles qui sont appelées chaque année au remboursement par le tirage au sort et de leur amortissement. Il constate l'apposition d'un timbre d'annulation sur les obligations amorties. Il surveille l'application des sommes produites par l'émission des obligations et des fonds avancés par le Trésor, à titre de garant.

La première rédaction des projets de décret de 1863 contenait, pour toutes les Compagnies, des dispositions semblables à celles que nous venons d'indiquer comme spéciales au réseau du Nord. Ces dispositions avaient été admises par le Conseil d'État ; mais le Ministre des travaux publics crut devoir les supprimer, parce que, suivant lui, leur application eût été susceptible d'engager trop directement la responsabilité de l'État tout en dégageant celle des Compagnies, et aussi parce qu'il considérait l'Administration comme ayant des pouvoirs suffisants. Comment ont-elles reparu dans le règlement de 1868? Peut-être est-ce par suite d'un changement dans les vues du Gouvernement, au sujet des limites à assigner à sa surveillance sur la gestion financière des Compagnies. Peut-être est-ce plutôt parceque le Ministre s'est borné à soumettre à la signature du Chef de l'État le projet de décret tel qu'il avait été élaboré en 1862 par le Conseil d'État, en omettant d'y faire les changements antérieurement admis pour les autres règlements.

4. **Modifications apportées aux règlements de 1863-1868.** — Les règlements de 1863-1868 ont subi, soit explicitement, soit implicitement, un certain nombre de modifications.

Les conventions successivement conclues avec les Compagnies ont remanié les règles relatives à la clôture des comptes, aux dépenses complémentaires de premier établissement, aux éléments susceptibles de figurer dans les comptes : nous aurons à y revenir plus loin.

Un décret du 20 juin 1879 a supprimé les inspecteurs généraux des chemins de fer et transféré leurs attributions aux inspecteurs généraux des Ponts et Chaussées ou des Mines placés à la tête du contrôle technique et commercial.

En exécution des règlements de 1863-1868, il avait été créé une Commission de vérification des comptes par Compagnie. La multiplicité de ces Commissions, dont la composition était différente, présentait de sérieux inconvénients au point de vue de l'unité de jurisprudence. Un règlement d'administration publique du 28 mars 1883 les a remplacées par une Commission unique, formée :

1° De deux conseillers d'État, dont l'un est désigné comme président ;

2° De quatre membres désignés par le Ministre des finances (1) ;

3° De trois membres désignés par le Ministre des travaux publics (1) ;

4° Des inspecteurs généraux des finances, chargés du contrôle financier des Compagnies de chemins de fer d'intérêt général auxquelles l'État a accordé une garantie d'intérêt ;

5° Et des inspecteurs généraux des Ponts et Chaussées ou des Mines chargés du contrôle de l'exploitation de ces Compagnies, ou, en leur absence, des ingénieurs en chef adjoints appelés à les suppléer.

Les inspecteurs généraux des finances et ceux du contrôle de l'exploi-

_____

(1) Le Ministre des finances a désigné deux conseillers-maîtres à la Cour des comptes et deux directeurs de son administration centrale. Le Ministre des travaux publics a désigné, de son côté, trois inspecteurs généraux des Ponts et Chaussées.

tation n'ont voix délibérative que dans les affaires concernant leur service.

Sont adjoints à la Commission, avec voix consultative :

1° En qualité de rapporteurs, les inspecteurs des finances qui ont procédé à la vérification des comptes ;

2° Les auditeurs au Conseil d'État désignés par le Président pour remplir les fonctions de secrétaires de la Commission.

5. Règlements relatifs à la ligne du Rhône au Mont-Cenis, au chemin de grande ceinture et aux chemins algériens. — La ligne du Rhône au Mont-Cenis, étant distincte de la concession générale de la Compagnie Paris-Lyon-Méditerranée, a fait l'objet d'un règlement spécial en date du 6 août 1863.

Nous devons encore mentionner les règlements suivants :

Chemin de grande ceinture de Paris............. 23 février 1884

Compagnie de Paris-Lyon-Méditerranée (chemins algériens) : 20 septembre 1863.

Compagnie de Bône à Guelma................... 26 janvier 1880
Compagnie de l'Est-Algérien................... 24 août 1882
Compagnie de l'Ouest-Algérien................. 18 juin 1886

Ces règlements, dont le texte est reproduit, pour la plupart, dans les tomes IV et VI de notre « Étude historique sur les chemins de fer », sont, autant que possible, calqués sur ceux des grandes Compagnies (1).

6. Vérification des comptes de l'Administration des chemins de fer de l'État. — L'article 13 du décret du 25 mai 1878 sur l'organisation des chemins de fer de l'État ayant assimilé ces chemins de fer aux réseaux concédés, au point de vue du contrôle, le Ministre des travaux publics a institué, par arrêté du 1er décembre 1879, une Commission spéciale pour la vérification des comptes.

Cette Commission, dont la composition a été modifiée par arrêté du 29 mars 1884, est aujourd'hui supprimée. Les comptes du réseau d'État sont, aux termes d'une décision ministérielle du 3 février 1886, vérifiés par la même Commission que ceux des Compagnies.

7. Mécanisme de la vérification des comptes. — Les termes des règlements dont nous avons rappelé les traits généraux semblent faire de la vérifica-

---

(1) Avant d'être soumis aux délibérations du Conseil d'État, les projets de règlements sont communiqués au Ministre des finances. L'Administration a aussi le soin de provoquer les observations des Compagnies, pour se prémunir contre des recours ultérieurs devant le Conseil d'État statuant au contentieux.

tion de la comptabilité des Compagnies par l'inspection des finances une opération distincte de celles auxquelles doit se livrer la Commission. En pratique, la dualité du contrôle n'existe pas : les inspecteurs des finances ont toujours été les agents actifs, les auxiliaires, les délégués de la Commission vis-à-vis des Compagnies ; les règlements et notamment le décret du 28 mars 1883 ont consacré cette pratique, en introduisant dans la Commission les inspecteurs généraux des finances et en lui adjoignant des inspecteurs en qualité de rapporteurs, avec voix consultative.

Les inspecteurs des finances procèdent, soit au siège de la Compagnie, soit dans les bureaux extérieurs, en cas de besoin, à l'examen et à la vérification détaillée des comptes qui leur sont transmis. Ils consignent les résultats de leur travail dans un rapport qui, après avoir été revu par l'inspecteur général des finances, est soumis aux délibérations de la Commission.

Les rapports sur les comptes annuels comprennent en général deux parties distinctes, consacrées la première au compte de premier établissement et la seconde au compte d'exploitation ; ils se terminent par la liquidation du compte de garantie.

Ces rapports annuels ne sont pas les seuls qu'ait à fournir l'Inspection des finances. La Commission est, en effet, consultée par le Ministre sur un grand nombre de questions que soulèvent nécessairement les rapports financiers entre l'État et les Compagnies, et les inspecteurs des finances ont à préparer les bases de son avis. Il y a là pour la Commission, comme pour ses collaborateurs, un travail souvent ingrat, toujours considérable, qui est fait avec un soin extrême, avec un profond sentiment des droits et des intérêts de l'État, en même temps qu'avec le respect dû aux droits des Compagnies.

Les conventions de 1883 ne réduiront pas ce travail ; en effet, comme nous le verrons, la simplification apportée aux comptes par ces conventions sera plus apparente que réelle, au moins pendant de longues années, et, d'autre part, la solidarité entre les intérêts de l'État et ceux des Compagnies sera plus intime encore que par le passé.

Les rapports de la Commission sont adressés au Ministre des travaux publics, qui les communique généralement à la Compagnie avant de prendre sa décision définitive ; si la Compagnie formule des observations, la Commission est appelée à en délibérer et à en apprécier la valeur, pour mettre le Ministre à même de statuer en toute connaissance de cause.

Le Ministre des travaux publics n'arrête d'ailleurs les comptes qu'après avoir consulté le Ministre des finances, conformément aux prescriptions des règlements.

8. Situation du travail de vérification des comptes. — Le travail de vérification définitive des comptes de garantie était terminé, à la fin de 1886 :

Pour la Compagnie de l'Est, jusqu'à l'année 1881 inclusivement ;

Pour la Compagnie de l'Ouest, jusqu'à l'année 1881 inclusivement ;

Pour la Compagnie d'Orléans, jusqu'à l'année 1882 inclusivement;

Pour la Compagnie du Midi, jusqu'à l'année 1883 inclusivement ;

Pour le chemin de Ceinture (rive droite), jusqu'à l'année 1883 inclusivement ;

Pour le chemin du Rhône au Mont-Cenis, jusqu'à l'année 1878 inclusivement ;

Pour les lignes algériennes de la Compagnie de Paris-Lyon-Méditerranée, jusqu'à l'année 1880 inclusivement ;

Pour la Compagnie de Bône-Guelma, jusqu'à l'année 1883 inclusivement ;

Pour l'Est-Algérien, jusqu'à l'année 1882 inclusivement ;

Pour l'Ouest-Algérien, jusqu'à l'année 1882 inclusivement.

Nous ne parlons pas de la Compagnie du Nord, ni de la Compagnie de Paris-Lyon-Méditerranée (réseau principal) : la première n'a point fait appel à la garantie, la seconde n'y a recouru que récemment, et leur compte de premier établissement a été réglé à forfait par les conventions de 1883.

Quant à l'Administration des chemins de fer de l'État, ses comptes ont été vérifiés jusqu'à la fin de 1883.

Le travail de vérification ne présente donc pas les retards que l'on a signalés à la tribune du Parlement. Néanmoins, il serait à désirer que le nombre des inspecteurs des finances chargés de ce travail pût être augmenté et que ces fonctionnaires restassent plus longtemps attachés au même service, afin de mettre mieux à profit leur expérience acquise.

9. Observations sur l'institution des commissaires généraux. — Un décret du 7 juin 1884 a institué, sous l'autorité du Ministre des travaux publics, des commissaires généraux chargés, dans l'intérêt de l'État, de surveiller tous les actes de la gestion financière des Compagnies de chemins de fer. Ces fonctionnaires ont notamment pour mission de contrôler les délibérations des Conseils d'administration, en ce qui touche les intérêts du Trésor, et de surveiller les opérations d'émission et d'amortissement des obligations, de placement de fonds, d'achat de valeurs, de reports ou escomptes de papiers.

Les Compagnies doivent leur communiquer, à toute époque, mais sans déplacement, les registres de leurs délibérations, leurs livres et écritures de comptabilité, la correspondance et tous documents nécessaires pour constater leur situation active et passive. Elles leur font ouvrir, tant au siège social qu'au dehors, les bureaux de comptabilité, les ateliers, les magasins, les dépôts de matières et de valeurs de toute nature, y compris les deniers en caisse et les effets en portefeuille.

Les commissaires généraux peuvent assister à toutes les séances des assemblées générales et requérir l'insertion de leurs observations au procès-verbal. Lorsqu'ils croient reconnaître que des travaux, des traités, des marchés et tous autres faits de gestion pouvant affecter, soit la recette, soit la dépense, sont inutiles ou nuisibles aux intérêts du Trésor, ils peuvent requérir la réunion immédiate du Conseil d'administration pour délibérer sur les observations qu'ils auraient à lui soumettre, auquel cas ils assisteraient aux séances du Conseil, et leurs observations seraient inscrites au procès-verbal.

Ils peuvent se faire assister, dans certaines circonstances, par l'inspecteur général des finances.

C'est, à quelques détails près, la remise en vigueur des dispositions introduites dans les anciens règlements sur les justifications financières et plus tard, en 1868, dans le règlement du Nord. C'est un contrôle préventif ajouté au contrôle à posteriori et indépendant de celui de la Commission de vérification des comptes.

L'union plus intime établie par les conventions de 1883 entre l'État et les Compagnies et surtout le fait que les Compagnies allaient dépenser des sommes considérables pour le compte du Trésor rendaient en effet nécessaire l'adoption de mesures préventives pour sauvegarder les finances publiques. Nous aurions toutefois préféré une organisation différente, qui n'eût pas ajouté un organe de plus au mécanisme déjà si complexe des services de surveillance et qui eût au contraire placé entre les mêmes mains le contrôle préventif et le contrôle à posteriori. Les attributions nouvelles définies par le décret de 1884 eussent été dévolues, pour la partie technique, aux inspecteurs généraux des Ponts et Chaussées ou des Mines, et, pour la partie financière, c'est-à-dire pour la part de beaucoup la plus importante, aux inspecteurs généraux des finances. La répartition des services en plusieurs branches est trop souvent une source d'affaiblissement pour l'autorité de l'Administration. Leur réunion permet d'éviter les contradictions et d'assurer l'harmonie et l'unité d'action, surtout quand ils portent sur des faits étroitement liés les uns aux autres.

§ 2. — COMPTES D'ÉTABLISSEMENT

1. **Nécessité de la vérification complète des comptes d'établissement.** — Sous le régime des conventions antérieures à 1883, les chemins de fer concédés à chacune des grandes Compagnies étaient divisés en deux réseaux, l'ancien et le nouveau. Nous n'avons pas à revenir ici sur les longues explications que nous avons données précédemment au sujet de cette division et des combinaisons financières consacrées par les contrats de 1859 à 1875.

Le capital de premier établissement du nouveau réseau devait être vérifié dans tous les cas, puisqu'il servait de base au jeu de la garantie ; la vérification devait continuer, même après l'expiration du délai assigné à la clôture des comptes, du moins pour les dépenses complémentaires dont les Compagnies avaient le droit de prélever les charges avant tout partage des bénéfices.

Quant à l'ancien réseau, la vérification devait être intégrale pour les réseaux du Nord, de l'Est et de Paris-Lyon-Méditerranée.

Les conventions avec la Compagnie du Nord stipulaient, en effet, au point de vue du partage : 1° l'attribution d'un revenu réservé proportionnel aux dépenses pour certaines lignes ; 2° des réductions proportionnées aux économies, sur le revenu kilométrique réservé pour le surplus de l'ancien réseau ; 3° une augmentation du revenu réservé proportionnelle aux dépenses complémentaires à effectuer pendant la période assignée pour la clôture des comptes, dans les limites d'un maximum déterminé.

Les conventions avec l'Est prévoyaient non seulement, au point de vue de la garantie d'intérêt, une augmentation du revenu réservé, à raison des travaux complémentaires exécutés sur l'ancien réseau avant la clôture des comptes, mais encore, au point de vue du partage des bénéfices, attribution d'un revenu proportionné aux dépenses de toute nature.

La Compagnie de Paris-Lyon-Méditerranée était dans une situation analogue à celle de la Compagnie de l'Est.

Pour la Compagnie de l'Ouest, le revenu kilométrique réservé à l'ancien réseau, au point de vue de la garantie et du partage, était déterminé par les conventions ; mais le capital garanti comprenait, soit à titre de frais proprement dits de premier établissement, soit à titre de dépenses complémentaires, une somme de plus de 100 millions à dépenser sur l'ancien réseau, ce qui exigeait une vérification au moins partielle des comptes.

Pour la Compagnie d'Orléans, le capital de premier établissement de l'ancien réseau ayant été fixé en 1868 et les conventions n'ayant pas prévu de dépenses complémentaires limitées par la clôture des comptes, la vérification ne devait présenter d'intérêt que plus tard pour les travaux complémentaires illimités susceptibles de donner lieu au prélèvement des charges effectives, au point de vue du partage.

Pour la Compagnie du Midi, bien que le revenu réservé avant partage comprît en apparence un élément proportionnel aux dépenses effectives, comme le montant de ces dépenses avait été arrêté à forfait en 1868, les travaux complémentaires nécessitaient seuls une vérification.

Ainsi, en résumé, la vérification devait être intégrale pour les réseaux du Nord, de l'Est et de Paris-Lyon-Méditerranée et partielle pour les réseaux de l'Ouest et du Midi ; seul, l'ancien réseau de la Compagnie d'Orléans ne nécessitait aucune vérification immédiate.

Quelles sont les modifications résultant des conventions de 1883 ?

Ces conventions ont arrêté à forfait le compte d'établissement de certaines Compagnies, savoir :

Nord (1) (31 décembre 1882)	Ancien réseau....	793.538.658 fr. 58 (3)
	Nouveau réseau...	240.848.314 fr. 74 (4)
	Autres lignes.....	88.886.181 fr. 59 (5)
	Total......	1.123.273.154 fr. 91
	non compris......	27.211.516 fr. 29 pour approvisionnements
	ni......	16.882.321 fr. 41 pour participation aux dépenses de divers chemins de fer de la région.
Orléans (2) (31 décembre 1882.)	Ancien réseau....	519.257.447 fr. 13 (6)
	Lignes de la Sarthe.	17.262.864 fr. 32
	Total	536.520.311 fr. 45
Paris-Lyon-Méditerranée (9) (31 décembre 1882)	Ancien réseau....	2.607.960.540 fr. 71 (7)
	Nouveau réseau..	728.634.259 fr. 78 (8)
	Total........	3.336.594.800 fr. 49
	non compris.....	40.170.271 fr. 38 pour approvisionnements

(1) Déduction faite des subventions acquittées.

(2) Déduction faite des subventions reçues en capital.

(3) (4) (5) Ces sommes comprennent respectivement 207 134 933 fr. 18, 20 489 178 fr. 65 et 11 486 031 fr. 62 pour matériel roulant.

(6) Cette somme comprend 103 087 806 fr. 10 pour matériel roulant.

(7) (8) Ces sommes comprennent respectivement 363 400 000 fr. et 49 700 000 fr. pour matériel roulant.

(9) Par un arrêt du 22 mai 1885, le Conseil d'État a annulé une décision du Ministre

Bien que le montant des dépenses de premier établissement afférentes au nouveau réseau de la Compagnie d'Orléans n'ait pas été arrêté, il y a lieu de remarquer que les questions relatives à la répartition des dépenses communes (frais généraux, intérêts, gares communes, matériel roulant, etc...), c'est-à-dire les questions les plus délicates, ont été implicitement résolues pour l'un comme pour l'autre des deux réseaux : on ne saurait, en effet, diminuer ou augmenter la part du nouveau réseau dans ces dépenses communes sans modifier la part de l'ancien réseau, c'est-à-dire sans altérer le forfait.

Ainsi, en négligeant les détails, on peut considérer que les comptes de premier établissement sont actuellement réglés, soit par le fait des conventions, soit par les vérifications de la Commission :

— au 31 décembre 1882, pour la Compagnie du Nord ;

— au 31 décembre 1880, pour la Compagnie de l'Est ;

— au 31 décembre 1880, pour la Compagnie de l'Ouest ;

— au 31 décembre 1882, pour la Compagnie d'Orléans ;

— au 31 décembre 1882, pour la Compagnie de Paris-Lyon-Méditerranée (non compris la ligne du Rhône au Mont-Cenis) ;

— au 31 décembre 1882, pour la Compagnie du Midi.

Voilà pour le passé. Pour l'avenir, les Compagnies sont chargées de travaux considérables à exécuter au compte de l'État et doivent en être remboursées par le paiement annuel de l'intérêt et de l'amortissement de leurs emprunts. D'autre part, elles prélèveront sur le produit net résultant de leur compte d'exploitation le dividende et l'amortissement de leurs actions, ainsi que les charges effectives de leurs emprunts (sous déduction des annuités de subvention de l'État) pour les dépenses de premier établissement dûment justifiées ; les travaux complémentaires ne sont plus limités par aucun maximum. Il sera donc nécessaire de vérifier, à partir des dates ci-dessus indiquées, tous les comptes annuels d'établissement et de dresser, en outre, depuis l'origine, l'état exact des charges d'emprunt.

La nécessité de la vérification complète continue à s'imposer pour les chemins de ceinture de Paris, pour la ligne du Rhône au Mont-Cenis et pour les chemins algériens qui n'ont pas fait l'objet d'évaluations forfaitaires.

des travaux publics du 6 décembre 1883, statuant sur le compte d'établissement de la Compagnie de Lyon au 31 décembre 1867, et jugé que le règlement forfaitaire inscrit dans la convention de 1883 mettait fin à toute revendication de part et d'autre pour les comptes antérieurs au 1er janvier 1883.

2. Nomenclature des dépenses d'établissement. — Aux termes de l'article 1 des règlements de 1863-1868, le compte de premier établissement du nouveau réseau devait comprendre :

1° Toutes les sommes que la Compagnie justifiait avoir dépensées dans un but d'utilité pour le rachat, la construction et la mise en service de chaque ligne et de ses dépendances, jusqu'au 1ᵉʳ janvier qui avait suivi l'ouverture de la ligne ;

2° La dépense d'entretien et d'exploitation, jusqu'à la même époque, des parties du chemin successivement mises en service ;

3° Les trois cinquièmes de la dépense d'entretien de la voie et des terrassements pendant une année à dater de la même époque, pour les parties du chemin qui n'auraient été mises en service que dans le cours de l'année précédente (1) ;

4° Les sommes employées au paiement de l'intérêt et de l'amortissement des titres émis pour le rachat ou la construction des lignes du nouveau réseau, jusqu'à l'époque où commençait pour ces lignes l'application de la garantie d'intérêt et seulement pour la portion de cet intérêt et de cet amortissement qui ne serait pas couverte par les produits nets des lignes ou sections successivement mises en exploitation (2).

Devaient être déduits des frais de premier établissement :

1° Les produits bruts de toute nature afférents aux parties du chemin successivement mises en service, et réalisés jusqu'au 1ᵉʳ janvier qui avait suivi l'ouverture de chaque ligne ;

2° Le produit des propriétés immobilières à aliéner ;

3° Le produit des capitaux à affecter à l'établissement de chaque ligne, jusqu'au moment de leur emploi en travaux ;

4° Le cas échéant, le prix de vente des propriétés immobilières à aliéner, ou leur valeur d'acquisition si l'aliénation n'avait pas eu lieu avant la clôture du compte définitif.

Après l'expiration du délai fixé pour la clôture du compte, la Compagnie pouvait être autorisée par décrets délibérés en Conseil d'État à y ajouter, mais seulement pour l'exercice du droit de partage des bénéfices, les dépenses faites pour l'exécution des travaux qui seraient reconnus être de premier établissement.

Les conventions conclues avec les grandes Compagnies depuis 1868 ont apporté un élément nouveau, celui des dépenses complémentaires de pre-

---

(1) Cette disposition avait pour objet de tenir compte des tassements de la plate-forme au début de l'exploitation.

(2) Nous reviendrons plus loin sur cette disposition.

mier établissement faites avant le terme assigné à la clôture du compte de premier établissement.

On remarquera que les règles ci-dessus rappelées étaient édictées pour le nouveau réseau seulement ; mais elles étaient considérées comme applicables à l'ancien réseau, pour les vérifications auxquelles donnait lieu ce réseau dans les limites précédemment indiquées.

Les conventions de 1883 contiennent les dispositions suivantes :

a. NORD. — « Sur le produit net..., la Compagnie prélèvera, pour la garantie d'intérêt :

« 1° Les charges effectives (intérêt, amortissement et frais accessoires) « des emprunts à servir par elle, sous déduction des annuités dues pour « l'exercice en représentation des subventions et soldées à la Compagnie :

« a. Pour le rachat, la construction et la mise en service des lignes « exploitées ou à ouvrir constituant son ancien réseau actuel, accru des « lignes définies aux articles 1, 2 et 3, et toutes dépenses dûment justifiées, « *dans les conditions prévues par le décret du 12 août 1868 et les con-* « *ventions en vigueur ;*

« b. Pour le paiement de la contribution prévue à l'article 6 ;

« c. Pour les travaux complémentaires à exécuter à toute époque sur « l'ensemble du réseau défini à l'article 10, conformément à des projets « approuvés par le Ministre des travaux publics...

« L'excédent sera appliqué à couvrir, jusqu'à due concurrence, la ga- « rantie accordée par l'État pour les charges effectives des sommes em- « pruntées par la Compagnie, sous déduction des annuités reçues en repré- « sentation des subventions, pour la construction et la mise en service « des lignes, exploitées ou à ouvrir, composant son nouveau réseau actuel, « sans que le capital garanti puisse excéder 223 500 000 francs. »

Pour le partage, la nomenclature est la même, si ce n'est que le § a est libellé ainsi :

« a. Rachat, construction et constitution des approvisionnements « effectifs, dans la limite d'un maximum de 30 millions, des lignes exploi- « tées ou à ouvrir, constituant son ancien et son nouveau réseau ac- « tuels, etc. »

b. EST. — « On comprendra dans le compte des dépenses....

« 3° L'intérêt, l'amortissement et les frais accessoires au taux effectif « des emprunts contractés, des sommes employées par la Compagnie et « dûment justifiées, *dans les conditions fixées par le décret du 2 mai 1863* « *et les conventions en vigueur :*

« a. Pour le rachat, la construction, la mise en exploitation et les

« approvisionnements effectifs (ces derniers limités au chiffre maximum
« de 35 millions) des lignes en exploitation complète;

« *b*. Pour la réparation des dommages et le rétablissement des ateliers
« et gares douanières, après la guerre de 1870-1871;

« *c*. Pour couvrir : 1° les insuffisances de recettes des exercices 1871
« et 1872; 2° le reliquat des insuffisances des exercices antérieurs non
« encore réglées, et, au besoin, celles de l'année 1883;

« *d*. Pour les travaux complémentaires à exécuter à toute époque, sur
« l'ensemble du réseau, conformément à des projets approuvés par le
« Ministre des travaux publics.

c. Ouest. — Libellé identique à celui de l'Est, sauf indication du *décret
du 6 mai 1863* et suppression des mentions relatives aux insuffisances
de recettes pendant les années 1871, 1872 et 1883, et aux ateliers ou gares
douanières.

d. Orléans. — « La Compagnie ne pourra avoir recours à la garantie
« d'intérêt que dans le cas où le produit net, résultant du compte unique
« d'exploitation, serait insuffisant pour faire face aux affectations suivantes,
« savoir :

« 1° Les charges effectives (intérêts, amortissement et frais accessoires,
« déduction faite des annuités reçues de l'État à titre de subventions)
« des sommes dépensées par la Compagnie :

« *a*. Pour le rachat, la construction et la mise en service des lignes
« constituant son ancien et son nouveau réseau actuels et des chemins de
« la Sarthe, sous déduction du capital-actions;

« *b*. Pour l'exécution des engagements imposés à la Compagnie en
« vertu des articles 2, 4, 8 et 12 de la présente convention ;

« *c*. Pour les travaux complémentaires et de parachèvement exécutés à
« toute époque, à dater du 1er janvier 1883, sur l'ensemble du réseau
« défini à l'article 13, avec l'approbation du Ministre des travaux publics;

« *d*. Pour les approvisionnements de l'ensemble des lignes exploitées,
« sans que l'importance de ces approvisionnements puisse excéder la
« somme de 40 millions ;

« 2° L'intérêt et l'amortissement des sommes affectées par la Compa-
« gnie au remboursement de sa dette, etc.... »

e. Paris-Lyon-Méditerranée. — Libellé semblable à celui du Nord,
sauf indication du *décret du 6 juin 1863* et substitution du chiffre de
40 millions à celui de 30 millions pour les approvisionnements.

f. Midi. — L'énumération contenue dans la convention avec la Compagnie du Midi comprend : « les charges effectives, intérêts, amortissement
« et frais accessoires des emprunts faits par la Compagnie jusqu'au 31 dé-

« cembre de l'année précédente, jusqu'à concurrence de la somme totale
« (déduction faite des subventions) dépensée jusqu'à cette date par la
« Compagnie, soit pour frais de rachat de lignes, travaux et dépenses de
« premier établissement, dépenses d'approvisionnements effectifs dans la
« limite d'une somme maxima de 25 millions de francs, travaux et dé-
« penses complémentaires exécutés à toute époque avec approbation du
« Ministre des travaux publics, soit pour frais généraux, insuffisances de
« produit net et charges d'intérêt et d'amortissement pendant les périodes
« d'exploitation au compte de premier établissement, soit enfin pour paie-
« ments non remboursables faits ou à faire à l'État, en vertu des conven-
« tions antérieures et de l'article 11 de la présente convention, et, en
« général, pour des dépenses dûment justifiées dans les *conditions fixées*
« *par le décret du 6 mai 1863, etc....* »

Ainsi, tout en donnant une certaine énumération des éléments du
compte-capital, cinq conventions sur six renvoient aux règlements antérieurs sur les justifications financières. Une seule, celle d'Orléans, est
muette à cet égard; mais il n'est point douteux que le décret réglemen-
mentaire du 6 mai 1863 ne continue à être en vigueur.

S'ensuit-il que tous les éléments indiqués par les règlements de
1863-1868 doivent, comme par le passé, entrer dans le compte de premier
établissement? La question s'est posée récemment, pour l'imputation partielle de la dépense d'entretien de la voie et des terrassements pendant
une année à dater du 1ᵉʳ janvier qui avait suivi la mise en exploitation
de lignes nouvelles cédées par l'État; elle n'était pas sans intérêt, puisqu'il
s'agissait de mettre cette dépense à la charge du Trésor ou de la laisser
à la charge de la Compagnie. Elle a été résolue négativement par le Ministre des travaux publics, conformément à l'avis du Conseil général des
Ponts et Chaussées. L'Administration s'est fondée sur ce que les conventions de 1883 comprenaient parmi les frais annuels toutes les dépenses
d'exploitation, sans réserve ni restriction.

3. **Caractère d'utilité indispensable pour l'inscription des
dépenses.** — La condition primordiale à laquelle doivent satisfaire les
dépenses pour être inscrites au compte-capital, c'est d'être faites dans un
but d'utilité. Ainsi, ces dépenses doivent présenter sinon un caractère de
nécessité, du moins un caractère *d'utilité*. Il y a là une appréciation
très souvent délicate.

Les dépenses doivent, en outre, s'appliquer au chemin de fer ou à ses
dépendances.

Des divergences absolues se sont produites, à maintes reprises, entre l'Administration et lés Compagnies, notamment au sujet de certaines constructions, souvent très coûteuses, élevées pour loger dans les gares ou à proximité des agents dont la présence continue n'est pas nécessaire et qui habituellement doivent pourvoir eux-mêmes à leur logement. Les Compagnies faisaient valoir qu'il n'existait, ni centre de population, ni ressources, près de la gare; qu'il était impossible d'imposer aux agents les fatigues, les pertes de temps et les dépenses supplémentaires auxquelles ils seraient astreints par l'éloignement de leur résidence ; que le recrutement du personnel présenterait les plus grandes difficultés; que l'Administration ferait acte. d'humanité, de bonne administration et de saine interprétation des contrats, en accueillant leurs propositions. L'un des exemples les plus connus est celui d'une vaste cité établie près de l'une des gares-frontières : la Compagnie insistait d'autant plus que la gare était située sur une ligne construite dans le système de la loi de 1842, et qu'en obtenant le classement de la cité comme ouvrage dépendant du chemin de fer, elle espérait laisser à la charge de l'État les dépenses d'infrastructure, c'est-à-dire d'acquisition de terrains et de terrassements. Dans ce dernier cas, comme dans la plupart des cas analogues, l'Administration a refusé d'acquiescer aux demandes formées par la Compagnie, et de classer les constructions en litige parmi les dépendances du chemin de fer. Elle n'a cédé que lorsqu'il s'agissait de loger des agents dont la présence continue, sans être complètement indispensable, pouvait néanmoins être incontestablement utile en dehors des heures ordinaires de service, ou lorsqu'il y avait impossibilité à les faire résider dans une localité voisine et à les amener ou à les remmener par des trains ordinaires (1).

On a parfois allégué que le refus opposé aux Compagnies par le Ministre des travaux publics préjudiciait en définitive aux intérêts du Trésor, puisque les voies ferrées devaient revenir gratuitement à l'État, à l'expiration de la concession. Cette considération ne serait pas déterminante, alors même qu'elle serait bien fondée. Cependant il importe d'en discuter la valeur. Tout d'abord, elle ne saurait s'appliquer aux lignes entièrement exécutées aux frais de l'État ou ne recevant des Compagnies qu'une dotation fixe, comme celles qui ont été concédées en 1883. En effet, dans ce cas, la dépense de construction incomberait au Trésor. A la vérité, on peut concevoir que la Compagnie, convaincue de l'utilité des installations, les établisse à ses frais, les mette ensuite à la disposition de ses agents, en

____

(1) On peut citer parmi les exceptions diverses installations à Morcens, gare située en pleines Landes, et notamment une école pour les enfants des agents.

impute sans opposition de la part de l'Administration la valeur locative et
l'entretien au compte annuel d'exploitation et en obtienne le rachat par
l'État, à l'expiration de la concession, comme dépendances du domaine
privé. Même dans cette hypothèse, le Trésor bénéficierait encore : en effet,
au lieu d'avoir à supporter pendant la durée de la concession les intérêts
de la dépense, il serait tout au plus exposé à voir augmenter dans une
certaine mesure ses avances remboursables au titre de la garantie d'intérêt
et diminuer un peu sa part dans les bénéfices. Encore faut-il observer que
les charges imposées au budget seraient, dans ce cas comme dans celui de
l'exécution par l'État, réduites de la retenue sur le traitement des agents
n'ayant point droit au logement, ou de l'économie réalisée sur leurs indemnités de résidence.

En est-il de même lorsque le chemin est construit entièrement aux frais
de la Compagnie ou doté d'une subvention ferme de l'État? Si les constructions restent dans le domaine privé de la Compagnie, les frais annuels
peuvent être, le cas échéant, augmentés de l'intérêt de la dépense, à l'exclusion de tout amortissement, puisque la Compagnie conserve la propriété
de ces constructions au terme de la concession; mais l'État peut être conduit à rembourser à la Compagnie la valeur du fonds et des bâtiments,
quand le chemin de fer lui fera retour. Si, au contraire, les constructions
sont incorporées aux dépendances de la voie ferrée, elles reviendront
gratuitement à l'État à l'expiration de la concession; mais la Compagnie
pourra grever chaque année ses frais d'exploitation de l'intérêt et de
l'amortissement du capital; la garantie d'intérêt et la part du Trésor dans
les bénéfices en seront plus profondément atteints. Cependant, en dernière
analyse, cette dernière solution pourra être moins onéreuse pour l'État.

L'Administration n'a donc pas à se montrer trop rigoureuse en pareil
cas ; elle peut, dans un intérêt de conciliation, céder aux instances des
Compagnies, lorsque la question d'imputation est douteuse, pourvu que
les principes soient réservés et qu'elle ne crée pas des précédents susceptibles d'être plus tard invoqués contre l'État.

Entre les deux cas extrêmes que nous venons d'envisager, on pourrait
en examiner d'autres qui sont intermédiaires, comme celui de lignes
établies dans le système de la loi de 1842.

Mais nous ne voulons pas entrer dans une analyse plus détaillée de la
question ; il nous suffisait de la signaler à l'attention du lecteur. Les considérations précédentes montrent assez que l'intérêt du Trésor peut être
d'adopter, soit l'une, soit l'autre des deux solutions, suivant les circonstances.
Toutefois, nous le répétons, on ne saurait y trouver une raison de décider
spéciale à chaque espèce. L'Administration n'a jamais eu en vue que le

respect de la lettre et de l'esprit des contrats ; son seul but a été de maintenir les Compagnies dans les limites du champ d'action qui leur est assigné.

Récemment encore, le 15 janvier 1884, le Conseil d'État a refusé de donner un avis favorable à la déclaration d'utilité publique de travaux projetés par la Compagnie de l'Ouest pour loger 4 à 500 employés près de la gare d'Achères. Il a considéré que la présence permanente de ces agents n'était point nécessitée par les exigences du service et que, par suite, les constructions à élever ne pouvaient être classées dans les dépendances du chemin de fer et devaient rester dans le domaine privé de la Compagnie. Il a ainsi donné une nouvelle consécration à la doctrine constante du Conseil général des Ponts et Chaussées et de l'Administration.

L'une des exceptions les plus connues qui aient été apportées au principe ordinairement admis est celle de l'installation d'un hôtel dans les bâtiments du buffet de la gare de Marseille. On a reconnu qu'il y avait un certain intérêt public à permettre aux voyageurs de trouver un gîte dans cette gare, où passent beaucoup de valétudinaires et où s'arrêtent un grand nombre de personnes avant de s'embarquer pour de longs voyages (Décret du 3 septembre 1880). La décision prise à ce sujet a été critiquée et la Compagnie a même subi de la part d'hôteliers de Marseille un procès, qu'elle a d'ailleurs gagné devant la Cour d'Aix et devant la Cour de cassation (19 décembre 1882).

4. Dépenses complémentaires de premier établissement. Définition des dépenses complementaires. Distinction entre ces dépenses et les frais de premier etablissement proprement dits. — Comme nous l'avons fait connaitre précédemment, les conventions de 1859 ont toutes prévu que les grandes Compagnies pourraient, après la clôture des comptes de premier établissement, être autorisées, par décret délibéré en Conseil d'État, à ajouter à ces comptes, mais seulement pour l'exercice du droit de partage des bénéfices, les dépenses faites pour l'exécution de travaux qui seraient reconnus être de premier établissement. Ces dépenses ne devaient donner lieu qu'au prélèvement des charges réelles d'emprunt.

A partir de 1868, les contrats ont en outre autorisé en principe l'addition, pour l'exercice de la garantie d'intérêt et du partage des bénéfices, de dépenses complémentaires de premier établissement faites avant la clôture des comptes sur des projets préalablement approuvés par décrets délibérés en Conseil d'État et dans les limites de maxima déterminés.

Chaque décret rendu en exécution de cette disposition fixait un maximum de dépenses que la Compagnie ne pouvait dépasser (1).

Le montant de ces dépenses complémentaires limitées était le suivant, après les lois de 1875 :

(1) Un arrêt du Conseil d'État statuant au contentieux, du 8 décembre 1876 (Compagnie Paris-Lyon-Méditerranée), a paru admettre que, lors du règlement des comptes, le Ministre pouvait autoriser l'imputation de dépenses excédant ce maximum. Mais cette décision isolée est en contradiction avec une jurisprudence constante, non contestée par les Compagnies.

COMPAGNIES	ANCIEN RÉSEAU			NOUVEAU RÉSEAU			OBSERVATIONS
	CONVENTIONS de 1868-1869	CONVENTIONS de 1875	TOTAL	CONVENTIONS de 1868	CONVENTIONS de 1875	TOTAL	
	fr.	fr.	fr.	fr.	fr.	fr,	
Nord.............	60.000.000	140.000.000	200.000.000	»	»	»	(1) Dépenses garanties, à faire sur l'ancien ou le nouveau réseau. D'après les documents parlementaires, la part de l'ancien réseau était de 59 millions.
Est.............	40.000.000	»	40.000.000	»	»	»	
Ouest...........	»	»	»	124.000.000	»	124.000.000 (1)	
Orléans.........	»	»	»	22.000.000	»	22.000.000	
P.-L.-M.........	96.000.000	96.000.000	192.000.000	7.000.000	»	14.000.000	
Midi...........	30.000.000	27.000.000	57.000.060	»	83.000.000	83.000.000	

La Compagnie de Paris-Lyon-Méditerrannée a été également autorisée à ajouter au compte de premier établissement des dépenses complémentaires limitées, jusqu'à concurrence de 45 millions, sur la ligne du Rhône au Mont-Cenis.

Quelques-unes des conventions ont indiqué, à titre d'exemples de travaux complémentaires, l'agrandissement ou l'amélioration des gares et des haltes, la création de nouvelles haltes ou stations, l'augmentation du matériel roulant, la pose de secondes voies ou de voies de garage. Mais il n'y avait là qu'une simple nomenclature énonciative.

A l'exception du Midi, les grandes Compagnies avaient épuisé ou à peu près épuisé les maxima fixés pour les dépenses complémentaires limitées, lorsque sont intervenues les nouvelles conventions de 1883. Ces conventions ont supprimé la limitation des travaux complémentaires et la nécessité d'un décret rendu en Conseil d'État pour l'imputation des dépenses correspondantes. Il suffit maintenant d'une approbation des projets par le Ministre des travaux publics pour que les Compagnies aient le droit d'ajouter les dépenses au compte de premier établissement et d'en prélever les charges sur le produit net de l'exploitation, au point de vue de la garantie d'intérêt et du partage des bénéfices. Toutefois la Chambre des députés a introduit dans les lois du 20 novembre 1883 portant approbation des conventions un article aux termes duquel « le montant des tra- « vaux complémentaires que le Ministre des travaux publics pourra « autoriser sera fixé, chaque année, par un article de la loi des « finances ».

Les différences entre le nouveau régime et le régime antérieur sont les suivantes :

1° Autrefois les dépenses complémentaires faites avant la clôture des comptes et susceptibles de donner lieu à une augmentation du revenu garanti pour le nouveau réseau, du revenu réservé à l'ancien réseau avant déversement et du revenu réservé avant partage pour les deux réseaux, ne pouvaient excéder des chiffres déterminés. Aujourd'hui cette limitation a disparu et il n'y a plus de délai pour la clôture des comptes.

2° Les dépenses complémentaires faites après la clôture des comptes n'étaient point prises en considération pour le jeu de la garantie d'intérêt et ne pouvaient donner lieu qu'à une augmentation du revenu réservé avant partage. Aujourd'hui, les dépenses complémentaires, quelle que soit l'époque à laquelle elles sont faites, sont ajoutées au compte général pour la garantie et le partage des bénéfices.

3° L'accroissement du revenu réservé à l'ancien réseau avant déversement, pour les dépenses complémentaires limitées, était généralement fixé d'après un taux forfaitaire ; il en était de même de l'augmentation du revenu réservé avant partage.

Aujourd'hui ce sont les charges réelles d'emprunt que les Compagnies sont autorisées à prélever, dans tous les cas.

4° Le Trésor avait autrefois la garantie : 1° de l'approbation préalable des projets par décret délibéré en Conseil d'État pour les dépenses complémentaires limitées ou de l'autorisation d'imputation délivrée en la même forme pour les dépenses complémentaires illimitées à faire après la clôture des comptes de premier établissement ; 2° la garantie de l'examen ultérieur des dépenses effectives par la Commission de vérification, dont les décrets avaient toujours soin de ménager l'action par la disposition suivante : « Les dépenses faites pour l'exécution du projet seront imputées sur le « compte de........ ouvert, conformément à l'article... de la convention « du....., pour travaux complémentaires de l'ancien (ou du nouveau) « réseau, jusqu'à concurrence des sommes qui seront reconnues devoir « être définitivement portées audit compte. »

De ces deux garanties, la première est remplacée par celle d'une décision ministérielle (1). La seconde continue à subsister.

5° En cas de rachat, les dépenses complémentaires autres que celles de matériel roulant ne pouvaient influer qu'indirectement sur l'annuité incombant au Trésor, par l'accroissement qu'elles avaient pu provoquer dans le trafic et dans le produit net de l'exploitation, tout au moins pour les lignes concédées depuis moins de 15 ans.

Dorénavant, en outre de l'annuité prévue à l'article 37 du cahier des charges, les Compagnies auront droit au remboursement des dépenses complémentaires autres que celles du matériel roulant, exécutées par elles avec l'approbation du Ministre des travaux publics, sauf déduction de 1/15 pour chaque année écoulée depuis la clôture de l'exercice dans lequel auront été exécutés les travaux.

Les Compagnies ne sont donc plus aussi étroitement liées, ne sont plus astreintes à une prudence aussi rigoureuse que par le passé. On conçoit, en conséquence, que le législateur, soucieux des intérêts du Trésor, ait cru devoir prescrire la fixation annuelle du maximum des dépenses complémentaires susceptibles d'être approuvées par le Ministre des travaux publics pour chacune des Compagnies. Sans doute, il ne peut y avoir au fond aucune divergence d'intérêts entre l'État et les Compagnies, qui ne

____

(1) Toutefois, conformément au désir exprimé en 1885 par la commisson du budget de la Chambre des députés, le Ministre prend, avant de statuer, l'avis de la section des travaux publics du Conseil d'État.

feront jamais à plaisir des dépenses inutiles et frustratoires ; mais il n'en est pas moins vrai que le régime créé par les conventions de 1883 fait peser sur le Trésor des charges qui ne lui incombaient pas antérieurement. A ce point de vue, la limitation annuelle des dépenses par la loi de finances était loin d'équivaloir au contrôle préventif qu'exerçait le Conseil d'État. Le Parlement ne peut, en effet, s'ingérer dans l'examen de détail de projets, qui, du reste, ne sont pas toujours arrêtés lors du vote du budget. Aussi la Commission de la Chambre des députés, instituée pour le budget de 1886, a-t-elle exprimé le vœu que le Conseil d'État continuât à être consulté comme par le passé.

L'article des lois approuvant les conventions de 1883, que nous venons de rappeler, a été interprété par le Parlement comme ne s'appliquant pas aux dépenses de matériel roulant dont le remboursement, en cas de rachat, était déjà obligatoire pour l'État d'après les contrats antérieurs.

Dans son rapport du 10 novembre 1884 à la Commission du budget, M. Cavaignac, député, a donné un tableau complet des dépenses effectuées par les six grandes Compagnies en accroissement du capital de premier établissement, de 1873 à 1882 (matériel roulant compris). Nous n'en retenons que les chiffres donnant la moyenne annuelle, pour cette période décennale :

Compagnie du Nord.................	22 130 000 fr.
— de l'Est..................	9 103 000
— de l'Ouest................	10 023 000
— d'Orléans................	9 556 000
— de Paris-Lyon-Méditerranée..	27 219 000
— du Midi.................	7 051 000
Total.............	85 082 000 fr.

L'augmentation moyenne des recettes ayant été de 29 millions par an, pendant la même période, on voit que les dépenses complémentaires (1) se sont élevées à 3 millions environ par million d'augmentation sur les recettes brutes. Ainsi se trouve justifiée la règle empirique admise par M. Varroy, dans ses projets de convention de 1880 et de 1882.

L'examen du tableau inséré au rapport de M. Cavaignac met en lumière les faits suivants :

1° Le montant des dépenses complémentaires s'est accru très rapidement : cette progression tient notamment au développement du réseau, à l'ancienneté de certaines lignes, aux exigences du public, aux progrès de la

---

(1) Une partie de ces dépenses ont été imputées au compte de premier établissement proprement dit.

science qui entraînent des perfectionnements coûteux, à la nécessité qui s'est imposée d'exécuter des travaux onéreux pour l'agrandissement de certaines gares comme celles de Paris.

2° Plusieurs Compagnies, particulièrement celle d'Orléans, ont sensiblement réduit leurs dépenses de 1879 à 1881 : les motifs qui paraissent avoir déterminé ce ralentissement temporaire sont les tendances au rachat manifestées à cette époque par une fraction de la Chambre des députés et l'épuisement des comptes ouverts par les conventions antérieures.

L'évaluation des dépenses complémentaires pour les exercices 1884 et 1885 était la suivante, d'après un second tableau dressé par M. Cavaignac :

COMPAGNIES	EXERCICE 1884			EXERCICE 1885		
	TRAVAUX	MATÉRIEL roulant	TOTAL	TRAVAUX	MATÉRIEL roulant	TOTAL
	fr.	fr.	fr.	fr.	fr.	fr.
Nord	15.000.000	2.700.000	17.700.000	11.000.000	5.700.000	16.700.000
Est...........	8.000.000	10.000.000	18.000.000	7.500.000	10.000.000	17.500.000
Ouest........	7.500.000	10.000.000	17.500.000	8.900.000	7.500.000	16.400.000
Orléans......	16.000.000	14.000.000	30.000.000	9.700.000	7.500.000	17.200.000
P.-L.-M.	30.000.000	23.862.900	53.862.900	14.200.000	16.000.000	30.200.000
Midi.........	13.500.000	11.704.000	25.204.000	13.500.000	5.000.000	18.500.000
	90.000.000	72.266.900	162.266.900	64.800.000	51.700.000	116.500.000

Ces chiffres ne comprenaient pas certaines dépenses qui, aux termes des conventions, doivent être payées par l'État.

La loi de finances de 1885 a imposé aux Compagnies l'obligation de présenter en 1886 un compte spécial des travaux complémentaires effectués au cours de l'exercice 1885 en vertu de cette loi ; elle a disposé, d'ailleurs, que l'autorisation cesserait d'avoir son effet pour les dépenses qui n'auraient pas été réellement faites avant la fin de l'exercice. Ces règles ont été maintenues pour les exercices ultérieurs.

L'Administration et le Conseil d'État ont toujours dû porter leur attention sur la distinction à faire entre les travaux se rattachant au premier établissement proprement dit et les travaux complémentaires.

Au point de vue de la garantie d'intérêt, les Compagnies devaient, dans beaucoup de cas, avoir une tendance à imputer les dépenses au compte des travaux complémentaires plutôt qu'au compte des travaux de premier établissement : car elles obtenaient ainsi une augmentation du revenu kilométrique réservé à l'ancien réseau, qui leur eût échappé par l'imputation au compte de premier établissement ; cette augmentation correspondait à la totalité des charges, s'il s'agissait de dépenses afférentes à l'ancien réseau, et à l'excédent de ces charges sur le taux garanti de 4,65 %, s'il s'agissait de dépenses afférentes au nouveau réseau. Il y avait cependant, pour l'ancien réseau du Nord, une exception qui mérite d'être signalée : les conventions stipulaient, en ce qui concernait ce réseau, une diminution du revenu kilométrique réservé par million non dépensé sur l'évaluation de 1869, qui était précisément égale à l'augmentation pour chaque million de dépenses complémentaires.

Au point de vue du partage des bénéfices, les Compagnies avaient également intérêt à l'imputation sur le compte des dépenses complémentaires ou tout au moins n'avaient pas à en souffrir. On s'en convaincra facilement en se reportant au tableau des pages 405 à 407.

Le Conseil d'État n'omettait jamais de rechercher si les dépenses avaient été comprises, soit dans les estimations des projets primitifs, soit dans les évaluations qui avaient servi de base aux conventions ; si elles devaient s'imposer pour l'achèvement complet des lignes dans les conditions prévues lors de la concession ; ou si, au contraire, elles résultaient, soit de l'accroissement du trafic, soit d'autres circonstances imprévues. Dans le premier cas, l'imputation au compte des travaux complémentaires était rejetée ; dans le second cas, au contraire, elle était admise. C'est ainsi, par exemple, que des murs de soutènement, des perrés, des travaux d'assainissement rendus nécessaires dès l'origine par le profil transversal adopté pour le chemin de fer ou par la nature du terrain, étaient considérés comme se rattachant à la construction même et comme ne pouvant, par suite, grever le compte des dépenses complémentaires.

Signalons, en passant, la situation spéciale dans laquelle se trouvait la Compagnie de l'Ouest et qui exigeait un contrôle tout particulier. Le capital garanti, pour le premier établissement du nouveau réseau, comprenait une somme de 55 millions à dépenser dans les gares communes à l'ancien et au nouveau réseau et dans les gares de Saint-Lazare, de Montparnasse et de Rouen appartenant à l'ancien réseau (convention de 1863) ; le maximum de 124 millions fixé pour les dépenses complémentaires du nouveau réseau (convention de 1868) comprenait de même une somme de 59 millions à dépenser sur l'ancien réseau. Telle dépense pouvait n'augmenter, ni le revenu réservé avant déversement, ni le revenu garanti, ou bien n'augmenter que le revenu garanti, ou encore accroître tout à la fois le revenu réservé et le revenu garanti, selon qu'elle était portée au premier établissement de l'ancien réseau, au premier établissement du nouveau réseau ou au compte des travaux complémentaires. Nous ne parlons pas des conséquences de l'imputation au point de vue du partage des bénéfices, qui, malheureusement, ne pouvait être utilement envisagé par la Compagnie de l'Ouest.

Ajoutons, pour en finir avec le passé, que les dépenses complémentaires du chemin de Ceinture (rive droite) dûment autorisées par décret en Conseil d'État étaient ensuite réparties entre les diverses Compagnies ayant une tête de ligne à Paris.

Les conventions de 1883 ont-elles modifié la situation, en ce qui touche la distinction entre les dépenses de premier établissement proprement dites et les dépenses complémentaires ? Ces conventions autorisent les Compagnies à prélever sur le produit net, pour la garantie d'intérêt comme pour le partage des bénéfices, les charges réelles de leurs emprunts pour les dépenses des deux catégories, Mais il ne s'agit que des dépenses à la charge des Compagnies. Pour les lignes qui ont été concédées en 1883 avec une dotation fixe de leur part, leur intérêt est évidemment de charger le plus possible le compte de premier établissement, qui, sauf déduction de cette dotation, incombera totalement au Trésor. Il en est de même pour les lignes cédées, dont la mise en état et les parachèvements doivent être faits pour la plupart aux frais de l'État. Tout au plus y a-t-il lieu d'excepter les travaux à exécuter à forfait par la Compagnie de l'Est en échange de l'abandon de sa dette, conformément à l'article 8 de la convention des 11 juin-20 novembre 1883 : cet abandon constituant un forfait, la Compagnie sera intéressée à économiser sur les travaux précités. La vigilance de l'Administration devra donc être tenue en éveil, si ce n'est plus encore qu'autrefois.

Il ne faudra admettre comme dépenses de premier établissement proprement dit ou de parachèvement que celles qui auront été comprises dans les projets approuvés ou reconnues immédiatement nécessaires avant la mise en exploitation (soit lors de la remise à la Compagnie des travaux exécutés par l'État, soit lors de la réception des travaux exécutés par la Compagnie).

5. Distinction entre les dépenses de premier établissement et les frais d'exploitation. — Parmi les dépenses que nécessitent la construction et l'exploitation des chemins de fer, il en est un grand nombre dont le caractère ne saurait être douteux. Cependant la ligne de démarcation entre les dépenses de premier établissement et les frais d'exploitation est loin de présenter une précision absolue. Le Conseil d'État, la Commission de vérification des comptes et les services du Ministère des travaux publics doivent examiner avec un soin tout spécial la ventilation proposée par les Compagnies et y apporter souvent de nombreuses modifications.

L'intérêt des Compagnies peut être, en effet, suivant les circonstances, suivant les cas et surtout suivant leur situation financière, de charger de préférence leur compte d'établissement ou leur compte d'exploitation. C'est ainsi que l'imputation au compte d'exploitation peut être favorable aux Compagnies qui recourent à la garantie d'intérêt, qui ont une dette considérable, qui n'entrevoient pas à brève échéance leur libération et l'accroissement de leur dividende : elles ne perdent rien dans le présent, et pour l'avenir elles gagnent la différence entre les charges des avances de l'État qui ne portent intérêt qu'à 4 % et les charges des emprunts qu'elles seraient obligées de contracter. Nous en dirons autant des Compagnies qui, sans recourir à la garantie, ont à redouter des réductions ultérieures de produit net, par suite de l'adjonction de lignes improductives à leur réseau : il est de bonne administration pour elles de grever le présent pour dégrever l'avenir et éviter ou tout au moins atténuer la dépression de leurs dividendes. La tendance pourra être inverse pour des Compagnies touchant à leur libération vis-à-vis du Trésor et désirant recouvrer le plus tôt possible la disponibilité de leurs dividendes Il en sera de même des Compagnies pour lesquelles la période du partage des bénéfices sera sur le point de s'ouvrir et qui, en chargeant le compte d'établissement, augmenteront leurs bénéfices immédiats tout en accroissant le revenu réservé avant partage, c'est-à-dire en retardant l'heure à laquelle le Trésor prélèvera une portion de leur produit net. La crainte du rachat pourra aussi déterminer les Compagnies à décharger leur compte des dépenses d'exploitation, pour accroître leur produit net et par conséquent l'annuité que l'État aura à leur servir, s'il reprend possession de leur réseau. Nous n'entrerons point ici dans l'étude de détail de la question : il y aurait des cas très divers à passer en revue, des appréciations extrêmement délicates à formuler. Les indications qui précèdent suffiront pour mettre le lecteur sur la voie, pour lui montrer le sens dans lequel doivent être dirigées les investigations de l'Administration et de ses conseils lors de l'examen des propositions des Compagnies, pour lui prouver combien les intérêts de ces sociétés et ceux de l'État peuvent être parfois divergents.

Certaines conventions antérieures à 1883 ont d'ailleurs contribué à rendre plus confuse encore la démarcation entre le domaine de la construction et le domaine de l'exploitation. Aux termes de l'article 10 de la convention de 1868 avec la Compagnie de l'Est, « les travaux accessoires « à exécuter successivement dans les gares demeuraient compris dans les

« dépenses annuelles d'exploitation ». L'article 17 de la convention de 1875 avec la même Compagnie contenait la stipulation suivante : « Sont compris dans les comptes annuels d'exploitation.......... les travaux de « grosse réparation ou de réfection des lignes, les travaux accessoires à « exécuter successivement dans les gares et dont l'imputation sur ces « comptes aura été autorisée par le Ministre des travaux publics. » Cette dernière disposition était également insérée dans la convention de 1875 avec la Compagnie de l'Ouest, qui assimilait, en outre, aux travaux des gares les travaux sur les quais des ports. Ainsi, sans parler des réfections, certains travaux pouvaient être imputés au compte d'exploitation, pourvu : 1° qu'ils eussent le caractère d'ouvrages accessoires ; 2° qu'ils fussent exécutés dans les gares ou sur les quais des ports (s'il s'agissait de la Compagnie de l'Ouest) ; 3° que l'imputation eût été autorisée par le Ministre. La seconde de ces conditions était très nette ; la troisième était solidaire de la première : car le Ministre, quoiqu'armé d'un pouvoir étendu d'appréciation, devait évidemment décider en s'inspirant de l'intention commune des parties contractantes et en cherchant à appliquer en toute équité les conventions ; mais il était extrêmement difficile de juger si un travail était accessoire ou présentait une importance assez grande pour être nécessairement éliminé des frais annuels et porté au compte de premier établissement.

Le Conseil d'État, consulté sur la convention de 1875 avec la Compagnie de l'Ouest, avait signalé la difficulté au Ministre des travaux publics dans un avis fortement motivé du 2 décembre 1875, où on lit ce qui suit : « Il y a là des travaux de premier établissement qu'il n'a pas paru « possible de distinguer des travaux complémentaires... Il est difficile « d'admettre que la définition des travaux complémentaires ne soit pas la « même pour toutes les Compagnies de chemins de fer, et il serait fâ-« cheux d'établir, dans l'espèce, une distinction qui aurait pour con-« séquence d'aggraver la garantie d'intérêt de l'État et qui entrainerait « dans la pratique de la vérification des comptes des discussions inces-« santes sur la portée des mots *travaux accessoires*. Il est vrai qu'une « distinction semblable a été faite dans la convention passée en 1868 « avec la Compagnie de l'Est ; mais cette distinction ne s'appliquait alors « qu'aux travaux à exécuter sur l'ancien réseau et, ici, elle s'appliquerait « aux travaux à exécuter sur l'ancien et sur le nouveau réseau. La Com-« pagnie des chemins de fer de l'Ouest a fait valoir, à l'appui de cette dis-« position, qu'elle était souvent appelée à faire dans les gares ou sur les « quais des ports des travaux qui pouvaient n'être que provisoires et qui « n'étaient pas de nature à être portés au compte de premier établissement.

« Mais il est de règle que les travaux provisoires ne sont pas définitive-
« ment portés au compte de premier établissement et qu'ils sont reportés
« au compte d'exploitation, quand ils ont été remplacés par un travail défi-
« nitif ou supprimés. Le Conseil estime, en conséquence, que la clause qui
« admettrait dans les comptes annuels d'exploitation les travaux acces-
« soires à exécuter dans les gares ou sur les quais des ports ne doit pas être
« maintenue (1). » Le Conseil concluait aussi à supprimer la mention relative aux travaux de grosse réparation ou de réfection des lignes, travaux
qui, d'après la jurisprudence constante des Commissions de vérification
des comptes, adoptée par le Ministre des travaux publics et le Conseil
d'État, avaient toujours été écartés des comptes de premier établissement.

Il n'a pas été tenu compte de ces sages critiques. Le Gouvernement et
la Chambre ont pensé que l'intervention des Commissions de contrôle et
du Ministre aplanirait les difficultés (voir notamment le rapport de
M. Savoye à l'Assemblée nationale sur la convention avec la Compagnie
de l'Ouest, *Journal officiel* du 24 janvier 1876).

Les faits sont venus montrer combien le Conseil d'État avait été prévoyant. Des hésitations incessantes se sont produites, soit à l'Administration centrale des travaux publics, soit dans le sein de la Commission de
vérification des comptes, soit au Conseil d'État, sur l'imputation d'un
grand nombre de travaux exécutés dans les gares. Il a été matériellement
impossible de trouver un criterium, d'adopter une règle de conduite invariable. On a dû, dans chaque espèce, juger d'après divers éléments, tels
que le chiffre de la dépense, le rôle et le but des travaux, les conditions de
leur exécution, leur enchevêtrement plus ou moins accusé avec les travaux de pur entretien, etc...

Les conventions de 1883 paraissent avoir abrogé les dispositions spéciales que nous venons de rappeler. La formule qui y a été employée est,
en effet, la suivante : « On comprendra dans le compte des dépenses :
« 1° Toutes les dépenses d'exploitation, y compris notamment les allo-
« cations de la Compagnie pour les caisses de retraite, de secours et de
« prévoyance, les impôts, les frais de contrôle et les indemnités pour ac-
« cidents, pertes, avaries et incendies (plus le fonds fixe d'amortissement
« des actions pour la Compagnie de l'Ouest);............ 3° l'intérêt,
« l'amortissement et les frais accessoires........ des sommes employées
« par la Compagnie....... pour les travaux complémentaires à exécuter
« à toute époque sur l'ensemble du réseau, conformément à des projets

____

(1) Ces observations ont été reproduites sous une forme différente en 1876, à propos d'un
projet de convention avec la Compagnie d'Orléans.

« approuvés par le Ministre des travaux publics. » Il ne subsiste, dans ce texte, aucune restriction pour les travaux complémentaires, aucune indication de travaux susceptibles d'entrer au compte annuel d'exploitation.

Nous ferons donc abstraction de la situation spéciale dans laquelle se trouvaient la Compagnie de l'Est depuis 1868 et la Compagnie de l'Ouest depuis 1875 et nous ne nous occuperons que du cas général.

Les dépenses dont l'imputation au compte d'établissement ne peut soulever aucune discussion sont les frais généraux d'études, de rédaction de projets, de direction et de surveillance de la construction ; les dépenses d'acquisition de terrains, de terrassements, d'ouvrages d'art, de bâtiments, de matériel fixe ; les frais d'achat de matériel roulant ; et, éventuellement, les indemnités de rachat de lignes reprises en vertu d'autorisations délivrées par les pouvoirs compétents.

Tant que l'exploitation n'est pas ouverte, il ne peut guère y avoir place au doute. C'est après la mise en service que peuvent naître les hésitations. Le mieux sera de citer quelques exemples de décisions prises dans le passé, conformément à l'avis des Commissions de vérification des comptes ou du Conseil d'État.

— Ateliers de créosotage des traverses. — Il s'agissait d'ateliers destinés au service de l'entretien et dont la durée devait être temporaire. On a admis que la dépense d'installation de ces ateliers ne devait pas être imputée au premier établissement, mais inscrite à un compte d'ordre dont l'amortissement serait porté au compte des dépenses d'exploitation.

— Restauration de tunnels. — Des solutions différentes ont prévalu suivant les circonstances. Tantôt la Commission s'est trouvée en présence de travaux relativement peu importants, exécutés longtemps après la mise en service de la ligne, et n'a pas hésité à comprendre la dépense parmi les frais d'exploitation ; tantôt, au contraire, les travaux présentaient le caractère d'un véritable complément de construction, consistant par exemple dans la substitution d'une voûte en maçonnerie à un léger revêtement en briques, et devaient dès lors être compris, au moins pour partie, au compte d'établissement.

— Adoucissement de talus, perrés, murettes, revêtements, etc.... — Le plus souvent ces ouvrages ont été classés au compte d'établissement ; exceptionnellement les conditions dans lesquelles ils étaient exécutés les ont fait considérer comme rentrant dans la catégorie des grosses réparations.

— Empierrements, pavage, dallage en asphalte de trottoirs. — Ces travaux ont été, en général, compris à l'établissement; cependant la substitution d'un pavage à l'empierrement d'une cour de gare a été envisagée comme une opération d'entretien bien entendu (1).

— Aqueducs d'assainissement, égouts, puits, bornes-fontaines, installation de l'éclairage au gaz. — Portés au compte d'établissement.

— Addition d'appareils de contre-vapeur, d'abris à lunettes, etc., aux locomotives. — Même décision.

— Éclissage des rails, pose de traverses et de coussinets supplémentaires. — Également imputés à l'établissement.

— Appareils pour le cantonnement des trains. — Considérés comme se rattachant à l'établissement, malgré les objections de l'une des grandes Compagnies, qui faisait valoir les variations réitérées et presque incessantes des appareils destinés à assurer la sécurité de la circulation.

— Transformation d'une ancienne gare en maison de garde. — Rattachée aux dépenses d'exploitation, comme constituant une simple modification d'aménagement intérieur.

Les exemples que nous venons de citer et qu'il nous serait facile de multiplier permettent déjà de dégager le principe qui a servi de guide, depuis de longues années, à l'Administration et au Conseil d'État. Ce principe consiste à imputer au premier établissement les dépenses qui ajoutent un élément nouveau aux constructions et à l'outillage préexistants.

Nous allons d'ailleurs passer à certains ordres de faits, qui confirment ce principe et qui montrent en même temps les tempéraments apportés parfois à sa rigidité excessive.

Mais, auparavant, nous devons donner une courte explication sur le sort des dépenses reportées du compte d'exploitation au compte d'établissement, lors de la vérification périodique à laquelle procède la Commission instituée en vertu des règlements de 1863-1868.

Théoriquement, aucun travail neuf ne peut être exécuté sans avoir été préalablement approuvé par le Ministre des travaux publics (art. 3 du cahier des charges, articles divers des conventions de 1883); l'exécution des travaux complémentaires était même subordonnée, avant 1883, à l'approbation des projets par décret délibéré en Conseil d'État. Cependant, il peut arriver qu'une Compagnie se trompe de très bonne foi sur le caractère d'un ouvrage. En droit strict, l'autorisation à posteriori et l'imputation pourraient être refusées; mais, si l'ouvrage est utile, on a toujours

____

(1) Voir notamment un avis du 28 janvier 1879 de la section des Travaux publics du Conseil d'État.

admis la possibilité de régulariser après coup la situation, en donnant à posteriori l'approbation qui aurait été délivrée sans difficulté avant l'exécution. La dépense n'en restait pas moins en l'air, pendant l'intervalle qui séparait la décision de rejet prise par le Ministre sur l'avis de la Commission de vérification, ou même l'exécution du travail, et la décision autorisant l'inscription au compte d'établissement. En général on a admis, sous toutes réserves, l'attribution provisoire des charges réelles en augmentation du revenu réservé ; on peut aussi appliquer un autre système consistant à ajouter ces charges à la dépense d'établissement. Ces mesures de bienveillance et d'équité cesseraient tout naturellement, s'il se produisait des abus ou si la Compagnie tardait à provoquer la régularisation de sa situation.

6. Transformations apportées aux ouvrages, aux installations ou à l'outillage antérieurs. — Travaux provisoires. — Il arrive fréquemment que les besoins de l'exploitation conduisent à remplacer des constructions ou un outillage, qui avaient suffi jusqu'alors, par des installations ou un outillage plus considérables. On substituera, par exemple, un réservoir à eau de 100 mètres cubes de capacité à un réservoir de 40 mètres cubes, une grue de 10 tonnes à une grue de 5 tonnes, des plaques tournantes de $4^m,40$ à des plaques de $3^m,60$ de diamètre. On pourra aussi être conduit à démolir un bâtiment trop exigu, pour en édifier un autre sur des dimensions plus étendues. Doit-on imputer purement et simplement au compte d'établissement la dépense afférente à ces transformations ?

La question a été débattue. On a soutenu qu'il y avait là une dépense de construction et que, dès lors, l'imputation s'imposait sans aucune réserve ni réticence. Le Conseil d'État et l'Administration, sans méconnaître la légitimité de l'inscription de la dépense nécessitée par les installations nouvelles parmi les dépenses d'établissement, ont pensé qu'il y avait lieu de déduire en même temps du compte-capital la dépense faite autrefois pour les installations anciennes, en la reportant aux dépenses d'exploitation de l'exercice pendant lequel a lieu le remplacement, ce qui revient à n'inscrire à l'établissement que la différence entre les dépenses des ouvrages ou du matériel nouveaux et les dépenses faites pour les ouvrages ou le matériel anciens, et à prélever le surplus sur les recettes de l'exploitation. Cette solution n'est pas à l'abri de toute critique. Mais elle n'en est pas moins la plus rationnelle : les conventions n'admettent, en effet, au compte d'établissement que les dépenses utiles, et il est certain qu'une dépense cesse de satisfaire à cette condition dès que l'ouvrage qui en a fait l'objet doit disparaître. D'un autre côté, en agissant autrement, on arriverait à avoir un compte-capital fictif ne représentant pas, à un instant quelconque, les sommes employées à l'établissement du chemin de fer tel qu'il se comporte. Au surplus, les Compagnies ont, depuis longtemps, adhéré à la règle que nous venons d'indiquer et qui a été consacrée par un arrêt du Conseil d'État statuant au contentieux (15 juin 1877, Compagnie d'Orléans).

La dépense à porter à l'exploitation doit être, d'ailleurs, non point la valeur réelle des travaux ou du matériel remplacés, mais la dépense qu'ils avaient effectivement entraînée; car les comptes d'établissement sont des comptes de dépenses et non des comptes d'inventaire; il s'agit d'établir le montant des frais utiles d'établissement et non de rechercher la valeur du chemin de fer : les conventions sont libellées dans des termes qui ne laissent aucun doute à cet égard.

Si des matériaux ou des parties d'ouvrages à remplacer sont susceptibles d'être utilisés, la part de dépense des installations nouvelles qui pèse sur l'exploitation est naturellement réduite d'autant. Tel serait le cas où, en transformant un bâtiment, il serait possible d'utiliser une partie de ses murs ou tout au moins de ses matériaux.

Les matériaux ou le matériel qui peuvent comporter une utilisation ultérieure ou être vendus entrent d'ailleurs au magasin de l'exploitation, qui peut ensuite en tirer parti directement ou faire recette du prix de vente et atténuer ainsi ses charges.

Dans des circonstances déterminées, les ouvrages nouveaux correspondent à une dépense sensiblement inférieure à celle des ouvrages anciens : l'ouverture de lignes nouvelles ou des modifications dans le mode d'exploitation peuvent, par exemple, réduire de beaucoup l'importance d'une gare et permettre la substitution d'un outillage moins important à celui dont cette gare était dotée. Le compte d'établissement se réduit alors au lieu de s'accroître.

Les règles précédentes confirment, on le voit, le principe énoncé page 462 « que l'on doit exclusivement porter au compte d'établissement « les dépenses apportant un élément nouveau au chemin de fer, ayant « incontestablement pour effet d'accroître son capital. »

Une question fort délicate s'est posée à propos du remplacement des rails en fer par des rails en acier. La voie conservant la même longueur, les mêmes développements, la substitution avait pour résultat de faire profiter le chemin de fer d'une plus-value de qualité et non d'une plus-value de quantité. Après des hésitations et des fluctuations, on a distingué entre le cas où la Compagnie se bornait à remplacer des rails hors de service et celui où elle procédait, au contraire, à une réfection d'ensemble pour augmenter la puissance de la voie et pourvoir aux besoins d'une circulation plus intense, sans attendre que les rails anciens fussent hors de service. Dans le premier cas, on n'a considéré l'opération que comme un entretien bien ordonné et on a laissé la dépense à la charge de l'exploitation ; c'est ainsi qu'en a jugé le Conseil d'État, statuant au contentieux, le 15 juin 1877 (Compagnie de Paris-Lyon-Méditerranée). Dans le second cas, on a admis au compte d'établissement la différence entre le prix des nouveaux rails et le prix des anciens. L'abaissement du prix des rails en acier n'a, du reste, pas tardé à atténuer les dissentiments qui s'étaient produits au début entre l'État et les Compagnies.

Signalons, en passant, comme l'a fait M. Aucoc dans ses conférences sur le droit administratif, un fait spécial à la Compagnie du Midi. Au début, cette Compagnie avait adopté le rail Brunel et le rail Barlow, dans le but de réduire les frais de construction de son réseau ; mais l'expérience avait été malheureuse ; il avait fallu, quelques années plus tard, faire la dépense d'une réfection en rails à double champignon. Lorsque le Ministre conclut avec la Compagnie la convention de 1868, il crut pouvoir admettre l'imputation de cette dépense au compte de premier établissement, sans aucune déduction pour les rails primitifs retirés des voies. Cette faveur, justifiée par des innovations qui avaient pleinement réussi et qui avaient donné des économies considérables pour les ponts métalliques, fut approuvée par le Corps législatif. Il y eut là une exception motivée par des circonstances tout à fait particulières et n'infirmant en rien les principes généraux.

Jusqu'ici nous avons envisagé des transformations entraînant la substitution d'appareils ou d'ouvrages nouveaux aux appareils et aux ouvrages existants. Mais il peut se présenter des cas où il s'agisse purement et simplement d'une suppression. Le compte d'établissement doit être alors diminué de toute la dépense à laquelle avaient donné lieu les travaux ou l'outillage supprimés : cette dépense est reportée au compte d'exploitation dont le magasin reprend d'ailleurs les matériaux ou le matériel susceptible d'être réemployés ou aliénés.

Tel est, notamment, le cas très fréquent des travaux provisoires. Plusieurs Compagnies ont soutenu, à maintes reprises, que les travaux de cette nature, destinés à disparaître dans un délai plus ou moins prolongé, devaient incomber à l'exploitation. Leur prétention n'a pas prévalu et l'accord a fini par se faire sur l'imputation au compte de premier établissement, sauf réimputation au compte d'exploitation lors de la suppression.

Il peut arriver aussi que des appareils soient transportés d'une ligne à l'autre. Ordinairement la dépense est reportée du compte d'établissement de la ligne qui perd l'appareil au compte d'établissement de la ligne qui le reçoit. Cependant, ce report n'est pas toujours possible : en effet, sous le régime des conventions de 1883 comme sous le régime des conventions précédentes, il est des lignes ou des groupes de lignes dont le compte capital a été fixé à forfait et ne se prête à aucune diminution. On ne saurait alors procéder au virement et les lignes sur lesquelles sont transportées les appareils en bénéficient nécessairement, sans que leurs dépenses d'établissement soient augmentées.

L'exécution des travaux de premier établissement et des travaux complémentaires nécessite fréquemment le déplacement d'ouvrages existants, par exemple un ripage de voies, la translation de clôtures, de barrières, de signaux, de ponts tournants ou de plaques, etc... Il a été soutenu que les frais des opérations de cette nature devaient être associés au sort des travaux qui les rendaient nécessaires et inscrits, par suite, au compte d'établissement. Mais cette imputation eût été en contradiction avec le principe que nous avons déjà si souvent exposé et qui s'oppose à toute augmentation du capital, ne correspondant pas à l'addition d'un élément nouveau à l'actif du chemin de fer. Elle a donc été définitivement repoussée. Les frais de la nature de ceux que nous venons d'indiquer sont supportés par le compte d'exploitation (1).

7. **Voies ferrées des ports.** — Les Compagnies qui desservent le littoral ont dû raccorder leurs lignes avec les ports, conduire leurs voies jusqu'aux quais maritimes, de manière à permettre le transbordement direct des navires dans les wagons ou réciproquement, et même établir de grandes gares maritimes.

La seule disposition des conventions, ayant trait à ces travaux, est celle que nous avons signalée pour la Compagnie de l'Ouest et qui prévoit l'imputation au compte d'exploitation des travaux accessoires *à exécuter sur les quais des ports*, avec l'autorisation du Ministre des travaux publics. Mais il ne s'agit là que de travaux de peu d'importance.

Le Conseil d'État a été, en conséquence, amené à examiner la question à un point de vue plus général. S'inspirant d'un précédent emprunté à la convention de 1868 avec la Compagnie du Midi, qui avait implicitement compris les dépenses des voies posées sur les quais de Bordeaux dans l'é-

---

(1) La Section des travaux publics du Conseil d'État a formulé, le 31 juillet 1878, un avis très net dans ce sens, à propos d'une demande de la Compagnie du Midi.

valuation des frais de premier établissement, il a admis, en 1878, pour la même Compagnie et pour le même port, l'inscription de dépenses analogues au compte des travaux complémentaires. (Décrets du 7 février 1878 et du 2 janvier 1879.)

Pouvait-il en être de même sous le régime de la loi du 11 juin 1880 sur les chemins de fer d'intérêt local et les tramways ? On sait que les voies ferrées des ports, étant assises sur des voies publiques, ont été considérés comme régies par le chapitre II de cette loi et comme devant faire l'objet de concessions spéciales. Néanmoins, le Conseil d'État a continué à admettre l'imputation au compte d'établissement. Voici notamment en quels termes s'est exprimée la Section des travaux publics dans un avis du 17 mai 1881 : « La Section ...... considérant que l'assimilation aux « tramways ne fait pas obstacle à ce que la Compagnie soit autorisée, par « un décret spécial, à imputer les dépenses qui seront faites pour l'éta- « blissement des voies ferrées des quais de Bordeaux sur le compte des tra- « vaux complémentaires prévus par l'article 8 de la convention du 14 dé- « cembre 1875 ;

« Qu'en effet, l'énumération faite dans cet article n'est pas limitative, « mais simplement énonciative, et que ses termes permettent de considérer « comme travaux complémentaires de premier établissement tous ceux « que le Gouvernement reconnaît utiles pour l'accomplissement des obli- « gations imposées à la Compagnie et pour l'amélioration de son service ;

« Que les voies à établir sur les quais de Bordeaux sont destinées à « relier la gare Saint-Jean avec le nouveau bassin à flot ; qu'aux termes « de l'article 52 de son cahier des charges, la Compagnie est obligée de « camionner dans l'intérieur de Bordeaux toutes les marchandises de ou « pour la gare Saint-Jean ; que l'établissement de ces voies ferrées sur les « quais facilitera le service auquel elle est ainsi obligée et que, dès lors, « les dépenses à faire, tant pour le premier établissement que pour l'exploi- « tation desdites voies, doivent être imputées sur les comptes de la Com- « pagnie, les unes à l'établissement, les autres à l'exploitation ;

« Que, d'ailleurs, cette question est déjà résolue dans ce sens, par le « Parlement lui-même ; qu'en effet, les dépenses faites pour la construction « des premières voies ferrées sur les quais de Bordeaux ont été comprises « dans le compte du capital de premier établissement, arrêté à 295 millions « par la convention du 10 août 1868, approuvée par la loi du même jour; « que, depuis, deux décrets rendus en Conseil d'État, les 7 février 1878 « et 2 janvier 1879, ont autorisé l'imputation au compte des travaux « complémentaires de l'ancien réseau, des dépenses faites pour le prolon- « gement de ces voies ferrées ;

« Est d'avis, etc...... ».

Un décret du 25 juillet 1881 a statué dans ce sens.

L'assimilation des voies ferrées des ports aux tramways soulève les plus graves objections, comme nous l'avons indiqué précédemment. Mais il n'en est pas de même de l'imputation des dépenses de construction au compte de premier établissement, soit que l'on considère les voies des quais comme des voies de camionnage, soit qu'on les envisage comme le prolongement des voies de service de la gare (ce qui serait peut-être plus rationnel). On ne saurait tirer objection de ce que ces voies sont sujettes à des remaniements ou même à une suppression complète, suivant les besoins du service maritime : si cette éventualité se réalisait, les principes que nous avons précédemment relatés en matière de transformation des ouvrages ou de l'outillage trouveraient leur application.

Des décrets analogues à celui du 25 juillet 1881 sont intervenus depuis. Nous citerons par exemple celui du 12 juin 1882, pour les voies et la gare maritime du Havre, et celui du 6 août 1882, pour les voies de Caen, Trouville-Deauville, Honfleur, Cherbourg, Rouen, Dieppe, le Havre et Fécamp.

8. Imputation temporaire des charges des capitaux et des déficits d'exploitation au compte de premier établissement. — Les conventions ont toujours prévu, pour un délai plus ou moins prolongé, l'imputation au compte de premier établissement, de l'intérêt et de l'amortissement des capitaux consacrés à la construction, sauf déduction des recettes nettes réalisées (1).

C'est ainsi que la convention des 11 avril-19 juin 1857 avec la Compagnie d'Orléans contenait la clause suivante : « Pendant la construction et « jusqu'après l'achèvement respectif de chacune des lignes concédées en « vertu de la présente convention, les intérêts et l'amortissement des « obligations émises ainsi que des titres nouveaux à émettre, soit pour le « rachat, soit pour l'exécution des lignes susmentionnées, seront payés au « moyen des produits des sections de ces lignes qui sont déjà exploitées « et de celles qui seront mises successivement en exploitation. En cas « d'insuffisance, ces intérêts et amortissement seront portés au compte de « premier établissement. — La même disposition s'appliquera aux sections « du Grand Central rétrocédées à la Compagnie d'Orléans, pendant un « délai qui pourra excéder de deux années le terme fixé pour l'entier

---

(1) L'imputation comprend non seulement les charges d'intérêts, à partir de l'emploi des capitaux à l'exécution des travaux ou à l'emploi du matériel, mais encore les charges d'intérêts des fonds approvisionnés et des approvisionnements de matériel, qui sont réparties entre les divers comptes de travaux au prorata de l'importance de ces comptes. Viennent d'ailleurs en déduction les produits des capitaux disponibles.

« achèvement de l'ensemble desdites sections, si la Compagnie le juge
« convenable.

La convention de la même date avec la Compagnie de Paris-Lyon-Méditerranée portait : « Pendant la construction et jusqu'après l'achèvement
« respectif de l'ensemble des sections du Grand Central, rétrocédées à la
« Compagnie de Paris-Lyon-Méditerranée, du chemin de fer du Bourbonnais
« et de chacune des lignes concédées en vertu de la présente convention,
« les intérêts et l'amortissement des obligations déjà émises ainsi que des
« titres nouveaux à émettre pour le rachat ou l'exécution des lignes
« susmentionnées, seront payés au moyen des produits des sections de
« ces lignes qui sont déjà exploitées et de celles qui seront mises succes-
« sivement en exploitation. — En cas d'insuffisance, les intérêts et
« l'amortissement seront portés au compte de premier établissement. »

Dans les conventions de 1859, on trouve les dispositions que voici :
« Jusqu'à l'époque où commencera, pour les lignes du nouveau réseau,
« l'application de la garantie d'intérêt stipulée par le présent article
« (1er janvier 1865 ou 1864, pour les lignes terminées avant cette date, et
« 1er janvier suivant la mise en exploitation, pour les lignes terminées
« postérieurement), les intérêts et l'amortissement des obligations émises
« pour leur exécution seront payés au moyen des produits des sections de
« ces lignes qui seront mises successivement en exploitation. En cas d'in-
« suffisance, ces intérêts et amortissement seront portés au compte de
« premier établissement. — Les lignes de l'ancien réseau qui ne seraient
« pas terminées avant le 1er janvier 1865 (ou 1864) ne figureront dans le
« compte des produits nets de ce réseau qu'à partir du 1er janvier qui
« suivra leur mise en exploitation. — Les lignes qui ne seraient pas
« achevées avant le 1er janvier 1872 seront comprises dans le compte
« général du partage, à partir du 1er janvier qui suivra leur mise en
« exploitation. »

Ces stipulations avaient pour but de ne faire entrer les lignes au compte
d'exploitation que lorsqu'elles seraient en possession de leur trafic normal ou tout au moins d'un trafic qui ne fût pas par trop minime. Elles
offraient, pour les Compagnies, l'avantage d'empêcher une dépression de
leurs recettes, et pour l'État, celui d'éviter des avances excessives au titre
de la garantie d'intérêt.

Elles furent confirmées implicitement ou explicitement par les conventions ultérieures. De plus, les contrats de 1868, en ouvrant un compte
nouveau pour les dépenses complémentaires limitées, prescrivaient l'imputation au compte-capital des charges afférentes à ces dépenses pour
l'exercice durant lequel elles avaient été faites.

Les règlements de 1863-1868 sur les justifications financières à fournir par les Compagnies rappelaient d'ailleurs les règles posées par les conventions.

Telle était la situation avant 1883. L'imputation prévue par les contrats était-elle obligatoire ou facultative pour les Compagnies? La question a dû être examinée pour la Compagnie de Paris-Lyon-Méditerranée. Cette société ayant des bénéfices considérables, craignant de voir ces bénéfices atteints dans l'avenir par l'adjonction de lignes nouvelles peu productives et redoutant, par suite, un affaissement de ses dividendes, avait cru pouvoir, depuis 1866, prélever sur ses produits nets annuels ce qu'elle aurait pu payer par un accroissement de ses emprunts; elle avait fait ainsi un acte de sage administration, en déchargeant les exercices futurs sur lesquels aurait pu peser un fardeau trop lourd. L'Administration ne s'y était pas opposée, attendu, d'une part, que la Compagnie ne faisait point appel à la garantie et, d'autre part, que la réduction du capital de premier établissement devait avoir pour effet de diminuer le revenu réservé avant partage et, par suite, de hâter la participation du Trésor aux bénéfices.

En 1875, lorsque la Compagnie traita avec le Ministre des travaux publics, elle demanda que sa situation fût régularisée par la disposition suivante : « En ce qui concerne les sections qui seraient mises en exploi- « tation avant l'achèvement de la ligne entière, si la Compagnie *n'use pas* « *de la faculté* qui lui est accordée par la convention des 22 juillet 1858- « 11 juin 1859 de porter au compte de premier établissement les charges « afférentes aux sections exploitées, les dépenses faites sur lesdites sec- « tions entreront dans le compte de partage. » Le Conseil d'État conclut au rejet de cette rédaction, en faisant observer qu'elle pourrait être considérée comme consacrant une interprétation susceptible de réagir sur les contrats passés avec les autres Compagnies et de faire supposer que l'imputation était facultative, alors que les textes la rendaient au contraire obligatoire. Conformément au rapport de M. Cézanne, l'Assemblée nationale modifia le libellé de la convention de 1875, comme l'avait proposé le Conseil d'État.

Plus tard, la Compagnie de Paris-Lyon-Méditerranée voyant approcher l'ère du partage crut pouvoir, dans les comptes soumis par elle à l'Administration, réimputer à l'établissement une somme de 114 millions qu'elle avait prélevée sur ses bénéfices d'exploitation, comme nous l'avons expliqué ci-dessus. Mais sa prétention échoua en 1883 devant la Commission de vérification. Parmi les motifs qui déterminèrent ce rejet, le principal était tiré des contrats intervenus depuis 1866 et dont la base essentielle avait été précisément la situation financière de la Compagnie d'après sa comptabilité. Il était impossible d'admettre après coup le bouleversement d'un système d'imputation, dont les résultats avaient été en quelque sorte arrêtés *ne varietur* à l'occasion des conventions de 1868 et de 1875. Le chiffre fixé en 1883, pour l'évaluation à forfait des deux réseaux de Paris-Lyon-Méditerranée, a définitivement éliminé la somme de 114 millions du compte-capital.

Nous n'insisterons pas davantage sur cet incident que nous ne pouvions passer sous silence, parce qu'il a été porté à la tribune de la Chambre des députés. Le seul fait à retenir du régime antérieur à 1883, c'est que l'imputation temporaire au compte de premier établissement de tout ou partie des charges afférentes aux dépenses des lignes nouvelles était, en règle générale, obligatoire pour les Compagnies.

Si nous passons maintenant aux conventions de 1883, nous y voyons les clauses suivantes. Pour le Nord : « Jusqu'au 1er janvier qui suivra l'a- « chèvement des lignes désignées à l'article 1er (c'est-à-dire des lignes « concédées définitivement ou éventuellement et des lignes non dénom- « mées), les intérêts et l'amortissement des obligations émises pour « l'exécution de ces lignes seront payés au moyen des produits des sec- « tions de ces lignes qui seront successivement mises en exploitation. En « cas d'insuffisance, ils pourront être portés au compte de premier éta- « blissement. » Pour l'Orléans, la formule diffère en ce qu'elle ajoute les frais d'exploitation aux charges d'intérêt et d'amortissement et en ce qu'elle substitue aux termes : « En cas d'insuffisance, ils pourront être « portés, etc.... », les termes : « En cas d'insuffisance, la Compagnie aura « la faculté de les porter..... » Pour le Paris-Lyon-Méditerrannée, le libellé est identique à celui de l'Orléans, sauf addition des lignes comprises dans la convention de 1875 dont les charges peuvent être également imputées au compte-capital jusqu'à l'achèvement des lignes concédées en 1883. Pour le Midi, la clause s'applique dans les mêmes conditions aux lignes concédées en 1875; mais elle a un caractère impératif : « En cas d'insuffi- « sance, la Compagnie portera le complément de ces charges au compte « de premier établissement ».

En ce qui concerne l'Est et l'Ouest, la combinaison est un peu différente : « Jusqu'au 1er janvier qui suivra l'achèvement de l'ensemble des « lignes désignées à l'article 1er de la présente convention, ces lignes et « celles comprises dans la convention du 31 décembre 1875 donneront « lieu à l'ouverture d'un compte provisoire dit *d'exploitation partielle.*

« On portera chaque année dans ce compte :

« D'une part, les intérêts et l'amortissement des obligations émises pour « l'exécution des sections de ces lignes qui seront successivement mises « en exploitation et les dépenses nécessitées par cette exploitation ;

« D'autre part, les recettes d'exploitation, les annuités correspondant
« à la part contributive de l'État dans leur construction, les excédents du
« revenu net des lignes en exploitation complète déversés au compte des
« lignes en exploitation partielle, comme il est dit à l'article 10 (c'est-à-
« dire les excédents sur le revenu garanti, augmenté des sommes dues à
« l'État en remboursement de ses avances).

« En cas d'insuffisance des recettes, l'excédent de charges sera porté au
« compte de premier établissement.

« Chaque année, la Compagnie devra reporter au compte d'exploitation
« complète celles des lignes terminées dont les charges pourront être, d'une
« manière continue, couvertes par l'excédent du revenu net déversé les
« années précédentes du compte des lignes en exploitation complète au
« compte des lignes en exploitation partielle. »

Ces clauses des conventions de 1883 donnent lieu à deux observations :
1° Le terme jusqu'auquel les charges afférentes aux nouvelles lignes doivent ou peuvent être imputées sur le compte de premier établissement est
fixé à l'époque de l'achèvement complet des lignes concédées en 1883, y
compris celles qui ne sont concédées qu'à titre éventuel et même celles qui
n'ont été inscrites aux contrats que pour leur développement total, sans
aucune dénomination.

Ce terme est relativement éloigné et il est hors de doute que le compte-
capital sera accru dans une proportion notable. L'effet des conventions de
1883 sera de soulager le présent en grevant lourdement l'avenir.

2° L'imputation des insuffisances au compte de premier établissement
ne demeure obligatoire que pour trois Compagnies. Pour les trois autres,
elle prend un caractère facultatif. Le libellé des conventions relatives aux
réseaux d'Orléans et de Paris-Lyon-Méditerranée laisse une liberté complète à la Compagnie pour l'usage de cette faculté; quant à la convention
relative au réseau du Nord, elle nous paraît devoir être interprétée en ce
sens que l'une ou l'autre des deux parties contractantes peut réclamer
l'application de la clause.

9. Imputation des dépenses de doubles voies. — Nous avons eu
déjà l'occasion de faire connaître qu'aux termes des conventions du
30 décembre 1875 (art. 7) avec le Nord, du 31 décembre 1875 (art. 11)
et des 11 juin-20 novembre 1883 (art. 8) avec l'Est, des 17 juillet-20 novembre 1883 (art. 8) avec l'Ouest, et des 8 janvier-6 avril 1878 (art. 3)
avec le Paris-Lyon-Méditerranée, ces Compagnies sont tenues d'établir la
seconde voie sur tout ou partie des lignes à voie unique de leur réseau,
dès que le Ministre des travaux publics le prescrit et quel que soit le pro-

duit de ces lignes, à charge par l'État de leur payer une annuité correspondant à l'intérêt et à l'amortissement des dépenses jusqu'au moment où le produit brut atteint 35 000 fr. par kilomètre. Une loi du 14 avril 1885 a étendu ces dispositions à la Compagnie d'Orléans et revisé les clauses financières relatives au réseau de l'Ouest.

Lorsque l'État cesse de verser l'annuité, les charges des emprunts contractés pour faire face aux dépenses incombent à la Compagnie. La convention de 1875 avec la Compagnie de l'Est a limité le montant de ces dépenses à 100 000 fr. par kilomètre, « y compris les agrandissements « de gare, augmentation de matériel roulant et autres dépenses quelcon- « ques occasionnées par la pose de la seconde voie. » On trouve la même limitation dans les conventions avec la Compagnie de l'Ouest et la Compagnie d'Orléans approuvées par la loi du 14 avril 1885 ; toutefois, pour la première de ces deux Compagnies, il a été stipulé que « les dépenses « prescrites par le Ministre pour l'amélioration des pentes seront ajoutées « au maximum de 100 000 fr. par kilomètre. »

L'inscription au compte des travaux complémentaires, en ce qui concerne l'Est, l'Ouest et l'Orléans, doit être faite par *section principale*, dès que le produit brut de cette section atteint 35 000 fr. par kilomètre. Que doit-on entendre par cette désignation de section principale ? Évidemment une section comprise entre deux gares d'une certaine importance, soit au point de vue des localités qu'elles desservent, soit au point de vue de leur trafic.

Pour le Nord, la convention de 1875 porte le mot « section », sans le qualificatif « principale ». En pratique, il ne saurait y avoir de différence entre les effets de son texte et ceux des traités avec l'Est, l'Ouest et l'Orléans ; car les changements notables dans l'importance de la circulation se produisent inévitablement, soit aux gares de bifurcation, soit aux gares desservant de grands centres de population.

Dans la convention de 1878 avec la Compagnie de Paris-Lyon-Méditerranée, il est stipulé que l'imputation aura lieu lorsque la limite de 35 000 francs sera atteinte pour la ligne, « telle qu'elle est définie par le cahier « des charges ou les conventions antérieures. »

Les Compagnies peuvent-elles imputer temporairement au compte d'établissement tout ou partie des dépenses d'entretien des secondes voies, comme elles y ont été explicitement autorisées pour les lignes nouvelles par les règlements de 1863-1868 ? Il est certain que, parmi ces dépenses, il en est quelques-unes qui ont un véritable caractère de frais de parachèvement et peuvent être rationnellement rattachées à la construction ; mais, d'autre part, il est bien difficile de les séparer des dépenses d'entretien de la première voie qui sont faites simultanément. Le mieux est de convenir d'un forfait.

10. Répartition des dépenses communes. — Un grand nombre de dépenses sont communes à tout le réseau. Sous le régime antérieur à 1883, il fallait les répartir entre l'ancien réseau et le nouveau réseau, en faisant de plus la part des lignes exploitées au compte de premier établissement.

Les conventions de 1883 n'ont pas fait disparaître la nécessité de cette répartition. Il faudra, en effet, continuer à distinguer pendant de longues années entre les lignes exploitées au compte de premier établissement et celles qui, au contraire, seront définitivement entrées au compte d'exploitation. La spécialité du nouveau réseau, tel qu'il était constitué avant 1883, subsiste même au point de vue de la garantie pour le Nord et pour le Paris-Lyon-Méditerranée.

a. MATÉRIEL ROULANT. — Parmi les diverses catégories de dépenses communes, la plus importante est celle du matériel roulant.

Voyons tout d'abord quelles étaient les règles suivies avant les conventions de 1883 pour la répartition des dépenses afférentes à ce matériel.

1. *Nord.* — Les principes suivis par la Compagnie du Nord ont varié avec les époques et avec les parties du réseau ; les modifications qu'elle a apportées à ses errements antérieurs ont d'ailleurs été appliquées généralement aux augmentations successives du matériel, sans retour sur le passé. Il serait donc fort difficile, sinon impossible, de dire d'après quelles bases l'ensemble des dépenses est aujourd'hui réparti. Tout en portant son attention sur cet état de choses, la Commission de vérification des comptes n'a pas eu à y insister outre mesure, puisque la Compagnie ne faisait pas appel à la garantie et que l'ère du partage n'était pas encore ouverte.

Le matériel roulant a été compris pour les chiffres suivants dans les sommes forfaitaires fixées par la convention de 1883, pour les diverses parties du réseau :

Ancien réseau (31 décembre 1882).......	207 134 933 fr.	18
Nouveau réseau —	20 489 178	65
Autres lignes —	11 486 031	62
Total.............	239 110 143	45

Dans les répartitions futures, il y aura lieu de maintenir ces attributions et de ne répartir, par suite, que le matériel supplémentaire.

2. *Est.* — Il n'a été procédé jusqu'ici à une répartition qu'entre les lignes en exploitation. En principe, cette répartition s'est faite au prorata du parcours kilométrique des trains, avec minimum de 25 000 francs par kilomètre. On a admis que la part dévolue à l'ancien réseau ne serait pas diminuée; on a en conséquence maintenu cette part, que l'application pure et simple de la règle des parcours kilométriques aurait conduit à réduire durant ces dernières années, et on a attribué au nouveau réseau toutes les dépenses nouvelles.

Les lignes mises en exploitation dans le courant d'une année ne sont entrées dans la répartition que pour leur parcours kilométrique effectif; pour l'application du minimum kilométrique de 25 000 francs, on a réduit fictivement leur longueur réelle au prorata de la durée de l'exploitation.

A partir de 1883, il n'y aura plus lieu de maintenir la distinction entre l'ancien et le nouveau réseau et on pourra renoncer au principe de l'irréductibilité de la somme imputée au premier de ces deux réseaux.

3. *Ouest.* — Avant 1878, la répartition était faite de la manière suivante. On attribuait : 1° comme pour l'Est, un minimum de 25 000 francs par kilomètre à toutes les lignes en exploitation; 2° les 9/10, les 5/10, les 2/10 ou le 1/10 de ce minimum aux lignes en construction, devant être ouvertes à la circulation pendant l'exercice suivant, selon que la mise en exploitation devait avoir lieu pendant le premier, le second, le troisième ou le quatrième trimestre. Le surplus était réparti entre les lignes en exploitation, au prorata du parcours des trains.

En 1878, la Compagnie a abandonné les bases que nous venons d'indiquer, pour répartir purement et simplement les dépenses entre les lignes ouvertes en proportion du parcours kilométrique des trains et pour ramener le minimum à 15 000 francs en ce qui concernait les lignes en construction. La Commission de vérification des comptes a repoussé le système nouveau de la Compagnie, attendu que les évaluations dressées, lors des conventions antérieures à 1875, comportaient un minimum de dépense de 25 000 francs par kilomètre et que le net revenant aux actionnaires sur le revenu réservé aurait été augmenté contrairement aux intentions des auteurs de ces conventions; mais elle a admis l'abaissement du minimum à 15 000 francs pour les lignes concédées en 1875.

La répartition de 1878 a donc été faite :

— en attribuant un minimum kilométrique de 25 000 francs aux lignes concédées avant 1875 et exploitées ;

— en attribuant un minimum kilométrique de 15 000 francs aux lignes concédées en 1875 ;

— en attribuant aux lignes en construction un contingent déterminé d'après les bases ci-dessus relatées ;

— en répartissant le surplus au prorata du parcours kilométrique des trains, entre les lignes pour lesquelles les minima étaient dépassés dans cette répartition.

4. *Orléans.* — La règle de la répartition au prorata du parcours kilométrique des trains a été appliquée sans restriction, durant ces dernières années, sur les lignes de la Compagnie d'Orléans.

Dans les comptes ultérieurs, on devra avoir soin de ne pas diminuer le chiffre forfaitaire arrêté par la Convention de 1883 pour l'ancien réseau.

5. *Paris-Lyon-Méditerranée.* — Il en est de même pour la Compagnie de Paris-Lyon-Méterranée, sauf une attribution additionnelle aux lignes du Bourbonnais et du Grand Central, à titre de différence entre le prix payé par la Compagnie et la valeur inventoriée lors de la remise.

De même que pour la Compagnie d'Orléans, il faudra veiller, dans l'avenir, à ne pas diminuer les chiffres forfaitaires admis dans la convention de 1883 pour l'ancien et le nouveau réseau.

6. *Midi.* — On a prélevé jusqu'ici sur la masse, pour l'attribuer à l'ancien réseau, une somme de 48 701 168 fr. 25 égale à celle qui avait été comprise dans l'évaluation à forfait de 295 millions de l'ancien réseau. On a ensuite appliqué :

— aux lignes ouvertes à l'exploitation, une dépense kilométrique de 25 000 francs ;

— aux lignes à ouvrir l'année suivante, une dépense de 20 000 francs :

— aux lignes à ouvrir une année plus tard, une dépense de 15 000 francs.

Une fois ces prélèvements opérés, le reliquat a été réparti entre les ignes exploitées de l'ancien et du nouveau réseau, au prorata du parcours kilométrique des trains, déduction faite, pour l'ancien réseau, des parcours de 1866, et pour les autres lignes, d'un parcours théorique correspondant à la dépense de 25 000 francs par kilomètre.

Ainsi, la règle de la répartition au prorata du parcours kilométrique des trains a généralement prévalu, sauf certains tempéraments dont les uns s'imposaient pour ne point diminuer indûment les charges du revenu réservé à l'ancien réseau, et dont les autres étaient moins justifiés. Les conventions de 1883 permettront de s'en rapprocher davantage : mais les chiffres forfaitaires fixés par quelques-unes de ces conventions, pour les dépenses de premier établissement au 31 décembre 1882, donneront encore des minima au-dessous desquels il faudra ne pas descendre pour les groupes de lignes correspondants.

Dans les conventions d'exploitation provisoire conclues avec les grandes Compagnies, on a admis, comme base de répartition, d'abord les parcours kilométriques des trains, et plus tard les parcours kilométriques des véhicules, afin de tenir compte de la différence de composition des trains, qui comprennent moins de voitures ou de wagons sur les lignes secondaires (1).

Sous le régime antérieur aux conventions de 1883, la règle de répartition au prorata du parcours kilométrique des trains offrait des inconvénients au point de vue de l'imputation des frais d'acquisition sur le compte des dépenses complémentaires de l'ancien ou du nouveau réseau. La part de chacun des deux réseaux étant susceptible de varier annuellement, les bases admises par le Conseil d'État lors de l'examen des projets de décrets d'autorisation pouvaient être absolument bouleversées par les faits. Les Compagnies étaient le plus souvent amenées à dépasser pour l'un ou l'autre des deux réseaux le maximum des dépenses autorisées. Le Conseil d'État avait présenté sur ce point au Ministre des travaux publics des observations très complètes et très intéressantes, en date du 4 juin 1879. On en était venu, le plus souvent, à approuver les frais d'acquisition en bloc, sans distinction entre l'ancien et le nouveau réseau, sous réserve de la répartition annuelle par la Commission de vérification entre les comptes des deux réseaux. Cette solution, très rationnelle, avait cependant le défaut de laisser planer de l'incertitude sur la situation des crédits ouverts pour les dépenses complémentaires limitées de premier établissement, précisément alors que ces crédits étaient sur le point d'être épuisés. Les conventions de 1883, en établissant un compte unique de travaux complémentaires, ont atténué cette difficulté, qui ne pourra plus naître qu'exceptionnellement à l'occasion de la répartition entre les lignes définitivement entrées au compte d'exploitation et les lignes exploitées au compte de premier établissement.

Certaines catégories de dépenses, telles que celles des ateliers, suivent le sort du matériel roulant.

b. — Gares communes. — Plusieurs cas sont à distinguer. Ou bien il s'agit de gares communes à deux lignes n'appartenant pas à la même concession, ou bien il s'agit de lignes concédées, au contraire, à la même Compagnie.

Premier cas. — Dans le premier cas, le capital d'établissement peut être partagé entre les deux Compagnies ou fourni par l'une d'elles seule-

(1) On doit observer toutefois que le matériel y est généralement moins bien utilisé.

ment, à charge par l'autre d'acquitter une redevance ou loyer annuel réglé d'après les dépenses qu'elle aurait dû supporter dans l'hypothèse d'une répartition de capital.

C'est cette dernière combinaison qui est la plus généralement adoptée. A diverses reprises, la Commission de vérification des comptes et le Conseil d'État l'ont explicitement recommandée, particulièrement pour des gares communes à des Compagnies d'intérêt général et à des Compagnies d'intérêt local.

Souvent, à côté de la gare commune proprement dite, sont établies des installations spéciales qui ne servent qu'à l'une des Compagnies et qui sont, par exemple, affectées au service de la traction : ces installations n'appartiennent pas à la communauté et la dépense de premier établissement en incombe naturellement à la Compagnie pour l'usage exclusif de laquelle elles sont faites.

Les règles de répartition des dépenses afférentes aux installations communes sont très variables.

Pour la plupart des lignes non concédées dont l'exploitation a été confiée provisoirement aux grandes Compagnies de 1880 à 1883, il a été convenu que ces sociétés supporteraient la totalité des dépenses d'agrandissement des gares communes et qu'elles recevraient une redevance annuelle, calculée en multipliant les charges du capital total d'établissement par le rapport entre le chiffre total des voyageurs et des tonnes de marchandises en petite vitesse, expédiés ou reçus pour la ligne de l'État, et le nombre analogue pour l'ensemble des lignes aboutissant à la gare (les voyageurs ou les marchandises de simple transit, sans changement de train, n'étant pas compris dans ces nombres).

En 1880, l'Administration des chemins de fer de l'État a conclu avec la Compagnie d'Orléans un arrangement général pour la mise en communauté des gares de cette Compagnie recevant ou devant recevoir les lignes de l'État. Les bases de l'accord étaient les suivantes :

1° L'État remboursait à la Compagnie les dépenses faites et à faire pour approprier les gares à la communauté, conformément aux projets approuvés par le Ministre des travaux publics ;

2° Plus tard, il participait dans la même proportion que pour les dépenses d'exploitation aux charges des travaux d'agrandissement et d'amélioration.

Cette proportion était celle des unités de trafic local, en comptant : la tonne de marchandises expédiée ou reçue en grande ou en petite vitesse comme équivalant à 10 voyageurs ;

la tête de gros bétail comme équivalant également à 10 voyageurs ;

la tête de bétail de moyenne ou de petite taille comme équivalant à 5 voyageurs ;

Et en négligeant les bagages, marchandises diverses, finances, valeurs, objets d'art, chiens, voitures, pompes funèbres, etc.., non taxés au poids. Le trafic local ne devait comprendre que les voyageurs et les marchandises en provenance ou à destination de la gare commune.

Pour les gares communes qui n'avaient pas de trafic local, la répartition des dépenses devait être faite proportionnellement au produit brut kilométrique des branches aboutissant à la gare commune, déduction faite de l'impôt payé à l'État.

Les conventions de 1883 ont mis à la charge de l'État les dépenses d'agrandissement et de modification des gares de jonction des lignes nouvelles avec les lignes antérieurement concédées aux Compagnies.

A côté des différentes combinaisons que nous venons d'indiquer, il en existe d'autres ; nous nous réservons de les exposer à propos des comptes d'exploitation des gares communes.

Une question fort intéressante a été soumise à la Section des travaux publics du Conseil d'État, relativement à l'application du contrat de 1880. Il s'agissait de savoir si, dans le chiffre des dépenses de premier établissement à répartir entre l'État et la Compagnie pour la mise en communauté d'une gare, il y avait lieu de comprendre le coût de l'infrastructure, lorsque la plate-forme avait été construite aux frais du Trésor, conformément à la loi du 11 juin 1842. La Section a considéré :

« Qu'à moins de stipulation expresse, les dotations attribuées sur les « fonds du Trésor aux lignes de chemins de fer, lors de leur construction, « sont en principe allouées pour toute la durée de la concession.

« Que les concessionnaires peuvent légitimement prétendre en con« server intégralement le bénéfice, à charge par eux de ne point les « détourner de leur destination et de n'en faire usage que pour la con« struction et la bonne exploitation des lignes auxquelles elles étaient « affectées ;

« Qu'il ne serait ni juridique, ni conforme à l'équité, de distinguer « à cet égard entre les subventions en argent et les subventions en « travaux ;

« Qu'en effet, malgré leur forme différente, ces deux catégories de « subventions ont un seul et même but, qui est de réduire les ca« pitaux à engager par les concessionnaires à une somme susceptible de « trouver sa rémunération dans les produits nets de l'exploitation :

« Que l'allocation d'une subvention en argent pour une ligne ou un

« groupe de lignes ne saurait évidemment donner lieu à une réduction
« des dépenses à porter à l'actif des Compagnies dans la répartition des
« frais d'établissement des gares communes ;

« Qu'il doit, dès lors, en être de même des subventions en travaux ;

« Que, d'ailleurs, l'intérêt de la question est plus apparent que réel ;

« Qu'en effet, aux termes de l'article 61 du cahier des charges, la
« ventilation des dépenses de construction et des dépenses d'exploitation
« des gares communes doit être opérée de telle sorte que la Compagnie
« sur le réseau de laquelle vient s'embrancher une ligne nouvelle
« n'ait à supporter aucuns frais particuliers et reste indemne ;

« Que le compte à faire en exécution de cette règle est la résultante
« de plusieurs éléments et qu'il importe peu d'accroître l'un de ces
« éléments, puisque l'on peut faire varier les autres ;

« Que toutefois les dépenses engagées par le concessionnaire doivent
« être amorties pendant la durée de la concession ;

« Que les travaux exécutés, soit directement par l'Administration, à
« titre de subvention en nature, soit par les Compagnies, au moyen des
« allocations du Trésor, doivent aussi faire gratuitement retour à l'État à
« l'expiration de la concession ;

« Qu'en conséquence la part des frais d'établissement antérieurs à la
« communauté, à rembourser par l'État, ne doit pas être portée en
« compte pour son chiffre réel, mais doit être réduite eu égard au
« rapport entre le délai écoulé depuis la mise en service et le délai total
« compris entre cette mise en service et le terme de la concession. »

Deuxième cas. — Le cas où la gare est commune à deux lignes concédées à la même Compagnie a moins d'importance.

Cependant, sous le régime antérieur aux conventions de 1883, la
répartition devait appeler toute l'attention de l'Administration, lorsqu'il
s'agissait de gares communes à l'ancien et au nouveau réseau. Elle pouvait, en effet, influer sur le capital garanti et sur le revenu réservé, en
déchargeant, par exemple, le compte de premier établissement de l'ancien
réseau au détriment du compte de premier établissement du nouveau
réseau. En principe, la règle théorique était celle du partage au prorata
du nombre des branches ; mais, en fait, cette règle a dû subir de nombreuses exceptions et il a fallu ne faire supporter au nouveau réseau que
les dépenses afférentes à l'agrandissement, toutes les fois que le partage
aurait fait disparaître du compte de l'ancien réseau des dépenses prises en
considération lors de la fixation du revenu réservé La Compagnie de
l'Ouest était dans une situation spéciale, à cet égard, attendu que le
capital garanti de 794 millions et le compte également garanti de 124

millions, ouvert pour les dépenses complémentaires limitées, comprenaient l'un 55 millions, l'autre 59 millions, affectés en partie aux travaux d'agrandissement ou d'amélioration des gares de l'ancien réseau.

L'unité de comptes créée par les conventions de 1883 a aplani les difficultés qui pouvaient naître du chef de la répartition. Mais il convient néanmoins de signaler les clauses suivantes de ces conventions.

Les Compagnies du Nord, de l'Ouest, d'Orléans, de Paris-Lyon-Méditerranée et du Midi doivent exécuter, pour le compte de l'État, l'agrandissement et la modification des gares de jonction des lignes qui leur ont été concédées en 1883 avec celles dont elles étaient antérieurement concessionnaires. Pour l'Est, l'État a fait abandon à la Compagnie de sa dette antérieure à 1883, comme représentant à forfait la part contributive de l'État dans divers travaux, notamment ceux d'établissement ou d'agrandissement des gares de jonction, des lignes concédées ou cédées en 1883 avec les lignes dont la Compagnie était antérieurement concesssionnaire. En ce qui concerne les cinq premières Compagnies, l'Administration doit veiller à ce que les dépenses mises à la charge du Trésor ne dépassent pas celles qui sont nécessaires pour la communauté et ne comprennent pas d'agrandissements exclusivement déterminés par l'accroissement du trafic propre aux lignes antérieurement concédées. La Compagnie de l'Est, intéressée à gagner sur son forfait, n'aura pas la même tendance que les autres Compagnies.

c. Approvisionnements. — Avant 1883, la situation du compte des approvisionnements était fort mal définie et avait donné lieu à de nombreuses observations de la part de la Commission de vérification. Ce compte était généralement alimenté par les fonds disponibles des emprunts, par les fonds libres de l'exploitation ou par les réserves. Sauf certaines attributions spéciales jugées nécessaires pour l'entretien de la voie (Ouest : 700 francs par kilomètre de lignes à double voie et 500 francs par kilomètre de lignes à simple voie; Midi : 1,500 francs par kilomètre de l'ancien réseau et 800 francs par kilomètre du nouveau réseau), les charges des capitaux engagés étaient le plus souvent réparties, soit en fin d'exercice, soit à des termes plus rapprochés, au prorata de la consommation des divers services. Parfois elles étaient exclusivement imputées au compte d'exploitation. Leur taux n'avait rien d'uniforme : certaines Compagnies grevaient, par exemple, d'un intérêt de 5 % le prix de toutes les matières passées par le magasin. Une commission spéciale avait été instituée par le Ministre des travaux publics pour l'étude de la question ; les conventions de 1883 ont arrêté le cours de ses travaux.

Ces conventions visent explicitement, parmi les charges effectives des emprunts à prélever par les Compagnies au point de vue de la garantie et du partage, celles de la constitution des approvisionnements effectifs (Nord, art. 13; Est, art. 9; Ouest, art. 9; Orléans, art. 14; Paris-Lyon-Méditerranée, art. 13; Midi, art. 13). Pour le Nord, la convention ne détermine le maximum des approvisionnements qu'en ce qui touche les prélèvements de la Compagnie avant partage; elle les limite à 30 millions et englobe d'ailleurs les lignes exploitées et les lignes à ouvrir. Pour l'Est, elle ne porte que sur les approvisionnements effectifs des lignes en exploitation complète; elle en fixe le maximum à 35 millions, au point de vue de la garantie d'intérêt comme au point de vue du partage des bénéfices. Il en est de même pour la Compagnie de l'Ouest. Pour l'Orléans, les charges des sommes affectées aux approvisionnements de l'ensemble des lignes exploitées sont comprises dans les deux comptes jusqu'à concurrence de 40 millions. Le libellé pour le Paris-Lyon-Méditerranée est identique à celui du Nord, si ce n'est que le maximum est élevé à 40 millions. Enfin, la convention avec le Midi limite à 25 millions les approvisionnements effectifs (sans définition plus détaillée) susceptibles d'être compris parmi les dépenses dont les charges peuvent être prélevées par la Compagnie au point de vue de la garantie et du partage.

d. Frais généraux. — Les frais généraux d'administration sont, autant que possible, spécialisés. Cependant, il est certaines dépenses pour lesquelles cette spécialisation est irréalisable et qui sont communes aux divers comptes d'établissement ou même aux comptes de construction et d'exploitation : leur répartition se fait ordinairement au prorata des dépenses imputables à chacun des comptes entre lesquels elles doivent être ventilées. Quelques Compagnies font abstraction du compte des recettes d'exploitation; les autres font supporter à ce compte une part proportionnelle des frais généraux.

11. Imputation des subventions allouées aux Compagnies avant 1883. — Ainsi que nous l'avons exposé page 261, en traitant du mode de paiement des subventions, l'État a inséré dans les conventions de 1863 des clauses dont l'économie générale était la suivante :

En principe, les subventions du Trésor devaient être versées en 16 termes semestriels égaux, échéant, soit le 1er mai et le 1er novembre de chaque année à partir du 1er mai 1865, soit le 1er juin et le 1er décembre à partir du 1er juin 1865, soit enfin le 1er avril et le 1er octobre à partir du 1er octobre 1864.

Avant chaque paiement, la Compagnie était tenue de justifier de l'emploi, sur chacune des lignes auxquelles s'appliquaient les subventions, en achat de terrains ou en travaux et approvisionnements sur place, savoir : pour les huit premiers paiements, d'une somme double du montant du terme qu'elle avait à recevoir, et pour les huit derniers, d'une somme double ou au moins égale, selon les Compagnies. Le dernier versement était subordonné à l'ouverture de chaque ligne. Le Gouvernement se réservait la faculté de convertir l'ensemble des subventions en 90 ou 92 annuités représentant l'intérêt et l'amortissement correspondants, calculés au taux de 4 1/2 % et payables en deux termes égaux, soit le 1er mai et le 1er novembre, soit le 1er juin et le 1er décembre, soit enfin le 1er avril et le 1er octobre, à partir du 1er mai 1865, du 1er décembre 1865 ou du 1er octobre 1864, suivant les cas.

L'État ayant usé de la faculté de conversion qu'il s'était attribuée, des divergences d'interprétation se sont élevées sur les imputations à admettre dans les comptes pour les subventions. Trois solutions ont été examinées. Elles consistaient : la première, à porter en recette au compte-capital de la Compagnie la totalité des subventions, dès le paiement de la première demi-annuité ; la seconde, à ne faire l'imputation qu'au fur et à mesure des échéances normales prévues pour les seize termes semestriels en cas de paiement sous forme de capital, mais sans exiger aucune justification préalable ; la troisième, à admettre le même principe que dans la seconde, mais en retardant, s'il y avait lieu, l'imputation jusqu'à la production des justifications prescrites pour que la Compagnie eût droit à chacun des seize termes semestriels en capital. De ces trois solutions, la première paraissait de prime abord la plus rationnelle, puisque les annuités étaient calculées non point sur la valeur originelle des seize termes semestriels, mais sur le montant intégral de la subvention ; toutefois elle allait à l'encontre de l'intention commune des parties contractantes, qui avaient vu dans ce mode de calcul une compensation à la modicité du taux de 4 1/2 % adopté pour la transformation en annuités. La troisième avait le très grave inconvénient de faire profiter la Compagnie des retards dans l'exécution des travaux, en lui donnant le bénéfice des intérêts des sommes versées entre ses mains pour la période comprise entre l'échéance normale des termes semestriels et la date à laquelle l'état d'avancement des travaux permettait l'imputation. La seconde seule a paru équitable et a définitivement prévalu devant la Commission de vérification des comptes.

La question a, du reste, été jugée par le Conseil d'État statuant au contentieux, à la suite d'un recours formé par la Compagnie d'Orléans contre une décision du Ministre des travaux publics. (Arrêt du 15 juin

1877.) Cette Compagnie avait constitué une caisse spéciale des annuités (1), chargée du service des intérêts et de l'amortissement des obligations émises en représentation des subventions; mais elle ne portait au débit de ladite caisse les charges des seizièmes successivement échus que lorsque les dépenses faites sur chaque ligne s'élevaient au double du montant des termes pour les huit premiers et à une somme au moins égale pour les huit derniers. Le Conseil d'État a jugé « que la convention du 11 juin 1863 avait « fixé à des dates déterminées les échéances des annuités, sans soumettre « la Compagnie à des justifications de dépenses qui n'étaient pas conci- « liables avec des paiements devant se prolonger, non plus pendant la « durée des travaux, mais pendant toute la durée de la concession. » Il a, en conséquence, rejeté la requête de la Compagnie contre la décision prise par le Ministre, conformément à l'avis de la Commission.

Des dispositions analogues à celles que nous avons rappelées ci-dessus ont été insérées dans les conventions postérieures à 1863. Toutefois, à partir de 1875, elles ont généralement subi quelques modifications :

1° Ce n'était plus l'ensemble de la subvention, mais chacun des seize termes semestriels, à son échéance, qui devait être converti en annuités. Ainsi disparaissait la difficulté qui a donné lieu à l'arrêt de 1877 du Conseil d'État..

2° La conversion, au lieu de se faire au taux forfaitaire de 4 1/2 °/₀, se faisait provisoirement au taux de 5,75 °/₀. Ce taux provisoire était, après l'échéance du dernier seizième, remplacé par le taux moyen des négociations de l'ensemble des obligations émises par la Compagnie pendant la période comprise entre les échéances normales du premier et du dernier seizième (déduction faite de l'intérêt couru au jour de la vente des titres, ainsi que de tous droits, à la charge de la Compagnie, dont ces titres étaient ou seraient frappés, et de tous autres frais accessoires (2) dont la Compagnie justifierait) (3).

Les conventions de 1883 ont enlevé tout intérêt à la question de la date d'imputation des subventions : le compte d'établissement ne subit plus de déduction de ce chef. Les Compagnies prélèvent, sur le produit net résultant du compte unique d'exploitation, les charges effectives de la totalité des sommes dépensées par elle et dûment justifiées, sous déduction : 1° des

---

(1) Des caisses analogues ont été instituées par d'autres Compagnies.

(2) Cette dénomination de « frais accessoires » ne comprend que les frais nécessités par l'opération de vente des titres.

(3) En fait, pour les raisons que nous avons indiquées page 262, le taux provisoire de 5,75 % a été remplacé par un taux plus faible, s'écartant moins du taux réel des emprunts.

annuités dues pour l'exercice en représentation des subventions et soldées par l'État; 2° s'il y a lieu, des compléments servis par les « caisses des an- « nuités ».

L'État doit-il des intérêts aux Compagnies, dans le cas où il n'ac- quitte pas les annuités ou demi-annuités aux échéances prévues par les conventions, s'il s'agit de subventions pour le paiement successif desquelles des justifications préalables ne sont pas exigées, ou après la production de ces justifications, si, au contraire, l'Administration est tenue d'en ré- clamer ?

Il convient tout d'abord d'observer que, dans ce dernier cas, le Mi- nistre des travaux publics a besoin d'un certain délai pour la vérification des comptes fournis par les Compagnies. En outre, il est de règle qu'à défaut de stipulation expresse dans les contrats, les intérêts ne courent pas de plein droit et doivent faire l'objet d'une demande de la part du créan- cier.

Les Compagnies l'ont si bien compris qu'elles ont obtenu l'insertion des clauses suivantes dans les conventions de 1883, pour les annuités de remboursement de leurs avances :

Nord, Orléans, Paris-Lyon-Méditerranée, Midi. — « Le montant de « l'annuité pour chaque exercice sera réglé au 31 décembre et la Com- « pagnie aura droit, sans qu'il soit besoin d'en faire la demande, aux in- « térêts, au taux effectif de l'emprunt, du montant de l'annuité depuis le « 1er janvier jusqu'au jour où elle lui aura été définitivement soldée, si ce « paiement n'a été fait dans le courant de janvier. »

Est, Ouest. — « Le montant de l'annuité pour chaque exercice sera « réglé au 31 décembre et payé dans le mois de janvier suivant. Dans le « cas où ce paiement n'aurait pas été effectué dans ledit mois, la Com- « pagnie aura droit, sans qu'il soit besoin d'en faire la demande, aux in- « térêts, au taux effectif de l'emprunt, du montant de l'annuité, depuis « le 1er janvier jusqu'au jour où cette annuité lui aura été effectivement « soldée. »

Ces clauses s'appliquent, d'ailleurs, exclusivement aux avances faites par les Compagnies en conformité des contrats de 1883.

12. Déductions diverses sur le capital de premier établissement. — Les règlements de 1863-1868 énumèrent explicitement diverses déduc- tions à faire sur le capital de premier établissement. Ce sont :

1° Les produits bruts de toute nature afférents aux parties du chemin successivement mises en service et réalisés jusqu'au 1er janvier qui a suivi l'ouverture de chaque ligne ;

2° Le produit des propriétés immobilières à aliéner ;

3° Le produit des capitaux affectés à l'établissement de chaque ligne jusqu'au moment de leur emploi en travaux.

De plus, l'article 6 porte : « La Compagnie doit procéder, dans le délai « de deux années après l'achèvement complet des travaux de la ligne, à « l'aliénation de toutes les propriétés immobilières qu'elle a acquises et « qui ne sont pas affectées au service du chemin de fer.

« Dans le cas où l'aliénation n'a pas lieu avant la clôture du compte « général définitif, la valeur d'acquisition desdites propriétés immobilières « est déduite du compte de premier établissement.

« Le produit des aliénations est porté, à mesure qu'elles s'opèrent, à « un compte spécial qui reste ouvert jusqu'à la clôture du compte gé- « néral et qui vient en déduction de ce dernier compte. »

Nous n'avons aucune explication à donner sur la déduction concernant le produit brut des sections successivement mises en service.

La déduction relative aux terrains inutiles mérite, au contraire, quelques développements.

Aux termes de l'article 29 du cahier des charges, la Compagnie doit, après l'achèvement total des travaux, faire à ses frais un bornage du chemin de fer et de ses dépendances. Ce bornage laisse en dehors du chemin ou de ses dépendances des parcelles qui sont reconnues inutiles au service et qui, le plus souvent, ont été acquises à titre d'excédents, soit pour faciliter les transactions amiables, soit par application de l'article 50 de la loi du 3 mai 1841. Les règlements de 1863-1868 veulent que les parcelles dont il s'agit soient aliénées dans le délai assigné pour la clôture des comptes et que le produit de leur aliénation soit distrait du capital de premier établissement ; pour assurer l'exécution de ces prescriptions, ils ajoutent que, si l'aliénation n'a pas eu lieu dans le délai prescrit, il sera opéré d'office sur le compte de premier établissement, pour les parcelles non vendues, une réduction égale, non plus au produit de la vente qui n'est pas faite, mais à la valeur d'acquisition. Ces dispositions donnent lieu tout d'abord aux deux observations suivantes : 1° les conventions de 1883 ne fixent plus de délai pour la clôture des comptes ; 2° la valeur d'acquisition des parcelles à aliéner est souvent des plus difficiles à apprécier, lorsqu'elles forment des lambeaux de parcelles plus étendues, dont le prix a été constitué d'éléments très divers, comme le prix de vente du fonds et des indemnités accessoires de dépréciation, de morcellement ou autres. Mais ce sont là des observations secondaires. Il en est une autre plus importante.

Les terrains peuvent avoir été acquis par l'État ou par la Compagnie.

Lorsqu'ils ont été achetés par l'État et remis à la Compagnie, le prix n'en est point porté au compte de premier établissement. Leur aliénation n'entraîne donc aucune réduction sur ce compte. Que devient alors le prix de vente ? Le Conseil d'État, saisi d'un litige entre la Compagnie de Paris-Lyon-Méditerranée et l'Administration des domaines, a décidé, par un arrêt du 26 janvier 1870, que ce prix devait être remis à la Compagnie pour en jouir jusqu'à la fin de la concession. Il est bien entendu que, dans ce cas, les fruits doivent être compris dans les recettes annuelles de l'exploitation. Dans une instruction générale du 1er avril 1879 sur l'aliénation des immeubles appartenant à l'État, le directeur général des domaines a posé en principe « que le prix de tous les terrains acquis par « l'État et restés sans emploi doit être versé dans les caisses du Trésor »; il n'a admis d'exception que pour les terrains non employés du chemin de Paris à Lyon, c'est-à-dire de la ligne qui avait fait l'objet de l'arrêt du Conseil du 26 janvier 1870. Cette exception est formulée en termes trop étroits : elle doit être étendue à tous les terrains remis à la Compagnie; il appartient à l'Administration de ne faire porter la remise que sur des terrains utiles au service.

Quand les terrains ont été acquis par la Compagnie, les prescriptions des règlements de 1863-1868 trouvent naturellement leur application.

Les règles que nous venons de rappeler doivent régir également le sort des parcelles qui, tout en ayant été comprises à l'origine parmi les dépendances du chemin de fer, en sont ensuite distraites. Le Ministre des finances a cherché à soutenir qu'un terrain primitivement classé dans le domaine public ne pouvait en sortir sans tomber *ipso facto* dans le domaine de l'État et que, dès lors, l'aliénation devait en être faite au profit du Trésor. Mais le Conseil d'État a repoussé cette prétention par un arrêt du 10 décembre 1874. (Ministre des finances contre la Compagnie du chemin de fer du Midi et du canal latéral à la Garonne, gare de Ségur). La combinaison des articles 21, 29 et 36 du cahier des charges lui a paru établir que les droits de l'État sur le chemin de fer et ses dépendances étaient limités à leur consistance en fin de concession.

Le lecteur pourra aussi consulter utilement un arrêté du Conseil de préfecture de la Seine, intervenu le 14 juillet 1870, dans une instance entre la Compagnie du Nord et l'État, au sujet de la propriété d'une ancienne gare remplacée par une gare nouvelle. Cet arrêté est basé notamment sur les considérants que voici : « Considérant que si, en vertu des lois « générales sur le domaine de l'État, les biens qui font partie du domaine « public tombent de plein droit dans le domaine de l'État quand cesse leur

« affectation au domaine public, il n'en est pas de même pour les biens
« dont il s'agit dans l'espèce, puisqu'il a été dérogé à ces lois générales par
« la loi de concession du chemin de fer ; que, si le système contraire était
« admis, même les matériaux de toute démolition de bâtiments du chemin
« de fer, désaffectés du domaine public, appartiendraient au domaine de
« l'État par droit d'accession et pourraient être revendiqués par lui et ven-
« dus à son profit, sans que la Compagnie ait le droit de les échanger,
« vendre ou même réemployer ; qu'un tel résultat serait absolument con-
« traire à la convention sanctionnée par la loi de concession..... ;

« En ce qui concerne l'ancienne gare de Chauny supprimée, considé-
« rant qu'il résulte de l'instruction et qu'il n'est pas d'ailleurs contesté
« que la gare de Chauny a été supprimée et remplacée par une autre gare
« conformément à l'autorisation donnée par le Ministre des travaux pu-
« blics, au nom de l'État ; que, la nouvelle gare ayant été acceptée...,
« l'ancienne a cessé de faire partie du domaine public, en même temps
« que la nouvelle y était incorporée ; que, dès lors, suivant l'esprit et la
« teneur du cahier des charges, l'ancienne gare a été de plein droit dé-
« laissée à la Compagnie, à titre de compensation pour une partie de la
« dépense mise à sa charge dans les frais de construction de la nouvelle
« gare ; qu'elle en a, en conséquence, la libre et entière disposition.... ;

« Que, s'il en était autrement, le domaine de l'État se trouverait enrichi,
« sans bourse délier et au détriment de la Compagnie, dans des propor-
« tions qui pourraient devenir considérables..... »

Telles sont les indications qu'il nous a paru utile de donner, à l'occasion des comptes, sur les aliénations de terrains.

Quant aux produits du placement des fonds disponibles, ils sont répartis en fin d'exercice entre les divers comptes (établissement, exploitation, réserve, etc.), au prorata des disponibilités moyennes de l'année.
Ces fonds peuvent être, le cas échéant, prêtés au premier établissement, à
un taux qui ne doit pas dépasser celui des emprunts de l'année.

**13. Ajournement de l'inscription de certaines dépenses au
compte dressé au 31 décembre.** — Les Compagnies de chemins de fer
ne sont pas soumises au règlement du 31 mai 1862 sur la comptabilité
publique, notamment en ce qui concerne l'*exercice*. Elles sont régies :
1° par le Code de commerce, dont l'article 9 prescrit la tenue annuelle
d'un inventaire des effets mobiliers et immobiliers et des dettes actives et
passives ; 2° par les dispositions de leurs statuts, aux termes desquels un
inventaire général de l'actif et du passif doit être dressé chaque année

pour être soumis à l'Assemblée générale des actionnaires, conformément aux prescriptions du Code de commerce. Les statuts des Compagnies de l'Ouest et de Paris Lyon-Méditerranée fixent le 31 décembre comme date à laquelle cet inventaire doit être arrêté. Les autres Compagnies ont adopté la même date; c'est également celle qui ressort de divers articles des règlements de 1863-1868.

Le bilan commercial des Compagnies ne s'impose point pour les rapports financiers entre ces Sociétés et l'État. On a donc dû examiner et discuter les principes à suivre pour l'imputation des dépenses et des recettes sur tel ou tel exercice, dans les comptes soumis au Ministre des travaux publics. Trois systèmes principaux pouvaient être adoptés, ils consistaient : 1° le premier à admettre sans aucune restriction les dépenses et les recettes constatées au 31 décembre, alors même que le paiement ou l'encaissement n'aurait pas été effectué; 2° le second, à n'inscrire que les dépenses payées et les recettes encaissées; 3° le troisième, intermédiaire entre les deux autres, à admettre, outre les dépenses payées et les recettes encaissées, les dettes ou les recouvrements exigibles.

Le texte des règlements de 1863-1868 ne fournissait pas d'élément déterminant de décision à cet égard. L'article 12, qui est le plus précis, vise dans un de ses paragraphes les dépenses *faites* et dans deux autres paragraphes les contributions *payées* et les *versements faits*. On a cherché à interpréter les mots « contributions payées » en ce sens que l'auteur des règlements avait voulu exclure les impôts qui ne sont point à la charge des Compagnies et pour la perception desquels ces Sociétés servent exclusivement d'intermédiaires entre le Trésor et le public : ce n'est qu'une interprétation ingénieuse.

Le Conseil d'État, statuant au contentieux, a été appelé à deux reprises différentes à se prononcer sur des divergences entre l'Administration et les Compagnies (1). Une première fois, en 1874, à l'occasion de requêtes introduites par la Compagnie d'Orléans, il a repoussé la prétention de cette Compagnie de porter au compte des dépenses un prélèvement en vue des détaxes à opérer éventuellement sur les recettes de l'exercice et admis au contraire partiellement sa prétention de faire supprimer des recettes le montant de recouvrements dont plusieurs étaient litigieux.(Arrêts du 12 juin et du 26 juin 1874.) L'arrêt du 12 juin renferme les considérants suivants : « Considérant que, d'après le mode de comptabilité adopté « par la Compagnie d'Orléans, comme par les autres Compagnies aux-

---

(1) Ces divergences portaient sur le compte d'exploitation. Mais les principes sont les mêmes pour le compte de premier établissement.

« quelles l'État a accordé une garantie d'intérêt, et qui a été accepté par
« l'État pour servir de base au règlement de cette garantie, les dépenses
« d'exploitation constatées avant la clôture des écritures de chaque exer-
« cice, sont portées au compte de cet exercice, quand même elles ne sont
« payées que dans le cours des exercices suivants ; qu'il n'est pas contesté
« par la Compagnie que toutes les sommes dont elle avait constaté, avant
« la clôture de l'exercice 1865, que le remboursement devait être fait aux
« parties intéressées, aient été portées au compte de cet exercice ; que la
« somme dont elle demande le rétablissement à ce compte avait pour but
« de pourvoir aux restitutions qu'elle constaterait ultérieurement avoir à
« faire sur les recettes de cet exercice ;

« Mais considérant que l'admission de cet article de dépense, dont il
« est d'ailleurs impossible de prévoir, même approximativement, le
« montant, ne pourrait avoir lieu sans s'écarter des règles générales de
« comptabilité indiquées ci-dessus ; qu'il suit de là que c'est avec raison
« que le Ministre a décidé que le montant des détaxes reconnues justifiées
« après la clôture des écritures de l'exercice 1865 serait porté au compte
« des dépenses de l'exercice pendant lequel aurait lieu cette constatation ;

« Considérant que, par une règle de comptabilité corrélative à celle
« qui a été indiquée ci-dessus pour l'inscription des dépenses, les recettes
« d'exploitation sont portées au compte de l'exercice pendant lequel elles
« ont été constatées, quand même l'encaissement n'aurait eu lieu que
« postérieurement ;

« Mais considérant qu'on ne peut admettre comme constatées que les
« recettes dont le montant ne fait l'objet d'aucun litige et dont le recou-
« vrement est assuré, etc..... »

L'arrêt du 26 juin 1874 est fondé sur des considérants semblables.

Ces arrêts, sur les motifs desquels nous aurions quelques réserves à
formuler, consacraient le système « des dépenses et des recettes constatées » ; ils rejetaient la prétention de la Compagnie d'exagérer ce système,
en introduisant dans ses comptes des prévisions de dépenses non encore
constatées ; ils n'admettaient d'ailleurs que les faits de gestion dont le
règlement n'était point subordonné à la solution d'un litige.

En 1884, le Conseil d'État a eu à statuer sur un recours de la Compagnie de l'Ouest contre une décision du Ministre des travaux publics,
qui avait écarté des dépenses d'exploitation le montant de traitements
frappés d'opposition. Il a rejeté ce recours par un arrêt du 14 novembre,
motivé comme il suit : « Considérant que la somme de. . ., dont la
« Compagnie demande le rétablissement au compte de la garantie d'intérêt
« de l'exercice 1878, forme le reliquat de traitements afférents à plusieurs

« exercices qui, ayant été frappés d'oppositions, n'avaient pas été payés
« au 31 décembre 1878 ; qu'il résulte de l'instruction que ladite somme
« n'avait pas été déposée à la Caisse des dépôts et consignations et était
« restée à la disposition de la Compagnie ; qu'ainsi l'avance réclamée de
« l'État serait destinée à faire face, non à des charges actuelles de l'exploi-
« tation, mais à une dépense à effectuer à une époque indéterminée ; que,
« dans ces circonstances, il n'y a pas lieu de faire droit aux conclusions
« de la Compagnie. » L'arrêt du 14 novembre 1884 repose sur le système
« des dépenses payées et des recettes encaissées au 31 décembre », que l'on
pourrait appeler le *système du compte de caisse*.

Ce système paraît, en effet, plus rationnel et plus conforme aux conventions que les deux autres qui reposent sur des *comptes d'inventaire*.
La garantie de l'État ne doit combler que le déficit effectif des produits
nets réalisés pendant l'année, et ce déficit ne peut résulter que du rapprochement entre les sommes réellement entrées dans la caisse de la Compagnie et les sommes qui en sont réellement sorties. Les sommes dues par la
Compagnie au 31 décembre, mais dont le paiement est différé pour une
raison ou pour une autre, restent durant ce délai à sa disposition et peuvent porter intérêt à son profit ; inversement, les sommes qui lui sont
dues, mais qu'elle n'a pas encore recouvrées, ne sauraient être inscrites à
son actif. Ajoutons que le compte de caisse est susceptible d'être arrêté
beaucoup plus promptement que le compte d'inventaire et se prête à une
liquidation plus rapide de la garantie de l'État. Les Compagnies ne seraient
dès lors pas fondées à se plaindre de la solution qui a définitivement prévalu devant le Conseil d'État ; au surplus, elles n'en éprouvent aucun
préjudice, puisque tout se borne à une question d'imputation sur un exercice ou sur des exercices ultérieurs et que les avances de l'État sont productives d'intérêt à 4 °/₀.

L'application du système du compte de caisse doit conduire à écarter
des comptes d'établissement d'un exercice déterminé diverses dépenses,
notamment les ordonnances à disposition et les retenues de garantie imposées aux entrepreneurs. C'est en ce sens que s'est prononcée à diverses
occasions la Commission de vérification des comptes.

**14. Observations sur le canal latéral à la Garonne et le canal
du Midi.** — Le canal latéral à la Garonne, concédé à la Compagnie des
chemins de fer du Midi en vertu de la loi du 8 juillet 1852, est rattaché
à l'ancien réseau et assimilé aux lignes de ce réseau, au point de vue du
compte de premier établissement et du compte des travaux complémentaires. Toutefois, aux termes de l'article 60, § 6, du cahier des charges

annexé à cette loi, les bâtiments des usines, magasins, hangars, etc...,
servant à des exploitations particulières et assis sur des terrains non
compris dans les limites du bornage, ne doivent pas faire retour à l'État
et sont, par suite, exclus des comptes d'établissement.

Au contraire, le canal du Midi, affermé par la Compagnie concessionnaire à la Compagnie des chemins de fer du Midi pour une durée de quarante années à partir du 1er juillet 1858, n'a point de compte de premier
établissement. Les travaux exécutés pour son amélioration ou sa mise en
valeur et reconnus utiles par le Ministre peuvent néanmoins figurer dans
les comptes annuels, mais seulement pour leurs charges réelles, sans
amortissement ; il est bien entendu que les produits correspondants sont
inscrits au compte des recettes.

§ 3. — COMPTES D'EXPLOITATION

A. — DÉPENSES D'EXPLOITATION

1. Nomenclature des frais annuels d'exploitation. — D'après l'article 12 des règlements de 1863-1868, les frais annuels d'entretien et d'exploitation comprennent :

1° Toutes les dépenses qui, à partir du 1er janvier qui a suivi la mise en service de chaque ligne, ont été faites dans un but d'utilité pour les réparations ordinaires et extraordinaires, l'exploitation et l'administration du chemin de fer et de ses dépendances, à l'exclusion des dépenses à porter au compte de premier établissement ;

2° Les contributions de toute nature payées par la Compagnie ;

3° Les frais d'entretien et d'exploitation des propriétés immobilières jusqu'à leur aliénation ;

4° Le prélèvement opéré pour la réserve, conformément aux statuts ;

5° Les prélèvements ou versements faits au profit des employés de la Compagnie.

N'y sont pas compris : 1° l'intérêt et l'amortissement des emprunts, notamment de ceux que la Compagnie aurait contractés pour l'achèvement des travaux, en cas d'insuffisance du capital garanti par l'État; 2° les frais concernant des établissements qui ne servent pas directement à l'exploitation du chemin de fer.

Les conventions de 1875 avec les Compagnies de l'Est et de l'Ouest portaient toutes deux que « les comptes annuels d'exploitation comprendraient le fonds fixe d'amortissement des actions (316 600 francs pour « l'Est et 277 000 francs pour l'Ouest), les travaux de grosse réparation « ou réfection des lignes, les travaux accessoires à exécuter successive« ment dans les gares (et sur les quais des ports pour l'Ouest) et dont « l'imputation sur ces comptes aurait été autorisée par le Ministre des « travaux publics, les dépenses et les recettes des correspondances par « voie de terre ou voie d'eau autorisées par le Ministre des travaux publics « et des correspondances par voie de fer faisant suite aux lignes de la « Compagnie et autorisées par décrets délibérés en Conseil d'État ». Bien que cette disposition n'ait été introduite que dans les conventions avec les Compagnies de l'Est et de l'Ouest, elle ne constituait point, dans toutes ses parties, une novation des contrats antérieurs et ne devait point être interprétée comme excluant à contrario des comptes des autres Compagnies les faits d'exploitation qui y étaient visés.

Le Conseil d'État, consulté sur les projets de convention de 1875, en avait demandé la modification sur ce point, mais sans voir son avis complètement suivi.

Quant aux conventions de 1883, elles contiennent les stipulations suivantes :

Nord. — « Dans les dépenses d'exploitation seront compris notam-
« ment les allocations de la Compagnie pour la caisse des retraites, les
« impôts, les frais de contrôle et les indemnités pour accidents, pertes,
« avaries ou incendies.

« Les résultats d'exploitation de la Grande Ceinture, pour la part affé-
« rente à la Compagnie du Nord, continueront à être ajoutés au compte
« d'exploitation de la Compagnie.

« Seront aussi compris dans le compte annuel d'exploitation les résul-
« tats de tout traité de correspondance régulièrement autorisé, avec des
« entrepreneurs de transport par terre, par eau ou par voie de fer, ainsi
« que les résultats des traités par lesquels la Compagnie a prêté son con-
« cours financier à diverses Sociétés pour la construction en France de
« chemins de fer correspondants. »

Est. — « On comprendra dans le compte des dépenses : 1° toutes les
« dépenses d'exploitation, y compris notamment les allocations de la
« Compagnie pour les caisses de retraite, de secours et de prévoyance,
« les impôts, les frais de contrôle et les indemnités pour accidents, pertes,
« avaries et incendies ; 2° les redevances, subventions annuelles et charges
« de toute nature incombant à la Compagnie de l'Est pour des lignes con-
« cédées à des tiers et exploitées, soit par elle, soit par les concession-
« naires eux-mêmes, avec la participation de la Compagnie de l'Est, en
« vertu de traités déjà approuvés par le Gouvernement ou qui seront
« approuvés ultérieurement par le Ministre des travaux publics. »

Ouest. — « On comprendra dans le compte des dépenses : 1° toutes
« les dépenses d'exploitation, y compris notamment les allocations de la
« Compagnie pour les caisses de retraite, de secours et de prévoyance,
« les impôts, les frais de contrôle et les indemnités pour accidents,
« pertes, avaries et incendies, et le fonds fixe d'amortissement des
« d'actions ;

« 2° Les subventions à des services de correspondance par terre ou
« par eau, autorisés par l'Administration supérieure, ainsi que les rede-
« vances, subventions annuelles et charges de toute nature incombant à
« la Compagnie de l'Ouest pour des lignes concédées à des tiers et exploi-
« tées, soit par elle, soit par les concessionnaires eux-mêmes, avec la
« participation de la Compagnie de l'Ouest, en vertu des traités déjà

« approuvés par le Gouvernement ou qui seront approuvés ultérieure-
« ment par le Ministre des travaux publics. »

Orléans. — « Dans les dépenses d'exploitation, on comprendrait
« notamment les sommes consacrées par la Compagnie à la constitution
« des retraites de ses employés, les versements aux caisses de prévoyance,
« les impôts, patentes et frais de contrôle, les indemnités relatives aux
« accidents, pertes, avaries, et les dommages causés par les incendies, les
« subventions aux correspondances par voie de terre ou par voie d'eau,
« ainsi que les charges résultant des engagements de toute nature que la
« Compagnie pourra contracter, avec l'assentiment du Ministre des tra-
« vaux publics, vis-à-vis des concessionnaires de chemins de fer reliés
« avec ces lignes ou en correspondance avec elles. »

Paris-Lyon-Méditerranée. — « Dans les dépenses d'exploitation seront
« compris notamment les allocations de la Compagnie pour la caisse des
« retraites, les impôts, les frais de contrôle et les indemnités pour acci-
« dents, pertes, avaries et incendies.

« Les résultats de l'exploitation des chemins de fer de petite et de
« grande ceinture de Paris, pour la part afférente à la Compagnie de Paris-
« Lyon-Méditerranée, continueront d'être ajoutés au compte d'exploitation
« de la Compagnie.

« Seront aussi compris dans le compte annuel d'exploitation les charges
« résultant des engagements de toute nature que la Compagnie pourra
« contracter, avec l'assentiment du Ministre des travaux publics, vis-à-vis
« des concessionnaires des chemins de fer reliés avec ses lignes ou en
« correspondance avec elles, et les résultats de tout traité de correspon-
« dance par terre, par eau ou par voie de fer, autorisé par le Ministre. »

Midi. — « Dans les dépenses d'exploitation seront comprises notam-
« ment les allocations de la Compagnie pour les caisses de retraite et de
« prévoyance et autres institutions de bienfaisance, les impôts, les frais de
« contrôle et les indemnités pour accidents, pertes, avaries et incendies.

« Seront comprises dans le compte unique d'exploitation les charges
« résultant des engagements de toute nature que la Compagnie pourra
« contracter avec l'assentiment du Ministre des travaux publics vis-à-vis
« des concessionnaires des chemins de fer reliés avec ses lignes ou en
« correspondance avec elles.

« Seront également comprises dans ledit compte les dépenses et les
« recettes des correspondances, par voie de terre ou voie maritime, au-
« torisées par le Ministre. »

Nous devons entrer dans quelques développements sur chacun des
éléments ci-dessus énumérés.

2. Dépenses d'entretien et d'exploitation. — *a.* UTILITÉ DES DÉPENSES. — La première condition à laquelle doivent satisfaire les dépenses pour être admises en compte, c'est d'avoir été faites dans un but d'utilité. Les règlements exigent, non pas que les dépenses aient été indispensables, mais du moins qu'elles aient été utiles.

Comme exemples de dépenses rejetées des comptes, nous citerons les libéralités des Compagnies ne profitant point directement à l'exploitation, telles que souscriptions au profit des victimes d'inondations ; dons à des bureaux de bienfaisance, à des maisons de secours, à des fabriques ; subventions à des cercles ; gratifications jugées excessives au profit de fonctionnaires ou employés ; allocations en faveur des blessés de la guerre d'Orient. Il y avait là des actes de pure générosité, qui n'avaient aucun rapport direct avec l'exploitation et dont les charges ne pouvaient être imputées qu'au compte des actionnaires.

Au contraire, la Commission de vérification a admis des dépenses qui, au premier abord, paraissaient avoir beaucoup d'analogie avec les précédentes, mais qui, en réalité, étaient utiles à l'exploitation en améliorant le sort des agents et, par suite, en facilitant le recrutement du personnel. Tels sont les encouragements aux sociétés alimentaires, les subventions aux écoles fréquentées par les enfants des agents, les secours aux ouvriers, les allocations à certains établissements utiles à leur famille. On est allé jusqu'à consentir à l'inscription de certaines libéralités exceptionnelles au profit des indigents de Paris et des villes desservies par la Compagnie.

Les dépenses de presse faites à diverses reprises par les Compagnies pour combattre certaines propositions de rachat, pour défendre leur système de tarification, pour repousser les attaques dont elles étaient l'objet, n'ont jamais été comprises dans le compte d'exploitation ; elles ont été prélevées sur les bénéfices des actionnaires, sur les réserves extraordinaires, qui, à cet égard, constituent une sorte de fonds secret à la disposition des Conseils d'administration.

Une question débattue a été celle des économats fondés pour procurer, à prix réduit, aux agents les objets nécessaires à leur existence. Finalement, il a paru que ces économats devaient équilibrer leurs dépenses et leurs recettes et que, le cas échéant, le déficit n'était pas susceptible d'être assimilé aux charges utiles de l'exploitation.

Un autre élément de dépenses, sur lequel des divergences très graves se sont produites entre l'Administration et les Compagnies, est celui des accidents qui entraînent souvent le paiement de sommes considérables, à titre d'indemnités aux victimes ou à titre de réparation du matériel fixe et du matériel roulant. Il est certain qu'à un point de vue absolu, les dépenses de cette nature ne sauraient être considérées comme utiles ; d'autre part, il est matériellement impossible d'exploiter des chemins de fer, sans subir des accidents. Devait-on rejeter toutes les dépenses ? Devait-on, au contraire, les admettre toutes ? Si l'on adoptait un système intermédiaire, quelle était la limite, la ligne de démarcation entre celles qui étaient susceptibles d'entrer en compte et celles dont le rejet s'imposait à l'Administration ? Le Conseil d'État a été appelé à statuer au contentieux sur cette question délicate, à la suite d'un accident survenu sur la ligne du Rhône au Mont-Cenis. (Arrêt du 11 mai 1883.) Cet accident, qui avait eu pour conséquence la mort de plusieurs voyageurs et employés de la Compagnie, était imputable à la faute d'un chef de gare, condamné pour ce fait par l'autorité judiciaire aux peines portées en l'article 19 de la loi du 15 juillet 1845 ; le Ministre des travaux publics avait cru devoir rejeter du compte d'exploitation de 1877 la somme qui y avait été inscrite. Le Conseil d'État a distingué entre les dépenses pour réparation ou remplacement du matériel et les dépenses faites pour le paiement des indemnités dues aux victimes de l'accident et pour frais judiciaires. Pour la première catégorie de dépenses, il a considéré comme impossible de contester l'utilité des frais de remise en état du matériel nécessaire à l'exploitation et en a ordonné le rétablissement. Pour la seconde catégorie, il a jugé que les frais ou indemnités imposés à la Compagnie, comme civilement responsable du délit commis par son agent et judiciairement constaté, ne rentraient pas dans les dépenses utiles, prévues par l'article 12 du décret du 6 août 1863 ; il a confirmé, sur ce point, la décision ministérielle. La distinction faite par le Conseil ne nous satisfait pas complètement. Nous aurions préféré soumettre au même traitement les dépenses de toute nature résultant des accidents, les éliminer toutes en cas de faute lourde, de délit des agents.

Au surplus, la difficulté n'existe plus depuis les conventions de 1883 : en effet, comme nous l'avons rappelé précédemment, les Compagnies ont toutes obtenu l'insertion dans ces contrats d'une clause qui prévoit l'admission des indemnités pour accidents. Les critiques et les débats provoqués par cette clause, lors de la discussion des conventions devant le Parlement, ne permettent point de douter qu'elle ne s'applique sans restriction aux dépenses, quelle qu'en soit la nature et quelle qu'en soit la cause.

b. Distinction entre les dépenses d'entretien et les dépenses de premier établissement. — En traitant de la vérification des dépenses de premier établissement, nous avons exposé les difficultés auxquelles avait donné lieu la distinction entre ces dépenses et les frais d'entretien annuel; nous avons rappelé les textes et la jurisprudence; nous avons cité un certain nombre d'exemples susceptibles de servir de guide dans les cas analogues. Le lecteur voudra bien se reporter à cette partie de l'ouvrage (tome II, page 457). Nous nous bornons à rappeler ici que les conventions de 1883 n'ont reproduit, ni pour la Compagnie de l'Est, ni pour la Compagnie de l'Ouest, la clause des conventions de 1875 qui autorisait ces deux Compagnies à porter au compte d'exploitation les travaux accessoires exécutés dans les gares (1).

3. **Contributions, impôts, frais de contrôle, frais relatifs aux propriétés immobilières, indemnités pour pertes, accidents, incendies.** — Nous n'avons que peu d'explications à donner sur ces divers articles de dépenses.

Les Compagnies supportent directement un certain nombre d'impôts ou de contributions; elles jouent, en outre, le rôle de collecteurs pour la perception d'autres impôts sur le public. Ces derniers ne figurent dans les comptes, ni en recettes, ni en dépenses. Seuls, les premiers y sont inscrits; nous nous bornons à les énumérer, nous réservant d'y consacrer plus tard un chapitre spécial : ce sont la contribution foncière, la contribution des portes et fenêtres, la contribution des patentes, le droit de timbre des actions et des obligations payé par voie d'abonnement.

Une contestation s'est élevée entre le Ministre de l'intérieur et la Compagnie de Paris-Lyon-Méditerranée, concessionnaire de chemins de fer en Algérie, au sujet du droit de timbre. Lors de la concession de la ligne d'Alger à Oran et de celle de la mer à Constantine, en 1863, l'État avait accordé à la Compagnie une subvention de 80 millions payable par termes semestriels en dix années, mais s'était réservé la faculté de se libérer en quatre-vingt-douze annuités représentant l'intérêt et l'amortissement de cette somme au taux de 4 1/2 %. Ce dernier mode de libération ayant prévalu, la Compagnie avait dû se procurer les fonds nécessaires à ses travaux par des émissions d'obligations, pour lesquelles elle acquittait le droit de timbre. Le Ministre refusait d'admettre l'inscription de cette dépense au compte de la garantie; il faisait valoir qu'en 1863 les parties contractantes avaient considéré les deux modes de libération comme équivalents et que, dès lors, en faisant peser sur la garantie une charge dont elle aurait été exempte au cas de paiement en capital, c'est-à-dire en détruisant cette équivalence, on irait à l'encontre du contrat de concession.

---

(1) Et sur les quais des ports, pour le réseau de l'Ouest.

Conformément à la requête de la Compagnie, le Conseil d'État a décidé, par un arrêt du 4 mars 1881, que les frais d'abonnement au timbre résultant de la conversion de la subvention en annuités, ayant constitué pour la Compagnie une charge supplémentaire de l'exploitation, devaient nécessairement entrer en ligne de compte comme les frais afférents aux autres catégories d'obligations, sous peine de porter atteinte au minimum d'intérêt garanti. Il en a donc ordonné le rétablissement. Ainsi il n'y a pas à distinguer entre les obligations émises en représentation de subventions du Trésor et les obligations émises pour couvrir la part de dépenses incombant aux Compagnies.

Les frais de contrôle de l'exploitation ne donnent lieu à aucune observation. Il en est de même des frais d'entretien et d'exploitation des propriétés immobilières, jusqu'à leur aliénation.

Quant aux indemnités pour pertes, accidents, incendies, nous avons rappelé les litiges auxquels elles avaient donné lieu entre l'Administratio et les Compagnies et les dispositions insérées à cet égard dans les conventions de 1883, dispositions qui ne permettent plus à l'État de contester l'inscription des dépenses, même alors qu'il y a faute lourde ou délit de la part des agents des Compagnies.

4. **Prélèvements pour la réserve.** — Les Compagnies ont, indépendamment des réserves extraordinaires formées à l'aide de prélèvements sur les dividendes, une réserve statutaire formée par des prélèvements sur les produits nets avant répartition des bénéfices. C'est exclusivement cette dernière réserve qui est visée par les règlements de 1863-1868 ; elle entre seule dans le compte de garantie et de partage.

Nous résumons ci-après les clauses des statuts relatives à la constitution de cette réserve et nous indiquons en même temps, pour chacune des grandes Compagnies, le chiffre auquel elle s'élève :

COMPAGNIES	QUOTITÉ DES PRÉLÈVEMENTS ANNUELS	MAXIMUM de la RÉSERVE	MONTANT de la réserve au 31 décembre 1885
Nord........	5 % du produit net, tant que la réserve n'atteint pas 2 millions..............................	»	»
	1 % quand la réserve dépasse 2 millions......	3 millions	3 millions
Est.........	5 % du produit net..........................	5 millions	5 millions
Ouest.......	2 % du produit net, tant que la réserve n'atteint pas 4 millions.....	4 millions (1)	6 millions
Orléans.....	3 % au moins du produit net, tant que la réserve n'atteint pas 5 millions..............	5 millions (2)	6 millions
P.-L.-M.....	3 % du produit net, tant que la réserve n'atteint pas 10 millions.........................	10 millions (3)	10 millions
Midi........	5 % du produit net, tant que la réserve n'atteint pas 2 millions..............................	»	»
	1 % quand la réserve dépasse 2 millions (4)....	4 millions (5)	4 millions

La réserve statutaire a pour objet de faire face aux dépenses extraordinaires ou imprévues ; les statuts de la Compagnie du Midi portent, en outre, qu'elle doit suppléer, s'il y a lieu, à l'insuffisance des revenus annuels pour le paiement de l'amortissement des actions.

5. **Prélèvements au profit des employés.** — Allocations aux caisses de retraite, de secours, de prévoyance. — Les statuts de la Compagnie d'Orléans stipulent le prélèvement d'une quote-part des bénéfices pour être répartie entre les agents, en proportion de leurs traitements ou en raison de leurs services, d'après les bases arrêtées par l'Assemblée générale des actionnaires. Ce prélèvement entre dans le compte des dépenses pour la garantie d'intérêt, comme pour le partage des bénéfices.

Il en est de même des allocations aux caisses de retraite, de secours et de prévoyance instituées par les Compagnies. Les règlements des caisses de retraite n'ayant pas été soumis à l'approbation de l'Administration, les Ministres des travaux publics et des finances avaient pensé que les imputations annuelles susceptibles d'être admises au point de vue des rapports financiers entre ces sociétés et l'État pouvaient être limitées au montant des dotations

(1) La suspension du prélèvement au-dessus de ce chiffre n'est que facultative.
(2) Au-dessus de 5 millions, le prélèvement peut être réduit ou suspendu.
(3) Suspension facultative au-dessus de 10 millions.
(4) Réduction facultative.
(5) Maximum facultatif.

résultant des règlements en vigueur à la date des décrets de 1863-1868. Sans appliquer ce principe avec rigueur, ils avaient cru du moins pouvoir éliminer certaines pensions supplémentaires allouées par les Conseils d'administration, soit pour suppléer à l'insuffisance des pensions normales, soit pour récompenser des services qui ne donnaient point droit à pension. Le Conseil d'État, saisi de la difficulté par la Compagnie des chemins de fer de l'Ouest, a rendu, le 26 janvier 1883, un arrêt condamnant l'État. Toutefois, il a eu soin de rappeler que, par application de l'article 12, § 1, des décrets de 1863, il appartenait à l'Administration de vérifier l'utilité des dépenses et de s'assurer qu'elles ne présentaient pas un caractère frustratoire et qu'elles avaient été employées pour le bien du service.

Les conventions de 1883, tout en énumérant explicitement les allocations aux caisses de retraite, de secours et de prévoyance, parmi les éléments du compte d'exploitation, ont laissé intacts les droits antérieurs de l'État, en ce qui concerne l'appréciation de l'utilité des dépenses.

6. Subventions aux entreprises de transport en correspondance, par voie de terre, par eau ou par voie de fer, ou résultats des traités conclus avec ces entreprises. — Les Compagnies ont été conduites à faire de nombreux traités de correspondance avec des entreprises de transport par terre ou par eau, ou même avec d'autres Compagnies de chemins de fer. L'article 53 de leur cahier des charges, sur lequel nous reviendrons plus tard, prévoyait ces traités, du moins pour les transports par terre ou par eau, et se bornait à stipuler que les mêmes arrangements devraient être consentis en faveur de toutes les entreprises desservant les mêmes voies de communication, à moins d'une autorisation spéciale et contraire de l'Administration.

Jamais les Commissions de vérification des comptes n'ont émis un avis défavorable à l'imputation au compte général d'exploitation des résultats des traités conclus avec l'autorisation du Ministre des travaux publics pour les correspondances par voie de terre ou par voie fluviale et maritime. Cependant les Compagnies de l'Est et de l'Ouest, craignant un revirement de jurisprudence, ont sollicité et obtenu l'insertion, dans leurs conventions de 1875, d'une clause formelle portant tout à la fois sur les correspondances par voie terrestre, fluviale ou maritime, et sur les correspondances par voie de fer. Le Conseil d'État avait proposé d'exiger une autorisation ministérielle pour les correspondances par terre et un décret délibéré en Conseil d'État pour les correspondances par eau et par rails; mais l'Assemblée nationale a jugé que les correspondances par voie de fer étaient seules de nature à soulever des questions délicates et que, dès lors, les correspondances par eau devaient pouvoir être autorisées par le Ministre, sans l'intervention du Conseil d'État.

Les clauses des deux conventions de 1875 avec les Compagnies de l'Est et de l'Ouest ont été généralisées dans les conventions de 1883, dont nous avons reproduit, page 494, les dispositions à cet égard.

Indépendamment des traités de correspondance proprement dits, les grandes Compagnies se sont souvent chargées de l'exploitation de lignes secondaires, soit pour des départements, soit pour les concessionnaires de ces lignes. Nous avons cité, page 164, divers exemples de traités d'exploitation conclus dans ces conditions avant 1883, à savoir:

1° Traité entre la Compagnie de l'Est et la Compagnie du chemin d'intérêt local d'Épernay à Romilly (approuvé par décret du 7 juillet 1873);

2° Traité entre la Compagnie de l'Est et la Société des chemins de fer de la Lorraine, pour l'exploitation du chemin de fer d'intérêt local de Nancy à la frontière, vers Château-Salins et Vic, et traité entre la même Compagnie et la Société du chemin de fer d'intérêt local de Nancy à Vézelise (approuvés par décret du 18 octobre 1873);

3° Traités entre la Compagnie du Nord et les Compagnies de Lille à Valenciennes et du Nord-Est, pour l'exploitation de diverses lignes d'intérêt local (approuvés par décret du 20 mai 1876);

4° Traité entre la Compagnie de l'Est et la Compagnie du chemin de fer de la Suippe, pour l'exploitation de la ligne de Bazancourt à Bétheniville (approuvé par décret du 22 janvier 1879).

A ces exemples, nous ajouterons les suivants :

— Traité entre la Compagnie de l'Est et la Compagnie du chemin de fer d'intérêt général de Vassy à Saint-Dizier (approuvé par décret du 23 décembre 1865) ;

— Traité entre la Compagnie de l'Est et le département des Ardennes, pour l'exploitation de diverses lignes d'intérêt local (approuvé par décret du 9 novembre 1867) ;

— Arrangement entre la Compagnie de l'Ouest et le département du Calvados, pour l'exploitation du chemin d'intérêt local de Falaise à Berjou (non approuvé avant 1883) ;

— Traité entre la Compagnie de l'Est et les concessionnaires du chemin de Charmes à Rambervillers (approuvé par décret du 23 août 1868).

— Traité entre la Compagnie de l'Est et les concessionnaires du chemin d'Avricourt à Cirey (1868).

Parfois même, les grandes Compagnies avaient conclu avec l'approbation du Gouvernement de véritables traités de cession, par exemple pour la ligne de Remiremont à Cornimont (Vosges. — Décret du 8 février

1882), et pour celle de Pont-Maugis à Raucourt (Ardennes. — Décret du 25 janvier 1875).

Les décrets intervenus pour ratifier la plupart des traités ci-dessus énumérés avaient exclu des comptes généraux les résultats financiers de ces entreprises. C'est ainsi que le décret du 20 mai 1876, relatif aux lignes du Nord-Est, de Lille à Valenciennes et de Lille à Béthune, contenait une clause formelle obligeant la Compagnie du Nord à tenir un compte spécial pour l'exploitation des lignes dont elle assumait la charge.

Lorsque le Gouvernement avait consenti à rattacher les résultats des exploitations de cette nature aux comptes généraux du réseau, il avait eu soin de recourir à une loi. Il avait notamment introduit dans la convention de 1875 avec la Compagnie de l'Est la disposition suivante concernant les lignes de Nancy à Vézelise, de Nancy à Château-Salins et d'Épernay à Romilly : « Les recettes d'une part, et, d'autre part, les dépenses d'exploi-
« tation, ainsi que les charges du capital dépensé par la Compagnie pour
« le rachat, la construction ou les travaux complémentaire desdites lignes,
« les redevances de toute nature et toutes autres charges résultant de
« l'exécution des traités mentionnés dans le présent article et dans les
« deux articles précédents, seront portés au compte d'exploitation de
« l'ancien réseau. »

Les conventions de 1883 avec les Compagnies de l'Est et de l'Ouest comprennent explicitement dans les dépenses annuelles d'exploitation les charges de toute nature incombant à la Compagnie pour des lignes concédées à des tiers et exploitées soit par elles, soit par les concessionnaires eux-mêmes, avec leur participation, en vertu de traités déjà approuvés par le Gouvernement ou qui seront approuvés ultérieurement par le Ministre des travaux publics (1).

Les conventions de la même date avec les Compagnies d'Orléans, de Paris-Lyon-Méditerranée et du Midi, visent, en termes plus généraux, les charges résultant des engagements de toute nature que « la Compagnie
« pourrait contracter avec l'assentiment du Ministre des travaux publics
« vis-à-vis des concessionnaires de chemins de fer reliés avec les lignes
« de la Compagnie ou en correspondance avec elles ». Quant à la convention de 1883 avec la Compagnie du Nord, elle mentionne « les résultats
« des traités par lesquels la Compagnie a prêté son concours financier à
« diverses sociétés pour la construction en France de chemins de fer cor-
« respondants ».

(1) La ligne de Falaise à Berjou a été comprise, à partir de 1883, dans les comptes généraux de l'Ouest.

C'est qu'en effet les Compagnies ont, dans certains cas, prêté l'appui de leur crédit et accordé des subsides aux concessionnaires de lignes secondaires susceptibles de leur apporter du trafic. La Compagnie du Nord, par exemple, a fourni des capitaux considérables à plusieurs sociétés de la région : celles d'Enghien à Montmorency, de Crécy-Mortiers à La Fère, d'Achiet à Bapaume, de Velu-Bertincourt à Saint-Quentin, de Boisleux à Marquion, d'Hermes à Beaumont, d'Anvin vers Calais, de Picardie et Flandres. Récemment encore, le Parlement a voté deux lois, du 5 août 1885, ratifiant des traités par lesquels cette Compagnie s'est engagée vis-à-vis de la Société des chemins de fer économiques :

1° A lui ouvrir, pour le chemin d'intérêt local de Valmondois à Epiais-Rhus (Seine-et-Oise), un crédit de 600 000 francs portant intérêt à 5 % jusqu'à la mise en exploitation et remboursable ensuite par annuités calculées d'après le taux d'émission des obligations du Nord ;

2° A lui faire, pour les chemins d'intérêt local de la Somme, au cas où les insuffisances des recettes annuelles dépasseraient 300 000 francs, des avances productives d'intérêts à 4 % et remboursables sur les sommes correspondantes dues par le département à la Compagnie d'intérêt local.

De son côté, la Compagnie du Midi a, en vertu d'un traité approuvé par une loi du 22 juillet 1882, promis aux concessionnaires des chemins d'intérêt local des Landes la garantie d'un produit net kilométrique de 4 200 francs, sans que cette subvention annuelle pût dépasser 1 800 francs par kilomètre pour l'une des sections et 2 700 francs pour le surplus du réseau. Elle s'est réservé, en échange, un droit de contrôle et une action étendue sur la gestion des lignes auxquelles elle donnait ainsi des subsides. La loi de 1882 a fixé les conditions auxquelles serait subordonnée l'admission au compte général du réseau des résultats produits par l'application de ce traité. Une loi ultérieure du 7 août 1885 a modifié les bases du fonctionnement de la garantie.

Les conventions de 1883 n'exigeaient que l'assentiment du Ministre des travaux publics pour les contrats de cette nature. Mais le Parlement a inséré dans les lois du 20 novembre 1883 une disposition ainsi conçue : « Tout nouveau traité engageant le concours financier de la Compagnie « de..... dans la construction et l'exploitation des lignes ferrées ne « pourra être exécuté qu'après avoir été approuvé par une loi ». Il a pensé que son intervention était indispensable pour sanctionner des actes pouvant exercer une influence notable sur la garantie d'intérêt et sur le partage des bénéfices, ainsi que sur le régime général des chemins de fer.

Ainsi, en résumé, les résultats des traités avec d'autres entreprises de transport ne peuvent être admis au compte d'exploitation que si ces traités ont été approuvés par une décision du Ministre des travaux publics pour les entreprises de transport par terre ou par eau (1), et par une loi pour les entreprises de transport par rails.

7. **Fonds fixe d'amortissement des actions.** — Comme nous l'avons dit, les conventions de 1875 prévoyaient l'admission, au compte des dépenses annuelles, du fonds fixe d'amortissement des actions, pour la Compagnie de l'Est (316 000 francs) et pour la Compagnie de l'Ouest (277 000 francs). Le but de cette disposition était de soulager le revenu réservé : elle n'avait, du reste, été adoptée qu'avec certaines difficultés dont le rapport de M. Savoye à l'Assemblée nationale sur la convention avec l'Ouest porte la trace.

Les conventions de 1883 n'ont mentionné le fonds fixe d'amortissement des actions comme l'une des dépenses d'exploitation que pour la Compagnie de l'Ouest. Mais elles n'ont point abrogé les stipulations antérieurement en vigueur pour la Compagnie de l'Est, qui continue à imputer 316 000 francs au compte d'exploitation. Elles ont, en outre, compris l'amortissement des actions du Nord et d'Orléans parmi les charges à prélever sur le produit net.

8. **Répartition des dépenses communes.** — Les indications que nous avons données, à l'occasion des frais de premier établissement, pour la répartition des dépenses communes, s'appliquent pour la plupart aux dépenses d'exploitation. Nous nous bornerons donc à quelques renseignements sommaires :

a. MATÉRIEL ROULANT. — Les dépenses qui ne peuvent pas être localisées sont, en général, partagées au prorata du parcours kilométrique des trains ou des véhicules.

b. GARES COMMUNES. — L'autorité et la direction du service dans les gares communes doivent nécessairement appartenir à une administration unique, alors même que ces gares desservent deux réseaux importants : toute autre combinaison serait de nature à engendrer le désordre et à compromettre la sécurité. Cela n'empêche d'ailleurs nullement l'autre administration d'avoir des représentants pour certaines opérations, telles que les échanges de matériel et surtout les constatations contradictoires de l'état des marchandises passant d'un réseau sur l'autre. Cela ne l'empêche pas non plus, comme nous l'avons dit précédemment, d'avoir certaines

---

(1) Parmi les exemples les plus connus de concours à des entreprises de transport par eau, on peut citer celui de la Compagnie de l'Ouest pour le service de Dieppe à Newhaven et de Cherbourg à Weymouth.

installations spéciales , notamment pour le service de la traction.

Mais, sous cette double réserve, les dépenses sont faites par la Compagnie qui a la direction et réparties ensuite suivant des règles convenues.

Ces règles sont variables. En voici l'énumération :

1° *Règle des branches.* — Les dépenses sont partagées au prorata du nombre des directions ou des branches aboutissant à la gare commune. C'est incontestablement le système le plus simple; c'est aussi celui qui a prévalu dans la plupart des cas. On peut lui reprocher de ne pas tenir compte de l'importance des branches, de placer sur un pied d'égalité des branches principales et des branches secondaires. Pour y obvier, les Compagnies ont parfois admis des coefficients discutés à l'avance et destinés à corriger les anomalies qu'aurait présentées l'application pure et simple de la règle sans aucun tempérament.

Il convient d'ailleurs d'observer : 1° que, dans les gares communes à plusieurs Compagnies, la répartition ne s'étend pas à toutes les dépenses et qu'on en exclut les frais d'entretien des installations spéciales à chaque Compagnie; ceux des fournitures de billets, registres et imprimés propres à chaque réseau ; les dépenses d'huile pour l'éclairage des trains et de graisse pour les voitures et wagons ; 2° que, dans la plupart des cas, les manutentions sont payées par chaque Compagnie, d'après un tarif forfaitaire.

2° *Règle des voies principales.* — Les dépenses sont réparties, non pas d'après le nombre des branches, mais d'après le nombre des voies principales aboutissant à la gare commune, de telle sorte qu'une branche comportant deux voies principales est comptée pour deux, alors qu'une branche à voie unique est comptée seulement pour une unité.

3° *Règle des recettes locales.* — Cette règle consiste à prendre comme base de la répartition la recette locale pour chacune des Compagnies. Elle a le grave défaut : 1° de faire entrer en ligne de compte les éléments les plus disparates, tels que les droits de transmission pour les marchandises passant d'un réseau à l'autre et les recettes totales pour les voyageurs et les marchandises partant de la gare ou s'y arrêtant; 2° de laisser de côté le trafic direct de transit qui cependant donne lieu à des opérations et à des manutentions onéreuses; 3° de négliger la différence des distances de transport sur les différentes branches. A ce dernier point de vue, comme le fait remarquer à juste titre M. Jacqmin dans ses leçons sur l'exploitation des chemins de fer, une gare commune à un service de banlieue et à un service à long parcours charge injustement le second de ces services au profit du premier, dont le trafic ne se fait qu'à courte distance et rapporte peu, tout en exigeant des installations et des frais considérables.

4° *Règle de la recette kilométrique des branches*. — Pour les gares communes qui n'ont pas de trafic local, la répartition peut être effectuée au prorata du produit brut kilométrique des branches qui y aboutissent, déduction faite de l'impôt payé à l'État.

5° *Règles du trafic*. — On a pris aussi comme base du partage le trafic des différentes branches. Les combinaisons les plus diverses ont été expérimentées pour l'appréciation de ce trafic.

Tantôt on s'est borné au trafic local; tantôt on a cherché à tenir compte du transit.

Dans certains cas, on a purement et simplement additionné le nombre des voyageurs et le nombre des tonnes de marchandises en provenance ou à destination de chacune des directions aboutissant à la gare commune, en laissant de côté les voyageurs et les marchandises ne faisant que transiter sans transbordement.

Dans d'autres cas, on a eu égard à tout ou partie des autres éléments de trafic, en les affectant de certains coefficients. Nous avons eu sous les yeux des traités dans lesquels on comptait la tonne de marchandise expédiée ou reçue, en grande ou en petite vitesse, comme équivalant à 10 voyageurs, la tête de gros bétail comme équivalant à dix voyageurs également, la tête de petit bétail comme équivalant à cinq voyageurs.

Parfois on a pris le nombre des trains, avec ou sans coefficient destiné à tenir compte de leur nature, celui des véhicules ou celui des essieux.

Toutes ces combinaisons laissent beaucoup à désirer.

L'un des principaux inconvénients des règles du trafic ou des recettes est de faire varier annuellement les bases de la répartition. Aussi, nous le répétons, le système qui a généralement prévalu est celui des branches, avec des coefficients de correction destinés à tenir compte de leur importance relative.

Les éléments de la communauté sont variables. Souvent, elle ne s'étend ni au service de la traction, ni à celui de l'entretien et de la réparation du matériel roulant et de ses accessoires, pour lesquels chaque administration a ses établissements distincts et aux besoins desquels chacune pourvoit à ses frais. Elle comprend alors le traitement du personnel de la Compagnie qui a la charge du service; celui des agents de l'autre administration qui sont préposés à la reconnaissance des bagages et des marchandises; les frais d'entretien, de chauffage, d'éclairage; les impôts sur les bâtiments et les terrains; les frais de lavage et nettoyage des voitures et wagons, d'allumage des becs lumineux dans les trains, de chauffage et de remplissage des bouillottes, d'alimentation en eau; et toutes les menues dépenses, à l'exception des fournitures de billets, registres et imprimés destinés au service exclusif de l'une des deux administrations et des fournitures d'huile pour le service des trains.

La répartition des dépenses, dont nous venons de faire connaître les bases générales, s'appliquait, avant 1883, non seulement aux gares communes à plusieurs Compagnies, mais encore aux gares communes à l'ancien et au nouveau réseau d'une même Compagnie; il va sans dire qu'elle était simplifiée, dans ce cas, et que la règle des branches avec ou sans coefficient était généralement adoptée.

Pour l'avenir, il y aura encore des partages à opérer entre les lignes définitivement entrées au compte d'exploitation et les lignes exploitées au compte de premier établissement.

c. FRAIS GÉNÉRAUX. — Les frais généraux imputables au compte d'exploitation sont établis comme nous l'avons indiqué page 482.

9. Exclusion de certaines dépenses. — Les règlements de 1863-1868 ont exclu du compte des dépenses les frais concernant les établissements qui ne servent pas directement à l'exploitation du chemin de fer. Cette disposition a eu son origine dans un fait spécial qu'il importe de rappeler en deux mots. La société du Grand Central avait acquis des établissements miniers et métallurgiques à Aubin. Des réclamations avaient surgi au sujet du traitement privilégié que la Compagnie pourrait faire au transport des produits livrés par ces mines et ces usines à l'industrie privée. Lors du démembrement du Grand Central, la clause suivante a été introduite dans la convention des 11 avril-19 juin 1857 entre l'État et la Compagnie d'Orléans : « Les forges, mines et ateliers d'Aubin, affectés temporairement à « l'usage exclusif du chemin de fer pour la fabrication des produits néces- « saires à la construction des lignes, ne sont pas considérés comme une « dépendance du chemin de fer d'Orléans.

« En conséquence, la Compagnie en disposera ainsi qu'elle avisera, « par vente ou par location, soit partielle, soit totale, ou de toute autre « manière, en se conformant aux lois et décrets relatifs aux mines. »

Le lecteur pourra, du reste, se reporter utilement, sur ce point, aux indications de la page 139, concernant les opérations étrangères à l'objet de la concession.

10. Ajournement ou rejet de certaines dépenses du compte annuel, à raison de leur date. — La discussion à laquelle nous nous sommes livré, page 488, au sujet du compte de premier établissement, s'applique au compte d'exploitation. Nous nous bornerons donc à quelques indications complémentaires.

La Compagnie d'Orléans avait porté au compte des dépenses d'exploitation de 1865 un prélèvement considérable pour dépréciation et renouvellement du matériel roulant; ce prélèvement était destiné, non pas à couvrir des dépenses consommées, mais à constituer une sorte de réserve d'avenir. Par une décision du 3 décembre 1868, le Ministre des travaux publics avait repoussé cette imputation. Le Conseil d'État, saisi du litige, a rendu le 12 juin 1874 un arrêt par lequel il a repoussé la prétention de la Compagnie et limité les inscriptions sur le compte de garantie, à la valeur de la partie du matériel roulant effectivement réformée et remplacée pendant l'année. Un second arrêt du 24 juillet 1874 a statué dans le même sens pour l'exercice 1866.

La Commission de vérification des comptes a appliqué le même principe aux indemnités pour accidents et rejeté du compte annuel le prix d'achat de titres de rente au profit des victimes; les arrérages de rentes viagères lui ont seuls paru susceptibles d'être admis, toutes les fois que les indemnités n'étaient pas payées en capital.

Elle a également repoussé les prélèvements provisionnels pour le renouvellement du matériel de la voie; pour la dépréciation des chevaux, harnais et voitures affectés au camionnage; pour les condamnations éventuelles dans des procès pendants avec l'Administration des postes et télégraphes et avec l'Administration des contributions indirectes.

Elle a toutefois admis des prélèvements pour la constitution de réserves d'incendie, mais en maintenant au Ministre des travaux publics le droit de discuter le chiffre de ces prélèvements. Elle a considéré, en effet, qu'il y avait tout intérêt à autoriser les Compagnies à s'assurer elles-mêmes et qu'il était possible de ne faire peser de ce chef aucune charge supplémentaire sur l'État, en limitant les dépenses annuelles au montant des primes que les Compagnies auraient eu à payer aux Sociétés d'assurances.

Ainsi que nous l'avons fait connaître, en traitant des comptes de premier établissement, la tendance de la Commission de vérification est de n'admettre que les dépenses effectivement payées du 1er janvier au 31 décembre; le Conseil d'État, statuant au contentieux, s'est inspiré de ce principe dans son arrêt du 7 novembre 1884, rapporté page 490.

11. Observations sur les comptes de dépenses des Compagnies algériennes. — Pour plusieurs Compagnies algériennes, les dépenses d'exploitation ont été réglées à forfait suivant un barème à gradins, dont chaque échelon correspond à une recette comprise entre deux limites déterminées (voir page 350 et suivantes). C'est sur cette base que l'État a traité avec les Compagnies de Bône-Guelma, de l'Est-Algérien, de l'Ouest-Algérien et Franco-Algérienne.

Néanmoins, la vérification des dépenses réelles d'exploitation s'impose dans un certain nombre de cas.

La convention des 30 juin-2 août 1880 avec la Compagnie de l'*Est-Algérien* a, par exemple, stipulé que « l'avance de l'État (calculée d'après « les chiffres du barème) serait, s'il y avait lieu, augmentée du déficit de « l'exploitation (au cas où les recettes seraient inférieures au mini- « mum prévu pour les dépenses d'exploitation), mais que la somme « complémentaire avancée de ce chef par l'État ne pourrait servir « à augmenter les dividendes attribués aux actionnaires, lesquels « devraient être basés uniquement sur le revenu kilométrique net garanti, « jusqu'à ce que la Compagnie ait remboursé à l'État toutes ses avances ». Cette clause est rationnelle : on ne saurait, en effet, comprendre comment les actionnaires se répartiraient des dividendes plus élevés, précisément alors que les recettes sont plus faibles et que la Compagnie fait davantage appel à la garantie. Mais, pour en assurer l'exécution, il est indispensable de constater le montant effectif des dépenses. Aussi la Compagnie est-elle tenue de fournir les justifications nécessaires à cet effet, en vertu de l'article 15 de la convention précitée.

Les conventions des 23 décembre 1882-23 août 1883 et 9 juin 1883-21 mai 1884 avec la Compagnie sont allées plus loin dans cette voie : elles portent que « si la recette brute kilométrique est inférieure au « minimum prévu dans le barème pour les frais d'exploitation, le revenu « net garanti par l'État sera augmenté de l'excédent des dépenses effec- « tives sur la recette.... ». A fortiori est-il indispensable, dans ce cas, de constater le chiffre réel des frais d'exploitation.

Une clause analogue a pris place dans les conventions des 12 juillet 1883-3 juillet 1884 et des 15 mai 1884-15 avril 1885 avec la Compagnie *Franco-Algérienne*, pour les chemins de fer d'Aïn-Thizy à Mascara et de Mostaganem à Tiaret.

La convention des 8 mai-22 août 1881 avec la Compagnie de l'*Ouest-Algérien* contient la disposition suivante, qui comporte une vérification dans tous les cas : « Lorsque le montant des dépenses réelles d'exploita- « tion sera inférieur au chiffre du barème, la différence sera d'abord affec- « tée à la constitution d'un fonds permanent de réserve dont la Compagnie « pourra librement disposer, sauf justification, pour frais de renouvelle- « ment et d'entretien de la voie et du matériel, accidents, imprévu de « l'exploitation, etc... Lorsque le fonds de réserve atteindra un million de « francs, l'excédent sera versé à l'État en atténuation de ses avances, cha-

« que année, dans les trois mois qui suivront la clôture de chaque exercice
« annuel. » L'article 8 du contrat oblige la Compagnie à justifier de ses
dépenses effectives.

Une stipulation de même nature a pris place dans les conventions des
16 mai-16 juillet 1885 et des 16 avril-31 juillet 1886 avec la même
Compagnie.

Quant aux conventions conclues jusqu'en 1882 avec la Compagnie de
Bône-Guelma, elles ne déterminaient pas les bases du règlement de la
garantie d'intérêt, au cas où il y aurait déficit d'exploitation, c'est-à-dire
où les recettes seraient inférieures au minimum prévu pour les dépenses.
Leur interprétation a été fixée par le Ministre en ce sens, que le déficit serait
ajouté au montant de la garantie afférente au capital de premier établissement, qu'il serait calculé d'après le chiffre minimum assigné aux frais d'exploitation, mais que la Compagnie ne pourrait pas distribuer plus de 6 °/₀
à ses actionnaires, et qu'en conséquence les excédents dont elle disposerait
seraient versés à la réserve d'exploitation jusqu'au complet remboursement
des avances faites par le Trésor au titre des insuffisances. L'Administration a le droit et le devoir de vérifier les comptes pour s'assurer de l'exécution de cet arrangement.

B. — RECETTES

1. Prescriptions des règlements de 1863-1868. — Aux termes des
règlements de 1863-1868, le compte des recettes devait comprendre, dis-
tinctement pour l'ancien et le nouveau réseau, les produits bruts de toute
nature autres que ceux provenant d'établissements qui ne servaient pas
directement à l'exploitation du chemin de fer; les produits des immeubles
à aliéner y étaient portés jusqu'au jour de l'aliénation.

La distinction entre l'ancien et le nouveau réseau a cessé de subsister;
mais il faudra continuer à distinguer les recettes afférentes aux lignes entrées définitivement au compte d'exploitation et les recettes afférentes aux
lignes exploitées au compte de premier établissement.

2. Stipulations des conventions de 1883. — Ainsi que nous l'a-
vons fait connaître en traitant des dépenses d'exploitation, le compte des
recettes devra comprendre les résultats des traités de correspondance ou
autres conclus, soit avec des entreprises de transport par terre ou par
eau, soit avec d'autres Compagnies de chemins de fer et dûment approuvés par l'autorité compétente.

3. Indication de quelques éléments de recettes qui ont donné lieu à litige. — *a.* TRANSPORTS EN SERVICE. — Sur la plupart des grands réseaux français, les transports pour le service de l'exploitation sont soumis à une taxe réduite.

Voici quelles étaient les règles admises en 1883 :

La Compagnie du Nord taxait à 0 fr. 03 par tonne et par kilomètre les transports effectués pour l'entretien de la voie et à moitié prix les transports pour l'économat; les transports pour les services de l'exploitation du matériel et de la traction jouissaient de la gratuité.

La Compagnie de l'Est taxait à 0 fr. 03 les expéditions au-dessus de 500 kilogrammes, mais en limitant à 8 francs la perception pour les combustibles.

Sur l'Orléans, le matériel et les matières ou objets appartenant à la Compagnie et transportés pour les besoins du service de la traction n'étaient pas taxés; mais il en était autrement des transports afférents aux services de l'exploitation, de la voie et de l'économat, qui étaient taxés à 0 fr. 03, toutes les fois que la perception devait être de 20 francs au moins.

La Compagnie de Paris-Lyon-Méditerranée taxait ses transports en service au-dessus de 100 kilogrammes, à raison de 0 fr. 025 pour la petite vitesse et de 0 fr. 10 pour la grande vitesse.

Sur les lignes du Midi, les transports au compte de l'exploitation étaient taxés à raison de 0 fr. 03. Le combustible n'était cependant taxé qu'à raison de 0 fr. 015. Les machines, tenders et véhicules neufs acquittaient une taxe de 0 fr. 03, réduite à 0 fr. 01 pour les machines voyageant à froid.

La Compagnie de l'Ouest avait cru devoir accorder une immunité complète à ses transports de service, mais en exigeant une réquisition.

Les dispositions que nous venons de rappeler ont subi depuis quelques modifications, sur lesquelles il nous semble inutile d'insister. En effet, si l'on fait abstraction des transports effectués sur les lignes entrées en compte d'exploitation pour les lignes exploitées au compte de premier établissement, elles n'influent ni sur le compte de garantie, ni sur le compte de partage, puisqu'elles entraînent nécessairement l'inscription de dépenses et de recettes équivalentes. Mais elles ont un double but : d'une part, elles font mieux ressortir le coût réel des diverses branches de l'exploitation; d'autre part, elles évitent des abus faciles à comprendre.

Certaines Compagnies algériennes ont fait des difficultés pour suivre l'exemple des Compagnies de la métropole : leurs dépenses d'exploitation étant fixées à forfait, elles avaient tout intérêt à ne pas accroître leurs recettes du montant des perceptions relatives aux transports en service, attendu que les avances au titre de la garantie d'intérêt devaient être diminuées d'autant. Cependant, pressées par la Commission de vérification des comptes et par le Ministre des travaux publics, elles ont fini par céder. Les exigences de l'État à cet égard étaient d'ailleurs absolument fondées : en effet, les chiffres forfaitaires convenus pour les dépenses avaient été établis d'après les résultats de l'exploitation sur les autres réseaux, où les transports de service étaient assujettis à la taxe.

Quant aux transports pour le service de la construction, ils paraissent au premier abord devoir être taxés d'après les tarifs ordinaires. En effet, ces tarifs sont nécessairement applicables aux matériaux dont les marchés comportent la livraison à pied d'œuvre ou tout au moins à l'origine des lignes nouvelles et dont le transport s'effectue par suite au compte des entrepreneurs; il serait difficile d'admettre une autre solution pour les matériaux transportés au compte des Compagnies. D'ailleurs, l'application de tarifs trop bas pourrait ne pas couvrir les dépenses et charger le compte d'exploitation au profit du compte de premier établissement. Telle est, du reste, la règle généralement en vigueur.

Cependant, le Ministre des travaux publics, se fondant sur les termes des conventions de 1883, a arrêté le 5 septembre 1885 et imposé aux Compagnies, pour le transport des matériaux destinés aux lignes nouvelles, le tarif suivant :

	PÉAGE	TRANSPORT	TOTAL
	fr.	fr.	fr.
De 0 à 100 kilomètres : base de........	0,025	0,015	0,040
De 101 à 200 kilomètres : base de......	0,020	0,015	0,035
De 201 à 300 — —	0,020	0.010	0.030
Au-delà de 300 kilomètres : base de....	0,015	0,010	0,025

Il a considéré que ce tarif représentait, aussi exactement que possible, le prix de revient des transports et que, dès lors, son application serait conforme aux conventions de 1883 : en effet, d'après ces conventions, les Compagnies ne peuvent prétendre qu'au remboursement par l'État de leurs dépenses réelles.

b. Coupons d'actions et d'obligations atteints par la prescription. — Des coupons d'actions et d'obligations sont souvent impayés et atteints par la prescription quinquennale (art. 2277 du Code civil). Tantôt les Compagnies ont revendiqué le montant de ces coupons pour les actionnaires, tantôt elles l'ont compris dans les produits des capitaux disponibles. La Commission de vérification des comptes en a demandé et obtenu le rétablissement parmi les recettes accessoires, pour être réparti entre l'ancien et le nouveau réseau au prorata du capital-actions et du capital-obligations affectés à chacun de ces réseaux.

c. Bénéfice sur les impôts perçus par l'intermédiaire des Compagnies. — Les Compagnies sont chargées de percevoir certains impôts pour le compte de l'État. Des erreurs commises dans l'interprétation de la loi ou dans l'application des taxes ont procuré des boni. L'une des grandes Compagnies a élevé la prétention d'attribuer ces boni aux actionnaires, en faisant valoir que, si le cas inverse s'était produit, si les perceptions avaient été inférieures aux taxes légales, la différence aurait été certainement mise à leur charge. La Commission de vérification des comptes a repoussé cette prétention ; elle a pensé que, dans l'un ou l'autre cas, il y avait une faute dont la Compagnie ne pouvait bénéficier. Elle a donc demandé l'assimilation de la recette accessoire réalisée de ce chef par la Compagnie aux coupons prescrits ; cependant, après une longue discussion, elle a cru pouvoir émettre un avis favorable à un compromis ne rétablissant parmi les recettes accessoires que les boni afférents aux obligations.

d. Produit des placements de fonds. — Vente ou location de matériel ou de matériaux. — Ces éléments de recette n'ont guère donné lieu à difficulté que pour les Compagnies algériennes qui avaient traité avec l'État sur la base d'un barème forfaitaire de frais d'exploitation. La Commission de vérification des comptes a maintenu très fermement, à l'égard de ces Compagnies, l'application du même régime que pour les Compagnies de la métropole et exigé l'inscription des revenus de toute nature au compte des recettes.

4. Répartition des recettes communes. — Les recettes sont souvent plus faciles à localiser que les dépenses. Cependant il est beaucoup de cas où elles sont communes et comportent une répartition. On prend, par exemple, comme base de cette répartition : pour les taxes de transport et leurs accessoires (enregistrement, manutention, transmission), les parcours kilométriques ; pour les autres recettes des gares communes (magasinage, consigne, buffet, affichage, locations, redevances, etc.), la proportion fixée en ce qui concerne les dépenses ; pour les produits des capitaux disponibles, les comptes courants de recettes et de dépenses, etc.

§ 4. — COMPTES DE GARANTIE ET DE PARTAGE

1. Régime des conventions antérieures à 1883. — Le rapprochement entre les comptes des recettes et des dépenses annuelles d'exploitation, défalcation faite des éléments relatifs aux lignes exploitées au compte de premier établissement, fait ressortir le produit net.

D'autre part, le compte d'établissement fait ressortir les charges auxquelles ce produit net doit faire face.

Avant l'application du régime créé par les conventions de 1883, le produit net était établi séparément pour l'ancien et le nouveau réseau.

Du produit net de l'ancien réseau, on retranchait le revenu réservé ; on en déduisait la somme à déverser sur le nouveau réseau.

Cette somme, ajoutée au produit net du nouveau réseau, donnait un total qui, retranché à son tour de l'intérêt et de l'amortissement garantis sur le capital de premier établissement au 31 décembre de l'année précédente, permettait de déterminer le montant des avances du Trésor au titre de la garantie d'intérêt.

Si, au lieu d'une insuffisance, le nouveau réseau produisait un excédent de recette nette, la différence représentait la somme à rembourser à l'État par la Compagnie sur les avances antérieures du Trésor et leurs intérêts à 4 0/0.

Le cas échéant, des calculs analogues eussent donné la part de bénéfices à attribuer à l'État.

Signalons, en passant, que le revenu réservé total devait être calculé, non d'après la longueur approximative assignée à l'ancien réseau dans les conventions, mais d'après sa longueur réelle : la question a été jugée par un arrêt du Conseil d'État du 24 juillet 1874.

2. Régime des conventions de 1883. — D'après les conventions de 1883, il ne doit plus être dressé qu'un compte unique d'exploitation. La distinction entre l'ancien et le nouveau réseau est supprimée ; mais il continue à être nécessaire de distinguer entre les lignes définitivement entrées au compte d'exploitation et celles qui sont exploitées au compte de premier établissement.

Pour la Compagnie du Nord, il y a lieu de retrancher du produit net : 1° les charges effectives des emprunts à servir par elle, sous déduction des annuités de subvention, pour le premier établissement de toutes

les lignes autres que celles du nouveau réseau constitué antérieurement
à 1883 et pour les travaux complémentaires exécutés sur l'ensemble du
réseau ; 2° les redevances, rentes ou annuités afférentes aux anciennes
concessions secondaires de la région du Nord ; 3° l'intérêt à 4 0/0 et l'a-
mortissement des actions; 4° une somme de 20 millions représentant le
dividende réservé aux actionnaires. La différence doit ensuite être rapprochée des charges effectives du nouveau réseau, jusqu'à concurrence
d'un capital de 223 500 000 francs. S'il y a insuffisance pour faire face
à ces charges, le Trésor doit avancer la différence à titre de garantie. Si,
au contraire, il y a excédent, cet excédent est avant tout affecté au remboursement de la dette; une fois le remboursement achevé, si la différence atteint 18 062 500 francs, le droit à partage est ouvert au profit de
l'État, qui prélève les deux tiers du surplus des bénéfices.

La situation est tout à fait analogue pour la Compagnie de Paris-Lyon-
Méditerranée dont le nouveau réseau, tel qu'il était formé avant 1883, est
encore seul garanti.

Pour les quatre autres Compagnies, la garantie est complète et s'applique au capital-actions et au capital-obligations affectés à l'ensemble de la
concession. On doit donc rapprocher du produit net le chiffre total obtenu
en additionnant les charges du capital-obligations, l'intérêt et l'amortissement des actions et le dividende garanti. S'il y a insuffisance, la différence
est avancée par le Trésor; s'il y a excédent, cette différence est attribuée
à l'État, à titre de remboursement. Une fois le remboursement terminé,
si le dividende dépasse une somme déterminée, il y a partage du surplus
des bénéfices entre l'État et la Compagnie. Toutefois en ce qui concerne
spécialement l'Est et l'Ouest, la Compagnie peut être obligée, après le
remboursement des avances du Trésor, de déverser sur les lignes en exploitation partielle tout ou partie des excédents du réseau en exploitation
complète et ne pas recouvrer immédiatement la liberté de ses dividendes;
il y aura lieu, le cas échéant, de veiller à l'application des clauses relatives
à ce déversement et au passage progressif des lignes du compte d'exploitation partielle au compte d'exploitation complète.

Nous n'insistons pas davantage sur les calculs qui devront être présentés chaque année comme conclusion des travaux de vérification des
comptes. Les conventions donnent la nomenclature des charges à mettre
en regard du produit net; il suffira de se reporter à leurs dispositions,
que nous avons du reste reproduites déjà, dans le cours de cette étude
(voir notamment, page 307).

3. **Règles relatives au versement par l'État des avances au titre**

de la garantie d'intérêt et au paiement par les Compagnies des
sommes dues à titre de remboursement ou de partage des bénéfices. — Les grandes Compagnies sont tenues, d'après les règlements de
1863-1868, de fournir, dans les quatre premiers mois de l'année, les
comptes de recettes et de dépenses de l'exercice précédent.

Au vu de ces comptes et sur l'avis sommaire de la Commission de
vérification, le Ministre des travaux publics peut, après avoir consulté le
Ministre des finances, ordonnancer une provision au profit des Compagnies
qui font appel à la garantie. Le quantum de cette provision varie naturellement avec le nombre et l'importance des questions litigieuses que
paraissent soulever les comptes. D'après les indications données par
M. Raynal, ministre des travaux publics, dans un discours du 13 décembre
1884 à la Chambre des députés, le rapport entre le montant des provisions
et celui des demandes a été de 78 °/₀ en 1873, de 72 °/₀ en 1874, de 75 °/₀
en 1880, de 84 °/₀ en 1881, de 76 °/₀ en 1882. Le chiffre inscrit au budget
de 1885 a été basé sur un coefficient présumé de 75 °/₀, et celui du budget
de 1886 sur un coefficient de 85 °/₀. C'est également ce dernier chiffre qui
a servi de base au projet de budget de 1887.

Le solde n'est payé qu'après le règlement définitif. S'il résulte de ce
règlement des réductions supérieures à celles qui avaient été prévues et
s'il est, par suite, reconnu que la provision a été trop considérable, la
Compagnie est tenue de reverser immédiatement l'excédent avec les
intérêts à 4 °/₀.

La marche suivie en cas de remboursement des avances antérieures
du Trésor est tout à fait analogue. La Compagnie verse l'excédent que
font ressortir ses comptes et complète ensuite ce versement, s'il y a lieu,
après le règlement définitif. Si ce règlement établit que la Compagnie a
trop payé, la différence vient en déduction des remboursements pour les
exercices ultérieurs ou s'ajoute aux avances du Trésor pour la garantie de
ces exercices (1).

Les règles que nous venons d'indiquer s'appliquent au fonctionnement
normal de la garantie d'intérêt. Dans certaines circonstances spéciales, des
dérogations ont été apportées à ces règles. Nous ne reviendrons pas ici sur
les explications que nous avons données, page 322, concernant la transformation en annuités des garanties afférentes aux exercices 1871 et 1872, et
page 445, concernant l'imputation au compte d'établissement de certaines

(1) Certains excédents de versements ont dû, après les conventions de 1883, être asssimilés aux insuffisances des exercices non réglés lors de la conclusion de ces contrats et
ajoutés par suite au compte de premier établissement. Mais c'est un cas particulier, sur
lequel nous n'avons pas à insister.

insuffisances pour les réseaux de l'Est et de l'Ouest (conventions de 1883). Nous ne reproduirons pas davantage les indications de la page 340 sur le remboursement anticipé de la dette des Compagnies de l'Est, de l'Ouest et d'Orléans, pour les exercices antérieurs à 1883. Ce sont là des mesures exceptionnelles à l'étude desquelles nous n'avons rien à ajouter.

Pour certaines Compagnies algériennes, l'État doit délivrer dans un délai déterminé les provisions sur les avances au titre de la garantie d'intérêt ou le solde de ces avances. Inversement, les Compagnies sont liées par des délais pour leurs reversements ou remboursements. Voici, à titre d'exemple, quelques dispositions des conventions ou des règlements sur les justifications financières à ce sujet :

a. COMPAGNIE DE BÔNE-GUELMA. — 1. *Chemin de Bône-Guelma.* — Présentation par la Compagnie d'un compte semestriel provisoire dans la première huitaine de juillet et d'un compte annuel dans la première quinzaine de juillet. Obligation pour le Ministre de délivrer un acompte dans le mois de la production du compte semestriel et le solde dans le mois de la production du compte annuel. En cas de retard, attribution à la Compagnie d'intérêts réglés à raison de 6 %. Obligation pour la Compagnie de verser dans les huit jours de l'arrêté liquidatif les sommes dues par elle à titre de remboursement. (Règlement du 26 janvier 1880.)

2. *Chemins de Duvivier à Souk-Arrhas, de Guelma à Hammam-Meskoutine, d'Hammam-Meskoutine au Kroubs, de Souk-Arrhas à Sidi-el-Hémessi et de la Medjerdah.* — Remise par la Compagnie d'un compte semestriel provisoire dans la première quinzaine de juillet et d'un compte annuel dans le mois de janvier. Obligation pour le Ministre de faire deux paiements comme ci-dessus dans le délai d'un mois. Obligation pour la Compagnie de verser dans les huit jours de l'arrêté liquidatif les sommes dues par elle à titre de remboursement d'avances ou de part dans les bénéfices. (Règlement du 26 janvier 1880.)

b. COMPAGNIE DE L'EST-ALGÉRIEN. — Obligation pour l'État de délivrer une provision dans les quarante jours de la production du compte annuel. (Conventions des 30 juin-2 août 1880, 23 décembre 1882-23 août 1883, 9 juin 1883-21 mai 1884, 9 juin 1883-21 juillet 1884.) Obligation pour la Compagnie d'effectuer ses versements dans les caisses du Trésor huit jours au plus après la notification de l'arrêté de règlement. (Décret du 24 août 1882.)

c. COMPAGNIE DE L'OUEST-ALGÉRIEN. — Présentation par la Compagnie de comptes trimestriels. Versement par la Compagnie ou par l'État, suivan les cas, des quatre cinquièmes des remboursements ou des avances, dans les trois mois de cette production, le dernier cinquième étant soldé dans les trois mois de l'apurement des comptes. (Convention des 16 avril-31 juillet 1886.)

d. COMPAGNIE FRANCO-ALGÉRIENNE. — Mêmes règles que pour l'Ouest-Algérien. (Convention des 15 avril-31 juillet 1886.)

4. Contentieux des comptes relatifs à la garantie d'intérêt ou au partage des bénéfices. — Les décisions du Ministre des travaux publics, réglant les comptes des Compagnies, sont susceptibles de recours devant le Conseil d'État statuant au contentieux. Les décrets portant règlement sur les justifications financières à produire par les Compagnies rappellent presque tous cette voie de recours. Ces décrets, qui ne pouvaient créer des règles de compétence, n'ont fait qu'enregistrer un fait dérivant des principes en matière de contentieux administratif.

Dans le cours de notre étude sur la vérification des comptes, nous avons cité un certain nombre d'arrêts intervenus à la suite de recours formés par diverses Compagnies. Nous n'avons à ajouter qu'une indication sur les intérêts qui peuvent être mis, le cas échéant, à la charge des Compagnies et de l'État en cas de condamnation.

a. Insuffisance des versements du Trésor, au titre de la garantie. — L'État n'étant en général lié par aucun délai et ses versements portant intérêt à son profit, il n'y a pas lieu à allocation d'intérêts sur les sommes supplémentaires qu'il serait condamné à verser. Cette règle pourrait cependant souffrir des exceptions, par exemple pour le chemin de Bône-Guelma, attendu que les conventions spéciales à ce chemin ont stipulé, en cas de retard, des intérêts de 6 % au profit de la Compagnie et n'ont attribué à l'État aucun intérêt de ses avances.

b. Excédent des reversements ou remboursements effectués par les Compagnies. — Ici encore, dans la plupart des cas et notamment pour les chemins concédés aux grandes Compagnies, il n'y aurait lieu à allocation d'intérêts au profit des Compagnies que si l'effet de la restitution par l'État était reporté à une date antérieure telle que celle du versement principal effectué par le Trésor pour l'exercice correspondant. Ces intérêts seraient d'ailleurs réglés au taux conventionnel de 4 %.

c. Partage des bénéfices. — Pour le partage des bénéfices, les conventions ne fixant pas de taux contractuel, il ne pourrait y avoir lieu à allocation d'intérêts qu'au taux légal et dans les termes du droit commun.

§ 5. — OBSERVATIONS SUR LES COMPAGNIES
DE CHEMINS DE FER D'INTÉRÊT LOCAL

1. Règlement d'administration publique du 20 mars 1882. — Aux termes de la loi du 11 juin 1880 sur les chemins de fer d'intérêt local (article 16), un règlement d'administration publique devait déterminer :

1° les justifications à fournir par les concessionnaires pour établir les recettes et les dépenses annuelles ;

2° les conditions dans lesquelles seraient fixés le chiffre de la subvention due par l'État, le département ou les communes, et, lorsqu'il y aurait lieu, la part revenant à l'État, au département, aux communes et aux intéressés à titre de remboursement de leurs avances, sur le produit net de l'exploitation.

Ce règlement est intervenu le 20 mars 1882 ; il a été légèrement modifié par décret du 23 décembre 1885.

2. Comptes de premier établissement. — Le concessionnaire doit remettre au préfet : 1° dans un délai de quatre mois à partir du jour de la mise en exploitation de la ligne entière, le compte détaillé des dépenses de premier établissement qu'il a faites jusqu'à ce jour ; 2° avant le 31 mars de chaque année, le compte supplémentaire des dépenses qu'il aurait été autorisé à faire après la mise en exploitation pour le parachèvement de la ligne ou à titre de travaux complémentaires.

Le capital de premier établissement est fixé dans les limites du maximum prévu par les actes de concession, à moins qu'il n'ait été arrêté à forfait.

Ce capital comprend toutes les sommes que le concessionnaire justifie avoir dépensées dans un but d'utilité pour l'exécution des travaux de construction, l'achat du matériel fixe et d'exploitation, le parachèvement de la ligne, la constitution du capital-actions, l'émission des obligations, les intérêts des capitaux engagés pendant la période assignée à la construction par l'acte de concession ou jusqu'à la mise en exploitation, si elle a lieu avant le délai fixé. Il peut être augmenté, s'il y a lieu, des insuffisances de recettes résultant de l'exploitation partielle des sections qui seraient ouvertes pendant la période de construction.

Les dépenses relatives à la constitution du capital-actions et à l'émission des obligations ne sont admises en compte que jusqu'à concurrence d'un maximum stipulé dans l'acte de concession.

3. **Comptes d'exploitation.** — Avant le 31 mars de chaque année, le concessionnaire remet au préfet un compte détaillé comprenant, pour l'année précédente :

1° les produits bruts de toute nature de l'exploitation ;

2° les frais d'entretien et d'exploitation, à moins que ces frais n'aient été déterminés à forfait par l'acte de concession ou par un acte ultérieur.

4. **Vérification des comptes.** — a. CHEMINS DE FER SUBVENTIONNÉS PAR L'ÉTAT. — Les comptes des chemins de fer concédés sont soumis à une Commission locale présidée par le préfet ou le secrétaire général et composée, en outre, d'un conseiller général ou d'un conseiller municipal (si la concession émane d'une commune), d'un ingénieur des Ponts et Chaussées ou des Mines et d'un fonctionnaire de l'Administration des finances.

Si la concession s'étend sur plusieurs départements et a été faite conjointement par les Conseils généraux de ces départements, en exécution des articles 89 et 90 de la loi du 10 août 1871, les Commissions peuvent se réunir et délibérer en commun.

Après examen du rapport de la Commission et des pièces justificatives et après communication au Ministre des finances, le Ministre des travaux publics arrête le capital de premier établissement ainsi que le chiffre de la subvention due par l'État, le département ou les communes et, lorsqu'il y a lieu, la part revenant à l'État, au département, aux communes ou aux intéressés, à titre de remboursement de leurs avances ou de partage des bénéfices sur le produit net de l'exploitation. Toutefois, s'il n'y a pas accord entre l'État, le département ou la commune et le concessionnaire, la décision est précédée de l'avis de la Commission de vérification des comptes des Compagnies de chemins de fer, instituée en exécution du décret du 28 mars 1883.

Cette Commission est toujours consultée sur les comptes des lignes d'intérêt local dont les concessionnaires sont liés à l'État par des conventions financières pour des chemins de fer d'intérêt général.

Elle est, en outre, consultée directement et sans l'intervention de la Commission locale sur les comptes des lignes non concédées.

La comptabilité des concessionnaires subventionnés par l'État est soumise à la vérification de l'inspection générale des finances.

b. CHEMINS DE FER NON SUBVENTIONNÉS PAR L'ÉTAT. — Quand le chemin de fer n'est pas subventionné par l'État, la Commission locale et le préfet interviennent seuls.

5. Paiement des subventions par le Trésor. — Le concessionnaire peut, en présentant son compte annuel, demander une avance sur la somme qui lui sera due à titre de subvention. Le montant de cette avance est déterminé, sur le rapport de la Commission locale, soit par le Ministre des travaux publics, après avis du Ministre des finances, soit par le préfet, suivant les cas.

Si le règlement définitif des comptes fait reconnaître que la provision a été trop considérable, le concessionnaire doit rembourser immédiatement l'excédent, avec les intérêts à 4 %.

6. Observations sur le règlement d'administration publique du 20 mars 1882. — Comme nous l'avons déjà fait remarquer, pages 378 et 391, le règlement d'administration publique du 20 mars 1882 n'interdit pas aux départements ou aux communes de prendre vis-à-vis du concessionnaire des engagements qui n'y sont point prévus, par exemple pour les délais de paiement. Mais, en aucun cas, ces engagements ne doivent lier l'État et réagir sur les charges imposées au Trésor.

CHAPITRE XVI

DES IMPÔTS PAYÉS OU PERÇUS
PAR LES CONCESSIONNAIRES

§ 1 — IMPÔTS PAYÉS PAR LES CONCESSIONNAIRES

1. Droit d'enregistrement des actes constitutifs du contrat. — L'article 73 de la loi du 15 mai 1818 sur les finances ne soumettait qu'au droit fixe d'un franc d'enregistrement : 1° les adjudications au rabais et marchés pour constructions, réparations, entretien, approvisionnements et fournitures, dont le prix devait être payé directement ou indirectement par le Trésor ; 2° les cautionnements relatifs à ces adjudications et marchés.

Ce droit avait été porté à 2 francs par l'article 8 de la loi des 15-22 mai 1850.

L'article 73 de la loi du 15 mai 1818 a été abrogé par la loi des 28-29 février 1872, qui a substitué au droit fixe un droit progressif réglé comme il suit :

— 5 francs, pour les sommes ou valeurs de 5 000 francs et au-dessous, et pour les actes ne contenant aucune énonciation de sommes ou valeurs, ni dispositions susceptibles d'évaluation ;

— 10 francs, pour les sommes ou valeurs supérieures à 5 000 francs, mais n'excédant pas 10 000 francs ;

— 20 francs, pour les sommes ou valeurs supérieures à 10 000 francs, mais n'excédant pas 20 000 francs ;

— 20 francs, pour chaque somme ou fraction de 20 000 francs en plus.

Pour les actes ne contenant point la détermination des sommes ou valeurs devant servir d'assiette au droit proportionnel, les parties doivent, conformément à l'article 16 de la loi du 22 frimaire au VII, y suppléer par une déclaration estimative, certifiée et signée au pied de l'acte.

Ces dispositions sont-elles applicables aux contrats de concession ? La question était délicate, surtout depuis la loi de 1872. Toutefois, on n'a pas eu à la résoudre en fait.

Presque dès l'origine, en effet, les cahiers des charges ou les conventions relatives aux chemins de fer d'intérêt général ont contenu une disposition fixant à 1 franc le droit d'enregistrement de chacune des pièces constitutives du contrat. La légalité de cette disposition était douteuse pour les concessions faites par simple décret, de 1852 à 1870 notamment ; mais les objections ne pouvaient surgir que devant le Parlement et il ne s'en est jamais produit. En 1872, le taux du droit, tout en restant fixé par les conventions, a été élevé à 2 francs. Enfin, à partir de 1875, il a été porté à 3 francs et la clause, au lieu d'être insérée dans les conventions, l'a été dans les lois approbatives où elle était beaucoup mieux à sa place (1).

Pour les chemins de fer d'intérêt local, sous le régime de la loi de 1865, les cahiers des charges se terminaient également, jusqu'aux dernières années, par un article aux termes duquel les actes constituant le contrat étaient déclarés passibles du droit fixe d'un franc. Il y avait là encore une illégalité : car il n'appartenait, ni au préfet de stipuler, ni même au Gouvernement de décider par voie de décret des dérogations aux lois générales sur l'enregistrement. La situation a été régularisée par la loi organique du 11 juin 1880, dont l'article 24 est ainsi conçu : « Toutes les conventions « relatives aux concessions et rétrocessions de chemins de fer d'intérêt « local, ainsi que les cahiers des charges annexés, ne seront passibles que « du droit d'enregistrement fixe d'un franc. »

Quant aux chemins de fer industriels, les derniers cahiers des charges se bornent à stipuler que le droit d'enregistrement sera à la charge du concessionnaire ou de l'industriel autorisé à exécuter la ligne et à l'exploiter, mais sans déterminer le montant de la taxe.

2. Autres droits d'enregistrement. — Pour les autres droits d'enregistrement, les Compagnies sont soumises au régime du droit commun.

C'est ainsi que les commissions délivrées à leurs agents assermentés sont assujetties au droit fixe de 3 francs, conformément à l'article 4 de la loi du 28-29 février 1872.

Les marchés de travaux et de fournitures passés par les Compagnies avec les entrepreneurs et fournisseurs sont, comme tous les actes de cette nature, réputés actes de commerce aux termes des articles 632 et 633 du Code de commerce. En principe, la loi du 22 frimaire an VII, article 69,

---

(1) Voir notamment les lois du 20 novembre 1883 approuvant les conventions conclues avec les six grandes Compagnies.

les rendait passibles d'un droit proportionnel relativement élevé. Mais l'article 22 de la loi du 11 juin 1859 a permis de ne les faire enregistrer provisoirement qu'au droit fixe de 2 francs (porté à 3 francs par la loi du 28-29 février 1872); le droit proportionnel ne devient exigible que s'il intervient plus tard une condamnation ou un acte public sur ces marchés; même dans ce cas, il n'est dû que sur la partie de la somme ou du prix faisant l'objet de la condamnation ou de l'acte public.

Nous ne croyons pas devoir insister sur ces dispositions, qui ne sont pas spéciales aux chemins de fer, non plus que sur les règles relatives à l'enregistrement des autres actes qui peuvent être passés par les Compagnies.

Cependant il importe de rappeler sommairement le régime auquel sont soumis les acquisitions et expropriations de terrains. Conformément à l'article 58 de la loi du 3 mai 1841, les plans, procès-verbaux, certificats, significations, jugements, contrats, quittances et autres actes faits en exécution de cette loi, sont visés pour timbre et enregistrés gratis, lorsqu'il y a lieu à la formalité de l'enregistrement; il n'est perçu non plus aucuns droits pour la transcription des actes au bureau des hypothèques. Les droits perçus sur les acquisitions amiables antérieures aux arrêtés préfectoraux de cessibilité sont restitués quand, dans le délai de deux ans à partir de la perception, il est justifié que les immeubles acquis sont compris dans ces arrêtés; toutefois la restitution s'applique exclusivement à la portion des immeubles reconnue nécessaire à l'exécution des travaux.

Il n'est d'ailleurs pas indispensable, dans ce dernier cas, que les formalités prescrites en matière d'expropriation, et notamment l'enquête du titre II de la loi du 3 mai 1841, soient accomplies. L'article 14 de la loi dispense en effet de l'accomplissement de ces formalités, quand les propriétaires consentent à la cession de leurs terrains. Aussi le Ministre des travaux publics et le Ministre des finances ont-ils décidé, d'un commun accord, qu'il suffirait alors d'un arrêté préfectoral désignant avec précision les parcelles devant servir d'assiette aux travaux et expliquant dans un considérant pourquoi les formes règlementaires en cas d'expropriation n'avaient pas été observées. Cette décision a été notifiée aux Préfets par une circulaire du sous-secrétaire d'État des travaux publics, en date du 5 décembre 1846, qui était spéciale aux routes départementales, mais qui devait être et a toujours été considérée comme applicable aux travaux publics de toute nature.

3. **Droit de timbre sur les actions et les obligations.** — En traitant, dans le tome I, du crédit des Compagnies, nous avons eu déjà

l'occasion de donner quelques indications sur le droit de timbre des actions et des obligations.

L'article 14 de la loi du 5 juin 1850 porte : « Chaque titre ou certificat « d'action dans une société, Compagnie ou entreprise quelconque, finan-« cière, commerciale, industrielle ou civile..., sera assujetti au timbre « proportionnel de 0 fr. 50 par 100 francs du capital nominal pour les « sociétés, compagnies ou entreprises dont la durée n'excédera pas dix « ans, et à 1 °/₀ pour celles dont la durée dépassera dix ans... L'avance « en sera faite par la Compagnie, quels que soient les statuts. — La per-« ception de ce droit proportionnel suivra les sommes et valeurs de « vingt en vingt francs inclusivement et sans fractions. » D'après l'article 22, « les Compagnies peuvent s'affranchir des obligations imposées par « l'article 14, en contractant avec l'État un abonnement pour toute la « durée de la Société. — Le droit est annuel, de 0 fr. 05 par cent francs « du capital nominal de chaque action émise... Le paiement du droit « est fait, à la fin de chaque trimestre ». D'autre part, aux termes de l'article 27, « les titres d'obligations... sont assujettis au timbre proportion-« nel de 1 °/₀ du montant du titre. L'avance en est faite par les Compa-« gnies. La perception du droit suit les sommes et valeurs de 20 francs « en 20 francs inclusivement et sans fraction ».Enfin, l'article 31 autorise un abonnement moyennant « un droit annuel de 0 fr. 05 par cent francs « du montant de chaque titre, pour toute sa durée ».

La loi du 23 août 1871 (article 2) et celle du 30 mars 1872 ont ajouté deux décimes à ces droits.

Ainsi, en résumé, les actions et obligations ont à acquitter :
— soit un droit, une fois payé, de 1 fr. 20 pour cent francs de capital nominal ;
— soit un droit annuel de 0 fr. 06 par cent francs, pour toute la durée des titres.

4. **Contribution foncière.** — Le cahier des charges type des chemins de fer d'intérêt général renferme les dispositions suivantes, en son article 63 : « La contribution foncière sera établie en raison de la surface des « terrains occupés par le chemin de fer et ses dépendances ; la cote en « sera calculée, comme pour les canaux, conformément à la loi du 23 « avril 1803. — Les bâtiments et les magasins dépendant de l'exploitation « du chemin de fer seront assimilés aux propriétés bâties de la localité. « Toutes les contributions auxquelles ces édifices pourront être soumis « seront, aussi bien que les contributions foncières, à la charge de la « Compagnie. »

L'article 1er de la loi du 25 avril 1803, à laquelle se réfère le cahier des charges, est ainsi conçu : « Tous les canaux de navigation qui seront faits à « l'avenir, soit aux frais du domaine public, soit aux dépens des particu- « liers, ne seront taxés à la contribution foncière qu'en raison du terrain « qu'ils occupent, comme terre de première qualité. »

Quant aux bâtiments et magasins, ils sont régis par la loi du 3 frimaire an VII, dont il est utile de reproduire les articles 82 et 83. Article 82 : « Le « revenu net imposable des maisons d'habitation, en quelque lieu qu'elles « soient situées, soit que le propriétaire les occupe ou qu'il les fasse occu- « per par d'autres à titre gratuit ou onéreux, sera déterminé d'après leur « valeur locative, calculée sur dix années, sous la déduction d'un quart « de cette valeur locative, en considération du dépérissement et des frais « d'entretien et de réparations. » Article 83 : « Le revenu net imposable des « fabriques, manufactures, forges, moulins et autres usines, sera déter- « miné d'après leur valeur locative, calculée sur dix années, sous la « déduction d'un tiers de cette valeur, en considération du dépérissement « et des frais d'entretien et de réparations. »

L'application des textes que nous venons de rappeler a soulevé de nombreuses difficultés sur lesquelles la juridiction compétente a eu à se prononcer. Voici les principes qui se dégagent de la jurisprudence.

a. — Lorsque les travaux d'un chemin de fer sont exécutés en partie ou en totalité par l'État, pour être ensuite remis à une Compagnie, cette dernière doit supporter la contribution, pour chacune des sections com- prises entre deux stations principales, à partir du 1er janvier qui suit la reconnaissance définitive de ces sections. (Conseil d'État, 7 mars 1849, Compagnie de Tours à Nantes; 7 août 1852, d°; 23 novembre 1854, Compagnie du chemin de fer de Strasbourg.)

b. — Les constructions élevées par les Compagnies sont, suivant les cas, taxées comme maisons d'habitation ou comme usines.

Dans la première catégorie, on doit ranger les installations suivantes des gares ou stations : salles d'attente, bureaux, magasins de bagages, halles à marchandises, remises de voitures, logements d'employés, buffets, cabinets d'aisances. Y sont rattachés les rails et plaques tournantes qui sont la dépendance de ces installations. Les marquises et les toitures cou- vrant les quais sont considérées comme constructions. (Conseil d'État, 17 août 1864, Compagnie de Lyon; 27 janvier 1865, Compagnie de Lyon; 25 août 1865, Compagnies de Lyon et du Nord; 11 janvier 1866, Compa- gnie de Lyon; 6 septembre 1869, Compagnie d'Orléans; 10 décembre 1875, Compagnie d'Orléans; 26 juillet 1878, Compagnie du Midi.)

Les maisons de garde-barrières sont également rangées dans la première catégorie. (Conseil d'État, 21 avril et 12 mai 1862, Compagnie d'Orléans.)

Les installations des gares internationales, affectées à l'exploitation des Compagnies françaises, donnent lieu de la part de ces Compagnies au paiement de la contribution foncière, au même titre que celles des gares ordinaires. (Conseil d'État, 26 juillet 1878, Compagnie du Midi.)

Dans la seconde catégorie doivent être classés les rotondes des locomotives, les ateliers, les châteaux d'eau, les locaux renfermant les machine à vapeur ou hydrauliques, les bâtiments de prise d'eau , les rails, plaques tournantes, fosses à chariots et à piquer des voies qui conduisent aux ateliers ou qui y accèdent, l'outillage fixe de ces ateliers, les conduites d'eau, les fours à coke et leurs dépendances. (Conseil d'État, 17 août 1864, Compagnie de Lyon; 25 août 1865, Compagnies de Lyon et du Nord; 11 janvier 1866, Compagnie de Lyon ; 6 juin 1873, Compagnie de Lyon.)

Ne sont taxés qu'à raison de la superficie occupée :

— les bâtiments affectés au service public des dépêches (Conseil d'État 17 août 1864, Compagnie de Lyon);

— les quais découverts pour voyageurs, marchandises ou bestiaux (17 août 1864, Compagnie de Lyon; 27 janvier 1865, Compagnie de Lyon; 25 août 1865, Compagnies de Lyon et du Nord; 11 janvier 1866, Compagnie de Lyon ; 12 août 1868, Compagnie de Lyon);

— les guérites pour surveillants ou aiguilleurs et les grues à pivot, non scellées au sol (17 août 1864, Compagnie de Lyon; 27 janvier 1865, Compagnie de Lyon; 11 janvier 1866, Compagnie de Lyon ; 12 août 1868, Compagnie de Lyon);

— les rails et plaques tournantes des voies principales dans les gares (11 janvier 1866, Compagnie de Lyon);

— les trottoirs découverts, établis le long de la voie principale et des voies de garage (11 janvier 1866, Compagnie de Lyon);

— les chariots et l'outillage mobile (11 janvier 1866, Compagnie de Lyon; 6 juin 1873, Compagnie de Lyon);

— les murs de soutènement et les fondations extraordinaires, les aqueducs et les égouts (12 août 1868, Compagnie de Lyon);

— les machines élévatoires servant à charger les wagons placés sur les voies principales (6 juin 1873, Compagnie de Lyon).

5. Taxe de mainmorte. — L'article 1er de la loi du 20 février 1849 a assujetti à une taxe annuelle représentative des droits de transmission entre vifs et par décès les biens immeubles passibles de la contribution foncière, appartenant aux sociétés anonymes. Cette taxe est calculée à raison de 70 centimes pour franc du principal de la contribution foncière.

L'administration des finances a voulu appliquer cette disposition aux chemins de fer concédés, en faisant valoir, d'un côté que l'article 103 de la loi du 3 frimaire an VII n'accordait d'immunité qu'aux portions improductives du domaine public, et de l'autre, que les voies ferrées étaient, pendant la durée des concessions, la propriété des Compagnies qui avaient fait les dépenses d'acquisition des terrains et d'exécution des travaux. Mais le conseil d'État a repoussé cette prétention, attendu que la taxe des biens de mainmorte portait exclusivement sur les immeubles appartenant aux établissements ou personnes civiles désignées en l'article 1er de la loi de 1849 et que les chemins concédés appartenaient au domaine public et ne constituaient pas une propriété du concessionnaire. (Conseil d'État, 8 février 1851, Compagnies de Paris à Orléans et du Centre.)

Ce principe s'applique à toutes les dépendances du chemin de fer : c'est ce que le Conseil a reconnu pour un local servant de buffet (22 août 1853, Compagnie d'Orléans), et pour deux maisons (11 janvier 1866, Compagnie de Lyon).

Mais le domaine privé des Compagnies est soumis à la loi commune. (Conseil d'État, 6 janvier 1853, Compagnie du Nord.)

6. **Contribution des portes et fenêtres.** — La loi du 4 frimaire an VII a institué une contribution sur les portes et fenêtres. Toutefois, elle a exempté de cette contribution, en son article 5, « les ouvertures servant « à éclairer ou aérer les locaux non destinés à l'habitation des hommes » et celles des « bâtiments employés à un service public ». Une loi ultérieure, du 3 germinal an XI, a décidé : « que les propriétaires de manu- « factures ne seraient taxés que pour les fenêtres de leurs habitations per- « sonnelles et de celles de leurs concierges et commis. »

Le Conseil d'État a reconnu, le 17 août 1864 (Compagnie de Lyon), qu'une gare ne pouvait être considérée comme non destinée à l'habitation des hommes, ni assimilée à une manufacture. Mais il a fait néanmoins un départ entre les locaux assujettis à la taxe et ceux qui devaient en demeurer exempts (24 février 1866, Nord).

Ont été jugées passibles de la taxe : les ouvertures dans les hangars aux marchandises ou magasins (27 janvier 1865, Ouest ; 7 août 1865, Ouest ; 19 mars 1870, Midi ; 31 mars 1870, Orléans) ;
— les portes ménagées dans une clôture pour procurer l'accès de rues voisines aux bâtiments d'une gare (10 juillet 1869, Midi) ;
— les portes et fenêtres des maisons de garde-barrières (21 avril 1882, Orléans).

Ont été, au contraire, jugées exempts de la taxe : les chassis vitrés des bâtiments ou halles, qui ne rentrent pas dans la catégorie des « fenêtres, « mansardes et autres ouvertures pratiquées dans la toiture des maisons « et éclairant des appartements habitables », conformément à l'article 27 de la loi du 21 avril 1832 (17 août 1864, Lyon; 21 mars 1866, Nord);

— les ouvertures dans les remises à wagons, à locomotives et à pompes à incendie (27 janvier 1865, Ouest; 7 août 1865, Ouest; 21 mars 1866, Nord);

— celles des bureaux de poste et d'octroi (27 janvier 1865, Ouest; 7 août 1865, Ouest);

— celles des guérites non fixées au sol à perpétuelle demeure ou des locaux destinés aux réservoirs à eau (19 juillet 1867, Nord).

Deux barrières destinées, l'une à l'entrée et l'autre à la sortie des voitures, doivent être taxées comme deux portes charretières, bien qu'elles soient seulement séparées par un montant (19 juillet 1867, Nord). Mais, en revanche, des meneaux en bois ne peuvent faire considérer les parties de fenêtre qu'ils séparent comme des ouvertures distinctes (27 janvier 1865; Ouest; 7 août 1865, Ouest).

Les grandes portes des remises aux machines et des ateliers de réparation doivent être taxées comme portes cochères (27 janvier 1865, Ouest; 7 août 1865, Ouest). Il en est de même des portes par lesquelles les wagons et les locomotives accèdent dans les ateliers de réparation (19 mars 1870, Midi).

Les ouvertures en forme d'impostes au-dessus des portes-fenêtres d'une gare sont taxées séparément (6 juin 1873, Lyon).

Les gares internationales sont traitées, au point de vue de la contribution des portes et fenêtres, comme au point de vue de la contribution foncière. (Voir ci-dessus, page 528.)

7. Contribution des patentes. — La contribution des patentes a fait l'objet de diverses lois, notamment celles du 1er brumaire an VII, du 25 avril 1844, du 4 juin 1858 et du 15 juillet 1880. Voici les principales dispositions de cette dernière loi, en ce qui concerne les chemins de fer :

Art. 2. « La contribution des patentes se compose d'un droit fixe et « d'un droit proportionnel. »

Art. 3. « Le droit fixe est réglé conformément aux tableaux A, B, C, « annexés à la présente loi. » (Voir ci-après.)

Art. 8. « Le patentable ayant plusieurs établissements, boutiques ou « magasins de même espèce ou d'espèces différentes, est, quel que soit le « tableau auquel il appartient comme patentable, passible d'un droit fixe, « en raison du commerce, de l'industrie ou de la profession exercée dans

« chacun de ces établissements, boutiques ou magasins qui y donnent
« lieu... »

Art. 12. « Le droit proportionnel est établi sur la valeur locative
« tant de la maison d'habitation que des magasins, boutiques, usines,
« ateliers, hangars, remises, chantiers et autres locaux servant à l'exercice
« des professions imposables. Il est dû, lors même que le logement et les
« locaux sont concédés à titre gratuit. La valeur locative est déterminée,
« soit au moyen de baux authentiques ou de déclarations verbales dûment
« enregistrées, soit par comparaison avec d'autres locaux dont le loyer
« aura été régulièrement constaté ou sera notoirement connu, et, à défaut
« de ces bases, par voie d'appréciation. Le droit proportionnel pour les
« usines et les établissements industriels est calculé sur la valeur locative
« de ces établissements pris dans leur ensemble et munis de tous leurs
« moyens matériels de production. »

Art. 13. « Le taux du droit proportionnel est fixé conformément au
« tableau D annexé à la présente loi. »

Art. 22. « Les Sociétés ou Compagnies anonymes, ayant pour but
« une entreprise industrielle ou commerciale, sont imposées pour chacun
« de leurs établissements à un seul droit fixe, sous la désignation de
« l'objet de l'entreprise, sans préjudice du droit proportionnel. »

Art. 37. « Les Compagnies de chemins de fer, les services de trans-
« ports, etc., sont tenus de laisser prendre connaissance des registres de
« réception et d'expédition de marchandises aux agents des contributions
« directes chargés de l'assiette des droits de patente. »

D'après le tableau C, le droit fixe est de 10 francs par kilomètre pour
les lignes ou portions de lignes à double voie et de 5 francs par kilomètre
pour les lignes ou portions de lignes à simple voie (ne sont comptées dans
les lignes à double voie que les parties pourvues de deux voies et reliant
au moins deux stations entre elles). Quant au droit proportionnel, il est,
d'après le tableau D, du 1/20 de la valeur locative pour les maisons d'habitation et du 1/50 pour les établissements industriels.

L'application des lois sur les patentes a donné lieu à un très grand
nombre de décisions contentieuses. L'état de la jurisprudence a été parfaitement résumé dans une instruction du Directeur général des contributions directes, en date du 6 avril 1881.

Nous ne saurions mieux faire que de reproduire les indications de cette
instruction, sauf à relater en note les principaux arrêts du Conseil d'État
sur chacun des points qui y sont traités (1).

(1) Nous avons cru devoir reproduire tels quels les termes de la nomenclature contenue dans l'instruction, malgré l'impropriété de quelques-uns de ces termes.

En ce qui touche le droit fixe, il y est rappelé que « les différentes « fractions des lignes d'une même Compagnie de chemin de fer » ne forment qu'un même établissement.

En ce qui touche le droit proportionnel, les bâtiments et emplacements qui servent à l'exploitation n'étant généralement point affermés et ne pouvant pas toujours être utilement comparés à d'autres bâtiments affermés, leur valeur locative doit être le plus souvent déterminée par voie d'appréciation (1). On fait entrer dans l'estimation les gares, les stations et tous les autres immeubles servant à l'exercice de l'industrie, à l'exclusion de la voie ferrée et du matériel roulant.

Ne sont point passibles du droit proportionnel (2) :

— les terrains ou constructions constituant une dépendance directe de la voie ferrée ou de la voie publique ;

— les cours de service donnant accès à la voie et aux gares de marchandises ;

— les quais découverts situés le long de la voie ferrée ;

— les quais, même couverts, servant à l'embarquement des voyageurs ;

— la toiture qui recouvre l'embarcadère et le débarcadère des voyageurs ;

— les quais à coke et à bestiaux ;

— les marquises recouvrant, soit l'embarcadère des voyageurs, soit les trottoirs de la cour d'accès des voyageurs ;

— les voies de garage, leurs rails et les fosses à piquer le feu ;

— les entrevoies ; les estacades ;

— les guérites des aiguilleurs ;

— les voies conduisant aux halles d'arrivée ;

— les aqueducs ou égouts établis pour l'assainissement des gares ;

— les terrains, constructions et logements qui ne sont pas de nature à être considérés comme servant à l'exploitation industrielle et commerciale ;

— les cours, terres vagues, jardins, non utilisés pour l'exploitation ou ne l'étant qu'accidentellement ;

---

(1) Les agents des contributions ne doivent pas se borner à évaluer la valeur locative au prorata du prix de construction (17 août 1864, Lyon ; 27 janvier 1865, Lyon ; 12 février 1867, Orléans ; 12 mars 1867, Orléans ; 22 janvier 1868, Orléans).

(2) Voir notamment les arrêts suivants du Conseil d'État : 23 juin 1849 (Compagnie de Montpellier à Nîmes), 17 août 1864 (Lyon), 27 janvier 1865 (Lyon), 17 février 1865 (Lyon), 24 mars 1865 (Nord), 8 août 1865 (Orléans), 11 janvier 1866 (Lyon), 24 mars 1866 (Nord), 28 mai 1866 (Orléans), 9 avril 1867 (Orléans), 19 juillet 1867 (Orléans, 12 août 1867 (Orléans), 29 août 1867 (Ouest), 27 novembre 1867 (Orléans), 22 janvier 1868 (Orléans), 16 décembre 1868 (Orléans), 18 décembre 1869 (Midi), 6 juin 1873 (Lyon), 25 février 1881 (Midi).

— les bureaux des commissaires de surveillance administrative et des commissaires de police ;

— les bureaux du télégraphe et le logement des préposés, les bureaux et les magasins de la douane ;

— les bureaux de l'octroi ;

— les bureaux des objets perdus ;

— les remises de pompes à incendie ;

— les cabinets d'aisance des cours de départ et d'arrivée ;

— les murs de soutènement et de clôture et les fondations extraordinaires ;

— les grilles en bois et en fer servant de clôture aux cours de la gare ;

— les logements des employés qui ne représentent pas la Compagnie et dont l'habitation dans les gares n'est pas exigée par les besoins du service, par exemple les logements des ingénieurs, des inspecteurs de la traction, des conducteurs de travaux, des chefs de bureau de la grande vitesse, des contrôleurs ambulants, des receveurs principaux et des receveurs distributeurs de billets, des piqueurs de travaux.

Sont passibles du droit proportionnel au 1/20 de la valeur locative, les logements, situés dans les gares, des représentants de la Compagnie, des chefs de gare, des chefs de station, des sous-chefs de gare chargés de suppléer le chef de gare, des agents commerciaux (1).

Sont passibles du droit proportionnel au 1/50 de la valeur locative (2) :

— les terrains et constructions servant à l'exploitation ;

— les bureaux ;

— les gares de réexpédition ;

— les ateliers, leurs dépendances et leur outillage ;

— les voies conduisant aux ateliers de réparation et aux remises, ainsi que les cours et les terrains affectés au même service ;

— les quais et trottoirs des gares de marchandises ou servant de lieux de dépôts et de chantiers ;

— les chantiers servant au dépôt du matériel ;

(1) Voir notamment les décrets au contentieux du 7 janvier 1857 (Est), du 18 mars 1857 (Est), du 6 décembre 1860 (Midi), du 17 août 1864 (Lyon), du 17 février 1865 (Lyon), du 24 mars 1865 (Nord), du 11 janvier 1866 (Lyon), du 12 février 1867 (Orléans), du 29 août 1867 (Orléans), du 12 août 1868 (Lyon), du 28 janvier 1869 (Nord).

(2) Voir notamment les décrets au contentieux ou arrêts du 20 décembre 1855 (Orléans), du 6 décembre 1860 (Midi), du 26 décembre 1860 (Midi), du 17 août 1864 (Lyon), du 27 janvier 1865 (Lyon), du 17 février 1865 (Lyon), du 24 mars 1865 (Nord), du 24 mai 1865 (Orléans), du 7 juin 1856 (Orléans), du 20 juillet 1865 (Orléans), du 11 juillet 1866 (Lyon), du 21 mars 1866 (Nord), du 28 mai 1866 (Orléans), du 12 février 1867 (Orléans), du 19 juillet 1867 (Orléans), du 29 août 1867 (Ouest), du 22 janvier 1868 (Orléans), du 12 août 1868 (Lyon), du 16 décembre 1868 (Orléans), du 6 juin 1873 (Lyon), du 25 février 1881 (Midi), du 21 avril 1882 (Orléans),

— les ateliers et leur outillage fixe ou mobile;

— les voies et plaques tournantes situées à l'intérieur des remises, rotondes et ateliers;

— les terrains pavés qui entourent les bâtiments et y donnent accès, à l'exception des cours de départ et d'arrivée;

— les cours intérieures des ateliers, lorsqu'elles ne donnent pas accès à la voie ferrée ou sont réservées à l'usage exclusif des ouvriers;

— les rails des voies conduisant aux remises et magasins, et les plaques tournantes placées sur ces voies;

— les ponts à bascule et leurs guérites, les grues à pivot;

— les appareils pour le gaz et les bouillottes;

— les gares d'eau servant à l'exploitation;

— les châteaux d'eau et leurs accessoires, ainsi que les réservoirs;

— les conduites d'eau et de gaz autres que celles qui desservent la voie publique;

— les machines fixes alimentant les locomotives;

— les grues hydrauliques;

— les tuyaux établis sous la voie ferrée et servant à conduire l'eau de la machine fixe aux réservoirs;

— les logements occupés dans la gare par les employés qui ne représentent pas la Compagnie, mais dont l'habitation dans la gare est exigée par les besoins du service, tels que les sous-chefs de gare chargés du service de la petite et de la grande vitesse, les chefs de dépôt, les aiguilleurs, les gardes-magasin, les concierges, les contrôleurs-surveillants; les sous-chefs de gare n'ayant pas d'attributions spéciales, les mécaniciens de dépôts, les chauffeurs des machines d'alimentation, les agents chargés de surveiller les livraisons de charbon;

— les maisons des gardes des passages à niveau ou gardes-barrières.

Une Compagnie qui fait un service d'omnibus ou de voitures ou qui reçoit en ville des marchandises, moyennant une rétribution spéciale, exerce, de ce chef, une industrie distincte passible de la contribution des patentes (20 décembre 1855, Orléans; 28 mai 1866, Orléans).

Les entrepreneurs de camionnage ou de réexpédition exercent une industrie qui ne saurait se confondre avec celle du chemin de fer et qui, doit, en conséquence, être taxée séparément (11 juillet 1871, Bouvet; 29 août 1871, Rousse; 7 août 1872, Rousse; 4 avril 1873, Lucas; 19 juin 1874, Assié; 7 mai 1875, Dalmagne; 23 mars 1877, Vézin; 23 mars 1880, Serres).

Comme nous l'avons déjà fait connaître à propos de la contribution foncière et de la contribution des portes et fenêtres, les installations des gares internationales affectées au service d'une Compagnie doivent être traitées comme celles des gares ordinaires (26 juillet 1878, Midi).

Dans les gares communes, chaque Compagnie doit être taxée isolément pour les installations qui lui sont propres (8 mars 1878, Saint-Quentin à Guise).

Le concessionnaire d'un chemin de fer doit payer la patente, alors même qu'il n'exploiterait pas lui-même, s'il est intéressé à cette exploitation, si le service se fait à ses risques et périls (5 avril 1878, Vassy à Saint-Dizier ; 8 juin 1883, département des Ardennes).

Une Compagnie étrangère, exploitant, avec son matériel et ses ressources et pour son compte, un tronçon de chemin de fer, est soumise à la contribution (14 avril 1859, chemin de Saarbrück ; 27 février 1880, Suisse occidentale).

Aux droits de patente proprement dits s'ajoute la contribution spéciale destinée à subvenir aux dépenses des Chambres et bourses de commerce. (Loi du 23 juillet 1820, art. 11 ; loi du 25 avril 1844, art. 33 ; loi du 15 juillet 1880, art. 38.) Il suffit qu'une Compagnie soit soumise dans un ville à l'un des deux droits fixe ou proportionnel, pour qu'elle ait à subir la contribution dont il s'agit. (Conseil d'État, 22 décembre 1882, Compagnie de Paris-Lyon-Méditerranée.)

8. **Droits de douane.** — Les Compagnies sont actuellement soumises au régime du droit commun pour l'introduction des objets étrangers destinés à leur consommation.

A diverses reprises, aussi bien à l'origine des chemins de fer que durant ces dernières années, on a demandé qu'il leur fût interdit de s'approvisionner ailleurs que sur le territoire français ; mais ces tendances protectionnistes n'ont généralement pas prévalu.

Dans un sens inverse, le Gouvernement leur a parfois accordé des immunités pour hâter l'exécution de leurs travaux. Nous citerons notamment les deux exemples suivants :

a. — Décret du 5 mai 1855, ayant pour but de faciliter l'importation de rails étrangers, pour le renouvellement des voies principales du Nord. Ces voies étaient en mauvais état ; la sécurité publique était intéressée à ce qu'elles fussent renouvelées le plus promptement possible et la Compagnie éprouvait des difficultés presque insurmontables pour se procurer, en temps utile, les rails nécessaires. Le décret du 5 mai 1855 autorisa l'importation de 12 000 tonnes de rails étrangers, moyennant paiement d'un droit réduit égal à la différence constatée entre le prix courant de ces rails et le prix correspondant des rails français.

b. — Décret du 27 février 1856, réduisant à 6 francs par 100 kilogs, non compris le double décime, les droits d'entrée sur les rails étrangers et leurs accessoires : 1° si, dans un intérêt de sécurité publique, il était reconnu nécessaire de pourvoir au prompt renouvellement de tout ou partie des voies d'un chemin de fer ; 2° s'il s'agissait de la pose d'une seconde voie non exigée par le cahier des charges ; 3° si une Compagnie s'engageait à achever une ligne avant le terme prescrit ou si cet achèvement était compromis par des retards dans l'exécution des marchés de fourniture de rails (1).

9. Impôt sur les voitures. — Indépendamment de l'impôt sur les transports dont nous aurons à parler plus loin, les Compagnies ont, comme tous les entrepreneurs de voitures publiques à service régulier, à acquitter les frais de l'estampille (2 fr.) et un droit de licence de 5 francs en principal par voiture. (Loi du 25 mars 1817, art. 115.)

10. Droits d'octroi. — Quand les revenus d'une commune sont insuffisants pour payer ses dépenses, un octroi peut être établi sur la demande du Conseil municipal. (Loi du 28 avril 1816, art. 147.)

Avant 1870, la Cour de cassation admettait qu'à défaut d'une disposition expresse insérée dans le règlement de l'octroi, les concessionnaires étaient tenus d'acquitter les droits sur les objets tels que le charbon et le coke consommés dans les gares et ateliers (7 janvier 1852, Nord ; 28 avril 1862, Ouest). Toutefois, comme l'article 11 de l'ordonnance du 9 décembre 1814 et l'article 148 de la loi du 28 avril 1816 restreignaient la perception à la consommation du lieu sujet, la Cour suprême avait reconnu le bien-fondé des réclamations des Compagnies contre l'extension de cette perception aux matières (houille, coke, huile, suif), chargées sur les locomotives et consommées en cours de route (27 avril 1870, Orléans).

La loi du 24 juillet 1867 (articles 8 et 9) ayant décidé qu'un règlement d'administration publique déterminerait un tarif général, après avis des conseils généraux, et qu'aucune taxe ne pourrait être créée ou renouvelée en dehors des objets et des maxima fixés par ces règlements, si ce n'est en vertu d'un décret en Conseil d'État, ce règlement, en date du 12 février 1870, a édicté les dispositions suivantes :

Art. 13. « Les combustibles et matières destinées au service de l'exploi-

---

(1) La Commission extraparlementaire des chemins de fer, instituée en 1837, avait conclu à conférer au Gouvernement le droit d'abaisser les taxes de douane pour les rails, si la proportion entre les besoins des Compagnies et la fabrication élevait le prix au-dessus du taux de 1837.

« tation des chemins de fer, aux travaux des ateliers et à la construction de
« la voie, seront affranchis de tous droits d'octroi. En conséquence, les dis-
« positions relatives à l'entrepôt à domicile des combustibles et matières
« employées, dans les établissements industriels, à la préparation et à la
« fabrication des objets destinés au commerce général, sont applicables
« aux fers, bois, charbons, coke, graisses, huiles, et, en général, à tous les
« matériaux employés dans les conditions ci-dessus indiquées. En dehors de
« ces conditions, tous les objets portés au tarif qui seront consommés dans
« les gares, salles d'attente et bureaux, seront soumis aux taxes locales. »

Art. 14. « L'abonnement annuel pourra être demandé pour les
« combustibles et matières admis à l'entrepôt aux termes des articles....
« 13. Les conditions de l'abonnement seront réglées de gré à gré entre le
« maire et le redevable. »

Art. 15. « Tout règlement d'octroi aujourd'hui en vigueur, qui ne
« contiendrait pas des dispositions conformes à celles des articles... 13
« et 14 ci-dessus, cessera d'avoir son effet à l'expiration de la durée fixée
« pour cet octroi dans le décret qui l'aurait autorisé. »

Art. 16. « Le présent décret n'est pas applicable à l'octroi de
« Paris. »

Ces dispositions ont été reproduites dans un règlement d'administration publique du 8 décembre 1882, qui a complété l'article 13 du décret
du 12 février 1870 pour en étendre le bénéfice à la construction et à l'exploitation des lignes télégraphiques.

Leur interprétation et leur application ont donné lieu à de nombreuses
contestations. Voici dans quel sens s'est fixée la jurisprudence de la Cour
de cassation :

1° En ce qui concerne la construction, l'immunité doit profiter, non
seulement à la voie proprement dite, mais encore à tout ce qui en constitue l'accessoire indispensable, notamment aux clôtures, aux barrières de
passages à niveau, aux matériaux destinés à la construction des maisons
de garde-barrières, aux disques, aux signaux, aux lignes télégraphiques,
aux plaques tournantes, aux aiguilles, aux voies de garage qui, bien que
situées dans l'intérieur des gares, n'en sont pas moins affectées au service
général de la ligne (C. C., 21 juin 1880, ville de Roubaix contre Cie
du Nord-Est), aux matériaux de construction d'une rotonde et d'ateliers
pour la réparation des machines (C. C., 29 juin 1886, ville d'Avignon
contre Sabatier; 10 août 1886, Cie de Paris-Lyon-Méditerranée contre
ville de Dôle).

Elle s'applique aux voies ferrées des ports (C. C., 12 décembre 1883, Cie de l'Ouest contre ville du Havre).

Mais elle ne s'étend pas aux bâtiments des gares (C. C., 21 janvier 1884, Nicot contre ville des Sables-d'Olonne) et en particulier à la couverture vitrée établie au-dessus des voies (C. C., 15 janvier 1878, ville de Lyon contre Cie de Paris-Lyon-Méditerranée) ; à des dortoirs, salles de bains et bureaux (C. C., 17 février 1886, Fouquereau contre ville de Tours) ; aux ateliers dans lesquels les Compagnies confectionnent elles-mêmes leur matériel (même arrêt).

2° En ce qui concerne l'exploitation, on doit considérer l'immunité comme applicable à tous les objets qui ne sont point spécialement affectés aux besoins locaux (C. C., 21 juin 1880, ville de Roubaix contre Cie du Nord-Est).

Elle ne s'étend pas aux matières consommées pour les besoins qui ont un caractère purement local et qui ne se rattachent point à la circulation générale, par exemple aux combustibles et à l'huile consommés pour le chauffage et l'éclairage des gares. Pour le charbon employé au fonctionnement d'une pompe alimentant un réservoir d'eau, il y a lieu de distinguer entre l'élévation de l'eau nécessaire aux machines de passage c'est-à-dire à la circulation, et l'élévation de l'eau utilisée pour les besoins de la gare elle-même.

3° L'exemption de la taxe locale ne dispense nullement la Compagnie de faire la déclaration réglementaire et de se mettre en règle au point de vue de l'admission à l'entrepôt (C. C., 29 avril 1881, Commune de Clichy contre Artus et Cie de l'Ouest ; 28 mars 1885, Delaury et Cie de Paris-Lyon-Méditerranée contre Commune de Maisons-Alfort ; 28 mars 1885, Commune de Maisons-Alfort contre Matruchot et Cie de Paris-Lyon-Méditerranée). En négligeant d'accomplir les formalités voulues, les Compagnies s'exposeraient à l'amende et à la confiscation ou au paiement de la valeur des matériaux. Elles ne pourraient s'exonérer en invoquant un accord, aux termes duquel le maire les aurait dispensées de la déclaration immédiate et aurait consenti à la régularisation périodique sur le vu de leurs écritures : ce mode de procéder serait, en effet, illégal (C. C., 28 mars 1885, Commune de Maisons-Alfort contre Matruchot et Cie de Paris-Lyon-Méditerranée).

La déclaration doit être immédiate. La Cour de cassation a considéré une Compagnie comme étant en état de contravention pour avoir remisé dans la cour d'un de ses magasins des wagons chargés de pétrole, bien que ces wagons ne fussent pas déchargés (C. C., 28 mars 1885, Delaury et Cie de Paris-Lyon-Méditerranée contre Commune de Maisons-Alfort).

Mais la déclaration cesse d'être obligatoire, si les matières ne sont pas spécifiées au règlement de l'octroi comme sujettes en général à la taxe. Ne peuvent être assimilés aux matériaux de « construction des bâtiments », dénommés au tarif, les matériaux de la voie (C. C., 28 mars 1885, Commune de Clichy contre Munier et Cie de l'Ouest; 28 mars 1885, Commune de Maisons-Alfort contre Matruchot et Cie de Paris-Lyon-Méditerranée).

11. Frais de surveillance et de contrôle. — Les agents de l'Administration doivent exercer une surveillance active sur les travaux des chemins de fer concédés, pour s'assurer que ces travaux sont exécutés conformément aux conditions du cahier des charges; ils doivent ensuite contrôler l'exploitation, pour vérifier que les lois et règlements sont strictement observés.

Les frais de cette surveillance et de ce contrôle incombent aux concessionnaires.

Dès l'origine, les cahiers des charges contenaient une stipulation formelle à cet égard. C'est ainsi, par exemple, que l'article 29 du cahier des charges annexé à l'ordonnance du 24 mai 1837, pour les chemins de Paris à Versailles, portait la disposition suivante : « Les frais de visite, de sur- « veillance et de réception des travaux seront supportés par la Compagnie. « Ces frais seront réglés par le directeur général des Ponts et Chaussées « et des Mines, sur la proposition du préfet du département, et la Compa- « gnie sera tenue d'en verser le montant dans la caisse du receveur « général, pour être distribué à qui de droit. En cas de non-versement « dans le délai fixé, le préfet rendra un rôle exécutoire, et le montant en « sera recouvré comme en matière de contributions publiques. »

Le montant des frais restait alors indéterminé. Plus tard, les cahiers des charges l'ont limité. On trouve dans le cahier des charges de l'Ouest (loi du 13 mai 1851) les deux articles que voici : Art. 21. « Les frais de « visite, de surveillance et de réception des travaux seront supportés par « la Compagnie. Ces frais seront imputés sur la somme que la Compagnie « est tenue de verser annuellement à la caisse centrale du Trésor, confor- « mément à l'article 46 ci-après. » Art. 46. « Le traitement des commis- « saires restera à la charge de la Compagnie. Pour y pourvoir et acquitter, « en même temps, les frais mis à sa charge par l'article 21 ci-dessus, la « Compagnie sera tenue de verser chaque année à la caisse du receveur « central une somme qui ne pourra excéder 30 000 fr. Dans le cas où la « Compagnie ne verserait pas ladite somme aux époques qui seront fixées, « le préfet rendra un rôle exécutoire, et le montant en sera recouvré « comme en matière de contributions publiques. »

A partir de 1855, les frais de contrôle ont été fixés plus complètement encore par l'introduction d'une clause qui est ainsi libellée dans les cahiers des charges des Compagnies : Art. 67. « Les frais de visite, de surveillance « et de réception des travaux, et les frais du contrôle de l'exploitation « seront supportés par la Compagnie. Ces frais comprendront le traitement «. des inspecteurs ou commissaires dont il a été question dans l'article « précédent. Afin de pourvoir à ces frais, la Compagnie sera tenue de « verser chaque année, à la caisse centrale du Trésor public, une somme « de 120 fr. par chaque kilomètre de chemin de fer concédé. Toutefois, « cette somme sera réduite à 50 fr. par kilomètre pour les sections non « encore livrées à l'exploitation. Si la Compagnie ne verse pas les sommes « ci-dessus réglées aux époques qui auront été fixées, le préfet rendra un « rôle exécutoire, et le montant en sera recouvré comme en matière de « contributions publiques. »

Aux termes des conventions du 11 juin 1859 avec les grandes Compagnies, la somme de 120 francs peut être élevée, par décret délibéré en conseil d'État, la Compagnie préalablement entendue, à un chiffre n'excédant pas 150 francs.

Toutefois, aux termes des conventions de 1883, la redevance afférente aux lignes qui ont fait l'objet de ces contrats n'est due que pour les lignes en exploitation et à partir du 1ᵉʳ janvier suivant leur ouverture. Cette dispense de paiement pour les lignes en construction porte, en ce qui concerne le Nord, sur les lignes concédées, cédées par l'État, rétrocédées par d'autres Compagnies ou exploitées en leur lieu et place ; en ce qui concerne l'Est, l'Ouest et le Paris-Lyon-Méditerranée, sur les lignes concédées ; en ce qui concerne l'Orléans et le Midi, sur les lignes concédées ou cédées.

Pour les Compagnies algériennes, les frais sont fixés comme il suit :
— Compagnie de Paris-Lyon-Méditerranée, 100 francs par kilomètre concédé en construction ou en exploitation ;
— Compagnie de Bône-Guelma, 100 francs par kilomètre en exploitation et 50 francs par kilomètre en construction ;
— Compagnie de l'Est-Algérien, 100 francs par kilomètre en exploitation et 50 francs par kilomètre en construction ;
— Compagnie de l'Ouest-Algérien, 100 francs par kilomètre en exploitation et 50 francs par kilomètre en construction ;
— Compagnie Franco-Algérienne, 100 francs par kilomètre en exploitation et 50 francs par kilomètre en construction.

Quant au cahier des charges type des chemins de fer d'intérêt local, tout en prévoyant des dispositions analogues à celles que nous avons relatées pour les chemins de fer d'intérêt général, il ne précise pas le montant de la taxe kilométrique. Le plus souvent, cette taxe est fixée à 50 francs par kilomètre pour la période de construction comme pour la période d'exploitation.

Pour les chemins de fer industriels assujettis immédiatement ou éventuellement à un service public, les stipulations sont analogues. Enfin, pour les chemins de fer déclarés d'utilité publique en vertu de la loi du 27 juillet 1880 sur les mines, on s'est borné jusqu'ici à inscrire dans le cahier des charges une clause aux termes de laquelle les frais de visite, de reconnaissance et de surveillance, tant pendant la construction que pendant l'exploitation, sont à la charge du concessionnaire de la mine.

On a vu, d'après les textes reproduits page 540, que, le cas échéant, le recouvrement des rôles doit être poursuivi « comme en matière de contributions publiques ». Cette formule a été heureusement corrigée dans le cahier des charges type des chemins de fer d'intérêt local, par la substitution du mot « directes » au mot « publiques ». En effet, c'est la procédure applicable pour le recouvrement des contributions directes qui a toujours été considérée comme devant être étendue aux frais de contrôle.

Les versements des Compagnies alimentaient, jusqu'à ces dernières années, le budget sur ressources spéciales, et les reliquats disponibles en fin d'exercice constituaient une réserve dans laquelle le Ministre des travaux publics pouvait puiser librement pendant les années suivantes. Aujourd'hui, ces versements rentrent dans les produits divers du budget et le Ministre ne peut plus disposer que des crédits votés par le Parlement pour l'exercice courant : le surplus est acquis au Trésor.

Trois décisions du Conseil d'État statuant au contentieux sont utiles à rappeler :

1° Ordonnance du 3 septembre 1844, décidant qu'à moins de dispositions spéciales, toutes les taxes perçues pour le compte de l'État devaient être recouvrées comme en matière de contributions publiques, et qu'en conséquence, aucune disposition ne prescrivant un autre mode de recouvrement pour les frais de police des chemins de fer, contrainte et commandement avaient pu être délivrés contre la Compagnie (chemins du Gard) ;

2° Arrêt du 17 mai 1850, décidant que, même à défaut de fixation des frais de surveillance par le cahier des charges, il n'était nullement nécessaire de les déterminer par un règlement d'administration publique (chemins de Paris à Saint-Germain et à Versailles, rive droite).

3° Décret du 8 février 1855, décidant que la loi du 15 juillet 1845 et l'ordonnance du 15 novembre 1846 n'avaient point modifié la portée des obligations antérieurement imposées aux Compagnies par leur acte de concession.

On a parfois critiqué le paiement des frais de contrôle par les Compagnies, en alléguant que les agents de l'Administration étaient placés dans une véritable subordination vis-à-vis de ces Sociétés. Les indications qui précèdent suffisent à faire tomber cette critique. Les agents préposés à la surveillance des chemins de fer ne reçoivent rien des Compagnies; leurs émoluments leur sont directement servis par le Trésor.

Indépendamment du contrôle de l'administration des travaux publics, les Compagnies ont à subir celui de l'administration des télégraphes pour les fils et les appareils télégraphiques établis en conformité de l'article 58 du cahier des charges : elles peuvent être assujetties de ce chef à une redevance spéciale, dont le recouvrement est régi par les mêmes règles. (Article 67 du cahier des charges.)

12. Observations sur les chemins de fer exploités par l'État. — L'article 9 de la loi de finances du 22 décembre 1878 a soumis « les che- « mins de fer exploités par l'État au même régime que les chemins de « fer concédés, en ce qui concerne les droits, taxes et contributions de toute « nature ».

13. Observations sur les autres impôts ou contributions payés par les Compagnies. — Nous ne croyons pas devoir insister sur les autres impôts ou contributions (par exemple, les droits de vérification des poids et mesures), pour lesquels aucune exception n'a été faite à la loi commune, en ce qui concerne les concessionnaires de chemins de fer.

§ 2. — IMPÔTS PERÇUS PAR LES CONCESSIONNAIRES
POUR LE COMPTE DE L'ÉTAT

1. Droit de transmission sur les actions et les obligations. — Quoique comprises dans les termes généraux de l'article 4 de la loi du 22 frimaire an VII, qui les soumettent aux droits proportionnels d'enregistrement, les mutations mobilières entre vifs échappent à ces droits, lorsqu'elles sont verbales ou sans acte, parce qu'elles ne sont pas, comme les mutations immobilières de même nature, assujetties à des déclarations obligatoires. La règle générale est donc qu'elles ne sont pas imposées, lorsqu'aucun acte ne les constate.

Cette règle était rappelée par les articles 15 et 32 de la loi du 5 juin 1850, aux termes de laquelle, moyennant l'acquittement du droit de timbre, les cessions de titres ou certificats d'actions et d'obligations étaient déclarées exemptes de tout droit et de toute formalité d'enregistrement.

La loi du 23 juin 1857 a modifié la situation et soumis ces cessions :

1° Pour les titres au porteur, à une taxe obligatoire et annuelle de 0 fr. 12 par 100 francs du capital évalué au cours moyen de l'année précédente ;

2° Pour les titres nominatifs, à 0 fr. 20 par 100 francs de la valeur négociée.

Les taxes de 0 fr. 12 et de 0 fr. 20 ont été élevées à 0 fr. 15 et 0 fr. 50 par l'article 11 de la loi de finances du 16 septembre 1871.

Une loi spéciale du 30 mars 1872 a porté à 0 fr. 25 le taux de l'abonnement annuel pour les titres au porteur et décidé que dorénavant cette taxe, ainsi que celle de 0 fr. 50 sur la transmission des titres nominatifs, seraient perçues sur la valeur négociée, déduction faite des versements restant à faire.

Enfin la loi du 29 juin 1872 a définitivement arrêté les droits à 0 fr. 20 par cent francs, pour l'abonnement annuel des titres au porteur, et à 0 fr. 50 par cent francs pour la taxe de transfert ou de conversion des titres nominatifs.

Ces droits ne sont pas soumis aux décimes.

Aux termes de la loi du 23 juin 1857, le droit de transfert des titres nominatifs est perçu pour le compte du Trésor, au moment du transfert, par les Compagnies qui en sont débitrices ; le droit sur les titres au porteur est payable par trimestre et avancé par les Compagnies, sauf recours contre les porteurs ; à la fin de chaque trimestre, les Compagnies sont tenues de remettre au receveur de l'enregistrement du siège social le relevé des transferts et des conversions, ainsi que l'état des actions et des obligations soumises à la taxe annuelle.

Tout propriétaire d'actions ou d'obligations a le droit de convertir ses titres au porteur en titres nominatifs, et réciproquement; dans l'un et l'autre cas, la conversion donne lieu à la perception du droit de transmission.

2. **Impôt sur le revenu des actions et des obligations.** — La loi du 29 juin 1872 a institué un impôt annuel de 3 % sans décimes sur les intérêts et dividendes des actions, ainsi que sur les arrérages et intérêts annuels des obligations.

Le montant de la taxe est avancé par les Compagnies, sauf leur recours contre les propriétaires des titres.

Une loi du 21 juin 1875 a rendu l'impôt de 3 % applicable aux lots et primes de remboursement. Pour les primes, la valeur est déterminée par la différence entre la somme remboursée et le taux d'émission des emprunts. Si ces emprunts n'ont pas été faits à un taux unique, le taux est calculé en divisant par le nombre de titres correspondants leur produit brut total, sous déduction des arrérages courus au jour de la vente des titres (règlement d'administration publique du 15 décembre 1875).

3. **Droit sur le prix des transports en grande vitesse.** — On sait que l'impôt sur les voitures publiques a remplacé le produit de la ferme nationale des messageries, supprimée en l'an VI. Le droit, pour les voitures de terre à service régulier, est du dixième du prix total (loi du 15 mars 1817, art. 112).

L'administration des contributions indirectes a dès le pricipe assimilé, pour les transports de voyageurs, les entreprises de chemins de fer aux entreprises de voitures publiques sur les voies de terre et leur a, en conséquence, appliqué l'impôt du dixième, augmenté du décime prévu par la loi du 6 prairial an VII. Cette assimilation a été confirmée par un arrêt de la Cour de cassation du 1er août 1833 (Saint-Étienne à Lyon).

Aux termes de la loi du 2 juillet 1838, l'impôt devait être perçu, non pas sur le prix total des places, mais seulement sur la part correspondant au prix de transport, abstraction faite du péage. Pour les chemins de fer dont les cahiers des charges ne fixaient pas la répartition du tarif entre les deux éléments, la perception avait lieu sur le tiers du prix total. Le but de ces dispositions était de soumettre les transports par rails au même régime que les transports par terre : ces derniers ne supportent en effet aucune charge du fait de la construction et de l'entretien de la voie et ne donnent lieu par suite qu'au paiement de l'impôt sur le transport proprement dit.

Mais la loi du 14 juillet 1855 a décidé qu'à l'avenir la taxe porterait sur le prix total et y a ajouté en outre un nouveau décime, qui n'a cessé depuis d'être maintenu ; elle l'a rendue de plus applicable aux marchandises et objets de toute nature transportés en grande vitesse.

Enfin la loi du 16 septembre 1871 a institué une taxe additionnelle de 10 % sur le prix des places de voyageurs et sur celui des transports de bagages et de messageries à grande vitesse. Il résulte d'ailleurs de l'exposé des motifs et du rapport de M. Casimir Périer à l'Assemblée nationale que cette taxe additionnelle doit peser tout à la fois sur le prix revenant à la Compagnie et sur les impôts antérieurs. Le prix total, impôts compris, d'un transport qui, sans impôts, coûterait 1 franc est dès lors le suivant :

Somme due à la Compagnie...................	1 fr.	00
Dixième et double décime....................	0,	12
Total...............	1 fr.	12
Taxe additionnelle du dixième................	0,	112
Total...............	1,	232

Ainsi, pour 1 franc appartenant au concessionnaire, le Trésor reçoit 0 fr. 232. Sous une autre forme, on peut constater que, sur 1 franc payé par le public, l'État touche $\frac{0,232}{1,232}$ ou 0 fr. 188.

Originairement, le fisc avait élevé la prétention de calculer l'impôt, pour les chemins de fer comme pour les voitures de terre, non pas sur le prix appartenant au transporteur, mais sur le prix total acquitté par le public. Dans ce système, pour 1 franc reçu par la Compagnie, le prix total à payer était de 1 fr. 113, au lieu de 1 fr. 110. Mais la Cour de cassation a refusé de suivre l'administration des contributions indirectes. (Arrêt du 23 juillet 1845.)

La loi du 16 septembre 1871 disposait que, dans l'application de la taxe additionnelle, il ne serait pas tenu compte des prix ou fractions de prix pour lesquels cette taxe serait inférieure à 0 fr. 05. Pour se conformer strictement à la loi sur ce point, les Compagnies eussent été entraînées à des écritures d'une extrême complication ; elles auraient dû, pour chaque transport, décomposer la recette, reconstituer le chiffre qui eût été perçu sans la taxe additionnelle et éliminer la part soustraite à cette taxe additionnelle. L'administration crut pouvoir adhérer à un mode empirique et transactionnel de liquidation, qui consistait à prélever l'impôt complet sur la totalité des recettes de transport en grande vitesse et à déduire ensuite 2 centimes par billet simple ou par demi-billet d'aller et retour de voyageurs, par article de messageries et par cinq enregistrements de bagages. La Cour des comptes ayant critiqué cette transaction, le Gouvernement sollicita et obtint du Parlement le vote d'une loi du 11 juillet 1879 qui lui déléguait les pouvoirs nécessaires pour régler la question par un règlement d'administration publique.

Ce règlement est intervenu le 21 mai 1881. Il autorise les Compagnies à opter entre la perception à *l'effectif* et la perception par *abonnement*. A défaut de déclaration faite en temps utile, les Compagnies sont présumées opter pour l'abonnement. Celles qui choisissent la perception à l'effectif doivent faire ressortir dans leurs écritures la partie des recettes soumise à l'impôt du dixième plus deux décimes, résultant de la loi du 14 juillet 1855, et la partie qui supporte en outre l'impôt additionnel de 1871. Les autres Compagnies sont dispensées de cette distinction : l'impôt est alors assis à raison de $\frac{29}{154}$ (1) des recettes totales, sous la réserve d'une déduction de 0 fr. 02 par article de perception. Le taux de la réfaction de 0 fr. 02 doit être revisé tous les cinq ans (pour la première fois avant le 1er janvier 1884).

Les éléments de calcul nécessaires à la revision doivent être établis au moyen d'un dénombrement portant sur les billets de voyageurs, les transports de bagages avec ou sans excédents, les chiens, les articles de messageries, et effectué pour les entreprises de chemins de fer et les deux dizaines de jours déterminés par l'administration des contributions indirectes. Ce dénombrement fait ressortir :

1° Le nombre d'articles de perception au-dessus de 0 fr. 50 ;

2° Le nombre d'articles au-dessous de 0 fr. 50, avec le détail des articles de 5 en 5 centimes.

Les tarifs des Compagnies, tels qu'ils sont portés à la connaissance du public, sont accrus du montant de l'impôt ; au contraire, les maxima fixés par les cahiers des charges ne correspondent qu'à la perception nette autorisée au profit des Compagnies.

Aux termes de l'article 2 de la loi du 11 juillet 1879, les voitures « qui, « dans leur service habituel, d'un point à un autre, ne sortent pas d'une « même ville ou d'un rayon de 40 kilomètres de ses limites, sont considérées comme partant d'occasion ou à volonté, pourvu qu'il n'y ait pas « continuité immédiate de service pour un point plus éloigné, même

_____

(1) Cette formule équivaut à celle de $\frac{0,232}{1,232}$.

« après changement de voiture ». Le droit du dixième est alors remplacé, conformément à l'article 113 de la loi du 25 mars 1817, par un droit fixe qui, d'après l'article 1 de la loi du 11 juillet 1879, est en principal de 110 francs par voiture à dix places, plus 10 francs par place supplémentaire jusqu'à cinquante. Le montant de l'impôt est exigible par mois et d'avance.

Ces dispositions peuvent être invoquées par les Compagnies de chemins de fer, concessionnaires de lignes peu étendues, en ce qui concerne leur service de voyageurs.

Pour les entreprises de voitures à service régulier, le versement de l'impôt peut être exigé tous les dix jours (loi du 25 mars 1817, art. 118). La période de 10 jours est celle qui a été adoptée pour les chemins de fer, afin d'éviter l'encaissement de sommes trop considérables par les receveurs des contributions indirectes; cet encaissement est confié à la Banque de France sur le vu de bons délivrés par les caissiers des Compagnies; les bons sont acquittés par la Banque et échangés ensuite contre des quittances à souche des receveurs des contributions indirectes. (Circulaire ministérielle du 16 juillet 1858.)

L'impôt sur les transports en grande vitesse a donné lieu durant ces dernières années à quelques arrêts de la Cour de cassation qu'il peut être intéressant de rappeler :

— Arrêt du 24 mai 1875 (Compagnie d'Orléans), décidant qu'il n'y a pas lieu, pour le calcul de l'impôt, de déduire du produit de la recette le montant des subventions payées par les Compagnies à leurs entrepreneurs de services de correspondance ;

— Arrêt du 31 mai 1876 (Compagnie d'Orléans), décidant que le droit de 10 centimes perçu pour l'enregistrement des bagages est soumis à l'impôt comme les autres taxes et frais accessoires de grande vitesse (1);

— Arrêt du 4 mai 1831 (Compagnie de Magny à Chars), décidant que les Compagnies de chemins de fer sont les redevables et non les collecteurs de l'impôt, et qu'en conséquence, si elles ont sans fraude omis de faire des versements au Trésor, la prescription leur est acquise contre la régie pour les droits non réclamés par cette administration pendant l'année écoulée depuis l'époque de leur exigibilité.

La Compagnie du Midi a actuellement un procès pendant avec l'administration des contributions indirectes. Elle soutient que la taxe perçue à

(1). Le Ministre des travaux publics a fait connaître aux Compagnies, par une circulaire du 14 août 1855, concertée avec le Ministre des finances, que l'impôt doit être perçu sur le prix total, y compris les frais accessoires. Mais, en statuant le 30 novembre 1876 sur la fixation des frais accessoires, il a décidé que le droit d'enregistrement de 0 fr. 10 comprendrait l'impôt.

l'enregistrement des bagages des voyageurs est la rémunération d'un service distinct de celui du transport et doit par suite être affranchie de l'impôt ; la régie soutient au contraire que cette taxe est l'accessoire du prix de transport et doit y être jointe pour en suivre le sort.

L'impôt sur les transports en grande vitesse est une très lourde charge pour le public. Si l'on consulte les statistiques de la circulation, on est frappé de ce fait, qu'en 1872, à la suite du vote de la surtaxe de 10 %, le nombre des voyageurs kilométriques s'est abaissé, tandis que celui des tonnes kilométriques s'élevait notablement. Il y a là plus qu'une coïncidence fortuite et on ne saurait nier qu'un impôt de 23 % soit de nature à faire reculer beaucoup de voyageurs et, par suite, à apporter de sérieuses entraves au commerce et à l'industrie. Malheureusement la situation financière du pays n'a pas permis jusqu'ici de réduire la taxe.

Dans son projet de convention de 1882 avec la Compagnie d'Orléans. M. Varroy, ministre des travaux publics, avait obtenu, outre un abaissement immédiat des tarifs, l'engagement de la Compagnie de consentir ultérieurement, sur sa part des recettes, une réduction égale à celle qui pourrait être apportée à l'impôt.

Les conventions de 1883 comprennent toutes un article ainsi conçu :
« Dans le cas où l'État supprimerait la surtaxe ajoutée par la loi du 16
« septembre 1871 aux impôts de grande vitesse sur les chemins de fer, la
« Compagnie s'engage à réduire les taxes applicables aux voyageurs à
« plein tarif de 10 % pour la 2ᵉ classe et de 20 % pour la 3ᵉ classe, ou
« suivant toute autre formule équivalente arrêtée d'accord entre les
« parties contractantes. — Si l'État fait ultérieurement de nouvelles réduc-
« tions sur l'impôt, la Compagnie s'engage en outre à faire une réduction
« équivalente sur les taxes des voyageurs ; elle ne sera tenue toutefois à
« ce nouveau sacrifice qu'après qu'elle aura retrouvé, pour les voyageurs
« circulant sur le réseau actuellement exploité, les recettes nettes acquises
« avant la première réduction. — La Compagnie ne serait pas tenue de
« maintenir ces réductions si l'État, après avoir réduit les impôts de
« grande vitesse, venait à les rétablir sous une forme quelconque, en tota-
« lité ou en partie (1). »

(1) La France n'est pas le seul pays où les transports soient frappés d'un impôt. Sans parler des contributions levées sur les chemins de fer, soit sous forme de prélèvement sur la recette nette, soit sous forme de taxe kilométrique variant avec cette recette, les prix de transport sont directement majorés d'une surtaxe au profit du Trésor public dans plusieurs pays étrangers.

En Angleterre, une loi du 6 août 1842, revisant toutes les dispositions antérieures, a édicté un impôt de 5 % sur les transports de voyageurs. Jusqu'à ces dernières années, il

4. Droit sur le prix des transports en petite vitesse. — Les nécessités financières conduisirent l'Assemblée nationale à frapper d'un impôt de 5 °/₀ les transports en petite vitesse (loi du 21 mars 1874). Étaient assujettis à cet impôt, non seulement le prix payé aux Compagnies pour le transport proprement dit, mais encore les frais de chargement, de déchargement, de gare et de transmission.

Dans son projet de budget pour l'exercice 1878, le Gouvernement proposa de réduire progressivement de 1 °/₀ par an la quotité de cet impôt ; mais le Parlement en décida la suppression complète. (Loi du 26 mars 1878.)

5. Droit de timbre sur les lettres de voiture et sur les récépissés. — *a.* Lettres de voiture. — Les anciens cahiers des charges des chemins de fer portaient que toute expédition de marchandises dont le poids, sous un même emballage, excèderait 20 kg. serait constatée par une lettre de voiture, si l'expéditeur le demandait, et qu'il en serait de même pour tout paquet ou ballot pesant moins de 20 kg., dont la valeur

n'y avait d'exception stipulée qu'en faveur des chemins de fer d'Irlande et en faveur des trains *parlementaires* (trains que les Compagnies sont astreintes à mettre chaque jour en circulation et pour lesquels le tarif ne peut excéder 0 fr. 064 par kilomètre). Une loi récente du 20 août 1883 a supprimé l'impôt pour les billets coûtant au plus 1 penny par mille et en a autorisé la réduction à 2 % pour les relations entre deux gares d'un même district urbain, ayant une population de 100 000 âmes au moins. Le sacrifice correspondant a été évalué à 400 000 livres sterling. En échange de ce sacrifice, la loi a imposé aux Compagnies certaines obligations telles que celle de faire dans leur service une part suffisante aux voyageurs de 3ᵉ classe et celle d'organiser, avant 8 heures du matin et après 6 heures du soir, des trains d'ouvriers dont le tarif soit jugé acceptable par le Board of trade, sauf recours à la Commission des chemins de fer.

En Italie, les taxes sont majorées d'un impôt de 13 % pour la grande vitesse et de 2 % pour la petite vitesse.

En Autriche, il n'existe pas d'impôt proprement dit sur les transports ; les billets de voyageurs sont cependant soumis à un droit de timbre qui est de 2 % environ, avec maximum de 62 c. 5.

En Hongrie, le Trésor perçoit, en vertu de deux lois de 1875 et de 1880, un impôt de 15 % sur les taxes de transport des voyageurs, de 8 % sur les taxes de la messagerie, et de 3 % sur les taxes de la petite vitesse. Cet impôt s'ajoute aux taxes proprement dites.

En Russie, les transports de voyageurs sont soumis à un impôt que la loi du 26 décembre 1878 a fixé à 25 % pour la 1ʳᵉ et la 2ᵉ classe, et à 15 % pour la 3ᵉ classe; une taxe de 15 % est également perçue sur les transports de 4ᵉ classe, lorsque le prix de la place dépasse ³/₄ de kopeck par verste (3 centimes environ par kilomètre). La messagerie et les bagages sont assujettis à une taxe de 25 %.

En Espagne, le public subit une taxe de 15 % sur le prix des billets de voyageurs et un droit d'enregistrement sur les transports de marchandises en grande ou en petite vitesse, dont le prix excède 2 fr. 50. Ce dernier droit est de 0 fr. 1875 lorsque le prix est compris entre 2 fr. 50 et 6 fr. 25, de 0 fr. 375 lorsqu'il est compris entre 6 fr. 25 et 2 fr. 50, et de 0 fr. 75 lorsqu'il est compris entre 12 fr. 50 et 25 fr. Au delà de 25 fr., il augmente de 0 fr. 75 par fraction indivisible de 25 fr. Les Compagnies sont en outre frappées d'une contribution industrielle de 5 % sur les bénéfices à répartir entre les actionnaires.

En Roumanie, il existe un impôt de 15 % sur les billets de voyageurs.

aurait été préalablement déclarée. Les cahiers des charges actuels ont fait disparaître toute restriction, de telle sorte qu'il y a toujours lieu à lettre de voiture, si l'expéditeur le demande. Aux termes de la loi de finances du 11 juin 1842 (1), les lettres de voiture ne peuvent être rédigées que sur papier timbré. Le droit de timbre a été fixé à 0 fr. 70 par la loi du 28 février 1872, y compris la taxe de décharge de 0 fr. 10 créée par l'article 18 de la loi du 23 août 1871, pour constater la remise des objets (2).

b. RÉCÉPISSÉS. — L'ordonnance du 15 novembre 1846 porte, en son art. 50, « qu'un récépissé devra être délivré à l'expéditeur, s'il le de-« mande, sans préjudice, s'il y a lieu, de la lettre de voiture, et que ce « récépissé énoncera la nature et le poids des colis, le prix total du trans-« port et le délai dans lequel ce transport devra être effectué ».

Une loi du 13 mai 1863 a fixé à 0 fr. 20 le droit de timbre des récé-pissés que « les Compagnies de chemins de fer sont tenues de délivrer aux « expéditeurs, lorsque ces derniers ne demandent pas de lettres de voi-« ture ». En exécution de cette loi, le récépissé énonce la nature, le poids et la désignation des colis, les noms et l'adresse du destinataire, le prix et le délai du transport ; un double du récépissé accompagne l'expédition, pour être remis au destinaire ; toute expédition non accompagnée d'une lettre de voiture doit être constatée sur un registre à souche timbré sur la souche et sur le talon.

La taxe de 0 fr. 20 a été portée à 0 fr. 25, sans décimes, par la loi du 23 août 1871 ; cette disposition a été confirmée par la loi du 28 février 1872, qui a fixé le droit à 0 fr. 35, y compris les 0 fr. 10 de décharge. Enfin la loi du 30 mars 1872 a décidé « qu'à partir du 8 avril 1872 le « droit de timbre des récépissés serait élevé, y compris le droit de la dé-« charge donnée par le destinataire, à 0 fr. 70 pour chacun des trans-« ports effectués *autrement qu'en grande vitesse* ».

Les récépissés peuvent servir de lettres de voiture pour les transports qui, indépendamment des voies ferrées, empruntent les routes, canaux et rivières.

Aux termes de la loi du 30 mars 1872 (art. 2), les entrepreneurs de mes-sageries et autres intermédiaires de transports, qui réunissent en une ou plusieurs expéditions des colis ou paquets envoyés à plusieurs destina-

----

(1) Voir aussi la loi du 13 brumaire an VII et le décret du 3 janvier 1809.

(2) Le droit n'était primitivement que de 0 fr. 25 : il a été successivement élevé à 0 fr. 35 (Loi du 28 avril 1816), à 0 fr. 50 (Loi du 2 juillet 1862) et à 0 fr. 60 (Loi du 23 août 1871).

taires différents, sont tenus de remettre aux gares expéditrices un bordereau détaillé et certifié, écrit sur papier non timbré et faisant connaître le nom et l'adresse de chacun des destinataires réels. Il est alors délivré, outre le récépissé pour l'envoi collectif, un récépissé spécial pour chaque destinataire ; ces récépissés spéciaux ne donnent pas lieu à la perception du droit d'enregistrement, au profit de la Compagnie ; mais ils sont établis par les entrepreneurs de transport eux-mêmes sur des formules timbrées, que les Compagnies tiennent à leur disposition, moyennant remboursement des droits et frais.

L'obligation imposée aux groupeurs s'applique aux envois faits à l'étranger, comme aux envois faits en France ; ces industriels ne sauraient y échapper en invoquant l'impossibilité de recueillir sur leurs registres la signature des destinataires, pour constater la remise des objets transportés. (Dépêche du Ministre des finances au Ministre du commerce, en date du 15 mars 1882.)

c. OBSERVATIONS DIVERSES. — L'administration des finances a admis que le droit de timbre est dû, même pour le transport gratuit du mobilier des agents, attendu qu'aucun envoi ne peut être effectué sans une lettre de voiture ou un récépissé. (Décision du 9 février 1867.)

Après diverses hésitations, la Cour régulatrice a reconnu par un arrêt du 28 mars 1860, rendu toutes Chambres réunies, que les feuilles de route remises au chef de train n'étaient pas assimilables, malgré leurs indications, aux lettres de voiture et n'étaient point en conséquence assujetties au timbre.

La même règle a prévalu pour les déclarations d'expédition remises par les expéditeurs aux camionneurs des Compagnies et pour les avis échangés entre les gares au sujet des retours d'argent, en cas de transport de marchandises livrables contre remboursement (C. C. 6 mai 1873, Cie de l'Est contre Cie des messageries nationales.)

Les recouvrements effectués par les Compagnies, à titre de remboursement des objets transportés, quel que soit d'ailleurs le mode employé pour la remise des fonds au créancier, ainsi que tous les autres transports fictifs ou réels de monnaies ou de valeurs, sont assujettis à la délivrance d'un récépissé ou d'une lettre de voiture dûment timbré : le droit de timbre du récépissé ou celui de la lettre de voiture, fixé dans ce cas à 35 centimes y compris le droit de décharge, est supporté par l'expéditeur de la marchandise (loi du 19 février 1874, article 10) (1). En cas de transport de

____

(1) Avant cette loi, la Cour de cassation avait admis une solution contraire (6 mai 1873,

titres, le récépissé est dû, non pour chaque titre transporté, mais pour l'ensemble du transport.

Par une décision du 1er juillet 1856, le Ministre des finances avait exempté du droit de timbre les lettres de voitures émanant des agents de l'État pour les transports remis aux Compagnies par les administrations publiques. Mais des instructions de l'Enregistrement du 6 mars et du 1er juillet 1873 ont maintenu sous le régime du droit commun les transports effectués pour le compte des régies financières (poudres, tabacs, matériel des contributions indirectes, etc.)

La loi du 18 décembre 1878 a affranchi des droits de timbre et d'enregistrement les actes relatifs aux réquisitions de transport sur les chemins de fer.

6. **Timbre des quittances, reçus ou décharges.** — La loi du 23 août 1871 a soumis à un droit de timbre de 10 centimes les quittances ou acquits donnés au pied des factures et mémoires, les quittances pures et simples, reçus ou décharges de sommes, titres, valeurs ou objets, et généralement tous les titres de quelque nature qu'ils soient, qui emporteraient libération, reçu ou décharge. Sont toutefois exceptées de cette mesure les quittances de dix francs et au-dessous, quand il ne s'agit pas d'un acompte ou d'une quittance finale sur une plus forte somme (1).

Les billets de chemins de fer et les bulletins de bagages qui donnent lieu à une perception supérieure à 10 francs sont assujettis de ce chef à la taxe de 10 centimes : on remarquera que la Commission de l'Assemblée nationale a expressément manifesté sa volonté de considérer les bulletins de bagages comme des reçus de sommes et non comme des reçus d'objets et de ne les soumettre dès lors à l'impôt que pour les perceptions de plus de 10 francs.

Les expéditeurs de marchandises en port payé et les destinataires de marchandises en port dû ont de même à acquitter le droit de 10 centimes, pour le reçu des frais de transport, quand ces frais excèdent 10 francs. Ce reçu est toujours délivré pour les expéditions en port payé, sous forme d'une mention inscrite sur le récépissé. Le Ministre des travaux publics a admis, par une circulaire du 16 mai 1874, que le destinataire des marchan-

Compagnie de l'Est contre Compagnie des messageries nationales). Elle avait considéré que le retour d'argent constituait la suite du contrat de transport unique conclu entre la Compagnie et l'expéditeur et ne donnait d'ailleurs pas lieu à un transport effectif, la gare destinataire effectuant le recouvrement et la gare expéditrice faisant le remboursement sur ses fonds généraux.

(1) Voir, pour les détails, le règlement d'administration publique du 27 novembre 1871.

dises expédiées en port dû pouvait ne pas le réclamer et se soustraire ainsi à la taxe.

Les reçus des objets transportés dont le destinaire donne décharge sur les registres de factage et de camionnage de la Compagnie sont passibles en tout cas du droit de 10 c.; mais, comme nous l'avons dit précédemment, la loi du 28 février 1872 a réuni ce droit à la taxe due pour les récépissés et les lettres de voiture.

7. Pouvoirs des agents des finances pour les vérifications relatives à la perception des impôts. — Les agents des finances sont investis du droit de se faire représenter les livres, registres, titres, pièces de comptabilité, pour s'assurer de l'exécution des lois et pour y prendre les renseignements nécessaires à l'assiette de l'impôt, non seulement au regard des Compagnies, mais encore au regard des tiers. Le législateur a eu soin d'affirmer ce droit à diverses reprises et de lui donner une sanction pénale. Nous citerons particulièrement l'article 22 de la loi du 23 août 1871, qui s'applique à toutes les perceptions du timbre, et l'article 37 de la loi du 15 juillet 1880 sur la contribution des patentes. (Voir deux circulaires du Ministre des travaux publics du 28 août 1883 et du 14 janvier 1884.)

§ 3. — DU CONTENTIEUX EN MATIÈRE D'IMPÔTS

PAYÉS PAR LES COMPAGNIES OU PERÇUS PAR ELLES POUR LE COMPTE DU TRÉSOR

1. Du contentieux en matière de contributions directes. — L'article 4 de la loi du 28 pluviôse an VIII dispose que « le Conseil de préfec-« ture prononcera sur les demandes des particuliers tendant à obtenir la « décharge ou la réduction de leur cote de contribution directe ».

La juridiction administrative est compétente, en ce qui concerne les contributions directes ou les taxes assimilées, pour connaître des réclamations des Compagnies, de la régularité des titres de perception et même de la régularité des actes de poursuite qui précèdent le commandement. C'est le Conseil de préfecture qui doit être saisi en première instance, sauf recours au Conseil d'État.

Les tribunaux civils n'auraient à intervenir, le cas échéant, qu'en ce qui touche les poursuites, à partir du commandement.

Les demandes en décharge ou réduction doivent être appuyées de la quittance des termes échus. Les intéressés sont tenus de les introduire dans les trois mois de la publication des rôles.

Les poursuites sont précédées d'une sommation gratis et ne peuvent être exercées qu'en vertu d'une contrainte décernée par le receveur particulier de l'arrondissement et visée par le sous-préfet.

2. Du contentieux en matière de droits de timbre, d'enregistrement, de douane et d'octroi. — L'autorité judiciaire est compétente, non seulement pour les voies d'exécution, mais encore pour le fond du droit, pour l'application de l'impôt.

En matière de timbre et d'enregistrement, c'est le tribunal civil qui est compétent en première instance et qui prononce les amendes, le cas échéant. La juridiction correctionnelle n'aurait à intervenir qu'en cas de délits de l'ordre commun, comme ceux de contrefaçon ou de faux.

En matière de douanes et d'octrois, c'est le juge de paix qui prononce en premier ressort, toutes les fois qu'il s'agit de savoir si l'impôt est dû (1). Son jugement est susceptible d'appel pour la douane; il ne l'est pour les octrois que si la quotité du droit dépasse un chiffre déterminé. (Loi du 27 frimaire an VIII, et ordonnance du 9 décembre 1814.) Quant aux con-

(1) Le Conseil d'État peut cependant être appelé à interpréter les décrets autorisant la perception des droits d'octroi. (Arrêt du 24 décembre 1875, Compagnie de Paris-Lyon-Méditerranée contre la ville de Toulon.)

traventions, c'est soit aux juges de paix, avec appel devant les tribunaux correctionnels, soit à ces derniers tribunaux en première instance, que doi-être déférés les procès-verbaux.

Les procès-verbaux constatant des contraventions aux lois sur le timbre sont dressés par un préposé de l'Administration ; le recouvrement des droits et amendes est poursuivi par voie de contrainte. Il en est de même pour l'enregistrement. L'exécution de la contrainte ne peut être inter-rompue que par une opposition formée par le redevable et dûment mo-tivée, avec assignation à jour fixe devant le tribunal civil compétent.

Pour les douanes, le recouvrement des droits se poursuit, s'il y a lieu, en vertu d'une contrainte décernée par le receveur et visée par le juge de paix.

Pour les octrois, l'emploi de la contrainte ne peut être utile que s'il s'agit d'objets entreposés dans le lieu sujet : elle est alors décernée par le receveur, visée par le maire, rendue exécutoire par le juge de paix et exé-cutée nonobstant opposition.

§ 4. — PRODUIT DES IMPÔTS PAYÉS OU PERÇUS PAR LES COMPAGNIES

1. **Détail des recettes pour l'année 1884.** — Le produit des recettes effectuées en 1884 par le Trésor pour les chemins d'intérêt général de la métropole a été le suivant :

Impôt sur les transports à grande vitesse...........	85 904 099 fr.
Contribution foncière et patente................	5 008 350
Licences, estampilles, plombs de douane, etc....	542 852
Abonnement pour le timbre des actions et obligations......................................	8 836 255
Droit de transmission sur les titres nominatifs ou au porteur....................................	12 014 853
Impôt sur le revenu des valeurs mobilières......	19 504 940
Timbre des récépissés et des lettres de voiture....	27 914 701
Timbres-poste pour les lettres d'avis aux destinataires.......................................	1 771 447
Droits de douane perçus sur les houilles et cokes consommés par les Compagnies et sur diverses matières employées pour le service.......................	2 840 860
Frais de contrôle et de surveillance............	3 367 991
Droits de timbre sur les quittances, les acquits et autres titres....................................	1 508 219
Total..................	169 214 567

Soit 5 897 fr. par kilomètre.

2. **Progression des recettes depuis 1863.** — Quant à la progression des recettes depuis 1863, elle est indiquée par le tableau suivant :

ANNÉES	RECETTES TOTALES	RECETTES KILOMÉTRIQUES	ANNÉES	RECETTES TOTALES	RECETTES KILOMÉTRIQUES
	fr.	fr.		fr.	fr.
1863	43.958.000	3.208	1874	140.115.000	7.500
1864	46.203.000	3.730	1875	153.242.000	7.960
1865	47.388.000	3.580	1876	159.121.000	7.960
1866	49.187.000	3.560	1877	158.802.000	7.790
1867	55.025.000	3.720	1878	160.815.000	7.480
1868	54.388.000	3.500	1879	147.979.000	6.630
1869	57.056.000	3.530	1880	158.115.000	6.830
1870	57.033.000	3.320	1881	165.379.000	6.840
1871	66.270.000	3.860	1882	169.495.000	6.650
1872	106.825.000	6.160	1883	172.394.719	6.418
1873	118.717.000	6.580	1884	169.214.567	5.897

CHAPITRE XVII

DES DIVERS CAS DANS LESQUELS LES CONCESSIONS PRENNENT FIN

DU SÉQUESTRE — DE LA FAILLITE DU CONCESSIONNAIRE

§ 1. — DE L'EXPIRATION NORMALE DES CONCESSIONS

1. Rappel des indications relatives à la durée des concessions.— Nous avons consacré un chapitre spécial de ce volume à la durée des concessions (page 59 et suivantes). Le lecteur voudra bien se reporter aux indications très complètes contenues dans ce chapitre.

Il nous suffira de rappeler ici que toutes les concessions de chemins de fer d'intérêt général ont aujourd'hui une durée limitée. Les chemins de fer d'intérêt local sont dans la même situation. Il en est de même de la plupart des chemins de fer industriels et nous n'avons d'exception à signaler que pour les chemins miniers déclarés d'utilité publique en exécution de l'article 44 de la loi du 21 avril 1810 sur les mines, modifiée par la loi du 27 juillet 1880, lorsque ces chemins ne sont point affectés à l'usage du public. Les lignes de cette dernière catégorie, ne donnant lieu à la perception d'aucune taxe, ne font point l'objet de concessions proprement dites.

2. Droits de l'État, des départements ou des communes à l'expiration de la concession. — Les cahiers des charges des chemins de fer d'intérêt général contiennent tous la disposition suivante : « A l'époque « fixée pour l'expiration de la concession et par le seul fait de cette expi- « ration, le Gouvernement sera subrogé à tous les droits de la Compagnie « sur le chemin de fer et ses dépendances, et il entrera immédiatement en « jouissance de tous ses produits. La Compagnie sera tenue de lui remet- « tre en bon état d'entretien le chemin de fer et tous les immeubles qui en « dépendent, quelle qu'en soit l'origine, tels que les bâtiments des gares « et stations, les remises, ateliers et dépôts, les maisons de garde, etc. Il « en sera de même de tous les objets immobiliers dépendant également

« dudit chemin, tels que les barrières et clôtures, les voies, changements
« de voies, plaques tournantes, réservoirs d'eau, grues hydrauliques,
« machines fixes, etc. »

Dès l'origine, les Pouvoirs publics ont compris la nécessité de prendre
certaines mesures de précaution, pour se prémunir contre les tendances que pourraient avoir certains concessionnaires à négliger l'entretien du chemin de fer pendant les dernières années. Aussi ont-ils
introduit, à cet effet, dans le cahier des charges une clause qui a été
définitivement libellée comme il suit : « Dans les cinq dernières années qui
« précèderont le terme de la concession, le Gouvernement aura le droit
« de saisir les revenus du chemin de fer et de les employer à rétablir en
« bon état le chemin de fer et ses dépendances, si la Compagnie ne se
« mettait pas en mesure de satisfaire pleinement et entièrement à cette
« obligation. »

Le cahier des charges type des chemins de fer d'intérêt local renferme
des dispositions semblables, au profit des départements ou des communes.

3. **Reprise des objets mobiliers.** — D'après les cahiers des charges
qui régissent actuellement les chemins de fer d'intérêt général, l'État
« est tenu, si la Compagnie le requiert, de reprendre, sur une estimation
« faite à dire d'experts, les objets mobiliers, tels que le matériel roulant,
« les matériaux, combustibles et approvisionnements de tout genre, le
« mobilier des stations, l'outillage des ateliers et des gares ». Réciproquement, « si l'État le requiert, la Compagnie est tenue de lui céder ces objets
« de la même manière ». Toutefois l'État « ne peut être tenu de reprendre
« que les approvisionnements nécessaires à l'exploitation du chemin
« pendant six mois ».

Les premiers contrats de concession n'obligeaient point les concessionnaires à céder leurs objets mobiliers et se bornaient à leur donner la faculté de requérir l'acquisition de ces objets par l'État. C'est en 1838 que
la cession est devenue obligatoire, sur la demande de l'État (1).

Les dépenses d'acquisition du matériel roulant et des autres objets
mobiliers sont, au même titre que les dépenses de travaux, imputées au
compte de premier établissement et payées au moyen de capitaux dont
l'amortissement doit être accompli avant le terme de la concession : le
remboursement de ces dépenses, sauf déduction de la dépréciation, constitue donc une sorte de prime d'éviction au profit des actionnaires. L'allo-

____

(1) La loi organique du 11 juin 1842, dont le principe reposait sur l'institution de
contrats d'affermage et non de concessions proprement dites, prescrivait, en son art. 6,
le remboursement du matériel et de la voie de fer.

cation de cette prime ne s'imposant pas, on aurait pu stipuler pour l'État le retour gratuit du matériel roulant et des autres objets mobiliers, avec le chemin de fer lui-même dont il est impossible de les séparer.

Aussi l'Administration inclinait-elle vers l'abandon des errements antérieurs, lorsqu'il s'est agi d'arrêter les termes du cahier des charges type des chemins de fer d'intérêt local, prévu par la loi du 11 juin 1880. Elle voulait qu'au moins pour les entreprises subventionnées la valeur du matériel roulant ne fût point remboursée en fin de concession; suivant elle, ce matériel devait être considéré comme amorti à l'expiration naturelle du contrat. Mais le Conseil d'État n'a pas cru possible de faire un traitement plus défavorable aux Compagnies d'intérêt local qu'aux Compagnies d'intérêt général. Toutefois, admettant qu'il pourrait se présenter des cas où le matériel roulant fût défectueux et dût être remplacé, il a supprimé l'obligation pour les départements et les communes de reprendre ce matériel sur la réquisition des concessionnaires. L'article 35 du cahier des charges type contient en conséquence les dispositions que voici : « En ce qui « concerne les objets mobiliers, tels que le matériel roulant, le mobilier « des stations, l'outillage des ateliers et des gares, le département (ou la « commune) se réserve le droit de les reprendre en totalité ou pour telle « partie qu'il jugera convenable, à dire d'experts, mais sans pouvoir y « être contraint. La valeur des objets repris sera payée au concessionnaire « dans les six mois qui suivront l'expiration de la concession et la remise « du matériel au département. — Le département sera tenu, si le conces- « sionnaire le requiert, de reprendre les matériaux, combustibles et ap- « provisionnements de tout genre, sur l'estimation qui en sera faite à dire « d'experts; et réciproquement, si le département le requiert, le conces- « sionnaire sera tenu de céder ces approvisionnements de la même ma- « nière. Toutefois le département ne pourra être obligé de reprendre que « les approvisionnements nécessaires à l'exploitation du chemin pendant « six mois. »

Des règles différentes ont été admises dans les conventions récentes avec les Compagnies algériennes;

— Convention des 12 juillet 1883-3 juillet 1884 avec la Compagnie Franco-Algérienne pour la ligne d'Aïn-Thizy à Mascara: obligation pour la Compagnie de remettre à l'État le matériel roulant, les objets mobiliers, l'outillage et les approvisionnements, contre remboursement de la différence entre leur valeur estimée à dire d'experts et la dépense inscrite au compte de premier établissement.

— Convention des 15 mai 1884-15 avril 1885 avec la Compagnie

Franco-Algérienne, pour la ligne de Mostaganem à Tiaret : même disposition.

— Convention des 16 mai-16 juillet 1885 avec la Compagnie de l'Ouest-Algérien : même disposition applicable à tout le réseau, l'excédent de valeur devant, en outre, être compensé jusqu'à due concurrence avec le montant de la dette de la Compagnie au titre de la garantie d'intérêt.

— Convention des 23 mai-28 juillet 1885 avec la Compagnie de Bône à Guelma, pour la ligne de Souk-Arrhas à Tébessa : même disposition applicable à cette ligne seulement, sous la même réserve en ce qui concerne la compensation éventuelle avec la dette de la Compagnie, celle-ci n'ayant d'ailleurs rien à payer au cas où le matériel aurait une valeur inférieure à la somme inscrite au compte de premier établissement.

— Convention des 23 mai-28 juillet 1885 avec la Compagnie Franco-Algérienne, pour la ligne de Modzbah à Mécheria : généralisation de la clause précédemment insérée dans la convention concernant la ligne de Mostaganem à Tiaret.

— Convention des 15 avril-31 juillet 1886 avec la Compagnie Franco-Algérienne, pour la ligne de Mécheria à Aïn-Sefra : même clause, étant entendu que, si le matériel avait subi une moins-value, la Compagnie en tiendrait compte à l'État.

Les conventions approuvées par les lois du 17 août 1885, du 11 septembre 1885 et du 27 juillet 1886, pour la concession des lignes du Var, des chemins de Sancoins à Lapeyrouse et de la Guerche à Châteaumeillant et des lignes du Vivarais, contiennent des dispositions analogues.

Pour les chemins de fer industriels et les chemins miniers concédés, la situation est la même que pour les chemins de fer d'intérêt général : cependant il a été parfois admis qu'après l'expiration de la concession, les sociétés minières seraient exemptées du droit de péage et conserveraient ainsi un privilège d'une nature spéciale sur les lignes rentrées entre les mains de l'État. Nous reviendrons plus tard sur cette question.

En relatant les clauses insérées dans les dernières conventions avec les Compagnies algériennes, nous avons mentionné, pour plusieurs d'entre elles, la compensation éventuelle de la dette de l'État pour le matériel avec la dette de la Compagnie au titre de la garantie d'intérêt.

Les conventions de 1859 avec les grandes Compagnies contiennent toutes la disposition suivante à cet égard : « A l'expiration de la concession ou en cas de rachat, si l'État est créancier de la Compagnie, le « montant de sa créance sera compensé, jusqu'à due concurrence, avec la

« somme due à la Compagnie, pour la reprise, s'il y a lieu, aux termes
« de l'article 36 du cahier des charges, du matériel tant de l'ancien que
« du nouveau réseau. »

Nous nous réservons de discuter, à propos du rachat, la portée de cette
stipulation et les modifications qu'elle a pu subir par le fait des conventions ultérieures.

§ 2. — DU RACHAT DES CONCESSIONS

1. Clauses successivement introduites dans les actes de concessions relativement au droit de rachat. — C'est en 1837, lors des débats auxquels donna lieu la concession du chemin de fer de Mulhouse à Thann devant la Chambre des députés, que fut soulevée pour la première fois la question des réserves à insérer dans le cahier des charges en vue de l'éventualité du rachat des concessions. M. Salverte présenta un amendement d'après lequel « à toute époque, après l'expiration des trente pre-« mières années de la concession, le Gouvernement avait la faculté de ra-« cheter la concession entière du chemin de fer; ce rachat devait avoir « lieu au taux moyen du cours des actions pendant les cinq années précé-« dentes ». Suivant l'auteur de la proposition, il fallait permettre à l'État de se substituer, le cas échéant, au concessionnaire, dans un intérêt public, politique ou commercial; c'était l'application, sous une forme spéciale, du droit constitutionnel d'expropriation dont le Gouvernement ne pouvait se dépouiller. Le principe même de l'amendement fut peu combattu; mais les conditions indiquées pour le règlement de l'indemnité furent au contraire très vivement critiquées. (Voir tome Ier de notre Étude historique sur les chemins de fer, page 50.) Après une longue discussion, la Chambre jugea la question trop grave pour être résolue incidemment.

Le Ministre des travaux publics, reprenant peu de temps après l'initiative de la proposition, introduisit dans le cahier des charges du chemin de Lyon à Marseille (1837) un article reproduisant à peu près l'amendement de M. Salverte. Mais le projet de loi ne fut pas voté.

La Commission extraparlementaire instituée à la fin de 1837, pour l'étude de la création du réseau, eut à se prononcer sur la clause de rachat. Plusieurs membres repoussèrent cette clause, dans la crainte de décourager l'industrie privée, en lui enlevant la sécurité, et d'exposer le Gouvernement à la tentative d'user de son droit dans un simple intérêt fiscal. Mais la majorité crut au contraire devoir ménager à l'État la possibilité de reprendre les chemins de fer dans un intérêt public, par exemple pour appliquer dans l'exploitation des procédés nouveaux que le concessionnaire se refuserait à mettre en œuvre; pour abaisser les taxes, si la concurrence avec les pays voisins rendait cette mesure nécessaire; pour faciliter le prolongement des lignes, etc. Sur le délai avant l'expiration duquel le rachat ne pourrait être opéré, la contradiction fut encore plus vive : à la majorité d'une voix seulement, la Commission exprima l'avis qu'il était indispensable d'assurer au concessionnaire un certain temps de jouissance et le fixa à quinze années. Pour le règlement de l'indemnité, la Commission examina divers systèmes, notamment celui de l'allocation d'une annuité égale à 10 %/$_0$ du capital, celui du remboursement de ce capital, et celui du paiement d'une annuité établie d'après le revenu moyen d'un certain nombre d'années, avec addition d'une prime pour tenir compte des bénéfices futurs dont le concessionnaire serait privé. Ce fut le dernier système qui prévalut : la Commission admit que le revenu moyen serait déterminé sur les sept dernières années, en éliminant les deux plus mauvaises, pendant lesquelles il aurait pu s'être produit des réparations imprévues, des accidents ou des perturbations graves; quant à la prime, justifiée par la présomption d'augmentation du trafic, en raison du développement de l'industrie, des progrès de la richesse publique, de l'accroissement de la population et de la circulation, des perfectionnements du réseau des voies de communication, elle la fixa à un tiers, si le rachat était opéré à l'expiration de la première période de quinze années, à un quart, s'il l'était durant la seconde période de quinze ans, et à un cinquième au delà de ce terme.

Le cahier des charges du chemin de Strasbourg à Bâle (loi du 6 mars 1838) fut rédigé sur les bases que nous venons de rappeler. Il contenait les dispositions suivantes : « A toute époque, après l'expiration des quinze « premières années, à dater du délai fixé pour l'achèvement des tra- « vaux, le Gouvernement aura la faculté de racheter la concession entière « du chemin de fer. Pour régler le prix du rachat, on relèvera les divi- « dendes distribués aux actionnaires pendant les sept années qui auront « précédé celle où le rachat sera effectué; on en déduira les plus faibles « dividendes, et l'on établira le dividende moyen des cinq autres années. « Il sera, en outre, ajouté à ce dividende moyen le tiers de son montant, « si le rachat a lieu dans la première période de quinze années, à dater de « l'époque où le droit en est ouvert au Gouvernement, un quart si le « rachat n'est opéré que dans la seconde période de quinze années, et un « cinquième seulement pour les autres périodes. — Le dividende moyen, « accru, ainsi qu'on vient de le dire dans le paragraphe précédent, formera « le montant d'une annuité qui sera due et payée à la Compagnie pendant « chacune des années restant à courir sur la durée de la concession. »

Cette clause ne tarda pas à être remplacée par la suivante, dans les actes de concession du chemin de Paris à Rouen (loi du 6 juillet 1838) et du chemin de Paris à Orléans (loi du 7 juillet 1838) : « A toute époque, « après l'expiration des quinze premières années, à dater du délai fixé « pour l'achèvement des travaux, le Gouvernement aura la faculté de

« racheter la concession entière du chemin de fer. Pour régler le prix du
« rachat, on relèvera les produits nets annuels obtenus par la Compa-
« gnie pendant les sept années qui auront précédé celle où le rachat sera
« effectué ; on en déduira les produits nets des deux plus faibles années,
« et l'on établira le produit net moyen des cinq autres années. Il sera
« en outre ajouté à ce produit net moyen le tiers, etc. (la suite comme
« pour le chemin de Strasbourg à Bâle). » On le voit, l'indemnité était
réglée, non d'après le dividende effectivement réparti, mais d'après le
produit net, ce qui était plus équitable et plus rationnel.

Il n'était pas encore question du remboursement des objets mobiliers,
bien que la Commission de la Chambre des députés, appelée à examiner
le projet de loi relatif à la concession du chemin de Paris à Rouen, au
Havre et à Dieppe, eût proposé de consentir à ce remboursement qui lui
paraissait plus légitime encore au cas d'éviction anticipée qu'au terme
normal du contrat. Le silence du cahier des charges à ce sujet ne résultait
pas d'un oubli : on en trouve la preuve dans un rapport du général Lamy,
député, sur un projet de loi concernant le chemin de Lille à Dunkerque.
L'honorable rapporteur faisait valoir que le produit net de l'exploitation
étant le fruit du capital consacré à l'achat des objets mobiliers, comme du
capital employé aux travaux, l'État devait, en servant une annuité correspondant à ce produit net, être réputé acquéreur des meubles et immeubles
sans avoir à payer aucune indemnité supplémentaire ; il appelait l'attention
de l'Administration sur l'opportunité d'inscrire à l'avenir dans les actes de
concession une clause explicite, qui ne permît pas de mettre en doute
l'étendue des droits de l'État.

La commission extraparlementaire de 1839, consultée sur le principe
et les conditions du rachat, conclut au maintien des stipulations en
vigueur.

En 1842, le 1ᵉʳ février, le Ministre présenta à la Chambre un projet de
loi général, tendant à autoriser le retrait des concessions, pour cause
d'utilité publique et moyennant une juste et préalable indemnité. Cette
indemnité devait consister en une annuité se composant : 1° du produit
net moyen des dix dernières années, déduction faite des deux plus mauvaises ; 2° d'une prime de 1 1/2 % à 1 % par an, s'ajoutant progressivement
à la partie fixe de l'indemnité jusqu'à la centième année ; 3° d'une allocation de 4 % sur les travaux extraordinaires et récents d'amélioration,
pour la partie qui n'aurait pas exercé sur les produits de la voie concédée
l'augmentation qu'on était en droit d'en attendre. Le projet de loi ne put
être discuté avant la fin de la législature.

Les dispositions admises en 1838 continuèrent à prendre place, avec quelques variantes, dans les cahiers des charges ultérieurs jusqu'en 1844.

C'est ainsi que l'article 47 du cahier des charges concernant le chemin de Marseille à Avignon (24 juillet 1843), tout en maintenant le délai de quinze années et le principe de la prime, fixait la majoration de l'annuité au tiers, pour la première période de dix ans, et au cinquième pour les huit dernières années de la concession.

Mais la loi du 26 juillet 1844, relative au chemin de fer d'Orléans à Bordeaux, inaugura un système différent. Le Gouvernement avait proposé une rédaction, aux termes de laquelle l'annuité ne pouvait être inférieure ni au produit net de la dernière année, ni à 10 % du capital; quant à la prime, elle devait être de 1/6, si la résiliation avait lieu pendant les dix premières années à partir de l'ouverture du droit de rachat, de 1/8 pour la période suivante de dix années et de 1/10 pour le surplus. La Chambre des députés modifia cette rédaction, pour lui substituer la suivante : « A « toute époque, après l'expiration des quinze premières années, à dater « du terme fixé pour la pose de la voie de fer, le Gouvernement aura la « faculté de résilier le présent bail : pour régler le prix de cette résilia- « tion, on relèvera les produits nets annuels obtenus par la Compagnie, « déduction faite des sommes attribuées à l'État à titre de prix de ferme, « pendant les sept années qui auront précédé celle où la résiliation s'opè- « rera; on en déduira les produits nets des deux plus faibles années, et « l'on établira le produit net moyen des cinq autres années. Ce produit « net moyen formera le montant d'une annuité qui sera due et payée à la « Compagnie pendant chacune des années restant à courir sur la durée du « bail. — Dans aucun cas, le montant de l'annuité ne sera inférieur au « produit net de la dernière des sept années prises pour terme de compa- « raison. — La Compagnie recevra en outre, dans les trois mois qui sui- « vront la résiliation, les remboursements auxquels elle aurait droit à « l'expiration du bail. » La prime en argent était ainsi supprimée; mais, en revanche, on ajoutait à l'indemnité le paiement du matériel d'exploita- tion. Cette addition n'avait d'ailleurs pas été votée sans certaines difficul- tés. M. Bethmont avait signalé le double emploi du remboursement du matériel et du paiement d'une annuité représentant la rémunération d'un capital, dans lequel était comprise la valeur de ce matériel; il avait pro- posé de réduire l'annuité, dans le rapport du capital remboursé au capital entier payé par la Compagnie. De son côté, M. Bineau, sans s'opposer absolument à la clause de remboursement, avait demandé que l'annuité correspondant au matériel fût calculée en ramenant à sa valeur, à la date du rachat, la somme qui aurait dû être versée au terme de la concession.

Depuis lors, les stipulations du cahier des charges n'ont pour ainsi dire plus varié. A l'occasion des concessions nouvelles qui leur étaient faites, les Compagnies ont successivement renoncé aux primes qui leur étaient acquises d'après les contrats antérieurs. Aujourd'hui elles sont régies par l'article 37 dont le libellé est le suivant : « A toute époque après l'expiration « des quinze premières années de la concession, le Gouvernement aura la « faculté de racheter la concession entière du chemin de fer. — Pour régler « le prix du rachat, on relèvera les produits nets annuels obtenus par la « Compagnie pendant les sept années qui auront précédé celle où le rachat « sera effectué ; on en déduira les produits nets des deux plus faibles « années, et l'on établira le produit net moyen des cinq autres années. — « Ce produit net moyen formera le montant d'une annuité qui sera due et « payée à la Compagnie pendant chacune des années restant à courir sur « la durée de la concession. Dans aucun cas, le montant de l'annuité ne « sera inférieur au produit net de la dernière des sept années prises pour « terme de comparaison. — La Compagnie recevra, en outre, dans les « trois mois qui suivront le rachat, les remboursements auxquels elle « aurait droit à l'expiration de la concession, selon l'article 36. »

C'est à peine si, pendant la période de 1844 à 1874, nous avons à signaler quelques dérogations aux principes généraux en matière de rachat. Nous citerons :

1° Le cahier des charges du chemin industriel des houillères du Sorbier (27 juillet 1853), qui prévoyait une majoration d'un tiers sur le montant de l'annuité, si le rachat était effectué pendant la première période de quinze ans, à dater de l'ouverture du droit attribué au Gouvernement ; d'un quart, si le rachat était opéré pendant les quinze années suivantes ; et d'un cinquième pour le surplus ;

2° Le cahier des charges du chemin de Montluçon à Moulins (17 octobre 1854), qui conférait à l'État le droit de racheter la ligne, dans certaines éventualités, avant l'expiration des quinze premières années, moyennant le remboursement des dépenses utiles de construction, augmentées des intérêts à 4 % pendant une année ;

3° Le cahier des charges des chemins à rails de fer ou de bois à établir par la Compagnie du Midi le long des routes agricoles des Landes (1er août 1857), prévoyant l'allocation de primes fixées au 1/3, au 1/4 ou au 1/5, suivant que le rachat serait opéré pendant la première période de cinq années, pendant la période suivante ou ultérieurement ;

4° Le cahier des charges du chemin de Bully-Grenay au canal d'Aire à la Bassée (28 décembre 1859), stipulant le remboursement des dépenses de construction, majorées de leur intérêt à 5 % pendant la période de construction ;

5° L'article 10 de la convention des 1er mai - 11 juin 1863 avec la Compagnie de l'Ouest, conférant à l'État la faculté de racheter le chemin d'Auteuil, sauf fixation du prix dans les formes prescrites par la loi du 29 mai 1845 et modifiées par celle du 1er août 1860 (1);

6° L'article 9 de la convention des 31 mai - 18 juillet 1865 avec la Compagnie de l'Ouest, contenant une clause semblable pour le chemin d'Auteuil et pour le chemin de Ceinture (rive gauche).

La loi du 23 mars 1874 a apporté un changement relativement important aux stipulations du cahier des charges type des chemins de fer d'intérêt général. Quelques doutes avaient surgi sur l'interprétation de l'article 37; on s'était demandé si toute concession nouvelle avait pour effet de reculer l'époque à laquelle l'État pouvait exercer son droit de rachat. Sans admettre qu'il pût en être ainsi, l'Assemblée nationale crut utile de dissiper toute équivoque et compléta le texte dont le Gouvernement l'avait saisi par l'article suivant : « En ce qui concerne les Compagnies déjà exis- « tantes, si le Gouvernement exerce le droit qui lui est réservé par l'ar- « ticle 37 du cahier des charges de racheter la concession entière, la Com- « pagnie pourra demander que les lignes dont la concession remonte à « moins de quinze ans soient évaluées, non d'après leurs produits nets, « mais d'après leur prix réel de premier établissement. »

Cette disposition, qui avait déjà été introduite dans la convention de 1873 avec la Compagnie de l'Est, a été explicitement visée dans les conventions de 1875 avec les Compagnies de l'Ouest, de Paris-Lyon-Méditerranée et du Midi.

Enfin les conventions de 1883 avec les six grandes Compagnies ont modifié les clauses antérieures, par la stipulation que voici : « Si le Gou- « vernement exerce le droit qui lui est réservé par l'article 37 du cahier « des charges, de racheter la concession entière, la Compagnie pourra « demander que toute ligne dont la mise en exploitation remonterait à « moins de quinze ans soit évaluée, non d'après son produit net, mais « d'après le prix réel de premier établissement (2). — En outre de l'annuité « prévue par l'article 37 du cahier des charges, la Compagnie aura droit « au remboursement des dépenses complémentaires autres que celles du « matériel roulant, exécutées par elle, avec l'approbation du Ministre des « travaux publics, sur toutes les lignes de son réseau, conformément aux

(1) Cette clause avait été introduite dans la convention, pour le cas où l'État aurait à reprendre possession du chemin d'Auteuil, en vue de l'achèvement du chemin de Ceinture.

(2) Pour les Compagnies de l'Ouest et de Paris-Lyon-Méditerranée, les mots « d'après « le prix réel de premier établissement » ont été remplacés par les mots « d'après ce que « la Compagnie aura réellement dépensé pour son établissement. »

« dispositions de l'article...., sauf déduction de 1/15 pour chaque année
« écoulée depuis la clôture de l'exercice dans lequel auront été exécutés
« les travaux. »

Le cahier des charges type des chemins de fer d'intérêt local, approuvé
par décret du 6 août 1881, diffère des cahiers des charges des chemins de
fer d'intérêt général, en ce qu'il prévoit le rachat avant l'expiration des
quinze premières années. Son article 36 est ainsi conçu : « Le département
« (ou la commune) aura toujours le droit de racheter la concession. Si le
« rachat a lieu avant l'expiration des quinze premières années de l'exploi-
« tation, il se fera conformément au § 3 de l'article 11 de la loi du 11 juin
« 1880. Ce terme de quinze ans sera compté à partir de la mise en exploi-
« tation effective de la ligne entière, ou au plus tard à partir de la fin du
« délai qui est fixé dans l'article 2 du présent cahier des charges, sans
« tenir compte des retards qui auraient eu lieu dans l'achèvement des tra-
« vaux. Si le rachat de la concession entière est demandé par le départe-
« ment après l'expiration des quinze premières années de l'exploitation,
« on règlera le prix du rachat en relevant les produits nets annuels obte-
« nus par le concessionnaire pendant les sept années qui auront précédé
« celle où le rachat sera effectué, et en y comprenant les annuités qui
« auront été payées à titre de subvention ; on en déduira les produits nets
« des deux plus faibles années, et l'on établira le produit net moyen des
« cinq autres années. Ce produit net moyen formera le montant d'une
« annuité qui sera due et payée au concessionnaire pendant chacune des
« années restant à courir sur la durée de la concession. Dans aucun cas,
« le montant de l'annuité ne sera inférieur au produit net de la dernière
« des sept années prises pour terme de comparaison. — Le concession-
« naire recevra, en outre, dans les six mois qui suivront le rachat, les
« remboursements auxquels il aurait droit à l'expiration de la conces-
« sion..., la reprise de la totalité des objets mobiliers étant ici obligatoire
« pour le département. » L'article 11, § 3, de la loi du 11 juin 1880 porte
d'ailleurs que « en cas d'éviction du concessionnaire (par suite de l'incor-
« poration du chemin de fer dans le réseau d'intérêt général), si ses droits ne
« sont pas réglés par un accord préalable ou par un arbitrage établi, soit par
« le cahier des charges, soit par une convention postérieure, l'indemnité
« qui peut lui être due est liquidée par une commission spéciale qui fonc-
« tionne dans les conditions réglées par la loi du 29 mai 1845. Cette com-
« mission sera instituée par un décret et composée de neuf membres, dont
« trois désignés par le Ministre des travaux publics, trois par le conces-
« sionnaire et trois par l'unanimité des six membres déjà désignés. Faute

« par ceux-ci de s'entendre dans le mois de la notification à eux faite de
« leur nomination, le choix de ceux des trois membres qui n'auront pas
« été désignés à l'unanimité sera fait par le premier président et les prési-
« dents réunis de la Cour d'appel de Paris ». Ajoutons que l'article 36 du
cahier des charges, prévoyant l'incorporation au réseau d'intérêt général
et le rachat par l'État, se termine par le paragraphe suivant : « Si l'État
« rachète la concession, passé le terme de quinze années qui est fixé dans
« le § 1er du présent article, le rachat sera opéré suivant les dispositions
« qui précèdent. Dans le cas où, au contraire, l'État déciderait de racheter
« la concession avant l'expiration de ce terme, l'indemnité qui pourra être
« due au concessionnaire sera liquidée par une Commission spéciale, con-
« formément au § 3 de l'article 11 de la loi du 11 juin 1880. »

Nous n'insistons pas, pour l'heure, sur les stipulations postérieures à
1873, non plus que sur certaines clauses relatives au fonctionnement de la
garantie d'intérêt dans ses rapports avec le règlement de l'indemnité de
rachat ; car nous aurons à y revenir incessamment.

2. Date de l'ouverture du droit de rachat. — *a.* CHEMINS DE FER D'IN-
TÉRÊT GÉNÉRAL. — Aux termes de l'article 37 du cahier des charges qui
régit les grandes Compagnies, la faculté de rachat s'ouvre pour l'État à
l'expiration des quinze premières années de la concession. Des doutes se
sont élevés sur le sens et la portée de cette stipulation. On s'est demandé
notamment si toute concession de ligne nouvelle avait pour effet de reculer
l'ouverture du droit de rachat, si ce droit ne pouvait s'exercer que quinze
ans après le point de départ de la dernière concession. Une telle interprétation eût abouti, en pratique, à rendre absolument illusoires les dispositions de l'article 37 du cahier des charges : car les additions successivement
apportées aux réseaux ont été jusqu'ici, dans la plupart des cas, et seront
sans doute encore, dans l'avenir, échelonnées à des intervalles de moins
de quinze années. Cependant, M. de Montgolfier, rapporteur de la loi du
23 mars 1874 à l'Assemblée nationale, a cru devoir réfuter, dans son rapport, la prétention qui s'était fait jour ; pour couper court à toute incertitude, en même temps que pour rendre plus équitable le règlement de
l'indemnité afférente aux lignes nouvelles, l'Assemblée a, sur sa proposition, introduit dans la loi un article spécial à la liquidation de cette indemnité.

L'origine de la concession a été définitivement fixée comme il suit :

Nord . . . . 1er janvier 1852 (convention des 21-26 juin 1857).
Est . . . . 27 novembre 1855 (cahier des charges annexé à la
convention des 24 juillet 1858-11 juin 1859).

Ouest . . . . 1er janvier 1858 (cahier des charges annexé à la convention des 29 juillet 1858-11 juin 1859).

Orléans . . . . 1er janvier 1858 (convention des 11 avril-19 juin 1857).

Paris-Lyon-Méditerranée . . . . 1er janvier 1860 (convention des 11 avril-19 juin 1857).

Midi . . . . 1er janvier 1862 (convention du 1er août 1857).

Rhône au Mont-Cenis. 1er janvier 1856 (cahier des charges annexé à la convention des 1er-27 mai 1863).

Ainsi le droit de rachat est ouvert depuis plusieurs années pour les six grandes Compagnies.

Nous ne mentionnerons que pour mémoire le chemin de Ceinture de Paris (rive droite) : en effet, la participation de chacune des Compagnies sus-indiquées est restée liée au sort du réseau dont elles sont concessionnaires (convention du 10 décembre 1851). Il en est de même du chemin de Grande Ceinture (convention du 4 août 1875).

Pour les Compagnies algériennes, le droit de rachat est ouvert ou s'ouvrira aux dates ci-après :

Cie de Paris-Lyon-Méditerranée . . . . 1er janvier 1875 (cahier des charges annexé à la convention des 1er mai-11 juin 1863).

Cie de Bône Guelma . . . . . . 7 mai 1902 (1) (cahier des charges annexé à la convention des 11 janvier-26 mars 1877 et convention des 23 mai-28 juillet 1885).

Cie de l'Est-Algérien . . . . . . 15 décembre 1904 (convention des 20 juin-7 août 1885).

Cie de l'Ouest-Algérien (2). 1er janvier 1898 (convention des 16 mai-16 juillet 1885).

Cie Franco-Algérienne . . . . 29 avril 1899 (cahiers des charges visés par les conventions des 20 décembre 1873-29 avril 1874, des 12 juillet 1883-3 juillet 1884, des 15 mai 1884-15 avril 1885, des 23 mai-28 juillet 1885 et des 15 avril-31 juillet 1886).

Deux questions ont donné lieu à quelques controverses :

1o Lorsqu'un cahier des charges n'a pas prévu le rachat, l'État est-il

____

(1) Le délai est de 25 années, au lieu de 15.

(2) Exceptionnellement le droit de rachat est permanent pour la ligne de Blidah à Berrouaghia.

dépouillé du droit de reprendre possession du chemin de fer avant l'expiration de la concession?

2° Quand le cahier des charges a prévu le rachat, mais seulement à partir d'une époque déterminée, l'État est-il contraint d'attendre en tout cas cette échéance?

Ces deux questions n'ont plus guère d'intérêt pratique, puisque les actes de concession stipulent tous la faculté de reprise à partir d'une date relativement peu éloignée et que le droit de rachat est aujourd'hui ouvert pour la plupart des lignes de notre réseau. Cependant, comme elles ont été souvent discutées, il est impossible de les passer sous silence.

La réponse à la première ne saurait être douteuse. Lorsque le contrat ne contient aucune clause, aucune réserve concernant le rachat éventuel de la concession, on doit admettre que le concessionnaire est resté sous le régime du droit commun; que l'État n'a ni aliéné, ni enchaîné sa liberté d'action; qu'il a conservé intact son droit de reprendre le chemin de fer à toute époque, s'il juge cette mesure nécessaire ou utile à l'intérêt public. Toutefois, les bases du règlement de l'indemnité n'ayant pas été arrêtées par avance d'un commun accord entre les parties contractantes, il y aurait lieu, à défaut d'une entente, de constituer une commission arbitrale analogue à celles qui ont été instituées en vertu des lois du 25 mai 1845, du 28 juillet 1860 et du 18 juillet 1881, pour le rachat de divers canaux, ainsi que du 6 juillet 1852, du 20 mai 1863 et du 31 juillet 1880 pour le rachat de ponts à péage. Les concessions de chemins de fer, de même que les autres concessions de travaux publics, ne se prêtent, en effet, ni par le caractère du droit conféré aux concessionnaires, ni par les difficultés spéciales d'évaluation de l'indemnité, à l'intervention du jury ordinaire de la loi du 3 mai 1841. La Commission arbitrale serait composée, soit, conformément à la loi du 31 juillet 1880 sur les ponts à péage, de trois membres dont un désigné par le préfet, un autre par le concessionnaire et le troisième par les deux premiers ou, à défaut d'entente, par le président du tribunal civil, soit, plutôt, conformément aux autres lois, de neuf membres, dont trois désignés par l'Administration supérieure, trois par la Compagnie, et les trois derniers par l'unanimité des six autres membres, ou à défaut par le premier président de la Cour de Paris, assisté des présidents de Chambre.

La seconde question est plus délicate. On a soutenu que le droit d'expropriation pour cause d'utilité publique était un droit régalien auquel l'État ne pouvait jamais renoncer; que certaines circonstances pouvaient rendre indispensable la reprise d'une concession; que, si le cahier des charges réglait les conditions du rachat après l'expiration d'un délai déterminé, rien n'empêchait néanmoins l'État de procéder au rachat avant le terme prévu, sauf à recourir à la procédure précédemment indiquée pour les concessions dont la reprise éventuelle n'a fait l'objet d'aucune stipulation. Cette thèse nous paraît difficilement soutenable. Sans doute, le législateur est tout puissant; cependant la morale impose à son autorité des limites qu'il ne doit pas franchir; il doit avant tout le respect le plus absolu aux contrats qu'il a conclus avec les particuliers; seules, des raisons de salut public pourraient justifier, de sa part, des mesures contraires à la lettre de ces contrats. Or, si l'on examine attentivement le libellé de l'article 37 du cahier des charges, il est facile de se convaincre que cet article a eu pour objet, non seulement d'arrêter les bases du règlement de l'indemnité, au cas où le rachat serait effectué après le terme de quinze années, mais encore d'assurer aux Compagnies une certaine durée, un certain délai d'existence. L'État a renoncé à l'exercice du rachat pendant ce délai et constitué à ce point de vue, au profit du concessionnaire, des droits qu'il lui est interdit de violer.

D'ailleurs, nous le répétons, les deux questions qui viennent d'être sommairement examinées n'ont plus guère qu'un intérêt purement doctrinal.

b. CHEMINS DE FER D'INTÉRÊT LOCAL. — Avant 1880, les cahiers des charges des chemins de fer d'intérêt local contenaient, pour le rachat, des dispositions analogues à celles des cahiers des charges des chemins de fer d'intérêt général.

La loi du 11 juin 1880 a modifié la situation. Son article 6 est, en effet, ainsi conçu : « L'autorité qui a fait la concession a *toujours* le droit : .....
« 3° de racheter la concession aux conditions qui seront fixées par le
« cahier des charges; 4° de supprimer ou de modifier une partie du tracé
« lorsque la nécessité en aura été reconnue après enquête. — Dans ces
« deux derniers cas, si les droits du concessionnaire ne sont pas réglés
« par un accord préalable ou par un arbitrage établi, soit par le cahier
« des charges, soit par une convention postérieure, l'indemnité qui peut
« lui être due est liquidée par une commission spéciale formée comme il
« est dit au § 3 de l'article 11 de la présente loi. » D'autre part l'article 11
porte : « A toute époque, une voie ferrée peut être distraite du domaine
« public départemental ou communal et classée par une loi dans le do-
« maine de l'État. — Dans ce cas, l'État est substitué aux droits et obliga-
« tions du département ou de la commune, à l'égard des entrepreneurs ou
« concessionnaires, tels que ces droits et obligations résultent des conven-
« tions légalement autorisées. — En cas d'éviction du concessionnaire, si

« ses droits ne sont pas réglés par un accord préalable ou par un arbitrage
« établi, soit par le cahier des charges, soit par une convention postérieure,
« l'indemnité qui peut lui être due est liquidée par une commission spé-
« ciale qui fonctionne dans les conditions réglées par la loi du 29 mai 1845.
« Cette commission sera instituée par un décret et composée de neuf
« membres, dont trois désignés par le Ministre des travaux publics, trois
« par le concessionnaire et trois par l'unanimité des six membres déjà
« désignés ; faute par ceux-ci de s'entendre dans le mois de la notification
« à eux faite de leur nomination, le choix de ceux des trois membres qui
« n'auront pas été désignés à l'unanimité sera fait par le premier président
« et les présidents réunis de la Cour d'appel de Paris. »

Le Conseil d'État, ayant à arrêter les termes d'un cahier des charges type,
en exécution de l'article 2 de la loi du 11 juin 1880, y a inséré l'article 36
dont nous avons reproduit le texte, page 568. Cet article rappelle que
le département (ou la commune) a toujours le droit de racheter la concession. Si le rachat s'opère avant l'expiration des quinze premières années
d'exploitation, l'indemnité est liquidée, comme il vient d'être dit, par une
commission arbitrale de neuf membres ; si, au contraire, le rachat est
effectué après les quinze premières années, l'indemnité est réglée d'après
le produit net moyen des sept années précédentes. Le terme de quinze ans
est compté à partir de la mise en exploitation effective de la ligne entière ou,
au plus tard, à partir de la fin du délai fixé pour l'achèvement des travaux,
sans tenir compte des retards qui auraient eu lieu dans leur exécution.
Les règles sont les mêmes pour le cas où, le chemin de fer étant incorporé
au réseau d'intérêt général, l'État rachèterait la concession, soit avant, soit
après le terme de quinze années.

Les dispositions explicites insérées dans la loi du 11 juin 1880 et dans
le cahier des charges type des chemins de fer d'intérêt local, pour réserver à toute époque le droit de rachat des concessions, confirment
l'opinion que nous avons formulée ci-dessus au sujet de l'aliénation du
droit de rachat des chemins de fer d'intérêt général avant l'expiration du
délai de quinze années, quand le cahier des charges n'a prévu le rachat
qu'au delà de ce terme.

**3. Solidarité des diverses parties du réseau concédé à une
même Compagnie au point de vue du rachat.** — Le principe général
est que toutes les parties du réseau concédé à une même Compagnie sont
solidaires et ne peuvent être rachetées l'une sans l'autre. Elles forment, à
cet égard, un tout absolument indivisible. On conçoit en effet que les concessionnaires ne puissent être exposés à se voir dépouillés de leurs lignes

fructueuses, de leurs artères nourricières, sans être en même temps débarrassés des lignes peu productives. Les rachats partiels ne peuvent être effectués qu'à titre exceptionnel, en vertu de stipulations expresses des actes de concession ou en vertu d'un accord ultérieur.

Ce principe n'avait pas besoin d'être écrit; il est dans la nature même des choses. La loi du 3 mai 1841, elle-même, l'a posé pour les bâtiments expropriés, ainsi que pour les parcelles de terre trop profondément atteintes par l'expropriation.

Néanmoins les actes de concession renferment en général des clauses formelles à cet égard.

Le cahier des charges type des chemins de fer d'intérêt général ne confère au Gouvernement, en son article 17, que « la faculté de racheter la « concession *entière* ». La convention des 21-26 juin 1857 avec la Compagnie du Nord, article 14, porte : « La faculté de rachat stipulée au profit de « l'État ne pourra être exercée que sur l'ensemble des lignes énoncées au « paragraphe précédent (lignes concédées à titre, soit définitif, soit éven- « tuel, tant par la convention de 1857 que par des actes antérieurs. » On trouve la même clause dans les conventions des 11 avril-19 juin 1857 avec la Compagnie d'Orléans (art. 16) et avec la Compagnie de Paris-Lyon-Méditerranée (art. 15), et dans la convention du 1er août 1857 avec la Compagnie du Midi (art. 13). Pour cette dernière Compagnie, l'État ne peut même racheter le chemin de fer sans racheter simultanément le canal latéral à la Garonne et réciproquement. (Art. 70 du cahier des charges annexé à la loi du 8 juillet 1852.)

Comme exemples de dispositions exceptionnelles visant le rachat isolé de certaines lignes, nous citerons l'article 10 de la convention des 1er mai-11 juin 1863 avec la Compagnie de l'Ouest, relatif au chemin d'Auteuil, et l'article 9 de la convention des 31 mai-18 juillet 1865 avec la même Compagnie, relatif au chemin d'Auteuil, y compris son raccordement avec le chemin de Ceinture (rive droite), ainsi qu'au chemin de Ceinture (rive gauche).

Bien que la Compagnie de Paris-Lyon-Méditerranée soit tout à la fois concessionnaire de son réseau principal, de la ligne du Rhône au Mont-Cenis et d'une partie des lignes algériennes, il y a là trois concessions absolument distinctes, dont chacune peut être reprise isolément.

Il en est de même des concessions faites dans des départements diffé-rents à une même Compagnie de chemins de fer d'intérêt local : ces con-cessions n'offrent entre elles aucune solidarité de droit ni de fait, et peuvent être rachetées séparément, soit par le département, soit par l'État après incorporation des lignes dans le réseau d'intérêt général.

Le principe de l'éviction intégrale souffre encore une exception que nous avons déjà fait connaître pour les chemins de fer d'intérêt local : l'article 6 de la loi du 11 janvier 1880 prévoit en effet la suppression d'une partie du tracé, lorsque la nécessité en aura été reconnue après une enquête (voir page 572). Cette disposition a été introduite dans la loi en vue des sections de chemins d'intérêt local empruntant des voies publiques livrées à la circulation ordinaire.

4. Bases du règlement de l'indemnité. — Les bases ordinaires du règlement de l'indemnité, en cas de rachat des chemins de fer d'intérêt général, sont les suivantes d'après les cahiers des charges et les conventions.

a. ANNUITÉ. — Aux termes de l'article 37 du cahier des charges, le concessionnaire évincé a droit, pendant chacune des années restant à courir sur la durée de la concession, à une annuité égale au produit net moyen des sept années qui ont précédé celle pendant laquelle le rachat est effectué, sauf déduction des deux plus mauvaises. Cette déduction a pour objet d'éliminer les circonstances particulièrement défavorables qui ont pu agir sur les résultats de certains exercices ; elle a d'ailleurs sa compensation dans ce fait que le concessionnaire est privé, pour l'avenir, des plus-values sur lesquelles il pouvait compter.

La liquidation de l'annuité prévue par l'article 37 du cahier des charges soulève des questions délicates, au point de vue juridique, pour les Compagnies jouissant de la garantie d'intérêt et astreintes au partage des bénéfices.

Trois périodes distinctes sont à envisager dans la vie de ces Compagnies, à savoir :

La période du jeu de la garantie ;

La période du remboursement des avances de l'État ;

La période de la participation de l'État aux bénéfices.

1. *Période du jeu de la garantie.* — Doit-on ne pas comprendre dans le produit net des années servant de base au calcul de l'annuité les sommes que l'État a eu à verser au titre de la garantie d'intérêt, ou au contraire tenir compte de ces sommes ? Les deux solutions ont eu leurs défenseurs.

A l'appui de la première, on a fait valoir que, dans les conventions, l'expression « produit net » a toujours été employée pour représenter la différence entre les recettes brutes de l'exploitation et les dépenses correspondantes, à l'exclusion des avances du Trésor. Il est certain qu'en prenant les textes à la lettre cet argument a une sérieuse valeur. L'article des contrats de 1859 qui règle l'application de la garantie d'intérêt porte en effet : « Il sera établi annuellement deux comptes distincts des *pro-* « *duits nets*, y compris les produits accessoires de toute nature : 1° de « l'ancien réseau ; 2° du nouveau réseau... Toute la portion des pro- « duits nets de l'ancien réseau qui excédera un revenu moyen de... « sera appliquée, concurremment avec les produits nets du nouveau ré- « seau, à couvrir l'intérêt et l'amortissement garantis par l'État... La « garantie de l'État ne s'appliquera que dans le cas où les produits nets « du nouveau réseau, accrus de l'excédent des produits de l'ancien réseau, « ne couvriraient pas l'intérêt et l'amortissement à 4 % du capital garanti « par l'État. » D'autre part, les règlements de 1863-1868 sur les justifica- tions financières à fournir par les Compagnies contiennent les dispositions que voici : « Les comptes annuels font ressortir : 1° le produit net kilomé- « trique de l'exploitation des lignes terminées de l'ancien réseau ; 2° la « portion de ce produit net qui doit, s'il y a lieu, couvrir, concurremment « avec les produits nets de l'exploitation du nouveau réseau, l'intérêt et « l'amortissement garantis par l'État... ; 4° le montant des produits nets « de l'exploitation du nouveau réseau à affecter au service de l'intérêt et « de l'amortissement, concurremment avec l'excédent des produits nets « de l'ancien réseau. » Dans ces textes, les mots « produits nets » dési- gnent incontestablement l'excédent des recettes proprement dites sur les dépenses de l'exploitation.

On a soutenu aussi que la garantie de l'État était essentiellement subordonnée à l'exploitation par le concessionnaire, que cette exploitation était la condition sine quà non des subsides du Trésor.

Dans le sens contraire, on a fait valoir que, pendant la période de fonc- tionnement de la garantie, les avances du Trésor constituaient l'un des élé- ments du produit net et devaient en conséquence être compris dans le calcul de l'annuité.

Si l'on ne s'attache pas outre mesure à la lettre des actes de concession, il est certain que la seconde solution est beaucoup plus conforme à l'équité. Les Compagnies ont réuni leurs capitaux, émis leurs obligations, sur la foi des engagements de l'État; les capitalistes qui ont souscrit leurs emprunts ne l'ont fait qu'avec l'assurance de recevoir un minimum d'inté- rêt et d'être remboursés dans un délai déterminé. L'élimination des avances du Trésor, dans le calcul de l'annuité, pourrait non seulement porter atteinte au dividende des actionnaires, mais encore faire tomber le revenu des Compagnies au-dessous du chiffre nécessaire au service des obligations et entraîner ainsi leur faillite et leur ruine. Sans doute l'appoint fourni aux Compagnies par le jeu de la garantie ne leur appartient pas et n'est qu'une avance remboursable ; mais ce remboursement devait être assuré par les plus values de l'avenir : en évinçant les Compagnies, l'État les prive de ces plus-values, leur enlève leur instrument de libération, se substitue à elles pour cette libération, et se met en quelque sorte à leur place pour le paiement de leur dette qui, d'ailleurs, est compensée en tout ou partie, comme nous le verrons plus loin, avec la valeur du matériel roulant. Il peut donc paraître juste et conforme à l'esprit des contrats d'adopter la seconde solution, bien qu'au premier abord elle ne paraisse pas en harmonie avec les textes.

A peine avons-nous besoin de faire remarquer que cette deuxième solution se prête elle-même à deux modes de calcul, consistant : l'un à prendre la moyenne des produits nets des sept dernières années augmentés des avances du Trésor, l'autre à prendre la moyenne des produits nets effectifs et à ajouter ensuite à cette moyenne l'appoint nécessaire pour parfaire le revenu garanti d'après l'état du réseau lors du rachat. Ces deux modes de calcul, quoiqu'offrant beaucoup de similitude, ne conduisent pas au même résultat, en particulier si le capital garanti a varié.

Quoi qu'il en soit, il y a ou plutôt il y avait là des questions litigieuses qui auraient pu être déférées, le cas échéant, à la juridiction administrative.

La difficulté a été explicitement résolue dans un sens favorable aux Compagnies par les conventions de 1883 avec l'Est, l'Ouest, l'Orléans et le Midi (1). En effet deux de ces conventions, celles de l'Est et de l'Ouest, contiennent la clause suivante : « Le prix total de rachat ne pourra, dans « aucun cas, ressortir à une somme correspondant à une annuité inférieure « au montant du revenu réservé aux actionnaires, fixé par l'article... « au chiffre de..., augmenté des charges d'intérêt et d'amortissement des « emprunts calculées conformément aux prescriptions des articles... de la « présente convention. » La convention avec l'Orléans stipule que « l'an- « nuité à payer à la Compagnie en vertu de l'article 37 du cahier des char- « ges ne pourra être inférieure à l'ensemble des sommes mentionnées aux « paragraphes 1, 2, 3 et 4 de l'article 14, déduction faite des charges d'in- « térêt et d'amortissement des sommes remboursées en exécution de l'alinéa « précédent du présent article (dépenses complémentaires autres que « celles du matériel roulant) ». Enfin la convention du Midi renferme une disposition semblable à celle de la convention d'Orléans.

(1) Les conventions de 1883 garantissent aux quatre Compagnies de l'Est, de l'Ouest, de l'Orléans et du Midi, un revenu minimum sur les dépenses afférentes à l'ensemble de leur réseau.

Les Compagnies du Nord et de Paris-Lyon-Méditerranée n'ayant point fait appel à la garantie avant 1883, les conventions conclues avec ces deux Compagnies sont restées muettes à cet égard.

Les stipulations des contrats de 1883 avec l'Est, l'Ouest, l'Orléans et le Midi, ne sont pas libellées dans des termes identiques. Mais, malgré les différences de rédaction des textes, leur application conduirait aux mêmes résultats. Outre l'indemnité afférente aux lignes exploitées depuis moins de quinze ans, aux travaux complémentaires, au matériel roulant et aux autres objets mobiliers, la Compagnie recevrait pour les lignes exploitées depuis plus de quinze ans : 1° une annuité réglée conformément à l'article 37 du cahier des charges, d'après le produit net des sept dernières années et sans avoir égard au fonctionnement de la garantie; 2° s'il y avait lieu, une annuité complémentaire destinée à parfaire le revenu réservé aux actionnaires et les charges d'intérêt et d'amortissement des obligations, déduction faite de la part déjà comprise dans l'indemnité pour travaux complémentaires, matériel roulant et autres objets mobiliers.

Nous venons de dire que les conventions de 1883 avec le Nord et le Paris-Lyon-Méditerranée ne renfermaient point de clause analogue à celles des contrats avec les quatre autres Compagnies. Il ne sera pas sans intérêt de constater que ces deux conventions désignent par « produit net », comme les conventions de 1859, l'excédent des recettes effectives de l'exploitation sur les dépenses.

Entre les deux solutions que nous avons exposées et discutées, il en avait été proposé une troisième, consistant à ne pas faire entrer les avances de l'État dans le calcul du produit net moyen des sept dernières années et à ne compléter, le cas échéant, l'annuité ainsi établie que jusqu'à concurrence de la somme nécessaire pour faire face aux charges à 4 °/₀ du capital garanti. Cette combinaison intermédiaire pouvait conduire à sacrifier, non seulement les intérêts des actionnaires, mais encore ceux des obligataires, puisqu'une partie seulement du capital-obligations était garanti pour les six grandes Compagnies, et qu'il n'était point fait de distinction entre les obligations émises pour couvrir les dépenses du nouveau réseau et les obligations émises pour l'ancien réseau.

En supposant les avances du Trésor comprises dans le produit net moyen des sept dernières années, on s'est demandé encore si l'annuité complémentaire servie de ce chef aux Compagnies devrait courir jusqu'à la fin de la concession ou seulement jusqu'au terme assigné au fonctionnement de la garantie. Pour cette dernière solution, on a allégué que le paiement de l'annuité complémentaire était la continuation du service de la garantie, même après l'éviction du concessionnaire, et que, dès lors, l'État ne pouvait y être tenu au delà des limites du délai déterminé par les conventions. Dans un sens opposé, on a fait valoir qu'une fois calculée l'annuité de rachat demeurait invariable, était due jusqu'à la fin de la concession, sans diminution comme sans augmentation, pour quelque cause que ce fût ; on a ajouté que, si on avait assigné un terme à la garantie, c'était à raison des plus-values d'avenir qui devaient faire espérer pour toutes les Compagnies, à l'expiration de ce terme, un produit net suffisant pour ne plus nécessiter le concours financier du Trésor. Comme les précédentes, cette difficulté a perdu son importance depuis 1883, sinon pour toutes les Compagnies, du moins pour plusieurs d'entre elles.

Pour les chemins de fer d'intérêt local, le cahier des charges type approuvé par décret du 6 août 1881 dispose expressément que le produit net moyen servant au calcul de l'annuité comprendra « les annuités payées à « titre de subvention ». Le Conseil d'État a-t-il entendu faire ainsi une situation privilégiée aux chemins d'intérêt local vers lesquels les capitaux ne se portaient qu'avec une certaine réserve et auxquels il importait de ne point ménager les encouragements, pour se conformer aux intentions du législateur de 1880? A-t-il au contraire voulu leur appliquer explicitement la doctrine qu'il considérait comme découlant implicitement des contrats, pour les Compagnies d'intérêt général? Cette dernière interprétation est soutenue par M. Aucoc dans ses leçons de droit administratif.

2° *Période du remboursement.* — Une difficulté du même ordre, mais qui n'a pas disparu par le fait des conventions de 1883, peut se présenter pour la période de remboursement des avances de l'État. Le produit net des sept dernières années peut être calculé, en déduisant des recettes les sommes affectées au remboursement de la dette, ou sans cette déduction.

Des raisons de symétrie peuvent être invoquées à l'appui de la première solution. De même que, pendant la période de fonctionnement de la garantie, on admet en compte les sommes encaissées par la Compagnie, soit comme recettes nettes de l'exploitation, soit comme versements du Trésor, il semble légitime de ne retenir, pour la période de remboursement, que les sommes restant effectivement à la disposition de la Compagnie en fin d'exercice après distraction de celles qui doivent être remises à l'État.

Des motifs sérieux militent également en faveur de la seconde solution. Tout d'abord, comme nous l'avons indiqué précédemment, les actes de concession ont uniformément employé l'expression de « produit net » pour désigner l'excédent des recettes brutes sur les dépenses. De plus, ne pas faire entrer en compte, dans le calcul de l'annuité, la totalité du produit net, ce serait faire peser indéfiniment sur la Compagnie la charge du remboursement d'une dette qui, le plus souvent, devient immédiatement exigible sous forme de compensation avec la valeur du matériel roulant; ce serait aller à l'encontre de la règle « non bis in idem ». On pourrait, du reste, être conduit à des résultats absolument différents suivant que le rachat serait opéré dans le cours de la première année suivant le remboursement intégral, ou dans le cours de l'année suivante. En effet, abstraction faite des oscillations que les crises passagères du commerce et de l'industrie provoquent dans les recettes nettes de l'exploitation, ces recettes suivent une progression constante, de telle sorte qu'à la fin du remboursement elles sont de beaucoup supérieures au revenu réservé ou garanti. Telle Compagnie qui pourra servir à ses actionnaires leur dividende réservé et assurer le service de ses obligations, avec un revenu net de 80 millions, pourra avoir un produit net de 100 millions, par exemple, pendant la dernière année de remboursement : si le rachat s'effectue l'année suivante, et si l'on déduit du produit net les prélèvements au profit du Trésor, l'annuité sera réglée sur le chiffre de 80 millions, c'est-à-dire réduite indéfiniment de 20 millions, somme précisément égale à ce qui restait dû en capital à la fin de l'avant-dernière année; si au contraire le rachat a lieu un an plus tard, les produits de l'année précédente étant les plus élevés et servant par suite de régulateur, aux termes de l'article 37 du cahier des charges, l'annuité sera de 20 millions au moins plus élevée, ce qui correspondra, au taux de 5 °₀, à une majoration en capital de 400 millions : cette majoration ne sera nullement en rapport avec la plus-value des recettes d'une année à l'autre. Il y a là une anomalie frappante.

L'interprétation des conventions est donc susceptible de faire naître, à cet égard, les doutes les plus sérieux.

3° *Période du partage des bénéfices.* — L'annuité doit-elle être basée sur le bénéfice total ou sur ce bénéfice diminué de la part attribuée à l'État ?

Ici encore le sens attribué aux mots « produit net » serait de nature à faire prévaloir l'admission en compte du bénéfice total. Mais, d'un autre côté, il convient d'observer que la part dévolue au Trésor n'appartient pas à la Compagnie, qu'elle constitue une charge, une véritable dépense annuelle. Si l'on concède aux Compagnies que, pour la période de fonctionnement de la garantie, l'État est tenu de ne pas amoindrir la situation de fait acquise aux actionnaires et aux obligataires, comment pourraient-elles prétendre à une autre base de règlement, pour la période de partage des bénéfices ? Or, pour cette dernière période, les dividendes sont exclusivement liquidés d'après les bénéfices nets qui restent en définitive à la disposition des concessionnaires, après les prélèvements au profit de l'État (1).

A la vérité, cette dernière solution, rapprochée de celle qui consiste à admettre la totalité des produits nets pour la période de remboursement, peut encore déterminer une singulière anomalie. On conçoit en effet (et ce n'est point une hypothèse invraisemblable) que telle Compagnie entre largement dans l'ère du partage, dès l'année qui suit sa libération au titre de la garantie d'intérêt, c'est-à-dire que, pendant la dernière année de remboursement, elle réalise un produit net supérieur au revenu réservé avant partage : l'annuité sera plus élevée, si le rachat est réalisé dans le cours de l'année qui aura suivi la libération intégrale de la Compagnie, que si elle est réalisée dans le cours des années suivantes, tandis que ses produits nets auront été moindres, si l'on suppose une progression continue dans les recettes.

Pour faire disparaître cette anomalie, il faudrait, dès lors que l'on fait abstraction des prélèvements pour remboursement pendant la seconde période et que l'on calcule l'annuité pour cette période, comme si le concessionnaire n'avait pas eu recours à la garantie, appliquer fictivement, même pendant cette période, la clause du partage des bénéfices. Ce serait une combinaison rationnelle ; mais elle ne découle pas explicitement des contrats.

4° Périodes mixtes. — La période de sept années sur laquelle doivent porter les calculs peut chevaucher sur celle du fonctionnement de la garantie et sur celle du remboursement, sur cette dernière et sur celle du partage des bénéfices, ou sur les trois à la fois.

Les difficultés que nous avons signalées seraient plus grandes encore pour ces périodes mixtes. Nous ne saurions en faire l'objet d'un examen spécial sans entrer dans des développements exagérés et hors de proportion avec l'intérêt pratique du sujet.

L'important était d'indiquer les principes généraux à suivre, le cas échéant, dans les études de rachat, et de montrer de combien de litiges l'interprétation des contrats est susceptible, combien les conventions sont

____

(1) Lors de la discussion des conventions de 1883, le Ministre des travaux publics a affirmé devant la Commission et devant la Chambre des députés, par les déclarations les plus catégoriques, que la part de bénéfices attribuée à l'État serait éliminée, le cas échéant, du calcul de l'indemnité.

imparfaites à cet égard, combien la juridiction administrative pourra hésiter si jamais elle est saisie de la question.

Des raisons supérieures de droit et d'équité dicteront certainement les décisions du Conseil de préfecture et du Conseil d'État; cependant la solution ne sera pas la même pour toutes les Compagnies : les textes sont, en effet, trop différents pour comporter une interprétation uniforme.

b. Paiement des lignes exploitées depuis moins de quinze années. — Nous avons déjà fait connaître que le législateur avait introduit dans la loi du 23 mars 1874 une disposition ainsi conçue : « En ce qui concerne « les Compagnies déjà existantes, si le Gouvernement exerce le droit qui « lui est réservé par l'article 37 du cahier des charges de racheter la con-« cession entière, la Compagnie pourra demander que les lignes dont la « concession remonte à moins de quinze années soient évaluées, non « d'après leurs produits nets, mais d'après leur prix réel de premier éta-« blissement. »

Cette clause, insérée antérieurement dans la convention de 1873 avec la Compagnie de l'Est, était inspirée par des considérations d'équité, qui ont été exposées dans le rapport de M. de Montgolfier à l'Assemblée nationale : on avait admis, avec raison, que l'addition de lignes nouvelles aux concessions antérieures ne devait point retarder l'ouverture du droit de rachat; mais il paraissait injuste de payer d'après leur produit net des lignes qui n'étaient point encore en valeur, et, à plus forte raison, de prendre, sans bourse délier, des lignes qui n'étaient point livrées à la circulation et qui ne fournissaient par suite aucun élément de recette pour le calcul du produit net moyen des sept dernières années.

Mais les opinions étaient divisées sur le sens et la portée à attribuer à la loi de 1874. S'appliquait-elle à toutes les Compagnies, ou seulement à celles auxquelles elle accordait des concessions définitives, c'est-à-dire à celles d'Orléans, de Paris-Lyon-Méditerranée et du Midi, pour ne parler que des grandes Compagnies? Quel était le point de départ des quinze années? Était-ce la date de la concession définitive ou la date fixée pour l'achèvement des travaux ?

Sur le premier point, le doute tenait au caractère insolite de l'introduction, dans la loi, d'une disposition appartenant par sa nature au domaine contractuel. On se demandait si cette disposition n'était pas exclusivement applicable aux Compagnies avec lesquelles le Gouvernement avait dû avoir des négociations préalables. Mais les termes du rapport de M. de Montgolfier attestaient l'intention du législateur de l'étendre à toutes les Compagnies. Elle fut d'ailleurs reproduite dans la convention de 1875 avec la Compagnie du Midi.

Sur le second point, la controverse avait un champ plus vaste. Si l'on recourt, pour s'éclairer, aux travaux préparatoires de la loi de 1874, voici ce qu'on lit dans le rapport de M. de Montgolfier : « L'article 12 « nouveau que nous proposons a pour but de maintenir à l'État, dans « toute son étendue, le droit de rachat qui lui est accordé par l'article 37 « du cahier des charges... Il est clair que, si chaque concession nouvelle « faite à une Compagnie *reculait de 15 ans* la date à laquelle le rachat « du réseau entier peut s'exercer, le droit de l'État deviendrait absolu- « ment illusoire. Ce n'est point là l'esprit de l'article 37 du cahier des « charges; mais nous avons pensé qu'il était utile de faire disparaître « toute équivoque et de stipuler dans l'article 12 nouveau que les conces- « sions nouvelles faites aux Compagnies existantes ou à créer ne pour- « raient, en aucun cas, modifier l'époque où le droit de rachat de tout le « réseau pourra s'exercer. » Le droit de rachat étant ouvert pour toutes les Compagnies lors du vote de la loi de 1874, si le législateur avait en- tendu prendre comme point de départ des quinze années l'époque de la mise en exploitation ou la date fixée pour l'achèvement des travaux, en réalité la disposition introduite dans la loi aurait eu pour objet de faire tomber la prétention des Compagnies, non point à une prorogation de quinze ans, mais à une prorogation correspondant à ce délai augmenté de la durée de la construction. M. de Montgolfier, qui était particulièrement compétent en matière de chemins de fer, se serait donc exprimé autrement qu'il ne l'a fait dans son rapport. Il était d'ailleurs si facile de rédiger autrement l'ar- ticle 12, que l'on s'expliquerait difficilement l'emploi du mot « concédées », au lieu du mot « exploitées », si l'intention du Gouvernement et de l'As- semblée nationale avait été de prendre la date de la mise en exploitation pour origine de la période de quinze ans. Ajoutons que, lors du projet de rachat de l'Orléans, préparé en 1880 par M. Varroy, ministre des travaux pu- blics, les lignes rachetées d'après leur produit net comprenaient plusieurs chemins exploités depuis moins de quinze années (Nantes à la Roche- sur-Yon, Brétigny à Tours par Vendôme, Angers à Niort, etc.); que les seules lignes rachetées au prix de premier établissement étaient les lignes d'Aubigné à La Flèche et de Châteaubriant à Nantes, concédées depuis moins de quinze ans ; et que la Compagnie, tout en considérant ce mode de règlement comme peu équitable, avait elle-même renoncé à pour- suivre une interprétation différente de la loi du 23 mars 1874.

Contre la doctrine que nous venons d'exposer, on a imaginé divers arguments. On a fait valoir que le législateur du 23 mars 1874 ne s'était pas borné à accorder des concessions définitives à plusieurs Compagnies, qu'il avait prescrit la mise en adjudication du chemin de Besançon à Morteau conformément à un cahier des charges annexé à la loi, et que l'article 35 de ce cahier des charges faisait courir la concesssion du terme assigné à l'achèvement des travaux. On a excipé de ce que la plupart des actes de concession antérieurs avaient été rédigés sur la même base. On a allégué que la durée souvent fort longue de la construction ne permettrait pas de faire le calcul du produit net sur une moyenne de sept années d'exploitation, si l'on adoptait une autre solution. On a fait remarquer aussi que la livraison à la circulation dépendait de l'État, quand il exécutait l'infrastructure, et pouvait par suite être retardée sous l'empire des nécessités budgétaires, indépendamment de la volonté de la Compagnie, et qu'i serait absolument inique d'en faire souffrir le concessionnaire.

Cette argumentation était plus spécieuse que solide. Il était facile de lui opposer des exemples de cahiers des charges qui fixaient des dates différentes pour la mise en exploitation des lignes et qui, dès lors, ne pouvaient admettre comme origine de la concession d'autre date que celle de la loi ou du décret approuvant la convention. On pouvait aussi invoquer l'article 34 du cahier des charges type des chemins de fer d'intérêt local, portant : « La durée de la concession..... commencera à courir de la « date de la loi qui approuvera la concession. »

Quant à nous, nous avons toujours été convaincu qu'il fallait prendre le mot « concédées » dans son sens littéral. Cette conviction est conforme à l'opinion qui a prévalu au Ministère des travaux publics, lors de la préparation des projets de conventions de 1880 et 1882. Elle était absolument rationnelle : en effet, le délai moyen d'exécution des lignes, depuis la date de leur concession définitive, étant de 7 à 8 ans, la période d'exploitation était de 7 ans au moins, chiffre précisément égal au délai sur lequel devait porter le calcul du produit net moyen. Il ne faut pas, du reste, oublier que l'article 12 de la loi de 1874 constituait pour les Compagnies un avantage, une amélioration des contrats antérieurs, et qu'il n'y avait pas lieu d'accroître bénévolement les charges éventuelles imposées de ce chef au Trésor. Il ne faut pas non plus oublier que M. Rouvier, rapporteur des conventions de 1883 à la Chambre des députés, a explicitement admis l'interprétation que nous considérons comme seule compatible avec les textes.

Les six grandes Compagnies ont obtenu, en 1883, l'insertion de la clause suivante dans leurs contrats avec l'État : « Si le Gouvernement

« exerce le droit, qui lui est réservé par l'article 37 du cahier des charges,
« de racheter la concession entière, la Compagnie pourra demander que
« toute ligne dont la mise en exploitation remonterait à moins de quinze
« ans soit évaluée, non d'après son produit net, mais d'après le prix réel
« de premier établissement (1) » ou « d'après ce que la Compagnie aura
« réellement dépensé pour son établissement (2). » Il y a eu là, non pas
une consécration nouvelle d'un principe antérieurement admis, mais une
véritable novation, une modification des contrats en vigueur.

Cette stipulation nouvelle a tranché dans un sens favorable aux
Compagnies la question au sujet de laquelle nous venons d'entrer dans
quelques développements (3).

La recette nette spéciale aux lignes rachetées d'après leurs dépenses de
premier établissement doit être, bien entendu, distraite du produit net
moyen servant de base au calcul de l'annuité. L'indemnité correspondante
ne doit d'ailleurs comprendre que les dépenses incombant à la Compagnie,
abstraction faite de la part mise à la charge de l'État, alors même que la
Compagnie aurait fait l'avance nécessaire, puisque cette avance donne lieu
au paiement d'une annuité distincte représentant les charges d'intérêt et
d'amortissement des emprunts contractés pour le compte de l'État.

La seule question qui reste à examiner, concernant le rachat des lignes
exploitées depuis moins de quinze ans, est celle de la forme du paiement
de l'indemnité. Ce paiement doit-il être fait en capital ? Doit-il être fait, au
contraire, au moyen d'une annuité égale aux charges des obligations émises
par la Compagnie ?

Le choix entre les deux systèmes n'est indifférent ni pour l'État, ni
pour les Compagnies. D'une part, en effet, la situation du marché peut
rendre difficile, lors du rachat, l'emprunt nécessaire pour solder l'indemnité en capital ; d'autre part, les fluctuations du crédit public, les variations
de valeur de l'argent, la proportion dans laquelle la dépense d'établissement serait déjà amortie, peuvent faire que l'une ou l'autre des deux parties contractantes bénéficie ou perde par suite de l'adoption de l'un ou
l'autre des deux modes de libération.

La convention de 1873 avec la Compagnie de l'Est stipulait, en termes

(1) Conventions avec le Nord, l'Est, l'Orléans et le Midi.
(2) Conventions avec les Compagnies de l'Ouest et de Paris-Lyon-Méditerranée.
(3) Une clause semblable a été insérée dans la convention des 30 juin-2 août 1880
avec la Compagnie de l'Est-Algérien, et dans les conventions des 10 décembre 1881-
5 août 1882, des 16 mai 1885-16 juillet 1886 et des 16 avril-31 juillet 1886 avec la
Compagnie de l'Ouest-Algérien.

explicites, le remboursement par annuités, dont le montant devait être calculé de manière à couvrir l'intérêt et l'amortissement des dépenses effectives de premier établissement faites par la Compagnie.

La loi de 1874 et les conventions de 1883 n'ont pas la même précision : car elles ne visent que l'*évaluation* des lignes. Cependant si l'on recourt au rapport de M. de Montgolfier, on y trouve l'indication suivante : « Nous « avons en conséquence proposé de régler l'*annuité* correspondant aux « nouvelles lignes, non d'après les produits nets des sept dernières années, « mais d'après les dépenses effectives d'établissement de ces lignes. » Il semble donc être entré dans les intentions du législateur de payer une annuité égale aux charges effectives des obligations dont le produit a été consacré aux chemins rachetés d'après leur coût de premier établissement. Cette solution est la plus équitable ; elle rend la Compagnie indemne, sans lui donner aucun bénéfice et sans lui faire subir aucune perte. C'est celle qui a été admise dans le projet de rachat partiel du réseau d'Orléans en 1880. MM. Wilson et Baïhaut ont, au contraire, adopté le paiement en capital, dans leurs rapports de la même année à la Chambre des députés. M. Baïhaut a justifié son opinion en invoquant le précédent du rachat des réseaux secondaires constitués dans la région du Sud-Ouest : mais il y a lieu d'observer que ce rachat a été opéré en dehors des conditions du cahier des charges.

c. Paiement des objets mobiliers. — D'après les articles 36 et 37 du type ordinaire de cahier des charges pour les chemins de fer d'intérêt général, la Compagnie doit recevoir, dans les trois mois qui suivent le rachat, la valeur, estimée à dire d'experts, des objets mobiliers, « tels que « le matériel roulant, les matériaux, combustibles et approvisionnements « de tout genre, le mobilier des stations, l'outillage des ateliers et des « gares ». Toutefois l'État n'est tenu de reprendre que les approvisionnements nécessaires à l'exploitation pendant six mois.

Le cahier des charges type des chemins de fer d'intérêt local contient la même disposition (art. 36). La reprise des objets mobiliers n'est plus facultative pour le département ou la commune, comme au terme normal de la concession ; elle a un caractère obligatoire.

Il s'agit indubitablement ici d'un paiement en capital.

Nous n'aurions à fournir aucune explication sur cette partie de l'indemnité de rachat, si les conventions financières relatives à la garantie d'intérêt n'étaient venues apporter un élément nouveau dans la question. Aux termes des conventions de 1859 avec les grandes Compagnies, si, lors du rachat, l'État est créancier de la Compagnie, le montant de sa créance doit être compensé, jusqu'à due concurrence, avec la somme due à la Compagnie pour la reprise du matériel (1). Cette clause est reproduite dans les conventions de 1883 avec la Compagnie du Nord (art. 12) et la Compagnie de Paris-Lyon-Méditerranée (art. 12). On la trouve également dans les conventions avec diverses Compagnies algériennes. Quelle en est la portée exacte ? Doit-elle être interprétée en ce sens que l'État ne peut recouvrer sa créance que jusqu'à concurrence du prix des objets mobiliers repris par lui en exécution des articles 36 et 37 du cahier des charges ? Si la dette de la Compagnie dépasse la valeur de ces objets, l'excédent est-il perdu pour le Trésor ? L'État peut-il, au contraire, poursuivre le recouvrement de cet excédent sur le surplus de l'actif de la Compagnie (réserves, domaine privé, etc.), ou opérer une réduction proportionnelle sur le montant de l'annuité ?

Pour s'éclairer à ce sujet, il faut se reporter au rapport présenté par M. de Jouvenel au Corps législatif sur les conventions de 1851 et à un discours prononcé devant la même assemblée, au cours de la discussion de ces conventions, par M. Baroche, président du Conseil d'État.

Voici comment s'exprimait M. de Jouvenel : « L'article relatif à la « clause du rachat (rédaction primitive du Gouvernement) qui donne à « l'État la faculté de rentrer dans les lignes concédées, après quinze ans « d'exploitation, n'aurait pas permis, d'après le projet de loi, d'opposer à « la Compagnie, dépossédée de la valeur de son ancien réseau, les com- « pensations affectées par l'État au nouveau réseau, attendu la désolidari- « sation absolue que les Compagnies avaient entendu maintenir entre les « deux réseaux. Votre Commission n'a pas trouvé qu'un état de choses « pareil fût parfaitement équitable; elle a jugé que, *s'il pouvait être trop* « *rigoureux d'exiger des Compagnies, sur le montant de tout leur actif, le* « *paiement d'une dette* provenant de l'exécution par elles d'un réseau « dont elles auraient voulu pouvoir être déchargées, il était rationnel « d'exiger d'elles qu'elles affectassent tout leur matériel au paiement de la « dette contractée par suite des avances du Trésor public. Le Conseil « d'État a bien voulu s'associer à cette doctrine, dont la conséquence, il « faut le reconnaître, est de donner à l'État, pour le remboursement de « ses avances éventuelles, un gage de plus, dont l'évaluation peut être « fixée à 400 millions environ : car le matériel affecté à l'exploitation de

____

(1) Les conventions de 1859 n'ont fait que reproduire à cet égard une disposition inscrite dans des contrats antérieurs et introduite pour la première fois dans la loi du 19 novembre 1849 concernant le chemin de Marseille à Avignon.

« 8 000 kilomètres environ de l'ancien réseau ne saurait être estimé à
« moins de 50 000 francs par kilomètre. »

Quant à M. Baroche, il s'est borné à dire que « dans la prévision de
« l'expiration des concessions ou du rachat des lignes de fer, l'État serait
« indemnisé des sommes dont il serait créancier par suite de l'application
« de la garantie, et de préférence à tous, sur la valeur du matériel
« repris ».

Les courtes indications de M. Baroche ne jettent pas beaucoup de
lumière sur la question. Mais celles de M. de Jouvenel ne peuvent guère
laisser de doute sur l'intention des parties contractantes, de limiter le recouvrement à la somme due par l'État pour la reprise des objets mobiliers.
Telle a toujours été, d'ailleurs, la prétention des Compagnies. Elles font
remarquer en outre, non sans raison, que les contrats ont confondu dans
la même disposition le cas du rachat et celui de l'expiration de la concession; que, dans ce dernier cas, leur actif peut se composer exclusivement de la valeur des objets mobiliers, qui constituerait dès lors la limite
des sommes recouvrables pour le Trésor; et qu'il serait aussi irrationnel
qu'injuste de ne pas admettre la même limitation pour le cas d'éviction
anticipée, précisément alors qu'on les prive de leurs plus-values d'avenir.

Comme nous l'avons dit précédemment, les conventions de 1883 avec
les Compagnies du Nord et de Paris-Lyon-Méditerranée ont reproduit les
clauses des contrats de 1859, relativement au matériel roulant et aux
autres objets mobiliers. Les conventions avec les Compagnies de l'Est, de
l'Ouest, d'Orléans et du Midi, au contraire, sont demeurées muettes à cet
égard. Que faut-il conclure de leur silence? Les stipulations antérieures
doivent-elles être considérées comme virtuellement abrogées? Dans le cas
de l'affirmative, l'État a-t-il renoncé à toute compensation de sa créance
avec la valeur des objets mobiliers? Ou a-t-il entendu réserver ses droits
sur la totalité de l'actif des Compagnies, notamment sur le prix des objets
mobiliers, sur la somme à rembourser pour travaux complémentaires, sur
les réserves et sur le domaine privé? La question est d'autant plus délicate
que deux des conventions, celles d'Orléans et du Midi, semblent avoir fait
table rase des contrats antérieurs par la formule suivante : « Les disposi-
« tions des conventions antérieures concernant la garantie d'intérêts à la
« charge de l'État et le partage des bénéfices sont remplacées, à compter
« du 1er janvier 1884, par les dispositions suivantes », et que les deux
autres, celles de l'Est et de l'Ouest, sans contenir la même formule, ne
se réfèrent cependant pas aux contrats précédents. L'État pourrait
soutenir, le cas échéant, que les Compagnies de l'Est, de l'Ouest,

d'Orléans et du Midi sont rentrées sous le régime du droit commun et que
la limitation assignée aux recouvrements du Trésor par les conventions de
1859 a disparu.

Nous ferons remarquer en passant qu'il y a lieu, dans le calcul de l'indemnité de rachat, d'éviter un double emploi pour le matériel roulant des
lignes exploitées depuis moins de quinze ans. La valeur de ce matériel doit
être comprise, soit dans l'estimation des lignes, soit dans l'évaluation générale des objets mobiliers. C'est d'ailleurs la dernière solution qui nous
paraît s'imposer : elle est plus conforme aux textes ; elle est aussi plus
rationnelle, attendu que le matériel roulant circule sur tout le réseau et ne
peut être affecté à telle ou telle ligne en particulier ; enfin, elle se déduit, par
analogie, des clauses des conventions de 1883 qui, tout en prescrivant le
remboursement partiel des dépenses complémentaires, en excluent le matériel roulant.

Nous avons indiqué précédemment les clauses spéciales introduites
dans quelques conventions récentes avec les Compagnies algériennes et les
Compagnies concessionnaires de divers chemins secondaires sur le territoire de la métropole, pour le cas d'expiration normale de la concession.

Ces clauses sont purement et simplement applicables au cas de rachat,
d'après les conventions des 15 mai 1884-15 avril 1885 (Compagnie franco-
algérienne, ligne de Mostaganem à Tiaret) ; des 23 mai-28 juillet 1885
(Compagnie de Bône-Guelma, ligne de Souk-Arrhas à Tébessa) ; des 23 mai-
28 juillet 1885 (Compagnie Franco-Algérienne, ensemble du réseau) ; des
16 avril-31 juillet 1886 (Compagnie de l'Ouest-Algérien, ligne de Blidah à
Berrouaghia).

Il en est de même pour les chemins du Cher, du Var et du Vivarais.

Aux termes de la convention des 16 mai-16 juillet 1885 avec la Compagnie de l'Ouest-Algérien, la même règle s'applique à l'ensemble du
réseau concédé jusqu'à cette date, mais seulement si le rachat est opéré
après le 1er janvier 1905. Au cas où le rachat serait anticipé, la règle à
suivre serait celle des conventions de 1859 avec les grandes Compagnies.

d. Remboursement partiel des dépenses complémentaires. — Nous
avons rappelé, page 564, que le projet de loi de principe présenté le 1er mai
1841, au sujet du retrait des concessions, comprenait parmi les éléments
de l'indemnité une allocation de 4 °/₀ pour les travaux extraordinaires et
récents d'amélioration, qui n'auraient pu encore produire tout leur effet
sur la recette de la voie concédée.

L'idée a été reprise par les négociateurs des conventions de 1883. Ces

conventions renferment toutes la disposition suivante : « En outre de l'an-
« nuité prévue à l'article 37 du cahier des charges, la Compagnie aura
« droit au remboursement des dépenses complémentaires autres que
« celles du matériel roulant, exécutées par elle et à ses frais avec l'appro-
« bation du Ministre des travaux publics, sur toutes les lignes de son
« réseau, conformément aux dispositions de l'article…, sauf déduction de
« 1/15 pour chaque année écoulée depuis la clôture de l'exercice dans
« lequel auront été exécutés les travaux. » Les conventions avec les Compagnies d'Orléans et du Midi indiquent expressément qu'il ne s'agit que
des dépenses postérieures au 1ᵉʳ janvier 1884. Cette date parait s'appliquer
également aux Compagnies du Nord et de Paris-Lyon-Méditerranée ; les
articles auxquels se réfèrent les contrats spéciaux à ces deux Compagnies,
dans la stipulation ci-dessus rappelée, n'entrent en effet en vigueur qu'à
partir de l'année 1884 inclusivement. Pour les Compagnies de l'Est et de
l'Ouest, l'effet pourrait remonter au 1ᵉʳ janvier 1883.

Devant le Parlement, le Ministre des travaux publics a justifié la charge
nouvelle éventuellement imposée au Trésor, en faisant valoir que les travaux complémentaires ne devaient point être considérés comme ayant
exercé toute leur influence sur le développement du trafic et l'accroissement des recettes avant un délai de quinze années ; que dès lors, en cas de
rachat, l'annuité calculée sur la base du produit net ne fournissait pas aux
Compagnies la rémunération équitable de leurs sacrifices durant les quinze
dernières années ; que la mesure proposée était seule capable d'assurer
le perfectionnement normal, régulier et continu des voies ferrées.

Le délai de quinze années est précisément celui qui a été admis pour
le rachat des lignes d'après les dépenses réelles de premier établissement ;
ce sont des considérations du même ordre qui ont inspiré le Gouvernement,
lorsqu'il a souscrit à la demande des Compagnies pour ces deux éléments
de l'indemnité de rachat.

e. AUGMENTATION DE L'ANNUITÉ, EN CAS D'ABAISSEMENT DES TARIFS PAR
SUITE DE LA SUPPRESSION PARTIELLE DE L'IMPÔT SUR LA GRANDE VITESSE. —
D'après les conventions de 1883, au cas où l'État supprimerait la surtaxe
ajoutée par la loi du 16 septembre 1871 aux impôts de grande vitesse, les
Compagnies devraient réduire les taxes applicables aux voyageurs à plein
tarif de 10 % pour la 2ᵉ classe et de 20 % pour la 3ᵉ classe, ou suivant
toute autre formule équivalente arrêtée d'accord entre les parties contractantes.

Ces réductions se traduiront certainement par un accroissement de la
circulation, qui, sans doute, sera suffisant, non seulement pour relever le

produit net au même niveau, mais encore pour l'augmenter. Toutefois, comme toutes les mesures de ce genre, elles ne produiront pas immédiatement leur effet et les Compagnies pourront avoir à traverser une période pendant laquelle elles seront en perte.

Prévoyant la coïncidence du rachat avec cette période de dépression temporaire de leurs recettes, les Compagnies ont sollicité et obtenu l'insertion d'une clause ainsi conçue dans les conventions de 1883 : « En cas de « rachat dans une période de moins de cinq ans après cette réduction, on « ajoutera au montant de l'annuité de rachat la perte résultant de cette « mesure, en prenant pour base les recettes nettes des voyageurs de l'année « qui aura précédé la réforme. » Le libellé de la clause que nous venons de rapporter peut être interprété de diverses manières ; l'intention des auteurs des conventions a sans doute été de relever, le cas échéant, les recettes nettes des voyageurs pour les années qui auront suivi la réforme au niveau de ce qu'elles auront été pendant l'année précédente et de prendre pour le calcul de l'annuité le produit net moyen établi sur cette base fictive. Il y a lieu d'espérer que la progression normale du trafic et son développement par le fait même de l'abaissement des taxes permettront de ne pas appliquer cette disposition.

f. DE QUELQUES POINTS LITIGIEUX SIGNALÉS PAR LA COMMISSION EXTRA-PARLEMENTAIRE DE 1882. — L'une des sous-commissions entre lesquelles s'est divisée la Commission extraparlementaire instituée en 1882 par M. Hérisson, alors ministre des travaux publics, pour l'étude du régime général des chemins de fer, a consacré un certain nombre de séances à la question du rachat. Nous avons relaté sommairement les résultats de ses travaux dans le tome V de notre Étude historique (page 706).

Les points litigieux qu'elle a indiqués comme susceptibles d'être soulevés par le règlement de l'indemnité sont les suivants :

1° Devait-on, pour les Compagnies ayant recours à la garantie d'intérêt, faire entrer les avances du Trésor dans les produits nets destinés à servir de base au calcul de l'annuité, ou les éliminer, en se fondant sur ce que l'appoint ainsi fourni par l'État n'était point un produit de l'exploitation ?

2° En admettant l'obligation de verser l'annuité complémentaire correspondant à ces avances, l'État était-il tenu de la servir jusqu'au terme de la concession ou seulement jusqu'au terme fixé par les conventions pour le fonctionnement de la garantie ?

3° N'y avait-il pas lieu de soutenir qu'en aucun cas l'État ne pouvait être obligé de compléter l'annuité correspondant au produit net effectif, au delà de la somme nécessaire pour parfaire le revenu garanti aux obligataires jusqu'au terme normal du jeu de la garantie d'intérêt ?

4° Fallait-il payer en capital ou transformer en annuités la valeur des lignes concédées depuis moins de quinze ans et estimées d'après leur dépense de premier établissement, en conformité de la loi du 23 mars 1874 ?

5° Devait-on comprendre dans le prix de ces lignes le matériel roulant et le mobilier qui leur étaient affectés, ou au contraire les englober dans l'ensemble des objets de même nature à évaluer à dire d'experts ?

6° Les Compagnies ne devaient-elles pas être mises en demeure d'exécuter sur leur réseau les travaux de parachèvement reconnus nécessaires, au moins dans la limite des dépenses de premier établissement prévues pour l'application de la garantie d'intérêt ?

7° Ne fallait-il pas opérer une déduction sur les objets mobiliers à reprendre à dire d'experts, pour la partie comprise dans les évaluations contractuelles, à titre de fournitures indispensables à la mise en train de l'exploitation ?

8° Au cas où la dette des Compagnies ne serait pas complètement éteinte par compensation avec la valeur du matériel, le Trésor serait-il en droit d'imputer la différence sur le reste de leur actif ?

9° Quel serait le règlement à adopter pour les caisses de retraite des employés ? Si l'État était amené à se substituer aux Compagnies dans les obligations qu'elles avaient contractées avec leur personnel, ne devait-il pas entrer en possession du capital des caisses ?

10° En ce qui concernait particulièrement la Compagnie du Midi, si l'annuité, après avoir assuré le service des obligations du nouveau réseau, laissait un reliquat supérieur au prélèvement avant partage stipulé par les conventions au profit de l'ancien réseau, ne devait-elle pas être réduite de la part de bénéfices attribuée à l'État, aux termes de ces contrats (1) ?

Parmi ces points litigieux, il en est un certain nombre au sujet desquels nous nous sommes déjà expliqué : ce sont ceux qui portent les numéros 1, 2, 3, 4, 5 et 8. Il ne nous reste donc qu'à examiner très sommairement les autres (n°s 6, 7, 9 et 10).

La question relative au parachèvement des lignes n'offre plus d'intérêt réel : en effet, d'après les conventions de 1883, la garantie d'intérêt porte, non pas sur des évaluations contractuelles, mais sur les charges effectives des dépenses réellement faites par les Compagnies ; d'un autre côté, les

____

(1) La Compagnie du Midi était, avant 1883, dans une situation toute spéciale au point de vue du partage des bénéfices qui devait s'opérer séparément sur les deux réseaux.

chemins exploités depuis plus de quinze ans doivent seuls être nécessairement rachetés d'après leur produit moyen et il est difficile d'admettre
qu'après un si long délai ils ne soient pas complètement parachevés,
abstraction faite des dépenses complémentaires qui donnent lieu à une
indemnité spéciale ; enfin il appartient à l'Administration de veiller constamment à ce que les voies ferrées soient maintenues en bon état d'entretien et dans une situation qui réponde aux besoins de la circulation.

Nous ne nous arrêterons pas non plus à la déduction à opérer sur la
valeur des objets mobiliers pour la part qui aurait été comprise dans
l'évaluation des lignes en vue de la garantie d'intérêt. Comme nous venons
de le dire, la garantie porte dorénavant et dans tous les cas sur les charges
réelles des capitaux empruntés par les Compagnies, et d'ailleurs, les termes des articles 36 et 37 du cahier des charges ne se prêtent pas à une
déduction de cette nature.

En ce qui touche le sort des caisses de retraite, les conventions n'ont
rien stipulé. Un arrangement amiable sera nécessaire; nous ne doutons
pas que les Compagnies ne se prêtent à cet arrangement, pour sauvegarder
les intérêts de leurs agents. La difficulté devra, du reste, être résolue,
non seulement en cas de rachat, mais encore à l'expiration normale des
concessions.

Quant à la situation spéciale de la Compagnie du Midi, elle a cessé de
subsister depuis 1883.

5. **Observations sur les charges que le rachat des chemins de
fer ferait peser sur l'État**. — Après avoir repris les concessions de
chemins de fer, l'État serait en possession de leur produit net.

Mais il aurait à supporter :

1° Une annuité établie d'après le produit net moyen des sept dernières
années ou même d'après le produit de la dernière année d'exploitation par
les Compagnies (si cette année était la plus fructueuse), pour toutes les
lignes qui ne seraient pas rachetées au prix de premier établissement ;

2° Les charges des dépenses de construction des lignes exploitées depuis moins de quinze années et évaluées d'après leur coût de premier établissement ;

3° Les charges des sommes affectées au remboursement du matériel
roulant et des autres objets mobiliers ;

4° La moitié environ des charges afférentes aux travaux complémentaires exécutés pendant les quinze dernières années.

Les lignes exploitées depuis moins de quinze ans étant généralement
peu productives et ne donnant que des recettes nettes fort minimes,

l'exploitation par l'État pourrait être grevée de dépenses notablement supérieures à celles qui incombaient auparavant aux concessionnaires. On ne saurait, du reste, méconnaître qu'à côté de certains avantages les conventions de 1883 ont aggravé cette situation et rendu le rachat plus difficile.

Nous ne voudrions pas nous aventurer dans une estimation quelque peu précise des charges supplémentaires qui pèseraient, du fait du rachat, sur l'exploitation par l'État ou par de nouveaux concessionnaires. Des calculs minutieux faits au Ministère des travaux publics, pour le rachat des six grands réseaux au 1er janvier 1882, d'après les bases qui paraissaient les plus conformes au texte des conventions, avaient conduit à un chiffre dépassant de 70 millions environ celui du produit net. Cette différence pourra être encore plus grande dans l'avenir, attendu : 1° que la période à laquelle les Compagnies pourront remonter pour exiger le rachat de leurs lignes au prix de premier établissement a été prolongée de toute la durée de la construction de ces lignes, c'est-à-dire de 7 ans en moyenne; 2° que l'État devra rembourser environ la moitié des travaux complémentaires exécutés pendant les quinze dernières années; 3° que le développement du réseau entraînera une augmentation incessante dans la valeur du matériel roulant et des autres objets mobiliers.

En ce qui concerne particulièrement ces deux derniers éléments d'indemnité, nous rappelons que les dépenses complémentaires de premier établissement, y compris le matériel roulant, peuvent être évaluées empiriquement à 3 millions par million d'augmentation de recette brute, dont plus de moitié pour travaux. La moyenne pendant les dix années de 1873 à 1882 a été de 85 millions par an (1); les prévisions pour 1884 étaient de 162 millions, dont 76 millions de matériel roulant; pour 1885, elles étaient de 116 millions et demi, dont 52 millions de matériel roulant, et pour 1886, de 130 millions, dont 56 de matériel roulant. Quant aux dépenses de matériel pour les lignes concédées en 1883, elles ont été estimées à 277 millions.

La surcharge imposée à l'État pourrait encore s'accroître de la perte partielle de sa créance, pour les Compagnies dont la dette serait supérieure à la valeur de leur matériel.

A la vérité, le Trésor trouverait une compensation dans les plus-values de l'avenir qui lui appartiendraient intégralement, au lieu de ne lui revenir que pour une faible part, sous forme de part dans les bénéfices. Mais il s'écoulerait certainement de longues années avant que cette compensation fût complète.

____

(1) Les Compagnies, redoutant le rachat et ayant en outre épuisé les comptes qui leur étaient ouverts par les conventions antérieures à 1883. ont maintenu pendant quelques années leurs dépenses complémentaires au-dessous du niveau normal.

En revanche, les actionnaires pourraient voir leur dividende sensiblement augmenté, par suite de la différence entre les charges des dépenses remboursées en capital et le produit net des lignes payées en capital (1). Ils auraient, en outre, à se partager les réserves et le domaine privé ; toutefois on doit remarquer que, dès avant le rachat, ils jouissent des fruits de ces réserves et de ce domaine.

6. **Du rachat en dehors des conditions déterminées par les actes de concession.** — L'État a dû, à diverses reprises, racheter totalement ou partiellement des concessions antérieures, en dehors des conditions prévues par les actes de concession. Il l'a toujours fait en vertu d'arrangements amiables. La base généralement admise a été celle du remboursement des dépenses utiles de premier établissement. Nous citerons quelques exemples.

a. *Rachat de la ligne du Rhône au Mont-Cenis, en 1867.* — A la suite de la cession de la Savoie à la France, une loi était intervenue, le 27 mai 1863, pour approuver une convention qui réglait les rapports entre l'État français et la Compagnie Victor-Emmanuel, concessionnaire des lignes de Culoz à Chambéry, de Chambéry à Saint-Jean-de-Maurienne, de Saint-Jean à Saint-Michel et de Saint-Michel à Modane, et d'une section du chemin de Modane à Suse. La partie française du réseau restait solidarisée avec la partie italienne pour le jeu de la garantie d'intérêt. Le Gouvernement italien ayant racheté plus tard les chemins situés sur son territoire, la Compagnie sollicita la même mesure du Gouvernement français, qui accéda à cette demande. Le rachat fut opéré moyennant une indemnité de 45 millions environ, représentant les dépenses utiles de premier établissement et transformée en annuités ; la Compagnie de Paris-Lyon-Méditerranée, à laquelle l'État transféra la concession, prit d'ailleurs l'engagement de servir ces annuités, moyennant allocation d'une garantie d'intérêt (convention des 9 juin 1866 et 17 juin 1867, approuvée par un décret et une loi du 27 septembre 1867).

b. *Indemnisation de la Compagnie de l'Est, à la suite des événements de 1870-1871.* — Le traité de paix conclu avec l'Allemagne, à la suite

---

(1) Cette différence pourrait varier suivant que les lignes ainsi rachetées seraient entrées au compte d'exploitation ou encore exploitées au compte de premier établissement, suivant que la garantie fonctionnerait ou ne serait pas mise en jeu. Mais nous ne pouvons pas entrer dans tant de détails ; le lecteur suppléera facilement aux lacunes de notre étude.

de la guerre fatale de 1870-1871, avait entraîné la mutilation du réseau de l'Est et lui avait fait perdre 840 kilomètres. D'après les stipulations de ce traité, le Gouvernement français devait user de son droit de rachat vis-à-vis de la Compagnie de l'Est et se subroger ensuite le Gouvernement allemand dans tous les droits qu'il aurait acquis sur les lignes en exploitation ou en construction appartenant au territoire annexé; en échange de cette subrogation, la France obtenait une réduction de 325 millions sur l'indemnité de guerre. Le Gouvernement français, ne voulant pas ajouter aux difficultés financières avec lesquelles il était aux prises celle du rachat total du réseau, entra en négociation avec la Compagnie pour le rachat partiel; après de longs pourparlers, il arrêta un projet de convention, qui fut ratifié par une loi du 17 juin 1873. En exécution de cette convention, la Compagnie a reçu, pour toute la durée de sa concession, un titre inaliénable de rente de 20 500 000 francs, représentant, au taux de l'emprunt du 2 juillet 1871, la somme de 325 millions; il lui a, de plus, été fait remise de sa dette au titre de la garantie d'intérêt, dans le rapport du nombre de kilomètres de l'ancien réseau cédés à l'Allemagne à la longueur totale de ce réseau. Le chiffre de 20 500 000 francs a été justifié par divers procédés. Voici la décomposition qui en a été donnée devant l'Assemblée nationale par M. Deseilligny, ministre des travaux publics :

Annuité représentative de la subvention de 27 millions, qui avait été accordée à la Compagnie avant la guerre pour l'exécution de 153 kilomètres sur le territoire de l'Alsace-Lorraine et qu'il était juste de maintenir pour les 358 kilomètres concédés à la Compagnie en deçà de la nouvelle frontière.................................... 1 266 000 fr.

Annuité représentant le revenu net, pour l'année 1869, de la partie en exploitation du réseau annexé.... 13 600 000

Annuité correspondant aux dépenses de premier établissement des lignes exploitées depuis moins de quinze ans.................................... 2 930 000

Annuité correspondant à un capital de 47 millions pour indemnités diverses (valeur d'approvisionnements enlevés, pertes résultant du séquestre du réseau par l'autorité allemande, dégradations causées par les faits de guerre, reconstruction des gares terminus et des ateliers, cession du Guillaume-Luxembourg, etc.) (1)... 2.704.000

Total........... 20.500.000 fr.

(1) Voir notre Étude historique, tome III, page 52 et suivantes.

c. *Rachat des réseaux secondaires du Sud-Ouest en 1878.* — Les Compagnies secondaires du Sud-Ouest, notamment celles des Charentes et de la Vendée, étaient dans une situation très précaire. Préoccupé de cette situation, le Gouvernement présenta en 1876 un projet de loi tendant à consacrer leur fusion avec la Compagnie d'Orléans. Après des débats prolongés, la Chambre des députés repoussa le projet de loi et adopta une proposition de M. Allain-Targé qui comportait « l'application au rachat des lignes qui « cesseraient d'être exploitées par leurs premiers concessionnaires, des « dispositions de la loi du 23 mars 1874, c'est-à-dire rachat au prix réel, « déduction faite des subventions primitivement accordées pour la con- « struction ».

En conformité de ce vote de la Chambre, le Ministre entra en négociation avec les Compagnies d'intérêt général des Charentes, de la Vendée, de Bressuire à Poitiers, de Saint-Nazaire au Croisic, d'Orléans à Châlons, de Clermont à Tulle, et avec les Compagnies d'intérêt local de Poitiers à Saumur, des chemins Nantais, de Maine-et-Loire et Nantes, et d'Orléans à Rouen, et conclut avec elles des conventions portant rachat de tout ou partie des lignes dont elles étaient concessionnaires (2 615 kilomètres). Aux termes de ces conventions, l'indemnité devait être calculée d'après les bases fixées par la loi du 23 mars 1874 (déduction faite des subventions). Une Commission arbitrale de trois membres était appelée à déterminer, définitivement et sans appel, le montant de cette indemnité. Le paiement devait être effectué, soit par l'État, soit par la Compagnie à laquelle il rétrocéderait ultérieurement ses droits, dans un délai qui n'excéderait pas deux ans à partir de la loi à intervenir et en huit termes trimestriels égaux, avec intérêts simples à 5 %, à compter de la même époque.

Le Parlement, saisi des conventions et des sentences arbitrales, les ratifia en 1878. (Loi du 18 mai 1878.) Telle fut l'origine du réseau d'État.

Les arbitres ont eu soin d'éliminer des comptes les dépenses présentant un caractère frustratoire, telles que frais excessifs antérieurs à la concession, pertes de capitaux par suite de faillites et d'opérations de bourse, dépenses faites pour soutenir le cours des titres sur le marché, commissions exagérées pour les emprunts ou pour les acquisitions de terrains, frais de liquidation, majorations considérables sur des marchés à forfait consentis au profit d'entrepreneurs généraux, dépenses imputables au compte d'exploitation.

d. *Rachat de divers chemins de fer secondaires d'intérêt général et de chemins de fer d'intérêt local incorporés au réseau d'intérêt général.* — Indépendamment des rachats importants qui viennent d'être relatés, l'État a dû procéder au rachat d'un certain nombre de lignes secondaires d'intérêt général qui périclitaient et de diverses lignes d'intérêt local, dont l'incorporation au réseau d'intérêt général et la transformation en vue de leur nouvelle affectation s'imposaient aux Pouvoirs publics. C'est ainsi, par exemple, qu'il a repris les sections françaises des lignes de Dunkerque à Furnes et d'Ostende à Armentières ; les chemins de Lérouville à Sedan, de Bondy à Aulnay-lez-Bondy, de Perpignan à Prades, d'Épinac à Velars, de Bourges à Gien et d'Argent à Beaune-la-Rollande, de Vitré à Fougères (intérêt général) ; et les lignes ou réseaux de Pons à la Tremblade, de Lisieux à Orbec, des Vosges, d'Amagne à Vouziers et à Apremont, de Nançois-le-Petit à Gondrecourt, de Mézidon à Dives (intérêt local).

L'indemnité a été généralement fixée de manière à couvrir les dépenses utiles faites par le concessionnaire, c'est-à-dire les dépenses que l'État aurait consacrées lui-même à l'établissement des lignes, sauf déduction des subventions accordées par l'État ou par le département, du montant des réparations, et, le cas échéant, des sommes dues au séquestre (1).

Les évaluations ont été dressées par une Commission d'ingénieurs et soumises ensuite à l'acceptation du concessionnaire.

Les traités ont habituellement stipulé :

1° que la Compagnie resterait tenue d'assurer l'exploitation pendant un certain délai ;

2° que, lors de la remise du service, les objets mobiliers seraient repris à dire d'experts (2) ;

3° que l'État resterait étranger à la liquidation et au paiement des dettes de la Compagnie.

Il a été, de plus, inséré dans plusieurs conventions une clause aux termes de laquelle l'État s'engageait à conserver les agents dans leurs fonctions ou à leur allouer une indemnité correspondant à un certain nombre de mois de traitement, s'il les congédiait pour une cause ne provenant pas de leur fait.

On pourra consulter, à titre de spécimens, les conventions annexées aux lois du 4 août 1879 (Lérouville à Sedan), du 14 avril 1881 (réseau des

___

(1) Dans certains cas, l'État s'est borné à reprendre les parties utilisables du chemin, en les estimant d'après un projet général de réfection.

Dans d'autres cas, il a fait étudier le projet des remaniements à apporter à la ligne pour l'adapter à sa destination nouvelle et a déduit l'estimation correspondante de celle des dépenses qu'il aurait eu à faire pour exécuter le chemin de toutes pièces en vue de cette destination.

(2) L'un des experts désigné par le Ministre des travaux publics, le second par le concessionnaire et le troisième par les deux premiers, ou, en cas de désaccord, par le premier président de la cour d'appel de Paris.

Vosges), du 22 juillet 1881 (Épinac à Velars), du 10 juillet 1882 (Vitré à Fougères), et se reporter aux documents préparatoires de ces lois.

7. Propositions formulées à diverses époques pour le rachat total ou partiel des grands réseaux. — Dans notre Étude historique sur les chemins de fer français, nous avons exposé minutieusement les propositions qui ont été formulées à diverses époques pour le rachat total ou partiel des grands réseaux. Nous avons également relaté ces propositions dans le tome Ier de cet ouvrage, page 448 et suivantes, en traitant de l'exploitation par l'État ou par les Compagnies. Il nous suffira de les rappeler ici en quelques mots.

a. PROPOSITION PRÉSENTÉE EN 1848 PAR LA COMMISSION DU POUVOIR EXÉCUTIF. — La modification intervenue en 1848 dans la forme du Gouvernement avait eu pour conséquence une transformation dans ses tendances économiques. Le 17 mai 1848, M. Duclerc, ministre des finances, présenta à l'Assemblée nationale, au nom de la Commission exécutive, un projet de loi tendant au rachat de toutes les actions de chemins de fer, moyennant une juste indemnité. Suivant la Commission, il importait de reprendre et de ne plus aliéner le dépôt de la puissance publique dont la monarchie de Juillet avait eu le tort de se dépouiller ; il importait de ne pas soustraire à l'action directe de l'État l'armée d'employés et de travailleurs attachés au service des voies ferrées, de ne pas subordonner les intérêts de la production et de la consommation à ceux de sociétés particulières essentiellement égoïstes, de couper court à la spéculation et à l'agiotage. L'indemnité de dépossession devait être réglée d'après le cours moyen des actions à la Bourse de Paris, pendant les six mois qui avaient précédé la révolution du 24 février ; en échange de leurs titres, les actionnaires devaient recevoir des coupons de rente 5 %, cours pour cours, d'après la cote moyenne durant cette période. Étaient exceptées de ce mode de liquidation quelques lignes secondaires, dont les actions n'étaient pas cotées régulièrement à la Bourse de Paris et pour lesquelles le règlement devait faire l'objet de négociations entre le Ministre des finances et les concessionnaires. L'État aurait, de plus, assuré le service des emprunts.

Le Comité « des finances » de l'Assemblée nationale, appelé à examiner ce projet de loi, proclama la permanence du droit d'expropriation, même pour les chemins dont les cahiers des charges avaient réglé l'époque d'ouverture du droit de rachat et les conditions dans lesquelles ce droit pouvait être exercé. Il distingua entre l'expropriation, subordonnée à une déclaration d'utilité publique après enquête, et le rachat, susceptible d'être réalisé sans enquête préalable, sans déclaration d'utilité publique, dès que la faculté en était ouverte par l'acte de concession, pourvu que la mesure présentât un avantage quelconque pour le public ou pour le Trésor. Toutefois, en fait, il conclut au rejet de la proposition qu'il jugeait de nature à compromettre trop gravement les finances du pays et qu'il ne considérait pas comme suffisamment justifiée par les nécessités politiques et économiques.

Une discussion très vive s'engagea devant l'Assemblée, mais fut bientôt interrompue par les événements dont les rues de Paris étaient le théâtre. Sur une interpellation de M. Duclerc, le général Cavaignac, président du Comité, déclara le 3 juillet que le Cabinet s'était décidé à retirer le projet de loi (1).

b. Proposition de MM. Laurier, Gambetta et autres, en 1872. — Le 3 février 1872, M. Clément Laurier déposa sur le bureau de l'Assemblée nationale, tant en son nom qu'au nom de trente-trois de ses collègues, notamment de MM. Gambetta, Tirard, Challemel-Lacour, Tolain, Rouvier, Brisson, Goblet et Lepère, une proposition de loi tendant au rachat des chemins de fer et à leur affectation comme gage hypothécaire privilégié de l'emprunt de 3 milliards à contracter pour la libération du territoire.

Cette proposition, qui avait été dictée surtout par des considérations patriotiques, fut retirée le 19 février.

c. Proposition de M. de Janzé, en 1873. — Le 3 février 1873, peu de jours après le dépôt du projet de loi sur l'indemnisation de la Compagnie de l'Est, M. de Janzé et six autres députés proposèrent à l'Assemblée nationale le rachat intégral de la concession de cette Compagnie. L'État aurait repris le service des titres, poursuivi leur amortissement, avec faculté de les racheter à la Bourse aux cours qui lui auraient paru le plus convenables, et adjugé l'exploitation sur un cahier des charges nouveau.

Au nom de la Commission chargée de l'examen du projet de loi, M. Krantz, rapporteur, repoussa la proposition qui lui paraissait devoir créer de sérieux embarras financiers et dont l'effet eût été de substituer une Compagnie improvisée à une Compagnie habile et expérimentée. Il

---

(1) L'état de détresse de la Compagnie du chemin de Paris-Lyon conduisit cependant l'État à reprendre possession de ce chemin, en vertu d'un décret de l'Assemblée nationale du 17 août 1848. Chacune des 400 000 actions sur lesquelles avait été opéré un versement de 250 fr. devait recevoir un titre de 7 fr. 60 de rente 5 % ; les actionnaires qui s'engageaient à verser les 250 fr. formant le complément de leur souscription pouvaient échanger leurs titres contre des certificats de 25 fr. de rente 5 %.

éleva d'ailleurs des doutes sur le droit de l'État de rentrer en possession
de la totalité du réseau, attendu que les dernières concessions remontaient
à moins de quinze années ; même en supposant cette question préjudicielle résolue en faveur de l'État, il exprima l'avis que les chemins n'ayant
pas une durée suffisante d'exploitation pour comporter une liquidation
dans les termes du cahier des charges devraient faire l'objet d'un règlement d'indemnité spécial, à négocier avec la Compagnie ou à déférer à la
juridiction compétente.

Finalement, la proposition de M. de Janzé fut rejetée par l'Assemblée
nationale.

d. Proposition de M. lecesne, en 1877. — M. Christophle, ministre
des travaux publics, avait saisi la Chambre des députés, le 1er août 1876,
d'un projet de loi qui consacrait la fusion des Compagnies secondaires du
Sud-Ouest avec la Compagnie d'Orléans. Dans le cours de la discussion
que provoqua ce projet de loi, M. Lecesne prononça un discours qui eut
un grand retentissement et qui tendait au rachat général des chemins de
fer par l'État. La mesure sollicitée par l'honorable député s'imposait, à ses
yeux, au triple point de vue de l'achèvement du réseau, des intérêts financiers de l'État et des nécessités commerciales ou économiques. Il invoquait
l'infériorité du développement de notre réseau relativement à celui des
nations voisines, les preuves d'impuissance et de stérilité qu'avait fournies le régime inauguré en 1859, la tendance manifeste des Compagnies à
refuser la concession des lignes de second ordre et à se cantonner dans
leur inertie, les dépenses frustratoires de la construction et de l'exploitation par des Sociétés dont le crédit était inférieur à celui de l'État et que
la garantie d'un revenu fixe désintéressait d'une gestion économique, la
nécessité de reprendre possession des tarifs pour soutenir la concurrence
commerciale de l'étranger et sauver nos ports maritimes de la décadence,
à l'exemple de la Belgique, de l'Allemagne et de l'Italie.

M. Léon Say combattit vigoureusement les doctrines de M. Lecesne ;
il attaqua ses vues protectionnistes ; il montra les périls auxquels on
exposerait nos finances et le crédit public, en mettant entre les mains de
l'État, outre le grand livre de la dette, celui des obligations de chemins de
fer ; il s'éleva contre un accroissement excessif et trop précipité de l'outillage national ; il s'attacha à mettre en relief les dangers de la mainmise
du Parlement sur les tarifs, les entraînements auxquels les Pouvoirs publics pourraient céder, les catastrophes financières qui en résulteraient.

Malgré tous ses efforts, M. Lecesne ne parvint pas à faire prévaloir sa
proposition.

e. RAPPORTS DE MM. WILSON, BAÏHAUT, WADDINGTON ET LEBAUDY A LA CHAMBRE DES DÉPUTÉS ET PROJET DE RACHAT PARTIEL DE LA CONCESSION D'ORLÉANS, EN 1880. — La Chambre des députés avait constitué en 1879 une Commission de 33 membres, pour l'étude du régime général des chemins de fer. Cette Commission se divisa en trois sous-commissions, appelées à examiner : la première, les réformes que comportait la législation des tarifs ; la seconde, les bases du rachat des grandes Compagnies ; la troisième, les différents modes d'exploitation en usage depuis la création des voies ferrées.

Le premier travail qui sortit des délibérations de la Commission fut un rapport provisoire rédigé par M. Wilson, au nom de la 2e sous-commission, « sur le rachat par l'État de la Compagnie du chemin de fer de « Paris à Orléans ». Ce rapport concluait à la reprise totale du réseau d'Orléans, pour faire cesser l'antagonisme entre la Compagnie et l'Administration des chemins de l'État ; la situation inextricable du réseau d'État, étranglé et commandé de tous côtés par l'Orléans ; la concurrence et les détournements désastreux dont souffrait ce réseau et qui l'empêchaient d'accomplir sa mission réformatrice. Après avoir discuté les diverses objections formulées contre le rachat, l'honorable rapporteur affirmait l'utilité et l'urgence de la mesure, au point de vue financier et au point de vue économique, et le présentait comme le complément naturel du grand programme de travaux publics.

Peu de jours après, le 12 février 1880, M. Varroy, ministre des travaux publics, soumit à la Chambre des députés un projet de convention pour le rachat partiel du réseau d'Orléans. La Compagnie cédait à l'État toutes ses lignes situées à l'Ouest du chemin de Paris à Bordeaux par Orléans et Tours, y compris le réseau d'intérêt local de la Sarthe. Elle devait recevoir, pour en jouir jusqu'au terme de sa concession, un titre de rente inaliénable et irréductible de 17 100 000 francs, qui représentait l'indemnité de rachat calculée en appliquant, autant que possible, les règles indiquées par le cahier des charges pour le rachat total, c'est-à-dire en payant les lignes concédées depuis plus de quinze ans, d'après leur produit net, et les autres lignes, d'après leur prix de premier établissement. Les chemins repris à la Compagnie d'Orléans devaient être rattachés au réseau d'État, qui eût été ainsi en possession de tout le triangle compris entre la ligne de Paris à Bordeaux, par Orléans et Tours, celle de Paris à Angers, Redon et Landerneau, et le littoral de l'Océan.

Le 18 mai 1880, M. Baïhaut déposa sur le bureau de la Chambre un rapport qui reproduisait, sur beaucoup de points, celui de M. Wilson. L'honorable rapporteur critiquait le projet de convention ; il le jugeait

insuffisant pour donner au réseau d'État la puissance et la vitalité nécessaires, et pour assurer les réformes que l'opinion publique réclamait im-
périeusement dans la tarification. Il le considérait, en outre, comme onéreux au point de vue financier, et signalait notamment l'anomalie qu'il y
avait, suivant lui, à consolider au taux de 5,50 °/₀ les dépenses afférentes
aux lignes ayant moins de quinze ans de concession, alors que les Compagnies secondaires du Sud-Ouest avaient été indemnisées en capital (1).
Le rapport de M. Baïhaut se terminait, comme celui de M. Wilson, par une
proposition de rachat total de l'Orléans.

M. Lebaudy, rapporteur de la 3ᵉ sous-commission, avait, de son côté,
présenté, le 7 mai 1880, un rapport dans lequel, après avoir exposé les
systèmes d'exploitation en vigueur à l'étranger et discuté leur valeur,
il formulait une conclusion identique à celle de M. Baïhaut.

Cette conclusion demeura sans effet.

f. Proposition de M. Allain-Targé en 1883. — Au cours de la discussion des conventions de 1883, M. Allain-Targé présenta à la Chambre
des députés un projet de résolution tendant « à inviter le Ministre à étu-
« dier une réorganisation des deux réseaux de l'État et de la Compagnie
« d'Orléans et à préparer le rachat de l'ancien et du nouveau réseau de
« cette Compagnie ». L'honorable député justifia sa proposition par des
considérations spéciales à celle d'Orléans. Il fit valoir, en particulier, les
plaintes auxquelles avait donné lieu le régime du réseau exploité par cette
Compagnie et la nécessité de placer à côté des grandes concessions un réseau d'État, administré avec désintéressement et servant de modèle et de
contrepoids.

M. Tirard répondit en invoquant les nécessités financières et en faisant
valoir que les Pouvoirs publics, reculant devant l'exploitation directe,
seraient conduits à organiser une nouvelle Compagnie, qui serait vraisem-
blablement composée des mêmes administrateurs et des mêmes actionnaires et avec laquelle il serait du reste impossible de traiter sur les bases
léonines indiquées par M. Allain-Targé.

Le projet de résolution fut repoussé.

Telles ont été les principales propositions de rachat total ou partiel des
réseaux concédés aux grandes Compagnies. Elles ont toujours échoué.
Les lourdes charges qui pèsent sur notre budget et les stipulations des
contrats de 1883 ne leur permettront pas de revoir le jour, avec quelque
chance de succès, avant une époque relativement éloignée.

(1) Voir *supra*, page 597.

8. Observations sur la distribution du prix de rachat entre les ayants droit. — Il est de règle que l'État reste étranger à la distribution du prix de rachat entre les ayants droit. Cette distribution soulève, en effet, des questions de droit commun dans la solution desquelles l'État n'a point à intervenir et à engager sa responsabilité et que les tribunaux ordinaires sont seuls compétents pour résoudre, le cas échéant.

Cette règle a été rappelée dans les termes les plus précis par le Conseil d'État, à l'occasion du projet de convention de 1876 avec la Compagnie d'Orléans. Les porteurs d'obligations des Compagnies de la Vendée, de Saint-Nazaire au Croisic, de Bressuire à Poitiers et d'Orléans à Rouen avaient demandé au Gouvernement que des mesures fussent prises pour protéger leurs intérêts, qu'ils craignaient de voir compromis par l'incorporation des réseaux concédés à ces Compagnies dans le réseau d'Orléans. Le Conseil consulté sur cette demande fit observer « que la situation res-« pective des obligataires et de la Compagnie à laquelle ils avaient prêté « des fonds était déterminée par la législation, et qu'il appartenait exclu-« sivement à l'autorité judiciaire d'appliquer cette législation et de pre-« scrire les mesures conservatoires nécessaires pour sauvegarder les « droits des porteurs d'obligations et des autres créanciers... » (Avis des **20-21 décembre 1876.**)

Les conventions de rachat contiennent généralement un article destiné à rappeler aux intéressés que l'État entend ne point se départir d'une réserve absolue. C'est ainsi que les conventions de rachat conclues en 1877 avec les Compagnies secondaires du Sud-Ouest renfermaient toutes un article ainsi conçu : « La Compagnie des chemins de fer de..... demeure « chargée de faire entre les ayants droit la distribution du prix de rachat, « sans que l'État ait, à aucun titre, à intervenir dans cette distribution. « En cas d'opposition, les paiements à faire par l'État ou par la Compa-« gnie rétrocessionnaire seront effectués à la Caisse des dépôts et consi-« gnations (1). » Citons encore les exemples suivants :

Convention du 1ᶜʳ octobre 1878, approuvée par une loi du 4 août 1879, pour la cession de la ligne de Lérouville à Sedan par le syndic de la faillite de Lille-Valenciennes : « L'État recevra la ligne cédée libre de toutes « charges. Il restera étranger à la liquidation ainsi qu'au paiement de « toutes les dettes qui pourraient avoir été contractées par la Compagnie. « Le syndic de la faillite demeure chargé de faire entre les ayants droit « la distribution du prix de rachat, sans que l'État ait, à aucun titre, à « intervenir dans cette distribution. En cas d'opposition, les paiements

---

(1) Sauf des détails, la rédaction était la même dans toutes les conventions.

« à faire par l'État seront effectués à la Caisse des dépôts et consi-
« gnations. »

Convention du 26 avril 1880, approuvée par une loi du 20 juin 1881,
pour le chemin de fer de Nançois-le-Petit à Gondrecourt : «L'État recevra
« la ligne cédée entièrement libérée de toutes charges. Il restera étranger
« à la liquidation ainsi qu'au paiement de toutes les dettes qui pourraient
« avoir été contractées envers des tiers, soit par suite d'acquisition de
« terrains, soit pour toute autre cause. »

9. Du droit de rachat dans les pays étrangers. — En traitant de
l'exploitation par l'État ou par les Compagnies et de la durée des concessions, nous avons déjà donné des indications sur les conditions dans lesquelles divers pays étrangers avaient réservé et exercé leur droit de rachat
(tome Ier, page 667 et suivantes; tome II, page 74 et suivantes). Nous nous
bornerons ici à quelques indications récapitulatives très sommaires.

En *Prusse*, la loi organique de 1838 n'a prévu le rachat qu'après trente
années d'exploitation et contre paiement d'une indemnité calculée sur la
base de 25 fois l'intérêt payé pendant les cinq dernières années. Le Gouvernement n'ayant pu faire usage de ces dispositions pour rentrer en possession des lignes qu'il tenait à adjoindre au réseau d'État a dû recourir à
d'autres moyens, et notamment conclure des conventions de rachat
amiable, moyennant allocation d'indemnités débattues et représentant par
exemple les dépenses de premier établissement ou la valeur au pair des
titres émis par les Compagnies. Pour mener plus facilement à bonne fin
ses négociations, il a souvent fait racheter un grand nombre d'actions
par des syndicats de banquiers et de sociétés de crédit, dont les membres
opéraient pour son compte sous le sceau du secret; parfois aussi il a eu
recours à la concurrence et à certaines rigueurs dans l'exercice de ses
droits de contrôle.

Voici quelle est la forme des divers marchés de rachat, en prenant
pour type celui de la Compagnie de Berlin-Stettin. La prise de possession
définitive n'est pas immédiate : le Conseil d'administration, dûment autorisé à cet effet par l'assemblée générale des actionnaires, cède à l'État
l'exploitation de son réseau, moyennant un revenu fixe à servir aux
actions; les droits des obligataires et autres créanciers sont réservés; la
société subsiste nominalement, mais avec des statuts modifiés qui ne lui laissent que peu d'indépendance. L'État acquiert d'ailleurs le droit de racheter définitivement la concession, quand il jugera utile de le faire, à charge
par lui d'assurer le service des obligations et de payer une somme déterminée pour chaque action. Avant d'opérer le rachat sur cette base, il est

tenu d'offrir aux actionnaires l'échange de leurs actions contre des titres de rente. Les conditions de cet échange, étant généralement fixées de manière à le rendre avantageux, sont acceptées par la plupart des actionnaires, de telle sorte que l'État n'a plus que fort peu d'actions à rembourser en capital.

Ce qui a déterminé le Gouvernement à adopter un mode de procéder en apparence si complexe, c'est le désir de laisser subsister au moins provisoirement les sociétés concessionnaires, afin d'éviter, de la part des obligataires, une demande en remboursement immédiat de leurs titres et de pouvoir choisir le moment opportun pour la liquidation des Compagnies. L'échange amiable des actions contre des titres de rente évite aussi les difficultés et les procès auxquels donnerait lieu la répartition d'une indemnité globale entre des actions jouissant de privilèges différents, telles que parts de fondateurs, actions de priorité, actions ordinaires.

Les projets de loi de rachat autorisent le Gouvernement à dénoncer les emprunts de ces sociétés, après leur liquidation, et à rembourser les obligations en réunissant les fonds nécessaires par des émissions de titres de rente.

Les conventions renferment des stipulations pour sauvegarder les intérêts du personnel. Les agents inférieurs commissionnés sont maintenus et assimilés à ceux de l'État, d'après leur ancienneté; leurs émoluments ne peuvent être réduits. Les agents supérieurs peuvent être conservés et sont indemnisés, en tout cas, pour le changement apporté à leur situation. Quant au personnel non commissionné, il est aussi maintenu, au moins provisoirement.

L'*Autriche* a fait ses principales concessions sur des bases analogues à celles qui avaient été admises en France. C'est ainsi qu'elle a inscrit dans son contrat avec la Société autrichienne des chemins de fer de l'État (Staatsbahn) la faculté de rachat, moyennant paiement d'une annuité calculée d'après le produit net moyen des sept dernières années et remboursement du matériel d'exploitation. La Compagnie des chemins de fer du sud de l'Autriche est soumise à une clause semblable.

Toutefois les rachats opérés par l'Autriche et la Hongrie ont été le résultat de négociations et de conventions amiables, facilitées quelquefois par ce fait que l'État était déjà propriétaire d'un grand nombre d'actions.

Ainsi que nous l'avons fait connaître, tome Ier, page 686, le Gouvernement autrichien a obtenu le vote d'une loi dite « des garanties », en date du 14 décembre 1877, qui a eu pour objet de permettre la mainmise provisoire de l'État sur les chemins faisant trop largement appel à la garantie d'intérêt, et qui a, de plus, visé le rachat de ces chemins et constitué le point de départ d'un mouvement législatif vers l'exploitation par l'État.

En *Belgique*, un certain nombre d'actes de concession prévoient la reprise par l'État dans des conditions à peu près identiques à celles qui ont été fixées par le cahier des charges des concessions françaises.

Toutefois les rachats ont été opérés en fait, à la suite de conventions amiables. Nous avons relaté, tome Ier, page 694 et suivantes, les stipulations de ces contrats pour plusieurs Compagnies, notamment pour la « grande Compagnie du Luxembourg belge » et pour celle « des Flandres ». Le lecteur voudra bien se reporter aux indications détaillées que nous avons données à cet égard.

Pour l'*Italie*, la situation est la même que pour la Belgique. La plupart des contrats de concession ont réservé le droit de rachat ; mais c'est en vertu de conventions spéciales que l'État a repris possession de son réseau (tome Ier, page 701 et suivantes).

En *Angleterre*, les bills de concession antérieurs à 1844 n'ont pas prévu l'éventualité du rachat. L'opération ne pourrait donc être réalisée qu'à l'amiable pour les lignes qui ont fait l'objet de ces bills et au nombre desquelles figurent les plus importantes du réseau britannique, notamment l'artère principale de la Compagnie de Glasgow and South-Western, les chemins de Londres à Colchester, de Londres à Bristol, de Londres à Liverpool, de Londres à Brighton.

Le 9 août 1844, est intervenu un acte du Parlement qui a autorisé la reprise des chemins de fer concédés en 1844 ou postérieurement. Le droit de rachat s'ouvre à l'expiration d'une période de 21 ans, à partir du 1er janvier 1845 pour les lignes concédées en 1844 et à partir du 1er janvier de l'année suivant celle de la concession pour les lignes concédées postérieurement à 1844. L'indemnité doit être de 25 fois le produit net moyen des trois dernières années ; si ce produit net n'atteint pas 10 °/₀ du capital dépensé, la Compagnie peut réclamer la fixation par des arbitres d'une indemnité supplémentaire correspondant à la perte des plus-values d'avenir. De plus, les concessionnaires peuvent réclamer l'application du rachat à tout leur réseau.

Jamais ces clauses n'ont reçu d'application. Des propositions isolées, tendant au rachat, ont été parfois formulées, mais sans trouver d'écho et sans aboutir.

Dans un certain nombre d'États de l'*Amérique*, la perpétuité des concessions a pour correctif le droit de rachat. Nous rappellerons des exemples que nous avons déjà cités. L'État de Pennsylvanie, en concédant le Central Pennsylvanien qu'il avait entrepris, s'est réservé la faculté de reprendre ce dernier après une période de vingt années, en remboursant à la Compagnie ses dépenses de premier établissement, avec les intérêts composés au taux de 8 %, sous déduction des produits perçus pendant la même période. L'État de Michigan a de même introduit dans l'acte relatif au Michigan-Southern une disposition qui lui permet de racheter la ligne moyennant une indemnité déterminée d'après le cours des actions, augmenté de 10 %. La loi générale de 1874 de l'État de Massachussets lui confère le pouvoir de racheter les voies ferrées, soit en remboursant le capital majoré des intérêts de 10 % à partir du premier versement des actions, soit en payant une indemnité à fixer par trois experts désignés par la Cour suprême, sauf appel devant un jury constitué par cette Cour.

Mais, nous le répétons, nous ne croyons pas devoir entrer dans plus de détails sur la question du rachat des chemins de fer à l'étranger : car nous avons déjà traité cette question dans les chapitres consacrés à l'exploitation par l'État ou par les Compagnies et à la durée des concessions.

§3. — DE LA DÉCHÉANCE DES CONCESSIONNAIRES

1. Clauses du cahier des charges. — Dès l'origine des chemins de fer, les actes de concession ont prévu la déchéance. On comprend en effet que, lorsqu'une voie ferrée a été reconnue d'utilité publique, le Gouvernement ne puisse la laisser péricliter entre les mains du concessionnaire chargé de l'exécuter et de l'exploiter.

C'est ainsi que le cahier des charges annexé à l'ordonnance du 7 juin 1826 concernant le chemin de Saint-Étienne à Lyon, par Rive-de-Gier et Givors, renfermait, malgré son caractère embryonnaire, la stipulation suivante : « Faute par la Compagnie, après avoir été mise en demeure, « d'avoir construit et terminé le chemin de fer dans le délai fixé par l'article « 1ᵉʳ, ou même d'en pousser les travaux avec une célérité telle que le « quart au moins de la longueur du chemin soit exécuté au bout des deux « premières années qui suivront l'approbation définitive du tracé, et le « tiers au moins à l'expiration de la troisième année, elle encourra la dé- « chéance, et une adjudication nouvelle sera passée sur la mise à prix des « terrains acquis et payés, des ouvrages exécutés et des matériaux appro- « visionnés. La Compagnie évincée recevra du nouveau concessionnaire « la valeur que l'adjudication aura déterminée pour ces terrains, ouvrages « et matériaux. — Le cautionnement, s'il n'est pas encore restitué con- « formément à la clause qui sera énoncée plus bas, restera à l'État à titre « de dommages et intérêts. — La présente stipulation n'est pas applicable « au cas où la cessation des travaux et le retard apporté à leur exécution « proviendraient de force majeure. »

Nous passons par-dessus les transformations successives de cette clause, qui n'offriraient qu'un intérêt rétrospectif, pour arriver immédiatement à la forme définitive qu'elle a revêtue dans le cahier des charges régissant actuellement les concessions des grandes Compagnies.

Art. 39 (1). — « Faute par la Compagnie d'avoir terminé les travaux « dans le délai fixé par l'article 2, faute aussi par elle d'avoir rempli les « diverses obligations qui lui sont imposées par le présent cahier des

---

(1) Le type actuel de cahier des charges contient en outre un article 38 ainsi libellé : « Si la Compagnie n'a pas commencé les travaux dans le délai fixé par l'art. 2, elle sera « déchue de plein droit, sans qu'il y ait lieu à aucune notification ou mise en demeure « préalable.

« Dans ce cas, la somme de..... qui aura été déposée, ainsi qu'il sera dit à l'art. 68, « à titre de cautionnement deviendra la propriété de l'État et restera acquise au Trésor « public. »

« charges, elle encourra la déchéance, et il sera pourvu, tant à la conti-
« nuation et à l'achèvement des travaux, qu'à l'exécution des autres enga-
« gements contractés par la Compagnie, au moyen d'une adjudication que
« l'on ouvrira sur une mise à prix des ouvrages exécutés, des matériaux
« approvisionnés et des parties du chemin de fer déjà livrées à l'exploi-
« tation. Les soumissions pourront être inférieures à la mise à prix. — La
« nouvelle Compagnie sera soumise aux clauses du présent cahier des
« charges et la Compagnie évincée recevra d'elle le prix que la nouvelle
« adjudication aura fixé (1). Si l'adjudication ouverte n'amène aucun
« résultat, une seconde adjudication sera tentée sur les mêmes bases, après
« un délai de trois mois ; si cette seconde tentative reste également sans
« résultat, la Compagnie sera définitivement déchue de tous droits, et
« alors les ouvrages exécutés, les matériaux approvisionnés et les par-
« ties de chemin de fer déjà livrées à l'exploitation appartiendront à
« l'État. »

Art. 40. — « Si l'exploitation du chemin de fer vient à être interrom-
« pue en totalité ou en partie, l'Administration prendra immédiatement,
« aux frais et risques de la Compagnie, les mesures nécessaires pour
« assurer provisoirement le service. Si, dans les trois mois de l'organisa-
« tion du service provisoire, la Compagnie n'a pas valablement justifié
« qu'elle est en état de reprendre et de continuer l'exploitation, et si elle
« ne l'a pas effectivement reprise, la déchéance pourra être prononcée
« par le Ministre. Cette déchéance prononcée, le chemin de fer et toutes
« ses dépendances seront mis en adjudication, et il sera procédé ainsi
« qu'il est dit à l'article précédent. »

Art. 41. — « Les dispositions des deux articles qui précèdent cesse-
« raient d'être applicables, et la déchéance ne serait pas encourue dans
« le cas où le concessionnaire n'aurait pu remplir ses obligations par
« suite de circonstances de force majeure dûment constatées. »

Ainsi la déchéance peut être prononcée, en règle générale :

1° Si les travaux n'ont pas été commencés dans le délai déterminé par
le cahier des charges ;

2° S'ils ne sont pas terminés au terme prévu ;

3° Si l'exploitation est suspendue ou interrompue, et n'est pas reprise
par le concessionnaire dans un délai de trois mois, à partir de l'organisation d'un service provisoire par les soins de l'État.

Dans le premier cas, le cautionnement est intégralement acquis ; dans

____

(1) Le type actuel porte en outre que « la partie du cautionnement qui n'aura pas encore
« été restituée deviendra la propriété de l'État ».

le second, la confiscation porte sur la somme qui n'a pas encore été restituée.

L'article 39 du cahier des charges prévoit en outre, en termes plus généraux, la déchéance comme sanction « des diverses obligations impo- « sées à la Compagnie ».

En ce qui concerne les chemins de fer d'intérêt local, l'article 7 de la loi du 11 juin 1880 dispose que « le cahier des charges déterminera..... « 3° les cas dans lesquels l'inexécution des conditions de la concession « peut entraîner la déchéance du concessionnaire, ainsi que les mesures à « prendre à l'égard du concessionnaire déchu ». Il ajoute que « la dé- « chéance est prononcée, dans tous les cas, par le Ministre des travaux pu- « blics, sauf recours au Conseil d'État par la voie contentieuse ».

Voici quelles sont les stipulations du cahier des charges type arrêté en Conseil d'État et approuvé par décret du 6 août 1881 : Art. 37. — « Si « le concessionnaire n'a pas remis au préfet les projets définitifs ou s'il « n'a pas commencé les travaux dans les délais fixés par les articles 2 et « 3, il encourra la déchéance qui sera prononcée par le Ministre des travaux « publics après une mise en demeure, sauf recours au Conseil d'État par « la voie contentieuse. Dans ces deux cas, la somme de ..... qui aura « été déposée, ainsi qu'il sera dit à l'article 66, à titre de cautionnement, « deviendra la propriété du département (ou de la commune) et lui res- « tera acquise »

Art. 38. — « Faute par le concessionnaire d'avoir poursuivi et « terminé les travaux dans les délais et conditions fixés par l'article 2, « faute aussi par lui d'avoir rempli les diverses obligations qui lui sont « imposées par le présent cahier des charges, et dans le cas prévu par « l'article 10 de la loi du 11 juin 1880, il encourra soit la perte partielle « de son cautionnement dans les conditions prévues par l'acte de con- « cession, soit la perte totale de ce cautionnement, soit enfin la déchéance. « Dans tous les cas, il sera statué sur la demande du département, après « mise en demeure, par le Ministre des travaux publics, sauf recours au « Conseil d'État par la voie contentieuse. Dans les deux premiers cas, le « cautionnement sera reconstitué dans le mois de la décision ministérielle. « — Dans le cas de déchéance, il sera pourvu tant à la continuation et à « l'achèvement des travaux qu'à l'exécution des autres engagements con- « tractés par le concessionnaire, au moyen d'une adjudication que l'on « ouvrira sur une mise à prix des ouvrages exécutés, des matériaux ap- « provisionnés et des parties du chemin de fer déjà livrées à l'exploitation. « — Nul ne sera admis à concourir à cette adjudication s'il n'a été préala-

« blement agréé par le préfet en Conseil de préfecture... Chaque soumis-
« sionnaire sera informé de la décision prise en ce qui le concerne, et, s'il y
« a lieu, du jour de l'adjudication. — Les personnes qui auront été admises
« à concourir devront faire, soit à la Caisse des dépôts et consignations, soit
« à la recette générale du département, le dépôt de garantie, qui devra être
« égal au moins au trentième de la dépense à faire par le concessionnaire.
« — L'adjudication aura lieu suivant les formes indiquées aux articles 11,
« 12, 13, 15 et 16 de l'ordonnance royale du 10 mai 1829. — Les soumissions
« ne pourront être inférieures à la mise à prix. — Le nouveau concession-
« naire sera soumis aux clauses du présent cahier des charges et substi-
« tué au concessionnaire évincé pour recevoir les subventions de toute
« nature à échoir aux termes de l'acte de concession; le concessionnaire
« évincé recevra de lui le prix que la nouvelle adjudication aura fixé. —
« La partie du cautionnement qui n'aura pas encore été restituée deviendra
« la propriété du département. — Si l'adjudication ouverte n'amène aucun
« résultat, une seconde adjudication sera tentée sur les mêmes bases,
« après un délai de trois mois. Cette fois, les soumissions pourront être
« inférieures à la mise à prix. Si cette seconde tentative reste également
« sans résultat, le concessionnaire sera définitivement déchu de tous
« droits, et alors les ouvrages exécutés, les matériaux approvisionnés et
« les parties de chemin de fer déjà livrées à l'exploitation appartiendront
« au département. »

Art. 39. — « Si l'exploitation du chemin de fer vient à être inter-
« rompue en totalité ou en partie, le préfet prendra immédiatement, aux
« frais et risques du concessionnaire, les mesures nécessaires pour assurer
« provisoirement le service. — Si, dans les trois mois de l'organisation du
« service provisoire, le concessionnaire n'a pas valablement justifié qu'il
« est en état de reprendre et de continuer l'exploitation et s'il ne l'a pas
« effectivement reprise, la déchéance pourra être prononcée par le Ministre
« des travaux publics. Cette déchéance prononcée, le chemin de fer et
« toutes ses dépendances seront mis en adjudication, et il sera procédé
« ainsi qu'il est dit à l'article précédent. »

Art. 40. — « Les dispositions des trois articles qui précèdent ne seraient
« pas applicables, et la déchéance ne serait pas encourue, dans le cas où
« le concessionnaire n'aurait pu remplir ses obligations par suite de cir-
« constances de force majeure dûment constatées. »

On le voit, tout en reproduisant, dans leurs traits généraux, les dispositions du cahier des charges des chemins de fer d'intérêt général, les
clauses du cahier des charges type des chemins d'intérêt local ne sont
cependant pas identiques à ces dernières. Elles prévoient la déchéance

pour retard dans la production des projets ou pour inobservation des conditions dans lesquelles le concessionnaire doit poursuivre ses travaux (1). Des pénalités moins rigoureuses, la perte partielle ou la perte totale du cautionnement, peuvent être substituées à la déchéance, en exécution de l'article 38. Les formalités d'adjudication sont réglées avec précision.

Les conventions spéciales et les lois approbatives peuvent d'ailleurs apporter des modifications aux clauses que nous venons de relater (art. 2 de la loi du 11 juin 1880). La faillite de la Compagnie peut, par exemple, être considérée comme un cas de déchéance.

Quant aux chemins de fer industriels, comme leur déclaration d'utilité publique est motivée par l'intérêt général et subordonnée à l'établissement immédiat ou ultérieur d'un service public, leurs cahiers des charges sont conformes à ceux des lignes d'intérêt général.

Nous n'avons d'exception à signaler que pour les chemins miniers déclarés d'utilité publique en vertu de la loi du 27 juillet 1880 et affectés exclusivement au service de la mine. Jusqu'ici le Gouvernement s'est borné à réserver au préfet le droit d'interdire la circulation des trains, au cas où l'exploitation présenterait certains dangers, et de prendre d'office les mesures nécessaires pour assurer la circulation sur les voies publiques ou l'écoulement des eaux. Les lignes de cette nature ne font pas, en effet, l'objet de concessions et ne peuvent, par suite, donner lieu à déchéance.

2. Difficultés d'application de la déchéance. — Avant d'étudier les questions principales que peut soulever la déchéance, nous devons présenter quelques observations préliminaires sur les difficultés de son application.

Elle constitue une pénalité si grave que l'Administration ne saurait user de ses droits, à moins de circonstances tout à fait exceptionnelles, et se trouve désarmée dans les autres cas. Les cahiers des charges présentent à cet égard une lacune regrettable, qui a plus d'une fois appelé l'attention des Pouvoirs publics. A la vérité, l'article 30 du cahier des charges des chemins de fer d'intérêt général porte que « si le chemin de « fer, une fois achevé, n'est pas constamment entretenu en bon état, il y « sera pourvu d'office, à la diligence du préfet et aux frais du concession- « naire », et que « le montant des avances faites sera recouvré au moyen « de rôles rendus exécutoires par le préfet ». Mais cette exécution d'of-

____

(1) L'art. 2 du type de cahier des charges fixe non seulement les dates du commencement et de la fin des travaux, mais encore celle de l'ouverture des différentes sections.

fice, restreinte à une circonstance spéciale, comporte elle-même de sérieuses difficultés pratiques et n'a pas de caractère pénal.

Le Conseil d'État s'est préoccupé de cette situation, lorsqu'il a discuté le projet de cahier des charges type des chemins de fer d'intérêt local. Il a cherché à y remédier, dans une certaine mesure, en prévoyant, comme nous l'avons fait remarquer, parallèlement à la déchéance, la confiscation totale ou partielle du cautionnement.

Dans son projet de convention de 1882, M. Varroy, ministre des travaux publics, avait réservé à l'Administration le droit de pourvoir d'office à l'exécution des engagements de la Compagnie; les bénéfices résultant de cette substitution devaient être acquis au Trésor; quant aux pertes, elles devaient être recouvrées par toutes les voies de droit.

Aux termes des conventions de 1883 (1), « dans le cas où, par le fait de « la Compagnie, les délais d'exécution fixés pour les lignes concédées par « ces conventions seraient dépassés pour une ou plusieurs lignes, la con- « tribution à la construction imposée à la Compagnie sera augmenté de « 5 000 francs par kilomètre et par année de retard. Ne seront pas consi- « dérés comme étant du fait de la Compagnie les retards qui seraient la « conséquence des difficultés qu'elle éprouverait à réaliser les fonds né- « cessaires à l'exécution des travaux, à raison de la situation du marché « financier constatée par le Gouvernement ». Cette clause est fort sage et fort utile : elle pourrait cependant ne pas avoir une grande efficacité pour les lignes improductives, dont l'exploitation ferait subir à la Compagnie une perte de même ordre que la retenue stipulée par les conventions.

Certains actes de concession de chemins de fer d'intérêt local ont stipulé des dommages-intérêts se cumulant avec la déchéance. On pourra consulter notamment le cahier des charges annexé au décret du 15 juin 1875, ligne d'Albertville à Moutiers, article 39 : le cahier des charges avait arbitré les dommages-intérêts, en cas de déchéance, à 500 000 fr.; il a été fait application de la pénalité. Le Conseil d'État a confirmé l'arrêté du préfet (13 juillet 1883), sauf réduction de la somme pour tenir compte d'une diminution dans la longueur de la ligne.

3. **Exemples de déchéance.** — Comme nous venons de le dire, l'Administration a été arrêtée, dans la plupart des cas, par la gravité de la déchéance. Elle a craint de ruiner les petits capitalistes qui avaient donné leur épargne pour l'exécution d'œuvres d'intérêt public ; elle a redouté la

____

(1) Conventions avec les Compagnies de l'Est, de l'Ouest, d'Orléans et de Paris-Lyon-Méditerranée.

perturbation qui pourrait en résulter sur le marché de la Bourse et dont les fonds publics seraient eux-mêmes exposés à subir le contre-coup. Presque toujours, elle a préféré décharger les concessionnaires d'une partie de leurs obligations, leur donner tacitement ou expressément de nouveaux délais, leur fournir des subsides, les soutenir de son crédit, racheter les concessions ou résilier les contrats à l'amiable.

Cependant il existe quelques exemples de déchéance. Nous citerons les suivants :

a. *Chemins de fer d'intérêt général ou industriels :*

Compagnie de Fampoux à Hazebrouck (arrêté ministériel du 28 décembre 1847,);

Compagnie de Bordeaux à Cette (arrêté ministériel du 28 décembre 1847);

Compagnie de Lyon à Avignon (arrêté ministériel du 28 décembre 1847);

Compagnie d'Orléans à Châlons (arrêté ministériel du 18 avril 1868).

Compagnie d'Épinac à Velars (arrêté ministériel du 9 juin 1877);

Compagnie de Marmande à Angoulême (arrêté ministériel du 21 septembre 1878);

Compagnie de Lagny à Mortcerf (arrêté ministériel du 21 avril 1879).

b. *Chemins de fer d'intérêt local :* Compagnies des chemins des Bouches-du-Rhône, de Falaise à Berjou-Pont-d'Ouilly (Calvados), de Montsecret à Chérencé-le-Roussel (Manche), d'Orléans à Rouen (Eure et Eure-et-Loir); de Roanne à Châlon (Loire et Saône-et-Loire).

Encore la déchéance n'a-t-elle pas été poussée à ses conséquences extrêmes, au regard de plusieurs des Compagnies que nous venons d'énumérer. Les Compagnies de Fampoux à Hazebrouck, de Bordeaux à Cette et de Lyon à Avignon, ont obtenu la restitution de la moitié de leur cautionnement, en vertu de décrets du 6 mars 1853; le cautionnement de la Compagnie d'Orléans à Châlons n'a été de même confisqué que partiellement, aux termes d'un décret du 19 juin 1868.

4. **Autorité compétente pour prononcer la déchéance.** — C'est au Ministre des travaux publics qu'il appartient de prononcer la déchéance des concessionnaires de lignes d'intérêt général ou de chemins industriels.

Pour les chemins d'intérêt local, la déchéance était autrefois prononcée par les préfets. Ces fonctionnaires n'ayant pas toujours usé de leurs droits avec la réserve voulue, le législateur du 11 juin 1880 a jugé indispensable de faire passer la compétence entre les mains du Ministre des travaux publics (1).

La confiscation du cautionnement doit faire l'objet d'une décision du Ministre des finances, pour les chemins de fer d'intérêt général, et d'un arrêté préfectoral, rendu à la suite de la décision du Ministre des travaux publics, pour les chemins d'intérêt local.

Le Conseil de préfecture sortirait absolument des limites de ses attributions en prononçant lui-même la déchéance et la confiscation du cautionnement. (Arrêt du Conseil d'État du 15 juillet 1881. — Syndic de la faillite d'Orléans à Rouen contre le département de Loir-et-Cher.)

5. Mise en demeure préalable à la déchéance. — Lorsque l'acte de concession prévoit la déchéance de plein droit, sans notification ou mise en demeure préalable, l'Administration n'est tenue à aucun avertissement avant de recourir à cette pénalité. Il n'y a là rien de contraire aux principes généraux du droit. Aux termes de l'article 1139 du Code civil, « le débiteur est constitué en demeure, soit par une sommation ou par « un autre acte équivalent, soit par l'effet de la convention, lorsqu'elle « porte que, sans qu'il soit besoin d'acte et par la seule échéance du « terme, le débiteur sera en demeure ».

Le Conseil d'État, statuant au contentieux, en a d'ailleurs jugé ainsi par un arrêt du 13 juillet 1883, à l'occasion d'un litige entre le syndic de la faillite du sieur de la Vallée-Poussin et le département de la Savoie, pour la ligne d'Albertville à Moutiers. Cet arrêt est ainsi motivé : « Considérant que, par application de l'article 38 du cahier des charges, « au cas où les travaux ne seront pas commencés dans les délais prévus « par l'article 2, la déchéance peut être prononcée contre les concession- « naires, sans mise en demeure autre que celle résultant de l'expiration « desdits délais..... Considérant que le préfet n'a fait qu'user des pouvoirs « qui lui sont conférés par l'article 38 du cahier des charges précité, en « prenant, à la date ci-dessus relatée du 17 juin 1879, après avoir constaté « l'inexécution par les concessionnaires d'un commencement de travaux « quelconque, un arrêté par lequel il déclare lesdits concessionnaires « déchus et le cautionnement acquis au département ; que, d'ailleurs, cet « arrêté a été régulièrement notifié au domicile élu par les concession- « naires dans la convention..... »

Lorsqu'au contraire le cahier des charges ne dispense pas explicitement

(1) La Section des travaux publics du Conseil d'État a émis récemment l'avis qu'il convenait d'appliquer la nouvelle règle de compétence, même pour les chemins d'intérêt local concédés avant la loi de 1880.

de la mise en demeure préalable, cette formalité doit être accomplie, par application des principes qui ont dicté l'article 1230 du Code civil : « Soit « que l'obligation primitive contienne, soit qu'elle ne contienne pas un « terme dans lequel elle doit être accomplie, la peine n'est encourue « que lorsque celui qui s'est obligé soit à livrer, soit à prendre, soit à « faire, est en demeure ». On pourra consulter, à cet égard, un arrêt du Conseil d'État du 17 février 1882 intervenu dans un litige entre le Ministre des travaux publics et les sieurs Georges Martin et Legrand, entrepreneurs des travaux de reconstruction des ponts de Clichy, et où sont insérés les considérants suivants : « Considérant qu'il résulte de l'ar- « ticle 1230 du Code civil que cette double pénalité ne pouvait être en- « courue par les entrepreneurs qu'autant que ceux-ci auraient été régu- « lièrement mis en demeure d'avoir à remplir, dans les délais du contrat, « la double obligation qu'ils avaient contractée ; considérant qu'aucune « disposition de l'arrêté du 7 août 1872 (1) ne porte que l'entrepreneur « sera constitué en demeure par la seule échéance du terme..... »

6. Obligation pour le concessionnaire de se conformer dans une mesure suffisante aux prescriptions du cahier des charges ou à la mise en demeure. — Le concessionnaire ne saurait échapper aux pénalités prévues par l'acte de concession en prenant des mesures d'exécution insuffisantes. Si, par exemple, son cahier des charges l'obligeait à commencer les travaux dans un délai déterminé, il ne pourrait se borner à acheter quelques parcelles de terrain et à faire quelques mètres cubes de terrassements pour se soustraire à la déchéance ; ce ne serait point un commencement sérieux d'exécution dans le sens du contrat. Le Conseil d'État statuant au contentieux en a jugé ainsi dans un arrêt du 4 avril 1879 (Parent-Pécher et Riche frères contre le département de Saône-et-Loire).

Nous n'avons pas à insister sur cette règle de droit commun, dont nous avons déjà vu des applications à propos des offres de concours subordonnées à l'exécution des travaux dans des délais déterminés. (Voir notamment l'arrêt du Conseil d'État du 5 janvier 1883, Estancelin, Bignon et Roque contre la Compagnie du Tréport à Abancourt.)

Elle a été rappelée à diverses reprises par la Section des travaux publics du Conseil d'État, notamment dans un avis du 2 avril 1868, concernant la déchéance de la Compagnie d'Orléans à Châlons. Les travaux faits par

______

. (1) Arrêté autorisant certaines modifications des travaux, aux risques et périls de l'entreprise.

le concessionnaire ne consistaient que dans l'occupation de quelques hectares de terrains non encore payés et l'exécution de quelques milliers de mètres cubes; ces travaux, commencés sans approbation préalable de l'Administration, avaient été d'ailleurs abandonnés et ne paraissaient pas utilisables. La Section a émis l'avis qu'ils ne pouvaient être considérés comme présentant un caractère sérieux d'exécution et comme donnant satisfaction à l'article 2 du cahier des charges, et que dès lors la Compagnie avait encouru la déchéance.

On pourra aussi consulter utilement un autre avis en date du 31 juillet 1878, concernant le chemin de Marmande à Angoulême.

7. Formes à observer pour l'adjudication des chemins de fer après déchéance. — *a.* CHEMINS DE FER D'INTÉRÊT GÉNÉRAL. — Comme le prescrit l'article 39 du cahier des charges, quand une Compagnie encourt la déchéance pour ne pas avoir terminé les travaux, ou pour avoir suspendu l'exploitation, il doit être procédé à une adjudication ouverte sur une mise à prix des ouvrages exécutés, des matériaux approvisionnés et des parties du chemin déjà livrées à l'exploitation. On remarquera que le cahier des charges ne vise pas le matériel roulant parmi les objets devant être compris dans l'adjudication. Le Comité consultatif des chemins de fer, consulté sur la question à propos de la ligne de Lagny à Mortcerf, a émis l'avis que ce matériel et les autres objets mobiliers devaient être repris à dire d'experts par le nouveau concessionnaire, conformément aux règles tracées pour la reprise par l'État, en fin de concession.

Bien que le cahier des charges ne contienne pas de disposition expresse à cet égard, il convient de notifier au concessionnaire déchu l'estimation et les autres pièces qui doivent servir à l'adjudication, afin de le mettre à même de formuler ses observations et afin de prémunir ainsi l'Administration contre les conséquences d'un recours au contentieux.

Il importe aussi de ne point oublier que le nouveau concessionnaire doit être soumis au même cahier des charges que le concessionnaire déchu : c'est le même contrat qui doit être continué; il n'y a de changé que l'agent d'exécution. Ce serait donc commettre une imprudence et une faute, que de modifier les conditions de la concession, même dans le but très louable d'y apporter des améliorations profitables à l'intérêt public, si l'on n'avait la certitude que ces modifications ne sont pas susceptibles de préjudicier au concessionnaire évincé, d'éloigner les concurrents de l'adjudication ou de réduire leurs offres et d'exposer l'État à un recours contentieux. Nous insistons sur cette observation, parce qu'à diverses reprises le Conseil

d'État a été saisi de propositions dans l'étude desquelles il n'en avait pas
été tenu un compte suffisant.

Le cahier des charges ne détermine pas les formes à suivre pour l'adjudication. On devra donc consulter les précédents : il en existe un récent,
celui du chemin de Lagny aux carrières de Neufmoutiers et à Mortcerf,
qui a fait l'objet d'un arrêté ministériel du 8 août 1879, publié au *Journal
officiel* du 12 août 1879. Nous reproduisons en note (1) le texte de cet

(1) Article 1. — Il sera procédé, le....à.... heures, au Ministère des travaux publics à
Paris, en présence de la Commision qui sera nommée par un arrêté ultérieur, à une seconde adjudication de la concession du chemin de fer de Lagny aux carrières de Neufmoutiers avec ses rectifications, prolongement jusqu'à la gare de Mortcerf et raccordement de
Lagny-Saint-Denis à la gare de Lagny-Thorigny.

Art. 2. — A partir du jour où l'adjudication aura été approuvée conformément à l'art.
11 ci-dessous, l'adjudicataire sera subrogé dans tous les droits et obligations résultant pour les concessionnaires des décrets susvisés et des cahiers des charges annexés
auxdits décrets.

Il devra notamment exécuter ou continuer les travaux nécessaires pour le prolongement
de Villeneuve-le-Comte à la gare de Mortcerf, pour le raccordement de Lagny-Saint-Denis
avec celle de Lagny-Thorigny et pour la rectification du chemin de fer aux abords de
Villeneuve-le-Comte.

Ces travaux devront être terminés dans le délai de dix-huit mois à partir du jour de
l'adjudication.

A cet effet et conformément à l'art 38 du cahier des charges, l'adjudicataire entrera en
possession des ouvrages exécutés et des matériaux approvisionnés dans l'état où ils se trouveront.

Quant à la partie livrée à l'exploitation, il entrera en possession du chemin de fer
et de tous les immeubles et objets mobiliers qui en dépendent, conformément aux
indications contenues dans le troisième paragraphe de l'art. 35 du même cahier des
charges.

Sont, en conséquence, compris dans l'adjudication les quais d'embarquement situés sur
la rive gauche de la Marne, le bâtiment de prise d'eau, les remises, les voies qui
aboutissent à ces ouvrages, ainsi que la partie des terrains y attenant reconnue nécessaire
à l'exploitation, telle qu'elle est déterminée par le procès-verbal de bornage dressé le 19
mars 1879.

En ce qui concerne les objets mobiliers, tels que le matériel roulant, les matériaux,
combustibles et approvisionnements de tous genres, le mobilier des stations, l'outillage
des ateliers et des gares, l'adjudicataire aura les mêmes droits et obligations que l'État
aurait eus vis-à-vis des concessionnaires à l'expiration de la concession, conformément
aux deux derniers paragraphes de l'art. 35.

Art. 3. — L'adjudicataire pourra demander un délai de trente jours au plus pour prendre l'exploitation ; mais il en sera responsable à partir du jour de l'approbation de l'adjudication et le séquestre opérera pendant ce délai, pour le compte et aux risques et périls
de l'adjudicataire. Celui-ci devra, en conséquence, verser immédiatement à la caisse du
trésorier-payeur général du département de Seine-et-Marne la somme nécessaire pour
assurer l'exploitation, calculée à raison de 100 fr. par jour.

Art. 4. — L'adjudication aura lieu sur la mise à prix de 800 000 fr.

Les soumissions pourront être inférieures à la mise à prix ; mais elles ne seront pas
admises dans le cas où elles n'atteindraient pas un chiffre minimum indiqué sous un pli
cacheté qui sera déposé, au début de la séance, sur le bureau de la Commission chargée de
procéder à l'adjudication.

L'adjudication sera prononcée en faveur de celui qui offrira la plus forte somme.

Art. 5. — Le montant du cautionnement est fixé à 14 500 francs, somme égale au
cautionnement exigé du concessionnaire par le cahier des charges du 18 janvier 1873. Il
devra être fourni avant l'adjudication, soit en numéraire, soit en rentes calculées conformément au décret du 31 janvier 1872, soit en bons ou autres effets du Trésor, avec transfert

arrêté auquel il n'y aurait lieu d'apporter que de légères modifications, nécessitées par le décret du 18 novembre 1882 « sur les adjudications et « marchés passés au nom de l'État ».

L'adjudicataire doit fournir un cautionnement réglé d'après les stipulations du cahier des charges primitif, en ayant égard à l'état d'avancement des travaux, c'est-à-dire égal à la partie du cautionnement du premier concessionnaire qui n'avait pas encore dû être restituée. On peut, au premier abord, être tenté de considérer ce nouveau cautionnement comme faisant double emploi avec le premier ; mais il ne faut pas perdre de vue que celui-ci a été confisqué, est définitivement acquis au Trésor, et ne peut plus servir de gage pour l'achèvement des travaux.

au profit de la Caisse des dépôts et consignations, de celles de ces valeurs qui seraient nominatives ou à ordre.

Art. 6. — Nul ne sera admis à concourir à cette adjudication, s'il n'a pas été préalablement agréé par le Ministre des travaux publics.

A cet effet, les personnes qui voudront concourir devront déposer, avant le 11 septembre 1879, une déclaration écrite, faisant connaître leur intention de prendre part à l'adjudication, en y joignant tous les documents propres à justifier qu'elles offrent les garanties de capacité et de solvabilité nécessaires à l'exécution des engagements imposés aux concessionnaires envers l'État.

Ces pièces seront reçues à la direction générale des chemins de fer, boulevard Saint-Germain, jusqu'au 10 septembre 1879, à 4 heures du soir.

Récépissé sera donné des pièces déposées.

Art. 7. — Les pièces produites seront examinées par la Commission mentionnée ci-dessus, qui proposera l'admission ou le rejet. Il sera statué définitivement par le Ministre et il sera ensuite donné connaissance à chaque intéressé de la décision qui le concerne.

Art. 8. — Les personnes admises à concourir devront déposer leur soumission devant la Commission réunie au Ministère des travaux publics, au jour et à l'heure ci-dessus indiqués pour l'adjudication.

Les soumissions seront reçues cachetées des mains des soumissionnaires, numérotées et rangées par ordre sur le bureau.

Chacune d'elles, pour être valable, devra être :

1° Rédigée sur papier timbré ;

2° Conforme au modèle annexé au présent arrêté ;

3° Accompagnée d'un récépissé de la Caisse des dépôts et consignations constatant le dépôt du cautionnement de 14 500 francs.

Aucune soumission conditionnelle ne sera admise.

Art. 9. — Les soumissions seront ouvertes dans l'ordre de numérotage par le président et il sera prononcé au fur et à mesure sur leur validité ; si deux ou plusieurs soumissions renferment la même offre et que cette offre soit la plus élevée, il sera ouvert, séance tenante, un nouveau concours entre les signataires de ces soumissions.

Art. 10. — Aussitôt après l'adjudication, l'adjudicataire devra payer comptant à la caisse du Ministère le montant des frais d'affiche, de publication, de timbre et d'enregistrement, sur un état arrêté par le Ministre.

Le prix de l'adjudication devra être payé immédiatement entre les mains des concessionnaires ou, s'il y a lieu, versé à la Caisse des dépôts et consignations.

Art. 11. — L'adjudication ne sera définitive qu'après avoir été homologuée par un décret délibéré en Conseil d'État.

Art. 12. — Le conseiller d'État, directeur général des chemins de fer, est chargé de l'exécution du présent arrêté, qui sera notifié aux concessionnaires et à l'administration du séquestre.

Si l'adjudication est infructueuse, elle est renouvelée trois mois après, sur les mêmes bases. Pour cette seconde adjudication comme pour la première, les soumissions peuvent être inférieures à la mise à prix. C'est seulement en cas d'insuccès de ces deux tentatives que la Compagnie est définitivement déchue de tous droits et que le chemin de fer revient à l'État.

Il est d'usage de réserver l'approbation de l'adjudication à un décret en Conseil d'État.

La Section des travaux publics du Conseil d'État, consultée récemment sur diverses questions relatives à une adjudication après déchéance, a émis le 8 juillet 1884 un avis dont il ne sera pas inutile de reproduire les parties essentielles, bien qu'il concerne un canal d'irrigation : car il s'agissait de l'application des règles dont nous nous occupons en ce moment.

« La Section...... considérant que la convention et le cahier des charges « constituent un contrat synallagmatique, qu'il n'est pas possible de modi- « fier sans le consentement des deux parties qui l'ont signé ;

« Que l'article.... de ce cahier des charges stipule expressément que « l'adjudication qui doit être ouverte, en cas de déchéance, le sera sur les « clauses mêmes dudit cahier des charges et sur une mise à prix des tra- « vaux déjà exécutés, des matériaux approvisionnés et des portions du « canal déjà mis en exploitation ;

« Qu'en conséquence la convention et le cahier des charges primitifs « doivent être conservés dans leur intégralité et sans aucune modification ;

« Que le seul droit qui appartienne à l'Administration est de prendre « les mesures nécessaires pour arriver à l'adjudication ;

« Que ces mesures comportent, indépendamment de la fixation de la « mise à prix, prévue expressément par l'article susvisé, la détermination « des formes et des conditions dans lesquelles l'adjudication doit se faire « pour assurer la bonne et entière exécution du travail déclaré d'utilité « publique ;

« Que le Ministre tient ce droit de ses pouvoirs généraux et aussi de « l'article 2 du décret du .... ;

« Qu'ainsi il lui appartient de fixer, en outre de la mise à prix :

« 1° La forme et les conditions dans lesquelles se fera l'adjudication ;

« 2° Les garanties de capacité et de solvabilité à exiger des personnes « qui se présenteront à l'adjudication ;

« 3° Les délais dans lesquels l'adjudicataire devra terminer les travaux « restant à exécuter ;

« Sur le premier point, considérant qu'il convient, dans l'arrêté minis-

« tériel et dans l'avis qui sera affiché et publié, de préciser les formes,
« d'autant plus qu'il n'y a pas à proprement parler de formes réglemen-
« taires pour les adjudications après déchéance ;

« Qu'il appartient au Ministre de les fixer, en s'inspirant soit du décret
« du 18 novembre 1882, relatif aux adjudications et aux marchés passés
« avec l'État, soit de l'arrêté rendu par le Ministre des travaux publics le
« 19 avril 1862 pour les adjudications de chemins de fer et dont celui du
« 21 juillet 1874 a fait une application pour le chemin de fer de Besançon
« à Morteau, soit des arrêtés rendus par le même Ministre en 1879 pour
« arriver à l'adjudication après déchéance des chemins de fer des Bouches-
« du-Rhône et de Lagny à Mortcerf. . . . .

. . . .

« Sur le troisième point, considérant que, pour éviter toute difficulté,
« il convient de communiquer le chiffre de la mise à prix aux concession-
« naires et de provoquer leurs observations avant de rendre l'arrêté
« ministériel ;

. . . .

« Considérant aussi qu'il y aura lieu de réserver l'approbation de
« l'adjudication par un décret rendu en Conseil d'État, conformément
« aux arrêtés ci-dessus cités..... »

b. CHEMINS DE FER D'INTÉRÊT LOCAL. — Le cahier des charges type des
chemins de fer d'intérêt local est beaucoup plus explicite que les cahiers
des charges des chemins de fer d'intérêt général. Nous en avons reproduit,
page 611, l'article 38. A l'inverse de ce qui est stipulé pour les lignes d'intérêt
général, les soumissions déposées lors de la première adjudication ne
peuvent être inférieures à la mise à prix : il y a là une garantie supplémentaire que l'on a voulu ménager aux concessionnaires déchus. Il est
procédé aux opérations suivant les formes prescrites par les article 11, 12,
13, 15 et 16 de l'ordonnance du 10 mai 1829. Le décret du 18 novembre
1882, que nous rappelions à propos des adjudications de chemins
de fer d'intérêt général, étant exclusivement applicable aux marchés
de l'État, ne régit pas les adjudications de chemins de fer d'intérêt local.

**6. Exclusion des pénalités autres que celles qui ont été fixées par
le cahier des charges, spécialement la déchéance.** — Les cahiers
des charges déterminent avec précision les droits respectifs des parties et
les pénalités encourues par le concessionnaire dans les divers cas
d'inexécution du contrat de concession. L'État ou les départements
peuvent-ils néanmoins prétendre à l'allocation de dommages-intérêts ?

Le Conseil d'État statuant au contentieux a eu à se prononcer à deux reprises différentes sur cette question, pendant ces dernières années. Voici quelles étaient les espèces.

La Compagnie d'Orléans à Rouen était concessionnaire, dans le département d'Eure-et-Loir, de trois réseaux de lignes d'intérêt local, ayant ensemble un développement de 460 kilomètres, lorsqu'intervint la loi du 18 mai 1878 qui incorporait au réseau d'intérêt général le premier, le troisième et une partie du second de ces réseaux d'intérêt local. Cent cinquante kilomètres seulement étaient en exploitation, alors que, d'après les conventions, tous les travaux auraient dû être terminés au plus tard à la fin de 1875. Sur les neuf lignes restant au département, deux étaient en construction ; les autres n'étaient pas entreprises. Le 28 août 1878, le préfet engagea devant le tribunal de commerce de la Seine une procédure qui fut ensuite portée devant la Cour de Paris, puis devant le Conseil de préfecture d'Eure-et-Loir, et qui tendait : 1° à faire déclarer le département créancier de la Compagnie pour la somme de 25 millions nécessaire à l'achèvement des lignes concédées ; 2° à lui reconnaître, pour le recouvrement de cette somme, un privilège sur l'indemnité de rachat de 28 millions environ attribuée par l'État à la Compagnie. Puis, le 10 mai 1879, il prit un arrêté prononçant la déchéance de la Compagnie pour la partie du second réseau non rachetée par l'État.

Par un arrêté du 17 juillet 1879, le Conseil de préfecture d'Eure-et-Loir attribua au département le prix de rachat des lignes du second réseau qui avaient été reprises par l'État, ainsi que la propriété des terrains acquis, des ouvrages exécutés et des matériaux approvisionnés sur les autres lignes de ce réseau. Il prescrivit de plus une expertise, pour l'évaluation des dommages qu'avait causés au département le retard apporté à l'exécution du 3ᵉ réseau, et ordonna le dépôt provisoire à la Caisse des dépôts et consignations des sommes dues par l'État pour la reprise de ce réseau.

Cette décision était basée sur l'inexécution des obligations imposées à la Compagnie d'Orléans à Rouen, qui avait encouru la déchéance prévue par l'article 38 du cahier des charges. Les deux adjudications indispensables dans les circonstances normales étant devenues impossibles par suite du rachat, le Conseil de préfecture avait cru possible d'appliquer immédiatement les conséquences de la déchéance, c'est-à-dire d'attribuer au département, soit la propriété des ouvrages exécutés et des matériaux approvisionnés pour les lignes qui n'étaient pas passées entre les mains de l'État, soit leur valeur représentée par l'indemnité de rachat pour les autres, soit une indemnité à fixer par voie d'expertise.

Il y avait là une accumulation d'erreurs juridiques.

En ce qui concernait les lignes du second réseau reprises par l'État, la déchéance ne pouvait plus être prononcée ; si le rachat avait causé un préjudice au département en l'empêchant d'appliquer les mesures prévues par l'article 38 du cahier des charges, mesures dont il avait du reste négligé d'user en temps utile (1), il ne pouvait plus que faire valoir ses droits au regard de l'État, en conformité du § final de l'article 1ᵉʳ de la loi du 18 mai 1878 (2).

En ce qui concernait le surplus du deuxième réseau, le préfet avait prononcé la déchéance ; mais les deux adjudications réglementaires n'avaient pas eu lieu. Vainement le département prétendait-il que le démembrement du réseau avait rendu ces adjudications impossibles : ici encore il ne pouvait que s'adresser à l'État pour obtenir une réparation.

En ce qui concernait le troisième réseau, le département ne pouvait prétendre, ni à une indemnité, ni à un droit de préférence sur le prix de rachat pour le recouvrement de cette indemnité. Le cahier des charges réglant les pénalités, le Conseil de préfecture avait eu tort de recourir aux dispositions du droit commun, qui ne pouvaient trouver leur application à l'occasion d'un contrat de concession. Il s'était trompé aussi en reconnaissant au département un droit réel sur l'indemnité due au concessionnaire pour l'éviction de son droit mobilier de concession.

Sur le recours du syndic de la faillite, le Conseil d'État a annulé la décision du premier juge par un arrêt fondé en particulier sur le considérant suivant : « Considérant qu'au point de vue de l'inexécution des obli-« gations de son contrat de concession, la Compagnie ne doit non plus « aucuns dommages-intérêts au département, puisque ce contrat stipule « formellement, comme seules pénalités applicables au cas d'inexécution « des obligations qu'il édicte, la déchéance du concessionnaire dans des « formes déterminées et la confiscation du cautionnement de l'entreprise » (15 juillet 1881).

Un arrêt à peu près identique est intervenu le même jour, au sujet du litige pendant entre la même Compagnie et le département de l'Eure.

Telle est la première espèce, dégagée de ses détails.

Dans la seconde, il s'agissait de l'inexécution du chemin d'intérêt local d'Avesnes-le-Comte à Savy qui avait été concédé au sieur Level par le département du Pas-de-Calais, en vertu du convention du 29 dé-

---

(1) Le département avait même restitué le cautionnement en dehors des conditions déterminées par l'art 64 du cahier des charges.

(2) Art. 1ᵉʳ, § final : « Il sera statué par décret rendu en conseil d'État sur l'indem-« nité et sur les dédommagements qui pourront être dus aux départements. »

cembre 1874. Le concessionnaire avait été dispensé par une clause expresse du contrat de verser un cautionnement, de telle sorte que la déchéance ne pouvait fournir au département aucune réparation pécuniaire.
Sur une instance introduite par le préfet, le Conseil de préfecture, pensant
que les stipulations du cahier des charges pouvaient se compléter par l'application des principes du droit commun et invoquant les dispositions
des articles 1142 et 1147 du Code civil, condamna le sieur Level à payer
au département une somme de 30 000 francs à titre de dommages-
intérêts.

Le Conseil d'État a annulé la décision du Conseil de préfecture par un
arrêt du 11 janvier 1884 ainsi motivé : « Considérant que, par application
« de l'article 37 du cahier des charges afférent au chemin de fer d'intérêt
« local d'Avesnes-le-Comte à Savy, le concessionnaire peut encourir la
« déchéance, faute par lui d'avoir rempli les diverses obligations qui lui
« sont imposées, et que le contrat de concession ne stipule aucune autre
« pénalité applicable au cas où le concessionnaire n'a pas commencé les
« travaux dans le délai d'un an à partir du décret d'utilité publique ; que,
« si le sieur Level a été dispensé de tout versement de cautionnement et
« si, par suite, le cahier des charges n'a pu prescrire la confiscation du
« cautionnement dans les cas prévus par l'article 37 précité, le départe-
« ment du Pas-de-Calais ne pouvait se prévaloir de cette circonstance
« pour demander, en dehors des dispositions du cahier des charges, des
« dommages-intérêts représentant le préjudice qu'il prétend avoir subi
« par le fait de l'inexécution de la ligne concédée ; qu'ainsi c'est à tort
« que le Conseil de préfecture a fait droit à la demande d'indemnité for-
« mée par le département du Pas-de-Calais... »

Dans les deux espèces que nous venons de rappeler, la prétention des
départements était fondée sur les articles suivants du Code civil :

Article 1142, aux termes duquel toute obligation se résout en dommages-intérêts, en cas d'inexécution de la part du débiteur ;

Article 1147, portant que le débiteur est condamné, s'il y a lieu, au
paiement de dommages-intérêts, soit à raison de l'inexécution de l'obligation, soit à raison du retard dans l'exécution, toutes les fois qu'il ne justifie pas que l'inexécution provient d'une cause étrangère qui ne peut lui
être imputée, encore qu'il n'y ait aucune mauvaise foi de sa part ;

Article 1382, disposant que tout fait quelconque de l'homme qui
cause un dommage à autrui oblige celui par la faute duquel il est arrivé
à le réparer.

Les départements soutenaient que les stipulations du cahier des charges ne pouvaient être considérées que comme déterminant un minimum de réparation.

Sans sortir du Code civil, il eût été facile de répondre, au moins pour les départements d'Eure-et-Loir et de l'Eure, que, les conventions conclues avec la Compagnie d'Orléans à Rouen ayant fixé le montant des dommages-intérêts (perte totale ou partielle du cautionnement), l'article 1152 interdisait d'allouer une somme plus forte ou moindre.

Mais la réponse eût elle-même péché par la base : car elle se fût appuyée à tort sur l'applicabilité des règles du droit commun aux contrats de concession. Or ces contrats sont d'une nature toute spéciale et ne sauraient être assimilés à ceux que régit le Code civil. Le cahier des charges qui sert de base aux concessions forme à lui seul un tout auquel il n'y a rien à ajouter, dont on ne peut rien retrancher, qui règle tous les rapports entre le concessionnaire et l'autorité concédante, qui fixe leurs engagements, leurs droits et leurs obligations réciproques. Alors même que l'acte de concession a dispensé le concessionnaire de verser un cautionnement, l'autorité concédante ne saurait en exciper pour soutenir que, le contrat n'ayant point fixé de dommages-intérêts, les parties ont entendu demeurer sous le régime du droit commun. L'État ou le département ne peuvent s'en prendre qu'à eux-mêmes de l'imprudence à laquelle ils se sont laissés entraîner, en ne se réservant pas des garanties suffisantes ; le plus souvent, d'ailleurs, cette dispense est la contre-partie d'avantages obtenus en échange. De plus, il n'est pas exact de dire que la confiscation du cautionnement soit prévue par application de l'article 1152 du Code civil : c'est une clause pénale *sui generis*.

En laissant de côté ces considérations juridiques, on conçoit combien il serait difficile de déterminer la valeur du dommage causé à l'État ou au département. Tout d'abord, il faudrait éliminer le préjudice indirect causé aux citoyens par la privation des avantages que leur aurait procurés la voie de communication nouvelle : car, bien que l'autorité concédante stipule dans l'intérêt de la collectivité des usagers, ce préjudice n'a pas le caractère immédiat et direct indispensable pour donner lieu à une réparation en argent au profit du Trésor ou de la caisse départementale. Même dégagée de cet élément, l'indemnité serait, dans la plupart des cas, impossible à fixer avec quelque précision. Telle est l'une des raisons principales qui ont toujours amené l'Administration à stipuler des pénalités bien définies dans les contrats de concession, afin d'éviter des conflits inextricables.

Certains contrats de concession de lignes d'intérêt local ont ajouté à la confiscation du cautionnement, en cas de déchéance, des dommages-intérêts arbitrés par avance à une somme fixe. En pareil cas, ce sont les textes spéciaux des conventions qui font la loi des parties. (Conseil d'État, 13 juillet 1883, Richard-Grison contre département de la Savoie.)

7. Frais d'exploitation entre les deux adjudications. — Nous avons vu qu'en cas de déchéance il est généralement procédé à deux adjudications. La question s'est posée de savoir si l'exploitation doit être assurée par la Compagnie ou à ses frais et risques, pendant le délai qui sépare ces deux opérations. L'affirmative n'est pas douteuse, puisque la déchéance ne devient définitive qu'après la seconde adjudication.

§ 4. — RÉSILIATION DES CONCESSIONS

Résiliation accordée, à titre de faveur, aux concessionnaires. — Des concessionnaires, se voyant dans l'impossibilité de tenir leurs engagements et désirant néanmoins ne pas être frappés de déchéance, ont parfois sollicité de l'Administration et obtenu la résiliation pure et simple de leur contrat.

En voici quelques exemples :

a. *Chemin de Lille à Dunkerque.* — La concession de ce chemin avait été autorisée par une loi du 9 juillet 1838. Mais le concessionnaire ayant fait d'inutiles efforts en France et à l'étranger pour réunir les fonds nécessaires, le Ministre proposa de le relever de ses engagements et de lui restituer son cautionnement, eu égard à sa parfaite honorabilité et aux difficultés inattendues que lui avait suscitées la crise du marché des actions de chemins de fer. Cette proposition fut ratifiée par une loi du 26 juillet 1839.

b. *Chemin de Paris à Rouen et au Havre.* — La concession de ce chemin, qui avait été faite en vertu d'une loi du 6 juillet 1838, fut résiliée dans les mêmes conditions, en conformité d'une loi du 1er août 1839. Le Gouvernement s'était borné à présenter un projet de loi qui restreignait, au moins provisoirement, les travaux à exécuter par la Compagnie; mais les Chambres préférèrent la résiliation pure et simple.

c. *Chemin de fer de Bordeaux au Verdon.* — Les souscripteurs anglais, qui devaient fournir la plus large part des capitaux, s'étant refusés en 1858 à tenir leurs engagements, la Compagnie demanda la résiliation de la concession qu'elle tenait du décret du 17 octobre 1857. Comme le chemin ne présentait guère qu'une utilité exclusivement locale, le Gouvernement crut devoir accéder à cette demande, en retenant toutefois une somme de 50 000 fr. sur le cautionnement.

d. *Chemin de fer d'Arras à Étaples.* — Concession accordée par décret du 5 novembre 1864 et annulée par décret du 13 juin 1868, avec restitution du cautionnement, moyennant abandon par la Compagnie de la propriété des plans et projets.

c. *Chemin de fer d'Aire à Berguette.* — Concession accordée par décret du 17 janvier 1867 et annulée par décret du 3 octobre 1872, avec restitution du cautionnement.

On pourrait concevoir aussi que la résiliation fût prononcée au profit du concessionnaire et sur sa demande contre l'autorité concédante, si

cette dernière ne tenait pas ses engagements. Ce serait l'application du
principe général inscrit dans l'article 1184 du Code civil : « La condition ré-
« solutoire est toujours sous-entendue dans les contrats synallagmatiques,
« pour le cas où l'une des parties ne satisfera point à son engagement.
« Dans ce cas, le contrat n'est point résolu de plein droit. La partie en-
« vers laquelle l'engagement n'a point été exécuté a le choix ou de forcer
« l'autre à l'exécution de la convention lorsqu'elle est possible, ou d'en
« demander la résolution avec dommages et intérêts. La résolution doit
« être demandée en justice, et il peut être accordé au défendeur un délai
« selon les circonstances. »

Nous ne connaissons pas d'exemples de résiliation prononcée dans ces
conditions. Cependant la question a été soulevée dans un litige entre le département de l'Hérault et une Compagnie d'intérêt local. Cette Compagnie
avait demandé la résolution du contrat, en se fondant sur ce que le département ne lui aurait pas fourni les terrains nécessaires à l'exécution des
travaux, de manière à permettre l'achèvement des lignes concédées dans
le délai stipulé par le cahier des charges. Le Conseil d'État a repoussé la
demande en résiliation, attendu qu'aucun terme précis n'avait été fixé pour
la livraison des terrains par le département ; mais il a alloué des dommages-intérêts à la Compagnie. (Arrêts du 1er juillet 1881 et du 21 décembre 1883.)

§ 5. — DU SÉQUESTRE

1. Clauses des cahiers des charges. — Ainsi que nous l'avons vu, aux termes de l'article 40 du cahier des charges des chemins de fer d'intérêt général, si l'exploitation du chemin de fer vient à être interrompue en totalité ou en partie, l'Administration prend immédiatement, aux frais et risques de la Compagnie, les mesures nécessaires pour assurer provisoirement le service.

Cette mainmise provisoire de l'État sur l'exploitation constitue le séquestre.

Une disposition identique est insérée dans le cahier des charges type des chemins de fer d'intérêt local, qui prévoit en outre la mise sous séquestre pour l'exécution de la seconde voie, dans certains cas déterminés (Art. 6)..

De 1852 à 1855, l'État a prévu aussi le séquestre pour le cas où les Compagnies feraient trop largement appel à la garantie d'intérêt. L'article inséré à cet effet dans les cahiers des charges était ainsi conçu : « A toute « époque après l'expiration des deux premières années, à dater du délai « fixé pour l'achèvement des travaux, si, pendant cinq années consécutives, « l'État était forcé de faire un complément pour payer les intérêts « garantis, le Ministre aura le droit de prendre en main l'administration « et la direction du chemin de fer pour le compte de la Compagnie. Dès « que le chemin administré par l'État arrivera à donner plus de 4 °/₀ « (ou 3 °/₀ suivant les cas) pendant trois années consécutives, la Compagnie « rentrera en possession de ses droits. » (Voir les actes de concession du 26 mars 1852, Blesme et Saint-Dizier à Gray ; du 8 juillet 1852, Bordeaux à Cette ; du 8 juillet 1852, Paris à Cherbourg et Mézidon au Mans ; du 30 avril 1853, Lyon vers Genève, avec embranchement sur Bourg et Mâcon ; du 7 mai 1853, Saint-Rambert à Grenoble ; du 2 mai 1855, fusion des chemins normands et bretons ; du 2 mai 1855, Grand Central.) Cette stipulation, qui n'a du reste jamais été appliquée, était reproduite de la législation prussienne. Nous avons déjà fait connaître, en effet, qu'en accordant une garantie d'intérêt à diverses Compagnies, de 1842 à 1847, le Gouvernement prussien s'était réservé de reprendre l'exploitation si cette garantie fonctionnait pendant trois années consécutives ou si elle dépassait pendant une seule année 1 1/2 °/₀ du capital, sauf à la rendre au concessionnaire, lorsque, durant trois années de suite, le revenu net aurait dépassé l'intérêt garanti. La Prusse, dont les tendances étaient, à l'inverse de la France, vers l'exploitation par l'État, a souvent fait usage de ses droits à cet égard. Nous avons également signalé la loi du 14 décembre 1877, autorisant le Gouvernement autrichien à prendre en mains, dans des conditions analogues, l'exploitation des chemins auxquels il aurait fourni des subsides au titre de la garantie d'intérêt. (Voir tome Ier, page 686.)

2. **Exemples de mise sous séquestre. Organisation de l'administration provisoire.** — L'État a dû recourir, dans un certain nombre de cas, à la mise sous séquestre. En voici la nomenclature :

Décret du 4 avril 1848, chemins d'Orléans et du Centre ;

Arrêté du chef du Pouvoir exécutif du 30 octobre 1848, chemin de Bordeaux à La Teste ;

Arrêté du chef du Pouvoir exécutif du 21 novembre 1848, chemin de Marseille à Avignon ;

Arrêté du Président de la République du 29 décembre 1848, chemin de Paris à Sceaux ;

Décret du 12 mai 1858, chemin de Graissessac à Béziers ;

Décret du 26 octobre 1864, chemin de la Croix-Rousse au camp de Sathonay ;

Décret du 8 février 1873, chemin de Perpignan à Prades ;

Décret du 9 juin 1877, réseau de la Vendée ;

Décret du 29 avril 1878, chemin de Bondy à Aulnay-lez-Bondy ;

Décret du 21 septembre 1878, chemin de Lagny à Mortcerf ;

Décret du 5 janvier 1885, chemin d'Alais au Rhône.

Le plus souvent, les Compagnies ont sollicité elles-mêmes le séquestre, ainsi que le constatent l'arrêté du Président de la République du 29 décembre 1848, pour le chemin de Paris à Sceaux, et les décrets du 12 mai 1858 (chemin de Graissessac à Béziers), du 26 octobre 1864 (la Croix-Rousse à Sathonay), du 8 février 1873 (Perpignan à Prades), du 9 juin 1877 (chemins de fer de la Vendée), du 29 avril 1878 (Bondy à Aulnay-lez-Bondy) et du 21 septembre 1878 (Lagny à Mortcerf).

Dans plusieurs cas, la mise sous séquestre a eu pour objet, non seulement de pourvoir à l'exploitation, mais encore d'assurer la continuation et l'achèvement des travaux ; il en a été ainsi pour les chemins de Marseille à Avignon, de Graissessac à Béziers, de Perpignan à Prades, de la Vendée. Le cahier des charges ne prévoyant le séquestre que pour l'exploitation, on peut se demander jusqu'à quel point la mainmise de l'État était légale pour les sections non encore livrées à la circulation. Mais il convient d'observer, d'une part, que la mesure était sollicitée par la Compagnie, d'autre part, qu'il y a une solidarité intime entre l'administration des parties ouvertes à l'exploitation et celle des parties en construction, et que l'on ne comprendrait guère l'éviction du concessionnaire pour les unes et son maintien pour les autres.

Le type des décrets ordonnant le séquestre a peu varié. Dans leur forme définitive, ces actes ordonnent la mise sous séquestre du chemin, y compris son matériel fixe et roulant ; ils portent que l'administration et l'exploitation auront lieu sous la direction du Ministre des travaux publics ; ils désignent un administrateur qui est, suivant les cas, un ingénieur ordinaire, un ingénieur en chef ou un inspecteur général des Ponts et Chaussées ou des Mines ; enfin ils se terminent par deux articles ainsi conçus :

Art... : « Il sera procédé immédiatement à la vérification de la situation « financière de la Compagnie, au jour de l'établissement du séquestre, « par un inspecteur général des finances, et à la constatation de l'état, « à la même époque, des travaux du chemin de fer et du matériel servant « à l'exploitation, par un inspecteur général des Ponts et Chaussées. »

Art... : « A partir du jour de l'établissement du séquestre, tous les « produits directs ou indirects du chemin de fer seront perçus par l'admi- « nistration du séquestre, nonobstant toutes oppositions ou saisies- « arrêts, et seront exclusivement appliqués tant au service de l'exploitation « du chemin de fer qu'à l'exécution des travaux de parachèvement, qui « pourraient être reconnus nécessaires (ou des travaux non encore ter- « minés). » Cette dernière disposition n'a rien que d'absolument légal : la mise sous séquestre du chemin de fer, tout en réservant la responsa- bilité pécuniaire de la Compagnie au regard du Trésor, la dépouille en fait et en droit, au moins provisoirement, de la délégation que l'État avait placée entre ses mains pour l'exécution des travaux et pour l'exploitation et rend à l'Administration la libre disposition des produits en même temps que les charges de l'entreprise.

L'administrateur du séquestre représente légalement la Compagnie (Cour de Paris, 16 janvier 1859); néanmoins elle pourrait être représen- tée par les anciens administrateurs, sans qu'il y eût là une nullité d'or- dre public. (Cour de cassation, 1er avril 1862.)

Les exemples que nous avons cités plus haut montrent que, pour les chemins de fer d'intérêt général, le séquestre est ordonné par un décret sur le rapport du Ministre des travaux publics. Pour les chemins de fer d'intérêt local, la compétence appartient au préfet (Art. 39 du cahier des charges type).

La mise sous séquestre a toujours eu lieu, en pratique, avant l'inter-

ruption effective du service, mais alors que cette interruption était immi-
nente. En effet, les intérêts en jeu sont trop graves pour que l'Administration les expose aux perturbations et aux graves dommages que leur ferait
subir une cessation, même de courte durée, des transports de voyageurs
et de marchandises. Cette considération a été généralement relatée dans
les motifs des décrets.

3. **Remboursement des avances du Trésor.** — L'administration
provisoire du chemin de fer conduit l'État à faire des avances pour le
compte des concessionnaires. Les fonds nécessaires sont mis à sa disposition, soit par les lois ordinaires de finances, soit par des lois spéciales.

Plusieurs lois et décrets portant ouverture de crédits ont disposé que
les sommes avancées par l'État lui seraient remboursées par privilège. En
voici quelques exemples :

Loi du 17 novembre 1848 (Bordeaux à la Teste) : « Les sommes que
« l'État aura ainsi avancées pour le compte de la Compagnie lui seront
« remboursées par privilège, et selon le mode qui sera déterminé par le
« Ministre. »

Loi du 2 février 1849 (Marseille à Avignon) : « Les sommes avancées
« par l'État lui seront remboursées sur les premiers excédents de recette
« du chemin, après l'achèvement des travaux, et selon le mode qui sera
« déterminé par le Ministre des travaux publics. »

Loi du 6 avril 1850 (Paris à Sceaux) : « Les avances que l'État aura
« faites en vertu de l'article précédent lui seront, ainsi que les avances
« de 1849, remboursées par privilège sur les produits nets ultérieurs de
« l'entreprise et suivant le mode qui sera déterminé par le Ministre des
« travaux publics. »

Décret du 15 août 1858 (Graissessac à Béziers) : « Les sommes dépen
« sées en vertu de l'article précédent ne seront versées qu'à titre d'a-
« vances et le remboursement s'en opérera par privilège, conformément
« aux lois, sur les produits nets ultérieurs de l'entreprise et sur toutes
« autres ressources de la Compagnie, suivant le mode qui sera déter-
« miné par le Ministre de l'agriculture, du commerce et des travaux pu-
« blics. »

Nous aurions quelques réserves à formuler sur les termes du décret de
1858. L'État a incontestablement, aux termes du Code civil (article 2162),
un privilège sur le gage dont il est saisi, pour le remboursement des
« frais qu'il a faits en vue de la conservation de la chose » ; mais, à moins
d'une disposition légale, ce privilège ne saurait s'étendre aux autres ressources de la Compagnie qu'il ne détient pas entre ses mains, et notam-

ment au domaine privé. Toutefois nous n'insistons pas sur cette question de droit financier, qui ne rentre pas directement dans le cadre de notre étude.

4. **Levée du séquestre**. — Lorsque les circonstances qui avaient déterminé la mise sous séquestre n'existent plus, la mesure est levée par un acte de l'autorité qui l'avait ordonnée. C'est ainsi que sont intervenus des décrets du 18 août 1848 (chemins d'Orléans et du Centre), du 14 novembre 1850 (Paris à Sceaux), du 5 août 1852 (Marseille à Avignon), du 1er septembre 1853 (Bordeaux à la Teste), du 12 juillet 1872 (la Croix-Rousse à Sathonay).

Parfois la levée du séquestre résulte virtuellement de la cession du chemin de fer à une autre Compagnie (Graissessac à Béziers).

Il peut prendre fin aussi, soit par suite de la déchéance du concessionnaire (Lagny à Mortcerf), soit par suite de la reprise de la concession (Perpignan à Prades, Vendée, Bondy à Aulnay-lez-Bondy).

5. **Compatibilité du séquestre avec l'état de faillite**. — La mise sous séquestre n'a rien d'inconciliable avec l'état de faillite : elle ne constitue qu'une mesure provisoire n'emportant ni confiscation, ni déchéance; elle n'atteint que l'administration du chemin et n'empêche nullement les créanciers de réaliser leur gage. La Cour de cassation l'a reconnu par un arrêt du 14 juillet 1862.

Sans remonter au delà de 1870, on peut citer, comme ayant été dans ce cas, les Compagnies de Perpignan à Prades, de Lagny à Mortcerf et d'Alais au Rhône.

§ 6. — DE LA FAILLITE

1. Rappel des indications antérieures concernant le caractère commercial des Compagnies. — En traitant du caractère des Compagnies concessionnaires de chemins de fer, nous avons indiqué que ces Compagnies sont des sociétés commerciales et peuvent, à ce titre, être déclarées en état de faillite ; nous avons rappelé divers arrêts de la Cour de cassation du 28 juin 1843, du 14 juillet 1862, du 27 novembre 1871. Le lecteur voudra bien se reporter à ces indications.

Les cas de faillite ont été heureusement fort rares en France : aux exemples que nous donnions dans le paragraphe précédent, on peut ajouter ceux des Compagnies de Graissessac à Béziers, de la Croix-Rousse à Sathonay, d'Orléans à Rouen, de Lille à Valenciennes, etc.

2. Déchéance par suite de faillite. — La faillite ne conduit pas ipso facto à la déchéance, sauf stipulation contraire de l'acte de concession En effet, le concessionnaire peut obtenir un concordat de ses créanciers, ou arriver à sa réhabilitation dans les conditions prévues par l'article 604 du Code de commerce. Le syndic peut aussi céder la concession, avec l'autorisation du Gouvernement, à une Société nouvelle capable de reprendre et de mener à bien l'entreprise que la précédente Compagnie avait été impuissante à continuer.

On ne saurait méconnaître toutefois que l'état de faillite d'une Compagnie crée souvent une situation difficile et embarrassante à l'Administration, quand même il ne serait que transitoire : les travaux peuvent être suspendus ou ralentis ; l'exploitation peut être compromise ; l'organisation d'un séquestre peut imposer de lourdes charges au budget ; les négociations pour le rachat peuvent, le cas échéant, présenter des difficultés et aboutissent, en tout cas, à des sacrifices de la part de l'État ou du département.

Ces considérations n'ont point été perdues de vue lors de la rédaction des actes de concession. Mais on a toujours reculé devant l'insertion d'une clause dont l'effet eût été de rendre irrémédiable la ruine des Compagnies déclarées en état de faillite ; on a pensé qu'il pouvait se présenter telle ou telle circonstance imprévue, tel ou tel fait inattendu, qui mit temporairement un concessionnaire dans l'impuissance d'acquitter ses dettes, sans comporter en même temps l'application d'une peine aussi rigoureuse que la déchéance.

Cependant, nous le répétons, rien ne s'opposerait à ce qu'un cahier des charges classât la faillite parmi les causes de déchéance, l'Administration restant juge de l'opportunité de la mesure (1).

3. Transmission d'une concession par les organes des créanciers de la faillite. Renvoi à un paragraphe précédent. — En traitant de la transmission des concessions, nous avons établi la nécessité d'une autorisation, non seulement pour les cessions amiables, mais encore pour les cessions à la suite de faillite : nous avons rappelé à cet égard un arrêt de la Cour de cassation du 14 juillet 1862, relatif au chemin de fer de Graissessac à Béziers ; nous avons en outre reproduit la substance d'un avis formulé le 9 août 1871 par la Commission provisoire chargée de remplacer le Conseil d'État, au sujet de la ligne de la Croix-Rousse à Sathonay. Nous ne pouvons que renvoyer aux indications du tome II, page 156.

4. Droits des obligataires dans la répartition de l'actif de la faillite. — On a discuté l'étendue des droits des porteurs d'obligations remboursables avec prime dans la répartition de l'actif de la faillite ; on s'est demandé notamment s'ils pouvaient se faire inscrire au passif pour la valeur nominale de leurs titres, si au contraire ils ne pouvaient prétendre qu'à la valeur d'émission, ou enfin s'il n'était pas conforme à l'équité de les admettre pour la valeur d'émission augmentée dans la proportion de l'accroissement des chances de remboursement. Tout d'abord, la Cour de cassation avait décidé « que les obligations devaient être admises au passif, non « pour le prix de leur émission, mais au taux auquel elles devaient être remboursées par des tirages annuels ». Mais peu de temps après, le 10 août 1863, elle a rendu un arrêt aux termes duquel « les porteurs d'obligations « non encore échues lors de la déclaration de la faillite doivent être colloqués seulement pour leur prix d'émission, c'est-à-dire pour le capital « réellement prêté, sans prime, mais avec allocation, à titre de dommages- « intérêts, d'une indemnité représentant à la fois le complément de l'intérêt légal par eux abandonné à la Compagnie jusqu'au jour de déclaration de faillite, et l'accroissement proportionnel de valeur desdites « obligations en raison des chances de leur remboursement dans la période d'amortissement où la faillite a éclaté. » (Van Landen et autres contre la faillite de Graissessac à Béziers.) Cette solution intermédiaire a

_____

(1) L'art. 37 des clauses et conditions générales imposées aux entrepreneurs des Ponts et Chaussées porte que le contrat est résilié de plein droit, en cas de faillite, sauf à l'administration à accepter, s'il y a lieu, les offres des créanciers pour la continuation de l'entreprise. Le rédacteur de ces clauses et conditions générales a considéré que, le crédit et la solvabilité de l'entrepreneur ayant été l'une des conditions de l'adjudication, l'état d'insolvabilité de l'adjudicataire était incompatible avec la continuation du marché.

été généralement admise depuis, sauf des variantes dans le mode de calcul de la majoration à ajouter au prix d'émission. (Voir : Cour de Paris, 25 mars 1868, chemin de Libourne-Bergerac contre Lacombe et autres ; Cour de Douai, 24 janvier 1873, Société civile des houillères de Fiennes et d'Hardinghem contre Bellart ; Cour de Paris, 23 janvier 1879, Delamothe contre le syndic des chemins de fer de la Vendée.)

Nous n'avons à signaler qu'une note discordante : elle émane de la Cour de Lyon qui, par un arrêt du 8 août 1873 (Rapp contre la Compagnie des mines de houille d'Unieux et Fraisse), a reconnu l'exigibilité immédiate de la totalité de la prime.

Des principes analogues s'appliquent, en cas de liquidation après rachat. (Voir notamment l'arrêt de la Cour de Paris, en date du 21 février 1881, Jayet contre les liquidateurs de la Compagnie des Charentes, et l'arrêt de la Cour de cassation du 18 avril 1883, portant sur le remboursement des bons émis par la même Compagnie.)

§ 7. — DU CONTENTIEUX DU RACHAT, DE LA DÉCHÉANCE
ET DU SÉQUESTRE

1. Rachat. — Le Conseil de préfecture est compétent pour statuer sur les contestations relatives au rachat : il s'agit, en effet, de litiges concernant l'interprétation et l'application du contrat de concession.

2. Déchéance ou résiliation. — C'est également au Conseil de préfecture qu'il appartient de connaître des litiges relatifs à la déchéance ou à la résiliation, sur la demande du concessionnaire.

Nous devons, à cet égard, signaler une question controversée. Si les tribunaux administratifs reconnaissent que la déchéance a été prononcée irrégulièrement ou en violation de l'acte de concession, peuvent-ils rétablir le concessionnaire dans ses droits ? Doivent-ils au contraire se borner à allouer des dommages-intérêts ?

Lorsqu'il s'agit d'un marché ordinaire de travaux publics, le Conseil de préfecture n'a pas qualité pour annuler l'acte par lequel le contrat a été rompu. Malgré la différence profonde qui existe entre les marchés d'entreprise et les contrats de concession, il nous semble difficile d'attribuer aux tribunaux administratifs une compétence plus étendue pour cette dernière nature de contrats, d'admettre que leurs pouvoirs aillent au delà de l'appréciation des réparations pécuniaires dues à un concessionnaire évincé à tort par l'autorité concédante, et qu'ils ne sortent pas du cercle naturel de leurs attributions en prescrivant un véritable acte d'administration. Aux objections juridiques que nous venons de signaler s'ajouterait, dans beaucoup de cas, une impossibilité pratique résultant de ce que l'Administration aurait déjà pris, quand interviendrait la décision contentieuse, les mesures nécessaires pour remettre la concession en d'autres mains. Cependant, nous le répétons, la question est délicate : dans ses leçons de droit administratif, M. Aucoc se prononce dans un sens opposé.

3. Séquestre. — De même que la régie dans les entreprises de travaux publics, le séquestre est un acte d'administration, une mesure conservatoire qui réserve tous les droits du concessionnaire. L'Administration est seule compétente pour en apprécier l'opportunité. Toutefois, si la mesure était prise en dehors des cas prévus par le cahier des charges, il serait difficile de ne pas reconnaître au concessionnaire sa recevabilité à demander devant la juridiction administrative la décharge des conséquences du séquestre.

C'est à l'autorité administrative qu'il appartient d'apprécier les effets et la portée du séquestre et de reconnaître les rapports établis par cette mesure entre l'État et la Compagnie, en cas de contestation portée par des tiers devant l'autorité judiciaire. (Décret sur conflit du 16 août 1860, affaire Passemar, chemin de Graissessac à Béziers.)

4. Faillite. — Quant au contentieux de la faillite, il est du domaine de la juridiction consulaire. Nous n'avons donc pas à nous y arrêter.

DEUXIÈME PARTIE

CONSTRUCTION ET ENTRETIEN

1.

CHAPITRE Ier

RÈGLES GÉNÉRALES

RELATIVES
A LA PRÉSENTATION ET A L'APPROBATION DES PROJETS
AU MODE D'EXÉCUTION DES TRAVAUX, A LEUR CONTRÔLE
ET A LEUR RÉCEPTION
POUR LES CHEMINS DE FER CONCÉDÉS (1)

§ 1. — DÉLAIS DE PRÉSENTATION DES PROJETS ET D'EXÉCUTION DES TRAVAUX

1. Clauses des cahiers des charges et des conventions. — Les cahiers des charges de 1857-1859 se bornaient à fixer le terme de l'exécution des travaux, soit à une date déterminée, soit à l'expiration d'un certain délai à partir du décret de concession.

Le cahier des charges supplémentaire relatif aux lignes exécutées dans le système de la loi du 11 juin 1842 stipulait dans son article F, combiné avec l'article B, que « la Compagnie serait tenue de prendre livraison des « terrassements et des ouvrages d'art, à mesure qu'ils seraient achevés « entre deux stations principales, par sections contiguës, de commencer « les travaux à sa charge immédiatement après cette livraison et de les « terminer dans le délai d'un an ».

Jusqu'en 1875, les conventions avec les grandes Compagnies se sont référées aux dispositions des cahiers des charges ou ont fixé, s'il y avait lieu, le délai d'exécution, en le faisant courir, soit de la date du décret ou de la loi de concession définitive, soit du 1er janvier suivant, soit parfois du 1er janvier précédent (convention du 15 juin 1873 avec la Compagnie de l'Est).

Ce mode de fixation du délai avait le défaut de négliger un élément important, à savoir le temps qui s'écoulait entre la production par la

---

(1) Le régime des concessions ayant prévalu en France, nous commençons par exposer les règles relatives à la construction des chemins de fer concédés. Un chapitre spécial sera consacré à l'exposé sommaire des modifications que subissent ces règles, en cas d'exécution par l'État.

Compagnie des projets définitifs et leur approbation par le Ministre des travaux publics.

La Compagnie de Paris-Lyon-Méditerranée appela, en 1875, l'attention de l'Administration sur l'anomalie qu'il pouvait y avoir à lui faire assumer, le cas échéant, la responsabilité de retards indépendants de sa volonté. Elle sollicita et obtint l'adoption d'une règle nouvelle dans le contrat du 3 juillet 1875. Les stipulations de ce contrat étaient les suivantes :

1° La Compagnie s'engageait à exécuter les travaux dans un délai de..... années, à compter de l'approbation par l'Administration de l'ensemble des projets définitifs ;

2° Elle était tenue de produire ces projets dans un délai de deux ans, à partir de la loi approbative de la convention ;

3° Faute par elle d'avoir présenté ces projets au terme ci-dessus indiqué, le délai d'exécution commençait à courir trois mois plus tard. (On évaluait, en effet, à trois mois le temps nécessaire à l'examen et à l'approbation des projets par le Ministre.)

Ces stipulations furent reproduites, avec quelques variantes, dans les conventions de la fin de 1875 avec les Compagnies du Nord, de l'Est et de l'Ouest : le délai de présentation des projets définitifs, au lieu d'être compté à partir de la loi approbative du contrat, courait du 1er janvier suivant ; faute par la Compagnie d'avoir produit ces projets dans les deux ans, le délai d'exécution de chaque ligne était réduit d'un « temps égal au « retard apporté à la production desdits projets ».

Quant aux conventions de 1883, elles renferment les dispositions suivantes :

a. *Convention avec la Compagnie du Nord.* — Les lignes concédées à la Compagnie doivent être livrées dans un délai de quatre années, à partir de l'approbation de l'ensemble des plans parcellaires.

Ces plans doivent être produits dans un délai de deux ans, à compter du 1er janvier 1884, pour les chemins concédés définitivement, et à partir de la concession définitive, pour les autres.

N'est pas compris dans la supputation de ces délais le temps pendant lequel les projets restent entre les mains de l'Administration.

b. *Convention avec la Compagnie de l'Est.* — Le délai d'exécution est de :

— 18 mois, pour les lignes dont la Compagnie n'a à faire que la superstructure dans les conditions du cahier des charges supplémentaire du 11 juillet 1868 ;

— 5 ans, pour celles dont la Compagnie exécute l'infrastructure, ce délai courant à partir du jour où le Ministre des travaux publics a approuvé l'ensemble des plans parcellaires.

Pour les lignes dont la Compagnie a seulement à achever l'infrastructure, le délai de cinq ans court de la remise des travaux, sauf réduction dans le rapport de la somme restant à dépenser au montant total des dépenses faites et à faire.

La Compagnie doit produire les projets relatifs aux plans parcellaires dans les délais suivants, à partir du 1er janvier 1884 :

2 années pour 150 kilomètres;

3 années pour 400 kilomètres;

4 années pour 900 kilomètres.

Est exclu de la supputation des délais ci-dessus indiqués le temps pendant lequel les projets restent entre les mains de l'Administration : c'est d'ailleurs là une clause commune à toutes les conventions et sur laquelle nous ne reviendrons pas.

Pour les chemins concédés à titre éventuel ou non dénommés, les délais ne courent que de la date de la concession définitive.

c. *Convention avec la Compagnie de l'Ouest.* — Les règles sont les mêmes pour l'Ouest que pour l'Est; le délai de 4 années imparti pour la production des plans parcellaires, au delà de 400 kilomètres, est indiqué comme s'appliquant au solde.

d. *Convention avec la Compagnie d'Orléans.* — Les lignes concédées doivent être exécutées dans un délai :

1° De 18 mois, pour celles dont la Compagnie n'a à faire que la superstructure, après livraison régulière de l'infrastructure dans les conditions du cahier des charges supplémentaire du 26 juillet 1868;

2° De 5 ans, pour celles dont la Compagnie exécute l'infrastructure, ce délai courant du jour de l'approbation de l'ensemble des plans parcellaires par le Ministre des travaux publics.

Tous les projets relatifs aux plans parcellaires doivent être produits avant le terme de 4 années à partir du 1er janvier 1884, pour les chemins concédés définitivement, et à partir de la date de la concession définitive, pour les autres chemins.

e. — *Convention avec la Compagnie de Paris-Lyon-Méditerranée.* — Les délais d'exécution sont les mêmes que pour l'Est.

La Compagnie doit produire les projets relatifs aux plans parcellaires dans les délais suivants, à partir du 1er janvier 1884 :

2 années pour 200 kilomètres;

3 années pour 600 kilomètres;

4 années pour 1 200 kilomètres.

Pour les lignes concédées à titre éventuel, ces délais ne courent qu'à partir de la concession définitive.

f. Convention avec la Compagnie du Midi. — Les travaux d'infrastructure des lignes concédées à la Compagnie du Midi étant faits par l'État, la convention s'est bornée à fixer un délai de dix-huit mois à dater de la remise de la plate-forme.

Quelques-unes des conventions de 1883 ont, d'ailleurs, limité la longueur que la Compagnie pourrait être obligée de livrer annuellement à la circulation, savoir :

Nord : 100 kilomètres ;

Orléans : 250 kilomètres ;

Paris-Lyon-Méditerranée : 200 kilomètres des lignes dont l'infrastructure aura été achevée ou exécutée par la Compagnie ;

Midi : 120 kilomètres, la Compagnie devant se conformer aux indications du Ministre des travaux publics pour la préférence à donner à telle ou telle section parmi celles dont l'État lui aura fait la remise.

Les cahiers des charges des Compagnies secondaires et des Compagnies algériennes fixent, soit exclusivement le délai dans lequel les travaux doivent être terminés, soit aussi celui dans lequel ils doivent être commencés.

Quant au cahier des charges type des chemins de fer d'intérêt local, son article 2 est ainsi conçu : « Les travaux devront être commencés « dans un délai de..... à partir de la loi déclarative d'utilité publique. Ils « seront poursuivis de telle façon que la section de ....à.....soit livrée à l'ex-« ploitation le....., la section de..... à.... le....., et la ligne entière le..... » L'article 3 ajoute : « Les projets d'ensemble, comprenant le tracé, les ter-« rassements et l'emplacement des stations, seront remis au Préfet dans les « six mois au plus tard de la date de la loi déclarative d'utilité publique. »

2. Observations sur les clauses des cahiers des charges et des conventions. — La disposition ancienne des cahiers des charges, qui ne déterminait que le terme de l'exécution des travaux, avait plusieurs inconvénients. Tout d'abord, la déchéance ne pouvant être prononcée qu'à l'expiration de ce terme, l'Administration était désarmée pendant plusieurs années contre l'inaction éventuelle du concessionnaire qui pouvait ainsi paralyser, au grand détriment du pays, l'œuvre d'utilité publique confiée à ses soins. D'un autre côté, comme nous l'avons déjà fait observer, les travaux devaient être terminés pour une date fixe, quelque prolongés que fussent les délais d'examen et d'approbation des projets par l'Administration : or on sait que fréquemment les Compagnies sont obligées d'étudier des variantes, des modifications de tracé, à la suite de réclamations des intéressés, et que ces études, souvent inutiles, entraînent des pertes de temps considérables ; il y avait là un fâcheux aléa pour les concessionnaires ; il y avait aussi une véritable injustice à faire peser sur eux les conséquences de retards indépendants de leur volonté.

De ces deux défauts, le premier pouvait être corrigé dans une certaine mesure par la fixation d'une date pour le commencement des travaux ; toutefois, rien n'empêchait encore le concessionnaire de se mettre en règle, en entreprenant la construction, sauf à l'abandonner ensuite pendant un temps plus ou moins long, et de continuer à paralyser l'action administrative durant le délai compris entre les deux dates assignées l'une au commencement, l'autre à l'achèvement du chemin de fer. C'est pour obvier à ce danger que le Conseil d'État, en arrêtant le cahier des charges type applicable aux chemins d'intérêt local, a adopté pour l'article 2 une rédaction qui prescrit de *poursuivre* les travaux de manière à les terminer au terme convenu et qui prévoit, en outre, la mise en exploitation provisoire des diverses sections de la ligne.

Quant au second inconvénient, il ne pouvait y être remédié qu'en faisant courir le délai d'exécution de l'approbation des projets définitifs (et en impartissant en même temps au concessionnaire un délai pour la présentation de ces projets), ou en excluant de la supputation du délai d'exécution le temps consacré par l'Administration à l'examen et à l'approbation des projets. C'est ce qu'ont fait les auteurs des conventions de 1875 et de 1883.

La formule définitivement adoptée n'offre plus qu'un danger, celui des retards que provoquerait, le cas échéant, la présentation par le concessionnaire de projets imparfaits, non susceptibles d'approbation et nécessitant par suite des études complémentaires et des remaniements. Ce danger pourrait être sérieux vis-à-vis de Compagnies secondaires, qui n'auraient pas un personnel expérimenté ou qui ne seraient point animées du bon vouloir nécessaire.

Aussi croyons-nous qu'il est sage de ne point s'enfermer dans une rédaction unique et de faire varier au contraire les stipulations suivant l'importance des concessions et suivant la capacité des concessionnaires. Pour les chemins de fer d'intérêt local, en particulier, malgré l'aléa imposé aux Compagnies par l'incertitude des délais d'approbation des projets, on n'a pas à regretter la formule qui a prévalu lors de la rédaction du cahier des charges type et qui a, du moins, l'avantage incontestable de donner des garanties sérieuses à l'intérêt public. Il est certain d'ailleurs que si, par ses lenteurs ou par ses exigences injustifiées, l'Administration retardait outre mesure l'approbation des projets et, par conséquent, l'exécution des travaux, elle irait à l'encontre de l'intention commune des parties contractantes et ne pourrait plus prononcer la déchéance au terme prévu par le cahier des charges, sans s'exposer à un procès dont l'issue ne lui serait pas toujours favorable.

Lorsqu'on fait courir le délai de l'approbation des projets, il importe de bien préciser la nature de ces projets. L'expression employée dans les conventions de 1875 était celle de « projets définitifs » ; elle était un peu vague et le sens à lui attribuer prêtait à la controverse : on pouvait se demander si elle s'appliquait aux projets de tracé et de terrassements ou aux plans parcellaires. Ce sont ces plans qui ont été explicitement visés par les conventions de 1883.

Il est évident, du reste, qu'il s'agit de l'ensemble des projets et que si, pour une raison quelconque, une fraction minime de ces projets était ajournée ou subissait après coup certains remaniements, il n'en résulterait pas une prorogation correspondante du terme imparti pour l'achèvement des travaux.

3. Sanction des clauses relatives aux délais d'exécution des travaux. — La sanction principale des obligations imposées au concessionnaire pour les délais de présentation des projets et d'exécution des travaux est la déchéance, au sujet de laquelle nous sommes entré dans les développements nécessaires, page 609 et suivantes.

Mais, à côté de cette sanction si difficilement applicable dans la plupart des cas, il en est quelques autres qu'il importe de rappeler.

En traitant des conventions de 1859, nous avons relaté la disposition de ces contrats aux termes de laquelle le revenu kilométrique réservé devait être, jusqu'à l'achèvement complet des lignes concédées et dans la limite de maxima déterminés, réduit de 200 francs pour chaque longueur de 100 kilomètres non livrés à l'exploitation. Mais nous avons montré en même temps que cette réduction était insuffisante et ne pouvait dès lors être considérée comme une pénalité. (Voir ci-dessus, page 281.)

La même observation s'applique aux retenues analogues stipulées par les conventions ultérieures jusqu'en 1875.

La convention du 3 juillet 1875 avec la Compagnie du Paris-Lyon-Méditerranée portait, indépendamment de la clause de réduction du revenu réservé, deux dispositions aux termes desquelles :

1° Faute par la Compagnie d'avoir présenté ses projets au terme fixé, le délai d'exécution devait commencer à courir trois mois après ce terme ;

2° Dans le cas où, par le fait de la Compagnie, les délais d'exécution seraient dépassés pour une ou plusieurs lignes, il devrait être déduit du compte d'établissement de ces lignes, et pour chaque année de retard, une somme égale aux intérêts d'une année, calculés sur le tiers de la dépense totale de construction prévue par le contrat.

Les conventions de la fin de 1875 avec les Compagnies du Nord, de l'Est et de l'Ouest disposaient que, faute par la Compagnie d'avoir présenté ses projets au terme convenu, le délai d'exécution de chaque ligne serait réduit d'un temps égal au retard apporté à la production desdits projets.

Les conventions de 1883 avec les Compagnies de l'Est, de l'Ouest, d'Orléans et de Paris-Lyon-Méditerranée contiennent la clause suivante : « Dans le cas où, par le fait de la Compagnie, les délais d'exécution fixés « au présent article seraient dépassés pour une ou pour plusieurs lignes, « la contribution à la construction imposée à la Compagnie par l'article.... « sera augmentée de 5 000 francs par année de retard. Ne seront pas « comptés comme étant du fait de la Compagnie les retards qui seraient « la conséquence des difficultés qu'elle éprouverait à réaliser les fonds né- « cessaires à l'exécution des travaux, à raison de la situation du marché « financier dûment constatée par le Gouvernement. » Nous nous sommes déjà expliqué sur le degré d'efficacité de cette clause pénale, à l'application de laquelle les Compagnies pourraient avoir intérêt à s'exposer pour les lignes improductives.

La législation sur les chemins de fer d'intérêt local et le cahier des charges type approuvé par décret du 6 août 1881 ne comportent pas de pénalité générale autre que la déchéance. Cependant rien n'empêche les Conseils généraux de stipuler soit la perte du cautionnement, soit une retenue sur ce cautionnement, proportionnée au montant des travaux non exécutés dans le délai prescrit, soit des dommages-intérêts proportionnés par exemple au nombre de jours de retard. Il résulte de la discussion à laquelle le cahier des charges type a donné lieu devant le Conseil d'État que cette assemblée a admis, en principe, des pénalités de la nature de celles que nous venons d'indiquer ; l'article 38 mentionne même les deux premières et dispose que leur application sera prononcée par le Ministre des travaux publics à la demande du département et après mise en demeure, sauf recours au Conseil d'État par la voie contentieuse. Nous avons cité, page 627, un exemple d'acte de concession dans lequel le département avait stipulé des dommages-intérêts arbitrés à une somme fixe et s'ajoutant à la déchéance (ligne d'Albertville à Moutiers, décret du 15 juin 1875).

§ 2. — RÈGLES RELATIVES A LA PRÉSENTATION ET A L'APPROBATION DES PROJETS

LIMITES DES POUVOIRS DU MINISTRE POUR LES TRAVAUX SUPPLÉMENTAIRES A EXÉCUTER APRÈS L'APPROBATION DES PROJETS PRIMITIFS

1. Nécessité d'une approbation préalable pour les travaux exécutés par les Compagnies. — Aucun travail ne peut être entrepris, pour l'établissement des chemins de fer et de leurs dépendances, sans une autorisation de l'Administration supérieure : l'article 3 du cahier des charges des chemins de fer d'intérêt général est formel à cet égard. Les projets de tous les travaux doivent, en conséquence, être soumis à l'approbation du Ministre, qui prescrit, s'il y a lieu, d'y introduire telle modification que de droit. Avant comme pendant l'exécution, la Compagnie a la faculté de proposer les changements qu'elle jugerait utiles dans les dispositions approuvées ; mais ces changements sont subordonnés à la décision du Ministre.

Les règles sont les mêmes pour les chemins de fer d'intérêt local ; mais la décision appartient au Conseil général, conformément à l'article 3 de la loi du 11 juin 1880, en ce qui concerne les projets d'ensemble (1), et au préfet, en ce qui concerne les projets de détail des ouvrages, sous réserve de l'approbation spéciale du Ministre des travaux publics, dans le cas où les travaux affecteraient des cours d'eau ou des chemins dépendant de la grande voirie. Dans les deux mois qui suivent la délibération du Conseil général, le Ministre des travaux publics peut, sur la proposition du préfet et après avoir pris l'avis du Conseil général des ponts et chaussées, appeler l'assemblée départementale à en délibérer de nouveau. Si la ligne doit s'étendre sur plusieurs départements et s'il y a désaccord entre les Conseils généraux, le Ministre statue. S'il s'agit d'un chemin concédé par une Commune, les attributions exercées ordinairement par le Conseil général appartiennent au Conseil municipal, dont la délibération est soumise à l'approbation du préfet.

La nécessité d'une approbation préalable s'applique d'ailleurs aux travaux complémentaires comme aux travaux de premier établissement proprement dits. Avant 1883, les conventions avec les grandes Compagnies exigeaient même un décret en Conseil d'État pour les dépenses complé-

______

(1) Projets relatifs au tracé, aux terrassements et à l'emplacement des stations.

mentaires devant grossir le compte de la garantie d'intérêt ou celui du partage des bénéfices. Depuis 1883, il suffit d'une approbation ministérielle.

Pour les chemins de fer d'intérêt général et pour les chemins de fer d'intérêt local, le concessionnaire peut prendre copie, sans déplacement, de tous les plans, nivellements et devis, qui auraient été antérieurement dressés aux frais de l'État, du département ou de la commune. (Art. 4 du cahier des charges.) La convention de 1883 avec la Compagnie de l'Ouest porte que cette Compagnie sera mise en possession des études et projets préparés par les ingénieurs de l'État. (Art. 7.)

2. Nomenclature des projets présentés par les concessionnaires. — *a.* RÈGLES ANTÉRIEURES AUX CONVENTIONS DE 1883. — Avant les conventions de 1883, les projets à produire par les concessionnaires ont fait l'objet de diverses circulaires ministérielles, dont les dernières en date du 21 février 1877 et du 28 juin 1879.

C'étaient les projets de tracé et de terrassements, les projets des stations, les plans parcellaires, les projets de détail des ouvrages d'art.

L'article 5 du cahier des charges déterminait les pièces dont devaient se composer les projets de tracé et de terrassements; il prescrivait d'indiquer sur le plan et le profil en long la position des gares et stations projetées, celle des cours d'eau et des voies de communication traversés par le chemin de fer, et celle des passages, soit à niveau, soit en dessus, soit au-dessous de la voie ferrée, le tout sans préjudice des projets à fournir pour chacun de ces ouvrages.

L'article 9 portait que le nombre, l'étendue et l'emplacement des gares d'évitement seraient déterminés par l'Administration, la Compagnie entendue; que l'Administration déterminerait de même, sur les propositions de la Compagnie, après une enquête spéciale, le nombre et l'emplacement des stations de voyageurs et des gares de marchandises; enfin que la Compagnie serait tenue, préalablement à tout commencement d'exécution, de soumettre à l'Administration le projet de ces gares.

Nous n'entrerons pas ici dans l'indication de détail des différentes pièces que devaient comprendre les projets. Il suffira de se reporter à la circulaire du 21 février 1877, à celle du 28 juin 1879 et aux formules annexes (qui étaient en partie applicables aux chemins de fer concédés), ainsi qu'à quelques autres textes que nous serons conduit à citer par la suite.

Toutes les pièces devaient être revêtues de la signature d'un directeur, administrateur ou délégué ayant qualité pour engager la Compagnie. (Circulaires ministérielles du 20 mai 1856 et du 21 février 1877.)

Les travaux étant exécutés aux frais des Compagnies ou à leurs risques et périls avec une subvention ferme de l'État, les projets n'étaient point appuyés d'une estimation des dépenses. Il n'y avait d'exception que pour les travaux complémentaires, dont les charges devaient entrer en ligne de compte au point de vue de la garantie d'intérêt et du partage des bénéfices.

b. Règles en vigueur depuis les conventions de 1883. — Les conventions de 1883 ont inauguré un régime nouveau. Aujourd'hui, les Compagnies ne concourent plus que pour une somme ferme aux travaux des lignes nouvelles, qu'elles exécutent aux frais et pour le compte de l'État, dans la limite d'un maximum déterminé après approbation des projets d'exécution.

Cette situation devait appeler des modifications dans les règles antérieurement en vigueur. Les Compagnies présentent aujourd'hui, outre les avant-projets avec estimation sommaire des dépenses :

1° Les projets de tracé et de terrassements, appuyés d'un détail estimatif de la dépense, de propositions tendant à déterminer les sections principales d'exploitation, et d'un programme pour l'exécution des travaux;

2° Les dossiers des enquêtes des stations;

3° Les projets complets d'exécution, avec détail estimatif (le devis n'est fourni que par extrait);

4° Les dossiers des enquêtes parcellaires.

Les projets d'exécution sont produits séparément pour l'infrastructure et la superstructure; ils sont divisés en projets partiels susceptibles d'être mis isolément en adjudication.

Les propositions des Compagnies pour la fixation des maxima sont jointes aux projets d'exécution.

Une circulaire ministérielle du 22 octobre 1885 a, d'ailleurs, prescrit la communication des marchés et la remise des décomptes aux agents du contrôle.

Les prescriptions du cahier des charges type applicable aux chemins de fer d'intérêt local sont calquées sur celles du cahier des charges des chemins de fer d'intérêt général.

3. **Conférences.** — *a.* Service militaire. — Les travaux de chemins de fer à exécuter dans les limites de la zone frontière et dans le rayon des enceintes fortifiées sont de la compétence de la Commission mixte et doivent faire l'objet de l'instruction spéciale déterminée par les décrets du 16 août 1853 et du 8 septembre 1878.

De plus, aux termes d'un décret du 2 avril 1874, le Ministre des travaux publics est tenu de communiquer au Ministre de la guerre toute proposition tendant à la création d'un chemin de fer d'intérêt général ou d'intérêt local non compris dans la zone frontière. Si le Ministre de la guerre déclare que son département est désintéressé dans l'affaire, ou si, dans le délai de deux mois, il n'a fait aucune réponse, l'affaire suit son cours sans autre intervention de l'autorité militaire; dans le cas, au contraire, où le Ministre de la guerre estime que la ligne présente un intérêt militaire, il reçoit, sur sa demande, communication des projets. Lorsqu'à la suite de cette communication et de l'examen dont elle est l'objet, l'accord ne s'établit point entre les deux Ministres, la Commission mixte des travaux publics est consultée : le dossier lui est adressé à cet effet, sans qu'il soit nécessaire de passer au préalable par les formalités prescrites en matière de travaux mixtes. L'avis de la Commission mixte est annexé au dossier soumis au Conseil d'État ou au Parlement.

Les ingénieurs qui représentent le service du chemin de fer dans les conférences sont, suivant les cas, les ingénieurs du contrôle des travaux ou ceux du contrôle de l'exploitation. Les représentants des Compagnies sont entendus en leurs observations.

Une difficulté s'est élevée au sujet de l'intervention des ingénieurs en chef des Mines, chargés d'une section de contrôle de l'exploitation. Ces chefs de service avaient dans leurs attributions tout à la fois le matériel et la voie; ils étaient en conséquence chargés de la surveillance des travaux neufs exécutés sur les lignes livrées à la circulation ; ils exerçaient donc en fait les fonctions d'ingénieur en chef des Ponts et Chaussées pour les affaires relatives à la voie et au matériel fixe. Néanmoins, le décret du 16 août 1853 ne comprenant que les ingénieurs en chef des Ponts et Chaussées parmi les fonctionnaires appelés à participer aux conférences du 2ᵉ degré, la Commission mixte a dû examiner en 1880 s'il n'y avait pas lieu d'annuler une conférence dans laquelle le département des travaux publics avait été représenté par un ingénieur en chef des Mines : elle s'est prononcée pour la négative et son avis a été approuvé par le Ministre des travaux publics (circulaire du 10 août 1880). La situation a été régularisée par un décret du 12 décembre 1884, modifiant les articles 12 et 16 du décret du 16 août 1853 et l'article 3 du décret du 8 septembre 1878. (Voir la circulaire du Ministre des travaux publics en date du 16 février 1885.)

Les travaux ayant un caractère international doivent être soumis, préalablement à toute conférence internationale, à l'instruction mixte dans les formes édictées par les décrets de 1853 et de 1878. Aucune question militaire ne peut être discutée dans cette conférence et, si les représentants étrangers présentent une solution nouvelle qui paraisse acceptable aux représentants français, cette solution ne peut être agréée qu'après une nouvelle étude, dans les formes réglementaires. (Circulaire du Ministre des travaux publics du 20 juin 1880.)

Pour les lignes stratégiques, le Ministre de la guerre peut consulter la Commission militaire supérieure des chemins de fer instituée par décret du 14 novembre 1872. (Voir aussi la loi du 13 mars 1875.) Cette Commission, étant chargée de la préparation des plans de concentration et de marche pour les voies ferrées, ainsi que de la direction supérieure des transports, est naturellement qualifiée pour émettre des avis sur les conditions techniques auxquelles doivent satisfaire les chemins nouveaux, sur leur tracé, sur leur profil, sur la disposition de leurs gares, sur leurs moyens d'alimentation en eau. Toutefois, les avis ainsi formulés ne font pas partie de l'instruction mixte telle qu'elle est réglée par les décrets sur la matière.

Le cas échéant, le service de la marine devrait être également appelé en conférence, si les travaux affectaient des établissements placés dans ses attributions.

b. Services civils. — Conformément aux prescriptions de la circulaire ministérielle du 12 juin 1850, tout projet intéressant plusieurs services doit faire l'objet d'une conférence entre les ingénieurs des services intéressés ; comme pour les travaux intéressant le département de la guerre, ce sont les ingénieurs du contrôle qui représentent le service du chemin de fer dans cette conférence. Des conférences doivent être ouvertes en particulier avec le service hydraulique, en ce qui touche le débouché des ponts sur les cours d'eau non navigables ni flottables, la traversée des régions marécageuses, le creusement des chambres d'emprunt susceptibles de modifier notablement les conditions d'écoulement des eaux. (Circulaire ministérielle du 31 mai 1879.) (1)

Le Ministre des travaux publics a également décidé, à la date du 12 juin 1850, que le Préfet provoquerait l'avis de l'agent-voyer en chef au sujet des déplacements ou modifications de chemins vicinaux et transmettrait cet avis avec ses observations à l'Administration supérieure. Cette disposition a été rappelée dans la circulaire du 21 février 1877 ; les Préfets ont été en même temps invités à renvoyer à l'ingénieur en chef les observations du service vicinal.

---

(1) Les procès-verbaux doivent être dressés dans la forme indiquée par l'article 14 du décret du 16 août 1853 (même circulaire).

Si les travaux affectaient des terrains ou des constructions relevant d'un département ministériel autre que celui des travaux publics, il faudrait une entente préalable entre les Ministres et les bases de cette entente devraient être préparées par les fonctionnaires locaux.

4. Vérification des projets. — Voici comment la circulaire ministérielle du **21** février 1877 a défini la mission des ingénieurs du contrôle :

« Les ingénieurs auront notamment à examiner :

« Si le projet de tracé et de terrassements satisfait dans son ensemble
« aux indications générales du décret de concession, ainsi qu'aux pres-
« criptions du cahier des charges, spécialement en ce qui concerne l'incli-
« naison des pentes et rampes, les rayons des courbes, la longueur des
« alignements droits entre deux courbes consécutives en sens contraire et
« celles des parties horizontales entre deux fortes déclivités versant leurs
« eaux vers le même point, les largeurs des profils en travers; si les pa-
« liers pour les stations prévues sont convenablement ménagés ; si les inté-
« rêts des différents services publics paraissent sauvegardés dans une
« juste mesure ;

« Si le nombre et les emplacements des stations définitivement pro-
« posées à la suite de l'enquête spéciale prescrite par la circulaire ministé-
« rielle du 25 janvier 1854 paraissent devoir donner une satisfaction suffi-
« sante aux intérêts industriels et commerciaux de la contrée ; si l'accès des
« gares est assuré dans de bonnes conditions, toutes réserves demeurant
« d'ailleurs faites quant aux dispositions de détail des voies d'accès, quais
« et bâtiments des stations ;

« Si les ouvrages indiqués sur les plans parcellaires pour le rétablis-
« sement des communications et l'écoulement des eaux sont en nombre
« suffisant, et s'ils présentent des ouvertures et des débouchés convenables,
« les détails de ces ouvrages ne devant d'ailleurs être approuvés définiti-
« vement qu'après la production de projets spéciaux et sur le vu des
« procès-verbaux des conférences avec les services intéressés ;

« Si les projets des ouvrages d'art présentent les dimensions fixées par
« le cahier des charges, s'ils assurent toute garantie de stabilité, et s'ils
« n'offrent rien de défectueux au point de vue de l'art ; si, en particulier,
« le travail des différentes parties des ouvrages métalliques demeure ren-
« fermé dans les limites réglementaires. »

Ces indications de la circulaire ministérielle du **21** février 1877 sont purement énonciatives et n'ont aucun caractère limitatif.

Le devoir des ingénieurs du contrôle est, en particulier, beaucoup plus étroit pour les travaux exécutés par les Compagnies aux frais de l'État.

Car ils doivent porter tout spécialement leur attention sur les dépenses de construction et veiller à ce que les concessionnaires n'adoptent pas des disposition trop coûteuses, dans le but de réduire ultérieurement leurs frais d'entretien et d'exploitation. (Circulaire ministérielle du 22 octobre 1885.)

5. **Enquête des stations.** — Le cahier des charges prescrit, nous l'avons vu, l'ouverture d'une enquête préalable sur le nombre et l'emplacement des stations de voyageurs et des gares de marchandises.

Cette enquête est distincte de celle qui est prévue par le titre II de la loi du 3 mai 1841. Les formes en ont été réglées par une circulaire ministérielle du 25 janvier 1854. La Compagnie présente les plans du chemin de fer avec désignation des emplacements et des surfaces des stations, un profil et un mémoire justificatif. Un exemplaire de ces pièces est déposé pendant 8 jours dans chacune des communes où une station est projetée ; les conseils municipaux des communes intéressées délibèrent sur l'emplacement proposé ; leurs délibérations sont transmises au sous-préfet et, à l'expiration du délai de huitaine, le dossier est placé sous les yeux d'une Commission d'enquête présidée par ce fonctionnaire. La Commission a elle-même 8 jours pour délibérer ; puis le dossier est transmis au Préfet, qui, après l'avoir communiqué à l'ingénieur en chef du contrôle, l'adresse à l'Administration supérieure avec ses observations. Pour les stations à établir dans de grandes villes et dont l'emplacement importe seulement à la cité où elles doivent être construites, l'enquête a lieu dans les formes prescrites par le titre II de l'ordonnance du 18 février 1834, sauf réduction à 8 jours de chacun des délais du dépôt des pièces et de la réunion de la Commission d'enquête.

Une seconde circulaire du 9 août 1859 a fait connaître aux préfets que l'ingénieur de la Compagnie, auteur des projets, devrait être convoqué par le président de la Commission et assisterait, avec voix consultative, à toutes les séances de cette Commission.

La circulaire générale du 21 février 1877 a recommandé d'indiquer sur les plans les chemins d'accès aux stations et de les définir dans la notice à l'appui.

La composition des dossiers d'enquête a été spécifiée avec soin dans le formulaire annexé à la circulaire ministérielle du 28 juin 1879.

Enfin, à la suite de réclamations très vives auxquelles avait donné lieu le remaniement d'une gare dans la région du Nord, pour sa transformation en gare d'embranchement, le Ministre des travaux publics a décidé qu'en pareil cas, aux plans et états parcellaires seraient joints un plan figuratif des modifications à apporter aux dispositions de la station ainsi qu'un mémoire explicatif. En effet, l'expropriation étant poursuivie en vertu de la déclaration d'utilité publique de la nouvelle ligne, on se contente de procéder à l'enquête parcellaire ; le public n'étant ainsi consulté qu'une fois, il a paru utile de placer sous ses yeux des renseignements complets et détaillés sur les changements projetés dans les divers services de la gare. Il convient, en outre, de remarquer que les transformations de gares soulèvent des questions délicates, à raison des intérêts qui sont venus se grouper autour d'elles et des situations acquises auxquelles il peut être nécessaire de porter atteinte. L'Administration ne saurait donc s'entourer de trop de lumières, avant de prendre sa décision.

L'enquête ayant pour objet d'éclairer, non seulement le public, mais encore l'Administration, on ne saurait dénier au Ministre le droit de modifier les emplacements indiqués sur les plans qui ont été déposés dans les communes et même de supprimer des stations, soit parce qu'il y a lieu de leur en substituer d'autres, soit parce qu'elles ne répondent pas à des besoins réels. Cependant, quand les modifications sont trop profondes, il peut être opportun de procéder à une enquête supplémentaire : on conçoit en effet qu'une localité à laquelle une station était attribuée par les plans soumis à la première enquête et qui ne pouvait en prévoir la suppression n'ait pas été à même de faire valoir toutes les raisons susceptibles de militer en faveur de son maintien. Il appartient au Ministre d'apprécier, le cas échéant, si un complément d'instruction locale peut offrir de l'utilité. Les ingénieurs doivent d'ailleurs avoir soin de justifier avec précision les emplacements qu'ils proposent d'assigner aux gares et aux stations, lorsqu'ils présentent leurs projets de tracé et de terrassements ; il importe, en effet, que l'Administration supérieure soit complètement éclairée à cet égard, avant l'ouverture de l'enquête, et qu'elle ne laisse placer sous les yeux des intéressés que des plans parfaitement étudiés, afin de réduire au minimum les changements à y apporter ultérieurement et de ne point laisser concevoir des espérances dont la réalisation serait plus tard jugée impossible.

6. Observations sur les haltes. — Les cahiers des charges de 1857-1859 ne visent que les gares d'évitement, les stations de voyageurs et les gares de marchandises.

Pendant assez longtemps, on n'a guère établi, sauf dans certains cas spéciaux, que des gares ou stations complètes, appropriées tout à la fois au service des voyageurs, au service des marchandises à grande vitesse et au service des marchandises à petite vitesse.

Depuis, les Compagnies ont créé un assez grand nombre de stations incomplètes et notamment de *haltes*, affectées au service des voyageurs avec ou sans service annexe de bagages ou de messageries. Elles ont pu, ainsi, moyennant une dépense relativement faible (1), donner satisfaction à des intérêts qui jusqu'alors étaient mal desservis.

Les haltes ont été, pour la première fois, mentionnées en termes explicites dans la convention du 14 décembre 1875 avec la Compagnie du Midi, au nombre des travaux complémentaires de premier établissement, et ont reçu ainsi, en quelque sorte, la consécration de leur état civil.

La mention en a été reproduite à l'article 9 du cahier des charges type des chemins de fer d'intérêt local, approuvé par décret du 6 août 1881. On la trouve aussi dans le cahier des charges du chemin d'Aïn-Thizy à Mascara, concédé en vertu de la loi du 3 juillet 1884 à la Compagnie Franco-Algérienne; dans la convention des 13 juillet-11 septembre 1885, relative aux chemins de Sancoins à Lapeyrouse et de la Guerche à Château-meillant; dans celle des 23 juillet-17 août 1885, relative aux chemins du Var, etc.

7. Règles d'ordre relatives à l'instruction des projets. — Les règles d'ordre à suivre pour l'instruction des projets aux divers degrés de la hiérarchie administrative ont été déterminées par les circulaires ministérielles du 28 décembre 1878 et du 9 janvier 1882, sur lesquelles nous n'avons pas à insister.

Pour les enquêtes sur le nombre et l'emplacement des gares et stations et pour les enquêtes parcellaires, les dossiers sont préparés par la Compagnie; l'enquête est ordonnée par le préfet, sur la proposition de l'ingénieur en chef du contrôle; lorsqu'elle est close, le préfet en communique les résultats à ce fonctionnaire qui lui fait parvenir un rapport des ingénieurs et, le cas échéant, les observations de la Compagnie; puis il transmet les dossiers avec son avis personnel au Ministre, qui statue.

Une décision ministérielle est nécessaire sur les résultats des enquêtes parcellaires, lorsque la Commission d'enquête demande des changements de quelque importance au projet.

8. Approbation des projets. — En ce qui concerne l'approbation des projets, nous n'avons à signaler que les réserves générales auxquelles elle est ordinairement subordonnée pour les projets de tracé et de terrasse-

---

(1) Les haltes sont souvent installées au moyen d'une simple transformation d'une maison de garde-barrières.

ments, ainsi que pour l'emplacement des stations, lorsque cet emplacement fait l'objet d'une proposition spéciale (1).

Les projets de tracé et de terrassements sont approuvés sous la réserve des modifications qui seraient la conséquence des décisions à intervenir : 1° sur le nombre et l'emplacement des stations, à la suite de l'enquête définie par la circulaire ministérielle du 25 janvier 1854 et sur les projets de détail des mêmes stations ; 2° sur les ouvrages à construire pour le rétablissement des communications et l'écoulement des eaux ; 3° sur les plans et états parcellaires soumis à l'enquête du titre II de la loi du 3 mai 1841.

Les projets spéciaux d'emplacement de stations sont approuvés sous la réserve des modifications qui pourraient résulter des décisions à intervenir : 1° sur le projet des dispositions de ces stations, qui doit être soumis à l'Administration préalablement à tout commencement d'exécution des travaux ; 2° sur les voies d'accès, dont les dispositions ne sont arrêtées définitivement qu'après l'enquête du titre II de la loi du 3 mai 1841.

9. Pouvoirs de l'Administration pour modifier les projets présentés par les Compagnies et pour prescrire des travaux supplémentaires. — Aux termes de l'article 9 du cahier des charges, le Ministre des travaux publics peut prescrire telles modifications que de droit dans les projets présentés par les Compagnies. En exécution de cette règle et conformément à l'article 9 du cahier des charges, il détermine le nombre, l'étendue et l'emplacement des gares d'évitement, des stations de voyageurs et des gares de marchandises. Les pouvoirs du Ministre sont absolus, à la condition, bien entendu, qu'il respecte les stipulations du contrat : il agit, à cet égard, comme représentant de la puissance publique ; son autorité ne saurait être tenue en échec ; les Compagnies sont obligées de se conformer à ses décisions et ne seraient fondées à en demander la réformation que si elles contenaient des prescriptions contraires au cahier des charges.

Mais le droit du Ministre d'ordonner des travaux supplémentaires reste-t-il indéfiniment ouvert pendant toute la durée de la concession ?

La question a été portée à diverses reprises devant le Conseil d'État statuant au contentieux, pour des stations ou haltes nouvelles ; les arrêts rendus par le Conseil ont une telle importance que nous devons les examiner avec quelques détails.

____

(1) Tel est le cas de stations supplémentaires proposées pour des lignes en exploitation ou pour des lignes en construction, postérieurement à la décision d'ensemble.

a. *Arrêt du 31 mai 1848*. — Le chemin de fer de Saint-Étienne à Lyon avait été concédé par une ordonnance du 7 juin 1826. Ni cette ordonnance, ni le cahier des charges, ne déterminaient le nombre de gares ou ports secs que la Compagnie devait établir. Il y fut pourvu par une seconde ordonnance du 4 juillet 1827 qui, en approuvant le tracé proposé par la Compagnie, décidait la construction de cinq gares. Ce nombre étant devenu insuffisant pour faire face aux besoins du trafic, le Gouvernement prescrivit, par ordonnance du 8 octobre 1846, la création de trois nouvelles gares et impartit à la Compagnie un délai pour la présentation des projets. Sans contester à l'Administration le droit de décider la construction de ports secs supplémentaires, la Compagnie lui dénia le pouvoir de mettre les dépenses d'établissement à sa charge et forma devant le Conseil d'État un pourvoi contre l'ordonnance du 8 octobre 1846. Par un arrêt du 31 mai 1848, le Conseil rejeta cette requête, mais en se fondant exclusivement sur ce qu'il s'agissait de l'interprétation du cahier des charges et sur ce que le litige devait être porté devant le Conseil de préfecture des Bouches-du-Rhône.

b. *Arrêt du 28 juin 1878*. — Pendant près de trente ans, il ne surgit aucun litige nouveau entre les Compagnies et l'État, au sujet du droit du Ministre en matière de création de gares supplémentaires.

Vers 1875, le Ministre des travaux publics ayant invité la Compagnie du Nord à établir deux stations, l'une à Achette, sur la ligne de Saint-Quentin à Erquelines, l'autre à Camiers, sur la ligne d'Amiens à Boulogne, la Compagnie saisit le Conseil de préfecture de la Seine d'une demande en interprétation de l'article 9 de son cahier des charges. Ce tribunal décida que l'État était sans droit, en l'absence de propositions de la Compagnie. Il se fonda sur le texte du § 3 de l'article 9 du cahier des charges, ainsi conçu : « Le nombre et l'emplacement des stations de voya-« geurs et des gares de marchandises seront déterminés par l'Adminis-« tration, *sur les propositions de la Compagnie,* après une enquête « spéciale. » La nécessité d'un concert entre les deux parties contractantes lui parut d'autant plus manifeste que les deux premiers paragraphes de l'article 9 avaient, au contraire, conféré au Ministre le pouvoir d'exiger l'extension des gares d'évitement et l'augmentation de leur nombre, à charge par lui d'*entendre* la Compagnie. Il y avait lieu, suivant lui, de distinguer entre les mesures qui intéressaient la sécurité et celles qui concernaient l'exploitation. Pour les premières, l'État avait dû réserver et avait, en effet, réservé son indépendance complète; pour les secondes, la concession ayant consisté dans l'abandon du droit d'exploitation, l'État avait seulement retenu la surveillance, le contrôle et l'approbation des projets.

Le Ministre des travaux publics déféra au Conseil d'État l'arrêté du 22 juin 1876 du Conseil de préfecture. Il fit valoir que son droit et son devoir étroit étaient de veiller à ce que le service des lignes concédées par l'État fût toujours en rapport avec les besoins de la circulation et du commerce; il ajouta que, si l'article 9 du cahier des charges prévoyait des propositions de la Compagnie, la même formule était employée dans d'autres articles relatifs à des cas pour lesquels l'Administration pouvait incontestablement substituer son initiative à celle de la Compagnie, si cette dernière se refusait à formuler des propositions.

Le Conseil d'État, sur les conclusions de M. David, commissaire du Gouvernement, rejeta le recours du Ministre des travaux publics par un arrêt du 28 juin 1878 motivé comme il suit : « Considérant qu'il résulte, « tant de l'ensemble des lois et règlements sur les chemins de fer que du « cahier des charges, que, si les concessionnaires restent tenus, pendant « toute la durée de la concession, de se conformer à toutes les mesures « que l'Administration supérieure juge convenable de leur prescrire dans « l'intérêt du bon entretien du chemin de fer et de la sûreté de la circula- « tion sur la voie ferrée, ils n'ont, en ce qui touche les travaux de con- « struction des chemins de fer et des ouvrages qui en dépendent, d'autre « obligation que celle d'exécuter ces travaux, conformément aux plans « approuvés par le Ministre des travaux publics dans les termes de l'ar- « ticle 3 du cahier des charges, sauf les cas où l'Administration s'est ex- « pressément réservé le droit de leur imposer des travaux complémen- « taires comme elle l'a fait par l'article 6 pour l'établissement d'une « seconde voie, et par le § 2 de l'article 9 pour les voies dans les gares et « et aux abords de ces gares; que ni l'article 9 ni aucun autre article du « cahier des charges ne contiennent, pour les gares de voyageurs et les sta- « tions de marchandises, aucune réserve de cette nature; que, dès lors, le « Ministre des travaux publics n'est pas fondé à soutenir que, en vertu de « l'article 9 du cahier des charges, il avait le droit de prescrire à la Compagnie « la construction de deux gares nouvelles...., en sus de celles dont il avait « déterminé le nombre et l'emplacement lors de la construction de ces lignes. »

c. *Arrêt du 24 novembre 1882.* — L'arrêt de 1878 que nous venons de relater concernait des lignes en exploitation. En 1882, le Conseil d'État a eu à se prononcer sur la même question, pour une ligne en construction.

Le Ministre des travaux publics avait, par une décision du 4 août 1877, fixé le nombre et l'emplacement des stations du chemin de Roanne à Paray-le-Monial. Après coup, sur les instances des habitants de Perreux, il enjoignit à la Compagnie de Paris-Lyon-Méditerranée d'établir une halte dans cette localité. La Compagnie refusa de se soumettre à cette injonction et prétendit que la décison du 10 juillet 1878 avait épuisé les droits de l'Administration.

Quoiqu'analogue à celle des gares d'Achette et de Camiers, l'espèce de Perreux était différente, puisque les travaux n'étaient ni terminés, ni même commencés.

Cependant le Conseil de préfecture de la Seine, saisi du différend, donna gain de cause à la Compagnie et le pourvoi formé par le Ministre contre l'arrêté de ce tribunal fut rejeté par un arrêt du Conseil d'État du 24 novembre 1882, dont les motifs étaient les suivants :

« Considérant que . . . . . la halte de Perreux n'avait été l'objet d'au-
« cune réserve dans la décision du 10 juillet 1878 . . . . ;

« Considérant qu'il résulte du cahier des charges que le concession-
« naire est tenu, pendant la durée de sa concession, de se conformer à
« toutes les mesures que l'Administration juge convenable de lui pres-
« crire dans l'intérêt du bon entretien du chemin de fer et de la sûreté
« de la circulation ; mais qu'il n'a, en ce qui touche les travaux de con-
« struction, d'autre obligation que de les exécuter conformément aux
« plans approuvés par le Ministre, dans les termes de l'article 3 dudit
« cahier des charges, sauf les cas où l'Administration s'est expressément
« réservé le droit de lui imposer des travaux supplémentaires, comme
« elle l'a fait par l'article 6, pour l'établissement d'une seconde voie, et
« par l'article 9, § 2, pour les voies dans les gares ;

« Considérant qu'aucun article du cahier des charges ne contient, pour
« les stations, une restriction de cette nature ; que, dès lors, le Ministre
« n'est pas fondé à soutenir qu'il avait le droit de revenir, le 19 avril
« 1880, en dehors de propositions nouvelles de la Compagnie, sur la déci-
« sion du 10 juillet 1878, alors même que les travaux de la ligne de
« Roanne à Paray-le-Monial n'étaient point encore commencés.... »

La jurisprudence établie par les deux arrêts du 28 juin 1878 et du 24 novembre 1882 peut donc se résumer ainsi : en ce qui concerne l'entretien et la sécurité de l'exploitation, le droit du Ministre reste indéfiniment ouvert ; en ce qui concerne, au contraire, les travaux de premier établissement, sauf stipulation contraire de l'acte de concession, ce droit s'éteint par l'approbation des projets. Pour bien se rendre compte des motifs qui l'ont fait prévaloir, le lecteur pourra se reporter au texte des conclusions présentées devant le Conseil d'État par M. David, commissaire du Gouvernement, à propos de l'affaire des stations d'Achette et de Camiers, et par M. Gomel, à propos de la halte de Perreux. Ces conclusions sont reproduites dans le recueil des arrêts du Conseil et dans les Annales des ponts et chaussées.

La Section des travaux publics du Conseil d'État a émis, le 8 avril 1879, au sujet de la création d'un nouvel accès à une gare, un avis reposant sur les mêmes considérations et aboutissant aux mêmes conclusions.

Examinons rapidement les raisons qui militent en faveur de l'interprétation consacrée par les arrêts et avis du Conseil et les objections auxquelles elle a donné lieu.

Il est incontestable que les textes diffèrent pour l'entretien et l'exploitation d'une part, et pour la construction d'autre part.

En ce qui touche l'entretien, le Ministre est investi de pouvoirs étendus et permanents par l'ordonnance du 15 novembre 1846 et par le cahier des charges. Il nous suffira de rappeler les dispositions suivantes :

Article 2 de l'ordonnance du 15 novembre 1846, obligeant la Compagnie à faire connaître au Ministre les mesures prises par elle pour l'entretien du chemin de fer et autorisant le Ministre à prescrire celles qu'il jugerait nécessaires ;

Article 4, conférant au Ministre le droit de régler, sur la proposition de la Compagnie, le type et les conditions de manœuvre des barrières des passages à niveau ;

Article 5, portant que la Compagnie sera tenue de placer des contre-rails sur les points désignés par le Ministre des travaux publics ;

Articles 27 et 35, autorisant le Ministre à prescrire les signaux utiles à la sécurité de la circulation ;

Article 60, forçant les Compagnies à soumettre à l'approbation ministérielle leurs règlements sur le service et l'exploitation ;

Article 69, disposant que, dans tous les cas où, conformément aux prescriptions de l'ordonnance de 1846, le Ministre devra statuer sur la proposition de la Compagnie, cette proposition devra lui être présentée dans le délai qu'il aura fixé, faute de quoi il pourra statuer directement ;

Article 30 du cahier des charges, exigeant le constant entretien en bon état du chemin de fer et de ses dépendances, de manière que la circulation y soit toujours facile et sûre, et donnant à l'Administration le droit d'y pourvoir d'office, le cas échéant, aux frais de la Compagnie ;

Article 33, relatif à la police, à l'exploitation et à la conservation des ouvrages.

Ainsi, l'initiative des mesures intéressant l'entretien et la sécurité n'appartient pas exclusivement à la Compagnie. Le Ministre peut vaincre sa résistance et statuer d'office ; ses pouvoirs subsistent pendant toute la durée de la concession.

En ce qui touche les travaux de premier établissement, la situation n'est pas la même et il y a lieu de distinguer entre les ouvrages susceptibles de mettre directement en jeu la sécurité de la circulation et ceux dont le seul effet doit être de donner de plus larges satisfactions au public.

Pour les ouvrages de la première catégorie, le cahier des charges contient des dispositions analogues à celles que nous avons citées relativement à l'entretien :

Article 6, obligeant la Compagnie à établir la deuxième voie, quand l'insuffisance d'une seule voie, par suite du développement de la circulation, a été constatée par l'Administration (1).

Article 9, § 1 et 2, donnant au Ministre le droit de déterminer, la Compagnie entendue, le nombre, l'étendue et l'emplacement des gares d'évitement, et de prescrire, s'il y a lieu, l'augmentation du nombre des voies dans les gares et aux abords.

Pour les ouvrages de la deuxième catégorie, le libellé du cahier des charges prévoit que l'Administration statuera sur les propositions de la Compagnie et laisse par suite à cette dernière l'initiative des projets ; il se borne à subordonner l'exécution à une approbation préalable des projets par le Ministre.

Cette différence de rédaction a été considérée par le Conseil d'État comme répondant à une différence de régime. Il a paru au Conseil que, sauf les exceptions stipulées au titre Iᵉʳ du cahier des charges, on ne saurait reconnaître au Ministre le droit de prescrire des travaux complémentaires, par addition ou modification aux travaux primitivement exécutés sous son approbation, sans mettre les Compagnies à sa discrétion, sans détruire l'une des bases fondamentales du contrat synallagmatique de concession. Le Conseil a d'ailleurs pensé qu'il était impossible de distinguer entre la période de construction et la période d'exploitation, entre le cas où les travaux étaient commencés et celui où ils n'étaient pas entrepris, et que l'approbation des projets devait ou pouvait seule fixer définitivement et irrévocablement les obligations de la Compagnie. Sans méconnaître que des besoins nouveaux fussent susceptibles de naître pendant la durée de la concession, il a jugé que l'intérêt des Compagnies était de suivre le développement de la population, du commerce et de l'industrie, et de ne pas résister aux demandes légitimes du public.

La jurisprudence et la doctrine du Conseil d'État reposent sur des raisons puissantes, tirées soit de la forme, soit du fond même des contrats de concession ; le respect dû à la chose jugée ne permet guère, d'ailleurs, de

____

(1) Voir, page 703, les modifications apportées à cette clause par les conventions postérieures à 1859.

discuter les arrêts de 1878 et de 1882. Cependant nous devons indiquer quelle avait toujours été jusqu'alors l'interprétation donnée par l'Administration au cahier des charges des Compagnies.

Cette interprétation est officiellement consignée dans le rapport de M. des Rotours au Corps législatif, sur le projet de convention de 1868 avec la Compagnie d'Orléans. La Commission nommée par cette assemblée pour l'examen du projet avait été saisie d'un amendement qui tendait à imposer explicitement aux Compagnies l'obligation d'établir des gares ou des arrêts sur les points où le Gouvernement le jugerait utile, même après la mise en exploitation du chemin de fer. Le commissaire du Gouvernement déclara formellement que « l'Administration avait déjà tout pouvoir à ce « sujet et était disposée à en user au besoin ». En présence d'une déclaration si nette, M. des Rotours se borna à en prendre acte.

Le Ministre des travaux publics, d'accord avec le Conseil général des ponts et chaussées, a de nouveau affirmé sa prétention en prenant les décisions relatives aux stations d'Achette et de Camiers et à la halte de Perreux.

Il n'a pas cru que le texte de l'article 9 du cahier des charges l'obligeât à une décision unique; qu'armé d'un pouvoir discrétionnaire lors de l'examen des premiers projets présentés par le concessionnaire, maître de prescrire alors un nombre illimité de stations, il dût perdre le droit d'en exiger ensuite une seule de plus; qu'il fût rationnel de le mettre, en quelque sorte, dans la nécessité d'abuser préventivement de son omnipotence éphémère. La permanence de son droit lui a semblé plus conforme, non seulement à l'intérêt public, mais encore à celui des Compagnies, puisqu'elle lui permettait de n'exiger d'abord que les stations nécessaires pour répondre à des besoins immédiats et de ne pas imposer des sacrifices prématurés aux concessionnaires (1).

Quoi qu'il en soit et sans renoncer à son opinion, M. Varroy, ministre des travaux publics, avait eu le soin de régler la question dans le projet de convention avec la Compagnie d'Orléans soumis à la Chambre des députés en 1882, par l'insertion de la clause suivante : « La Compagnie sera « tenue, pendant toute la durée de la concession, d'établir les nouvelles « stations, haltes et gares de marchandises, dont l'utilité serait reconnue « par le Ministre, après enquête, la Compagnie entendue. — Tant que les « recettes de ces nouvelles stations, haltes ou gares ne couvriront pas les « charges de leur capital d'établissement et leurs dépenses d'exploitation,

____

(1) On a parfois soutenu que le droit de l'Administration n'était jamais épuisé, mais que les Compagnies pouvaient prétendre, le cas échéant, à l'allocation d'une indemnité correspondant au préjudice qui leur serait causé. Ce pouvait être la base d'une transaction, mais nullement une application juridique du contrat de concession.

« l'État tiendra compte de la différence à la Compagnie. — Si cette insuf-
« fisance se prolongeait pendant cinq ans à partir de l'ouverture de la
« station, le Ministre des travaux publics pourrait en ordonner la ferme-
« ture. » Cette clause devait également prendre place dans les contrats
avec les autres Compagnies. Mais on sait que le projet de convention
avec la Compagnie d'Orléans, élaboré par M. Varroy, fut combattu par la
Commission de la Chambre des députés et retiré par M. Hérisson.

On trouve aussi dans la convention des 10 décembre 1881-5 août
1882 avec la Compagnie de l'Ouest-Algérien la disposition ci-après : « Si,
« pendant la durée de la concession, de nouvelles stations de voyageurs
« ou gares de marchandises sont reconnues nécessaires par le Ministre des
« travaux publics, la Compagnie sera tenue de les établir et de les exploi-
« ter; leur emplacement sera déterminé par le Ministre, la Compagnie en-
« tendue, après une enquête spéciale. »

Une disposition semblable a été insérée dans d'autres conventions récentes avec les Compagnies algériennes et avec les Compagnies concessionnaires des petits réseaux du Cher, du Var et du Vivarais.

Lorsque le Conseil d'État a eu à discuter les termes du cahier des
charges type des chemins de fer d'intérêt local, son attention a été appelée sur les dissentiments qui s'étaient élevés entre l'Administration et les
Compagnies. Il a admis une rédaction conforme à l'arrêt de 1878; l'impossibilité de laisser les concessionnaires sous le coup de mesures discrétion-
naires lui a semblé manifeste, surtout pour des lignes d'intérêt local ne
devant jamais donner que des revenus fort modestes. Voici, en effet, la
disposition qu'il a introduite dans l'article 9 : « Si, pendant l'exploitation,
« de nouvelles stations, gares ou haltes sont reconnues nécessaires, d'ac-
« cord entre le département (ou la commune) et le concessionnaire, il sera
« procédé à une enquête spéciale. L'emplacement en sera définitivement
« arrêté par le Conseil général, le concessionnaire entendu. » Ainsi la
création de nouvelles stations est subordonnée à un concert préalable
entre l'autorité concédante et le concessionnaire.

Néanmoins un certain nombre de départements ont tenu à se réserver
de prescrire l'établissement de stations nouvelles. On peut citer, à titre
d'exemples, les chemins de fer d'intérêt local de Tarascon-sur-Ariège vers
Saurat (Ariège, loi du 22 août 1881), et de Sore à Luxey (Landes, loi
du 10 janvier 1885).

Les règles que nous venons d'exposer relativement à la durée limitée
des pouvoirs du Ministre cesseraient de recevoir leur application, si des

réserves spéciales avaient été insérées dans les décisions approbatives des projets, si l'Administration, renonçant à prescrire immédiatement certains travaux, s'était par exemple ménagé le droit de les ordonner ultérieurement. On pourrait citer un assez grand nombre de décisions contenant des réserves de cette nature. Le Conseil d'État a rendu récemment (26 février 1886) un arrêt par lequel il a repoussé la prétention de la Compagnie de Paris-Lyon-Méditerranée de se soustraire à l'exécution des prescriptions ministérielles, pour une avenue de gare que l'Administration s'était réservé la faculté d'ordonner à la suite de nouvelles études.

10. Suppression d'ouvrages, et notamment de stations ou de haltes. — Le trafic des chemins de fer suivant en général une progression continue, leurs installations doivent recevoir sans cesse de nouveaux développements. Le cas de suppression d'ouvrages antérieurement établis est extrêmement rare. Cependant on conçoit qu'il puisse se réaliser, notamment pour des stations devenues inutiles par suite de circonstances imprévues ou par suite de la création de lignes nouvelles desservant mieux les localités auxquelles ces stations avaient été attribuées.

Les règles à suivre sont alors les mêmes que pour la construction. L'initiative de la suppression des stations appartient au concessionnaire et la décision ne doit intervenir qu'après une enquête, à moins qu'il s'agisse d'installations autorisées explicitement à titre provisoire, comme cela a eu lieu pour certaines haltes.

11. Du contentieux relatif à l'approbation des projets et aux ordres d'exécution des travaux supplémentaires. — Les Compagnies ne peuvent attaquer pour excès de pouvoirs les décisions ministérielles portant approbation de projets, sous réserve de modifications, ou leur enjoignant d'exécuter des travaux supplémentaires. Les litiges qui naissent à ce sujet entre l'Administration et les concessionnaires portent sur l'interprétation et l'application du contrat de concession; ils sont donc de la compétence du Conseil de préfecture.

La jurisprudence est absolument ferme à cet égard : voir les décisions du Conseil d'État statuant au contentieux, du 12 août 1848 (Compagnie du Nord), du 7 juillet 1876 (Compagnie de Paris-Lyon-Méditerranée), du 8 février 1878 (même Compagnie), du 25 juin 1880 (Compagnie d'Orléans), du 26 février 1886 (Compagnie de Paris-Lyon-Méditerranée).

Quant aux particuliers ou aux communes, la voie du recours pour excès de pouvoirs leur est généralement fermée et ils ne peuvent que réclamer dans certains cas le paiement d'une indemnité par la Compagnie.

Sans insister sur cette question que nous traiterons plus loin avec détail, nous croyons néanmoins devoir citer dès maintenant quelques décisions du Conseil d'État :

— Arrêt du 12 décembre 1851, rejetant une enquête des sieurs Godde et consorts, qui tendait à faire annuler un arrêté préfectoral et une décision ministérielle confirmative, autorisant la pose de voies nouvelles sur un terrain antérieurement exproprié ;

— Décret au contentieux du 28 janvier 1864, rejetant une requête des sieurs Hachard et Guinard, qui tendait à faire annuler pour excès de pouvoirs une décision du Ministre des travaux publics, rendue après enquête et refusant le rétablissement d'une station supprimée en 1847 (chemin de Paris à Rouen) ;

— Décret au contentieux du 12 juillet 1871, rejetant une requête du sieur Thomas contre une décision ministérielle prescrivant l'ouverture d'un chemin latéral à la voie ferrée (chemin de Paris à Dieppe, par Pontoise) ;

— Arrêt du 20 novembre 1874, rejetant un recours pour excès de pouvoirs formé par la ville de Montluçon contre un décret et une décision ministérielle relatifs à l'établissement d'un viaduc (chemin de Montluçon à Moulins) ;

— Arrêt du 21 janvier 1881, rejetant un recours pour excès de pouvoirs formé par la commune de Thil contre une décision ministérielle relative à la déviation d'un chemin d'exploitation (chemin de Longwy à Villerupt).

On peut cependant concevoir quelques cas exceptionnels où le Ministre serait manifestement sorti des limites assignées à ses droits par l'acte déclaratif d'utilité publique et où, par suite, sa décision pourrait être annulée pour excès de pouvoirs, à la requête d'un tiers intéressé. C'est ce qui est arrivé en 1863, à l'occasion d'un projet présenté par la Compagnie de Paris-Lyon-Méditerranée pour la déviation d'un chemin de ronde de la gare de Lyon à Paris. Le Ministre avait statué sur des travaux qui ne se rattachaient pas directement au décret déclarant l'utilité publique de l'agrandissement de la gare : la ville de Paris a obtenu l'annulation de sa décision (Conseil d'État, 14 août 1863).

On peut aussi concevoir des cas dans lesquels les formes prescrites pour l'instruction n'auraient pas été observées : la violation de ces formes ouvrirait la porte à un recours devant le Conseil d'État, pour les Compagnies, comme pour les particuliers.

Faisons remarquer encore que les Compagnies peuvent avoir intérêt à intervenir dans les recours introduits par les particuliers contre des décisions ministérielles et que, dès lors, leur intervention est recevable. Il en a été notamment jugé ainsi, le 14 août 1863.

§ 3. — MODE D'EXÉCUTION, CONTRÔLE ET RÉCEPTION
DES TRAVAUX

1. Prescriptions du cahier des charges sur le mode d'exécution des travaux. — L'article 18 du cahier des charges des chemins de fer d'intérêt général et du cahier des charges type des chemins de fer d'intérêt local oblige les Compagnies à n'employer, dans leurs travaux, que des matériaux de bonne qualité; à se conformer à toutes les règles de l'art, de manière à obtenir une construction parfaitement solide; et à n'employer que la pierre et le fer dans les aqueducs, ponceaux, ponts et viaducs à la rencontre des voies de terre et des cours d'eau, sauf les exceptions admises par l'Administration.

A partir de 1862, sur l'avis du Conseil d'État, le Ministre des travaux publics a inséré à l'article 27 des dispositions aux termes desquelles tout marché à forfait, avec ou sans série de prix, est formellement interdit, soit pour l'exécution des terrassements ou des ouvrages d'art, soit pour la construction d'une ou plusieurs sections du chemin de fer. Les travaux doivent être adjugés par lots, soit avec publicité et concurrence, soit sur soumissions cachetées, entre entrepreneurs agréés à l'avance; toutefois, si le Conseil d'administration juge convenable, pour une entreprise ou une fourniture déterminée, de procéder par voie de régie ou de traité direct, il doit préalablement solliciter et obtenir de l'Assemblée générale des actionnaires l'autorisation et l'approbation nécessaires. Ces dispositions ont été reproduites dans le cahier des charges type des chemins de fer d'intérêt local, approuvé par décret du 6 août 1881.

L'expérience avait, en effet, démontré tous les dangers des contrats de construction à forfait; elle avait prouvé que les entrepreneurs, rétribués au moyen d'une allocation forfaitaire, parvenaient trop souvent à livrer des lignes imparfaites et d'une exploitation onéreuse et difficile, sans violer cependant les prescriptions littérales du cahier des charges; elle avait enfin révélé que les marchés de cette nature se prêtaient trop facilement à certaines manœuvres financières de la part d'administrateurs peu scrupuleux. Il avait paru nécessaire de soumettre les Compagnies à la règle de l'adjudication ou, tout au moins, de donner aux travaux par voie de régie ou de traité direct un caractère exceptionnel et la garantie de la sanction de l'Assemblée générale des actionnaires.

Le cahier des charges de 1857-1859 qui régit encore aujourd'hui les grandes Compagnies ne contient pas les clauses que nous venons de relater

Mais les règlements auxquels ces Compagnies sont soumises pour leurs justifications financières n'admettant au compte de premier établissement que les dépenses utiles, l'Administration serait en droit, le cas échéant, de contester les dépenses frustratoires résultant de contrats passés dans des conditions contraires aux règles d'une et bonne sage gestion. Le décret du 7 juin 1884, portant institution des Commissaires généraux, a d'ailleurs chargé ces fonctionnaires de rechercher si les traités ou marchés conclus par les Compagnies ne sont point nuisibles aux intérêts du Trésor et de réunir, s'il y a lieu, le Conseil d'administration pour lui soumettre à cet égard des observations : cette mesure est reproduite des anciens règlements sur la surveillance financière des Compagnies (voir page 438); l'inspecteur général du contrôle du réseau du Nord avait déjà, d'après le règlement du 12 août 1868, les pouvoirs conférés en 1884 aux Commissaires généraux.

L'interdiction des marchés à forfait et l'obligation d'adjuger les travaux n'ont pas été stipulées dans le cahier des charges des chemins de fer algériens, même pour les concessions postérieures à 1869, si ce n'est en ce qui concerne certaines lignes récemment concédées. Mais il y a lieu d'observer que le capital garanti pour les chemins concédés aux Compagnies algériennes est souvent lui-même déterminé à forfait et que, dès lors, les clauses introduites dans les cahiers des charges de la métropole depuis 1869 étaient loin de présenter la même utilité.

2. Surveillance des travaux. — L'article 27 du cahier des charges soumet explicitement les Compagnies au contrôle et à la surveillance de l'Administration, pour l'exécution de leurs travaux, et porte spécialement que ce contrôle et cette surveillance auront pour objet de les empêcher de s'écarter des dispositions prescrites par l'acte de concession et de celles qui résulteront des projets approuvés.

Le contrôle de la construction des chemins de fer est confié à des services à la tête desquels est placé un ingénieur en chef des Ponts et Chaussées et qui comprennent des ingénieurs ordinaires, des conducteurs et, parfois, des employés secondaires.

Les ingénieurs en chef du contrôle ont notamment à examiner si les projets sont conformes aux prescriptions du cahier des charges, s'ils donnent satisfaction à l'intérêt public, s'ils sont convenablement étudiés, s'ils ne comportent pas de dépenses inutiles (1), si les travaux sont

_____

(1) Voir notamment la circulaire ministérielle du 22 octobre 1885, concernant les lignes concédées en 1883.

exécutés suivant les règles de l'art. Ces fonctionnaires sont chargés d'ouvrir avec les représentants locaux des autres services publics les conférences réglementaires.

Ils donnent, soit au Ministre, soit au préfet, suivant les cas, leur avis non seulement sur les projets, mais encore sur les réclamations et sur les incidents de toute nature que peut provoquer la construction. Ils concourent à la préparation des diverses formalités d'expropriation.

Ils fournissent au Ministre, le 10 de chaque mois au plus tard, un rapport ou compte moral dans lequel, après avoir rappelé les crédits portés au budget approuvé pour l'exercice courant, la dépense faite dans le dernier mois et les dépenses des mois antérieurs, ils indiquent les chantiers ouverts, le nombre approximatif d'ouvriers employés, la situation des ouvrages d'art qui méritent une mention spéciale eu égard à leur importance, et formulent leur appréciation sur l'impulsion générale imprimée à l'entreprise (circulaire ministérielle du 26 avril 1860). Le modèle de ce compte moral a été envoyé aux ingénieurs par circulaire du 30 octobre 1866 ; des instructions complémentaires leur ont été données le 20 février 1867, le 5 février 1869, le 9 août 1884 et le 20 février 1885.

Les ingénieurs en chef du contrôle ont aussi à présenter mensuellement une situation des approvisionnements du matériel de la voie. A ces comptes rendus mensuels s'ajoutent les rapports de fin d'année et les comptes d'inspection, ainsi que les rapports pour les Conseils généraux des départements.

Conformément à la circulaire ministérielle du 22 octobre 1885, les ingénieurs en chefs doivent, pour les travaux exécutés par les Compagnies au compte de l'État, en vertu des conventions de 1883, prendre connaissance des marchés et soumettre telles propositions ou observations que de droit à l'Administration supérieure, constater la régularité et l'exactitude des comptes tenus par les agents locaux, examiner les décomptes et états périodiques dressés par les Compagnies.

Ils sont généralement appelés par l'autorité judiciaire à émettre un avis sur les accidents de travaux, bien que ces accidents ne rentrent pas dans la catégorie des faits d'exploitation prévus par la loi du 15 juillet 1845 et l'ordonnance du 15 novembre 1846 et tombent sous l'application des pénalités de droit commun : on comprend, en effet, que cet avis soit l'un des éléments essentiels de l'instruction.

Les ingénieurs en chef du contrôle ont encore à procéder aux épreuves des ouvrages métalliques et à faire connaître à l'Administration supérieure les résultats de ces épreuves ; ils dirigent le récolement et la remise des déviations de routes, chemins, canaux ou cours d'eau, aux divers services intéressés; enfin, ils concourent à la réception des lignes nouvelles. Nous n'insistons pas sur la plupart des attributions ainsi dévolues au service du contrôle de la construction : car nous avons eu déjà ou nous aurons à les mentionner ailleurs avec plus de détails.

Une fois le chemin de fer livré à la circulation, la surveillance passe entre les mains du service du contrôle de l'exploitation. Mais le contrôle de la construction continue à vivre parallèlement pendant un délai plus ou moins prolongé, pour la liquidation des affaires relatives à l'exécution des travaux.

Les services de contrôle de la construction sont soumis, comme les services ordinaires, à la haute surveillance d'un inspecteur général des Ponts et Chaussées.

Toutes les indications précédentes se réfèrent exclusivement aux travaux proprement dits de premier établissement; le contrôle des travaux complémentaires appartient, comme l'entretien, au contrôle de l'exploitation dont nous aurons à parler plus tard.

Pour les chemins de fer d'intérêt local, le contrôle et la surveillance des travaux sont, aux termes de l'article 21 de la loi du 11 juin 1880, dirigés par le préfet, sous l'autorité du Ministre des travaux publics.

3. Réception des travaux. — Conformément à l'article 28 du cahier des charges, à mesure que les travaux sont terminés sur des parties de chemins de fer susceptibles d'être livrées utilement à la circulation, il est procédé, sur la demande de la Compagnie, à la reconnaissance et, s'il y a lieu, à la réception provisoire de ces travaux par un ou plusieurs commissaires désignés par l'Administration.

Sur le vu du procès-verbal de cette reconnaissance et si les résultats en sont satisfaisants, l'Administration autorise la mise en exploitation. Toutefois, les réceptions partielles ne deviennent définitives qu'après la réception générale du chemin de fer.

Pour les chemins de fer d'intérêt général, c'est le Ministre des travaux publics qui désigne les commissaires et statue sur les résultats de la reconnaissance. La Commission est généralement composée de l'inspecteur général du contrôle des travaux, de l'inspecteur général directeur du contrôle de l'exploitation, et des ingénieurs en chef de ces deux services. Elle se rend compte de la situation des travaux, de leur conformité avec le cahier des charges et les projets approuvés, de leur bonne exécution; son attention doit se porter spécialement sur les mesures nécessaires à la sécurité de l'exploitation, sur la pose et le fonctionnement des signaux et des appareils télégraphiques. Son procès-verbal contient des indications sommaires sur le tracé, le profil en travers, les terrassements, les ouvrages d'art, les gares et stations, les passages à niveau, les appareils de sécurité, les moyens d'alimentation en eau pour les locomotives, etc.... Il conclut à la mise en exploitation immédiate ou à l'exécution préalable de travaux d'achèvement, dont la vérification est le plus souvent confiée aux ingénieurs en chef.

Pour les chemins de fer d'intérêt local, c'est le préfet qui nomme les commissaires et prononce sur la mise en service ; les membres de la Commission sont généralement choisis parmi les ingénieurs du département.

4. **Accidents de travaux.** — Comme nous l'avons déjà fait remarquer, les accidents de chantier ne rentrent pas dans la catégorie des faits d'exploitation visés par la loi de 1845 et l'article 59 de l'ordonnance du 15 novembre 1846.

Avis doit en être donné : 1° par l'entrepreneur ou les agents de la Compagnie, au maire, au commissaire de police ou à la gendarmerie ; 2° par la Compagnie, au service du contrôle.

Ils peuvent, le cas échéant, motiver l'application des articles 319 et 320 du Code pénal (homicide par imprudence) et des articles 1382 à 1384 du Code civil (responsabilité en matière de dommages).

La Compagnie, ayant d'ailleurs un droit de surveillance sur les travaux et étant tenue, par suite, de prendre ou de prescrire les précautions nécessaires pour assurer la sécurité des ouvriers et du public, peut être déclarée responsable de la faute de ses préposés, alors même que la construction serait faite à l'entreprise. C'est là un principe général sur lequel nous aurons à revenir, en traitant des dommages, et qui a été particulièrement affirmé dans deux arrêts de la Cour de cassation du 17 mai 1865 et du 10 novembre 1868.

En cas d'accident survenu à un appareil à vapeur, par exemple à une locomobile, l'article 38 du décret réglementaire du 30 avril 1880 devrait recevoir son application.

CHAPITRE II

DE LA VOIE

§ I. — LARGEUR DE LA VOIE

1. Chemins à voie normale. — Nous n'avons pas à entrer ici dans les détails d'une étude technique sur la largeur de la voie et nous devons nous borner à examiner la question au point de vue économique et administratif.

La largeur fixée par le cahier des charges des chemins de fer d'intérêt général est de 1 m. 44 à 1 m. 45 entre les bords intérieurs des rails (1). Au début la cote adoptée était de 1 m. 50 d'axe en axe, de telle sorte que la cote dans œuvre variait avec la largeur du champignon.

Le chiffre de 1 m. 44 à 1 m. 45 a été emprunté à l'Angleterre, qui l'avait elle-même admis parce qu'il correspondait à la voie ordinaire des véhicules circulant sur les routes. Malgré le caractère quelque peu hasardé de cette assimilation, l'expérience a montré que la largeur de 1 m. 45 répondait assez bien aux nécessités de la construction et de l'exploitation, qu'elle se prêtait à une bonne utilisation du matériel roulant, qu'elle permettait de donner aux véhicules une capacité suffisante sans opposer au tracé une rigidité excessive et sans exiger par suite des dépenses exagérées pour les terrassements et les ouvrages d'art. Les perfectionnements apportés aux locomotives et notamment le report des organes de distribution et d'alimentation vers l'extérieur des machines l'ont affranchie de l'un de ses inconvénients primitifs, qui était de limiter la puissance de traction.

A une certaine époque, un célèbre ingénieur anglais, M. Brunel, engagea une campagne contre la voie de 1 m. 45, dont il dénonça l'insuffisance pour faire face aux nécessités toujours croissantes du trafic. Il fit de nombreux adeptes, et bientôt un certain nombre de lignes furent établies en

_____

(1) La ligne de Paris à Sceaux et Limours a, par exception, une largeur de voie de 1^m80. Mais, aux termes de la convention du 20 novembre 1883, cette largeur doit être ramenée à 1^m445.

Angleterre avec une largeur de 2 m. 13. Mais on ne tarda pas à reconnaître les inconvénients de cette diversité de largeurs (1), pour les échanges de marchandises. Après quelques tentatives peu heureuses en vue de faciliter les transbordements ou d'approprier le matériel roulant à la circulation sur les deux voies, on dut en venir à l'expédient de la pose d'un troisième rail. A la suite de ces difficultés, le Parlement provoqua, en 1845, une enquête dont la voie de 1 m. 44 sortit définitivement victorieuse.

La plupart des États européens ont admis la même largeur ou y sont revenus à la suite de tâtonnements de courte durée.

Parmi ceux de ces États qui ont cru devoir adopter une cote différente, nous mentionnerons spécialement la Russie et l'Espagne, pour lesquels la raison déterminante paraît avoir été tirée de considérations relatives à la défense du pays. En Russie, la largeur entre les bords intérieurs des rails est de 1 m. 521 (cinq pieds anglais) (2); en Espagne, elle est de 1 m. 736. Signalons encore l'Irlande, qui s'est arrêtée au chiffre de 1 m. 68. L'écartement relativement considérable qui a prévalu au delà des Pyrénées ne paraît pas avoir donné des résultats très favorables; les tentatives faites pour augmenter le nombre des places dans les compartiments de voyageurs ont rencontré de vives résistances et les machines n'ont pas reçu le supplément de puissance qu'elles auraient pu comporter.

Aux États-Unis, les chemins de fer ont une largeur qui varie entre 0 m. 915 et 1 m. 830. L'écartement de 1 m. 435 est le plus généralement adopté dans les États du Nord, et celui de 1 m. 525 dans les États du Sud. La limite supérieure de 1 m. 83 a été notamment admise sur l'Erié, sous l'influence des idées qui avaient conduit Brunel au chiffre de 2 m. 13 en Angleterre.

Au Canada, les lignes les plus importantes ont 1 m. 68; on rencontre aussi la largeur de 1 m. 44.

Les chemins australiens présentent un écartement de 1 m. 60 dans la colonie Victoria, de 1 m. 60 ou 1 m. 06 dans l'Australie méridionale, et de 1 m. 44 dans la Nouvelle-Galles du Sud.

Dans l'Inde anglaise, la voie normale a 1 m. 68 d'axe en axe des rails.

La largeur attribuée en France aux lignes d'intérêt général est, somme toute, satisfaisante. Pendant longtemps, on a exprimé le regret qu'elle ne fût pas un peu plus forte. Mais ce regret s'est effacé au fur et à me-

---

(1) Il y avait même plusieurs cotes intermédiaires entre les deux cotes extrêmes que nous venons de relater.

(2) Sauf indication contraire, c'est l'écartement entre les bords intérieurs des rails qui sera toujours donné dans la suite de cette étude.

sure que le réseau s'est développé dans des régions plus difficiles et plus accidentées.

2. Chemins à voie étroite. — Il n'existe en France qu'un très petit nombre de lignes d'intérêt général à voie étroite. Jusqu'ici on ne peut citer sur le continent que celles de la Corse, de Saint-Georges-de-Commiers à la Mure, de Sancoins à Lapeyrouse et de Châteaumeillant à la Guerche, du réseau du Var et du réseau du Vivarais, ainsi que certaines lignes de la Bretagne (voie de 1 m. de largeur). La plupart de ces lignes, actuellement en construction, sont établies en pays accidenté; leur exécution à voie normale eût nécessité des dépenses hors de proportion avec le trafic qu'elles étaient appelées à desservir; d'ailleurs, les chemins de la Corse étant isolés, il n'y avait aucun inconvénient à leur assigner une largeur différente.

Depuis quelques années, cependant, une campagne assez vive a été engagée par certains membres du Parlement et certains publicistes, en faveur de la réduction de l'écartement des rails pour le réseau complémentaire d'intérêt général. M. Léon Say, notamment, s'est fait l'organe de cette tendance, lors de la discussion du projet de budget de 1883 devant le Sénat. M. Lesguillier et 81 autres députés ont même déposé, le 24 juillet 1882, sur le bureau de la Chambre, une proposition de loi tendant à la création de 40 000 kilomètres de chemins de fer d'intérêt général à voie de 1 mètre, à repartir entre les divers départements d'après leur superficie et leur population : cette proposition n'a pas reçu de suite. Le but des défenseurs de la voie étroite pour les nouvelles lignes d'intérêt général était de réaliser des économies notables sur la construction et de soulager ainsi le Trésor ou d'étendre davantage le bienfait des voies ferrées.

En Algérie, la grande artère parallèle au littoral et les premières lignes se dirigeant de la mer vers l'intérieur du Pays ont reçu la largeur de 1 m. 44. Mais d'autres chemins ont été ou seront établis à voie étroite de 1 mètre à 1 m. 05 : tels sont ceux d'Arzew à Saïda, avec prolongements vers Géryville et vers Aïn-Sefra, d'Aïn-Thizy à Mascara et de Mostaganem à Tiaret (Compagnie Franco-Algérienne), de Souk-Arrhas à Tébessa (Compagnie de Bône-Guelma), d'Aïn-Beïda au réseau de la province de Constantine (Compagnie de l'Est-Algérien), de Blidah à Berrouaghia (Compagnie de l'Ouest-Algérien).

Tout en reconnaissant que, parmi les lignes classées qui restent à exécuter, quelques-unes desserviront des intérêts extrêmement restreints et devront être établies dans des conditions très économiques, nous ne pensons pas que les Pouvoirs publics puissent renoncer à l'unité de largeur du

réseau, si ce n'est dans des circonstances exceptionnelles, et que la réduction d'écartement puisse s'étendre à une longueur considérable.

Mais il en est tout autrement pour les chemins de fer d'intérêt local.
L'opportunité d'une réduction de largeur, dans beaucoup de cas, a été
signalée dès 1863. Une décision ministérielle du 5 novembre 1861 avait
prescrit une enquête sur les chemins de fer et institué, à cet effet, sous la
présidence de M. Michel Chevalier, une Commission composée de membres du Corps législatif, du Conseil d'État et de l'Administration. L'une
des questions principales sur lesquelles cette Commission devait porter ses
investigations était celle de la construction et de l'exploitation à bon marché ; pour l'éclairer plus complètement, des missions à l'étranger avaient
été confiées à divers fonctionnaires et notamment à MM. Dubocq et Lan,
ingénieurs des Mines, et à M. Bergeron, ingénieur civil.

A la suite d'une étude approfondie, la Commission émit l'avis :

« Qu'il y avait lieu de constituer une nouvelle catégorie de chemins
« de fer économiques ;

« Que la plus grande latitude devait être laissée, tant à l'Administration
« qu'au concessionnaire, pour exploiter les chemins d'intérêt local ;

« Que les lignes de cette catégorie devaient être, dans la plupart des
« cas, des chemins à transbordement ; qu'elles pourraient et devraient
« même différer essentiellement, tant sous le rapport de la construction
« que sous celui de l'exploitation, des chemins compris dans les réseaux
« antérieurement établis ;

« Que, dès lors, les prescriptions du cahier des charges devaient être
« simplifiées, de manière : 1° à permettre de faire varier, suivant les cas,
« la largeur de la voie, le poids des rails, le système du matériel roulant,
« les rampes et les courbes ; 2° à supprimer l'obligation des clôtures, en
« tant que règle absolue et à autoriser, pour les bâtiments des stations, les
« formes les plus simples ;

« Que toutefois il serait désirable que, dans chaque groupe, les che-
« mins locaux fussent construits avec la même largeur de voie, de ma-
« nière à pouvoir être desservis par le même matériel roulant, mais
« que cette uniformité spéciale ne devait pas être érigée en règle ab-
« solue. . . . . . »

Tel fut le point de départ de la loi du 12 juillet 1865 sur les chemins de
fer d'intérêt local. Dans son rapport au Corps législatif, M. le comte Le
Hon s'exprimait ainsi : « De ces exemples, de cet ensemble de faits et de
« calculs, ressort incontestablement la certitude que les chemins de fer à
« dimensions réduites sont appelés à jouer un grand rôle, en faisant par-
« ticiper la plupart de nos départements aux bienfaits des voies ferrées.

« Ils combleront la lacune regrettable et considérable que ne permettrait
« pas de remplir la nécessité d'employer l'autre voie. Les transborde-
« ments et les autres inconvénients de la petite voie sont largement
« compensés, et, en tout cas, l'absence de tout chemin de fer se-
« rait bien autrement opposée aux intérêts de nombreuses localités. Pour
« les départements riches et les terrains faciles, la grande voie et ses coû-
« teux accessoires; pour les départements pauvres, n'offrant pas une
« moyenne de trafic élevée et présentant des terrains accidentés, la petite
« voie et le bénéfice économique qu'elle apporte. On ne peut donc adop-
« ter des types absolus; il faut même les adapter aux difficultés locales
« et au revenu probable du trafic, sans porter atteinte, bien entendu, à
« la sécurité publique. La plus grande liberté doit être laissée aux inté-
« ressés. . . . . »

Malgré les recommandations pressantes de la Commission d'enquête
et du rapporteur de la loi de 1865 au Corps législatif, la voie étroite ne
parvint pas à s'acclimater en France. Avant 1881, les seuls chemins d'intérêt local qui ne fussent pas concédés à voie normale étaient les suivants :
Gray à Gy et Bucey-lez-Gy (Haute-Saône), Anvin vers Calais (Pas-de-Calais), Marlieux vers Châtillon (Ain), Savy-Berlette à Avesnes-le-Comte (Pas-
de-Calais), Haironville à Triaucourt (Meuse), Beaumont à Hermes (Seine-et-
Oise et Oise).

Cette résistance à l'application de la voie étroite résultait, d'une part, de
ce que les populations tenaient à avoir un instrument analogue aux chemins de fer d'intérêt général, et d'autre part, de ce que, trop souvent, les
concessionnaires avaient l'arrière-pensée de poursuivre le rachat de leurs
concessions par l'État ou tout au moins de préparer les éléments d'un
réseau susceptible de faire concurrence aux grandes Compagnies.

Un revirement sensible s'est produit dans l'opinion, durant ces dernières années. Malgré l'infériorité du maximum de la subvention annuelle
attribuée par la loi du 11 juin 1880 aux chemins d'intérêt local qui ne
peuvent recevoir les véhicules des grands réseaux, plusieurs concessions
ont été faites dans ces conditions. Nous citerons celles des chemins de
Tarascon vers Saurat (Ariège), de Denain au Catelet (Nord et Aisne), de Port-
Boulet à Châteaurenault (Indre-et-Loire), de Lyon-Saint-Just à Vaugneray
et à Mornant (Rhône), de Valmondois à Épiais-Rhus (Seine-et-Oise), de
l'Allier, de la Somme, de Saint-Quentin au Catelet (Aisne), d'Angoulême
à Rouillac (Charente), d'Hyères à Fréjus-Saint-Raphaël (Var).

L'écartement entre les bords des rails est de 1 mètre pour toutes les
lignes d'intérêt local que nous venons d'énumérer, sauf celles de Marlieux
à Châtillon et d'Haironville à Triaucourt auxquelles on a attribué respec-

tivement des largeurs de voie de 0 m. 95 et de 0 m. 85 à 0 m. 86.

Nous nous bornons à mentionner pour mémoire quelques chemins industriels construits à voie étroite et cités souvent comme exemples par les partisans de ce système :

Chemin des mines de Commentry au canal du Berry, à Montluçon, destiné à transporter les charbons extraits des gisements de Commentry au port d'embarquement (voie de 1 mètre) ;

Chemin reliant les mines de fer de Mondalazac à Salles-la-Source, sur la ligne de Rodez, et destiné à conduire les minerais vers les usines d'Aubin (voie de 1 m. 10);

Chemins de la sucrerie de Tavaux-Pontséricourt, dans l'Aisne, servant au transport des betteraves et des pulpes (voie de 1 mètre) ;

Chemin des mines de Blanzy au réseau de Lyon et au canal du Centre (voie de 0 m. 80).

A l'étranger, on trouve un assez grand nombre de chemins à voie étroite. Voici la nomenclature des plus connus, en ce qui concerne l'Europe :

Allemagne. – Chemin de Brœlthal (voie de 0 m. 785. — 1862) ; chemin d'Ocholt-Westerstede (voie de 0 m. 75. — 1876).

Alsace. — Chemin de la ville de Ribeauvillé à la gare de cette localité (voie de 1 mètre. — 1879).

Angleterre (Pays de Galles). — Chemin de Festiniog, construit en 1832 pour amener au port de Port-Madoc les ardoises exploitées dans les carrières de Dinas (voie de 0 m. 58).

Autriche. — Chemin de Lambach à Gmunden (voie de 1 m. 11. — 1831).

Belgique. — Chemin d'Anvers à Gand, livré à l'exploitation en 1847 (voie de 1 m. 10); chemins agricoles d'Embrésin, destinés à mettre une sucrerie en communication avec les centres de production de betteraves qui alimentent cet établissement industriel (voie de 0 m. 72).

Hongrie. — Chemin de Ressitza à Moravitza, construit en 1871 par la Société autrichienne, en vue de transports purement industriels, mettant en relation une mine et une usine, et ne transportant d'autres voyageurs que les agents et ouvriers de la Compagnie (voie de 0 m. 948); chemin de Ressitza à Szekul, reliant également une usine à une mine et exclusivement affecté au transport de la houille et du charbon de bois (même largeur).

Italie. — Chemin de Turin à Rivoli (voie de 0 m. 90. — 1871).

Norvège. — Chemins divers construits depuis 1862 (voie de 1 m. 07).

Russie. — Chemin de Vierhovie à Liwny (voie de 1 m. 07. — 1871); chemin de Tschudowo à Nowgorod (voie de 1 m. 07. — 1871).

Suède. — Chemins divers construits depuis 1852 (voie de 0 m. 79 à 1 m. 22).

Suisse. — Chemin de Lausanne à Échallens (voie de 1 mètre); chemin d'Appenzell à la ligne de Zürich à Saint-Gall (voie de 1 mètre).

De toutes les lignes que nous venons d'indiquer, la plus curieuse est, sans contredit, celle de Festiniog, dans le pays de Galles. L'écartement des rails y a été en effet réduit à moins de 0 m. 60. Toutefois, les ingénieurs qui en dirigent l'exploitation reconnaissent que cette réduction a été peut-être excessive.

Les pays d'Europe où la voie étroite a été le plus franchement adoptée sont la Norwège et la Suède : ils y ont été conduits par les difficultés du terrain et par le peu d'importance du trafic.

Aux États-Unis et dans les provinces britanniques de l'Amérique du Nord, sur un total de 150 700 kilomètres exploités à la fin de 1879, les chemins à voie étroite figuraient pour 8 700 kilomètres, soit 58 °/₀. L'accord s'est généralement établi pour fixer la largeur à 3 pieds ($0^m,915$): c'est ce chiffre qui a été arrêté dans les congrès tenus en 1873 à Saint-Louis et en 1878 à Cincinnati. Seules, quelques lignes du Canada font exception et présentent des écartements de deux pieds, deux pieds et demi, et trois pieds et demi.

. Le Gouvernement des Indes a adopté la voie de 1 mètre pour compléter le réseau déjà existant, par un ensemble de lignes qui comprend une étendue de plus de 10 000 kilomètres.

3. Comparaison entre la voie étroite et la voie normale. Observations générales. — La voie normale s'impose naturellement pour les lignes appelées à jouer un rôle important au point de vue commercial ou stratégique. Elle s'impose également pour les embranchements d'ordre secondaire, mais d'une faible longueur, surtout si ces embranchements sont reliés à leurs deux extrémités avec des lignes à voie large: car l'économie réalisée sur la construction ne saurait compenser les inconvénients inhérents au transbordement et à la spécialisation du matériel roulant.

La question ne peut donc être débattue que pour les lignes à faible trafic, présentant un certain développement. Même ramenée à ces termes, elle a divisé et divise encore les hommes les plus compétents et les plus autorisés, aussi bien en France qu'à l'étranger.

Nous ne saurions, sans sortir du cadre de notre travail et sans empiéter sur le domaine des considérations techniques, la traiter avec toute l'ampleur qu'elle comporte. Nous devrons donc nous borner à des indications sommaires et générales. Le lecteur qui voudrait entrer plus avant dans l'étude de cette question n'aura que l'embarras du choix entre les publications innombrables dont elle a fait l'objet.

4. Comparaison au point de vue de la construction. — *a.* FLEXIBILITÉ DU TRACÉ. — Les chemins de fer secondaires, exécutés en vue de relations purement locales, n'ont de raison d'être et ne peuvent vivre, tout le monde est d'accord pour le reconnaître, qu'à la condition de se mettre en contact direct et immédiat avec les centres de population, de recueillir soigneusement sur leur parcours tous les éléments de trafic sans en négliger aucun, de présenter de nombreux arrêts (stations ou haltes). Le choix de l'emplacement assigné à ces arrêts a une importance prépondérante et capitale ; il est, pour ainsi dire, commandé par la situation et la distribution des villages et des hameaux ; les accès aux stations doivent être faciles et de faible longueur. On comprend, en effet, qu'un paysan habitué à la marche, ne comptant guère avec le temps, souvent propriétaire d'attelages, continue à préférer la voie de terre, si la voie ferrée n'est pour ainsi dire pas à sa portée. C'est là une condition *sine qua non* du succès, pour les lignes d'une utilité exclusivement locale. Au contraire, les chemins de fer à grand trafic, vivant surtout des transports à grande distance, n'ayant point à redouter la concurrence des routes voisines, peuvent et doivent être étudiés d'après des principes absolument différents ; ils constituent des instruments d'un tout autre caractère ; le but à atteindre est d'y rendre la circulation aussi rapide et aussi économique que possible, dût-on desservir imparfaitement ou même laisser de côté une partie des agglomérations échelonnées sur leur parcours.

L'obligation de faire passer les chemins de fer d'intérêt local par un grand nombre de points déterminés à l'avance rend indispensable une très grande souplesse du tracé.

Cette souplesse n'est pas moins nécessaire au point de vue de la diminution des dépenses de premier établissement. L'adoption des courbes à faible rayon permet en effet d'épouser plus complètement la forme du terrain, d'en contourner les accidents, de réduire dans une notable proportion l'importance des déblais et des remblais, d'éviter les ouvrages d'art coûteux, et parfois aussi de mieux répartir les déclivités.

La voie normale est-elle compatible avec la flexibilité de tracé dont nous venons d'indiquer la nécessité, en ce qui touche la bonne exploitation commerciale, comme en ce qui touche la construction économique ?

Les cahiers des charges des chemins de fer d'intérêt général fixent généralement à 300 mètres le rayon minimum des courbes, tout en prévoyant que, dans certaines circonstances spéciales, l'Administration pourra autoriser des dérogations à cette règle. Quant au cahier des charges type des chemins de fer d'intérêt local, préparé en conformité de la loi du 11 juin 1880 et approuvé par décret du 6 août 1881, il indique, mais à titre de simple renseignement, le minimum de 250 mètres pour les lignes à voie normale.

Si l'on suppose l'exploitation faite avec le matériel ordinaire de traction, l'adoption de courbes, dont le rayon descend jusqu'à 250 mètres, a pour conséquence inévitable d'accroître beaucoup les résistances et, sinon d'augmenter les chances d'accidents, du moins d'exiger une diminution notable de la vitesse. D'un autre côté, quelque réduit qu'il soit, le rayon de 250 mètres peut encore donner une rigidité excessive dans les régions accidentées et nécessiter des terrassements et des ouvrages d'art d'un prix élevé.

Mais les partisans de la voie normale soutiennent que l'on peut admettre des courbures beaucoup plus prononcées. Ils font valoir à l'appui de leur opinion les arguments suivants : 1° L'obstacle opposé à la circulation du matériel roulant par les courbes à petit rayon n'est réel que pour les locomotives et, dans une certaine mesure, pour les voitures à voyageurs. Les wagons à marchandises, n'ayant qu'un écartement d'essieux de 2 m. 50 à 2 m. 70, peuvent facilement franchir des courbes de 150 à 100 mètres ; il y a même certains raccordement industriels sur lesquels circulent les wagons des grandes Compagnies et dont la courbure va jusqu'à 60 mètres de rayon.

Rien n'empêche d'avoir des machines spéciales adaptées aux tracés tourmentés : cet expédient est d'autant plus acceptable que le trafic des lignes d'intérêt local est peu considérable et que leurs trains sont peu chargés.

La seule précaution à prendre serait de ne point combiner les rayons minima avec les déclivités les plus accusées

2° Les inconvients et les dangers des courbes à petit rayon étant d'autant plus grands que la vitesse est plus forte, on peut réduire cette vitesse, soit sur une section restreinte de la ligne, si les courbures prononcées se trouvent concentrées sur des points déterminés, soit sur tout le parcours, si elles sont disséminées. Ils ne saurait en résulter aucun inconvénient et l'on peut même dire que la diminution de vitesse est de l'essence même des chemins de fer d'intérêt local, dont la voie doit être légère, qui doivent comporter des arrêts très fréquents, et pour lesquels la rapidité des transports est tout à fait secondaire.

L'association des chemins de fer allemands admet la possibilité d'abaisser le rayon des courbes à 150 mètres pour des vitesses de 40 kilomètres à l'heure et à 120 mètres pour des vitesses de 15 kilomètres, tout en conservant le matériel rigide des grandes lignes.

Cette appréciation est d'un grand poids pour tous ceux qui connaissent la haute compétence des ingénieurs allemands, en ce qui concerne les détails de la construction et de l'exploitation technique des chemins de fer.

3° C'est surtout aux abords des centres de population qu'il importe de disposer d'une grande souplesse de tracé, afin d'atteindre facilement les emplacements les plus convenables pour les stations ou pour les haltes. Or, sur ces points, les trains ne circulent qu'avec une faible vitesse, puisqu'ils ne franchissent jamais les stations sans s'y arrêter.

4° Si l'on veut augmenter encore la souplesse du tracé, on peut, au lieu de se borner à employer des machines spéciales, substituer aussi aux voitures à voyageurs à essieux solidaires des caisses supportées par deux trucks indépendants à deux essieux chacun, conformes au type américain, pour lequel l'écartement des essieux de chaque truck est de 1 m. 50 seulement. Les voitures de ce type offrent toutes les garanties voulues de solidité, de stabilité, de bonne suspension. Leur adoption permet de rendre la voie normale aussi flexible que pourrait l'être la voie étroite avec le matériel rigide. On sait, en effet, que les Américains ont pu ainsi faire circuler leurs trains sur des lignes à voie de 1 m. 50, avec courbes de 100 mètres de rayon et même moins, sans rien sacrifier de la vitesse, de la sécurité et de l'économie de traction susceptibles d'être réalisés sur les chemins de fer français à courbes de 300 mètres de rayon minimum. C'est ce qui explique pourquoi la voie étroite n'a reçu ses premières applications aux États-Unis qu'en l'année 1871 pour l'établissement des lignes du Colorado et de quelques régions analogues, dans des gorges extrêmement étroites, bordées de rochers à pic, où il fallait, non seulement rechercher la souplesse du tracé, mais encore diminuer par tous les moyens la largeur de l'assiette de la voie. Encore, dans beaucoup de cas, la construction à voie étroite n'a-t-elle été considérée que comme une solution provisoire, appelée à disparaître plus tard ou à être tout au moins corrigée par la pose d'un troisième rail.

5° L'expérience démontre, en France comme à l'étranger, qu'il est possible de donner la flexibilité voulue aux chemins de fer à voie normale. Voici, à cet égard, un certain nombre d'exemples :

PAYS	DÉSIGNATION DES LIGNES	NATURE DES LIGNES	LARGEUR DE LA VOIE	RAYON minimum des COURBES	OBSERVATIONS
			m.	m.	
France....	Chemin des houillères de la petite Rosselle	Chemin industriel.	1,44	150	Courbes de 200 mètres combinées avec des déclivités de 19 et 20 millimètres, et courbes de 150 à 160 mètres combinées avec des déclivités de 4 et 13 millimètres.
	Avricourt à Cirey...........	Chemin d'intérêt local...	1,44	150	
	Magny à Chars............	— ...	1,44	200	
Autriche...	Chemin du Semring........	Chemin d'intérêt général.	1,44	180	
	— du Karst............	—	1,44	190	
	— du Brenner...........	—	1,44	285	
	— du Pusterthal...........	—	1,44	285	
États-Unis	Baltimore et Ohio.....	Chemin à grand trafic....	1,435	183	Machines à six et huit roues couplées, à tender indépendant; jeu latéral de 5 millimètres à l'essieu d'avant et de 20 à 25 millimètres de chaque côté à l'essieu d'arrière.
	Pennsylvania central...........	—	1,45	218	
	Erié.........................	—	1,83	233	
	Central et Union Pacific.............	—	1,83	165	Matériel porté sur deux trucks.
	Tyrone à Clearfield..................	Chemin secondaire......	1,83	105	
	Embranchement de Cumberland........	—	1,83	76	
	Virginia-City à Reno...............	—	1,83	91	
Hongrie...	Oravitza à Steyerdorf..............	Chemin industriel.......	1,44	114	Emploi simultané de locomotives ordinaires et de machines à articulation.

Les partisans de la voie étroite répondent aux défenseurs de la voie normale que l'emploi d'un matériel spécial fait disparaître le principal, sinon le seul avantage de leur système, et ajoutent que, si l'on renonce à cet expédient, la voie étroite présente incontestablement une flexibilité de beaucoup supérieure.

Suivant eux, l'équivalence des rayons de courbure dans les deux types, au point de vue de la résistance à la circulation du matériel roulant, peut s'établir comme il suit :

VOIE NORMALE	VOIE ÉTROITE DE 1 MÈTRE
600 m.	400 m.
500	300
400	200
300	100

Ainsi, en combinant le rétrécissement de la voie à 1 mètre avec le rapprochement des essieux, comme sur la ligne d'Hermes à Beaumont, on peut abaisser le rayon des courbes à 100 mètres et à 200 mètres, sans se placer dans des conditions d'exploitation inférieures à celles que donnent les rayons de 300 et de 400 mètres sur les chemins à voie normale.

Les principaux exemples invoqués à l'appui de la voie étroite sont les suivants :

PAYS	DÉSIGNATION DES CHEMINS	NATURE DES CHEMINS	LARGEUR de LA VOIE	RAYON MINIMUM des courbes	OBSERVATIONS
			m.	m.	
	Réseau de la Corse	Chemins d'intérêt général	1.00	100	
	Sancoins à Lapeyrouse et La Guerche à Château-meillant	—	1,00	150	
	Réseau du Var	—	1,00	150	
	Chemins du Vivarais	—	1,00	100	
France	Anvin à Calais	Chemin d'intérêt local	1.00	130	
	Hermes à Beaumont	—	1,00	100	A l'entrée des stations
	Mines de Commentry à Montluçon	Chemin industriel	1,00	90	—
	Mines de Blanzy au réseau de Lyon et au canal du Centre	—	0,80	90	(45 m. dans les gares).
	Mondalazac à Salles-la-Source	—	1,10	60	
	Chemin des sucreries de Tavaux-Pontséricourt	—	1 00	30	
Allemagne	Chemin de Brœlthal	—	0,785	38	
Alsace	Ribeauvillé (gare) à Ribeauvillé (ville)	—	1,00	50	
Angleterre	Chemin de Festiniog	Chemin industriel	0,58	35	
Autriche	Chemin de Lambach-Gmunden	—	1,11	44	
Hongrie	Ressitza à Moravitza	Chemin industriel	0,948	50	
	Ressitza-Szekul	—	0,948	28	
	Lausaune-Echallens	—	1,00	100	
Suisse	Appenzell	—	0,948	90	
	Chaillou	—	0,75	60	

Après avoir ainsi récapitulé les arguments des partisans de la voie normale et ceux des défenseurs de la voie étroite, il importe d'en dégager une conclusion.

L'exploitation des chemins de fer à faible trafic avec un matériel à voyageurs du type américain nous paraît devoir être écarté, en l'état actuel. Elle présente tous les inconvénients de spécialisation dont on fait précisément grief aux lignes à voie étroite.

Abstraction faite de cet expédient, les chemins à voie normale sont susceptibles d'une flexibilité de tracé plus grande que leurs adversaires n'ont souvent voulu le reconnaître ; pour réduire leurs rayons de courbure, il suffit d'avoir des locomotives dont les essieux soient suffisamment rapprochés et présentent assez de jeu, et de n'y imprimer aux trains qu'une faible vitesse. La voie normale peut certainement être conservée sur beaucoup de points où, de prime abord, une imitation trop servile des chemins de fer d'intérêt général construits jusqu'à ce jour la rendrait inapplicable.

Mais il n'en est pas moins vrai que la voie étroite, combinée avec le rapprochement des essieux, comporte encore plus de souplesse et s'adapte mieux aux régions tourmentées. Il convient d'ailleurs de remarquer que la diminution de l'écartement des rails et celle de l'écartement des essieux s'associent d'elles-mêmes et par la force des choses ; en effet, la proportion entre la longueur et la largeur des véhicules ne varie que dans des limites restreintes, et, d'autre part, l'emploi de la voie étroite appelle nécessairement celui de véhicules moins lourds.

6. Poids des rails. — Le cahier des charges type des chemins de fer d'intérêt général fixe à 35 kilogrammes le poids par mètre courant des rails en fer posés sur traverses. La substitution de l'acier au fer permet de réduire ce poids ; mais en fait les grandes Compagnies ont été plutôt conduites à l'augmenter, par suite du développement du trafic et de l'accroissement correspondant dans la charge des machines.

Quant au cahier des charges type des chemins de fer d'intérêt local, dressé en conformité de la loi du 11 juin 1880, il a indiqué, à titre de renseignement, 30 kilogrammes pour les rails en fer et 25 kilogrammes pour les rails en acier, en ce qui concerne les chemins à voie normale.

Nous reproduisons ces chiffres pour ce qu'ils valent, sans tenir compte de l'espacement des traverses, qui influe évidemment sur le degré de résistance des rails et par conséquent sur leur poids. Nous supposons maintenus les espacements usuels, qui ne peuvent être diminués sensiblement sans empêcher le bourrage, c'est-à-dire l'entretien de la voie.

On peut, sans aucun doute, descendre au-dessous des chiffres de 30 kilogrammes pour le fer et de 25 kilogrammes pour l'acier. Il suffit de limiter la composition des trains, de manière à diminuer le poids des machines. En ramenant, par exemple, à huit tonnes la charge par essieu, il n'y aurait pas de danger à réduire le poids des rails en fer à 26 ou 27 kilogrammes et celui des rails en acier à 20 kilogrammes; on reviendrait ainsi au poids anciennement admis, quand le remorquage des trains était effectué par des machines légères.

En 1866, M. Varroy, ingénieur des Ponts et Chaussées et depuis Ministre des travaux publics, avait, après une étude approfondie de la question, proposé d'adopter un type de rails en fer de 20 kilogrammes et même moins, pour les chemins de fer d'intérêt local de Meurthe-et-Moselle.

Toutefois, en fait, le poids le plus généralement admis a été de 30 kilogrammes pour les rails en fer et de 25 kilogrammes pour les rails en acier, et ce n'est qu'exceptionnellement que ces poids ont été respectivement réduits à 25 et 20 kilogrammes.

Pour les chemins de fer d'intérêt local à voie étroite de 1 mètre, le poids le plus comunément attribué aux rails en acier est aujourd'hui de 15 à 16 kilogs; celui des rails en fer est de 16 à 20 kilogs (1). Le chiffre adopté pour le réseau d'intérêt général de la Corse et pour les lignes du Cher, du Var et du Vivarais, où les rails sont en acier, est de 20 kilogs; il en est de même des chemins d'Aïn-Thizy à Mascara et de Modzbah à Mécheria et à Aïn-Sefra. Sur les lignes de Souk-Arrhas à Tébessa, de Mostaganem à Tiaret et de Blidah à Berrouaghia, le poids est de 25 kilogs, avec des rails en acier.

Sur la petite ligne de Festiniog, les rails étaient primitivement en fer et pesaient 15 kilogs seulement; ils sont maintenant en acier et pèsent 24 kilogs.

Il est certain que si, en principe, la voie normale se prête à l'emploi d'un matériel léger, pratiquement la voie étroite appelle un matériel plus léger encore, et qu'il ne peut résulter de cette réduction du poids des rails aucun inconvénient pour les chemins à très faible trafic.

Cependant, pour ne rien omettre, nous devons faire observer que l'avantage inhérent à la souplesse de la voie étroite est compensé dans une certaine mesure par l'augmentation de développement du tracé et par l'accroissement qui en résulte dans la longueur et le poids total de la voie.

---

(1) Les rails sont en fer et leur poids est de 20 kilogs sur les lignes d'Anvin à Calais et d'Hermes à Beaumont.

c. **Matériel roulant.** — Le matériel roulant des chemins de fer secondaires à voie normale peut se composer de voitures et de wagons moins robustes et moins coûteux que sur les grandes lignes. Toutefois, la diminution de poids et de résistance des véhicules à marchandises ne saurait être trop accusée, sous peine de leur interdire l'accès des réseaux voisins, soit que les concessionnaires de ces réseaux ne les considèrent pas comme susceptibles de voyager sur leurs rails, soit qu'ils courent trop de risques de détérioration sous l'action des chocs dans les manœuvres de composition et de décomposition des trains : l'un des principaux avantages de la voie large, qui est de ne point spécialiser le matériel, serait ainsi compromis, sinon complètement perdu.

Les lignes à voie étroite peuvent livrer passage à des wagons d'une capacité comparable à celle des véhicules des chemins à voie normale : c'est ainsi que les wagons à houille du chemin d'Hermes à Beaumont portent 10 tonnes de chargement utile. Cependant, il est de l'essence de ces lignes d'avoir des véhicules de dimensions moindres. Cette réduction présente tout à la fois des avantages et des inconvénients : pour le trafic par wagon complet ou à peu près complet, elle augmente presque inévitablement le poids mort ; pour le trafic de détail, au contraire, elle peut assurer une meilleure utilisation du matériel. Ainsi, à ce point de vue, on ne saurait, sans témérité, conclure à la supériorité d'un système sur l'autre ; on le saurait d'autant moins que les concessionnaires des lignes à voie étroite peuvent, dans une certaine mesure, avoir des wagons de grande capacité pour le gros trafic et des wagons de plus petites dimensions pour le trafic de détail, de manière à proportionner le poids mort à la nature des transports.

Le défaut capital de la voie étroite est d'obliger les Compagnies concessionnaires à avoir un matériel spécial, suffisant pour faire face non seulement aux nécessités ordinaires, mais encore à des nécessités exceptionnelles, comme celles qui peuvent naître à certaines époques de l'année, par suite des foires, des marchés, des concours régionaux, ou d'autres circonstances amenant une grande affluence de voyageurs ou de marchandises. Pour les lignes à voie large, au contraire, des emprunts peuvent être faits aux Compagnies voisines, en vue de ces cas extraordinaires ; le matériel roulant peut ne point dépasser ce qu'exige le service courant ; les concessionnaires ne sont point exposés à voir immobilisés pendant la plus grande partie de l'année des véhicules qu'ils ont acquis à grands frais pour parer à des éventualités accidentelles. A cet égard, la voie étroite impose aux concessionnaires des dépenses plus fortes ; elle donne en même temps moins de garanties au public : car on ne peut obliger les Compagnies à avoir une réserve de matériel très considérable. Cet inconvénient, très accusé pour les lignes isolées et de faible longueur, s'atténue naturellement pour des lignes présentant un assez grand développement ou reliées à d'autres chemins pourvus de la même voie ; les causes d'augmentation exceptionnelle du trafic étant, en général, localisées, leur effet est d'autant moindre qu'il se répartit sur une exploitation offrant plus de ressources et d'élasticité.

Ajoutons encore, sans y attacher toutefois une importance excessive, que l'obligation du transbordement entraîne l'immobilisation du matériel roulant dans les gares de jonction des lignes à voie étroite avec les lignes à voie normale, pendant un délai plus ou moins prolongé, et contribue à rendre indispensable l'acquisition d'un plus grand nombre de wagons.

d. Autres éléments de la construction. — Dépenses de premier établissement. — Nous avons déjà signalé l'influence que la flexibilité du tracé peut exercer sur les terrassements et les ouvrages d'art. Par elle-même et abstraction faite de cette flexibilité, l'adoption de la voie étroite, en réduisant la largeur de la plate-forme, détermine une certaine diminution dans les acquisitions de terrains, le cube des terrassements et du ballast, la largeur des ouvrages d'art, la longueur des traverses ; mais l'économie correspondante est minime : pour les achats de terrains, en particulier, les indemnités de morcellement et de dépréciation subsistent sans modification appréciable. Il y a lieu d'attribuer une importance un peu plus sérieuse à la réduction de l'équarrissage des traverses et à celle de la longueur des gares, par suite de l'atténuation du poids des machines et de la longueur des trains. En revanche, la voie étroite augmente l'étendue et la dépense des gares de jonction.

Quelle est l'économie totale susceptible d'être réalisée par la substitution de la voie étroite à la voie large? Cette question ne comporte point de réponse précise. Minime dans les régions faciles, la différence grandit nécessairement avec les difficultés du terrain ; elle dépend essentiellement de la topographie du sol, de la longueur du chemin et du rôle qu'il doit jouer au point de vue des transports. Il faut donc se garder des généralités : seule, une étude comparative spéciale peut fournir des indications de quelque valeur dans chaque cas particulier.

Voici l'appréciation d'un certain nombre d'ingénieurs particulièrement compétents :

1° *Appréciation de M. Varroy.* — En 1866, M. Varroy, alors ingénieur des Ponts et Chaussées à Nancy, évaluait, à un chiffre très faible, l'économie réalisable par l'emploi de la voie étroite sur les chemins de fer départementaux de la Meurthe, qui devaient être établis dans des régions moyennement accidentées. Suivant lui, la réduction sur l'infrastructure ne devait pas dépasser 900 à 1 600 francs et la réduction sur la superstructure 1 500 à 1 800 francs par kilomètre; l'acquisition du matériel devait, en revanche, entraîner une augmentation représentée par la formule $1650 \dfrac{f\,T}{K} - \left\{ \begin{matrix} 1220 \\ \text{à} \\ 1322 \end{matrix} \right\} \dfrac{T}{K}$, dans laquelle T désignait le trafic journalier exprimé en tonnes, f la fraction de ce trafic susceptible de passer sans transbordement d'une ligne à l'autre avec la voie normale, et K la longueur du chemin d'intérêt local. Aussi concluait-il très fermement à l'adoption de la voie large, sans méconnaître que la voie étroite pût constituer une bonne solution dans certains cas déterminés.

2° *Appréciation de M. Level.* — Dans l'ouvrage qu'il a publié en 1873 sur la construction et l'exploitation des chemins de fer d'intérêt local, M. Level a défendu vigoureusement le système de la voie étroite et s'est attaché à démontrer par divers exemples que ce système permettait d'abaisser notablement le prix de premier établissement. « Quand on « considère, dit-il, que le prix de la superstructure d'un chemin de fer à « voie étroite ne dépasse pas 13 000 à 14 000 francs par kilomètre, soit la « moitié du prix de revient d'une ligne de largeur ordinaire; quand on « remarque dans quelles proportions les dépenses d'infrastructure sont « réduites, en ce qui concerne les acquisitions de terrains, les terrasse- « ments et les ouvrages d'art, on est convaincu que ce mode de construc- « tion est appelé à rendre au pays d'incalculables services. »

3° *Appréciation de MM. Béral et de Basire.* — M. Béral, ingénieur en chef au corps des Mines, depuis conseiller d'État et sénateur, et M. de Basire, ingénieur en chef des Ponts et Chaussées, chargés en 1878 d'une mission relative aux conditions économiques de la construction et de l'exploitation des chemins de fer d'intérêt local en France et à l'étranger, ont, dans les conclusions d'un rapport fort intéressant et nourri de faits, évalué à 9 000 fr., soit à 12 ou 13 % au maximum, la différence à porter à l'actif de la voie étroite de 1 mètre, pour les lignes à plate-forme spéciale : cette différence pourrait s'élever, d'après leurs recherches, à 18 000 francs en moyenne, soit 20 %, pour l'ensemble des lignes secondaires établies sur une plate-forme spéciale ou sur des voies de terre préexistantes.

4° *Appréciation de M. Baum.* — Dans un mémoire très étudié, qui a été inséré aux Annales des ponts et chaussées (1878, 2ᵉ semestre), M. l'ingénieur Baum formulait l'avis suivant : « La moyenne des dépenses de « construction par kilomètre de ligne avec la voie large, en admettant une « construction très économique et des rampes pouvant aller exceptionnel-« ment à 0,02 et 0,025, s'élèverait à 110 000 francs, matériel roulant com-« pris. La dépense kilométrique moyenne, avec la voie étroite de 0ᵐ 80, se-« rait de 47 000 francs, dans le cas d'un chemin construit sur une route, et « de 65 000 francs, lorsque le chemin de fer aura une plate-forme spéciale, « les rampes maxima atteignant la valeur de 0,025 à 0,030, mais ne dépas-« sant pas 0,035 à 0,040. »

5° *Appréciation de M. Fousset.* — M. Fousset, ingénieur civil, a publié en 1882 une brochure intitulée « l'Algérie et les chemins de fer à voie « étroite », dans laquelle il donne l'estimation suivante de l'économie susceptible d'être réalisée par la substitution de la voie de 1 mètre ou 1 mètre 10 à la voie de 1 mètre 44, pour divers groupes de lignes :

	DÉPENSE KILOMÉTRIQUE DE PREMIER ÉTABLISSEMENT		ÉCONOMIE	
	VOIE NORMALE	VOIE ÉTROITE	KILOMÉTRIQUE	PROPORTION P. %
	fr.	fr	fr.	
Premier groupe.......	400.000	240.000	160.000	40 %
Deuxième —	300.000	195.000	105.000	35
Troisième —	200.000	135.000	65.000	33
Quatrième —	150.000	105.000	45.000	30
Cinquième —	125.000	88.000	37.000	30
Sixième —	100.000	75.000	25.000	25

6° *Appréciation de M. Pontzen.* — M. Ernest Pontzen, ingénieur, a rédigé en 1883 une « note sur l'application des chemins de fer économiques à « l'achèvement du réseau des chemins fer français ». Supposant l'emploi d'un matériel roulant du système américain, il s'exprime dans les termes suivants : « Des calculs, faits pour diverses configurations de terrain et sur les « mêmes tracés, ont démontré que l'augmentation des dépenses de con-« struction, en passsant d'une largeur de voie de 1 mètre à une largeur de « 1ᵐ 50, ne dépassait pas, en général, environ 5 000 fr. par kilomètre. « Il va de soi que l'on doit supposer dans les deux cas la construction « traitée avec la même économie. »

7° *Appréciation de MM. Sévène et Sartiaux.* — M. Sartiaux, ingénieur en chef des Ponts et Chaussées, sous-chef de l'exploitation de la Compagnie du Nord, a publié dans la « Revue générale des chemins de fer » (numéro de mai 1883) une note sur la question des chemins de fer économiques et, en particulier, des chemins de fer à voie étroite ; il y a consigné, outre son appréciation personnelle, certaines indications empruntées au cours professé à l'École des Ponts et Chaussées par le regretté M. Sévène, ingénieur en chef, directeur de la Compagnie d'Orléans.

D'après cette note, le chemin des houillères de Commentry à Montluçon, celui des mines de Blanzy et celui de Mondalazac ont coûté respectivement 110 000 fr., 70 000 fr. et 50 000 francs par kilomètre ; ces chiffres eussent été plus que doublés, si l'on eût admis la voie normale et les limites de courbure qui en sont la conséquence quand on n'a pas recours au matériel américain. (Extrait du cours de M. Sévène.)

Le chemin de Festiniog n'est revenu, après cinq ans d'exploitation, qu'à 100 000 francs par kilomètre, y compris un matériel roulant très coûteux justifié par l'importance de la recette brute, qui n'est pas de moins de 30 000 francs par kilomètre et par an. Il eût coûté plus du triple, s'il avait été établi dans les conditions ordinaires. (Extrait du cours de M. Sévène.)

Le chemin d'Anvin à Calais, qui a coûté 78 000 francs environ par kilomètre, dont près de 19 000 francs pour les acquisitions de terrains et 8 900 francs pour le matériel roulant, eût coûté près de 200 000 francs à voie large, pour donner les mêmes qualités commerciales et les mêmes facilités d'exploitation.

Le chemin d'Hermes à Beaumont est revenu à 77 000 francs, dont 10 500 francs pour le matériel roulant ; il serait revenu à 200 000 francs, s'il avait été construit à voie large dans les conditions ordinaires, et à 100 000 francs en adoptant le même tracé et le même profil en long que pour la voie étroite et en maintenant, dans les deux cas, des épaisseurs de ballast et des dimensions de banquettes, fossés, etc., aussi peu différentes que possible.

On le voit, toutes les appréciations que nous venons de rapporter sont quelque peu contradictoires. Cette divergence résulte surtout de ce que les ingénieurs dont elles émanent ont raisonné en prenant des points de départ différents, en s'inspirant d'exemples divers, en ne faisant pas les mêmes hypothèses sur la nature du matériel roulant, en ne comparant pas toujours les lignes à voie étroite à des lignes à voie normale construites dans des conditions suffisamment économiques.

Nous le répétons, l'adoption de la voie étroite n'est pas susceptible de réduire notablement les dépenses en pays peu accidenté ; mais la réduction s'accuse au fur et à mesure que les difficultés du terrain deviennent plus grandes ; elle peut être considérable pour des régions très mouvementées. Il ne peut y avoir, à cet égard, ni formule, ni règle théorique ou économique offrant la certitude voulue. Les ingénieurs doivent, dans chaque espèce, se livrer à une étude comparative spéciale, en cherchant à donner aux deux types des qualités aussi semblables que possible, au point de vue de l'utilisation commerciale et de l'économie dans la construction et l'exploitation.

Nous terminerons ces indications sur le prix de premier établissement par quelques exemples de chemins à voie large et de chemins à voie étroite construits économiquement.

PAYS	CHEMINS	LONGUEUR	LARGEUR DE LA VOIE	RAYON MINIMUM DES COURBES	PENTE MAXIMUM	POIDS DES RAILS	PRIX KILOMÉTRIQUE	OBSERVATIONS
		km.	m.	m.	mm.	kg.	fr.	
	1° CHEMINS A VOIE NORMALE.							
France	Avricourt à Cirey	18	1,44	150	16	30	81.000	Non compris le matériel roulant fourni par la Compagnie de l'Est.
	Nancy à Vézelise	33	1,44	150	20	30	72.000	
	Nancy à Château-Salins	24	1,44	300	15	30	91.000	
	Chemins des Ardennes	15	1,44	200	15	30	67.000	
	Chemin de la Suippe	17	1,44	300	8	30	62.000	
	Rambervillers à Charmes	28	1,44	400	15	33	75.000	
	La Teste à l'Étang-de-Cazaux	13	1,44	300	16	24	62.000	
Angleterre	Dingwall and Skye	85	1,44	220	20	30	87.000	
	Southerland and Caithness	106	1,44	220	20	34	91.000	
Autriche-Hongrie	Vojtek-Bogsan	47	1,44	400	10	25	76.000	Chiffres extraits du rapport de mission de MM. Béral et de Basire. Pour plusieurs lignes dont le matériel était incomplet ou qui n'avaient même pas de matériel propre, ces ingénieurs ont majoré le prix réel de la somme qui eût été nécessaire pour les pourvoir d'un matériel suffisant.
	Valkany-Perjamos	43	1,44	500	2,5	25	77.000	
	Surany-Neutra	27	1,44	300	8,5	25	75.000	
Bavière	Schwaben-Erding	14	1,44	500	5	27	90.000	
	Siegelsdorf-Langenzenn	6	1,44	730	1	27	77.000	
	Georgensmünd-Spalt	7	1,44	750	4	27	83.000	
Belgique	Lierre-Turnhout	37	1,44	600	7	30	98.000	
	Gand-Escloo-Bruges	45	1,44	500	5	34	96.000	
	Lichtervelde-Furnes	34	1,44	500	3	34	77.000	
	Malines-Terneuzen	59	1,44	350	8	34	87.000	Assis en partie sur la plate-forme du chemin de Dresde.
Prusse	Chemin de fer militaire	46	1,44	500	5	35	76.000	

2° Chemins a voie étroite.

PAYS	CHEMINS	LONGUEUR	LARGEUR DE LA VOIE	RAYON MINIMUM DES COURBES	PENTE MAXIMUM	POIDS DES RAILS	PRIX KILOMÉTRIQUE	OBSERVATIONS
		km.	m.	m.	mm.	kg.	fr.	
France	Mondalazac à Salles-la-Source	»	1,10	60	12	16,5	50.000	
	Blanzy au chemin de Lyon et au canal du Centre	»	0,80	75	»	16,0	65.000	
	Hermes à Beaumont	31	1,00	100	20	20,0	77.000	
	Anvin à Calais	94	1,00	130	16	20,0	77.000	
	Chemin de la Meuse	55	0,83	50	30	15,0	48.000	Chemin sur route.
	Marlieux à Châtillon	11	0,95	200	13	16,0	61.000	
Alsace	Ribeauvillé (ville) à Ribeauvillé (gare)	4	1,00	50	40	30,0	62.500	Rails-longrines.
Allemagne	Brœlthal	32	0,78	38	33	19,0	29.000	Chemin sur route.
	Ocholt-Westerstede	7	0,75	200	10	13,0	32.000	—
Angleterre	Festiniog	23	0,58	35	19	22,0	133.000	
	Lambach-Gmunden	31	1,11	44	34	31,5	86.000	
Autriche-Hongrie.	Ressitza-Moravitza	34	0,95	50	20	17,0	67.000	Peu d'acquisitions de terrains
	Ressitza-Szekul	12	0,93	28	48	17,0	20.000	Chemin sur route.

Chiffres empruntés au rapport de mission de MM. Béral et de Basire.

PAYS	CHEMINS	LONGUEUR	LARGEUR DE LA VOIE	RAYON MINIMUM DES COURBES	PENTE MAXIMUM	POIDS DES RAILS	PRIX KILOMÉ-TRIQUE	OBSERVATIONS
		km.	m.	m.	mm.	kg.	fr.	
Belgique........	Lignes agricoles d'Embresin........	11	0,72	50	23	12,0	35.000	Pas d'acquisitions de terrains
Italie..........	Turin-Rivoli..............	12	0,90	200	17	21,5	56.000	Chemin sur route.
Norvège........	Hamar-Aamodt..............	64	1,07	300	14	18,5	44.000	
	Trondjhem-Stören............	49	1,07	225	23	18,5	84.000	
	Drammen-Randsfjord............	95	1,07	270	17	20,0	70 000	
	Hongsund-Kongsberg............	28	1,07	300	17	20,0	54.000	
	Vikersund Krödeven............	23	1,07	180	22	20,0	41.000	
Russie.........	Vierhovie-Liwny............	62	1,07	208	12	22,0	95.000	
	Tschudowo-Nowgorod............	73	1,07	330	7	»	67.500	
Suède.........	Böras-Uddevalla..............	135	1,22	210	17	22,0	72.000	
	Köping-Uttersberg..............	36	1,07	250	10	18,0	31.000	
	Norberg et 7 autres lignes........	17	0,79 à 1,22	»	»	»	49.000	
Suisse..........	Lauzanne-Échallens............	14	1,00	100	40	29,0	88.000	Chemin sur route.

Chiffres empruntés au rapport de mission de MM. Béral et de Basire.

Ce tableau montre bien que la voie étroite permet de réaliser une économie sensible sur la construction, surtout si l'on a égard aux difficultés du terrain et si l'on tient compte de ce que les chemins à voie normale qui y sont relatés ont été choisis parmi les plus économiques. Mais il ramène à leur juste valeur les allégations des défenseurs trop ardents de la voie réduite.

5. **Comparaison au point de vue de l'exploitation.** — *a.* Transbordement. — L'objection capitale faite aux chemins de fer à voie étroite, en communication avec des chemins de fer à voie normale, est tirée, nous l'avons dit, de la rupture de charge qui s'impose pour les relations d'une voie à l'autre, des complications qui en résultent pour la manutention des marchandises, des dépenses supplémentaires qui en sont la conséquence, de la dépréciation que le transbordement fait subir à certaines marchandises, des inconvénients au point de vue militaire.

Ces griefs ne sont pas sans importance ; cependant ils n'en ont pas autant qu'on pourrait être tenté de le croire, au premier abord. Ils sont surtout formulés par les personnes qui n'ont pas vu de près les détails de l'exploitation des chemins de fer.

En effet, si l'on excepte certains embranchements desservant des industries susceptibles de fournir des wagons à charge complète, les lignes secondaires ont surtout un trafic de détail. Les marchandises qu'elles expédient à la gare de jonction sont destinées à plusieurs gares du réseau voisin ; celles qu'elles en reçoivent ne sont presque jamais destinées à une seule de leurs stations et n'ont pas la même provenance. Ainsi, même avec la voie normale, un triage et un transbordement s'imposent dans la gare d'embranchement.

A cette considération, déduite des conditions matérielles dans lesquelles se font les échanges entre la ligne principale et les embranchements secondaires, il convient d'ajouter les suivantes :

1° Si la ligne secondaire est munie d'un matériel léger, ce matériel peut difficilement s'aventurer sur le réseau voisin, sans s'exposer à des avaries dans les manœuvres et, parfois, sans compromettre la sécurité de la circulation des trains formés d'un matériel plus lourd et plus robuste.

2° La Compagnie concessionnaire du chemin d'embranchement peut être, dans beaucoup de cas, intéressée à ne pas laisser ses véhicules émigrer à de grandes distances, ce qui la forcerait à les remplacer par des véhicules empruntés à la Compagnie voisine et loués à un prix supérieur à celui qu'elle recevrait elle-même.

3° La Compagnie principale sur les rails de laquelle s'embranche la

ligne secondaire a souvent des wagons disponibles et est ainsi portée à
s'opposer à l'immigration des véhicules étrangers, afin d'utiliser plus complètement son parc de matériel roulant.

4° Si la situation financière de la Compagnie d'embranchement n'est
pas solidement assise, la grande Compagnie à laquelle elle est reliée
cherche à réduire au minimum son compte courant, pour ne pas s'exposer
à des pertes éventuelles.

5° Dans tous les cas, il y a lieu à certaines manipulations pour la reconnaissance contradictoire des colis, en vue du partage des responsabilités
que les pertes ou les avaries peuvent faire peser sur les deux Compagnies.

Quant au trafic des voyageurs, nous ne le mentionnons que pour mémoire ; il nécessite à peu près toujours un changement de voitures au point
d'embranchement.

L'opération du transbordement n'est en somme rendue nécessaire par
la différence de largeur des voies que pour le trafic par wagon complet
ou presque complet. Il s'agit, en général, de marchandises dont le passage
d'un véhicule dans un autre n'entraine pas à des frais considérables et
peut se faire soit à l'aide de grues, soit à l'aide de couloirs, ou par un
simple mouvement de bascule à la faveur d'une différence de niveau
entre les voies de la ligne principale et de la ligne secondaire : c'est ainsi
qu'à Commentry le prix du transbordement de la houille s'abaisse à moins
de cinq centimes par tonne, grâce à une dénivellation convenable qui permet de faire couler le charbon du matériel de la petite ligne dans le matériel de la grande ; c'est encore ainsi qu'à Montmorency le transbordement
des matières amenées à cette gare par une petite voie industrielle s'opère
par un jeu de bascule. A ces exemples, nous pourrions en ajouter d'autres :
mais ce serait donner sans utilité un développement excessif à nos observations.

Le déchet n'est pas non plus aussi considérable qu'on l'a parfois prétendu. Pour la houille, en particulier, le transbordement par couloirs ne
donne qu'un déficit insignifiant. La perte, plus théorique que réelle, ne
saurait résulter que d'une augmentation, relativement minime, dans la
proportion du menu ; elle n'est pas de nature à exercer une influence sérieuse sur la valeur du charbon.

Reste l'intérêt militaire. Les lignes secondaires, même à voie normale,
ont le plus souvent un tracé qui ne se prête pas à la circulation des trains
de troupes. Cependant on ne peut méconnaître que, dans certains cas,
l'emploi de la voie ordinaire puisse offrir des avantages pour les services
de la guerre, en permettant de faire passer sans transbordement de la ligne

principale à la ligne d'embranchement, ou réciproquement, des wagons chargés d'approvisionnements.

b. Dépenses d'exploitation. — On s'accorde à reconnaître que la substitution de la voie étroite à la voie large ne permet pas une grande économie sur les dépenses d'exploitation.

Les frais d'administration centrale subsistent sans réduction.

Il en est de même de la majeure partie des frais de l'exploitation proprement dite (distribution des billets ; réception, pesage, chargement et déchargement des bagages et des marchandises ; comptabilité des gares, etc...). Si un bénéfice peut être réalisé, ce n'est guère que sur les manœuvres de gare qui sont plus faciles et moins coûteuses avec un matériel léger.

Les dépenses de traction et d'entretien du matériel roulant sont un peu plus faibles, si l'on compare une ligne à voie étroite avec une ligne à voie normale donnant accès au matériel des grandes Compagnies : car ce matériel est plus lourd et généralement plus fatigué par le passage dans les courbes. Si, au contraire, le chemin à voie normale est exploité à l'aide d'un matériel spécial, l'écart est insignifiant.

Quant à l'entretien de la voie à petit écartement, il porte sur des rails plus légers, sur des traverses d'une longueur et d'un équarrissage moindres, sur un plus petit cube de ballast ; en revanche, la voie ayant moins de masse a aussi moins de stabilité, est un peu plus flottante. De ce chef encore, l'économie, quoique réelle, est peu sensible.

Dans leur rapport de mission de 1878, MM. Béral et de Basire indiquaient que, pour les chemins économiques à voie normale étudiés par eux, la dépense kilométrique moyenne d'exploitation pouvait être assez exactement évaluée à 2 000 francs plus le tiers de la recette brute. Ils n'admettaient pas de réduction notable pour la voie étroite.

Nous avons vu que, dans les conventions passées depuis quelques années pour la concession de chemins de fer départementaux, la moyenne des évaluations est de 2 300 francs, plus trois dixièmes de la recette brute, en ce qui concerne la voie large, et de 1 800 francs plus le même élément variable, en ce qui concerne la voie réduite. Il y aurait donc un écart de 500 francs ; mais cet écart ne saurait être accepté sans réserve : en effet, il n'est pas consacré par l'expérience et résulte d'ailleurs de contrats relatifs à des régions dissemblables et conclus par des départements et des concessionnaires différents.

Au rapport du 18 mars 1880 de M. Labiche, sénateur, sur le projet de loi concernant les chemins de fer d'intérêt local et les tramways, étaient

annexés des tableaux numériques, qui avaient été dressés par M. Vivenot
pour mettre en évidence les conditions de fonctionnement de la subvention en annuités. Les frais d'exploitation portés à ces tableaux étaient évalués à 2 000 francs, plus le tiers de la recette brute, avec minimum de
5 000 francs pour les chemins à voie large et de 4 000 francs pour les chemins à voie réduite. M. Vivenot faisait d'ailleurs remarquer que ces frais
pouvaient être sensiblement diminués.

Dans sa note insérée à la « Revue générale des chemins de fer » (mai 1883).
M. Sartiaux invoque l'exemple des chemins d'Anvin à Calais et d'Hermes
à Beaumont, dont les dépenses d'exploitation ne dépassent pas 3 000 et
3 200 francs par kilomètre, pour 3 et 4 trains par jour. A cet exemple il
oppose celui des chemins à voie large exploités par M. Level dans le Nord,
le Pas-de-Calais et la Somme, et dont l'exploitation ne coûtait guère moins
de 5 000 francs par kilomètre avec des nécessités de service analogues et
de moindres difficultés. Il en conclut à une différence de 1 000 à 2 000 francs
au profit de la voie étroite.

M. Fousset, dans sa brochure sur « l'Algérie et les chemins de fer à
« voie étroite », a estimé l'économie résultant de l'adoption de l'écartement
de 1 mètre à 1 400 francs environ pour une recette brute de moins de
8 000 francs, à 1 000 francs pour une recette brute de 8 à 9 000 francs, à
700 francs pour une recette de 9 à 10 000 francs, et ainsi de suite, la différence disparaissant quand la recette brute s'élève à un chiffre considérable.

Nous avons tenu à reproduire ces deux dernières appréciations très
favorables à la voie étroite ; mais, comme nous l'avons déjà indiqué, c'est
principalement sur les dépenses de premier établissement que l'on peut
espérer une économie sérieuse, par le fait de la réduction de largeur de la
voie dans les pays accidentés.

A notre avis, l'un des avantages incontestables de la voie étroite pour
les chemins secondaires, au point de vue de l'exploitation, est de bien
montrer aux populations le caractère modeste et économique de l'outil mis
à leur disposition, de leur faire comprendre *de visu* qu'elles ne sauraient
y trouver un instrument de transport comparable aux grandes lignes, et
de diminuer ainsi leurs exigences. C'est une qualité purement morale,
mais qui a sa valeur pour quiconque est versé dans la pratique des chemins de fer.

On a fait valoir aussi que la diminution dans les dimensions du matériel permettait d'accroître le nombre des trains et de mieux desservir le
public : l'argument n'est pas très puissant ; on peut arriver à un résultat
analogue sur les lignes à voie large en employant des machines légères,

en organisant des trains-tramways. (C'est un point sur lequel nous reviendrons par la suite.)

6. Conclusions sur la valeur comparative de la voie normale et de la voie étroite. — Envisagées dans leur ensemble, la voie normale et la voie étroite ont chacune leurs défenseurs et leurs adeptes.

M. Varroy, qui avait une compétence toute spéciale en matière de chemins de fer départementaux, était fort peu partisan de la voie réduite. Toutefois il avait l'esprit trop pratique pour ne point la considérer comme susceptible de fournir une bonne solution dans certains cas déterminés, tels que celui d'une ligne ayant à effectuer des transports industriels entre deux points donnés, reliant par exemple une mine à une usine, ou aboutissant à une station d'embranchement dans laquelle on pourrait organiser un transbordement régulier, économique et sans déchet appréciable, etc. Il ne repoussait fermement l'adoption de la voie étroite que pour les chemins de fer destinés à un service public complet et transportant des marchandises variées.

M. Krantz a publié en 1875 une étude sur « les chemins de fer écono- « miques à voie normale et à voie réduite ». Il y a soutenu, avec sa légitime autorité, la cause de la voie normale. Suivant lui, la voie de 1 mètre ne présentait pas une supériorité très marquée sur la voie large au point de vue de la flexibilité du tracé; si elle se prêtait à des rayons de 100 mètres, rien n'empêchait d'admettre, pour les chemins à voie de 1 mètre 44, des rayons de 150 mètres et d'aborder ainsi à peu près tous les terrains. La diminution du poids des rails et celle du poids mort du matériel lui paraissaient résulter plutôt de préoccupations d'économies, qui pouvaient être réalisées avec la voie normale comme avec la voie étroite. Le transbordement obligatoire avait à ses yeux le très grave défaut d'entraîner des retards, des avaries, des détournements de marchandises; de nécessiter l'accroissement du matériel roulant et l'extension des gares d'embranchements; d'interdire la communauté des ateliers; de gêner, le cas échéant, les transports militaires, et de constituer, à cet égard, une source de désordres et de dangers. Il restreignait les applications utiles de la voie étroite à certaines lignes spéciales, destinées soit à desservir en pays de montagne des localités séparées du pays par des obstacles naturels, soit à relier les usines, les mines, les carrières, les forêts avec les ports maritimes ou fluviaux, soit à conduire les récoltes des champs aux sucreries, distilleries, féculeries, etc.

M. Pontzen a défendu la même thèse en 1883. Dans l'opinion de cet ingénieur, la part à faire à la voie étroite ne saurait être très grande en

France, où la configuration du sol n'offre généralement pas des difficultés exceptionnelles, pourvu que l'on ait recours à des voitures de voyageurs plus flexibles. L'économie qu'elle procurerait ne serait pas suffisante pour balancer ses inconvénients, soit lorsque le trafic habituel comprend des marchandises dont la nature et la quantité doivent rendre les transbordements difficiles et dispendieux, soit lorsqu'il y a lieu de prévoir une forte augmentation accidentelle des transports. La voie normale aurait, en outre, le précieux avantage de permettre l'accumulation, sur les points de concentration, de wagons chargés qui pourraient être ensuite lancés sur les grandes lignes stratégiques sans autre perte de temps que celle de la composition de trains plus longs ; elle pourrait enfin donner une réserve fort utile de matériel roulant pour les grands transports militaires.

Dans le rapport de mission que nous avons déjà mentionné plusieurs fois, MM. Béral et de Basire se sont montrés peu favorables à la voie étroite. La conclusion de ces ingénieurs était qu'à moins de circonstances exceptionnelles la voie normale devait être préférée pour les [lignes construites sur plate-forme spéciale.

Nous citerons, parmi les champions du camp opposé, M. Level, qui a consacré à la défense de la voie étroite une partie de son ouvrage de 1873 sur « les chemins de fer d'intérêt local » et qui en a déjà fait plusieurs applications intéressantes.

M. Baum, auteur d'une étude sur la même question (Annales des ponts et chaussées, 1878) a formulé les conclusions suivantes : 1° Le chemin de fer à voie large est un instrument trop coûteux pour être adopté comme type général sur les lignes d'intérêt local ; il nuirait à leur développement ; 2° le chemin de fer à voie étroite, d'une largeur de 0 m. 75 ou 0 m. 80, suffit à tous les besoins d'une ligne d'intérêt local ; il coûte beaucoup moins cher ; il permet de doter les pays exclusivement agricoles et non encore desservis par des lignes ferrées.

Suivant M. Sartiaux, à moins de sacrifier les qualités commerciales du tracé et les besoins de l'exploitation, l'établissement économique des chemins de fer à petit trafic, que leur situation n'expose pas à servir de lignes de transit ou de lignes stratégiques, ne peut être obtenu, à moins de circonstances assez rares, qu'avec la voie étroite de 1 mètre ou tout au moins avec un matériel américanisé. M. Sartiaux ajoute d'ailleurs, avec beaucoup de sagesse, qu'il ne peut y avoir à ce sujet de principe général.

M. Fousset a, nous l'avons dit, soutenu vaillamment la voie de 1 m. 10, pour une partie du réseau algérien, dans un mémoire qu'il a présenté à là Société des ingénieurs civils.

La voie réduite a été, plus d'une fois, indiquée au Parlement comme devant être rationnellement appliquée à l'exécution d'un certain nombre de chemins d'intérêt général. M. Lesguillier, député, et plusieurs de ses collègues ont saisi la Chambre d'une proposition tendant à la construction de 40 000 kilomètres de lignes à voie étroite.

On le voit, la question de l'écartement des rails a donné lieu, même durant ces dernières années, à de profondes divergences d'appréciation. Sur cette question, comme sur toutes celles de la pratique, il faut se prémunir contre les opinions extrêmes et absolues.

La voie étroite n'a pas toutes les vertus qu'on lui a parfois attribuées. Dans un pays plat et facile, elle est loin d'offrir de grands avantages d'économie pour la construction ou l'exploitation, et, avant de l'y appliquer, il faut mettre ces avantages en balance avec les inconvénients de la spécialisation du matériel et de l'obligation d'une rupture de charge, au point d'embranchement. Au contraire, dans un pays accidenté, ses qualités et sa supériorité sur la voie large s'accusent et s'accentuent d'autant plus que la topographie du sol est plus tourmentée ; on conçoit même certains cas où seule elle peut permettre de desservir convenablement les intérêts qui motivent l'établissement de la ligne.

Elle ne saurait être utilement adoptée et elle présenterait même les plus sérieux inconvénients pour les chemins appelés à jouer un rôle commercial ou militaire de quelque importance. Aussi serait-ce une faute irréparable que d'en faire de trop larges applications pour l'achèvement du réseau d'intérêt général et de rompre sans de graves motifs l'unité de ce réseau. Mais elle peut rendre de réels services pour certains chemins d'intérêt local, si la longueur de ces chemins est suffisante pour rendre négligeable l'influence du transbordement des marchandises au point de jonction avec la ligne principale, si la nature du trafic rend ce transbordement indispensable pour la plus grande partie des marchandises, si les manipulations sont susceptibles d'être faites sans causer trop de frais ou de déchets, si l'exploitation doit être surtout alimentée par des relations locales.

Nous le répétons, même pour les lignes secondaires, il ne peut y avoir que des solutions d'espèce. Dans chaque cas, l'instrument doit être approprié aux circonstances ; le choix entre les divers types de voie et de matériel doit être arrêté sans parti pris, sans idée préconçue, en dehors de toute théorie trop étroite et trop systématique, à la suite d'une étude comparative approfondie et consciencieuse.

Si cette étude fait pencher la balance en faveur de la voie étroite, la largeur d'un mètre environ est celle qui paraît concilier le mieux les nécessités du tracé avec celles du matériel roulant. Exceptionnellement, on peut descendre à 0 m. 75 ; mais il ne faudrait pas aller au-dessous de cette limite, qui s'impose au point de vue de la stabilité des véhicules et de la sécurité de la circulation.

Notons, en terminant, que le Conseil fédéral allemand, agissant en vertu des articles 42 et 43 de la Constitution de l'Empire, a inscrit en tête de l'ordonnance du 12 juin 1878 « sur les chemins de fer d'intérêt local » une disposition aux termes de laquelle l'écartement normal des rails est de 1 m. 435, 1 mètre ou 0 m. 75. Aucune largeur autre que celles de 1 mètre ou de 0 m. 75 ne peut être adoptée sans l'avis favorable du contrôle du pays fédéral où doit être établie la ligne et sans le consentement de l'office impérial des chemins de fer.

Telles sont les seules indications qu'il nous soit possible de donner sur la question si intéressante et si controversée de la largeur de la voie, sans sortir du cadre de cet ouvrage administratif et économique et sans empiéter outre mesure sur le domaine purement technique.

7. Situation des chemins de fer à voie étroite dans divers pays. — Voici quelle était, il y a peu de temps, la situation des chemins de fer à voie étroite dans divers pays, d'après un tableau inséré au *Bulletin de statistique* du Ministère des travaux publics, numéro de février 1885 :

DÉSIGNATION DES PAYS	ÉPOQUES	LONGUEUR PARTIELLE EXPLOITÉE AVEC UNE LARGEUR DE VOIE DE :										TOTAL	PROPORTION à la longueur totale du réseau
		0m58 à 0m60	0m72 à 0m75	0m76 à 0m785	0m802 à 0m891	0m90 à 0m915	0m95 à 1m00	1m067 à 1m07	1m10 à 1m20	1m30 à 1m40	?		
		km.	km.	km.	km.	km.	km.	km.	km.	km.	km.	km.	
France continentale......	31 déc. 1882	6,0	»	»	»	»	295,0	»	5	10	»	316	1 %
Algérie.........	—	»	»	»	»	»	»	»	359	»	»	359	22,9
Colonies françaises.......	—	»	»	»	»	»	126,0	»	»	»	»	126	91,2
Norvège................	30 juin 1881	»	»	»	»	»	»	704	»	»	»	704	63,5
Suède.................	1er janvier 1882	»	»	»	795	»	»	222	»	»	259	1.276	20,7
Russie................	—	»	»	»	»	»	»	135	»	»	»	135	0,5
Angleterre............	1878	22,6	»	»	»	»	»	»	»	»	»	22,6	»
Belgique.............	1878	»	11,4	»	»	»	»	»	70	»	»	81,4	1,8
Allemagne............	30 mars 1883	»	38,0	138	»	»	59,0	»	»	»	»	235 (a)	0,6
Autriche-Hongrie.......	1er sept. 1881	»	»	269	»	»	»	»	»	»	»	269 (b)	1,2
Suisse...............	1er janvier 1883	»	13,5	»	»	»	35,5	»	»	»	»	49	1,7
Sardaigne............	—	»	»	15	»	»	»	»	»	»	»	15	3,6
Portugal............	1er janvier 1884	»	»	»	»	57	26,0	»	»	»	»	83	5,4
Grèce...............	—	»	»	»	»	»	9,2	»	»	»	»	9,2	41
Indes anglaises..........	1er janvier 1882	79,0	»	97	»	»	4.455,0	»	»	»	»	4.675	27,7
Canada	1er janvier 1880	»	»	»	»	»	»	»	»	»	990	990 (c)	8,7
États-Unis............	—	»	»	»	»	7.709 (d)	»	»	»	»	»	7.709	5,5
Mexique.............	1er janvier 1884	»	»	»	»	1.522	»	»	»	»	»	1.522	31,2
Brésil...............	1er janvier 1882	»	18,0	99	»	76	2.999,0	»	200	12	»	3.529	72,1
TOTAUX.....		107,6	80,9	618	795	9.364	8.004,7	1.061	643	22	1.249	22.105	6,5

(a) Non compris les lignes industrielles, dont la longueur, au 1er janvier 1882, était de 426 kilomètres.

(b) Non compris les lignes industrielles, dont la longueur, au 1er septembre 1884, était de 152 kilomètres.

(c) La presque totalité des lignes canadiennes à voie étroite a une largeur de 0m915.

(d) Dans les congrès de Saint-Louis (1873) et de Cincinnati (1878), l'accord s'est établi pour fixer la largeur à 0m915.

La situation détaillée pour la France et ses colonies était d'ailleurs la suivante, au 31 décembre 1885 :

| | | LONGUEURS | | |
| | CONCÉDÉES ou déclarées d'utilité publique | LIVRÉES à l'exploitation | NON LIVRÉES à l'exploitation | |
			en construction	à construire
	km.	km.	km.	km.
1° France continentale — Chemins d'intérêt général concédés à titre ferme ou éventuel, et chemins déclarés d'utilité publique et non concédés (a)	797	14	196	587
Chemins d'intérêt local (b)	1.337	357	144	836
Chemins industriels et divers (c)	86	69	17	»
Totaux	2.220	440	357	1.423
2° Algérie (d)	802	352	31	419
3° Colonies du Sénégal, de la Cochinchine et de la Réunion (e)	593	314	55	24
Totaux	3.615	1.306	443	1.866

(a) Largeur de voie de 1 mètre.
(b) Largeur de voie de 1 mètre, sauf pour un chemin à largeur de 1m09.
(c) Largeur de voie de 0m60 à 1m30.
(d) Largeur de voie de 1m10 et de 1 mètre.
(e) Largeur de voie de 1 mètre.

§ 2. — NOMBRE DES VOIES

1. Stipulations des cahiers des charges et des conventions. — Nous avons eu déjà l'occasion d'indiquer, pages 244, 250, 264 et 472, les principales stipulations des contrats de concession, relativement au nombre des voies. Il importe de rappeler ici ces stipulations, sans remonter toutefois au delà des cahiers des charges qui régissent encore les grandes Compagnies.

La règle posée par les cahiers des charges de 1857-1859 était la suivante, sauf exception nettement spécifiée : « Les terrains seront acquis et « les ouvrages d'art seront exécutés immédiatement pour deux voies ; les « terrassements pourront être exécutés et les rails pourront être posés « pour une voie seulement, sauf l'établissement d'un certain nombre de « gares d'évitement. — La Compagnie sera tenue, d'ailleurs, d'établir la « deuxième voie, soit sur la totalité du chemin, soit sur les parties qui lui « seront désignées, lorsque l'insuffisance d'une seule voie, par suite du « développement de la circulation, aura été constatée par l'Administra- « tion. — Les terrains acquis par la Compagnie pour l'établissement de la « seconde voie ne pourront recevoir une autre destination. »

Depuis, cette disposition a été successivement modifiée comme il suit pour les grandes Compagnies :

Nord. — L'article 3 de la convention du 30 décembre 1875 a autorisé la Compagnie du Nord à n'exécuter que pour une seule voie les terrassements et les ouvrages d'art des chemins concédés par cette convention, les terrains nécessaires à l'assiette desdits chemins étant immédiatement acquis pour deux voies et les souterrains, les passages supérieurs et les fondations des principaux ouvrages d'art étant également construits pour deux voies.

De plus, aux termes de l'article 7, la Compagnie est tenue d'établir, sur la demande du Ministre des travaux publics, « la deuxième voie sur tout « ou partie des lignes composant son ancien et son nouveau réseau, quel « que soit le produit de ces lignes. — Dans ce cas, l'État doit payer chaque « année à la Compagnie une annuité représentant les intérêts, l'amortisse- « ment et les frais accessoires des emprunts réellement effectués par elle « pour subvenir aux dépenses occasionnées par le doublement de la voie. « Dès que le produit brut d'une section de ligne excède le chiffre de 35 000 « francs par an, l'annuité cesse de courir. »

Est. — Pour les chemins qui lui étaient concédés par la convention des 1er mai-11 juin 1863, la Compagnie de l'Est a été autorisée par l'article 6 de cette convention à n'exécuter les terrassements et les ouvrages d'art que pour une voie, les terrains continuant à être acquis pour deux voies. Le deuxième paragraphe de cet article stipulait en outre que le droit attribué à l'Administration par le cahier des charges, de prescrire l'établissement de la deuxième voie, ne pourrait être appliqué à chacun des chemins précités que lorsque le produit brut atteindrait 35 000 francs par kilomètre.

De ces deux dispositions, la première a été successivement rendue applicable aux lignes concédées par les conventions ultérieures. La seconde a été modifiée par l'article 11 de la convention du 31 décembre 1875 qui portait : « La Compagnie sera tenue d'établir la seconde voie « sur tout ou partie soit des lignes exploitées actuellement avec une « seule voie, soit des lignes en construction ou à construire, dès que « le Ministre des travaux publics prescrira cette mesure et quel que soit « le produit de ces lignes. — Dans ce cas, l'État payera chaque année à « la Compagnie une annuité suffisante pour couvrir l'intérêt et l'amortis- « sement effectifs des emprunts effectués par elle pour subvenir aux « dépenses occasionnées par l'établissement de ces secondes voies. — Dès « que le produit brut d'une section principale de ligne atteindra le chiffre « de 35 000 francs par kilomètre au-dessus duquel l'État a le droit « d'exiger la pose de la seconde voie..., l'annuité correspondant à la pose « de la seconde voie de cette section cessera de courir. — A partir de ce « moment, le capital dépensé pour la pose de cette seconde voie sera « ajouté au montant du capital garanti, sans pouvoir excéder la somme de « 100 000 francs par kilomètre, y compris les agrandissements de gare, « augmentation de matériel roulant et autres dépenses quelconques occa- « sionnées par la pose de cette seconde voie. — Le chiffre du revenu « réservé à l'ancien réseau sera d'ailleurs augmenté de la différence entre « l'intérêt et l'amortissement effectifs des obligations émises pour l'exécu- « tion de ce travail et l'intérêt et l'amortissement garantis par l'État. » Les articles 4 et 9 de la convention indiquaient d'ailleurs les règles à suivre pour la détermination provisoire et la détermination définitive du taux des emprunts : nous ne revenons pas sur ces règles que nous avons exposées, page 265, à propos des conventions financières.

Enfin l'article 8 de la convention des 11 juin-20 novembre 1883 a reproduit dans les termes suivants les stipulations de la convention de 1875 : « Si l'État réclame ultérieurement la mise à double voie de tout ou partie « des lignes établies à simple voie, il payera chaque année à la Compa-

« gnie une annuité suffisante pour couvrir l'intérêt et l'amortissement du
« capital dépensé, tant que le produit brut de ces lignes restera inférieur à
« 35 000 francs; lorsque ce produit atteindra 35 000 francs par kilomètre
« ou lui sera supérieur, l'intérêt et l'amortissement du capital dépensé
« resteront à la charge du compte général d'exploitation. L'intérêt et l'a-
« mortissement des sommes que la Compagnie empruntera pour l'exécu-
« tion de ces travaux seront compris dans le règlement général annuel des
« comptes qui seront établis à l'avenir, en ce qui concerne la garantie
« d'intérêt. »

Ouest. — L'article 5 de la convention des 1ᵉʳ mai-11 juin 1863 avec la
Compagnie de l'Ouest était conforme à l'article 6 du contrat de la même
date avec la Compagnie de l'Est.

La convention du 31 décembre 1875 portait à l'article 2 que, sur les
chemins dont elle attribuait la concession à la Compagnie, les ouvrages
d'art pourraient être exécutés pour une seule voie, si cette disposition
était jugée compatible avec les besoins de la circulation et sous les conditions auxquelles l'Administration croirait devoir subordonner cette autorisation.

La convention des 17 juillet-20 novembre 1883 contient en son article 8
des stipulations identiques à celles que nous avons relatées pour la Compagnie de l'Est.

Une loi récente du 14 avril 1885, portant approbation d'une convention du 10 décembre 1883, a définitivement fixé comme il suit le régime
des doublements de voies : « La Compagnie sera tenue d'établir la seconde
« voie sur tout ou partie, soit des lignes exploitées actuellement avec une
« seule voie, soit des lignes en construction ou à construire, dès que le
« Ministre des travaux publics prescrira cette mesure et quel que soit le
« produit de ces lignes. — Dans ce cas l'État payera chaque année à la
« Compagnie une annuité suffisante pour couvrir l'intérêt et l'amortisse-
« ment effectifs des emprunts effectués par la Compagnie pour subvenir
« aux dépenses occasionnées par l'établissement de ces secondes voies. —
« Chaque année, l'annuité correspondant aux dépenses en *travaux et frais*
« *généraux* faites pour l'établissement des secondes voies sur chaque sec-
« tion principale de ligne, *définie lors de l'approbation des projets*, sera
« calculée d'après le prix moyen des négociations de l'ensemble des obli-
« gations émises par la Compagnie pendant cette année, déduction faite
« des intérêts courus au jour de la vente des titres et en tenant compte
« des droits de timbre et de tous autres autres frais accessoires dont la
« Compagnie justifiera. — L'annuité définitive pour chaque section prin-

« cipale de ligne se composera de la somme des annuités partielles calcu-
« lées comme il est dit ci-dessus. Les annuités résultant des comptes
« présentés par la Compagnie lui seront payées provisoirement, sauf véri-
« fication ultérieure. Il sera tenu compte respectivement à la Compagnie
« et à l'État, avec intérêts simples à 5 %, des insuffisances ou des trop-
« payés que ferait ressortir le règlement définitif. — *Il sera tenu compte*
« *à la Compagnie des charges afférentes à l'année d'exécution des travaux*
« *par le paiement d'une portion d'annuité proportionnelle au temps couru*
« *depuis l'époque moyenne des dépenses jusqu'à la fin de l'année.* — Le
« montant des annuités à la charge de l'État sera arrêté dans les formes
« prescrites par le décret du 6 mai 1863, portant règlement des justifica-
« tions à faire par la Compagnie pour l'application de la garantie d'intérêt
« et du partage des bénéfices. — Dès que le produit brut d'une section
« principale de ligne atteindra le chiffre de 35 000 francs par kilomètre,
« l'annuité correspondant à la pose de la seconde voie de cette section
« cessera de courir. — A partir de ce moment, le capital dépensé pour la
« pose de la seconde voie sera ajouté au compte d'établissement des lignes
« à titre de travaux complémentaires, sans que l'ensemble des sommes
« dépensées pour l'exécution des secondes voies puisse excéder 100 000
« francs par kilomètre, y compris les agrandissements des gares et autres
« dépenses quelconques occasionnées par la pose de ces voies. *Toutefois,*
« *les dépenses se rapportant aux travaux que le Ministre pourra prescrire*
« *pour l'amélioration des pentes seront ajoutées à ce maximum de*
« *100 000 francs par kilomètre.* Le capital sera, tant au point de vue
« de la garantie de l'État qu'au point de vue des prélèvements à opérer
« avant partage des produits nets, admis au bénéfice des stipulations de
« l'article 9 de la convention du 17 juillet 1883. »

Orléans. — Pour les chemins concédés à la Compagnie d'Orléans en
1863 et compris dans le nouveau réseau, l'article 5 de la convention des 11
juin-6 juillet a autorisé la Compagnie à n'exécuter les terrassements et les
ouvrages d'art que pour une voie, les terrains devant être acquis pour
deux voies (excepté sur les embranchements d'Aubusson et d'Orsay à
Limours). Cette disposition a été rendue applicable par la même convention à diverses lignes concédées antérieurement. Elle a été étendue en 1868
aux chemins concédés par la convention du 26 juillet.

Une loi du 14 avril 1885, portant approbation d'une convention des 11
juin-10 décembre 1883, a fixé le régime des doublements de voies conformément aux règles arrêtées à la même date pour la Compagnie de l'Ouest
et reproduites ci-dessus, sauf suppression des parties imprimées en italique.

Paris-Lyon-Méditerranée. — La Compagnie de Paris-Lyon-Méditerranée a été autorisée par l'article 5 de la convention des 18 juillet 1868-28 avril 1869 à n'exécuter que pour une voie les ouvrages d'art des chemins dont elle se rendait concessionnaire et même à n'acquérir les terrains que pour une voie sur deux de ces chemins.

La convention du 3 juillet 1875, article 4, disposait que la Compagnie pourrait être autorisée « à n'exécuter les ouvrages d'art que pour une voie « sur les chemins où cette disposition serait jugée compatible avec les « besoins de la circulation, et sous les conditions auxquelles l'Administra- « tion croirait devoir subordonner cette autorisation. »

Enfin la convention des 8 janvier-4 avril 1878 a stipulé ce qui suit : « La Compagnie s'engage à établir, sur la demande du Ministre des tra- « vaux publics, la deuxième voie sur tout ou partie des lignes composant « l'ancien et le nouveau réseau, quel que soit le produit de ces lignes. « Dans ce cas, l'État payera chaque année à la Compagnie une annuité « représentant les intérêts, l'amortissement et les frais accessoires des « emprunts réellement effectués par la Compagnie pour subvenir aux « dépenses occasionnées par l'établissement de la deuxième voie. — Cette « annuité sera calculée provisoirement au taux de 5,75 % ; elle sera « arrêtée à titre définitif d'après le prix moyen des négociations de l'en- « semble des obligations émises par la Compagnie dans les exercices « durant lesquels les secondes voies auront été posées. Ce prix moyen « sera arrêté, déduction faite de l'intérêt couru au jour de la vente des « titres et en tenant compte de tous droits à la charge de la Compagnie « dont ces titres seront frappés et de tous autres frais accessoires dont la « Compagnie justifiera. — Il sera tenu compte respectivement à la Com- « pagnie et à l'État, avec intérêt simple à 5 %, des insuffisances ou des « excédents que présenteraient, sur le règlement définitif des annuités, « les paiements calculés au taux provisoire de 5,75 %. — Dès que le pro- « duit brut d'une ligne, telle qu'elle est définie par le cahier des charges « ou les conventions antérieures à la présente, excédera le chiffre de 35 000 « francs par kilomètre, l'annuité correspondant à l'établissement de la « deuxième voie de cette ligne cessera de courir et la dépense sera portée « au compte des dépenses complémentaires, soit de l'ancien, soit du « nouveau réseau.»

Midi. — La convention des 1er mai-11 juin 1863 portait, à l'article 5 : « Les terrains seront acquis pour deux voies ; les terrassements et les « ouvrages d'art pourront n'être exécutés que pour une voie. »

Cette disposition a été rendue applicable à l'ensemble du réseau, tel que le constituait la convention du 10 août 1868 (article 8), ainsi qu'aux lignes concédées le 14 décembre 1875 (article 5 de la convention de cette date).

Telles sont les règles générales actuelles concernant le nombre de voies, pour les six grandes Compagnies. En principe, les terrains doivent toujours être acquis pour deux voies : cette prescription a un caractère un peu absolu, surtout pour les lignes nouvelles dont la recette brute ne s'élèvera jamais à 35 000 francs par kilomètre ou n'atteindra ce chiffre que dans un avenir très éloigné ; elle a été inspirée par la crainte de voir s'établir le long des voies ferrées des constructions de nature à rendre plus tard extrêment onéreuses les acquisitions supplémentaires pour un élargissement, ou même, abstraction faite de ces constructions, de voir les terrains prendre une plus-value considérable. Quant aux terrassements et aux ouvrages d'art, ils peuvent n'être exécutés que pour une voie : cette faculté est conférée à la Compagnie du Nord par la convention de 1875 (article 3), à la Compagnie de l'Est par la convention de 1863 (article 6), à la Compagnie de l'Ouest par la convention de 1863 (article 5), à la Compagnie d'Orléans par la convention de 1863 (article 5), à la Compagnie de Lyon par la convention de 1868 (article 5), à la Compagnie du Midi par la convention de 1863 (article 5). Toutefois, il a été réservé : 1° pour la Compagnie du Nord (convention de 1875), que les souterrains, les passages supérieurs et les fondations des principaux ouvrages d'art seraient construits à deux voies ; 2° pour les Compagnies de l'Ouest et de Paris-Lyon-Méditerranée, qu'il y aurait lieu à une autorisation spéciale de l'Administration, juge de l'opportunité de la mesure au point de vue des besoins de la circulation.

L'État est libre d'exiger des Compagnies autres que le Midi le doublement de la voie, dès qu'il le juge utile ; mais il est tenu de faire face aux charges des emprunts jusqu'au jour où la recette brute kilométrique atteint 35 000 francs, soit sur la ligne entière, soit sur l'une de ses sections (suivant les réseaux). Pour le Midi, le Ministre peut exiger la pose de la seconde voie, dès qu'il constate l'insuffisance de la voie unique par suite du développement de la circulation, sans être lié dans son appréciation par aucune stipulation contractuelle.

La règle de l'acquisition des terrains pour deux voies souffre naturellement des exceptions pour les lignes qui étaient construites ou en cours de construction à voie unique, lors de leur incorporation au réseau des grandes Compagnies. Telles sont diverses lignes cédées par l'État en 1883 : avant leur cession, le Ministre des travaux publics et les Chambres, n'étant nullement liés par le cahier des charges, ont pu réduire les acquisitions à l'assiette d'une seule voie.

Une question plus délicate est celle de savoir si les lignes concédées par les conventions de 1883 et construites, on le sait, aux frais du Trésor, sauf un concours ferme des Compagnies, sont dans le même cas. Il ne peut pas y avoir de doute en ce qui touche celles qui étaient déjà déclarées d'utilité publique : les lignes de cette catégorie sont évidemment soumises aux décisions prises antérieurement par les Pouvoirs publics, bien que les conventions se réfèrent en général aux cahiers des charges antérieurs. Nous serions porté à adopter la même solution pour les lignes dont les avant-projets étaient arrêtés, lors de la conclusion des conventions. Quant aux autres chemins, dont le doublement serait inutile au moins avant une époque fort éloignée, l'État pourra sans doute s'entendre avec les Compagnies pour éviter la dépense frustratoire des acquisitions correspondant à l'assiette de la deuxième voie.

Le type le plus récent de cahier des charges pour les Compagnies secondaires de la métropole porte que les terrains seront acquis pour deux voies, mais que le chemin pourra n'être exécuté immédiatement que pour une voie, sauf l'établissement d'un certain nombre de gares d'évitement et la fondation pour deux voies des grands ouvrages d'art. La Compagnie reste d'ailleurs tenue de doubler la voie sur tout ou partie de la longueur, lorsque l'insuffisance d'une seule voie, par suite du développement de la circulation, aura été constatée par l'Administration.

Le régime des Compagnies algériennes est le suivant :

Compagnie de Paris-Lyon-Méditerranée. — Stipulations conformes à celles du cahier des charges de 1857-1859.

Compagnie de Bône-Guelma. — Acquisitions de terrains pour une voie.

Compagnie de l'Est-Algérien. — Acquisitions de terrains pour une voie.

Compagnie de l'Ouest-Algérien. — Stipulations conformes à celles du cahier des charges de 1857-1859, d'après le premier cahier des charges, et acquisitions de terrains pour une seule voie, d'après les cahiers des charges suivants.

Compagnie Franco-Algérienne. — Acquisitions de terrains pour une seule voie, avec réserve pour le Ministre d'exiger le doublement de la voie, quand il jugera cette mesure nécessaire par suite du développement de la circulation.

Le cahier des charges type des chemins de fer d'intérêt local porte, à l'article 6 : « Les terrains seront acquis, les ouvrages d'art et les terrasse-
« ments seront exécutés et les rails seront posés pour une voie seulement,
« sauf l'établissement d'un certain nombre de gares d'évitement.

« Le concessionnaire sera tenu d'exécuter à ses frais une seconde voie,
« lorsque la recette brute kilométrique aura atteint le chiffre de..... pen-
« dant une année.

« En dehors du cas prévu par le paragraphe précédent, il pourra, à
« toute époque, être requis par le préfet, au nom du département, et par
« le Ministre des travaux publics, au nom de l'État, d'exécuter et d'exploi-
« ter une seconde voie sur tout ou partie de la ligne, moyennant le rembour-
« sement des frais d'établissement de ladite voie. — Si les travaux de la
« double voie requise ne sont pas commencés et poursuivis dans les délais
« et conditions prescrits par la décision qui les a ordonnés, l'Administration
« pourra mettre le chemin de fer sous séquestre et exécuter elle-même les tra-
« vaux. » Les notes ajoutées au texte indiquent d'ailleurs, à titre de renseignement, le chiffre de 35 000 francs de recette brute kilométrique comme
limite à partir de laquelle le doublement de la voie peut être exigé.

2. Observations sur la limite de recette brute de 35 000 francs par kilomètre. — En parcourant les clauses des cahiers des charges et des conventions, relatives au doublement des voies, nous avons vu que la recette brute de 35 000 francs par kilomètre est considérée comme correspondant à la limite de capacité de trafic des lignes à voie unique.

Ce chiffre, purement expérimental, ne saurait être envisagé comme ayant une valeur absolue. Il ne représente qu'une moyenne, tantôt trop élevée, tantôt trop faible. La puissance de débit d'une ligne à voie unique varie, en effet, avec le profil de cette ligne, avec la vitesse des trains, avec la nature du trafic, avec le nombre et l'écartement des gares d'évitement, avec l'organisation du service et le mode d'exploitation. Il y a là une question fort intéressante, que nous allons étudier dans des termes plus généraux.

L'évaluation de la recette brute propre à une ligne ou à une section de ligne offre, en outre, certaines difficultés ; elle nécessite, pour être exacte, une analyse minutieuse des procédés de comptabilité et des éléments accessoires qui entrent dans la composition du produit brut.

Le nombre des trains fournirait, dans beaucoup de cas, des indications plus utiles.

Comme exemples de lignes chargées, nous citerons : 1° le Victor-Emmanuel, qui, entre Aix-les-Bains et Chambéry, livrait passage en 1884 à 27

trains en moyenne par 24 heures (les deux sens totalisés) et sur lequel les itinéraires prévoyaient 40 trains au maximum ; 2° la ligne de Serquigny à Rouen, sur laquelle circulaient 28 trains en moyenne par jour, soit 14 dans chaque sens, pendant l'année 1880, c'est-à-dire à une époque où elle était encore exploitée à voie unique.

Dans son projet de convention de 1882 avec la Compagnie d'Orléans, M. Varroy avait réduit à 30 000 francs la limite de recette brute kilométrique, à partir de laquelle le Ministre avait le droit de prescrire la pose de la seconde voie, sans indemniser la Compagnie.

Il serait oiseux de rechercher des enseignements dans la législation des autres pays, dont les rapports avec les concessionnaires diffèrent profondément de ceux qui ont été fixés dans les cahiers des charges des concessions françaises : tantôt les Pouvoirs publics y sont désarmés ; tantôt, au contraire, ils ont un pouvoir discrétionnaire ; tantôt encore, ce pouvoir est tempéré par l'ouverture d'une voie de recours ou d'un droit à indemnité. Nous n'avons trouvé de limite que dans un pays étranger et cette limite est celle de 30 000 francs de recette brute kilométrique.

3. Capacité de trafic des chemins de fer. Observations générales. — Le nombre des voies est, sans contredit, l'élément le plus important de la capacité de trafic des chemins de fer. Mais cette capacité dépend aussi d'autres éléments fort divers et fort complexes.

Voici, à cet égard, quelques indications qu'il nous paraît naturel de donner ici, en raison de l'importance prépondérante du nombre des voies. Nous croyons, d'ailleurs, devoir traiter la question non seulement au point de vue du choix entre la simple et la double voie, mais encore aussi au point de vue de l'addition d'une troisième et d'une quatrième voie sur les sections exceptionnellement chargées.

a. *Nombre des voies.* — La puissance de débit d'une ligne s'accroît dans une proportion de beaucoup supérieure à celle du nombre des voies : un chemin à deux voies peut débiter bien plus que le double de la limite correspondant à la voie unique ; une ligne à quatre voies est elle-même susceptible de desservir un trafic supérieur au double de la limite correspondant à deux voies.

b. *Vitesse des trains.* — Le débit d'un cours d'eau est, toutes choses égales d'ailleurs, proportionnel à la vitesse d'écoulement des filets liquides. Sur les voies ferrées, le débit n'obéit pas à une règle de proportionnalité si absolue ; mais il n'en augmente pas moins rapidement avec la vitesse de marche des trains.

c. *Différence entre les vitesses des trains.* — Plus les trains ont des vitesses différentes, moins la capacité de trafic est considérable : un train à marche lente, par exemple, précédant un train rapide, force à retarder le second du délai nécessaire pour permettre au premier d'arriver à son garage et d'y être remisé.

d. *Répartition des trains dans la journée.* — En réunissant les trains par groupes d'égale vitesse, on réduit la gêne et les causes de retard dues aux inégalités de vitesse et on augmente par suite la capacité de transport.

e. *Distance des gares d'évitement ou des stations.* — Les trains à faible vitesse devant être garés périodiquement pour laisser passer devant eux les trains rapides, plus les gares d'évitement sont rapprochées, moins la marche de ces derniers est entravée et plus la capacité de trafic est, par suite, considérable.

Sur les lignes à voie unique, la multiplicité des gares de croisement agit de la même manière pour les trains circulant en sens opposé.

f. *Nature du trafic.* — Il y a évidemment lieu de tenir compte de la proportion entre le trafic-voyageurs et le trafic-marchandises.

Pour les voyageurs, une distinction est à faire entre les trains express et les trains omnibus.

Pour les marchandises, les expéditions par colis ne se comportent pas comme les expéditions par wagon complet, les marchandises lourdes comme les marchandises encombrantes, la messagerie comme la petite vitesse.

g. *Répartition du trafic pendant l'année.* — Le montant de la recette brute kilométrique, non plus que le nombre de voyageurs et de tonnes de marchandises transportées pendant l'année, ne sauraient donner une mesure exacte de la capacité de trafic que doit présenter le chemin de fer. Ce qu'il faut considérer, c'est surtout le mouvement pendant la partie de l'année qui correspond à son maximum d'intensité.

h. *Profil de la ligne.* — Le profil de la ligne a une action manifeste sur la composition et la vitesse des trains et, par conséquent, sur la capacité de trafic.

i. *Organisation des mesures de sécurité.* — Un chemin largement pourvu de moyens de sécurité, garantissant contre les collisions, se prête à une réduction des intervalles entre les trains et peut comporter, par conséquent, une circulation plus active.

Mais nous ne voulons pas insister outre mesure sur cette analyse, qui touche à des questions techniques ; le lecteur saura suppléer à ce qu'elle présenterait d'incomplet.

Notre but est surtout de prémunir contre la tendance à résoudre la question par une formule, de fournir des données expérimentales sur la limite de capacité de trafic, de donner des indications permettant d'apprécier si une ligne peut être considérée comme ayant atteint son maximum de débit normal et s'il y a lieu d'en multiplier les voies ou même d'établir un chemin nouveau, drainant une partie du trafic.

Nous n'avons pas à revenir sur ce que nous avons dit de la capacité de trafic des lignes à voie unique. Nous passons donc immédiatement aux lignes à double voie.

4. Résultats de l'expérience en Angleterre. — C'est surtout en Angleterre qu'il faut consulter les résultats de l'expérience, en raison de l'intensité exceptionnelle du trafic des voies ferrées.

D'après les tableaux de marche de l'année 1878, pour douze des plus grandes Compagnies, les trains peuvent être groupés en quatre catégories ; nous indiquons ci-après les vitesses moyennes de marche (arrêts déduits) correspondant à chacune de ces catégories :

DÉSIGNATION des CATÉGORIES DE TRAINS		VITESSE MOYENNE UTILE (Arrêts compris)		VITESSE MOYENNE DE MARCHE (Arrêts déduits)	
		Limites	Moyennes	Limites	Moyennes
		km.	km.	km.	km.
Trains de voyageurs :	express.......	52 à 66,5	58	59 à 74	64
	ordinaires.....	36 à 43	38	42 à 52	46
Trains de marchandises :	express.......	26 à 37	31	32 à 44	37
	ordinaires.....	15 à 24	20	25 à 34	30

Généralement, les trains de même nature ont une marche identique sur la même ligne, de telle sorte que, pour un chemin déterminé, la moyenne diffère très peu des limites extrêmes entre lesquelles elle est comprise.

Les trains express de marchandises, c'est-à-dire ceux qui ne font pas de service de détail en cours de route, sont les plus nombreux ; les trains de marchandises qu'on intercale de jour entre les trains de voyageurs sont pour la plupart des trains de cette catégorie, parce qu'ils ont une vitesse peu différente et que, dès lors, ils n'entravent pas sérieusement le mouvement général.

Les trains de marchandises ordinaires sont, au contraire, rejetés autant que possible sur les périodes de nuit, pendant lesquelles il y a peu ou point de trains de voyageurs.

Cela dit, voici d'après un fort intéressant travail de M. Gerhart (ingénieur à la Compagnie des chemins de fer de l'Est), inséré dans la « Revue « générale des chemins de fer d'août 1882 », un tableau donnant, pour 1878, le nombre maximum des trains parcourant par 24 heures les principales lignes anglaises :

LIGNES	SECTIONS	LONGUEUR DES VOIES			NOMBRE DES TRAINS						OBSERVATIONS
		PRINCIPALES	AUXILIAIRES		VOIES principales			VOIES auxiliaires		TOTAL GÉNÉRAL	
			Montantes	Descendantes	Voyageurs	Marchandises	Total	Voyageurs	Marchandises		
		km.	km.	km.							
London, Chatham and Dover Railway....	Londres à Swanley..	28,3	»	»	91	37	128	»	»	128	
	Chatham...........	27,0	»	»	36	18	54	»	»	54	
	Faversham.........	28,4	»	»	28	17	45	»	»	45	
	Douvres	41,7	»	»	20	9	29	»	»	29	
South-Eastern Railway...............	Londres à Turnbridge.	47,5	»	»	85	14	99	»	»	99	29 trains de voyageurs ne parcourent pas plus du 1/5 de cette section.
	Ashford	42,8	»	»	28	17	45	»	»	45	
	Douvres	32,9	»	»	27	9	36	»	»	36	
London, Brighton and South-Western Ry	Londres à Brighton..	81,1	»	»	69	48	117	»	»	117	
London and South-Western Railway....	Londres à Woking...	39,0	»	»	147	51	198	»	»	198	
	Basingstoke........	37,8	»	»	54	42	96	»	»	96	
	Salisbury..........	57,6	»	»	36	21	57	»	»	57	
	Yeovil.............	63,1	»	»	48	17	35	»	»	35	
	Exeter.............	78,5	»	»	18	12	30	»	»	31	
Great Western Railway...............	Londres à Reading..	57,9	6,8	14,2	112	72	184	»	65	249	Voies auxiliaires à l'usage exclusif de presque tous les trains de marchandises.
	Didcot.............	27,4	»	»	52	64	116	»	»	116	
	Swindon...........	39,0	»	»	34	49	83	»	»	83	
	Chippenham	26,9	»	»	31	35	66	»	»	66	
	Bristol	39,5	»	»	48	34	82	»	»	82	
London and North-Western Railway....	Londres à Bletchley.	75,2	75,2	75,2	79	36	115	23	77	215	
	Rugby.............	57,9	»	»	59	119	178	»	»	178	
	Stafford	81,7	»	23,0	56	97	153	»	5	158	Voie auxiliaire entre Rugby et Nuneaton.
	Crewe.............	39,4	39,4	39,4	67	33	100	»	47	147	

| LIGNES | SECTIONS | PRINCIPALES | AUXILIAIRES | | VOIES principales | | | VOIES auxiliaires | | TOTAL GÉNÉRAL | OBSERVATIONS |
			Montantes	Descendantes	Voyageurs	Marchandises	Total	Voyageurs	Marchandises		
		km.	km.	km.							
Midland Railway	Londres à Leicester	159.7	10,5	10,5	129	190	319	»	190	319	Voies auxiliaires entre Londres et Brent Sidings pour les marchandises.
	Trent	33,4	33,4	33,4	39	20	59	»	172	231	
	Chesterfield	42,2	»	»	32	127	159	»	»	159	
	Leeds	83,3	28,6	28,6	63	157	220	13	»	233	Voie auxiliaire de Chesterfield à Masboro,
	Carlisle	181,8	»	»	98	85	183	»	»	183	
Caledonian Railway	Beattock	63,9	»	»	38	77	115	»	»	115	
	Carstairs	54,4	»	»	49	52	71	»	»	71	
	Motherwell	25,2	»	»	40	57	97	»	»	97	
	Glasgow	24,8	»	»	83	105	188	»	»	188	
Great-Northern Railway	Londres à Hitchin	51,5	8,3	48,5	225	96	321	»	»	321	Voies auxiliaires d'évitement aux approches des grandes gares.
	Peterborough	71,2	7,0	3,0	42	101	143	»	»	143	
	Grantham	47,5	15,5	6,5	37	80	117	»	»	117	
	Doncaster	80,8	12,0	4.0	37	54	91	»	»	91	
	York	52.0	6,0	1,5	25	48	73	»	»	73	
North-Eastern Railway	Darlington	71,2	»	»	59	150	209	»	»	209	
	Newcastle	63,2	»	»	48	64	112	»	»	112	
	Bilton	56,3	»	»	28	30	58	»	»	58	
	Berwick	51,3	»	»	22	20	42	»	»	42	
North-British Railway	Edimbourg	92,6	»	»	28	32	60	»	»	60	
Great-Eastern Railway	Londres à Cambridge	93.3	13,3	13.3	43	110	153	42	»	195	Voie auxiliaire, viâ Clapton.
	Ely	23.8	»	»	18	60	78	»	»	78	
	Wymondham	70.0	»	»	16	29	45	»	»	45	
	Norwich	46.5	»	»	30	34	64	»	»	64	
	Yarmouth	33,0	»	»	17	11	28	»	»	28	

La situation indiquée par le tableau précédent ne paraît pas s'être sensiblement modifiée. Nous relevons cependant, dans un rapport adressé en juin 1883 au Ministre des travaux publics par M. Guillain, alors ingénieur en chef des Ponts et Chaussées à Boulogne, les chiffres suivants :

COMPAGNIE	SECTIONS	NOMBRE DES VOIES	NOMBRE DES TRAINS			OBSERVATIONS
			VOYAGEURS	MARCHANDISES	TOTAL	
London and North-Western.	Watford à Bletchley..	4	71	132	223	(1) 21 trains descendants de plus que de trains montants.
	Rugby à Nuneaton.....	3	50	77	127 (1)	
	Nuneaton à Stafford...	2	29 vers Londres } 55 25 en sens inverse	40 vers Londres } (2) 37 en sens inverse } 77	132	(2) 15 trains de service local et 62 express.
	Stafford à Crewe....	4	67	100	167	

Les faits qui se dégagent des indications précédentes peuvent se résumer ainsi :

1° La limite de trafic à partir de laquelle les Anglais ajoutent des voies auxiliaires est essentiellement variable : comme nous l'avons déjà fait observer, elle dépend de l'ordre de succession des trains, de leur groupement, de la relation entre le nombre des trains montants et celui des trains descendants, de leur répartition durant la journée.

C'est ainsi que, pour un mouvement de 150 trains environ, le Midland Railway et le London and North-Western ont pris le parti de doubler leurs voies principales, tandis que, pour des circulations bien plus actives de 198 et 209 trains, les Compagnies de London and South-Western et du North-Eastern n'ont pas jugé nécessaire de le faire.

Sur le Métropolitain, où les trains de voyageurs ont la même vitesse, peuvent se succéder à 3 ou 4 minutes d'intervalle et ne subissent aucune variation de composition, leur nombre dépasse 200 par 12 heures (recette kilométrique de 475 000 francs) et pourrait être beaucoup plus considérable, sans exiger une troisième et une quatrième voies.

2° En moyenne, on peut admettre une capacité de transport de 180 à 210, soit 200 trains par 24 heures, pour les lignes à double voie.

3° Les Compagnies cherchent à accroître cette capacité, en augmentant la vitesse des trains; en groupant les convois de même vitesse; en remplaçant autant que possible les trains ordinaires de marchandises par des trains express; en concentrant ceux de ces trains dont le maintien s'impose, sur la période de nuit pendant laquelle il y a le moins de trains de voyageurs; en refoulant au second plan l'utilisation de la traction, pour mettre, au contraire, au premier plan l'utilisation du matériel et des voies; en permettant aux mécaniciens de franchir sans ralentissement les stations et les bifurcations, ce qui est possible grâce à un large usage des freins continus et des enclenchements; en employant des voies plus robustes et plus stables que les nôtres; en évacuant rapidement les marchandises à l'arrivée.

4° Lorsque la double voie ne suffit plus, les Compagnies y ajoutent une ou deux voies auxiliaires. C'est dans un rayon de 250 kilomètres autour de Londres que la nécessité de cette installation complémentaire s'est révélée.

Généralement, sur les sections à quatre voies, deux de ces voies sont affectées aux trains de voyageurs et aux trains directs de marchandises, et les deux autres aux trains lents de marchandises.

Les voies auxiliaires sont le plus souvent disséminées par tronçons à la traversée et aux approches des gares, sur les points où l'expérience en a démontré l'utilité. Cependant, aux abords de Londres, on en trouve d'une assez grande longueur sans discontinuité : la section de Londres à Bletchley (voir le tableau précédent) a 4 voies sur 75 kilomètres.

Les sections à quadruple voie comportent une circulation atteignant et dépassant même 320 trains (Midland Railway, entre Londres et Leicester et Great-Northern Railway, entre Londres et Hitchin). D'après le témoignage des auteurs anglais, ce mouvement pourrait, sans embarras, s'élever à plus de 600 trains dans la plupart des cas.

5° L'une des préoccupations principales des Compagnies anglaises est d'éviter les troncs communs, à l'adoption desquels les Compagnies françaises, moins favorisées au point de vue du trafic, ont dû souvent se résigner pour réduire les dépenses de premier établissement.

Il convient d'ajouter que la proportion du développement des tronçons à 3 ou 4 voies à celui du réseau est relativement très faible : d'après la statistique du Board of Trade pour 1885, on ne compte que 188 kilomètres à 3 voies et 531 kilomètres à 4 voies en Angleterre.

A ces indications, il ne sera pas inutile d'en ajouter quelques autres tirées des documents publiés annuellement par le Board of Trade.

	A UNE VOIE	A DEUX ou PLUS DE DEUX VOIES	TOTAL
	km.	km.	km.
Longueur des lignes exploitées au 31 décembre 1885 : Angleterre et Pays de Galles......	7.926	13.976	21.902
Écosse..........	2.896	1.902	4.798
Irlande..........	3.208	930	4.138
Totaux.............	14.030	16.808	30.838

	VOYAGEURS ORDINAIRES	ABONNÉS OU PORTEURS de billets périodiques	TOTAL
Nombre de voyageurs transportés en 1885 : Angleterre et Pays de Galles......	622.169.944	860.342	623.030.286
Écosse..........	55.922.425	42.375	55.964.800
Irlande..........	19.101.501	21.822	19.123.323
Totaux.............	697.193.870	924.539	698.118.409

		Tonnes
Trafic de marchandises en 1885 : Angleterre et Pays de Galles...................		218.748.094
Écosse................................		34.812.844
Irlande................................		3.726.680
Totaux................................		257.287.618

	VOYAGEURS ET MIXTES	MARCHANDISES	TOTAL
Nombre de kilomètres parcourus par les trains en 1885 : Angleterre et Pays de Galles......	200.423.798	170.590.859	371.014.617
Écosse..........	25.722.147	25.807.901	51.530.048
Irlande..........	13.483.682	6.221.545	19.705.227
Totaux.............	239.629.627	202.620.305	442.249.932

	VOYAGEURS ET MIXTES	MARCHANDISES	TOTAL
Nombre moyen de trains par jour à la distance entière en 1885 : Angleterre et Pays de Galles......	25,1	21,3	46,4
Écosse..........	14,7	14,7	26,4
Irlande..........	8,9	4,1	13,0

Nombre moyen de trains par jour sur les sections à double voie de l'Angleterre et du pays de Galles, en 1885................. 72,7.

		VOYAGEURS	MARCHANDISES	TOTAL
		fr.	fr.	fr.
Recette brute kilométrique annuelle en 1885	Angleterre et Pays de Galles.......	28.978	35.752	64.730
	Écosse..........	15.009	22.436	37.445
	Irlande..........	9.105	7.535	16.640

Recette brute kilométrique moyenne des lignes à double voie en Angleterre, approximativement 80 000 francs.

Recette brute kilométrique moyenne des lignes maîtresses à deux voies des grandes Compagnies anglaises, approximativement 150 000 à 200 000 fr.

Recette brute kilométrique moyenne des sections chargées de ces lignes, au moins 400 000 francs.

Nous tirerons de ces chiffres telles conséquences que de droit, lorsque nous comparerons le réseau français au réseau anglais. Nous nous bornons, pour le moment, à relever une erreur qui a eu cours, il y a peu de temps. On a soutenu que les Anglais doublaient leurs lignes par des chemins nouveaux, dès que leur recette kilométrique dépassait 70 000 francs par kilomètre ; les indications qui précèdent suffisent à démontrer que nos voisins d'outre-Manche ne sont pas aussi prodigues de leur argent.

5. Résultats de l'expérience en France. — Les lignes françaises ont malheureusement un trafic inférieur à celui des chemins de fer anglais.

En 1885, la recette brute kilométrique des chemins de fer d'intérêt général n'a pas sensiblement dépassé 34 000 francs (non compris l'impôt sur les transports). Pendant l'année la plus fructueuse, c'est-à-dire en 1880, elle n'avait point atteint 46 000 francs.

D'après l'album de statistique graphique publié par le Ministère des travaux publics pour l'année 1885, la recette kilométrique des principales artères a été la suivante en 1883 :

Nord................. Paris à Creil................... 197 300 fr.

Creil à Amiens............... 181 800

Creil à Erquelines............ 143 200

Amiens à Lille et à la Belgique. 132 300

Est................. Paris à Avricourt............. 100 900

Ouest................. Paris à Rouen................. 176 200 fr.

Rouen au Havre............. 108 700

Paris à Rennes................ 70 600

Orléans.............. Paris à Bordeaux............ 124 200

Paris-Lyon-Méditerranée. Paris à Lyon................. 177 000

Lyon à Marseille............. 172 500

Lyon à Saint-Étienne.......... 113 200

Tarascon à Cette.............. 123 900

Midi................. Bordeaux à Toulouse......... 92 200

Toulouse à Cette............. 123 400

Les longueurs à double et à simple voie sont indiquées ci-après (non compris les voies d'évitement et les voies de garage), au 31 décembre 1885 :

RÉSEAUX OU LIGNES	LONGUEURS		
	À DOUBLE VOIE	À SIMPLE VOIE	ENSEMBLE
	km.	km.	km.
Nord...........................	1.761	1.367	3.128
Est............................	2.909	1 088	3.997
Ouest..........................	1.519	2.788	4.307
Orléans	1.445	4.074	5 519
P.-L.-M........................	3.646	4.203	7.849
Midi	832	1.756	2.588
État...........................	117	2.115	2.232
Compagnies et lignes diverses.......	156	701	857
	12.385	18.092	30.477

Ainsi, la proportion des lignes à double voie est notablement moindre qu'en Angleterre. Encore certaines lignes n'ont-elles reçu la deuxième voie que dans un intérêt militaire.

Les sections à double voie les plus chargées sont naturellement situées aux abords de Paris; cependant la circulation offre aussi une très grande intensité sur quelques autres points spéciaux.

Nous avons donné dans le tome Ier, page 214, des indications concernant le nombre des trains de la ligne de Calais à Paris et de celle de Paris à Marseille. Nous reproduisons ces indications, en les complétant par quelques chiffres relatifs au réseau de l'Ouest (année 1883) :

LIGNES	LONGUEUR	MOYENNES			MAXIMA d'après le tableau de la marche des trains		
		VOYAGEURS	MARCHANDISES	TOTAUX	VOYAGEURS	MARCHANDISES	TOTAUX
	km.						
LIGNE DE CALAIS A PARIS							
Calais à Boulogne...............................	40	22	10	32	27	36	63
Boulogne à Amiens...............................	125	28	14	42	35	48	83
Amiens à Creil...................................	79	37	23	60	41	60	101
Creil à Chantilly................................	9	76	28	104	82	65	147
Chantilly à St-Denis.............................	35	84	24	108	92	59	151
St-Denis à Paris (Chantilly).....................	6	88	26	114	96	63	159
— — (Pontoise).............................	6	113	35	148	147	90	237
LIGNE DE PARIS A MARSEILLE							
Paris à Villeneuve-St-Georges....................	14	101	46	147	127	64	191
Villeneuve-St-Georges à Moret...................	53	71	29	100	97	46	143
Moret à Laroche.................................	88	39	26	65	67	41	108
Laroche à Dijon.................................	159	33	21	54	61	37	98
Dijon à Mâcon...................................	127	37	36	73	77	55	132
Mâcon à St-Germain au Mont d'Or................	51	33	26	59	77	48	125
St-Germain à Lyon-Vaise.........................	20	46	30	76	87	51	138
Lyon-Vaise à Lyon-Perrache.....................	5	46	48	94	87	81	168

LIGNES	LONGUEUR	MOYENNES			MAXIMA d'après le tableau de la marche des trains		
		VOYAGEURS	MARCHANDISES	TOTAUX	VOYAGEURS	MARCHANDISES	TOTAUX
	km.						
Lyon à Valence............................	106	30	47	77	67	82	149
Valence à Tarascon........................	146	31	72	103	68	109	177
Tarascon à Marseille......................	99	40	44	84	76	77	153
LIGNE DE PARIS A AUTEUIL (1).	9	169	10	179	206	2	208
LIGNE DE PARIS A MANTES							
Paris à Asnières.........................	6	180	63	243	220	42	262
Asnières à Colombes......................	3	127	48	175	156	36	192
Colombes à Maisons.......................	8	76	45	121	80	51	131
Maisons à Achères........................	5	83	60	143	87	66	153
Achères à Mantes.........................	36	63	39	102	67	55	112
LIGNES DE PARIS A VERSAILLES ET A CHARTRES							
Paris-St-Lazare à Viroflay (rive droite)...............	21	66	22	88	103	20	123
Paris-Montparnasse à Viroflay (rive gauche).............	14	94	21	115	114	18	132
Viroflay (rive gauche) à St-Cyr......................	8	184	49	233	190	51	241
St-Cyr à Chartres........................	66	29	27	56	33	34	64

(1) La durée du service n'est que de 19 h. 30 m., du 1ᵉʳ janvier au 29 juin et du 22 octobre au 31 décembre, et de 20 h. 30 m., du 30 juin au 21 octobre.

Des sections ci-dessus énumérées, les seules qui aient dû recevoir plus de deux voies sont celles de Paris à Saint-Denis, Paris à Asnières et Paris à Villeneuve-Saint-Georges. Quoique plus chargées, d'autres sections ont pu rester à double voie, soit parce qu'elles sont plus spécialement affectées au service des voyageurs et que l'aménagement des trains y est par suite plus facile, soit parce que les Compagnies ont d'autres lignes de dégagement sur lesquelles elles pourraient verser, le cas échéant, l'excédent du trafic. (Voir tome Ier, page 215 et suivantes.) (1)

(1) On pourra se reporter utilement à une très intéressante étude que M. Wornis de Romilly a publiée dans la *Revue générale des Chemins de fer* (1885, livraison de Mars).

§ 3. — COURBES ET DÉCLIVITÉS

1. Limites admises pour les premières lignes. — A l'origine des chemins de fer, l'Administration et même le Parlement se préoccupaient très vivement des difficultés et des dangers que les courbes et les pentes pourraient créer dans l'exploitation.

Sur la ligne de Saint-Germain, la première qui ait été établie aux abords de Paris, le rayon des courbes ne descendait pas au-dessous de 1000 mètres et les déclivités ne dépassaient pas un millième. Toutes les courbes étaient d'ailleurs en palier.

On reconnut bientôt que ces limites étaient trop étroites et qu'il était indispensable de se donner plus de latitude. Le rayon des courbes fut abaissé à 7 ou 800 mètres et exceptionnellement à 500 mètres. Le maximum des déclivités fut élevé à 5 ‰ et exceptionnellement à 8 ‰.

Malgré ces tempéraments apportés à la rigidité primitive du tracé, les sujétions et les dépenses des terrassements et des ouvrages d'art étaient encore considérables. Toutefois, on n'a pas à regretter la prudence dont nos devanciers ont fait preuve à cet égard. Il ne faut pas oublier, en effet, qu'il s'agissait de construire les grandes artères, les lignes maitresses du réseau, c'est-à-dire des voies destinées à desservir un trafic très important, et qu'il aurait été impossible de rien sacrifier de leurs qualités techniques, sans y rendre difficile ou impossible la circulation des trains rapides et sans grever leur exploitation de charges tout à fait hors de proportion avec l'économie réalisée sur les travaux.

Mais, au fur et à mesure du développement du réseau, on a eu à construire des lignes de moins en moins productives et à les établir dans des régions de plus en plus accidentées. Sous peine de se lancer dans des dépenses excessives eu égard au trafic sur lequel on pouvait légitimement compter, on a dù adopter des rayons plus faibles et des déclivités plus fortes. Cette nécessité s'imposait, en outre, au point de vue de la souplesse du tracé. A l'inverse des grandes artères, les lignes secondaires devaient se rapprocher davantage des centres de population situés sur leur parcours et recueillir avec plus de soin le trafic local, dont l'importance, relativement au trafic de transit, devenait plus considérable.

Du reste, les transformations et les perfectionnements successivement apportés au matériel roulant et particulièrement aux locomotives permettaient d'aborder sans péril et sans inconvénient réel des courbures plus prononcées et surtout des déclivités plus accusées.

Nous n'avons point ici à examiner la question au point de vue technique et nous devons nous borner à relater les modifications progressives des cahiers des charges.

2. Limites admises depuis 1857-1859. — Les cahiers des charges de 1857-1859 fixaient les limites suivantes :

COMPAGNIES	RAYON MINIMUM DES COURBES	MAXIMUM DES DÉCLIVITÉS
	m.	
Nord........	500	10 millièmes.
Est.........	350	10 millièmes
Ouest.......	350	10 millièmes.
Orléans......	350	10 millièmes; 13 millièmes entre Limoges et Périgueux; 16 millièmes entre Arvant et le Lot, entre Brive et la Capelle et sur l'embranchement de Rodez. (Maximum pouvant être élevé exceptionnellement avec l'approbation de l'Administration.)
P.-L.-M......	350	10 millièmes, chiffre pouvant être porté exceptionnellement à 20 millièmes, avec l'approbation de l'Administration.
Midi........	350	10 millièmes, chiffre pouvant être élevé exceptionnellement, avec l'approbation de l'Administration.

Les Compagnies avaient toutes la faculté de proposer à ces dispositions les modifications qui leur paraîtraient utiles ; mais ces modifications ne pouvaient être réalisées que moyennant l'approbation préalable de l'Administration supérieure.

Il était stipulé que les déclivités correspondant aux courbes de faible rayon devraient être réduites autant que faire se pourrait.

Le minimum du rayon des courbes a été réduit à 300 mètres et le maximum des déclivités à 15 millimètres pour l'Est, l'Ouest et le Midi, par les conventions des 1er mai-11 juin 1863 ; il en a été de même pour le Nord, en vertu de la convention du 30 décembre 1875. Quant à l'Orléans, la convention des 11 juin-6 juillet 1863 a également abaissé le maximum des déclivités à 15 millimètres, mais en portant ce maximum à 20 millimètres sur les sections de Maurs à Aurillac et de Limoges à Brive et à 30 millièmes sur la section d'Aurillac à Murat.

Les Compagnies ont dû fréquemment user de la faculté qui leur était accordée de solliciter des modifications aux règles déterminées par le cahier des charges, et l'Administration a délivré dans beaucoup de cas son exequatur. De son côté, l'État a été conduit à adopter des rayons plus faibles et surtout des déclivités plus fortes, pour les chemins dont il exécutait lui-même l'infrastructure.

En fait, voici quelle était la situation au 31 décembre 1883, d'après les statistiques officielles :

COMPAGNIES	LONGUEUR TOTALE	MINIMUM du RAYON des courbes	PROPORTION DES COURBES D'UN RAYON			MAXIMUM de DÉCLIVITÉ	PROPORTION DES LONGUEURS EN DÉCLIVITÉ			
			égal ou supérieur à 1000ᵐ	de 1000ᵐ à 500ᵐ	de moins de 500ᵐ		égale ou inférieure à 0,005	de 0,005 à 0,004 inclusivement	de 0,004 à 0,002 inclusivement	de plus de 0,002
	km.	m.				mm.				
Nord...................	2.678	180	199 °/₀₀	111 °/₀₀	13 °/₀₀	39	475 °/₀₀	199 °/₀₀	69 °/₀₀	»
Est...................	3.674	250	170	186	40	22,5	392	272	89	2 °/₀₀
Ouest................	3.879	250	234	136	33	25	318	305	161	1
Orléans...............	5.037	240	161	123	90	36	357	204	144	27
P.-L.-M...............	6.987	200	160	142	89	30	431	209	139	27
Midi.................	2.471	300	155	101	73	33	407	156	146	36

Les pentes de 20 et même de 25 millièmes sont aujourd'hui assez fréquentes sur les lignes concédées aux grandes Compagnies; il en est même quelques-unes de 30, 33 et 35 millièmes.

Sur les chemins de fer algériens la situation était la suivante à la fin de 1883 :

COMPAGNIES	RAYON MINIMUM DES COURBES		MAXIMUM DE DÉCLIVITÉ	
	d'après le cahier des charges	en fait	d'après le cahier des charges	en fait
	m.	m.	mm.	mm.
P.-L.-M..........................	200	200	25	30
Bône-Guelma (lignes à voie normale).	250	250	25	25
Est-Algérien (lignes à voie normale)..	250	300	25	20
Ouest-Algérien (lignes à voie normale)	300	400	20	19
Compagnie Franco-Algérienne (lignes à voie étroite).....................	100	150	30	27

Le cahier des charges type des chemins de fer d'intérêt local indique, à titre de renseignement, les limites suivantes auxquelles il ne devra être dérogé qu'en cas de circonstances exceptionnelles :

1° Minimum du rayon des courbes : 250 mètres pour les chemins à voie de 1 m. 44; 100 mètres pour les chemins à voie de 1 mètre; 50 mètres pour les chemins à voie de 75 centimètres;

2° Maximum des déclivités........ 30 millièmes.

Pour les chemins de fer de la Corse, qui sont à voie de 1 mètre, le rayon minimum des courbes a été fixé à 100 mètres et la déclivité maximum à 20 millièmes.

Le minimum de 100 mètres pour le rayon des courbes a été également admis dans la plupart des conventions récentes avec les Compagnies algériennes et les Compagnies concessionnaires de lignes secondaires d'intérêt général.

Mais, nous ne saurions trop le répéter, malgré les progrès de l'exploitation, il faut bien se garder d'atteindre les limites précédemment relatées, toutes les fois qu'il s'agit d'établir une ligne destinée à jouer un rôle important au point de vue commercial ou militaire. Pour les lignes stratégiques en particulier, l'instruction ministérielle du 21 février 1878 imposait les conditions suivantes : 1° Les déclivités ne devaient pas dépasser 15 millièmes, et, lorsqu'elles atteindraient ce chiffre, un dépôt pour une machine de réserve, destinée à donner le renfort aux trains, devait être établi au pied de ces rampes exceptionnelles ; 2° Les courbes ne pouvaient avoir un rayon inférieur à 300 mètres ; ce minimum était porté à 500 mètres sur les pentes ou rampes supérieures à 8 millièmes. Depuis, la limite de 15 millièmes a été reconue trop élevée et réduite à des chiffres moindres et différents suivant la longueur des rampes. Il a d'ailleurs été entendu que le rayon minimum des courbes serait, autant que possible, de 500 mètres.

3. Exemples de chemins importants à forte rampe exploités par locomotives à simple adhérence, tant en France qu'à l'étranger. — Même dans une étude d'ordre purement économique et administratif, nous ne pouvons nous dispenser de citer un certain nombre d'exemples de chemins importants à fortes rampes, exploités par locomotives à simple adhérence.

a. *Rampes de 0,025.* — Chemin du Brenner : la déclivité, qui est de 0,025 sur le versant nord, a pu être ramenée à 0,0225 sur le versant sud ; le rayon minimum des courbes est de 285 mètres ; le service de la traction est fait par des machines à huit roues couplées, à tender séparé ; les trains de voyageurs sont remorqués par une machine et les trains de marchandises (300 t. en moyenne) par deux machines, l'une en tête, l'autre en queue.

Chemin du Semring (Vienne à Trieste), à la traversée des Alpes Noriques : la déclivité de 0,025 n'est atteinte que sur le versant nord ; le rayon minimum des courbes est de 285 mètres.

Chemin de Bologne à Pistoïa, à la traversée des Apennins.

b. *Rampes de 0,025 à 0,030.* — Chemin de Paris à Lyon, par le Bourbonnais, entre Amplepuis et Tarare (longue rampe de 0,026).

Chemin Rhénan, près d'Aix-la-Chapelle (rampe de 0,0263 sur 2100 mètres, exploitée primitivement à l'aide d'une machine fixe).

Chemin de Birmingham à Gloucester (rampe de 0,027 sur 3 kilomètres 1/2, également exploitée à l'aide d'une machine fixe jusqu'en 1840).

Chemin du Jura industriel, de Neufchâtel à la Chaux-de-Fond et au Locle (rampe de 0,027).

Central suisse, à la traversée du Jura (rampe de 0,027).

Chemin du Saint-Gothard (rampe d'accès de 0,026).

c. *Rampes de 0,030.* — Traversée du Mont-Cenis.

d. *Rampes de 0,030 à 0,040.* — Chemin de Bayonne à Toulouse (rampe de Capvern, de 0,032 sur 8 kilomètres et de 0,031 sur 1 kilomètre 2).

Chemin de Gênes à Turin, à la traversée de l'Apennin (rampe de 0,035 sur le versant méridional ; cette rampe constitue une entrave très sérieuse au développement du port de Gênes, et le Gouvernement Italien s'est préoccupé de la réduire).

Chemin de Saint-Germain-en-Laye (rampe de 0,035 sur 1 kilomètre, aux abords de Saint-Germain).

c. *Rampes de 0,045*. — Chemin d'Enghien à Montmorency (rampe de 0,045 sur 1 200 mètres de longueur).

Aux États-Unis, l'inclinaison de 0,01 n'est généralement pas atteinte sur les lignes de l'Ohio, d'Indiana, de l'Illinois, d'Iowa et de Wisconsin, où le terrain est facile; il en est de même de la plupart des lignes du Canada et de celles qui côtoient les lacs Érié et Michigan, sur le territoire de l'Union. On trouve des déclivités un peu plus fortes sur certains chemins à grand trafic, qui ont à franchir des chaînes de montagnes :

DÉSIGNATION DES CHEMINS	MAXIMUM DE DÉCLIVITÉ
Baltimore et Ohio	22 $^m/_m$ sur les deux versants.
Central Pennsylvanien	18 $^m/_m$ sur un versant et 10 $^m/_m$ sur l'autre.
Érié	11 $^m/_m$ sur un versant.
New-York-Central	16 et 21 $^m/_m$ sur un versant.
Chesapeake et Ohio	15 $^m/_m$ 7 et 14 $^m/_m$ 2.
Central et Union Pacific	22 $^m/_m$.

Pour les lignes secondaires, les Américains ont admis des rampes plus accusées : ils sont allés jusqu'à 0,060 pour le chemin de Jefferson, Madison et Indianopolis.

Ils ont même adopté des rampes de 0,056 et de 0,060 sur des lignes importantes, telles que Chesapeake et Ohio, et Baltimore et Ohio, à la traversée des Alleghanies, mais seulement à titre provisoire. Sur un point du Baltimore et Ohio, un passage provisoire, utilisé pendant l'exécution du tunnel de Kingerood, avait une déclivité de 0,01.

On pourrait citer à titre de curiosité, sans sortir du territoire français, une rampe de 0,075 sur l'un des chemins de la sucrerie de Tavaux et des rampes de 0,09 sur un chemin établi provisoirement entre le Raincy et Montfermeil pour des essais de M. Larmanjat; mais il s'agit là de lignes d'ordre tout à fait secondaire.

Ainsi que le fait observer si justement M. Couche dans son remarquable ouvrage sur les chemins de fer, après avoir pendant longtemps redouté à l'excès les déclivités moyennes, on s'est ensuite trop familiarisé avec l'idée de rampes beaucoup plus fortes. On s'est exposé ainsi à des difficultés sans nombre, au point de vue de la réduction apportée à l'effet utile de la locomotive, des perturbations jetées dans le service par les influences atmosphériques, de la composition des trains, des aménagements à créer dans les gares pour faire face aux besoins imprévus de remaniement et de garage des trains, etc....

Depuis, on est revenu à des idées plus saines et on a compris que, si sur les lignes à faible trafic l'inclinaison pouvait à la rigueur être portée à 0,030 et 0,035, il convenait de ne pas dépasser 0,025 sur les lignes de quelque importance.

4. Règles admises en Allemagne. — L'Union des chemins de fer allemands a arrêté et le chancelier de l'Empire a approuvé, le 12 juin 1878, un règlement « sur les Normes pour la construction et l'aménagement des « chemins de fer en Allemagne ». Ce règlement fixe à 180 mètres le rayon minimum des courbes et à 0,025 le maximum de déclivité du profil en long; mais il dispose en même temps que l'adoption des courbes d'un rayon inférieur à 300 mètres et des déclivités supérieures à 0,0125 sera subordonnée à l'approbation de l'Office des chemins de fer de l'Empire.

Un règlement du même jour sur les chemins de fer d'intérêt local a limité : 1° le rayon des courbes à 100 mètres pour les lignes à voie de 1 m. 435 (le rayon minimum des courbes sur les lignes à voie réduite devant être en harmonie avec l'écartement des rails); 2° les déclivités à 0,04 (les rampes plus fortes ne pouvant être admises qu'avec l'approbation du contrôle de chaque pays fédéral et le consentement de l'Office impérial des chemins de fer).

5. Influence des rampes sur les dépenses d'exploitation. — Le caractère spécial de cet ouvrage nous interdit d'entrer dans des développements techniques au sujet du mode d'exploitation des lignes à forte rampe et même dans l'étude analytique de l'influence exercée par les déclivités accusées sur le prix de revient de l'exploitation.

Nous nous contenterons de relater les formules empiriques données par quelques ingénieurs, qui se sont spécialement occupés de la question au point de vue du prix des transports.

a. MÉMOIRE DE M. AMIOT (1878). — M. Amiot, ingénieur des Mines, attaché à la direction de la Compagnie de Paris-Lyon-Méditerranée, a publié en 1878, dans les Annales des mines, un très intéressant mémoire où sont exposées les recherches faites par cette Compagnie, pour déterminer le prix de revient kilométrique de la tonne de marchandises sur les diverses sections de son réseau et la relation de ce prix avec le profil en long et la fréquentation.

Pour arriver à caractériser chaque section de ligne par un chiffre résumant l'ensemble des difficultés que son tracé présente à la traction, la Compagnie s'est servie du livret des charges de trains : dans ce livret, à chaque section de charge correspond, pour chaque sens, une rampe fictive calculée en tenant compte des rampes et des courbes. La Compagnie a pris la moyenne des deux rampes fictives s'appliquant aux trains pairs et aux trains impairs et a obtenu ainsi la *rampe fictive moyenne*. Elle a, d'autre part, calculé la fréquentation diurne moyenne, c'est-à-dire le tonnage kilométrique utile moyen par 24 heures. L'étude minutieuse des divers éléments qui composent le prix de revient de la tonne kilométrique (frais d'exploitation proprement dite; dépenses de matériel et traction; dépenses de la voie, sauf les réfections; frais généraux) lui a permis de dresser le tableau suivant :

RAMPE fictive moyenne	FRÉQUENTATION						
	∞	2.000 t.	1.000 t.	500 t.	300 t.	100 t.	50 t.
	c.	c.	c.	c.	c.	c.	c.
0	1,44	1,72	1,99	2,51	3,18	6,21	10,41
5	1,80	2,12	2,43	3,01	3,75	6,99	11,32
10	2,17	2,53	2,87	3,51	4,32	7,77	12,23
15	2,53	2,93	3,31	4,02	4,89	8,54	13,14
20	2,90	3,33	3,75	4,52	5,46	9,32	14,06
25	3,26	3,74	4,19	5,02	6,03	10,09	14,97
30	3,63	4,14	4,63	5,52	6,60	10,87	15,88

Il est bien entendu que l'on ne doit pas attacher à ces chiffres une valeur absolue ; mais ils n'en constituent pas moins des moyennes fort utiles à consulter.

Le mémoire de M. Amiot se termine par la conclusion pratique que voici. L'accroissement du prix de revient de la tonne kilométrique sur les lignes en rampe correspond aux majorations suivantes de longueur :

RAMPES	MAJORATION PROPORTIONNELLE DE LONGUEUR	LONGUEUR FICTIVE CORRESPONDANT à une longueur réelle de 1 kilom.
		m.
0 à 0,005	»	1,000
0,0051 à 0,010	20 %	1,200
0.0101 à 0,015	40	1,400
0,0151 à 0,020	60	1,600
0,0201 à 0,025	80	1,800
0,0251 à 0,030	100	2,000
0,0301 à 0,035	120	2,200

b. MÉMOIRE DE M. BAUM. — Dans un premier mémoire de 1878 sur les chemins de fer d'intérêt local (Annales des ponts et chaussées), M. Baum rappelait que, d'après les résultats de l'expérience, si l'on représentait par 100 la dépense d'exploitation sur les lignes à faibles rampes, cette dépense sur des rampes de 0,025 s'élevait à 200 suivant certains ingénieurs et à 237 suivant M. Gottschalk, qui déduisait ce chiffre de sa longue pratique du Brenner et du Semring.

Mais il n'y avait là qu'une indication incidente. Depuis, M. Baum a consacré un mémoire détaillé à la question « des longueurs virtuelles d'un « tracé de chemin de fer » (Annales des ponts et chaussées, 1880). L'auteur rappelle tout d'abord que, dans la recherche de la longueur virtuelle d'une ligne, c'est-à-dire de la longueur horizontale et rectiligne équivalente, on peut envisager soit le travail mécanique, soit les dépenses d'exploitation, soit les dépenses du transport proprement dit, soit les frais de traction, soit le taux des tarifs, soit enfin les vitesses. Puis il passe en revue les diverses méthodes antérieurement indiquées pour le calcul des longueurs virtuelles relatives au travail mécanique, aux dépenses d'exploitation et aux dépenses de transport. Il expose ensuite une méthode nouvelle, pour les longueurs virtuelles relatives au travail mécanique, et cherche à établir une relation entre la dépense d'exploitation et la longueur virtuelle ou le coefficient virtuel, c'est-à-dire le rapport de la longueur virtuelle à la longueur réelle.

En désignant par L la longueur d'une section en rampe ou en courbe, par αL l'allongement correspondant à la rampe au point de vue du travail mécanique et par βL l'allongement correspondant à la résistance des courbes, il donne deux tableaux des valeurs de α et de β, dont nous extrayons les chiffres suivants :

Valeurs de α

RAMPE en millimètres	VALEUR de α	RAMPE en millimètres	VALEUR de α	RAMPE en millimètres	VALEUR de α	RAMPE en millimètres	VALEUR de α	RAMPE en millimètres	VALEUR de α
0,1	0,032	6	2,160	13	5,404	20	9,634	27	14,924
0,5	0,162	7	2,572	14	5,947	21	10,364	28	15,821
1	0,327	8	3,000	15	6,503	22	11,104	29	16,871
2	0,664	9	3,445	16	7,078	23	11,850	30	17,996
3	1,017	10	3,907	17	7,662	24	12,601		
4	1,383	11	4,387	18	8,263	25	13,358		
5	1,764	12	4,886	19	8,917	26	14,125		

Valeurs de β

RAYON	VALEUR de β	RAYON	VALEUR de β	RAYON	VALEUR de β	RAYON	VALEUR de β	RAYON	VALEUR de β
m.				m.		m.		m.	
100	2,284	300	1,017	500	0,613	900	0,282	4.000	0,027
150	1,684	350	0,894	600	0,504	1.000	0,224	5.000	0,020
200	1,370	400	0,783	700	0,410	2.000	0,058		
250	1,176	450	0,692	800	0,340	3.000	0,038		

En supposant le trafic également réparti dans les deux sens, on obtient la longueur virtuelle relative à la résistance d'une ligne, en ajoutant à sa longueur réelle l'allongement dû à la résistance des courbes et la demi-somme des allongements dus aux pentes et aux rampes, les pentes étant assimilées aux rampes pour le calcul des résistances. M. Baum admet, on le voit, l'équivalence entre la longueur virtuelle d'une pente à la descente et celle d'une section horizontale de même longueur : pour justifier cette hypothèse, il fait remarquer que les faibles pentes produisent seules une réduction sensible du travail mécanique et que cette réduction ne dépasse même pas 17 °/₀ sur les pentes de 2 à 6 millièmes.

Pour des rampes n'excédant pas 20 millièmes, on peut abréger le calcul en considérant la moyenne des déclivités des diverses sections, au lieu de prendre successivement toutes les rampes et toutes les pentes.

Quant à la dépense d'exploitation par tonne kilométrique, voici quels sont les résultats indiqués par M. Baum.

COEFFICIENT virtuel relatif à la résistance de la ligne	1	2	3	4	5	6	7	8	9	10	11	12	13	14	15	16	17	18	19
RAMPE FICTIVE continue et équivalente en millièmes	0	3	5,6	8	10,2	12,23	14,10	15,86	17,57	19,13	20,51	21,87	23,20	24,53	25,83	27,09	28,12	29,11	30 »

RECETTE KILOMÉTRIQUE	PRIX DE REVIENT par tonne et par kilomètre sur un palier rectiligne	COEFFICIENT VIRTUEL RELATIF A LA DÉPENSE D'EXPLOITATION PAR TONNE KILOMÉTRIQUE																	
fr.	c.																		
10.000	3,25	1,26	1,51	1,76	2,02	2,27	2,52	2,78	3,03	3,28	3,54	3,79	4,05	4,30	4,55	4,81	5,06	5,31	5,56
20.000	2,99	1,25	1,49	1,74	1,98	2,23	2,47	2,72	2,96	3,21	3,45	3,70	3,94	4,19	4,43	4,68	4,92	5,17	5,41
30.000	2,82	1,24	1,47	1,71	1,94	2,17	2,41	2,64	2,88	3,11	3,35	3,58	3,82	4,05	4,29	4,52	4,76	4,99	5,23
40.000	2,70	1,23	1,46	1,70	1,93	2,16	2,39	2,63	2,86	3,10	3,33	3,56	3,80	4,03	4,26	4,49	4,72	4,95	5,18
50.000	2,59	1,22	1,45	1,67	1,89	2,12	2,34	2,57	2,79	3,02	3,25	3,48	3,71	3,94	4,17	4,40	4,63	4,85	5,08
60.000	2,48	1,22	1,44	1,66	1,88	2,10	2,32	2,54	2,76	2,97	3,19	3,41	3,63	3,85	4,07	4,28	4,50	4,72	4,95
70.000	2,36	1,21	1,42	1,64	1,85	2,06	2,28	2,49	2,71	2,92	3,14	3,35	3,57	3,78	3,99	4,21	4,43	4,64	4,85
80.000	2,27	1,21	1,41	1,62	1,83	2,04	2,25	2,46	2,67	2,87	3,08	3,29	3,50	3,71	3,92	4,13	4,34	4,54	4,75
90.000	2,19	1,20	1,40	1,61	1,81	2,01	2,22	2,42	2,63	2,83	3,04	3,24	3,45	3,65	3,86	4,06	4,27	4,47	4,68
100.000	2,11	1,20	1,40	1,60	1,80	2,00	2,20	2,40	2,60	2,80	3,00	3,20	3,40	3,60	3,80	4,00	4,20	4,40	4,60
110.000	2,06	1,20	1,39	1,59	1,79	1,98	2,18	2,37	2,57	2,77	2,96	3,16	3,36	3,55	3,75	3,94	4,14	4,34	4,53
120.000	2,01	1,19	1,38	1,57	1,77	1,96	2,15	2,34	2,54	2,73	2,92	3,11	3,31	3,50	3,69	3,88	4,08	4,27	4,46
130.000	1,97	1,19	1,38	1,57	1,76	1,95	2,14	2,33	2,52	2,71	2,89	3,08	3,27	3,46	3,65	3,84	4,03	4,22	4,40
140.000	1,92	1,19	1,38	1,56	1,75	1,93	2,12	2,31	2,49	2,68	2,86	3,05	3,24	3,42	3,61	3,79	3,98	4,17	4,35
150.000	1,88	1,18	1,36	1,55	1,73	1,91	2,10	2,28	2,46	2,65	2,83	3,01	3,20	3,38	3,56	3,75	3,93	4,11	4,29

c. ÉTUDE DE M. SCHLEMMER. — M. Schlemmer, inspecteur général des Ponts et Chaussées, s'est livré, lorsqu'il était directeur de l'exploitation des chemins de fer au Ministère des travaux publics, à des études d'un grand intérêt sur le prix de revient moyen du transport de la tonne kilométrique, eu égard aux conditions topographiques et au tonnage des lignes de chemins de fer. Ces études ont principalement porté sur le réseau de Paris-Lyon-Méditerranée. En recourant à des procédés graphiques, pour traduire les résultats de l'expérience, M. Schlemmer est arrivé à des formules expérimentales et à un tableau que nous reproduisons ci-contre :

Prix de revient du transport de la tonne kilométrique.

TONNAGE kilométrique moyen par jour pour chaque sens	RAMPE FICTIVE MOYENNE (1) (EN MILLIMÈTRES)															
	0	1	2	3	4	5	6	7	8	9	10	11	12	13	14	15
	c.	c.	c.	c.	c.	c.	c.	c.	c.	c.	c.	c.	c.	c.	c.	c.
50	3,81	5,47	7,13	8,79	10,45	12,11	13,77	15,43	17,09	18,75	20,41	22,07	23,73	25,39	27,05	28,71
75	3,62	4,41	5,19	5,98	6,77	7,55	8,34	9,13	9,92	10,70	11,49	12,28	13,06	13,85	14,64	15,42
100	3,46	4,00	4,54	5,08	5,63	6,17	6,71	7,25	7,79	8,34	8,88	9,42	9,96	10,50	11,05	11,59
125	3,32	3,75	4,17	4,60	5,03	5,45	5,88	6,31	6,74	7,16	7,59	8,02	8,44	8,87	9,30	9,72
150	3,20	3,56	3,92	4,28	4,64	5,00	5,36	5,72	6,08	6,44	6,80	7,16	7,52	7,88	8,24	8,60
200	3,01	3,29	3,57	3,86	4,14	4,43	4,71	5,00	5,28	5,56	5,85	6,13	6,42	6,70	6,98	7,27
250	2,86	3,10	3,34	3,59	3,83	4,08	4,32	4,56	4,81	5,05	5,30	5,54	5,78	6,03	6,27	6,52
300	2,73	2,95	3,17	3,39	3,60	3,82	4,04	4,26	4,48	4,70	4,91	5,13	5,35	5,57	5,78	6,00
350	2,63	2,83	3,03	3,24	3,44	3,64	3,84	4,04	4,24	4,44	4,64	4,84	5,04	5,25	5,45	5,65
400	2,55	2,74	2,93	3,11	3,27	3,49	3,68	3,87	4,05	4,24	4,43	4,62	4,81	4,99	5,15	5,37
450	2,48	2,66	2,83	3,01	3,19	3,37	3,55	3,72	3,90	4,08	4,26	4,44	4,61	4,79	4,97	5,15
500	2,42	2,59	2,73	2,93	3,10	3,27	3,44	3,61	3,78	3,96	4,13	4,30	4,47	4,64	4,81	4,98
600	2,32	2,48	2,63	2,89	2,95	3,11	3,27	3,43	3,59	3,75	3,91	4,07	4,22	4,48	4,54	4,70
700	2,24	2,39	2,54	2,69	2,84	3,00	3,15	3,30	3,45	3,60	3,75	3,90	4,05	4,20	4,35	4,50
800	2,18	2,32	2,47	2,61	2,76	2,90	3,05	3,19	3,34	3,48	3,63	3,77	3,92	4,06	4,21	4,35
900	2,13	2,27	2,41	2,55	2,69	2,83	2,97	3,11	3,25	3,40	3,54	3,68	3,82	3,96	4,10	4,24
1.000	2,08	2,22	2,36	2,49	2,63	2,77	2,90	3,04	3,18	3,32	3,45	3,59	3,73	3,86	4,00	4,14
1.100	2,05	2,18	2,31	2,45	2,58	2,72	2,85	2,99	3,12	3,25	3,39	3,52	3,65	3,79	3,92	4,06
1.200	2,02	2,15	2,28	2,41	2,54	2,68	2,81	2,94	3,07	3,20	3,34	3,47	3,60	3,73	3,86	4,00
1.300	1,99	2,12	2,25	2,38	2,51	2,64	2,77	2,90	3,03	3,16	3,29	3,42	3,55	3,68	3,81	3,94
1.400	1,97	2,09	2,22	2,35	2,48	2,61	2,73	2,86	2,99	3,12	3,25	3,37	3,50	3,63	3,76	3,89
1.500	1,95	2,07	2,20	2,33	2,45	2,58	2,71	2,83	2,96	3,09	3,22	3,34	3,47	3,60	3,72	3,85
2.000	1,88	2,00	2,12	2,24	2,36	2,48	2,60	2,73	2,85	2,97	3,09	3,21	3,33	3,45	3,57	3,69
2.500	1,82	1,94	2,06	2,18	2,29	2,41	2,53	2,65	2,77	2,88	3,00	3,12	3,24	3,36	3,47	3,59
3.000	1,79	1,91	2,02	2,14	2,25	2,37	2,49	2,60	2,72	2,83	2,95	3,06	3,18	3,30	3,41	3,53
3.500	1,76	1,88	1,99	2,11	2,22	2,34	2,45	2,57	2,68	2,80	2,91	3,03	3,14	3,26	3,37	3,49

(1) Cette rampe est définie comme nous l'avons indiqué, page 738, à propos du mémoire de M. Amiot.

d. Bases admises dans le projet de convention de 1882 avec la compagnie d'Orléans. — Dans son projet de convention de 1882 avec la Compagnie d'Orléans, M. Varroy, ayant à régler la répartition du trafic entre les lignes concédées à la Compagnie et les lignes de l'État, avait admis les bases suivantes (art. 21 du cahier des charges) :

« Le trafic sera attribué aux itinéraires présentant les longueurs « virtuelles les plus courtes, eu égard à leur profil en long. La longueur « virtuelle de chaque itinéraire s'obtiendra en additionnant les longueurs « virtuelles de toutes les sections de lignes et fractions de sections qui la « composent.

« Les sections se compteront par relais de machines.

« Au point de vue de leur profil, elles se classeront ainsi qu'il suit :

1re catégorie.	— Sections à rampe	de 0 à 5	millimètres par mètre ;
2e —	—	de 5,1 à 10	—
3e —	—	de 10,1 à 15	—
4e —	—	de 15,1 à 20	—
5e —	—	de 20,1 à 25	—
6e —	—	de 25,1 à 30	—
7e —	—	de 30,1 à 35	—

« Chaque section sera classée d'après la rampe maximum que com- « portera son tracé dans l'un ou l'autre sens, à la condition que cette « rampe maximum et celles de la même catégorie occupent au moins le « dixième de la longueur de la section. En aucun cas, elle ne pourra être « rangée dans une catégorie inférieure de plus d'une unité à celle qui « correspondra à sa rampe maximum.

« La longueur virtuelle des sections sera obtenue en ajoutant à la « longueur réelle la majoration ci-après :

Pour la 1re catégorie........	0 %
— 2e —	20 %
— 3e —	40 %
— 4e —	60 %
— 5e —	80 %
— 6e —	100 %
— 7e —	120 %

« Toutefois, il est stipulé que, dans le cas où la longueur virtuelle « d'un itinéraire n'excèderait pas de plus de 5 % celle d'un itinéraire « concurrent, le trafic serait partagé également entre ces deux itinéraires. »

Les coefficients inscrits dans le projet de convention de 1882 étaient, on le voit, ceux du mémoire de M. Amiot.

e. **Bases admises dans une proposition de loi présentée par M. Lesguillier.** — M. Lesguillier, ancien sous-secrétaire d'État au Ministère des travaux publics, a déposé, le 10 mars 1883, sur le bureau de la Chambre des députés, de concert avec plusieurs de ses collègues, une proposition de loi concernant les tarifs de chemins de fer. Aux termes de l'article 3 de cette proposition, les Compagnies devaient être autorisées à majorer dans la proportion suivante les longeurs des itinéraires présentant de fortes rampes :

RAMPES	MAJORATION	RAMPES	MAJORATION	RAMPES	MAJORATION	RAMPES	MAJORATION
millièmes		millièmes		millièmes		millièmes	
10 à 11	5 %	15 à 16	30 %	20 à 21	55 %	25 à 26	80 %
11 à 12	10	16 à 17	35	21 à 22	60	26 à 27	85
12 à 13	15	17 à 18	40	22 à 23	65	27 à 28	90
13 à 14	20	18 à 19	45	23 à 24	70	28 à 29	95
14 à 15	25	19 à 20	50	24 à 25	75	29 et au-dessus	100

Notons encore que les conventions de 1883 avec les Compagnies d'Orléans et de l'Ouest ont prévu un partage du trafic des voyageurs et des marchandises entre les lignes concédées à ces Compagnies et les lignes du réseau d'État, en attribuant ce trafic aux lignes les plus courtes, mais en stipulant qu'il ne serait tenu compte que des déclivités supérieures à 15 millimètres par mètre et sans indiquer les bases de calcul des longueurs virtuelles.

Nous ne saurions entrer ici dans l'examen critique des formules et des coefficients que nous venons de relater : cet examen nous entraînerait beaucoup trop loin et surtout nous obligerait à une étude d'un caractère technique. Il nous suffit d'avoir montré l'influence considérable que les rampes exercent sur le prix de revient de la tonne kilométrique.

Cette influence se fait sentir également sur le prix de revient du transport des voyageurs.

On devra, dans chaque cas particulier, mettre soigneusement en balance les économies susceptibles d'être réalisées sur la construction par l'adoption de fortes déclivités et les charges qui en résulteront pour l'exploitation, eu égard à l'importance probable de la circulation.

§ 4. — POIDS DES RAILS. — ENTREVOIE

1. Prescriptions du cahier des charges. — Au fur et à mesure qu'augmentaient la force et le poids des machines, le poids des rails a dû être accru.

Les prescriptions des cahiers des charges de 1857-1859 sont les suivantes : « Le poids des rails sera au moins de 35 kilogs par mètre courant « sur les voies de circulation, si ces rails sont posés sur traverses, et de « 30 kilogs, dans le cas où ils seraient posés sur longrines. » Les cahiers des charges des Compagnies du Nord, d'Orléans, de Paris-Lyon-Méditerranée et du Midi portaient, en outre, que la Compagnie pourrait être autorisée « à réduire les poids ci-dessus fixés pour les embranchements et « pour les parties de seconde voie à poser sur les sections des lignes existantes, où le poids des rails serait inférieur à 35 kilogs. »

Dans les derniers cahiers des charges de la métropole, on trouve les mêmes dispositions.

Pour les lignes algériennes d'intérêt général, le poids a été fixé ainsi :

Paris-Lyon-Méditerranée. — 35 kilogs (convention des 1er mai-11 juin 1863).

Bône-Guelma. — 25 kilogs, pour le chemin d'intérêt local de Bône à Guelma (concession du 7 mai 1874) ;

30 kilogs (en fer) ou 24 kilogs (en acier), pour les chemins de Duvivier à Souk-Arrhas et de Guelma au Kroubs (concession du 26 mars 1877) ;

30 kilogs (en acier), pour le chemin de Souk-Arrhas à Sidi-el-Hémessi (concession du 20 avril 1882) ;

25 kilogs (en acier), pour le chemin à voie de 1^m.05 de Souk-Arrhas à Tébessa (concession du 28 juillet 1885).

Est-Algérien. — 30 kilogs (en fer) et 25 kilogs (en acier), pour le chemin de Constantine à Sétif (concession du 15 décembre 1875);

25 kilogs (en fer) et 18 kilogs (en acier), pour le chemin de la Maison-Carrée à l'Alma (concession du 20 décembre 1877) et pour le chemin de l'Alma à Ménerville (concession du 3 décembre 1878);

25 kilogs 500 (en acier), pour les chemins de Sétif à Ménerville et d'El-Guerrah à Batna (concession du 2 août 1880);

28 kilogs (en acier), pour le chemin de Ménerville à Tizi-Ouzou (concession du 23 août 1883), pour le chemin de Bougie à

Beni-Mançour (concession du 21 mai 1884) et pour le chemin de Batna à Biskra (concession du 21 juillet 1884);

25 kilogs (en acier), pour le chemin des Ouled-Ramoun à Aïn-Beida (concession du 7 août 1885).

Ouest-algérien. — 30 kilogs pour les chemins de Sainte-Barbe-du-Tlélat à Sidi-Bel-Abbès (concession du 30 novembre 1874);

25 kilogs (en acier), pour les chemins de Sidi-Bel-Abbès à Ras-el-Ma (concession du 22 août 1881), de la Sénia à Aïn-Temouchent (concession du 5 août 1882), de Tabia à Tlemcen (concession du 16 juillet 1885) et de Blidah à Berrouaghia (concession du 31 juillet 1886).

Compagnie Franco-Algérienne. — 20 kilogs (en fer) et 15 kilogs (en acier), pour le chemin à voie de 1 m. 05 d'Arzew à Saïda (concession du 29 avril 1874);

20 kilogs en acier, pour les chemins à voie de 1 m. 05 d'Aïn-Thizy à Mascara (concession du 3 juillet 1884) et de Modzbah à Mécheria (concession du 28 juillet 1885);

25 kilogs (en acier), pour les chemins à voie de 1 m. 05 de Mostaganem à Tiaret (concession du 15 avril 1885) et de Mécheria à Aïn-Sefra (concession du 31 juillet 1886).

Pour les chemins de la Corse, du Cher, du Var et du Vivarais, à voie de 1 mètre, les rails sont en acier et pèsent 20 kilogrammes.

Le cahier des charges type des chemins de fer d'intérêt local a indiqué, à titre de renseignement, le poids de 30 kilogs pour les rails en fer et de 25 kilogs pour les rails en acier, sur les chemins à voie de 1 m. 44.

Quant à l'entrevoie, la largeur en avait d'abord été fixée pour nos grandes lignes à 1 m. 80 entre les bords intérieurs des rails; mais on n'a pas tardé à reconnaître l'insuffisance de cette largeur et on l'a portée à 2 mètres: c'est le chiffre fixé par le cahier des charges de 1857-1859. Sur les chemins à voie étroite, le cahier des charges type des chemins de fer d'intérêt local porte qu'il devra subsister un intervalle libre d'au moins 0 m. 50 entre les parties les plus saillantes des véhicules qui se croisent: pour la Corse, le Cher, le Var et le Vivarais, on a maintenu l'espacement normal de 2 mètres.

2. Situation de fait pour les grandes Compagnies, au point de vue du poids des rails. — D'après l'enquête ordonnée en 1879 par M. de Freycinet, ministre des travaux publics, la Compagnie du *Nord* avait exclusivement adopté la voie Vignole ; son rail d'acier pesait 30 kilogs ; elle mettait uniformément dix traverses par rail de 8 mètres.

La Compagnie de l'*Est* avait, depuis longtemps, admis la substitution du rail Vignole au rail à double champignon ; le tiers environ de son réseau était en rails d'acier, du même poids et avec le même nombre de traverses que sur le réseau du Nord. Toutefois, elle ajoutait une ou deux traverses par barre dans les courbes à faible rayon.

La Compagnie de l'*Ouest* renouvelait ses lignes les plus chargées de trafic avec des rails en acier à double champignon de 8 mètres de longueur, pesant 38 kilogs 750 au mètre courant, avec dix traverses. Sur les lignes de moindre importance récemment construites, elle employait le rail Vignole en acier de 30 kilogs et de 8 mètres de longueur, avec neuf traverses.

La Compagnie d'*Orléans* conservait le rail à double champignon et avait entrepris le remplacement graduel des rails en fer par des rails en acier, pesant 37 kilogs 500, ayant une longueur de 5 m. 50 et reposant généralement sur six traverses et exceptionnellement sur sept, pour la ligne de Paris à Bordeaux parcourue par des trains rapides.

La Compagnie de *Paris-Lyon-Méditerranée* avait adopté le rail Vignole et substitué presque partout l'acier au fer ; sur la ligne principale de Paris à Marseille, les rails pesaient 38 kilogs 4, le nombre des traverses était de huit par barre de 6 mètres et de neuf pour quelques rampes ; sur les autres lignes, le rail ne pesait que 33 kilogs, avec neuf traverses par barre de 8 mètres.

La Compagnie du *Midi* conservait le type à double champignon. Les rails en fer pesaient 37 kilogs ; on avait commencé à les remplacer progressivement par des rails en acier pesant 37 kilogs 6. La longueur des barres était de 5 m. 50 avec six traverses et exceptionnellement sept traverses, sur les pentes de 20 millièmes ou dans les courbes de 400 mètres.

Sur le réseau de l'*État*, on avait adopté le rail à double champignon en acier et on le substituait progressivement au rail Vignole. Le poids était de 38 kilogs 2, la longueur des barres de 5 m. 50 et le nombre des traverses de sept.

L'emploi des rails en acier de 30 kilogs a été explicitement autorisé, pour le réseau du Nord, par un décret du 26 février 1872 ; pour le réseau de l'Est, par un décret du 18 janvier 1873 ; pour le réseau de l'Ouest, par un décret du 15 juin 1875. De ces trois décrets, les deux premiers ont été rendus, le Conseil d'État entendu. Il s'agissait d'une dérogation au cahier des charges qui, à la rigueur, aurait dû être ratifiée par le Parlement.

3. Situation de fait pour les chemins de fer d'intérêt local. — Nous ne pouvons que renvoyer sur ce point aux indications données page 687, à propos de la largeur de la voie.

4. Situation à l'étranger. — En Angleterre, c'est le type à double champignon qui a prévalu partout. Les voies sont plus robustes qu'en France : les rails sont tous en acier ; leur poids ne descend pas au-dessous de 39 kilogs et atteint quelquefois 43 kilogs par mètre courant ; leur longueur varie de 6 m. 40 à 9 m. 14 (trente pieds) ; les ingénieurs anglais sont unanimes pour recommander cette dernière longueur.

Dans le règlement du 12 juin 1878 relatif aux « Normes pour la construction et l'aménagement des chemins de fer de premier ordre, en « Allemagne », l'Union des chemins de fer Allemands a arrêté les dispositions suivantes : « Les rails seront en fer laminé ou en acier..... Les « rails devant être parcourus par des locomotives devront être construits « et supportés de telle sorte que chacun d'eux puisse résister, en toute sécu- « rité, en un point quelconque de sa longueur, à une charge mobile ou « immobile de 7 tonnes ». On le voit, l'Union, considérant que la résistance des rails est fonction non seulement de leur profil, mais encore de l'espacement et du type de leurs supports, n'a pas fixé leur poids. L'écartement normal des voies mesuré d'axe en axe est de 3 m. 50 au moins ; ce minimum est porté à 4 m. 50 dans les gares et à 6 m. pour les voies séparées par un quai ; en cas d'addition d'une 3e et d'une 4e voie, il est de 4 m. pour ces voies supplémentaires et les voies adjacentes.

En Autriche, d'après des renseignements publiés en 1881 par M. Heindl, il n'y avait pas moins de 31 types différents de voies en acier sur traverses en bois ; le poids des rails variait de 29 kg. 1 à 35 kg. 8 par mètre courant. A la suite d'une conférence technique, le Ministre du commerce a décidé que trois types de voies normales seraient adoptés pour les chemins de fer de l'État, suivant leur importance, et a engagé les Compagnies à suivre ces normes. Le poids correspondant à ces trois types est de 35 kg. 4 pour les chemins de la 1re catégorie, de 31 kg. 72 pour les chemins de la 2e catégorie et de 23 kg. pour les chemins d'intérêt local. La longueur des barres est de 7 m. 50. Les traverses intermédiaires sont espacées de 0 m 900 ; les deux traverses extrêmes d'un même côté du joint n'ont que 0 m. 800 d'écartement ; de part et d'autre de chaque joint, la distance entre les traverses est réduite à 0 m. 25.

Aux États-Unis, le poids des rails en acier ne dépasse guère 30 kilogs que dans les parties accidentées. Ils sont du type à patin. Leur longueur normale est de 30 pieds (9 m. 15) : cette limite a été admise, non point à cause des difficultés du laminage, mais à raison des difficultés qu'offrirait une plus grande longueur pour le réglage de la dilatation et pour les manœuvres d'entretien. Les voitures américaines n'ayant pas de portes latérales, l'entrevoie n'a d'abord reçu qu'une largeur relativement faible ; sur certaines lignes, l'espace libre entre les trains n'est que 0 m. 40 ; mais, des voyageurs qui s'étaient penchés hors des fenêtres ayant été victimes d'accidents, on a depuis augmenté l'écartement des voies et on l'a porté parfois jusqu'à 4 mètres pour des chemins n'ayant qu'une largeur de voie de 1 m. 52.

5. Observations sur la longueur des rails. — Les cahiers des charges ne contiennent aucune prescription relativement à la longueur des barres. Sans entrer dans des développements techniques à cet égard, nous devons cependant dire deux mots de la question.

Les joints constituent des points faibles dans la voie, donnent lieu à une dépense assez élevée, tendent à se déformer et à former des jarrets dans les courbes, diminuent la résistance au déplacement de la voie dans le sens transversal et dans le sens longitudinal, nécessitent un entretien onéreux pour le bourrage des traverses et le serrage des boulons ou des coins. Aussi est-il naturel de chercher à en réduire le nombre. Toutefois, l'allongement des barres a nécessairement une limite imposée surtout par les difficultés de manutention et d'entretien, ainsi que par le jeu à ménager pour la dilatation.

En 1828, les premiers rails français, ceux du chemin de Saint-Étienne à Andrézieux, n'avaient qu'une longueur de 1 m. 20. Aujourd'hui, cette longueur oscille généralement entre 8 et 11 mètres avec un poids de 250 à 400 kilogs. L'emploi de l'acier a puissamment contribué à cette augmentation, en facilitant le laminage, en assurant l'uniformité de l'usure, en évitant le retrait et la mise au rebut des rails pour des détériorations localisées, en rendant beaucoup moins fréquents les remplacements partiels par les équipes ordinaires d'entretien, trop peu nombreuses pour la manœuvre des grandes masses.

CHAPITRE III

DU GABARIT DES OUVRAGES D'ART

POUR LE PASSAGE DES TRAINS

1. **Ouverture.** — La largeur entre les parapets des passages inférieurs et l'ouverture entre les culées des passages supérieurs sont fixées par les cahiers des charges actuellement en vigueur sur le réseau d'intérêt général (1) à 8 mètres pour les chemins de fer à double voie et à 4 m. 50 pour les chemins de fer à voie unique. Il en est de même des ponts sur les canaux ou cours d'eau et des souterrains.

Le cahier des charges type des chemins de fer d'intérêt local indique, à titre de renseignement, qu'un intervalle de 0 m. 70 au moins devra être ménagé entre les parapets et les parties les plus saillantes du matériel roulant. Il spécifie d'ailleurs que la largeur ainsi fixée règnera jusqu'à 2 mètres au moins au-dessus du niveau des rails, au droit des passages supérieurs et dans les souterrains.

Les dimensions que nous venons de mentionner pour les chemins de fer d'intérêt général n'ont pas toujours été adoptées. Des ouvertures plus restreintes ont été admises, notamment pour les grandes lignes construites dans le système de la loi du 11 juin 1842. Le volume statistique publié en 1865 par le Ministre des travaux publics sous le titre de « Conditions « techniques d'établissement des chemins de fer » contenait les chiffres suivants :

(1) On pourra consulter, à titre d'exception, les cahiers des charges du petit réseau corse; de ceux du Cher, du Var et du Vivarais; des chemins à voie étroite concédés à diverses Compagnies algériennes. (Voie de 1 mètre à 1 m. 10.)

DÉSIGNATION DES CHEMINS	LARGEUR MINIMUM		
	entre les parapets des passages inférieurs	entre les piédroits des passages supérieurs	entre les piédroits des souterrains
	m.	m.	m.
Nord	7,40	3,35	7,30
Est	7,40	4,00	8,00
Ardennes	7,40	7,40	8,00
Ouest	4,00	4,00	4,30
Orléans	4,50	4,00	4,50
Paris-Lyon-Méditerranée	3,60	5,50	4,50
Lyon à Genève	8,00	10,00	8,00
Dauphiné	8,00	12,00	8,00
Midi	8,00	8,00	8,00
Ceinture	7,30	7,40	7,60
Victor-Emmanuel	4,70	5,00	5,00

D'après le dernier fascicule paru des « Documents statistiques » relatifs aux chemins de fer d'intérêt général, la situation à la fin de 1883 était la suivante :

DÉSIGNATION DES CHEMINS	LARGEUR MINIMUM		
	entre les parapets des passages inférieurs	entre les piédroits des passages supérieurs	entre les piédroits des souterrains
	m.	m.	m.
Nord	4.00	7,80	9,90
Est	4,46	4,00	4,50
Ouest	4,00	4,00	4,50
Orléans	4,00	4,50	4,50
Paris-Lyon-Méditerranée	3,60	4,00	3,70
Midi	4,00	4,00	4,20
Ceinture de Paris (rive droite)	7,30	7,40	7,60
Grande ceinture de Paris	8,00	8,00	8,00

L'augmentation de largeur du matériel roulant et certains accidents survenus dans des passages trop étroits ont conduit à adopter des ouvertures minima de 8 mètres et de 4 m. 50.

Nous n'avons pas à reproduire ici les renseignements que nous avons déjà donnés sur les dispositions successivement introduites dans les cahiers des charges ou les conventions, au sujet de l'exécution des ouvrages d'art pour une ou deux voies. Le lecteur voudra bien se reporter aux pages 708 et suivantes.

2. Hauteur libre. — La hauteur verticale ménagée au-dessus des rails extérieurs de chaque voie, pour le passage des trains, doit être de 4 m. 80 au moins, d'après les cahiers des charges des chemins de fer d'intérêt général. Ce minimum n'a cependant été fixé qu'à 4 m. 30, pour les chemins algériens concédés à la Compagnie de Paris-Lyon-Méditerranée et pour la plupart des lignes concédées aux autres Compagnies algériennes.

La hauteur sous clef des souterrains doit être de 6 mètres pour les lignes à double voie et de 5 mètres pour les lignes à voie unique.

Aux termes du cahier des charges type des chemins de fer d'intérêt local, la hauteur du matériel roulant doit être au plus de 4 m. 20 pour la voie de 1 m. 44; elle est déterminée, dans chaque cas particulier, pour la voie étroite. Quant à la distance verticale à ménager au-dessus des rails pour le passage des trains, sur une largeur égale à celle qui est occupée par les caisses des voitures, elle doit être, au minimum, de 4 m. 80 pour la voie de 1 m. 44; pour la voie étroite, elle doit excéder de 0 m. 60 la hauteur du matériel roulant. La hauteur sous clef des souterrains doit être égale à la hauteur maximum du matériel, augmentée d'un intervalle libre de 1 m. 20 au moins, pour l'aérage.

Suivant le dernier fascicule des « Documents statistiques », la situation à la fin de 1883 était la suivante, en ce qui concerne les grandes Compagnies :

DÉSIGNATION DES CHEMINS	HAUTEUR MINIMUM DE L'INTRADOS AU-DESSUS DES RAILS	
	Passages supérieurs	Souterrains
	m.	m.
Nord	4,70	»
Est	4,29	4,48
Ouest	4,00	4,50
Orléans	4,20	4,30
Paris-Lyon-Méditerrannée	4,30	3,90
Midi	4,30	4,50
Ceinture de Paris (rive droite)	4,80	4,50
Grande ceinture de Paris	4,80	5,10

3. Obstacles fixes près des rails. — Indépendamment des piédroits de ponts ou de souterrains, les chemins de fer comportent nécessairement un certain nombre d'obstacles fixes, tels que piliers, grues hydrauliques, candélabres, etc.... Si ces obstacles étaient placés trop près des rails, il en résulterait inévitablement des accidents pour les mécaniciens ou les chauffeurs, qui sont souvent obligés de se pencher à l'extérieur de leurs machines, et pour les agents des trains, qui peuvent être conduits à circuler sur les marchepieds.

Le 10 juin 1868, le Ministre des travaux publics a décidé, spécialement pour le réseau de l'Est : 1° que dorénavant aucun obstacle s'élevant au-dessus du niveau des marchepieds ne pourrait être placé à moins de 1 m. 35 du bord du rail le plus rapproché, appartenant à une voie principale; 2° que les obstacles placés à une distance moindre pourraient être maintenus, à moins d'une décision contraire, mais que leur distance serait ramenée au chiffre de 1 m. 35, lorsque des modifications apportées dans la consistance des gares le permettraient.

Une étude générale prescrite en vue de l'application de ces mesures à tous les réseaux a fait connaître que, sur beaucoup de points, la distance des obstacles fixes était inférieure à 1 m. 35. La Commission des règlements, consultée à cet égard, a conclu au maintien du minimum de 1 m. 35, mais en admettant des exceptions à autoriser, sur la demande motivée de la Compagnie; cet avis a été approuvé par décision ministérielle du 29 avril 1869.

Le chiffre de 1 m. 35 est un peu inférieur à celui qui correspond à la largeur de 8 mètres assignée aux ouvrages d'art à double voie et qui est de 1 m. 43 ; il l'est également à celui qui correspond à la largeur de 4 m. 50 assignée aux ouvrages d'art à simple voie et qui est de 1 m. 465. Mais on comprend que le danger créé par des obstacles isolés ne soit pas aussi redoutable que celui des obstacles d'une certaine longueur.

CHAPITRE IV

DES GARES, STATIONS ET HALTES
ET DE LEURS AVENUES D'ACCÈS

1. Observation préliminaire. — En traitant des projets et des travaux supplémentaires à exécuter après la mise en exploitation du chemin de fer, nous avons indiqué quelles sont les formalités d'instruction prescrites au sujet des gares, stations et haltes ; quelle est l'étendue des pouvoirs de l'Administration pour la fixation de leur emplacement et de leurs dispositions ; quelles sont les limites de ces pouvoirs pour la création de gares ou stations nouvelles, après l'approbation des projets primitifs. Le lecteur voudra bien se reporter à ces indications (page 659 et suivantes).

Nous nous bornerons à traiter ici les questions que nous n'avons pas encore abordées.

2. Espacement des stations. — Les actes de concession ne renferment et ne peuvent renfermer aucune règle relativement à l'espacement des gares et stations pour voyageurs et marchandises. Cet espacement varie avec la nature et le rôle de la ligne, ainsi qu'avec la densité de la population et sa distribution le long du tracé : tel chemin qui doit surtout desservir le trafic de transit et sur lequel doivent circuler des trains de grande vitesse comportera moins d'arrêts qu'une ligne secondaire établie en vue des intérêts locaux ; il en sera de même d'un chemin se développant dans une région dont la population est peu considérable ou concentrée dans un certain nombre de centres importants, comparé à une ligne parcourant au contraire une région très peuplée ou rencontrant beaucoup de localités échelonnées sur son tracé.

Voici quelle était la situation, au 31 décembre 1884, pour les chemins de fer d'intérêt général :

RÉSEAUX OU LIGNES	LONGUEURS	NOMBRE de STATIONS	ESPACEMENT MOYEN (1)
	km.		km.
Nord..........................	3.371	576	5,752
Est...........................	3.940	683	5,289
Ouest........................	4.101	659	6,177
Orléans......................	5.313	722	7,169
P.-L.-M......................	7.620	1.211	6,358
Midi.........................	2.589	384	6,832
Ceinture de Paris (rive droite)............	17	11	1,408
Grande ceinture........................	92	20	4,200
Compagnies diverses......................	230	51	4,792
Réseau de l'État.........................	2.090	246	6,471
TOTAUX ET MOYENNES............	29.379	4.563	6,315

A la fin de 1855, l'espacement moyen était de 7 kilomètres. Il a donc diminué. Cette réduction tient à plusieurs causes : les lignes nouvelles qui viennent s'ajouter successivement au réseau ont généralement des stations plus rapprochées que les lignes primitives ; des besoins nouveaux, qui n'existaient pas lors de la construction, se manifestent après coup et ont pour conséquence l'ouverture de stations supplémentaires ; enfin, des centres secondaires de population, qu'il n'avait pas paru utile de desservir directement, harcèlent sans cesse l'Administration et les Compagnies par leurs sollicitations et finissent souvent par obtenir gain de cause. L'établissement du troisième réseau amènera sans doute encore une diminution du chiffre moyen de 1884 : car les chemins qui le composent ne peuvent, pour la plupart, vivre et remplir leur rôle qu'à la condition de recueillir le trafic sur tous les points où ils peuvent en trouver ; la multiplicité des arrêts ne saurait d'ailleurs constituer une gêne pour leur exploitation technique, qui ne comportera en général que des trains à marche relativement lente.

A la fin de 1884, l'espacement moyen pour les chemins de fer d'intérêt local était de 4 m. 084 seulement. L'infériorité de ce chiffre par rapport à celui du tableau précédent confirme les observations que nous venons de présenter sur le nombre des arrêts, en ce qui concerne les lignes secondaires.

(1) Dans les statistiques officielles, on a assimilé à des stations les points de bifurcation sur des lignes étrangères au réseau et augmenté d'autant les nombres portés dans la 3ᵉ colonne du tableau. Les chiffres ci-dessus sont empruntés à ces statistiques.

3. Proportion entre le développement des voies principales et celui des voies accessoires. — Il peut être intéressant de connaître la mesure dans laquelle les voies de garage ou d'évitement augmentent le développement des voies principales. Nous croyons donc devoir donner, à cet égard, quelques chiffres puisés dans les statistiques du Ministère des travaux publics, au 31 décembre 1884 :

RÉSEAUX OU LIGNES	LONGUEUR DES VOIES		PROPORTION des voies principales aux voies accessoires
	PRINCIPALES	ACCESSOIRES	
	km.	km.	
Nord....................................	5.247	1.644	31 %
Est......................................	6.906	1.156	17
Ouest...................................	5.520	947	17
Orléans..................................	6.841	1.120	16
P.-L.-M..................................	11.901	1.528	13
Midi....................................	3.424	927	27
Ceinture de Paris (rive droite)	34	24	71
Grande ceinture....................	184	32	17
Compagnies diverses...............	236	62	26
Réseau de l'État...................	2.194	357	16
TOTAUX ET MOYENNES....	42.487	7.797	18 %

La majoration très considérable relatée pour le réseau du Nord s'explique par l'intensité du trafic sur ce réseau.

Pour les chemins de fer d'intérêt local, la proportion était de 13 °/₀ environ à la fin de 1884.

4. Avenues d'accès aux gares et stations. — L'accès des gares et stations doit être assuré dans des conditions satisfaisantes. Les Compagnies ont, presque dans tous les cas, à construire à cet effet des chemins spéciaux ou avenues, dont les projets sont approuvés en même temps que ceux des gares et qui sont établis sur des terrains acquis au même titre que l'assiette du chemin de fer.

A la suite de quelques difficultés, M. Varroy avait cru devoir préciser les obligations des concessionnaires dans le projet de convention de 1882 avec la Compagnie d'Orléans et y avait inséré la clause suivante : « Les « stations, haltes et gares de marchandises devront être raccordées avec le « chemin classé le plus voisin par des avenues, que la Compagnie établira « à ses frais et dont l'entretien restera à sa charge, tant qu'elles n'auront

« pas été classées comme voies publiques nationales, départementales ou
« communales. »

L'introduction de cette clause dans les contrats de concession pouvait
avoir de l'intérêt en 1882, parce que le Conseil d'État ne s'était pas prononcé sur l'étendue des obligations des Compagnies. Aujourd'hui elle
serait inutile. En effet le Conseil a reconnu, par un arrêt du 26 février 1886
(Cie de P.-L.-M.), que les Compagnies sont tenues de construire des avenues
livrant accès à leurs gares et stations. L'examen du cahier des charges ne
peut laisser aucun doute sur le bien fondé de cette décision.

D'une part, l'article 9 comprend explicitement, parmi les dispositions
des projets de gare à soumettre à l'approbation du Ministre, celles de leurs
abords, et il est incontestable que cette expression s'applique aux cours et
aux voies d'accès, sans lesquelles il n'y aurait pas à proprement parler de
gare ouverte au public. Le Ministre a d'ailleurs, aux termes du même
article, le droit de prescrire telles modifications qu'il juge nécessaires dans
les dispositions proposées par les Compagnies.

D'autre part, les voies d'accès font, sans aucun doute, partie des dépendances du chemin de fer que visent les articles 3 et 21. En déniant leur
obligation d'exécuter les avenues d'accès, les Compagnies s'exposeraient
à perdre le bénéfice du droit d'expropriation, dont elles sont investies par
l'article 21, au cas où elles jugeraient la création de voies d'accès conforme
à leurs intérêts, puisqu'elles feraient alors une œuvre considérée par elles-
mêmes comme étrangère à l'objet de leur concession.

Néanmoins, les obligations des Compagnies ont été précisées dans quelques conventions récentes avec des Compagnies algériennes ou des Compagnies secondaires d'intérêt général sur le territoire de la métropole.

Nous aurons à indiquer plus loin quel est le régime des avenues d'accès
au point de vue des propriétés riveraines, dans quels cas et sous quelles
conditions elles peuvent être closes, quel est le devoir des Compagnies pour
leur entretien. Comme nous le verrons, quand les chemins d'accès ne servent pas au rétablissement des communications interceptées par la voie
ferrée, quand elles sont exclusivement destinées au service du chemin de
fer, les Compagnies contestent aux riverains le droit d'y prendre gratuitement des issues, comme sur les voies publiques ordinaires ; elles
refusent d'assumer des charges qui ne seraient pas motivées par le service
de la voie ferrée, qui ne se rattacheraient pas directement à leur concession, qui grèveraient l'entretien dans une proportion plus ou moins considérable. Il en résulte des inconvénients, sur lesquels nous n'avons pas à
insister, pour les propriétaires riverains et pour les localités, dont l'expan-

sion s'impose toujours aux abords des gares. Aussi les avenues sont-elles fréquemment détachées des dépendances du chemin de fer et classées soit dans le réseau des voies urbaines, vicinales ou départementales, soit dans celui des routes nationales (1).

Ce changement d'affectation a lieu à titre gratuit. Mais les départements et surtout les communes ont à contracter certains engagements, tels que celui de conserver aux avenues leur destination, de ne pas réduire leur largeur, de pourvoir à leur bon entretien et à leur éclairage, s'il y a lieu, pendant la nuit. On comprend, en effet, qu'il soit nécessaire de se prémunir contre certaines éventualités qui priveraient les gares de leurs accès ou rendraient ces accès insuffisants.

En livrant les avenues des gares aux départements ou aux communes, les Compagnies s'exonèrent de leur entretien et recueillent ainsi un avantage incontestable. De leur côté, les villes en profitent au point de vue de leur développement; elles peuvent d'ailleurs percevoir des droits de voirie, qui compensent, au moins dans une certaine mesure, les dépenses mises à la charge de leur budget.

Dans quelle forme la remise est-elle opérée? Il y a lieu de distinguer à cet égard.

Si l'avenue doit être classée comme annexe d'une route nationale, elle reste dans le domaine public national; mais il n'en faut pas moins un décret rendu dans la forme des règlements d'administration publique, par application de la loi du 27 juillet 1870. Si elle doit être classée dans le domaine public départemental, une délibération du Conseil général est nécessaire, en conformité de la loi du 10 août 1871, article 48, § 7. La remise est ensuite ordonnée par un décret, en vertu de l'article 1er de la loi du 24 mai 1842, ainsi conçu : « Les portions « de routes royales délaissées par suite de changement de tracé ou d'ou- « verture d'une nouvelle route pourront, sur la demande ou avec l'assen- « timent des conseils généraux des départements ou des conseils munici- « paux des communes intéressées, être classées, par ordonnances royales, « soit parmi les routes départementales, soit parmi les chemins vicinaux « de grande communication, soit parmi les simples chemins vicinaux. » Bien que l'applicabilité littérale de cette disposition puisse être contestée, elle a été admise en 1882, après une étude minutieuse de la question, par

---

(1) Par une circulaire du 17 août 1873, le Ministre de l'intérieur a recommandé le classement dans la catégorie des chemins de grande communication ou d'intérêt commun, plutôt que dans celle des chemins vicinaux ordinaires, attendu que les chemins d'accès aux gares ou stations servent généralement à plusieurs communes.

les Ministres des finances, des travaux publics et de l'intérieur (voir la circulaire du Ministre des travaux publics en date du 5 avril 1882). Le décret intervient sur le rapport du Ministre de l'intérieur et conformément à l'avis du Ministre des travaux publics.

Les règles sont les mêmes pour le classement, soit parmi les chemins de grande communication, d'intérêt commun ou vicinaux, soit parmi les voies urbaines, si ce n'est que, pour les chemins vicinaux et les voies urbaines, la demande ou l'adhésion doit émaner du conseil municipal et qu'il faut de plus, pour les chemins vicinaux, un avis de la Commission départementale, en conformité de la loi du 10 août 1871.

CHAPITRE V

DU RÉTABLISSEMENT DES COMMUNICATIONS
INTERCEPTÉES PAR LE CHEMIN DE FER

1. Dispositions des cahiers des charges. — Le cahier des charges
de 1857-1859 détermine, dans ses articles 10 et suivants, les principales règles relatives au rétablissement des communications interceptées
par le chemin de fer.

A moins d'obstacles locaux, dont l'appréciation appartient à l'Administration, les routes nationales ou départementales ne peuvent être franchies que par des passages supérieurs ou inférieurs (1). Les croisements
à niveau sont tolérés pour les chemins vicinaux, ruraux, ou particuliers.

La largeur entre parapets des passages supérieurs et l'ouverture des
passages inférieurs sont fixées par l'Administration, en tenant compte des
circonstances locales, sans pouvoir être inférieures à 8 mètres pour les
routes nationales, à 7 mètres pour les routes départementales, à 5 mètres
pour les chemins de grande communication et à 4 mètres pour les chemins
vicinaux ordinaires.

La hauteur sous poutres des passages inférieurs à tablier en métal
ou en bois doit être de 4 m. 30 au moins; la hauteur sous clef des passages inférieurs cintrés doit être de 5 mètres au minimum.

Sur les passages à niveau, les rails doivent être posés sans saillie, ni
dépression sur le niveau des voies des terres traversées par le chemin de
fer. Le minimum de l'angle de croisement est de 45°; les voitures ou les
piétons courraient, en effet, le risque de s'engager sur la voie ferrée, surtout pendant la nuit, si l'angle était trop aigu.

---

(1) Les « passages supérieurs » sont les passages des voies de terre par-dessus le chemin
de fer ; les « passages inférieurs » sont les passages par-dessous le chemin de fer.

En principe, l'inclinaison des pentes et rampes d'accès des voies publiques modifiées ne doit pas excéder 0, 03 pour les routes nationales ou départementales et 0, 05 pour les chemins vicinaux. Toutefois l'Administration reste juge des circonstances qui pourraient motiver une dérogation à cette clause, comme à celle qui est relative à l'angle de croisement des passages à niveau.

Dans les cahiers des charges plus récents pour la concession de chemins de fer d'intérêt général, l'obligation de franchir les routes nationales ou départementales par des passages supérieurs ou inférieurs a été supprimée. Certaines réductions de largeur ont été prévus en Algérie et en Corse.

Le cahier des charges type des chemins de fer d'intérêt local porte que « le concessionnaire sera tenu de rétablir les communications interceptées « par le chemin de fer, suivant les dispositions qui seront approuvées « par l'Administration compétente ». Il fixe les mêmes dimensions que les cahiers des charges des chemins de fer d'intérêt général pour la largeur des passages supérieurs ou inférieurs et pour l'angle des passages à niveau ; il assigne aux passages de cette dernière catégorie une ouverture libre d'au moins 6 mètres pour les routes nationales ou départementales et 4 mètres pour les autres chemins ; il arrête le maximum de l'inclinaison des rampes d'accès à 0, 03 pour les routes nationales et à 0, 05 pour les chemins vicinaux, et stipule, en outre, que la déclivité des routes et chemins aux abords des passages à niveau sera réduite à 20 millimètres au plus sur 10 mètres de longueur de part et d'autre.

2. Instruction et approbation des projets. — Nous avons déjà indiqué, page 650 et suivantes, les formalités d'instruction auxquelles doivent être soumis, avant leur approbation, les projets présentés par les Compagnies pour le rétablissement des communications interceptées par le tracé du chemin de fer.

Nous nous bornons donc à rappeler que ces projets doivent subir l'épreuve de l'enquête prescrite par le titre II de la loi du 3 mai 1841. Le Conseil d'État a rappelé cette règle à diverses reprises (23 février 1870, Compagnie d'Orléans contre la commune de Villerable ; 12 juillet 1871, Thomas ; 20 juin 1873, Compagnie d'Orléans contre Deslys ; 20 mars 1874, Compagnie de Paris-Lyon-Méditerranée contre la ville de Cannes).

3. Étendue des pouvoirs de l'Administration. — Le Ministre des travaux publics a un pouvoir discrétionnaire pour statuer, dans les limites

du cahier des charges, sur les conditions dans lesquelles doivent être
rétablies les communications interceptées par le tracé. Ce pouvoir s'étend,
non seulement aux voies publiques, mais encore aux voies particulières :
pour ces dernières, comme pour les autres, bien qu'il n'agisse plus
comme grand-voyer, comme gardien des intérêts généraux de la circulation publique, il n'en a pas moins seul qualité pour arrêter les dispositions
à adopter, sous toutes réserves des indemnités susceptibles d'être dues
aux propriétaires intéressés. Ce principe fondamental, inscrit dans le
cahier des charges, n'a cessé d'être affirmé par le Conseil d'État.

Les Conseils de préfecture seraient incompétents pour ordonner des
travaux : ce n'est d'ailleurs que l'application d'une règle générale de compétence qui n'est pas spéciale à la matière. (Conseil d'État, 31 janvier 1846,
Compagnie des chemins de fer du Gard contre la commune de Ners.)

L'autorité judiciaire ne saurait non plus prescrire des travaux, ni connaître de la validité et des effets des décisions administratives concernant
le déplacement des voies de terre. (Ordonnance sur conflit du 11 mars
1843, Lorentz et consorts contre les sieurs Koechlin ; décret sur conflit du
2 janvier 1857, Prével, Baudoin et consorts contre la Compagnie de l'Est.)

Les décisions du Ministre des travaux publics sont des actes d'administration qui ne peuvent être déférées à la censure du Conseil d'État,
ni par les concessionnaires, ni par les tiers. (Conseil d'État, 12
août 1848, Compagnie du Nord ; 15 avril 1857, commune d'Aulnay ; 1er
avril 1869, ville de Dreux ; 12 juillet 1871, Thomas ; 10 novembre 1874,
ville de Montluçon ; 21 juillet 1881, commune de Thil.)

Un recours pour excès de pouvoirs, par application de la loi des 7-14
octobre 1790, du décret du 2 novembre 1864 et de la loi du 24 mai 1872,
ne serait recevable que s'il était argué de l'inaccomplissement des formalités voulues d'instruction, telles que l'enquête du titre II de la loi du 3 mai
1841, ou si le Ministre avait statué en dehors des limites de l'acte de con
cession. Comme nous l'avons déjà fait connaître, ce dernier cas s'est
réalisé une fois : un décret du 9 avril 1859 avait déclaré d'utilité publique
l'agrandissement de la gare de Lyon à Paris et, à l'occasion de ce travail,
le Ministre avait prescrit un prolongement de rue qui ne se rattachait pas
directement à l'œuvre déclarée d'utilité publique ; le Conseil d'État a
annulé sa décision, à la requête de la ville de Paris (14 août 1865).

L'irrecevabilité des recours formés devant le Conseil d'État contre les
décisions du Ministre (sauf les cas d'excès de pouvoirs) ne fait point obstacle à ce que les Compagnies introduisent devant le Conseil de préfecture
une demande en interprétation de leur cahier des charges et fassent ainsi
déterminer le sens et la portée des clauses de leur acte de concession, con-

formément à l'article 4 de la loi du 28 pluviôse an VIII. (Conseil d'État, 12 août 1848, Compagnie du Nord ; 26 février 1886, Compagnie de Paris-Lyon-Méditerranée.) Elle n'empêche pas davantage les tiers et notamment les communes ou les particuliers de faire valoir, le cas échéant, leurs droits à indemnité devant l'autorité compétente.

Avant comme pendant l'exécution, le Ministre peut, sur la proposition du concessionnaire, apporter des modifications aux projets primitivement approuvés (art. 3, § 2, du cahier des charges). Les décisions approuvant ces modifications ont exactement le même caractère que les premières, et l'autorité judiciaire serait incompétente pour statuer sur les réclamatisns qu'elles pourraient provoquer. (Cour de cassation, 26 juin 1866, Compagnie d'Orléans contre Sandral.) S'il doit en résulter une altération sensible des conditions antérieurement arrêtées et si elles sont susceptibles de causer un préjudice aux tiers intéressés, elles doivent être précédées d'une enquête ; dans le cas contraire, cette formalité est inutile. (Conseil d'État, 20 novembre 1874, ville de Montluçon.)

Le Conseil d'État a même reconnu que le Ministre pouvait, après coup, prescrire d'office des modifications, telles que la substitution d'un passage à niveau à un passage inférieur, sans que sa décision fût susceptible d'un recours contentieux direct devant le Conseil d'État, la Compagnie restant libre d'engager une instance devant le Conseil de préfecture comme nous l'avons expliqué précédemment (12 août 1848, Compagnie du Nord).

4. Travaux exécutés sans autorisation. — Faute par les Compagnies de se pourvoir d'une autorisation régulière, elles ne pourraient se prévaloir de leur qualité de concessionnaires de travaux publics. C'est encore là un principe général, qui a été spécialement confirmé par un décret au contentieux du 17 mars 1859. La Compagnie de l'Ouest avait commencé, sans y être explicitement autorisée, la démolition du pont de la rue de Stockholm, pour l'agrandissement de la gare Saint-Lazare ; l'ouvrage, partiellement détruit, constituant un danger pour la sécurité de la circulation sur le chemin de fer, le Ministre avait prescrit l'achèvement de la démolition. Les sieurs Martell et autres obtinrent du Conseil de préfecture la condamnation de la Compagnie au paiement d'une indemnité pour le dommage que la suppression du pont causait à un de leurs immeubles. Le Conseil d'État annula cette décision, attendu que la mesure prescrite par le Ministre dans l'intérêt exclusif de la sécurité n'avait pu couvrir l'irrégularité de la démolition et que, dès lors, la juridiction administrative était incompétente.

Les concessionnaires se placent, en outre, sous le coup des peines édictées par les articles 12 et suivants de la loi du 15 juillet 1845 sur la police des chemins de fer (1). Alors même qu'ils obtiendraient plus tard une décision approuvant les modifications, cette décision ne ferait pas disparaître la contravention ; mais elle pourrait permettre de conserver les ouvrages et d'en éviter la démolition. (Conseil d'État, 4 mars 1858, Compagnie de l'Est ; 31 mars 1874, Compagnie de Paris-Lyon-Méditerranée.)

Les travaux exécutés par des particuliers, par exemple pour des passages à niveau, exposent aussi ceux qui les ont faits à des poursuites pour contravention de grande voirie, alors même que ces travaux auraient reçu l'adhésion des concessionnaires, s'ils n'ont pas été dûment approuvés par l'Administration. C'est ce qui a été jugé le 29 mars 1851 par le Conseil d'État, à l'occasion d'ouvrages établis en vertu des stipulations d'un acte d'acquisition de terrains.

5. Difficultés relatives à l'exécution des décisions ministérielles. — Quelle est l'autorité compétente pour connaître des litiges nés à l'occasion de la prétendue non-conformité entre les dispositions exécutées et les dispositions approuvées par le Ministre? Le Conseil d'État a eu à se prononcer à ce sujet, le 23 février 1870 (Compagnie d'Orléans contre la commune de Villerable). La Compagnie et le Ministre soutenaient que l'auteur de la décision était seul compétent pour connaître de son exécution. Le commissaire du Gouvernement, M. de Belbeuf, tout en reconnaissant qu'il appartenait au Ministre de préciser le sens et la portée de ses décisions et d'en donner l'interprétation, fit valoir qu'une fois les conditions du rétablissement des communications réglées par le Ministre, il y avait un droit acquis pour les intéressés et que, dès lors, la connaissance des difficultés relatives à l'inexécution ou à l'exécution incomplète des actes de l'autorité supérieure était nécessairement dévolue à la juridiction contentieuse. Le Conseil d'État, se ralliant à cette opinion, déclara que le Conseil de préfecture avait pu valablement ordonner une expertise à l'effet de vérifier si les travaux étaient conformes à la décision approbative, bien que cette conformité fût attestée par un procès-verbal en due forme signé par les agents de la Compagnie, du contrôle et du service vicinal, mais sans acceptation de la commune.

Trois arrêts dans le même sens ont été rendus par le Conseil d'État, le 20 juin 1873 (Compagnie d'Orléans contre Deslys), le 26 novembre 1880

(1) Nous reviendrons sur ce point, en traitant de la police des chemins de fer.

(Compagnie d'Orléans contre la ville de Sens) et le 16 juin 1882 (Compagnie d'Orléans à Châlons contre la commune de Paron).

Toutefois la juridiction contentieuse devrait repousser comme non recevables les requêtes des tiers qui porteraient sur les conditions d'exécution de chemins exclusivement ordonnés dans l'intérêt de la voie ferrée (4 août 1876, Compagnie de Paris-Lyon-Méditerranée contre la commune de Manduel).

6. Des dommages causés par les modifications apportées aux voies de communication. — Renvoi à un article suivant. — De même que M. Aucoc, nous avons cru préférable de grouper toutes les questions se rattachant soit aux indemnités de dépossession, soit aux indemnités de dommage, dues par les Compagnies à l'occasion des travaux de chemins de fer. Ces questions seront traitées dans deux chapitres ultérieurs, auxquels nous ne pouvons par suite que renvoyer.

7. De la remise des voies modifiées ou déviées. — Il appartient aux Compagnies de prendre l'initiative de la remise des voies publiques déviées, modifiées ou créées à l'occasion de la construction du chemin de fer. Toutefois, l'Administration a toujours le droit de prescrire cette remise, soit d'office, soit sur la réclamation des services intéressés, si la Compagnie n'y procède pas en temps utile.

L'opération doit faire l'objet d'un procès-verbal en due forme (circulaire ministérielle du 12 juin 1850). La reconnaissance et le récolement des travaux sont effectués, sous la direction de l'ingénieur en chef du contrôle, en présence des représentants de la Compagnie, par les représentants des services qui doivent accepter les ouvrages et demeurer chargés de leur entretien, notamment :

Pour les routes nationales, par les ingénieurs des Ponts et Chaussées ;

Pour les routes départementales, par les ingénieurs ou les autres agents dans les attributions desquels elles sont placées ;

Pour les chemins de grande communication ou d'intérêt commun, par les agents-voyers ;

Pour les chemins vicinaux ou ruraux, par les maires des communes intéressées, assistés, s'il y a lieu, des agents-voyers ;

Pour les travaux intéressant les syndicats, par les directeurs de ces associations.

Les procès-verbaux de reconnaissance et de remise des travaux sont dressés en triple expédition, dont l'une est destinée à la Compagnie, la seconde au chef du service intéressé et la troisième à l'ingénieur en chef du contrôle. (Circulaire ministérielle du 21 février 1877.) Les types de formules à employer sont joints à la circulaire ministérielle du 28 juin 1879.

On remarquera que le maire a seul qualité pour accepter la remise des chemins vicinaux ou ruraux ; les agents-voyers, bien que chargés du service technique, ne le sont pas de l'administration proprement dite de ces chemins ; leur intervention dans les opérations de récolement ne constitue qu'un acte d'instruction, n'a qu'un caractère consultatif.

Les procès-verbaux sont soumis à l'homologation du préfet.

Il importe que des procès-verbaux distincts soient dressés pour chaque service intéressé. Dans le cas où un même procès-verbal se référerait à tort à des ouvrages dépendant de services différents, la Compagnie ne serait pas fondée à invoquer la signature du représentant de l'un de ces services comme équivalente à une acceptation d'ouvrages qui, par leur nature, ne devaient pas lui être remis. (Conseil d'État, 12 janvier 1883, ville de Grenoble contre Compagnie de Paris-Lyon-Méditerranée, dame Jayet et Tony-Fontenay.)

Si les travaux exécutés par la Compagnie sont l'objet de réclamations dont elle conteste le bien-fondé, ces réclamations doivent être soumises à l'Administration supérieure, avec un rapport des ingénieurs du contrôle. (Dépêche ministérielle du 20 février 1856 au préfet de l'Eure.)

Il peut arriver que les services intéressés refusent la remise qui leur est offerte. Le Ministre a incontestablement le droit d'ordonner la remise d'office des chemins modifiés ou déviés, après s'être assuré que les modifications sont conformes aux dispositions approuvées.

Les décisions du Ministre ne sont pas susceptibles d'être déférées au Conseil d'État par la voie contentieuse. (Conseil d'État, 1er avril 1869, ville de Dreux contre Compagnie de l'Ouest; 10 novembre 1882, ville d'Aurillac contre Compagnie d'Orléans.)

Lorsqu'il s'agit de voies nouvelles ne remplaçant pas des communications interceptées par le chemin de fer, l'autorité supérieure n'a pas le même droit (1); mais les Compagnies, conservant la charge de l'entretien, pourraient, le cas échéant, être autorisées à prendre les mesures nécessaires pour réduire cet entretien à ce qu'exigent les besoins et les intérêts de la voie ferrée, par exemple à poser des clôtures, de manière à restreindre à leur service spécial l'affectation des nouvelles voies : c'est un point sur lequel nous aurons à revenir, en traitant du régime des propriétés riveraines du chemin de fer et de ses dépendances.

(1) Voir *supra*, page 757 et suivantes, les indications données à propos des chemins d'accès aux gares et stations.

Si des conventions spéciales étaient intervenues avant l'exécution des travaux entre la Compagnie et le département ou la commune, les tribunaux administratifs, appelés à statuer sur la difficulté, auraient à apprécier le sens et la portée de ces conventions, en vertu du § 2 do l'article 4 de la loi du 28 pluviôse an VIII (décisions précitées du Conseil d'État du 1er avril 1869 et du 10 novembre 1882).

A défaut de remise officielle, une prise de possession de fait peut être considérée comme équivalente, pourvu qu'elle ait eu lieu sans réserve, qu'elle remonte à une époque assez éloignée et qu'elle soit attestée par des faits suffisamment nombreux et répétés. Plusieurs décisions ministérielles sont intervenues dans ce sens. Nous ne connaissons pas de décision contentieuse en la matière; mais il est facile de préjuger comment statuerait, le cas échéant, le Conseil d'État, en remarquant qu'il a assimilé à la réception provisoire la prise de possession des travaux exécutés par les entrepreneurs des Ponts et Chaussées. (Voir notamment l'arrêt du 16 mars 1877, ville d'Arcachon.)

La remise des déviations de voies publiques leur attribue ipso facto le caractère des voies auxquelles elles se rattachent et les place sous le même régime.

Quant aux chemins particuliers, il doivent être remis à leurs propriétaires; les difficultés relatives à cette remise peuvent être, suivant les cas, portées soit devant les tribunaux ordinaires, appelés à connaître du sens et de l'exécution des décisions du jury ou des conventions amiables, soit devant le Conseil de préfecture, appelé à connaître du règlement des indemnités de dommage.

Les passages à niveau doivent nécessairement rester dans les dépendances de la voie ferrée. Il doit en être de même, sauf exception, des ouvrages d'art construits pour le passage des voies publiques par-dessus ou par-dessous la voie ferrée : on conçoit, en effet, tous les inconvénients et même les dangers qu'il pourrait y avoir pour l'exploitation à placer en d'autres mains que celles de la Compagnie des travaux se rattachant intimement au corps même du chemin de fer ; on comprend aussi combien il serait inique de faire peser sur les autres services la charge de l'entretien de ces travaux. Tout au plus peut-il y avoir lieu de remettre la chaussée des passages supérieurs et inférieurs aux services intéressés. Le Conseil d'État, statuant au contentieux, n'a été appelé à se prononcer qu'une fois sur un litige concernant l'entretien d'un passage supérieur : il s'agissait d'un ouvrage établi par la Compagnie du chemin de Paris à Saint-Germain à la rencontre de la rue de Stockholm ; le Conseil a mis à la charge de la Compagnie les frais d'entretien du tablier de ce pont, sauf contribution de la ville de Paris pour une quote-part fixée d'après le prix moyen de l'entretien du pavé dans ladite rue (29 mars 1853).

Les passages supérieurs ou inférieurs desservant des voies particulières n'appartiennent pas nécessairement, dans toutes leurs parties, aux dépendances du chemin de fer ; mais, en tout état de cause, la Compagnie doit conserver la surveillance et l'autorité sur les travaux d'entretien de nature à compromettre la sécurité de la circulation des trains.

Nous aurons l'occasion de traiter plus longuement, par la suite, la question des passages à niveau.

8. **De la propriété des parties de routes ou de chemins délaissées par suite des déviations.** — *a.* VOIES PUBLIQUES. — Des parties de routes ou de chemins deviennent souvent inutiles et sont délaissées par suite des modifications qui y sont apportées. Les Compagnies, qui ont fait les frais des déviations, ont-elles droit à la propriété ou à la jouissance de ces délaissés, à titre de compensation ?

La question a été déférée une première fois au Conseil de préfecture de la Seine, vers 1870, à propos de deux tronçons abandonnés des routes nationales de Paris à Maubeuge et de Valenciennes à Givet (Cie du Nord) ; le débat portait tout à la fois sur la compétence et sur le fond. Relativement à la compétence, l'Administration des finances soutenait qu'il s'agissait d'une difficulté de propriété dont la connaissance appartenait exclusivement à l'autorité judiciaire : par son arrêté du 14 juillet 1870, le Conseil de préfecture a décidé que la contestation avait sa source dans l'étendue des obligations réciproques de l'État et des Compagnies, que l'interprétation du cahier des charges pouvait seule permettre de la résoudre et que, dès lors, il appartenait exclusivement à la juridiction administrative d'en connaître conformément à l'article 4 de la loi du 28 pluviôse an VIII. Relativement au fond, le Conseil de préfecture a jugé dans les termes suivants : « Considérant que les projets et plans pour « l'exécution du chemin de fer comportaient la suppression des deux « tronçons de routes nationales dont il s'agit et obligeaient la Compagnie « à les remplacer par d'autres tronçons achetés et exécutés à ses frais ; « que l'Administration, au nom de l'État, en autorisant, suivant le cahier « des charges, lesdits travaux et la substitution des nouveaux tronçons « de routes nationales à ceux dont elle a prononcé la suppression, a

« formellement abandonné à la Compagnie les tronçons devenus inutiles,
« sauf le droit des riverains, en vertu de la loi du 24 mai 1842 ; que c'est
« là une conséquence naturelle et directe. des clauses essentielles du
« marché de travaux publics constituant la concession du chemin de fer ;
« que la loi qui l'a sanctionné a, d'avance, sanctionné aussi l'abandon à
« titre de compensation des tronçons supprimés ; que les motifs ci-dessus
« déduits au sujet de la substitution d'une nouvelle gare à une gare
« supprimée (1) s'appliquent également à la déviation d'une route natio-
« nale...... Les cahiers des charges de la Compagnie du Nord sont
« interprétés en ce sens : 1°.....

« 2° Que les deux tronçons abandonnés des routes nationales de Paris
« à Maubeuge et de Valenciennes à Givet, et provenant de la déviation de
« ces deux routes, opérée aux frais de la Compagnie, pour l'établisse-
« ment de la voie ferrée, doivent être et demeurent à l'entière et absolue
« disposition de la Compagnie, comme compensation et condition des
« nouveaux tronçons par elle construits et dûment reçus par le Ministre
« des travaux publics, pour remplacer les tronçons dont il a prononcé la
« suppression, sauf le droit des propriétaires riverains, suivant la loi du
« 24 mai 1842. »

Peu de jours après, le 24 août 1870, la Cour de cassation « considérant
« que la revendication dirigée par l'État contre les Compagnies, relative-
« ment à des portions de routes nationales abandonnées par suite de dé-
« viations opérées par les soins et aux frais de ces Compagnies, ne reposait
« sur l'invocation d'aucun titre de propriété assujetti aux règles du droit
« civil, mais qu'elle dépendait du plus ou moins d'étendue de la conces-
« sion faite aux Compagnies par leur cahier des charges ; qu'ainsi l'action
« de l'État n'était, au fond, qu'une difficulté sur le sens et la portée des
« clauses dudit cahier des charges », reconnaissait la compétence des tribunaux administratifs et cassait deux arrêts, l'un de la Cour de Rennes,
l'autre de la Cour de Bordeaux, et faisait tomber ainsi des décisions judiciaires intervenues en faveur de la prétention de l'État.

Cependant le Ministre des finances persistait à contester la compétence
de la juridiction administrative. Le Conseil de préfecture de la Seine ayant
rejeté le déclinatoire présenté devant lui à l'occasion d'un litige qui portait sur un échange entre une portion de délaissé de route nationale et
un particulier, son arrêté fut confirmé par le Conseil d'État, le 16 mai
1872.

Dans l'affaire à laquelle nous faisons allusion, le Ministre des travaux

(1) Voir *supra*, page 487.

publics était en désaccord avec son collègue des finances. Sur le fond, notamment, il estimait que la Compagnie avait pu valablement consentir l'échange, comme substituée aux droits de l'État en vertu de l'article 22 du cahier des charges (1) et comme devant ainsi bénéficier de l'article 4 de la loi du 20 mai 1836, aux termes de laquelle l'Administration supérieure est investie du droit « de céder les portions de terrain dépendantes « d'anciennes routes et devenues inutiles par suite de changements de « tracé ou d'ouverture d'une nouvelle route, à titre d'échange et par voie « de compensation de prix, aux propriétaires des terrains sur lesquels des « parties de route neuve devront être exécutées. » Considérées dans leur ensemble, les dispositions de l'article 22 du cahier des charges avaient principalement pour objet, suivant le Ministre des travaux publics, de restreindre dans les limites les plus étroites le montant des dépenses incombant à la Compagnie. Il considérait d'ailleurs comme inique une solution devant donner en même temps à l'Administration et les terrains de la route nouvelle, sans que le Trésor eût rien à débourser pour l'achat de ces terrains, et le prix provenant de la revente des terrains de la route abandonnée.

Mais le Conseil d'État ne statua sur le fond que le 28 juillet 1876, à l'occasion d'un recours du Ministre des finances contre deux arrêtés du 12 juillet 1871 et du 2 avril 1873, par lesquels le Conseil de préfecture de la Seine avait attribué à la Compagnie de Paris-Lyon-Méditerranée le produit de la vente de deux parcelles provenant d'un délaissé de route nationale. Le Conseil considéra « qu'aux termes des articles 1, 2 et 3 de la loi « du 24 mai 1842, les portions de routes nationales délaissées par suite de « changement de tracé ou d'ouverture d'une nouvelle route devaient, lors- « qu'elles n'étaient pas classées soit parmi les routes départementales, soit « parmi les chemins vicinaux, être remises à l'Administration des domaines, « laquelle était autorisée à les aliéner, après avoir mis les propriétaires rive- « rains en demeure d'acquérir, chacun en droit soi, les parcelles attenantes « à leurs propriétés;.... que, si l'article 21 du cahier des charges imposait « aux Compagnies l'obligation d'acheter et de payer tous les terrains néces- « saires pour l'établissement du chemin de fer et pour la déviation des voies « de communication, aucune disposition ne leur attribuait les parcelles

---

(1) Article 22. — « L'entreprise étant d'utilité publique, la Compagnie est investie, pour « l'exécution des travaux dépendant de sa concession, de tous les droits que les lois et « règlements confèrent à l'Administration en matière de travaux publics, soit pour l'acqui- « sition des terrains par voie d'expropriation, soit pour l'extraction, le transport et le dépôt « des terres, matériaux, etc., et elle demeure en même temps soumise à toutes les obliga- « tions qui dérivent pour l'Administration de ces lois et règlements.

« délaissées des routes ; qu'elles n'étaient pas davantage fondées à se préva-
« loir de ce que l'article 22 les substituait à l'État pour l'exécution des
« travaux dépendant de leur concession ; que cet article n'avait en effet
« pour but que de les investir des droits et obligations dérivant pour l'Ad-
« ministration des lois et règlements en matière de travaux publics ». En
conséquence, les arrêtés du Conseil de préfecture furent annulés.

La prétention de l'Administration des finances était ainsi définitivement
admise en dernier ressort.

Cette Administration a pensé que l'arrêt du 28 juillet 1876, par la généralité de ses termes, lui donnait le droit, non seulement de se faire remettr
et d'aliéner, dans les conditions prévues par la loi du 24 mai 1842, les
portions de routes nationales et même de lits de cours d'eau navigables ou
flottables rendues disponibles par les déviations opérées aux frais des Compagnies, mais encore d'exiger le prix de toutes les parcelles du domaine
national employées à l'établissement des voies ferrées et des autres voies
de communication dont la construction était à la charge des concessionnaires.

D'accord avec son collègue des finances, le Ministre des travaux publics
a arrêté les dispositions suivantes, qu'il a portées à la connaissance des
ingénieurs en chef par une circulaire du 19 août 1878 :

« 1° Toute occupation, par les Compagnies de chemins de fer, des
« dépendances du domaine public ou du domaine de l'État doit donner
« lieu au paiement, soit d'un prix, soit d'une redevance . . . . (1)

« 6° En ce qui concerne l'ancien tracé des routes déviées, une décision
« souveraine ayant reconnu que les Compagnies n'ont pas le droit d'en
« disposer à leur profit, même lorsqu'elles ont opéré le déplacement à
« leurs frais, ces Compagnies ne sont pas plus fondées à occuper gratuite-
« ment les terrains qui en proviennent qu'à les vendre, et cette occupation
« doit, dès lors, donner lieu à la perception d'un prix ou d'une redevance
« suivant les distinctions qui précèdent. Il doit en être de même pour les
« anciens lits des cours d'eau navigables ou flottables rendus disponibles
« par la création de nouveaux lits opérée aux frais des Compagnies.

« 7° Il n'y a pas lieu, quant à présent, de revendiquer, au nom de
« l'État, la propriété des portions de lits de cours d'eau, non navigables ni
« flottables, incorporées à une voie ferrée ou délaissées par suite de la
« création de nouveaux lits. »

A la circulaire du 19 août 1878 était joint un ensemble de tableaux,
pour les relevés à fournir aux directeurs départementaux des domaines
par les ingénieurs en chef du contrôle.

(1) Voir *infra*, pages 804, 809 et 824.

Si la partie de route nationale abandonnée provenait du classement gratuit d'une voie départementale, vicinale ou urbaine, le droit de l'État sur les terrains de cette route ne survivrait pas à leur affectation ; cette affectation venant à cesser pour tout ou partie, il appartiendrait au département ou à la commune d'opérer la vente et d'en encaisser le produit. (Avis du Conseil d'État du 22 juillet 1858 ; décisions des Ministres des finances, de l'agriculture et des travaux publics, des 18 février-9 septembre 1859.)

Les principes qui ont prévalu devant le Conseil d'État statuant au contentieux, pour les routes nationales, doivent à fortiori s'appliquer aux routes départementales, aux chemins vicinaux ou ruraux et aux rues. Les délaissés de ces voies publiques appartiennent donc, suivant les cas, aux départements ou aux communes.

b. Voies particulières. — Quant aux voies particulières qui deviennent inutiles, par suite de changements de tracé, elles appartiennent incontestablement, sauf convention contraire, aux propriétaires intéressés. Jamais, à notre connaissance, les Compagnies ne les ont revendiquées.

9. **Propriété du sol des passages à niveau.** — Lorsqu'une voie ferrée traverse à niveau une route ou un autre chemin public, la partie de cette dernière voie sur laquelle est assis le passage à niveau est incorporée au chemin de fer, mais n'en conserve pas moins, en même temps, sa destination première. Aussi le Conseil d'État a-t-il refusé de reconnaître soit aux départements, soit aux communes, des droits à une indemnité de dépossession. C'est ainsi que l'on trouve le considérant suivant dans un décret au contentieux du 1ᵉʳ mai 1858 (commune de Pexiora contre la Compagnie du Midi) : « Considérant que l'arrêté préfectoral prescrit à « la rencontre d'un chemin vicinal avec la voie ferrée l'établissement d'un « passage à niveau ; que la partie de ce chemin, qui est ainsi affectée au « service de la voie ferrée, n'en conserve pas moins le caractère et la « destination de voie vicinale ; que la commune ne subit aucune dépos- « session........ ». Des décisions analogues sont intervenues le 20 mai 1862 (Compagnie du chemin de fer de Carmaux contre la commune de Lescure) et le 14 août 1865 (Compagnie du chemin de fer de Paris-Lyon-Méditerranée contre la commune de Fréjus).

Le Conseil d'État avait exclu de cette règle les chemins ruraux ; il avait, en effet, jugé le 1ᵉʳ mai 1858 (commune de Pexiora) que, pour les chemins non vicinaux, « l'autorité administrative était incom-

« pétente pour prononcer sur la demande de dommages-intérêts formée
« par la commune à raison de la prise de possession du sol de ces che-
« mins, avant l'accomplissement des formalités légales, et que cette de-
« mande ne pouvait être appréciée que par les autorités qui, d'après la
« la loi du 3 mai 1841, doivent ordonner la dépossession et régler l'in-
« demnité due aux propriétaires dépossédés ». Il s'était prononcé dans le
même sens, le 29 mars 1860 (Compagnie de l'Ouest contre la commune de
Bueil et autres). Sans discuter la valeur de ces décisions, il suffit de faire
remarquer qu'elles ne se reproduiraient certainement plus aujourd'hui :
car la loi du 20 août 1881 sur les chemins ruraux a donné à ceux de ces
chemins qui ont été reconnus par la Commission départementale le caractère de voies publiques imprescriptibles, placées sous la surveillance
de l'Administration et soumises à un régime analogue à celui des chemins vicinaux.

Les passages à niveau sur chemins particuliers sont également incorporés au chemin de fer ; mais les propriétaires peuvent réclamer une indemnité de dépossession.

Il ne sera pas sans intérêt de rappeler ici l'avis formulé par les Sections réunies des finances et des travaux publics du Conseil d'État, dans
une espèce où il y avait désaccord entre l'Administration des domaines et
celle des ponts et chaussées et où les principes ont été rappelés avec
beaucoup d'autorité et de précision. Le chemin de fer de Paris à Avricourt traverse à niveau une rue de Lunéville, dite rue du Mesnil. La ville
ayant demandé l'autorisation de poser une conduite d'eau sous le sol du
passage à niveau, les ingénieurs du contrôle proposèrent d'accueillir la
demande, mais à titre précaire et révocable, et moyennant paiement d'une
redevance annuelle de 1 franc destinée à constater la précarité. Le maire
de Lunéville protesta contre cette disposition et fit valoir que la partie de
la rue du Mesnil occupée par la voie ferrée n'avait pas été expropriée,
qu'elle était restée propriété municipale et que, si l'établissement et le
maintien de la conduite devaient être subordonnés à l'intérêt supérieur
de la circulation sur la voie de fer et devaient par suite conserver un
caractère précaire, cette nécessité ne justifiait nullement une redevance,
dont l'effet serait de consacrer et de reconnaître l'aliénation du chemin au
profit de l'État et de la Compagnie. Le Ministre des finances appuyait la
réclamation du maire. Il faisait remarquer que jamais la ville n'avait été
expropriée du sol du passage à niveau ; qu'elle ne l'avait pas davantage
cédé à l'amiable ; qu'elle avait seulement consenti tacitement à son affectation gratuite au service du chemin de fer pour le passage des trains,
sans renoncer à son droit de propriété et aux usages dont ce droit lui

conférait le libre exercice; qu'à cet égard la pose d'une conduite d'eau ne pouvait être assimilée ni à une servitude instituée sur le domaine public, ni à une occupation temporaire de ce domaine; enfin, que l'État et la Compagnie resteraient armés par l'article 701 du Code civil, d'après lequel le propriétaire du fonds débiteur ne peut rien faire pour nuire à l'usage d'une servitude, et que l'application de cette disposition du droit commun permettrait de faire supprimer ou modifier, le cas échéant, les ouvrages établis par la ville, s'ils étaient reconnus dommageables pour le chemin de fer. Suivant l'Administration des ponts et chaussées, au contraire, l'occupation du sol du passage à niveau par la voie ferrée avait eu pour conséquence de le faire passer ipso facto dans le domaine public national et n'avait pu créer au profit de la ville que le droit de réclamer une indemnité de dépossession, si elle s'y croyait fondée; la doctrine de l'Administration des finances ne tendait à rien moins qu'à maintenir dans la petite voirie un terrain que la loi du 15 juillet 1845 rangeait expressément dans la grande voirie; il importait, non seulement de subordonner l'autorisation à la clause de révocabilité, mais encore d'en constater la précarité par une redevance qui empêchât de perdre de vue cette précarité dans l'avenir, lorsque le temps aurait amené des modifications de personnel et lorsque l'arrêté serait enfoui depuis de longues années dans les archives administratives.

Le 22 juin 1880, les Sections réunies du Conseil d'État émirent l'avis suivant : « Considérant qu'aux termes de l'article 1er de la loi du 15 juillet « 1845 les chemins de fer construits ou concédés par l'État font partie de « la grande voirie; que, par application de la règle générale édictée par « l'article 6 de la loi des 22 décembre 1789 et 8 janvier 1790, l'adminis- « tration, en matière de grande voirie, appartient aux préfets auxquels les « lois précitées ont conféré les pouvoirs nécessaires pour assurer la con- « servation des objets qui dépendent de la grande voirie et doivent être « maintenus dans le domaine public; — Considérant qu'en admettant que « la ville de Lunéville soit fondée à soutenir que la partie de la rue con- « vertie en un passage à niveau n'a pas été expropriée et qu'aucune in- « demnité n'a été payée pour son occupation, cette partie de la rue n'en a « pas moins été incorporée à la voie ferrée depuis l'établissement du « chemin de fer de Paris à Strasbourg; qu'ainsi le terrain dont il s'agit « constitue une dépendance de la grande voirie et est passé dans le do- « maine public national; que le droit de l'État, qui se serait formé alors « par une affectation gratuite et sans réserves à la grande voirie de cette « partie de rue, ne saurait être affaibli, soit parce que la ville n'aurait pas « été expropriée régulièrement et qu'elle n'aurait réclamé aucune indem-

« nité devant l'autorité judicaire à raison de cette occupation irrégulière,
« soit parce que, à la suite de l'établissement du passage à niveau, la
« partie du sol occupée par la voie ferrée n'aurait pas cessé de servir à la
« circulation et aurait ainsi conservé, sous ce rapport et à l'égard de la
« ville, sa destination primitive; que ces faits ne pourraient avoir actuel-
« lement d'autre conséquence que de faire rentrer dans le domaine public
« communal cette partie du sol, si son affectation actuelle venait à cesser;
« — Considérant qu'il ne paraît pas possible d'admettre que le sol incor-
« poré au chemin de fer et compris dans ses limites n'est grevé que d'une
« servitude de passage au profit de la voie ferrée; qu'aucun doute ne
« peut s'élever sur la consistance du chemin de fer dans la partie dont il
« s'agit; que, si l'on admettait que cette portion de rue n'ait été et n'est
« encore grevée que d'une servitude de passage, il en résulterait que la
« ville serait demeurée propriétaire du sol qui serait ainsi resté dans la
« petite voirie et que, par suite, les règles d'administration et de compé-
« tence spéciales à la grande voirie ne seraient pas applicables à cette
« partie du chemin de fer; — Considérant que l'établissement de la con-
« duite d'eau que la ville de Lunéville demandait à poser sous le chemin
« de fer avait pour conséquence l'exécution de certains ouvrages sur la
« voie ferrée, notamment l'ouverture de tranchées, et nécessitait en outre,
« dans l'avenir, des travaux d'entretien; que l'autorisation nécessaire pour
« effectuer ces travaux ne pouvait être fondée sur les droits revendiqués
« par la ville, mais qu'au contraire elle devait être essentiellement pré-
« caire et subordonnée aux modifications ou à la révocation que le service
« du chemin de fer viendrait à exiger; que, si l'Administration n'était pas
« tenue, pour sauvegarder les droits du domaine public national, d'établir
« une redevance, le préfet, préposé à l'administration et à la police de
« cette partie du chemin de fer, a pu néanmoins, et sans méconnaître les
« droits de la ville, lui imposer cette redevance, destinée à constater le
« caractère précaire de l'autorisation qui lui était accordée; — les Sections
« ont émis l'avis, etc... ».

10. **Épreuves des ponts.** — Les ponts métalliques par-dessus ou par-
dessous le chemin de fer doivent être soumis à des épreuves.

Ces épreuves avaient été réglées, pour les passages inférieurs, par une
circulaire ministérielle du 26 février 1858, et pour les passages supérieurs,
par une autre circulaire du 15 juin 1869. Les conditions en ont été revi-
sées par une circulaire nouvelle du 9 juillet 1877.

Les procès-verbaux doivent, aux termes de l'instruction du 21 février
1877, être adressés au Ministre des travaux publics par l'ingénieur en chef du

contrôle ; ils font connaitre en détail comment il a été procédé aux opérations et comment se sont comportées les différentes parties de la construction.

11. Création de voies nouvelles après l'établissement du chemin de fer. — L'Administration a eu le soin de se réserver explicitement, par l'article 59 du cahier des charges, d'ordonner ou d'autoriser la construction de routes nationales, départementales ou vicinales, de chemins de fer ou de canaux traversant un chemin de fer concédé. La Compagnie ne peut s'opposer à ces travaux ; mais toutes les dispositions nécessaires doivent être prises pour qu'il n'en résulte aucun obstacle à la construction ou au service de la voie ferrée, ni aucuns frais pour la Compagnie.

Les projets de ces traversées sont soumis à l'approbation du Ministre des travaux publics, après conférence entre les représentants des services intéressés. Toutes les dépenses qu'entraîne leur exécution incombent à la caisse sur les fonds de laquelle sont payés les frais d'établissement des voies nouvelles. Le Ministre peut d'ailleurs décider, dans l'intérêt de la sécurité de l'exploitation, que les travaux seront confiés à la Compagnie. Celle-ci doit rester indemne, non seulement des dépenses de première construction, mais encore des charges d'entretien qu'elle aurait à supporter plus tard, pour les ouvrages que leur situation conduirait à comprendre dans les dépendances du chemin de fer et qui ne pourraient être entretenus que par elle ; elle doit notamment être remboursée des frais de gardiennage et de manœuvre des barrières des passages à niveau.

Les mêmes règles s'appliquent aux modifications que les services intéressés auraient à apporter ultérieurement aux ouvrages établis par la Compagnie, à l'occasion de modifications ou de remaniements dans les voies de terre.

12. Passages provisoires pendant l'exécution des travaux. — Conformément à l'article 17 du cahier des charges des chemins de fer d'intérêt général, les Compagnies sont tenues de construire des chemins et ponts provisoires, à la rencontre des routes ou chemins publics, partout où cela est jugé nécessaire pour que la circulation n'éprouve ni interruption, ni gêne. Avant que les communications existantes puissent être interceptées, il est procédé à une reconnaissance à l'effet de constater si les ouvrages provisoires présentent une solidité suffisante et s'ils peuvent assurer le service de la circulation. Le cahier des charges porte que cette reconnaissance est faite par les ingénieurs de la localité : il faut entendre qu'elle est faite par les ingénieurs du contrôle et les représentants des services intéressés, en présence du délégué de la Compagnie.

L'Administration fixe, s'il y a lieu, un délai pour l'exécution des travaux définitifs destinés au rétablissement des communications interceptées. Faute par la Compagnie de les achever dans ce délai, une condamnation peut être prononcée contre elle. La Compagnie de l'Est a été condamnée dans ces conditions par le Conseil de préfecture à payer à une commune la somme nécessaire pour exécuter les travaux auxquels elle aurait dû pourvoir elle-même. Toutefois, comme elle les avait terminés postérieurement et livrés à la commune qui les avait acceptés, le Conseil d'État l'a, par un arrêt du 10 février 1859, relevée de la condamnation et s'est borné à mettre à sa charge tous les dépens de l'instance aux deux degrés de juridiction (Cie de l'Est contre la commune de Montiéramey).

13. Observations sur les chemins de fer d'intérêt local. — Les règles et les principes que nous venons d'exposer s'appliquent pour la plupart aux chemins de fer d'intérêt local. Toutefois, le Ministre des travaux publics n'a à statuer que dans certains cas déterminés par la loi du 11 juin 1880 et par le cahier des charges type ; dans les autres cas, la décision appartient au préfet.

14. Contentieux du rétablissement des communications. — En traitant des règles du fond, nous avons été amené à indiquer également les règles de compétence et les principales décisions rendues par la juridiction administrative ou par l'autorité judiciaire.

Nous nous bornons à rappeler, en les groupant, les principes suivants:

Les décisions du Ministre sur les conditions dans lesquelles doivent être rétablies les communications ne sont susceptibles d'être attaquées directement devant le Conseil d'État par la voie contentieuse, ni par les concessionnaires, ni par les tiers. Cependant elles pourraient être l'objet d'un recours pour excès de pouvoirs, si les formes d'instruction réglementaires n'avaient pas été observées ou si le Ministre avait statué sur des travaux ne se rattachant pas à la déclaration d'utilité publique.

Les Compagnies peuvent, si elles considèrent les décisions ministérielles comme contraires au cahier des charges, demander au Conseil de préfecture l'interprétation de leur contrat.

Le Conseil de préfecture est également compétent pour connaître des litiges nés entre les Compagnies et les tiers au sujet de l'exécution des décisions du Ministre ; il outre-passerait ses pouvoirs en ordonnant des travaux ; mais il a qualité pour vérifier la conformité des travaux exécutés avec les dispositions prescrites et pour allouer, le cas échéant, des indemnités aux tiers intéressés. En effet, une fois les travaux autorisés, il y a un droit acquis au profit des tiers et les contestations relatives à l'exercice de ce droit rentrent dans la compétence de la juridiction administrative, conformément à la loi du 28 pluviôse an VIII.

C'est encore le Conseil de préfecture qui est appelé à juger les litiges relatifs à la propriété des délaissés de voies publiques déviées par suite de la construction du chemin de fer; car ces litiges portent sur l'interprétation du cahier des charges.

L'autorité judiciaire n'aurait à intervenir que si les travaux n'avaient pas été autorisés, si la contestation nécessitait la détermination du sens et de la portée d'une décision rendue par le jury d'expropriation ou d'un contrat amiable d'acquisition de terrain conclu avec un particulier.

CHAPITRE VI

DE LA TRAVERSÉE DES COURS D'EAU

1. Prescriptions du cahier des charges. — Aux termes de l'article 15 du cahier des charges de 1857-1859, les Compagnies sont tenues de rétablir et d'assurer, à leurs frais, l'écoulement de toutes les eaux dont le cours serait arrêté, suspendu ou modifié par leurs travaux.

La hauteur et le débouché des ouvrages à construire à la rencontre des rivières, des canaux et des cours d'eau quelconques sont déterminés, dans chaque cas particulier, par le Ministre des travaux publics, suivant les circonstances locales.

Le cahier des charges type des chemins de fer d'intérêt local contient des prescriptions analogues : toutefois le Ministre des travaux publics n'a à statuer que pour les travaux affectant les canaux ou les cours d'eau dépendant de la grande voirie.

Les ouvrages doivent être surmontés de parapets ayant au moins 0 m. 80 de hauteur d'après le cahier des charges de 1857-1859 et 1 m. d'après le cahier des charges type des chemins de fer d'intérêt local.

2. Prescriptions complémentaires du Ministre des travaux publics pour les parapets. — Certains ouvrages d'art étant situés à proximité des stations, les trains s'y arrêtent et il est souvent impossible d'empêcher les voyageurs de descendre sur la voie. A la suite d'accidents survenus pendant la nuit, le Ministre des travaux publics a décidé, le 31 août 1855, que tous les ouvrages situés à moins de 200 mètres en avant de l'axe du lieu de stationnement des trains et à moins de 150 mètres en arrière seraient pourvus de parapets en pierre de 1 m. 50 de hauteur ou de garde-corps en métal de 1 mètre de hauteur, ou tout au moins que les parapets existants seraient surmontés de garde-corps en bois ou en fer complétant la hauteur de 1 m. 50. Toutefois, sur les observations des Compagnies, il a été admis, notamment pour le réseau d'Orléans, qu'il pourrait être fait exception à cette règle, en ce qui concernait, soit les parapets en pierre déjà existants et placés à plus de 1 m. 50 des rails extérieurs, soit les garde-corps métalliques antérieurement établis.

3. Passerelles pour piétons ou voies charretières accolées aux ponts du chemin de fer. — Dès 1849, le Parlement s'était préoccupé de l'utilité qu'il pourrait y avoir à profiter de la construction des ponts de chemins de fer pour y accoler des passerelles de piétons. Une proposition avait même été déposée, à cet effet, sur le bureau de l'Assemblée législative, puis retirée sur la promesse du Ministre de faire étudier, dans chaque cas particulier, l'opportunité de cette adjonction.

L'auteur de cette proposition, M. de Vatry, la renouvela sans succès, sous forme d'amendement, lors de la discussion d'un projet de loi relatif au chemin de fer de Lyon à Avignon, en 1851.

Bien qu'en diverses circonstances il eût été donné satisfaction aux vœux des populations à cet égard, ce ne fut qu'en 1874 qu'une clause fut introduite dans le cahier des charges du chemin de Besançon à Morteau. Cette clause était ainsi conçue : « Dans tous les cas où l'Administration le « jugera utile, il pourra être accolé aux ponts établis par la Compagnie « pour le service du chemin de fer une voie charretière ou une passe- « relle pour piétons. L'excédent de dépenses qui en résultera sera supporté « par l'État, le département ou les communes intéressées, après évaluation « contradictoire des ingénieurs de l'État et de la Compagnie. » Elle prit place dans les actes ultérieurs de concession et fut étendue à plusieurs Compagnies existantes, spécialement :

à la Compagnie du Nord, pour les lignes concédées par les conventions du 3 août 1875 (article 3) et du 30 décembre 1875 (article 3);

à la Compagnie de l'Est, pour les lignes concédées par la convention du 31 décembre 1875 (article 7) ;

à la Compagnie de l'Ouest, pour les lignes concédées par la convention du 31 décembre 1875 (article 2);

à la Compagnie de Paris-Lyon-Méditerranée, pour les lignes concédées par la convention du 3 juillet 1875 (article 4) ;

à la Compagnie du Midi, pour les lignes concédées par la convention du 14 décembre 1875 (article 5) (1).

(1) La formule n'est pas absolument la même dans les diverses conventions; il y aura lieu, le cas échéant, de se reporter aux textes originaux.

On la retrouve, pour la Compagnie de Bône-Guelma, dans le cahier des charges annexé à la loi du 26 mars 1877 ; pour la Compagnie de l'Est-Algérien, dans le cahier des charges annexé à la loi du 15 décembre 1875 ; pour la Compagnie de l'Ouest-Algérien, dans le cahier des charges annexé à la loi du 22 août 1881 ; pour la Compagnie Franco-Algérienne, dans le cahier des charges annexé à la loi du 3 juillet 1884, etc. Elle a été également insérée dans le cahier des charges type des chemins de fer d'intérêt local : l'évaluation contradictoire pour les lignes de cette catégorie doit être faite par les ingénieurs ou les agents désignés par l'autorité compétente et par les ingénieurs de la Compagnie.

En ce qui concerne les grandes Compagnies, il a été stipulé « qu'à « défaut d'accord entre les ingénieurs de l'État et ceux de la Compagnie, « l'excédent de dépenses serait réglé par un décret rendu en Conseil « d'État ».

4. Mesures provisoires pour le maintien de la navigation et du flottage pendant l'exécution des travaux. — Conformément à l'article 17 du cahier des charges de 1857-1859, les Compagnies sont tenues de prendre toutes les mesures et de payer tous les frais nécessaires pour que le service de la navigation ou du flottage n'éprouve ni interruption, ni gêne, pendant l'exécution des travaux.

En cas d'inobservation du cahier des charges ou des décisions ministérielles intervenues en exécution des clauses de ce cahier des charges, l'Administration pourrait, aux termes des articles 12 et 15 de la loi du 15 juillet 1845, pourvoir d'urgence à la situation et recouvrer ensuite ses dépenses, comme en matière de contributions directes.

5. Instruction et approbation des projets. — Étendue des pouvoirs de l'Administration.— Travaux exécutés sans autorisation.— Remise des déviations.—Propriété des parties de cours d'eau délaissées. — Création de voies navigables nouvelles ou transformation des voies existantes après l'établissemen du chemin de fer. — Les indications que nous avons données pour les voies de terre, sur les diverses questions énumérées en tête de ce paragraphe, sont applicables aux cours d'eau et canaux.

Les projets présentés par les Compagnies sont approuvés par le Ministre, après conférence entre les ingénieurs du contrôle et les ingénieurs de la navigation ou du service hydraulique.

Le Ministre a un pouvoir absolu pour arrêter les dimensions et dispositions des ouvrages. Ses décisions constituent des actes d'administration qui ne sont point susceptibles d'être déférés au Conseil d'État, si ce n'est en cas d'excès de pouvoirs, et qui ne peuvent donner lieu qu'à la formation d'une demande en interprétation du cahier des charges devant le Conseil de préfecture.

Les travaux exécutés sans autorisation régulière exposent les Compagnies à des procès devant les tribunaux ordinaires, de la part des tiers qui se croiraient lésés, et les mettent, en outre, sous le coup des peines édictées par la loi du 15 juillet 1845.

Les déviations doivent faire l'objet de remises régulières aux ingénieurs du service de la navigation ou du service hydraulique, par les soins des ingénieurs du contrôle et en présence des représentants des Compagnies.

Ce que nous avons dit, page 769, de la propriété des parties de routes nationales délaissées par suite des déviations s'applique aux canaux ou aux cours d'eau du domaine public, même pour la partie du lit de ces cours d'eau qui ne serait plus accessible aux eaux avant le débordement. L'arrêt du 28 juillet 1876 du Conseil d'État ne laisse aucun doute à cet égard. Aussi le Ministre des travaux publics, agissant de concert avec son collègue des finances, a-t-il fait connaître aux ingénieurs en chef du contrôle, par sa circulaire déjà citée du 9 août 1878, que les Compagnies n'étaient pas fondées à vendre « les anciens lits des cours d'eau navi- « gables ou flottables rendus disponibles par la création de nouveaux lits « opérée aux frais des Compagnies ».

Quant aux cours d'eau non navigables ni flottables, l'Administration des domaines n'a pas cru devoir jusqu'ici revendiquer, au nom de l'État, la propriété des portions de lit abandonnées. On sait, en effet, que ces cours d'eau ne font pas pas partie du domaine public, mais rentrent dans la catégorie des choses qui, aux termes de l'article 714 du Code civil, n'appartiennent à personne et dont l'usage est commun à tous.

Si l'État crée ou concède des canaux nouveaux, s'il exécute des travaux d'amélioration sur les cours d'eau du domaine public ou sur des cours d'eau non navigables, ni flottables, et si ces travaux nécessitent l'exécution d'ouvrages à la traversée du chemin de fer, la Compagnie concessionnaire de la voie ferrée ne peut s'y opposer; mais il ne doit en résulter pour elle aucuns frais, ni aucune gêne dans son service. Les règles relatives à l'approbation des projets, aux mesures d'exécution et à l'entretien des ouvrages établis pour la traversée des voies de terre doivent être également ment suivies pour la traversée des canaux et cours d'eau. Il en est de même des modifications qui seraient apportées ultérieurement, dans l'intérêt de la navigation ou de l'écoulement des eaux, aux ouvrages antérieurement établis.

6. Contentieux des travaux relatifs à la traversée des canaux ou cours d'eau. — De même que pour les travaux nécessités par le rétablissement des communications sur les voies de terres, les décisions du Ministre des travaux publics constituent, nous l'avons dit, des actes administratifs contre lesquels un recours direct devant le Conseil d'État ne pourrait être recevable que dans des cas tout à fait exceptionnels, comme celui de la violation des formes ou de prescriptions excédant manifestement les pouvoirs attribués à l'Administration par l'acte de concession. Les excès de pouvoirs de cette nature sont encore plus difficiles à concevoir que pour les voies de terre.

Le Conseil de préfecture serait compétent pour statuer : 1° sur les différends nés entre le Ministre et les Compagnies, au sujet de l'interprétation du cahier des charges ; 2° sur les dommages directs et matériels causés aux tiers par l'exécution des travaux (nous réservons ce point, pour y revenir plus tard) ; 3° sur les litiges relatifs à la propriété des délaissés des canaux ou cours d'eau du domaine public.

L'intervention de l'autorité judiciaire ne pourrait guère se produire qu'à l'occasion de travaux non autorisés et préjudiciant à des particuliers, ou de litiges comportant, soit l'interprétation d'une décision du jury ou d'un contrat amiable d'acquisition de terrains, soit l'appréciation de prétendus droits de propriété ou d'usage invoqués par des tiers.

CHAPITRE VII

DES CLÔTURES ET DES BARRIÈRES

DES PASSAGES A NIVEAU

1. Prescriptions de la loi et du cahier des charges pour les chemins de fer d'intérêt général.—*a.* LOI DU 15 JUILLET 1845 ET ORDONNANCE DU 15 NOVEMBRE 1846. — L'article 4 de la loi du 15 juillet 1845 sur la police des chemins de fer porte : « Tout chemin de fer sera clos des deux « côtés et sur toute l'étendue de la voie. — L'Administration déterminera, « pour chaque ligne, le mode de cette clôture, et, pour ceux des chemins « qui n'y ont pas été assujettis, l'époque à laquelle elle devra être effec- « tuée. — Partout où les chemins de fer croiseront de niveau les routes de « terre, des barrières seront établies et tenues fermées, conformément aux « règlements. »

Ces prescriptions ont été complétées comme il suit, pour les barrières, par l'article 4 de l'ordonnance du 15 novembre 1846 : « Partout où un « chemin de fer est traversé à niveau, soit par une route à voitures, soit « par un chemin destiné au passage des piétons, il sera établi des bar- « rières. — Le mode, la garde et les conditions de service des barrières « seront réglés par le Ministre des travaux publics, sur la proposition de « la Compagnie. »

Lors de la discussion de la loi de 1845 devant la Chambre des pairs et devant la Chambre des députés, plusieurs orateurs exprimèrent des doutes : 1° sur la possibilité d'imposer sans indemnité l'obligation de clore aux concessionnaires dont les contrats antérieurs ne contenaient point de stipulation à cet égard ; 2° sur l'opportunité de laisser à l'Administration un pouvoir discrétionnaire, pour arrêter les dispositions des clôtures et des barrières. Mais le Ministre et le rapporteur soutinrent avec succès, d'une part, que le législateur avait toujours le droit d'imposer aux citoyens des obligations nouvelles dans l'intérêt de la police et de la sécurité, sans être tenu de leur allouer des indemnités, et d'autre part, que l'Administration pouvait seule apprécier les dispositions à prendre pour adapter les clôtures à la situation et aux nécessités locales. Nous n'insistons pas plus longuement sur ce débat, qui n'a plus qu'un intérêt purement théorique.

b. Cahier des charges de 1857-1859. — Le cahier des charges de 1857-1859, qui régit encore aujourd'hui les grandes Compagnies, renferme les clauses suivantes :

Article 13. — «Chaque passage à niveau sera muni de barrières; il y sera, « en outre, établi une maison de garde, toutes les fois que l'utilité en « sera reconnue par l'Administration. — La Compagnie devra soumettre « à l'approbation de l'Administration les projets-types de ces bar- « rières. »

Article 20. — « Le chemin de fer sera séparé des propriétés riveraines « par des murs, haies ou toute autre clôture dont le mode et la disposition « seront autorisés par l'Administration, sur la proposition de la Compa- « gnie. »

c. Dispenses prévues par certains cahiers des charges postérieurs a 1865. — Pendant de longues années, la nécessité des clôtures ne fut pas contestée : les lignes que l'on construisait à cette époque devaient, en effet, comporter une circulation fort active; il était nécessaire de ne rien négliger pour y assurer la sécurité des voyageurs, et il importait peu d'ailleurs de charger leur compte de premier établissement d'une dépense relativement minime. Mais, au fur et à mesure que se développait le réseau, les lignes nouvelles qui venaient successivement s'y ajouter étant de moins en moins productives, il devenait indispensable de rechercher des économies dans la construction, comme dans l'exploitation.

La loi du 12 juillet 1865 sur les chemins d'intérêt local, tout en soumettant ces chemins aux prescriptions de la loi du 15 juillet 1845, attribua au préfet, par son article 4, le pouvoir de dispenser : 1° d'établir des clôtures sur tout ou partie du tracé; 2° de placer des barrières au croisement des chemins peu fréquentés.

Le gouvernement impérial pensa qu'il était possible et sage de faire bénéficier des mêmes immunités certains chemins d'intérêt général, sur lesquels le mouvement de la circulation devait avoir peu d'intensité et qui n'avaient de chances d'avenir qu'à la condition d'être construits avec une stricte économie. Cependant il ne procéda pas, à cet égard, par voie de mesure législative générale, et il se borna à insérer, soit dans le décret de concession, soit dans le cahier des charges de ces chemins, des dispositions relatives à la suppression éventuelle des clôtures et des barrières. C'est ainsi que le cahier des charges annexé au décret de concession du 30 août 1865, pour la ligne de Vitré à Fougères, portait : « Les passages à niveau « pourront, en général, rester ouverts. Néanmoins, il sera établi des bar- « rières et des guérites à ceux des passages qui donneraient lieu à une « grande fréquentation, le concessionnaire entendu. — L'Administration « pourra dispenser le concessionnaire de poser des clôtures sur tout ou « partie du chemin. » Le cahier des charges de la ligne de Vassy à Saint-Dizier contenait les mêmes clauses, et le décret de concession du 23 décembre 1865, assimilant cette ligne aux chemins industriels visés par l'article 8 de la loi organique du 12 juillet 1865, lui déclarait applicables les dispositions de l'article 4 de cette loi.

L'assimilation ainsi établie explicitement ou implicitement entre des lignes secondaires, ne devant avoir qu'un faible trafic, mais restant néanmoins classées dans le réseau d'intérêt général, et les chemins destinés à desservir des exploitations industrielles, dans le sens où l'avait entendu le législateur de 1865, ne reposait pas sur des bases bien solides. Il n'y avait là qu'un artifice destiné à tourner la loi de police du 15 juillet 1845, que le Gouvernement était tenu de respecter, malgré les pouvoirs dont l'avait investi la Constitution de 1852 pour la déclaration d'utilité publique et la concession des chemins de fer.

Aussi les mesures que nous venons de rappeler restèrent-elles peu nombreuses.

Lors de la discussion de la loi du 18 juillet 1868, relative à la construction de diverses lignes non concédées, un amendement fut présenté pour introduire dans cette loi un article autorisant les préfets, soit à dispenser d'établir des barrières sur les passages à niveau des chemins vicinaux ou ruraux peu fréquentés, soit à tolérer des barrières manœuvrées par les passants; mais cette proposition fut repoussée.

Après 1870, l'Assemblée nationale modifia, à son tour, le cahier des charges qui lui était soumis pour la ligne de Besançon à Morteau (loi du 23 mars 1874) et restreignit l'obligation de clore : 1° à la traversée des lieux habités; 2° à une zone de 50 mètres de longueur au moins, de chaque côté des passages à niveau ou des stations; 3° aux parties où l'Administration le jugerait utile. Une stipulation identique prit place dans d'autres cahiers des charges ultérieurs (Bourges à Gien, loi du 17 juin 1874; Tours à Montluçon, loi du 24 mars 1874; Cambrai à Douai et Aubigny-au-Bac à Somain, loi du 6 juillet 1875; Alais au Rhône, loi du 4 décembre 1875).

Des stipulations analogues étaient insérées dans les actes de concession des chemins de fer algériens. C'est ainsi, par exemple, qu'aux termes du cahier des charges annexé à la loi du 26 mars 1877, pour la Compagnie de Bône-Guelma, « les passages à niveau les plus fréquentés devaient être « munis de barrières lisses ou de chaînes et de maisons de garde ou de « guérites, lorsque cette mesure serait reconnue indispensable par l'Admi- « nistration », et que « le concessionnaire était autorisé à ne point établir « de clôtures ni de haies, sauf dans les parties de la ligne où cette mesure « serait indispensable, notamment dans la traversée ou dans le voisinage « des lieux habités ». Il en était de même des cahiers des charges joints à la loi du 15 décembre 1875 pour l'Est-Algérien et au décret du 29 avril 1874 pour la Compagnie Franco-Algérienne.

d. Loi du 27 décembre 1880. — On le voit, sauf pour les chemins de fer d'intérêt local, le législateur avait continué, même après 1870, à procéder par des décisions d'espèce.

Le 27 avril 1880, le Ministre des travaux publics présenta à la Chambre des députés un projet de loi, aux termes duquel il était autorisé « par « dérogation à l'article 4 de la loi du 15 juillet 1845, pour tout ou partie « des chemins de fer d'intérêt général en construction ou à construire et « des lignes d'intérêt local incorporées ou à incorporer au réseau d'intérêt « général, à dispenser de poser des clôtures fixes le long de la voie et des « barrières mobiles à la traversée des routes de terre, toutes les fois que « cette mesure lui paraîtrait compatible avec la sûreté de l'exploitation et « la sécurité du public ». Les dispenses acccordées dans ces conditions ne devaient avoir qu'un caractère provisoire, le Ministre conservant le droit de prescrire, à toute époque et lorsqu'il le reconnaîtrait nécessaire, l'établissement de clôtures fixes ou de barrières mobiles, sur tout ou partie des lignes ci-dessus désignées.

Ces propositions étaient parfaitement justifiées : d'une part, en effet, il n'y avait aucun inconvénient à placer dans la même situation que les chemins de fer d'intérêt local, au point de vue des clôtures, un assez grand nombre de lignes nouvelles qui ne devaient être construites qu'à une voie et dont l'exploitation ne devait comporter, au moins au début, que des trains peu nombreux ; d'autre part, il fallait que le classement des lignes d'intérêt local dans le réseau d'intérêt général n'entraînât pas ipso facto l'obligation de les clore en conformité de l'article 4 de la loi du 15 juillet 1845, alors que le maintien provisoire des dispenses antérieu- rement accordées par les préfets n'était pas susceptible de compromettre la sécurité de la circulation.

Le projet de loi fut adopté par les deux Chambres. (Loi du 27 décembre 1880.)

Nous insistons sur ce fait que les chemins construits à titre d'intérêt général et livrés à l'exploitation avant la fin de 1880 ne bénéficient pas des dispositions de cette loi.

2. Prescriptions de la loi et des cahiers des charges pour les chemins de fer d'intérêt local et pour les chemins de fer industriels. — Nous avons déjà mentionné les articles 4 et 8 de la loi du 12 juillet 1865. Les articles 20 et 22 de la loi organique du 11 juin 1880 portent : « Par dérogation aux dispositions de la loi du 15 juillet 1845 sur « la police des chemins de fer, le Préfet peut dispenser de poser des clô- « tures sur tout ou partie de la voie ferrée ; il peut également dispenser « de poser des barrières au croisement des chemins peu fréquentés. — Ces « dispositions sont applicables aux concessions de chemins de fer indus- « triels desservant des exploitations particulières ».

Les prescriptions de la loi de 1880 ont été rappelées dans le cahier des charges type des chemins de fer d'intérêt local (articles 13 et 20), avec addition d'une clause exigeant des justifications spéciales pour la suppression des clôtures dans la traversée des lieux habités, dans les parties contiguës à des chemins publics et sur dix mètres de longueur au moins de chaque côté des passages à niveau et des stations.

Signalons en passant une confusion, souvent commise par les départements et relevée par le Conseil d'État, dans les actes de concession de chemins de fer d'intérêt local. Dans plusieurs des conventions sur lesquelles le Conseil a eu à émettre un avis depuis 1880, il avait été inséré des dispositions contractuelles relativement aux dispenses de clôture. La Section des travaux publics et, après elle, l'Assemblée générale ont fait remarquer qu'aux termes de la loi du 11 juin 1880, le préfet, en accordant des dispenses de cette nature, agit en vertu de ses pouvoirs de police, en sa qualité de représentant de l'autorité, et non comme partie contractante, et qu'il importe de ne point altérer le caractère de son rôle à cet égard, de ne point transformer en un engagement ce qui doit rester un acte de la puissance publique, et surtout de ne point rendre ainsi définitives des dispenses que l'expérience ou l'accroissement du trafic pourraient conduire à retirer plus tard.

3. Caractère et but des clôtures. — Les clôtures n'ont pas pour but de délimiter le domaine public. Dans beaucoup de cas, elles n'en suivent point les limites, soit à raison des irrégularités que présentent ces limites, soit parce qu'il faut laisser en dehors certains terrains destinés à rester accessibles au public, soit à cause de l'espace à ménager entre les haies vives et les propriétés riveraines (1).

Elles n'ont pas davantage pour but de protéger les héritages voisins et notamment de mettre à l'abri du danger le bétail et les chevaux menés en pâture à proximité de la voie ferrée. C'est un point sur lequel nous reviendrons plus loin.

Leur objet exclusif est d'assurer la sécurité de l'exploitation.

L'obligation imposée aux Compagnies dans l'intérêt public ne saurait conférer aucun droit individuel aux riverains : ceux-ci ne seraient point recevables à se plaindre de l'insuffisance ou du défaut d'entretien des clôtures et à réclamer la réparation du préjudice qu'ils prétendraient en être la suite; ils conservent tout entière la charge de la surveillance de leur bétail et la responsabilité civile des accidents ou des dommages résultant de l'introduction de leurs animaux dans l'enceinte du chemin de fer, par suite de leur négligence. Le Conseil d'État et la Cour de cassation ont l'un et l'autre consacré cette doctrine dans les termes les plus précis. (Voir notamment le décret au contentieux du 24 mai 1859, Compagnie de l'Ouest contre Vattier; l'arrêt du Conseil d'État du 23 janvier 1885, Compagnie du Nord-Est contre Fourcroy ; et l'arrêt de la Cour de cassation du 29 août 1882, Gousseau contre Administration des chemins de fer de l'État.)

Il n'y aurait d'exception que si la Compagnie avait contracté des engagements vis-à-vis des propriétaires voisins, soit devant le jury d'expropriation, soit dans les traités d'acquisition amiable des terrains. On se trouverait alors en présence d'une décision judiciaire ou d'une convention particulière susceptible de constituer des droits au profit de ces propriétaires.

4. **Caractère et but des barrières des passages à niveau.** — La situation est différente pour les barrières des passages à niveau. Ces barrières ont un double objet : elles sont destinées à protéger tout à la fois la circulation sur la voie ferrée et la circulation sur la voie de terre.

Lorsque les Compagnies n'ont point été régulièrement dispensées d'en établir ou lorsqu'elles ne se conforment pas aux dispositions arrêtées par l'Administration pour leur manœuvre, elles peuvent encourir, indépen-

______

(1) Il ne faudrait pas prendre dans un sens trop littéral, à cet égard, les termes d'un arrêt du Conseil d'État du 7 août 1874 (Dubuat), qui semble avoir considéré les clôtures comme délimitant les dépendances du chemin de fer. Dans l'espèce, il y avait entre les limites de ces dépendances et la position des clôtures une concordance qui a pu être invoquée à l'appui de la décision, mais qui était spéciale à l'affaire.

damment des peines prévues par la loi de police du 15 juillet 1845, la responsabilité des accidents survenus par suite de leur faute ou de leur négligence. Lorsqu'au contraire elles ont été dispensées, conformément à la loi, d'établir des barrières, leur responsabilité disparaît ; la traversée des passages à niveau se fait aux risques et périls de ceux qui ont à les franchir. Nous aurons à traiter plus amplement cette question, à propos des accidents d'exploitation.

5. Portillons pour piétons accolés aux barrières des passages à niveau. — Les barrières des passages à niveau devant rester fermées pendant un délai plus ou moins prolongé, suivant la classe dans laquelle ils sont rangés, on y accole généralement des portillons affectés au passage des piétons.

Les portillons sont fermés par des tourniquets ou des vantaux se rabattant sous l'action de leur propre poids. On pourra consulter une circulaire du 14 juin 1855, par laquelle le Ministre des travaux publics, sans adresser aucune injonction absolue aux grandes Compagnies, leur a cependant recommandé de prendre les précautions nécessaires pour empêcher les enfants et les animaux de s'introduire sur la voie par les ouvertures ainsi ménagées latéralement aux barrières, d'adapter dans ce but aux tourniquets des cadres pleins ou à claire-voie, et même de munir les portillons de verrous ou de tout autre appareil permettant aux gardes de les tenir fermés pendant le passage des trains. Nous devons toutefois ajouter que les règlements arrêtés ultérieurement pour la classification et le service des passages à niveau sur les divers réseaux indiquent les portillons comme devant être manœuvrés par les passants à leurs risques et périls : il ne peut, du reste, en être autrement pour les portillons accolés aux passages à niveau non gardés.

6. Passages à niveau concédés à des particuliers. — Il arrive parfois que, lors de la construction du chemin de fer, la Compagnie concède aux particuliers des passages à niveau pour voitures ou pour piétons, afin de réduire le montant des indemnités d'acquisition de terrains ou afin d'éviter des travaux coûteux pour le maintien des communications entre les portions de propriété séparées par la voie ferrée.

L'établissement de ces passages est subordonné à l'autorisation de l'Administration. Ils sont généralement fermés à clef par les intéressés et manœuvrés par eux, sous leur propre responsabilité.

Rappelons pour ordre un arrêt de la Cour de cassation du 2 février 1858, déclarant que le jury d'expropriation n'avait ni excédé ses pouvoirs, ni violé l'article 39 de la loi du 3 mai 1841, en fixant une indemnité alternative dont la Compagnie pouvait éviter le paiement par l'établissement d'un passage particulier pour piétons et pour bestiaux.

7. Passages isolés pour piétons. — L'usage s'est répandu, surtout depuis quelques années, de multiplier les passages isolés pour piétons sur certaines lignes à faible trafic, où le nombre des trains est peu considérable.

Les barrières de ces passages, n'étant point gardées, sont nécessairement manœuvrées par les usagers, sous leur responsabilité exclusive.

8. Inapplicabilité des dispositions des articles 653 et suivants du Code civil. — Les articles 653 et suivants du Code civil règlent, les conditions de présomption de la mitoyenneté des murs, fossés et haies séparant les héritages. L'article 663 confère à tout particulier le droit de contraindre son voisin, dans les villes et faubourgs, à contribuer à la construction et aux réparations des clôtures séparant leurs maisons, cours et jardins.

Ces dispositions, exclusivement applicables aux rapports de voisinage entre particuliers, ne sauraient être invoquées par les riverains du chemin de fer et étendues aux rapports entre le domaine public et la propriété privée.

Les murs ou autres clôtures des voies ferrées sont toujours présumés appartenir au domaine public qui est inaliénable et imprescriptible, qui ne souffre aucune servitude, qui n'admet aucun démembrement, sous quelque forme ni à quelque titre que ce soit.

CHAPITRE VIII

DES PRISES D'EAU POUR L'ALIMENTATION DES GARES

1. Nécessité d'une autorisation et, le cas échéant, d'une déclaration d'utilité publique. — L'alimentation des gares et spécialement celle des réservoirs nécessite l'établissement de prises d'eau dans les cours d'eau du domaine public ou dans les cours d'eau non navigables ni flottables.

Les projets relatifs à ces prises d'eau doivent être approuvés par le Ministre des travaux publics, en vertu de l'article 3 du cahier des charges.

Si les travaux comportent des expropriations et s'ils ne peuvent être considérés comme compris dans la déclaration d'utilité publique de l'ensemble du chemin de fer, ou si le terme assigné à la validité de cette déclaration est expiré, ils doivent faire l'objet d'un décret spécial déclaratif d'utilité publique.

Il y a lieu, en outre, de procéder aux formalités prescrites par la circulaire ministérielle du 23 octobre 1851 pour les réglements d'eau. Toutefois, si la prise d'eau est faite au moyen de machines dans un cours d'eau du domaine public et si elle ne peut avoir pour effet d'altérer sensiblement le régime de ce cours d'eau, les deux enquêtes peuvent être réduites à une seule, conformément à l'avis du Conseil d'État du 22 décembre 1874.

Le règlement doit intervenir : 1° sous forme d'arrêté préfectoral, pour les cours d'eau non navigables ni flottables, ainsi que pour les cours d'eau du domaine public (à l'exclusion des canaux de navigation) si la prise d'eau est faite par machine et n'a pas pour effet d'altérer sensiblement le régime hydraulique de la rivière (décret de décentralisation administrative du 13 avril 1861, tableau D) ; 2° sous forme de décret en Conseil d'État, dans tous les autres cas.

Une rivière canalisée, pourvue directement ou indirectement d'une alimentation artificielle, devrait être assimilée à un canal : c'est en ce sens que s'est prononcée récemment la Section des travaux publics du Conseil d'État.

Les autorisations de prises d'eau dans les canaux de navigation ou dans les rivières du domaine public sont subordonnées au paiement d'une redevance au profit du Trésor. Cette redevance se compose d'un droit fixe qui est arbitré dans chaque cas, sans pouvoir être inférieur à 1 franc, et d'un droit proportionnel de dix centimes par mètre cube d'eau qui peut être pris chaque jour, toute fraction étant comptée pour un mètre cube. On s'est demandé si, en raison du caractère d'intérêt public que présentent les travaux exécutés par les Compagnies, il n'y aurait pas lieu de réduire la redevance à un droit fixe, exclusivement destiné à affirmer les droits de l'État ; mais il a paru qu'une exploitation industrielle comme celle des Compagnies ne pouvait être affranchie des règles ordinaires.

On sait que la circulaire du 23 octobre 1851 impose aux pétitionnaires qui sollicitent l'autorisation d'établir un barrage l'obligation de justifier de la propriété des rives dans l'emplacement de l'ouvrage ou de produire le consentement écrit du propriétaire. Les dispositions du Code civil ne donnent point, en effet, le droit d'appui sur le terrain d'autrui pour les barrages affectés aux prises d'eau industrielles. Les Compagnies ne sont pas astreintes à une justification préalable, comme les simples particuliers, puisqu'elles peuvent poursuivre l'expropriation et que cette expropriation elle-même ne peut être utilement accomplie qu'après l'approbation définitive des projets par l'autorité compétente; mais l'exécution des travaux ne peut pas avoir lieu avant que les Compagnies aient acquis l'assiette des ouvrages ou se soient mises d'accord avec les propriétaires.

Faisons remarquer, en passant, que la qualité de riverain n'est pas en elle-même une condition indispensable pour l'autorisation d'effectuer des prises d'eau industrielles, même sur les rivières non navigables ni flottables : en effet, l'article 644 du Code civil qui confère aux riverains le droit de se servir des eaux de ces rivières pour l'irrigation et même, dans certains cas, pour un usage industriel, n'est pas exclusif d'autorisations respectant les droits antérieurement acquis. C'est ce qu'a jugé le Conseil d'État par une décision du 1ᵉʳ septembre 1858 (Catel et consorts), qui a repoussé un recours pour excès de pouvoirs contre un arrêté préfectoral et une décision ministérielle autorisant une prise d'eau industrielle sous la voie publique. Les riverains qui se croiraient lésés dans leurs droits pourraient les faire valoir devant la juridiction compétente.

Les formalités du règlement d'eau ne devraient point être accomplies, si la Compagnie se bornait à utiliser les eaux d'une source située sur un

terrain dont elle serait propriétaire ou sur les dépendances du domaine
public; il serait également possible de s'en dispenser, dans la plupart des
cas, s'il s'agissait de la création d'un réservoir.

2. Ordre à suivre dans la double instruction relative à la déclaration d'utilité publique ou à l'approbation des projets et à l'autorisation de la prise d'eau par l'autorité compétente. — Nous avons
fait connaître, d'une part, que les projets devaient être approuvés par le
Ministre des travaux publics et faire l'objet d'une déclaration d'utilité
publique, et d'autre part, qu'il devait intervenir un règlement d'eau sous
forme de décret en Conseil d'État ou d'arrêté préfectoral.

Les formalités d'instruction nécessaires pour le règlement d'eau doivent-elles être remplies avant que les projets soient soumis à l'Administration supérieure? Ne doivent-elles l'être, au contraire, qu'après l'approbation des projets ou même après le décret déclaratif d'utilité publique?

La question a été débattue. Nous n'hésitons pas à nous prononcer pour
la seconde solution. De même que les formalités prescrites par le titre II
de la loi du 3 mai 1841 suivent la déclaration d'utilité publique et l'approbation du projet de tracé et de terrassements, les formalités préalables
au règlement d'eau doivent suivre la déclaration d'utilité publique et
l'approbation des projets, qui, seules, peuvent leur servir de base et
de point de départ et dont elles sont en quelque sorte la conséquence.
Sans doute, on peut concevoir certains cas exceptionnels où les oppositions
formulées lors de l'instruction préparatoire du règlement d'eau conduiraient à modifier les projets primitifs; mais il est facile d'y pourvoir, en
exigeant à l'appui des projets un avis des ingénieurs du service hydraulique et de la navigation, afin de s'assurer à l'avance que l'exécution des
travaux ne soulèvera pas d'objection capitale et de principe. Il convient,
en outre, d'observer que les décrets déclaratifs d'utilité publique sont
toujours conçus en termes généraux, se prêtant à certains changements
dans les dispositions de détail, et que les décisions ministérielles approbatives des projets peuvent réserver et réservent les modifications à y introduire à la suite des mesures d'instruction complémentaire. Ajoutons enfin
que ce mode de procéder s'impose pour les prises d'eau établies en vertu
de la déclaration d'utilité publique de l'ensemble de la ligne et que l'on
ne saurait admettre deux solutions différentes en la matière.

**3. Caractère de travaux publics attribué aux prises d'eau établies
postérieurement à la mise en exploitation.** — L'autorité judiciaire
s'est refusée, à diverses reprises, à considérer comme se rattachant à la

construction les travaux de prise d'eau exécutés après la mise en exploitation du chemin de fer, alors même qu'ils avaient fait l'objet d'une déclaration spéciale d'utilité publique ou, tout au moins, d'une autorisation de l'Administration. Elle n'y a vu que des faits d'exploitation. Sa jurisprudence paraît même avoir été plus loin et avoir repoussé dans tous les cas la compétence des tribunaux administratifs pour statuer sur les litiges entre les Compagnies et les particuliers. On pourra consulter utilement, à cet égard, les arrêts suivants de la Cour de cassation :

1° Arrêt du 10 août 1864 (Cⁱᵉ du Nord contre époux Arcillon) ainsi motivé : « Attendu que l'indemnité réclamée par les époux Arcillon n'a pas « pour cause un préjudice occasionné par l'exécution de travaux publics « effectués par suite d'un arrété administratif, mais un dommage résultant « pour eux, comme voisins sur le ruisseau de la Nonnette, de la « prise d'eau pratiquée dans ce ruisseau par la Compagnie du Nord, « par suite d'une autorisation du préfet de l'Oise, statuant en matière de « cours d'eau ; — Attendu qu'il est de principe que de semblables autori- « sations ne sont accordées que sous la réserve des droits des tiers et de « leur action devant la juridiction civile, pour raison du préjudice matériel « qu'ils en éprouvent ; — D'où il suit que l'arrêt attaqué, en reconnaissant « la compétence de la juridiction civile à l'égard de la demande des époux « Arcillon, loin d'avoir commis un excès de pouvoirs et violé les règles « sur la compétence et la séparation des pouvoirs civils et administratifs, « s'est exactement renfermé dans l'application de ces mêmes règles... »

2° Arrêt du 12 février 1873 (Cⁱᵉ d'Orléans contre Teillard et autres), décidant de même qu'il appartient à l'autorité judiciaire et non à l'autorité administrative de connaître « de la demande formée par un usinier contre « une Compagnie de chemin de fer, à raison des dommages résultant « pour son usine d'une prise d'eau que cette Compagnie a établie sur un « cours d'eau, même en vertu d'une autorisation du préfet ».

Mais le Conseil d'État, statuant sur conflit le 14 décembre 1865, dans une affaire où il n'était pas contesté que la prise d'eau cût été régulièrement autorisée, a attribué la connaissance du litige à la juridiction administrative. Le décret intervenu à cette occasion comprend les considérants suivants : « Considérant que les ouvrages dont se plaignent les « requérants ont été entrepris par l'Administration au nom de l'État, « pour amener dans les réservoirs de la gare de Beaune l'eau nécessaire à « l'alimentation des machines ; qu'ainsi ils ont le caractère de travaux « publics ; — Considérant que, lorsqu'il est nécessaire pour l'exécution « d'un travail public de modifier le régime des moulins et usines, c'est « aux Conseils de préfecture que, d'après les lois du 28 pluviôse an VIII,

« article 4, et 18 septembre 1807, article 48, il appartient de rechercher
« si l'établissement desdits moulins et usines est légal, et de statuer sur
« l'indemnité qui peut être due aux propriétaires..... » (Époux Jourdain
et consorts contre Compagnie de Lyon.)

Dans cette première espèce, il y avait une circonstance particulière que
relatait le décret : les travaux avaient été entrepris par l'État. Peu de temps
après, le 15 décembre 1866, un second décret sur conflit était rendu dans
une espèce où les travaux avaient été entrepris par le concessionnaire et
proclamait que, « ces travaux ayant été autorisés par l'Administration, les
« ouvrages exécutés formaient une dépendance du chemin de fer et
« qu'ainsi lesdits travaux avaient le caractère de travaux publics. »
(Larnaudès et Lacour contre Compagnie d'Orléans.)

Des décisions analogues sont intervenues le 26 décembre 1867 (Thié-
bault contre Compagnie de l'Est), le 13 mai 1875 (Cottin contre Compagnie de Lyon) et le 16 juillet 1881 (dame Anna Mary contre Compagnie de
l'Ouest).

Le Conseil d'État a également, par un arrêt du 30 mars 1878 (Gagneur
contre Compagnie de Paris-Lyon-Méditerranée), reconnu le caractère de
travaux publics à la construction et à l'entretien d'un réservoir exécuté
en vertu d'un décret, pour l'alimentation d'une gare, devenu dépendance
de cette gare et devant faire retour à l'État à l'expiration de la concession.

Dans plusieurs des litiges que nous venons de rappeler, il a été argué
que les travaux avaient été autorisés, non par l'Administration supérieure,
mais par le préfet, en vertu de ses droits de police sur les eaux. Il y avait
là incontestablement une irrégularité et une infraction aux clauses du
cahier des charges, si les projets des prises d'eau n'avaient point effectivement fait l'objet d'une approbation spéciale ou n'avaient pas été compris
dans des projets d'ensemble dûment approuvés par le Ministre.

A défaut de toute autorisation, les Compagnies ne pourraient invoquer
leur qualité de concessionnaires de travaux publics : c'est ce qu'a jugé avec
raison la Cour de cassation par un arrêt du 22 août 1860 (Boscq et consorts
contre Compagnie du Grand-Central).

Dans le cas où le concessionnaire, quoique nanti d'une autorisation,
sortirait des limites de cette autorisation et prendrait par exemple de l'eau
en dehors des limites de temps et de quantité fixées par l'autorité compétente, il appartiendrait à l'autorité judiciaire de connaître des litiges afférents aux prises d'eau pratiquées en dehors de l'autorisation. (Tribunal
des conflits, 24 mai 1884, Sauze contre Compagnie de Lyon.)

Nous avons cité plusieurs décisions du Conseil d'État et du Tribunal
des conflits établissant dans les termes les plus explicites et les plus fermes

la compétence de la juridiction administrative et reconnaissant aux travaux de prise d'eau le caractère de travaux publics. Toutefois, nous devons mentionner un arrêt du Conseil d'État du 28 janvier 1864, annulant pour incompétence un arrêté de Conseil de préfecture, dans une espèce où il s'agissait d'une prise d'eau pratiquée au moyen d'un puits, en vertu d'un arrêté préfectoral, et où ce puits avait été creusé sur un terrain dont la Compagnie était propriétaire ; l'un des motifs de cette décision était « que « la Compagnie n'avait pas agi en qualité d'entrepreneur de travaux pu- « blics, qu'elle avait fait acte de propriétaire usant de sa propriété dans « les conditions et selon les règles du droit commun, et que dès lors l'ap- « préciation du préjudice causé aux requérants n'appartenait pas au Con- « seil de préfecture, par application de l'article 4 de la loi du 28 pluviôse « an VIII ». (Meslin et consorts contre Compagnie de l'Ouest.)

4. Nécessité de l'expropriation des terrains occupés par les conduites d'eau, à défaut d'accord amiable avec les propriétaires. — Le préfet de l'Isère avait autorisé, en 1857, la Compagnie de Saint-Rambert à Grenoble à établir sur des propriétés privées une conduite d'eau destinée à l'alimentation du réservoir d'une station, sauf règlement par le Conseil de préfecture des indemnités qui pourraient être dues aux intéressés. Cet arrêté ayant été annulé par le Ministre des travaux publics, la Compagnie se pourvut devant le Conseil d'État. Le commissaire du Gouvernement soutint que le jury d'expropriation était seul compétent pour le règlement des indemnités et que, par suite, la décision ministérielle était absolument fondée en droit. Par son arrêt du 3 février 1859, le Conseil rejeta le recours pour le motif suivant : « Considérant qu'en déclarant au « préfet de l'Isère que c'est aux autorités instituées par la loi du 3 mai « 1841 qu'il appartient de régler les indemnités dues par la Compagnie « et en annulant les dispositions contraires de l'arrêté préfectoral, le « Ministre a fait, dans la limite de ses pouvoirs, un acte d'administration « conforme aux règles de compétence établies par les lois sus-visées et qui « ne peut être déféré au Conseil par la voie contentieuse, mais qui ne « fait pas obstacle à ce que la Compagnie porte le litige devant la juridic- « tion compétente... »

Il est certain qu'aucune loi n'autorise l'Administration ni ceux auxquels elle délègue ses droits à imposer aux particuliers une servitude, pour l'assiette d'ouvrages ou conduites d'eau destinés à l'alimentation d'une gare, et qu'il faut soit un accord amiable entre la Compagnie et les propriétaires, soit, à défaut de cet accord, l'expropriation des terrains sur lesquels doivent être placés les tuyaux.

CHAPITRE IX

DE L'ASSAINISSEMENT DES CHAMBRES D'EMPRUNT

1. Prescriptions des cahiers des charges. — Comme nous l'avons déjà rappelé, l'article 15 du cahier des charges qui régit les grandes Compagnies oblige ces Sociétés à rétablir et à assurer, à leurs frais, l'écoulement de toutes les eaux dont le cours serait arrêté, suspendu ou modifié par leurs travaux.

Cette prescription n'ayant pas été jugée applicable à l'assainissement des chambres d'emprunt, la rédaction des cahiers des charges plus récents a été complétée de manière à imposer explicitement aux Compagnies l'obligation de prendre les mesures nécessaires pour prévenir l'insalubrité des fosses d'emprunt. (Voir notamment le cahier des charges type des chemins de fer d'intérêt local.)

2. Droits de l'Administration sous l'empire des anciens cahiers des charges. — C'est vers 1850 qu'ont surgi, pour la première fois, des difficultés entre l'État et une Compagnie au sujet des droits de l'Administration sous l'empire des anciens cahiers des charges. Le préfet du Haut-Rhin avait mis la Compagnie de Strasbourg à Bâle en demeure d'exécuter certains travaux de nivellement et d'assainissement de fosses d'emprunt. La Compagnie n'ayant pas obtempéré à cette injonction, l'Administration fit faire les travaux d'office et, après liquidation de la dépense, décerna contre la Compagnie une contrainte avec commandement de payer. Le litige fut porté devant le Conseil de préfecture ; ce tribunal s'étant déclaré incompétent, son arrêté fut annulé par le Conseil d'État, le 13 juillet 1850, attendu qu'il s'agissait d'une interprétation du contrat de concession.

Ce premier arrêt ne tranchait que la question de compétence. Mais la question du fond a été résolue par un autre arrêt du 2 mai 1866 (Compagnie d'Orléans). Tout en annulant un arrêté du Conseil de préfecture basé sur l'article 5 du cahier des charges, le Conseil a reconnu que rien n'empêchait de prendre, vis-à-vis de la Compagnie ou de qui de droit, les mesures nécessaires pour l'assainissement des chambres d'emprunt, dans l'intérêt de la salubrité publique et en vertu des pouvoirs généraux conférés à l'Administration par la loi des 16-24 août 1790.

Pour les Compagnies régies par les cahiers des charges nouveaux, l'Administration est armée en outre par les articles 12 et 15 de la loi du 15 juillet 1845, qui, en cas de contravention des Compagnies aux clauses du cahier des charges ou aux décisions rendues en exécution de ces clauses pour le libre écoulement des eaux, lui permettent de prendre immédiatement les mesures propres à faire cesser le dommage et de recouvrer ensuite le montant de ses débours par voie de contrainte, comme en matière de contributions publiques.

3. Maladies endémiques causées par la stagnation des eaux dans les chambres d'emprunt. — La stagnation des eaux dans les chambres d'emprunt peut déterminer des maladies endémiques et provoquer des actions en dommages-intérêts contre les Compagnies. A diverses reprises, le Conseil d'État a reconnu, en pareil cas, un droit à indemnité au profit des personnes atteintes par ces maladies. La question sera traitée à propos des dommages causés par l'exécution des chemins de fer.

4. Conférences entre le service du chemin de fer et le service hydraulique. — Préoccupé des dangers que pouvaient présenter pour la salubrité les chambres d'emprunt, le Ministre des travaux publics a, par une circulaire du 31 mai 1879, prescrit aux ingénieurs des services de construction d'entrer en conférence avec leurs collègues du service hydraulique, au sujet des projets de terrassements nécessitant le creusement de fosses d'emprunt de nature à modifier notablement les conditions d'écoulement des eaux.

CHAPITRE X

DE L'EXPROPRIATION DES TERRAINS

1. Droits des concessionnaires. — Les travaux de construction des chemins de fer étant d'utilité publique, les Compagnies sont investies, pour l'exécution de ces travaux, de tous les droits que les lois et règlements confèrent à l'Administration, en matière de travaux publics, soit pour l'acquisition des terrains par voie d'expropriation, soit pour l'extraction, le transport et le dépôt des terres, matériaux, etc...; elles sont de même soumises à toutes les obligations qui dérivent, pour l'Administration, de ces lois et règlements.

Nous n'avons point à retracer ici les règles relatives à l'expropriation ; ces règles sont les mêmes pour les chemins de fer concédés que pour les chemins de fer ou les autres voies de communication exécutés par l'État ; leur exposé a fait l'objet de traités spéciaux, auxquels le lecteur pourra se reporter.

Mais nous devons insister sur quelques principes qui sont quelquefois perdus de vue et que l'expérience nous fait considérer comme utile de rappeler.

2. Travaux bénéficiant de l'expropriation. — A propos des comptes des Compagnies, nous avons fait connaître que parfois les concessionnaires exécutaient des travaux dont l'utilité ne paraissait pas suffisamment démontrée, pour permettre de les comprendre parmi les dépendances du chemin de fer et d'imputer la dépense correspondante au compte de premier établissement, au point de vue du jeu de la garantie et du partage des bénéfices. Ce sont là des opérations d'un caractère privé, pour la réalisation desquelles les Compagnies ne sauraient prétendre au bénéfice de la loi du 3 mai 1841. Telles sont, par exemple, les constructions élevées pour loger certains agents, dont la présence continuelle n'est pas indispensable et n'offre même pas une utilité absolue, et qu'il serait possible d'autoriser à résider dans des villes ou des villages voisins.

L'expropriation ne peut être appliquée qu'aux parcelles de terrains devant servir d'assiette aux travaux dûment autorisés par le Ministre, revêtus ainsi du caractère de travaux publics et destinés (dans la plupart des cas) à être incorporés au domaine public. En cas de contestation entre les Compagnies et l'Administration, il pourrait y avoir lieu à interpréter le cahier des charges et les conventions, et cette interprétation serait de la compétence du Conseil de préfecture.

La circulaire ministérielle du 21 février 1877 a eu soin de rappeler : 1° que jamais les préfets ne devaient prendre leurs arrêtés ordonnant l'ouverture de l'enquête prescrite par le titre II de la loi du 3 mai 1841, avant d'avoir fait vérifier par l'ingénieur en chef du contrôle la conformité des plans parcellaires avec le tracé approuvé et avant d'en avoir référé à l'Administration supérieure, en cas de discordance ou de modifications proposées par la Compagnie ; 2° qu'en cas d'accord entre la Commission d'enquête et la Compagnie, l'arrêté de cessibilité devait être rendu sur la proposition de l'ingénieur en chef du contrôle et non sur une demande directe de la Compagnie. A défaut d'accord, l'Administration supérieure est nécessairement consultée et appelée à statuer, en vertu de l'article 11 de la loi du 3 mai 1841. Ces dispositions permettent d'éviter que les Compagnies comprennent dans leurs expropriations des terrains dont l'acquisition ne serait pas considérée comme nécessaire pour l'exécution du chemin de fer dans les conditions prévues par l'acte de concession.

Nous reviendrons sur cette question, en donnant la nomenclature des dépendances de la voie ferrée.

3. Instruction préalable aux diverses mesures que comporte l'expropriation. — Toutes les pièces nécessaires pour l'accomplissement des formalités d'expropriation sont dressées par les soins des Compagnies. Les ingénieurs du contrôle sont consultés à toutes les phases de l'instruction, jusqu'au jugement d'expropriation ; ils ont notamment à formuler leur avis sur le projet d'arrêté préfectoral désignant les territoires traversés, sur les dossiers d'enquête parcellaire, sur les résultats de l'enquête, sur le projet d'arrêté de cessibilité et sur les requêtes à fin de jugement d'expropriation. L'Administration supérieure doit statuer : 1° en cas de désaccord entre la Commission d'enquête instituée aux termes du titre II de la loi du 3 mai 1841 et la Compagnie concessionnaire ; 2° dans les autres cas où les ingénieurs du contrôle et le préfet jugeraient à propos de solliciter une décision de sa part.

Lorsqu'il y a lieu de procéder à l'enquête supplémentaire prescrite par l'article 10 de la loi du 3 mai 1841, les modifications consenties par la Compagnie sont immédiatement introduites à l'encre bleue sur les plans parcellaires; celles auxquelles la Compagnie n'aurait pas donné son adhésion, ainsi que les nouvelles dispositions dont le service du contrôle croirait devoir prendre l'initiative lors de l'examen du dossier, sont simplement indiquées sur des feuilles de retombe (circulaire ministérielle du 21 février 1877). Les Compagnies sont appelées à formuler leurs observations sur les résultats des enquêtes.

Le préfet doit envoyer ampliation de son arrêté ordonnant l'ouverture de l'enquête parcellaire : 1º aux ingénieurs en chef des services intéressés ; 2º à l'agent-voyer en chef ; 3º à l'inspecteur des forêts, au cas où les travaux s'étendraient sur des bois de l'État ou des bois communaux dont ils seraient susceptibles de modifier l'exploitation (circulaire ministérielle du 21 février 1877).

Une fois le jugement d'expropriation rendu, l'Administration cesse d'intervenir et les opérations s'achèvent à la diligence des Compagnies.

4. Incorporation des biens du domaine public national à l'assiette du chemin de fer. — Aux termes de l'article 537 du Code civil, les biens qui n'appartiennent pas à des particuliers ne peuvent être aliénés que dans les formes et suivant les règles qui leur sont particulières. D'autre part, la loi du 3 mai 1841 vise explicitement les propriétés privées (voir notamment l'article 5).

Il résulte très nettement de ces textes que les terrains dépendant du domaine public national ne sont pas susceptibles d'expropriation au profit des Compagnies. Les principes sont d'accord avec les textes à cet égard : car ces terrains ne changent pas de maître; ils restent dans le domaine public; ils demeurent à l'usage de tous ; seule, leur affectation est modifiée.

C'est d'ailleurs ce qui a été jugé par la Cour de cassation le 17 février 1847 (chemin de fer de Lyon), à l'occasion de la traversée des fortifications de Paris par la ligne de Paris à Lyon.

Un arrêt dans le même sens a été rendu par la Cour suprême le 3 mars 1862, pour une parcelle du domaine militaire expropriée en vue de l'établissement d'une distribution d'eau (Decagny). Dans cette seconde espèce, il s'agissait à la vérité d'un déclassement; mais les motifs de l'arrêt rappellent le principe général de l'indisponibilité du domaine public national.

Le changement d'affectation peut être autorisé par le Ministre des travaux publics, de concert avec le Ministre des finances, si le terrain à incorporer au chemin de fer était affecté à un service relevant du département des travaux publics.

Au cas où ce terrain dépendrait d'un autre département, une entente devrait s'établir entre les deux Ministres intéressés. S'il faisait partie du domaine militaire, il serait nécessaire de procéder à l'accomplissement des formalités réglementaires, en matière des travaux mixtes. En cas d'accord, le Ministre des travaux publics donnerait à l'affaire la suite qu'elle comporte; à défaut d'accord, il serait statué par le chef de l'État, conformément à l'article 21 du décret du 16 août 1853.

Si la modification d'affectation est subordonnée à l'exécution d'ouvrages destinés par exemple à remplacer ceux qui sont appelés à disparaître, les frais relatifs à ces travaux peuvent être mis à la charge de la Compagnie.

Les concessionnaires doivent payer le prix des terrains, en vertu des décisions prises par le Ministre des finances et le Ministre des travaux publics, à la suite de l'arrêt du Conseil d'État du 28 juillet 1876 (voir suprà, page 771). La circulaire ministérielle du 19 août 1878 comprend à cet égard les règles suivantes :

1° Toute occupation, par les Compagnies de chemins de fer, des dépendances du domaine public ou du domaine de l'État doit donner lieu au paiement, soit d'un prix, soit d'une redevance.

2° Les Compagnies doivent payer, sans distinction de nature ou de provenance, toutes les portions du domaine public incorporées définitivement à la voie ferrée et à ses dépendances, avec le consentement exprimé ou implicite du service chargé de la conservation de ce domaine.

3° Est considérée, notamment, comme occupation définitive, celle des portions de routes ou de lits de cours d'eau navigables ou flottables sur lesquelles reposent des constructions, telles que les piles et culées des voûtes ou viaducs qui supportent la voie ferrée.

4° Mais il n'y a pas lieu d'exiger de prix pour les occupations temporaires et révocables, c'est-à-dire pour celles qui se concilient avec le maintien de l'affectation primitive de la portion du domaine public occupée ; seulement les Compagnies sont tenues, comme les simples particuliers, au paiement d'une redevance annuelle, en compensation des avantages qu'elles retirent d'une jouissance privative et privilégiée.

5° Il est admis, par exception à la règle ci-dessus rappelée et sans que cette exception puisse être étendue par analogie, qu'aucune redevance ne doit être exigée des Compagnies pour les passages à niveau des voies ferrées sur les routes nationales, à raison des conditions toutes spéciales dans lesquelles s'exerce, sur ces points, la double circulation.

Le prix est fixé par l'Administration des domaines. Diverses bases ont été indiquées pour déterminer ce prix. Les deux principaux systèmes en présence consistent, l'un à prendre purement et simplement la valeur du terrain, l'autre à faire payer un capital représentant au jour du changement d'affectation la valeur des fruits dont l'État sera privé pendant la durée de la concession. De ces deux systèmes, le premier paraît avoir prévalu. Il convient en effet de remarquer, en se plaçant au point de vue fiscal, que le second système conduirait souvent à une indemnité minime, sinon nulle, et, d'autre part, que les Compagnies sont obligées de payer intégralement les propriétés particulières, bien qu'elles ne doivent en jouir que jusqu'au terme de leur contrat.

On a vu, par l'extrait ci-dessus reproduit de la circulaire ministérielle du 19 août 1878, que les passages à niveau des routes nationales sont affranchis de toute redevance et de toute indemnité au profit du Trésor. C'est qu'en effet ces passages restent affectés à la circulation sur la voie de terre, en même temps qu'à la circulation sur la voie de fer; ils ne perdent pas leur affectation première, à laquelle s'ajoute seulement une affectation supplémentaire.

Les Sections réunies des finances et des travaux publics du Conseil d'État, consultées récemment sur la question de savoir s'il y avait lieu d'imposer une redevance à la Compagnie de Paris-Lyon-Méditerranée, pour l'installation d'un passage à niveau provisoire sur la route nationale n° 5 aux abords de Villeneuve-Saint-Georges, ont donné la même solution à cette question et émis l'avis que, la partie de route nationale traversée par la voie de fer ne devant pas être soustraite, même momentanément, à l'usage de tous, le Ministre des travaux publics avait pu accorder l'autorisation à titre gratuit. (Avis du 9 juillet 1884.)

Quant aux voies ferrées des quais maritimes, elles sont assimilées par la jurisprudence aux tramways et concédées dans les mêmes formes, en vertu de la loi du 11 juin 1880. Les parties du domaine public qu'elles occupent restant accessibles à la circulation ordinaire, aucune redevance n'est imposée aux Compagnies.

5. Occupation de terrains dépendant du domaine public départemental ou communal et des chemins ruraux. — Voici, tout d'abord, les monuments de la jurisprudence à cet égard,

1° Décret sur conflit du 1er mai 1858. — Par un arrêté du 5 avril 1856, le préfet de l'Aude avait ordonné la suppression ou le déplacement de divers chemins rencontrés par le chemin de fer du Midi et autorisé la Compagnie concessionnaire à entreprendre les travaux nécessaires à cet effet. La commune de Pexiora ayant engagé une instance contre la Compagnie devant l'autorité judiciaire, le préfet prit un arrêté de conflit sur lequel le Conseil d'État eut à statuer. Pour un chemin vicinal qui était simplement traversé à niveau, le Conseil décida que « la partie de ce « chemin ainsi affectée au service de la voie ferrée n'en conservait pas « moins le caractère et la destination de voie vicinale, que la commune « ne subissait aucune dépossession, et que, dans le cas où elle prétendrait « avoir droit à une indemnité pour les dommages que lui causerait l'établis- « sement du chemin de fer, cette demande ne pourrait être appréciée que « par l'autorité administrative ». Pour un autre chemin vicinal dévié, le Conseil, se basant sur les pouvoirs attribués à l'Administration par l'article 15 du cahier des charges, pour les mesures à prendre en vue d'assurer la viabilité publique, repoussa également la compétence de l'autorité judiciaire. Au contraire, pour des chemins ruraux, il déclara que « l'autorité administrative était incompétente pour prononcer sur la « demande de dommages-intérêts formée par la commune à raison de la « prise de possession du sol de ces chemins, avant l'accomplissement « des formalités légales », et que la connaissance du litige appartenait aux autorités « qui, d'après la loi du 3 mai 1841, devaient ordonner la « dépossession et régler l'indemnité due aux propriétaires dépossédés ».

2° *Décret sur conflit du 15 mai 1858.* — La Compagnie du Midi, agissant en vertu de décisions administratives prises conformément à l'article 15 du cahier des charges, avait déplacé un chemin vicinal des communes de Talence et de Bordeaux et occupé, en outre, une partie de ce chemin, pour y établir une voie ferrée, la réunir à l'une de ses gares et la comprendre dans l'enceinte des clôtures. Le Conseil d'État, jugeant sur conflit, décida qu'il y avait là une véritable dépossession ; que la Compagnie était tenue, aux termes de l'article 22 du cahier des charges, de payer les terrains ainsi incorporés au chemin de fer ; et que l'indemnité à acquitter dans l'espèce devait être appréciée en conformité de la loi du 3 mai 1841 et soumise à l'autorité judiciaire.

Le préfet de la Gironde ayant néanmoins persisté à élever le conflit dans l'instance engagée pour la fixation de l'indemnité, son arrêté fut annulé par un second décret du 19 novembre 1859.

3° *Décret au contentieux du 1er septembre 1858.* — La Compagnie du Nord avait établi la station de Bergues sur des terrains appartenant au chemin vicinal de Bergues à Bierne et maintenu les communications entre ces deux localités par un chemin latéral. Tout en rejetant la demande en indemnité formée par la commune de Bergues à raison de l'allongement de parcours, le Conseil d'État inséra dans sa décision un con-

sidérant par lequel il rappelait « que la ville de Bergues pouvait faire
« valoir, si elle s'y croyait fondée, devant les tribunaux compétents les
« droits de propriété qu'elle pouvait avoir sur le chemin supprimé. »

4° Décret au contentieux du 20 mars 1862. — Le Conseil d'État,
saisi d'une demande en indemnité de la commune de Carmaux à raison
de la traversée de chemins vicinaux, au moyen de viaducs ou de passages
à niveau, jugea « que les parties de chemins vicinaux au-dessus des-
« quelles des viaducs avaient été établis ou qui avaient été converties en
« passages à niveau, n'en conservaient pas moins le caractère et la desti-
« nation de voies vicinales; qu'ainsi la commune, ne subissant aucune
« dépossession, n'avait droit à aucune indemnité ».

Quelles sont les règles qui se dégagent de ces diverses décisions ?
Elles peuvent se résumer ainsi :

1° La traversée à niveau des chemins vicinaux et, à fortiori, celle
des routes départementales n'enlèvent point aux portions de ces voies occu-
pées par le chemin de fer leur caractère et leur destination. Elles ne doivent
donc donner lieu à aucune indemnité de dépossession.

Le décret sur conflit du 1ᵉʳ mai 1858 donnait une solution différente
pour les chemins ruraux. Depuis, la loi du 20 août 1881 (Code rural) a
attribué, comme nous l'avons dit, aux chemins ruraux reconnus par la
Commission départementale le caractère de voies publiques imprescriptibles; les chemins revêtus de ce caractère doivent être soumis au même
régime que les chemins vicinaux.

Quant aux « chemins et sentiers d'exploitation » servant exclusivement
à la communication entre divers héritages ou à leur exploitation, ils sont,
à défaut de titre contraire, présumés appartenir aux propriétaires riverains et peuvent être interdits au public ou même supprimés, du consentement de ceux qui ont le droit de s'en servir; leur traversée à niveau
donne lieu à une véritable dépossession et doit, en conséquence, être subordonnée à l'acquisition des terrains englobés dans la voie ferrée.

Bien qu'aucune décision du Conseil d'État ne soit intervenue au sujet
des rues, il est incontestable que ces voies de communication font partie
du domaine public national, départemental ou communal, suivant qu'elles
constituent des traverses de routes nationales, départementales ou vicinales (1). Elles appartiennent également au domaine public communal,
alors même qu'elles ne sont point le prolongement de chemins vicinaux :
elles sont affectées au public et la loi du 24 juillet 1867 les a expressé-

____

(1) Article 1ᵉʳ de la loi du 8 juin 1864. — « Toute rue qui est reconnue, dans les for-

ment rangées dans ce domaine, en son article 1er. A la vérité, la loi de 1867 a été abrogée par celle du 5 avril 1884 sur l'organisation municipale; mais le principe qui y était inscrit a été maintenu dans cette dernière loi.

2° Les passages du chemin de fer au-dessus ou au-dessous de la voie ferrée doivent être assimilés aux passages à niveau.

3° Les autres occupations du domaine public départemental ou communal peuvent donner lieu au règlement d'une indemnité de dépossession, en conformité de la loi du 3 mai 1841.

On s'est demandé jusqu'à quel point la jurisprudence du Conseil d'État, à cet égard, était conforme aux principes. Les critiques auxquelles elle a donné lieu sont les suivantes. Quoique le domaine public se divise en trois branches, à savoir : le domaine public national, le domaine départemental et le domaine communal, cette division correspond bien moins à des différences essentielles dans le caractère des immeubles qu'à des différences dans les organes administratifs préposés à leur conservation et à leur surveillance. Quel que soit leur classement, les biens du domaine public sont affectés à l'usage de tous. A ce titre, ils ne paraissent pas susceptibles d'expropriation dans les conditions prévues par la loi du 3 mai 1841, qui vise explicitement et exclusivement les propriétés particulières en ses articles 2 et 5 et qui, énumérant en son article 15 diverses catégories de biens, y comprend le domaine privé de l'État, des départements ou des communes, sans faire aucune allusion au domaine public. Leur incorporation à une voie ferrée entraîne, non une dépossession, mais un simple changement d'affectation, qu'il appartient à l'autorité administrative supérieure de prononcer, et il n'est point établi que l'autorité judiciaire ait qualité pour apprécier les conséquences financières à tirer des décisions administratives de cette nature. C'est en ce sens qu'avait paru se prononcer le Conseil d'État, dans un ancien arrêt du 3 août 1847, à propos d'un boulevard occupé par le chemin de fer d'Avignon à Marseille. (Ville de Marseille et sieur Mouren contre la Compagnie.) Jamais, ni la législation, ni la jurisprudence, n'ont reconnu un droit à indemnité au profit des communes pour le classement de leurs chemins vicinaux dans le domaine public départemental ou national, non plus qu'au profit des départements pour le classement de leurs routes départementales dans le réseau des routes nationales; et les lois intervenues depuis plusieurs années pour classer des lignes d'intérêt local comme d'intérêt général ont toutes décidé qu'il serait statué par décret délibéré en Conseil

« mes légales, être le prolongement d'un chemin vicinal, en fait partie intégrante et est « soumise aux mêmes lois et règlements. »

d'État sur les indemnités ou les dédommagements qui pourraient être dus aux départements, excluant ainsi tout recours contentieux devant la juridiction administrative ou devant l'autorité judiciaire.

Quelle que soit la valeur de ces critiques, comme, aux termes du cahier des charges, les Compagnies doivent payer tous les terrains nécessaires à l'assiette de leurs travaux, comme l'État a revendiqué pour lui-même le paiement des biens du domaine public national, on ne saurait, à plus forte raison, refuser le même traitement aux départements et aux communes. La question ne pourrait se poser que pour les chemins dont l'État exécuterait lui-même les travaux ou fournirait, tout au moins, les terrains : dans ce cas, le changement d'affectation serait généralement gratuit. Étant admis le principe d'une indemnité, le règlement par le jury d'expropriation s'impose, sinon d'après les textes, du moins par analogie. Tout au plus pourrait-on soutenir que les lois sur l'expropriation ont eu pour seul effet de dépouiller les Conseils de préfecture de leurs attributions en matière de dépossession de propriétés particulières et que ces tribunaux restent compétents pour tous les autres dommages résultant de l'exécution des travaux publics. Mais il serait oiseux de poursuive cette discussion : la jurisprudence du Conseil d'État est trop nette pour ne point être définitivement acceptée.

A peine avons-nous besoin de faire remarquer que l'occupation des chemins non reconnus comme chemins ruraux publics et celle des chemins et sentiers d'exploitation comportent nécessairement le paiement d'indemnités d'acquisition ou d'expropriation.

6. Occupation de terrains dépendant du domaine privé de l'État, des départements ou des communes. — Les biens appartenant au domaine privé de l'État, des départements ou des communes, sont susceptibles d'expropriation (1).

L'article 13 de la loi du 3 mai 1841 indique les conditions dans lesquelles le Ministre des finances, les préfets et les maires peuvent consentir à leur aliénation amiable. Il y aurait lieu, le cas échéant, d'avoir égard aux règles nouvelles posées par la loi du 10 août 1871 sur les attributions des Conseils généraux et de se reporter à la loi municipale du 5 avril 1884 : nous n'y insistons pas, attendu que la question n'offre rien de spécial aux chemins de fer.

______

(1) La Cour de cassation a fait une application de ce principe dans un arrêt du 8 mai 1865, pour un terrain d'alluvion compris dans le tracé de la ligne de Paris à Lyon et à la Méditerranée. — Voir aussi l'instruction du Ministre des finances en date du 1er avril 1879, sur l'aliénation des immeubles appartenant à l'État.

Très souvent, pour le passage des biens de l'État dans le domaine public des chemins de fer, il a été procédé par voie de décret d'affectation, conformément à l'ordonnance du 14 juin 1833 qui, abrogée par la loi du 15 mai 1850, a été remise en vigueur par la loi du 24 mars 1852. Aux termes de cette ordonnance, les décrets « ayant pour objet d'affecter un immeuble « appartenant à l'État à un service public de l'État » sont concertés entre le Ministre qui réclame l'affectation et le Ministre des finances ; ils visent l'avis du Ministre des finances et sont contre-signés par le Ministre du département au service duquel l'immeuble doit être affecté.

Mais, en 1883, le Directeur général des domaines, dans un avis approuvé par le Ministre des finances et relatif aux chemins de fer construits par l'État, a exprimé l'opinion que l'ordonnance de 1833 visait exclusivement les affectations ne faisant pas sortir les immeubles du domaine privé de l'État et que, pour le passage de ces immeubles dans le domaine public, les règles à suivre devaient être les suivantes : 1° en cas de déclaration préalable d'utilité publique, englobant une partie du domaine de l'État, il y aurait lieu à une simple remise, toute autorisation ministérielle étant inutile après la loi ou le décret ; 2° en cas d'incorporation sans déclaration préalable d'utilité publique, il y aurait lieu à décision du Ministre des finances, prise sur la proposition de ses collègues des départements intéressés.

Cet avis ne s'applique aux chemins de fer concédés qu'en ce qui concerne l'exclusion de la procédure par voie de décret d'affectation. Les Compagnies ne peuvent occuper, soit pour toute la durée de leur concession, soit à titre temporaire, des parcelles dépendant du domaine de l'État, sans payer un prix ou une redevance qui, généralement, ne sont pas fixés dans la loi ou le décret déclaratifs d'utilité publique et dont la détermination nécessite, suivant les cas, soit une décision du jury, soit une décision de l'Administration des finances. (Voir ci-dessus la circulaire ministérielle du 19 août 1878.)

Signalons encore que l'interdiction d'aliéner les forêts de l'État sans une autorisation législative, quoique maintenue par la loi du 1er juin 1864, n'est pas applicable en l'espèce ; il ne s'agit pas, en effet, d'une vente proprement dite.

7. Expropriation des terrains nécessaires à l'établissement des souterrains. — Il est tout d'abord certain que l'occupation d'une partie du sous-sol par un tunnel ne saurait être assimilée à une simple occupation temporaire. Elle ne peut davantage être considérée comme constituant un simple dommage dont il suffise de régler après coup la réparation. Un décret sur conflit du 15 avril 1857 (Desbordes contre Compagnie de Lyon à Genève) a décidé qu'un tunnel faisant partie du chemin de fer, la propriété utilisée pour son établissement était incorporée à la voie publique, qu'il en résultait pour le propriétaire une dépossession définitive, et que l'appréciation de l'indemnité appartenait exclusivement au jury. Ainsi l'expropriation s'impose ; mais doit-elle être étendue à la superficie ?

Pour soutenir l'affirmative, on a invoqué l'article 552 du Code civil, aux termes duquel « la propriété du sol emporte la propriété du dessus et « du dessous », et on a conclu à l'indivisibilité de la superficie et du tréfonds.

A l'appui de la thèse contraire, on a fait valoir que cette prétendue indivisibilité était purement apparente, puisque l'article 553 du Code prévoyait l'acquisition par titre ou par prescription de souterrains sous les bâtiments d'autrui.

La question a été portée devant la Cour de cassation qui, par un arrêt du 1er août 1866, a consacré le second système (Delamarre). Le tribunal civil de la Seine avait prononcé l'expropriation pour cause d'utilité publique de 2 ares 9 centiares pris, à 25 mètres de profondeur, dans le sous-sol d'un terrain où existait une maison, en vue de l'exécution du chemin de fer de ceinture (rive gauche). Un litige s'étant élevé à cet égard devant le jury, la Cour régulatrice fut appelée à statuer. Elle considéra « que, si d'après « l'article 552 du Code civil la propriété du sol emporte la propriété « du dessus et du dessous, cette disposition ne fait pas obstacle à ce que, « suivant l'article 553 du même Code, un tiers puisse acquérir, même par « prescription, la propriété d'un souterrain sous le bâtiment d'autrui ; — « que, dès lors, le dessous peut, en principe, être détaché du sol par frac- « tions, qui forment à leur tour et par elles-mêmes une chose essentielle- « ment distincte et susceptible d'expropriation particulière ; — que, si « cela est absolument vrai lorsque l'acquisition par un tiers d'une partie « du sous-sol procède du consentement du propriétaire du sol, il ne peut « en être autrement lorsque cette acquisition s'effectue par la voie de « l'expropriation pour cause d'utilité publique ; — qu'à part même toute « autre considération, entre l'autorité expropriante qui tient son droit de « la loi et le tiers qui fonde le sien sur le contrat et la prescription, l'iden- « tité de situation est tellement étroite que, dans un cas comme dans « l'autre, sans qu'aucune distinction soit possible, la prise de possession « de la chose légitimement et régulièrement acquise doit, de toute nécessité, « tendre aux mêmes résultats et produire les mêmes effets vis-à-vis de « l'ancien propriétaire ; — que, si l'article 50 de la loi du 3 mai 1841 « déroge, mais seulement pour le cas y spécifié, à cet état de choses, en « conférant à l'exproprié le droit de réclamer l'extension de l'expropriation

« au delà des limites déterminées par le jugement qui l'ordonne, cette
« exception, renfermée dans ses termes véritables, est inapplicable dans
« l'espèce ».

Cet arrêt de la Cour de cassation rappelle si nettement les principes
qu'il est inutile de le commenter.

Nous nous bornons à mentionner une décision du tribunal des conflits,
du 13 février 1875, renvoyant devant le tribunal civil de Vienne la Compagnie de Paris-Lyon-Méditerranée et le sieur Badin pour le règlement
de l'indemnité due à ce dernier, à raison de l'établissement d'un souterrain
qui avait été ouvert sans l'accomplissement des formalités prescrites par la
loi du 3 mai 1841.

**8. Délai imparti pour les expropriations. — Travaux ne se
rattachant pas directement à la déclaration d'utilité publique. —**
Un grand nombre d'actes déclaratifs d'utilité publique déterminent un
délai pour les expropriations, afin de ne pas laisser indéfiniment les propriétaires sous le coup de l'application de la loi du 3 mai 1841.

La transmission de propriété résultant du jugement d'expropriation,
c'est la date de cet acte qui doit être considérée comme le terme du délai
imparti aux Compagnies.

Dans tous les cas, les cahiers des charges fixent le maximum de la
durée d'exécution des travaux concédés.

L'expiration de ces délais permet-elle aux tribunaux de refuser l'expropriation ? La Cour de cassation a eu à statuer sur ce point à diverses reprises.

Par un ancien arrêt du 10 mai 1847 (Étienne et de la Chaume
contre Compagnie d'Orléans), elle a décidé que le droit d'expropriation au
profit d'une Compagnie expirait avec le délai fixé par la loi de concession
pour l'exécution des travaux et que, passé ce délai, la Compagnie ne
pouvait plus provoquer aucune expropriation à raison de travaux
compris au projet primitif ou résultant de modifications autorisées en
cours d'exécution.

Mais plus récemment, dans un second arrêt du 24 août 1880, elle s'est
prononcée dans un sens opposé (Phily et autres contre Compagnie de
Lyon) ; elle a déclaré que les tribunaux devaient se borner à vérifier si
toutes les formalités prescrites par l'article 2 et par le titre II de la loi du
3 mai 1841 avaient été remplies, et que l'inobservation des délais dans
lesquels l'expropriation devait être accomplie par une Compagnie, substituée aux droits de l'État, n'infirmait pas la valeur du décret déclaratif
d'utilité publique et ne pouvait faire obstacle à ce que ce décret servit de
base au jugement d'expropriation.

Cette dernière décision s'explique par le libellé du décret du 4 décembre 1876 qui avait reconnu l'utilité publique des travaux et dans lequel avait été insérée la réserve suivante : « Les formalités de l'expropriation devront « être accomplies dans un délai de deux ans, à partir de la promulgation « du présent décret. » On pouvait admettre que cette réserve était exclusivement relative au règlement des rapports entre l'État et la Compagnie.

La formule plus habituellement usitée aujourd'hui est celle-ci : « La « déclaration d'utilité publique sera considérée comme nulle et non « avenue si les expropriations nécessaires pour l'exécution des travaux « ne sont pas accomplies dans un délai de......, à partir de la date du « présent décret. » Avec cette formule, du jour où le délai serait expiré, la déclaration d'utilité publique cesserait nécessairement d'avoir son effet au regard des propriétaires à exproprier et le tribunal devrait refuser de rendre le jugement.

A défaut d'indication de délai dans l'acte de concession ou dans l'acte déclaratif d'utilité publique, soit pour l'exécution des travaux, soit pour les expropriations, il faudrait néanmoins accomplir à nouveau toutes les formalités prévues par le titre I de la loi du 3 mai 1841, si la déclaration d'utilité publique remontait à une époque trop éloignée. La même nécessité s'imposerait pour des travaux qui ne pourraient être considérés comme compris dans les prévisions primitives, comme se rattachant directement au premier acte déclaratif d'utilité publique ; la Cour de cassation en a jugé ainsi dans un arrêt du 25 juillet 1877 (Roudières), où on lit le considérant suivant : « Attendu que, si la déclaration d'utilité publi- « que peut s'appliquer à des travaux qu'elle ne désigne pas explicitement, « c'est à la condition qu'ils soient une conséquence immédiate du travail « principal qu'elle autorise ; mais qu'elle ne saurait s'étendre à des ou- « vrages qui ne sont pas un accessoire et une suite nécessaire de ce tra- « vail. » Chaque année, il intervient, en vertu de ce principe, un certain nombre de décrets déclarant l'utilité publique de travaux complémentaires de premier établissement pour les chemins de fer en exploitation.

9. Jurisprudence de la Cour de cassation sur l'épuisement des effets de la déclaration d'utilité publique par un premier jugement d'expropriation. — Nous devons signaler aussi la jurisprudence de la Cour de cassation sur une question délicate : celle de savoir si plusieurs arrêtés de cessibilité et plusieurs jugements successifs d'expropriation peuvent être prononcés pour l'exécution d'un travail déterminé, en vertu du même acte déclaratif d'utilité publique. La Cour s'est prononcée très nettement pour la négative. Elle a rendu plusieurs arrêts aux termes desquels « l'effet de l'acte déclaratif d'utilité publique se trouve épuisé « par le jugement qui prononce l'expropriation des parcelles indiquées « dans l'arrêté de cessibilité et par la décision du jury fixant les indemnités « de dépossession » ; toute expropriation nouvelle devrait être précédée d'une nouvelle déclaration d'utilité publique, dont l'existence serait expressément constatée par le tribunal (8 janvier 1873, Froment de Champlagarde ; 25 juillet 1877, Roudières).

Cette interprétation de la loi du 3 mai 1841, strictement appliquée, serait trop étroite et trop rigoureuse. Les actes déclaratifs d'utilité publique ne déterminent que les dispositions générales des travaux. Quant aux dispositions de détail, elles ne sont arrêtées que plus tard et il est souvent impossible de les fixer ne varietur dans les projets qui servent de base au premier jugement d'expropriation ; des nécessités reconnues ou des difficultés survenues en cours d'exécution, par exemple dans les fondations d'un ouvrage d'art, dans la nature des terrassements, peuvent conduire à y apporter certaines modifications, à déplacer un pont, à réduire l'inclinaison des talus d'une tranchée, à augmenter l'empatement d'un remblai, etc......, et à réaliser dans ce but des acquisitions supplémentaires. Il ne serait certainement pas conforme aux intentions du législateur de 1841 de remplir toutes les formalités indispensables pour une nouvelle déclaration d'utilité publique, alors qu'il s'agit purement et simplement de travaux compris dans l'acte primitif.

Dans les espèces qui ont donné lieu aux arrêts de la Cour de cassation de 1873 et de 1877, l'expropriation était poursuivie en vertu d'actes déclaratifs d'utilité publique remontant à une époque éloignée ; pour l'une d'elles, il s'agissait de travaux absolument nouveaux.

10. **Prise de possession d'urgence.** — Le titre II de la loi du 3 mai 1841 édicte, on le sait, des dispositions exceptionnelles pour hâter la prise de possession des terrains non bâtis, en cas d'urgence déclarée par un décret.

Il en a été fait un certain nombre d'applications dans le cas où l'Administration, maîtresse de presque tous les terrains, voyait ses travaux entravés par la résistance de quelques propriétaires et se trouvait exposée, soit à des retards préjudiciables à l'intérêt public, soit à des demandes en indemnités de la part de ses entrepreneurs. On peut concevoir telle autre circonstance où il pourrait être opportun d'y recourir, par exemple pour l'exécution d'ouvrages intéressant la défense du pays ; les travaux de cette dernière catégorie pourraient même, dans des circonstances exceptionnelles, motiver l'application de l'article 75 de la loi de 1841.

L'opportunité des décrets de prise de possession d'urgence ne peut être contestée par la voie contentieuse. (Conseil d'État, 8 janvier 1863, de Rochetaillée.)

11. Dommages accessoires compris dans l'indemnité fixée par le jury. — L'indemnité fixée par le jury comprend, non seulement la valeur du terrain exproprié, mais encore la réparation des dommages accessoires qui sont la suite, la conséquence directe, immédiate et nécessaire de l'expropriation. La doctrine et la jurisprudence ont varié sur la nature des dommages qui doivent être ainsi englobés dans la fixation de l'indemnité. Certains auteurs ont soutenu, avec beaucoup d'autorité, que ces dommages sont exclusivement ceux qui résultent de l'expropriation, abstraction faite des travaux à exécuter ultérieurement : tels sont, par exemple, le morcellement, la dépréciation de la partie de l'immeuble laissée entre les mains du propriétaire, les difficultés créées pour l'exploitation, la déclôture. Les raisons données à l'appui de cette opinion peuvent se résumer ainsi :

1° Les lois spéciales sur l'expropriation pour cause d'utilité publique étant des exceptions aux lois générales du 28 pluviôse an VIII et du 16 septembre 1807, qui avaient chargé l'autorité administrative de prononcer sur les réclamations des particuliers pour tous les torts et dommages résultant de l'exécution des travaux publics, doivent être strictement renfermées dans le cas prévu.

2° Les dommages devant résulter de l'exécution ne sont pas nés et actuels, lors du règlement de l'indemnité d'expropriation ; leur appréciation doit donc nécessairement être ajournée.

3° La constitution du jury spécial ne se prête pas à des évaluations, pour lesquelles il faut des connaissances techniques.

4° Les dispositions de détail des travaux peuvent subir des modifications susceptibles d'exercer une influence plus ou moins profonde sur les dommages accessoires qui ne découlent pas directement de l'expropriation, aggraver ces dommages ou, au contraire, les réduire.

A cette théorie, très correcte au point de vue des principes, on objecte qu'il est fâcheux d'obliger dans beaucoup de cas les intéressées à se présenter successivement devant deux juridictions.

Actuellement, la pratique et la jurisprudence sont d'accord pour régler avec l'indemnité du fonds les dommages devant résulter, non seulement de la dépossession elle-même, mais encore de l'exécution des travaux, pourvu que l'effet de ces travaux soit certain lors du règlement.

Les contestations qui naissent après coup entre les Compagnies et les propriétaires expropriés au sujet de la portée des décisions du jury son fréquentes ; elles le sont d'autant plus que la formule employée pour ces décisions laisse parfois planer les doutes les plus sérieux. Il appartient à l'autorité judiciaire de donner, le cas échéant, l'interprétation nécessaire pour permettre à la juridiction administrative de statuer en toute connaissance de cause. Mais il importe que les offres faites par les Compagnies aux propriétaires intéressés soient nettes, précises et détaillées : cette recommandation ne doit jamais être perdue de vue.

Parmi les dommages qui sont spéciaux aux chemins de fer et qui doivent être réglés par le jury, nous signalerons particulièrement :

— la dépréciation résultant des risques d'incendie, s'il existe par exemple, à proximité des emprises, des ateliers, des manufactures où l'on manutentionne des marchandises facilement inflammables ;

— la déclôture ou la nécessité que le voisinage du chemin de fer imposera à l'exproprié de clore le surplus de sa propriété pour sauvegarder son bétail.

Nous reviendrons sur ces diverses questions en traitant des dommages.

Il ne doit pas être tenu compte, dans la décision du jury, des servitudes dont l'application ne serait qu'éventuelle (par exemple l'interdiction d'exploiter une mine ou une carrière dans une certaine zone de part et d'autre de la ligne). (Cour de Cassation, 6 février 1854, Berset de Vaufleury ; 5 mai 1873, Maillard, Tambon et Maynaud ; 16 août 1880, Hermann Lavignolle ; 17 mars 1885, département de la Manche). Il n'y a jamais présomption légale que le jury y ait eu égard (Conseil d'État, 31 mai 1865, Navet).

12. Fixation de l'indemnité en argent. — Une règle essentielle en la matière est que l'indemnité allouée par le jury doit consister en une somme d'argent. Le jury ne saurait fixer l'indemnité, partie en argent, partie en matériaux, ou partie en argent, partie en travaux. Violerait-il la loi en allouant une indemnité alternative, pour le cas où la Compagnie n'exécuterait pas certains travaux déterminés ? Nous ne le croyons pas. Sans doute l'autorité administrative a seule le droit d'arrêter les dispositions du chemin de fer, et, d'autre part, l'autorité judiciaire ne peut obliger les particuliers à laisser exécuter des ouvrages sur leur fonds. Mais, s'il y a accord entre les parties, si l'approbation de l'Administration pour les travaux à établir sur la voie ferrée et ses dépendances est absolument réservée, il n'y a plus, de la part du jury, ni excès de pouvoirs, ni violation de l'article 39 de la loi du 3 mai 1841. La jurisprudence de la Cour de cassation est constante dans ce sens.

Nous avons à peine besoin de faire remarquer que les Compagnies doivent montrer une réserve prudente dans les engagements ainsi contractés devant le jury et qu'elles ne doivent rien faire pour entraver la liberté d'action de l'Administration.

Déjà, en 1861, le Ministre des travaux publics avait adressé aux ingénieurs en chef des services de travaux une circulaire que nous avons relatée ci-dessus, page 241, et par laquelle, sans interdire absolument de consentir, lors du règlement des indemnités, à l'établissement d'ouvrages dans l'intérêt des propriétés particulières, il recommandait de limiter les engagements de cette nature à des cas exceptionnels et de toujours stipuler la prise en charge de l'entretien par les communes ou les particuliers intéressés.

13. Dispense des droits de timbre, d'enregistrement et de transcription pour les actes d'acquisition amiable. — Aux termes de l'article 58 de la loi du 3 mai 1841, les actes faits en vertu de cette loi sont visés pour timbre et enregistrés gratis; il n'est perçu aucuns droits pour leur transcription au bureau des hypothèques. Les droits perçus sur les acquisitions amiables faites antérieurement aux arrêtés de préfet sont restitués lorsque, dans le délai de deux ans à partir de la perception, il est justifié que les immeubles acquis sont compris dans ces arrêtés.

Les arrêtés dont il est question dans l'article 58 de la loi sont ceux que les préfets doivent prendre en conformité de l'article 11, c'est-à-dire les arrêtés de cessibilité.

. Pour qu'une acquisition amiable bénéficie des dispositions ci-dessus rappelées, il ne suffit pas qu'elle puisse être considérée comme se rattachant à l'utilité publique; il faut que cette utilité ait été déclarée par une loi ou par un décret, suivant les cas. La Cour de cassation a maintenu cette règle par divers arrêts. La déclaration d'utilité publique peut d'ailleurs être postérieure à l'acquisition. (Cour de cassation, 4 mai 1858, Compagnie d'Orléans.)

Mais il n'est point nécessaire que toutes les formalités prévues par le titre II de la loi aient été accomplies. L'article 14 dispense, en effet, l'Administration de justifier de ces formalités, toutes les fois que le propriétaire consent à la cession de son terrain. Une circulaire du sous-secrétaire d'État des travaux publics aux préfets, en date du 5 décembre 1846, qui est spéciale aux routes départementales, mais qui doit être néanmoins considérée comme applicable aux travaux exécutés ou concédés par l'État, fait connaître que le Ministre des finances a consenti à interpréter la loi dans ce sens et laissé à l'Administration des travaux publics le soin de décider des cas où l'arrêté de cessibilité devrait être précédé des formalités déterminées par les articles 4 à 10 inclusivement. L'arrêté préfectoral doit viser expressément la décision de l'Administration supérieure qui approuve le projet des travaux; il doit, en outre, être précédé, s'il y a lieu, d'un considérant qui explique l'absence des formalités nécessaires pour l'expropriation.

La restitution est limitée par la loi à la portion des immeubles qui a été reconnue nécessaire à l'exécution des travaux, en y comprenant, bien entendu, les excédents placés dans les conditions prévues par l'article 50 de la loi et acquis sur la réquisition du propriétaire. (Décision du Ministre des finances, en date du 29 juin 1836.)

14. Responsabilité éventuelle du concédant pour le paiement des indemnités. — La Cour de cassation a décidé, le 19 juillet 1882 (Brossier), que les propriétaires expropriés pour la construction d'un chemin de fer d'intérêt local pouvaient demander au département le paiement des indemnités à eux allouées par le jury, malgré les termes formels de l'article 63 de la loi du 3 mai 1841 et ceux du cahier des charges, qui met ce paiement à la charge du concessionnaire. La Cour s'est fondée sur la domanialité publique de la voie ferrée : « Attendu, est-il dit dans l'arrêt, « que, si le département a fait concession à la société ..... du chemin dont « il s'agit, à la condition d'en effectuer la construction et d'en assurer « l'exploitation, sous le bénéfice des avantages stipulés pour cette exploi- « tation, cette concession n'a pas eu pour effet d'enlever au département « sa qualité d'expropriant et de transférer au concessionnaire la propriété « du chemin de fer..... Que, sans doute, aux termes de l'article 63 de la « loi du 3 mai 1841, les concessionnaires, investis des droits de l'Admi- « tration pour tout ce qui concernait l'exploitation et l'établissement du « chemin de fer, ont été soumis à l'obligation de payer les indemnités « d'expropriation ; mais qu'il n'en résulte nullement que les propriétaires « expropriés, à moins qu'ils n'aient compromis leurs droits par des actes « librement consentis en faveur des concessionnaires, soient sans qualité « pour, à défaut par celui-ci de remplir cette obligation, demander au dé- « partement et par une action personnelle le paiement de l'indemnité que « le jury leur a allouée..... ».

Le même principe s'appliquerait aux chemins de fer d'intérêt général concédés par l'État.

15. Rétrocession des terrains non utilisés. — Si des terrains acquis pour des travaux d'utilité publique ne reçoivent pas cette destination, l'article 60 de la loi du 3 mai 1841 donne aux anciens propriétaires ou à leurs ayants droit la faculté d'en demander la remise. Le prix de la rétrocession est fixé à l'amiable ou, en cas de désaccord, par le jury, sans pouvoir excéder la somme moyennant laquelle les terrains ont été acquis. Ces dispositions ne s'appliquent pas aux terrains acquis sur la réquisition du propriétaire, en vertu de l'article 50 de la loi.

Les articles 60 et suivants doivent recevoir leur application pour les chemins de fer concédés, comme pour les travaux exécutés par l'État.

Le seul point spécial sur lequel nous ayons à insister est celui de savoir à qui il appartient de déclarer si les immeubles seront ou ne seront pas utilisés. Cette déclaration rentre incontestablement dans la compétence du Ministre des travaux publics, qui a seul qualité pour approuver les plans de bornage, pour autoriser les modifications aux prévisions primitives des projets, pour prononcer le déclassement des parcelles incorporées au domaine public. Les Compagnies ne peuvent consentir, au nom de l'État, à la rétrocession. (Conseil d'État, 16 août 1862, Bertrand).

A diverses reprises, le Conseil d'État a reconnu que le Ministre ne sortait pas des limites de ses pouvoirs, en déclarant qu'une parcelle de terrain avait été employée ou le serait pour les travaux qui avaient fait l'objet de la déclaration d'utilité publique (27 mars 1862, Dobler ; 16 août 1862, Bertrand ; 29 juin 1877, Courtin-Pierrard.)

Toutefois, les intéressés ont une voie de recours ; ils peuvent faire valoir devant les tribunaux civils le privilège établi à leur profit par l'article 60 de la loi du 3 mai 1841 (Conseil d'État, 27 mars 1862, Dobler ; Cour de cassation, 29 mai 1867, Delair). Comme le rappelle ce dernier arrêt, il n'est pas nécessaire qu'un acte administratif constate la non-utilisation, quand elle résulte des faits eux-mêmes, par exemple de l'annexion du terrain au sol d'une rue nouvelle, alors qu'il s'agissait d'une expropriation pour un chemin de fer ; il y a même lieu, dans ce dernier cas, au renvoi devant le jury pour fixer l'indemnité relative à la seconde expropriation.

Le Conseil de préfecture serait incompétent pour statuer sur les litiges relatifs à la rétrocession des terrains non utilisés. (Conseil d'État, 30 juillet 1873, commune de Saint-Cyr contre Compagnie d'Orléans.)

A peine avons-nous besoin de rappeler :

— que le privilège accordé aux propriétaires expropriés s'applique exclusivement aux parcelles non utilisées et non aux parcelles employées et devenues ultérieurement inutiles ;

— qu'il est distinct du droit de propriété sur les excédents non expropriés, qu'il ne suit pas le sort de cette propriété, qu'il peut faire l'objet de cessions distinctes, qu'à défaut de convention contraire il se transmet aux héritiers.

Un tiers ne pourrait puiser son droit de contester la rétrocession, ni dans sa qualité de riverain, ni dans un contrat intervenu entre lui et l'Administration. (Conseil d'État, 10 avril 1867, de Cargouët.)

Lorsque le jury est appelé à fixer le prix de la rétrocession, il doit tenir compte, non seulement du rapport entre l'étendue de la parcelle rétrocédée et l'étendue totale de la parcelle expropriée, mais encore de toutes les circonstances de nature à donner plus ou moins de valeur à la partie rétrocédée. (Cour de cassation, 5 juin 1878, époux Abeille.)

Nous traiterons plus loin de l'attribution du prix des parcelles rétrocédées, ainsi que des conditions dans lesquelles se font les autres aliénations de parcelles devenues inutiles au chemin de fer.

Telles sont les seules indications très sommaires, qu'il nous paraisse opportun de donner sur les expropriations.

CHAPITRE XI

DES OCCUPATIONS TEMPORAIRES
ET DES DOMMAGES CAUSÉS PAR L'EXÉCUTION DES TRAVAUX

§ I. — DISPOSITIONS DU CAHIER DES CHARGES. — OCCUPATIONS TEMPORAIRES

1. Dispositions du cahier des charges. — L'article 21 du cahier des charges porte « que les indemnités pour occupation temporaire ou « pour détérioration de terrains, pour chômage, modification ou destruc- « tion d'usines, et pour tous dommages quelconques résultant des travaux, « seront supportés et payés par les Compagnies ». De plus, aux termes de l'article 22, « l'entreprise étant d'utilité publique, les Compagnies sont « investies, pour l'exécution des travaux dépendant de leur concession, « de tous les droits que les lois et règlements confèrent à l'Administration en « matière de travaux publics.... pour l'extraction, le transport et le dépôt « des terres, matériaux, etc..., et elles demeurent en même temps sou- « mises à toutes les obligations qui dérivent, pour l'Administration, de ces « lois et règlements. »

2. Règles relatives à l'occupation temporaire des terrains. — Les règles relatives à l'occupation temporaire des terrains par les Compa- gnies ne sont point spéciales aux chemins de fer concédés ; nous nous abstiendrons, en conséquence, de les exposer avec détail. Comme nous l'avons fait pour les expropriations, nous nous contenterons de signaler quelques principes qu'il importe de ne pas perdre de vue.

L'occupation temporaire ne doit pas avoir un caractère indéfini et mas- quer une véritable expropriation. Il y a là une question d'appréciation fort délicate ; le Conseil d'État a retenu, par une jurisprudence protectrice de la propriété, le droit de juger, dans chaque espèce, si l'occupation pro- longée n'équivalait pas à une véritable dépossession. L'autorité judiciaire est incompétente pour connaître des contestations qui peuvent surgir à cet égard. (Ordonnance sur conflit du 24 décembre 1845, Dauphin-Vavasseur.)

La juridiction administrative s'est prononcée, suivant les cas, pour la légalité ou l'illégalité des occupations temporaires. Il ne sera pas sans intérêt de rappeler quelques-unes des décisions du Conseil d'État en matière de chemins de fer.

7 janvier 1864 (Guyot de Villeneuve contre Compagnie de Paris-Lyon-Méditerranée). — La possibilité du renouvellement d'une autorisation d'occupation temporaire, dont le terme a été fixé par le préfet, n'est qu'une prévision dont les conséquences ne peuvent être appréciées à l'avance. Cette éventualité ne saurait attribuer au propriétaire le droit de soutenir que l'occupation de son terrain est indéfinie et doit donner lieu au règlement d'une indemnité d'expropriation. (Il s'agissait dans l'espèce d'une voie de service reliant une ballastière aux voies principales.)

17 juillet 1874 (Monnier contre Compagnie de Paris-Lyon-Méditerranée). — Quelle que soit l'importance des travaux exécutés par une Compagnie sur un terrain occupé temporairement, le caractère de l'occupation n'est pas modifié et il n'y a excès de pouvoirs, ni de la part du préfet qui refuse de rapporter son arrêté, ni de la part du Ministre qui refuse de prendre une décision contraire.

11 février 1876 (Compagnie du Nord contre Noël). — Un préfet ne peut, sans excéder les limites de ses pouvoirs, autoriser une Compagnie à occuper, même temporairement, des terrains, pour y établir un raccordement provisoire nécessité par les besoins de l'exploitation commerciale et destiné à suppléer à l'insuffisance de sa ligne principale, en attendant l'exécution d'un raccordement définitif dont le projet n'est pas encore arrêté. Une occupation autorisée dans ces conditions ne rentre dans aucun des cas prévus par les lois et règlements, et l'autorité judiciaire est seule compétente pour connaître des litiges nés entre le propriétaire et la Compagnie.

6 juin 1879 (Remize). — Il y a de même excès de pouvoirs dans un arrêté préfectoral qui autorise l'occupation d'un terrain, pour y commencer le percement d'un tunnel.

Lorsque la dépossession est manifeste, l'autorité administrative n'a pas à revendiquer la connaissance de la question préjudicielle du caractère attribué à l'occupation. Ainsi, une Compagnie de chemin de fer qui s'est emparée, pour l'établissement d'un talus de la voie ferrée, d'une partie des terrains qu'elle était autorisée à occuper temporairement, est valablement actionnée par le propriétaire devant les tribunaux, tant à raison de la dépossession que pour la réparation du préjudice qui en est la conséquence. (Décret sur conflit du 12 décembre 1863, Martiny contre Compagnie du Nord.) Toutefois, elle ne peut être condamnée à restituer les terrains ainsi réunis au domaine public.

Un préfet commettrait encore un excès de pouvoirs, en autorisant une Compagnie à occuper temporairement des terrains précédemment loués par la Compagnie, dans le but de prolonger les effets d'un contrat de droit civil dont la prorogation soulèverait des difficultés. (Conseil d'État, 20 février 1868, Compagnie du chemin de fer des docks de Saint-Ouen contre Ardoin.)

Le Conseil d'État a, on le sait, interprété l'arrêt du 20 mars 1880 en ce sens que les habitations et leurs dépendances sont exemptées de la servi-tude d'occupation temporaire. Néanmoins, à la suite de travaux qui avaient mis en péril des maisons particulières, un préfet a cru pouvoir autoriser la Compagnie à occuper plusieurs de ces maisons pour y exécuter, au lieu et place des propriétaires, les réparations indispensables à leur conserva-tion ; son arrêté a été annulé par le Conseil d'État le 7 avril 1859 (Veuve Massardier et autres).

La juridiction administrative est compétente pour connaître des dom-mages causés par les occupations temporaires ; mais sa compétence est limitée aux effets des autorisations administratives ; elle ne s'étend ni aux occupations illicites, ni aux occupations consommées en vertu de conven-tions particulières entre les Compagnies et les propriétaires, ni aux occu-pations antérieures à l'accomplissement des formalités prescrites par le décret du 8 février 1868.

L'autorité judiciaire est compétente pour régler même l'indemnité due à raison de fouilles postérieures à un arrêté préfectoral pris au cours des travaux et autorisant la continuation de l'occupation du terrain, lorsque la convention n'a pas cessé d'être exécutée et que, d'ailleurs, il n'y a eu aucun départ entre ces fouilles et celles qui ont été faites avant l'arrêté (Conseil d'État, 11 novembre 1872, Cie d'Orléans contre Delignat-Lavaud.)

Les Compagnies sont, aux termes de l'article 21 du cahier des charges, responsables des faits de leurs entrepreneurs ou sous-traitants, conformé-ment au principe posé par l'article 1384 du Code civil : elles ne peuvent se décharger de la responsabilité que le cahier des charges leur impose expressément ; peu importent pour leurs rapports avec les tiers les moyens et les procédés d'exécution de leurs travaux. Nous reviendrons sur cette règle en traitant des dommages (1).

_____

(1) Bien qu'en fait les arrêtés d'occupation temporaire aient été pris très souvent au profit des entrepreneurs et non des Compagnies elles-mêmes, le Ministre, d'accord avec le Conseil général des Ponts et Chaussées, a récemment condamné ce mode de procéder.

Si l'occupation temporaire n'a été que le préliminaire d'une expropriation, le jury doit régler, non seulement l'indemnité de dépossession, mais encore l'indemnité afférente aux dommages causés par l'occupation. (Conseil d'État, 7 décembre 1870, Varnier contre Cie du Nord; 14 juillet 1876, Cie de Paris-Lyon-Méditerranée contre Espitailler.)

3. **Occupation temporaire du domaine public.** — Un arrêté du Ministre des travaux publics, en date du 3 août 1878, a déterminé les règles à suivre pour les demandes en occupation temporaire du domaine public national et pour les décisions à prendre sur ces demandes.

Nous ne reproduirons pas ici les dispositions de cet arrêté. Mais nous devons rappeler qu'il s'applique exclusivement aux dépendances du domaine public « qui peuvent, sans inconvénient, être soustraites momen-« tanément à l'usage de tous pour être affectées à un usage privatif et « privilégié ».

Le 9 juillet 1884, les Sections réunies des finances et des travaux publics du Conseil d'État ont exprimé l'avis que l'établissement d'un passage à niveau provisoire sur une route nationale pour une voie de terrassement ou de ballastage ne rentrait pas dans les prévisions dudit arrêté, et que, dès lors, le Ministre des travaux publics avait pu, sans excéder ses pouvoirs, autoriser à titre gratuit l'établissement de ce passage à niveau.

§ 2. — DOMMAGES CAUSÉS PAR L'EXÉCUTION DES TRAVAUX

1. Distinction entre les dommages causés par l'exécution des travaux et les dommages provenant de faits d'exploitation. — La distinction entre les dommages causés par l'exécution des travaux ou s'y rattachant et les dommages provenant de faits d'exploitation a une grande importance au point de vue des règles de compétence. Pour certains dommages, elle n'offre aucune difficulté ; pour d'autres, au contraire, elle est des plus délicates et a donné lieu à des divergences entre la juridiction administrative et l'autorité judiciaire.

Nous nous proposons de passer en revue les principales catégories de préjudices dont la relation avec les travaux est manifeste et celles pour lesquelles il a surgi des doutes, et d'indiquer, chemin faisant, la solution qui a définitivement prévalu.

Mais, pour le moment, nous voulons nous en tenir à des considérations générales. D'après les principes et d'après la jurisprudence, on doit assimiler aux travaux de premier établissement les travaux complémentaires que nécessite le développement du trafic, ainsi que les travaux de réparation et d'entretien du corps du chemin de fer et des ouvrages qui en dépendent. On ne doit réputer fait d'exploitation industrielle et commerciale aucun des actes qui ont pour objet la construction ou le maintien en bon état des ouvrages ou des installations satisfaisant à la triple condition :

1° D'avoir été dûment autorisés par l'Administration ;

2° D'être assis sur des terrains incorporés au domaine public ;

3° D'être destinés à faire retour à l'État à l'expiration de la concession.

Ces règles ont été exposées par le Ministre des travaux publics en diverses occasions, et particulièrement à propos d'un conflit relatif à la manipulation de charbons dans un dépôt ; elles ont été consacrées implicitement ou explicitement par le Conseil d'État et par le Tribunal des conflits.

La jurisprudence a, en outre, admis l'assimilation, pour des dommages qui, tout en dérivant de l'exploitation, résultaient directement de l'usage du chemin de fer dans les conditions où il avait été construit ; nous citerons, par exemple, les détériorations causées à des immeubles par les trépidations de la voie au passage des trains, le préjudice occasionné à des riverains par la poussière de la houille ou du coke manutentionnés dans dépôt.

Pour les dommages de la nature de ceux que nous venons de relater, il est impossible de formuler des principes ; il ne peut y avoir que des appréciations d'espèce ; dans chaque cas, on devra consulter les précédents et chercher des analogies dans les arrêts antérieurs du Conseil d'État et de la Cour de cassation ou dans les décisions du Tribunal des conflits.

Il faut d'ailleurs faire avec soin le départ entre les dommages qui sont la conséquence directe, immédiate et nécessaire de l'expropriation, qui sont indépendants des conditions dans lesquelles les travaux seront exécutés et dont la réparation est nécessairement comprise dans l'indemnité d'acquisition des terrains, et les dommages qui procèdent, au contraire, de l'exécution même des ouvrages, qui dépendent de leurs dispositions, qui résultent de l'organisation des ateliers ou des moyens mis en œuvre pour la construction et qui, en raison de leur caractère éventuel et aléatoire, doivent faire l'objet de règlements spéciaux, postérieurs à l'expropriation.

Telles sont les seules indications générales qu'il soit possible de donner. L'examen de détail dans lequel nous allons maintenant entrer nous permettra seul de préciser davantage.

2. Dommages causés par les extractions de matériaux et les occupations temporaires. — Le paragraphe spécial précédemment consacré aux dommages de cette catégorie nous dispense d'y revenir ici. Le lecteur voudra bien se reporter à ce paragraphe ainsi qu'aux nombreux arrêts rendus en la matière, non seulement pour les chemins de fer, mais encore pour les autres travaux publics.

3. Dommages causés par les déblais. — *a.* Éboulements, détérioration de maisons, etc. — En ouvrant des tranchées, les Compagnies peuvent rompre l'équilibre naturel des terrains supérieurs, y provoquer des glissements et des éboulements, amener ainsi des désordres plus ou moins graves dans les propriétés bâties ou non bâties. (Conseil d'État, 23 juillet 1857, Cie de Paris-Lyon-Méditerranée contre de Sainneville ; 29 mars 1860, héritiers Hagermann contre Cie de l'Ouest ; 22 décembre 1869, Cie du Midi contre Pinel ; 2 août 1870, Lemercier et Loynel contre Cie du Nord ; 30 janvier 1880, Cie de Paris-Lyon-Méditerranée contre commune d'Orelle ; 24 novembre 1882, Cie de Paris-Lyon-Méditerranée contre Sargent ; 4 janvier 1884, Cie de Paris-Lyon-Méditerranée contre Carré et la ville de Marseille.)

b. Assèchement de puits ou de sources. — Il arrive fréquemment que l'ouverture des tranchées ou des souterrains intercepte l'écoulement des eaux souterraines ou superficielles, tarit des sources, assèche des puits. La jurisprudence a varié sur la responsabilité des Compagnies pour les dommages de cette nature. Voici une série d'arrêts du Conseil d'État concernant non seulement les chemins de fer concédés, mais encore les autres travaux publics :

12 décembre 1851 (Blain-Maugis contre l'État), repoussant une demande en indemnité pour assèchement d'un puits ;

26 juin 1852 (Cie du canal de Beaucaire contre Jallaguier), décidant implicitement qu'il n'est pas dû d'indemnité pour le dommage que le creusement d'un contre-fossé causerait à une propriété voisine, en coupant les filets d'eau qui sillonnent le sous-sol et fertilisent les terres ;

16 août 1860 (Cie d'Orléans contre Marty), décidant qu'en interceptant par une tranchée des eaux dont le requérant ne prétendait pas avoir acquis l'usage par titre ou par prescription et en tarissant ainsi une source, la Compagnie n'avait point causé un dommage direct et matériel susceptible de motiver l'allocation d'une indemnité ;

17 juillet 1861 (Cie de l'Est contre commune de Montreux-Vireux), reconnaissant l'insuffisance des mesures prises par la Compagnie pour rétablir l'alimentation de lavoirs communaux (dans cette espèce, la Compagnie avait contracté des engagements vis-à-vis de la commune) ;

21 juin 1866 (Gautheret et dame Legras contre Cie d'Orléans), allouant une indemnité pour assèchement de puits ;

16 mars 1870 (Bobone contre Cie de Paris-Lyon-Méditerranée), repoussant une demande en indemnité pour assèchement d'un puits par une tranchée, en se fondant sur ce que l'intéressé ne justifiait avoir acquis un droit sur les eaux, ni par titre, ni par prescription ;

28 mars 1873 (Cie de Paris-Lyon-Méditerranée contre Canonge), allouant une indemnité, mais réservant le paiement jusqu'à solution d'un litige de droit commun entre deux propriétaires (percement d'un souterrain);

9 mai 1873 (comte Roger contre Cie de l'Est), accordant une indemnité pour assèchement d'une pièce d'eau empoisonnée et portant bateau ;

20 mars 1874 (Cie de Paris-Lyon-Méditerranée contre d'Autun), refusant toute indemnité pour enlèvement d'une conduite d'eau qui amenait, au travers des terrains expropriés, les eaux d'une source dans une propriété particulière, attendu que le jugement d'expropriation avait eu pour effet de transmettre la propriété des immeubles expropriés, affranchis de tous privilèges, hypothèques, droits d'usage et servitudes, et que la suppression de la conduite avait dû être prévue et constituer l'un des éléments de l'indemnité fixée par le jury ;

30 novembre 1877 (Cie d'Orléans à Châlons contre Garivier), allouant

une indemnité pour l'assèchement des fossés d'une propriété par l'ouverture d'un évacuateur destiné à l'écoulement des eaux d'une ballastière;

14 décembre 1877 (Cie de Paris-Lyon-Méditerranée contre commune de Saint-Just-sur-Loire), déclarant qu'en ouvrant des tranchées la Compagnie avait agi dans la limite de ses droits et que les stipulations du cahier des charges relatives à l'écoulement des eaux ne s'appliquaient point aux eaux souterraines;

21 février 1879 (Cie de Paris-Lyon-Méditerranée contre commune de Fix-Saint-Geneys), reconnaissant, dans les circonstances de l'affaire, le droit de la commune à une indemnité pour l'assèchement de fontaines communales par le percement d'un tunnel (les réserves les plus expresses avaient été formulées devant le jury par la commune);

11 juillet 1879 (Cie de Paris-Lyon-Méditerranée contre Chamboredon et Brahic), déclarant qu'en ouvrant des tranchées sur des terrains qui lui appartenaient la Compagnie avait agi dans la limite de ses droits et que le dommage n'était pas de nature à ouvrir un droit à indemnité au profit des sieurs Chamboredon et Brahic, qui ne justifiaient avoir acquis les eaux ni par titre, ni par prescription;

25 février 1881 (Cie d'Orléans contre Baril, Laporte et autres), reconnaissant le droit à indemnité pour tarissement de puits par un tunnel;

5 août 1881 (Régnier contre ville de Paris), accordant une indemnité pour assèchement de puits par des travaux de captage qu'avait exécutés la ville de Paris;

11 mai 1883 (sieur et dame Chamboredon et sieur Bahic contre Cie de Paris-Lyon-Méditerranée), déclarant que le percement d'un tunnel ne rentrait pas dans les travaux prévus par l'article 552 du Code civil et ne constituait pas un usage normal de la propriété, et que, s'il en résultait un assèchement ou une diminution du débit des sources, la Compagnie était tenue à la réparation du dommage;

8 août 1885 (Cie de Paris-Lyon-Méditerranée contre Martin), reconnaissant le droit à indemnité au profit du propriétaire d'une source tarie par le percement d'un tunnel;

4 décembre 1885 (Ministre des travaux publics contre commune de Saint-Féréol d'Auroure), statuant dans le même sens.

A ces arrêts sur le fond, il convient d'ajouter les suivants sur la compétence:

1er septembre 1860 (Merlé contre Cie du Midi), renvoyant à l'autorité judiciaire la décision à prendre sur la question préjudicielle de la propriété des eaux;

18 avril 1861 (Bourquin contre Cie de l'Est), renvoyant de même à

l'autorité judiciaire cette question préjudicielle, ainsi que l'interprétation d'une décision du jury d'expropriation ;

13 janvier 1865 (Gonsaud contre Cie de Paris-Lyon-Méditerranée), statuant dans le même sens ;

24 février 1865 (Roger, décret sur conflit), proclamant la compétence du Conseil de préfecture pour connaître d'une demande en indemnité, qui avait fait l'objet de réserves devant le jury et qui avait trait à des dommages éventuels et incertains lors de l'expropriation ;

27 mai 1865 (Cie de Paris-Lyon-Méditerranée contre Ducruet et autres, décret sur conflit), attribuant à l'autorité judiciaire la décision sur un litige relatif à la jouissance d'eaux captées dans un tunnel, mais déclarant qu'il appartenait exclusivement à la juridiction administrative d'apprécier si les prescriptions du cahier des charges concernant l'écoulement des eaux étaient applicables aux eaux souterraines comme aux eaux superficielles et de fixer ensuite le montant de l'indemnité ;

15 décembre 1869 (Filsac contre Cie d'Orléans), portant que l'autorité judiciaire était seule compétente pour déterminer les droits et obligations des parties en cause, d'après les articles 640 et suivants du Code civil et d'après un contrat de cession amiable ;

29 février 1884 (Cie de Paris à Lyon contre Ozil), prononçant le renvoi devant l'autorité judiciaire pour interpréter la décision du jury.

Notons encore deux arrêts du 28 avril 1876 (Regnier contre la ville de Paris) et du 6 août 1878 (Ministre des travaux publics contre Pagelot), annulant des arrêtés de Conseil de préfecture qui avaient rejeté de plano des demandes en indemnité, sans faire procéder à l'expertise préalable prescrite par l'article 56 de la loi du 16 septembre 1807.

La jurisprudence du Conseil d'État paraît aujourd'hui arrêtée en ce sens que, même à défaut de titre ou de prescription en faveur des particuliers, le détournement des eaux souterraines doit, dans certains cas, donner lieu à l'allocation d'une indemnité. M. Le Vavasseur de Précourt, commissaire du Gouvernement, a très nettement indiqué et justifié cette jurisprudence dans ses conclusions sur l'affaire Chamboredon et Bahic (11 mai 1883), et le Conseil d'État lui a donné récemment une nouvelle consécration par ses arrêts du 8 août 1885 (Cie de Paris-Lyon-Méditerranée contre Martin) et du 4 décembre 1885 (Ministre des travaux publics contre commune de Saint-Féréol d'Auroure).

Les relations ordinaires de voisinage entre particuliers sont réglées, à cet égard, par les articles 552, 641 et 642 du Code civil : l'article 552 autorise le propriétaire à faire au-dessous du sol toutes les constructions et toutes les fouilles qu'il juge à propos d'y exécuter, sauf les restrictions résultant des lois et règlements relatifs aux mines ou des lois et règlements de police. L'article 641 confère à celui qui a une source dans son fonds la faculté d'en user à sa volonté, sauf le droit que le propriétaire du fonds inférieur pourrait avoir acquis par titre ou par prescription ; l'article 642 définit les conditions dans lesquelles peut s'acquérir la prescription. Mais ces dispositions ne s'appliquent pas ipso facto, en matière de travaux publics ; elles ne peuvent recevoir leur application en cette matière que si les travaux n'excèdent pas, par leur nature et leur importance, ceux que le code a pu prévoir comme conséquence des relations ordinaires de voisinage entre les propriétés privées. C'est d'ailleurs là un principe qui n'est point spécial aux eaux souterraines : le Code civil est exclusivement le code du droit privé ; les travaux publics sont soumis à une législation, à des règles particulières ; ils diffèrent trop des œuvres ordinaires du propriétaire pour leur être complètement assimilables. S'il est même indispensable de s'inspirer de l'esprit du Code civil, dans les matières qui ne sont point régies par des textes spéciaux, il faut, du moins, ne le faire qu'avec une certaine réserve et ne jamais perdre de vue les différences qui peuvent exister entre les rapports ordinaires de voisinage et les rapports de l'État et des particuliers. Or, il est certain que le percement d'un long tunnel ou l'ouverture d'une tranchée profonde n'ont pas dû entrer dans les prévisions des auteurs du Code et ne constituent pas un usage normal de la propriété ; les dommages qui peuvent en résulter pour les voisins sont, au contraire, de ceux que les lois du 28 pluviôse an VIII et du 16 septembre 1807 ont eus en vue, en ouvrant aux particuliers une action en indemnité devant l'autorité administrative.

Si l'une ou l'autre des parties invoque des droits de propriété ou des servitudes, s'il y a contestation à ce sujet ou litige sur la portée d'une décision du jury d'expropriation, les questions préjudicielles ainsi soulevées doivent être résolues par l'autorité judiciaire, avant que la juridiction administrative se prononce sur le règlement de l'indemnité.

Le cas échéant, pourrait-il y avoir lieu à application de l'article 643 du Code civil qui interdit au propriétaire d'une source d'en changer le cours, lorsqu'il fournit aux habitants d'une commune, village ou hameau, l'eau qui leur est nécessaire, mais qui permet à ce propriétaire de réclamer une indemnité, si les habitants n'ont pas acquis ou prescrit l'usage de cette source? Nous ne le pensons pas : car le domaine public doit, en général, être affranchi de toute servitude. Mais, en fait, il ne naîtra que rarement des difficultés à cet égard ; l'Administration prendra ou prescrira toujours les mesures nécessaires pour sauvegarder l'alimentation en eau des centres de population.

c. CHANGEMENT DANS LES CONDITIONS D'EXPLOITATION DES PROPRIÉTÉS. — Nous mentionnons, pour mémoire, un arrêt du 9 mai 1879, reconnaissant le droit à indemnité pour des changements apportés aux conditions d'exploitation d'une propriété par la rectification du talus d'une tranchée. (Cie de Paris-Lyon-Méditerranée contre Imbert.)

d. MODIFICATION DANS LES ACCÈS DES PROPRIÉTÉS VOISINES. — Nous réservons les indications relatives au trouble apporté dans les accès des propriétés riveraines, pour les comprendre dans le paragraphe spécial que nous consacrerons aux communications interceptées par le chemin de fer.

4. Dommages causés par le percement des tunnels. — *a.* — DÉTÉRIO-RATION D'IMMEUBLES. — De même que l'ouverture des tranchées, le percement des souterrains est susceptible de provoquer des mouvements de terrains et d'amener des désordres dans les maisons situées au-dessus du tracé ou à proximité. Les Compagnies sont tenues à la réparation de ces dommages (Conseil d'État, 23 janvier 1864, Pacalet contre Cie d'Orléans ; 1er février 1866, Pacalet contre Cie d'Orléans ; 8 juin 1877, dame Vincent contre Cie du Nord et héritiers Lepetit contre la même Compagnie ; 1er juin 1883, Cie de Paris-Lyon-Méditerranée contre Revol ; 9 mai 1884, Cie de Paris-Lyon-Méditerranée contre Revol).

La juridiction administrative doit, le cas échéant, tenir compte de la part des dégradations, qui est exclusivement imputable à des vices de construction et qui est par suite indépendante de l'ouverture du souterrain.

b. ASSÈCHEMENT DE PUITS OU DE SOURCES. — Le lecteur voudra bien se reporter aux indications que nous avons données à cet égard, en traitant des dommages causés par les déblais.

5. Dommages causés par les remblais. — *a.* OBSTRUCTION DE JOURS, PRIVATION D'AIR, PERTE DE VUES. — L'autorité judiciaire a voulu revendiquer la connaissance des dommages permanents de cette nature ; mais une ordonnance sur conflit, du 12 janvier 1844 (Daube), a reconnu la compétence des tribunaux administratifs, dans une affaire où il s'agissait d'un mur de soutènement fermant entièrement les ouvertures qui servaient à aérer et à éclairer le rez-de-chaussée et le cellier d'une maison et privaient le propriétaire d'une partie de ses vues.

Le Conseil d'État a, suivant les espèces, alloué ou refusé les indemnités que réclamaient les intéressés :

19 mars 1849 (Daube contre l'administration du chemin de Montpellier à Nîmes), rejet. — Une rampe d'accès masquait les jours d'une maison et lui enlevait la vue de la ville. Le dommage n'a pas paru suffisamment justifié. Il était d'ailleurs compensé par la plus-value résultant du voisinage d'une station.

10 décembre 1857 (Cie de Paris-Lyon-Méditerranée contre Lépine et Joseph), allocation. — Un pont avait été construit à une distance de 3 mètres 50 d'un côté et de 8 mètres 50 de l'autre, d'une maison appartenant à la dame Lépine et au sieur Joseph, et au niveau du deuxième étage de cette maison, qui avait été ainsi privée de jour et d'air et dont les conditions de salubrité et d'habitation avaient été modifiées.

14 février 1861 (Cie du Midi contre Olivier), allocation.—Facultés de vues sur la voie publique notablement diminuées par suite de l'établissement d'un remblai et d'un mur de soutènement à 2 mètres 70 d'une maison.

3 juillet 1861 (Delbert contre Cie du Midi), allocation. — Remblai établi à 6 mètres d'une maison et la rendant humide.

10 mars 1865 (Puyo contre l'État), rejet. — Le requérant invoquait le dommage causé à sa maison par la privation du jour et du soleil et par l'humidité résultant de la proximité du grand viaduc de Morlaix. L'arrêt du Conseil a été exclusivement motivé par les circonstances spéciales de l'affaire.

18 mars 1865 (Cie de Paris-Lyon-Méditerranée contre Doze), rejet. — Le sieur Doze se plaignait de la privation d'air et de lumière, mais ne justifiait pas qu'il lui eût été causé un dommage de nature à lui donner droit à une indemnité.

8 août 1865 (Bernard contre Cie de Paris-Lyon-Méditerranée), rejet. — Un remblai de 4^{m}40 de hauteur avait été élevé à une faible distance de la maison du sieur Bernard, qui se plaignait de la privation d'air et de lumière, ainsi que de l'humidité du rez-de-chaussée ; mais ce propriétaire ne justifiait pas avoir subi un dommage qui fût de nature à donner droit à une indemnité.

25 mars 1867 (Cie du Midi contre Fort). — L'arrêt repoussait comme non recevable une demande en indemnité, formée à raison de la privation de la vue d'une citadelle et d'un coteau par la construction d'un pont métallique, à une distance de 5^{m}50 et de niveau avec le premier et le deuxième étage de la maison du sieur Fort. Il admettait en principe un autre chef de réclamation concernant la diminution d'air et de lumière.

28 mai 1868 (Commune de Moissac contre Cie du Midi), allocation pour l'humidité d'une église.

18 mars 1869 (Rogg contre Cie de l'Est), allocation pour l'humidité d'une maison par suite de l'exhaussement d'une rue.

9 août 1870 (Bizet et autres contre Cie de Paris-Lyon-Méditerranée), rejet. — Le grief formulé par l'un des propriétaires était tiré de l'humidité causée par un remblai distant de 2 mètres.

19 juillet 1878 (Cie du Midi contre Detcheverry), allocation pour privation de vue et d'ombrage (1).

b. Obstacles apportés a l'écoulement des eaux. — Les remblais constituent un obstacle à l'écoulement des eaux. Il peut arriver que les mesures prises par la Compagnie pour rétablir l'écoulement soient insuffisantes, que le débouché des ponts ou aqueducs soit trop restreint, et qu'il en résulte une aggravation dans la situation des propriétés lors des crues ou même en temps ordinaire; il peut se faire aussi que les déviations dans le cours des eaux préjudicient à certains droits acquis.

Il y a là une source de dommages susceptibles de motiver l'allocation d'indemnités. Voici divers arrêts du Conseil d'État qui pourront être utilement consultés à titre de précédents :

15 juillet 1853...	Cie de Montereau à Troyes contre Gauthier.	Allocation pour inondations.
4 juillet 1860...	Cie du Midi contre Genson.	Allocation. Obstacle apporté par un remblai à l'écoulement des eaux.
23 janvier 1862...	Cie du Dauphiné contre Bouzon.	Allocation. Insuffisance du débouché de plusieurs aqueducs.
16 août 1862.....	Cie de P.-L.-M. contre Pareau.	Allocation. Insuffisance du débouché d'un pont.
23 juin 1864.....	Cie de l'Est contre Harmand.	Allocation. Aggravation d'une inondation, malgré l'établissement par la Compagnie d'une digue de garantie.
11 août 1864.....	Cie de l'Est contre Schmaltz.	Allocation. Aggravation d'une inondation, malgré l'établissement par la Compagnie d'une digue de garantie.
24 février 1865...	Cie du Nord contre Wallaert.	Allocation. Insuffisance du débouché de plusieurs aqueducs.
21 juin 1866.....	Cie du Midi contre Cie des Salins de Bagnas.	Allocation. Invasion des salines par suite de l'insuffisance des débouchés ménagés sous la voie ferrée.
16 février 1870...	Cie de l'Ouest contre Saunier.	Allocation. Stagnation d'eau aux abords de la gare de Vernon.
15 juin 1870.....	Dame Guérin contre Cie de P.-L.-M.	Rejet. Inondation due à un cas de force majeure.

(1) Le dommage résultait, non d'un remblai proprement dit, mais de l'abaissement du sol d'un jardin d'agrément que la Compagnie avait occupé temporairement.

11 décembre 1871	C⁰ de P.-L.-M. contre Rival.	Allocation et rejet partiels. Aggravation d'une inondation pour les propriétés à l'amont de la levée du chemin de fer.
8 août 1872......	C⁰ de P.-L.-M. contre Levier.	Allocation. Insuffisance du débouché d'un pont.
20 juin 1873.....	C⁰ d'Orléans contre Deslys.	Allocation. Écoulement défectueux d'eaux accumulées par suite de l'établissement de la voie ferrée.
11 juillet 1873...	C⁰ de P.-L.-M. contre Courbis.	Allocation. Aggravation d'une servitude d'écoulement des eaux pluviales.
11 février 1876...	C⁰ de P.-L.-M. contre Bonnaud.	Allocation. Inondation d'une cave par l'effet des remblais du chemin de fer.
7 février 1879....	C⁰ de P.-L.-M. contre Arnoux.	Allocation. Remous produit par un pont et par les remblais aux abords.
17 juin 1881.....	C⁰ du Midi contre Combet.	Allocation. Aggravation notable d'une inondation par un pont et des remblais.
11 novembre 1881	C⁰ du Midi contre Pastous.	Allocation. Réduction du champ d'expansion des hautes eaux.
11 novembre 1881	C⁰ du Midi contre Ducastaing.	Allocation. Insuffisance des débouchés ménagés dans les remblais.
6 janvier 1882...	C⁰ du Midi contre Court et Castera.	Rejet. Surélévation minime produite par les remblais dans le niveau d'une crue.
3 mars 1882.....	C⁰ du Midi contre Barre.	Allocation. Insuffisance du débouché et défaut d'entretien des ouvrages de décharge.
26 janvier 1883..	C⁰ des Salins de Bagnas contre C⁰ du Midi.	Rejet. Pas d'aggravation appréciable du dommage.
9 février 1883....	C⁰ du Midi contre commune de Campagnan.	Allocation. Inondation aggravée par un pont et des levées insubmersibles.
15 février 1884...	Lescure contre C⁰ d'Orléans.	Allocation. Rétrécissement du champ d'inondation.
16 mai 1884.....	Société belge des chemins de fer contre Saincère et Brice.	Allocation. Aggravation d'inondation. Accès à une propriété devenue impraticable.
19 juin 1885.....	C⁰ de P.-L.-M. contre Boissin.	Allocation. Inondation due aux ouvrages du chemin de fer.
13 novembre 1885	C⁰ d'Orléans contre Lescure et autres.	Allocation. Aggravation d'inondation par les remblais.
8 janvier 1886...	C⁰ du Midi contre Andrieu.	Allocation pour aggravation d'inondation par suite de la position d'un pont.
26 mai 1886.....	C⁰ de P.-L.-M. contre Brossard et autres.	Rejet d'une demande en indemnité pour submersion par un remblai, la crue ayant été telle qu'en tout état de cause les récoltes eussent été détruites.

c. VUES DONNÉES AU PUBLIC SUR DES PROPRIÉTÉS PARTICULIÈRES. — Les remblais du chemin de fer ou de ses dépendances peuvent donner au public des vues sur des propriétés particulières et causer ainsi une dépréciation de ces propriétés. Le 20 avril 1847, le Conseil d'État a confirmé un arrêté du Conseil de préfecture de Seine-et-Oise, portant allocation d'une indemnité au sieur Lucot pour un dommage de cette nature. Mais depuis, le 28 mars 1879, le Conseil, saisi d'un litige analogue pour le jardin d'un couvent que l'exhaussement d'un chemin vicinal exposait aux regards des passants, n'a pas vu dans ce préjudice un dommage de nature à ouvrir un droit à indemnité.

d. MODIFICATIONS DANS LES ACCÈS DES PROPRIÉTÉS VOISINES. — De même que nous l'avons déjà fait pour les remblais, nous réservons la question pour la traiter dans le paragraphe spécial consacré aux communications interceptées par le chemin de fer.

e. OBLIGATION DE RECONSTRUIRE OU D'EXHAUSSER DES BATIMENTS. — Le propriétaire doit être indemnisé des dépenses que lui impose cette reconstruction. (Conseil d'État, 5 janvier 1883, Ministre des travaux publics, Cie de l'Ouest et ville de Paris contre Fouché-Lepelletier.)

f. ÉBOULEMENT DE REMBLAIS. — Les éboulements de remblais sont assez fréquents et ont donné lieu à un certain nombre de décisions du Conseil d'État. (Voir par exemple l'arrêt du 30 novembre 1883, Cie d'Orléans contre Agar et autres.)

6. **Dommages causés par les modifications aux voies de communication et aux accès des propriétés.** — *a.* SUJÉTIONS IMPOSÉES PAR LES ALLONGEMENTS DE PARCOURS ET LES CONDITIONS DU TRACÉ DES DÉVIATIONS. — Il est de jurisprudence constante que les modifications apportées aux chemins publics, conformément aux décisions ministérielles et après l'accomplissement des formalités d'enquête prescrites par le titre II de la loi du 3 mai 1841, ne sont de nature à ouvrir ni aux départements, ni aux communes, ni aux particuliers, un droit à une indemnité par la voie contentieuse, quels que soient l'allongement du parcours et les conditions du tracé. Le lecteur pourra se reporter aux arrêts suivants du Conseil d'État :

19 mars 1849 (Daube contre l'Administration du chemin de fer de Montpellier à Nîmes), allongement du parcours sur un chemin (non qualifié dans l'arrêt).

28 décembre 1854 (Cie de Paris-Lyon-Méditerranée contre Belin-Menassier), allongement de parcours sur un chemin de desserte.

26 août 1858 (Crispon contre Cie du Nord), allongement des communications entre une carrière et des fours à plâtre (réserve pour le cas

où le sieur Crispon établirait son droit de propriété sur le chemin, auquel cas le jury serait seul compétent pour fixer l'indemnité de dépossession et les indemnités accessoires).

1er septembre 1858 (Cie du Nord contre la ville de Bergues), allongement de parcours par suite de l'interception d'un chemin vicinal.

20 mars 1862 (Cie des mines et chemin de fer de Carmaux contre commune de Lescure), gène, danger et embarras de la circulation sur des voies vicinales déviées, par suite de l'établissement de viaducs et d'un passage à niveau.

8 février 1864 (Commune d'Arnouville contre Cie du Nord), allongement d'un chemin vicinal.

14 août 1865 (Cie de Paris-Lyon-Méditerranée contre commune de Fréjus), gène apportée à la circulation par suite de l'établissement d'un passage à niveau sur un chemin vicinal.

23 février 1870 (Cie du Nord contre commune de Villerable), allongement de parcours sur des chemins ruraux, gène apportée à la circulation par l'inclinaison des rampes et par le faible rayon des courbes des déviations.

3 juillet 1871 (Dame Lavène contre Cie de Paris-Lyon-Méditerranée), allongement de parcours par la suppression d'un passage à niveau (indemnité pour remplacement d'un puits devenu pratiquement inaccessible).

13 juin 1873 (Barnier contre Cie de Paris-Lyon-Méditerranée), faible allongement de parcours et léger accroissement des rampes pour l'accès d'une usine.

20 juin 1873 (Cie d'Orléans contre Deslys), difficultés d'accès d'un passage à niveau.

20 mars 1874 (Cie de Paris-Lyon-Méditerranée contre ville de Cannes), accroissement de l'inclinaison d'une rampe.

14 décembre 1877 (Cie de Paris-Lyon-Méditerranée contre commune de Saint-Just-sur-Loire), augmentation de l'inclinaison des rampes et tournant brusque d'un chemin vicinal.

30 janvier 1880 (Cie de Paris-Lyon-Méditerranée contre commune d'Orelle), allongement des communications entre le centre d'une commune et la forêt communale.

26 novembre 1880 (Cie d'Orléans à Châlons contre ville de Sens), modifications diverses à des voies communales.

La jurisprudence dont nous venons d'énumérer les principaux monuments se justifie pleinement. Les voies de communication départementales ou communales ne sont des propriétés privées, ni pour les départements ni pour les communes ; elles constituent une fraction de l'ensemble du réseau de la voirie nationale, et l'autorité supérieure doit toujours conserver le droit de leur apporter les modifications nécessaires pour le développement et le bon aménagement de ce réseau, sans supporter ou sans faire peser sur les concessionnaires d'autres frais que ceux de ces remaniements. A fortiori, les particuliers n'ont-ils aucun droit au maintien des voies publiques dans leur état ancien ; alors même que les travaux exécutés par l'Administration ou les Compagnies léseraient leurs intérêts, ils ne sauraient, à aucun titre, prétendre à l'allocation d'une indemnité.

Les communes n'ont d'ailleurs point qualité pour poursuivre la réparation des dommages causés aux propriétés riveraines (23 février 1870, Cie du Nord contre commune de Villerable).

Pour les chemins privés, les considérations qui ont dicté la jurisprudence du Conseil d'État, en ce qui concerne les voies publiques, ne sauraient évidemment trouver leur application. Aussi le droit des particuliers à la réparation des dommages dont ils ont à souffrir, par le fait de la déviation de ces chemins, n'a-t-il jamais été dénié par l'Administration. Ces dommages doivent être appréciés par le jury lors des expropriations. La Cour de Cassation en a décidé ainsi le 6 janvier 1858 (du Manoir) (1). Le Conseil d'État a jugé de son côté, le 26 août 1858 (Crispon contre Cie du Midi), qu'il appartenait exclusivement au jury de statuer « tant « pour l'expropriation d'une partie du sol d'un chemin particulier que « pour les dommages accessoires résultant de cette dépossession ». Le lecteur pourra consulter un arrêt d'espèce du 13 juin 1873 (Barnier contre Cie de Paris-Lyon-Méditerranée), refusant une indemnité pour une aggravation insignifiante des pentes sur le chemin d'accès d'une usine : cette décision, uniquement motivée par les circonstances spéciales de l'affaire, ne porte aucune atteinte aux principes.

b. AUGMENTATION DES FRAIS D'ENTRETIEN PAR SUITE DE LA PLUS GRANDE LONGUEUR DES DÉVIATIONS. — Les déviations des chemins publics ou particuliers ont, le plus souvent, une longueur supérieure à celle des délaissés. Il en résulte une aggravation des frais d'entretien.

Pour les chemins publics, le Conseil d'État a jugé, le 8 février 1864 (commune d'Arnouville contre Cie du Nord) et le 23 février 1870 (Cie d'Orléans contre commune de Villerable), qu'il ne pouvait être réclamé d'indemnité par la voie contentieuse. Cette jurisprudence a été critiquée comme contraire à l'équité : on doit cependant reconnaître qu'elle

(1) Par un arrêt rendu peu de jours après, le 20 janvier (Vitry contre Cie de l'Est), la Cour suprême a au contraire proclamé l'incompétence du jury pour les dommages résultant de l'allongement de parcours par suite de la déviation de chemins vicinaux.

découle presque forcément des pouvoirs reconnus à l'Administration supérieure en matière de voirie; il convient, d'ailleurs, de remarquer que l'établissement des chemins de fer fournit, dans la plupart des cas, aux régions traversées des avantages directs ou indirects compensant largement les charges supplémentaires imposées de ce chef aux administrations locales et de nature à rassurer les esprits les plus soucieux du respect de la justice.

c. Inexécution ou exécution défectueuse des dispositions prescrites. — Si les Compagnies ne sont tenues à aucune indemnité pour les allongements de parcours et les autres sujétions résultant de la déviation des chemins publics, au cas où elles se conforment aux décisions de l'Administration supérieure, il en est autrement au cas où elles s'écartent de ces dispositions et même au cas où elles exécutent les travaux dans des conditions défectueuses. Le Conseil de préfecture est compétent pour apprécier la portée des obligations des Compagnies et pour statuer sur les réparations dues aux localités. (Conseil d'État, 28 novembre 1845, commune de Saint-Paul-en-Jarret contre Cie de Saint-Étienne à Lyon; 29 mars 1860, Cie de l'Ouest contre commune de Bueil et autres; 23 février 1870, Cie d'Orléans contre commune de Villerable; 14 décembre 1877, Cie de Paris-Lyon-Méditerranée contre commune de Saint-Just-sur-Loire; 26 novembre 1880, Cie d'Orléans à Châlons contre ville de Sens; 16 juin 1882, Cie d'Orléans à Châlons contre commune de Paron.) Les Compagnies ne sauraient exciper contre les communes d'un procès-verbal de remise auquel la municipalité n'aurait pas régulièrement adhéré.

Il en est de même au regard des particuliers (28 décembre 1854, Cie de Paris-Lyon-Méditerranée contre Belin-Menassier; 1er mai 1885, Picq contre Cie de Paris-Lyon-Méditerranée).

La juridiction administrative deviendrait incompétente pour interpréter ou appliquer, soit des engagements pris devant le jury, soit des conventions de droit civil (Conseil d'État, 29 mars 1860, Cie de l'Ouest contre sieur et dame Riant et autres; 30 mars 1870, Cie d'Orléans contre Brugeille; Cour de cassation, 6 avril 1886, Cie du Nord contre Fourcroy; et autres décisions citées plus loin à propos des règles de compétence). Mais elle recouvre sa compétence, quand il n'y a pas de litige sur les engagements réciproques des parties et quand il s'agit purement et simplement de déterminer les conséquences de l'inexécution de ces engagements (16 janvier 1880, Tambon contre Cie de Paris-Lyon-Méditerranée; 28 mai 1886, mêmes parties).

d. Suppression de chemins publics. — Transformation en impasses. —

Comme nous l'avons déjà fait remarquer, lorsque les chemins publics sont supprimés et qu'une partie de leur sol est incorporée au chemin de fer, il y a lieu, au profit de l'État, des départements ou des communes, à l'allocation d'une indemnité d'expropriation (Conseil d'État, 1ᵉʳ mai 1858, commune de Pexiora contre Cⁱᵉ du Midi; 15 mai 1858, Cⁱᵉ du Midi contre Peray et autres). On peut admettre, en effet, qu'il y a là un déclassement fictif et que les portions du domaine public ainsi déclassées passent dans le domaine privé de l'État, du département ou des communes, pour entrer ensuite dans le domaine public, sous une forme et avec une affectation différentes.

Mais nous n'insistons pas sur ce point. La question que nous avons particulièrement à examiner ici est celle des dommages causés aux particuliers par l'interruption des communications, par la transformation des chemins publics ou rues en impasses.

Tout d'abord, il convient de rappeler que, si les propriétaires agissent exclusivement en qualité de riverains sans exciper d'aucun titre particulier dont l'interprétation appartienne à l'autorité judiciaire, l'autorité administrative est seule compétente pour statuer. (Décret sur conflit du 8 décembre 1859, Fiquet.)

Le Conseil d'État a toujours admis que, si les accès étaient conservés, fût-ce dans des conditions moins faciles et moins avantageuses, il n'y avait pas lieu à indemnité; on ne saurait voir, en effet, un droit acquis dans l'avantage qu'un propriétaire trouve à être riverain d'un chemin ou d'une rue ayant plusieurs issues. Voici à ce sujet quelques arrêts :

29 décembre 1859 (Boyenval contre l'État) : interception d'une rue à Paris; issue conservée.

23 juillet 1875 (Eynard contre Cⁱᵉ de Paris-Lyon-Méditerranée) : interception d'une avenue de gare à l'une de ses extrémités, sans que la maison eût perdu ses accès sur cette voie et sans que la circulation des voitures y fût devenue impossible.

14 mars 1879 (Rivet contre Cⁱᵉ des Charentes) : route départementale transformée en impasse, sans que les accès de l'immeuble du requérant avec la ville voisine eussent subi aucune modification, ni pour les voitures, ni pour les piétons.

19 janvier 1883 (Murat contre syndicat du chemin de fer de Ceinture) : rue coupée, mais sans que les accès de la propriété eussent subi d'autres atteintes qu'un allongement de parcours pour les piétons.

Le Conseil a, au contraire, reconnu le droit à indemnité pour l'interception d'une ruelle devenue impraticable aux voitures (3 août 1866, Cⁱᵉ de l'Est contre Gouley-Petit).

e. Rétrécissement de chemins publics. — Les principaux arrêts du Conseil d'État sur des demandes en indemnités pour rétrécissement de voies publiques sont les suivants :

8 décembre 1859 (Cie du Midi contre Tournon) : rejet. (La zone enlevée à la circulation avait été acquise par expropriation pour cause d'utilité publique et l'indemnité due à la ville avait été fixée par le jury, en vertu de la loi du 3 mai 1841.)

14 février 1861 (Cie du Midi contre Desclaux) : rejet fondé sur ce que le dommage était la conséquence de l'expropriation et sur ce que les indemnités dues par la Compagnie, à raison de cette expropriation, avaient été réglées par le jury.

23 juillet 1875 (Cie du Midi contre Calvet) : allocation pour rétrécissement d'un chemin d'exploitation et pour suppression de l'accès aux voitures d'un bâtiment d'exploitation rurale, dont le service se faisait antérieurement par cette voie, bien que le bâtiment eût accès sur un autre chemin.

On peut admettre comme règle qu'il n'est point dû d'indemnité, lorsque l'accès reste possible, soit aux piétons, si la voie publique n'était pas antérieurement praticable aux voitures, soit aux voitures dans le cas contraire.

f. Modification aux accès par les remblais ou les déblais du chemin de fer ou de ses dépendances. — Les remblais ou les déblais du chemin de fer et de ses dépendances peuvent entraîner des modifications préjudiciables dans les accès des propriétés riveraines. Nous donnons ci-après la liste d'un certain nombre d'arrêts concernant le règlement des indemnités dues, de ce chef, aux intéressés :

15 mars 1844 (Scalabre contre le Ministre des travaux publics) : allocation pour rétablissement d'accès et dépréciation.

19 mars 1845 (Plet contre Cie de Versailles, rive gauche) : allocation pour difficultés d'accès.

30 août 1845 (Lorentz contre Cie de Strasbourg à Bâle) : allocation pour rétablissement d'accès et dépréciation.

24 janvier 1846 (du Hecquet contre Cie de Paris à Rouen) : allocation pour rétablissement d'accès et dépréciation.

21 avril 1848 (Meyer contre Cie de Strasbourg à Bâle) : arrêt ordonnant une expertise pour constater s'il subsistait un dommage, malgré les travaux faits par la Compagnie pour rétablir un accès supprimé.

14 décembre 1850 (Labille et Dorlet contre le Ministre des travaux publics) : allocation d'une indemnité, après compensation avec la plus-value procurée à l'immeuble.

12 décembre 1851 (Blain-Maugis contre l'État) : allocation d'une indemnité pour modification d'accès.

16 avril 1852 (Lheurin contre le Ministre des travaux publics) : allocation pour approprier les lieux au nouvel état de choses.

16 décembre 1852 (Meyer contre Koechlin) : indemnité pour modification d'accès.

30 mars 1854 (Cie de Marseille à Avignon contre Nègre et Merme) : allocation d'une indemnité, compensation faite de la plus-value résultant du voisinage de la gare de Marseille.

13 janvier 1859 (Cie de l'Est contre Prieur) : allocation pour difficultés d'accès d'une propriété desservie par un délaissé aboutissant obliquement au chemin de fer, s'y terminant en impasse et à angle aigu, devant la porte d'une maison, et difficilement praticable aux voitures.

14 février 1861 (Cie du Midi contre Ollivier) : allocation pour établissement à une faible distance de la maison de ce propriétaire d'un mur de soutènement de remblais.

18 mars 1869 (Rogg contre Cie de l'Est) : allocation d'une indemnité, compensation faite de la plus-value.

26 novembre 1869 (Cie de l'Ouest contre Sevaistre) : allocation d'une indemnité, compensation faite de la plus-value.

8 août 1872 (dame d'Arberats contre l'État) : allocation.

9 avril 1875 (Lucq-Rosa contre Cie du Nord) : indemnité pour difficultés d'accès d'une auberge.

3 janvier 1883 (Ministre des travaux publics, Cie de l'Ouest et ville de Paris contre Fouché-Lepelletier) : allocation d'une indemnité, compensation faite de la plus-value.

Indépendamment des modifications permanentes apportées aux accès, les Compagnies sont souvent amenées par l'installation de leurs chantiers à leur faire subir des changements ou une gêne temporaires, dont elles doivent, le cas échéant, indemniser les propriétaires. On pourra consulter, à cet égard, les arrêts suivants du Conseil d'État :

1er mars 1860 (Cie du Midi contre Lessance) : allocation pour difficultés temporaires d'accès à un hangar de lavage dépendant d'une tannerie.

20 décembre 1860 (dame Lhotelier contre Cie de Paris-Lyon-Méditerranée) : prétendu dommage à son industrie de débitante de tabac et de marchande d'épicerie ; rejet.

4 avril 1861 (Cie d'Orléans contre Baudon) : allocation pour difficultés temporaires d'accès à un magasin de boulanger.

8 août 1872 (Cie de Paris-Lyon-Méditerranée contre Levier) : indemnité pour difficultés d'accès à un moulin.

13 juin 1873 (Barnier contre Cie de Paris-Lyon-Méditerranée) : indemnité pour suppression temporaire de la principale voie d'accès d'une usine.

16 mars 1883 (Cie de Paris-Lyon-Méditerranée contre Carle et Damon) : rejet ; autre accès resté libre.

12 décembre 1884 (Lamy contre Cie d'Orléans et Aubrun) : rejet ; autre accès resté libre.

26 mars 1886 (Cie de l'Est contre Société des nouveaux quartiers de Paris ; Cie de l'Est contre Beaubois ; Cie de l'Est contre Studer) : allocation pour interruption temporaire de l'accès des voitures et gêne de l'accès des piétons.

28 mai 1886 (Dalby contre Moumiet et l'État) : reconnaissance du droit à indemnité pour privation d'accès, par suite de l'exécution des travaux de déviation d'un chemin vicinal et d'un chemin d'exploitation.

g. MODIFICATION GÉNÉRALE DES CONDITIONS DE VIABILITÉ D'UN QUARTIER DE VILLE. — Nous croyons devoir rappeler une espèce intéressante dans laquelle étaient réunies plusieurs des causes de dommages précédemment indiquées. La Compagnie de Paris-Lyon-Méditerranée avait, par ses travaux dans la presqu'île de Perrache à Lyon, intercepté onze rues, transformé un cours en un tunnel, diminué considérablement la surface à bâtir, supprimé la gare et la ligne spéciale de Saint-Étienne et éteint le commerce d'entrepôt qui se faisait autrefois dans le quartier. Les sieurs Bizet et autres, propriétaires de terrains, réclamèrent des indemnités, mais furent déboutés de leurs demandes (Conseil d'État, 9 août 1870).

Une décision analogue est intervenue dans une espèce moins importante (18 mars 1865, Cie de Paris-Lyon-Méditerranée contre Doze).

h. PERTE DE VALEUR D'UN TERRAIN A BATIR, PAR SUITE DES MODIFICATIONS APPORTÉES AUX VOIES DE COMMUNICATION. — DÉPRÉCIATION D'IMMEUBLES SITUÉS LE LONG DES DÉLAISSÉS. — Les travaux exécutés pour la modification des voies publiques peuvent rendre des terrains impropres à bâtir ou, tout au moins, réduire leur valeur à ce point de vue. Dans un certain nombre de cas, le Conseil d'État a reconnu un droit à indemnité pour les dommages de cette nature (12 décembre 1851, Blain-Maugis contre l'État; 11 juin 1868, Cie de l'Est contre Paris et Cie).

Le changement de tracé d'une route peut produire des effets analogues ou réduire, sinon faire perdre, la clientèle des commerçants qui ne sont plus en contact avec la voie nouvelle. Mais les dommages de cette nature ne sont pas de ceux qui donnent lieu à l'allocation d'une indemnité (27 février 1862, Frohlich et Vassel contre Cie du Nord).

i. CHANGEMENTS APPORTÉS APRÈS COUP AUX OUVRAGES ÉTABLIS OU PRIMITIVEMENT AUTORISÉS POUR LE RÉTABLISSEMENT DES COMMUNICATIONS. — Il arrive parfois que des nécessités nouvelles conduisent les Compagnies à modifier les dispositions primitivement prises pour le rétablissement des communications. Voici quelques arrêts du Conseil d'État à cet égard :

4 avril 1861 (Cie d'Orléans contre Baudon) : rejet d'une demande en indemnité fondée sur ce que la substitution d'un passage supérieur à un passage à niveau allongeait le parcours à faire pour accéder à un magasin.

24 février 1870 (Boyron contre Cie d'Orléans) : rejet d'une demande en indemnité fondée sur la substitution d'un passage inférieur à un passage à niveau ; si le passage inférieur n'avait pas des dimensions suffisantes pour les voitures chargées, l'allongement de parcours pour atteindre un autre passage n'était que de 25 mètres, et cet inconvénient était plus que compensé par l'avantage que procurait à l'exploitation des terres la substitution d'un passage facile et constamment ouvert à un passage à niveau situé à l'entrée d'une gare et d'abords difficiles.

5 juillet 1871 (dame Lavène contre Cie de Paris-Lyon-Méditerranée) : allocation d'une indemnité pour la suppression d'un passage à niveau, dont le résultat était d'obliger la requérante à parcourir 1000 mètres au lieu de 300 mètres, pour atteindre un puits sur lequel elle avait un droit de servitude ; rejet de la demande pour les difficultés d'accès de la propriété.

20 novembre 1874 (Ville de [Montluçon contre Cie d'Orléans) : rejet d'une réclamation fondée sur le prétendu allongement d'un viaduc sous rails.

Si les modifications portaient atteinte à une convention particulière, il serait dû une indemnité dont l'appréciation appartiendrait aux tribunaux civils (Cour de cassation, 2 février 1859, Cie de Paris-Lyon-Méditerranée contre Flotard). Au cas où elles provoqueraient un litige sur l'interprétation de la décision du jury, ce litige devrait être également porté devant l'autorité judiciaire.

Mais, sauf ces exceptions, la juridiction administrative est seule compétente, toutes les fois que les changements ont été dûment approuvés par l'Administration (Cour de cassation, 26 juin 1866, Cie d'Orléans contre Sandral.)

j. DOMMAGES DIVERS. — Nous nous bornons à noter, parmi les décisions contentieuses relatives aux dommages divers, un arrêt de la Cour de cassation, du 13 février 1882, proclamant l'incompétence des tribunaux judiciaires pour connaître d'une action intentée par le sieur Grandpré contre la Compagnie d'Orléans, en raison des conditions d'ouverture d'un passage à niveau qui lui avait été concédé.

7. Dommages causés par les modifications dans les conditions d'écoulement des eaux. — *a.* Obstacles apportés a l'écoulement des eaux par les remblais et les ponts. — Nous avons déjà donné, pages 833 et 834, toutes les indications nécessaires sur les dommages de cette nature.

b. Dommages temporaires résultant de l'exécution des travaux de construction. — Il peut se produire, pendant la période de construction, des dommages temporaires qui ne se reproduiront point plus tard, une fois les travaux terminés. Voici quelques arrêts du Conseil d'État sur des demandes en indemnité pour des dommages de cette nature :

28 juillet 1853 (de Galliffet contre Cie de Marseille à Avignon), submersion temporaire.

24 novembre 1859 (Cie de Graissessac à Béziers contre Debrus), inondation par suite d'un excédent temporaire du débit des fossés traversant une propriété.

4 juillet 1872 (Bardu et Bourdon, entrepreneurs, contre Cordier), dommage causé par la rupture d'un barrage établi au travers d'un canal.

13 juin 1873 (Barnier contre Cie de Paris-Lyon-Méditerranée), déversement d'eau sur le sol d'une usine pendant le cours des travaux.

20 mars 1874 (Cie de Paris-Lyon-Méditerranée contre d'Autun), encombrement d'un canal d'arrosage par des éboulements.

11 décembre 1885 (Ministre des travaux publics contre Genay), irruption des eaux d'une rivière par suite des travaux.

c. Dommages divers causés par la disposition des ouvrages destinés au rétablissement de l'écoulement des eaux ou par les travaux exécutés en lit de rivière. — Ces dommages sont très variés ; nous citerons les arrêts suivants du Conseil d'État :

11 mai 1854 (Cie du Nord contre Thuillier) : allocation pour accumulation d'eaux pluviales sur un délaissé de route, au droit d'une propriété où elles se répandaient.

26 novembre 1857 (Girard contre Cie de Paris-Lyon-Méditerranée) : allocation pour érosion d'une propriété par la déviation des eaux d'une rivière, à la suite de la construction d'un pont.

27 janvier 1859 (Grandjean) : allocation pour érosion d'une propriété, par suite de la rectification du lit d'une rivière.

10 mars 1864 (Cie du Nord contre Dehesdins) : allocation pour dommage causé par l'accélération de l'écoulement des eaux pluviales dans une rue.

14 janvier 1865 (Compagnie du Midi contre Secondat de Montesquieu) : allocation pour aggravation des frais de construction d'une digue particu-

lière de défense, par suite de travaux de consolidation exécutés par la Compagnie sur la rive opposée.

5 février 1867 (Cie du Midi contre Lalanne) : allocation pour chute d'un mur de maison, dans lequel avait été établi un clapet faisant partie d'un groupe d'ouvrages de protection contre les inondations.

21 juillet 1869 (Roquefort contre Cie du Midi) : rejet d'une demande fondée à tort sur de prétendus dommages provenant de dragages exécutés par la Compagnie. (Le requérant se plaignait aussi de l'inexécution de travaux d'endiguement prescrits par le Ministre ; mais il n'était point recevable à réclamer une indemnité pour cette inexécution.)

30 mars 1870 (Cie d'Orléans contre Brugeille) : allocation pour inondation d'un chemin de défruitement.

30 mars 1870 (Cie d'Orléans contre Lachèze-Murel) : allocation pour accroissement du débit du Vignon par le déversement des eaux d'un fossé, pour abaissement de l'une des berges du ruisseau et pour relèvement d'un gué.

4 juillet 1872 (Cie de Paris-Lyon-Méditerranée contre commune de Thenissey) : rejet d'une réclamation pour défectuosité d'un passage inférieur destiné tout à la fois à l'écoulement des eaux et à la circulation. (L'ouvrage avait été exécuté par l'État et remis à la commune.)

8 août 1872 (Cie Paris-Lyon-Méditerranée contre Levier) : allocation pour inondations dues à l'insuffisance du débouché d'un pont.

13 juin 1873 (Cie de Paris-Lyon-Méditerranée contre Gardon) : allocation pour difficultés d'accès résultant du déversement, sur un chemin vicinal, des eaux de source mises à jour par l'ouverture d'une tranchée.

13 juin 1873 (Cie de Paris-Lyon-Méditerranée contre commune de Saint-Cyr) : même affaire ; allocation à la commune pour aggravation des frais d'entretien du chemin.

4 juillet 1873 (Cie de Paris-Lyon-Méditerranée contre Gardon et commune de Saint-Cyr) : même espèce que pour les arrêts du 13 juin 1873.

15 janvier 1875 (Cie de Paris-Lyon-Méditerranée contre commune d'Osselle) : allocation pour submersion plus fréquente d'un chemin vicinal.

14 mai 1875 (Cie d'Orléans contre Chapuis) : rejet d'une demande en indemnité pour rupture d'un barrage d'irrigation, attribuée à tort aux travaux exécutés par la Compagnie dans le lit du ruisseau et sur le barrage.

2 juillet 1875 (Neirac et Combal contre Cie du Midi) : allocation pour destruction d'un mur de défense contre les inondations, par suite de l'ouverture d'une chambre d'emprunt en communication avec une rivière.

12 mai 1876 (Cie de Paris-Lyon-Méditerranée contre Assénat) : allocation pour corrosion, par suite de l'obliquité des piles d'un pont.

6 août 1880 (Cie d'Orléans contre Bony) : allocation pour dommages aux berges par la déviation d'un cours d'eau.

24 novembre 1882 (Cie du Midi contre Bouloc et veuve Chauvin) : rejet d'une demande en indemnité. (Le dommage résultait tant de l'abaissement du sol par le propriétaire que des défectuosités d'un aqueduc construit par ce dernier.)

12 janvier 1883 (Ville de Grenoble contre Cie de Paris-Lyon-Méditerranée, Jayet et Fontenay) : allocation pour dégradation par les eaux d'un contrefossé.

30 novembre 1883 (Cie d'Orléans contre Agar et autres) : allocation pour éboulement causé par la disposition vicieuse d'un contrefossé.

20 mars 1885 (Cie d'Orléans contre Devèze et autres) : allocation pour changement dans les conditions d'irrigation d'une propriété et pour augmentation des frais de curage d'un ruisseau ; rejet d'une demande non justifiée, relative à une prétendue aggravation des inondations.

20 novembre 1885 (Cie de Paris-Lyon-Méditerranée contre Armand) : indemnité pour invasion d'une propriété par des graviers, à la suite d'un travail de défense et de régularisation d'un cours d'eau.

5 mars 1886 (Cie de Paris-Lyon-Méditerranée contre Jayet) : suite de l'arrêt du 12 janvier 1883.

4 juin 1886 (État contre commune de Bou-Silhen et divers) : allocation pour corrosions résultant d'une déviation du Gave-de-Pau.

d. DOMMAGES SPÉCIAUX AUX USINES. — Les usines situées sur les cours d'eau sont exposées, soit à une diminution de force motrice, soit à des chômages plus fréquents à l'époque des crues, soit à une interruption temporaire de fonctionnement pendant la période de construction, par le fait de l'exécution des travaux.

Réparation de ces dommages est due par les Compagnies. Il n'y a point à distinguer, au point de vue de la compétence, entre les dommages temporaires et la dépréciation définitive.

Mais le droit à indemnité n'est acquis qu'au profit des usiniers dont les établissements ont une existence légale. La légalité de cette existence est établie conformément à l'article 48 de la loi du 16 septembre 1807 :

— pour les usines situées sur les cours d'eau du domaine public, par une autorisation antérieure à l'édit de Moulins de février 1566 sur l'inaliénabilité du domaine public ou par une vente nationale après 1789 ;

— pour les usines situées sur les cours d'eau non navigables ni flottables, par une autorisation antérieure à 1789, par une existence ancienne et incontestée à cette date, par une vente nationale ou par une décision de l'autorité administrative compétente depuis 1789.

Le calcul de l'indemnité doit être basé sur la force motrice attribuée à l'usine, à l'époque à laquelle elle a acquis son existence légale.

Nous n'insistons pas sur ces principes généraux. Le Recueil des arrêts du Conseil d'État renferme un grand nombre de décisions qui font ressortir nettement la jurisprudence en la matière. Pour les dommages spécialement causés par la construction des chemins de fer, on pourra consulter les arrêts suivants : 17 janvier 1861, Cie du Midi contre Lur-Saluces; 24 juillet 1862, Vital contre Cie de l'Est; 19 juillet 1871, Cie de Paris-Lyon-Méditerranée contre Saurin; 21 mars 1873, Cie de Paris-Lyon-Méditerranée contre Bertrand et Gras; 10 décembre 1875, Cie de l'Ouest contre Germain Fleury; 21 mars 1883, Cie de Paris-Lyon-Méditerranée contre Coral; 16 avril 1880, Roux contre Cie de Paris-Lyon-Méditerranée; 18 décembre 1885, Hiolle-Mabile contre Cie du Nord.

8. Dommages pour la navigation. — Le cahier des charges, en son article 17, oblige la Compagnie à prendre toutes les mesures et à payer tous les frais nécessaires pour que le service de la navigation et du flottage n'éprouve ni interruption, ni entrave, pendant l'exécution des travaux.

Si les dispositions arrêtées par l'Administration, sur la proposition de la Compagnie, ont pour conséquence d'entraîner une gêne temporaire ou définitive pour la navigation, les mariniers sont-ils recevables à réclamer une indemnité? Le Conseil d'État s'est prononcé pour la négative, le 11 avril 1848, dans un litige entre la Compagnie de Paris à Rouen et le sieur Maillet-Duboullay, directeur de l'entreprise des bateaux accélérés normands. Cette solution n'est que l'application d'une règle générale, qui consiste à ne point considérer comme une atteinte à un *droit* des usagers l'interruption ou la gêne de la circulation sur les voies de terre ou d'eau, pour l'exécution des travaux publics.

Il en serait, bien entendu, autrement, si la Compagnie ne se conformait pas aux prescriptions de l'Administration; ses actes, étant irréguliers, pourraient donner lieu à une action devant la juridiction compétente.

Tout en se conformant aux dispositions générales arrêtées par l'Administration, les Compagnies peuvent ne pas prendre les précautions voulues pour éviter les accidents pendant l'exécution. Elles encourent alors une responsabilité qui a été mise en jeu à diverses reprises. On pourra consulter les arrêts suivants du Conseil d'État :

26 août 1858 (Cie du Midi contre Carriès) : bateau désemparé par un caisson servant à couler le béton de fondation d'un pont; allocation.

16 janvier 1862 (Cie d'Assurances générales maritimes contre Cie d'Orléans) : bateau perdu par suite d'un choc contre des pieux; requête rejetée, parce que la passe était suffisamment balisée par des mâts surmontés de drapeaux.

26 mai 1869 (Cie de Paris-Lyon-Méditerranée contre Devoulx et consorts) : perte d'un navire contre la pile non balisée d'un pont en construction; allocation.

30 avril 1875 (Cie du Nord contre Billuart, Lizot et Cie): naufrage d'un bateau à vapeur contre le coffrage en charpente d'une fondation de pile, qui n'avait été dérasé qu'à une cote trop élevée; allocation.

12 mai 1876 (Cie de Paris-Lyon-Méditerranée contre Piketti): perte d'un bateau contre les débris d'un pont détruit par l'autorité militaire; rejet de la demande en indemnité, attendu que le cahier des charges de la Compagnie ne l'obligeait pas à désobstruer le lit du fleuve.

Le Conseil de préfecture de la Seine a condamné la Compagnie d'Orléans à Châlons, par un arrêté du 9 mai 1876, à indemniser le sieur Labrosse de la perte d'un train de vin en flottage contre une estacade établie dans des conditions défectueuses, pendant la construction d'un pont sur l'Yonne.

9. Dommages causés par les prises d'eau pour l'alimentation des machines. — Dans le chapitre spécialement consacré aux prises d'eau, nous avons établi les règles de compétence. Il ne nous reste qu'à compléter ces indications, en rappelant un arrêt du Conseil d'État du 6 mai 1881 (Cie d'Orléans contre Frugier), jugeant qu'une prise d'eau de 40 m. c. par jour dans un étang alimenté par un ruisseau dont le débit ne descendait pas au-dessous 5 000 m. c. n'avait pu causer un préjudice appréciable au sieur Frugier.

10. Dommages causés par l'ébranlement dû au passage des trains et à la manœuvre de certains appareils. — L'ébranlement produit par le passage des trains peut causer des dommages aux maisons voisines et préjudicier même à l'exercice de certaines industries. Comme nous avons eu déjà l'occasion de le dire, le Conseil d'État a considéré que ces dommages résultaient de l'établissement même de la voie ferrée et du service public auquel elle est affectée, et qu'en conséquence il appartenait aux Conseils de préfecture d'en connaître. On pourra consulter les décisions suivantes du Conseil :

8 décembre 1859 (Cie du Midi contre Tournon): rejet; dommage non justifié (1).

14 février 1861 (Cie du Midi contre Desclaux) : décision prescrivant une expertise.

21 mars 1861 (Cie du Midi contre Becq) : allocation.

10 mars 1865 (Puyo contre l'État) : rejet; chemin de fer non encore livré à l'exploitation.

8 août 1865 (Bernard contre Cie de Paris-Lyon-Méditerranée) : rejet; pas de justification.

7 juin 1866 (Letellier contre Cie de l'Ouest) : demande en indemnité, fondée sur l'altération des vins dans un magasin placé au-dessus d'un tunnel; rejet d'espèce et réserves sur le principe même de l'indemnité.

28 mai 1868 (Commune de Moissac contre Cie du Midi) : rejet; dommage non justifié.

23 février 1870 (Cie de Paris-Lyon-Méditerranée contre Poncet) : rejet; dommage non justifié.

9 août 1870 (Bizet et autres contre Cie de Paris-Lyon-Méditerranée) : rejet; dommage non justifié.

3 janvier 1873 (Cie de Paris-Lyon-Méditerranée contre Nitard) : impossibilité de conserver des vins et d'élever des vers à soie; rejet, faute de preuves; réserves sur le principe.

16 mai 1879 (Cie de Paris-Lyon-Méditerranée contre Vitte, Pillet et autres) : allocation d'indemnité.

13 avril 1881 (Cie de Paris-Lyon-Méditerranée contre Gonin) : allocation d'indemnité.

13 janvier 1882 (Cie d'Orléans contre époux Lorion-Baruet et dame Lebiot) : confirmation d'un arrêté de Conseil de préfecture ordonnant une expertise.

24 novembre 1882 (Cie Paris-Lyon-Méditerranée contre Sergent) : allocation pour dommage causé par l'ébranlement résultant du passage des trains et de la manœuvre d'une plaque tournante.

26 décembre 1884 (Cie de Paris-Lyon-Méditerranée contre consorts Vigier) : allocation pour dommages causés à un immeuble voisin d'un tunnel par la trépidation résultant du passage des trains.

19 mars 1886 (Cie de Paris-Lyon-Méditerranée contre Sautereau) : allocation pour dommages causés par l'ébranlement dû au passage des trains.

11. Dommages causés par le bruit, la fumée, la poussière, les

____

(1) Tous les arrêts pour lesquels nous ne spécifions par la nature du dommage ont trait à des lézardes dans des murs de maisons ou à des éboulements.

dangers d'incendie. — Des indemnités ont été souvent réclamées à raison du dommage que le bruit du passage des trains ou des opérations faites dans les ateliers pouvait causer à la propriété ou à l'exercice de certaines industries. Il en a été de même pour la fumée, la poussière, les dangers d'incendie.

En ce qui concerne les inconvénients causés par le bruit, le Conseil d'État a, le 18 mars 1865 (Cie de Paris-Lyon-Méditerranée contre Doze) et le 25 mars 1867 (Cie du Midi contre Fort), rejeté les premières demandes en indemnité dont il était saisi et fondé ses décisions sur le défaut de preuve d'un dommage de nature à ouvrir un droit à indemnité. Le 28 mai 1868 (Commune de Moissac), il a maintenu un arrêté de Conseil de préfecture qui avait repoussé une autre demande basée sur la gêne de l'exercice du culte religieux dans une église : cet arrêté était motivé sur l'insignifiance du dommage. Il a prononcé sans motifs, le 16 mars 1870 (Bobone contre Cie de Paris-Lyon-Méditerranée), le rejet d'une demande portant sur le bruit des opérations dans une rotonde. Enfin, le 16 mai 1879 (Cie de Paris-Lyon-Méditerranée contre Vitte, Pillet et autres), il a rendu un arrêt semblable pour une fosse à piquer le feu, en indiquant que, d'après l'instruction, les conditions d'habitation n'avaient pas subi une atteinte appréciable.

En ce qui concerne les inconvénients produits par la fumée, nous avons tout d'abord à relater un arrêt de la Cour de cassation du 1er février 1864 (Cie de l'Ouest contre Clouard), déclarant que ces inconvénients ne pouvaient donner lieu à une action possessoire et que le juge de paix était incompétent pour en connaître. Le 18 mars 1865, le 16 mars 1870 et le 16 mai 1879, le Conseil d'État a rendu des arrêts que nous avons déjà cités à propos des inconvénients produits par le bruit et qui statuaient de même pour ces inconvénients et pour ceux de la fumée. Le 8 août 1865 (Bernard contre Cie Paris-Lyon-Méditerranée), il a repoussé une autre réclamation, pour le motif que le requérant ne justifiait pas d'un dommage de nature à lui ouvrir un droit à indemnité.

Ce dernier arrêt a statué dans le même sens pour le danger d'incendie ; dans une autre espèce où il s'agissait de l'obligation de renoncer à une batteuse hydraulique (10 mars 1864, de Meynard), il a ordonné une expertise.

En ce qui concerne la poussière provenant de la manipulation du charbon et du coke dans un dépôt, le tribunal des conflits a attribué la compétence à la juridiction administrative (16 janvier 1875, Collin contre Cie de Paris-Lyon-Méditerranée). Mais il n'a pas été rendu d'arrêt par le Conseil d'État en cette matière (1).

____

(1) Bien que la compétence en matière de dommages causés par la fumée des locomo-

12. Dégradations extraordinaires des chemins vicinaux. — Aux termes de l'article 14 de la loi du 21 mai 1836, toutes les fois qu'un chemin vicinal, entretenu à l'état de viabilité, est habituellement ou temporairement dégradé par des exploitations de mines, de carrières, de forêts ou de toute entreprise industrielle appartenant à des particuliers, à des établissements publics ou à l'État, il peut y avoir lieu à imposer aux auteurs de ces dégradations des subventions spéciales réglées annuellement par le Conseil de préfecture, après expertise.

Cette disposition s'applique aux transports faits pour l'exécution des travaux. (Voir notamment les arrêts du Conseil d'État des 8 mars 1860, Cie d'Orléans contre commune de Saint-Étienne et autres; 20 mars 1862, Cie de Carmaux contre commune de Lescure; 3 août 1865, Burguy contre commune de Corbenay; 27 juillet 1870, Cie de Paris-Lyon-Méditerranée contre diverses communes; 16 juillet 1886, Cie de Paris-Lyon-Méditerranée contre département de la Savoie.)

Les Compagnies sont d'ailleurs responsables de leurs entrepreneurs et sous-traitants : c'est là un principe général sur lequel nous reviendrons.

Mais leur responsabilité ne s'étend pas au fait des tiers qui n'ont pas de lien de droit avec elles, par exemple d'entrepreneurs qui transportent des détritus sur des décharges publiques ouvertes par elles. (Conseil d'État, 14 décembre 1883, Cie du Nord contre commune de Saint-Denis.)

Le droit d'imposer des subventions spéciales aux Compagnies ne s'étend pas au simple transport des marchandises en provenance ou à destination de leurs gares, à moins de circonstances exceptionnelles; elles ne font, en effet, qu'user alors de la voie publique dans les conditions de sa destination (25 mars 1865, Compagnie de Paris-Lyon-Méditerranée; 28 mai 1866, même Compagnie). A fortiori en est-il de même pour les transports opérés par des particuliers et à leur compte (15 février 1866, Cie de Paris-Lyon-Méditerranée contre commune de Valergues et de Lausargues).

13. Dommages matériels divers. — Parmi les dommages matériels qui ne rentrent point dans les catégories précédentes, nous nous bornerons à en relater quelques-uns :

---

tives appartienne à la juridiction administrative, l'autorité judiciaire a plusieurs fois statué et alloué des dommages intérêts à des riverains du chemin de fer. On pourra consulter notamment un arrêt de la Cour de cassation du 3 janvier 1887 (Cie d'Orléans contre Desforges et Chalon), intervenu dans une espèce où, à la vérité, la question de compétence n'était pas soulevée. La Cour a rappelé à cette occasion qu'une Compagnie ne peut prétendre échapper à toute responsabilité, sous le prétexte qu'elle s'est conformée aux règlements d'exploitation. (Voir aussi un arrêt de la Cour de cassation du 1er août 1830, Cie de l'Est contre Thirion, poussière produite par le déchargement des marchandises.)

Dommage causé à un lavoir par des opérations de lavage de sable, à l'amont (20 juillet 1850, Delahaye contre l'État) : allocation.

Brèche dans le barrage d'une usine, par suite du choc d'un caisson de fondation emporté par une crue (20 janvier 1859, Cie du Midi contre Étienne) : rejet, pas de preuve.

Envasement et altération des eaux d'un étang par des remblais ; préjudice au point de vue de l'abreuvement des bestiaux, du lavage du linge, de l'empoissonnement (7 mars 1873, Wéry contre Cie du Nord) : allocation.

Chute de matériaux du haut d'un viaduc dans un jardin ; troubles dans la culture (31 mars 1876, Cie de Paris-Lyon-Méditerranée contre Nogaret) : allocation.

Interception par une tranchée des courants d'air circulant dans une cave à fromage de Roquefort ; impossibilité de conserver à cette cave son affectation (9 juin 1876, Cie du Midi contre Bergonnier) : allocation.

Glissements et déformations du sol, provenant de dépôts de déblais (16 février 1860, Debains contre Dupont et autres) : allocation.

Dommage causé à une propriété, à la suite de dragages ; destruction de plantations et autres ouvrages de défense ; enlèvement de terrains (26 mai 1864, Cie du Midi contre Duburgua) : allocation.

Chute d'eau des gargouilles d'un viaduc ; infiltration, dans les fondations d'une maison, d'eaux de source et d'eaux pluviales détournées par les travaux (10 mars 1865, Puyo contre l'État) : confirmation d'un arrêté du Conseil de préfecture, ordonnant une expertise.

Suppression d'un embarcadère établi sur une rivière (4 mai 1877, La Tour du Breuil et Cie contre Cie de l'Ouest) : rejet, attendu que l'autorisation de construire cet embarcadère avait été expressément subordonnée à une clause de non-indemnité, en cas de dommage causé par des travaux de l'État, et que la Compagnie était purement et simplement substituée aux droits de l'État.

14. Dommages aux personnes. — Il est une catégorie de dommages aux personnes qui ont donné lieu à de nombreuses décisions : ce sont ceux que causent les fièvres endémiques résultant du défaut d'assainissement des chambres d'emprunt. Le Conseil d'État a reconnu à plusieurs reprises, en pareil cas, le droit à indemnité (29 mars 1855, Cie d'Avignon à Marseille contre Chaine ; 4 avril 1861, Ayme contre Cie de Paris-Lyon-Méditerranée ; 19 décembre 1873, Lambert contre Cie de Paris-Lyon-Méditerranée ; 9 janvier 1874, Aubéry, Fontaine et autres contre Cie de Paris-Lyon-Méditerranée).

On consultera utilement les conclusions présentées sur cette dernière affaire par M. David, commissaire du Gouvernement, pour établir la compétence du Conseil de préfecture, par application des lois des 7-11 septembre 1790 et 28 pluviôse an VIII.

Les dommages résultant d'accidents dont sont atteints les ouvriers ou les autres personnes sont également à la charge de la Compagnie, à moins d'une faute imputable aux victimes. Après de longues hésitations, le Conseil d'État est revenu à son ancienne jurisprudence et a admis la compétence du Conseil de préfecture pour connaître de ces dommages, lorsqu'ils se rattachent à l'exécution des travaux et ne sont pas la conséquence de délits ou de contraventions de la Compagnie ou de ses préposés, et lorsque l'action est intentée directement contre la Compagnie. (Voir une décision du Tribunal des conflits du 15 mai 1886, Bordelier contre Bridet et Cie de Lyon.)

15. Compensation des dommages avec la plus-value de la propriété. — D'après la jurisprudence constante du Conseil d'État, et par application des dispositions combinées de l'article 51 de la loi du 3 mai 1841 et de l'article 55 de la loi du 16 septembre 1807, il y a lieu, dans la fixation des indemnités, de tenir compte de la plus-value procurée aux propriétés par les travaux. Il faut que cette plus-value soit certaine, immédiate et directe. Le Conseil n'exige pas qu'elle soit absolument spéciale ; il admet la possibilité d'y avoir égard, alors même que d'autres propriétaires en profiteraient sans bourse délier. Mais il se montre très réservé à cet égard : c'est ainsi que, le 14 novembre 1879 (Cie de Paris-Lyon-Méditerranée contre Labbé), il s'est refusé à tenir compte de l'avantage procuré aux moulins de la région par la construction d'une voie ferrée qui devait faciliter leurs transports.

En traitant des indemnités relatives aux modifications d'accès, nous avons déjà cité un certain nombre de cas où la juridiction administrative avait établi une compensation, au moins partielle, entre le dommage et la plus-value. Nous en ajouterons quelques autres pris, pour ainsi dire, au hasard : arasement des terrains appartenant au requérant, au niveau de deux chemins latéraux, et création d'un vaste terre-plein (25 janvier 1855, Velluet contre l'État) ; établissement d'une gare à proximité des immeubles donnant lieu au litige (25 juillet 1868, Cie d'Orléans contre Bouillon et consorts) ; reconstruction d'un bâtiment par la Compagnie (31 mars 1876, Cie du Nord contre Petyt) ; avantage résultant de la proximité du chemin de fer (17 novembre 1882, Benoist contre Camuzat et Godeau) ; (5 janvier 1883, Ministre des travaux publics, Cie de l'Ouest et Ville de Paris contre Fouché-Lepelletier ; 9 mai 1884, Camuzat et Godeau contre Benoist).

La plus-value ne peut jamais être opposée à une demande en indemnité, sans une expertise préalable.

16. Responsabilité des Compagnies pour les actes de leurs entrepreneurs et sous-traitants. Responsabilité pour les travaux exécutés par l'État. Observations sur les ouvrages remis aux communes. — Les concessionnaires étant purement et simplement substitués aux droits de l'État, pour l'exécution d'un travail public, ne peuvent être tenus à une responsabilité spéciale et à des obligations plus étendues vis-à-vis des tiers. Ce principe a été rappelé dans un arrêt du Conseil d'État du 2 août 1851. (Cⁱᵉ des bateaux à vapeur d'Elbeuf contre Cⁱᵉ de Paris à Rouen.)

Mais, si la responsabilité des Compagnies est renfermée dans ces limites, elle est du moins entière pour les faits de leurs entrepreneurs et de leurs sous-traitants, comme pour leurs propres actes. Il ne faut pas oublier, en effet, que, pour l'Administration et pour le public, ce sont les Compagnies qui ont l'entreprise des travaux ; peu importent les moyens auxquels elles recourent pour l'exécution ; les agents qu'elles emploient sous une forme ou sous une autre sont et demeurent leurs préposés et elles doivent en répondre, conformément à la règle posée par l'article 1384 du Code civil. D'ailleurs l'article 21 du cahier des charges porte expressément que « les indemnités pour occupation temporaire ou pour « détérioration de terrains, pour chômage, modification ou destruction « d'usines, et pour tous dommages quelconques résultant des travaux, se- « ront supportées et payées par la Compagnie. (Conseil d'État, 28 juillet 1849, Cⁱᵉ de Rouen au Havre contre commune de Mesnil-Panneville ; 8 mars 1860, Cⁱᵉ d'Orléans contre commune de St-Étienne et autres ; 16 avril 1863, Cⁱᵉ d'Orléans contre Bertrand et Boiscorbeau ; 22 janvier 1875, demoiselle Pichard contre Cⁱᵉ des Charentes ; 8 août 1884, Frausa et Bonnet contre Cⁱᵉ de Paris-Lyon-Méditerranée ; 21 novembre 1884, Cⁱᵉ de Paris-Lyon-Méditerranée contre Varigard et Mortier ; 16 juillet 1886, Cⁱᵉ de Paris-Lyon-Méditerranée contre département de la Savoie.)

Il n'appartient pas à la juridiction administrative de connaître des actions en garantie exercées par les Compagnies contre leurs sous-traitants, dans le but de se faire indemniser des condamnations prononcées contre elles à raison des dommages causés à des tiers (Conseil d'État, 26 février 1863, Brunier et commune de Raudens contre Cⁱᵉ de Victor-Emmanuel ; 25 janvier 1866, Dupuis contre Cⁱᵉ des chemins algériens ; 21 novembre 1884, Cⁱᵉ de Paris-Lyon Méditerranée contre Varigard et Mortier). Cette juridiction est également incompétente lorsque la Compagnie n'est appelée que comme civilement responsable du principal intimé (Tribunal des conflits

15 mai 1886 , Bordelier contre Bridet et Cie de Paris-Lyon-Méditerranée).

Le Conseil d'État a admis la responsabilité des Compagnies, non seulement pour les dommages matériels qui résultaient presque inévitablement de l'exécution des travaux, mais encore pour le préjudice porté à des propriétés par le passage d'ouvriers se rendant aux chantiers ou retournant à leur domicile (13 décembre 1855, Cie de Paris-Lyon-Méditerranée contre Thannaron). Le Ministre des travaux publics et le commissaire du Gouvernement ont fait valoir que la Compagnie, ayant la police des chantiers, était tenue de prendre toutes les mesures nécessaires pour que l'agglomération de nombreux ouvriers ne fût point une cause de dommage pour les propriétés riveraines du chemin de fer, et qu'elle était responsable de dégâts faciles à éviter par un simple ordre de service et une surveillance active. Nous devons toutefois ajouter que l'arrêt du Conseil n'a pas posé explicitement de principes absolus à ce sujet.

Une décision en sens contraire a été rendue dans une espèce où il s'agissait du pillage d'une vigne par les ouvriers d'un entrepreneur (29 décembre 1858, Lacroix et Mialy contre Treuty et Masbon). Le Conseil y a vu un fait ne se rattachant pas directement à l'exécution des travaux et a annulé pour incompétence l'arrêté du Conseil de préfecture portant condamnation des entrepreneurs. A peine avons-nous besoin d'ajouter que les Compagnies ne pourraient être recherchées pour les conséquences de traités passés, sans leur concours et sans leur participation, entre leurs entrepreneurs et des particuliers. Le propriétaire n'aurait d'action, dans ce cas, que contre celui auquel il aurait créé des droits.

Il en serait de même des dommages aux personnes résultant, non point des dispositions prescrites par les Compagnies pour l'exécution des travaux, mais d'une imprudence de l'entrepreneur. Elles ne sauraient alors être considérées comme des commettants responsables des faits de leurs préposés aux termes de l'article 1384 du Code civil. (Cour de cassation, 20 août 1847, Cie du Havre contre Pubelier.)

Lorsque les Compagnies ont accepté la remise définitive d'ouvrages exécutés par l'État, après l'expiration du délai de garantie stipulé au contrat, elles deviennent seules responsables des dommages causés aux particuliers par ces ouvrages (Conseil d'État, 30 juillet 1857, Brierre contre Cie de Paris à Strasbourg; 28 novembre 1861, Cie de Paris-Lyon-Méditerranée contre Béchet). En effet, d'après les clauses usuelles des cahiers des charges ou des conventions, l'État est déchargé de toute garantie après cette remise définitive, et la Compagnie est tenue de maintenir en bon état d'entretien la voie ferrée ainsi que ses dépendances et d'y effectuer à ses frais tous les travaux de réparation nécessaires.

La solution serait naturellement différente, pour les ouvrages qui auraient été remis aux communes ou aux particuliers. C'est ce qu'a décidé le Conseil d'État, le 17 janvier 1867 (Cie de Paris-Lyon-Méditerranée contre Bréon-Guérard), à l'occasion de la chute d'un pont dépendant d'un chemin vicinal rectifié : ce pont, établi par l'État, avait été livré à la Compagnie et remis par elle à la commune, dont l'acceptation n'avait été subordonnée à aucune réserve.

Pour ne rien omettre, signalons deux arrêts du Conseil d'État du 4 juillet 1873 (Cie d'Évreux à Elbeuf et de Dreux à Acquigny contre département de l'Eure), mettant à la charge de la Compagnie la responsabilité de dommages causés par des remblais, bien que le département fût tenu de livrer les terrains. La Compagnie soutenait que, si elle avait appuyé les remblais contre les murs des propriétés voisines, c'était pour éviter une expropriation dont les conséquences eussent pesé sur les finances départementales. De son côté, le département se retranchait derrière les stipulations du cahier des charges, qui mettaient formellement à la charge du concessionnaire toutes les indemnités de dommages.

Notons encore un arrêt du 16 février 1883 (Cie de Maine-et-Loire contre Touret), déchargeant la Compagnie de la responsabilité de dommages afférents à une ligne rachetée, dont l'État avait pris possession et payé le prix sans réserves.

17. Rappel de quelques principes relatifs au règlement des indemnités. — Nous rappelons, sans y insister, quelques principes généraux relatifs au règlement des indemnités.

Il n'est point dû de dédommagement pour les cas de force majeure.

Pour donner lieu à l'allocation d'une indemnité, le dommage doit être la conséquence directe du fait de la Compagnie ou de ses préposés et amener une diminution de valeur ou une privation de jouissance appréciable. Il ne suffit pas que les requérants soient privés d'avantages auxquels ils n'ont pas un droit positif ou d'une jouissance purement précaire.

Le dommage doit être né, actuel et non éventuel. A moins qu'il n'y ait accord sur la permanence du dommage ou que cette permanence soit constatée par l'instruction, la réparation doit faire l'objet de règlements successifs. (Conseil d'État, 19 décembre 1868, Cie de Paris-Lyon-Méditerranée contre Fournery ; 13 avril 1881, Cie de Paris-Lyon-Méditerranée contre Gounin ; 20 mars 1885, Cie d'Orléans contre Devèze et autres.)

En aucun cas, les Compagnies ne peuvent se retrancher derrière l'approbation donnée à leurs travaux par le Ministre des travaux publics, pour demander le rejet de plano des demandes en indemnité, si les faits sont de nature à ouvrir un droit à dédommagement (Conseil d'état, 26 janvier 1883, Cie de Paris-Lyon-Méditerranée contre commune de Saint-Maximin).

Les Compagnies peuvent invoquer la prescription trentenaire. (Conseil d'État, 14 décembre 1877, Cie de Paris-Lyon-Méditerranée contre commune de Saint-Just-sur-Loire). Mais, s'il s'agit de dommages successifs, l'origine du délai de prescription doit être comptée isolément pour chacune des dégradations (Conseil d'État, 21 avril 1854, canal de Crillon contre héritiers Roussel).

Au principal de l'indemnité doivent être ajoutés : 1° les intérêts à partir du jour de la demande en justice, ou à partir du jour du dommage, si le Conseil de préfecture a négligé de tenir compte de la privation de revenus ; 2° les intérêts des intérêts, s'ils sont réclamés et s'il y a une année entière d'intérêts lors de la demande (1).

18. Compétence. — Nous avons dû, chemin faisant, relater les principales règles de compétence. Il ne nous reste qu'à les résumer et à les compléter, en ajoutant quelques indications de jurisprudence à celles que nous avons déjà données.

L'autorité judiciaire est compétente pour statuer dans les cas suivants :

a. Dommages résultant de contraventions de grande voirie commises par les concessionnaires (Ordonnance sur conflit du 21 août 1845, Decambos et consorts contre Cie de Paris à Rouen).

b. Dommages résultant de travaux non autorisés. (Cour de cassation, 1er août 1860, Thirion contre Cie de l'Est, ouvrages non autorisés par l'Administration et exécutés aux risques et périls de la Compagnie ; 23 février 1856, Mortal, entrepreneur, prévenu d'avoir inondé des propriétés, malgré les avertissements des ingénieurs. — Conseil d'État, 17 mars 1859, Cie de l'Ouest contre Martell, suppression irrégulière d'un pont ; 1er mars 1873, décision sur conflit à l'occasion d'une brèche pratiquée par la Cie de Paris-Lyon-Méditerranée dans une digue appartenant au sieur Deyrolles, pour prévenir les dégâts et accidents dont la voie ferrée était menacée (2) ; 25 mai 1877, Cie de Paris-Lyon-Méditerranée contre Drot, travaux exécutés à l'orifice d'une source, pour en augmenter le débit ; 28 mai 1880, État contre Labat et Claverie, fouilles non autorisées dans un terrain.)

c. Dommages résultant de travaux faits en vertu de conventions parti-

---

(1) Les intérêts des intérêts ne sont alloués que par annuités, abstraction faite des fractions d'année.

(2) Bien que la Compagnie eût agi en présence d'un péril imminent et que ses actes eussent été approuvés après coup par le Ministre, le Conseil d'État a reculé devant les dangers auxquels il eût exposé la propriété privée, en admettant l'effet rétroactif de cette autorisation.

culières (Conseil d'État, 5 janvier 1860, Canterranne contre Cie du Midi, occupation temporaire ; 10 mai 1860, Cie d'Orléans contre époux Garre).

d. Dommages résultant de faits qui ont donné lieu à une condamnation correctionnelle (Conseil d'État, 22 novembre 1863, décision sur conflit, veuve Boisseau contre Cie du Nord ; Cour de cassation, 23 juin 1859, Brassey contre Robert et Cie d'assurances mutuelles contre l'incendie).

e. Dommages causés par des fautes essentiellement personnelles aux agents des Compagnies (Cour de cassation, 20 novembre 1867, Simonnet contre Cie de Paris-Lyon-Méditerranée, inondations par suite de la négligence d'employés qui n'avaient pas levé une vanne de décharge, bien qu'ils y fussent tenus).

f. Dommages résultant de faits qui ne se rattachent qu'indirectement à l'exécution des travaux, par exemple préjudice causé à des vignes par la fumée de fours à briques, bien que ces fours eussent été établis avec l'autorisation du préfet pour fournir les matériaux nécessaires à la construction des ouvrages d'art d'un chemin de fer (Conseil d'État, 11 juin 1868, décision sur conflit négatif, Molinier contre Cie d'Orléans.)

g. Interprétation et application des décisions du jury ou des contrats amiables d'acquisition de terrains, des décisions judiciaires, des sentences arbitrales. (Conseil d'État, 31 janvier 1873, Cie de Paris-Lyon-Méditerranée contre Fotel ; 19 juin 1874, d'Houdemare contre département de l'Eure ; 12 mai 1876, Cie de Paris-Lyon-Méditerranée contre Assénat ; 15 décembre 1876, Cie de Paris-Lyon-Méditerranée contre Reynaud, Bruyas et autres ; 17 novembre 1882, Ouvrard contre l'État ; 23 janvier 1885, Cie du Nord-Est contre Fourcroy ; 10 juillet 1885, Cie du Rhône contre Seizenheimer. — Tribunal des conflits, 12 mai 1883, Rives contre l'État. — Cour de cassation, 6 avril 1886, Cie du Nord-Est contre Fourcroy, etc.)

Toutefois, si la décision du jury était claire, s'il ne pouvait subsister aucun doute sur son interprétation, le Conseil de préfecture serait compétent pour statuer : tel serait le cas d'un dommage qui aurait été expressément écarté par ordonnance du magistrat directeur (Conseil d'État, 9 juin 1876, Cie du Midi contre Bergonnier ; 13 janvier 1882, Cie d'Orléans contre époux Lorion-Baruet).

h. Dommages afférents aux occupations temporaires qui n'étaient que la préparation d'une prise de possession définitive (14 juillet 1876, Cie de Paris-Lyon-Méditerranée contre Espitalier).

i. Appels en garantie d'un tiers par une Compagnie ou réciproquement (Conseil d'État, 25 janvier 1866, Dupuis contre Cie des chemins de fer algériens ; 21 novembre 1884, Cie de Paris-Lyon-Méditerranée contre Varigard et Mortier, etc., voir page 854).

Sauf les exceptions que nous venons de rappeler, c'est à la juridiction administrative qu'il appartient de connaître des demandes en indemnités de dommages, pour faits se rattachant à l'exécution des travaux de construction ou d'entretien. Aux nombreuses décisions du Conseil d'État, du Tribunal des conflits ou de la Cour de cassation, que nous avons précédemment citées, nous nous bornons à ajouter les suivantes :

Arrêt de la Cour de Cassation du 16 novembre 1858, reconnaissant l'incompétence des tribunaux de droit commun pour le dommage causé à un bateau par des pieux de fondation d'un pont (Cie générale d'assurances maritimes et Longuet contre Cie d'Orléans).

Arrêt du Conseil d'État du 29 mars 1860, reconnaissant la compétence du Conseil de préfecture pour statuer sur les dommages résultant de l'inexécution des travaux prescrits par le Ministre, comme pour les dommages causés par ces travaux (Héritiers Hagermann contre Cie de l'Ouest).

Arrêt de la Cour de cassation du 23 juillet 1867, annulant pour incompétence la sentence d'un juge de paix sur le dommage causé à un riverain du chemin de fer par le défaut d'élagage des haies (Cie d'Orléans contre Lejean).

Décision du Tribunal des conflits du 28 novembre 1885 (John Rose contre l'État), reconnaissant la compétence du Conseil de préfecture dans une espèce où il s'agissait du tarissement d'une source et où le propriétaire s'était borné, lors de l'expropriation, à réserver ses droits ultérieurs à une indemnité.

La compétence du Conseil de préfecture s'étend aux dommages postérieurs à l'achèvement des travaux (Conseil d'État, 20 décembre 1863, décision sur conflit, Chaunier contre Cie de Paris-Lyon-Méditerranée, écroulement d'un mur de soutènement).

La mise sous séquestre d'un chemin de fer ne modifie en rien les règles de compétence (Conseil d'État, 16 août 1860, décision sur conflit, Passemar contre Cie de Graissessac à Béziers).

L'autorité judiciaire excèderait les limites de sa compétence et porterait atteinte au principe de la séparation des pouvoirs :

1° En ordonnant ou interdisant des travaux (Conseil d'État, décision sur conflit, 9 juin 1859, Morand et Chauvet contre Cie de Paris à Lyon par le Bourbonnais);

2° En ordonnant la suppression d'ouvrages antérieurement établis, fût-ce pour faire rentrer un particulier en possession de son terrain. (Conseil d'État, décisions sur conflits du 15 mai 1858, Cie du Midi contre Perray et autres, et du 9 juin 1859, Morand et Chauvet contre Cie de Paris à Lyon par le Bourbonnais; Cour de cassation, 21 juillet 1874, Noël et Montperney contre Cie du Midi : dans cette dernière espèce, il s'agissait de la fermeture d'un accès indûment consenti au profit d'un particulier dans l'enceinte du chemin de fer);

3° En prescrivant la discontinuation des travaux, à moins que la Compagnie n'ait pas été régulièrement autorisée à les exécuter (Conseil d'État, décision sur conflit, 17 juin 1864, Cie de Paris-Lyon-Méditerranée contre Vimort);

4° En arrêtant les dispositions d'ouvrages destinés au rétablissement de communications interceptées, par exemple en déterminant l'emplacement et la largeur de chemins à créer pour faire cesser une enclave (Ordonnance sur conflit du 11 mars 1843, Lorentz et consorts contre le concessionnaire des chemins de fer de Strasbourg à Bâle et de Mulhouse à Thann).

Le Conseil de préfecture est de même incompétent pour ordonner des travaux ou en déterminer les dispositions (Conseil d'État, 28 novembre 1845, commune de Saint-Paul-en-Jarret contre Cie de Saint-Étienne à Lyon; 31 janvier 1848, Cie du Gard contre commune de Ners; 11 février 1858, Cie de Paris-Lyon-Méditerranée contre Margier et autres; 30 juin 1859, Cie de Paris-Lyon-Méditerranée contre Compagnon; 16 février 1860, Cie de Paris-Lyon-Méditerranée contre Paret; 29 mars 1860, Cie de l'Ouest contre héritiers Mignon (1); 29 mars 1860, héritiers Hagermann contre Cie de l'Ouest; 30 juillet 1863, commune de Saint-Cyr contre Cie d'Orléans; 18 mars 1869, Cie de Paris-Lyon-Méditerranée contre époux Bouquet (2); 26 juin 1869, Rousset contre Cie de Paris-Lyon-Méditerranée; 12 mai 1876, Cie de Paris-Lyon-Méditerranée contre Assénat (3); 14 décembre 1877, Cie de Paris-Lyon-Méditerranée contre commune de Saint-Just-sur-Loire; 21 novembre 1879, Cie de Vitré à Fougères contre de Sceaulx et de Nantois.

Le Conseil d'État a même jugé que la juridiction administrative excèderait ses pouvoirs, en ordonnant une expertise pour déterminer la nature des travaux à exécuter (15 juillet 1853, Cie de Montereau à Troyes contre Gauthier). Dans cette espèce, le Conseil de préfecture avait manifesté par avance l'intention de s'appuyer sur les résultats de l'expertise pour prescrire l'exécution des travaux; s'il avait eu exclusivement en vue de prendre le travail des experts comme base de l'évaluation du dommage, le Conseil d'État en eût certainement décidé autrement : les tribunaux administratifs statuent en effet dans les limites de leur compétence, en allouant au pro-

---

(1) Le Conseil de préfecture avait décidé que la Compagnie paierait une indemnité pour chaque jour de retard dans l'achèvement des travaux.

(2) Les époux Bouquet demandaient la fixation d'un délai, passé lequel ils auraient pu exécuter les travaux aux frais de la Compagnie.

(3) Le Conseil de préfecture avait imparti à la Compagnie un délai, passé lequel les travaux pouvaient être exécutés à ses frais par le sieur Assénat.

priétaire une indemnité calculée d'après la dépense des travaux nécessaires pour réparer le dommage (Conseil d'État, 16 août 1862, Cie de Paris-Lyon-Méditerranée contre Parcau), ou même en laissant aux Compagnies le choix entre le paiement d'une indemnité et l'exécution de travaux (Conseil d'État, 30 juin 1859, Cie de Paris-Lyon-Méditerranée contre Compagnon; 16 février 1860, Cie de Paris-Lyon-Méditerranée contre Paret; 17 juillet 1861, Cie de l'Est contre commune de Montreux-Vireux; 16 août 1862, Cie de Paris-Lyon-Méditerranée contre Pareau) (1). (Voir aussi un arrêt du Conseil d'État du 19 décembre 1884, Cie du Midi contre Théza.)

19. Procédure. — Les règles de procédure n'ont rien de spécial aux travaux de chemins de fer; il est donc inutile de les rappeler. Nous nous contenterons de signaler :

1° La nécessité d'une expertise, conformément à l'article 56 de la loi du 16 septembre 1807, toutes les fois que les faits imputés à la Compagnie ne sont pas évidemment de nature à n'ouvrir aucun droit à indemnité et où, par suite, cette mesure d'instruction n'a point un caractère manifestement frustratoire (Conseil d'État, 23 février 1870, Cie d'Orléans contre commune de Villerable; 12 février 1886, Gioan contre Cie de Paris-Lyon-Méditerranée, etc.);

2° Le droit d'intervention des Compagnies dans les recours dirigés contre les actes de leurs préposés ou de l'Administration, lorsque les conséquences pécuniaires d'une décision favorable à la prétention des requérants doivent peser sur elles (Conseil d'État, 18 juin 1860, Cie houillère de la Ricamarie, et 14 août 1865, ville de Paris.)

20. Renvoi à un chapitre ultérieur pour les dommages résultant des mesures prises par l'Administration à l'égard des tiers dans l'intérêt de la conservation du chemin de fer. — Nous n'avons point traité jusqu'ici du préjudice qui peut être causé aux propriétaires de carrières, aux concessionnaires de mines, aux riverains, par les mesures de police prises dans l'intérêt de la conservation du chemin de fer, en exécution des lois ou règlements. Les indications utiles à donner à cet égard trouveront plus naturellement leur place dans un chapitre ultérieur.

---

(1) La faculté d'une décision alternative ne serait cependant point ouverte au Conseil de préfecture, si les travaux devaient être exécutés sur le domaine public, puisqu'il ne dépendrait point des parties de pourvoir à ces travaux (Conseil d'État, 11 novembre 1881, Cie du Midi contre sieur Pastous).

CHAPITRE XII

DU BORNAGE

DE LA DÉFINITION DES DÉPENDANCES DU CHEMIN DE FER
DE L'ALIÉNATION DES TERRAINS INUTILES

§ 1. — BORNAGE. — DÉFINITION DES DÉPENDANCES DU CHEMIN DE FER

1. Prescriptions du cahier des charges pour le bornage des chemins de fer. — Aux termes de l'article 29 du cahier des charges des chemins de fer d'intérêt général, les Compagnies doivent faire à leurs frais le bornage contradictoire du chemin de fer et de ses dépendances, après l'achèvement des travaux et dans le délai fixé par l'Administration. Elles doivent également dresser à leurs frais : 1° un plan cadastral du chemin de fer; 2° un état descriptif et un atlas des ouvrages d'art.

Les procès-verbaux de bornage, le plan cadastral, l'état descriptif et l'atlas des ouvrages d'art sont déposés dans les archives du Ministère.

Les terrains acquis par la Compagnie postérieurement au bornage général, en vue de satisfaire aux besoins de l'exploitation, et devenant ainsi partie intégrante de la voie ferrée donnent lieu, au fur et à mesure de leur acquisition, à des bornages supplémentaires et sont ajoutés sur le plan cadastral.

Ces prescriptions ont été reproduites dans le cahier des charges type des chemins de fer d'intérêt local, approuvé par décret du 6 août 1881 en Conseil d'État. Elles ont été toutefois complétées par l'indication d'un délai de six mois, à compter de la mise en exploitation de la ligne ou de chaque section, pour l'opération du bornage contradictoire, qui doit d'ailleurs être faite en présence d'un représentant du département et dont le procès-verbal est déposé dans les archives de la préfecture, au lieu de l'être dans celles du Ministère.

2. Prescriptions de la circulaire ministérielle du 31 décembre 1853. — Une circulaire du Ministre des travaux publics, en date du 31 décembre 1853, a réglé les dispositions de détail nécessaires pour l'exécution de l'article 29 du cahier des charges.

Le bornage doit s'appliquer à tous les terrains qui, ayant été acquis pour l'établissement du chemin de fer et étant ou pouvant être utiles à son exploitation, doivent être conservés par la Compagnie et remis à l'État lors de l'expiration de la concession. Avant le commencement de l'opération, les fonctionnaires de l'Administration fixent contradictoirement avec les ingénieurs de la Compagnie, sur les plans parcellaires qui ont servi aux acquisitions, les lignes de délimitation à adopter et l'emplacement à assigner aux bornes : en cas de désaccord, il en est référé au Ministre des travaux publics qui statue.

La circulaire ministérielle de 1853 mettait à la charge de l'État le bornage des lignes construites dans le système de la loi du 11 juin 1842; cette disposition a été abrogée par les cahiers des charges supplémentaires, qui ont déterminé pour les diverses Compagnies la nomenclature des travaux d'infrastructure incombant à l'État et qui n'y ont point compris le bornage. Les conventions de 1883 l'ont fait revivre, au moins en ce qui concerne la dépense, pour les lignes dont elles ont attribué la concession aux Compagnies.

Les dimensions et la forme des bornes sont précisées par la circulaire de 1853.

Il est dressé par commune un procès-verbal de bornage, constatant la position des bornes et revêtu de l'acceptation des riverains, rendue authentique par leur signature dûment légalisée.

Le plan cadastral, dressé à l'échelle du millième, indique les bornes, clôtures, bâtiments, poteaux kilométriques, chemins déviés, chemins latéraux, ouvrages d'art et autres; les lieux-dits, cantons et sections; les noms des propriétaires riverains et les numéros de la matrice cadastrale; enfin l'axe du chemin et les lignes d'opération. Il est soigneusement coté.

Les terrains compris dans le bornage sont revêtus d'une teinte rose; ceux qui, ayant été consacrés à rétablir les communications ou les voies d'écoulement des eaux, ne sont susceptibles d'aucune rétrocession, quoique non compris dans le bornage, sont distingués des premiers par une teinte bleue.

L'expédition des procès-verbaux et des plans cadastraux destinée aux archives du Ministère est signée par les ingénieurs du contrôle et par un ou plusieurs administrateurs de la Compagnie ayant qualité pour valider l'opération.

3. **Avis préalable à donner aux propriétaires.** — Les propriétaires doivent être prévenus un certain nombre de jours à l'avance de l'époque

à laquelle il sera procédé aux opérations, afin de pouvoir prendre leurs dispositions et de désigner, s'ils le jugent à propos, un expert chargé d'opérer contradictoirement avec les agents de la Compagnie.

Il n'existe pas de prescriptions réglementaires à cet égard. Généralement, le bornage fait l'objet d'un arrêté préfectoral affiché et publié dans les journaux et d'un avis à son de trompe ou de tambour ou même d'avertissements individuels. Parfois, le Préfet institue, dans chaque commune, une commission spéciale composée du maire et de conseillers municipaux, pour recevoir les observations des intéressés et recueillir les signatures.

4. Utilité de ne point ajourner le bornage. — En pratique, l'opération du bornage n'est pas toujours accomplie aussi tôt qu'il serait désirable. L'ajournement ainsi apporté à la délimitation du domaine public peut avoir de graves inconvénients, en favorisant les empiètements des riverains, en provoquant des litiges entre eux et l'Administration ou la Compagnie. L'entente avec les propriétaires intéressés est d'ailleurs d'autant plus difficile qu'il s'est écoulé un plus long délai depuis les acquisitions de terrains, qu'il s'est produit des mutations plus nombreuses dans la propriété, que les souvenirs des intéressés sont moins récents et moins précis.

La Section des travaux publics du Conseil d'État, consultée par le Ministre, a, dans un avis du 15 février 1881, insisté avec raison sur l'opportunité de ne point admettre d'atermoiements dans l'exécution du bornage prescrit par l'article 29 du cahier des charges.

5. Inapplicabilité de l'article 646 du Code civil. — L'article 646 du Code civil donne à tout propriétaire la faculté d'obliger son voisin à un bornage à frais communs; la loi du 25 mai 1838, article 6, § 2, donne d'ailleurs compétence au juge de paix pour connaître, à charge d'appel, des actions relatives à cette opération.

Mais l'article 646 du Code civil a exclusivement pour objet de régler les rapports entre les propriétés particulières et n'est point applicable, non plus que la loi de 1838, au cas où l'un des biens fait partie du domaine public.

Un propriétaire riverain du chemin de fer ne serait point recevable à exiger de l'État ou de la Compagnie le bornage de la voie ferrée. Il ne peut que demander l'alignement et établir des bornes à ses frais sur son propre terrain, sauf à se pourvoir, soit devant l'autorité administrative pour faire rectifier la délimitation opérée par le préfet, s'il la juge inexacte, soit devant l'autorité judiciaire pour faire reconnaître son droit de propriété et régler, le cas échéant, l'indemnité de dépossession à laquelle il peut avoir droit.

Le bornage prescrit par le cahier des charges n'est imposé aux Compagnies que dans l'intérêt de la conservation du domaine public ; les riverains, étrangers au contrat, ne peuvent y puiser aucun titre, ni aucun droit.

La Section des travaux publics du Conseil d'État a rappelé ces principes dans son avis précité du 15 février 1884.

6. Délimitation du domaine public et contestations relatives à cette délimitation. — Il appartient au préfet de reconnaître et de fixer les limites du domaine public. Le droit conféré à l'Administration résulte de la loi des 22 décembre-8 janvier 1790, qui charge « les administrations « de département, sous l'autorité et l'inspection du Roi, comme chef « suprême de la nation et de l'administration générale du royaume, « de toutes les parties de cette administration, notamment de celles qui « sont relatives......... à la conservation des propriétés publiques, à « celle......, des chemins et autres choses communes... ». Il a, d'ailleurs, été reconnu de tout temps par la jurisprudence du Conseil d'État et du Tribunal des conflits.

L'acte de délimitation peut être attaqué devant le Conseil d'État pour excès de pouvoirs. Il est certain, en effet, que l'Administration sort des limites de ses pouvoirs, quand elle réunit indûment au domaine public des terrains qui n'en font pas partie, sans avoir accompli les formalités prescrites par la loi en matière d'expropriation ou sans avoir conclu un traité de cession amiable avec le propriétaire.

Les intéressés dont les droits seraient lésés ont, en outre, une autre voie de recours. Ils peuvent s'adresser à l'autorité judiciaire pour faire reconnaître leur droit de propriété et fixer l'indemnité qui leur est due par l'Administration. Mais les tribunaux ordinaires seraient incompétents pour renvoyer les propriétaires en possession ; en rendant une décision de cette nature, ils violeraient le principe de la séparation des pouvoirs.

Ces règles n'ont rien de spécial aux chemins de fer ; nous nous bornons donc à les rappeler, en renvoyant aux principaux monuments de la jurisprudence qui a définitivement prévalu. (Décisions du tribunal des conflits du 11 janvier 1873, Paris-Labrosse, et du 1er mars 1873, Guillié.)

Le préfet commettrait, d'ailleurs, un excès de pouvoirs en prenant, à l'occasion d'un litige sur la propriété d'une parcelle, un arrêté de délimitation dont le but et l'effet seraient de statuer sur ce litige dont la connaissance appartient exclusivement à l'autorité judiciaire. (Conseil d'État,

21 juillet 1870, ville de Châlons-sur-Marne ; 20 mai 1881, dame de Sommariva et sieur Perrin.)

Le Conseil de préfecture, saisi d'un procès-verbal pour usurpation ou occupation illicite d'une dépendance du domaine public, doit surseoir à statuer jusqu'à ce qu'il ait été prononcé par l'autorité compétente sur la propriété du terrain, si l'inculpé revendique cette propriété en vertu de titres dont il y ait lieu d'interpréter le sens et la portée. (Conseil d'État, 5 février 1867, Delord ; 15 avril 1869, Lambert ; 20 mai 1881, dame de Sommariva et sieur Perrin.)

7. Dépendances du chemin de fer. — D'après la circulaire ministérielle du 31 décembre 1853, le bornage doit s'appliquer à tous les terrains qui, ayant été acquis pour l'établissement du chemin de fer et étant ou pouvant être utiles à son exploitation, doivent être conservés par la Compagnie et remis à l'État lors de l'expiration de la concession. La circulaire cite notamment parmi les dépendances du chemin de fer : « les « gares, stations, emplacements de dépôts de matériel, ateliers de répa- « tion et de construction, cours intérieures et extérieures, chemins spé- « ciaux d'accès et stations, maisons de garde et leurs jardins, etc., « etc... »

Elle en exclut, à moins de circonstances exceptionnelles, les chemins latéraux ou déviés, les chambres d'emprunt, les cavaliers de dépôt, les parcelles inutiles et celles qui ont été acquises en vertu de l'article 50 de la loi du 3 mai 1841.

Pour la plupart des terrains et des ouvrages auxquels ils servent d'assiette, le caractère de dépendances du chemin de fer ne peut faire doute. Dans quelques cas, au contraire, il en est autrement et nous devons donner à cet égard de courtes explications.

a. PASSAGES SUPÉRIEURS OU INFÉRIEURS POUR VOIE DE TERRE. — En traitant du rétablissement des voies publiques de communication interceptées par le chemin de fer, nous avons fait connaître, page 768, les raisons qui doivent faire maintenir ces ouvrages comme dépendances de la voie ferrée ; nous avons indiqué qu'il pourrait tout au plus y avoir lieu de remettre aux services intéressés la chaussée des routes ou chemins auxquels ils livrent passage. Le Conseil d'État n'a été appelé à statuer qu'une fois sur la question, à propos d'un litige entre la Compagnie de Paris à Saint-Germain et la ville de Paris : par son arrêt du 29 mars 1853, il a déclaré que le pont faisant l'objet du litige constituait une dépendance du chemin de fer et il en a mis l'entretien à la charge de la Compagnie, sauf le concours de la ville pour une somme correspondant aux frais d'entretien normal de la chaussée.

Les passages supérieurs ou inférieurs desservant des voies particulières n'appartiennent point nécessairement, dans toutes leurs parties, aux dépendances du chemin de fer; mais la Compagnie doit conserver, en tout état de cause, l'autorité et la surveillance sur les travaux d'entretien intéressant la sécurité de la circulation.

b. Passages a niveau. — Les passages à niveau font partie du chemin de fer, malgré leur double affectation à la circulation sur la voie ferrée et à la circulation sur la voie de terre qu'ils desservent.

c. Places des gares. — Devant les gares, il est en général nécessaire de ménager des places pour le stationnement des voitures qui amènent au chemin de fer ou viennent y prendre soit des voyageurs, soit des marchandises. Sauf le cas où elles ont fait l'objet d'une remise à d'autres services, ces places constituent des dépendances du chemin de fer. C'est ce qui a été jugé par le Conseil d'État le 22 juillet 1848, à propos d'une contravention commise par un riverain (Tournois).

d. Avenues d'accès des gares. — Dans certains cas, les avenues des gares servent exclusivement à mettre le chemin de fer en relation avec des routes ou des chemins voisins. Dans d'autres cas, elles servent en même temps à rétablir des communications interceptées par la voie ferrée.

Lorsqu'elles sont affectées à l'usage exclusif du chemin de fer, elles restent dans ses dépendances, à moins que l'État, le département ou la commune n'aient consenti à leur classement comme annexe d'une route nationale, d'une route départementale, d'un chemin vicinal, ou comme voie urbaine, dans les conditions indiquées page 766.

Quand, au contraire, elles ont le caractère de déviations rétablissant des routes ou chemins coupés par le tracé du chemin de fer, elles font généralement l'objet d'une remise au service intéressé et demeurent par conséquent en dehors du bornage, à moins que les intérêts du service de la voie ferrée n'en réclament le maintien entre les mains de la Compagnie.

On pourra consulter, à cet égard, les arrêts suivants du Conseil d'État, sur lesquels nous aurons à revenir à propos du régime des propriétés riveraines : 27 août 1857, Boilée-Martin, voie d'accès à la gare des marchandises de Commercy; 10 janvier 1867, Thiébaut, avenue de la gare de Lons-le-Saulnier ; 26 janvier 1869, Le Brun de Blon, avenue de la gare de Vire ; 7 août 1883, veuve Allix, avenue de la gare de Fontenay-le-Comte ; 1er février 1884, Meuret, avenue de la gare de Gémeaux ; 26 février 1886, Compagnie de Paris-Lyon-Méditerranée, avenue de la gare de Saint-Maurice-en-Trièves ; 7 août 1886, Deltheil et Laporte.

Nous croyons utile aussi de reproduire l'avis suivant de la Section des travaux publics du Conseil d'État, en date du 9 juillet 1879 : « La Section « ...., consultée sur la question de savoir si les avenues d'accès « aux gares et stations, tant qu'elles n'ont pas été remises aux communes, « au département ou à l'État, et classées comme annexes des chemins « vicinaux ou des routes départementales ou nationales, doivent être « considérées comme faisant partie du domaine public du chemin de fer ;

« Considérant que ces avenues ont été établies par les Compagnies « sur des terrains acquis de leurs deniers et avec l'autorisation de l'État ; « qu'elles sont indispensables à l'exploitation du chemin de fer et « affectées, comme les gares et les stations elles-mêmes, à l'usage du « public ; qu'il est, par conséquent, hors de doute que, réunissant les « caractères du domaine public, elles n'en fassent partie au même titre « que les gares et stations ; que, dès lors, tant qu'elles n'ont pas été « classées dans le réseau des routes nationales et départementales ou « dans celui des chemins vicinaux, elles demeurent soumises aux dispo- « sitions de la loi du 15 juillet 1845, à l'exception de celles qui ont été « édictées spécialement en vue de la circulation des locomotives et des « trains ; qu'ainsi il appartient sans contestation aux Compagnies « auxquelles incombe la charge de les entretenir de pouvoir les préserver « par l'établissement de clôtures longitudinales, et que les riverains « n'acquièrent pas sur ces avenues les droits et les facultés dont ils jouis- « sent le long des voies publiques, notamment en ce qui concerne les « accès et les jours ;

« Est d'avis que les avenues d'accès aux gares et stations, tant qu'elles « n'ont pas été remises aux communes, aux départements ou à l'État, et « classées comme annexes des chemins vicinaux ou des routes départe- « tementales ou nationales, doivent être considérées comme faisant partie « du domaine du chemin de fer. »

e. ROUTES ET CHEMINS DÉVIÉS. — CHEMINS LATÉRAUX, ETC. — Les déviations des routes ou chemins sont remises à l'État, aux départements, aux communes ou aux particuliers, sauf les réserves que nous avons indiquées pour les passages supérieurs ou inférieurs et pour les passages à niveau.

Les déviations de cours d'eau ou canaux sont également remises aux services intéressés.

Quant aux chemins nouveaux, et particulièrement aux chemins latéraux, ils restent de même en dehors du bornage, sauf le cas exceptionnel où ils seraient affectés au service du chemin de fer, par exemple à la mise en communication de deux parties d'une même gare.

C'est ainsi que le Conseil d'État, saisi d'un litige entre l'État et la Compagnie de Paris-Lyon-Méditerranée, a refusé de reconnaître le caractère de dépendance du chemin de fer à un chemin latéral à la ligne du Bec-d'Allier à Clermont, établi dans l'intérêt des propriétés riveraines (27 décembre 1860, Pont de Sanne). Le Conseil a statué dans le même sens, le 13 août 1861, pour un chemin latéral à la ligne de Tours à Nantes, remplaçant un chemin d'exploitation, et le 15 février 1864 (Vauquelin), pour un chemin d'exploitation latéral à la ligne de Caen à Flers. Le 18 mars 1869 (Cie de Paris-Lyon-Méditerranée contre Bouquet), il a fait un départ entre certains ouvrages destinés au rétablissement d'une irrigation et placés en dedans des clôtures, auxquels il a reconnu le caractère de dépendances du chemin de fer, et d'autres ouvrages laissés en dehors de l'enceinte de la voie ferrée.

f. Jardins des gardes-barrières. — Les jardins des gardes-barrières ou chefs de gare doivent-ils être considérés comme faisant partie du domaine public du chemin de fer? La question est fort délicate.

Consultée par le Ministre, la Section des travaux publics du Conseil d'État a formulé, le 9 juillet 1879, l'avis suivant : « La Section... considérant que le fait d'avoir été acquis pour un service public et par la voie « de l'expropriation ne suffit pas pour donner à des terrains le caractère « et les privilèges propres aux portions du domaine public imprescriptible « et inaliénable;...... que le bornage prescrit par le cahier des charges « des Compagnies et les instructions ministérielles n'a pas eu non plus « pour but et pour effet d'attribuer aux terrains compris dans les limites, « quelle que soit leur destination, ce même caractère et ce même privilège; « mais que, dans le cas où les jardins dont il s'agit sont attenants aux « maisons de gardes-barrières et situés aux abords de la voie, ils doivent « être considérés comme des dépendances de la voie elle-même, faisant « partie au même titre de la grande voirie, aux termes de l'article 1er de la « loi du 15 juillet 1845, — Est d'avis que les terrains destinés aux jardins « des gardes-barrières font partie du domaine public du chemin de fer... »

On le voit, la Section des travaux publics a admis, sous certaines restrictions, la domanialité publique des jardins mis à la disposition des agents du chemin de fer. Il est certain qu'en fait ces jardins constituent, le plus souvent, une annexe à peu près indispensable des maisons affectées au logement du personnel et qu'il serait difficile de recruter ce personnel, si on n'ajoutait à ses émoluments relativement modiques les avantages de la jouissance de quelques terrains. Mais, d'autre part, on ne peut méconnaître que ces terrains ne sont point, à proprement parler, affectés à l'usage du public et que leur imprescriptibilité peut être sérieusement contestée. Le Conseil d'État statuant au contentieux n'a pas eu à se prononcer jusqu'ici sur la difficulté.

g. PRISES D'EAU POUR L'ALIMENTATION DES GARES. — Les ouvrages établis en vertu d'autorisations régulières pour l'alimentation des gares constituent des dépendances du domaine public; ils doivent faire gratuitement retour à l'État, à l'expiration de la concession. (Voir les décisions contentieuses citées pages 796 et 797, notamment la décision sur conflit du 16 juillet 1881, dame Anna Mary contre Cie de l'Ouest.)

h. FOSSÉS D'ÉCOULEMENT. — Les contrefossés sont également rattachés en principe au domaine public; ils sont en effet nécessaires, dans la plupart des cas, à la conservation du chemin de fer; leur suppression ou leur défaut d'entretien pourrait d'ailleurs être une cause de dommages pour les propriétés riveraines. Il peut en être de même des autres ouvrages d'assainissement : un arrêt du Conseil d'État du 30 mai 1884 (Bosse) a considéré comme contravention de grande voirie le fait de destruction du fossé d'assainissement d'une vase.

i. ATELIERS. — Les ateliers de réparation du matériel sont indispensables à l'exploitation du chemin de fer et en forment une dépendance essentielle.

Mais il pourrait en être autrement d'ateliers spécialement établis en vue de la construction du matériel neuf. Les Compagnies ne sont point en effet obligées de fabriquer elles-mêmes leurs machines, leurs véhicules et leur matériel fixe. Ce n'est qu'exceptionnellement et afin ne pas laisser inoccupés leur personnel ouvrier et leur outillage, qu'elles sont nécessairement conduites à les utiliser parfois pour la fabrication d'objets ou d'appareils neufs, quand des réductions temporaires dans le travail des réparations les forceraient à chômer.

Les Pouvoirs publics devraient même, le cas échéant, se refuser à la déclaration d'utilité publique nécessaire pour acquérir les terrains en vertu de la loi du 3 mai 1841 et à l'imputation des dépenses au compte de premier établissement.

j. Bâtiments affectés a l'administration ou au logement des employés. — Parmi les employés, il en est dont la présence continue dans l'enceinte du chemin de fer est indispensable au bon fonctionnement du service et même à la sécurité de l'exploitation. Tels sont les chefs de gare, les gardes-barrières, certains préposés aux dépôts de machines, etc. Il en est d'autres, au contraire, qui peuvent, sans aucun inconvénient, être logés au dehors; les agents de cette catégorie sont de beaucoup les plus nombreux. Dans chaque espèce, il appartient à l'Administration ou au Gouvernement d'apprécier le degré d'utilité des installations dont les Compagnies proposent la création et de décider si elles se rattachent assez intimement au service public pour constituer une dépendance du chemin de fer, sauf le recours ouvert aux concessionnaires pour violation ou fausse application des contrats de concession.

Lorsque nous avons traité des comptes des Compagnies, nous avons relaté certains cas où l'Administration n'avait point consenti à accéder à leurs demandes, notamment pour des cités ouvrières dont l'établissement ne s'imposait pas et paraissait devoir rester dans le cadre des opérations particulières, faites avec les ressources du domaine privé des actionnaires.

Les mêmes principes s'appliquent aux locaux où sont installés les bureaux de certains services extérieurs, et, en particulier, aux hôtels que la plupart des Compagnies ont achetés ou construits pour leur administration centrale en dehors de l'enceinte du chemin de fer, dans l'intérieur de Paris par exemple. Ces immeubles, dont la dépense n'a point été imputée au compte de premier établissement destiné à servir de base à la garantie d'intérêts ou au partage des bénéfices, ne sauraient être considérés comme des dépendances du chemin de fer.

k. Buffets. — Des buffets sont établis dans un certain nombre de gares pour permettre aux voyageurs de prendre en cours de route les aliments dont ils ont besoin. Ces buffets n'occupent le plus fréquemment qu'un certain nombre de pièces dans des bâtiments affectés au service général de la gare; leur installation est nécessaire à l'exploitation du chemin de fer et il serait difficile de leur contester le caractère de dépendances de la voie ferrée.

Il s'est présenté des circonstances spéciales où il a paru, sinon indispensable, du moins fort utile, d'y adjoindre des hôtels où les valétudinaires et même les autres voyageurs puissent prendre quelques heures de repos sans quitter la gare : on peut citer, à titre d'exemples, les hôtels des gares de Calais et de Marseille. (Voir ci-dessus, page 449.)

l. CAVALIERS DE DÉPÔT. — CHAMBRES D'EMPRUNT. — A part des cas exceptionnels, les cavaliers de dépôt et les chambres d'emprunt ne sont point des dépendances du chemin de fer et doivent rester en dehors du bornage.

Par un arrêt du 9 août 1851 (Ajasson de Grandsagne), le Conseil d'État a néanmoins reconnu ce caractère à un cavalier formé par les déblais du chemin de Vierzon à Châteauroux. Mais ce cavalier était compris dans les clôtures générales de la ligne; le Ministre en avait d'ailleurs refusé l'aliénation et en jugeait la conservation indispensable.

m. BATIMENTS AFFECTÉS A DES SERVICES AUTRES QUE CELUI DU CHEMIN DE FER. — Aux termes du cahier des charges (art. 56 et 58), les Compagnies doivent mettre certains emplacements à la disposition de l'Administration des postes et des télégraphes. Ces terrains, affectés au service public, sont compris dans le plan de bornage, puisqu'ils forment nécessairement l'une des parties de l'assiette du chemin de fer, d'après le contrat de concession.

Il pourrait en être autrement pour les terrains occupés par des bâtiments de l'octroi. En effet, rien n'oblige les Compagnies à supporter les frais et les charges des installations que les municipalités jugent nécessaires au service de la perception sur les marchandises apportées par le chemin de fer. (Conseil d'État, 17 juillet 1843, Cie de Paris à Saint-Germain contre ville de Paris; 14 août 1867, Cie de Paris-Lyon-Méditerranée contre l'État.)

Toutefois, il est des cas où il est utile et même à peu près nécessaire à la bonne exploitation du chemin de fer de mettre à la disposition des agents de l'octroi des locaux où ils puissent procéder à leurs opérations.

En ce qui concerne les douanes, bien que le cahier des charges ne contienne pas de stipulation, les Compagnies sont amenées par la force des choses à fournir des locaux de visite et des bureaux dans l'enceinte du chemin de fer, sous peine de se créer des difficultés inextricables pour les transports internationaux. Ces locaux et ces bureaux sont des dépendances du chemin de fer (1).

n. TERRAINS INUTILES. — TERRAINS ACQUIS EN VERTU DE L'ARTICLE 50 DE LA LOI DU 3 MAI 1841. — Conformément aux prescriptions de la circulaire ministérielle du 31 décembre 1853, les terrains inutiles doivent rester en

---

(1) Voir, à titre de renseignement, un arrêt d'espèce du 5 décembre 1884 (Société anonyme belge des chemins de fer contre département de Meurthe-et-Moselle et Noblot.)

dehors du bornage. Il en est ainsi, à moins de circonstances exceptionnelles, des excédents acquis sur la réquisition du propriétaire, en vertu de l'article 50 de la loi du 3 mai 1841.

Nous aurons à nous occuper, dans la suite de ce chapitre, de la vente de ces terrains.

8. De la domanialité publique des dépendances du chemin de fer et des terrains compris dans le plan de bornage. — Ainsi que nous l'avons exposé, le bornage du chemin de fer doit embrasser toutes ses dépendances.

Dans ses conférences sur le droit administratif, M. Aucoc émet l'avis que les terrains et les ouvrages englobés dans ce bornage ne font pas nécessairement partie du domaine public. Il rappelle, à juste titre, que des immeubles affectés à un service public et assis sur des terrains dont l'expropriation a eu lieu en vertu de la loi du 3 mai 1841 ne jouissent pas des immunités et des privilèges de la domanialité publique, s'ils ne sont pas frappés d'une affectation à l'usage de tous.

La distinction faite par cet éminent auteur est absolument conforme aux principes. Mais on doit reconnaître qu'en pratique elle rencontrerait peu d'applications. Le bornage, tel qu'il est prévu par le cahier des charges, a précisément pour objet de délimiter les terrains qui restent affectés à l'exploitation du chemin de fer, qui feront retour à l'État à l'expiration de la concession et qui doivent être garantis par les lois protectrices du domaine public, notamment en ce qui touche l'inaliénabilité et l'imprescriptibilité.

Les installations dont l'Administration ne reconnaît pas l'utilité incontestable pour le chemin de fer doivent demeurer en dehors du bornage, comme nous l'avons expliqué précédemment.

Si certains locaux dans les gares ne sont pas directement affectés à l'usage de tous, ils ne s'en rattachent pas moins si intimement aux autres ouvrages qu'il est difficile de ne point leur faire suivre le même sort, de ne point les regarder comme soumis au même régime et aux mêmes règles, sauf des circonstances tout à fait exceptionnelles.

§ 2. — ALIÉNATION DES TERRAINS INUTILES

1. Terrains reconnus inutiles dès l'origine. Terrains déclassés ultérieurement. — Certains terrains sont reconnus inutiles dès l'origine : tels sont les excédents qui ont été acquis sur la réquisition du propriétaire, en vertu de l'article 50 de la loi du 3 mai 1841, ou sans réquisition de sa part, pour faciliter la réalisation d'un contrat amiable.

L'article 6 des règlements sur les justifications financières à fournir par les grandes Compagnies rend obligatoire l'aliénation de ces terrains dans un délai de deux années après l'achèvement complet des travaux.

D'autres parcelles peuvent, après avoir été primitivement affectées au service public, perdre cette affectation et devenir inutiles, par exemple à la suite de changements dans les dispositions d'une gare. Le déclassement doit en être prononcé par le Ministre des travaux publics et faire l'objet d'une rectification sur le plan de bornage. En traitant de la rétrocession, page 818, nous avons rappelé les pouvoirs de l'Administration à cet égard et cité divers arrêts du Conseil d'État ; nous n'avons plus à y revenir.

Il importe de ne point ajourner l'aliénation des terrains disponibles : ce serait, en effet, pour les excédents inutilisés qui n'ont point été acquis sur la réquisition des propriétaires, s'exposer à porter atteinte aux droits conférés à ces intéressés par la loi du 3 mai 1841 ; ce serait aussi, dans tous les cas, courir le risque d'usurpations difficiles à réprimer et compromettre, soit les intérêts du Trésor, soit ceux des Compagnies elles-mêmes. L'Administration s'en est préoccupée à diverses reprises : on pourra consulter notamment une circulaire du Ministre des travaux publics, en date du 2 août 1875.

2. Propriété et attribution du prix de vente des parcelles à aliéner. — La propriété des parcelles à aliéner a donné lieu à de fréquentes contestations entre l'Administration des domaines et les Compagnies.

Il y a lieu de distinguer deux cas principaux, celui où les terrains n'ont pas été utilisés et celui où, au contraire, ils ne deviennent inutiles qu'après avoir été temporairement affectés au service du chemin de fer.

a. Cas où les terrains n'ont pas été utilisés. — Si les terrains ont été acquis par l'État, ceux qui dès l'origine sont reconnus inutiles ne doivent pas être remis aux Compagnies et appartiennent sans conteste au domaine privé de l'État.

S'ils ont été acquis par le concessionnaire, l'Administration des finances ne saurait prétendre à l'attribution du prix de vente, puisqu'ils n'ont jamais été rattachés au domaine public.

Une difficulté s'est présentée pour des terrains qui, bien qu'acquis par l'État et non utilisés, avaient été remis à la Compagnie. Le Conseil d'État a jugé, le 26 janvier 1870, que le montant du prix de vente devait être versé entre les mains du concessionnaire, appelé à en jouir jusqu'à la fin de la concession (Compagnie de Paris-Lyon-Méditerranée). Dans l'espèce, il était intervenu, le 13 janvier 1855, un décret autorisant le Ministre des travaux publics « à mettre la Compagnie de Paris à Lyon en possession de la « partie des terrains et bâtiments acquis, soit par la première Compagnie « concessionnaire, soit par l'État, en excédent des besoins actuels du « service et qui n'auraient point encore été remis à l'Administration des « domaines, lesdits terrains et bâtiments étant considérés comme compris « dans la concession autorisée par le décret du 5 janvier 1852 », et portant « que les parcelles dont la Compagnie serait mise en possesion devraient, « après le terme fixé pour ladite concession, faire retour à l'État avec le « surplus de la ligne à laquelle ils étaient incorporés ». Cette solution, quoique particulièrement motivée par les circonstances de l'affaire, s'imposerait-elle, alors même qu'il ne serait intervenu aucun acte analogue au décret du 13 janvier 1855 ? Pour la défendre, on peut faire valoir que la remise des terrains a été l'un des avantages sur lesquels le concessionnaire a compté pour toute la durée de sa concession, lorsqu'il a contracté avec l'État ; qu'on ne saurait le dépouiller de la moindre part de ces avantages ; mais qu'il ne serait pas fondé toutefois à réclamer l'attribution définitive du prix de vente, c'est-à-dire un traitement plus favorable pour les parcelles inutilisées que pour les parcelles qui, au contraire, sont indispensables à l'exploitation et doivent être restituées plus tard à l'État. Toutefois, nous le répétons, la question présente peu d'intérêt, puisqu'il est de règle de ne pas remettre aux Compagnies les terrains reconnus inutiles à l'exploitation.

b. Cas où les terrains ont été utilisés. — L'Administration des finances a soutenu que les terrains incorporés au domaine public et ultérieurement déclassés appartenaient nécessairement et dans tous les cas à l'État, qui, dès lors, devait entrer en possession immédiate du prix de vente. Suivant elle, les Compagnies n'ayant que la jouissance du chemin de fer et de ses dépendances en vue du service public dont elles sont concessionnaires, leurs droits devaient cesser avec l'affectation des terrains à ce service.

La prétention de l'Administration des finances a été repoussée à diverses reprises par le Conseil de préfecture de la Seine (14 juillet 1870 et 2 avril 1873, Compagnie du Midi, gare de Ségur; 14 juillet 1870, Compagnie du Nord). On lit notamment dans la dernière décision de ce tribunal administratif les considérants suivants : « Considérant que si, en vertu des lois générales « sur le domaine de l'État, les biens qui font partie du domaine public « tombent de plein droit dans le domaine de l'État, quand cesse leur « affectation au domaine public, il n'en est pas de même pour les biens « dont il s'agit dans l'espèce, puisqu'il a été dérogé à ces lois générales « par la loi de concession du chemin de fer ; que, si le système contraire « était admis, il s'ensuivrait que même les matériaux de toute démolition « de bâtiments du chemin de fer, désaffectés du domaine public, appar- « tiendraient au domaine de l'État, par droit d'accession, et pourraient « être revendiqués par lui et vendus à son profit, sans que la Compagnie « ait le droit de les échanger, vendre ou même réemployer ; qu'un tel « résultat serait contraire à la convention sanctionnée par la loi de con- « cession ; que le Ministre des finances n'est donc pas fondé à soutenir « que les terrains dont il s'agit appartiennent au domaine de l'État, sui- « vant lesdites lois générales, par le seul effet de leur désaffectation du « domaine public......

« Considérant que l'ancienne gare de Chauny a été supprimée et rem- « placée par une autre gare..... et a cessé de faire partie du domaine « public en même temps que la nouvelle y était incorporée ; que, dès lors, « suivant l'esprit et la teneur du cahier des charges, l'ancienne gare a été « de plein droit délaissée à la Compagnie à titre de compensation, pour « une partie de la dépense mise à sa charge dans les frais de construction « de la nouvelle gare ; qu'elle en a, en conséquence, la libre et absolue « disposition, l'État n'éprouvant aucun préjudice, puisque ladite gare est « remplacée dans le domaine public par la gare nouvelle......

« Considérant que, s'il en était autrement, le domaine de l'État se trou- « verait enrichi, sans bourse délier et au détriment de la Compagnie, « dans des proportions qui pourraient devenir considérables;..... qu'une « telle interprétation ne serait pas seulement contraire à la justice, mais « encore à la commune intention des parties contractantes, lors du contrat, « et au texte même de la convention ; que, d'ailleurs et dans le doute, la « convention doit être interprétée contre l'État, qui a stipulé, et en faveur « de la Compagnie, qui a contracté l'obligation..... »

Le Conseil d'État n'a eu à se prononcer qu'une fois à l'occasion du litige entre la Compagnie du Midi et l'État concernant la gare de Ségur, ancienne tête de ligne du chemin de fer de Bordeaux à La Teste, et la section de Ségur à Pessac, désaffectée par décision ministérielle du 23 avril 1862. Il a donné gain de cause, le 11 décembre 1874, à la Compagnie par un arrêt ainsi motivé : « Considérant qu'aux termes de l'article 21 du cahier des « charges du 1er août 1857, la Compagnie du Midi doit acheter et payer les « terrains nécessaires pour l'établissement du chemin de fer et de ses « dépendances; qu'aux termes de l'article 29, la Compagnie doit faire faire « un bornage et un plan cadastral du chemin de fer et de ses dépendances « et que les terrains acquis postérieurement à cette opération, pour les « besoins de l'exploitation, doivent être compris dans les bornages sup- « plémentaires et ajoutés au plan cadastral; qu'enfin, aux termes de l'ar- « ticle 36, le Gouvernement sera subrogé, à l'expiration de la concession, « à tous les droits de la Compagnie sur le chemin de fer et ses dépen- « dances; que de l'ensemble de ces dispositions....... il résulte que l'État « a simplement entendu acquérir les terrains destinés au service du che- « min de fer et qu'ainsi il n'a, en vertu du cahier des charges, aucun « droit à exercer sur les terrains et constructions qui, par suite de modi- « fications régulièrement autorisées, ont cessé d'être affectées à l'exploi- « tation;..... que la gare de Ségur et la section de Ségur à Pessac ont « cessé de constituer une dépendance du chemin de fer et que, dès lors, « c'est avec raison que le Conseil de préfecture de la Seine a décidé que « la Compagnie devait en avoir la libre et absolue disposition..... »

Dans l'espèce qui a donné lieu à l'arrêt du 11 décembre 1874, les terrains avaient été achetés par la Compagnie et cette circonstance est l'un des principaux motifs de la décision.

Le Conseil d'État n'a pas eu à statuer sur le cas où les terrains auraient été acquis par l'État. Trois solutions ont été indiquées; elles consistent : la première, à attribuer immédiatement le prix de vente au Trésor; la seconde, à en reconnaître la propriété à l'État, mais à en laisser la jouissance à la Compagnie jusqu'à l'expiration de la concession; la troisième, à abandonner sans réserve à la Compagnie la propriété des terrains délaissés. De ces trois solutions, la première ne semble plus soutenue aujourd'hui par l'Administration du domaine; cette administration paraît admettre qu'une fois entrée en possession des terrains, la Compagnie peut légitimement prétendre à en conserver la jouissance, sous quelque forme que ce soit, jusqu'au terme de la concession. Le fisc se rallie ainsi à la seconde solution, qui est plus rationnelle et mieux en harmonie avec les principes dont le Conseil d'État s'est inspiré dans son arrêt du 26 janvier 1870. Quant à la troisième solution, elle ne saurait se défendre ni en droit, ni en équité : les terrains acquis par l'État et devenus inutiles ne peuvent, à aucun titre, entrer dans le domaine privé de la Compagnie; ils appartiennent nécessairement au domaine de l'État.

c. RÉSUMÉ. — En résumé, et sauf des circonstances spéciales, les règles à admettre en la matière nous paraissent devoir être les suivantes :
— pour les terrains acquis par la Compagnie et inutilisés ou devenus inutiles, attribution pure et simple du prix de vente à la Compagnie ;
— pour les terrains acquis par l'État, inutilisés et non remis à la Compagnie, attribution immédiate du prix de vente au Trésor ;
— pour les terrains acquis par l'État, remis à la Compagnie et non utilisés ou devenus inutiles, aliénation au profit du Trésor et mise à la disposition de la Compagnie du prix de vente pour la durée de la concession.

Le produit des aliénations faites au profit des Compagnies doit être retranché de leur compte de premier établissement, si ce compte n'est point fixé à forfait. Les intérêts produits par le montant des aliénations faites au profit du Trésor, mais avec jouissance pour les Compagnies pendant la durée de la concession, doivent être ajoutés aux recettes annuelles.

3. Des divers modes d'aliénation des parcelles inutilisées ou devenues inutiles. — Les modes ordinaires d'aliénation pour les terrains acquis en vue de l'exécution des travaux publics et inutilisés ou devenus inutiles sont les suivants :

a. RÉTROCESSION EN VERTU DE L'ARTICLE 60 DE LA LOI DU 3 MAI 1841. — La propriété ne pouvant être enlevée aux particuliers que pour l'exécution d'une entreprise déclarée d'utilité publique, il est de toute justice que les anciens propriétaires soient admis à reprendre les immeubles ou portions d'immeubles qui n'ont pas été employés et dont, par conséquent, ils sont réputés avoir été dépossédés à tort. Le droit de rétrocession constitue un droit principal attaché à la qualité d'ancien propriétaire et non à la possession de tel ou tel immeuble ; il reste dans le patrimoine de l'exproprié, alors même que ce dernier aurait vendu à des tiers le surplus de son immeuble ; il est susceptible de faire l'objet d'une cession distincte. Il est subordonné à la triple condition : 1° que le terrain dont la rétrocession est demandée ait été acquis pour cause d'utilité publique ; 2° qu'il n'ait pas reçu la destination pour laquelle l'acquisition avait eu lieu ; 3° que l'expropriant ait renoncé à cette destination. Il ne pourrait être exercé, si l'ancien propriétaire y avait renoncé dans l'acte de cession ou lors du règlement de l'indemnité par le jury. Il s'applique, non seulement aux terrains expropriés, mais encore aux terrains acquis à l'amiable, pourvu qu'il soit intervenu un acte déclaratif d'utilité publique donnant à la cession un caractère obligatoire. Les acquisitions en excédent faites en conformité de l'article 50 de la loi du 3 mai 1841, sur la réquisition du propriétaire, sont exclusives du privilège de rétrocession.

Comme nous l'avons déjà dit, l'Administration n'est liée par aucun délai pour employer les terrains qu'elle acquiert; les décisions par lesquelles le Ministre compétent manifeste son intention de les utiliser ne sont susceptibles d'aucun recours par la voie contentieuse. Mais la renonciation de l'expropriant peut résulter de la vente de l'immeuble à un tiers ou de son affectation définitive à une destination différente.

Nous n'avons pas à entrer ici dans l'exposé détaillé des formes dans lesquelles se réalise la rétrocession. Il suffira de rappeler que, dans tous les cas, un contrat administratif doit être passé devant le préfet ou son délégué, conformément à l'ordonnance du 22 mars 1835.

b. Cession aux départements, aux communes et aux particuliers du sol des voies publiques déclassées. — La loi du 24 mai 1842 prévoit, pour les parties de routes nationales déclassées, trois modes d'aliénation amiable dans l'ordre de priorité suivant:

Classement dans la voirie départementale ou vicinale, au cas où la conservation de ces voies intéresse les localités;

Cession aux riverains, chacun en droit soi, avec ou sans réserve de chemin d'exploitation;

Abandon, à titre d'échange, par application de l'article 4 de la loi du 20 mai 1836.

Nous reviendrons ultérieurement sur ce dernier mode d'aliénation. Les deux premiers ne s'appliquent évidemment point aux chemins de fer. D'une part, en effet, les voies ferrées ne sont affectées qu'à une circulation spéciale et leur déclassement n'est pas susceptible de porter à la circulation générale une atteinte justifiant leur maintien, à titre de voie départementale ou communale. D'autre part, le privilège concédé aux riverains ne peut être revendiqué que sur les terrains retranchés de voies publiques destinées à desservir les propriétés en bordure (1).

---

(1) Bien que la loi du 24 mai 1842 soit inapplicable, la Section des travaux publics, de l'agriculture et du commerce du Conseil d'État a exprimé, le 21 octobre 1884 et le 16 février 1886, l'avis qu'un décret autorisant le changement d'affectation suffirait pour retrancher des terrains du domaine public du chemin de fer et pour les réunir à une route départementale.

Le Ministre des finances avait combattu cette solution. Suivant lui, les parcelles distraites du domaine public national devaient être déclassées et passer dans le domaine de l'État (il s'agissait de terrains acquis par l'État). Une déclaration d'utilité publique des travaux d'élargissement de la route départementale était ensuite nécessaire pour permettre l'aliénation au profit du département.

La Section a très énergiquement maintenu son avis dans les termes suivants : « Le *c.* CESSION AUX RIVERAINS PAR VOIE D'ALIGNEMENT. — L'article 53 de la loi du 16 septembre 1807 donne aux riverains un privilège sur les terrains retranchés de la voie publique par voie d'alignement. Ce privilège a exclusivement pour objet de conserver l'accès de la voie publique aux propriétés riveraines; il ne s'applique donc pas plus que le précédent aux chemins de fer, qui ne sont point appelés à desservir les propriétés en bordure (1).

d. CESSION PAR VOIE D'ÉCHANGE. — Aux termes de l'article 4 de la loi du 20 mai 1836, les portions de terrains dépendant d'anciennes routes ou chemins et devenues inutiles, par suite de changement de tracé ou d'ouverture d'une nouvelle route, peuvent être cédées, sur estimation contradictoire, à titre d'échange et par voie de compensation de prix, **aux** propriétaires des terrains sur lesquels les parties de routes neuves doivent être établies. L'acte de cession doit être soumis à l'approbation du Ministre des finances, lorsqu'il s'agit de terrains dépendant de routes nationales.

« terrain retranché de la ligne de....... n'a point été déclassé: il n'avait point à
« subir ce passage fictif dans le domaine privé de l'État ; il fait encore et continuera à
« faire partie du domaine public ; il conservera le caractère d'inaliénabilité attaché à ce
« domaine. Sa situation ne sera modifiée qu'au point de vue de son affectation et de sa
« garde, qui sera confiée au département, au lieu de l'être à l'État. Cette modification
« ne présente point le caractère d'une aliénation comportant l'application de la loi du 3
« mai 1841. Un décret concerté entre les ministres intéressés suffit à la régulariser.
  « La procédure indiquée par la Section aura l'avantage, sinon dans l'espèce, du moins
« dans les cas analogues, d'éviter l'accomplissement des formalités préalables à la décla-
« ration d'utilité publique.
  « Elle ne saurait compromettre les intérêts du Trésor....... Rien n'empêche, en effet,
« de ne consentir au changement d'affectation qu'à titre onéreux ou, tout au moins, de
« réserver les droits de l'État pour l'éventualité d'un déclassement ultérieur de la route.
  « Les Compagnies ne seraient nullement fondées à en tirer argument pour prétendre
« à la remise gratuite des parcelles du domaine public mises à leur disposition. Appe-
« lées à jouir, pendant toute la durée de leur concession, de ces parties du domaine public
« national, elles peuvent être légitimement contraintes au paiement d'une indemnité envers
« le Trésor. »
  Le Ministre des finances ne s'en est pas moins refusé à suivre la procédure indiquée
par la Section. Il a persisté à considérer la cession au département ou à la commune
comme une aliénation interdite par la loi, à moins qu'elle ne fût la conséquence d'une déclaration d'utilité publique prononcée par l'autorité compétente, c'est-à-dire par le Gouvernement pour les routes départementales, par le Conseil général pour les chemins de
grande communication ou d'intérêt commun et par la Commission départementale pour
les chemins vicinaux ordinaires. Afin de ne pas prolonger le débat, le Ministre des
travaux publics s'est mis d'accord avec son collègue des finances, pour réaliser la remise
au département sous forme d'une concession indéfinie de jouissance, par acte administratif passé devant le préfet avec le concours des agents locaux des domaines et des
ponts et chaussées (la propriété des terrains étant expressément réservée à l'État, pour
le cas d'un déclassement ultérieur de la route départementale).
  (1) Des parcelles du terrains n'en ont pas moins été vendues fréquemment de gré à
gré, par voie d'alignement. (Voir notamment l'espèce qui a motivé le décret au contentieux
du 26 janvier 1870.)

Ces dispositions peuvent être appliquées aux chemins de fer dont les terrains sont livrés par l'État.

Les décrets de décentralisation ont d'ailleurs donné aux préfets, statuant en Conseil de préfecture, le droit de consentir directement à la cession.

La soulte et la part des frais à la charge de l'État sont payées sur le budget des travaux publics; la soulte à la charge des particuliers est encaissée par l'Administration des domaines; les directeurs de cette administration concourent à l'opération.

e. ALIÉNATION AUX ENCHÈRES. — A défaut des cas spéciaux que nous venons de relater, l'aliénation des terrains dont le prix doit revenir au Trésor, soit immédiatement, soit à l'expiration de la concession, a lieu aux enchères, conformément aux lois des 16 brumaire an V, 11 frimaire an VIII, 15 et 16 floréal an X, 5 ventôse an XII, 18 mai 1850 et 1er juin 1864.

Il appartient aux préfets, substitués par la loi du 28 pluviôse an VIII aux administrations départementales, de procéder à la vente avec le concours de l'Administration des domaines.

f. RÉSUMÉ. — Ainsi, parmi les modes ordinaires d'aliénation, il en est trois qui sont applicables, le cas échéant, aux chemins de fer, à savoir : la rétrocession, en vertu de l'article 60 de la loi du 3 mai 1841, des terrains qui n'ont point reçu la destination en vue de laquelle ils avaient été acquis, la cession par voie d'échange et l'aliénation aux enchères.

Les parcelles à rétrocéder ou à aliéner aux enchères doivent être remises à l'Administration des domaines et vendues par les soins de cette administration, toutes les fois que le produit de l'aliénation doit appartenir au Trésor, soit immédiatement, soit à l'expiration de la concession. L'échange doit être également réalisé par les représentants de l'État, quand le prix d'acquisition des terrains est imputé sur son budget.

Lorsqu'au contraire le prix de vente est dévolu à la Compagnie, elle procède elle-même à l'aliénation, sauf à se conformer aux prescriptions de la loi du 3 mai 1841, en cas de rétrocession, comme le ferait l'Administration aux droits et obligations de laquelle elle est substituée.

4. Propriété des parties de routes ou chemins délaissées par suite des déviations. Renvoi à un paragraphe précédent. — En traitant du rétablissement des communications interceptées par le tracé, nous avons exposé les dissentiments qui se sont élevés entre l'Administration des domaines et les Compagnies, au sujet de l'aliénation des délaissés disponibles par suite des déviations de routes ou chemins; nous avons fait connaître, en outre, la décision du Conseil d'État par laquelle le débat s'est clos en faveur de l'Administration.

Le lecteur voudra bien se reporter à la page 769 ci-dessus.

5. Du contentieux relatif à l'aliénation des terrains inutiles. Compétence. — L'Administration des finances a soutenu que les litiges nés entre elle et les Compagnies, concernant l'attribution du prix de vente des parcelles déclassées, soulevaient des questions de propriété dont l'autorité judiciaire pouvait seule connaître. Le Conseil d'État (26 janvier 1870, Compagnie de Paris-Lyon-Méditerranée, et 16 mai 1872, Compagnie de l'Est) et la Cour de cassation (24 août 1870, Compagnie d'Orléans et Compagnie du Midi) ont l'un et l'autre repoussé cette prétention. En effet, la revendication dirigée par l'État ne reposait sur l'invocation d'aucun titre de propriété assujetti aux règles du droit civil ; son action ne dérivait que d'une difficulté sur le sens et la portée du contrat de concession; les tribunaux administratifs étaient donc seuls compétents, aux termes de l'article 4 de la loi du 28 pluviôse an VIII.

Quant aux contestations entre l'État ou les Compagnies, d'une part, et les particuliers, d'autre part, au sujet de l'exercice du droit de rétrocession ou au sujet de l'exécution des actes d'aliénation, elles seraient le plus souvent de la compétence des tribunaux ordinaires ; la juridiction administrative aurait à intervenir notamment pour résoudre certaines questions préjudicielles, pour décider par exemple si tel ou tel acte de l'Administration constitue une preuve suffisante que les terrains ne recevront pas leur destination ou si l'affectation donnée à ces terrains rentre bien dans les prévisions de la déclaration d'utilité publique.

6. Observations sur les chemins de fer d'intérêt local. — La plupart des principes que nous venons d'exposer s'appliqueraient, le cas échéant, aux chemins de fer d'intérêt local, si ce n'est, bien entendu, que le département ou la commune prendraient la place de l'État au regard du concessionnaire et des particuliers.

L'aliénation des terrains inutiles appartenant au domaine privé du département ou de la commune devrait se faire suivant les règles spéciales à la gestion des biens départementaux ou communaux.

CHAPITRE XIII

DE LA CONSTRUCTION PAR L'ÉTAT

1. Observations préliminaires. — Parmi les règles que nous avons exposées concernant la construction et l'entretien des chemins de fer par les Compagnies, il en est beaucoup qui s'appliquent également aux travaux exécutés par les ingénieurs de l'État et sur lesquelles nous n'avons point à revenir. Nous citerons notamment la plupart de celles qui sont relatives à la voie, aux gares, stations et haltes ; au rétablissement des communications ; à la traversée des cours d'eau, aux clôtures, à l'expropriation, aux dommages causés par l'exécution des travaux, au bornage. Ces règles ont presque toutes un caractère général et les développements que nous leur avons consacrés n'ont rien de spécial aux chemins de fer concédés, si ce n'est dans certains détails que le lecteur saura discerner lui-même, sans qu'il soit utile de les lui signaler.

Il suffira donc de quelques indications très sommaires sur la construction des lignes non concédées.

2. Cas dans lesquels l'État a construit lui-même les chemins de fer. — Ainsi que nous l'avons rappelé dans le tome Ier, en traitant de la construction par l'État ou par les Compagnies, le système qui a prévalu en France a toujours été celui des concessions.

L'État n'a entrepris lui-même les travaux d'établissement des voies ferrées, avant d'en avoir fait la concession, que dans des circonstances exceptionnelles. Son intervention a toujours conservé un caractère provisoire. Elle s'est imposée, soit par le fait de crises industrielles qui éloignaient l'industrie privée des entreprises de cette nature, soit par le fardeau déjà trop lourd qui pesait sur les Compagnies et les empêchait d'assumer une tâche plus vaste, soit par des conflits entre ces Sociétés et l'État qui, ne pouvant enrayer l'œuvre de la constitution du réseau national, devait la poursuivre lui-même jusqu'au jour où il pourrait s'en décharger, soit enfin par la défaillance de concessionnaires dont il était obligé de reprendre et d'achever les lignes.

Voici, d'après les statistiques officielles, quel a été, à la fin de chaque année, le stock des chemins de fer déclarés d'intérêt général et non concédés, en construction ou à construire (1).

ANNÉES	LONGUEURS	ANNÉES	LONGUEURS	ANNÉES	LONGUEURS	ANNÉES	LONGUEURS
	km.		km.		km.		km.
1840	78	1852	14	1864	11	1876	1.478
1841	78	1853	»	1865	»	1877	1.478
1842	2.044	1854	»	1866	»	1878	1.948
1843	1.923	1855	»	1867	»	1879	4.179
1844	2.024	1856	670	1868	1.993	1880	4.928
1845	359	1857	»	1869	1.525	1881	6.935
1846	662	1858	»	1870	986	1882	7.796
1847	662	1859	»	1871	986	1883	1.332
1848	1.177	1860	321	1872	761	1884	1.280
1849	839	1861	1.757	1873	685	1885	1.059
1850	839	1862	1.381	1874	264		
1851	666	1863	11	1875	1.478		

Quant aux lignes ouvertes à la circulation et livrées, par suite, à l'entretien, la longueur en a été la suivante :

ANNÉES	LONGUEURS	ANNÉES	LONGUEURS	ANNÉES	LONGUEURS	ANNÉES	LONGUEURS
	km.		km.		km.		km.
1842	26	1850	338	1880	2.247	1884	14
1843	26	1851	383	1881	3.514	1885	14
1844	26	1878	1.584	1882	4.010		
1849	338	1879	1.781	1883	2.040		

Nous laissons de côté, dans les chiffres des tableaux précédents, les lignes concédées dont l'infrastructure a été faite par l'État dans le système

(1) Voir les tomes IV et VI de notre *Étude historique sur les chemins de fer*, tableau 4.

de la loi du 11 juin 1842 et dont il a été traité page 224, dans le chapitre consacré au concours de l'État sous forme de travaux pour les chemins de fer ayant fait l'objet de concessions.

L'intervention de l'État dans la construction des chemins de fer n'a d'ailleurs été que fort rarement jusqu'à l'exécution de la superstructure. Dans la plupart des cas, les lignes ont été concédées avant l'achèvement de l'infrastructure et les Compagnies concessionnaires ont assumé la charge des travaux de superstructure. En traitant, dans le tome Ier, de la construction par l'État ou par les Compagnies, nous avons indiqué les avantages qu'il peut y avoir, non seulement au point de vue de la dépense, mais encore au point de vue technique, à confier cette partie des travaux au futur exploitant. On ne saurait nier en effet que les dispositions de la voie et surtout celles des gares touchent de très près aux intérêts de l'exploitation ; qu'elles doivent être adaptées à ses besoins et mises en harmonie avec les principes présidant à son organisation ; et que la Compagnie appelée à exploiter plus tard le chemin de fer ait une aptitude spéciale pour réaliser cette adaptation. Aussi l'Administration n'a-t-elle fait elle-même la superstructure que dans des circonstances exceptionnelles, quand il lui était impossible de réaliser la concession des lignes nouvelles avant l'achèvement de la plate-forme ou quand il s'agissait de chemins destinés à être rattachés au réseau d'État. C'est seulement pendant ces dernières années et jusqu'aux conventions de 1883 que son intervention directe dans l'exécution de la superstructure a pris une réelle importance. (Voir tome Ier, page 491.)

3. **Règles générales relatives à la présentation des projets.** — *a.* AVANT-PROJETS. — Au moment où les Pouvoirs publics venaient de se résoudre à imprimer une vive impulsion à l'exécution par l'État d'un grand nombre de voies ferrées nouvelles, le Ministre des travaux publics a jugé utile de faciliter la tâche des ingénieurs, en leur adressant des instructions précises et des types bien arrêtés pour la rédaction et la présentation des avant-projets et des projets définitifs. L'envoi de ces instructions et de ces types a fait l'objet d'une circulaire ministérielle du 28 juin 1879, remplaçant et complétant les circulaires antérieures et particulièrement celle du 14 janvier 1850. Les formules, préparées par une Commission d'inspecteurs généraux et d'ingénieurs en chef, ont été dressées avec un très grand soin ; elles sont réunies de manière que chaque groupe corresponde à l'une des phases de l'instruction.

La circulaire du 28 juin 1879 et le formulaire y annexé ont été suivis, le 15 septembre 1879, d'un devis et cahier des charges, puis le 30 juillet

1879 et le 15 avril 1880, de types de plans, profils en long, ouvrages d'art et stations, etc.

Il n'entre pas dans le cadre de cet ouvrage de parcourir et d'examiner successivement les prescriptions auxquelles les ingénieurs ont à se conformer, en vertu de ces instructions. Cependant, il ne sera pas sans intérêt de signaler parmi les documents joints à la circulaire du 28 juin 1879 :

1° Une note qui rappelle les indications d'une circulaire antérieure du 7 août 1877, sur la répartition des travaux entre l'infrastructure et la superstructure, et classe, d'une part dans l'infrastructure, les acquisitions de terrains, terrassements, ouvrages d'art, maisons de garde et de cantonniers, passages à niveau, pavages et barrières, et d'autre part dans la superstructure, le ballast, les rails et leurs supports, la pose de la voie, les clôtures, les constructions de toute nature se rattachant à l'exploitation, telles que bâtiments des gares, ateliers, etc., le télégraphe, les signaux, les poteaux kilométriques ;

2° Une autre note qui reproduit, en les adaptant à la construction par l'État, les clauses du cahier des charges concernant l'acquisition des terrains et l'exécution des travaux pour une ou deux voies, le tracé en plan et en profil longitudinal, l'établissement des gares, stations et haltes, les ouvrages destinés au maintien des communications ou des écoulements d'eau, les clôtures, les mesures à prendre à la traversée des mines ou des carrières, enfin le bornage et le plan cadastral ;

3° Une troisième note qui détermine les conditions techniques à observer pour les chemins de fer stratégiques (ces conditions, devant être appropriées aux transports des unités tactiques, ont subi depuis diverses modifications).

Postérieurement à 1879, nous n'avons à mentionner que trois circulaires présentant quelque importance. Ce sont les suivantes :

1° *Circulaire ministérielle du 28 avril 1880.* — Cette circulaire apporte certaines simplifications aux dossiers des avant-projets, en ce qui concerne les conférences avec les autres services intéressés, lorsque l'accord est établi et que les travaux sont peu importants.

2° *Circulaire ministérielle du 24 mai 1880.* — Les ingénieurs sont tenus de produire, à l'appui de leurs avant-projets, une appréciation raisonnée des avantages de l'entreprise et du revenu à en attendre, et de joindre à cette appréciation des justifications complètes et détaillées. Mais, quand il s'agit de préparer les dossiers d'enquête et quand les travaux projetés peuvent faire l'objet d'une concession immédiate ou ultérieure, il importe d'user d'une extrême réserve dans les communications faites au public sur ces supputations nécessairement aléatoires, et de ne

point livrer aux futurs concessionnaires des calculs que l'expérience peut
déjouer et qu'ils seraient portés à invoquer, le cas échant, contre l'État. Le
Ministre a en conséquence recommandé aux ingénieurs de se borner à relater, dans les notices annexées aux dossiers d'enquête, des faits matériels,
précis et incontestables, en laissant aux intéressés le soin d'en tirer telles
déductions que de droit.

3° *Circulaire ministérielle du 12 août 1880.* — Cette circulaire prescrit de comprendre dans l'évaluation des dépenses la part de frais généraux correspondant aux indemnités de campagne; aux salaires des surveillants, porte-mires, chaîneurs; aux frais de location ou d'installation
des bureaux et magasins; aux achats d'instruments.

Elle donne d'ailleurs, à titre de simple renseignement, les indications
suivantes sur le montant des frais généraux d'après des relevés minutieux
faits par le Conseil général des ponts et chaussées :
— lignes à une voie, 7 °/₀ de l'estimation des dépenses d'acquisition de
terrains et de travaux, dont 2 °/₀ afférents au personnel commissionné;
— lignes à deux voies, 4 °/₀ de l'estimation, dont 1 °/₀ afférent au personnel commissionné.

b. Projets d'exécution. — Infrastructure. — Comme nous l'avons rappelé à propos des avant-projets, les ingénieurs trouvent dans les circulaires
des 28 juin 1879, 30 juillet 1879 et 15 avril 1880, et dans les formulaires
annexes, un guide très sûr pour la rédaction des projets d'exécution.

Toutefois, la circulaire du 28 avril 1880 a admis en principe certaines
simplifications. C'est ainsi que les avant-projets, étudiés avec assez de soin
et de détails pour qu'aucun changement notable en plan ou en profil ne
doive y être apporté ultérieurement, peuvent être pris pour base de l'enquête des stations et dispenser de la production du projet de tracé et de
terrassements. L'usage de cette faculté est subordonné à une autorisation
expresse du Ministre des travaux publics.

c. Projets d'exécution. — Superstructure. — Diverses lois, notamment celles du 14 juin 1878, du 31 juillet 1879 et du 29 juillet 1880, ayant
autorisé l'Administration à entreprendre les travaux de superstructure
d'un certain nombre de lignes, le Ministre pensa avec raison qu'il convenait de créer un service spécial pour l'achat, la réception et la livraison
des matériaux, matières et objets nécessaires à l'armature des voies de
fer construites par l'État.

En effet, abandonnée aux soins de chacun des services intéressés, l'acquisition des matériaux destinés à la superstructure se faisait par lots

d'une importance trop minime pour attirer les grands établissements industriels, ou du moins pour les déterminer à apporter dans la fabrication toute l'activité désirable. Les délais qui s'écoulaient entre la rédaction des projets et les adjudications étaient assez considérables pour qu'il se produisît souvent des variations sensibles dans les cours et pour que les prévisions assises sur des données datant de quelques semaines fussent complètement déçues. La surveillance de la fabrication et la réception des produits présentaient de sérieuses difficultés et n'offraient pas les garanties voulues.

Il ne pouvait y avoir qu'avantage à confier les achats à un service unique, opérant sur des quantités importantes; basant ses prévisions non seulement sur les besoins du moment, mais encore sur ceux de l'avenir; tenant compte du cours des matières, de manière à faire profiter l'État des circonstances favorables du marché; procédant aux réceptions par des méthodes uniformes et à l'aide d'agents expérimentés, placés en permanence dans les centres de production.

Conformément aux conclusions d'une Commission préparatoire, M. Varroy prit, le 5 juillet 1880, deux arrêtés instituant : l'un « un service « spécial pour l'achat, la réception et la livraison des matériaux, matières « et objets nécessaires à l'armature des voies de fer construites par « l'État », l'autre « une Commission consultative du matériel fixe des « chemins de fer construits par l'État ».

Le service spécial comprenait un service central et des services locaux. Le service central, composé d'un ingénieur en chef et de deux ingénieurs ordinaires, l'un des ponts et chaussées, l'autre des mines, était chargé : 1° De préparer les adjudications ou marchés, d'après les projets dressés par les services de construction et approuvés par le Ministre; 2° de surveiller, avec l'aide des services locaux, la préparation et la fabrication des matériaux, de procéder à leur réception, de les conserver, de les répartir suivant les besoins et de pourvoir à leur paiement; 3° de faire tous les essais et toutes les expériences qui seraient jugés utiles. Quant aux services locaux, ils étaient confiés, sous la direction immédiate de l'ingénieur en chef du service central, à des ingénieurs des ponts et chaussées ou des mines, à des conducteurs des ponts et chaussées, à des gardes-mines, à des agents forestiers et à des agents auxiliaires.

La Commission consultative se composait de quatre inspecteurs généraux des ponts et chaussées ou des mines en activité de service, ou en retraite, d'un inspecteur général des finances, d'un inspecteur général des forêts et du directeur de la construction des chemins de fer; l'ingénieur en chef du service central en était secrétaire, avec voix consultative; l'inspecteur général de chaque division pouvait être entendu par elle, pour les affaires de son arrondissement. Elle devait délibérer et donner son avis sur les questions qui lui seraient soumises ou qu'elle jugerait utile de signaler au Ministre, notamment sur la forme et les conditions des marchés, ainsi que sur la suite à donner aux adjudications.

Le 18 septembre 1880, le Ministre adressa aux ingénieurs en chef une circulaire par laquelle il leur prescrivait de continuer à fournir, comme par le passé, les projets relatifs à la fourniture des matériaux destinés à l'armature des voies, mais en composant seulement ces projets d'un rapport, d'un devis descriptif et d'un détail estimatif. Le devis devait faire connaître les types proposés, l'importance de chaque fourniture, les époques et les lieux de livraison. Il appartenait au service central de préparer les dossiers d'adjudication et d'assurer la livraison dans l'une des gares ou l'un des ports les plus rapprochés de la ligne à construire.

Par une seconde circulaire du 30 novembre 1880, le Ministre invita les ingénieurs à produire deux projets distincts, pour le matériel de la voie courante et pour les accessoires de la voie, tels que changements, croisements, plaques tournantes, appareils d'alimentation et de sûreté etc... Les projets relatifs à la voie courante étant de beaucoup les plus importants devaient être présentés aussitôt que possible. A la circulaire étaient jointes des formules-types pour les projets de cette espèce.

Le 14, le 16 et 17 mai 1881, le Ministre des travaux publics envoyait aux ingénieurs une nouvelle série de formules-types pour le matériel accessoire de la voie, un modèle de devis descriptif et des instructions détaillées sur les attributions respectives du service spécial et des services de construction.

L'organisation et le fonctionnement des acquisitions de matériel étaient ainsi complètement réglées. Diverses modifications y ont été apportées depuis. Parmi les circulaires afférentes à ces modifications nous citerons les suivantes :

14 novembre 1881 : instructions sur la fourniture des signaux, qui était réservée au futur exploitant;

6 septembre 1882 : décision portant que dorénavant les projets de fourniture seraient dressés et présentés par le service central, d'après les renseignements que lui donneraient directement les services de construction.

Nous n'avons pas à signaler ici la lourde tâche à laquelle le service central a eu à faire face, ni l'habileté avec laquelle il a été dirigé.

Les conventions conclues en 1883 avec les grandes Compagnies ayant déchargé l'État des travaux de superstructure, ce serviee a été supprimé.

4. **Règles générales relatives à l'examen des projets.** — Les règles générales relatives à l'instruction des projets ont été déterminées par deux circulaires ministérielles en date du 28 décembre 1878 et du 9 janvier 1882.

Les dossiers d'avant-projets sont envoyés directement au Ministre par l'ingénieur en chef, qui adresse en même temps un duplicata de son rapport et un plan général au préfet, afin de permettre à ce haut fonctionnaire de donner son avis à l'Administration supérieure. Les projets de tracé et de terrassements sont remis au préfet, qui les fait parvenir au Ministre avec son avis. Enfin les projets d'exécution et toutes les propositions ayant un caractère purement technique sont adressées au Ministre par l'ingénieur en chef, qui se borne à en aviser le préfet.

Quant aux enquêtes, elles sont ordonnées par le préfet, qui en communique ensuite les résultats à l'ingénienr en chef, puis soumet l'affaire au Ministre ou statue, s'il s'agit d'enquêtes parcellaires n'ayant pas soulevé de difficultés.

Le Ministre prononce sur l'avis du Conseil général des ponts et chaussées.

L'approbation des projets de tracé et de terrassements et celle des propositions sur le nombre et l'emplacement des stations sont subordonnées aux réserves que nous avons indiquées, page 658, pour les projets présentés par les Compagnies.

En ce qui concerne spécialement les projets devant servir de base à l'adjudication des matériaux pour l'armature de la voie, ils étaient, durant ces dernières années, soumis au Ministre par l'ingénieur en chef du service central et approuvés, après avis de la Commission consultative du matériel fixe.

Lorsqu'il s'agit de travaux à exécuter par l'État sur des lignes concédées, l'Administration communique aux Compagnies, pour observations, une partie des projets. Nous ne pouvons que renvoyer, sur ce point, aux indications des pages 233 et 234.

5. **Règles générales relatives aux adjudications.** — Les adjudications de travaux ou de fournitures pour les chemins de fer n'ont rien de spécial ; elles sont soumises aux dispositions générales qui régissent les adjudications de travaux publics de toute nature. Nous n'avons donc que peu de mots à leur consacrer.

Elles se divisent, aux termes du décret du 16 novembre 1882, en deux catégories distinctes, à savoir : 1° les adjudications ordinaires, qui sont de beaucoup les plus fréquentes ; 2° les adjudications restreintes, applicables aux travaux ou fournitures qui, ne pouvant être sans inconvénient livrés à une concurrence illimitée, ne doivent être confiés qu'à des entrepreneurs offrant des garanties spéciales et dont la liste est arrêtée à l'avance par le Ministre.

D'après l'article 18 du décret précité, il peut être passé des marchés de gré à gré : 1° pour les fournitures, transports et travaux, dont la dépense totale n'excède pas 20 000 francs ; 2° pour les ouvrages et objets d'art et de précision, dont l'exécution exige des artistes ou des industriels éprouvés ; 3° pour les travaux et fournitures qui ne se font qu'à titre d'essai ou d'étude ; 4° pour les travaux que des nécessités de sécurité publique empêchent de faire exécuter par voie d'adjudication ; 5° pour les fournitures, transports ou travaux, qui n'ont été l'objet d'aucune offre aux adjudications ou à l'égard desquels il n'a été proposé que des prix inacceptables (toutefois, lorsque l'Administration a cru devoir arrêter et faire connaître un maximum de prix, elle ne doit pas dépasser ce maximum) ; 6° pour les fournitures, transports ou travaux, qui, dans les cas d'urgence évidente amenée par des circonstances imprévues, ne peuvent pas subir les délais d'adjudication ; 7° pour les fournitures, transports ou travaux que l'Administration doit faire exécuter au lieu et place des adjudicataires défaillants ou à leurs risques et périls ; 8° pour les transports confiés aux administrations de chemins de fer.

Entre les adjudications et les marchés de gré à gré se placent les concours qui sont ouverts pour l'étude et l'exécution de certains ouvrages spéciaux, sur un simple programme laissant aux concurrents le soin d'étudier et de présenter des propositions techniques, et qui portent à la fois sur le mérite de ces propositions et sur l'estimation des dépenses.

L'Administration ayant à tenir compte, non seulement du prix, mais encore des avantages des divers projets, n'est point astreinte à adopter le projet le plus économique et conserve une entière liberté dans son choix. A cet égard, les concours aboutissent à de véritables marchés de gré à gré ; cependant, ils participent de l'adjudication par quelques-unes des formes et des garanties dont ils sont entourés.

On peut citer comme exemples :

1° d'adjudications restreintes, celles qui ont lieu pour la fourniture du matériel de la voie ou pour l'exécution des grands ouvrages métalliques ;

2° de concours, ceux qui sont ouverts pour des installations mécaniques de quelque importance ;

3° de marchés de gré à gré, les marchés conclus, soit avec des tâcherons pour le percement de puits ou de galeries destinés à reconnaître la nature du sol à l'emplacement des souterrains (§ 3), soit avec les Compagnies pour l'exécution de travaux dans l'enceinte d'un chemin de fer en exploitation (§ 4), soit avec des fournisseurs pour livrer d'urgence des matériaux en vue de la réparation d'éboulements, soit avec des entrepreneurs pour l'exécution de travaux dont des nécessités militaires commandent le prompt achèvement.

Pour les adjudications restreintes, la liste des concurrents admis à y prendre part est arrêtée sur la proposition d'une Commission locale et sur l'avis du Conseil général des ponts et chaussées. Toutefois, en ce qui concernait le matériel fixe des voies, elle l'était sur l'avis de la Commission consultative du matériel fixe. Un maximum de prix est généralement fixé par avance et déposé sur le bureau sous pli cacheté.

Pour les concours, la Commission locale a à se prononcer, non seulement sur la liste des concurrents, mais encore sur le programme et, plus tard, sur les propositions des concurrents. Le Ministre statue après avis du Conseil général des ponts et chaussées.

Les adjudications restreintes peuvent être passées, soit à la préfecture en la forme ordinaire, soit devant une Commission instituée par le Ministre.

Les principaux documents à consulter sont :
— la circulaire ministérielle du 20 avril 1880 sur les adjudications et le modèle d'affiche qui y est joint ;
— la circulaire du 1er juin 1880 et celle du 21 novembre 1882 sur les adjudications restreintes et les concours ;
— le décret du 18 novembre 1882 et la circulaire du 27 mars 1883 sur les adjudications et marchés.

Notons encore trois circulaires du 11 août 1880, du 7 novembre 1882 et du 5 janvier 1883, relatives à la publicité à donner aux dossiers d'adjudication pour les travaux métalliques ou les fournitures du matériel fixe de la voie, ainsi qu'une autre circulaire du 10 février 1880, invitant les ingénieurs à prêter leur concours aux bureaux des préfectures pour la préparation et l'expédition des pièces.

Les marchés de construction sont soumis au droit gradué d'enregistrement, en vertu de l'article 1, § 9, de la loi du 28 février 1872 : l'article 9 de la loi du 22 décembre 1878 n'est applicable qu'aux marchés concernant les chemins de fer exploités par l'État.

6. Règles générales relatives aux expropriations et à l'exécution

des travaux. — Les expropriations et l'exécution des travaux ne comportent aucune explication spéciale; elles sont soumises aux règles générales en vigueur pour les travaux publics de toute nature.

Nous nous bornerons à rappeler que les ingénieurs en chef doivent tenir constamment l'Administration supérieure au courant de la marche des travaux, notamment par la production de comptes moraux mensuels qui ont fait l'objet de diverses circulaires (6 août 1861 et 12 septembre 1878).

7. Contributions sur les chemins de fer construits par l'État. — D'après la législation existante, la contribution foncière atteint les propriétés domaniales qui sont productives de revenus (loi du 3 frimaire an VII, articles 105 et 108); il a d'ailleurs été reconnu par le Conseil d'État que le mot « productif » doit, en cette matière, s'entendre non seulement des propriétés qui donnent un revenu actuel, mais encore de celles qui, bien que n'en produisant pas en fait, sont susceptibles d'en produire (5 septembre 1840 et 28 juin 1865). Les chemins de fer construits par l'État, devant évidemment être rangés dans la catégorie des propriétés domaniales susceptibles d'un revenu ultérieur, sont passibles de la taxe foncière pendant la durée des travaux; ils sont assimilables, à ce point de vue, aux canaux de navigation qui sont assujettis à la même contribution, d'après la loi du 25 avril 1803.

Il ressort, au contraire, des dispositions de l'article 5 de la loi du 4 frimaire an VII que les bâtiments ne sont point imposables à la contribution des portes et fenêtres, jusqu'à leur mise en exploitation; mais les fonctionnaires ou agents qui y seraient logés gratuitement pourraient être taxés nominativement.

Quant à la taxe des biens de mainmorte, l'État n'y est point soumis par la loi du 20 février 1849.

Ces principes ont été rappelés par une circulaire ministérielle du 28 juin 1881. Le montant de l'impôt foncier est imputé sur les fonds des travaux.

8. Règles spéciales à l'Administration des chemins de fer l'État. — L'Administration « des chemins de fer de l'État », constituée par décrets du 25 mai 1878 après le rachat des réseaux secondaires du Sud-Ouest, a été soumise à des règles spéciales pour l'achèvement des lignes qui n'étaient point encore terminées et qui devaient être exploitées par ses soins.

Aux termes des décrets précités, l'infrastructure est restée dans les attributions de l'Administration centrale des travaux publics, chargée d'en poursuivre l'exécution et d'en faire ensuite la remise à l'Administration des chemins de fer de l'État, suivant le mode en vigueur pour les chemins concédés.

Au contraire, la superstructure a été confiée à cette dernière Administration, appelée à y pourvoir au moyen des ressources qui étaient mises à sa disposition par le Ministre des travaux publics; elle est ainsi restée en dehors des attributions du service spécial créé en 1880 pour le matériel fixe des chemins de fer construits par l'État. D'après les prescriptions combinées des décrets du 25 mai 1878 et de l'arrêté ministériel en date du 20 juin 1878, le Conseil d'administration a reçu mission de soumettre au Ministre les plans, projets et devis, ainsi que les délibérations déterminant les crédits à déléguer au directeur du réseau. Après décision du Ministre, il était procédé aux adjudications ou marchés, puis à l'exécution des travaux qui étaient payés sur les fonds généraux du budget de l'État sans intervention du caissier général et dans les formes applicables aux autres travaux publics.

Ainsi que le rappelle le rapport adressé le 24 mai 1878 au Président de la République par M. de Freycinet, ministre des travaux publics, à l'appui des décrets du 25 mai, l'organisation du réseau d'État a été autant que possible calquée sur celle des Compagnies, de manière à lui donner plus d'indépendance, une plus grande liberté d'allures, un caractère plus commercial, et à ne point porter obstacle aux décisions définitives que pourrait prendre plus tard le Parlement pour sa concession ou son affermage à l'industrie privée. Aussi est-il soumis à un contrôle analogue à celui qui a été institué pour la surveillance des travaux des Compagnies.

Nous n'insistons pas davantage en ce moment sur le fonctionnement de l'Administration des chemins de fer de l'État, à laquelle nous consacrerons plus tard un chapitre spécial.

9. **Observations sur les travaux exécutés par l'État à titre de concours pour les chemins de fer.** — Les règles que nous avons indiquées, pour la construction par l'État des chemins de fer non concédés, s'appliquent également aux travaux exécutés a titre de subvention pour les chemins de fer concédés, soit dans le système de la loi du 11 juin 1842, soit dans tout autre système analogue.

L'Administration est en outre tenue, aux termes des contrats, de faire aux Compagnies concessionnaires la communication de certains projets, de provoquer leurs observations sur ces projets, de se conformer aux clauses du cahier des charges pour les conditions techniques d'établissement, d'observer des formes déterminées pour la remise des travaux, de garantir les terrassements et les ouvrages d'art pendant un délai fixé par les actes de concession. Le lecteur trouvera ci-dessus, page 233 et suivantes, des explications détaillées à cet égard : nous nous abstiendrons donc d'y revenir ici.

CHAPITRE XIV

DONNÉES STATISTIQUES

SUR LE DÉVELOPPEMENT PROGRESSIF DES CHEMINS DE FER ET SUR LEUR PRIX DE REVIENT.

1. Développement progressif des chemins de fer en France. — Nous résumons, dans le tableau statistique ci-après, les principales données relatives au développement progressif des chemins de fer de la France continentale au 31 décembre de chaque année, de 1823 à 1885.

ANNÉES	CHEMINS LIVRÉS A L'EXPLOITATION				CHEMINS DÉCLARÉS D'UTILITÉ PUBLIQUE en construction ou à construire				CHEMINS CONCÉDÉS ÉVENTUELLEMENT OU CLASSÉS et non déclarés d'utilité publique			TOTAUX			
	Chemins d'intérêt général	Chemins industriels et divers	Chemins d'intérêt local	TOTAL	Chemins d'intérêt général	Chemins industriels et divers	Chemins d'intérêt local	TOTAL	Chemins concédés éventuellement	Chemins classés	TOTAL	Chemins d'intérêt général	Chemins industriels et divers	Chemins d'intérêt local	TOTAL
1823	»	»	»	»	23	»	»	23	»	»	»	23	»	»	23
1824	»	»	»	»	23	»	»	23	»	»	»	23	»	»	23
1825	»	»	»	»	23	»	»	23	»	»	»	23	»	»	23
1826	»	»	»	»	81	»	»	81	»	»	»	81	»	»	81
1827	»	»	»	»	81	»	»	81	»	»	»	81	»	»	81
1828	23	»	»	23	125	»	»	125	»	»	»	148	»	»	148
1829	23	»	»	23	125	»	»	125	»	»	»	148	»	»	148
1830	38	»	»	38	110	28	»	138	»	»	»	148	28	»	176
1831	38	»	»	38	110	28	»	138	»	»	»	148	28	»	176
1832	59	»	»	59	89	28	»	117	»	»	»	148	28	»	176
1833	82	»	»	82	138	28	»	166	»	»	»	220	28	»	248
1834	149	»	»	149	71	31	»	102	»	»	»	220	31	»	251
1835	149	27	»	176	105	20	»	125	»	»	»	254	47	»	301
1836	149	27	»	176	149	29	»	178	»	»	»	298	56	»	354
1837	168	27	»	195	237	39	»	276	»	»	»	405	66	»	471
1838	183	27	»	210	846	39	»	885	»	»	»	1.029	66	»	1.095
1839	248	52	»	300	327	14	»	341	»	»	»	575	66	»	644
1840	435	62	»	497	447	4	»	451	»	»	»	882	66	■	948
1841	573	65	»	638	310	10	»	320	»	»	»	883	75	»	958
1842	600	65	»	665	2.369	10	»	2.379	»	2.047	2.047	5.016	75	»	5.094
1843	829	65	»	894	2.158	10	»	2.168	»	2.047	2.047	5.034	75	»	5.109

ANNÉES	CHEMINS LIVRÉS A L'EXPLOITATION				CHEMINS DÉCLARÉS D'UTILITÉ PUBLIQUE en construction ou à construire				CHEMINS CONCÉDÉS ÉVENTUELLEMENT OU CLASSÉS et non déclarés d'utilité publique			TOTAUX			
	Chemins d'intérêt général	Chemins industriels et divers	Chemins d'intérêt local	TOTAL	Chemins d'intérêt général	Chemins industriels et divers	Chemins d'intérêt local	TOTAL	Chemins concédés éventuellement	Chemins classés	TOTAL	Chemins d'intérêt général	Chemins industriels et divers	Chemins d'intérêt local	TOTAL
1844	831	73	»	904	3.138	18	»	3.156	»	1.438	1.438	5.407	91	»	5.498
1845	883	73	»	956	3.566	18	»	3.584	»	1.438	1.438	5.887	91	»	5.978
1846	1.322	89	»	1.411	4.294	2	»	4.296	»	1.135	1.135	6.751	91	»	6.842
1847	1.832	89	»	1.921	2.872	2	»	2.874	»	1.135	1.135	5.839	91	»	5.930
1848	2.220	73	»	2.293	2.498	2	»	2.500	»	1.135	1.135	5.853	75	»	5.928
1849	2.859	73	»	2.932	1.859	2	»	1.861	»	1.135	1.135	5.853	75	»	5.928
1850	3.010	73	»	3.083	1.708	4	»	1.712	»	1.135	1.135	5.853	77	»	5.930
1851	3.554	73	»	3.627	1.413	4	»	1.417	»	904	904	5.871	77	»	5.948
1852	3.870	73	»	3.943	3.045	4	»	3.049	305	179	484	7.399	77	»	7.476
1853	4.069	73	»	4.133	4.705	9	»	4.714	955	36	991	9.756	82	»	9.838
1854	4.649	73	»	4.722	4.504	16	»	4.520	983	36	1.019	10.172	89	»	10.261
1855	5.535	79	»	5.614	6.101	23	»	6.124	217	36	253	11.889	102	»	11.991
1856	6.199	84	»	6.283	6.122	18	»	6.140	217	36	253	12.574	102	»	12.676
1857	7.460	86	»	7.546	6.790	17	»	6.797	1.831	36	1.867	16.117	93	»	16.210
1858	8.681	89	»	8.770	5.569	14	»	5.573	1.831	36	1.867	16.117	93	»	16.210
1859	9.074	89	»	9.163	5.682	18	»	5.700	1.685	»	1.685	16.441	107	»	16.548
1860	9.439	89	»	9.528	5.854	73	»	5.927	1.668	»	1.668	16.961	162	»	17.123
1861	10.110	101	»	10.211	7.604	62	»	7.665	592	»	592	18.366	163	»	18.469
1862	11.091	139	»	11.230	7.071	38	»	7.409	487	»	487	18.649	177	»	18.826
1863	12.037	157	»	12.194	7.289	51	»	7.340	1.358	»	1.358	20.684	208	»	20.892
1864	13.047	166	»	13.213	7.044	85	»	7.129	1.021	»	1.021	21.412	251	»	21.363

ANNÉES	CHEMINS LIVRÉS A L'EXPLOITATION				CHEMINS DÉCLARÉS D'UTILITÉ PUBLIQUE en construction ou à construire				CHEMINS CONCÉDÉS ÉVENTUELLEMENT OU CLASSÉS et non déclarés d'utilité publique			TOTAUX			
	Chemins d'intérêt général	Chemins industriels et divers	Chemins d'intérêt local	TOTAL	Chemins d'intérêt général	Chemins industriels et divers	Chemins d'intérêt local	TOTAL	Chemins concédés éventuellement	Chemins classés	TOTAL	Chemins d'intérêt général	Chemins industriels et divers	Chemins d'intérêt local	TOTAL
1865	13.562	172	»	13.734	6.935	71	»	7.006	716	»	716	21.213	243	»	21.456
1866	14.512	186	»	14.698	5.996	58	232	6.286	716	»	716	21.224	244	232	21.700
1867	15.689	189	47	15.893	4.998	57	686	5.741	544	»	544	21.231	246	703	22.180
1868	16.224	197	90	16.511	6.779	45	918	7.742	887	»	887	23.890	242	1.008	25.140
1869	16.937	198	173	17.308	6.587	47	1.395	8.029	901	»	901	24.425	243	1.568	26.238
1870	17.439	201	293	17.933	6.470	50	1.526	7.746	817	»	817	24.426	251	1.819	26.496
1871	17.220	206	428	17.854	5.808	58	1.541	7.407	594	»	594	23.622	264	1.969	25.855
1872	17.786	222	750	18.758	5.427	46	1.843	7.316	575	»	575	23.788	268	2.593	26.649
1873	18.517	220	1.285	20.022	4.989	55	2.350	7.394	575	»	575	24.081	275	3.635	27.991
1874	19.067	221	1.501	20.789	5.089	62	2.772	7.923	178	»	»	24.334	283	4.273	28.890
1875	19.744	230	1.802	21.776	8.160	107	2.568	10.835	242	1.417	1.659	29.563	337	4.370	34.270
1876	20.298	233	2.151	22.682	7.611	124	2.446	10.181	242	1.417	1.659	29.568	357	4.597	34.522
1877	20.978	249	2.313	23.540	7.001	128	2.826	10.055	242	1.417	1.659	29.638	377	5.139	35.154
1878	22.141	253	2.072	24.466	7.115	121	2.391	9.627	242	1.080	1.322	30.578	374	4.463	35.415
1879	22.758	267	2.463	25.188	8.745	107	1.713	10.565	149	8.443	8.592	40.095	374	3.876	44.345
1880	23.729	277	2.191	26.197	8.807	95	1.492	10.394	149	7.646	7.795	40.331	372	3.683	44.386
1881	25.268	250	2.114	27.632	10.155	65	1.147	11.367	149	5.268	5.417	40.840	315	3.261	44.416
1882	26.323	250	2.317	28.890	10.271	69	1.251	11.591	149	4.126	4.275	40.869	319	3.568	44.756
1883	28.042	245	1.433	29.720	9.709	71	1.278	11.058	1.416	3.090	4.506	42.257	316	2.711	45.284
1884	29.388	232	1.602	31.222	8.464	64	1.215	9.743	1.391	3.090	4.481	42.333	296	2.817	45.446
1885	30.478	241	1.772	32.491	8.051	55	1.784	9.890	1.242	2.673	3.915	42.444	296	3.556	46.296

Voici d'ailleurs quelle a été la progression du réseau de chacune des six grandes Compagnies, depuis 1850 :

ANNÉES	NORD Chemins concédés définitivement	NORD Chemins livrés à l'exploitation	NORD Chemins concédés éventuellement	EST Chemins concédés définitivement	EST Chemins livrés à l'exploitation	EST Chemins concédés éventuellement	OUEST Chemins concédés définitivement	OUEST Chemins livrés à l'exploitation	OUEST Chemins concédés éventuellement	ORLÉANS Chemins concédés définitivement	ORLÉANS Chemins livrés à l'exploitation	ORLÉANS Chemins concédés éventuellement	P.-L.-M. Chemins concédés définitivement	P.-L.-M. Chemins livrés à l'exploitation	P.-L.-M. Chemins concédés éventuellement	MIDI Chemins concédés définitivement	MIDI Chemins livrés à l'exploitation	MIDI Chemins concédés éventuellement
1850	585	583	»	654	261	»	»	»	»	133	133	»	»	»	»	»	»	»
1851	585	583	»	654	490	»	»	»	»	133	133	»	»	»	»	»	»	»
1852	876	706	44	700	623	»	»	»	»	1.345	917	»	»	»	»	480	»	261
1853	968	706	6	1.505	723	73	»	»	»	1.630	1.107	64	»	»	»	741	»	»
1854	974	706	»	1.709	939	73	»	»	»	1.639	1.151	64	»	»	»	764	105	34
1855	974	793	»	1.782	1.034	»	2.079	805	»	1.758	1.039	»	»	»	»	764	257	34
1856	974	793	»	1.782	1.041	»	2.079	875	»	1.758	1.218	»	»	»	»	764	418	34
1857	1.374	869	187	1.836	1.383	»	2.079	950	»	3.327	1.468	654	3.284	1.842	801	1.441	679	89
1858	1.374	924	187	1.853	1.617	»	2.079	1.144	»	3.327	1.733	654	3.284	2.043	801	1.457	745	73
1859	1.384	976	187	2.279	1.843	55	2.309	1.494	»	3.327	1.821	654	3.749	2.240	588	1.559	892	85
1860	1.384	1.008	187	2.280	1.842	55	2.309	1.213	»	3.327	1.924	654	3.772	2.305	571	1.559	894	85
1861	1.540	1.120	34	2.280	1.890	35	2.309	1.213	»	3.839	2.146	142	4.095	2.515	248	1.559	958	85
1862	1.619	1.175	»	2.335	2.087	»	2.309	1.308	»	3.857	2.392	142	4.375	2.771	103	1.559	1.089	85
1863	1.619	1.184	»	3.048	2.303	48	2.472	1.546	59	3.979	2.598	235	5.288	2.901	580	1.899	1.229	280
1864	1.619	1.184	»	3.048	2.489	48	2.531	1.686	»	4.040	2.919	174	5.353	3.184	500	2.040	1.312	139
1865	1.619	1.197	»	3.080	2.511	16	2.544	1.861	»	4.179	3.065	35	5.351	3.212	500	2.246	1.498	»
1866	1.619	1.231	»	3.080	2.564	16	2.544	2.019	»	4.179	3.283	35	5.387	3.516	500	2.246	1.623	»
1867	1.619	1.428	»	3.084	2.659	16	2.544	2.151	»	4.214	3.523	»	5.658	3.878	363	2.246	1.717	»

ANNÉES	NORD			EST			OUEST			ORLÉANS			P.-L.-M.			MIDI		
	Chemins concédés défi-nitivement	Chemins livrés à l'ex-ploitation	Chemins concédés éven-tuellement	Chemins concédés défi-nitivement	Chemins livrés à l'ex-ploitation	Chemins concédés éven-tuellement	Chemins concédés défi-nitivement	Chemins livrés à l'ex-ploitation	Chemins concédés éven-tuellement	Chemins concédés défi-nitivement	Chemins livrés à l'ex-ploitation	Chemins concédés éven-tuellement	Chemins concédés défi-nitivement	Chemins livrés à l'ex-ploitation	Chemins concédés éven-tuellement	Chemins concédés défi-nitivement	Chemins livrés à l'ex-ploitation	Chemins concédés éven-tuellement
1868	1.619	1.434	»	3.084	2.691	80	2.892	2.210	»	4.253	3.710	106	5.789	4.052	232	2.344	1.717	232
1869	1.832	1.511	»	3.097	2.841	66	2.892	2.212	»	4.323	3.893	36	6.024	4.168	245	2.383	1.871	193
1870	1.832	1.580	»	3.147	2.874	16	2.892	2.294	»	4.323	3.893	36	6.024	4.375	245	2.384	1.871	193
1871	1.832	1.580	»	2.312	2.136	16	2.892	2.312	»	4.323	4.025	36	6.024	4.514	245	2.384	1.892	193
1872	1.989	1.615	»	2.312	2.153	16	2.892	2.405	»	4.323	4.074	35	6.024	4.835	245	2.384	1.898	193
1873	1.991	1.617	»	2.620	2.238	16	2.912	2.485	»	4.323	4.153	36	6.024	4.936	245	2.384	1.934	193
1874	1.995	1.631	»	2.620	2.261	16	2.912	2.544	»	4.359	4.153	»	6.190	5.003	103	2.586	2.012	54
1875	2.170	1.737	»	3.016	2.275	109	3.235	2.544	»	4.359	4.239	»	7.104	5.108	20	2.916	2.031	101
1876	2.170	1.838	»	3.016	2.275	109	3.235	2.594	»	4.359	4.239	»	7.104	5.305	20	2.916	2.061	101
1877	2.170	1.869	»	3.016	2.380	109	3.235	2.701	»	4.359	4.323	»	7.104	5.512	20	2.916	2.165	101
1878	2.170	1.919	»	3.016	2.317	109	3.236	2.836	»	4.359	4.323	»	7.117	5.726	20	2.916	2.201	101
1879	2.170	1.965	»	3.133	2.593	16	3.236	2.948	»	4.359	4.359	»	7.117	5.867	20	2.916	2.204	101
1880	2.170	2.008	»	3.133	2.608	16	3.236	3.010	»	4.359	4.359	»	7.117	6.151	20	2.916	2.204	101
1881	2.170	2.027	»	3.133	2.654	16	3.236	3.118	»	4.359	4.339	»	7.117	6.236	20	2.916	2.314	101
1882	2.171	2.069	»	3.133	2.796	16	3.236	3.142	»	4.359	4.359	»	7.117	6.471	20	2.916	2.338	101
1883	2.343	2.997	62	4.447	3.572	202	5.298	3.917	233	6.958	5.024	117	8.766	7.220	244	3.011	2.468	268
1884	3.336	3.072	62	4.490	3.742	159	5.298	4.143	233	6.958	5.297	117	8.773	7.643	237	3.849	2.588	223
1885	3.336	3.428	62	4.586	3.997	64	5.507	4.305	165	7.060	5.517	15	8.811	7.851	201	3.950	2.588	122

Quant à l'Algérie, le développement successif des chemins de fer y a été le suivant :

ANNÉES	CHEMINS LIVRÉS A L'EXPLOITATION				CHEMINS DÉCLARÉS D'UTILITÉ PUBLIQUE en construction ou à construire				CHEMINS CONCÉDÉS ÉVENTUELLEMENT OU CLASSÉS et non déclarés d'utilité publique			TOTAUX			
	Chemins d'intérêt général	Chemins industriels et divers	Chemins d'intérêt local	TOTAL	Chemins d'intérêt général	Chemins industriels et divers	Chemins d'intérêt local	TOTAL	Chemins concédés éventuellement	Chemins classés	TOTAL	Chemins d'intérêt général	Chemins industriels et divers	Chemins d'intérêt local	TOTAL
1857	»	»	»	»	»	»	»	»	»	1.526	1.526	1.526	»	»	1.526
1858	»	»	»	»	»	»	»	»	»	1.526	1.526	1.526	»	»	1.526
1859	»	»	»	»	»	»	»	»	»	1.526	1.526	1.526	»	»	1.526
1860	»	»	»	»	194	»	»	194	1.337	»	1.337	1.531	»	»	1.531
1861	»	»	»	»	194	»	»	194	1.337	»	1.337	1.531	»	»	1.531
1862	51	»	»	51	143	»	»	143	1.337	»	1.337	1.531	»	»	1.531
1863	51	»	»	51	462	33	»	495	»	»	»	513	33	»	546
1864	51	33	»	84	462	»	»	462	»	»	»	513	33	»	546
1865	51	33	»	84	462	»	»	462	»	»	»	513	33	»	546
1866	51	33	»	84	462	»	»	462	»	»	»	513	33	»	546
1867	51	33	»	84	462	»	»	462	»	»	»	513	33	»	546
1868	181	33	»	214	332	»	»	332	»	»	»	513	33	»	546
1869	221	33	»	254	292	»	»	292	»	»	»	513	33	»	546
1870	484	33	»	517	29	»	»	29	»	»	»	513	33	»	546
1871	513	33	»	546	»	»	»	»	»	»	»	513	33	»	546
1872	513	33	»	546	»	»	»	»	»	»	»	513	33	»	546
1873	513	33	»	546	»	»	»	»	»	»	»	513	33	»	546
1874	513	33	»	546	238	»	139	377	»	»	»	751	33	139	923
1875	513	33	»	546	393	»	139	532	80	»	80	986	33	139	1.158
1876	568	33	»	601	338	»	139	477	80	»	80	986	33	139	1.158
1877	601	33	51	685	560	»	28	588	133	»	133	1.294	33	79	1.406
1878	621	33	51	705	540	»	43	583	133	»	133	1.294	33	94	1.421
1879	1.042	33	79	1.154	119	»	15	134	133	1.649	1.782	2.943	33	94	3.070
1880	1.070	33	51	1.154	471	»	»	471	516	932	1.448	2.989	33	51	3.073
1881	1.340	33	»	1.373	353	27	»	380	516	869	1.385	3.078	60	»	3.138
1882	1.531	40	»	1.571	284	20	»	304	526	732	1.258	3.073	60	»	3.133
1883	1.562	40	»	1.602	304	20	»	324	475	732	1.207	3.073	60	»	3.133
1884	1.688	40	»	1.728	397	20	»	417	267	724	988	3.073	60	»	3.133
1885	1.810	7	»	1.817	904	20	»	924	115	391	506	3.220	27	»	3.247

Les lignes concédées d'intérêt général se répartissaient ainsi entre les diverses Compagnies, au 31 décembre 1885.

	LONGUEUR			
	en EXPLOITATION	en CONSTRUCTION	à CONSTRUIRE	TOTAL
	km.	km.	km.	km.
Paris-Lyon-Méditérannée	513	»	»	513
Est-Algérien	383	331	204	993
Ouest-Algérien...................	221	»	63	284
Bône-Guelma et prolongements	308	»	130	438
Franco-Algérienne................	352	11	230	563
Mokta-el-Hadid...................	33	»	»	38
Totaux...............	1.810	322	697	2.829

2. Développement progressif des chemins de fer dans les divers pays du monde. — Aux tableaux détaillés qui précèdent et qui sont spéciaux à la France, nous croyons utile d'ajouter un tableau général représentant le développement progressif des voies ferrées dans les divers pays du monde (1).

(1) Ce tableau est emprunté pour une large part à l'excellent manuel publié annuellement par M. Poor à New-York.

	LONGUEUR EN EXPLOITATION A LA FIN DE :									
	1840	1845	1850	1855	1860	1865	1870	1875	1880	1884
	km.	km.	km.	km.	km.	km.	km.	km.	km.	km.
EUROPE										
Allemagne	350	2.443	5.582	7.826	11.231	13.900	18.710	27.981	33.781	36.737
Autriche-Hongrie	144	728	1.579	2.144	4.539	5.852	9.580	16.730	18.481	22.406
Belgique	300	577	889	1.375	1.728	2.283	2.896	3.499	4.111	4.366
Danemark	»	»	30	30	111	419	760	1.266	1.579	1.944
Espagne	»	»	28	477	1.916	4.834	5.473	6.121	7.480	8.663
France	497	956	3.083	5.614	9.528	13.734	17.933	21.776	26.197	31.222
Grande-Bretagne et Irlande	2.411	4.082	10.656	13.411	16.787	21.382	24.999	26.803	28.854	30.352
Grèce	»	»	»	»	»	»	12	12	13	175
Italie	21	157	649	1.111	2.189	4.367	6.183	7.686	8.788	9.925
Pays-Bas et Luxembourg	»	153	178	286	367	897	1.595	1.845	2.162	2.654
Portugal	»	»	»	36	137	700	714	1.036	1.248	1.527
Roumanie	»	»	»	»	»	»	245	1.233	1.384	1.602
Russie et Finlande	27	144	500	1.363	1.590	3.926	11.427	19.580	23.524	25.391
Serbie	»	»	»	»	»	»	»	»	»	244
Suède et Norvége	»	»	»	105	670	1.849	2.409	4.097	7.079	8.162
Suisse	»	4	24	208	1.051	1.321	1.420	2.055	2.635	2.890
Turquie, Bulgarie et Roumélie	»	»	»	»	66	166	288	1.536	1.394	1.394
Total	3.480	8.940	23.428	33.986	51.910	73.630	104.346	143.256	168.710	189.354
AMÉRIQUE. — a. — AMÉRIQUE DU NORD										
États-Unis	4.535	7.456	14.517	29.569	49.303	56.462	85.115	119.244	150.607	201.770
Canada	»	35	?	1.270	3.026	?	4.311	7.150	11.090	15.414
Mexique	»	»	»	»	»	32	347	647	4.055	5.456
Total	4.535	7.491	?	30.839	52.326	?	89.773	127.044	162.752	222.640

	LONGUEUR EN EXPLOITATION A LA FIN DE :									
	1840	1845	1850	1855	1860	1865	1870	1875	1880	1884
	km.	km.	km.	km.	km.	km.	km.	km.	km.	km.
b. — AMÉRIQUE CENTRALE										
Costa-Rica	»	»	»	»	»	»	»	»	120	178
Nicaragua	»	»	»	»	»	»	»	»	»	92
Guatemala	»	»	»	»	»	»	»	»	45	170
Honduras	»	»	»	»	»	»	»	»	90	111
Salvador	»	»	»	»	»	»	»	»	»	24
Total	»	»	»	»	?	?	86	153	255	575
c. — ANTILLES										
Cuba	»	»	»	»	»	»	»	»	1.382	1.600
Porto Rico	»	»	»	»	»	»	»	»	13	13
Jamaïque	»	»	»	»	»	»	»	»	40	40
Trinité	»	»	»	»	»	»	»	»	26	70
Barbade	»	»	»	»	»	»	»	»	»	36
Total	40	197	?	700	?	800	1.000	?	1.461	1.759
d. — AMÉRIQUE DU SUD										
Colombie	»	»	»	78	78	78	103	103	121	243
Vénézuela	»	»	»	»	»	32	32	34	113	164
Guyane Anglaise	»	»	»	»	»	»	»	»	34	34
Brésil	»	»	»	60	213	630	812	1.660	3.500	6.115
République Argentine	»	»	»	»	40	289	985	1.887	2.473	4.576
Paraguay	»	»	»	»	»	72	72	72	72	72
Uruguay	»	»	»	»	»	»	98	305	431	431
A reporter	»	»	»	138	333	1.071	2.102	4.061	6.744	11.635

	LONGUEUR EN EXPLOITATION A LA FIN DE :									
	1840	1845	1850	1855	1860	1865	1870	1875	1880	1884
	km.	km.	km.	km.	km.	km.	km.	km.	km.	km.
d. — AMÉRIQUE DU SUD (suite)										
Reports.........	»	»	»	138	343	1.071	2.102	4.061	6.744	11.635
Chili....	»	»	»	81	192	543	727	1.276	1.898	2.275
Pérou....	»	»	»	13	75	90	398	1.549	1.852	1.852
Bolivie....	»	»	»	»	»	»	»	130	130	130
Équateur....	»	»	»	»	»	»	»	30	64	64
Total....	»	»	»	232	600	1.704	3.257	7.046	10.688	15.956
Total pour l'Amérique....	4.575	7.688	15.366	31.771	53.676	62.666	94.156	135.435	172.578	240.930
AFRIQUE										
Égypte....	»	»	»	144	477	672	1.041	1.528	1.496	1.518
Algérie et Tunisie....	»	»	»	»	»	84	517	581	1.378	1.975
Le Cap....	»	»	»	»	»	72	111	239	1.457	2.339
Natal....	»	»	»	»	»	8	8	8	159	250
Ile Maurice....	»	»	»	»	»	»	106	106	106	148
La Réunion....	»	»	»	»	»	»	»	»	44	126
Sénégal....	»	»	»	»	»	»	»	»	»	344
Total....	»	»	»	144	477	836	1.783	2.462	4.610	6.700
ASIE										
Turquie (Asie Mineure)....	»	»	»	»	»	77	234	353	394	555
Inde Anglaise....	»	»	»	350	1.350	5.412	7.687	10.435	14.729	18.558
Ceylan....	»	»	»	»	»	»	118	146	217	317
Java (Hollande)....	»	»	»	»	»	»	150	261	411	938
A reporter....	»	»	»	350	1.350	5.489	8.489	11.255	15.751	20.368

	LONGUEUR EN EXPLOITATION A LA FIN DE :									
	1830	1845	1850	1855	1860	1865	1870	1875	1880	1884
	km.	km.	km.	km.	km.	km.	km.	km.	km.	km.
ASIE (suite)										
Reports	»	»	»	350	1.350	5.489	8.189	11.255	15.751	20.368
Chine	»	»	»	»	»	»	»	»	»	»
Japon	»	»	»	»	»	»	»	61	121	400
Cochinchine et Pondichéry	»	»	»	»	»	»	»	»	»	12
TOTAL	»	»	»	350	1.350	5.489	8.189	11.316	15.872	20.780
OCÉANIE										
Victoria	»	»	»	38	284	380	443	993	1.930	2.182
Nouvelle-Galles du Sud	»	»	»	»	200	278	539	702	1.368	2.677
Queensland	»	»	»	»	»	»	331	426	1.019	1.943
Australie-Sud	»	»	»	»	76	167	214	403	1.090	1.710
Australie-Ouest	»	»	»	»	»	»	»	61	115	222
Tasmanie	»	»	»	»	»	»	69	241	276	346
Nouvelle-Zélande	»	»	»	»	»	»	71	872	2.025	2.327
TOTAL	»	»	»	38	560	825	1.667	3.698	7.823	11.607
RÉCAPITULATION										
Europe	3.480	8.940	23.428	33.986	51.910	73.630	104.346	143.256	168.710	189.354
Amérique	4.575	7.688	15.366	31.771	53.676	62.666	94.156	135.435	172.578	249.930
Afrique	»	»	»	144	477	836	1.783	2.462	4.610	6.700
Asie	»	»	»	350	1.350	5.489	8.189	11.316	15.872	20.780
Océanie	»	»	»	38	560	825	1.667	3.698	7.823	11.607
TOTAUX	8.055	16.628	38.794	65.589	107.973	145.446	210.141	296.167	369.593	469.371
SOIT	8.000	17.000	39.000	67.000	108.000	145.000	210.000	296.000	370.000	469.000

L'insuffisance de certaines statistiques ne nous permet pas de garantir l'exactitude absolue des chiffres précédents : cependant ils s'écartent fort peu de la réalité et donnent une notion suffisamment approchée de l'allure qu'ont suivie, dans les divers pays, la création et le développement des voies ferrées.

Ainsi que le montrent les totaux généraux, depuis 1870 le nombre moyen de kilomètres livrés annuellement à l'exploitation dans les cinq parties du monde a été de 18 500 kilomètres. A la fin de 1884, la longueur totale des chemins de fer ouverts à la circulation représentait plus de dix fois celle d'un méridien terrestre.

Notons encore que, durant les quatorze années de 1871 à 1884, le réseau allemand s'est accru, bon an, mal an, de près de 1 300 kilomètres, tandis que le réseau français ne s'augmentait que de 950 kilomètres. Le simple rapprochement de ces deux chiffres suffit à prouver l'exagération des critiques dirigées contre l'ampleur du programme de 1879.

3. Importance du réseau des voies ferrées dans les divers pays d'Europe au 31 décembre 1885, par rapport à la superficie et à la population. — Nous avons donné, page 465 du tome Ier, un tableau relatant, pour chacun des pays de l'Europe, sa superficie, sa population, la longueur totale de ses chemins de fer en exploitation au 31 décembre 1885, le rapport de cette longueur à la superficie, d'une part, et à la population, d'autre part.

Le lecteur voudra bien se reporter à ce tableau qu'il serait inutile de reproduire ici. Nous nous bornons à rappeler que les divers États peuvent se classer dans l'ordre suivant, au point de vue de l'importance de leurs réseaux :

IMPORTANCE PAR RAPPORT A LA SUPERFICIE			IMPORTANCE PAR RAPPORT A LA POPULATION		
RANG des États	DÉSIGNATION DES PAYS	LONGUEUR par kilomètre carré	RANG des États	DÉSIGNATION DES PAYS	LONGUEUR par 10.000 habitants
		km.			km.
1	Belgique...............	0,150	1	Suède et Norvège........	13,105
2	Grande-Bretagne et Ir-lande.	0,098	2	Danemark.............	9,863
			3	Suisse,...............	9.691
3	Pays-Bas et Luxembourg.	0,079	4	France................	8,621
4	Allemagne............	0,069	5	Grande-Bretagne et Ir-lande...............	8,529
5	Suisse...............	0,067			
6	France,..............	0,062	6	Allemagne............	8,298
7	Danemark............	0,051	7	Belgique.............	7,624
8	Italie...............	0,035	8	Pays-Bas et Luxembourg.	6,240
9	Autriche-Hongrie.......	0,033	9	Autriche-Hongrie.......	5,765
10	Espagne........... ...	0,018	10	Espagne.............	5,448
11	Portugal.............	0,017	11	Portugal.............	3,551
12	Roumanie............	0,013	12	Italie...............	3,526
13	Suède et Norvège........	0,011	13	Roumanie.......... ...	3,088
14	Turquie, Bulgarie et Rou-mélie................	0,005	14	Russie et Finlande......	3,029
15	Serbie..............	0,005	15	Turquie, Bulgarie et Rou-mélie................	1,904
16	Russie et Finlande......	0,005	16	Grèce.................	1,632
17	Grèce.................	0,005	17	Serbie.	1,283

Comme nous avons eu déjà l'occasion de le dire, le rang occupé par un pays, dans l'échelle des longueurs des chemins de fer relativement à la superficie et à la population, ne fournit point une mesure exacte des satisfactions données aux intérêts économiques et sociaux. Pour apprécier, en effet, la valeur d'un réseau, il faut faire entrer en ligne de compte une foule d'éléments, et, en particulier, la distribution des mailles dont ce réseau se compose, la topographie du sol, le groupement des habitants, l'intensité de la vie industrielle et commerciale, la répartition des richesses minérales ou agricoles, le régime administratif en vigueur pour la construction et l'exploitation.

Suivant l'ingénieuse comparaison de M. l'inspecteur général de la Gournerie, il en est des réseaux de chemins de fer comme des travaux d'irrigation. Quand on veut comparer deux systèmes d'arrosage, on ne se borne pas à mesurer la longueur des rigoles et la surface du terrain arrosé ; on envisage la nature du sol, son mode de culture, ses produits, sa configuration, le mode d'utilisation des eaux, les dépenses engagées dans l'établissement des canaux et filioles, etc...

Ce serait de même manquer de clairvoyance et de sens pratique, que de vouloir déduire des conséquences du tableau précédent, sans en analyser les chiffres, sans avoir égard aux considérations et aux circonstances susceptibles de les éclairer.

Un pays à population très dense doit nécessairement avoir un coefficient très élevé relativement à sa superficie; il peut, au contraire, avoir un coefficient faible relativement au nombre de ses habitants : telle est, par exemple, la Belgique qui occupe le premier rang pour le nombre de kilomètres de voies ferrées par kilomètre carré de territoire et le septième seulement pour le nombre correspondant par 10 000 habitants.

A égalité de superficie et de population, les intérêts d'une région pourront être aussi bien desservis par un réseau moins étendu, si les habitants sont concentrés sur un petit nombre de points, si les établissements industriels, les richesses minérales, les cultures, sont groupés et réunis sur une faible partie du territoire.

Un État où la distribution des voies ferrées aura été étudiée suivant un plan d'ensemble, où l'ordre et la méthode auront présidé à leur création, où la concurrence aura été proscrite, pourra, tout en occupant un rang inférieur, être mieux doté qu'un État où les chemins de fer auront plus de développement, mais où leur établissement n'aura pas été dirigé suivant les mêmes principes. Car il n'aura point de lignes faisant double emploi ; chacune des mailles de son réseau donnera un effet utile plus considérable.

Une nation qui ne se sera constituée que depuis l'origine des chemins de fer, par le groupement successif d'États jouissant auparavant de leur autonomie, devra nécessairement avoir une plus grande longueur de voies ferrées qu'une nation dont l'unité remontera à de longues années : pour chacune des parties dont elle se composera, la répartition et le tracé des lignes auront été étudiés dans des vues d'intérêt local, sous l'empire de nécessités spéciales au point de vue gouvernemental, administratif ou économique. Lorsque ces petits réseaux secondaires viendront se confondre, se souder les uns aux autres, leurs éléments ne concorderont point tous entre eux, seront souvent loin de concourir vers le même but, présenteront des doubles emplois, des lacunes à combler, des raccords à faire.

Un peuple qui, par sa situation, par son génie propre, par les ressources de son sol, par sa politique coloniale, aura une vie industrielle et commerciale très intense, devra être sillonné par un plus grand nombre de chemins de fer qu'un peuple placé dans des conditions moins favorables.

Des considérations militaires ou administratives pourront imposer à un État la construction de lignes que n'exigeraient pas les intérêts économiques et qu'un autre État, n'ayant point à obéir aux mêmes préoccupations ou organisé sur des bases différentes, ne serait point obligé d'exécuter.

Un pays dont la topographie se prêtera à une construction ou à une exploitation économique sera inévitablement conduit à donner plus de développement à ses voies ferrées qu'un pays tourmenté et présentant de nombreux accidents de terrain.

Nous ne multiplierons pas ces observations. Elles suffisent à prémunir contre les erreurs d'une foi trop aveugle dans les résultats de la statistique.

Le problème qu'ont à résoudre les Pouvoirs publics consiste, non point à avoir un réseau de voies ferrées très développé, mais bien plutôt à avoir un réseau bien constitué, à en tirer le maximum d'effet utile, à proportionner l'outil à son rôle et à sa destination.

A cet égard, la France, qui n'a que le sixième rang au point de vue de la proportion à la superficie et le quatrième rang par rapport à la population, mériterait sans conteste un meilleur classement, si l'on tenait compte de la sagesse avec laquelle a été conçu son réseau. Mais il n'en est pas moins certain que notre pays ne saurait ralentir outre mesure le mouvement d'extension de ses voies ferrées, sans s'exposer à succomber dans la concurrence contre les nations voisines. Les détracteurs du programme de 1879 ont cédé trop facilement à la panique que leur causaient les difficultés de la situation financière et ont trop oublié que, dans sa lutte pour la vie, la France devait se résoudre aux plus grands sacrifices, sous peine de succomber, de subir un désastre économique et de se voir définitivement vaincue sur le terrain industriel et commercial. Leurs critiques, fondées pour certains détails, ont absolument dépassé la mesure si on les envisage dans leur ensemble et dans leurs traits généraux.

4. **Dépenses de premier établissement des chemins de fer français.** — *a.* France continentale. — Nous résumons dans les tableaux suivants les principales données statistiques relatives aux dépenses de premier établissement des chemins de fer sur le territoire de la France continentale.

1. — Tableau des dépenses faites depuis l'origine par l'État, les Compagnies et les localités pour les chemins de fer d'intérêt général :

ANNÉES	DÉPENSES PAR ANNÉE	DÉPENSES CUMULÉES	ANNÉES	DÉPENSES PAR ANNÉE	DÉPENSES CUMULÉES
	fr.	fr.		fr.	fr.
1823	100.000	100.000	1853	269.592.000	1.851.178.000
1824	100.000	200.000	1854	333.045.000	2.190.223.000
1825	200.000	400.000	1855	496.090.000	2.686.313.000
1826	300.000	700.000	1856	576.381.000	3.262.694.000
1827	900.000	1.600.000	1857	491.349.000	3.754.043.000
1828	700.000	2.300.000	1858	370.554.000	4.124.597.000
1829	992.000	3.232.000	1859	274.082.000	4.398.679.000
1830	3.201.000	6.493.000	1860	326.840.000	4.725.519.000
1831	3.007.000	9.500.000	1861	418.433.000	5.143.952.000
1832	4.050.000	13.550.000	1862	499.073.000	5.643.025.000
1833	1.880.000	15.430.000	1863	441.514.000	6.084.539.000
1834	2.651.000	18.081.000	1864	403.288.000	6.487.827.000
1835	2.400.000	20.481.000	1865	322.166.000	6.809.993.000
1836	7.820.000	28.301.000	1886	355.388.000	7.165.381.000
1837	17.849.000	46.150.000	1867	318.088.000	7.483.469.000
1838	26.683.000	72.833.000	1868	234.498.000	7.717.967.000
1839	39.221.000	112.054.000	1869	234.918.000	7.952.885.000
1840	33.924.000	145.978.000	1870	215.399.000	8.168.284.000
1841	47.221.000	193.199.000	1871	183.885.000	8.352.169.000
1842	44.772.000	237.971.000	1872	249.415.000	8.601.584.000
1843	66.370.000	304.341.000	1873	251.946.000	8.853.530.000
1844	62.673.000	367.014.000	1874	271.716.000	9.125.246.000
1845	142.234.000	509.248.000	1875	277.330.000	9.402.576.000
1846	194.560.000	703.808.000	1876	257.343.000	9.659.889.000
1847	282.647.000	986.455.000	1877	337.477.000	9.997.366.000
1848	145.764.000	1.132.219.000	1878	325.989.000	10.323.355.000
1849	127.749.000	1.259.968.000	1879	322.585.000	10.645.940.000
1850	103.081.000	1.363.049.000	1880	418.951.000	11.064.891.000
1851	87.300.000	1.450.349.000	1881	523.682.000	11.588.583.000
1852	131.237.000	1.581.586.000	1882	611.398.000	12.199.971.000

Le chiffre total de 12 199 971 000 se décompose ainsi :

Dépenses incombant aux Compagnies..	8 971 066 000 fr.
Dépenses incombant à l'État............	3 142 618 000
Subventions locales.................	86 287 000
Total pareil......	12 199 971 000 fr.

2. — *Tableau général des dépenses kilométriques de premier établissement des chemins de fer d'intérêt général en exploitation du 31 décembre 1884.*

DÉSIGNATION DES COMPAGNIES OU ADMINISTRATIONS	LONGUEUR	DÉPENSE KILOMÉTRIQUE
	km.	fr.
Nord	3.374	408.098
Est	3.940	398.316
Ouest	4.087	405.880
Paris à Orléans	5.296	368.812
Paris-Lyon-Méditerranée	7.638	503.479
Midi	2.588	424.392
Ceinture de Paris (rive droite et rive gauche)	29	2.372.602
Grande ceinture de Paris	92	608.146
Totaux et moyennes pour les grandes Compagnies	27.064	430.059
Compagnies diverses	217	393.817
Totaux et moyennes des chemins concédés	27.281	429.770
Réseau de l'État	2.092	262.367
Totaux généraux et moyennes générales	29.373	417.847

Quant aux chemins de fer d'intérêt local, ils avaient donné lieu à une dépense de premier établissement de 220 millions pour 1 602 kilomètres exploités à la fin de 1884, soit de 137 000 francs par kilomètre.

b. ALGÉRIE. — En Algérie, les dépenses au 31 décembre 1884, pour les chemins d'intérêt général ouverts à la circulation, étaient les suivantes :

DÉSIGNATION DES COMPAGNIES	LONGUEUR	DÉPENSE KILOMÉTRIQUE	OBSERVATIONS
	km.	fr.	
Paris-Lyon-Méditerranée	513	322.563	
Est-Algérien	360	138.466	
Bône-Guelma et prolongements (1)	520	223.202	(1) Y compris les lignes tunisiennes
Ouest-Algérien	155	157.440	
Franco-Algérienne	238	145.538	
TOTAL ET MOYENNE	1.786	219.187	

c. RÉCAPITULATION ET OBSERVATIONS. — On peut admettre, en définitive, qu'à la fin de 1884 les capitaux engagés dans les chemins de fer en exploitation sur le territoire de la France continentale et sur celui de l'Algérie approchaient du chiffre total de 12 milliards 900 millions et que le kilomètre avait coûté en moyenne 393 000 francs.

Il ne faut pas attacher à ces chiffres plus d'importance qu'ils n'en comportent. Voici les réserves principales auxquelles ils donnent lieu et qu'on doit se garder de perdre de vue :

1° Les chemins de fer constituent des instruments de transport essentiellement différents, selon les conditions techniques dans lesquelles ils sont établis, le nombre de leurs voies, leur tracé, leur profil en long, le rôle qu'ils sont appelés à jouer dans le mouvement général de la circulation.

Une artère magistrale, comme celle de Paris à Marseille ou celle de Paris à Lille et à la frontière belge, et un petit chemin secondaire destiné à desservir une contrée purement agricole, n'ont guère de commun que la dénomination de voie ferrée.

Sur les lignes principales devant livrer passage à un trafic d'une grande intensité, il faut multiplier les voies; donner aux gares un immense développement; n'adopter que de faibles rampes et des courbes peu prononcées ; ne point reculer devant les augmentations de dépenses de premier établissement, afin de réduire les frais d'exploitation qui entrent, pour la plus large part, dans la composition du prix de revient des transports. Sur les lignes d'intérêt exclusivement local, au contraire, il faut, par-dessus tout, viser à l'économie dans la construction ; adopter des tracés qui épousent la forme du terrain ; éviter les ouvrages d'art coûteux ; supprimer les clôtures ; réduire aux proportions les plus modestes les dimensions et les installations des gares, stations ou haltes; substituer, le cas échéant, la voie étroite à la voie normale.

On voit combien les moyennes générales sont peu instructives, quand elles portent sur des voies de communication si profondément dissemblables.

Entre les types extrêmes que nous venons de mettre en opposition l'un avec l'autre, pour mieux en faire ressortir la différence, se place toute une série de types intermédiaires. Les chemins du deuxième réseau d'intérêt général sont des outils notablement moins parfaits que ceux du premier réseau ; les chemins du troisième réseau doivent être placés à un degré encore inférieur. Les lignes d'intérêt local répondent elles-mêmes à des nécessités très diverses. Aussi les moyennes, quoique subdivisées, sont-elles encore extrêmement trompeuses, si l'on n'a pas soin d'en limiter la valeur et la portée.

Quiconque veut étudier et serrer d'un peu près la question des frais de premier établissement des chemins de fer doit nécessairement ne point se borner à des aperçus généraux, mais entrer dans le détail, envisager séparément les lignes, en ayant égard à leur trafic et à leur rôle économique ou militaire.

2° Les dépenses de premier établissement payées par les Compagnies sont majorées des charges des capitaux pendant la construction.

Elles sont, en outre, le plus souvent grevées de tout ou partie de ces charges, ainsi que des déficits d'exploitation, pendant une période plus ou moins prolongée, dans les conditions que nous avons indiquées lorsque nous avons traité des conventions financières et du règlement des comptes.

Aux frais de construction proprement dits viennent encore s'ajouter les dépenses complémentaires de travaux ou d'acquisition de matériel roulant, que le développement progressif du trafic ou les exigences croissantes du public imposent inévitablement à l'exploitant.

Pour les dépenses acquittées par le Trésor, les charges des capitaux pendant la construction ont au contraire, été généralement imputées sur les ressources générales du budget ordinaire.

3° Les chiffres accusés par les statistiques officielles comprennent, en principe, outre les dépenses de travaux proprement dits, celles d'achat du matériel roulant.

Cependant, il est certaines lignes d'intérêt local exploitées par les grandes Compagnies, que l'on n'a point eu à pourvoir d'un matériel spécial imputé à leur compte particulier.

4° Beaucoup de lignes ne sont point restées entres les mains de leurs concessionnaires primitifs. Les fusions réalisées entre les Compagnies originaires, les rachats opérés par l'État, la déchéance prononcée contre certaines sociétés défaillantes, ont entraîné des modifications dans les chiffres des capitaux engagés. Les statistiques n'accusent, en général, que le chiffre définitif correspondant au dernier état de choses, sans tenir compte des majorations, des diminutions, des pertes qu'ont provoquées les transformations successives du réseau. Il serait d'ailleurs souvent fort difficile de suivre pas à pas toutes ces transformations et de rétablir aujourd'hui le montant réel des dépenses de premier établissement, faites à une époque où les Compagnies, n'ayant pas de liens financiers avec l'État, n'étaient pas astreintes à subir la vérification de leurs comptes.

5° Il est certaines lignes qui, bien que bénéficiant de la garantie d'intérêt et assujetties au partage des bénéfices, sont soumises, en droit ou en fait, au régime du forfait. Tel est le cas d'une partie des chemins algériens auxquels les conventions ont attribué une évaluation forfaitaire, ainsi que d'un grand nombre de chemins d'intérêt local concédés depuis la loi du 11 juin 1880 ; tel est encore le cas d'une partie des chemins concédés aux grandes Compagnies de la métropole, pour lesquels les contrats ont arrêté, soit explicitement, soit implicitement, certaines estimations à forfait,

6° Toutes choses égales d'ailleurs, pour établir une comparaison rationnelle entre les résultats obtenus par les diverses Administrations de chemins de fer, entre leur procédés de construction, entre les qualités et les capacités dont elles ont fait preuve dans l'étude de leurs projets et le choix de leurs moyens d'exécution, il faudrait avoir égard aux difficultés de terrain qu'elles ont eu à vaincre, aux variations survenues dans la valeur de l'argent et dans le prix des matériaux et de la main d'œuvre.

Ces réserves générales, auxquelles nous pourrions en ajouter d'autres d'une moindre importance, montrent avec quelle circonspection doivent être maniés les résultats des statistiques officielles, lorsqu'on veut en tirer des déductions, non seulement pour des pays différents, mais encore pour un même pays et pour des lignes faites, soit par des administrations diverses, soit à des époques différentes.

5. Dépenses de premier établissement des chemins de fer dans les principaux pays. — Sous le bénéfice des observations précédentes, voici quel est le montant de la dépense kilométrique de premier établissement des chemins de fer dans les principaux pays :

PAYS	RÉSEAUX	ANNÉE	LONGUEUR	DÉPENSE kilométrique
			km.	fr.
Allemagne	Réseau de l'État......................	1884-85 (fin de l'année)	32.235	344.690
	Chemins concédés, exploités par l'État..		466	264.710
	Chemins concédés, exploités par des Cies.		4.081	215,550
	TOTAUX ET MOYENNES.........		36.782	329.525
Autriche-Hongrie.	1. Chemins Autrichiens :	1884 (fin de l'année)		
	a. Chemins de l'État, exploités par l'État.		3.603	339.595
	b. Chemins de l'État, exploités par des Cies		1.499	439.460
	c. Chemins concédés, exploités par l'État,		84	107.290
	d. Chemins concédés, exploités par des Cies		5.197	349.067
	2. Chemins Austro-Hongrois....		5.641	568.342
	3. Chemins Hongrois :			
	a. Chemins de l'État.................		3.753	256.605
	b. Chemins concédés, exploités par l'État.		498	239.042
	c. Chemins concédés, exploités par des Cies		1.658	192.762
	TOTAUX ET MOYENNES.........		21.933	383.822
Belgique........	Chemins exploités par l'État..........	1885 (fin de l'année)	3.166	393.000
	Chemins concédés, exploités par des Cies.		1.459	»
	TOTAUX ET MOYENNES..........		4.625	»
Grande-Bretagne.	Angleterre et Pays de Galles..........	1884 (fin de l'année)	21.465	774.570
	Écosse		4.825	521.450
	Irlande		4.063	222.040
	TOTAUX ET MOYENNES..........		20.353	660.110
Canada..........		1884-85 (moyenne)	17.237	107.531
États-Unis d'Amérique	Nouvelle-Angleterre.	1884 (moyenne)	10.309	168.586
	États du Centre....................		28.716	298.316
	— du Sud.....................		28.788	136.834
	— de l'Ouest et du Sud-Ouest......		108.492	156.478
	— du Pacifique...................		9.811	221.525
	TOTAUX ET MOYENNES		186.116	178.813

PAYS	RÉSEAUX	ANNÉE	LONGUEUR	DÉPENSE kilométrique
			km.	fr.
Italie	Chemins exploités par l'État..........	1884 (fin de l'année)	5.667	324.900
	Chemins de l'État, exploités par une Cie		1.622	255.870
	Chemins concédés, exploités par des Cies.		2.778	243.600
	Totaux et moyennes..........		10.067	291.800
Pays-Bas.........	Chemins de l'État, exploités par une Cie.	1882 (fin de l'année)	1.163	296.600
	Chemins concédés, exploités par des Cies.		827	380.400
	Totaux et moyennes..........		1.990	329.400
États Scandinaves	*Danemark :*	1883 (fin de l'année)		
	Chemins de l'État, exploités par l'État.		1.102	109.300
	Chemins de l'État, exploités par des Cies.		392	179.000
	Norwège :			
	Chemins de l'État, exploités par l'État.		1.386	103.700
	Chemins de l'État, exploités par une Cie.		68	218.100
	Suède :			
	Chemins de l'État, exploités par l'État.		2.299	132.900
	Chemins de l'État, exploités par une Cie..		3.088	107.500
	Totaux et moyennes..........		8.355	118.100
Suisse..........	Lignes normales....................	1884 (fin de l'année)	2.795	328.000
	Lignes spéciales....................		95	191.300
	Totaux et moyennes..........		2.890	323.500

La dépense moyenne kilométrique, pour l'ensemble des chemins de fer dans les diverses parties du monde, peut être évaluée à près de 300 000 francs. Par suite, le montant total des capitaux de premier établissement des chemins de fer en exploitation devait peu s'écarter du chiffre de 140 milliards à la fin de 1884; en y ajoutant les dépenses engagées dans les lignes en construction, on arriverait à un total de plus de 150 milliards.

CHAPITRE XV

ENTRETIEN ET SURVEILLANCE DU CHEMIN DE FER
ET DE SES DÉPENDANCES

1. Prescriptions de l'ordonnance du 15 novembre 1846 et du cahier des charges. — Aux termes de l'article 2 de l'ordonnance du 15 novembre 1846, le chemin de fer et les ouvrages qui en dépendent doivent être constamment entretenus en bon état. La Compagnie est tenue de faire connaître au Ministre des travaux publics les mesures qu'elle aura prises pour cet entretien. Dans le cas où ces mesures seraient insuffisantes, le Ministre, après avoir entendu la Compagnie, prescrit celles qu'il juge nécessaires.

Conformément à l'article 31 de la même ordonnance, il doit être placé le long du chemin de fer, soit pour l'entretien, soit pour la surveillance de la voie, des agents en nombre assez grand pour assurer la libre circulation des trains : en cas d'insuffisance, le Ministre des travaux publics en fixe le nombre, la Compagnie entendue.

L'article 30 du cahier des charges reproduit et complète ainsi ces dispositions : « Le chemin de fer et toutes ses dépendances seront cons- « tamment entretenus en bon état, de manière que la circulation y soit « toujours facile et sûre. — Les frais d'entretien et ceux auxquels don- « neront lieu les réparations ordinaires et extraordinaires seront entière- « ment à la charge de la Compagnie. — Si le chemin de fer, une fois achevé, « n'est pas constamment entretenu en bon état, il y sera pourvu d'office à « la diligence de l'Administration et aux frais de la Compagnie, sans « préjudice, s'il y a lieu, de l'application des dispositions indiquées dans « l'article 40 (séquestre et déchéance). — Le montant des avances faites « sera recouvré au moyen de rôles que le préfet rendra exécutoires. »

L'article 36 du cahier des charges impose d'ailleurs à la Compagnie l'obligation de remettre en bon état d'entretien, à l'expiration de la concession, le chemin de fer et tous les immeubles ou objets immobiliers qui en dépendent (bâtiments des gares et stations, remises, ateliers et dépôts, maisons de garde, barrières et clôtures, voies, changements de voie, plaques tournantes, réservoirs d'eau, grues hydrauliques, machines fixes, etc....). Il donne au Gouvernement le droit de saisir les revenus pendant les cinq dernières années et de les employer à rétablir le chemin en bon état, si la Compagnie ne se met pas en mesure de satisfaire pleinement et entièrement à cette obligation.

Des dispositions analogues sont insérées dans le cahier des charges type des chemins de fer d'intérêt local.

2. Ouvrages dont l'entretien incombe à la Compagnie. — Nous ne reviendrons pas sur les indications données pages 866 et 867, relativement aux passages à niveau et aux passages supérieurs ou inférieurs.

Mais il importe de rappeler que, pour les lignes dont l'insfrastructure est faite dans le système de la loi de 1842, les obligations des Compagnies s'appliquent exclusivement aux ouvrages dont elles ont reçu livraison. L'entretien des ouvrages qui ne leur auraient pas été remis ne serait pas à leur charge. C'est ce que le Conseil d'État a jugé à diverses reprises : 27 décembre 1860 (Compagnie de Paris-Lyon-Méditerranée, pont et chemin latéral établis par l'État dans l'intérêt des propriétés traversées par le chemin de fer); 13 août 1861 (Compagnie d'Orléans, chemin latéral); 4 juillet 1872 (Compagnie de Paris-Lyon-Méditerranée, passage-aqueduc).

Les Compagnies ne peuvent non plus être contraintes à l'entretien des déviations de voies terrestres ou de cours d'eau, qu'elles ont régulièrement remises à l'autorité compétente (Conseil d'État, 8 décembre 1882, Compagnie de l'Ouest, frais de curage ; 7 août 1886, Compagnie d'Orléans, frais d'entretien d'une déviation de chemin vicinal, remise à la ville d'Aurillac).

Il convient aussi de renvoyer aux deux décisions suivantes du Conseil d'État : 29 mars 1853 (Cie de Paris à Saint-Germain contre ville de Paris), condamnation de la Compagnie à entretenir un passage supérieur livrant passage à une rue de Paris, sauf contribution de la ville dans la mesure des frais d'entretien normal de la chaussée ; 18 mars 1869 (Cie de Paris-Lyon-Méditerranée contre Bouquet), répartition entre la Compagnie et un riverain de la charge et des dépenses afférentes à l'entretien d'ouvrages d'irrigation, la Compagnie restant chargée de la partie située à l'intérieur des clôtures.

3. Pouvoirs du Ministre des travaux publics pour la désignation

des ouvrages à entretenir. — Les décisions ministérielles enjoignant aux Compagnies d'exécuter des travaux d'entretien ne sont pas susceptibles d'être déférées directement au Conseil d'État pour excès de pouvoir, par application des lois des 7-14 octobre 1790 et 24 mai 1872 ; il en est de même des décisions préfectorales régulièrement intervenues. On sait, en effet, que la voie du recours pour excès de pouvoirs est une voie exceptionnelle qui doit rester fermée, lorsque les particuliers, dont les droits sont lésés, disposent d'une autre voie de recours pour se faire rendre justice. Or, dans l'espèce, les Compagnies peuvent introduire une instance devant le Conseil de préfecture, pour faire juger si elles sont tenues par leur cahier des charges aux obligations que l'Administration entend leur imposer. C'est un principe que nous avons déjà rappelé à diverses reprises, notamment pour les travaux neufs (page 667).

La jurisprudence du Conseil d'État à cet égard n'a pas varié. On peut citer les arrêts suivants :

20 juillet 1854 : annulation d'un arrêté du Conseil de préfecture de la Loire-Inférieure, qui avait sursis à statuer sur une requête de la Compagnie d'Orléans contre une décision ministérielle et deux arrêtés préfectoraux, jusqu'à ce que ces actes eussent été rapportés ou annulés par qui de droit. (Le Ministre avait imposé à la Compagnie l'obligation de garder et de manœuvrer des ouvrages éclusés.)

4 juillet 1873 : rejet d'un recours pour excès de pouvoirs contre un arrêté par lequel le maire de Saint-Ouen avait enjoint à la Compagnie du chemin de fer et des docks de Saint-Ouen de mettre la place de la gare en bon état de viabilité et d'entretien, en se fondant sur ce que l'ordonnance du 25 avril 1830 avait chargé cette Compagnie de l'entretien des routes qu'elle aurait ouvertes et de tous les travaux relatifs à la conservation de leurs raccordements avec les routes départementales voisines.

7 juillet 1876 : rejet d'un recours pour excès de pouvoirs contre une décision préfectorale et une décision ministérielle prescrivant à la Compagnie de Paris-Lyon-Méditerranée l'entretien d'un chemin public latéral à une gare.

25 juin 1880 : rejet d'un recours de la Compagnie d'Orléans contre une décision par laquelle le Ministre l'avait invitée à présenter sans délai un projet pour la réparation de dommages causés à des voies publiques et mettant à la charge de la Compagnie la moitié des dépenses de certains travaux.

4. **Surveillance des travaux d'entretien.** — L'article 34 du cahier des charges soumet les Compagnies au contrôle et à la surveillance de

l'Administration, pour tout ce qui concerne l'entretien et les réparations du chemin de fer et de ses dépendances.

Cette surveillance est confiée, en vertu des articles 51 et 55 de l'ordonnance du 15 novembre 1846, aux ingénieurs et aux conducteurs des ponts et chaussées, sous la haute direction d'un inspecteur général des ponts et chaussées ou des mines.

Au lieu d'exposer ici l'organisation de la partie du contrôle qui a trait à l'entretien, nous croyons préférable de réunir cet exposé à celui de l'organisation générale du contrôle de l'exploitation auquel nous consacrerons plus loin un chapitre spécial.

5. Avis à donner au service du contrôle pour l'exécution de certains travaux. — Suivant une circulaire ministérielle du 18 janvier 1854, les travaux de *simple entretien* peuvent être exécutés par la Compagnie sans l'accomplissement d'aucune formalité préalable, si ce n'est quand il doit en résulter des modifications dans le service de l'exploitation et particulièrement dans la marche des trains : au cas où cette éventualité se réaliserait, l'Administration centrale et l'ingénieur en chef du contrôle devraient être mis auparavant en mesure d'examiner et d'approuver les mesures proposées par la Compagnie.

Pour les travaux de *grosses réparations* ou de *reconstruction*, qui ne doivent apporter aucun changement aux ouvrages primitifs et qui ne présentent pas une importance exceptionnelle, il suffit que la Compagnie prévienne l'ingénieur en chef du contrôle, au moins huit jours avant de mettre la main à l'œuvre, pour permettre à ce fonctionnaire d'organiser en temps utile le service de surveillance de ces travaux. Le délai de huitaine peut être réduit en cas d'urgence.

Quant à la construction des ouvrages nouveaux ou aux changements à apporter aux ouvrages existants, ils sont subordonnés à l'approbation préalable des projets.

Une deuxième circulaire ministérielle du 11 mai 1855 a reproduit les prescriptions de celle du 18 janvier 1854.

6. Mesures de précaution à prendre dans l'intérêt de la sécurité de l'exploitation. — A l'occasion des mesures de sécurité, nous aurons à indiquer les principales dispositions des règlements.

Pour l'heure, nous signalons seulement : 1° les articles 33 et 34 de l'ordonnance du 15 novembre 1846 et notamment l'article 33, prescrivant l'emploi de signaux d'arrêt ou de ralentissement, à l'approche des ateliers de réparation ; 2° les prescriptions contenues dans les règlements homologués

des divers réseaux, pour la circulation des trains de ballast et de matériaux, ainsi que des lorrys; 3° celles qui ont été adressées aux Compagnies,
particulièrement par une circulaire générale du Ministre des travaux publics en date du 17 octobre 1863, pour remiser soigneusement les outils
ou matériaux et ne laisser à la disposition des malfaiteurs aucun objet
susceptible de faciliter leurs tentatives criminelles.

**7. Gardiennage et manœuvre des barrières des passages à
niveau. — Signaux protecteurs. — *a*. Gardiennage et manœuvre. —**
Conformément à l'article 4 de la loi du 15 juillet 1845 et à l'article 4 de
l'ordonnance du 15 novembre 1846, « le mode, la garde et les conditions
« de service des barrières des passages à niveau sont réglés par le Ministre,
« sur la proposition de la Compagnie. » L'article 31 du cahier des
charges porte d'ailleurs que « la Compagnie sera tenue d'établir à ses
« frais, partout où besoin sera, des gardiens en nombre suffisant pour
« assurer la sécurité du passage sur la voie et celle de la circulation ordi-
« naire sur les points où le chemin de fer sera traversé à niveau par des
« routes ou chemins ».

Les règlements arrêtés par le Ministre des travaux publics ne sont pas
absolument uniformes pour toutes les Compagnies; cependant ils ne
présentent pas de divergences bien marquées.

Sur le réseau de Paris-Lyon-Méditerranée, par exemple, les passages
à niveau sont divisés en cinq catégories, savoir :

1re catégorie : passages pour voitures, ouverts en moyenne plus de 100
fois par 24 heures ;

2e catégorie : passages pour voitures, ouverts en moyenne de 50 à
100 fois par 24 heures ;

3e catégorie : passages pour voitures, ouverts en moyenne moins de
50 fois par 24 heures ;

4e catégorie : passages pour voitures ou piétons, concédés à des
particuliers ;

5e catégorie : passages publics pour piétons, isolés ou accolés à des
passages pour voitures.

Pour les passages de la 1re catégorie, les barrières restent habituellement ouvertes pendant le jour et ne sont fermées qu'à l'approche des
trains; la nuit, elles sont habituellement fermées. Le service en est fait
par des agents à poste fixe; il ne peut être confié à des femmes que
durant le jour.

Pour les passages de la 2e catégorie, les barrières sont habituellement
fermées pendant le jour, sur les lignes à très grande fréquentation, et

ne sont ouvertes qu'à la demande des passants; elles restent, au contraire, ordinairement ouvertes, comme pour les passages de la 1re catégorie, sur les lignes à moyenne ou à faible circulation. Pendant la nuit, elles sont fermées sur toutes les lignes. Un homme, logé dans une maison contiguë est tenu de se rendre à l'appel de toute personne qui demande l'ouverture des barrières.

Les passages de la 3e catégorie sont habituellement fermés, jour et nuit, et ouverts, à la demande des passants, par un agent logé dans la maison contiguë au passage à niveau.

Ceux de la 4e catégorie sont fermés à clef par les propriétaires auxquels ils ont été concédés et manœuvrés par eux, sous leur responsabilité.

Enfin, ceux de la 5e catégorie sont ouverts par les passants à leurs risques et périls.

Sur les lignes n'ayant pas de service de nuit, les barrières des passages des trois premières catégories restent ouvertes, sauf les nécessités du service, entre le dernier train du soir et le premier train du matin.

Sur les points où la fréquentation des voies de terre traversées par le chemin de fer serait nulle pendant une partie du jour ou de la nuit ou à certaines époques de l'année, certains passages, désignés spécialement, pourraient être tenus constamment fermés pendant la période correspondante.

Quand l'ouverture d'une barrière est demandée, l'agent chargé de la manœuvre doit s'assurer que les voies peuvent être traversées avant l'arrivée d'un train; dans ce cas, il ouvre d'abord la barrière de sortie. Il doit refuser d'ouvrir, lorsque le train est annoncé ou est en vue à moins de 2 kilomètres.

Aux passages à niveau fermés par des barrières manœuvrées à distance, la demande d'ouverture se fait au moyen de sonnettes; l'agent avertit de même le public avant de refermer le passage.

Les barrières des passages à niveau, qui sont habituellement ouvertes, doivent être fermées cinq minutes avant l'heure réglementaire du passage des trains réguliers ou annoncés.

Quand un passage à niveau, voisin d'une station, est dans le cas d'être intercepté pendant plus de 10 minutes consécutives par des trains en stationnement ou en manœuvre, le préfet fixe, s'il y a lieu, sur la proposition de l'ingénieur en chef du contrôle et la Compagnie entendue, la durée maximum de l'interception.

Le classement des passages à niveau dans chacune des catégories est réglé par des arrêtés préfectoraux qui sont soumis à l'approbation ministérielle, puis imprimés et affichés aux frais des Compagnies ou tout au moins insérés dans le recueil des actes administratifs du département (1) (2) (3).

b. Signaux protecteurs. — A la suite d'un accident survenu sur la ligne de Lyon à Grenoble, le Ministre des travaux publics a invité les Compagnies, par une circulaire du 3 septembre 1879 :

1° à procéder, de concert avec le service du contrôle, à une revision générale de leurs passages à niveau, en vue de déterminer ceux de ces passages qui, à raison de leur situation particulière, auraient besoin d'être protégés plus spécialement ;

2° à proposer les mesures dont cette revision aurait fait reconnaître l'opportunité.

En même temps, la Commission d'enquête instituée en août 1879 par M. de Freycinet, pour étudier les moyens de prévenir les accidents de chemins de fer, portait tout particulièrement ses investigations sur les mesures adoptées pour protéger la circulation à la traversée des passages à niveau. Dans son rapport du 8 juillet 1880, l'honorable président de cette Commission faisait connaître que, sur plusieurs réseaux, les passages à niveau les plus dangereux étaient munis, soit de disques avancés manœuvrés par les gardes-barrières et permettant de couvrir les voitures pendant le temps nécessaire à la traversée du chemin de fer, soit de signaux avertisseurs prévenant ces agents de l'approche des trains ou leur permettant de communiquer avec des postes voisins. Parmi ces signaux avertisseurs, il donnait une mention spéciale à l'appareil télégraphique imaginé par M. Jousselin, ainsi qu'aux cloches électriques.

Il concluait, au nom de la Commission, à « recommander aux Compa- « gnies l'emploi d'appareils avertisseurs ou protecteurs aux passages à « niveau, eu égard à leur situation et à leur fréquentation ».

Une circulaire conforme à cette conclusion a été envoyée aux Compagnies, le 13 septembre 1880, par le Ministre des travaux publics. Confor-

----

(1) Les préfets ont reçu, par circulaire ministérielle du 12 septembre 1881, des instructions concernant la procédure à suivre pour la réglementation et le classement des passages à niveau.

(2) On pourra consulter aussi une circulaire du 18 mai 1881 relative au service des passages à niveau, sur les lignes à circulation interrompue pendant la nuit. Cette circulaire recommande l'ouverture permanente des barrières entre le dernier train du soir et le premier train du matin, sauf des cas exceptionnels. Elle admet, à défaut d'autre combinaison meilleure, l'installation de barrières volantes au travers de la voie pour les passages sur lesquels circulent des bestiaux ou des voitures par convois.

(3) Les pouvoirs du Ministre ont été, pour l'Algérie, délégués au gouverneur général, par décret du 19 mai 1882, toutes les fois que la réglementation ne soulève pas de questions nécessitant l'intervention du Comité de l'exploitation technique.

mément aux prescriptions de cette circulaire et de celle du 3 septembre 1879, il a été procédé à une étude générale par les services de contrôle et les Compagnies ; un assez grand nombre de passages à niveau ont été pourvus de disques à distance manœuvrés par les gardes-barrières ou d'appareils avertisseurs, tels que cloches électriques, appareils Regnault et appareils Jousselin.

Le caractère de notre publication ne nous permet pas d'entrer dans plus de développements sur ces mesures techniques.

c. Gardiennage et manœuvre des barrières des passages a niveau sur les lignes en construction. — Les mesures prescrites pour la pose, le gardiennage et la manœuvre des barrières aux passages à niveau sont destinées à protéger, non seulement l'exploitation du chemin de fer, mais encore la circulation sur les voies de terre traversées par la ligne. Elles deviennent donc applicables, même pendant la période de construction, aussitôt que des trains de ballast ou de matériaux sont mis en circulation. Faute de s'y conformer, la concessionnaire serait passible des peines prévues par la loi du 15 juillet 1845. (Arrêt du Conseil d'État du 4 août 1876, Compagnie de Lille à Valenciennes.)

d. Éclairage des passages a niveau pendant la nuit. — L'article 6 de l'ordonnance du 15 novembre 1846 prescrit d'éclairer, aussitôt après le coucher du soleil et jusqu'après le passage du dernier train, les passages à niveau pour lesquels l'Administration jugera cette mesure nécessaire.

D'après la réglementation récente que nous avons déjà citée pour les passages à niveau du réseau de Lyon, les passages de la 1re catégorie sont éclairés de deux feux et ceux de 2e catégorie d'un feu ; les autres ne le sont pas, à moins de prescriptions spéciales de l'Administration supérieure.

Une circulaire ministérielle du 18 mai 1881 a recommandé l'éclairage permanent des passages maintenus ouverts la nuit, surtout pour la première et la deuxième catégories.

8. Surveillance de la voie par les agents de la Compagnie. — Les Compagnies font surveiller la voie par les poseurs, les gardes-barrières, les agents préposés au service des souterrains et à la manœuvre des signaux ou des aiguilles en dehors des gares, etc. Cette surveillance se fait sous les ordres des chefs d'équipe, qui visitent d'ailleurs ou font visiter chaque jour leur canton.

Les règles et les principes adoptés par les diverses Compagnies varient sensiblement.

Sur le Nord, la voie est surveillée : 1° le jour, par les gardes-barrières et les équipes de cantonniers ; 2° la nuit, par quelques gardes-barrières aux passages à niveau les plus importants et par des gardes spéciaux, dont le parcours est plus ou moins long suivant l'importance des lignes à surveiller. Les gardes ambulants ont été supprimés sur plusieurs chemins munis du block-system.

Sur l'Est, les chefs d'équipe visitent ou font visiter chaque jour leur canton. Il y a, en outre, des rondes de nuit dans l'étendue des lignes où circulent des trains en dehors des heures du travail journalier des équipes. Les itinéraires sont variés de telle sorte que la surveillance ne s'exerce pas toujours à la même heure au même point de la ligne. La Compagnie ne considère pas la surveillance de nuit comme très efficace, en dehors des circonstances exceptionnelles qui peuvent passagèrement menacer la circulation.

Sur l'Ouest, la voie est surveillée le jour par les chefs d'équipe, poseurs, gardes spéciaux, gardes-barrières, gardes-tunnels, gardes-lignes ; la nuit, par des surveillants de nuit et des gardes spéciaux de service. Pour les lignes à circulation non interrompue, il existe un personnel spécial et permanent de surveillants ambulants, ayant à parcourir en général 10 kilomètres. Pour les autres, le service de nuit est assuré par le personnel des équipes à tour de rôle ; l'agent désigné reste sur la voie jusqu'après le passage du dernier train ; la voie est visitée le lendemain matin, avant le passage du premier train.

Sur l'Orléans, la surveillance est assurée par des gardes de jour, dont les cantons ont de 2 à 5 kilomètres de longueur et doivent être parcourus au moins quatre fois dans la journée. Pour quelques lignes à faible circulation, il n'y a pas de gardes spéciaux ; le service est fait par les poseurs allant à leur chantier ou en revenant. Quand il y a une circulation de nuit, la surveillance est faite par des gardes de nuit, dont le canton a généralement de 8 à 9 kilomètres de longueur et est parcouru deux fois dans la nuit.

Sur le réseau de Paris-Lyon-Méditerranée, la surveillance de jour est faite par les ouvriers poseurs ; les gardes ambulants de nuit ont été supprimé.

Sur le Midi, pour les lignes où il n'y a pas de circulation de nuit, la voie est visitée le matin, dans l'étendue de chaque canton (dont la longueur varie de 5 k. à 6 k. 5), avant le passage du premier train ; elle l'est une seconde fois au moins, pendant la durée du service de jour ; le soir, la surveillance dure jusqu'au passage du dernier train. Pour les lignes à circulation non interrompue, des surveillants de nuit circulent constamment et doivent parcourir au moins une fois leur étape, qui s'étend sur 5 à 13 kilomètres.

Sur le réseau de l'État, la voie est visitée matin et soir par des poseurs logés, qui la parcourent en se rendant à leur travail. Chaque chef d'équipe parcourt son canton une fois au moins par semaine.

Parmi les différences d'organisation que relèvent ces courtes indications, il en est qui se justifient par la nature de la voie, par le système d'exploitation, par le degré d'intensité de la circulation et par d'autres raisons spéciales à tel ou tel réseau. Il importe peu d'ailleurs que les règles en vigueur sur les divers réseaux soient absolument identiques, pourvu qu'elles assurent une surveillance efficace.

9. Pouvoirs du Ministre pour la surveillance de la voie par les Compagnies. — Conformément aux articles 3 et 31 de l'ordonnance du 15 novembre 1846, les Compagnies sont tenues de placer, partout où il en est besoin, des gardiens en nombre suffisant pour assurer la surveillance de la voie; en cas d'insuffisance, ce nombre est fixé par le Ministre des travaux publics, la Compagnie entendue.

L'article 60 de la même ordonnance oblige les Compagnies à soumettre à l'approbation du Ministre leurs règlements relatifs au service et à l'exploitation du chemin de fer. D'après l'article 69, le Ministre peut statuer directement, s'il n'a pas reçu les propositions des Compagnies dans le délai qu'il aura déterminé.

L'article 33 du cahier des charges rappelle que des règlements d'administration publique, rendus après que la Compagnie aura été entendue, détermineront les mesures et les dispositions nécessaires pour assurer la police et l'exploitation du chemin de fer, ainsi que la conservation des ouvrages qui en dépendent. (Loi du 11 juin 1842, art. 9.) Toutes les dépenses qu'entraîne l'exécution des mesures prescrites en vertu de ces règlements sont à la charge de la Compagnie.

Le Ministre des travaux publics est donc surabondamment armé pour tout ce qui intéresse la surveillance et le bon entretien de la voie.

Les dispositions adoptées sur la proposition des Compagnies ou arrêtées d'office par l'Administration ont d'ailleurs leur sanction dans les peines édictées par l'article 21 de la loi du 15 juillet 1845, ainsi conçu : « Toute « contravention aux ordonnances royales portant règlement d'administration « publique sur la police, la sûreté et l'exploitation du chemin de fer, et « aux arrêtés pris par les préfets, sous l'approbation du Ministre des tra-

« vaux publics, pour l'exécution desdites ordonnances, sera punie d'une
« amende de 16 à 300 francs. — En cas de récidive dans l'année, l'amende
« sera portée au double et le tribunal pourra, selon les circonstances,
« prononcer en outre un emprisonnement de trois jours à un mois. » On
remarquera que la rédaction de l'article 21 de la loi du 15 juillet 1845
semblerait contraindre le Ministre à provoquer des arrêtés préfectoraux
pour donner à ses décisions une sanction pénale. Cette rédaction, inspirée
par les règles alors en usage pour le partage des attributions, n'a point
arrêté l'autorité judiciaire, nous le verrons plus tard ; les décisions ministérielles ont toujours été considérées comme rentrant dans le cadre de l'article 21 de la loi du 15 juillet 1845, au même titre que les arrêtés préfectoraux auxquels elles avaient été du reste assimilées par l'article 79 de
l'ordonnance du 15 novembre 1846.

Nous reviendrons plus longuement sur ces principes, en traitant de
l'exploitation des chemins de fer.

10. Règles de compétence. — Nous avons déjà fait connaître que
les décisions du Ministre portant injonction aux Compagnies d'exécuter des
travaux d'entretien ne pouvaient être attaquées directement devant le Conseil d'État pour excès de pouvoirs.

Cette voie de recours ne pourrait être ouverte qu'exceptionnellement
contre des règlements ou des décisions intervenues en dehors des cas ou
des formes prévus par les lois du 11 juin 1842 et du 15 juillet 1845 et par
l'ordonnance du 15 novembre 1846.

Dans la plupart des cas, la juridiction compétente pour connaître des
litiges entre l'Administration et la Compagnie, au sujet de l'entretien du
chemin de fer et de ses dépendances, serait le Conseil de préfecture, auquel il appartient d'interpréter les actes de concession, en vertu de la loi
du 28 pluviôse an VIII.

Ce serait également le Conseil de préfecture qui aurait à statuer sur
les procès-verbaux constatant des contraventions aux clauses du cahier
des charges ou aux décisions rendues en exécution de ces clauses, en ce
qui concerne le service de la navigation, la viabilité des routes et chemins,
le libre écoulement des eaux.

Les procès-verbaux constatant des contraventions aux décrets portant
règlement d'administration publique sur la police, la sûreté et l'exploitation du chemin de fer, ou aux décisions ministérielles ainsi qu'aux arrêtés
préfectoraux dûment approuvés, intervenus pour l'exécution de ces décrets,
devraient être déférés aux tribunaux correctionnels.

Quant aux contestations entre les Compagnies et les particuliers ou les communes au sujet de leurs obligations respectives, elles seraient jugées par le Conseil de préfecture, à moins qu'il ne s'agit de l'interprétation d'une décision du jury ou d'une convention particulière conclue sans intervention de la part de l'Administration. (Conseil d'État, 18 mars 1869, C¹ᵉ de Paris-Lyon-Méditerranée contre Bouquet; 1ᵉʳ avril 1869, ville de Dreux contre C¹ᵉ de l'Ouest.)

11. Charges municipales. — Les Compagnies de chemins de fer ont à supporter certaines charges municipales, qui se rattachent à l'entretien et que nous signalons pour mémoire, sans y insister.

C'est ainsi, par exemple, que les chemins de fer peuvent être soumis, comme les propriétés privées, à la charge du balayage des rues qui avoisinent les gares et leurs dépendances librement ouvertes au public. Mais cette charge ne s'étend pas aux voies et autres parties du domaine du chemin de fer qui sont sans communication avec les rues voisines. (Cour de cassation, 19 novembre 1884, Lebargy.)

TROISIÈME PARTIE

RÉGIME DES PROPRIÉTÉS RIVERAINES

POLICE DE LA CONSERVATION — CONTRAVENTIONS DE VOIRIE

COMMISES PAR LES CONCESSIONNAIRES

CHAPITRE Ier

DU RÉGIME DES PROPRIÉTÉS RIVERAINES
ET DES PERMISSIONS DE VOIRIE

§ I. — DES SERVITUDES IMPOSÉES AUX PROPRIÉTÉS RIVERAINES

1. Principes posés par la loi du 15 juillet 1845. — Le premier principe posé par la loi du 15 juillet 1845 est que les « chemins de fer « construits ou concédés par l'État font partie de la grande voirie ». (Article 1.)

Dans le projet de loi déposé le 29 juin 1844 sur le bureau de la Chambre des pairs, le Gouvernement avait proposé de déclarer en bloc applicables aux chemins de fer les « lois et règlements sur la grande voirie « des routes de terre », sauf quelques modifications ou additions.

Mais la Commission de la Chambre des pairs considéra comme impossible cette application in globo de règlements dont quelques-uns pouvaient ne pas s'adapter aux voies ferrées. Prenant acte de ce que le Ministre avait reconnu suffisant d'étendre aux chemins de fer les règles concernant un certain nombre d'objets limitativement énumérés, elle présenta une série de dispositions reproduisant, avec les changements convenables, celles qui étaient en vigueur pour les routes. Son contre-projet dispensait notamment les riverains de la formalité d'alignement, qu'il lui paraissait inutile de maintenir le long de voies obligatoirement pourvues de clôtures; il les laissait sous le régime du code civil, pour les servitudes de construction telles que les jours, mais en conférant toutefois au Gouvernement le pouvoir d'augmenter les distances par ordonnance royale, si l'expérience en révélait la nécessité.

Après une discussion approfondie devant les deux Chambres, la rédaction suivante fut adoptée :

Article 3. — « Sont applicables aux propriétés riveraines des chemins de fer les servitudes imposées par les lois et règlements sur la « grande voirie et qui concernent : l'alignement; l'écoulement des eaux; « l'occupation temporaire des terrains en cas de réparation ; la distance à

« observer pour les plantations et l'élagage des arbres plantés ; le mode
« d'exploitation des mines, minières, tourbières, carrières et sablières dans
« la zone déterminée à cet effet. »

A cette disposition en furent ajoutées quelques autres que nous passe-rons successivement en revue et que nous nous abstenons par suite de reproduire ici, concernant la distance des constructions, des excavations au pied des remblais, des couvertures en chaume, des meules de paille ou de foin, des autres dépôts de matières inflammables, des dépôts de pierres et objets non inflammables.

La loi du 15 juillet 1845 a d'ailleurs été déclarée applicable aux che-mins de fer d'intérêt local par l'article 4 de la loi du 12 juillet 1865 et par l'article 20 de la loi du 11 juin 1880.

2. Alignement. — a. Alignement le long du chemin de fer. — L'obligation de demander l'alignement résulte de l'arrêt du Conseil du 27 février 1765.

C'est au préfet qu'il appartient de le délivrer, sans que son arrêté soit subordonné à l'approbation du Ministre des travaux publics. Le Conseil d'État a statué dans ce sens, le 16 avril 1851, et annulé un arrêté du Con-seil de préfecture du Nord portant condamnation de la dame veuve Délier, qui avait élevé des constructions près de la gare de Lille, conformément à un arrêté préfectoral d'alignement annulé ultérieurement par le Mi-nistre.

Le préfet ne saurait, sans excéder ses pouvoirs et les limites de sa compétence, subordonner l'alignement à des conditions qui auraient pour effet de prononcer sur des questions de servitudes et d'application des lois et règlements en matière de grande voirie. Le 15 décembre 1859, le Con-seil d'État a annulé un arrêté par lequel le préfet de la Seine, en déli-vrant l'alignement à un sieur Klein, lui avait imposé l'obligation d'arrêter son mur en deux points déterminés, de ne former aucun dépôt à moins de deux mètres d'une maison de garde, de souffrir les vues de cette mai-son, de donner accès sur son terrain pour certains travaux et d'élever son mur à une hauteur minimum déterminée : il est difficile d'imaginer un excès de pouvoirs plus caractérisé.

La nécessité de demander l'alignement n'existe que pour les construc-tions élevées à la limite du chemin de fer ou dans l'étendue des zones de servitudes. Le Ministre des travaux publics l'avait déjà fait observer dans une circulaire du 27 septembre 1855 ; le Conseil d'État l'a également jugé le 13 décembre 1860 (Ricard). Ce n'est d'ailleurs que l'application de la jurisprudence du Conseil concernant les routes.

Il y a toutefois, entre les chemins de fer et les routes, une différence notable. Tandis que l'Administration peut obliger le propriétaire d'une route à se clore sur l'alignement, pour ne pas laisser subsister des retraites susceptibles de nuire à la sécurité de la circulation ou à la sécurité publique, elle ne saurait avoir les mêmes droits sur les chemins de fer, le long desquels les mêmes raisons de clore à l'alignement n'existent pas. L'auteur de la circulaire du 27 septembre 1855 a eu soin d'appeler l'attention des préfets et des ingénieurs sur cette différence.

b. ALIGNEMENT LE LONG DES GARES, DES AVENUES D'ACCÈS, DES ROUTES ET CHEMINS DÉVIÉS. — L'obligation de demander l'alignement s'applique sans conteste, non seulement au corps du chemin de fer, mais à toutes ses dépendances et notamment aux gares et aux avenues d'accès qui sont restées entre les mains du concessionnaire. Ce principe a été rappelé, en particulier, dans un arrêt du Conseil d'État en date du 26 juin 1869, relatif à une avenue d'accès (Le Brun de Blon).

Il appartient encore au préfet de délivrer l'alignement sur la proposition des ingénieurs du contrôle, la Compagnie entendue, le long des déviations des routes nationales ou départementales, des chemins vicinaux et des autres voies communales classées, tant qu'elles n'ont pas été remises aux services intéressés : jusqu'à leur remise, en effet, ces déviations constituent des dépendances du domaine de la voie ferrée et le préfet en a la garde provisoire, comme représentant du service du chemin de fer.

Mais les riverains ne seraient point contraints de solliciter l'alignement le long des chemins non classés, tels que les chemins latéraux de simple exploitation. On pourra consulter, à cet égard, un décret au contentieux du 15 février 1864 (Vauquelin), bien que ce décret ne se réfère pas tout à fait à la question : il s'agissait d'un procès-verbal de contravention de grande voirie dressé pour ouverture, sans autorisation, d'un fossé à la limite d'un chemin latéral ; le Conseil a renvoyé le prévenu des fins de ce procès-verbal.

c. DÉLIMITATION LE LONG DES TERRAINS APPARTENANT AU DOMAINE PRIVÉ DE L'ÉTAT OU DES COMPAGNIES. — L'obligation de demander l'alignement, ayant été exclusivement édictée dans l'intérêt de la conservation du domaine public, ne s'étend pas aux terrains qui font partie du domaine privé de l'État ou des Compagnies.

Mais les riverains peuvent réclamer une délimitation, conformément à l'article 646 du Code civil. Cette délimitation est faite contradictoirement entre eux et les agents de l'État ou des Compagnies.

d. FORME DE LA NOTIFICATION DES ARRÊTÉS D'ALIGNEMENT. — Il n'existe pas de forme spéciale prescrite par les règlements, pour la notification des arrêtés d'alignement. Un propriétaire qui, sur l'invitation du maire, a pris connaissance d'un arrêté à la mairie et auquel l'alignement a été donné sur le terrain, en sa présence, par un conducteur des ponts et chaussées, ne peut soutenir qu'il n'a pas eu connaissance des dispositions de cet arrêté. (Conseil d'État, 11 mai 1883, Colein.)

3. **Distance à laquelle les constructions peuvent être élevées.** — *a.* CORPS DU CHEMIN DE FER. — L'article 5 de la loi du 15 juillet 1845 porte: « A l'avenir, aucune construction autre qu'un mur de clôture ne « pourra être établie dans une distance de 2 mètres d'un chemin de fer. « — Cette distance sera mesurée, soit de l'arête supérieure du déblai, « soit de l'arête inférieure du talus de remblai, soit du bord extérieur « des fossés du chemin et, à défaut, d'une ligne tracée à 1 m. 50 à partir « des rails extérieurs de la voie de fer. »

Ces dispositions ont pour objet: 1° d'empêcher les riverains de laisser tomber ou de jeter sur la voie des matériaux ou des objets de nature à compromettre la sécurité de la circulation ; 2° d'éviter les incendies que les flammèches ou les escarbilles échappées des locomotives auraient pu provoquer dans des constructions trop rapprochées, en y pénétrant par les fenêtres ou par les portes.

Les Chambres ont repoussé, lors de la discussion de la loi, divers amendements qui tendaient : 1° à soustraire à l'interdiction de bâtir dans la zone de deux mètres, la traversée des villes et villages, eu égard à la valeur considérable des terrains dans les lieux habités et au préjudice que la servitude ferait peser sur les particuliers ; 2° à créer un droit à l'indemnité en faveur des riverains des chemins de fer existant en 1845, attendu que ces riverains n'avaient pu être indemnisés, lors des acquisitions de terrains, d'un dommage dont la cause n'existait pas encore. Le rejet de ces amendements s'imposait au législateur. D'une part, en effet, c'est précisément à la traversée des lieux habités que les dangers sont le plus graves et qu'il importe le plus de les éviter. D'autre part, l'institution d'une servitude d'utilité publique n'est pas en général susceptible d'ouvrir un droit à indemnité: il serait facile de citer de nombreux exemples d'application de ce principe, notamment en fait de servitudes militaires; le jury ne devrait même pas, s'il était tenu de motiver ses décisions, avoir égard, dans la fixation des indemnités, à l'interdiction de bâtir à moins de deux mètres.

Le mur de clôture cesse d'avoir ce caractère et devient une véritable construction, dès qu'il y est pratiqué des ouvertures : toute autre interprétation de la loi irait à l'encontre des intentions du législateur et des motifs qui ont dicté les prescriptions de l'article 5 ; le Conseil d'État l'a formellement indiqué dans les considérants de son arrêt du 16 avril 1851 (Vve Délier).

Les indications de la loi relatives aux limites de la zone de servitude doivent être appliquées littéralement. Aucune disposition n'ayant été édictée au sujet de l'inclinaison des talus de déblai ou de remblai, s'il existe des murs de soutènement, c'est à partir de la crête ou du pied de ces murs que doit être comptée, le cas échéant, la distance de deux mètres. Le Conseil d'État a condamné, le 19 juin 1863, un riverain qui avait bâti à moins de deux mètres de la crête d'un mur de soutènement, bien que le bâtiment fût à plus de 1^m50 du rail le plus voisin (Delafond). Il a annulé, le 21 janvier 1881, une décision par laquelle le Ministre des travaux publics avait mesuré la zone de 2 mètres à partir d'un mur de clôture situé en arrière du talus de déblai (Noël et Viguier).

Toutefois, au cas où les ouvrages présenteraient des déformations temporaires et accidentelles, la fixation de l'alignement devrait naturellement être basée sur leur situation normale.

Il arrive fréquemment que, tout en décidant la construction d'une ligne à double voie, on ajourne provisoirement la pose de l'une des deux voies ; dans ce cas, les zones de servitude doivent être mesurées néanmoins comme si les deux voies étaient posées. L'Administration n'est, en effet, liée par aucun délai pour l'exécution des travaux ; l'interdiction de bâtir résulte de la déclaration d'utilité publique et doit être appliquée dès que les projets sont approuvés et les expropriations réalisées.

Lorsqu'un riverain a construit en dehors de la zone d'interdiction, les jours directs qu'il prend sur le chemin de fer sont licites, quelle que soit leur distance à la limite du domaine public et l'Administration ne saurait invoquer contre lui les règles du droit civil, qui régissent exclusivement les rapports entre particuliers. (Conseil d'État, 16 avril 1851, veuve Délier ; 13 décembre 1860, Ricard.)

b. DÉPENDANCES DU DOMAINE PUBLIC AUTRES QUE LES AVENUES D'ACCÈS ET LES COURS EXTÉRIEURES DES GARES. — Les prescriptions de l'article 5 de la loi du 15 juillet 1845 s'appliquent-elles aux dépendances du chemin de fer, aux bâtiments des gares, ateliers, magasins, cours intérieures, etc.? Nous examinerons la question, en laissant provisoirement de côté les avenues d'accès et les cours extérieures des gares, auxquelles il convient de consacrer un paragraphe spécial.

Les monuments de la jurisprudence du Conseil d'État statuant au contentieux sont les suivants :

— 12 mai 1853 (Chauvin) : décret portant que « si l'article 5 de la loi « du 15 juillet 1845 interdit d'élever des constructions dans une distance « de 2 mètres mesurés ...., cette disposition, prescrite dans un « intérêt de police et pour la sécurité de la voie de fer, n'est pas applicable « aux constructions contiguës à un embarcadère, mais placées à plus de « 2 mètres de la voie de fer elle-même, et que, dès lors, en construisant « sur un terrain distant de plus de 2 mètres de la ligne de fer, le sieur « Chauvin n'a commis aucune contravention ».

— 19 juin 1863 (Delafond) : condamnation d'un riverain, pour avoir bâti à moins de 2 mètres de la crête du mur de soutènement d'une gare, bien que la construction fût à 6^{m}35 du rail le plus rapproché ;

— 3 août 1866 (Novion) : renvoi d'un riverain des fins d'un procès-verbal dressé contre lui pour avoir exhaussé et réparé des bâtiments à moins de 2 mètres du mur de clôture d'une gare, mais à plus de 4 mètres des rails extérieurs des voies de service.

Si on fait abstraction du second arrêt, sur la portée duquel les circonstances de l'espèce permettent de concevoir quelques doutes, on voit que le Conseil d'État au contentieux a déclaré l'article 5 de la loi inapplicable aux dépendances du chemin de fer *non pourvues de voies.*

Cette jurisprudence est absolument irréprochable.

L'article 5 de la loi du 15 juillet 1845 prescrivant de mesurer la distance de 2 mètres *à partir du rail extérieur*, sur les points où il n'y a ni déblai, ni remblai, ni fossé, la servitude instituée par cet article est nécessairement restreinte aux parties du domaine public sur lesquelles sont posées des voies ferrées et ne saurait être appliquée aux bâtiments des gares, magasins, ateliers, cours intérieures ou extérieures, jardins, etc.

Cette interprétation est d'ailleurs conforme, non seulement à la lettre, mais encore à l'esprit de la loi : car, ainsi que nous l'avons rappelé, le législateur, en édictant l'article 5, s'est proposé tout à la fois de protéger la sécurité de la circulation sur le chemin de fer et de prévenir les incendies auxquels les flammèches et les escarbilles échappées des locomotives exposeraient les constructions trop rapprochées de la voie.

La Section des travaux publics du Conseil d'État, consultée récemment par le Ministre des travaux publics, s'est catégoriquement prononcée dans le même sens que le Conseil statuant au contentieux. (Avis du 2 juin 1886.)

Sans aucun doute, la doctrine que nous venons d'exposer peut donner lieu à des objections. Les chemins de fer ne se font pas de toutes pièces et n'arrivent pas, dès l'origine, à leur état définitif. Le développement pro-

gressif de leur trafic, les nécessités révélées par l'expérience, les besoins
imprévus résultant par exemple de la jonction avec des lignes nouvelles
ou d'un changement dans les conditions d'exploitation, obligent souvent à
déplacer des voies ou à en poser de nouvelles sur des emplacements qui en
étaient dépourvus. Lorsque ces éventualités se réalisent, les limites de la
zone de servitude non ædificandi se déplacent et subissent des variations
fâcheuses pour la propriété privée, dont le sort reste incertain, et pour
le chemin de fer, dont les intérêts peuvent être compromis par des constructions trop rapprochées de la voie.

D'autre part, les dispositions restrictives du § 3 de l'article 5, concernant l'entretien des constructions dans les zones de servitudes, et celles de
l'article 10, concernant leur suppression moyennant indemnité réglée conformément aux titres IV et suivants de la loi du 3 mai 1841, ne visent
que les constructions existant « lors de l'établissement du chemin de fer ».
Bien que ces termes nous paraissent devoir être compris lato sensu, on
pourrait faire valoir que les servitudes doivent être rigoureusement limitées
aux cas expressément prévus par le législateur, que dans le doute elles
doivent être restreintes plutôt qu'élargies, et que, dès lors, les dispositions
précitées ne peuvent profiter aux voies nouvelles.

Mais, quelle que soit la valeur de ces objections, elles ne sauraient prévaloir contre le texte de la loi de 1845, dont le législateur seul pourrait,
s'il le jugeait utile, corriger les imperfections.

La Section des travaux publics du Conseil d'État a été consultée, non
seulement sur l'applicabilité de l'article 5, § 1 et 2, mais encore sur la
question de savoir si, à défaut de ces dispositions spéciales à la législation
des chemins de fer, les obligations des riverains devaient être réglées par
les dispositions générales du droit commun. Elle n'a pas hésité à répondre
négativement.

Il est de principe, en effet, que les prescriptions du Code civil relatives aux rapports entre les héritages voisins règlent exclusivement les
rapports des propriétés particulières et que, pour les relations entre le domaine public et les propriétés riveraines, la matière doit être régie par
des lois spéciales. Un arrêt du Conseil d'État du 11 mai 1883, intervenu à
propos de détournement de sources par la construction d'un tunnel, a,
par exemple, déclaré inapplicable l'article 641 du Code civil; un décret
au contentieux du 26 juin 1869 avait statué de même, au sujet de l'application des articles 678 et 681, le long d'une avenue d'accès (1).

(1) Un décret au contentieux du 27 août 1857 (Boilée-Martin) avait déclaré que le
préfet de la Meuse n'était pas sorti des limites de ses pouvoirs, en autorisant le riverain

En l'état, aucune disposition légale n'interdit aux riverains des dépendances du chemin de fer de construire à la limite même du domaine public et d'y prendre des jours, sans observer les prescriptions des articles 675 et suivants du Code civil. Au cas même où ils pratiqueraient des issues sur les dépendances du chemin de fer, l'Administration ne disposerait, pour réprimer leur entreprise, que des lois et règlements visés par l'article 2 de la loi du 15 juillet 1845, s'ils commettaient des dégradations, et de l'article 61 de l'ordonnance du 15 novembre 1846, portant interdiction de pénétrer dans l'enceinte du chemin de fer, dans la mesure où cet article pourrait être applicable.

Toutefois, le concessionnaire resterait libre de clore le domaine public par des barrières ou des murs, avec l'autorisation de l'Administration; son droit, à cet égard, ne serait jamais prescrit. Le Conseil d'État, au contentieux, l'a reconnu par plusieurs arrêts que nous citerons plus loin et qui concernent tous des avenues d'accès.

c. Avenues d'accès et cours extérieures des gares. — Nous n'avons à envisager que les avenues qui ne sont pas classées, soit dans le réseau des routes nationales ou départementales, soit dans la voirie vicinale ou urbaine, et qui sont, par suite, restées dans les dépendances du chemin de fer.

Ces avenues peuvent se diviser en deux catégories, savoir :

1° Celles dont l'objet exclusif est de relier la gare à une voie publique;

2° Celles qui constituent en même temps des déviations de voies publiques interceptées par le chemin de fer.

Pour les avenues de la première catégorie, la situation légale est celle que nous venons d'exposer relativement aux autres dépendances du chemin de fer; encore convient-il d'observer que l'article 61 de l'ordonnance du 15 novembre 1846 ne pourrait être invoqué, pour empêcher les riverains de pratiquer des issues sur le domaine public. Le Conseil d'État, statuant au contentieux, a relaxé à diverses reprises des riverains qui étaient poursuivis pour avoir ainsi ouvert des sorties sur des avenues et même brisé les clôtures établies par la Compagnie, mais non autorisées par l'Administration et n'ayant point, en conséquence, le caractère d'ouvrages publics (10 janvier 1867, Thiébaut; 12 décembre 1884, Forneret; 22 mai 1885, Peyron; 22 mai 1885, Poidevin et autres; 4 décembre 1885, Peyron). Si, dans une autre circonstance, le Conseil d'État a prononcé une condamnation

d'un chemin d'accès d'une gare à marchandises à construire un mur, sous la réserve qu'il n'y pratiquerait d'ouvertures que dans les conditions du droit commun. Cette décision isolée est difficile à justifier.

(1er février 1884, Meuret), c'est parce que le contrevenant avait indûment établi une rampe dans le talus de déblai de l'avenue.

Quant aux avenues de la seconde catégorie, qui ne sont pas exclusivement réservées à l'exploitation du chemin de fer, mais sont livrées à la circulation générale comme les voies dont elles constituent des déviations, elles doivent être assimilées aux autres voies publiques de terre, au point de vue de l'exercice des droits des riverains, qui, par suite, peuvent y prendre des jours et des issues, sans que l'Administration ni le concessionnaire soient autorisés à s'y opposer. Le Conseil d'État l'a reconnu, au moins implicitement, dans deux décisions contentieuses du 10 janvier 1867 (Thiébaut) et du 26 juin 1869 (Le Brun de Blon), portant l'une relaxe d'un individu poursuivi pour bris de clôture, et l'autre annulation d'un arrêté d'alignement qui imposait au riverain des conditions tirées des articles 678 et 681 du Code civil. Ces deux décisions constatent dans leurs considérants que l'avenue était affectée à la circulation générale et reliait entre elles d'autres voies publiques ; on doit en conclure que le Conseil considérait les avenues d'accès placées dans cette situation comme devant être soumises à un régime différent de celui des avenues réservées au service de la gare.

A peine avons-nous besoin d'ajouter que les cours extérieures des gares suivent le sort des avenues dont elles font partie.

d. ROUTES ET CHEMINS DÉVIÉS. — Le long des déviations de routes, chemins vicinaux et ruraux ou voies urbaines, non encore remises aux services intéressés, les constructions peuvent évidemment être élevées à la limite même du domaine public, avec issues et jours directs sur ces voies de communication.

e. TERRAINS APPARTENANT AU DOMAINE PRIVÉ DE L'ÉTAT OU DES COMPAGNIES. — Quant aux terrains ne dépendant pas du domaine public et appartenant soit au domaine privé de l'État, soit au domaine privé des Compagnies, ils sont régis par les règles du droit civil, dans leurs rapports avec les propriétés voisines.

f. VALEUR DES RÉSERVES FAITES DANS LES ACTES DE CESSION, EN VUE DE LA RÉDUCTION DE LA ZONE DE SERVITUDE. — Il peut arriver qu'un riverain, en vendant des terrains à une Compagnie, se réserve, d'accord avec elle, la faculté de construire à une distance inférieure à celle qui a été déterminée par la loi du 15 juillet 1845. Cette stipulation serait contraire à la loi ; l'Administration aurait le droit et le devoir de s'opposer à son exécution, sous toute réserve de la suite dont serait susceptible un recours en dommages intérêts dirigé par le vendeur contre la Compagnie. (Voir à cet égard un arrêt de la Cour de cassation du 6 mai 1862, Richarme.)

4. Mitoyenneté de murs appartenant au domaine public du chemin de fer. — Une question qui se rattache étroitement au régime des propriétés riveraines est celle de savoir si un propriétaire riverain du chemin de fer peut réclamer ou obtenir, à titre gracieux, la mitoyenneté d'un mur dépendant du domaine public.

Il est hors de doute que les riverains sont sans droit pour réclamer la mitoyenneté d'un mur appartenant au domaine public du chemin de fer, fût-ce à titre de clôture ; les règles du droit civil sont inapplicables en la matière.

L'Administration ne peut davantage accorder à titre gracieux cette mitoyenneté, qui constituerait un démembrement de la propriété, incompatible avec le caractère d'inaliénabilité du domaine public ; en pareil cas, il faudrait un déclassement préalable prononcé par l'autorité compétente et faisant passer le mur du domaine public dans le domaine de l'État ou dans le domaine privé de la Compagnie. C'est en ce sens que s'est prononcée, le 13 avril 1880, la Section des travaux publics du Conseil d'État.

5. Entretien des constructions existantes lors de la promulgation de la loi du 15 juillet 1845 ou lors de l'établissement d'un nouveau chemin de fer. — Les § 3 et 4 de l'article 5 de la loi du 15 juillet 1845 sont ainsi conçus : « Les constructions existantes au moment de « la promulgation de la présente loi ou lors de l'établissement d'un nou- « veau chemin de fer pourront être entretenues dans l'état où elles se « trouveront à cette époque. — Un règlement d'administration publique « déterminera les formalités à remplir par les propriétaires, pour faire « constater l'état desdites constructions, et fixera le délai dans lequel ces « formalités devront être remplies. »

La Chambre des députés avait, dans le texte de la loi, ajouté à la faculté d'entretenir celle de réparer et de reconstruire. Le Gouvernement soutint cette addition devant la Chambre des pairs, en faisant valoir que la prohibition de tout travail confortatif et par suite l'obligation de démolir au bout d'un certain temps ne seraient pas compensées pour les riverains des chemins de fer, comme pour les riverains des routes, par les avantages de l'élargissement d'une voie sur laquelle ils eussent accès ; il invoquait les précédents relatifs aux servitudes militaires et notamment l'ordonnance de 1821, portant autorisation d'entretenir les bâtiments par des réparations et des reconstructions partielles, à charge par le propriétaire d'établir leur antériorité à l'institution des servitudes. Mais MM. Persil et d'Argout combattirent avec succès l'argumentation du Ministre, en insistant sur la nécessité de faire disparaître le plus tôt possible des constructions dangereuses et sur l'injustice qu'il y aurait à exonérer en fait les terrains bâtis d'une servitude pesant lourdement sur les terrains non bâtis. Quand le projet de loi revint devant la Chambre des députés, le texte voté par la Chambre des pairs fut maintenu, après un échange d'observations, desquelles il résultait que les travaux confortatifs et les travaux de reconstruction partielle n'augmentant pas l'importance des bâtiments seraient considérés comme licites et comme assimilables à des travaux d'entretien. Enfin, lors du second retour à la Chambre des pairs, M. Persil, rapporteur, contesta la portée attribuée au mot « entretien » par la Chambre des députés et exclut les travaux confortatifs, ainsi que les travaux de reconstruction partielle; le Ministre et le sous-secrétaire d'État des travaux publics ayant maintenu l'interprétation de la Chambre des députés, l'article fut renvoyé à la Commission; le 2 juillet 1845, le rapporteur et le Ministre vinrent déclarer que l'accord était établi pour prohiber toute réparation confortative ou toute augmentation d'importance de l'édifice, même par des travaux intérieurs; la loi fut définitivement votée dans ces conditions, sans nouveaux débats.

On le voit, les divergences d'interprétation ont subsisté jusqu'au dernier moment entre les deux Chambres. En présence de ces divergences, les auteurs se sont eux-mêmes séparés; les uns ont restreint la portée de la loi à son sens littéral; les autres, au contraire, ont admis la faculté des travaux confortatifs et les travaux de reconstruction partielle. Il faut, à notre avis, admettre les réparations dont l'effet doit être limité au maintien ou au rétablissement du bâtiment, dans l'état où il se trouvait lors de l'institution de la servitude, c'est-à-dire lors de la promulgation de la loi de 1845, pour les chemins de fer antérieurs à cette date, ou lors de l'établissement de la voie ferrée, pour les chemins postérieurs à 1845.

Ajoutons que le règlement d'administration publique prévu par l'article 5 de la loi n'est jamais intervenu et qu'il ne paraît pas s'être élevé en fait de difficultés sérieuses, dans l'application de cet article.

6. **Écoulement des eaux.** — La loi du 15 juillet 1845 a, par son article 3, déclaré applicables aux chemins de fer les servitudes relatives à l'écoulement des eaux.

On sait que plusieurs ordonnances, émanant du bureau des finances de la généralité de Paris, ont assujetti les riverains des routes à recevoir les eaux qui en découlent. La dernière en date de ces ordonnances est celle du 17 juillet 1781. Elle porte, en son article 8 : « Faisons défense à tous propriétaires, dont les héritages sont plus bas que le chemin et en « recevaient les eaux, d'en interrompre le cours, soit par l'exhaussement, « soit par la clôture de leurs terrains ; leur enjoignons de rendre libre le « passage des eaux qu'ils auront interceptées, si mieux n'aiment cons- « truire et entretenir à leurs dépens les aqueducs, gargouilles et fossés « nécessaires à cet usage, conformément aux dimensions qui leur seront « données, le tout sous peine de 50 livres d'amende ...... » Cette or- donnance est encore en vigueur ; ses effets ne sauraient toutefois s'éten- dre au delà du territoire de l'ancienne généralité de Paris. Mais, de même que pour les routes, il suffit de poursuivre comme contravention de grande voirie, en vertu de l'article 1er de la loi du 29 floréal an X, les en- treprises des riverains des chemins de fer qui, en interceptant l'écoule- ment des eaux, détérioreraient ces voies de communication. Le Conseil d'État n'a jamais été saisi de contraventions de cette nature.

Le riverain d'une voie ferrée ne pourrait non plus écouler les eaux plu- viales et ménagères sur le domaine public et dégrader le chemin de fer, sans s'exposer de même à des poursuites pour contravention de grande voirie (Conseil d'État, 13 décembre 1860, Ricard). Il ne serait même pas fondé à invoquer l'article 681 du Code civil, qui permet aux propriétaires d'établir leurs toits de manière que les eaux pluviales s'écoulent sur la voie publique : car les chemins de fer, eu égard à leur affectation spéciale, ne peuvent être assimilés aux routes et chemins qu'a visés l'auteur du Code civil et dont la destination est de recevoir en bordure des construc- tions particulières.

7. **Plantations.** — *a.* Plantations isolées. — Aux termes de l'article 5 de la loi du 9 ventôse an XIII, rendu applicable aux chemins de fer par la loi du 15 juillet 1845, les propriétaires riverains ne peuvent planter d'arbres à moins de 6 mètres de la voie ferrée, sans avoir demandé et ob- tenu l'alignement.

C'est au préfet qu'il appartient de statuer sur les demandes, en ayant égard à la situation des lieux, à la nature des arbres, aux dangers et aux inconvénients qu'ils pourront présenter pour la conservation de la voie et pour la sécurité de la circulation.

La distance de 5 mètres est souvent réduite, en fait, jusqu'à la limite de 2 mètres déterminée par l'ancienne ordonnance royale du 4 août 1731 et reproduite dans l'article 671 du Code civil, quand les niveaux relatifs de la voie et du terrain ne s'y opposent pas et quand il ne s'agit point d'arbres à haute tige, dont il y ait lieu de craindre la chute sur le chemin de fer ou les effets d'humidité sur les traverses.

Cette distance doit être comptée à partir de la limite du domaine public.

A peine avons-nous besoin de faire observer que les dispositions de la loi du 9 ventôse an XIII et du décret du 16 décembre 1811, relatives à l'obligation pour les riverains de planter, soit sur le sol des routes, soit le long de ces voies de communication, ne sauraient être étendues aux chemins de fer, alors même qu'elles seraient encore en vigueur : les documents parlementaires ne laissent aucun doute sur les intentions du législateur de 1845 ; il ne faut pas oublier, du reste, que la servitude imposée aux riverains des routes avait pour objet d'assurer la délimitation de ces voies de terre, de fournir aux voyageurs une ombre salutaire pendant l'été et de jalonner leur itinéraire à l'époque des neiges, et qu'aucune de ces raisons n'existe pour les chemins de fer.

De même que pour les routes, les haies vives peuvent, d'après l'arrêt du Conseil du 17 juin 1721, être plantées sans autorisation à six pieds du chemin de fer ; l'Administration peut même autoriser la réduction de cette distance et admettre, par exemple, le chiffre de $0^m 50$ qui est indiqué par l'arrêté type du 20 septembre 1858 sur les permissions de grande voirie (art. 7) et par le Code civil (art. 671).

Les Préfets peuvent ordonner l'élagage des plantations, en vertu de l'article 3 du titre XI de la loi des 16-24 août 1790.

b. Forêts. — L'ordonnance des forêts de 1669, l'article 1er de l'arrêt du Conseil de mai 1720 et l'article 5 de l'arrêt du 6 février 1776 exigent l'essartage, sur une largeur de 60 pieds, des bois, épines et broussailles traversés par les routes ; la largeur des routes est d'ailleurs comprise dans ce chiffre (Avis du Conseil d'État du 31 décembre 1849). Cette servitude, dont le but principal est de protéger les voyageurs contre les actes des malfaiteurs, est inapplicable aux chemins de fer. M. Chasseloup-Laubat l'a reconnu dans son rapport à la Chambre des députés (Moniteur universel du 25 juillet 1884) ; le Ministre des travaux publics l'a déclaré lui-même devant la Chambre des pairs, dans la séance du 1er avril 1844.

Au surplus, l'applicabilité de la servitude n'aurait d'intérêt qu'au point de vue des dangers d'incendie, qui peuvent compromettre la sécurité de la circulation sur les voies ferrées et exposer le concessionnaire à des dommages-intérêts, et il convient d'observer que, si l'on ajoute à la largeur de l'emprise du chemin de fer celles des zones de prohibition pour les plantations, on arrive, en pratique, à un total le plus souvent supérieur à 20 mètres.

8. Mines. — L'article 24 du cahier des charges dispose que : « Si la
« ligne traverse un sol déjà concédé pour l'exploitation d'une mine,
« l'Administration déterminera les mesures à prendre pour que l'établis-
« sement du chemin de fer ne nuise pas à l'exploitation de la mine, et
« réciproquement pour que, le cas échéant, l'exploitation de la mine ne
« compromette pas l'existence du chemin de fer » ; il ajoute que : « les
« travaux de consolidation à faire dans l'intérieur de la mine, à raison
« de la traversée du chemin de fer, et tous les dommages résultant de
« cette traversée, pour les concessionnaires de la mine, seront à la charge
« de la Compagnie (1). »

D'un autre côté, l'article 3 de la loi du 15 juillet 1845 déclare applicables aux propriétés riveraines des chemins de fer les servitudes imposées
par les lois et règlements sur la grande voirie et concernant «...... le
mode d'exploitation des mines ».

La loi du 21 avril 1810 sur les mines, modifiée par la loi du 27 juillet
1880, porte dans son titre relatif à l'exercice de la surveillance administrative, article 50 : « Si les travaux de recherche ou d'exploitation d'une
« mine sont de nature à compromettre la sécurité publique, la conser-
« vation de la mine, la sûreté des ouvriers mineurs, *la conservation des*
« *voies de communication*, celle des eaux minérales, la solidité des habi-
« tations, l'usage des sources qui alimentent les villes, villages, hameaux
« et établissements publics, il y sera pourvu par le préfet (2). »

Les cahiers des charges des concessions de mines contiennent, en outre, des prescriptions spéciales. C'est ainsi que le modèle général joint à
la circulaire ministérielle du 8 octobre 1843 comprenait un article libellé comme il suit : « Dans le cas où les travaux projetés par le conces-
« sionnaire devraient s'étendre sous (indication de la voie de communica-
« tion), ou à une distance de ses bords moindre de ... mètres, ces
« travaux ne pourront être exécutés qu'en vertu d'une autorisation du
« préfet, donnée sur le rapport des ingénieurs des mines, après que les
« propriétaires et les ingénieurs des (ponts et chaussées, etc...) auront

(1) Cette disposition n'existait pas dans les anciens cahiers des charges. Aussi la Cour
de cassation a-t-elle, par un arrêt du 21 juillet 1885, confirmé la condamnation de la Société des houillères de Rive-de-Gier à indemniser la Compagnie de Paris-Lyon-Méditerranée
de dommages imputables à des faits antérieurs à 1856 ; elle n'a fait en cela qu'appliquer
l'article 15 de la loi du 21 avril 1810, aux termes duquel tout concessionnaire de mines est
tenu de réparer le préjudice causé à la surface par son exploitation.

(2) Avant la modification qu'il a subie en 1880, l'article 50 de la loi du 21 avril 1810
était ainsi libellé : « Si l'exploitation compromet la sûreté publique, la conservation des puits,
« la solidité des travaux, la sûreté des ouvriers mineurs ou des habitants de la surface, il
« y sera pourvu par le préfet, ainsi qu'il est pratiqué en matière de grande voirie, et selon
« les lois. »

« été entendus et après.......... — S'il est reconnu que l'autorisation
« peut être accordée, l'arrêté du préfet prescrira toutes les mesures de con-
« servation et de sécurité qui seront jugées nécessaires. »

Le nouveau formulaire annexé à la circulaire du 9 octobre 1882
renferme la clause suivante : Article 1. — « Dans le voisinage des
« chemins de fer, il est interdit au concessionnaire d'exploiter à toute
« profondeur, sous une zone de terrain limitée, à la surface, par deux
« lignes menées parallèlement aux limites du chemin de fer et de ses
« dépendances, et à... mètres de distance de ces limites, s'il n'en a
« obtenu l'autorisation du préfet donnée sur le rapport des ingénieurs
« des mines, la Compagnie du chemin de fer et le service du contrôle
« entendus. » Le concessionnaire de la mine est, en outre, tenu de communiquer au préfet ses projets d'exploitation, avec mémoire justificatif à
l'appui, et opposition peut être faite à l'exécution de ces projets, s'il peut
en résulter des dangers. Il est soumis à la surveillance permanente des
ingénieurs des mines et doit fournir périodiquement tous les renseignements nécessaires pour que ses travaux puissent être, pour ainsi dire,
suivis pas à pas.

Pour les mines de sel, des dispositions plus rigoureuses sont insérées
dans les actes de concession. Ces mines offrent, en effet, des dangers
particuliers. Si elles sont exploitées par galeries, l'invasion accidentelle
des eaux douces peut dissoudre les piliers ou, tout au moins, désa-
gréger les couches sur lesquelles reposent ces piliers, et entraîner
ainsi l'effondrement des terrains supérieurs. Si elles sont exploitées
par dissolution, il se forme inévitablement autour des sondages
des excavations, dont les dimensions vont sans cesse en augmentant
et finissent par provoquer de même l'affaissement des couches supérieures. Il peut encore arriver que les eaux douces servant à la dissolution arrivent dans les sondages, en filtrant au travers de terrains
situés à une faible profondeur au-dessous du sol, creusent dans ces terrains des poches d'une certaine étendue et déterminent ainsi des mouvements d'un autre ordre, d'autant plus à craindre qu'ils se produisent à
une moindre profondeur : des accidents de cette nature ont eu lieu sur
la ligne de Paris à Strasbourg, près de Nancy, par le fait de la dissolution
progressive du gypse. Eu égard aux dangers que nous venons de signaler,
l'exploitation est subordonnée, d'après les cahiers des charges, non plus
à une simple adhésion tacite, mais à une approbation explicite des projets,
après enquête. Au cas où l'exploitation est faite par dissolution, aucun
trou de sonde ne peut être pratiqué à une distance des chemins de fer
inférieure à un minimun déterminé, sans préjudice de l'application ulté-

rieure, s'il y a lieu, de l'article 50 de la loi du 21 avril 1810, modifiée par la loi du 27 juillet 1880 : le concessionnaire de la mine est, en outre, tenu d'exécuter tous les travaux qui seraient prescrits par le préfet, sur le rapport des ingénieurs des mines, à l'effet de déterminer la situation et l'étendue des excavations souterraines produites par l'action des eaux (1).

On le voit, l'Administration est surabondamment armée pour assurer la protection des voies ferrées au regard, non seulement des mines nouvelles, mais encore des mines antérieurement concédées. Elle a fait souvent usage de ses pouvoirs ; nous en donnerons de nombreux exemples, en traitant du droit à indemnité et de la compétence.

La loi du 15 juillet 1845 n'a pas déterminé la ligne à partir de laquelle serait comptée la largeur de la zone de prohibition. A défaut de disposition légale, on pourrait admettre la règle posée par l'article 5 de la loi pour les constructions, ainsi que l'a fait le Ministre des travaux publics pour les dépôts de matières inflammables. (Voir ci-après, page 950.)

9. Minières. — L'article 57 de la loi du 21 avril 1810 modifiée par la loi du 9 mai 1866 ne subordonne l'exploitation des minières à ciel ouvert qu'à une simple déclaration ; il exige pour les exploitations souterraines une permission du préfet et porte que cette permission déterminera les conditions auxquelles l'exploitant sera tenu de se conformer. Dans tous les cas, aux termes de l'article 58, l'exploitant est tenu d'observer les règlements généraux ou locaux concernant la sûreté et la salubrité publiques, auxquels est assujettie l'exploitation des minières : cette prescription s'applique en particulier aux zones de prohibition ménagées le long des voies de communication.

10. Tourbières. — L'exploitation des tourbes est placée sous le régime de l'autorisation. (Art. 84 de la loi du 21 avril 1810.) Des décrets rendus dans la forme des règlements d'administration publique déterminent, conformément à l'article 85 de la loi, la direction générale des travaux d'extraction. Ces règlements peuvent spécifier et spécifient le plus

---

(1) C'est surtout dans la région salifère des environs de Nancy qu'une série d'accidents successifs ont appelé l'attention sur la nécessité d'une protection spéciale des chemins de fer contre les effets de l'exploitation du sel par dissolution. Le Ministre des travaux publics avait pris un arrêté général interdisant les trous de sonde à moins de 500 mètres de la ligne de Paris à Avricourt, pour toutes les salines situées près de cette ligne dans le département de Meurthe-et-Moselle. Cet arrêté a été annulé le 4 mars 1881 par le Conseil d'État, à raison de sa généralité qui lui donnait un caractère réglementaire excédant les pouvoirs du Ministre. Mais il a été procédé depuis par mesures spéciales à chaque concession de mine de sel.

souvent certaines prohibitions de distance vis-à-vis des voies de communication.

11. Carrières. — L'exploitation des carrières à ciel ouvert a lieu en vertu d'une simple déclaration faite au maire de la commune et transmise au préfet. Elle est soumise à la surveillance de l'Administration et à l'observation des lois et des règlements locaux : ces règlements sont rendus dans la forme de décrets en Conseil d'État. (Art. 81 de la loi du 21 avril 1810, modifiée par la loi du 27 juillet 1880.)

Quand l'exploitation a lieu par galeries souterraines, elle est soumise à la surveillance de l'Administration des mines, dans les conditions prévues par les articles 47, 48 et 50 de la loi du 21 avril 1810. (Art. 82 modifié.) L'article 50 prescrit au préfet de prendre, comme nous l'avons dit, les mesures propres à sauvegarder les voies de communication et particulièrement les voies ferrées.

Les règlements locaux imposent généralement une distance minimum de 10 mètres, pour les excavations voisines des voies de communication.

A défaut de règlements locaux, les anciens règlements généraux seraient encore en vigueur ; les exploitants de carrières seraient soumis aux prescriptions des arrêts du Conseil ou déclarations du Roi des 5 avril 1772, 15 septembre 1776, 17 mars 1780, qui interdisaient l'ouverture des exploitations à moins de « trente toises de distance du pied des arbres plan- « tés le long des grandes routes ou du bord des fossés » et, à défaut d'arbres ou de fossés, « à moins de 32 toises de l'extrémité de la largeur de « ces routes ».

Il a été fait diverses applications de ces dispositions prohibitives au profit des chemins de fer. (Conseil d'État, 2 avril 1857, de Poix ; 25 février 1864, Grangier; 24 février 1870, Barrault; 16 février 1878, commune de Modane; 28 mai 1880, Masselin; 18 mars 1881, Perravex et Bosino; 3 juin 1881, Péretmère.)

Conformément à un article inséré dans les décrets réglementaires, le Ministre des travaux publics a pris, le 12 décembre 1881, un arrêté réglementant l'usage de la mine pour l'exploitation des carrières aux abords du chemin de fer. L'autorisation doit être donnée, dans chaque cas particulier, par le préfet. La largeur de la zone à protéger est fixée dans l'arrêté préfectoral, qui impose d'ailleurs à l'exploitant des conditions générales déterminées par la décision ministérielle du 12 décembre 1881 et des conditions spéciales répondant aux nécessités locales.

Une circulaire du 5 septembre 1882 a complété, sur certains points, l'arrêté ministériel du 12 décembre 1881 et précisé les formes de l'instruction des demandes.

Les sablières, mentionnées séparément dans la loi de 1845, sont classées parmi les carrières par la loi du 21 avril 1810.

Nous devons encore rappeler que, d'après l'article 25 du cahier des charges des concessions de chemins de fer, si la voie ferrée doit s'étendre sur des terrains renfermant des carrières ou les traverser souterrainement, elle ne peut être livrée à la circulation avant que les excavations qui pourraient en compromettre la solidité aient été remblayées ou consolidées. L'Administration détermine la nature et l'étendue des travaux qu'il convient d'entreprendre à cet effet et ces travaux sont exécutés par les soins et aux frais des Compagnies.

12. Excavations. — A la prohibition relative aux mines, minières, tourbières et carrières, s'en ajoute une autre. édictée par l'article 6 de la loi du 15 juillet 1845. Sur les points où le chemin de fer se trouve en remblai de plus de trois mètres au-dessus du terrain naturel, il est interdit aux riverains de pratiquer, sans autorisation préalable, des excavations dans une zone de largeur égale à la hauteur verticale du remblai, mesurée à partir du pied du talus. Cette autorisation ne peut être accordée sans que les concessionnaires ou fermiers de l'exploitation du chemin de fer aient été entendus ou dûment appelés.

Cette interdiction a pour objet d'éviter les éboulements auxquels pourraient donner lieu des fouilles trop rapprochées de la voie ferrée.

13. Couvertures en chaume, meules de paille ou de foin, dépôts de matières inflammables. — L'article 7 de la loi du 15 juillet 1845 défend « d'établir à une distance moindre de 20 mètres d'un chemin de fer « desservi par des machines à feu, des couvertures en chaume, des « meules de paille, de foin, et aucun autre dépôt de matières inflam- « mables ». Cette prohibition ne s'étend pas aux dépôts de récoltes faits seulement pour le temps de la moisson : il résulte d'ailleurs des débats devant la Chambre des députés, que l'intention du législateur a été de limiter l'exception au délai indispensable pour le séchage et l'enlèvement des récoltes.

Des doutes s'étant élevés sur la ligne à partir de laquelle devait être comptée la distance de 20 mètres, le Ministre des travaux publics a fait connaître par une circulaire du 31 janvier 1854 qu'à défaut de disposition légale fixant une base différente, il y avait lieu d'adopter la règle posée par l'article 5 de la loi pour les constructions. Cette interprétation de la loi de 1845 paraît devoir être admise également pour les mines, minières, carrières et tourbières.

Le Conseil d'État a consacré les instructions du Ministre par une décision du 27 avril 1870 (Drevet et Cessieux).

L'interdiction d'établir des couvertures en chaume à moins de 20 mètres des chemins de fer desservis par des machines à feu entraîne, comme conséquence, la prohibition de la reconstruction totale des couvertures existant avant la promulgation de la loi de 1845 ou avant la construction des lignes nouvelles (Conseil d'État, 27 août 1854, de Maingoval; 16 mars 1859, Hue; 31 janvier 1866, Junca). Mais les propriétaires ont le droit de faire des réparations à ces couvertures et ne sont point obligés de se pourvoir d'une autorisation administrative avant d'y procéder (Conseil d'État, 27 août 1854, de Maingoval, et 16 mars 1859, Hue). Le Conseil d'État a appliqué ce principe dans un esprit très large et très favorable aux riverains.

Le Conseil d'État, allant, croyons-nous, au delà des intentions du législateur, a refusé de voir une contravention dans le fait de propriétaires qui avaient établi des aires à battre le blé à moins de 20 mètres du chemin de fer du Midi (18 juin 1860, Sicre; même date, Vergnes). Dans l'une des deux espèces, il a indiqué, comme motif de sa décision, que le sieur Sicre n'avait transporté et déposé ses gerbes dans la zone prohibée par la loi que pendant le temps nécessaire au battage, et avait fait enlever immédiatement la paille pour être placée en dehors de cette zone. Dans la seconde espèce, il a fondé son arrêt sur ce que le dépôt de gerbes n'avait pas eu un caractère permanent. Cette distinction entre les dépôts permanents et les dépôts temporaires n'est pas à l'abri de toute critique : on peut y opposer les termes exprès de la loi et les débats auxquels elle a donné lieu. Les mêmes doutes ne sauraient être exprimés au sujet d'un décret au contentieux du 13 juin 1867 (Ducros), annulant une condamnation, dans un cas où il était dûment constaté que les dépôts de gerbes avaient été limités au temps de la moisson.

Les riverains ne commettent point de contravention en conservant des couvertures en chaume ou des dépôts permanents qui existaient antérieurement à la promulgation de la loi de 1845 ou à l'établissement du chemin de fer (Cour de cassation, 20 novembre 1866, Cie de Paris-Lyon-Méditerranée contre Teyssier et Rivière de la Mure) ; ces dépôts ne peuvent être supprimés que moyennant indemnité. Le renouvellement des matériaux ou objets dont ils sont formés ne peut être assimilé à la création d'un dépôt nouveau, pourvu qu'il ne soit point apporté de modifications à l'emplacement (Conseil d'État, 1er septembre 1860, Guiraud ; 31 mars 1865, Navet).

La prohibition pèse, non seulement sur les dépôts effectués en plein air, mais aussi sur les dépôts formés dans des locaux insuffisamment fermés : c'est ce que le Conseil d'État a jugé le 27 avril 1870 (Drevet et Cessieux), à propos d'un « dépôt de fourrages placé dans un local ouvert « du côté de la voie et protégé dans une partie de sa hauteur seulement « par une simple barrière ». Il est certain, en effet, qu'en pareil cas les dangers sont les mêmes que pour les dépôts non abrités et que la loi ne peut être autrement interprétée.

Mais, en revanche, l'interdiction pourrait ne pas s'étendre aux matières emmagasinées dans des bâtiments convenablement clos.

14. Dépôts de matières non inflammables. — Aucun dépôt de pierres ou objets non inflammables ne peut être établi sans l'autorisation préalable du préfet, dans une distance de moins de 5 mètres du chemin de fer. Cette autorisation est toujours révocable. Elle n'est pas nécessaire pour former, dans les localités où la voie est en remblai, des dépôts dont la hauteur n'excède pas celle de ce remblai : elle ne l'est pas non plus, pour les dépôts temporaires d'engrais et autres objets nécessaires à la culture des terres. (Art. 8 de la loi du 15 juillet 1845.)

L'interdiction relative aux dépôts d'objets non inflammables se justifie par les dangers auxquels la chute de ces objets sur la voie pourrait exposer la circulation des trains. L'exception édictée au profit des dépôts effectués le long des remblais se justifie d'elle-même ; on n'a, en effet, à redouter que la chute d'objets placés à un niveau supérieur à celui des rails. Quant à l'exception dont bénéficient les dépôts temporaires d'engrais, elle a été motivée par les nécessités de la culture.

Signalons, comme se rattachant à la question dont nous nous occupons en ce moment, un décret au contentieux du 14 mars 1863, par lequel le Conseil d'État a annulé une condamnation pour contravention de grande voirie prononcée contre le sieur Gouy, à raison de dépôts qui avaient été faits à plus de 5 mètres du chemin de fer de ceinture de Paris et dont la pression sur le sol avait déformé la voie. A cette occasion, le Conseil a déclaré que la zone de 5 mètres devait être mesurée conformément à l'article 5 de la loi du 15 juillet 1845 ; il a d'ailleurs reconnu que, si la Compagnie se croyait fondée à réclamer la réparation du dommage, elle conservait le droit de porter sa réclamation devant la juridiction compétente.

15. Distinction entre les prohibitions absolues et celles qui peuvent être tempérées par des autorisations. — Parmi les prohibitions résultant des articles 5 à 8 inclusivement, il en est qui ont un caractère absolu : ce sont celles qui concernent les constructions, les couvertures en chaume, les dépôts de matières inflammables. Il en est d'autres, au contraire, qui peuvent être tempérées par une autorisation préalable : ce sont celles qui concernent les excavations et les dépôts de matières non inflammables.

L'autorisation doit être donnée par le préfet : cette règle de compétence n'est inscrite dans la loi qu'à l'article 8, pour les dépôts de matières non inflammables; les principes de notre organisation administrative doivent la faire considérer comme applicable aux excavations.

L'article 8 de la loi de 1845 réserve également la révocabilité de l'autorisation. Il n'existe pas de disposition analogue dans l'article 6 : on comprend, en effet, qu'une fois les excavations ouvertes il serait souvent rigoureux de les faire combler sans indemnité; cependant le préfet peut et doit même se ménager explicitement la faculté de retirer la permission, c'est-à-dire de faire interrompre les fouilles, si l'expérience révèle qu'elles présentent des dangers pour le chemin de fer, et même de prescrire les travaux de consolidation nécessaires.

Aux termes de l'article 6, le concessionnaire doit être entendu ou dûment appelé, quand le préfet est saisi d'une demande tendant à creuser des fouilles près d'un chemin de fer en remblai. Un arrêté préfectoral pris sans l'accomplissement de cette formalité serait entaché d'excès de pouvoirs. L'article 8 est muet à cet égard; mais il est dans la nature même des choses que le concessionnaire, préposé à la conservation, à l'entretien et à l'exploitation de la voie ferrée, soit appelé à formuler ses observations, et, bien que le silence de la loi puisse faire concevoir des doutes sur la recevabilité d'un recours pour excès de pouvoirs, il convient de ne jamais omettre de provoquer l'avis de la Compagnie sur les demandes en autorisation de dépôt de matières non inflammables, à moins de 5 mètres du chemin de fer.

16. Réduction des zones de servitude par décrets rendus après enquêtes. — Lorsque la sûreté publique, la conservation du chemin de fer et la disposition des lieux le permettent, les distances déterminées par les articles 5 à 8 de la loi peuvent être diminuées, en vertu de décrets rendus après enquête. Il s'agit là de mesures exceptionnelles, qu'il a paru nécessaire d'entourer de certaines garanties.

Lors de la discussion de la loi devant les Chambres, une proposition avait été présentée et soutenue, dans le but d'autoriser le Gouvernement à élargir, le cas échéant, les zones de servitudes par décret rendu dans la forme des règlements d'administration publique, si les nécessités locales venaient à l'exiger ; mais cette proposition a été repoussée.

D'après les explications données devant la Chambre des pairs par M. Legrand, sous-secrétaire d'État aux travaux publics, la rédaction primitive arrêtée par la Commission de cette assemblée et portant que *les parties intéressées seraient entendues* devait être interprétée en ce sens que le concessionnaire ou le fermier du chemin de fer serait appelé à formuler ses observations. La rédaction définitive ne mentionne plus cette obligation. Cependant la Compagnie ne doit pas moins être invitée à donner son avis.

La loi du 15 juillet 1845 ne détermine pas la nature et la forme des enquêtes ; les mesures d'instruction de cette nature rentrent dans la catégorie générale des enquêtes de commodo et incommodo, qu'il appartient à l'Administration de régler, suivant les espèces et les circonstances.

Les applications de l'article 9 de la loi de 1845 ne sont pas très nombreuses. M. Lamé Fleury en relate trois dans son « Code annoté des chemins de fer » (édition de 1872) : la première est relative à un chantier de bois maintenu à 6 m. 40 du talus d'une voie ferrée ; les deux autres sont relatives à des constructions élevées à moins de 3 m. 50 du rail extérieur (Décrets du 15 septembre 1856 et du 15 octobre 1864). Depuis, il est intervenu divers décrets analogues. Ces décrets n'étant point reproduits dans les recueils officiels, nous croyons utile d'en donner deux types, l'un pour des constructions, l'autre pour des dépôts de matières inflammables. (Voir ci-dessous les notes 1 et 2.)

(1) *Décret autorisant à construire dans la zone de prohibition de 2 mètres.*
Le Président de la République française,
Sur le rapport du Ministre des travaux publics,
Vu la demande présentée le........, par le sieur........., à l'effet d'obtenir l'autorisation de.......... :
Vu les observations présentées par la Compagnie des chemins de fer de......... ;
Vu les rapports des ingénieurs du contrôle des chemins de fer de......... ;
Vu les pièces de l'enquête ouverte sur la demande dans la commune de......... ;
Vu l'avis du préfet de.......... et celui de l'inspecteur général du contrôle ;
Vu l'avis du Conseil général des ponts et chaussées (ou du Comité de l'exploitation technique des chemins de fer) ;
Vu la loi du 15 juillet 1845 sur la police des chemins de fer, notamment les articles 5 et 9 de ladite loi.
Décrète :
Art. 1er. — Le sieur.......... demeurant à........., est autorisé à établir des bâtiments à moins de 2 mètres du chemin de fer et à la limite même du domaine public, soit à.......... du rail le plus voisin, sur le terrain qu'il possède à droite de la ligne de........., commune de.......... département de..........
Art. 2. — Il n'est pas dérogé aux dispositions réglementaires concernant les saillies, les jours et l'égoût des eaux.
Art. 3. — Le permissionnaire demeurera entièrement responsable des conséquences que

Il convient de réserver la révocabilité de l'autorisation, pour le cas où les raisons qui ont dicté les prescriptions de la loi de 1845 viendraient à en exiger le retrait ; c'est du reste un principe général, en matière de permissions de pure tolérance. Cependant la gravité du retrait de l'autorisation pour des bâtiments est telle que, dans certains décrets, la mesure n'a pas été explicitement prévue. (Nous avons à dessein reproduit le texte d'un décret de ce genre.) Malgré le silence des actes auxquels nous venons de faire allusion, l'imprescriptibilité des droits du domaine public permettrait-elle, le cas échéant, de considérer l'autorisation comme précaire et révocable par sa nature ? Il serait difficile de le soutenir.

17. Suppression des constructions, plantations, excavations, couvertures en chaume, amas de matériaux combustibles ou autres, existant dans les zones de prohibition avant la promulgation de la loi du 15 juillet 1845 ou avant l'établissement des lignes nouvelles. — Le législateur a dû prévoir le cas où il serait impossible de conserver les constructions, plantations, excavations, couvertures en chaume et dépôts existants, soit lors de la promulgation de la loi du 15 juillet 1845 pour les lignes antérieurement établies, soit lors de la création des lignes nouvelles.

A cet effet, l'article 10 de la loi dispose que « hors des cas d'urgence « prévus par la loi des 16-24 août 1790, cette suppression pourra être « ordonnée moyennant une juste indemnité ».

la présente autorisation pourrait avoir, soit pour lui, soit pour la Compagnie de........., soit pour les tiers.

Art. 4. — Le Ministre des travaux publics est chargé de l'exécution du présent décret.

(2) *Décret autorisant des dépôts de bois dans la zone de prohibition de 20 mètres.*

Le Président de la République française,

(Visas analogues à ceux du type précédent.)

Décrète :

Art. 1er. — Le sieur.........., propriétaire d'une scierie sise à.........., sur la gauche de la ligne de.........., est autorisé à déposer des bois en grume, planche, poutrelles et chevrons, sur le terrain compris entre son usine et le chemin de fer jusqu'à.......... d'une ligne tracée à 1m 50 à partir du rail extérieur du chemin de fer.

Art. 2. — L'alignement des dépôts sera tracé sur les lieux par les agents de la Compagnie de............ et vérifié par les ingénieurs du contrôle.

Art. 3. — Les dépôts ne devront pas avoir une hauteur supérieure à..........

Art. 4. — L'autorisation n'est accordée que pour les bois en grume, planches, poutrelles et chevrons, à l'exclusion des bois de sciage de plus faibles dimensions et des débris de scierie, dont les dépôts continueront à être soumis aux prescriptions de l'article 6 de la loi du 15 juillet 1845.

Art. 5. — Le permissionnaire demeurera entièrement responsable des conséquences que la présente autorisation pourrait avoir, soit pour lui, soit pour la Compagnie, soit pour les tiers.

Art. 6. — La présente autorisation sera révocable à toute époque et sans indemnité, dans le cas où la sécurité du chemin de fer ou des propriétés voisines viendrait à l'exiger.

Art. 7. — Le Ministre des travaux publics est chargé de l'exécution du présent décret.

Les cas d'urgence visés par l'article 10 de la loi de 1845 sont ceux auxquels se réfère l'article 3, § 1, du titre XI de la loi des 16-24 août 1790. Aux termes de cette dernière loi, l'autorité administrative a dans ses attributions « tout ce qui intéresse la sûreté et la commodité du passage dans « les rues, quais, places et voies publiques; ce qui comprend...... la « démolition ou la réparation des édifices menaçant ruine ».

D'après la jurisprudence du Conseil d'État, quand un édifice menace ruine, procès-verbal du danger est dressé et signifié au propriétaire avec sommation d'avoir à faire cesser le péril dans un délai déterminé. Si le propriétaire ne se conforme pas à cette sommation dans le délai qui lui a été imparti, un expert est commis pour visiter les lieux; le propriétaire peut désigner de son côté un expert; un tiers expert peut être nommé par le préfet, si les deux premiers experts ne se mettent pas d'accord. Le préfet prononce ensuite sous sa responsabilité. Lorsque le péril est imminent, le préfet peut même se dispenser de l'expertise, conformément à l'article 10 de la déclaration de 1729, et ordonner sans délai la démolition, après avoir fait dresser un procès-verbal par les ingénieurs.

Faute par le propriétaire de procéder à la démolition, il peut y être pourvu d'office et à ses frais. L'Administration bénéficie d'un privilège pour le recouvrement de ses avances. (Art. 9 de la déclaration de 1729 et avis du Comité de l'intérieur du Conseil d'État, du 27 avril 1818.)

Le préfet a seul qualité pour prescrire les mesures de cette nature. Sa décision ne peut être attaquée par la voie contentieuse que pour violation des formes prescrites par les anciens règlements.

La démolition des édifices menaçant ruine ne peut donner ouverture à un droit à indemnité que si elle a été irrégulièrement ordonnée. En ce cas, il appartiendrait au Ministre des travaux publics de statuer, sauf recours au Conseil d'État.

Nous n'avons pas à insister sur les ordres de suppression donnés par l'Administration, en dehors des cas d'urgence. Ces ordres doivent émaner du préfet; ils ne sont pas susceptibles de recours pour excès de pouvoirs et les intéressés n'ont d'autre ressource que de les déférer à la censure du Ministre des travaux publics par voie de pétition. L'Administration doit en effet conserver une entière souveraineté d'appréciation sur les nécessités qu'imposent la sûreté publique ou la conservation du chemin de fer.

§ 2. — DES DEMANDES EN INDEMNITÉS
POUR DOMMAGES CAUSÉS PAR LES SERVITUDES IMPOSÉES
AUX PROPRIÉTÉS RIVERAINES

1. Règles générales. — Il est de principe que les servitudes d'utilité publique ne donnent pas lieu à indemnité. Ce principe, rappelé par plusieurs orateurs, notamment par M. Vivien et par M. de Chasseloup-Laubat rapporteur à la Chambre des députés, lors de la discussion de la loi de 1845, a reçu de nombreuses applications et a été proclamé par de nombreux monuments de la jurisprudence. Sans s'écarter de l'objet spécial de cette étude, on peut citer les arrêts suivants du Conseil d'État :

2 avril 1857, de Poix : refus d'une indemnité pour l'obstacle apporté à l'exploitation d'une carrière par des dépôts de déblais dans la zone de prohibition de 30 toises et limitation du dédommagement à la dépréciation du sol, considéré comme terrain de culture ;

25 février 1864, Grangier : refus d'une indemnité réclamée pour interdiction d'exploiter une carrière dans la zone de 60 mètres ;

3 janvier 1873, Nitard : refus d'indemnité pour interdiction de dépôts de matières inflammables à moins de 20 mètres du chemin de fer, postérieurement à l'établissement de la ligne.

Comme l'a fait observer à juste titre M. Vivien, dans le cours des débats devant la Chambre des députés, le jury d'expropriation ne doit pas même tenir compte des servitudes imposées aux excédents des parcelles qui ne sont que partiellement expropriées : car il violerait le principe général que nous avons rappelé ; il ferait, en outre, un traitement inégal aux propriétaires atteints par l'expropriation et à ceux dont les terrains resteraient au contraire en dehors du tracé et qui ne seraient en aucun cas recevables à réclamer une indemnité, soit devant la juridiction administrative, soit devant l'autorité judiciaire.

A fortiori, le jury doit-il s'abstenir d'allouer des indemnités pour les servitudes dont l'exercice dépend de la volonté de l'Administration et n'a par suite qu'un caractère éventuel, par exemple pour l'interdiction d'exploiter une carrière dans la zone de 60 mètres. La Cour de cassation a, par un arrêt du 29 avril 1856, cassé la décision d'un jury qui avait fixé à 6 000 francs la réparation d'un dommage éventuel de cette nature (Guisquet). Le 5 mai 1873, elle a rejeté un pourvoi contre l'ordonnance d'un magistrat directeur, qui avait refusé de poser au jury une question relative au dommage dont les sieurs Maillard, Tambon et Maynard se prétendaient menacés, par le fait de l'interdiction éventuelle d'exploiter une carrière. Elle a cassé, le 17 mars 1885 (département de la Manche), la décision d'un jury qui avait statué sur le dommage résultant du droit de suppression éventuelle d'une couverture en chaume. De son côté, le Conseil d'État a décidé, le 31 mars 1865, que le jury ne devait point être réputé avoir eu égard à la suppression éventuelle de dépôts de matières inflammables établis antérieurement au chemin de fer.

Après avoir ainsi rappelé les règles générales, nous devons entrer dans quelques détails au sujet des carrières et des mines, pour lesquelles les exploitants peuvent, dans certains cas, prétendre à des indemnités.

2. **Carrières.** — Le Conseil d'État a eu à se prononcer à plusieurs reprises sur des demandes en indemnité formulées par des propriétaires auxquels l'Administration avait interdit l'exploitation de carrières en deçà d'une certaine distance du chemin de fer. Voici la substance de ses décisions :

2 avril 1857 (de Poix) : refus d'indemnité pour suppression de l'exploitation d'une carrière ouverte antérieurement à l'établissement du chemin de fer, dans la zone de 30 toises ;

25 février 1864 (Grangier) : décision semblable.

24 février 1870 (Cie d'Orléans contre les sieurs Barrault) : reconnaissance du droit à indemnité pour interdiction d'exploiter à la mine, à une distance moindre de 30 mètres de la ligne d'Angers à Niort. (La carrière était en pleine exploitation avant la construction de la ligne.)

16 février 1878 (Cie de Paris-Lyon-Méditerranée contre commune de Modane) : allocation d'une indemnité pour interdiction de continuer l'exploitation en cours avant l'établissement de la ligne du Rhône au Mont-Cenis. (L'arrêt vise l'article 10 de la loi du 15 juillet 1845, aux termes duquel l'Administration peut faire supprimer, moyennant une juste indemnité, les constructions, plantations, excavations,..... existant dans les zones spécifiées par les articles précédents, au moment de la promulgation de la loi ou lors de la création des lignes nouvelles.)

3 juin 1881 (Cie du Nord contre Péretmère) : reconnaissance du droit à indemnité pour interdiction d'exploiter dans les zones de protection, le long du chemin d'Ermont à Valmondois. (La carrière était en pleine exploitation avant la construction de la ligne ; cependant les fouilles n'avaient pas encore été poussées jusqu'aux zones de prohibition.)

Ainsi, la jurisprudence du Conseil d'État s'est progressivement modifiée. Après avoir repoussé complètement les demandes en indemnité, elle les a accueillies pour les carrières ouvertes avant la construction de la voie ferrée sur les terrains frappés ensuite d'interdit ; puis, faisant un pas de plus, elle les a même admises pour des terrains non encore exploités et compris dans la zone de prohibition, alors que la carrière était déjà en pleine exploitation au delà de cette zone, antérieurement à la construction de la voie ferrée.

On peut se demander si elle n'a pas été trop favorable à l'intérêt privé.

Même dans le cas où l'exploitation aurait été entreprise avant la création du chemin de fer sur les terrains soumis à la servitude, le droit à indemnité serait susceptible d'être contesté. L'article 10 de la loi du 15 juillet 1845, qui a été invoqué dans la décision du 16 février 1878, ne s'applique ni aux carrières, ni aux mines; les objets auxquels il est applicable sont limitativement énumérés ; il vise d'ailleurs explicitement les zones de prohibition spécifiées par les articles précédents, c'est-à-dire par les articles 5, 6, 7 et 8, qui seuls fixent des distances d'interdiction. Néanmoins, nous reconnaissons volontiers l'équité d'un dédommagement, par extension du principe posé dans l'article 10. Le propriétaire ou l'exploitant de la carrière avait fait des frais, engagé des capitaux, exécuté des travaux pour mettre son terrain en valeur ; il est juste de ne pas lui en faire perdre le bénéfice sans aucune compensation.

Mais, conformément à l'avis exprimé par M. Aucoc dans ses leçons de droit administratif, nous considérons comme plus difficile de justifier une allocation pour une servitude ne frappant que des terrains non encore livrés à l'exploitation. Même en admettant l'applicabilité de l'article 10, ses effets devraient être nécessairement restreints à la suppression d'une œuvre préexistante dans la zone de prohibition. Un propriétaire qui possèderait des constructions au delà de la zone de 2 mètres fixée par l'article 5 et qui se trouverait empêché de les agrandir et de les développer après l'établissement du chemin de fer, ne serait certainement pas recevable à réclamer une indemnité pour l'obstacle ainsi apporté à la réalisation de ses projets. Ne devrait-il pas en être de même au regard de propriétaires de carrières, alors même que leur exploitation aurait été entreprise en dehors des zones de prohibition? Tout en faisant fléchir les régles générales relatives aux servitudes d'utilité publique, quand l'équité le commande et quand leur stricte application est contestable au point de vue juridique, il convient néanmoins de ne pas dépasser certaines limites, sous peine de s'écarter outre mesure des principes et de compromettre l'intérêt général.

3. **Mines.** — La question du droit à indemnité des concessionnaires de mines s'est posée pour la première fois dans une affaire célèbre dites « de Couzon ». En 1825, une ordonnance royale avait con-

cédé la mine de Couzon ; l'année suivante, une seconde ordonnance autorisa l'établissement du chemin de fer de Saint-Étienne et un arrêté du préfet de la Loire interdit au concessionnaire de la mine d'étendre son exploitation à plus de 30 mètres d'un côté de la voie et à plus de 20 mètres de l'autre. Le tribunal de Saint-Étienne admit le principe de l'indemnité, malgré l'opposition de la Compagnie du chemin de fer qui invoquait le caractère de mesure de police dont était revêtu l'arrêté préfectoral, et commit des experts pour évaluer le dommage. La Cour de Lyon réforma la décision du juge de première instance, en se fondant sur cette considération, que le droit de surveillance conféré à l'Administration par la loi du 21 avril 1810 sur les mines lui permettait de soustraire à l'exploitation une partie du périmètre et que l'exercice de ce droit ne pouvait être assimilé à une expropriation. Saisie à son tour de l'affaire, la Cour de cassation rendit, le 18 juillet 1837, un arrêt par lequel elle accueillait la prétention du concessionnaire de la mine, en s'appuyant sur l'article 545 du Code civil (1), l'article 9 de la charte et l'article 7 de la loi du 21 avril 1810 (2), et en assimilant à une véritable éviction l'interdiction d'exploiter sur une partie du périmètre pendant un délai indéterminé.

La Cour de Dijon, à laquelle le litige avait été renvoyé, jugea comme la Cour de Lyon. Suivant elle, il n'y avait pas de distinction à faire entre l'État ou les concessionnaires de travaux publics et les simples particuliers, propriétaires de la superficie du sol, libres d'y élever des constructions, protégés par les pouvoirs de surveillance et de police conférés aux préfets, et n'ayant jamais aucune indemnité à acquitter entre les mains du concessionnaire de la mine, à l'occasion de l'exercice de ces pouvoirs.

Un pourvoi ayant été formé contre l'arrêt de la Cour de Dijon, la Cour de cassation eut à régler souverainement le point de droit, toutes chambres réunies. Eu égard à la gravité du débat, M. Dupin, procureur général, occupa lui-même le siège du ministère public. Il soutint que le concessionnaire d'une mine était toujours un nouveau venu par rapport au propriétaire de la surface ; que ce dernier, quel qu'il fût, devait conserver le droit de bâtir sans être troublé dans sa jouissance ; que, sinon, les possesseurs du sol deviendraient les vassaux du concessionnaire de la mine ; que l'État, comme les particuliers, restait libre de construire ou de faire construire par d'autres, en son lieu et place. Contrairement aux conclusions

(1) « Nul ne peut être contraint de céder sa propriété, si ce n'est pour cause d'utilité « publique et moyennant une juste et préalable indemnité. »

(2) Aux termes de cet article de la loi de 1810, l'expropriation des mines ne peut avoir lieu que dans les cas et suivant les formes prescrits pour les autres propriétés.

de M. Dupin, la Cour régulatrice rendit, le 3 mars 1841, un arrêt par lequel, invoquant, comme en 1837, les articles 9 de la charte de 1830 et 545 du Code civil, y ajoutant l'article 1382 du Code d'après lequel « tout « fait de l'homme qui cause à autrui un dommage oblige celui par la « faute duquel il est arrivé à le réparer », et posant enfin en principe que l'article 50 de la loi de 1810, institutif de la surveillance administrative, n'altérait en rien le droit de propriété du concessionnaire, elle assimilait définitivement l'interdiction d'exploiter à une éviction devant donner lieu à une juste indemnité.

Le 3 janvier 1853 (Cie du chemin de fer de St-Étienne contre Fleur de Lix et autres), la Cour de cassation reconnaissait également le droit à indemnité au profit du propriétaire de la surface, que l'interdiction d'exploiter privait de certaines redevances.

Telles sont les seules espèces dans lesquelles la Cour de cassation ait eu à statuer. Mais le Conseil d'État a été plusieurs fois appelé à se prononcer :

11 mars 1861 (Mines de Combes contre Cie de Paris-Lyon-Méditerranée, décret sur conflit). — Le Ministre des travaux publics avait interdit, jusqu'à ce qu'il en fût autrement ordonné, l'exploitation des mines des Combes, à moins de 30 mètres du plan vertical passant par l'axe du chemin de fer de St-Étienne à Lyon. La société minière intenta devant le tribunal une action en indemnité contre la Compagnie du chemin de fer. Le préfet présenta un déclinatoire et prit un arrêté de conflit dans lequel, d'accord avec cette Compagnie, il fit valoir le caractère provisoire et temporaire de la prohibition. Prenant cette circonstance spéciale en considération, le Conseil d'État ne vit, dans le préjudice causé à la mine, qu'un dommage dont la connaissance appartenait au Conseil de préfecture, en vertu de l'article 4 de la loi du 28 pluviôse an VIII. Il confirma, en conséquence, l'arrêté de conflit.

14 avril 1864 (Marin contre Cie de Paris-Lyon-Méditerranée). — Le préfet de la Loire ayant interdit pour huit années l'exploitation de deux couches de houille dans un périmètre limité à 20 mètres de distance soit du bâtiment de la gare de Château-Creux, soit de l'axe de la voie ferrée dans la traversée de cette gare, le sieur Marin, qui avait des droits de redevance sur la mine, forma devant le Conseil de préfecture une demande en indemnité. Ce tribunal rejeta la demande, en se fondant sur ce que l'arrêté préfectoral avait été pris en vertu des pouvoirs de police et de surveillance qui appartenaient à l'Administration. Le Conseil d'État annula sa décision et renvoya devant lui le sieur Marin « pour y faire statuer « sur la question de savoir si, de l'interdiction ordonnée par le préfet, il

« était résulté pour le requérant un dommage et si , par suite, la
« Compagnie de Paris-Lyon-Méditerranée lui devait une indemnité ».

15 juin 1864 (Mines de Combes contre Cie de Paris-Lyon-Méditerranée). — Le 11 mars 1861, le Conseil d'État, saisi une première fois du
litige pendant entre la Société des mines de Combes et la Compagnie de
Paris-Lyon-Méditerranée, n'avait eu à résoudre que la question de compétence. Il dut statuer sur le fond du droit le 15 juin 1864, à la suite d'un
recours contre l'arrêté par lequel le Conseil de préfecture de la Loire avait
rejeté la demande en indemnité. M. Robert, commissaire du Gouvernement, présenta des conclusions très étudiées. Il reconnut que la concession du tréfonds ne pouvait porter atteinte au droit des particuliers de
bâtir à la surface; que, le cas échéant, il appartenait au préfet de faire
respecter ce droit, en interdisant l'exploitation de la mine ou en prescrivant les travaux de consolidation nécessaires ; et que, loin de pouvoir prétendre à une indemnité, le concessionnaire de la mine pouvait au contraire
être passible de dommages-intérêts. Il admit le même principe pour les
travaux publics antérieurs à l'institution de la concession minière et pour
ceux qui auraient fait l'objet d'une réserve formelle et précise dans l'acte
de concession de la mine. Mais pour les travaux exécutés après coup, sans
réserve de ce genre, il admit le droit à indemnité. Suivant lui, la propriété
du tréfonds ne devait pas subir un traitement plus défavorable que la
propriété de la surface à laquelle l'État ou les Compagnies ne pouvaient
toucher sans acquitter une indemnité à régler par le jury ou par le
Conseil de préfecture. Il faisait d'ailleurs remarquer que l'État ou les
Compagnies ne pouvaient être considérés comme subrogés aux droits des
anciens propriétaires de la superficie : car autre chose était l'œuvre d'un
particulier, autre chose un grand travail public nécessitant une protection
spéciale.

Le Conseil d'État, adoptant les conclusions de M. Robert, annula l'arrêté du Conseil de préfecture. Il ne sera pas inutile de reproduire les principaux motifs du décret. En voici le texte : « Considérant qu'il résulte de
« l'instruction que la concession des mines de Combes est antérieure à
« celle du chemin de fer de Saint-Étienne à Lyon, et qu'elle ne contient
« aucune clause qui prohibe, en vue de l'établissement de ce chemin,
« l'exploitation sur une partie du périmètre desdites mines ; — Considé-
« rant que, s'il appartenait à l'Administration, dans un intérêt de sûreté
« publique aussi bien que dans l'intérêt de l'exploitation du chemin de
« fer, d'imposer à la Compagnie requérante l'interdiction prononcée dans
« la décision précitée, cette mesure, qui est la conséquence directe de l'é-
« tablissement du chemin de fer, ne rentre pas dans le cas de l'article 50

« de la loi du 21 avril 1810, qui prescrit au préfet de pourvoir à ce que la
« sûreté des habitations de la surface ne soit pas compromise par l'exploi-
« tation de la mine, et qui est exclusif du droit du concessionnaire à une
« indemnité ; que de cette interdiction résulte pour la Compagnie des
« mines de Combes un dommage direct et matériel, qui doit être rangé
« parmi les dommages visés par l'article 23 du cahier des charges de la
« Compagnie des chemins de fer de Paris-Lyon-Méditerranée à la charge
« de cette Compagnie..... »

5 février 1875 (Ogier et Larderet contre Cⁱᵉ de Paris-Lyon-Méditerranée). — Condamnation de la Compagnie à payer aux requérants, comme
propriétaires tréfonciers, une indemnité représentative du dommage que
leur causait l'interdiction d'exploiter des couches de houille dans une zone
de 100 mètres de chaque côté du tunnel de Terrenoire ; réserve au sujet
d'un terrain, dont la Compagnie prétendait que le tréfonds avait été exproprié en même temps que la superficie.

On peut donc considérer comme définitivement établi par la jurisprudence que, lorsque l'interdiction frappe une concession instituée
avant l'établissement du chemin de fer et sans aucune réserve pour la
protection de cette voie de communication, une indemnité est due au
concessionnaire de la mine.

Ce principe se justifie au point de vue du droit, comme au point de
vue de l'équité.

Sans doute la propriété d'une mine est toujours de date récente, par
rapport à la propriété de la surface ; sans doute, les concessionnaires de
mines sont tenus de n'apporter aucun trouble à la jouissance des fonds
supérieurs, aucun obstacle aux constructions que voudraient élever les
propriétaires de ces fonds ; sans doute, ils doivent subir sans indemnité
toutes les mesures que l'Administration viendrait à leur prescrire en
vertu de l'article 50 de la loi du 21 avril 1810, pour sauvegarder les bâtiments ou autres ouvrages établis par les particuliers à la superficie.
Mais c'est à la condition que ces ouvrages ne dépassent pas la limite des
œuvres ordinaires de l'homme. Or, dans la plupart des cas, les grands
travaux publics excèdent ces limites ; leur établissement ne constitue pas
un usage normal de la propriété ; ils exigent une protection spéciale, sortant du cadre des mesures habituelles de protection que peut commander
la libre jouissance des terrains supérieurs. En vendant ces terrains à l'État
ou à la Compagnie, les anciens possesseurs du sol n'ont pu lui transmettre que les droits dont ils étaient eux-mêmes détenteurs ; ils n'ont pu l'investir, au regard de la mine, d'une souveraineté supérieure à celle dont ils

étaient eux-mêmes fondés à se prévaloir. Il y a là une distinction qu'a faite avec raison M. Robert, commissaire du Gouvernement au Conseil d'État, quand il a présenté, en 1864, ses conclusions sur la demande introduite par la Société des mines de Combes contre la Compagnie de Paris-Lyon-Méditerranée.

Cette distinction n'est du reste pas spéciale aux dommages causés par l'exploitation des mines; le Conseil d'État l'a faite dans d'autres circonstances, par exemple à propos de l'assèchement des sources par des tranchées profondes. (Voir page 829.) Elle fournit la raison dominante de la jurisprudence du Conseil d'État et de la Cour de cassation.

Dans une remarquable étude, le regretté M. Demongeot, ingénieur au corps des Mines, maître des requêtes au Conseil d'État, tout en admettant le droit à indemnité pour les concessionnaires de mines frappées d'interdiction au profit des chemins de fer, a développé une thèse différente et soutenu ce droit par le caractère de spéculation commerciale que présentent les voies ferrées exploitées soit par l'État, soit par l'industrie privée. Son système le conduisait rationnellement à refuser tout dédommagement pour les autres travaux publics, quelle qu'en fût l'importance, quand il les jugeait dépouillés de ce caractère, par exemple pour les routes ou les canaux ouverts librement à la circulation publique.

La théorie de M. Demongeot était ingénieuse, mais facile à réfuter: car le particulier qui bâtit sur son sol spécule incontestablement sur les avantages qu'il retirera de son œuvre. L'Administration elle-même, agissant comme représentant des intérêts collectifs, spécule sur les avantages directs ou indirects des travaux publics pour le pays; peu importe la forme sous laquelle elle espère trouver la rémunération des capitaux engagés dans ses entreprises; peu importe que cette rémunération soit exclusivement cherchée dans l'augmentation de la richesse publique, ou en même temps dans le produit d'un péage. Il s'agit, dans tous les cas, d'opérations que leur auteur considère comme devant être favorables à ses intérêts ou comme devant répondre à ses besoins.

Il convient d'écarter également le motif tiré par le Conseil d'État, dans sa décision du 15 juin 1864, de ce que l'interdiction ne rentrait pas dans les cas prévus par l'article 50 de la loi du 21 avril 1810. C'est, en effet, dans cet article que l'Administration a toujours puisé son droit de prohiber l'exploitation pour garantir les travaux publics établis sur les fonds supérieurs.

Nous le répétons, si les mesures de protection prises dans l'intérêt de ces travaux sont susceptibles de donner lieu à l'allocation d'une indemnité, c'est parce que leur exécution excède souvent les limites d'un usage normal de la propriété.

Le droit à indemnité peut être ouvert, non seulement au profit des concessionnaires de mines, mais encore au profit des tiers auxquels il est attribué une redevance et notamment des propriétaires du sol (art. 6 et 42 de la loi du 21 avril 1810 modifiée par la loi du 27 juillet 1880). Nous avons relaté deux exemples d'actions intentées par des intéressés de cette catégorie.

Les décisions contentieuses que nous avons citées sont toutes antérieures à la loi du 27 juillet 1880 modifiant celle du 21 avril 1810. Comme nous l'avons indiqué, page 946, la conservation des voies de communication a été explicitement assimilée, dans la nouvelle rédaction de l'article 50, à la conservation de la mine elle-même, à la sécurité publique et à la sûreté des ouvriers mineurs ; le préfet doit y veiller au même titre et a les mêmes droits pour y pourvoir.

Le législateur a-t-il entendu pousser l'assimilation jusqu'au point de refuser toute indemnité pour les mesures prises dans l'intérêt des voies de communication, comme pour les mesures prises dans l'intérêt des constructions particulières ? A-t-il entendu simplement affirmer les droits de l'Administration ? Les documents parlementaires ne contiennent aucun éclaircissement à cet égard. Il en est de même des débats préparatoires auxquels le projet de loi a donné lieu au Conseil d'État. Dans son cours de législation des mines, M. Dupont exprime l'avis que les modifications apportées à l'article 50 de la loi du 21 avril 1810 par la loi du 27 juillet 1880 n'ont eu ni pour but, ni pour effet, de changer les conséquences de l'éviction du concessionnaire. On peut faire valoir, à l'appui de cette opinion, que, si le législateur avait voulu déroger aux règles consacrées par la jurisprudence, il s'en serait expliqué catégoriquement. Ni le Conseil d'État, ni la Cour de cassation, n'ont eu encore à juger la question.

Comme nous l'avons déjà dit précédemment, le droit à indemnité disparaît quand la concession de la mine est postérieure à l'établissement du chemin de fer ou quand le titre de cette concession renferme des réserves pour les prohibitions éventuelles dont elle pourrait être frappée.

Les cahiers des charges nouveaux dont nous avons donné des extraits, page 946, contiennent des clauses à cet égard. Ces clauses sont d'ailleurs conçues, dans beaucoup de cas, en des termes assez généraux pour embrasser tout à la fois les chemins de fer préexistants et les chemins de fer à construire ultérieurement. L'Administration a toujours soin d'ailleurs d'étendre le nouveau type de cahier des charges aux concessions anciennes, quand elle peut saisir l'occasion de le faire, par exemple à propos des extensions de périmètre.

4. Paiement des indemnités par les Compagnies. — Lorsqu'il y a lieu au paiement d'indemnités, la charge en incombe aux Compagnies. Cela résulte, non seulement de l'article 24 du cahier des charges qui met au compte du concessionnaire du chemin de fer tous les dommages résultant de la traversée des mines, mais encore de l'article 21 aux termes duquel elles doivent supporter « tous les dommages quelconques résultant « des travaux ».

La responsabilité de l'État ne pourrait être engagée que s'il exécutait l'infrastructure et si les mesures prescrites par l'Administration étaient nécessaires pour la conservation de la plate-forme.

§ 3. — CONTENTIEUX DE L'APPLICATION DES SERVITUDES

1. Recours pour excès de pouvoirs contre les arrêtés préfectoraux et les décisions ministérielles. — Les actes de l'Administration, portant application des servitudes imposées aux propriétés riveraines, peuvent être déférés au Conseil d'État, pour excès de pouvoirs ou pour violation des formes. Nous avons cité, dans le cours de cette étude, deux annulations d'arrêtés d'alignement (26 juin 1869, Le Brun de Blon, et 21 janvier 1881, Noël et Viguier), prononcées, l'une parce que le préfet avait imposé au riverain d'une voie livrée à la circulation publique des obligations empruntées au Code civil, l'autre parce que la zone de 2 mètres, dans laquelle les constructions autres que les murs de clôture sont interdites, n'avait pas été mesurée conformément à la loi.

Sauf le cas d'excès de pouvoirs, les décisions administratives concernant la suppression des constructions, plantations, excavations, couvertures en chaume, dépôts, existant dans la zone de prohibition avant la promulgation de la loi de 1845 ou avant l'établissement des lignes nouvelles, ne sont point susceptibles de recours par la voie contentieuse : l'Administration a un pouvoir souverain pour apprécier les nécessités de la sécurité publique ou de la conservation du chemin de fer. Les intéressés n'ont que la voie du recours gracieux devant le Ministre contre les arrêtés préfectoraux et celle de la demande en indemnité devant la juridiction compétente.

Il en est de même des mesures prises au regard des mines ou des carrières exploitées par galeries souterraines, par application de l'article 50 de la loi des 21 avril 1810-27 juillet 1880.

A fortiori, ni le Conseil de préfecture, ni le Conseil d'État, ni les tribunaux ordinaires ne peuvent-ils relever les particuliers des effets des servitudes légales auxquels ils sont soumis. (Conseil d'État, 25 février 1864, Grangier.)

2. — **Autorité compétente pour statuer sur les demandes en indemnité.** — *a.* SUPPRESSION EN VERTU DE L'ARTICLE 10 DE LA LOI DE 1845. — L'article 10 de la loi du 15 juillet 1845, relatif à la suppression des constructions, plantations, etc., dispose que, pour les constructions, l'indemnité sera réglée conformément aux titres IV et suivants de la loi du 3 mai 1841 et que, dans tous les autres cas, elle le sera conformément à la loi du 16 septembre 1807.

En d'autres termes, la suppression des constructions est seule assimilée à une expropriation dont la connaissance appartienne au jury : les formalités prescrites par les titres I, II et III de la loi de 1841 ne doivent d'ailleurs pas être accomplies.

Quant à la suppression des plantations, excavations, couvertures en chaume (1) et dépôts de matières inflammables ou non, elle est considérée comme constituant un simple dommage dont le règlement rentre dans la compétence du Conseil de préfecture.

b. INTERDICTION D'EXPLOITER DES CARRIÈRES. — Le Conseil d'État a proclamé à diverses reprises la compétence du Conseil de préfecture, pour connaître des demandes en indemnité fondées sur l'interdiction d'exploiter des carrières (24 février 1870, Cie d'Orléans contre les sieurs Barrault; 18 mars 1881, Ministre des travaux publics contre Perravex et Bozzino). En effet, si l'interdiction prive le propriétaire de l'usage le plus avantageux de son terrain, elle ne l'en dépossède nullement et ne l'empêche pas d'en jouir suivant tout autre mode qu'il juge convenable.

c. INTERDICTION D'EXPLOITER DES MINES. — La loi du 28 pluviôse an VIII avait donné au Conseil de préfecture une compétence générale pour les dommages de toute sorte causés aux particuliers par l'exécution des travaux publics. Depuis, les lois du 8 mars 1810, du 7 juillet 1833 et du 3 mai 1841 ont dépouillé la juridiction administrative de ses attributions, pour le règlement des indemnités dues en cas d'expropriation. Mais, sauf ce cas spécial, la compétence du Conseil de préfecture est restée entière pour les autres dommages de quelque nature qu'ils soient.

L'interdiction d'exploiter une mine, n'entraînant pas translation de la propriété de cette mine à l'État ou à la Compagnie du chemin de fer, ne constitue qu'un dommage dont il appartient au Conseil de préfecture de connaître.

Il n'y a point à distinguer, à cet égard, entre les interdictions limitées à un délai déterminé et les interdictions à durée indéterminée : car celles-ci, pas plus que les autres, n'enlèvent au concessionnaire de la mine les droits de propriété dont il a été investi par son titre de concession; elles ont, comme les premières, le caractère d'un simple dommage; elles n'en diffèrent que par leur durée. Alors même qu'elles ne devraient jamais être levées, l'autorité judiciaire serait incompétente pour en régler

____

(1) Dans le cours de la discussion de la loi du 15 juillet 1845 devant la Chambre des Pairs, M. Legrand, sous-secrétaire d'État, a reconnu que la suppression d'une couverture en chaume équivaudrait à celle de la construction, quand cette dernière serait trop légère pour supporter une autre couverture.

les conséquences : en effet, depuis les décisions mémorables rendues en 1850 par le Tribunal des conflits, il n'est plus contesté, en doctrine ni en jurisprudence, que les dommages permanents soient assimilables aux dommages temporaires, au point de vue de la compétence.

Si simples et si incontestables que paraissent ces principes, ils n'en ont pas moins été méconnus à diverses reprises.

Le 8 avril 1831, une ordonnance sur conflit, intervenue à propos d'un litige concernant la mine de Couzon, renvoyait les parties devant les tribunaux ordinaires. A la suite de cette décision, la Cour de cassation affirma à diverses reprises la compétence de l'autorité judiciaire, même à l'égard des propriétaires de la surface au point de vue de la redevance tréfoncière. (Voir notamment un arrêt du 3 janvier 1853, Cⁱᵉ du chemin de fer de Saint-Étienne contre Fleur de Lix et autres.)

Le 18 juin 1860, le Conseil d'État, saisi par la Compagnie houillère de la Ricamarie d'un recours en excès de pouvoirs contre un arrêté préfectoral qui, en prononçant une interdiction temporaire, avait rappelé la compétence du Conseil de préfecture pour le règlement de l'indemnité, rejeta la requête, mais sans se prononcer sur le fond même de la question. Il se borna à déclarer que l'indication donnée par le préfet n'empêchait pas la Société houillère de porter, à ses risques et périls, sa demande en indemnité devant qui de droit.

Statuant sur conflit le 11 mars 1861 (Compagnie de Paris-Lyon-Méditerranée et Coste, Clavel et Cⁱᵉ, concessionnaires des mines de Combes), le Conseil confirma l'arrêté de conflit, mais en prenant acte, dans ses considérants, de ce que ni l'Administration, ni la Compagnie, n'entendaient maintenir l'interdit pour toute la durée de l'exploitation du chemin de fer. L'insertion de ce motif dans le texte du décret n'avait certainement d'autre portée que celle de la constatation d'un fait particulier invoqué dans la cause : car le Conseil d'État n'a jamais hésité, depuis de longues années, à affirmer sa compétence pour les dommages permanents, comme pour les dommages temporaires ; spécialement en matière d'interdiction d'exploiter des mines, il a jugé dans des espèces où la prohibition était indéfinie. Cependant on a pu induire de la rédaction du décret de 1861 que le Conseil se fût prononcé différemment, si l'interdiction avait eu un caractère permanent.

Une décision du Tribunal des conflits, du 5 mai 1877 (Société des houillères de Saint-Étienne contre Cⁱᵉ de Paris-Lyon-Méditerranée), vint corroborer cette appréciation. Il s'agissait de l'affaire qui avait donné lieu au décret du 14 avril 1864. Sur la demande de la Société des houillères de Saint-Étienne et avec l'acquiescement de la Compagnie du chemin de fer, l'interdiction provisoire avait été transformée en interdiction définitive. La Société minière ayant assigné la Compagnie de Paris-Lyon-Méditerranée devant le tribunal de Saint-Étienne, pour voir dire que le périmètre sur lequel portait la prohibition était et demeurait exproprié, et le tribunal s'étant reconnu régulièrement saisi, appel fut interjeté devant la Cour qui confirma la décision du premier juge, malgré le déclinatoire présenté au nom de l'Administration. Saisi de la difficulté, le Tribunal des conflits jugea que l'interdiction équivalait à une dépossession définitive, dont il n'appartenait pas au Conseil de préfecture de connaître en vertu de l'article 4 de la loi du 27 pluviôse an VIII : malgré les circonstances de fait relevées avec soin dans les considérants du jugement, c'était la condamnation de la jurisprudence du Conseil d'État.

Mais une autre décision du Tribunal des conflits, en date du 7 avril 1884, est revenue aux vrais principes sur la séparation des pouvoirs. Les sieurs Coste, Clavel et Cⁱᵉ et la Société anonyme des houillères de Rive-de-Gier, se fondant sur le délai écoulé depuis la décision ministérielle de 1844 qui leur avait interdit d'exploiter, jusqu'à nouvel ordre, à moins de 30 mètres de l'axe du chemin de fer, demandaient le règlement d'une indemnité de dépossession. Le tribunal a jugé dans les termes suivants : « D'une part et en fait, il n'est pas établi par l'instruction que « l'exploitation du massif houiller ne pourra jamais être autorisée, sans « compromettre la sécurité des ouvrages dépendant de la voie ferrée ; la « Compagnie du chemin de fer soutient, au contraire, que cette exploita- « tion ne produirait, moyennant certaines précautions, aucun inconvénient « pour la superficie. D'autre part, le jour où il serait permis d'extraire le « charbon qui se trouve dans la zone déterminée par l'arrêté ministériel « du 11 juin 1844, l'exploitation s'en ferait au profit et pour le compte « des Sociétés concessionnaires de mines : ces Sociétés ne sont donc pas « fondées à soutenir que l'interdiction d'exploiter la partie de leur mine « située à moins de 30 mètres de l'axe du chemin de fer équivaut à une « expropriation et que, par suite, le préjudice qui en résulte pour elles « doit être apprécié par l'autorité judiciaire, par application de la loi du « 3 mai 1841. Le préjudice allégué ne constitue qu'un dommage en « matière de travaux publics, et la connaissance des demandes en indem- « nités pour la réparation des dommages de cette nature, *lors même qu'ils* « *sont permanents et quelle qu'en soit l'étendue*, est réservée à la juri- « diction administrative par l'article 4 de la loi du 28 pluviôse an VIII. »

Les adversaires de la juridiction administrative désarmeront-ils après cette décision du Tribunal des conflits ? Il faut l'espérer.

Nous reconnaissons volontiers que leur thèse est spécieuse et s'appuie même sur une argumentation solide. Une mine ne vaut, en effet, que par l'exploitation de ses richesses minérales. Y interdire l'extraction, c'est lui enlever sa valeur. Lorsque l'Administration prohibe l'exploitation d'une carrière superficielle, elle se borne à empêcher le propriétaire de recourir à l'une des formes de la mise en valeur de son terrain ; mais elle ne porte pas obstacle à ce que ce terrain soit utilisé autrement, par exemple à ce qu'il soit cultivé ou à ce qu'il reçoive des constructions : il y a gêne dans la jouissance, servitude, mais non prohibition de tout usage.

Cependant, quelle que soit la gravité de la mesure, quelles qu'en soient l'étendue et la durée, on ne saurait y voir la translation de propriété nécessaire pour faire passer la compétence du Conseil de Préfecture au jury d'expropriation. Cela est si vrai que, si des circonstances nouvelles venaient, comme l'a fait justement remarquer le Tribunal des conflits, à faire lever la prohibition, les richesses minérales seraient exploitées au profit du concessionnaire de la mine et non au profit du concessionnaire du chemin de fer.

3. Intervention des Compagnies dans les recours contre les actes de l'Administration. — Quand des particuliers attaquent les actes administratifs, l'iintervention des Compagnies est recevable, si les indemnités auxquelles peut donner lieu l'exécution de ces actes doit leur incomber.

Le Conseil d'État a fait application de cette règle le 18 juin 1860, à l'occasion du recours pour excès de pouvoirs dirigé par la Cie houillère de la Ricamarie contre un arrêté du préfet de la Loire.

4. Sanction pénale des prescriptions de la loi de 1845. Renvoi. — Nous traiterons dans un chapitre spécial des contraventions aux lois et règlements concernant l'exécution, l'entretien et la conservation des chemins de fer. L'exposé des pénalités constituant la sanction des règles relatives aux servitudes trouvera plus naturellement sa place dans ce chapitre.

§ 4. — DES PERMISSIONS DE VOIRIE

1. Permissions diverses de voirie accordées par l'Administration. — Indépendamment des autorisations que nous avons mentionnées en traitant des servitudes imposées aux propriétés riveraines et qui sont prévues par la loi de 1845, il est des permissions de pure tolérance que l'Administration consent à accorder aux intéressés. Nous citerons notamment : la pose des conduites d'eau ou de gaz, à la traversée ou sur les dépendances du chemin de fer ; la construction de passages supérieurs ou inférieurs destinés à desservir des voies privées ; l'établissement de passages à niveau dans les mêmes conditions ; la pose de voies ferrées industrielles, à la traversée du chemin de fer ou sur des terrains qui en dépendent ; l'autorisation d'occuper temporairement le domaine public par des dépôts ; celle de déverser des eaux dans les fossés du chemin de fer, etc....

2. Conditions des autorisations. — Ces autorisations sont toujours précaires et révocables ; elles doivent pouvoir être retirées à toute époque, si les intérêts de la circulation ou de la conservation du chemin de fer viennent à l'exiger.

Elles sont subordonnées au paiement d'une redevance destinée, non seulement à en constater la précarité, mais encore à faire bénéficier l'exploitant d'une partie des avantages accordés au permissionnaire. Le montant des redevances de cette nature est versé entre les mains des Compagnies, qui ont droit à tous les produits du chemin de fer.

Quand la permission comporte des travaux, leur exécution et leur entretien ultérieur sont faits sous la surveillance de la Compagnie et de l'Administration. Souvent même une partie de ces travaux reste confiée à la Compagnie, qui y pourvoit aux frais du permissionnaire, dans la zone où ce dernier ne pourrait le faire lui-même sans danger pour la sécurité de la circulation.

Toutes les dégradations ou avaries dont le chemin de fer aurait à souffrir sont réparées d'office au compte du permissionnaire.

La permission n'est valable que pour un délai déterminé, passé lequel elle est périmée de plein droit.

3. — Autorités ayant qualité pour délivrer les autorisations. — Les permissions dont nous nous occupons ici étant de pure tolérance ne peuvent être accordées qu'avec l'adhésion de la Compagnie qui a la jouissance du chemin de fer et serait par suite fondée à s'opposer aux entreprises de cette nature. Ni les lois et règlements, ni les cahiers des charges, n'imposent en effet au concessionnaire aucune obligation à cet égard.

Le taux des redevances doit donc être débattu entre les permissionnaires et les Compagnies et faire l'objet d'une entente préalable. Toutefois l'Administration doit connaître les contrats intervenus à cet égard, afin de sauvegarder les intérêts du Trésor, au cas où les redevances devraient lui être payées à l'expiration des concessions, ou tout au moins se réserver expressément le droit de revision à cette époque.

L'autorisation est délivrée, suivant les cas, soit par le Ministre des travaux publics, soit par le préfet : l'intervention de l'Administration supérieure est nécessaire, quand il s'agit de l'établissement d'ouvrages considérables, de permissions susceptibles de modifier profondément l'assiette du chemin de fer, et quand la sécurité de la circulation peut être sérieusement mise en jeu par l'exécution des travaux. La délimitation des compétences n'est pas définie par des instructions générales : il appartient, dans chaque espèce, aux préfets et aux ingénieurs d'apprécier s'il y a lieu de saisir le Ministre des travaux publics. Peut-être a-t-on, dans certaines circonstances, poussé trop loin la centralisation à cet égard.

CHAPITRE II

DE LA POLICE DE LA CONSERVATION DES CHEMINS DE FER

DES CONTRAVENTIONS DE VOIRIE COMMISES PAR LES CONCESSIONNAIRES

§ I. — POLICE DE LA CONSERVATION DES CHEMINS DE FER

1. — Dispositions de la loi du 15 juillet 1845. — L'article 1er de la loi du 15 juillet 1845 classe les chemins de fer construits ou concédés par l'État dans la grande voirie.

L'article **2**, tirant les conséquences de ce classement, leur déclare applicables « les lois et règlements sur la grande voirie qui ont pour objet « d'assurer la conservation des fossés, talus, levées et ouvrages d'art dé- « pendant des routes, et d'interdire, sur toute leur étendue, le pacage des « bestiaux et les dépôts de terre et autres objets quelconques ».

L'article 3 soumet, nous l'avons vu, les propriétés riveraines aux ser- vitudes imposées par les lois et règlements sur la grande voirie et concer- nant l'alignement ; l'écoulement des eaux ; la distance des plantations et leur élagage ; le mode d'exploitation des mines, minières, tourbières, carrières et sablières dans la zone déterminée à cet effet.

L'article 4 rend la clôture obligatoire sur toute l'étendue et des deux côtés de la voie et porte que le type de cette clôture sera déterminé par l'Administration ; il exige également la pose de barrières aux passages à niveau et leur fermeture conformément aux règlements.

Les articles 5, 6, 7 et 8 instituent des zones de prohibition pour les constructions, les excavations, les couvertures en chaume et les dépôts de matières inflammables ou non.

L'article 11 porte que les contraventions aux dispositions du titre Ier de la loi de 1845, dont nous venons de rappeler les principaux articles, seront constatées, poursuivies et réprimées comme en matière de grande voirie. Il les déclare punissables d'une amende de 16 à 300 francs sans préju- dice, s'il y a lieu, des peines portées au Code pénal et au titre III de la loi (mesures relatives à la sûreté de la circulation sur les chemins de fer).

Les contrevenants doivent, en outre, être condamnés à supprimer, dans le délai déterminé par le Conseil de préfecture, les excavations, couvertures, meules ou dépôts, faits contrairement aux prescriptions de la loi de 1845 ; à défaut par eux de satisfaire à cette condamnation dans le délai fixé, la suppression a lieu d'office et le montant de la dépense est recouvré comme en matière de contributions publiques.

Enfin, les art. 23 et suivants fixent, pour la constatation des contraventions, certaines règles sur lesquelles nous aurons à revenir par la suite.

Rappelons encore : 1° que la loi du 27 décembre 1880 a autorisé le Ministre des travaux publics à dispenser provisoirement, par dérogation à l'article 4 de la loi du 15 juillet 1845, de poser des clôtures fixes le long de la voie ferrée et des barrières mobiles à la traversée des voies de terre, pour tout ou partie des chemins de fer d'intérêt général en construction ou à construire et des lignes d'intérêt local incorporées ou à incorporer au réseau d'intérêt général (voir ci-dessus, page 788) ; 2° que certaines lois spéciales avaient accordé antérieurement des dispenses analogues ; 3° qu'aux termes de la loi du 11 juin 1880, le préfet peut également dispenser de la pose de clôtures, ainsi que de la pose de barrières au croisement des chemins peu fréquentés, sur tout ou partie des chemins de fer d'intérêt local et des chemins de fer industriels desservant des exploitations particulières.

Sous réserve de la dispense de clôtures, les chemins de fer d'intérêt local, sont, comme les chemins de fer d'intérêt général, régis par la loi du 15 juillet 1845 (Art. 20 de la loi du 11 juin 1880).

Il en est de même des voies ferrées des quais qui sont assimilées aux tramways et soumis, par suite, à la loi de 1845, si ce n'est en ce qui concerne les articles 4, 5, 6, 7, 8, 9 et 10 (Art. 37 de la loi du 11 juin 1880).

2. Lois et règlements concernant la conservation des fossés, talus, levées et ouvrages d'art et l'interdiction des dépôts. — Les lois et règlements principaux sont un arrêt du Conseil d'État du 17 juin 1721, une ordonnance du Roi du 4 août 1731 et la loi du 29 floréal an X.

L'arrêt du 17 juin 1721 défend de combler les fossés, de faire aucune fouille sur les routes, d'y effectuer aucun dépôt de fumier, décombres ou autres immondices.

L'ordonnance du 4 août 1731 interdit de combler les fossés, d'abattre les berges, de commettre des anticipations, de faire des dépôts quelconques, d'enlever les pavés ou les matériaux destinés aux ouvrages publics ou mis en œuvre.

L'article 1 de la loi du 29 floréal an X porte que « les contraventions

« en matière de grande voirie, telles qu'anticipations, dépôts de fumier
« et d'autres objets, et toutes espèces de détériorations commises sur les
« grandes routes, sur les arbres qui les bordent, sur les fossés, ouvrages
« d'art et matériaux destinés à leur entretien...., seront constatées, répri-
« mées et poursuivies par voie administrative ». Les termes fort larges de
ce texte permettent de saisir et de réprimer tous les dommages causés aux
voies de communication faisant partie de la grande voirie.

Nous n'insistons pas sur les pénalités prévues par l'ordonnance du
4 août 1731 : car elles ont été remplacées par l'amende de 16 à 300 francs
qu'édicte l'article 11 de la loi du 15 juillet 1845.

Parmi les condamnations pour dégradations aux voies ferrées, ou
dépôts illicites, on peut citer les exemples suivants, empruntés au recueil des
arrêts du Conseil d'État :

29 mars 1851 : réformation d'un arrêté de Conseil de préfecture, qui
avait sursis à statuer sur un procès-verbal dressé contre les sieurs
Chabanne et Drevet, pour établissement de ponceaux au travers des fossés
du chemin d'Andrézieux à Roanne. (Les textes visés sont l'ordonnance du
4 août 1731, la loi du 29 floréal an X et celle du 15 juillet 1845.)

9 août 1851 : condamnation du sieur Ajasson à 300 francs d'amende,
pour enlèvement de marnes dans un cavalier et arrachage d'une haie
établie sur ce cavalier, qui était incorporé au chemin de fer. (Textes visés :
ordonnance du 4 août 1731, loi du 29 floréal an X, décret du 16 décembre
1811 et loi de 1845.)

13 décembre 1860 : décision reconnaissant que l'écoulement des eaux
pluviales et ménagères des maisons d'un sieur Ricard dégradait les talus
de la voie ferrée et constituait une contravention de grande voirie réprimée par l'article 1er de la loi du 29 floréal an X et les articles 3 et 11 de la
loi du 15 juillet 1845.

7 août 1874 : confirmation d'un arrêté du Conseil de préfecture de
Seine-et-Oise, condamnant les sieurs Duluat et Cie pour destruction de
clôtures et occupation d'un terrain dépendant du chemin de fer. (Les
textes visés sont, indépendamment des lois du 29 floréal an X et du
15 juillet 1845, deux ordonnances du bureau de la généralité de Paris, en
date du 18 juin 1765 et du 17 juillet 1781 relatives à la police de la conservation des chemins dans le ressort de cette généralité, ainsi que la loi
des 19-22 juillet 1791 relative à la police municipale.)

22 décembre 1882 : réformation de l'arrêté d'un Conseil de préfecture
qui s'était déclaré incompétent pour statuer sur des poursuites exercées
contre le sieur Teyssier, auteur d'un dépôt illicite sur les voies des quais
de Bordeaux ; condamnation du contrevenant à 16 francs d'amende.

1er février 1884 : condamnation du sieur Meuret à 25 fr. d'amende et au rétablissement des lieux, pour avoir établi une rampe d'accès dans le talus d'une avenue de gare. (Les textes visés sont l'ordonnance du 4 août 1731 et les lois des 19-22 juillet 1791, 23 mars 1842 et 15 juillet 1845.)

30 mai 1884 : confirmation d'un arrêté par lequel le sieur Bosse avait été condamné comme coupable d'une contravention de grande voirie, pour avoir détruit le fossé d'écoulement d'une vase et occupé l'emplacement de ce fossé.

30 mai 1884 : confirmation d'un arrêté condamnant le sieur Lagache pour dépôt illicite sur les voies ferrées des quais de Bordeaux.

7 août 1886 : confirmation d'un arrêté condamnant le sieur Laporte pour pose, sans autorisation, d'un drain sous l'avenue d'accès d'une gare.

Le conseil d'État a refusé de voir des contraventions de grande voirie dans les faits suivants : ouverture d'un fossé le long d'un chemin latéral d'exploitation ne constituant pas une dépendance du chemin de fer (15 février 1864, Vauquelin) ; bris de la clôture d'une avenue de gare n'ayant pas le caractère d'une voie intérieure, alors qu'après avoir laissé à l'inculpé l'accès auquel il était fondé à prétendre, la Compagnie ne justifiait pas avoir posé cette clôture en vertu d'une autorisation régulière et dans un but de sécurité publique (10 janvier 1867, Thiébaut) ; ouverture d'une porte et dépôt de matériaux sur un terrain contigu à une avenue de gare, acquis par l'État pour être affecté au service de la gare, mais n'ayant pas encore reçu cette affectation (7 août 1883, dame veuve Allix) ; bris de la clôture d'une avenue de gare, alors que la Compagnie ne justifiait pas avoir établi cette clôture en vertu d'une autorisation régulière (12 décembre 1884, veuve Forncret ; 22 mai 1885, Peyron ; 4 décembre 1885, Peyron) ; écoulement d'eaux pluviales sans dégradation et ouverture de jours et d'issues sur une avenue de gare (22 mai 1885, Peyron) ; anticipation sur un chemin vicinal dévié, qui ne faisait pas partie de la grande voirie (7 août 1886, Deltheil).

3. Règlements concernant le pacage des bestiaux. — Nous sommes obligé d'anticiper ici sur les développements dans lesquels nous aurons à entrer plus tard, au sujet de l'article 61 de l'ordonnance du 15 novembre 1846 portant interdiction d'introduire dans l'enceinte du chemin de fer des chevaux, bestiaux ou animaux quelconques.

En effet, la Cour de cassation ayant, par deux arrêts du 19 mai 1854 (Debrade) et du 3 avril 1858 (Derbré), restreint l'application de l'article 61 de l'ordonnance de 1846 aux faits d'introduction *volontaire*, l'Administration a dû chercher des moyens de répression contre les faits d'introduction involontaire dans les règles relatives au pacage des bestiaux, que visait explicitement la loi du 15 juillet 1845.

Tout d'abord, le Conseil d'État a refusé de condamner les inculpés, toutes les fois qu'un dommage n'avait point été causé à la voie ferrée ; c'est ainsi que, dans sa décision du 18 août 1862 (Dubourdonné), on lit le considérant suivant : « Considérant qu'aucune disposition législative ne « permet de prononcer une amende contre le sieur Dubourdonné, à raison « de ce qu'une vache lui appartenant s'est introduite dans l'enceinte du « chemin de Paris au Havre ; qu'il pouvait seulement être condamné à la « réparation des dégradations que sa vache aurait causées à la voie ferrée « ou à ses dépendances, par application des articles 1er de la loi du « 29 floréal an X et 2 de la loi du 15 juillet 1845..... » Des décisions analogues sont intervenues le 14 janvier 1863 (Damiens) et le 26 mai 1863 (Hervieu) ; elles étaient fondées sur ce que le bris de la clôture n'était pas établi. Dans d'autres cas, le renvoi des fins du procès-verbal a été motivé par l'état des clôtures, qui n'offraient plus les conditions d'entretien réglementaire et qui, à raison de leur vétusté, ne faisaient plus obstacle à l'introduction des bestiaux sur la voie (24 décembre 1863, Boyer ; même date, Lebarbier).

C'est alors que l'Administration a pensé à l'arrêt du Conseil du 16 décembre 1759, qui « défend à tous pâtres et autres gardes et conducteurs « de bestiaux de les conduire en pâturage ou de les laisser répandre sur « les bords des grands chemins plantés, soit d'arbres, soit de haies « d'épines ou autres, à peine de confiscation des bestiaux et de 100 livres « d'amende, de laquelle amende les maîtres, pères, chefs de famille et « propriétaires de bestiaux seront et demeureront civilement respon- « sables ». Le préambule de cet arrêt vise principalement la destruction des plantations à la traversée des forêts. Son paragraphe final semble même, au premier abord, en restreindre la portée aux parties de routes situées dans les bois ; il est, en effet, ainsi conçu : « Ordonne Sa Majesté « que par les gardes tant des bois de Sa Majesté, que de ceux des ecclé- « siastiques, communautés et gens de mainmorte, même des proprié- « taires particuliers, il sera dressé des procès-verbaux et rapports « des contraventions au présent arrêt, pour les parties des grands « chemins seulement formés dans l'intérieur desdits bois..... » Néanmoins le Conseil d'État a repoussé, avec raison, cette interprétation restrictive. L'arrêt de 1759 était, dans sa teneur, applicable aussi bien en dehors qu'à la traversée des bois. S'il a prescrit aux agents forestiers de constater les contraventions commises sur les sections en forêt, le but de cette

prescription a été exclusivement de rendre plus efficace et plus active la surveillance confiée aux agents des ponts et chaussées et à la police locale, en
leur assurant le concours des gardes forestiers sur les points où ces gardes
étaient spécialement appelés par leur service et où les plantations étaient
le plus menacées ; d'intéresser la milice forestière à la répression, comme
auxiliaire de la police générale ; de mieux assurer la conservation des
haies et autres plantations, sur les points où elles étaient plus particulièrement compromises.

Depuis 1867, le Conseil d'État n'a cessé d'admettre l'application de
l'arrêt du 16 décembre 1759, alors même que les talus du chemin de fer
n'étaient pas plantés et étaient simplement pourvus de clôtures sèches. Il
a considéré que cette application se justifiait par la généralité des termes
de l'article 2 de la loi du 15 juillet 1845. Toutefois, comme les Compagnies
sont tenues, sauf exception, de clore les chemins de fer d'intérêt général,
de placer des barrières aux passages à niveau, d'établir leurs clôtures suivant le type déterminé par l'Administration, de les maintenir en bon état
d'entretien et de manœuvrer leurs barrières conformément aux règlements,
il a toujours eu soin d'examiner si les faits d'introduction ne coïncidaient
pas avec un défaut de conformité entre les clôtures et le type approuvé,
avec un vice dans leur entretien et notamment une solution de continuité,
ou avec l'ouverture des barrières d'un passage à niveau à une heure à
laquelle elles auraient dû être fermées : lorsqu'il s'est trouvé en présence
d'irrégularités de cette nature, il a jugé que la contravention commise par
la Compagnie excusait et effaçait la contravention commise par les inculpés
et il a renvoyé ces derniers des fins de procès-verbaux dressés contre eux.

Les arrêts intéressants à consulter sont les suivants :

14 août 1867 (Rozée) ; 15 janvier 1868 (Debrade) ; 18 août 1869 (Griffon) ;
30 avril 1875 (Romy) ; 25 décembre 1876 (Crussard) ; 13 février 1880 (Man-
gematin) ; 4 mars 1881 (Filoque) ; 11 mars 1881 (Lallement et Garnery) ;
29 juillet 1881 (Bramard) ; 6 janvier 1882 (Château) ; 5 décembre 1884
(Villedieu) ; 1er mai 1885 (Castan) ; 4 décembre 1885 (Bignat). — Arrêts prononçant des condamnations pour introduction d'animaux qui avaient
franchi les clôtures et constatant que ces clôtures étaient conformes au
type, maintenues en bon état d'entretien et non discontinues.

30 mai 1873 (Dominé) et 21 novembre 1873 (Bernard). — Arrêts annulant des arrêtés de Conseils de préfecture, qui s'étaient refusés à donner
suite à des procès-verbaux, parce que la contravention n'avait pas été
commise à la traversée d'un bois.

2 juillet 1875 (Deschateaux) ; 7 avril 1876 (Lainé et Vespier) ; 17 novembre 1876 (Champieux). — Arrêts renvoyant les inculpés des fins des

procès-verbaux, parce que la clôture n'était pas en bon état. (Le premier de ces arrêts se borne à constater, dans ses considérants, qu'il n'y a ni bris de clôture, ni dégradation ; mais il résulte des visas que la clôture présentait des défectuosités.)

16 avril 1880 (Émonot); 5 août 1881 (Sauloup). — Arrêts condamnant pour introduction d'animaux par les barrières d'un passage à niveau, alors qu'il n'était point relevé de faute de la part de la Compagnie dans la manœuvre de ces barrières.

28 novembre 1879 (Farçat); 5 août 1881 (Geoffroy) ; 7 août 1883 (Breton). — Arrêts relaxant les inculpés, alors que des fautes étaient relevées à la charge des Compagnies, dans la manœuvre des barrières ou des portes par lesquelles les animaux s'étaient introduits sur la voie.

Ainsi que nous l'avons dit, l'application de l'arrêt du 16 décembre 1759 est indépendante des dégâts dont peut avoir souffert la voie ferrée ; elle s'impose même lorsqu'il n'y a pas eu dommage. Le Conseil d'État a annulé un arrêté de Conseil de préfecture qui, pour ne pas donner suite au procès-verbal, s'était fondé sur l'absence de dégradation (21 novembre 1873, Bernard). La condamnation comporte donc exclusivement une amende et le paiement des frais, s'il n'y a pas eu de dégradation ; dans le cas contraire, elle comprend, en outre, les dépenses de réparation.

Mais le Conseil s'est refusé à voir une contravention de grande voirie dans le fait du pacage d'arbres situés en arrière des clôtures, sur des terrains qui ne pouvaient être considérés comme des dépendances de la voie ferrée (20 novembre 1874 et 28 janvier 1876, Suriray).

Il a statué de même : 1° sur un procès-verbal dressé contre le sieur Doubled, dont le cheval, attelé à une voiture qui avait été reçue dans la gare et y stationnait en un point désigné par le chef de station, s'était détaché et avait suivi la voie jusqu'à un kilomètre de la station suivante (3 février 1882) ; 2° sur un procès-verbal dressé contre le sieur Bouchard, propriétaire de plusieurs moutons qui s'étaient échappés d'un troupeau reçu dans les dépendances d'une gare et y séjournant avec la permission et sous la surveillance des agents de la Compagnie (3 février 1882).

Nous avons encore à noter un arrêt du Conseil d'État du 3 février 1882, renvoyant les sieurs Blosser et Poupart des fins d'un procès-verbal dressé contre eux pour introduction d'un camion attelé par un passage à niveau : la poursuite était fondée à tort sur l'article 40 de la loi des 28 septembre-6 octobre 1791, abrogé par l'article 479, 11° du Code pénal.

L'arrêt du 16 décembre 1759 s'appliquerait-il aux chemins de fer légalement dépourvus de clôtures, notamment aux chemins de fer d'intérêt local ? Cela ne saurait faire aucun doute pour les lignes dont les talus ou les francs-bords seraient revêtus de plantations. Le Conseil d'État en a jugé ainsi le 14 mai 1875, en condamnant à 16 fr. d'amende et aux frais la dame veuve Thomas, propriétaire d'un troupeau qui s'était répandu sur la ligne de Philippeville à Constantine, en un point où les talus de cette ligne étaient plantés et où elle était dépourvue de clôtures, par application de l'article 20 du cahier des charges. Mais le Conseil n'a pas, dans cette espèce, préjugé la solution pour le cas où il n'y aurait point de plantation. Sa jurisprudence nous paraît devoir le déterminer à admettre l'applicabilité de l'arrêt de 1759 : car lorsque, pour les chemins de fer assujettis à être clos, il prend en considération l'existence et l'état des clôtures, c'est pour apprécier si la Compagnie s'est conformée à ses obligations et n'a point commis une contravention effaçant celle des inculpés, et non pour. en faire la base de sa décision sur la suite à donner aux procès-verbaux.

Appelé à donner son avis sur un projet de loi tendant à autoriser des dispenses de clôtures dans certains cas déterminés, pour les chemins de fer d'intérêt général, le Conseil avait proposé d'y introduire un article aux termes duquel « il était défendu de laisser les bestiaux s'introduire « sur les chemins de fer d'intérêt général ou local qui auraient été dispen- « sés de clôtures et de barrières, par application de cette loi ou de l'ar- « ticle 4 de la loi du 12 juillet 1865, sous peine d'une amende de « 16 francs à 100 francs ». Cette disposition eût donné une sanction légale incontestable à l'interdiction de laisser des animaux se répandre sur la voie ferrée. Le Gouvernement a cru devoir la réserver pour en faire l'objet d'une étude qui n'a pas encore abouti.

Des accidents s'étant fréquemment produits, par suite de l'introduction de bestiaux dans l'enceinte des chemins de fer, le Ministre des travaux publics a invité, le 21 janvier 1854, les préfets à insérer dans le bulletin administratif de leur département un avis aux maires des communes traversées par les voies ferrées, pour rappeler les propriétaires riverains à la vigilance nécessaire et pour leur signaler la responsabilité que leur négligence pourrait faire peser sur eux. Les maires devaient eux-mêmes porter cet avis à la connaissance de leurs administrés, par les voies de publicité ordinaire en matière de police locale.

Les prescriptions de la circulaire du 21 janvier 1854 ont été rappelées le 14 octobre 1876 et le 24 décembre 1880.

4. Règles relatives à l'alignement ; à l'écoulement des eaux ; aux plantations ; à l'exploitation des mines, minières, tourbières, carrières et sablières ; aux zones de prohibition. — Nous avons exposé

ces règles dans un chapitre spécial, auquel nous ne pouvons que renvoyer. (Voir ci-dessus, page 933.)

Il nous suffira de rappeler ici un certain nombre d'arrêts du Conseil d'État que nous avons déjà cités et qui ont prononcé ou confirmé des condamnations.

Alignement. — 22 juillet 1848 (Tournois), construction sans autorisation et anticipation sur le sol de la place d'une gare ; 11 mai 1883 (Colein), construction contraire à un alignement le long d'un chemin latéral.

Écoulement des eaux. — 13 décembre 1860 (Ricard), dégradation du chemin de fer par des eaux pluviales et ménagères.

Exploitation de carrières dans la zone de prohibition. — 28 mai 1880 (Masselin).

Constructions dans la zone de prohibition. — 19 juin 1863 (Delafond).

Couverture en chaume dans la zone de prohibition. — 31 janvier 1886 (Junca).

Dépôt de matières inflammables dans la zone de prohibition. — 27 avril 1870 (Drevet et Cessieux).

5. Pénalités. — Les contraventions aux règles édictées par le titre Ier de la loi du 15 juillet 1845 (mesures relatives à la conservation des chemins de fer) sont constatées, poursuivies et réprimées comme en matière de grande voirie.

Aux termes de l'article 11, elles sont punies d'une amende de 16 à 300 francs, sans préjudice, s'il y a lieu, des peines portées au Code pénal et au titre III de la loi de 1845 (mesures relatives à la sûreté de la circulation sur les chemins de fer). Les contrevenants sont, en outre, condamnés à supprimer, dans le délai déterminé par l'arrêté du Conseil de préfecture, les excavations, couvertures, meules ou dépôts faits contrairement à la loi ou aux règlements. A défaut par eux de satisfaire à cette condamnation dans le délai fixé, la suppression a lieu d'office et le montant de la dépense est recouvré contre eux comme en matière de contributions publiques.

Ces dispositions donnent lieu aux observations suivantes :

1° Comme l'indique M. Aucoc dans ses leçons de droit administratif, l'amende de 16 à 300 francs est applicable, non seulement pour les contraventions aux règles nouvelles et spéciales aux chemins de fer, édictées par les articles 4 à 8 de la loi du 15 juillet 1845, mais encore pour les infractions aux lois et règlements concernant la grande voirie, qui sont visés par les articles 2 et 3. Elle se substitue aux amendes prévues par ces lois et règlements et assure une sanction pénale aux règlements qui en étaient dépourvus.

Cependant, si l'on compulse les arrêts du Conseil d'État, on voit que, pour la répression des faits de pacage de bestiaux sur la voie ferrée, il a presque toujours visé la loi du 23 mars 1842 qui lui permettait de réduire jusqu'à 16 francs l'amende de 100 francs édictée par l'arrêt du 16 décembre 1759. Ce doit être un lapsus de rédaction, sans importance d'ailleurs, puisque la loi du 15 juillet 1845 fixe précisément à 16 francs le minimum des amendes pour les infractions au titre Iᵉʳ.

2ᵃ Le second paragraphe de l'article 11 de la loi du 15 juillet 1845 ne prescrit explicitement que la suppression des excavations, couvertures ou dépôts établis contrairement aux articles 6, 7 et 8.

Quel doit être le sort des ouvrages non compris dans cette nomenclature? Le droit de l'autorité administrative d'en poursuivre également la suppression ne saurait être contesté, non seulement quand ils empiètent sur le domaine public, mais encore quand, sans constituer une usurpation sur ce domaine, ils ne sont point à la distance voulue ou quand ils dégradent la voie ferrée. Il est de principe, en effet, qu'en tout état de cause les condamnations de voirie doivent, avant tout, comporter la destruction des ouvrages créés dans des conditions qui n'auraient point été susceptibles d'autorisation. La première mesure répressive doit consister à faire exécuter les prescriptions réglementaires qui ont été légalement imposées dans l'intérêt de la sécurité publique ou de la conservation des voies de communication.

Le Conseil d'État n'a jamais hésité à se prononcer dans ce sens. Il suffira, pour s'en convaincre, de se reporter au texte des arrêts que nous avons précédemment relatés.

Il en est de même de la réparation des dommages causés au chemin de fer ou à ses dépendances.

Quant aux constructions élevées sans que le riverain ait demandé l'alignement, s'il est reconnu, après vérification, qu'elles satisfont aux conditions prescrites par les lois et règlements, la destruction ne doit point en être ordonnée. La jurisprudence du Conseil d'État s'est affirmée à cet égard en maintes occasions pour les routes nationales ou départementales: en effet, la démolition ayant pour objet la réparation du préjudice souffert par la voie publique, il serait absolument irrationnel de l'imposer au contrevenant, malgré sa faute, lorsque ce préjudice n'existe pas.

Les autres peines prévues par les anciens règlements (par exemple la confiscation des matériaux provenant de la démolition des ouvrages indûment établis, la confiscation des bestiaux, etc...) sont incompatibles avec les termes très précis et très limitatifs de l'article 11 de la loi du 15 juillet 1845; d'ailleurs elles ne sont même plus appliquées pour les routes (1).

6. Agents chargés de constater les contraventions. — Conformément à l'article 23 de la loi de 1845, les contraventions prévues par le titre Ier de cette loi peuvent être constatées « par les officiers de police ju- « diciaire, les ingénieurs des ponts et chaussées et des mines, les conduc- « teurs, gardes-mines, agents de surveillance et gardes nommés ou agréés « par l'Administration et dûment assermentés ».

Les officiers de police judiciaire sont désignés par le Code d'instruction criminelle : ce sont les gardes champêtres et les gardes forestiers, les commissaires de police, les maires et les adjoints de maire, les procureurs de la République et leurs substituts, les juges de paix, les officiers de gendarmerie et les juges d'instruction.

Les ingénieurs des ponts et chaussées et les conducteurs étaient déjà investis par la loi du 29 floréal an X du soin de constater les contraventions de grande voirie.

La désignation d'agents de surveillance s'applique aux commissaires de surveillance administrative, qui ont été institués par un arrêté du chef du pouvoir exécutif, en date du 29 juillet 1848, et qui ont remplacé les anciens commissaires de police et agents sous leurs ordres, mentionnés à l'article 57 de l'ordonnance du 15 novembre 1846. Aux termes de l'article 3 de la loi du 27 février 1850, ces commissaires ont les pouvoirs d'officiers de police judiciaire, pour la constatation des crimes, délits et contraventions commis dans l'enceinte du chemin de fer.

Quant aux gardes agréés par l'Administration, ce sont des agents présentés par les Compagnies, assermentés et assimilés dans ce cas aux gardes champêtres (art. 64 du cahier des charges) : cette assimilation n'est qu'une application du principe posé par l'article 4 du décret du 20 messidor an III (2). Les agents que les Compagnies désirent préposer ainsi à la surveillance des chemins de fer dont elles sont concessionnaires sont présentés au préfet, qui, après avoir consulté les ingénieurs du contrôle, en arrête la liste et la transmet au procureur de la République pour que ce magistrat requière, s'il y a lieu, leur assermentation dans les formes habituelles.

(1) Les infractions dont se rendraient coupables les concessionnaires de mines pourraient être réprimées en vertu de la législation minière. Mais nous n'avons pas à nous occuper ici de cette voie de répression en quelque sorte parallèle à celle de la loi du 15 juillet 1845. Le lecteur pourra se reporter, le cas échéant, aux ouvrages spéciaux sur les mines.

(2) Voir un arrêt du Conseil d'État du 11 mai 1883 (Colein).

7. Assermentation des agents chargés de constater les contraventions. — Les ingénieurs des ponts et chaussées et les conducteurs prêtent serment par devant le préfet, conformément à la loi du 29 floréal an X. Aux termes d'une décision du Ministre des finances du 14 février 1807, ce serment pouvait être remplacé par celui qui était prêté devant le chef de l'État, en vertu du décret du 12 septembre 1806.

Les ingénieurs des mines et les gardes-mines prêtent serment devant le tribunal, en vertu d'une décision du Ministre des finances du 2 août 1808.

Quant aux commissaires de surveillance administrative et aux agents de la Compagnie agréés par l'Administration, ils prêtent serment devant le tribunal, en conformité de l'article 23 de la loi du 15 juillet 1845.

Les actes de prestation de serment sont soumis à la formalité de l'enregistrement ; ils acquittent un droit de 4 fr. 50 pour les agents dont le traitement n'excède pas 1.500 francs et de 22 fr. 50 pour les agents dont le traitement dépasse ce chiffre. (Lois du 22 frimaire an VII, du 28 février 1872 et du 19 février 1874).

Il est de principe que les fonctionnaires publics et agents de l'Administration qui passent d'un lieu dans un autre, en la même qualité, sont dispensés de prêter un nouveau serment, sauf réquisition contraire. Mais ils doivent faire transcrire et viser leur acte de serment antérieur au greffe du tribunal de première instance de leur nouvelle résidence ou au secrétariat général de la Préfecture, suivant les cas : cette transcription n'est pas soumise au droit d'enregistrement (circulaires du Ministre des travaux publics du 5 février et du 27 septembre 1851). Lorsqu'au contraire le changement de résidence coïncide avec un changement de grade, il faut un nouveau serment (circulaire du 5 février 1851).

Des règles analogues doivent être appliquées aux agents des Compagnies.

Au moyen du serment prêté devant le tribunal de première instance de leur domicile, les commissaires de surveillance administrative et les agents des Compagnies peuvent verbaliser sur toute la ligne de chemin de fer à laquelle ils sont attachés.

8. Rédaction, affirmation et enregistrement des procès-verbaux. — En matière de grande voirie, il n'existe pas de délai légal pour la rédaction des procès-verbaux ; toutefois les principes commandent de les dresser aussitôt que possible.

La déclaration verbale faite à l'inculpé par l'agent verbalisateur est généralement usitée ; cependant l'omission de cette formalité n'entraîne pas la nullité de l'opération.

Les procès-verbaux dressés par les agents de surveillance et par les agents assermentés des Compagnies doivent, d'après l'article 24, § 2, de la loi du 15 juillet 1845, être affirmés, sous peine de nullité, dans les trois jours, devant le juge de paix ou le maire, soit du lieu de la contravention, soit de la résidence de l'agent. Cette disposition ne subsiste que pour les agents des Compagnies. Les commissaires de surveillance administrative ayant reçu la qualité d'officiers de police judiciaire (loi du 27 février 1850) ne sont pas astreints à la formalité de l'affirmation : le Ministre des travaux publics l'a rappelé dans sa circulaire du 15 avril 1850 et le Conseil d'État l'a jugé à maintes reprises (6 avril 1870, Adonis et Mulot ; 20 juin 1873, Perceau ; 20 juillet 1877, Renaud ; 28 mai 1880, Taillebot ; 4 mars 1881, Filoque).

La formalité de l'affirmation n'est pas non plus exigée pour les procès-verbaux dressés par les autres officiers de police judiciaire, par les ingénieurs, par les conducteurs et gardes-mines. (Voir pour les conducteurs un arrêt du Conseil d'État, en date du 28 mai 1880, Masselin.)

Quels que soient les agents par lesquels ils aient été dressés, les procès-verbaux doivent être visés pour timbre et enregistrés en débet, conformément à l'article 24 de la loi du 15 juillet 1845. Aucun délai n'est imparti, au point de vue de la validité des procès-verbaux, pour l'accomplissement des formalités de visa pour timbre et d'enregistrement. L'omission de ces formalités ne saurait même entacher les procès-verbaux de nullité, à défaut de dispositions expresses de la loi à cet égard. Elles sont, en effet, étrangères à la substance des actes qui y sont soumis ; leur but est surtout d'assurer la perception de certains droits au profit du Trésor. Si l'article 34 de la loi du 22 frimaire an VII a prononcé d'une manière générale la nullité des exploits ou procès-verbaux non enregistrés dans le délai prescrit, la portée de cette prescription a été nécessairement restreinte par l'article 47 de la même loi, qui ne défend de rendre jugement sur des actes non enregistrés que lorsque le jugement doit être rendu en faveur de particuliers ; le législateur de l'an VII a voulu conserver toute leur force aux actes qui intéressent l'ordre et la vindicte publique et ne pas subordonner leur effet aux intérêts pécuniaires du fisc, sauf le recouvrement des droits à la charge de qui il appartient. C'est d'ailleurs en ce sens qu'après la Cour de cassation le Conseil d'État s'est prononcé à diverses reprises, et notamment le 4 mars 1881 (Filoque). Les fonctionnaires et agents verbalisateurs n'en doivent pas moins éviter les irrégularités à cet égard. (Circulaire ministérielle du 15 octobre 1848.)

9. **Valeur des procès-verbaux.** — Les procès-verbaux font foi

jusqu'à preuve contraire (art. 23, § 2, de la loi du 15 juillet 1845). Mais ils ne valent point jusqu'à inscription de faux, malgré la situation hiérarchique de quelques uns des fonctionnaires chargés de les dresser. On sait en effet que, d'après les règles générales de notre législation, la valeur jusqu'à inscription de faux est réservée, presque dans tous les cas, à des procès-verbaux émanant de deux agents au moins ou se rapportant à des crimes, des délits ou des contraventions d'un caractère spécial, de nature à justifier ce crédit exceptionnel accordé aux constatations des agents verbalisateurs.

C'est ici le cas de rappeler que, lorsqu'un procès-verbal est reconnu irrégulier en cours d'instance, l'irrégularité ainsi relevée ne fait pas nécessairement tomber la poursuite. Les faits peuvent être prouvés par des rapports, des témoignages ou l'aveu de l'inculpé, conformément à l'article 154 du Code d'instruction criminelle. Le Conseil d'État a fait diverses applications de ce principe, notamment le 7 août 1874 (Duluat).

10. Transmission des procès-verbaux aux agents de l'Administration. — Les procès-verbaux dressés par les ingénieurs, conducteurs, gardes-mines et commissaires de surveillance, sont envoyés à l'ingénieur en chef du contrôle, par la voie hiérarchique. Ils doivent être transmis au préfet par ce chef de service, avec ses observations et son avis, dans le délai de huit jours. (Circulaire ministérielle du 15 avril 1850 ; loi du 27 février 1850, art. 4 ; instruction annexée à la circulaire ministérielle du 15 octobre 1881.)

Quant aux procès-verbaux dressés par les agents assermentés des Compagnies, ils sont adressés directement au préfet, qui doit les communiquer pour avis à l'ingénieur en chef du contrôle. (Circulaire ministérielle du 29 novembre 1852.)

11. Mesures provisoires d'urgence. — Si des nécessités urgentes le commandent, le préfet peut, par application de l'article 3 de la loi du 29 floréal an X, ordonner par provision ce que de droit, pour faire cesser les dommages.

Il va de soi, malgré le silence de la loi, que, si la circulation des trains était en péril, les Compagnies devraient elles-mêmes et sur le champ prendre les mesures indispensables pour sauvegarder les intérêts supérieurs de la sécurité.

12. Compétence du Conseil de préfecture. — C'est au Conseil de préfecture qu'il appartient de statuer, en vertu de la loi du 29 floréal an X, sur les contraventions de grande voirie, et, par conséquent, sur les contraventions au titre Ier de la loi du 15 juillet 1845. Toutefois, si un autre tribunal, saisi irrégulièrement, avait déjà prononcé un jugement devenu définitif, le Conseil de préfecture ne pourrait plus connaître de l'affaire sans enfreindre l'article 360 du Code d'instruction criminelle, d'après lequel « toute personne acquittée légalement ne peut plus être « reprise ni accusée à raison du même fait ». (Conseil d'État, 5 février 1875, Pinguet.)

Ajoutons que le Conseil de préfecture excèderait les limites de ses pouvoirs, en prescrivant à l'Administration d'exécuter des travaux de réparation. (Conseil d'État, 23 mai 1884, Guérin.)

13. Défaut de qualité des Compagnies pour l'exercice des poursuites. — Il n'appartient qu'à l'autorité administrative de poursuivre la répression des contraventions de grande voirie commises sur les chemins de fer ; les Compagnies sont sans qualité pour exercer ces poursuites. Le Conseil de préfecture ne peut, par suite, mettre les frais de l'instance à la charge du concessionnaire, lorsqu'il renvoie l'inculpé des fins du procès-verbal. Ces principes ont été affirmés par de nombreux arrêts du Conseil d'État (12 janvier 1850, Tourblain ; 12 mai 1853, Chauvin ; 18 août 1862, Duval ; 14 mars 1863, Gouy ; 24 décembre 1863, Boyer ; 4 août 1864, Lescot (1) ; 11 mai 1872, Dudouet ; 20 décembre, 1872, Ayroles ; 7 août 1874, Duluat ; 17 novembre 1876, Champieux ; 3 février 1882, Girard).

L'initiative est interdite aux Compagnies, aussi bien en appel qu'en première instance ; elles ne sont pas recevables à se pourvoir devant le Conseil d'État contre les arrêtés des Conseils de préfecture sur les procès-verbaux de grande voirie (12 janvier 1850, Tourblain ; 14 mars 1863, Gouy ; 4 août 1864, Lescot). Il y aurait toutefois exception à cette règle en ce qui concerne les décisions de Conseil de prefecture mettant indûment à leur charge les frais de l'instance : c'est un point sur lequel nous reviendrons.

Mais les Compagnies peuvent faire entendre des témoins (20 avril 1883, Moreau, Boulery et autres) : cette mesure d'instruction ne les constitue point parties au procès et n'a point pour effet de leur conférer une part dans l'exercice de l'action publique.

____

(1) Aux dépens s'ajoutaient les frais d'une expertise et ceux de la mise en fourrière de bestiaux qui s'étaient introduits dans l'enceinte du chemin de fer.

14. Contre qui sont dirigées les poursuites. — La question n'a rien de spécial aux chemins de fer. Nous ne pouvons que renvoyer le lecteur à l'exposé général des règles relatives aux contraventions de grande voirie, tome III du Cours de droit administratif de M. Aucoc. Il nous suffira de rappeler ici : 1° que le propriétaire ou le maître doivent toujours être condamnés, au moins solidairement avec leurs préposés, pour la réparation du dommage ; 2° que si, en principe, l'amende doit frapper l'auteur direct de la faute, cependant, à raison de son caractère mixte de pénalité et d'obligation pécuniaire, elle ne conserve pas toujours un caractère personnel (voir notamment l'arrêt du Conseil du 16 décembre 1759 sur le pâturage); 3° que l'amende peut être prononcée contre des personnes morales auxquelles elle ne serait pas applicable en droit commun, par exemple contre des communes.

15. Intervention des Compagnies. — Les Compagnies ne sont recevables à intervenir pour réclamer la réparation des dégradations et dommages résultant des contraventions qu'autant que la juridiction compétente a été appelée par les représentants de l'autorité publique à se prononcer sur cette réparation. (Conseil d'État, 14 mars 1863, Gouy; 8 janvier 1886, de Champigny et Gautheron.)

Mais, dans ce cas, l'intervention des Compagnies est toujours admise (Conseil d'État, 7 août 1874, Duluat; 5 février 1875, Pinguet; 7 avril 1876, Lainé et Vespier); leur intérêt à la réparation des dommages justifie pleinement cette intervention.

16. Des excuses, des questions préjudicielles. — Pour les crimes et délits de droit commun, le fait n'est qu'un des éléments de l'accusation, et, s'il n'y a pas eu intention coupable, la criminalité disparaît : le juge doit donc examiner le fait et l'intention. Au contraire, la contravention existe par la seule infraction matérielle, sans qu'aucune excuse puisse être admise, si la loi ne l'a point prévue expressément; le juge doit appliquer la peine, sans rechercher l'intention de l'auteur de la faute.

Parmi les causes d'excuses absolutoires, on peut signaler la force majeure et l'exception de propriété.

Le cas de force majeure prévu par l'article 64 du Code pénal doit être entendu, en droit administratif, dans un sens plus restrictif qu'en droit commun; il faut que le fait reproché à l'inculpé résulte de circonstances et de forces qui lui soient absolument étrangères, par exemple d'une erreur des agents de l'Administration dans la délivrance de l'alignement.

Sur l'exception de propriété, il y a une distinction à établir.

Elle ne fait pas obstacle à la condamnation, au cas où il est constant que le terrain fait partie du chemin de fer (Conseil d'État, 9 août 1851, Ajasson de Grandsagne). Le délinquant peut porter devant la juridiction compétente la question de propriété et, si elle est résolue en sa faveur, obtenir une indemnité.

Il en est de même des prétendus droits de servitude invoqués par les inculpés (29 mars 1851, Chabanne et Drevet).

Au contraire, s'il s'agissait d'un terrain non encore utilisé et réservé par exemple pour des agrandissements ultérieurs, le Conseil de préfecture devrait surseoir à statuer jusqu'à ce que les tribunaux ordinaires eussent tranché la question préjudicielle.

Enfin, il ne pourrait prononcer de condamnation pour des parcelles qui, incontestablement, ne feraient pas partie des dépendances du chemin de fer. (Conseil d'État, 7 août 1874, Duluat.)

17. Circonstances atténuantes. — L'article 26 de la loi du 15 juillet 1845 déclare l'article 463 du Code pénal applicable aux condamnations prononcées en exécution de ses dispositions : il peut, en conséquence, être tenu compte des circonstances atténuantes au profit des délinquants. Cet article ne fait aucune distinction entre les crimes, délits ou contraventions, et le Conseil d'État l'a appliqué formellement dans deux arrêts du 4 août 1876 (Compagnie de Lille à Valenciennes).

18. Cumul des peines. — D'après l'article 27 de la loi du 15 juillet 1845, en cas de conviction de plusieurs crimes ou délits, la peine la plus forte est seule prononcée. Cet article ne vise pas les contraventions, pour lesquelles il doit être prononcé autant d'amendes qu'il y a de faits distincts. (Conseil d'État, 4 mars 1858, Compagnie de l'Est ; 4 août 1876, Compagnie de Lille à Valenciennes.)

Les peines prononcées par le Conseil de préfecture sont d'ailleurs indépendantes de celles qui peuvent l'être d'après le Code pénal et le titre III de la loi du 15 juillet 1845 ; l'article 2 de la loi est formel à cet égard. Chacune des juridictions remplit séparément sa mission, si la contravention de grande voirie se double d'un délit ou d'un crime.

19. Prescription de la contravention et de l'amende. — Conformément à la jurisprudence constante du Conseil d'État, il doit être fait application, le cas échéant, au profit du délinquant, de l'article 640 du Code d'instruction criminelle. La contravention est prescrite par le délai

d'une année, à partir du jour où elle a été commise, s'il n'est pas intervenu
de condamnation pendant ce délai (Conseil d'État, 11 mai 1872, Dudouet).

Dans le cas où un jugement susceptible d'être frappé d'appel a été
rendu par le Conseil de préfecture et a renvoyé le prévenu des fins du
procès-verbal, si l'Administration se pourvoit devant le Conseil d'État, le
délai d'un an court de la notification de l'appel (8 janvier 1886, de Champigny et Gautheron). Le bénéfice de la prescription ne s'étend pas au cas
où le pourvoi est formé par l'inculpé contre un arrêté qui l'a condamné:
il est, en effet, de principe que l'appel n'est pas suspensif et que la condamnation doit être exécutée. (Conseil d'État, 23 mai 1884, Clavé; voir les
conclusions de M. Levavasseur de Précourt, commissaire du Gouvernement.)

L'action publique n'est prescrite qu'au point de vue de l'amende.
Elle subsiste pour la réparation du dommage causé au chemin de fer,
notamment pour l'évacuation des terrains indûment usurpés sur le
domaine public imprescriptible et inaliénable, ainsi que pour la démolition des constructions élevées contrairement aux prescriptions de la loi
de 1845 et dans des conditions qui n'auraient pas permis de les autoriser.
L'arrêt du 11 mai 1872 (Dudouet), que nous avons précédemment cité, a
fait bénéficier le délinquant de la prescription annale, non seulement pour
l'amende, mais encore pour les dommages-intérêts dont le Ministre des
travaux publics réclamait l'allocation à la Compagnie : cette décision ne
nous paraît pas de nature à infirmer les principes qui viennent d'être
rappelés et dont il a été fait de nombreuses applications par le Conseil
d'État pour les voies de communication non concédées. Alors même qu'il
s'agirait purement et simplement de la réparation de dommages matériels
causés à la voie ferrée, la prescription ne saurait résulter de ce que les
dépenses de cette réparation incombent à la Compagnie et non à l'État:
en effet, l'action publique appartient exclusivement à l'autorité administrative et, dans un cas comme dans l'autre, les poursuites sont exercées
pour une atteinte portée à un ouvrage dépendant du domaine public.

Il n'y a pas d'ailleurs à distinguer entre les réparations matérielles
et les réparations pécuniaires, telles que le remboursement des avances
faites directement par l'État ou la Compagnie pour faire disparaître les
traces de la contravention.

Les amendes prononcées par le Conseil de préfecture ou par le Conseil d'État se prescrivent par le délai de deux ans, conformément à l'article 639 du Code d'instruction criminelle : ce délai court, pour les décisions du Conseil de préfecture, du jour à partir duquel elles ne peuvent
plus être attaquées par voie d'appel et sont ainsi devenues définitives, et,

pour celles du Conseil d'État, de la date à laquelle elles sont intervenues.

Le décès du contrevenant éteint la poursuite en ce qui concerne l'amende. (Conseil d'État, 24 mai 1851, Marot.)

20. — Dépens des instances. Dommages-intérêts réclamés par les inculpés. — La condamnation aux frais ne peut être que l'accessoire d'une condamnation sur le fond. (Conseil d'État, 8 janvier 1886, de Champigny et Gautheron.)

En rappelant que les Compagnies n'avaient pas qualité pour l'exercice des poursuites, nous avons cité divers arrêts du Conseil d'État d'après lesquels les dépens et frais ne peuvent être mis à la charge de ces sociétés.

Il en est de même pour l'État. L'article 130 du Code de procédure civile est inapplicable aux poursuites exercées par l'Administration pour la répression des contraventions qui lui paraissent avoir été commises en matière de grande voirie, alors même que l'inculpé est renvoyé des fins du procès-verbal. (Conseil d'État, 16 avril 1851, Delier; voir aussi, à titre d'analogie, 21 janvier 1881, Noël et Viguier.)

Un particulier renvoyé des fins d'un procès-verbal dressé contre lui par les agents d'une Compagnie de chemin de fer n'est pas fondé non plus à demander que la Compagnie soit condamnée à des dommages-intérêts à raison des démarches et frais qu'il a dû faire pour sa défense (11 mai 1872, Dudouet).

Quand un Conseil de préfecture a condamné à tort une Compagnie aux frais d'un procès-verbal, le Ministre des travaux publics est-il recevable à demander la réformation de cette décision ? Il faut distinguer plusieurs cas.

a. — Si le pourvoi du Ministre porte tout à la fois sur la question du fond et sur la question des frais, question purement accessoire qui doit nécessairement suivre le sort de la première, il y a lieu de le considérer comme recevable, alors même qu'il ne serait pas formé dans l'intérêt de la loi (Conseil d'État, 24 décembre 1863, Boyer, et 17 novembre 1876, Champieux). Cependant un arrêt récent (7 août 1883, Breton) a statué dans un sens opposé.

b. — Le pourvoi, tout en portant exclusivement sur les frais, peut être formé dans l'intérêt de la loi. Les recours de cette nature, institués devant la Cour de cassation par l'article 88 de la loi du 27 ventôse an VIII, ont été admis par analogie devant le Conseil d'État ; ils étaient prévus formellement par la loi du 15 janvier 1849 (art. 44) et le sont encore expressément par loi du 27 juillet 1872, en ce qui concerne les décisions

des conseils de revision. Leur caractère spécial est de ne pouvoir être
formés qu'après l'expiration des délais d'appel (Conseil d'État, 13 décembre 1878). La Compagnie ne pouvant plus se pourvoir, il est naturel que
le Ministre soit reconnu comme ayant qualité pour demander l'annulation de l'arrêté du Conseil de préfecture : cette annulation ne constitue
d'ailleurs en quelque sorte qu'une mesure d'ordre; son seul effet est de ne
pas laisser l'autorité de la chose jugée à une décision contraire à la loi ;
elle ne modifie en rien les conséquences du jugement de première instance
au regard des parties, qui ne peuvent s'en prévaloir. Divers pourvois
formés par le Ministre dans l'intérêt de la loi ont été admis par le Conseil
d'État (20 décembre 1872, Ayrolès ; 3 février 1882, Girard).

c. — Mais, si les délais d'opposition ou d'appel ne sont point expirés,
la Compagnie atteinte par l'arrêté du Conseil de préfecture peut introduire, soit une opposition devant le Conseil de Préfecture, soit un recours
devant le Conseil d'État (4 août 1864, Lescot). Le Ministre ne saurait être
admis à former un pourvoi au lieu et place du concessionnaire dont il
n'a point à prendre les intérêts. C'est ce qui a été décidé par le Conseil
d'État le 23 juin 1882 (Lehmann), conformément aux conclusions très
nettes de M. Levavasseur de Précourt, commissaire du Gouvernement, et
depuis, le 7 août 1883 (Breton), le 22 mai 1885 (Peyron) et le 4 décembre
1885 (Peyron). Cette jurisprudence est conforme à celle de la Cour de
cassation.

21. Délai d'appel. — Le délai d'appel devant le Conseil d'État contre
les arrêtés des Conseils de préfecture est de trois mois à partir du jour de
la notification de ces arrêtés (Art. 11 du décret du 22 juillet 1806).

Ces trois mois se comptent de quantième à quantième, sans avoir égard
au nombre de jours dont chaque mois est composé.

On sait que l'article 1033 du Code de procédure civile exclut de la supputation du délai le jour de la signification et celui de l'échéance. Les
termes du décret du 22 juillet 1806 ne paraissent pas, au premier abord,
se prêter à l'application de cette règle : car ils portent que « le recours ne
« sera pas recevable après trois mois du jour où la décision aura été noti-
« fiée ». Il semble résulter de ces termes qu'un pourvoi contre un arrêté
notifié le 15 janvier ne devrait plus être recevable le 16 avril. Cependant le
Conseil d'État a décidé, par de nombreux arrêts, que le *dies ad quem* ne
serait pas compris, non plus que le *dies à quo* dans la supputation du
délai et qu'un recours formé contre un arrêté du 15 janvier serait encore
recevable le 16 avril et ne cesserait de l'être que le 17.

La notification aux délinquants est faite administrativement; on considère comme équivalente la levée d'une copie par l'intéressé ou l'exécution de l'arrêté.

Quant à l'Administration, elle est censée avoir reçu notification de la décision, du jour où le Conseil de préfecture a statué. La jurisprudence du Conseil d'État à cet égard est inébranlable : elle s'appuie sur le texte formel de la loi du 30 mai 1851 concernant la police du roulage et se justifie par ce fait, que les délinquants ne peuvent être tenus de notifier à l'autorité administrative les condamnations prononcées contre eux (Conseil d'État, 9 avril 1873, Compagnie du Midi ; 11 juillet 1873, Lenormand et Baude ; 19 mars 1875, Weter, etc...). Elle est d'ailleurs spéciale aux contraventions. Pour les instances ordinaires, le délai ne court, au regard de l'Administration, que du jour de la notification au préfet, qui représente l'État devant le Conseil de préfecture.

Les préfets et les ingénieurs doivent apporter tous leurs soins à signaler à l'Administration supérieure les décisions qui leur paraîtraient susceptibles d'être utilement déférées à la censure du Conseil d'État. Le Ministre des travaux publics a appelé leur attention sur cette nécessité par plusieurs circulaires, parmi lesquelles nous mentionnons celles du 27 juillet 1854, du 8 juillet 1862 et du 13 octobre 1883.

22. Relevés des arrêtés des Conseils de préfecture. — Pour faciliter la tâche de l'Administration supérieure et celle des ingénieurs à cet égard, le Ministre des travaux publics a invité les préfets : 1° par une circulaire du 18 février 1854, à lui envoyer, dans la première quinzaine de chaque trimestre, un état des décisions intervenues pendant le trimestre précédent ;

2° par une autre circulaire du 8 juillet 1862, à adresser dans les dix premiers jours de chaque mois à l'ingénieur en chef du contrôle un état analogue des décisions intervenues pendant le mois précédent.

23. Exécution des arrêtés des Conseils de préfecture et des arrêts du Conseil d'État. Les arrêtés des Conseils de préfecture ont la même force exécutoire que les décisions de l'autorité judiciaire. Faute par les délinquants de satisfaire à une condamnation prononcée contre eux, il y est pourvu d'office par les voies de droit. Comme nous l'avons déjà indiqué, page 973, la loi du 15 juillet 1845 contient une prescription formelle à ce sujet dans son article 11, en ce qui concerne la suppression des excavations, couvertures, meules ou dépôts.

Les pourvois ne sont pas suspensifs. Ce principe, posé par l'article 3 du décret du 22 juillet 1806, a été confirmé par la loi du 24 mai 1872 ; toutefois, en cas de recours, les Conseils de préfecture peuvent, aux termes des conseils de revision. Leur caractère spécial est de ne pouvoir être formés qu'après l'expiration des délais d'appel (Conseil d'État, 13 décembre 1878). La Compagnie ne pouvant plus se pourvoir, il est naturel que le Ministre soit reconnu comme ayant qualité pour demander l'annulation de l'arrêté du Conseil de préfecture : cette annulation ne constitue d'ailleurs en quelque sorte qu'une mesure d'ordre ; son seul effet est de ne pas laisser l'autorité de la chose jugée à une décision contraire à la loi ; elle ne modifie en rien les conséquences du jugement de première instance au regard des parties, qui ne peuvent s'en prévaloir. Divers pourvois formés par le Ministre dans l'intérêt de la loi ont été admis par le Conseil d'État (20 décembre 1872, Ayroles ; 3 février 1882, Girard).

c. — Mais, si les délais d'opposition ou d'appel ne sont point expirés, la Compagnie atteinte par l'arrêté du Conseil de préfecture peut introduire, soit une opposition devant le Conseil de Préfecture, soit un recours devant le Conseil d'État (4 août 1864, Lescot). Le Ministre ne saurait être admis à former un pourvoi au lieu et place du concessionnaire dont il n'a point à prendre les intérêts. C'est ce qui a été décidé par le Conseil d'État le 23 juin 1882 (Lehmann), conformément aux conclusions très nettes de M. Levavasseur de Précourt, commissaire du Gouvernement, et depuis, le 7 août 1883 (Breton), le 22 mai 1885 (Peyron) et le 4 décembre 1885 (Peyron). Cette jurisprudence est conforme à celle de la Cour de cassation.

21. Délai d'appel. — Le délai d'appel devant le Conseil d'État contre les arrêtés des Conseils de préfecture est de trois mois à partir du jour de la notification de ces arrêtés (Art. 11 du décret du 22 juillet 1806).

Ces trois mois se comptent de quantième à quantième, sans avoir égard au nombre de jours dont chaque mois est composé.

On sait que l'article 1033 du Code de procédure civile exclut de la supputation du délai le jour de la signification et celui de l'échéance. Les termes du décret du 22 juillet 1806 ne paraissent pas, au premier abord, se prêter à l'application de cette règle : car ils portent que « le recours ne « sera pas recevable après trois mois du jour où la décision aura été noti- « fiée ». Il semble résulter de ces termes qu'un pourvoi contre un arrêté notifié le 15 janvier ne devrait plus être recevable le 16 avril. Cependant le Conseil d'État a décidé, par de nombreux arrêts, que le *dies ad quem* ne serait pas compris, non plus que le *dies à quo* dans la supputation du délai et qu'un recours formé contre un arrêté du 15 janvier serait encore recevable le 16 avril et ne cesserait de l'être que le 17.

La notification aux délinquants est faite administrativement; on consi-

de l'article 24 de cette loi, subordonner l'exécution de leurs décisions à la
charge de donner caution ou de justifier d'une solvabilité suffisante. Les
formalités édictées par les articles 440 et 441 du Code de procédure civile
doivent être observées pour la présentation de la caution. De son côté, le
Conseil d'État peut ordonner le sursis; mais il y a peu d'exemples de
l'exercice de cette faculté.

**24. Part d'amendes attribuée aux agents verbalisateurs et aux
communes.** — L'article 115 du décret du 16 décembre 1811 attribue un
tiers des amendes de grande voirie à l'agent qui a constaté la contravention
et un deuxième tiers à la commune du lieu où elle a été commise. Seul,
le dernier tiers est versé au Trésor; le décret de 1811 portait que cette
part serait affectée au service des ponts et chaussées, mais il y avait là
une disposition qui était contraire au droit financier actuel et qui ne reçoit
plus d'application.

La part réservée aux agents verbalisateurs leur est payée par l'Administration de l'enregistrement; les ingénieurs en chef en sont avisés par
des états trimestriels que leur envoient les directeurs départementaux de
cette Administration. (Circulaire du Ministre des travaux publics en date
du 4 août 1866 et instruction du directeur général de l'enregistrement en
date du 12 octobre 1866.)

§ 2. — CONTRAVENTIONS DE VOIRIE
COMMISES PAR LES CONCESSIONNAIRES

1. Contraventions réprimées par le titre II de la loi du 15 juillet 1845. — Le titre II de la loi du 15 juillet 1845 a pour objet d'assurer, contre les concessionnaires ou fermiers de l'exploitation des chemins de fer, la répression des infractions « aux clauses de leur cahier des « charges ou aux décisions rendues en exécution de ces clauses, en ce qui « concerne le service de la navigation, la viabilité des routes nationales, « départementales ou vicinales, ou le libre écoulement des eaux ».

La rédaction primitive du projet de loi soumis par le Gouvernement à la Chambre des pairs était beaucoup plus générale et embrassait les infractions de toute nature au cahier des charges et aux décisions administratives, soit dans les travaux de construction, soit dans l'entretien, soit dans l'exploitation de la voie ferrée. Indépendamment des condamnations encourues par les concessionaires ou fermiers, elle attribuait à l'Administration le droit, en cas d'urgence, de faire exécuter d'office et à leurs frais les travaux qu'ils n'auraient pas exécutés eux-mêmes, bien que constitués en demeure, ou qu'ils auraient faits dans des conditions défectueuses.

Les raisons qui avaient déterminé le Ministre des travaux publics à organiser la répression sur des bases si larges étaient tirées de l'insuffisance des armes mises par le cahier des charges entre les mains de l'Administration. Il faisait valoir : 1° les difficultés d'application de la déchéance contre les Compagnies qui, dans leur ensemble, satisferaient à leurs obligations et qui n'y manqueraient que partiellement ; 2° l'impossibilité légale pour les agents de l'Administration de pourvoir d'office, en l'état, à l'exécution des travaux de premier établissement et de vaincre ainsi l'inertie ou le mauvais vouloir des Compagnies, attendu que le cahier des charges ne prévoyait ce mode d'intervention que pour l'entretien ; 3° l'inefficacité du refus de réception des travaux défectueux, refus dont la conséquence était de retarder l'ouverture du chemin de fer à la circulation et qui pouvait être plus préjudiciable au public qu'au concessionnaire.

Malgré ces raisons, la Commission de la Chambre des pairs, obéissant à des scrupules de légalité, crut devoir conclure à la suppression complète du titre II du projet de loi. En ce qui concernait les Compagnies existantes, elle jugeait impossible d'édicter des pénalités que n'avaient point prévues les actes de concession. En ce qui concernait les concessions à de l'article 24 de cette loi, subordonner l'exécution de leurs décisions à la charge de donner caution ou de justifier d'une solvabilité suffisante. Les formalités édictées par les articles 440 et 441 du Code de procédure civile doivent être observées pour la présentation de la caution. De son côté, le Conseil d'État peut ordonner le sursis; mais il y a peu d'exemples de l'exercice de cette faculté.

24. Part d'amendes attribuée aux agents verbalisateurs et aux communes. — L'article 115 du décret du 16 décembre 1811 attribue un tiers des amendes de grande voirie à l'agent qui a constaté la contravention et un deuxième tiers à la commune du lieu où elle a été commise. Seul, le dernier tiers est versé au Trésor; le décret de 1811 portait que cette part serait affectée au service des ponts et chaussées, mais il y avait là une disposition qui était contraire au droit financier actuel et qui ne reçoit plus d'application.

La part réservée aux agents verbalisateurs leur est payée par l'Administration de l'enregistrement; les ingénieurs en chef en sont avisés par des états trimestriels que leur envoient les directeurs départementaux de cette Administration. (Circulaire du Ministre des travaux publics en date du 4 août 1866 et instruction du directeur général de l'enregistrement en date du 12 octobre 1866.)

§ 2. — CONTRAVENTIONS DE VOIRIE
COMMISES PAR LES CONCESSIONNAIRES

1. Contraventions réprimées par le titre II de la loi du 15 juillet 1845. — Le titre II de la loi du 15 juillet 1845 a pour objet d'assurer, contre les concessionnaires ou fermiers de l'exploitation des chemins de fer, la répression des infractions « aux clauses de leur cahier des « charges ou aux décisions rendues en exécution de ces clauses, en ce qui « concerne le service de la navigation, la viabilité des routes nationales, « départementales ou vicinales, ou le libre écoulement des eaux ».

La rédaction primitive du projet de loi soumis par le Gouvernement à la Chambre des pairs était beaucoup plus générale et embrassait les infractions de toute nature au cahier des charges et aux décisions administratives, soit dans les travaux de construction, soit dans l'entretien, soit dans l'exploitation de la voie ferrée. Indépendamment des condamnations encourues par les concessionaires ou fermiers, elle attribuait à l'Administration le droit, en cas d'urgence, de faire exécuter d'office et à leurs frais les travaux qu'ils n'auraient pas exécutés eux-mêmes, bien que constitués en demeure, ou qu'ils auraient faits dans des conditions défectueuses.

Les raisons qui avaient déterminé le Ministre des travaux publics à organiser la répression sur des bases si larges étaient tirées de l'insuffisance des armes mises par le cahier des charges entre les mains de l'Administration. Il faisait valoir : 1° les difficultés d'application de la déchéance contre les Compagnies qui, dans leur ensemble, satisferaient à leurs obligations et qui n'y manqueraient que partiellement ; 2° l'impossibilité légale pour les agents de l'Administration de pourvoir d'office, en l'état, à l'exécution des travaux de premier établissement et de vaincre ainsi l'inertie ou le mauvais vouloir des Compagnies, attendu que le cahier des charges ne prévoyait ce mode d'intervention que pour l'entretien ; 3° l'inefficacité du refus de réception des travaux défectueux, refus dont la conséquence était de retarder l'ouverture du chemin de fer à la circulation et qui pouvait être plus préjudiciable au public qu'au concessionnaire.

Malgré ces raisons, la Commission de la Chambre des pairs, obéissant à des scrupules de légalité, crut devoir conclure à la suppression complète du titre II du projet de loi. En ce qui concernait les Compagnies existantes, elle jugeait impossible d'édicter des pénalités que n'avaient point prévues les actes de concession. En ce qui concernait les concessions à instituer ultérieurement, il lui paraissait irrationnel de porter atteinte au principe posé par l'article 1142 du Code civil, aux termes duquel toute obligation de faire se résout en dommages-intérêts au profit de la partie lésée par l'inexécution de cette obligation ; elle considérait comme fâcheux et anormal de méconnaître les règles du droit, d'après lesquelles l'inexécution d'une convention n'oblige qu'à des réparations civiles, et de transformer en action publique l'action purement privée naissant du contrat ; elle voyait dans les mesures proposées par le Gouvernement une regrettable confusion entre des dispositions d'ordre purement civil et des dispositions de police.

La question donna lieu à un débat approfondi devant la Chambre des pairs. Les partisans du système du Gouvernement combattirent les conclusions de la Commission, en s'appuyant sur le caractère mixte des actes de concession, qui constituent tout à la fois des contrats et des actes de la puissance publique, qui contiennent à côté des stipulations purement contractuelles des clauses d'ordre public, et dont l'État a toujours le droit imprescriptible d'assurer l'exécution par des pénalités, même postérieures au marché.

Finalement, après une longue discussion, la Chambre des pairs adopta un amendement de M. Dupont-Delporte qui restreignait le titre II de la loi aux contraventions que nous avons énumérées au début de ce paragraphe.

Renfermée dans ces limites, la loi ne pouvait plus provoquer aucune objection de principe, même de la part des juristes animés du respect le plus scrupuleux pour les contrats : car elle se bornait à atteindre des faits qui avaient déjà le caractère de contraventions de grande ou de petite voirie et à édicter des pénalités nouvelles pour leur répression ; les droits de l'État à cet égard ne pouvaient être révoqués en doute.

Aussi la Chambre des députés émit-elle sans hésitation un vote favorable à l'amendement déjà adopté par la Chambre des pairs.

On remarquera que la loi du 15 juillet 1845 vise, non seulement les infractions aux clauses du cahier des charges, mais encore les infractions aux décisions intervenues en exécution de ces clauses. Cette extension à des décisions administratives a suscité quelques critiques devant la Chambre des députés ; l'un des membres de cette Assemblée a exprimé la crainte que l'Administration n'en profitât pour aggraver les charges du concessionnaire. Néanmoins la disposition a été adoptée, sur l'observation du Ministre, que le cahier des charges devait, par sa nature, être restreint à des règles générales et appelait nécessairement, comme complément, des décisions administratives réglant, dans chaque cas particulier, les conditions spéciales d'exécution des ouvrages. Le juge des contraventions peut et doit, d'ailleurs, apprécier si ces décisions rentrent bien dans le cadre de celles qui ont été prévues par l'article 12 de la loi de 1845, c'est-à-dire si elles ne renferment rien de contraire au cahier des charges.

2. Agents appelés à dresser les procès-verbaux. — Les procès-verbaux constatant les contraventions sont dressés « soit par les ingé-« nieurs des ponts et chaussées ou des mines, soit par les conducteurs, « gardes-mines et piqueurs (1), dûment assermentés ».

La nomenclature de ces agents est, on le voit, plus limitée que celle des agents de l'État appelés à constater les infractions aux titres Ier et III de la loi du 15 juillet 1845. Cette limitation s'explique et se justifie par le caractère spécial des contraventions prévues au titre II. Peut-être est-elle excessive; mais elle ne présente en fait aucun inconvénient.

3. Notification des procès-verbaux aux Compagnies. — Aux termes de l'article 13 de la loi, les procès-verbaux doivent être notifiés administrativement, dans les quinze jours de leur date, au domicile élu par le concessionnaire ou par le fermier. Cette notification a lieu à la diligence du préfet.

4. Compétence du Conseil de préfecture. — Les procès-verbaux sont transmis, dans le même délai, au Conseil de préfecture du lieu de la contravention. Nous n'avons à donner, à cet égard, que de courtes explications.

a. — Les contraventions commises par les concessionnaires ou fermiers sont toutes considérées comme des contraventions de grande voirie, alors même que l'obstacle apporté à la circulation ne porterait que sur des chemins vicinaux. Par suite, elles sont toutes de la compétence du Conseil de préfecture. Il était, en effet, impossible de conférer au juge de simple police, en matière de petite voirie, le pouvoir d'interpréter le cahier des charges et celui d'ordonner la démolition d'ouvrages faisant partie du chemin de fer ou de ses dépendances. Cette simple observation suffit à justifier l'œuvre du législateur de 1845.

b. — Lors de la discussion de la loi devant la Chambre des pairs, MM. Daru et Feutrier avaient demandé que les procès-verbaux fussent déférés, non pas au Conseil de préfecture du lieu de la contravention, mais au Conseil de préfecture désigné par le cahier des charges pour le jugement des contestations entre l'État et la Compagnie au sujet de l'exé-

______

(1) Aujourd'hui, employés secondaires.

cution ou de l'interprétation du contrat. Cette solution aurait pu présenter certains avantages, au point de vue de l'unité d'interprétation du cahier des charges. Mais elle eût porté atteinte au principe de la compétence territoriale des Conseils de préfecture, dans une matière où cette interprétation n'est le plus souvent qu'accessoire ; du reste le Conseil d'État, devant lequel des recours peuvent toujours être formés contre les décisions des Conseils de préfecture, rétablirait l'unité de jurisprudence, s'il en était besoin.

5. **Pénalités.** — Les contraventions prévues par le titre II de la loi du 15 juillet 1845 sont punies d'une amende de 300 à 3 000 francs.

Cette amende est notablement supérieure à celle de 16 à 300 francs qu'édicte l'article 11 contre les simples particuliers, pour les contraventions aux règles contenues dans le titre Ier et relatives à la conservation du chemin de fer. Le législateur a jugé nécessaire de frapper de pénalités rigoureuses des infractions dont la gravité et la multiplicité lui paraissaient redoutables de la part de Compagnies puissantes, appelées à exécuter de grands travaux sur les divers points du territoire.

6. **Droit de l'Administration de prendre certaines mesures provisoires.** — D'après l'article 15, l'Administration est autorisée « à prendre « immédiatement toutes mesures provisoires pour faire cesser le dommage, « ainsi qu'il est procédé en matière de grande voirie ». Les frais qu'entraîne l'exécution de ces mesures sont recouvrés contre le concessionnaire ou le fermier, par voie de contrainte, comme en matière de contributions directes. Ce n'est que l'application des règles générales en matière de contraventions de grande voirie. (Loi du 29 floréal an X et décret du 16 décembre 1811.)

Les mesures provisoires visées par l'article 15 doivent être ordonnées par le préfet.

7. **Exemples de poursuites dirigées et de condamnations prononcés contre les Compagnies, en vertu du titre II de la loi du 15 juillet 1845.** — Les dispositions du titre II de la loi du 15 juillet 1845 ont reçu diverses applications. Voici le relevé des décisions du Conseil d'État :

4 mars 1858 (Compagnie de l'Est). — Rejet d'une requête de la Compagnie contre un arrêté du Conseil de préfecture de la Haute-Marne, qui l'avait condamnée à vingt-deux amendes de 300 francs chacune, pour construction de vingt-deux ponceaux et aqueducs avec des dimensions

différentes de celles qui avaient été fixées par le préfet, en exécution de l'article 18 du cahier des charges annexé à l'acte de concession du chemin de fer de Blesme et Saint-Dizier à Gray. Le Conseil d'État a décidé, à cette occasion, que l'autorisation donnée postérieurement par le préfet de conserver les ouvrages n'avait pas eu pour effet de faire disparaître les contraventions commises par la Compagnie ; il a, en outre, reconnu qu'il y avait une contravention distincte par ouvrage et que, dès lors, le Conseil de préfecture avait sainement appliqué la loi, en prononçant la condamnation à un nombre d'amendes égal à celui des aqueducs ou ponceaux.

31 mars 1874 (Compagnie de Paris Lyon Méditerranée). — Condamnation de la Compagnie à 300 francs d'amende, pour avoir établi l'avenue d'accès de la gare de Luc, avant d'en avoir soumis le projet à l'Administration, malgré une réserve formelle insérée à cet égard dans la décision du Ministre des travaux publics portant approbation du projet de cette gare.

4 août 1876 (Compagnie de Lille à Valenciennes). — Trois arrêts condamnant cette Compagnie :

— le premier à douze amendes variant de 150 à 500 francs, pour avoir négligé de pourvoir plusieurs passages à niveau de barrières, pendant la circulation des trains de ballast et de matériel ;

— le second à onze amendes de 16 francs, pour pose de rails en saillie sur onze passages à niveau ;

— le troisième à différentes amendes variant de 150 à 500 francs, pour n'avoir pas présenté un projet relatif à l'écoulement des eaux d'une prairie et au maintien des irrigations dans cette prairie conformément à un arrêté préfectoral ; pour avoir intercepté des communications ; enfin pour n'avoir pas construit un aqueduc prescrit par une décision du préfet.

Dans la première et la dernière espèce du 4 août 1876, le Conseil d'État a fait explicitement bénéficier la Compagnie de l'article 463 du Code pénal et a réduit, en conséquence, les amendes prononcées par le Conseil de préfecture. Dans la seconde, le juge du premier degré avait de lui-même réduit l'amende à 16 francs, bien qu'il s'agit d'une infraction au cahier des charges rentrant dans les cas prévus par le titre II de la loi du 15 juillet 1845.

On pourra consulter aussi : 1° un arrêt de la Cour de cassation du 31 janvier 1855, annulant une décision du juge de police de Sèvres, qui s'était déclaré incompétent pour statuer sur le fait d'ouverture illicite de tranchées au travers d'une rue sans autorisation de l'Administration

(chemin de fer de l'Ouest) ; 2° un arrêt du Conseil d'État du 9 novembre 1877, renvoyant la Compagnie du Midi des fins d'un procès-verbal dressé contre elle à l'occasion de la manœuvre d'un pont tournant. (La Compagnie n'avait pas contrevenu à la clause du règlement que visait le procès-verbal ; elle avait commis une autre infraction, mais que ne relevait pas la constatation de l'agent verbalisateur.)

8. Distinction entre les contraventions prévues par le titre II et les contraventions prévues par le titre III de la loi du 15 juillet 1845. — L'article 21 de la loi du 15 juillet 1845 (titre III) porte que « toute « contravention aux ordonnances royales portant règlement d'adminis- « tration publique sur la police, la sûreté et l'exploitation des chemins de « fer, et aux arrêtés pris par les préfets, sous l'approbation du Ministre « des travaux publics, pour l'exécution desdites ordonnances, sera punie « d'une amende de 16 à 3 000 fr. », et « qu'en cas de récidive dans l'année « l'amende sera portée au double, le tribunal pouvant, selon les circon- « stances, prononcer en outre un emprisonnement de trois jours à un « mois ».

Or, certaines dispositions ont pris place tout à la fois dans le cahier des charges et dans l'ordonnance du 15 novembre 1846 et même dans le titre Ier de la loi du 15 juillet 1845. Il peut naître par suite des doutes sur la juridiction à saisir, le cas échéant, des infractions relevées à la charge des Compagnies et sur la pénalité à appliquer. La difficulté a été signalée à propos de procès-verbaux dressés contre la Compagnie de Lille à Valen- ciennes, pour avoir négligé de munir de barrières et de gardiens plusieurs passages à niveau. En effet, l'article 4 de la loi du 15 juillet 1845 dispose que « partout où des chemins de fer croiseront à niveau les routes de « terre, des barrières seront établies et tenues fermées, conformément aux « règlements » ; aux termes de l'article 4 de l'ordonnance du 15 novembre 1846, « partout où un chemin de fer est traversé à niveau, soit par une « route à voitures, soit par un chemin destiné au passage des piétons, il « doit être établi des barrières, le mode, la garde et les conditions de ser- « vice de ces barrières devant être réglés par le Ministre des travaux pu- « blics, sur la proposition de la Compagnie » ; enfin, d'après l'article 13 du cahier des charges, « chaque passage à niveau est muni de barrières ; « il y est, en outre, établi une maison de garde, toutes les fois que l'utilité « en est reconnue par l'Administration ».

Les procès-verbaux ayant été déférés au Conseil de préfecture, la Com- pagnie soutenait que la juridiction correctionnelle était seule compétente, parce qu'il s'agissait d'une infraction à l'ordonnance du 15 novembre 1846, prévue par le titre III de la loi de 1845. Mais le Conseil d'État a jugé que le tribunal administratif avait été régulièrement saisi. L'Administration ne commet en effet aucune irrégularité, en pareille circonstance, lorsqu'elle s'adresse à l'un ou à l'autre des tribunaux devant lesquels elle peut poursuivre la répression de la contravention.

9. Renvoi aux règles précédemment exposées en ce qui concerne les contraventions prévues par le titre Ier de la loi du 15 juillet 1845. — Le lecteur voudra bien se reporter aux règles précédemment exposées, page 984 et suivantes, relativement à l'assermentation des agents ; à la dispense d'affirmation pour les ingénieurs, conducteurs et gardes-mines ; à l'enregistrement des procès-verbaux ; à leur valeur; à leur transmission ; aux délais de prescription et d'appel ; aux circonstances atténuantes ; au cumul des peines ; aux relevés des arrêtés des Conseils de préfecture ; à l'exécution des jugements rendus par les tribunaux administratifs ; à la répartition du produit des amendes.

En ce qui concerne particulièrement l'affirmation, on sait qu'elle est obligatoire en matière de grande voirie, à défaut de textes contraires (Décret du 18 août 1810, art. 2, et décret du 16 décembre 1811, art. 112), sauf pour les gendarmes (Loi du 17 juillet 1856). L'article 24 de la loi du 15 juillet 1845 s'applique-t-il exclusivement aux crimes, délits ou contraventions prévues par les titres Ier et III, comme pourrait le faire croire la place qu'il occupe à la suite de l'article 23 dont le 1er alinéa a trait seulement à ces deux titres? Ni l'Administration, ni les auteurs n'ont admis cette interprétation restrictive (voir notamment la circulaire du Ministre des travaux publics en date du 15 avril 1850). On comprendrait d'ailleurs difficilement des règles différentes pour des procès-verbaux dressés par les mêmes agents et en vertu de la même loi.

Il y a lieu, toutefois, d'observer que les piqueurs peuvent être considérés comme appartenant à la catégorie des agents de surveillance et astreints ainsi à la formalité de l'enregistrement, comme l'étaient les commissaires de police avant la loi du 27 février 1850.

Les considérations que nous venons de présenter pour l'affirmation s'appliquent au timbre et à l'enregistrement des procès-verbaux.

FIN DU TOME DEUXIÈME

* 9 7 8 2 3 2 9 0 1 3 3 1 2 *